現代材料科學與工程

第六版

Foundations of Materials Science and Engineering, 6e

William F. Smith
Javad Hashemi
著

趙宇強　盧陽明
譯

國家圖書館出版品預行編目(CIP)資料

現代材料科學與工程 / William F. Smith, Javad Hashemi 著；趙宇強,
盧陽明譯. – 初版. -- 臺北市：麥格羅希爾，臺灣東華, 2019.12
    面； 公分
    譯自：Foundations of materials science and engineering, 6th ed.
    ISBN 978-986-341-447-6 (平裝)

1. 材料科學

440.   108022165

現代材料科學與工程 第六版

繁體中文版© 2019 年，美商麥格羅希爾國際股份有限公司台灣分公司版權所有。本書所有內容，未經本公司事前書面授權，不得以任何方式（包括儲存於資料庫或任何存取系統內）作全部或局部之翻印、仿製或轉載。

Traditional Chinese abridged edition copyright © 2019 by McGraw-Hill International Enterprises, LLC., Taiwan Branch
Original title: Foundations of Materials Science and Engineering, 6e (ISBN: 978-1-25-969655-8)
Original title copyright © 2019 by McGraw-Hill Education.
All rights reserved.
Previous editions © 2010, 2006, and 2004.

作　　　者	William F. Smith, Javad Hashemi
譯　　　者	趙宇強　盧陽明
合 作 出 版	美商麥格羅希爾國際股份有限公司台灣分公司
暨 發 行 所	台北市 10488 中山區南京東路三段 168 號 15 樓之 2
	客服專線：00801-136996
	臺灣東華書局股份有限公司
	10045 台北市重慶南路一段 147 號 3 樓
	TEL: (02) 2311-4027　　FAX: (02) 2311-6615
	郵撥帳號：00064813
	門市：10045 台北市重慶南路一段 147 號 1 樓
	TEL: (02) 2371-9320
總 經 銷	臺灣東華書局股份有限公司
出 版 日 期	西元 2019 年 12 月 初版一刷

ISBN：978-986-341-447-6

譯者序

材料為萬物之母，掌握材料即能掌握萬物特性。唯有使用特性極佳的材料與控制精確的製程，才能擁有品質穩定的產品。對於材料的研究堪稱為科技發展進步的關鍵。

材料科學與工程即是一門能協助學子通往康莊大道的重要基礎學科。其內涵由基礎的物理與化學，延伸至各種工程應用。對於不同的應用，所選用的材料需具有不同的性質，而材料的微結構即是影響材料性質的重要因素之一。科學家與工程師需要有能力控制材料的製程，以掌握材料的微結構，進而影響材料的特性，最終能夠滿足特定的產品應用。

William F. Smith、Javad Hashemi 與 Francisco Presuel-Moreno 所著的 *Foundations of Materials Science and Engineering* (Sixth Edition) 是一本對於材料科學與工程相關課程的重要知名教材。McGraw-Hill Taiwan 出版商考量國內材料科學與工程導論課程之需求，因此規劃出版此重要原文教材的譯書，適合作為材料科學與工程導論課程的教材或參考書籍。

本譯書係於課餘之際完成，非常感謝出版社各方面的協助。雖本譯書經數次校稿，但不足之處仍在所難免，敬祈各位先進惠予指教，感謝！

趙宇強

國立台灣師範大學物理學系

目 錄

譯者序　i

第一章
材料科學與工程導論　1

1.1　材料與工程　2
1.2　材料科學與工程　5
1.3　材料的種類　6
1.4　材料間的競爭　14
1.5　材料科學和技術的最新發展與未來趨勢　16
1.6　設計及選擇　19
1.7　總結　20
1.8　名詞解釋　20
1.9　習題　21

第二章
原子結構與鍵結　23

2.1　原子結構與次原子粒子　24
2.2　原子序、質量數與原子量　27
2.3　原子的電子結構　31
2.4　原子大小、游離能與電子親和力的週期變化　45
2.5　主要鍵結　50
2.6　次級鍵結　64

2.7　總結　66
2.8　名詞解釋　67
2.9　習題　69

第三章
材料的晶體結構與非晶質構造　71

3.1　空間晶格及單位晶胞　72
3.2　晶系及布拉斐晶格　73
3.3　主要的金屬晶體結構　75
3.4　立方單位晶胞中的原子位置　81
3.5　立方單位晶胞中的方向　82
3.6　立方單位晶胞中結晶面的米勒指數　86
3.7　六方晶體結構中的結晶面與方向　90
3.8　FCC、HCP 及 BCC 晶體結構的比較　93
3.9　計算單位晶胞中原子的體、面及線密度　95
3.10　多形體或同素異形體　98
3.11　晶體結構分析　99
3.12　非晶材料　107
3.13　總結　108
3.14　名詞解釋　108
3.15　習題　110

第四章

凝固與結晶缺陷　113

- 4.1　金屬的凝固　114
- 4.2　單晶的凝固　122
- 4.3　金屬固溶體　124
- 4.4　結晶缺陷　128
- 4.5　識別微結構及缺陷的實驗技巧　134
- 4.6　總結　145
- 4.7　名詞解釋　145
- 4.8　習題　147

第五章

固體中的熱活化過程和擴散　149

- 5.1　材料動力學　150
- 5.2　固體中的原子擴散　153
- 5.3　擴散製程在工業上的應用　160
- 5.4　溫度對固體擴散的影響　166
- 5.5　總結　169
- 5.6　名詞解釋　170
- 5.7　習題　170

第六章

金屬的機械性質 I　173

- 6.1　金屬和合金製程　174
- 6.2　金屬之應力和應變　182
- 6.3　拉伸試驗和工程應力 - 應變曲線　187
- 6.4　硬度與硬度試驗　197
- 6.5　單晶金屬的塑性變形　199
- 6.6　多晶金屬的塑性變形　209

- 6.7　金屬材料的固溶強化　213
- 6.8　塑性變形金屬的回復與再結晶　214
- 6.9　金屬的超塑性　220
- 6.10　奈米結晶金屬　221
- 6.11　總結　223
- 6.12　名詞解釋　223
- 6.12　習題　225

第七章

金屬的機械性質 II　227

- 7.1　金屬斷裂　228
- 7.2　金屬疲勞　236
- 7.3　疲勞裂紋的擴展速率　242
- 7.4　金屬的潛變與應力斷裂　247
- 7.5　利用拉 - 米氏參數表示潛變斷裂和應力斷裂時間 - 溫度數據的圖形表示法　251
- 7.6　金屬零件失效案例研究　254
- 7.7　改善金屬機械性質的最新進展與未來方向　256
- 7.8　總結　258
- 7.9　名詞解釋　258
- 7.10　習題　259

第八章

相圖　261

- 8.1　純物質的相圖　262
- 8.2　吉布斯相定律　263
- 8.3　冷卻曲線　265
- 8.4　二元異質同晶合金系統　266
- 8.5　槓桿原理　269
- 8.6　合金的非平衡凝固　273

8.7　二元共晶合金系統　275
8.8　二元包晶系統　282
8.9　二元偏晶系統　286
8.10　無變度反應　287
8.11　具有中間相和化合物之相圖　288
8.12　三元相圖　292
8.13　總結　295
8.14　名詞解釋　295
8.15　習題　297

第九章

工程合金　301

9.1　鐵和鋼的生產　302
9.2　鐵-碳系統　306
9.3　普通碳鋼的熱處理　314
9.4　低合金鋼　329
9.5　鋁合金　336
9.6　銅合金　348
9.7　不鏽鋼　353
9.8　鑄鐵　357
9.9　鎂、鈦與鎳合金　363
9.10　特別目的之合金及應用　367
9.11　總結　373
9.12　名詞解釋　374
9.13　習題　376

第十章

聚合物材料　379

10.1　簡介　380
10.2　聚合反應　382
10.3　工業生產之聚合法　393

10.4　熱塑性塑膠的玻璃轉化溫度和結晶度　395
10.5　塑膠材料之加工製程　400
10.6　一般用途之熱塑性塑膠　405
10.7　工程熱塑性塑膠　416
10.8　熱固性塑膠　425
10.9　彈性體（橡膠）　433
10.10　塑膠材料的變形與強化　441
10.11　聚合物材料的潛變與斷裂　445
10.12　總結　451
10.13　名詞解釋　451
10.14　習題　454

第十一章

陶瓷材料　457

11.1　簡介　458
11.2　簡單陶瓷晶體結構　459
11.3　矽酸鹽結構　475
11.4　陶瓷製程　479
11.5　傳統陶瓷與結構陶瓷　485
11.6　陶瓷的機械性質　488
11.7　陶瓷的熱性質　494
11.8　玻璃　497
11.9　瓷膜塗料及表面工程　506
11.10　奈米科技及陶瓷　507
11.11　總結　508
11.12　名詞解釋　509
11.13　習題　511

第十二章

複合材料　513

12.1　簡介 Introduction　514
12.2　強化塑膠複合材料所使用之纖維　516
12.3　用於複合材料的基質材料　522
12.4　纖維強化塑膠複合材料　522
12.5　複合積層板的彈性模數之方程式：等應變條件和等應力條件　525
12.6　纖維強化塑膠複合材料之開模式製程　530
12.7　纖維強化塑膠複合材料之閉模式製程　532
12.8　混凝土　534
12.9　瀝青和瀝青混合物　542
12.10　木材　543
12.11　三明治結構　550
12.12　金屬基與陶瓷基複合材料　551
12.13　總結　558
12.14　名詞解釋　558
12.15　習題　561

第十三章

腐蝕　563

13.1　腐蝕與其對經濟的衝擊　564
13.2　金屬的電化學腐蝕　565
13.3　伽凡尼電池　568
13.4　腐蝕速率（動力學）　579
13.5　腐蝕的類型　586
13.6　金屬的氧化　598
13.7　腐蝕控制　603
13.8　總結　609
13.9　名詞解釋　609
13.10　習題　611

第十四章

材料的電性質　613

14.1　金屬的電傳導性質　615
14.2　電傳導的能帶模型　623
14.3　本質半導體　625
14.4　外質半導體　631
14.5　半導體元件　640
11.6　微電子　644
14.7　化合物半導體　653
14.8　陶瓷的電子性質　655
14.9　奈米電子學　663
14.10　總結　664
14.11　名詞解釋　665
14.12　習題　667

第十五章

光性質與超導材料　669

15.1　前言　670
15.2　光與電磁光譜　671
15.3　光的折射　672
15.4　光線的吸收、透射及反射　674
15.5　發光　678
15.6　輻射與雷射的受激放射　680
15.7　光纖　684
15.8　超導材料　689
15.9　名詞解釋　695
15.10　習題　696

第十六章

磁性質　697

16.1　序言　698
16.2　磁場與磁量　698
16.3　磁性的類型　702
16.4　溫度對鐵磁性的影響　707
16.5　鐵磁性的磁域　707
16.6　決定鐵磁域結構的能量類型　708
16.7　鐵磁性金屬的磁化與去磁化　712
16.8　軟磁材料　713
16.9　硬磁材料　719
16.10　鐵氧磁體　724
16.11　總結　729
16.12　名詞解釋　729
16.13　習題　732

第十七章

生物材料與生醫材料　735

17.1　序言　736
17.2　生物材料：骨頭　737
17.3　生醫材料：肌腱和韌帶　742
17.4　生醫材料：關節軟骨　749
17.5　生醫材料：生醫應用中的金屬　752
17.6　生醫應用中所使用的聚合物　757
17.7　生醫應用中所使用的陶瓷材料　761
17.8　生物醫學應用中所使用的複合材料　765
17.9　生醫材料的腐蝕　767
17.10　生醫材料的磨損　768
17.11　組織工程　771
17.12　總結　772
17.13　名詞解釋　772
17.14　習題　774

附錄　776
參考文獻　781
部分習題解答　784
名詞索引　785

CHAPTER 1

材料科學與工程導論
Introduction to Materials Science and Engineering

(Source: NASA)

(Source: Daniel Casper/NASA)

美國太空總署所提出最令人興奮的任務之一是在 2030 年代讓人類前往火星的旅程。通過讓人類實際存在於火星上來回答的科學問題太多,而且非常令人興奮。一個由三個人造衛星和兩個活躍的火星車所組成的隊伍已經在火星上並且圍繞火星運行,藉以收集更多有關此紅色星球的更多資訊替未來的載人勘探鋪路。美國太空總署的工程師和美國洛克希德‧馬丁等航空公司正在組建太空發射系統火箭,這系統將使獵戶座太空船得以進入其載人火星任務。考量到為了建造獵戶座太空船並完成這項任務所需的技術和工程知識,以下是美國太空總署和洛克希德‧馬丁公司在製造太空船時所需考慮的一些工程和材料相關問題。

壓力測試:獵戶座太空艙,稱為鳥籠,有一個位於下方的焊接金屬結構,包含了在發射、太空航行、重返和著陸期間船員所必須要的氣體。太空艙將為太空人提供生活起居的空間,並且必須承受得住發射和降落期間的負荷。至關重要的是,該結構能夠承受旅程中最大的內部加壓需求。什麼金屬適合用在底層結構呢?那個金屬又應該有什麼屬性呢?

絕熱瓦黏合:在重返地球時,獵戶座太空船將以每小時 25,000 哩的速度進入地球大氣層,並將暴露在超過 5000°F 的極高溫度下。上述提及的獵戶座太空船的鳥籠無法在如此

> **學習目標**

到本章結束時,學生將能夠:
1. 描述材料科學與工程這個科學學科。
2. 舉出材料之主要分類。
3. 說明各種材料之獨特特性與特徵。
4. 於各種材料中舉出一例,並說明數種應用該材料的方式。
5. 評估自己對材料之了解程度。
6. 當需要為了不同的應用而選擇材料,了解材料科學與工程之重要性。

高的溫度下操作,因此需要熱防護系統。除了隔熱罩之外,美國太空總署將使用大約 1300 個陶瓷絕熱瓦來保護膠囊。為何使用陶瓷絕熱瓦呢?它們擁有哪些特性使得用它們作為熱保護系統是具有吸引力的?什麼是隔熱罩?它們又該擁有哪些特性?

　　飛行系統與子系統:為了讓獵戶座太空船能夠工作和通信,它需要擁有航空電子設備,包括電力存儲和傳送、熱控制系統、機艙壓力監控、通信指揮、資料數據處理、指導、導航和控制,推進和電腦。這些操作所需的大量感測器和致動器需要使用先進的電子材料。電子材料在太空旅行中的應用是什麼?為什麼這些材料對任務的成功至關重要?

　　震盪測試:獵戶座太空船會因與地球大氣相互作用而受到震動。至關重要的是太空船能夠承受這些震動,並且所有結構或電子系統必須在極端條件下運行。美國太空總署使用兩個電磁震動器對獵戶座艙進行了測試,並將其暴露在 5 Mhz~500 Mhz 的震動頻率範圍內。可以採用什麼策略來減震?什麼材料有利於減震?

　　這些只是美國太空總署和洛克希德·馬丁公司的工程師在製造這一個複雜系統時所提出的一些問題、測試和考慮因素。你能想到其他需要考慮的問題嗎?材料科學與工程這學科在回答這些問題中所扮演的角色是什麼?

■ 1.1　材料與工程 Materials and Engineering

　　人類、材料 (material) 與工程學一直不斷在進步。我們所有人都生活在一個充滿動態變化的世界裡,材料當然也不例外。歷史上,文明的進步取決於其所使用材料的改善。史前時代的人類所使用的材料受限於石頭、木材、骨頭與皮毛等。隨著時代的演進,由石器時代進入了較近期的青銅或鐵器時代。請留意,這樣的進展並不是在各地均衡發展的。即便以微觀尺度來觀察,這在本質上也是正確的事實。即使今日,我們可以獲得的材料仍然受限於只能從地殼和大氣中取得(表1.1)。根據韋氏字典，材料可以定義為構成或製造某物的物質。雖然這個定義很廣泛，但從工程應用的角度來看，它涵蓋了幾乎所有相關情況。

將材料生產和加工為成品是我們目前經濟中的重要組成。工程師要設計其所要製造的產品，也要設計與生產有關的加工製程系統。由於製備產品需要利用各種不同材料，工程師應該了解材料的內部結構和性能，以及從材料製備為組件的方法，以便他們可以為每種應用選擇最合適的材料並開發最佳的加工方法。

研發工程師會創造新材料或修改現有材料的性質。設計工程師則會利用現有的、修改過的或新的材料來設計與創造新產品和新系統。有時候，設計工程師會需要研發人員開發出新材料來解決設計上面臨的問題。

舉例來說，設計超音速客機 (X-planes) 的美國太空總署工程師需要在引擎的環境中使用一種能夠承受至少 1800°C 高溫的材料，以便讓此客機的飛行速度達到 12 至 25 馬赫(即 12~25 倍的聲速)。不但如此，這些超音速客機還需要滿足現今社會的各種需求，例如：飛航的更「綠」(例如對環境破壞較少與使用再生能源)、更安全與更安靜。

最需要材料科學家和工程師人才的領域非太空探索莫屬。國際太空站 (International Space Station, ISS) 和火星探測車 (Mars Exploration Rover, MER) 的設計與建造就是太空研究的實例，且絕對需要最好的材料科學家和工程師。國際太空站是一個在太空中以 27,000 km/h 速度移動的大型研究實驗室。其所使用的建材必須要能在與地表完全不同的環境下正常的運作(見圖 1.2)。材料務必輕巧，以便減少在發射過程

表 1.1 地球的地殼和大氣中最常見元素的重量及體積百分率

元素	在地殼中的重量百分率
氧 (O)	46.60
矽 (Si)	27.72
鋁 (Al)	8.13
鐵 (Fe)	5.00
鈣 (Ca)	3.63
鈉 (Na)	2.83
鉀 (K)	2.70
鎂 (Mg)	2.09
總計	98.70

氣體	在乾空氣中的體積百分比
氮氣 (N_2)	78.08
氧氣 (O_2)	20.95
氬氣 (Ar)	0.93
二氧化碳 (CO_2)	0.03

圖 1.1 美國太空總署的 X-plane 正處於初步設計階段，預計將由 Quiet Supersonic Technology (QueSST) 建造。新設計的目標是只需要燃燒一半燃料，減少 75% 的污染，並且即使在超音速飛行期間也比傳統噴射更安靜。

(Source: NASA)

圖 1.2 國際太空站。
(Source: NASA)

中的重量。太空站外殼也必須能抵擋來自於微小流星體和人造碎片的撞擊。太空站內部約為 15 psi 的氣壓會不斷地壓迫太空艙。此外，太空艙還得要能經得起發射時產生的巨大壓力。火星探測車的材料選擇也是一個挑戰，尤其是這些材料必須能抵抗夜間低達 −96°C 的溫度。這些和其他限制將複雜系統設計中材料選擇的困難度推到了極限。

工程設計與其使用的材料不斷地在改變，而這個改變仍然持續加速中，沒有人能夠預測未來可能的材料設計與使用的發展。1943 年時，有人預測美國的富豪將擁有自己的自動飛機。這個預測差多了！在那同時，電晶體、積體電路和電視 (彩色與高畫質) 均未受到重視。僅僅在 30 年前，很多人都不會相信電腦會成為家中類似電話或冰箱的常見電器。今天，我們仍然很難相信太空旅行將會商業化，或是人類將可殖民火星。科學和工程終會將遙不可及的夢想變成現實。

找尋新材料的研究仍然在持續進行。從材料科學和工程領域的新進展中受益匪淺，需要在日常運營中擁有大量材料專家的行業包括了：航太、汽車、生物材料、化學、電子、能源、金屬和電信。這些不同工業領域關注不同材料的發展。例如，在航空航天和汽車工業中，重點主要是結構性的材料和發動機材料。在生物材料工業，重點是生物相容性材料 (可在人體中使用) 以及合成生物材料和組件。在化學工業中，重點是傳統化學品、高分子聚合物和先進陶瓷。在電子工業中，電腦和商用電子產品中使用的材料最被看重。在能源工業中，用於取得化石能源和可再生能源的材料是重點項目。每個工業也在其看中的材料中尋求不同的特性。這些特性與各工業所看重的特性項目列於表 1.2 中。

最近，奈米材料領域引起了全世界科學家和工程師的極大關注。奈米材料的新穎結構、化學和機械性質，使得這些材料在各種工程和醫學問題中，開創了新的和令人激動的許多可能性。這些只是工程師和科學家為多種應用尋找新的與改進的材料和工藝的幾個例子。在許多情況下，昨天不可能的事，今天卻成為了事實。

各種領域的工程師都應了解工程材料的基本知識與其應用，以便使自己的工作更有效率。本書主要為介紹工程材料內部結構、特性、製程及應用的基本入門。由於此領域過於龐大，本書只能以有限篇幅挑選重要的部分作介紹。

表 1.2　在某些工業中使用先進材料及其所需特性

所需特性	航太	汽車	生物材料	化學	電子	能源	金屬	電信
輕盈且堅韌	✓	✓	✓					
耐高溫	✓			✓		✓	✓	
耐腐蝕	✓	✓	✓	✓			✓	
快速轉變					✓	✓		✓
有效率的製造	✓	✓	✓	✓	✓	✓	✓	✓
近淨成型	✓	✓	✓	✓	✓	✓	✓	✓
可回收再利用		✓		✓			✓	
可預測其服務壽命	✓	✓	✓	✓		✓	✓	✓
可預測其物理性質	✓	✓	✓	✓				✓
材料數據庫	✓	✓	✓	✓	✓	✓		✓

(Source: National Academy of Sciences.)

1.2　材料科學與工程 Materials Science and Engineering

材料科學 (materials science) 主要是研究材料內部結構、特性與製程的基本知識，材料工程 (materials engineering) 則是著重於材料相關基本與應用知識的使用，使材料轉變為社會所需的產品。材料科學與工程 (materials science and engineering) 則是結合了這兩個領域，且是本書的主題。材料科學著重材料的基礎理論端，材料工程著重材料的應用端，兩者之間沒有特定的分界 (見圖 1.3)。

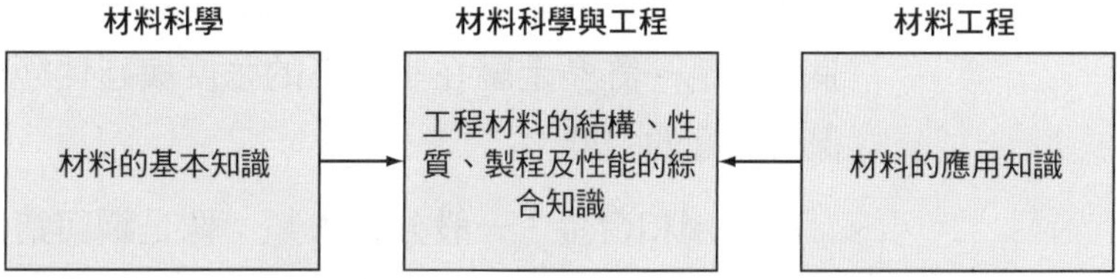

圖 1.4 說明了基礎科學 (及數學)、材料科學與工程以及其他工程學門間的關係。圖的中心是基礎科學，而各種工程學門 (機械、電子、土木、化學等) 則圍繞在最外圈。至於應用科學、冶金學、陶瓷學和高分子聚合物科學則位在中間。材料科學與工程顯然是基礎科學 (及數學) 和工程學門之間的橋樑。

圖 1.3　材料的知識範圍。運用材料科學與材料工程的綜合知識，讓工程師有能力將材料製成人們需要的產品。

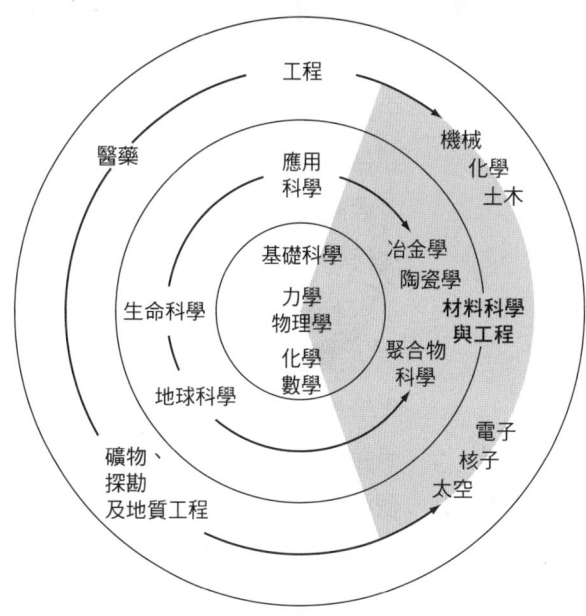

圖 1.4　此圖說明了材料科學與工程是基礎科學和工程學門之間的橋樑。

(Source: National Academy of Sciences.)

■ 1.3 材料的種類 Types of Materials

工程材料大多可以分為三類：**金屬材料** (metallic materials)、**高分子聚合物材料** (polymeric materials) 及**陶瓷材料** (ceramic materials)。我們會在本章中依據其重要的機械、電性及物理性質來加以區分，然後在後面幾章分別探討這幾類材料在結構上的差異。除了這三種主要類別外，我們還會介紹兩種應用類別—**複合材料** (composite material) 與**電子材料** (electronic material)，這兩種材料在工程上都相當重要。

1.3.1 金屬材料

金屬材料屬於由一種多種金屬元素所組成的無機物質，也可能包含一些非金屬元素。鐵、銅、鋁、鎳與鈦等都是金屬元素，而像是碳、氮與氧等非金屬元素也可以存在於金屬材料中。金屬擁有規則排列的原子結晶構造，多半是熱與電的良好導體。許多金屬在室溫下的強度與延性極佳，而也有許多金屬在高溫下也能保持良好的強度。

金屬和合金[1]一般分兩大類：像是鋼與鑄鐵的**鐵基金屬及合金** (ferrous metal and alloy)，其中鐵元素的占比很高。以及像是鋁、銅、鋅、鈦與鎳的**非鐵基金屬及合金** (nonferrous metal and alloy)，沒有或是只包含少量的鐵元素。由於鋼及鑄鐵的使用和生產比例遠高於其他合金，才會用這種區分方式。

金屬合金或純金屬均廣泛用於各類產業，包括航太、生物醫學、半導體、電子、能源、土木結構和運輸等。美國生產的金屬量，像是鋁、銅、鋅和鎂，緊緊關係著美國的經濟。例如，僅考慮在美國，基礎金屬產品製造業在 2014 年就產出了大約等值 2,800 億美元的產品。鋼與鐵的產品 (占基礎金屬總量的 41%) 始終保持穩定，這是考慮到全球的競爭與經濟因素。

材料科學家和工程師們不斷地嘗試提高現有合金的性能，同時設計並生產具有更佳強度、高溫強度、潛變和疲勞屬性的新合金。現有的合金可以透過加強其化學性質、控制組成和處理技術而加以改善。例如，在 1961 年，飛機空氣渦輪的渦輪機翼上已能使用經過改善的鎳基、鐵鎳鈷基**超合金** (superalloy)。「超合金」這個名詞源自此合金在將近 540°C (1000°F) 的高溫和高壓下仍能保持良好性能。圖 1.5 顯示一個主要由金屬合金與超合金所製成的 PW-4000 空氣渦輪引擎。圖 1.6a

---

[1] 合金金屬就是一種或兩種以上金屬的組合，或是金屬與非金屬的組合。

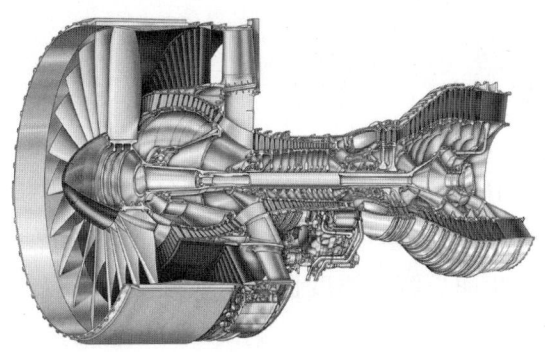

圖 1.5 此飛機渦輪引擎 (PW 4000-112″) 主要由金屬合金製成，使用了最新發展的耐高溫、耐熱和高強度的鎳基合金。這個引擎具有許多先進技術與服務成熟的技術來強化操作的表現與耐久性，包括第二代的單晶體渦輪葉片材料、粉末金屬碟以及改良的數位電子控制技術。
(©United Technologies Corporation - Pratt & Whitney Division)

和圖 1.6b 顯示了類似於 PW-4000 空氣渦輪引擎中的葉扇與壓縮機。引擎內部的合金必須能承受引擎在運轉時所產生的高溫和高壓。到了 1980 年，改良的鑄造技術可以生產出定向固化的柱狀結晶 (4.2 節) 和單晶鑄造鎳基合金供壓縮機使用，也可以生產出鈦合金供葉扇使用。到了 1990 年代，單向固化的柱狀結晶鑄造合金已經成為許多飛機空氣渦輪應用的標準材料。超合金在高溫下的性能越好，飛機引擎的效率就越提高。

為了顯示應用的多樣性，上面討論的許多金屬合金如鈦合金，不鏽鋼和鈷基合金也用於生物醫學應用，包括骨科植入物、心臟瓣膜、固定裝置和骨螺釘。這些合金材料提供了高強度、剛性和生物相容性。生物相容性非常重要，因為人體內部環境對這些材料的腐蝕性極高，所以這些材料必定不可受到環境影響。

除了更好的化學性質與成分控制，研究人員和工程師也致力於改善這些材料的加工技術。像是等熱壓和等溫鍛造 (11.4 節) 等製程可改善合金的疲勞壽命。

(a)

(b)

圖 1.6 類似用於 PW-4000 空氣渦輪引擎的 (a) 葉扇與 (b) 壓縮機。
((a) ©SteveMann/123RF; (b) ©MISS KANITHAR AIUMLA-OR/Shutterstock)

此外，因為有些合金可以由較低成本的製程獲得較好的性能，粉末冶金技術(11.4節)的研發也很重要。

1.3.2 聚合物材料

大部分聚合物是由有機(含碳)長分子鏈或分子網路所組成。多數聚合物材料的結構屬於非結晶相，但有些則是結晶相與非結晶的混合。一般來說，聚合物材料的的密度低，軟化與裂解的溫度也低。聚合物材料的強度與延展性差異甚大，由低強度且高可變形度(橡皮筋)，到高強度、低可變形度且高耐久性的材料都有(輪胎用的硫化橡膠)。由於聚合物材料內部結構本質的關係，大部分聚合物材料皆非良導電體，有些甚至被用來作為好的絕緣體。數位錄影光碟(digital video disk, DVDs)(圖1.7a)、車用輪胎與鞋底材料是聚合物材料應用的近期範例。這些應用顯示了聚合物材料在我們日常生活中的廣泛應用與重要性。

塑膠材料是美國史上與全世界上成長最快的基礎材料。當考慮所使用的重量，由1976年到2010年的使用量已經成長大概500%。(圖1.8a)。在如汽車、包裝和建築這種適合的產業且需求量較大的市場，塑膠逐漸地取代金屬、玻璃及

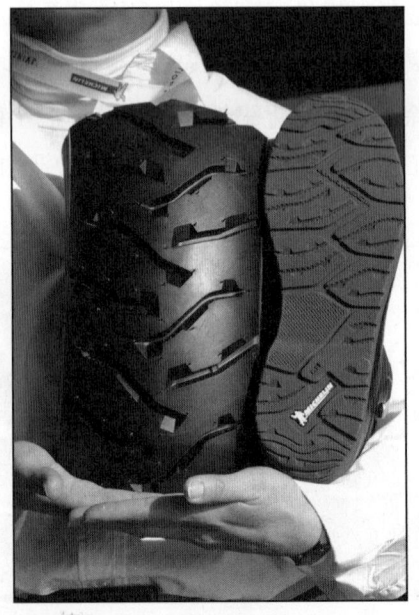

圖1.7 (a) 塑膠樹脂製造商正致力於研發用於DVD的超純、高流量等級的聚碳酸酯塑膠；(b) 合成橡膠由於其強度、耐久性和熱穩定性而經常用於輪胎結構中。

((a) ©PhotoDisc/Getty Images; (b) ©THIERRY ZOCCOLAN/AFP/Gatty Images)

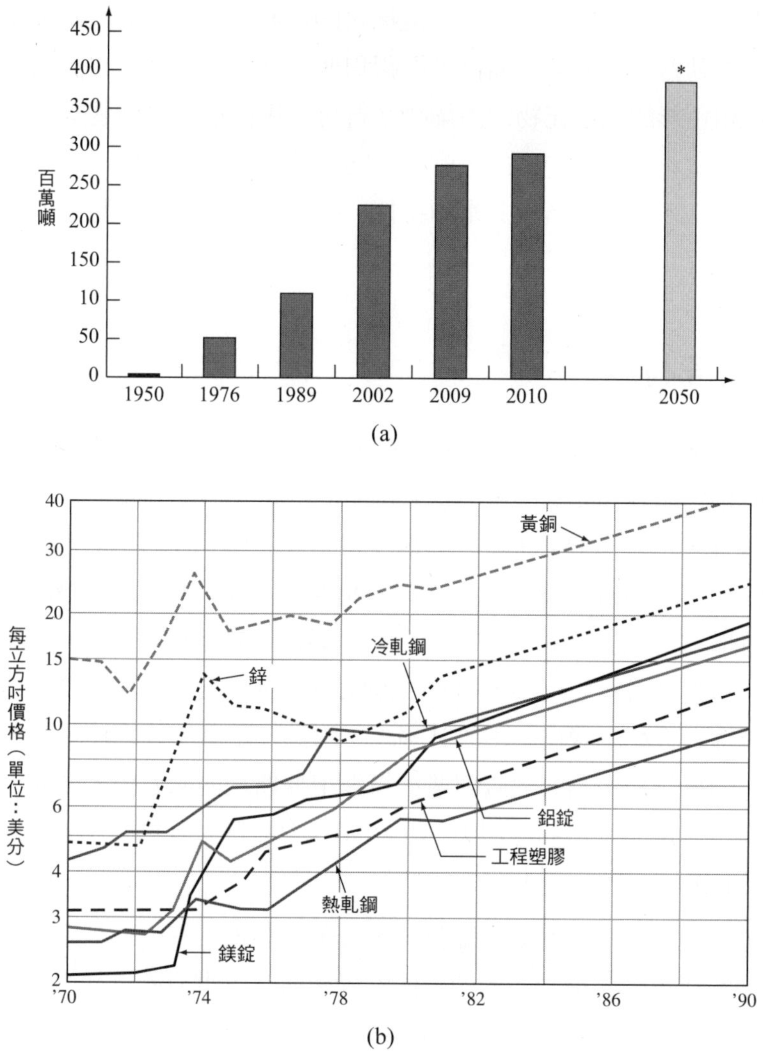

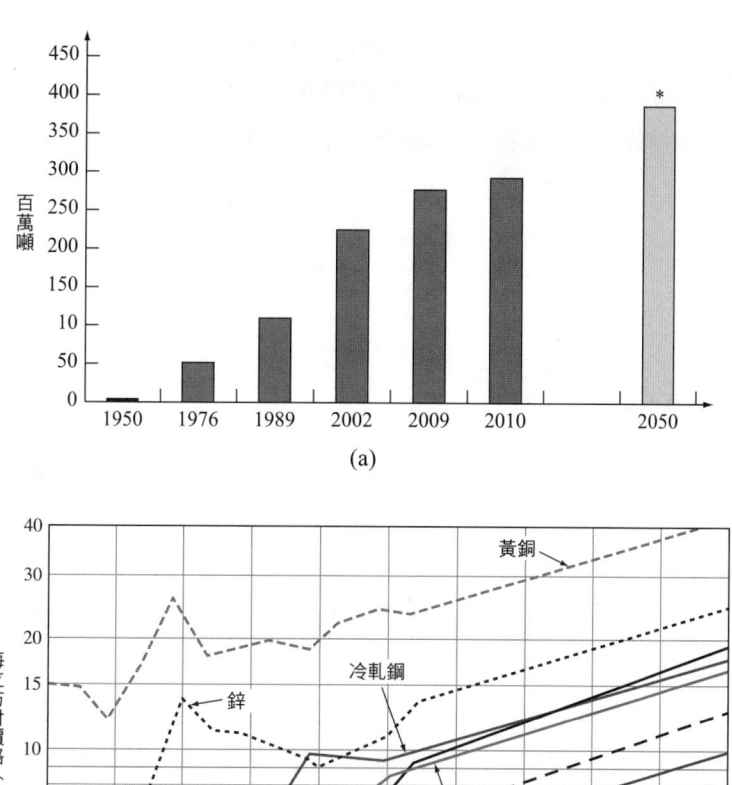

圖 1.8 (a) 世界上每年的塑料生產量。此圖顯示，從 1977 年的約 5,000 萬噸生產量增加到 2010 年的幾乎 3 億噸生產量。到 2060 年，預計塑料生產量將超過 3.5 億噸；(b)1970~1990 年之工程塑膠樹脂對某些常見金屬的歷史與預期競爭成本。跟冷軋鋼和其他金屬相較，工程塑膠被認為具競爭力。

((a) Source: *Algalita*; (b) Source: *Modern Plastics*, August 1982, p.12, and new data, 1998.)

紙。由 1970 年到 1990 年，根據某些基於成本考量的預測，像是尼龍這類的工程塑膠與金屬比較起來仍然可以有競爭力 (圖 1.8b)。

　　塑膠供應工業愈來愈重視聚合物 - 聚合物混合物，也稱為合金或**混摻物** (blend) 的開發，以達到某些單一聚合物做不到的應用。由於混摻物是由已知性質的聚合物來製造，因此開發成本不但較低，而且比合成一個全新的聚合物還更可靠。例如，彈性體 (變形能力極強的聚合物材料) 通常會與其他塑膠混合，以改

善材料的衝擊強度 (impact strength)。混摻物的重要應用，包括汽車保險桿、電動工具外殼、運動器材及通常是混合了橡膠和聚氨酯的室內跑道的合成元件。混合了多種纖維和色彩鮮豔填充物的丙烯酸塗料可以用於網球場和遊樂場的地面。也有其他聚合物塗料會用來防腐蝕、刺激性的化學環境、熱衝擊、消耗和磨損。基於低成本與在許多應用上具有適當的特性，找尋新的聚合物與混合物的研究將會持續下去。

1.3.3 陶瓷材料

陶瓷材料屬於無機材料，是由金屬與非金屬元素透過化學鍵結所組成。陶瓷材料可能是結晶體、非結晶體，或是兩者的混合。大部分陶瓷材料的硬度高，高溫強度也強，但是易碎 (在斷裂前很少或是沒有變形)。陶瓷材料可以分類為 (1) 傳統陶瓷材料，像是玻璃、黏土和耐火材料等，通常應用於建築與熔煉製程。(2) 先進工程陶瓷，包含了碳化矽與氧化鋁，通常用於進階的應用，例如製造業與汽車工業。陶瓷材料在應用於工程時的優點包括重量輕、強度及硬度高、耐熱及耐磨耗、摩擦力低和絕緣佳。由於其絕緣、耐熱及耐摩擦等特性，多數傳統陶瓷可作為例如鋼材這種金屬的熱處理爐和煉鋼熔煉爐之內部爐襯。先進工程陶瓷元件正在尋求通常用於金屬的應用方式，例如汽車引擎、飛機引擎 (圖 1.9) 與高性能軸承 (圖 1.10)。

像是瓷磚與磚頭這種傳統陶瓷材料，在美國歷史上的成長率主要是由在美國與世界各地的建築業來推升。例如，僅就瓷磚而言，世界產量從 2009 年的 86 億平方公尺增加到 2013 年的 119 億平方公尺，增長了約 40%。全球玻璃和先進陶瓷的銷售增長在 2010 年達到了 176 億平方公尺，這是由於其於電子產品的應用 (占比高)、光學、醫療照護與航太產業。在這些市場中使用陶瓷的趨勢預計將繼續以 5% 至 7% 的速度增長。

在過去數十年，全新且特性更優良的陶瓷氧化物、氮化物和碳化物已經被開發出來。稱為工程陶瓷、結構陶瓷或**先進陶瓷** (advanced ceramic) 的新一代陶瓷材料具有更高的強度、更好的耐磨性和耐蝕性 (即使溫度更高) 和更強的耐熱衝擊性 (突然暴露在極高或極低的溫度下)。這些先進陶瓷包括了氧化鋁 (氧化物)、氮化矽 (氮化物) 和碳化矽 (碳化物)。

先進陶瓷在航太上的一個重要應用是在太空梭上使用陶瓷磚。由碳化矽所組成的陶瓷磚能夠作為隔熱板，並當熱源移除後能快速恢復到正常溫度。在太空梭升空和返回地面進入地球大氣層的過程中，這些陶瓷材料能夠保護內部的鋁結構

圖 1.9　(a) 先進引擎使用的新一代工程陶瓷材料實例。黑色物件包括了使用氮化矽製成的引擎閥、閥座嵌環與活塞銷，白色物件為氧化鋁陶瓷材料製成的氣門歧管襯裡；(b) GE 航空集團的下一代自適應發動機技術使用先進的工程陶瓷來證明其在高應力、高溫噴氣發動機環境中的有效性。

((a) Courtesy of Kyocera Industrial Ceramics Corp.; (b) Courtesy of GE Aviation)

(見圖 11.39 與 11.40)。先進陶瓷的另一個能展現出這種材料的多功能性、重要性和未來發展的功能是它能被用作切削刀具材料。例如，具有高抗熱衝擊性和斷裂韌性的氮化矽是優異的切削工具材料。

陶瓷材料的應用是真正的無可限量，因為它們可以應用於航空航天、金屬製造、生物醫學、汽車和許多其他行業。陶瓷材料有兩個主要缺點：(1) 難以加工成為最終成品，因此費用昂貴；(2) 相較於金屬，陶瓷材料易脆且斷裂韌性低。只要陶瓷能提高高韌性，這些材料將引領工程應用的熱潮。

圖 1.10　以鈦金屬和氮化碳原料透過粉末金屬技術所製成的高性能陶瓷滾珠軸承與座圈。

(©Editorial Image, LLC/Alamy)

1.3.4 複合材料

複合材料 (composite material) 是由至少兩種材料 (相或成分) 所組成的新材料，整體複合材料的性質會不同於原本任何單一成分的性質。大部分的複合材料包含特定填充或強化材料及可相容的樹脂黏合劑，以便達到想要的特性及性質。各種成分通常不會互相溶解，而且彼此材料間會存在著界面。複合材料有很多種，主要為纖維狀 [由基質 (matrix) 中的纖維 (fiber) 所組成] 與顆粒狀 [由基質 (matrix) 中的顆粒 (particle) 所組成]。許多不同強化材料與基質材料的組合已經用於製造複合材料。例如，基質材料可以是金屬 (例如鋁)、陶瓷 (例如氧化鋁) 或聚合物 (例如環氧聚合物)。依據基質材料的不同，複合材料可分為金屬基複合材料 (metal matrix composite, MMC)、陶瓷基複合材料 (ceramic matrix composite, CMC) 或聚合物基複合材料 (polymer matrix composite, PMC)。從這三類材料中，也可選出纖維或顆粒材料，如碳、玻璃、醯胺、碳化矽等。複合材料的材料組合設計主要是取決於應用類型與使用環境而定。

複合材料已取代了許多金屬元件，尤其是在航太、航空電子設備、汽車、土木結構和運動器材工業。未來，這些複合材料每年預計使用量會增加 5% 左右，主要是因為複合材料具有高強度和剛度重量比。一些先進複合材料的剛度與強度和結構金屬合金相似，但密度低，因此使得零組件重量相對較輕。這些特性使得先進複合材料非常具有吸引力，尤其是當零組件重量是重要關鍵時。類似於陶瓷材料，一般大部分複合材料的主要缺點是易碎和斷裂韌性低。在某些情況下，這些缺點可以透過適當地選擇基質材料而改善。

輕質先進複合材料的主要用戶之一是航太工業 (圖 1.11a)。例如，商用航太領域的複合材料使用量在 1990 年代接近 6%，而 2014 年在波音 787 和空中巴士 350 等先進飛機中的使用量超過 50%。用於航太工程應用上的兩個優質現代複合材料是在聚脂或環氧基質中的玻璃纖維增強材料，以及在環氧基質中的碳纖維材料。圖 1.11b 顯示 C-17 運輸機的機翼及引擎使用碳纖維環氧樹脂複合材料的位置。自從這些飛機成功建造後，節省成本的新製造流程與相關修正也已被納入 (見 *Aviation Week & Space Technology*, June 9, 1997, p.30)。

1.3.5 電子材料

電子材料並不是產量最大的材料種類之一，但對先進工程科技而言極為重要。電子材料在半導體工業中的應用，特別是用於行動電話、電子晶片、積體電

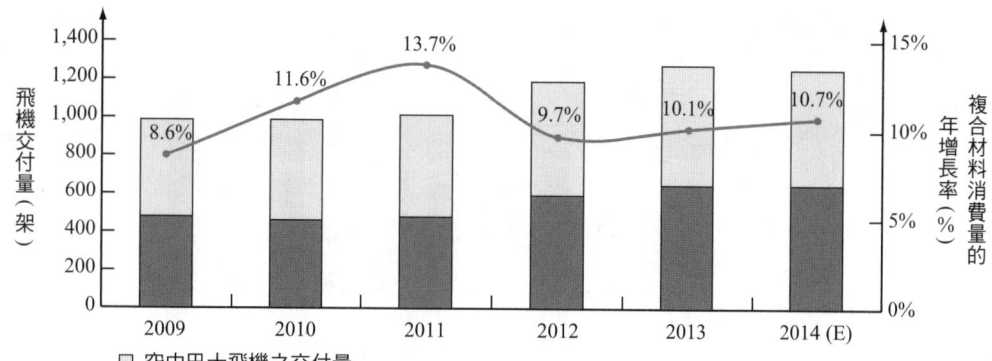

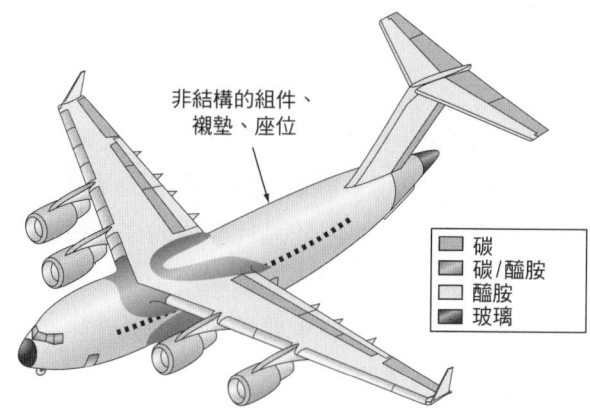

圖 1.11 (a) 空中巴士和波音所製作的飛機中，複合材料消耗量的年增長率；(b) 概觀空軍 C-17 運輸機內使用的多種不同複合材料零件。此飛機的機翼展開有 165 ft，使用了 15,000 lb 的先進複合材料。

((a) Source: *Composite Manufacturing Magazine*, 2015; (b) Source: *Advanced Composites*, May/June 1988, p. 53.)

路、平面顯示器和黃光印刷將繼續推動這類材料的市場。最重要的電子材料是純矽，其電特性可以透過各種方法而改變。許多複雜的電子電路可以微小化到面積僅 1.90 cm² (3/4 in.²) 的矽晶片上 (圖 1.12)。許多新產品得以因此而誕生，像是通訊衛星、高端電腦、手持計算機、電子錶與機器人等。

在過去幾十年中，在固態和微電子元件裡使用矽和其他半導體材料已顯示出巨大的增長，並且這種增長模式預期將會繼續下去。據報導，

圖 1.12 現代微處理器有許多插座，如同照片中英特爾 Pentium II 微處理器所示。

(©IMP/Alamy RF)

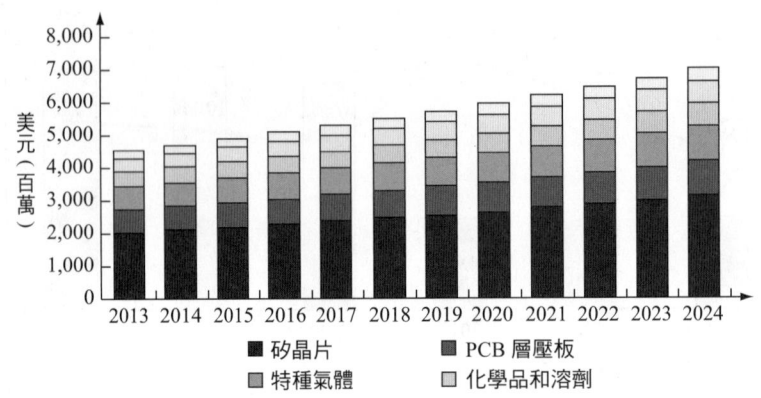

圖 1.13　電子材料和化學工業的收入歷史，並以應用分類，包括：矽晶片、印刷電路 (PCB) 層壓板以及相關的氣體、化學品和溶劑。
(Source: Grand View Research)

2015 年電子材料及相關化學品的市場規模為 700 億美元 (圖 1.13)，這個增長會持續下去且預計在 2024 年達到 700 億。該圖顯示了矽作為半導體工業中的主要材料和化學品作為加工材料的重要性。使用矽晶片製成的集成電路的電腦和其他工業設備的影響非常大。自動化機器人對現代製造業所帶來的全面影響仍有待觀察。電子材料無疑將在「未來工廠」中扮演重要角色，因為在未來，幾乎所有的製造都可能會透過電腦控制的工具與機器人完成。

單一矽晶片上積體電路裡的電晶體密度逐年成長，而大小逐年下降。例如，在 2005 年時，矽晶片上點對點解析度為 0.1 μm。對於一個 520 mm² 面積大小的晶片而言，在晶片上電晶體的總數達到 2 億個。隨著奈米科技的發展，預計將製造出具有大量電晶體的較小集成電路，從而產生更快更強大的電腦。

1.4　材料間的競爭 Competition Among Materials

隨著世界人口的增長和中國、韓國和印度等新興市場的快速經濟成長超過了人口成長，預計所有材料的人均消費量將增加。在這種成長和消費的環境中，材料相互競爭現有市場和新市場。在經過一段時間後，基於某些原因，使得一種材料可以替代另一種材料並用於某些應用。成本當然是一個原因。假設某種材料的製造成本能夠大幅降低，就可能會取代另一種材料。新開發出的材料性質是另一個可能原因。因此，材料的使用會隨時間改變。例如，從 1961 年到 2012 年，全球鋼材消費量增長了 426％，鋁材增長了 945％，水泥 (陶瓷建築材料) 增長了 1100％，木材增長了 160％，聚合物和塑膠增長了 4800％。這些不同的增長數字

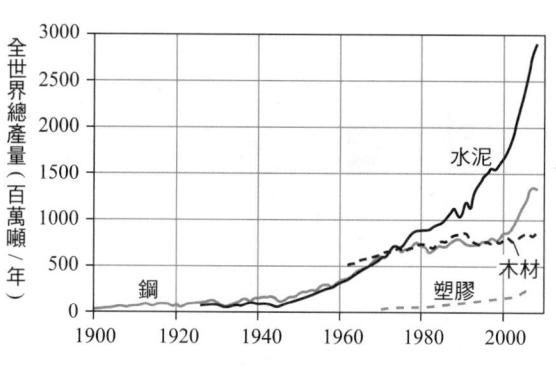 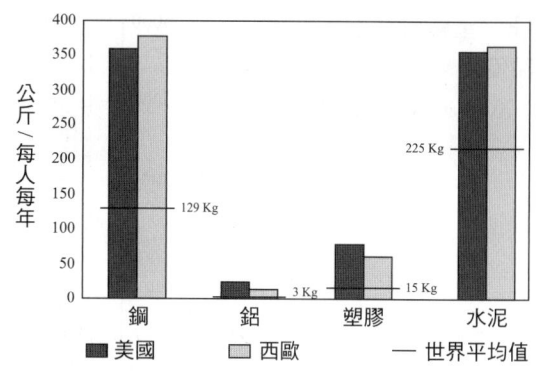

圖 1.14 (a) 在重量 (百萬噸) 的基礎上來看四種主要在美國生產的材料的競爭。水泥和聚合物 (塑膠) 生產的迅速增長是顯而易見的；(b) 特定材料在美國和西歐中的平均每人使用量。

((a) Source: J.P. Birat et al. *Revue de Metallurgie* 110, 95-129 (2013); (b) Source: Grida)

表示了所有行業的材料使用競爭激烈 (金屬彈簧被塑膠彈簧取代；金屬飛機和汽車車身部件被塑膠和複合材料取代；鑄鐵引擎被鋁合金引擎取代；木製網球拍被鋁或聚合物複合球拍取代)。

圖 1.14a 顯示了過去不同材料在美國的年生產重量的變化。圖中顯示，直到 1970 年代，水泥和鋼鐵的增長速度大致相同，但建築業的需求加快了對水泥的需要，其速度遠遠超過鋼鐵。自 1960 年以來，木材和聚合物塑膠的產量顯著增加。若以體積來看，聚合物的產量增加甚至更加顯著，因為它們是輕質材料。美國和西歐的一些特定材料 (包括鋼鐵、鋁、塑膠和水泥) 的人均消費量顯示在圖 1.14b。

材料間的競爭在美國的汽車市場上更是顯著。在 1970 年時，美國汽車平均重量為 1,100 kg，其中鑄鐵、鋼與其他金屬約占 79%，塑膠與橡膠約占 8%，其他材料 (複合物與陶瓷) 則占 14%。到了 2010 年，美國汽車平均重量為 1,400 kg (大車)，其中金屬占 61%，塑膠與橡膠約占 22%，其他材料則占 20%。也就是說，在 1970 年到 2010 年間，鑄鐵與鋼的占比下降，聚合物增加，其他材料則些微增加。在 1997 年，美國汽車平均重量為 1,476 kg (3248 lb)，塑膠比重約達 7.4% (圖 1.15)。這個趨勢顯示，汽車製造中鋁與先進高強度鋼材的用量較多，而傳統鋼材與鑄鐵較少，高分子與塑膠的占比則增加 (圖 1.16)。

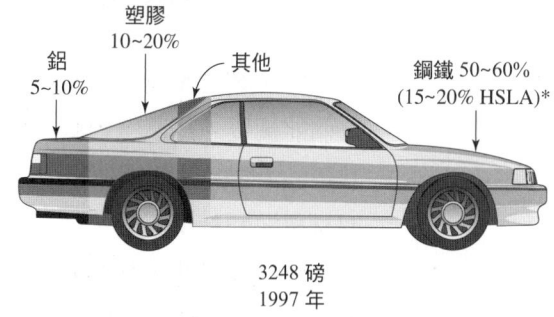

圖 1.15 1997 年時美國一般汽車使用的主要材料之重量百分率。

圖 **1.16** 美國汽車中的材料預測和使用。
(Source: AG Metal Miner, 2013)

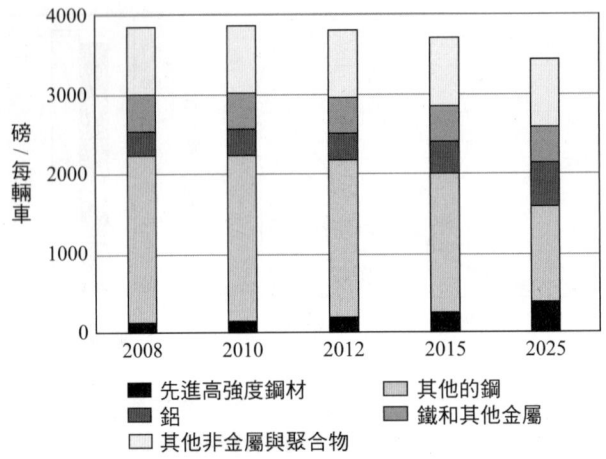

某些應用只能使用特定材料，而這些材料的價格可能較貴。例如，如圖 1.5 所示，現代噴射機引擎需要使用耐高溫之鎳基超合金才可正常運作。這些材料非常貴，目前也無較便宜的材料可以取代。因此，雖然成本很重要，但材料也非符合所設計的特性規格不可。由於目前正在開發新材料並正在開發新製程，因此未來將繼續使用新材料來替換另一種材料。

■ 1.5 材料科學和技術的最新發展與未來趨勢
Recent Advances in Materials Science and Technology and Future Trends

近幾十年來，在材料科學領域進行了許多激動人心的開創性研究，這些對材料科學的未來有著革命性的影響。智慧型材料 (微米尺度元件) 及奈米材料就是兩種會徹底改變所有主要產業的材料。

1.5.1 智慧型材料

一些**智慧型材料** (smart material) 已經存在多年，但是近來有更多新的應用。它們能感覺外部環境刺激 (溫度、壓力、光線、濕度、電場和磁場)，並藉由改變其特性 (機械、電或外觀)、結構或功能以作出反應。有這些能力的材料統稱智慧型材料。智慧型材料或使用智慧型材料的系統是由感測器和致動器所組成。感測器偵測環境變化，然後致動器執行某特定功能或回應。例如，當環境中溫度、光強度或電流改變時，某些智慧型材料會變色或產生顏色。

一些可以作為致動器的智慧型材料是**形狀記憶合金** (shape-memory alloy) 和**壓電陶瓷** (piezoelectric ceramic)。形狀記憶合金為金屬合金，一旦受力變形，只要溫

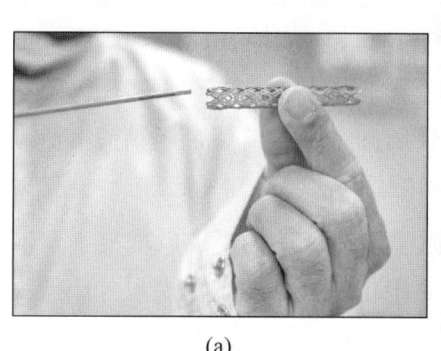
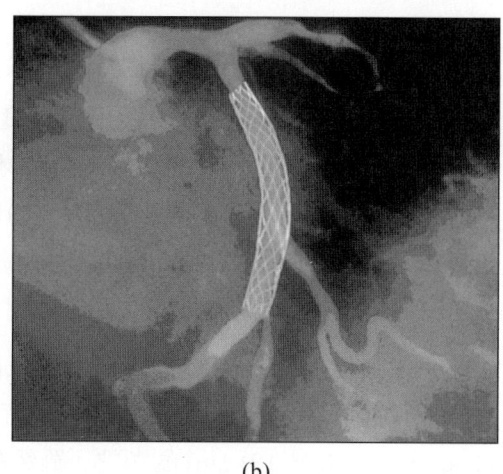

(a)　　　　　　　　　　　　　(b)

圖 1.17　形狀記憶合金可用作支架以擴展狹窄動脈或支撐衰弱的動脈：(a) 探針上的支架；(b) 將支架在受損動脈上固定以提供支撐。

((a) ©Czgur/Getty Images; (b) ©GJLP, CNRI/Science Source)

度到高於轉變溫度 (transformation temperature) 後即可恢復原來形狀。這個形狀的還原是因為晶體結構在溫度高於轉變溫度時會改變回來。在生物醫學上，形狀記憶合金可用於支撐衰弱動脈壁或擴展狹窄動脈的支架 (圖 1.17)。支架會先利用探針傳遞至血管中的適當位置 (圖 1.17a)。當支架的溫度上升達到體溫時，就會擴展至原始的形狀和大小 (圖 1.17b)。擴張或支撐動脈的傳統方法是通過使用藉由球囊擴張的不鏽鋼管，現在的方法與傳統方法比較起來簡便的多。鎳鈦及銅鋅鋁合金都屬於記憶合金。

壓電材料也可用來做致動器。材料在施加機械應力時會產生電場；而外部電場改變時，同樣材料也會產生相對的機械反應。這種材料可以藉由致動器的反應來感測及降低元件的不良振動。只要檢測到振動，電流便會施加到致動器以產生可以抵銷振動效應的機械反應。

我們現在來討論使用智慧型材料與裝置的微米規格系統設計與開發，以進行感測、通信和驅動；這就是所謂的**微機電系統** (microelectromechanical system, MEM)。早期的微機電系統是集合技術、電子材料與智慧型材料於半導體晶片的元件，用來製作**微機械** (micromachine)。當時，微機電系統的微小機械元件是利用積體電路技術組裝在矽晶片上，以成為感測器或致動器。今日的「微機電系統」已涵蓋所有微型設備，包括微幫浦、鎖定系統、發動機、鏡子和感測器等，應用廣泛。例如，汽車的安全氣囊使用微機電系統以感測減速，以及乘客的體型大小，並且會以適當的速度啟動安全氣囊。

1.5.2 奈米材料

奈米材料 (nanomaterial) 一般是指長度 (粒徑、晶粒尺寸、層厚度等) 小於 100 nm (1 nm = 10^{-9} 公尺) 的材料。奈米材料可以是金屬、聚合物、陶瓷、電子或複合材料。因此，小於 100 nm 的陶瓷粉體與塊材金屬顆粒，厚度小於 100 nm 的聚合物薄膜與直徑小於 100 nm 的電線，皆屬於奈米材料或奈米結構材料。圖 1.18 示出一些具有微米和奈米尺度特徵的材料的例子。

在奈米尺度下的材料特性既非分子或原子級，特性也不屬於塊材。奈米材料的早期研究可以追溯到 1960 年代，當時使用化學火焰爐以生產尺寸小於 1 微米 (1 μm = 10^{-6} m = 10^3 nm) 的顆粒。雖然在過去幾十年內已經開始進行了大量的研究和開發，但直到近十年才有顯著進展。早期的奈米材料用於化學催化劑及顏料。長久以來，冶金學家已知金屬在精煉至超細 (次微米大小) 規格時，其強度與硬度會比粗大晶粒 (微米大小) 提升許多。例如奈米結構純銅的降伏強度 (yield strength) 是粗晶粒銅的 6 倍。

近期會特別對這些材料關注的原因可能是由於 (1) 新工具的開發使研究人員得以對這些材料進行觀察和量測特徵，並且 (2) 處理和合成奈米結構材料的新方法開發出來後，使得研究人員得以更容易地且更有效率的生產這些材料。

奈米材料未來的應用潛能無限，但仍需克服一些障礙，其中之一就是如何能有效且低價地生產這些材料。奈米材料優良的生物相容性、強度和比金屬更好的耐磨特性可以用來製造骨科與牙科的植入物，像是奈米氧化鋯 (一種堅硬、耐磨、化學穩定和生物相容的陶瓷)。此材料可以製備成多孔狀，使其在作為植入性材料時，可允許骨頭長進孔內，能更穩定地和骨頭接合。目前使用的金屬合金就缺乏此優點，因此時間長久後接合處往往會鬆開，還是要靠手術來處理。奈米材料也可用於更耐刮與耐外界環境傷害的油漆或塗料。此外，像是電晶體、二極體甚至雷射等電子設備的開發也都可能用到奈米線。材料科學在

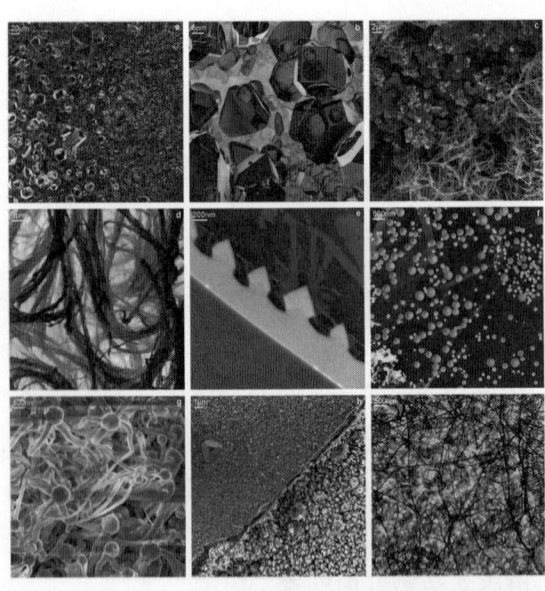

圖 1.18 材料中的各種微米與奈米的特徵。(a) 從大的微晶 (左側) 過渡到奈米晶體 (右側)；(b) 在高放大倍數下觀測微晶和各種晶面；(c) 右下方的奈米突觸；(d) 在高放大倍數下觀測奈米突觸；(e) 成長在 SiC 基板上的奈米級石墨；(f) 球狀量子點；(g) 奈米章魚結構；(h) 金字塔狀量子點；(i) 奈米線。

(Source: Nature.com)

這方面的進步將對各領域的產業及工程造成重大影響。

歡迎來到材料科學和工程的迷人和極其有趣的世界！

1.6 設計及選擇 Design and Selection

材料工程師應熟悉各類材料及其屬性、結構、製造過程、環境與經濟議題等。當零組件越複雜，所需要做的材料分析及考慮因素也更繁複。假設我們要為一輛自行車的框架及前車叉選擇材料。所選材料的強度必須足以支撐負載而不發生降伏(永久性變形)或破裂，剛性也須足以抵抗過度的彈性形變與疲勞失效(重複性負載)。在自行車的可用年限內也必須考慮到材料的抗腐蝕性。而若自行車是用來競速的話，框架就一定要輕。有什麼材料能夠滿足上述種種條件？整個的材料選擇過程必須同時考慮強度、剛性、重量和元件形狀(形狀因素)，然後參考材料選擇圖表以找出最合適的材料。過程細節已超出本書範圍，但我們以此應用作為範例，以指出適合這項應用的各種候選材料。事實證明，許多材料可以滿足強度、剛度和重量的考慮，包括一些鋁合金、鈦合金、鎂合金、鋼、碳纖維增強塑料(CFRP)，甚至是木材。對自行車的應用而言，木材具有優異的性能，但木材不能輕易成型以形成框架和前車叉。進一步分析表明了 CFRP 是最佳選擇。它提供了強壯的、堅固的且輕質的框架，既耐磨又耐腐蝕。然而，製造過程是昂貴的。因此這些自行車主要用於競賽。圖 1.19 中的自行車即是為里約奧林匹克運動會的美國運動員所設計的。

因此，如果成本是一個問題，先進的複合材料可能不會是最合適的選擇。其他所有金屬合金都是合適的，並且相對容易製造成所需的形狀。如果成本是一個主要問題，鋼鐵則成為最合適的選擇。另一方面，如果較低的自行車重量是重要的，則鋁合金就是最合適的材料。鈦合金和鎂合金比鋁合金和鋼合金更貴，並且比鋼輕。然而，它們並沒有提供超過鋁的顯著優勢。

圖 1.19 Track Aero 製造的自行車，由碳複合材料所製成，專為低重量、高剛度和最大空氣動力學效率而設計。

(Source: ©EnVogue_Photo/Alamy)

1.7 總結 Summary

材料科學與材料工程(統稱為材料科學與工程),是基礎科學(和數學)與工程學之間的材料知識橋樑。材料科學主要關注的是追尋材料的基本知識,而材料工程主要關注的是使用材料的應用知識。

三種主要的材料類型是金屬、聚合物和陶瓷材料。對現代工程技術非常重要的另外兩種材料是複合材料和電子材料。所有這些類型的材料都將在本書中進行討論。微米尺度的智慧型材料和元件與奈米材料歸類為一種為新的材料種類,在許多行業中具有新穎和重要的應用。

各種材料在現有市場和新興市場之間相互競爭,因此在某些應用層面經常發生某一種材料替換為另一種材料的事情。獲得原料的可能性、製造成本以及為了產品而發展新材料和製程是導致需要更換使用材料的主要因素。

1.8 名詞解釋 Definitions

1.1 節
- **材料** (material):某些東西的組成,或是用來做成某些東西的材質。「工程材料」這個術語有時用於指出專門用於生產某些產品的材料。然而,這兩個術語之間沒有明確的分界線,它們可以互相交換使用。

1.2 節
- **材料科學** (materials science):探討有關材料內部結構、特性與製程之基本知識的科學學門。
- **材料工程** (materials engineering):一個工程學門,主要關注在材料的基礎知識和應用知識的使用,以便將它們轉化為社會所需的產品。

1.3 節
- **金屬材料** (metallic material)(金屬或是金屬合金):一種熱傳導與電傳導特性良好的無機材料,像是鐵、鋼、鋁和銅等。
- **聚合物材料** (polymeric material):由碳、氫、氧和氮等輕元素結合產生長分子鏈或分子網路所組成的材料。聚合物材料大多導電性不佳,像是聚乙烯和聚氯乙烯(PVC)等。
- **陶瓷材料** (ceramic material):由金屬與非金屬元素複合的材料,質地通常又硬又脆,像是陶土製品、玻璃以及經緻密壓實過的純氧化鋁等。
- **複合材料** (composite material):由兩種以上材料組合而成的材料,像是聚酯基或環氧基中的玻璃纖維強化材料。
- **電子材料** (electronic material):用於電子元件的材料,尤其是微電子領域,像是矽和砷化鎵等。
- **鐵基金屬及合金** (ferrous metal and alloy):鐵元素占比高的金屬及合金,像是鋼與鑄鐵等。

- **非鐵基金屬及合金** (nonferrous metal and alloy)：不含或是只含微量鐵元素的金屬及合金，像是鋁、銅、鋅、鈦及鎳等。
- **超合金** (superalloy)：經過改良後能在高溫及高壓下具較佳性能的金屬合金。
- **混摻物** (blend)：混有兩種或更多種聚合物的混合物，又稱作聚合物合金。
- **先進陶瓷** (advanced ceramic)：強度、抗蝕性及抗熱衝擊性更佳的新一代陶瓷材料，又稱作工程陶瓷或結構陶瓷。

1.5 節

- **智慧型材料** (smart material)：能感應外在環境改變並作出回應的材料。
- **形狀記憶合金** (shape-memory alloy)：合金形狀可以變形，但當溫度升高後可以回復成原來形狀的合金。
- **壓電陶瓷** (piezoelectric ceramic)：受到應力時能產生電場的材料，反之亦然。
- **微機電系統** (microelectromechanical system, MEM)：任何具有感測或致動功能的微型元件。
- **微機械** (micromachine)：用來執行特定功能或任務的微機電系統。
- **奈米材料** (nanomaterial)：特徵長度小於 100 奈米的材料。

■ 1.9 習題 Problems

知識及理解性問題

1.1 工程材料主要有哪幾種分類？

1.2 在五個主要的工程材料中，每一個材料種類有哪些重要性質？

1.3 列出用於太空應用的結構材料之特性。

1.4 何謂奈米材料？和傳統材料相比，奈米材料具有哪些優點？

1.5 列出教室中的所有主要組成成分 (至少 10 件)，包含建築成分。對於每個主要成分，確定其結構中所使用的材料類別 (如果可以，指出特定的材料)。

1.6 搜索儲存裝置的歷史，並報告多年來儲存裝置中各種材料的使用情況如何的變化。

應用及分析問題

1.7 列出你所觀察到的某些產品隨著時間而發生材料使用上的改變。你認為是哪些原因造成這樣的改變？

1.8 (a)PTFE 屬於哪一種材料類別？(b) 其具有哪些良好特性？(c) 其在炊具製造產業有哪些應用？

1.9 為何電子工程師必須了解材料的成分、性質與製程？

1.10 (a) 矽屬於哪一種材料類別？(b) 其具有哪些良好特性？(c) 其在晶片製造工業有哪些應用？

綜合評價問題

1.11 (a) 在選擇登山自行車車體材料時，哪些項目是所謂的重要條件？(b) 鋼、鋁、鈦合金皆被用來作為自行車結構的主要材料，指出每一種材料的主要優缺點；(c) 現代的自行車是由最先進的複合材料所製造而成的。解釋為什麼要使用特殊材料來製造自行車的車體結構，並說明是何種材料？

1.12 在某一應用中，其所需的材料在室溫及大氣下必須非常堅固與耐腐蝕。如果此材料也是耐衝擊的，那將是有益的，但這並非必要的。(a) 如果只考慮主要需求，你會選擇哪些類別的材料？(b) 如果主要需求和次要需求皆納入考慮，你會選擇哪些類別的材料？(c) 推薦一種材料。

1.13 盡可能多地舉例說明材料科學與工程對封面圖像中的主題是如何的重要。

CHAPTER 2

原子結構與鍵結
Atomic Structure and Bonding

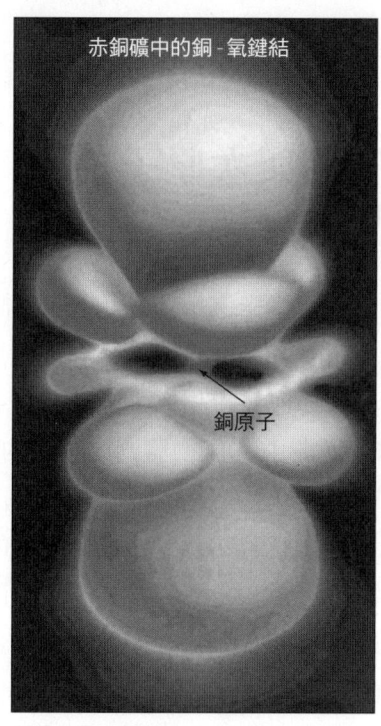

(©Tom Pantages)

原子軌域代表電子可能占據空間不同位置的機率。除了最深層的電子外,軌域形狀並非球狀。以往由於缺乏驗證技術,我們只能想像這些軌域的存在與形狀。最近,科學家們已經可以使用 X 光繞射與電子顯微鏡等科技,創造出電子軌域的 3D 模擬影像。上圖顯示氧化亞銅 (Cu_2O) 中,銅 - 氧鍵結的 d 電子軌域。透過對於銅氧化物中鍵結的了解,並使用上述軌域模擬技術,科學家們對於解釋銅氧化物的高溫超導體特性又更接近一步。[1]

---

[1] www.aip.org/physnews/grapbics/html/orbital.html

學習目標

到本章結束時,學生將能夠:

1. 描述原子的性質、結構及其電子結構。
2. 描述各種類型的主要鍵結,包括離子鍵、共價鍵和金屬鍵。
3. 描述碳的共價鍵。
4. 描述各種類型的次級鍵結,並區分這些次級鍵結和主要鍵結。
5. 描述鍵結類型和強度對各類材料的機械性能和電性能的影響。
6. 描述材料中的混合鍵結。

■ 2.1 原子結構與次原子粒子
Atomic Structure and Subatomic Particles

在西元前 5 世紀,希臘哲學家德謨克利特[2]提出物質最終是由不可分割的粒子所組成。他稱其為 atomos (或 atoms,原子),意思就是無法切割或分裂的。科學界一直忽略了此想法,直到 17 世紀。波以耳[3]認為元素是由「簡單的粒子」所組成,而這些粒子本身並非由其他物體組成;他的論述與 2200 年前德謨克利特的說法非常近似。到了 19 世紀初,原子論再度成為風潮。道爾頓[4]假設了對物體的基本組成的最精準定義,認為物體是由名為原子的小粒子組成,而純物質中的所有原子的大小、形狀、質量和化學性質皆完全相同。他也假設不同純物質的原子也彼此不同;一旦兩種純物質以特定簡單比例結合時,會形成不同的化合物,稱為**倍比定律** (law of multiple proportions)。最後,他提出化學反應可用原子之間的分離、組合或重整來說明,且不會產生或消滅質量,稱為**質量守恆定律** (law of mass conservation)。道爾頓和波以耳的說法在化學領域引發了一場革命。

在 19 世紀末,法國的貝克勒[5]及居里夫婦[6,7]引入了輻射的概念。他們認為

---

[2] 德謨克利特 (Democritus)(460BC-370BC)。希臘唯物主義哲學家,他在數學、礦物和植物、天文學、認識論和倫理學領域做出了貢獻。

[3] 羅伯特・波以耳 (Robert Boyle)(1627-1691)。愛爾蘭哲學家、化學家、物理學家和發明家,以制定波以耳定律 (物理學和熱力學研究) 而聞名。

[4] 約翰・道爾頓 (John Dalton)(1766-1844)。英國化學家、氣象學家和物理學家。

[5] 亨利・貝克勒 (Henri Becquerel)(1852-1908)。法國物理學家和諾貝爾獎得主 (1903 年)。

[6] 瑪麗・居里 (Marie Curie)(1867-1934)。波蘭 (法國公民) 物理學家和化學家以及諾貝爾獎得主 (1903 年)。

[7] 皮埃爾・居里 (Pierre Curie)(1859-1906)。法國物理學家和諾貝爾獎得主 (1903 年);與瑪麗・居里和亨利・貝克勒爾分享。

像是鈈和鐳等新發現的元素會自發地發出射線，並稱此現象為輻射 (radioactivity)。實驗顯示，輻射線的組成有 α (alpha)、β (beta) 和 γ (gamma) 射線，而且 α 和 β 粒子都有電荷和質量，但 γ 粒子的內部電荷和質量卻無法測出。這些發現的主要結論是，原子一定是由更小的成分或次原子粒子所組成。

陰極射線管 (cathode ray tube) 實驗在確認原子成分或次原子粒子功不可沒 (圖 2.1)。陰極射線管是由一個內部空氣被抽出的玻璃管所組成。在管子一端是接到高電壓源的兩個金屬板。負電荷板 (陰極) 會射出一個被帶正電的板 (陽極) 所吸引看不見的射線，稱為陰極射線 (cathode ray)，是由來自於陰極

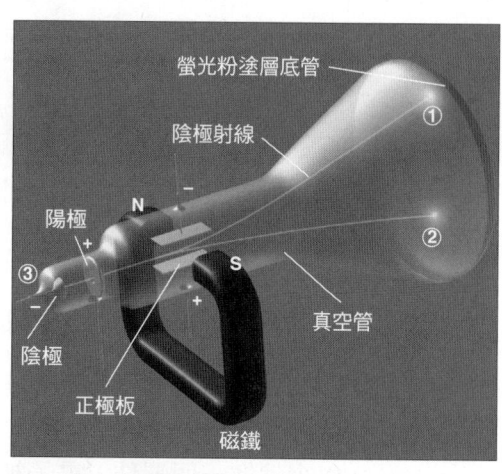

圖 2.1 陰極射線管，包含了玻璃管、陰極、陽極、偏轉板和螢光屏幕。

中原子的帶負電荷的粒子所組成。陽極中心的洞可讓陰極射線通過，並繼續前進到管子盡頭的特殊塗層板 (螢光屏幕)，產生微小的閃爍 (圖 2.1)。經過一系列的實驗，湯普森[8]的結論是，所有物質的原子都是由更小的帶負電荷粒子所組成，稱為電子 (electron)。他也計算出電子質量與電荷比為 5.60×10^{-19} g/C，其中庫侖 (Coulomb, C) 是電荷單位。之後，密立坎[9]在他的油滴實驗中，測定一個電荷或電子的基本電量為 1.60×10^{-19} C。電子的電量是用 −1 來表示。利用湯普森的電子質量與電荷比以及密立坎的電子電荷量，所算出的電子質量為 8.96×10^{-28} g。基於帶負電荷電子存在的事實，科學家們推論原子也必須包含帶有相同數量正電荷的次原子粒子以保持電中性。

1910 年，湯普森的學生拉塞福[10]用帶正電荷的 α 粒子轟擊一片極薄的金箔。他發現很多 α 粒子會毫無偏折地穿過金箔，有些會稍微偏折，而有少數會大幅偏折或完全反彈。他的結論是：(1) 大部分原子定是由無物質的空間組成 (因此，多數的粒子能無偏折通過)；(2) 在原子中心 (即原子核) 附近的區域含有帶正電的粒子。他認為那些大幅偏折甚至反彈的 α 粒子一定是和帶正電荷的原子核產生密切互動。原子核中帶正電荷的粒子稱為質子 (protons)，並在後來被證實帶有和電子相同數量但符號相反的電荷，且質量為 1.672×10^{-24} g (電子質量的 1840 倍)。質子的電量用 +1 來表示。

---

[8] 約瑟夫 J. 湯普森 (Joseph J. Thompson)(1856-1940)。英國物理學家和諾貝爾獎得主。

[9] 羅伯特·密立坎 (Robert Millikan)(1868-1953)。美國物理學家 (哥倫比亞大學物理學博士) 和諾貝爾獎得主 (1923 年)。

[10] 歐內斯特·拉塞福 (Ernest Rutherford)(1871-1937)。來自紐西蘭和諾貝爾獎得主的物理學家 (1908 年)。

表 2.1 電子、中子、質子的質量、電荷和電荷單位

粒子	質量 (g)	電荷	
		庫侖 (C)	電荷單位
電子	9.10939×10^{-28}	-1.06022×10^{-19}	-1
質子	1.67262×10^{-24}	$+1.06022 \times 10^{-19}$	$+1$
中子	1.67493×10^{-24}	0	0

最後，由於原子為電中性，因此必須具有相同數量的電子和質子。但是，中性原子的質量比單獨質子的質量大。1932年，查德威克[11]首次提出在原子以外的單獨中子的證明。這些不帶電荷，質量為 1.674×10^{-24} g (比質子稍大)的粒子稱為中子 (neutrons)。表 2.1 列出了電子、質子與中子的質量、電荷和電荷單位。

根據原子模型，典型的原子半徑約為 100 皮米 (1 picometer = 1×10^{-12} m)，而原子核半徑僅約 5×10^{-3} 皮米。如果原子是一個足球場大小的話，原子核的大小就像一個彈珠。電子被認為是分布在距原子核周圍一段距離的電荷雲 (charge cloud) 中。圖 2.2 顯示此原子模型及相對應的尺寸大小。

圖 2.2 原子和其原子核的相對大小，原子核是由質子和中子所組成。請注意到原子的邊界並未清楚界定。

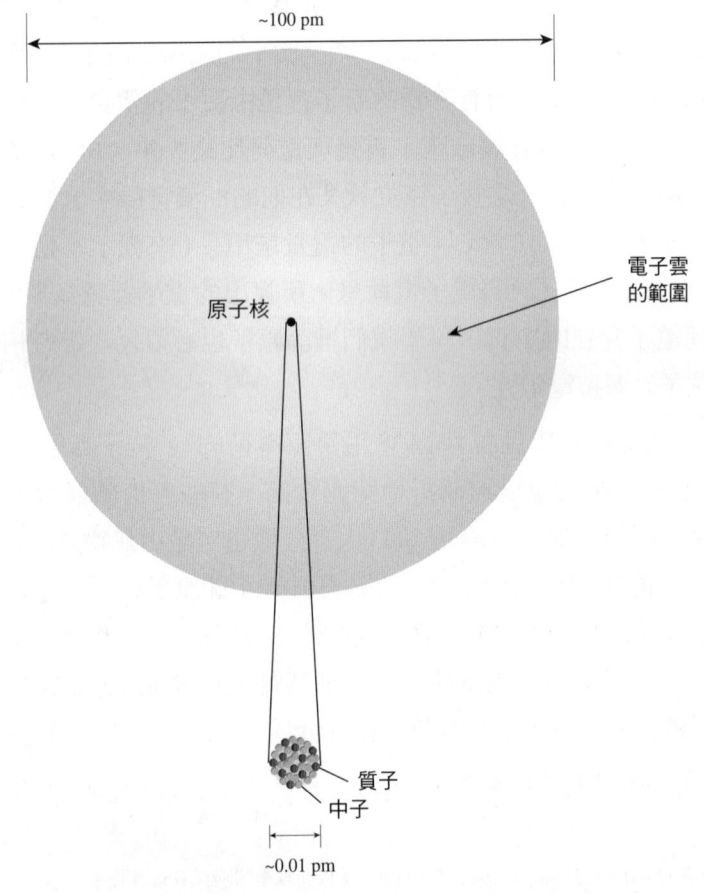

---

[11] 詹姆斯·查德威克 (James Chadwick)(1891-1974)。英國物理學家和諾貝爾獎得主(1935 年)。

在研究原子(相同或相異的原子)的交互作用時,每個原子的電子結構非常關鍵。電子(尤其是具有最高能量的)會決定反應程度,或原子與另一個原子鍵結的傾向。

■ 2.2　原子序、質量數與原子量
Atomic Numbers, Mass Numbers, and Atomic Masses

2.2.1　原子序與質量數

在 20 世紀初,每個原子被發現在原子核中含有特定數量的質子。這個數字稱為**原子序** (atomic number, Z)。每個元素都有可以用來作定義的特定原子序,例如,碳原子是一個含有 6 個質子的原子。中性原子的原子序,或質子數,就等於其電子雲中的電子數。原子的質量是以**原子質量單位** (atomic mass unit, amu) 來表示。1 個 amu 定義為一個含有 6 個中子與 6 個質子的碳原子質量的 1/12。這也代表一個中子或質子的質量非常接近 1 amu。因此,碳 12 的原子質量為 12 amu。

質量數 (mass number, A) 是原子中的中子與質子數量的總和。除了氫平常沒有中子外,所有原子核都有中子與質子。例如,碳的質量數為 12 (6 個中子與 6 個質子)。同時表示質量數與原子序的正確方式可用以下碳原子來作範例:

$$^A_Z C \text{ 或 } ^{12}_6 C$$

Z 的數字其實是多餘的;根據定義,質子數量可由原子特性得知,因此僅用 ^{12}C (或碳 -12) 表示已足夠。例如,如果我們想知道碘 131 (^{131}I) 的中子數,我們從週期表尚可看到碘是第 53 個元素 (表 53 個質子),很容易就能算出碘 131 的中子數為 78 (131–53)。但不是所有相同的原子都含有等量的中子,即使它們都含有等量的質子。這種變異 (原子序相同,但質量數不同) 稱為**同位素** (isotope)。例如,氫原子有 3 種同位素:氫 ($^1_1 H$)、氘 ($^2_1 H$) 和氚 ($^3_1 H$)。

我們已知 1 amu 提供了一種相對於碳原子重量的原子重量量測基準。但是,它又該如何以公克為單位來表示呢?實驗證明,12 公克的 ^{12}C 含有 $6.02×10^{23}$ 個原子 [又稱亞佛加厥數 (Avogadro's number)[12]]。想知道這個數字有多大嗎?如果你將 $6.022×10^{23}$ 個一元銅板平分給地球上的 60 億人口,每個人將會分得超過 100 兆元! 1 **莫耳** (mole) 或**克分子量** (gram-mole) 的元素被定義為含有 $6.02×10^{23}$

---

[12] 阿密迪歐‧亞佛加厥 (Amedeo Avogadro)(1776-1856)。都靈大學的義大利科學家和物理學教授。

個該元素原子。亞佛加厥數代表與原子質量 amu 值相同數值的公克數所需的原子數量。例如，一個 ^{12}C 原子的原子質量為 12 amu，則質量 12 公克的 ^{12}C 為 1 莫耳，含有 $6.02×10^{23}$ 個原子；此質量稱為相對原子質量 (relative atomic mass)、莫耳質量 (molar mass) 或原子量 (atomic weight)。值得注意的是，多數的教科書 (包括本書) 會將每個元素的相對原子質量該元素及其所有自然形成的同位素經過加權的平均相對原子質量 (average relative atomic mass) 表示。例如，碳的相對原子質量為 12.01 公克，而非 12 公克，這是因為有些碳的同位素，像是 ^{13}C (1.07% 天然含量)，其質量比 ^{12}C (98.93% 天然含量) 重。

■ 例題 2.1

鐵 (Fe) 的常見同位素如下：

^{56}Fe(91.754%)，原子質量 55.934 amu
^{54}Fe(5.845%)，原子質量 53.939 amu
^{57}Fe(2.119%)，原子質量 56.935 amu
^{58}Fe(0.282%)，原子質量 57.933 amu

解

a. 求出鐵的平均原子質量。

   [(91.754 × 55.934) + (5.845 × 53.939) + (2.119 × 56.935)
   + (0.282 × 57.933)]/100 = 55.8 amu (一個鐵原子的質量，單位為 amu)

b. 求出鐵的相對原子質量。

   如前所述，相對原子質量的數值與平均原子質量相同，每單位含有 55.849 公克。比較此值與週期表 (圖 2.3) 中的值。

c. 55.849 公克的鐵含有多少原子？

   $6.02×10^{23}$ 個原子

d. 1 公克的鐵含有多少原子？

   1 g Fe × (1 mol Fe/55.849 g Fe) × ($6.02 × 10^{23}$ atoms Fe/ 1 mol Fe)
   = $1.078 × 10^{22}$ 個鐵原子

e. 1 個鐵原子的質量為多少公克？

   $$\frac{55.849 \text{ g}}{6.02 × 10^{23} \text{ atoms}} = 9.277 × 10^{-23} \text{ gram/atom.}$$

f. 根據 e 小題，1 amu 的鐵之質量為多少公克？在 a 小題中，得知鐵的平均原子質量為 55.846 amu。在 e 小題中，對應的質量為 $9.277×10^{-23}$ 公克。因此，經過換算，1 amu 為 $9.277×10^{-23}/55.846 = 1.661×10^{-24}$ g。

門得列夫[13]首先將元素列表，最後成為我們現在所謂的週期表 (periodic table)。他依元素的相對原子質量將元素以水平列的方式排序，然後當他發現一個元素與前一列的元素化學特性質相近時，他就會新增一列。表格完成後，他發現同一行的元素有類似化學特性，而且有幾行有些空白。他認為這些空白其實是尚未被發現的元素(像是鎵和鍺)。這些元素後來被陸續發現，其性質與門得列夫所推測的相當接近。

科學家之後發現，將元素以遞增的原子序 (Z) 依序排列，而不是依相對原子質量，能顯示出週期行為，又稱為**化學週期定律** (law of chemical periodicity)，說明元素的性質與原子序有週期關係。莫斯利[14]使用原子序 (Z) 排列提出的新週期表；圖 2.3 顯示其更新版本。每一水平列稱為一個週期 (period)，如第一週期、第二週期……第七週期；每一個直行稱為族 (group)，如 1A 族、2A 族……8A 族。

例題 2.2

一個介金屬化合物的化學式為 Ni_xAl_y (其中 x、y 為最簡單整數)，由 42.04 wt% 的鎳和 57.96 wt% 的鋁組成，求出此鋁化鎳的最簡化學式。

解

首先計算此化合物中的鎳及鋁所占之莫耳分率。在 100 g 的化合物中，鎳有 42.04 g，鋁有 57.96 g。所以

$$鎳的莫耳數 = 42.04 \text{ g} \times (1\text{mol}/58.71 \text{ g}) = 0.7160 \text{ mol}$$

$$鋁的莫耳數 = 57.96 \text{ g} \times (1\text{mol}/26.98 \text{ g}) = 2.148 \text{ mol}$$

$$總莫耳數 = 2.864 \text{ mol}$$

因此

$$鎳的莫耳分率 = \frac{0.7160}{2.864} = 0.25$$

$$鋁的莫耳分率 = \frac{2.148}{2.864} = 0.75$$

以 0.25 及 0.75 代入 Ni_xAl_y 中的 x 及 y，得到 $Ni_{0.25}Al_{0.75}$。接著整數化，將 0.25 及 0.75 同乘以 4，得到 $NiAl_3$，此為鋁化鎳最簡化學式。

---

[13] 德米特里 I. 門得列夫 (Dmitri I. Mendeleev)(1834-1907)。俄羅斯化學家和發明家。
[14] 亨利 G.J. 莫斯利 (Henry G.J. Moseley)(1887-1915)。英國物理學家。

元素週期表

	主族元素													主族元素				
	IA (1)																	VIIIA (18)
1	1 H 1.008	IIA (2)											IIIA (13)	IVA (14)	VA (15)	VIA (16)	VIIA (17)	2 He 4.003
2	3 Li 6.941	4 Be 9.012				過渡元素							5 B 10.81	6 C 12.01	7 N 14.01	8 O 16.00	9 F 19.00	10 Ne 20.18
3	11 Na 22.99	12 Mg 24.31	IIIB (3)	IVB (4)	VB (5)	VIB (6)	VIIB (7)	(8)	VIIIB (9)	(10)	IB (11)	IIB (12)	13 Al 26.98	14 Si 28.09	15 P 30.97	16 S 32.07	17 Cl 35.45	18 Ar 39.95
4	19 K 39.10	20 Ca 40.08	21 Sc 44.96	22 Ti 47.88	23 V 50.94	24 Cr 52.00	25 Mn 54.94	26 Fe 55.85	27 Co 58.93	28 Ni 58.69	29 Cu 63.55	30 Zn 65.39	31 Ga 69.72	32 Ge 72.61	33 As 74.92	34 Se 78.96	35 Br 79.90	36 Kr 83.80
5	37 Rb 85.47	38 Sr 87.62	39 Y 88.91	40 Zr 91.22	41 Nb 92.91	42 Mo 95.94	43 Tc (98)	44 Ru 101.1	45 Rh 102.9	46 Pd 106.4	47 Ag 107.9	48 Cd 112.4	49 In 114.8	50 Sn 118.7	51 Sb 121.8	52 Te 127.6	53 I 126.9	54 Xe 131.3
6	55 Cs 132.9	56 Ba 137.3	57 La 138.9	72 Hf 178.5	73 Ta 180.9	74 W 183.9	75 Re 186.2	76 Os 190.2	77 Ir 192.2	78 Pt 195.1	79 Au 197.0	80 Hg 200.6	81 Tl 204.4	82 Pb 207.2	83 Bi 209.0	84 Po (209)	85 At (210)	86 Rn (222)
7	87 Fr (223)	88 Ra (226)	89 Ac (227)	104 Rf (261)	105 Db (262)	106 Sg (266)	107 Bh (262)	108 Hs (265)	109 Mt (266)	110 Uun (269)	111 Uuu (272)	112 Uub (277)	113	114 Uuq (285)	115	116 Uuh (289)	117	118 Uuo

圖例：金屬(典型)、金屬(過渡)、金屬(內過渡)、類金屬、非金屬

內過渡元素

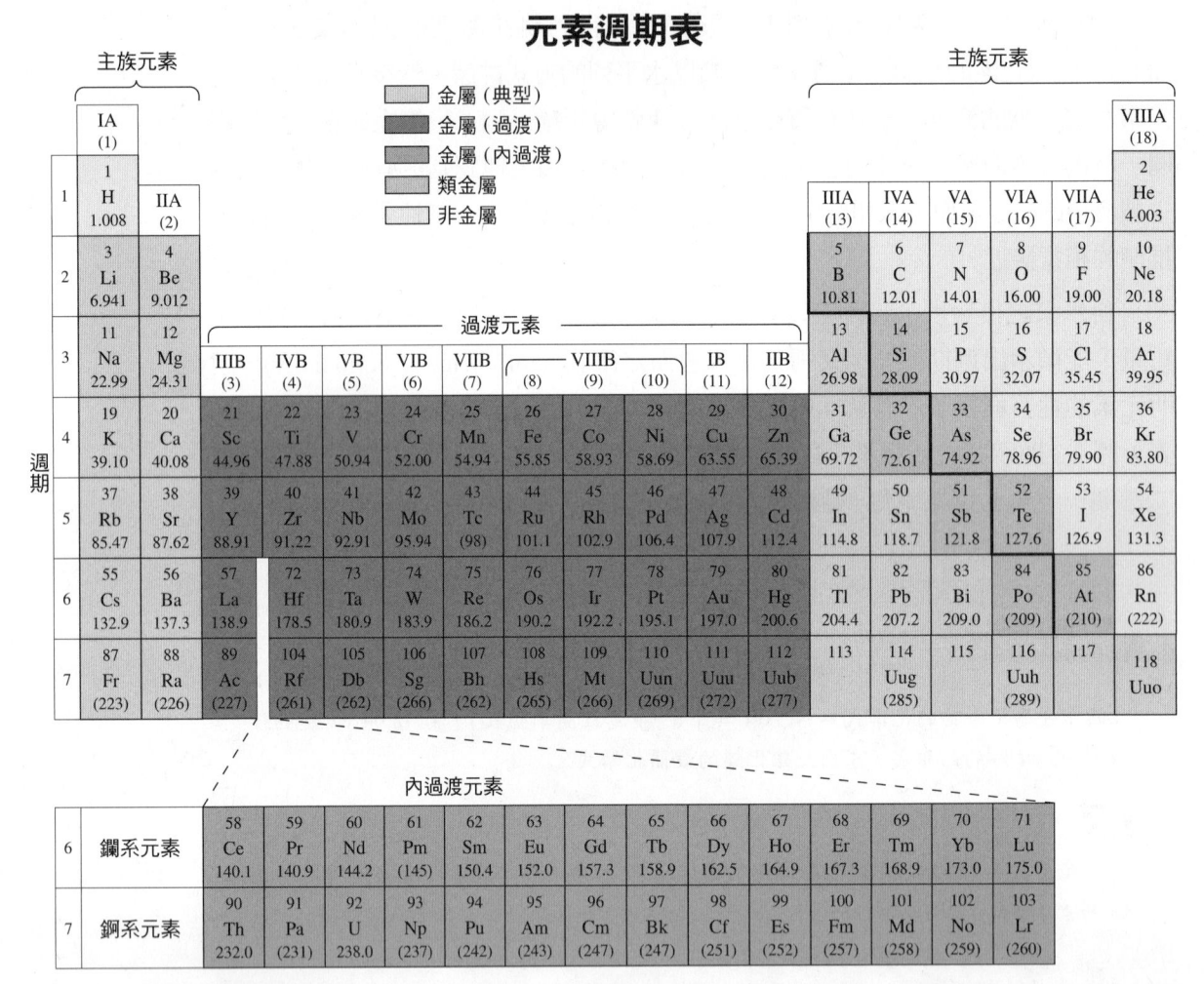

		58 Ce 140.1	59 Pr 140.9	60 Nd 144.2	61 Pm (145)	62 Sm 150.4	63 Eu 152.0	64 Gd 157.3	65 Tb 158.9	66 Dy 162.5	67 Ho 164.9	68 Er 167.3	69 Tm 168.9	70 Yb 173.0	71 Lu 175.0
6	鑭系元素														
7	錒系元素	90 Th 232.0	91 Pa (231)	92 U 238.0	93 Np (237)	94 Pu (242)	95 Am (243)	96 Cm (247)	97 Bk (247)	98 Cf (251)	99 Es (252)	100 Fm (257)	101 Md (258)	102 No (259)	103 Lr (260)

圖 2.3 更新過的元素週期表，顯示 7 個週期、8 個主族元素、過渡元素與內過渡元素。大多數的元素被歸類為金屬或類金屬。

表中也顯示過渡元素及內過渡元素(重金屬)。每個元素都以其化學符號表示，原子序標示在上方，以 amu 表示的原子質量或以公克表示的相對莫耳質量(回想一下，它們的值是相同的)則標示在下方。例如，週期表顯示，鋁有 13 個質子 (Z = 13)，一莫耳鋁的質量為 26.98 公克 (或 26.98 grams/mol)，含有 6.02×10^{23} 個原子。到今天為止，從原子序為 1 的氫到原子序為 109 的鏷 (meitnerium)，已有 109 個元素被發現並命名。

2.3 原子的電子結構 The Electronic Structure of Atoms

2.3.1 普朗克量子理論與電磁輻射

在 1900 年初期，德國科學家普朗克[15]發現，原子和分子只能發出某些離散數量的能量，稱之為**量子** (quanta)。在此之前，科學家認為原子可以發出任何數量的 (連續的) 能量。普朗克的量子理論 (quantum theory) 改變了科學研究方向。在了解他的發現之前，我們必須先了解波的特性。

波有許多種，像是水波、聲波和光波。在 1873 年，馬克士威[16]提出了可見光的特性是**電磁輻射** (electromagnetic radiation)。在電磁輻射中，能量是以電磁波的形式釋放並傳遞。電磁波以光速 c 行進，在真空中為 3.00×10^8 公尺/秒。

如同其他形式的波一樣，電磁波的重要特徵為波長 (常為 nm 或 10^{-9} m)、頻率 (s^{-1} 或 Hz) 與速度 (m/s)。波速 c 與頻率 ν 和波長 λ 的關係如下：

$$\nu = \frac{c}{\lambda} \tag{2.1}$$

許多電磁波，包括無線電、微波、紅外線、可見光、紫外線、X 射線和 gamma 射線波可見於圖 2.4。這些波會依其波長和頻率差異有所不同。例如，無線電天線會產生大波長 (10^{12} nm ~ 1 km) 和低頻 (10^6 Hz) 的波；微波爐會產生波長約 10^7 nm (明顯短於無線電波) 和頻率約 10^{11} Hz (明顯高於無線電波) 的微波。隨著波長減小與頻率增加，我們到達了波長約 10^3 nm 和頻率約 10^{14} Hz (烤燈的操作範圍) 的紅外線範圍。當波長在 700 nm (紅光) 到 400 nm (紫光) 範圍，所產生的輻射是可見光 (可見光範圍)。紫外線 (10 nm)、X 射線 (0.1 nm) 及 gamma 射線 (0.001 nm) 則又是在非可見光的範圍。

例如，當鎢燈絲加熱後，它的原子會以輻射形式釋放出能量，在我們看來是白色的可見光。普朗克認為，由從與這種輻射相關的原子射出來的能量就是量子形式。單一能量量子的能量可用下述式子表示，其中 h 為普朗克常數，6.63×10^{-34} 焦耳·秒 (J·s)，而 ν (Hz) 是輻射的頻率。

$$E = h\nu \tag{2.2}$$

---

[15] 馬克斯·卡爾·恩斯特·路德維希·普朗克 (Max Karl Ernst Ludwig Planck)(1858-1947)。德國物理學家和諾貝爾獎得主 (1918 年)。他的三名博士生獲得了諾貝爾獎。

[16] 詹姆斯·克拉克·馬克士威 (James Clerk Maxwell)(1831-1879)。蘇格蘭數學家和物理學家。

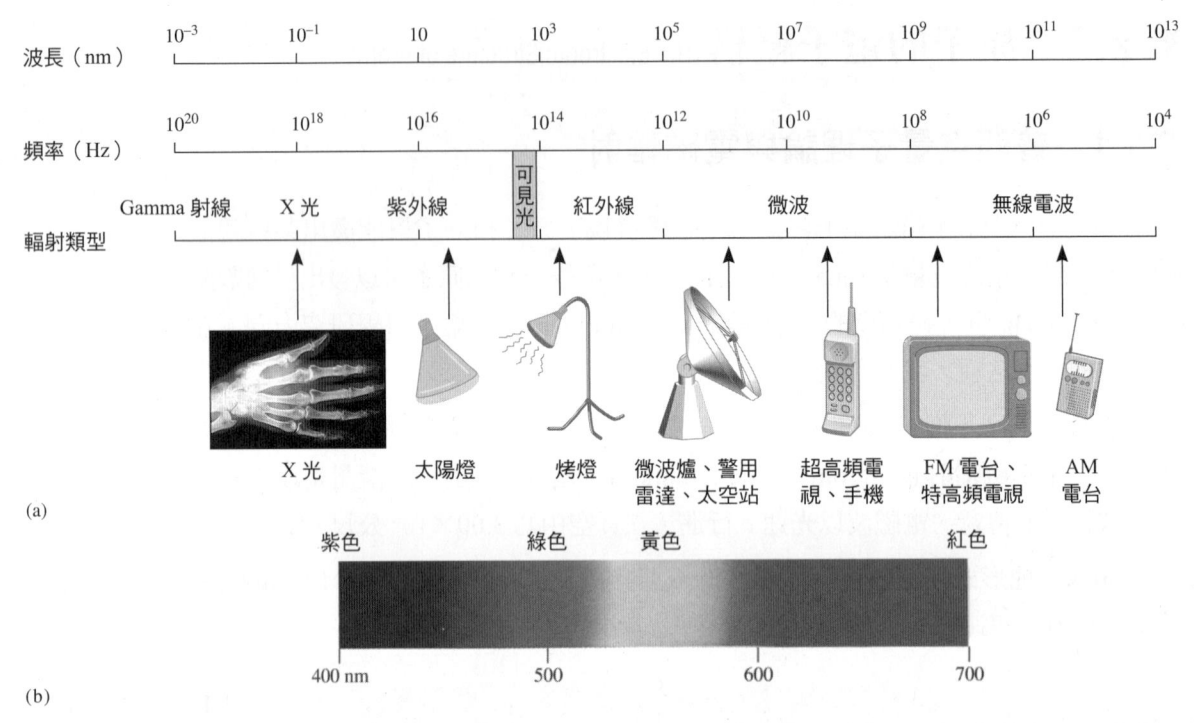

圖 2.4 電磁光譜，從短波長、高頻率的 gamma 射線展延到長波長、低頻率的無線電波。(a) 全譜；(b) 可見光譜。

(© Kravka/Shutterstock)

根據普朗克，能量總是以 $h\nu$ 的整數倍數釋放 (即 $h\nu$、$2h\nu$、$3h\nu$ 等)，永遠不會是非整數，像是 $1.34h\nu$。(2.2) 式也意味著，能量會隨著輻射頻率增加而增加。因此，在討論電磁光譜時，gamma 射線的能量高於 X 射線，而 X 射線的能量又高於紫外線，依此類推。

將 (2.1) 式代入 (2.2) 式後，與輻射相關的能量可以用輻射波長表示如下：

$$E = \frac{hc}{\lambda} \tag{2.3}$$

2.3.2　波爾的氫原子理論

1913 年，波爾[17]用普朗克的量子理論來說明受激發的氫原子為何只吸收及放射特定波長的光；這個現象當時無人能解。他認為，具有離散角動量 (速率和

---

[17] 尼爾斯‧亨里克‧達維德‧波爾 (Niels Henrik Davis Bohr)(1885-1962)。丹麥物理學家和諾貝爾獎得主 (1922 年)。

半徑的乘積)的電子依圓形軌跡繞著原子核運行。他還認為，電子的能量被限制在特定的能階，使得電子處於與原子核有著固定距離的環形軌道上。他稱此環形軌道為電子的軌道 (orbit)。如果電子失去或得到特定的能量，它就會將軌道改到與原子核有另一個固定距離的環形軌道 (圖 2.5)。在他的模型中，軌道的數值就是主量子數 n，範圍可以由 1 至無限大。電子的能量及軌道大小會隨著 n 值的增加而增加。$n = 1$ 的軌道代表的能量狀態最低，因此最靠近原子核。氫原子電子的正常狀態是在 $n = 1$，稱為基態 (ground state)。電子要能從低軌道移到較高的激發狀態 (excited state)，例如由 $n = 1$ 至 $n = 2$，必須被吸收特定能量 (圖 2.5)。相反地，電子要由激發狀態掉落至基態 (由 $n = 2$ 至 $n = 1$)，就必須釋放相同的能量。這種釋放出來的量子化能量會是以稱為**光子** (photon) 的電磁波輻射形式，具有特定的波長與頻率。

波爾發展出一個可找出依量子數 n 而定的氫電子能量模型 (圖 2.6)。只有符合此式的能量階才能存在：

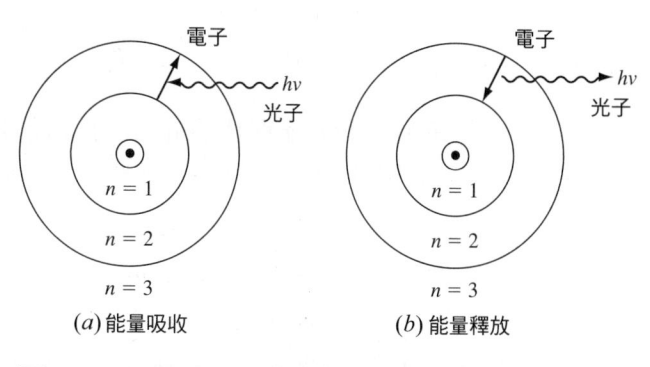

圖 2.5 (a) 氫原子中的電子被激發至較高的軌道；(b) 位於較高軌道的電子掉至較低的軌道，結果釋放出能量為 $h\nu$ 的光子 (此圖只適用於波爾的模型)。

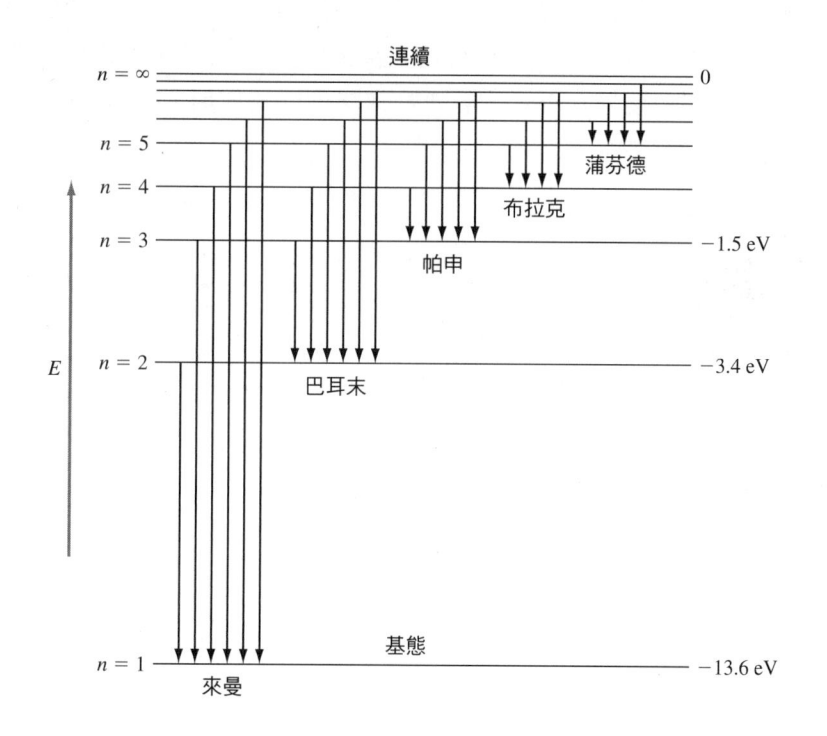

圖 2.6 氫的線光譜能階圖。
(Source: F. M. Miller, *Chemistry: Structure and Dynamics*, McGraw-Hill, 1984, p. 141.)

$$E = -2\pi^2 me^4/n^2 h^2 = \frac{-13.6}{n^2} \quad (2.4)$$

其中 m 和 e 分別代表電子的質量及電荷。1 電子伏特 (eV) = 1.60×10^{-19} 焦耳 (J)。由於波爾將完全分離且在 n = 無限大時無動能的電子能量定義為零，因此 (2.4) 式使用負值。也就是說，在較低軌道的任何電子能量皆為負值。根據波爾的方程式，電子在基態 (n = 1) 的能量是 –13.6 eV。要將該電子從原子分離，電子就必須吸收能量。要做到這一點所需要吸收的最低能量稱**游離能** (ionization energy)。n 增加時，該軌道上的電子能量也會增加 (或變得更不負)。例如，當 n = 2，相對應電子的能階為 $-13.6/2^2$ 或 –3.4 eV。

波爾根據電子在最終及初始軌道的能量差異來解釋電子在改變軌道時釋放或吸收的能量 (能量釋放時，$\Delta E > 0$；能量吸收時，$\Delta E < 0$)：

$$\Delta E = E_f - E_i = -13.6\,(1/n_f^2 - 1/n_i^2) \quad (2.5)$$

其中 f 和 i 分別為最終和初始的電子狀態。例如，電子由 n = 2 移至 n = 1 所需要的相關能量為：$\Delta E = E_2 - E_1 = -13.6\,(1/2^2 - 1/1^2) = 13.6 \times 0.75 = 10.2$ eV。當電子降到 n = 1 時，會放射一個 10.2 eV 的光子 (能量釋放)。光子的波長為 $\lambda = hc/E$ = $(6.63 \times 10^{-34}$ J·s$)(3.00 \times 10^8$ m/s$)/10.2$ eV $(1.6 \times 10^{-19}$ J/eV$) = 1.2 \times 10^{-7}$ m 或 120 nm。從圖 2.4 可判定這個波長落在紫外線範圍。

圖 2.6 顯示氫電子各種可能的遷移或是氫的發射光譜。圖中每條橫線都代表依氫電子主量子數 n，氫電子可接受的能階或軌道。所有可見光的放射都屬於巴耳末 (Balmer) 系列。來曼 (Lyman) 系列對應紫外線的放射。帕申 (Paschen) 和布拉克 (Brackett) 系列則對應紅外線的放射。

■ 例題 2.3

有一個氫原子，其電子在 n = 3 階，當此電子轉移到 n = 2 階，試估算光子 (a) 釋放的能量；(b) 頻率；(c) 波長；(d) 在轉移的過程中，其為釋放能量還是吸收能量？(e) 該系列屬於何種特定類型的激發光？

解

a. 此光子所釋放的能量為

$$E = \frac{-13.6 \text{ eV}}{n^2}$$

$$\Delta E = E_3 - E_2$$

$$= \frac{-13.6}{3^2} - \frac{-13.6}{2^2} = 1.89 \text{ eV} \blacktriangleleft \quad (2.3)$$

$$= 1.89 \text{ eV} \times \frac{1.60 \times 10^{-19} \text{ J}}{\text{eV}} = 3.02 \times 10^{-19} \text{ J} \blacktriangleleft$$

b. 此光子的頻率為

$$\Delta E = h\nu$$

$$\nu = \frac{\Delta E}{h} = \frac{3.02 \times 10^{-19} \text{ J}}{6.63 \times 10^{-34} \text{ J} \cdot \text{s}}$$

$$= 4.55 \times 10^{14} \text{ s}^{-1} = 4.55 \times 10^{14} \text{ Hz} \blacktriangleleft$$

c. 此光子的波長為

$$\Delta E = \frac{hc}{\lambda}$$

$$\lambda = \frac{hc}{\Delta E} = \frac{(6.63 \times 10^{-34} \text{ J} \cdot \text{s})(3.00 \times 10^8 \text{ m/s})}{3.02 \times 10^{-19} \text{ J}}$$

$$= 6.59 \times 10^{-7} \text{ m}$$

$$= 6.59 \times 10^{-7} \text{ m} \times \frac{1 \text{ nm}}{10^{-9} \text{ m}} = 659 \text{ nm} \blacktriangleleft$$

d. 因為量子為正，在轉移的過程中，能量被釋放出來；而電子由較高的軌域移往較低的軌域。

e. 屬於巴耳末系列(圖 2.6)，並對應於可見光中的紅光(圖 2.4)。

2.3.3 測不準原理與薛丁格的波函數

雖然波爾的模型對於像氫一般簡單的原子來說非常適用，它無法解釋更複雜的(多電子)行為，也留下許多待解的問題。對於原子真實行為的解釋得歸功於兩個後來的新發現。第一個由德布羅意[18]提出，認為類似電子般的物質粒子可以同時視為具有粒子和波的特性(類似於光)。他認為電子(或其他任何粒子)的波長可以從質量和速度的乘積(動量)而求得，如 (2.6) 式：

$$\lambda = \frac{h}{mv} \quad (2.6)$$

---

[18] 路易‧維克多‧德布羅意 (Louis Victor Pierre Raymond de Broglie)(1892-1987)。法國物理學家和諾貝爾獎得主 (1929 年)。

海森堡[19]後來提出了**測不準原理** (uncertainty principle)，指出要同時判斷物體(如電子)的確切動量與位置是不可能的事。(2.7) 式表示測不準原理，其中 h 為普朗克常數，Δx 為位置的不確定性，Δu 為速度的不確定性：

$$\Delta x \cdot m \Delta u \geq \frac{h}{4\pi} \tag{2.7}$$

海森堡的理由是，任何量測動作都會改變電子的速度和位置。他也推翻波爾所提出的電子有固定半徑的「軌道」概念。他認為，我們最多只能特定的空間及能量下提出找到一個電子的機率。

■ 例題 2.4

根據德布羅意，所有的粒子皆可以視為具有波和粒子的特性，則比較以下兩者的波長：一個是電子，以 16.67% 的光速移動，另一個是質量為 0.142 kg 的棒球，以 96.00 mi/hr (42.91 m/s) 的速度移動。你的結論為何？

解

根據 (2.6) 式，我們需要知道粒子的質量和速度，以確定粒子的波長。因此，

$$\lambda_{電子} = \frac{h}{mv} = \frac{6.62 \times 10^{-34} \text{ kg} \cdot \text{m}^2/\text{s}}{(9.11 \times 10^{-31} \text{ kg})(0.1667 \times 3.0 \times 10^8 \text{ m/s})}$$

$$= 1.5 \times 10^{-10} \text{ m} = 0.15 \text{ nm}$$

(注意，原子的直徑約為 0.1 nm)

$$\lambda_{棒球} = \frac{6.62 \times 10^{-34} \text{ kg} \cdot \text{m}^2/\text{s}}{(0.142 \text{ kg})(42.91 \text{ m/s})} = 1.08 \times 10^{-34} \text{ m}$$

$$= 1.08 \times 10^{-25} \text{ nm}$$

可知棒球的波長為電子的 10^{24} 倍 (太短以致於無法觀察)。一般來說，普通大小的粒子，其波長將不可估量地小，我們無法確定其波的性質。

■ 例題 2.5

對於上述問題，如果球速有：(a) 1%；和 (b) 2% 的測量不確定性，則棒球位置的測量不確定性分別為何？你的結論為何？

---

[19] 維爾納·海森堡 (Werner Karl Heisenberg)(1901-1976)。德國物理學家和諾貝爾獎得主 (1932 年)。

解

根據 (2.7) 式，先計算球速的測量不確定性，(a) 小題為 (0.01×42.91 m/s) = 0.43 m/s；和 (b) 小題為 (0.02×42.91 m/s) = 0.86 m/s。

a. 重寫 (2.7) 式：
$$\Delta x \geq \frac{h}{4\pi m \Delta u} \geq \frac{6.62 \times 10^{-34} \text{ kg} \cdot \text{m}^2/\text{s}}{4\pi (0.142 \text{ kg})(0.43 \text{ m/s})} \geq 8.62 \times 10^{-34} \text{ m}$$

b. 重寫 (2.7) 式：
$$\Delta x \geq \frac{h}{4\pi m \Delta u} \geq \frac{6.62 \times 10^{-34} \text{ kg} \cdot \text{m}^2/\text{s}}{4\pi (0.142 \text{ kg})(0.86)} \geq 4.31 \times 10^{-34} \text{ m}$$

當球速的測量不確定性增加，則位置的測量不確定性減少。

當薛丁格 [20] 使用波動方程式 (wave equation) 來解釋電子的行為時，理論近趨完備。波動方程式的解為波 ψ (psi) 的函數。波函數的平方，ψ^2，提供了在特定空間及能階中找到電子的機率。這個機率稱為**電子密度** (electron density)，可以用一群圓點 [稱為電子雲 (electron cloud)] 來表示，每個圓點表示一個特定能階電子的可能位置。例如，圖 2.7a 中的電子密度分布為基態氫原子。雖然一般的形狀為球形 (如波爾所論)，很顯然地，根據這個模型電子能夠存在於相對原子核的任何位置。最可能找到在基態電子的位置非常接近原子核 (電子雲密度最高)，離原子核愈遠，找到電子的機率愈低。

解開波動方程式後，即可產生不同的波函數及電子密度圖。這些波函數稱為**軌域** (orbital)。我們要立刻澄清「軌域」與波爾所使用的「軌道」(orbit) 為兩種截然不同的概念 (這些術語絕對不可混用)。軌域有獨特的能階及獨特的電子密度分布。

表示電子位置在特定能階機率的另一種方法是畫出一個內部區域有 90% 機會

(a) 電子密度分布　　(b) 邊界表面

0.05 nm

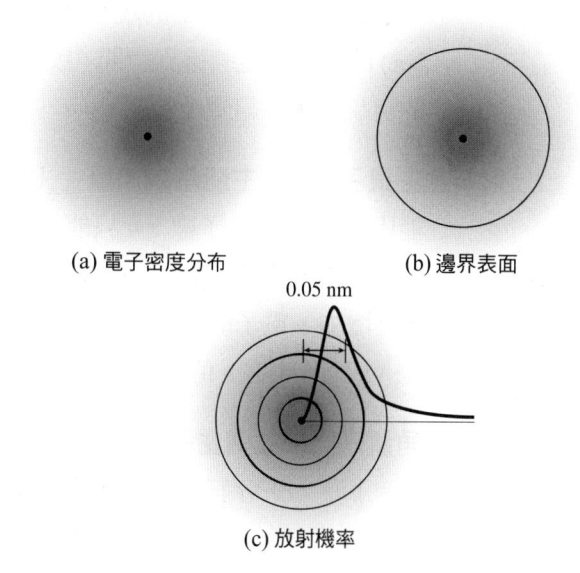

(c) 放射機率

圖 2.7　(a) 氫原子的電子在基態的密度分布；(b) 90% 的邊界表面圖；(c) 連續球形殼層與徑向機率分布 (黑線)。

---

[20] 埃爾溫‧魯道夫‧尤則夫‧亞歷山大‧薛丁格 (Erwin Rudolf Josef Alexander Schrödinger)(1887-1961)。奧地利物理學家和諾貝爾獎得主 (1933 年)。

可以發現電子的範圍。基態電子有 90% 的機率可以在半徑為 100 皮米 (1 皮米 = 10^{-12} 公尺) 的球體內被發現。不同於電子密度圖，圖 2.7b 所示的球體稱為**邊界表面** (boundary surface) 表示法。要注意的是，同一個電子 100% 機率的邊界表面將會有無限大的範圍。前面已提過，在圖 2.7a 發現電子的最高機率是在非常接近原子核的位置。但是，如果我們將此球體分成等距的同心區塊 (圖 2.7c)，發現電子的最高總機率不會在原子核，而是與原子核些許距離之處。此總機率也稱為徑向 (radial) 機率。越接近原子核，發現電子的機率越高，但體積越小；越遠離原子核，機率越小，但體積越大然而，相較於基層，由於第二層的體積增加比機率降低還大許多，因此，在第二層觀察到電子的總機率較高；圖 2.7c 顯示第二層位於距原子核 0.05 nm 或 50 pm 附近。到了更外層，此效應會逐漸消失，因為之後的機率降低會比體積增加的幅度還大。

高能階電子的邊界表面圖會變得更複雜，且不見得為球形。我們會在後面更仔細地討論。

2.3.4　量子數、能階與原子軌域

薛丁格等人提出的現代量子力學需要一組四個整數 (量子數，quantum number) 的數字來定義邊界空間 (或電子雲) 的能量和形狀，以及任何原子中任何電子的自旋。第一組量子數為 n、ℓ、m_l、m_s。

主量子數 n：主能階或殼層　主量子數 (principal quantum number) n 是決定電子能階最重要的量子數。n 只能是 1 或比 1 大的整數。每一個主能階也叫作一個殼層 (shell)，代表所有具有相同主量子數 n 的次殼層 (subshell) 或軌域 (orbital)。當 n 值增加，電子的能量也增加，代表這些電子與原子核之間的力較小 (較易離子化)。而且，當 n 值增加，離原子核較遠處可以發現電子的機率也會增加。

角量子數或軌道量子數 ℓ：次殼層　每個主殼層 (n) 中都有次殼層 (subshell)。當 $n = 1$ 時，只會有一種次殼層，如圖 2.7 所示。當 $n = 2$ 時，會有兩種不同的次殼層。當 $n = 3$ 時，會有三種不同的次殼層，以此類推。次殼層是由**角量子數** (orbital quantum number) ℓ 來代表。ℓ 可決定電子雲的形狀或軌域的邊界空間。角量子數 ℓ 可以由 0 到 $n - 1$ 的整數或由字母來代表。

數字表示　　　$\ell = 0, 1, 2, 3, ..., n - 1$

字母表示　　　$\ell = $ s, p, d, f, ...

$n = 1$ 時，$\ell = $ s；$n = 2$ 時，$\ell = $ s 或 p；$n = 3$ 時，$\ell = $ s、p 或 d，依此類推。因此，

3s 表示一個主能階 n 為 3 且次殼層 ℓ 為 s。

不管 n 為何，s 次殼層 ($\ell = 0$) 總是為球形 (圖 2.8a)。當 n 變大時，球也會變大，代表電子能夠在離原子核較遠處運動。

p 次殼層 ($\ell = 1$) 不是球形，而是呈啞鈴狀，在原子核兩側的各有一個電子密度葉 (圖 2.8b)。每個特定的次殼層中有三個 p 軌域，各自在空間中有不同的方位。這三個軌域為互相垂直。d 次殼層的形狀更為複雜 (圖 2.8c)，在過渡金屬離子的化學性扮演重要角色。

磁量子數 m_ℓ：軌域及其方位 磁量子數 (magnetic quantum number) m_ℓ，代表每個次殼層內的軌域方位。量子數 m_ℓ 的值在 $+\ell$ 到 $-\ell$ 之間。$\ell = 0$ 或 s 時，$m_\ell = 0$；$\ell = 1$ 或 p 時，$m_\ell = -1$、0、+1；$\ell = 2$ 或 d 時，$m_\ell = -2$、-1、0、+1、+2，依此類推。每個次殼層 ℓ 內都有 $2\ell + 1$ 個軌域。就 s、p、d 及 f 而言，最多有 1 個 s 軌域、3 個 p 軌域、5 個 d 軌域及 7 個 f 軌域。主殼層的總軌域數 (包含所有可用的次殼層) 可以用 n^2 表示；例如，$n = 1$ 有 1 個軌域，$n = 2$ 有 4 個軌域，$n = 3$ 有 9 個軌域。相同次殼層中的軌域能階也相同。圖 2.8 顯示 s、p、d 軌域的邊界空間圖。要注意的是，當 n 值愈大，邊界空間也會愈大，表示在離原子核更遠的地方發現在該能階電子的機率更高。

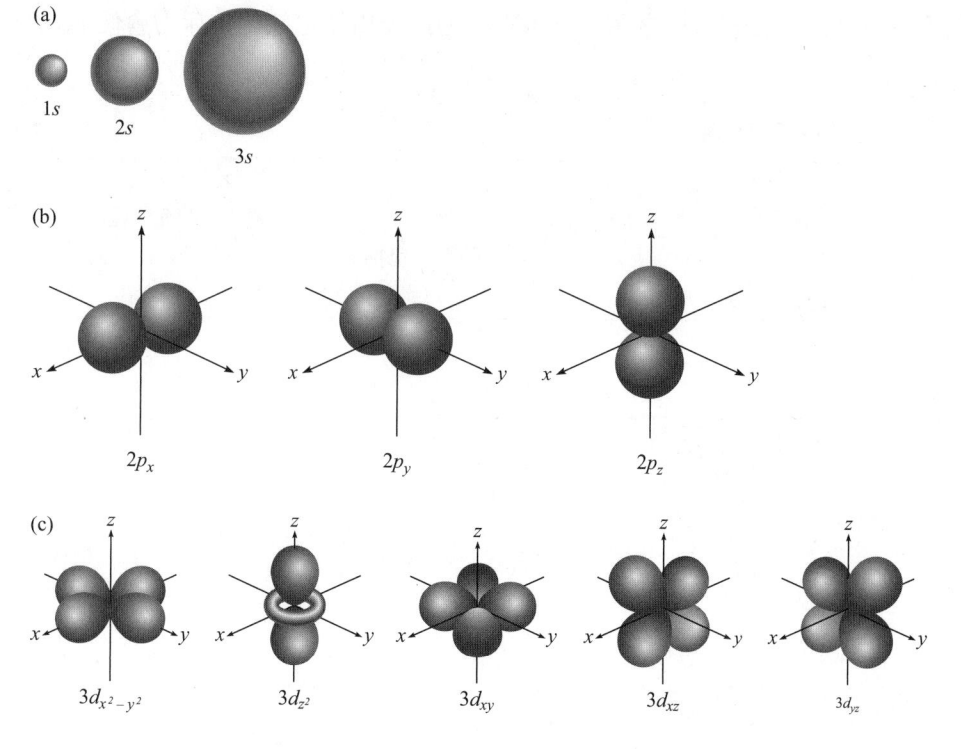

圖 2.8 (a) s 軌域；(b) p 軌域；(c) d 軌域。

(a) 1s, 2s, 3s

(b) $2p_x$, $2p_y$, $2p_z$

(c) $3d_{x^2-y^2}$, $3d_{z^2}$, $3d_{xy}$, $3d_{xz}$, $3d_{yz}$

自旋量子數 m_s：電子自旋 在氦原子 ($Z = 2$) 中，兩個電子占據了第一主殼層 ($n = 1$)、相同次殼層 ($\ell = 0$ 或 s) 及相同磁量子數 ($m_\ell = 0$)。這兩個電子的量子數是否相同？要完整地描述任何原子中的任何電子，除了 n、ℓ、m_ℓ 之外，我們還必須確定其**自旋量子數** (spin quantum number) m_s，可能是 $+\frac{1}{2}$ 或 $-\frac{1}{2}$。此電子只能有兩個自旋方向，且不得有任何其他位置。

另外，根據**鮑立不相容原理** (Pauli's exclusion principle)，一個原子的相同軌域上最多只能有兩個電子，且自旋方向必須相反。也就是說，沒有兩個電子的一組四個量子數會完全相同。例如，在氦 (He) 原子中，從量子力學的觀點來看，它的兩個電子的差異在於自旋量子數；一個為 $m_s = +\frac{1}{2}$，另一個為 $m_s = -\frac{1}{2}$。表 2.2 總結所有可以出現的量子數。

由於只有兩個電子能夠占據單一個軌域，且每一個主能階或殼層 (n) 可以有 n^2 個軌域，我們可以說，每一個主能階可最多可以容納 $2n^2$ 數個電子 (表 2.3)。例如，$n = 2$ 時，主能階最多能容納 $2(2)^2 = 8$ 個電子，兩個電子在 s 次殼層 (sub-shell)，六個在 p 次殼層；其本身有三個軌域。

2.3.5 多電子原子的能態

到目前為止，我們的討論多集中在僅有單電子的氫原子。但是，當電子不只一個時，電子和原子核之間的靜電吸引力以及電子之間的排斥力會使能量狀態

表 2.2 量子數的各種容許值

n	主量子數	$n = 1, 2, 3, 4, \ldots$	所有正整數
ℓ	角量子數	$\ell = 0, 1, 2, 3, \ldots, n + 1$	根據 n 的允許值
m_ℓ	磁量子數	$-\ell$ 至 $+\ell$ 的正整數，包括 0	$2\ell + 1$
m_s	自旋量子數	$+\frac{1}{2}$ 及 $-\frac{1}{2}$	2

表 2.3 各主要原子殼層的最多電子數量

殼層數 n （主量子數）	每一殼層的最大 電子數目 ($2n^2$)	各軌域最大 電子數目
1	$2(1^2) = 2$	s^2
2	$2(2^2) = 8$	s^2p^6
3	$2(3^2) = 18$	$s^2p^6d^{10}$
4	$2(4^2) = 32$	$s^2p^6d^{10}f^{14}$
5	$2(5^2) = 50$	$s^2p^6d^{10}f^{14}\ldots$
6	$2(6^2) = 72$	$s^2p^6\ldots$
7	$2(7^2) = 98$	$s^2\ldots$

或能階分裂複雜許多。因此，一個多電子原子的軌域能量不僅取決於其 n 值 (大小)，也與其 ℓ 值有關 (形狀)。

我們先來看一個氫原子裡的單電子，以及在一個離子化氦原子 (He$^+$) 裡的單電子。這兩個電子都在 1s 軌域。然而，氦的原子核中有兩個質子，而氫的原子核鐘只有一個。在氫電子的軌域能量為 –1311 kJ/mol，而氦電子的軌域能量為 –5250 kJ/mol。要移除氦電子較難，因為兩個質子的原子核對此電子的吸引力很強。換句話說，原子核的電荷越多，對電子的吸引力越高，導致電子的能量愈低 (系統愈穩定)。這就是所謂的**核電荷效應** (nucleus charge effect)。

我們現在來比較一下氦原子和氦離子。兩者的原子核中電荷相同，但電子數目不同。氦原子的 1s 電子軌域能量為 –2372 kJ/mol，氦離子為 –5250 kJ/mol。要從氦原子移除兩個電子中的其中之一明顯要比移除氦離子裡的單電子簡單許多。這主要是因為氦原子中的兩個電子會彼此排斥，因此抵銷了原子核的吸引力。電子們就像是會互相保護，降低來自原子核的力量；這就是所謂的**屏蔽效應** (shielding effect)。

我們接著來比較在基態的鋰原子 (Z = 3) 和處於第一激發態的鋰離子 (Li^{2+})。兩者的原子核電荷都有 +3。鋰原子有兩個 1s 電子與一個 2s 電子，而鋰離子有一個電子被激發至 2s 軌域 (第一激發態)。鋰原子的 2s 軌域電子能量為 –520 kJ/mol，而鋰離子的 2s 軌域電子能量為 –2954 kJ/mol。前者較容易移除，因為在離原子內部殼層的兩個 1s 軌域電子會屏蔽掉原子核對 2s 電子的影響 (大部分時間)。鋰離子的 2s 軌域電子並沒有這層屏蔽，因此會受到原子核的強力吸引。因此，內部電子會屏蔽掉原子核之對外層電子的吸引力，並比處於相同次能階的電子更有效。

我們最後來比較基態的鋰原子與處於第一激發態的鋰原子。基態鋰原子的外層電子位處 2s 軌域，而第一激發態鋰原子的外層電子位處 2p 軌域。2s 電子的軌域能量為 –520 kJ/mol，而 2p 電子的軌域能量為 –341 kJ/mol。因此，2p 軌域的能態比 2s 軌域高。這是因為 2s 電子會花部分時間要滲透至更靠近原子核 (更勝於 2p)，使得它對原子核吸引力更高，能階更低，也更穩定。我們可以更進一步推斷，在給定的主要殼層 n 時，ℓ 的值愈低，多電子原子的次殼層能量也愈低 (亦即 s < p < d < f)。

從以上可見，受到不同靜電力的影響，主能階 n 會分裂成好幾個次能階 ℓ，如圖 2.9 所示。從圖中可見不同的主要及次要的能階彼此的順序關聯。例如，在 3p 次能階的電子比在 3s 次能階的電子能量高，但比 3d 的低。要注意的是，圖中的 4s 次能階比 3d 次能階的能量高。

2.3.6 量子力學模型與週期表

週期表中的元素是依其基態電子組態來分類。因此，一個元素的原子 (如有 3 個電子的鋰原子) 會比前一個元素多一個電子 (氦原子有 2 個電子)。這些電子分布在主殼層、次殼層和軌域中。但是，我們是如何知道電子填滿軌域的順序？電子會先填補第一個主能階。每個主能階可容納的最多電子數量如表 2.3 所列。然後，在每個主能階內，電子會先填滿最低能量的次殼層，也就是從 s 開始，到 p、d，最後是 f 軌域，它們分別可以容納 2、6、10 和 14 個電子。每個次殼層都有自己的能階，而每個次能階被填滿的順序如圖 2.9 所示。

電子占據軌域 (orbital occupancy) 可以用兩種不同的形式表達：(1) 電子組態；(2) 軌域方塊圖。

電子組態符號的組成包含主殼層數值 n，次殼層的字母 ℓ，以及該次殼層的電子數量，會以上標表示。例如，有 8 個電子的氧 (O)，電子組態為 $1s^22s^22p^4$。在用 2 個電子填滿 1s 軌域後，氧還剩 6 個電子。根據圖 2.9，這 6 個電子其中 2 個會去填滿 2s 軌域 ($2s^2$)，而剩下 4 個會占據 p 軌域 ($2p^4$)。氧的下一個元素是氟 (F)，比氧多 1 個電子，電子組態為 $1s^22s^22p^5$。氧前面的元素是氮 (N)，比氧少 1 個電子，電子組態為 $1s^22s^22p^3$。表 2.4 列出了週期表前 10 個元素的電子組態。

我們現在來看看有 21 個電子的鈧 (Sc)。前五個能階依序為 (圖 2.9) $1s^2$、$2s^2$、$2p^6$、$3s^2$、$3p^6$，共含 18 個電子。還有 3 個電子才能完成鈧的電子組態。我們可能直覺認為這 3 個電子將填 3d 軌域，所得電子組態為 $3d^3$。然而，根據圖 2.9，下一個該填滿的軌域其實是 4s，而不是 3d，因為 4s 的能階比 3d 低 (由於屏蔽和穿透力的影響)。前面已提，低能階的軌域會先被填滿。因此，2 個電子 (第 19 個和第 20 個) 會先填滿 4s 後，最後 1 個電子 (第 21 個) 才會填至 3d。最後，鈧的電子組態按填滿順序為 $1s^22s^22p^63s^23p^64s^23d^1$。不過，按主能階順序來表示也行：$1s^22s^22p^63s^23p^63d^14s^2$。要注意的是，內殼層電子，$1s^22s^22p^63s^23p^6$，代表惰性氣體氬 (Ar) 的電子結構。因此，鈧的電子組態也可以表示為 [Ar] $4s^23d^1$。

顯示電子占據軌域的另一種形式為軌域方塊圖。它的好處是能顯示軌域上成對電子的自旋 (方向相反)。表 2.4 為週期表前 10 個元素的軌域方塊圖。氧有 7 個電子，前 2 個電子會以成對自旋的方式占據 1s (最低能階軌域)，之後的 2 個電

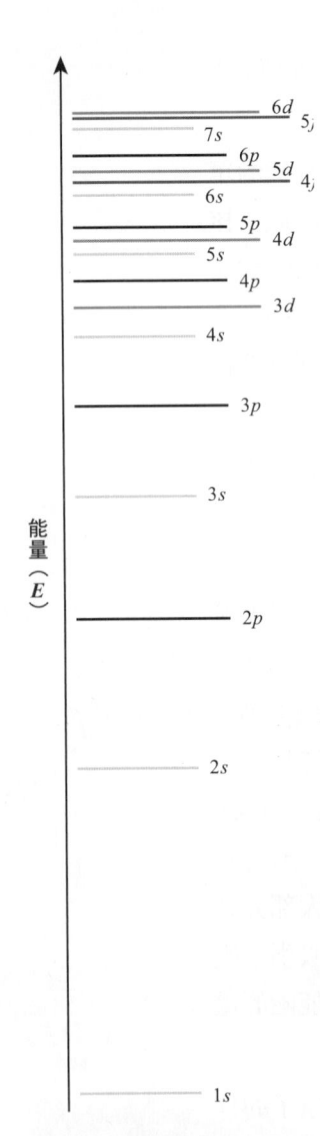

圖 2.9 最多到 $n = 7$ 的所有次能階的能階圖。軌域會確切按照相同的順序被填滿。

表 2.4　量子數和電子數的容許值

電子組態	軌域方塊圖

		1s	2s	2p
H	$1s^1$	↑		
He	$1s^2$	↑↓		
Li	$1s^22s$	↑↓	↑	
Be	$1s^22s^1$	↑↓	↑↓	
B	$1s^22s^22p^1$	↑↓	↑↓	↑
C	$1s^22s^22p^2$	↑↓	↑↓	↑ ↑
N	$1s^22s^22p^3$	↑↓	↑↓	↑ ↑ ↑
O	$1s^22s^22p^4$	↑↓	↑↓	↑↓ ↑ ↑
F	$1s^22s^22p^5$	↑↓	↑↓	↑↓ ↑↓ ↑
Ne	$1s^22s^22p^6$	↑↓	↑↓	↑↓ ↑↓ ↑↓

子會以成對自旋的方式占據 2s (次低能階軌域)。不過，接下來的 3 個電子會以相同自旋方向隨機填入三個 p 軌域 (所有 p 軌域能階相同)。雖然在 p 軌域的選擇過程為隨機，為了方便起見，我們視其為從左到右填入。最後的 1 個電子將會和已在 p 軌域上的 3 個電子其中之一隨機配對 (注意，最後 1 個電子的旋轉方向與其他 3 個的方向相反)。換句話說，電子不會成對占據那三個 p 軌域。氟比氧多 1 個電子，因此會配對下一個 p 軌域。氖 (Ne) 比氧多 2 個電子，所以三個 p 軌域皆被配對。同樣的道理也適用於在第三主殼層中的五個 d 軌域：在五個 d 軌域分別被自旋方向相同的電子填入後，任何剩下來的電子將會以相反自旋方向一一填入 d 軌域。

有一點很重要：元素的電子占據軌域並非完全規則。例如，你可能認為含有 29 個電子的銅 (比鎳多 8 個) 的電子組態應該是 [Ar]$3d^94s^2$；但它其實是 [Ar]$3d^{10}4s^1$。雖然這種情形的原因目前仍不明確，但有一種說法是銅的 3d 和 4s 軌

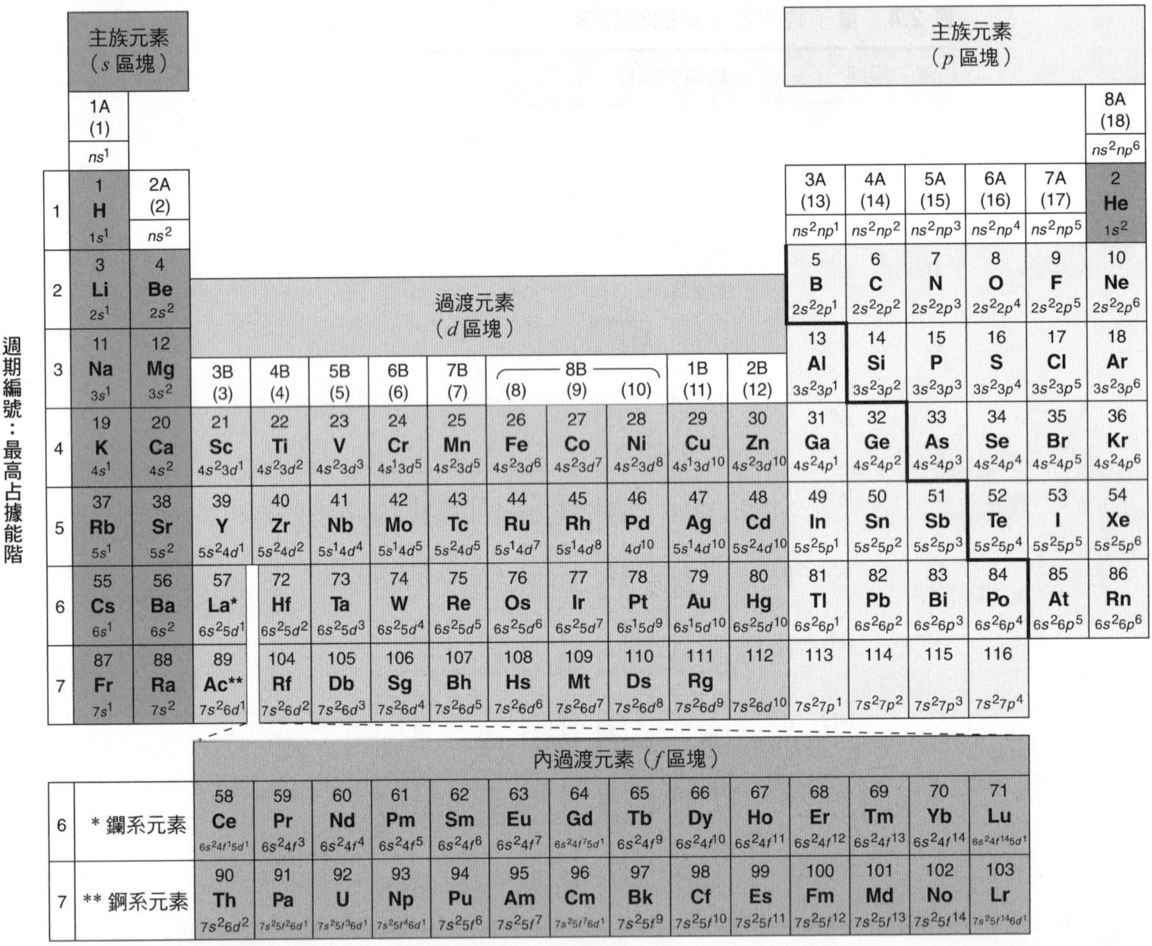

圖 2.10 週期表中所有元素的部分基態組態。

域對應的能階非常接近。鉻 (Cr) 是另一個規則的元素，電子組態為 $[Ar]3d^54s^1$。週期表中所有元素的部分基態組態列於圖 2.10，從其中可以觀察到一些不符常規的範例。

■ 例題 2.6

利用軌域方塊圖，顯示出鈦 (Ti) 原子的電子結構。

解

鈦有 22 個電子。因此，前 18 個內部核電子將會有惰性氣體氬的結構，$1s^22s^22p^63s^23p^6$；剩下的 4 個電子，在 3p 軌域填滿後，根據圖 2.9，接下來要填入的軌域是 4s，而不是 3d，因為 4s 能階比 3d 能階低。接下來的 2 個電子 (第 19 個和第

20 個) 占據 4s^1 和 4s^2。最後 2 個電子 (* 第 21 個和 * 第 22 個) 將填入 3d 軌域，為 [Ar]4s^{2}3d^2。

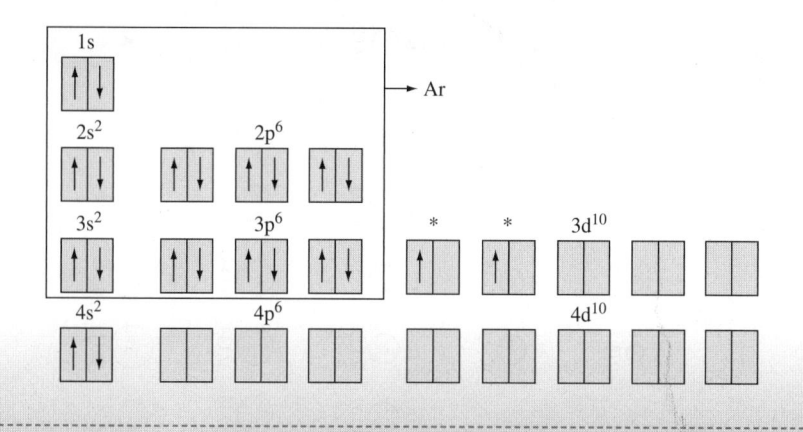

2.4 原子大小、游離能與電子親和力的週期變化
Periodic Variations in Atomic Size, Ionization Energy, and Electron Affinity

2.4.1 原子大小的趨勢

前幾節曾提到，有時電子會距離原子核很遠，使得建立原子的絕對形狀很困難。為了解決這個問題，我們想像原子是一個有固定半徑的球體，而電子有 90% 的時間存在其中。然而在現實中，原子的實際大小是在該原子組成的固態元素中，兩個相鄰原子核距離的一半。這個距離也稱為**金屬半徑** (metallic radius)，適用於週期表中的金屬元素。對於其他經常形成共價分子的元素 (如氯、氧、氮等)，我們定義原子大小是分子內，兩個相同原子的原子核之間距離的一半，稱為**共價半徑** (covalent radius)。因此，一個原子的大小會取決於鄰近的原子，且物質間也會有些許差異。

原子大小直接受到電子組態的影響，因此，也會隨著週期及族而改變。一般來說，有兩個相反的力量會同時作用：當主量子數 n 增加 (由週期表的某週期移至下一週期)，電子占據的位置離原子核更遠，原子也更大。所以，在同族原子中，由上到下的原子會越來越大。另一方面，在同一週期中，由左到右，原子核電荷會逐漸增加 (更多質子)，表示電子會被原子核更強烈地吸引，使得原子變小。因此，原子的大小是由這兩種力的淨合力而定。這很重要，因為原子大小會影響其他原子及材料的性質。除了少數例外，這個趨勢通用於主要的元素族 (1A 族到 8A 族)，很適用但對過渡元素就較不準確 (圖 2.11)。

圖 2.11 週期表中原子和離子大小的變化。

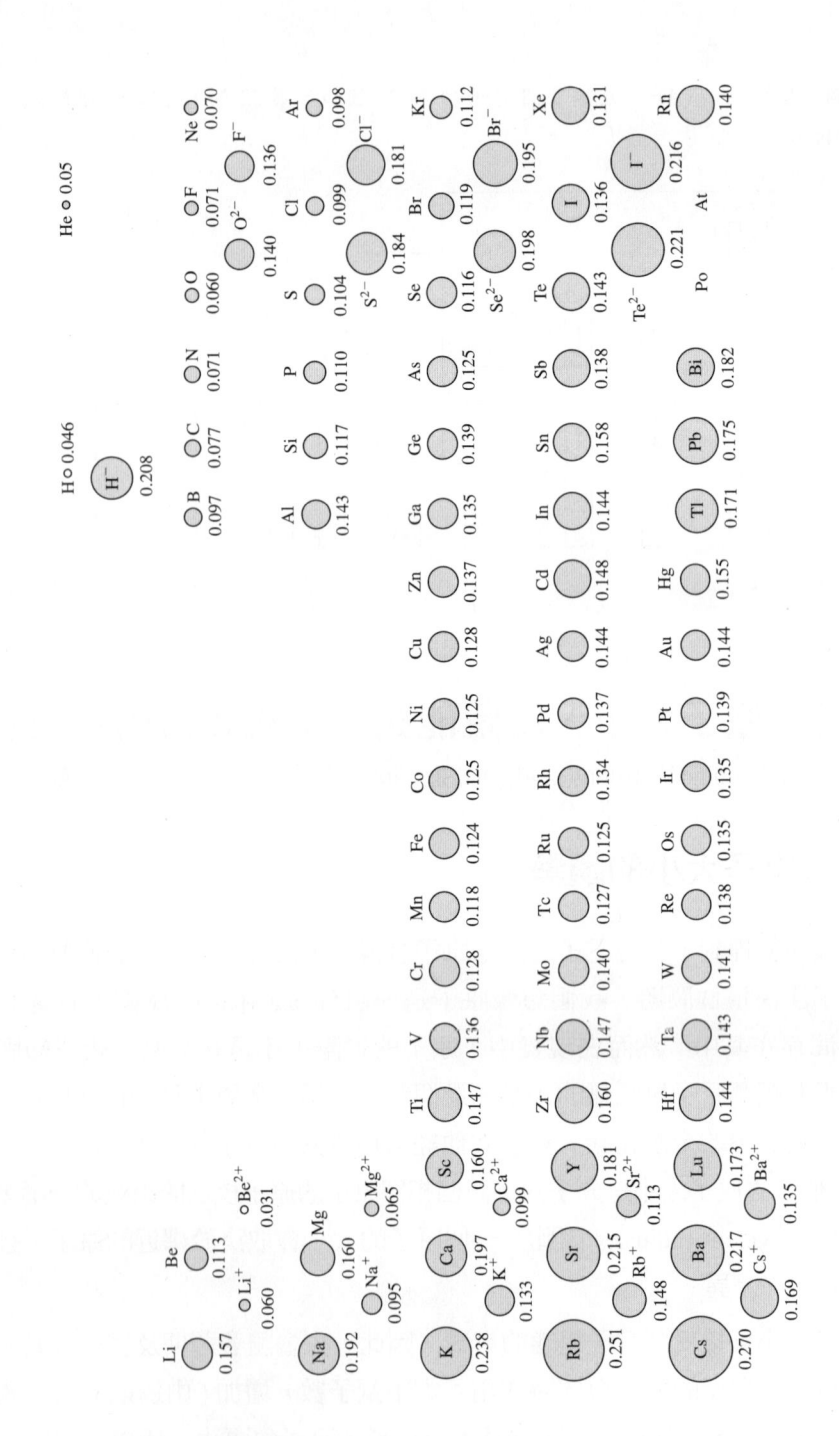

2.4.2 游離能的趨勢

要從原子移除一個電子的能量稱為**游離能** (ionization energy, IE)，它永遠為正，因為必須提供系統能量，才可能從原子中移除一個電子。對於任何原子的化學反應而言，最重要的是移除最外層電子所需的能量，也就是**第一游離能** (first

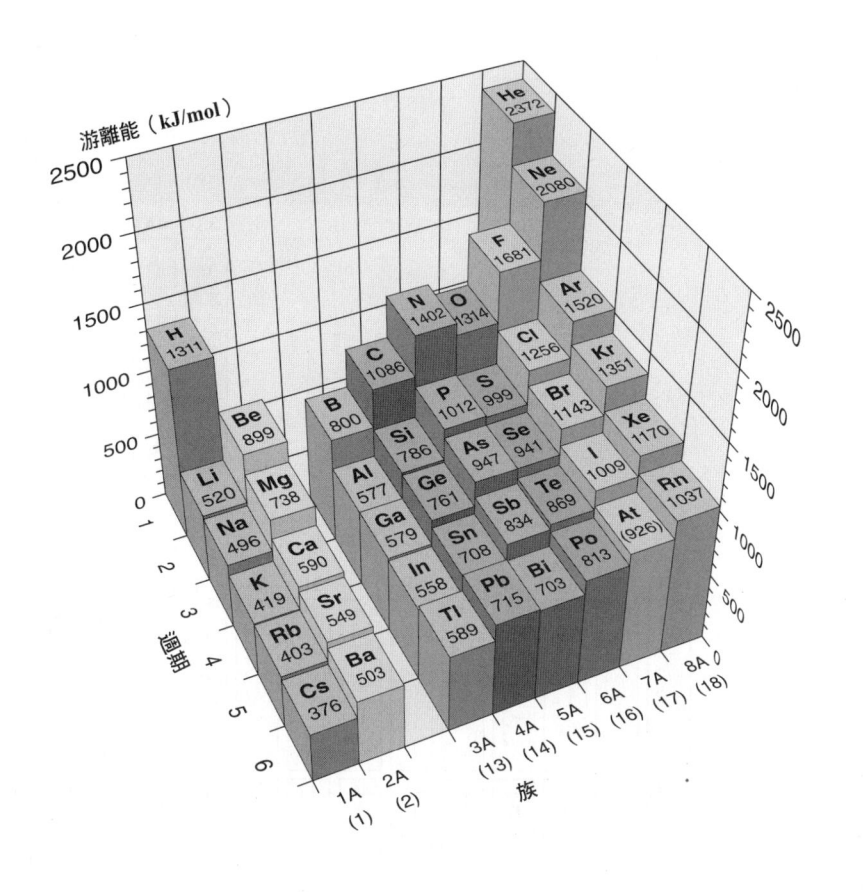

圖 2.12 週期表中游離能的變化。

ionization energy, IE1)。

原子的第一游離能與原子大小大概成反比關係 (圖 2.12)。比較圖 2.11 與圖 2.12 可看出，在同一週期中愈往右，游離能會增加，而在同一族愈往下，游離能會減少；這有異於前述的原子大小規律。也就是說，當原子愈小，要移除電子就需要更多能量。在同一週期中，原子越小，原子核與電子間的吸引力越大，使得移去電子變得困難，導致游離能增加。因此，我們可以概括認為，1A 族和 2A 族元素很容易被離子化。相反地，在同一族中越往下，原子越大，原子核和最外層電子的距離也越大，導致兩者間的吸引力越低。這代表移除電子所需的能量越低，因此游離能也隨之降低。

對於多電子原子，當第一個外層電子移除後，需要更大的能量去移除第二個外層電子。這表示**第二游離能** (second ionization energy, IE2) 會更高。一旦外層電子全部移除，只剩下內層電子時，要繼續移除電子所需的能量將非常高。例如，鋰原子有 1 個外層電子 ($2s^1$) 與 2 個內層電子 ($1s^1$ 與 $1s^2$)。當逐步移除電子時，移除 $2s^1$ 軌域的電子需要 0.52 MJ/mole 的能量，移除 $1s^2$ 軌域的電子需要 7.30 MJ/mole，而移除 $1s^1$ 軌域的電子則需要 11.81 MJ/mole。由於移除內層電子需要的能

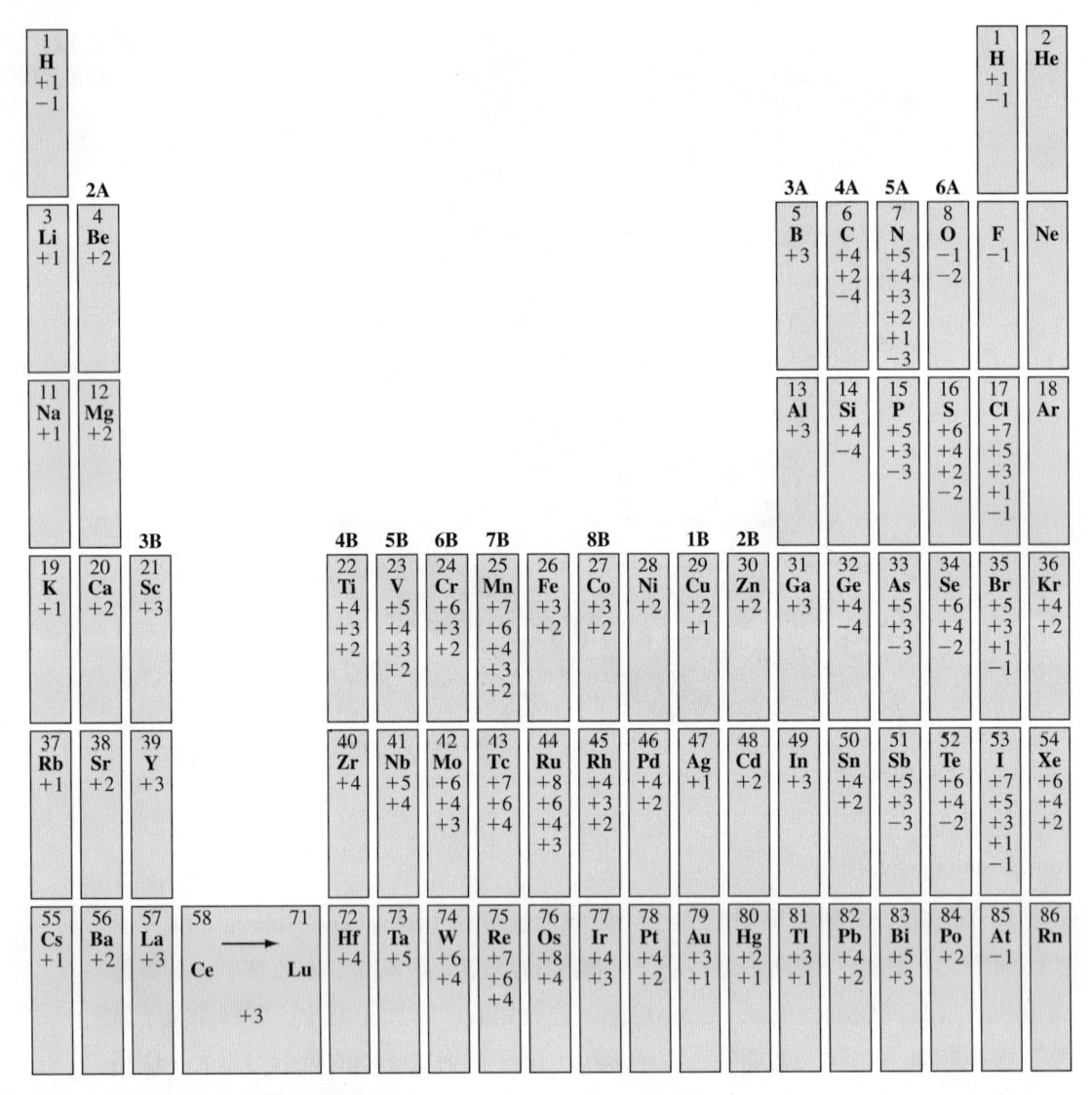

圖 2.13　週期表中氧化數的變化。

(Source: R. E. Davis, K. D. Gailey, and K. W. Whitten, *Principles of Chemistry*, Saunders College Publishing, 1984, p. 299.)

量較高，因此內層電子很少參與化學反應。在離子化過程中，原子釋放的外層電子數量稱為**正氧化數** (positive oxidation number)，如圖 2.13 所示。請注意，有些元素有的正氧化數不只一個。

2.4.3 電子親和力的趨勢

　　1A 族和 2A 族原子的 IE1 較低，較容易失去最外層的電子。相反地，有些原子較傾向於接受一個或多個電子，並在過程中釋放能量。這個性質稱為**電子親和力** (electron affinity, EA)。類似於游離能的概念，這裡也有所謂的第一電子親和力 (first electron affinity, EA1)。原子獲得一個電子時的能量改變，與失去一個電子時的能量改變剛好相反。在同一週期中越往右，和在同一族中越往下的原子，電子親和力會越高 (在接受一個電子後，會釋放更多的能量)。因此，6A 族與 7A 族的電子親和力最高。一個原子可以獲得的電子數量稱為**負氧化數** (negative oxidation number)，如圖 2.13 所示。請注意，有些元素會同時擁有正氧化數和負氧化數。

2.4.4 金屬、類金屬與非金屬

　　先不考慮少數例外，一般而言，1A 族與 2A 族原子的游離能低，電子親和力也很低，甚至沒有。這些元素稱為**活性金屬** (reactive metal)，或簡稱為金屬。它們傾向失去電子而形成陽離子，帶正電。6A 族及 7A 族元素游離能高，電子親和力也高。這些元素稱為**活性非金屬** (reactive nonmetal)，或簡稱為非金屬。它們傾向接受電子而形成陰離子，帶負電。

　　3A 族的第一個元素是硼 (b)，可以表現得像金屬或非金屬。這種元素稱為**類金屬** (metalloids)。其餘的族員都是金屬。4A 族的第一個元素碳和接下來的兩個元素 (矽跟鍺) 為非金屬，而其餘的元素 (錫和鉛) 為金屬。5A 族的氮和磷為非金屬，砷和銻為類金屬，最後的鉍是金屬。因此，3A 族至 5A 族中的元素會有非常不同的表現，但很顯然地，同一族中愈往下的金屬表現越突出，而隨著週期表愈往右，則非金屬表現越突出。這些不同的特性可以用陰電性或**電負度** (electronegativity) 表示，也就是原子吸引電子的能力 (圖 2.14)。圖中每個原子的電負度範圍為 0.8 至 4.0。不意外地，非金屬的電負度比金屬高，而類金屬的電負度則介於兩者之間。

　　8A 族原子為惰性氣體，游離能很高，沒有電子親和力。這些元素非常穩定，是所有元素中最不活性的。除了氦之外，這一族其他元素 (氖、氬、氪、氙和氡) 的外層電子結構皆為 s^2p^6。

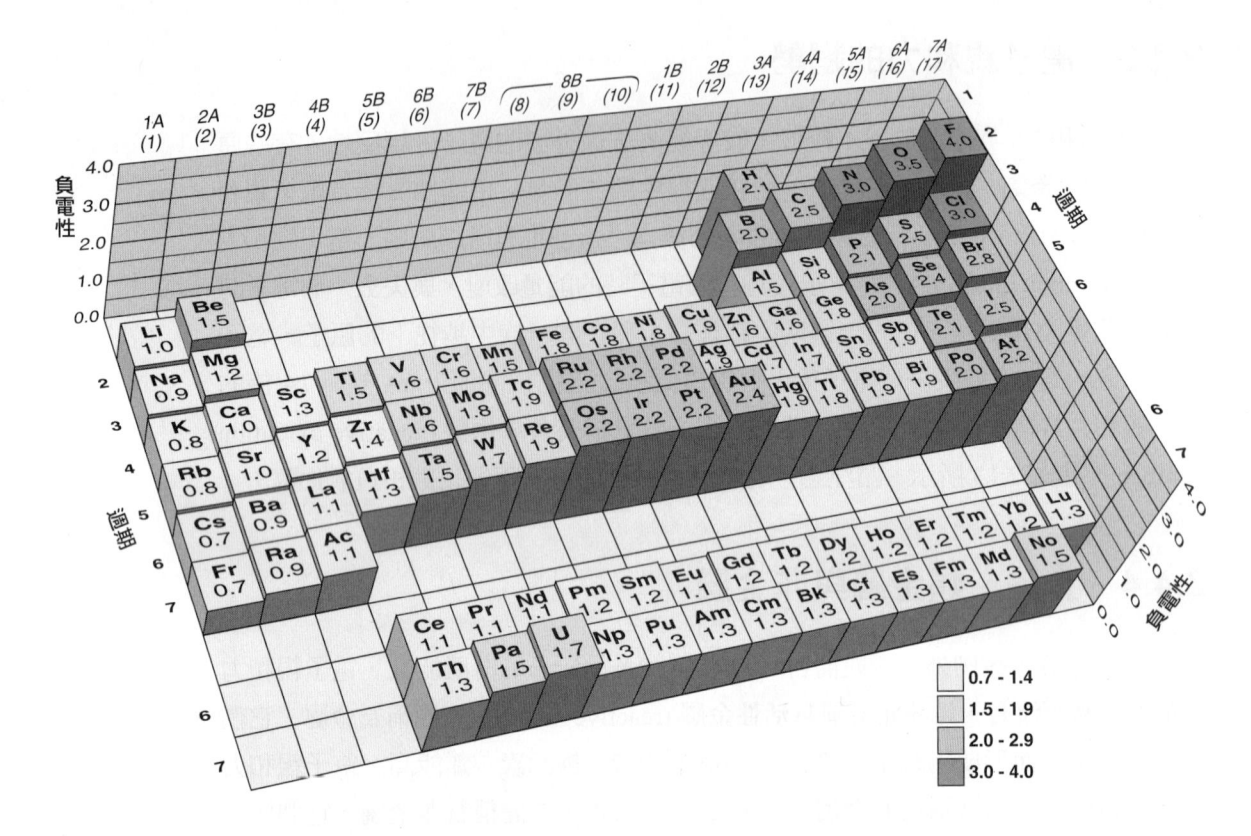

圖 2.14　週期表中電負度的變化。

■ 2.5　主要鍵結 Primary Bonds

　　原子間形成鍵結主要是為了尋求最穩定的狀態。與其他原子鍵結後，每個原子的位能會降低，造成較穩定的狀態。這些鍵結稱為**主要鍵結** (primary bonds)，具有很大的原子間作用力。

　　我們已知像是原子大小、游離能和電子親和力等的原子行為及特性，與該原子的電子結構、原子核與電子間的吸引力以及電子間的排斥力有關。材料的行為及特性也與原子間的鍵結類型及強度有關。以下我們將討論主要鍵結和次要鍵結的本質與特性。

　　還記得週期表中的元素可以分為金屬與非金屬，而類金屬的表現可以為其中任何一種。這兩種原子的鍵結主要有三種：(1) 金屬-非金屬；(2) 非金屬-非金屬；(3) 金屬-金屬。

2.5.1 離子鍵結

電性與大小考量 金屬和非金屬元素的鍵結會經由電子傳遞和離子鍵結 (ionic bonding)。離子鍵結通常會發生在原子間的電負度差異很大時 (見圖 2.14)，像是 1A 族或 2A 族原子 (活性金屬) 和 6A 族或 7A 族原子 (活性非金屬)。舉例來說，我們來看電負度為 1.0 的金屬鋰 (Li) 和電負度為 4.0 的非金屬氟 (f)，兩者之間的離子鍵結。鋰原子失去一個電子形成鋰離子 (Li$^+$)，半徑也因此由原來的 $r = 0.157$ nm 減少為鋰離子的半徑 $r = 0.060$ nm。變小的原因是：(1) 在離子化後，外圍電子不再是在 $n = 2$，而是在 $n = 1$ 的狀態；(2) 帶正電的原子核和帶負電的電子雲之間失去平衡，使得原子核對電子的作用力較強，能夠將電子拉近。相反地，氟原子獲得鋰原子失去的電子而形成氟離子 (F$^-$)。半徑由原來的 $r = 0.071$ nm 增加為氟離子的半徑 $r = 0.136$ nm。我們可以概論，當金屬形成陽離子，半徑會變小；當非金屬形成陰離子，半徑會變大。圖 2.11 顯示不同元素的離子大小。在電子傳遞過程完成後，鋰會完成它的外層電子結構，成為惰性氣體氦的電子結構。同樣地，氟會完成它的外層電子結構，成為惰性氣體氖的電子結構。這兩個離子間的靜電吸引力會將它們拉住，形成離子鍵。鋰和氟的離子鍵形成過程以電子組態、軌域圖、電子點形式顯示於圖 2.15。

作用力考量 從力平衡的觀點來看，一個離子的正電原子核會吸引另一個離子的負電電子雲，反之亦同。因此，離子間距離 a 會變小，彼此會更靠近，導致負電電子雲彼此作用而產生排斥力。這兩個相對的力量最後會互相平衡產生零淨力。此時離子間的距離就達到**離子間平衡距離** (equilibrium interionic distance) a_0，鍵結也就此形成 (圖 2.16)。

任何離子間距離的淨力可用下列方程式來計算。

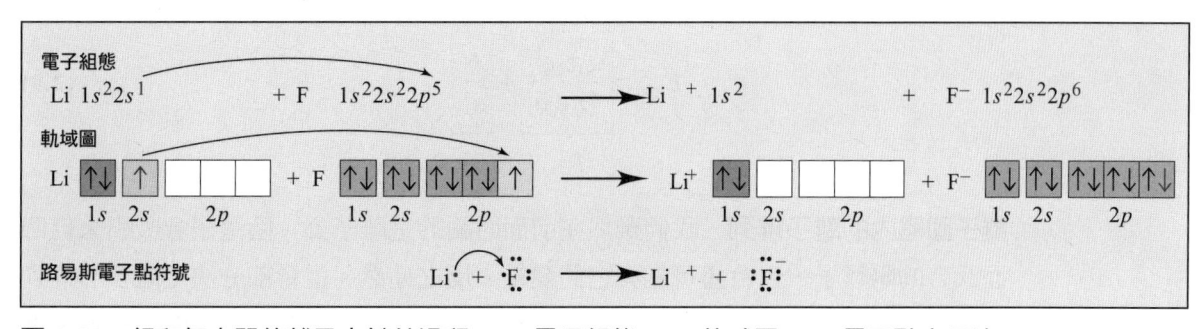

電子組態
Li $1s^22s^1$ + F $1s^22s^22p^5$ ⟶ Li$^+$ $1s^2$ + F$^-$ $1s^22s^22p^6$

軌域圖

路易斯電子點符號

圖 2.15 鋰和氟之間的離子之鍵結過程。(a) 電子組態；(b) 軌域圖；(c) 電子點表示法。

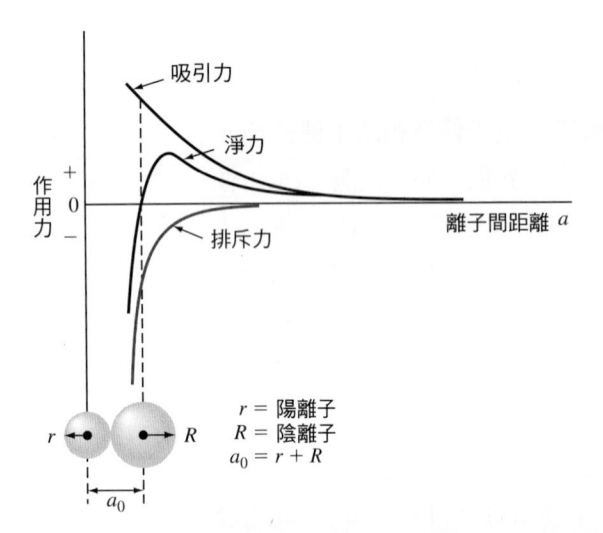

圖 2.16 在離子鍵結形成時，會出現吸引力與排斥力。注意，當鍵結形成時，淨力為零。

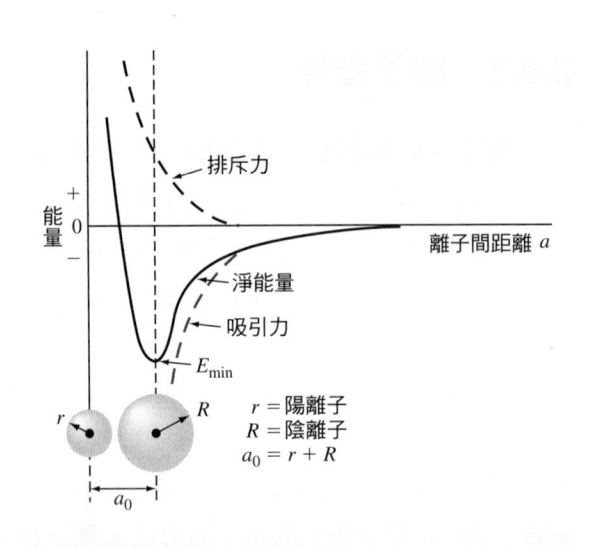

圖 2.17 離子鍵結時的能量變化。注意，當鍵結形成時，淨能量為最低值。

$$F_{net} = \frac{z_1 z_2 e^2}{4\pi\epsilon_0 a^2} - \frac{nb}{a^{n+1}} \tag{2.8}$$

其中，z_1 和 z_2 是每個原子失去及得到的電子數 (必須是相反符號)，b 及 n 是常數，e 是電子電荷，a 是離子間距離，ε_0 是真空的介電係數 (permittivity, 8.85×10^{-12} C^2/N·m^2)。

E_{net} 可以使用 (2.9) 式來確定。當形成鍵時，平衡時的淨力為零，鍵的勢能最低，為 E_{min}。最小能量 E_{min} 可以通過將 a_0 代入 (2.9) 式來確定。E_{min} 是負的，如圖 2.17 所示，這表明如果想要破壞鍵，則必須消耗等於 E_{min} 的能量。

$$E_{min} = \frac{z_1 z_2 e^2}{4\pi\epsilon_0 a} + \frac{b}{a^n} \tag{2.9}$$

離子固體內的離子排列　我們雖然在前面討論的是離子對，陰離子會吸引來自四面八方的陽離子，也會盡可能與它們鍵結。反之亦然。這會部分決定離子的排列方式，也會決定離子固體如何形成三維結構。因此，離子會以 3-D 的方式來堆疊，且無特定方位 (不存在獨立的單分子)。這種鍵結稱為無方向性 (nondirectional) 鍵結。

■ 例題 2.7

如果 Mg^{2+} 和 S^{2-} 離子間在平衡下的吸引力大小為 1.49×10^{-9} N，計算：(a) 離子間的距離為多少？假設 S^{2-} 離子的半徑為 0.184 nm，計算：(b) Mg^{2+} 的原子半徑為多少 nm？(c) 此位置兩離子所產生的排斥力為多少？

解

由庫侖定律計算出 a_0 值，即 Mg^{2+} 和 S^{2-} 的離子半徑和：

a.
$$a_0 = \sqrt{\frac{-Z_1 Z_2 e^2}{4\pi\epsilon_0 F_{\text{吸引力}}}} \qquad (2.10)$$

Mg^{2+} 的 $Z_1 = +2$, S^{2-} 的 $Z_2 = -2$
$|e| = 1.60 \times 10^{-19}$ C , $\epsilon_0 = 8.85 \times 10^{-12}$ C^2/(N·m^2)
$F_{\text{吸引力}} = 1.49 \times 10^{-9}$ N

所以，
$$a_0 = \sqrt{\frac{-(2)(-2)(1.60 \times 10^{-19}\,\text{C})^2}{4\pi[8.85 \times 10^{-12}\,\text{C}^2/(\text{N·m}^2)](1.49 \times 10^{-8}\,\text{N})}}$$
$$= 2.49 \times 10^{-10}\,\text{m} = 0.249\,\text{nm}$$

b.
$$a_0 = r_{Mg^{2+}} + r_{S^{2-}}$$
$$0.249\,\text{nm} = r_{Mg^{2+}} + 0.184\,\text{nm}$$
或
$$r_{Mg^{2+}} = 0.065\,\text{nm} \blacktriangleleft$$

■ 例題 2.8

在平衡的狀態下，Na^+ 離子 ($r = 0.095$ nm) 及 Cl^- 離子 ($r = 0.181$ nm) 之間的排斥力為 -3.02×10^{-9} N。(a) 利用 (2.8) 式計算常數 b 之值；(b) 計算鍵能 $E_{\min}$。假設 $n = 9$。

解

a. 計算 Na^+Cl^- 離子對的 b 值：

$$F = -\frac{nb}{a^{n+1}}$$

已知 Na^+Cl^- 離子對的離子排斥力是 -3.02×10^{-9} N。因此，

$$-3.02 \times 10^{-9}\,\text{N} = \frac{-9b}{(2.76 \times 10^{-10}\,\text{m})^{10}}$$
$$b = 8.59 \times 10^{-106}\,\text{N·m}^{10} \blacktriangleleft$$

b. 利用 (2.9) 式計算 Na^+Cl^- 離子對的位能值：

$$E_{Na^+Cl^-} = \frac{+Z_1Z_2e^2}{4\pi\epsilon_0 a} + \frac{b}{a^n}$$

$$= \frac{(+1)(-1)(1.60 \times 10^{-19}\text{ C})^2}{4\pi[8.85 \times 10^{-12}\text{ C}^2/(\text{N} \cdot \text{m}^2)](2.76 \times 10^{-10}\text{ m})} + \frac{8.59 \times 10^{-106}\text{ N} \cdot \text{m}^{10}}{(2.76 \times 10^{-10}\text{ m})^9}$$

$$= -8.34 \times 10^{-19}\text{ J}^* + 0.92 \times 10^{-19}\text{ J}^*$$

$$= -7.42 \times 10^{-19}\text{ J} \blacktriangleleft$$

*1 J = 1 N·m

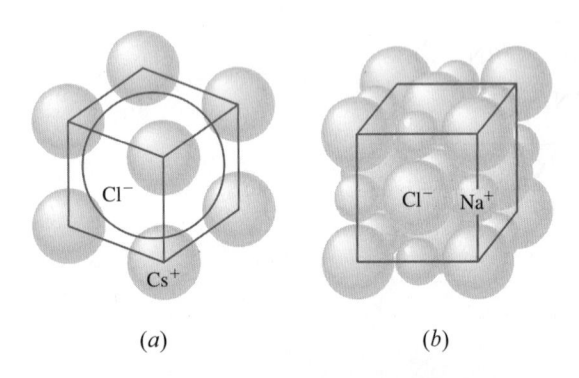

圖 2.18 兩個離子固體內的離子排列：(a) CsCl；(b) NaCl。

(Source: C. R. Barrett, W. D. Nix, and A. S. Tetelman, *The Principles of Engineering Materials*, Prentice-Hall, 1973, p.27.)

可堆疊在一個陰離子周圍的的陽離子數目(堆疊效率)取決於兩個因素：(1) 它們的相對大小；和 (2) 電中性。以氯化銫 (CsCl) 與氯化鈉 (NaCl) 的離子固體為例。在氯化銫中，8 個氯陰離子 Cl⁻ (r = 0.181 nm) 圍繞中央的銫陽離子 Cs⁺ (r = 0.169 nm)，如圖 2.18a 所示。相反地，在氯化鈉中，只有 6 個氯陰離子 Cl⁻ 圍繞中央的鈉陽離子 Na⁺ (r = 0.095 nm)，如圖 2.18b 所示。氯化銫的陽離子與陰離子半徑比為 r_{Cs}^+/r_{Cl}^- = 0.169/0.181 = 0.93。氯化鈉的則為 0.095/0.181 = 0.525。因此，當陽離子與陰離子半徑比下降，圍繞中心陽離子的陰離子數目也會減少。

再來看電中性。例如，在氯化鈉離子固體中，每個鈉離子都得有一個氯離子。然而，在氟化鈣 (CaF_2) 離子固體中，每個鈣離子 (Ca^{2+}) 都得有兩個氟離子 (F^-)。

離子固體內的能量考量 要了解離子固體形成時的能量考量，我們來看氟化鋰 (LiF) 離子固體。產生氟化鋰離子固體會釋放大約 617 kJ/mol，也就是氟化鋰的生成熱 (heat of formation) 為 ΔH^0 = –617 kJ/mol。不過，從離子化階段到形成離子固體的鍵結過程可分為五個步驟，其中有些需要消耗能量。

步驟 1　固態鋰轉換成氣態鋰 ($1s^22s^1$)：此階段稱為原子化 (atomization)，大約需要 161 kJ/mol 的能量，ΔH^1 = +161 kJ/mol。

步驟 2　氟分子 (F_2) 轉換成 F 原子 ($1s^22s^12p^5$)：此階段需要 79.5 kJ/mol，ΔH^2 = +79.5 kJ/mol。

步驟 3　移除鋰的 2s¹ 電子以形成鋰陽離子 Li⁺：此階段需要的能量為 520 kJ/mol，ΔH³ = +520 kJ/mol。

步驟 4　將一個電子移轉或增加至氟原子以形成氟陰離子 (F⁻)：這個過程實際上會釋放能量。因此，能量變化為負數，大約是 –328 kJ/mol，ΔH⁴ = –328 kJ/mol。

步驟 5　從氣體離子形成固體離子。陽離子和陰離子之間的靜電吸引力會在氣體離子間產生離子鍵，以形成三維的固體。此過程的能量稱為**晶格能** (lattice energy)，是個未知數，ΔH⁵ = ? kJ/mol。

根據**赫斯定律** (Hess law)，氟化鋰的生成熱等於所有步驟所需的熱能總和。

$$\Delta H^0 = \Delta H^1 + \Delta H^2 + \Delta H^3 + \Delta H^4 + \Delta H^5 \tag{2.11}$$

由此關係式可求晶格能為 ΔH⁵ = ΔH⁰ – [ΔH¹ + ΔH² + ΔH³ + ΔH⁴] = –617 kJ – [161 kJ + 79.5 kJ + 520 kJ – 328 kJ] = –1050 kJ。這表示儘管能量會在步驟 1、2 及 3 消耗，但是在固體離子形成階段會產生更大的晶格能 (1050 kJ)。也就是說，當離子被吸引成為固體時，步驟 5 所產生的晶格能可提供在步驟 1、2 及 3 消耗的能量而且還超過。這證明原子形成鍵結以降低其電位能的概念。不同離子固體的晶格能列於表 2.5。仔細觀察此表可以發現：(1) 越往表格下方或是離子越大，晶格能愈低；(2) 當離子電荷較高時，晶格能會明顯升高。

離子鍵與材料特性　離子固體的熔點通常很高。表 2.5 顯示，當離子固體的晶格能增加時，熔點也會升高。例如，氧化鎂 (MgO) 的晶格能高達 3932 kJ/mol，也有高熔點 2800°C。此外，離子固體多為堅硬 (不會凹陷)、具剛性 (不會彎曲或沒有任何彈性)、堅固 (難以斷裂) 和易碎 (在破裂之前很少變形)。這些特性來自將離子結合起來的強大靜電力。圖 2.18 和圖 2.19 顯示陰離子和正離子的排列會互相交疊。如果對離子固體施以巨大外力，就能強迫離子移位，使得相同的離子彼此互依。這將產生一個巨大的排斥力，導致固體破裂 (圖 2.19)。

最後，離子固體一般導電性並不佳，因此是優良的絕緣體。這是因為電子被緊綁於鍵結內，無法參與傳導過程。但是一旦熔化或溶解於水，離子材料也能藉由離

表 2.5　各種不同離子固體的晶格能與熔點

離子固體	晶格能* kJ/mol	Kcal/mol	熔點 (°C)
LiCl	829	198	613
NaCl	766	183	801
KCl	686	164	776
RbCl	670	160	715
CsCl	649	155	646
MgO	3932	940	2800
CaO	3583	846	2580
SrO	3311	791	2430
BaO	3127	747	1923

*當形成鍵結時，所有值皆為負值 (釋放能量)。

(a)　　　　　　　　(b)　　　　　　　　(c)　　　　　　　　(d)

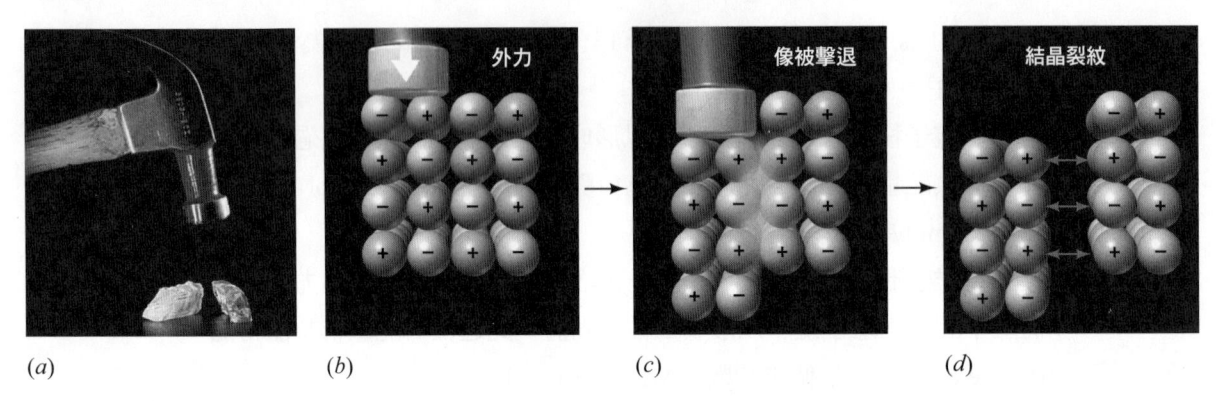

圖 2.19 離子固體的斷裂機制。衝擊會迫使相同的離子面對彼此,並產生很大的排斥力。這個很大的排斥力可以折斷材料。

(©The McGraw-Hill Education/Stephen Frisch, photographer.)

子擴散(離子的運動)而導電。這也證明了離子存在於固體材料中。

2.5.2 共價鍵

共用電子對與鍵級　在電負度差異不大的原子間,尤其是在非金屬間,通常可以觀察到**共價鍵**(covalent bonding)。非金屬原子透過局域性的電子分享與共價鍵而產生鍵結。共價鍵是自然界中最常見的鍵結形式,從雙原子氫到生物材料,到合成巨分子皆是。共價鍵也可以是離子或金屬材料所有鍵的一部份。共價鍵和離子鍵都很強。

　　我們先來看兩個氫原子間的共價鍵。首先,一個氫原子的原子核吸引另一個氫原子的電子雲;兩個原子開始靠近。當它們接近時,彼此的電子雲會互相影響,然後兩個原子開始爭奪兩個電子(共用電子)。這兩個氫原子持續靠近,直到它們共享電子而形成鏈結,因而達到平衡點。此時兩個原子都完成了最外層的電子結構,達到最低能態(圖 2.20a)。在該位置,吸引力與排斥力彼此平衡,如圖 2.20b 所示。圖的電子都處於特定位置以便說明。但實際上,電子可能處於陰影中的任何位置。

　　原子間的共價鍵約略可用路易斯電子點(Lewis electron dot)表示法呈現。圖 2.21 顯示氟(F_2)、氧(O_2)及氮(N_2)中共價鍵的電子點表示法。圖中,共價鍵的電子對稱為**共享對**(shared pair)或**鍵結對**(bonding pair),會以一對點或一條線表示。要注意的是,為了完成外層電子結構(共 8 個電子),原子會儘量形成共享對電子。因此,氟原子($2s^22p^5$)會形成一個共享對,使得**鍵級**(bond order)為 1。氧原子($2s^22p^4$)會形成二個共享對(鍵級為 2)。氮原子($2s^22p^3$)會形成三個共享對

(鍵級為 3)。共價鍵的強度依原子核間的吸引力大小及電子共享對的數量而定。克服吸引力所需的能量稱為**鍵能** (bond energy)。鍵能大小是依鍵結的原子、電子組態、原子核電荷及原子半徑而定。因此每種鍵都有自己的鍵能。

另外還要注意的是，不同於共價分子的路易斯電子點表示法，鍵結的電子不會在原子間的固定位置停留。不過，在介於鍵結原子間的區域找到它們的機率較高 (如圖 2.20b)。不同於離子鍵，共價鍵有方向性，而且電子點表示法也不見得能顯示出分子形狀。這些分子多有複雜的三維形狀與非正交的鍵角。最後，原子四周的鄰近原子數量 (或堆疊效率) 會視鍵級而定。

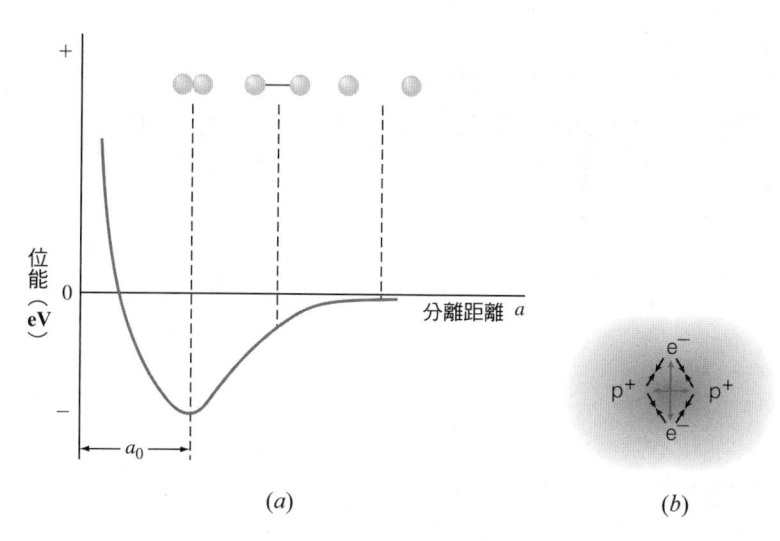

圖 2.20 氫原子間的共價鍵。(a) 位能圖；(b) 氫分子和氫分子內的力。請注意，電子可存在於圖中的任何位置，不過為了便於作用力的分析，我們選擇呈現這些位置。

圖 2.21 氟 (鍵級為 1)、氧 (鍵級為 2) 與氮 (鍵級為 3) 分子的路易斯電子點表示法。

鍵長、鍵級與鍵能 兩個鍵結原子在能量最小時的原子核間距離稱為共價鍵的**鍵長** (bond length)。鍵序、鍵長和鍵能彼此間關係密切：一對原子的鍵級愈高，鍵長越短。鍵長越短，則鍵能越大，因為原子核與多個共享電子對間的吸引力很強。一些不同鍵級原子的鍵能和鍵長列於表 2.6。

我們進一步討論鍵長和鍵能之間的關係。假設鍵結中的一個原子保持不變，但另一個原子改變例如，C-I > C-Br > C-Cl，三者的鍵長前者最大，後者最小。注意，隨著與碳鍵結之原子的直徑增加，鍵長也會增加 (直徑 I > Br > Cl)。因此，C-Cl 的鍵能最大，C-Br 的鍵能次大，而 C-I 的鍵能最低。

非極性與極性共價鍵 依鍵結原子間的電負度差異而定，共價鍵可為極性或非極性 (程度各異)。非極性共價鍵的例子包括氫 (H_2)、氟 (F_2)、氮 (N_2)，以及其他電負度相似原子。在這些鍵中，原子及鍵平等分享鍵結電子，因此鍵為非極性 (non-polar)。當共價鍵原子的電負度差異愈大，其鍵結電子即非平等共享 (鍵結電子會靠近電負度較高的原子)，例如氟化氫 (HF)。這將產生極性共價鍵 (polar covalent

表 2.6　不同共價鍵的鍵能和鍵長

共價鍵	鍵能 kcal/mol	鍵能 kJ/mol	鍵長（nm）
C—C	88	370	0.154
C=C	162	680	0.13
C≡C	213	890	0.12
C—H	104	435	0.11
C—N	73	305	0.15
C—O	86	360	0.14
C=O	128	535	0.12
C—F	108	450	0.14
C—Cl	81	340	0.18
O—H	119	500	0.10
O—O	52	220	0.15
O—Si	90	375	0.16
N—O	60	250	0.12
N—H	103	430	0.10
F—F	38	160	0.14
H—H	104	435	0.074

*此為近似值，因為環境會造成能量改變。在鍵結形成時，所有的值皆是負的(因為釋放出能量)。

(Source: L.H. Van Vlack, *Elements of Materials Science*, 4th ed., Addison-Wesley, 1980.)

bond)。當負電性差異愈大，鍵的極性也愈大。一旦差異夠大，鍵則會離子化。例如，氟 (F_2)、溴化氫 (HBr)、氟化氫 (HF) 和氟化鈉 (NaF) 的鍵結分別是非極性共價鍵、極性共價鍵、高度極性共價鍵和離子鍵。

含碳分子的共價鍵　碳在工程材料中相當重要，因為碳是多數高分子材料的基本元素。基態碳原子的電子組態為 $1s^2 2s^2 2p^2$。此電子組態顯示碳原子應該有 2 個共價鍵，各自位在半填滿的 2p 軌域。不過，碳經常會形成 4 個強度相等的共價鍵。混成 (hybridization) 的觀念可以用來說明箇中原因：鍵結形成時，2 個 2s 軌域電子的其中之一被提升至 2p 軌域，因而產生了 4 個相同的 sp^3 **混成軌域** (hybrid orbitals)，如圖 2.22 所示。雖然混成過程需要能量才可將 2s 電子激發至 2p 狀態，鍵結過程造成能量降低遠可補償激發時所需的能量。

具有鑽石結構鍵結的碳顯示 sp^3 四面體的共價鍵。這 4 個 sp^3 混成軌域會對稱地指向正四面體的角落，如圖 2.23 所示。鑽石結構包含一個由 sp^3 四面體共價鍵所組成的大型網絡。此結構是鑽石具有超高硬度、高鍵結強度與高熔點的原因。鑽石的鍵能為 711 kJ/mol (170 kcal/mol)，熔點為 3550°C。

碳氫化合物的共價鍵　只含有碳、氫兩種原子的共價鍵分子稱為碳氫化合物 (hydrocarbon)。最簡單的碳氫化合物為甲烷 (methane)，其中每個碳和 4 個氫原子結合成 4 個 sp^3 四面體共價鍵，如圖 2.24 所示。甲烷的分子內鍵能非常高，達 1650 kJ/mol (396 kcal/mol)，但分子間鍵能卻非常低，只有 8 kJ/mol (2 kcal/mol)。因此，甲烷分子是非常薄弱地鍵結在一起，導致只有 –183°C 的低熔點。

圖 2.22　碳軌域的混成作用以形成單鍵。

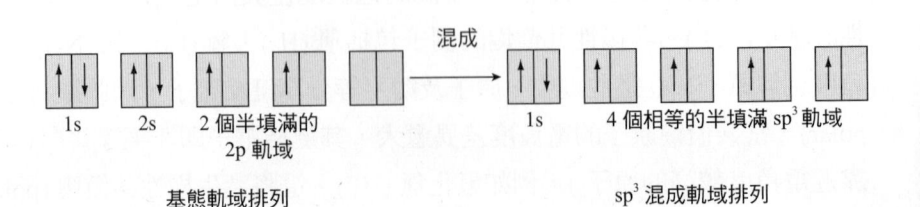

基態軌域排列　1s　2s　2 個半填滿的 2p 軌域　　混成　→　1s　4 個相等的半填滿 sp^3 軌域　sp^3 混成軌域排列

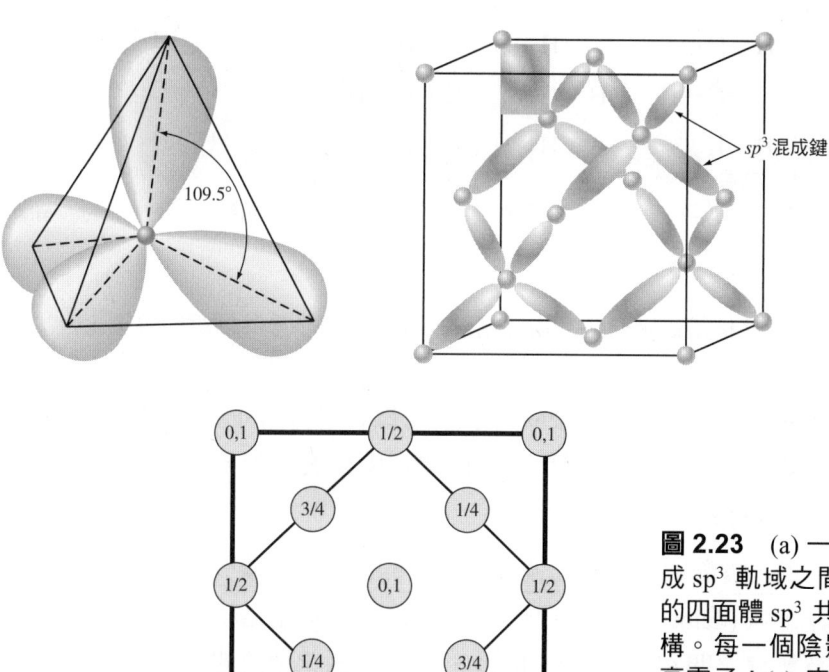

圖 2.23 (a) 一個碳原子中的對稱混成 sp^3 軌域之間的角度；(b) 鑽石內的四面體 sp^3 共價鍵稱為鑽石立方結構。每一個陰影區域即代表一對共享電子；(c) 底面顯示了每個碳原子的 z 位置。符號「0,1」表示一個原子在 $z = 0$，另一個原子在 $z = 1$。

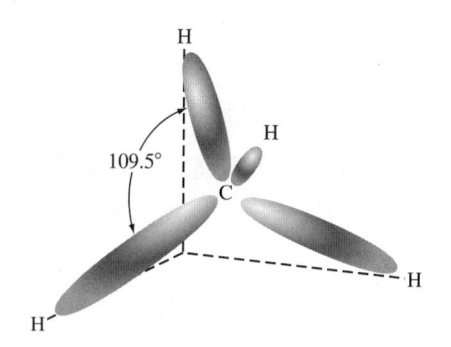

圖 2.24 甲烷分子有 4 個 sp^3 四面體共價鍵。

　　圖 2.25a 顯示甲烷、乙烷與正丁烷三個單一共價鍵之碳氫化合物的結構式。分子量愈大，穩定性與熔點也愈高。

　　碳也可以自行形成雙鍵與三鍵，像是圖 2.25b 顯示的乙烯與乙炔。碳 - 碳雙鍵與三鍵的會比單鍵的化學活性大得多。含碳分子中的多重碳 - 碳鍵稱為不飽和鍵 (unsaturated bonds)。

　　對某些高分子材料而言，苯結構相當重要。苯分子的化學式是 C_6H_6，其中的 6 個碳原子會形成六角形環，又稱為苯環 (benzene ring)(圖 2.26)。苯分子中的 6 個氫原子和苯環的 6 個碳原子分別形成單一共價鍵。然而，苯環中的碳原子鍵結複雜。由於碳原子必須要有 4 個共價鍵，最簡單的方式就是讓苯環中碳原子各自

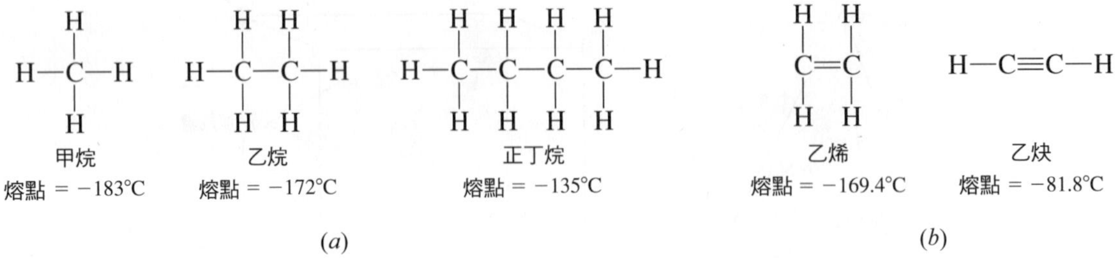

甲烷　熔點 = −183°C　乙烷　熔點 = −172°C　正丁烷　熔點 = −135°C　乙烯　熔點 = −169.4°C　乙炔　熔點 = −81.8°C

(a)　　　　　　　　　　　　　　　　　　　　　　　　　(b)

圖 2.25　(a) 具有單一共價鍵的碳氫化合物之結構式；(b) 具有多重共價鍵的碳氫化合物之結構式。

輪流享有單鍵與雙鍵 (圖 2.26a)。我們可以省略寫出外部的氫原子，讓結構看來更簡單 (圖 2.26b)。本書將採用此種簡單結構來表示苯，因為它可以很清楚地顯示所有的鍵結排列。

不過，實驗顯示，苯內並沒有正常的活性碳-碳雙鍵，而且苯環內的鍵結電子為非定域 (delocalized)，會形成一個整體性鍵結結構，其化學活性介於碳-碳單鍵及雙鍵之間 (圖 2.26c)。因此，大部分的化學文獻會用圖 2.26d 來表示苯的結構。

共價鍵與材料特性　很多材料都是由共價鍵組成，像是多數氣體分子、液體分子、低熔點固體分子。此外，這些材料的共通點是分子 (分子間的鍵結相當弱)。原子之間的共價鍵很強，不易破壞。然而，分子間的鍵結卻很弱，因此很容易沸騰或熔化。以下我們將會討論這些鍵的特性。

相對於上述的分子材料，在一些所謂**網狀共價固體** (network covalent solid) 的無分子材料中，所有鍵都是共價鍵。這種材料原子的鄰近原子數依鍵級所有的共價鍵數而定，像是石英和鑽石。石英的特性反映了其共價鍵的強度。石英是由矽原子和氧原子 (二氧化矽，SiO_2) 透過不斷相互連接的共價鍵形成三維網絡。此材料無分子。與鑽石類似，石英非常堅硬，且熔點極高 (1550°C)。網狀共價固體的高熔點反映了高鍵能和共價鍵的真實強度，故共價材料導電性極差，不但在網狀固體如此，熔融液態也一樣，這是因為共享電子對的電子鍵結緊密，沒有離子可供電荷傳輸。

圖 2.26　苯的分子結構式。
(a) 使用直線鍵結符號表示；
(b) 圖 (a) 的簡化圖；(c) 顯示苯環內碳-碳鍵結電子非定域的鍵結排列；(d) 圖 (c) 的簡化圖。

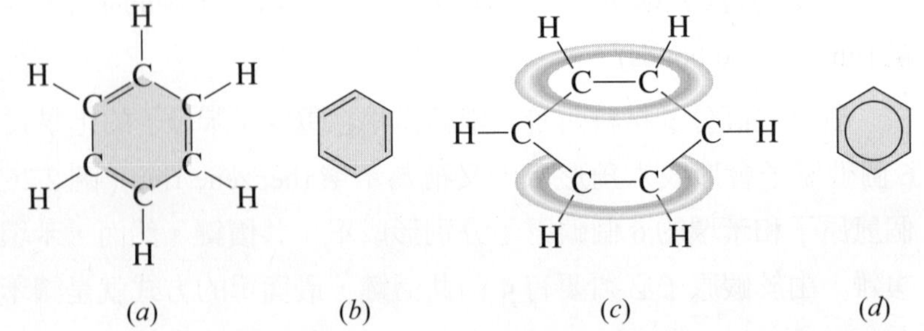

(a)　　　　(b)　　　　(c)　　　　(d)

2.5.3 金屬鍵

儘管兩個獨立的金屬原子間可形成強大的共價鍵，如鈉分子 (Na_2)。但是形成的材料是氣態的，也就是說，鈉分子間的鍵結很弱。那麼哪種鍵結才能形成穩定的固態鈉 (或是其他的固體金屬) 呢？根據觀察，從熔融狀態到固化時，金屬原子會有組織地重複緊密堆疊，以降低能量而達到更穩定的固態，進而產生**金屬鍵** (metallic bond)。例如，每個銅原子周圍會有 12 個鄰近原子整齊堆疊 (圖 2.27a)。每個原子都會貢獻自己的價電子至所謂的「電子海」或「電子電荷雲」(圖 2.27b)。這些價電子為非定域，可以自由地在電子海中移動，且不屬於任何特定原子。因此它們也稱為自由電子 (free electron)。緊密堆疊的原子的原子核和剩餘電子會形成陽離子核或正電核 (因為它們失去了價電子)。在固體金屬中，原子之所以能夠維繫在一起，主要是正離子核 (金屬陽離子) 與負電子雲之間的吸引力，稱為金屬鍵。

類似離子鍵，金屬鍵是三維且無方向性。然而，由於沒有陰離子，因此沒有電中性的限制。此外，金屬陽離子也不像在離子固體裡那麼受限。與有方向性的共價鍵相較，原子間並不存在共享的電子對，因此金屬鍵的鍵結力比共價鍵更弱。

金屬鍵與材料特性　純金屬的熔點只稍微高些，因為要使它熔化並不需要破壞離子核心和電子雲之間的鍵。因此，平均來說，離子鍵材料和共價鍵網絡的熔點較高，因為兩者鍵結都需要先被破壞才能熔化。每種金屬的鍵能和熔點差異極大，主要是依價電子數量和金屬鍵比例而定。一般來說，1A 族的元素 (鹼金屬) 只有 1 個價電子，且多為金屬鍵，所以這些金屬的熔點比 2A 族元素低，因為 2A 族元素有 2 個價電子，且共價鍵比例較高。

週期表第四列元素 (包括過渡金屬) 的電子組態、鍵能和熔點都列於表 2.7。

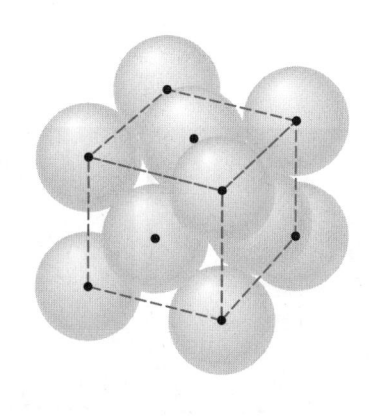

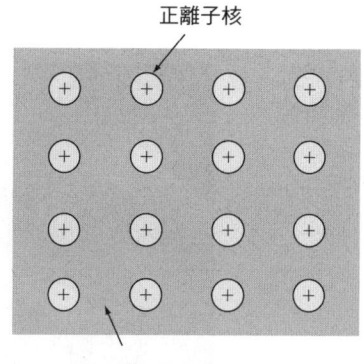

圖 2.27　(a) 銅原子在金屬固體中為整齊且有效堆疊的結構；(b) 金屬鍵結之正離子核與周圍電子海的模型。

表 2.7　週期表第四列金屬的鍵能、電子組態與熔點

元素	電子組態	鍵能 kJ/mol	Kcal/mol	熔點 (°C)
K	4s^1	89.6	21.4	63.5
Ca	4s^2	177	42.2	851
Sc	3d^{1}4s^2	342	82	1397
Ti	3d^{2}4s^2	473	113	1660
V	3d^{3}4s^2	515	123	1730
Cr	3d^{5}4s^1	398	95	1903
Mn	3d^{5}4s^2	279	66.7	1244
Fe	3d^{6}4s^2	418	99.8	1535
Co	3d^{7}4s^2	383	91.4	1490
Ni	3d^{8}4s^2	423	101	1455
Cu	3d^{10}4s^1	339	81.1	1083
Zn	4s^2	131	31.2	419
Ga	4s^{2}4p^1	272	65	29.8
Ge	4s^{2}4p^2	377	90	960

在金屬中，價電子數量增加，正電核和電子雲間的吸引力也會提高；鉀 (4s^1) 有 1 個價電子，熔點為 63.5°C，而鈣 (4s^2) 有 2 個價電子，熔點則為 851°C (見表 2.7)。過渡金屬具有 3d 電子組態，價電子數量增加，熔點也會增加，最高可達到鉻 (3d^{5}4s^1) 的 1903°C。過渡金屬的鍵能和熔點會增加是因為共價鍵的比例提高。當 3d 軌域和 4s 軌域填滿時，過渡金屬的熔點會再度開始下降，銅 (3d^{10}4s^1) 最低可至 1083°C。在銅之後，鋅 (4s^2) 甚至可降至 419°C。

金屬的機械性質與離子鍵和共價鍵材料明顯不同，尤其是純金屬，延展性非常高 (較軟及可變形)。事實上，純金屬在結構上的應用很有限，因為太軟。這是因為在施加外力時，金屬原子可輕易的滑移，如圖 2.28 所示。與離子鍵和共價鍵相比，金屬間的離子鍵可被較低的能量破壞。我們之後會說明強化純金屬的方法。

圖 2.28　(a) 金屬固體的形變特性；(b) 敲擊將會迫使陽離子滑移過彼此，因此會具有很大的延展性。
(©The McGraw-Hill Education/Stephen Frisch, photographer.)

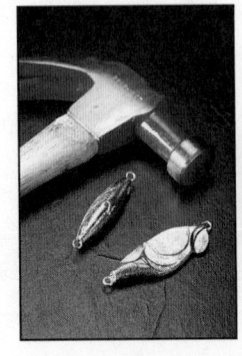

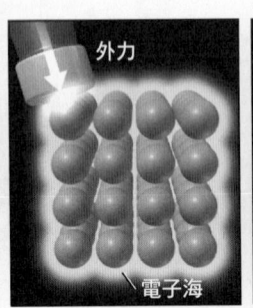

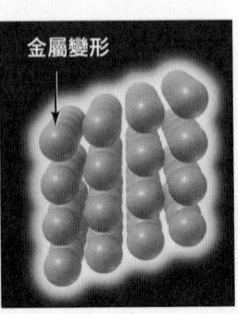

純金屬主要應用於電器和電子。純金屬導電性極佳，因為其價電子為非定域。一旦金屬元件入電路，每一個價電子會自由地帶負電荷往正電極移動。這在離子鍵或共價鍵材料是不可能發生的。最後，金屬熱導性也極佳，因為熱能可以藉由原子震動有效地傳導。

2.5.4 混合鍵結

原子或離子間的化學鍵結可包含不只一種主要鍵結，也可包含次級偶極鍵結。主要鍵結有下列四種混合鍵結形式：(1) 離子 - 共價，(2) 金屬 - 共價，(3) 金屬 - 離子和 (4) 離子 - 共價 - 金屬。

離子 - 共價混合鍵結　大部分共價鍵分子有某些離子鍵特性，反之亦然。共價鍵的部分離子特性可以用圖 2.14 的電負度來說明。在混合離子 - 共價鍵中，元素的電負度差異愈大，則離子特性愈明顯。鮑林 (Pauling) 提出下列方程式來求得化合物 AB 內鍵結的離子特性比率：

$$\text{離子特性 \%} = (1 - e^{(-1/4)(X_A - X_B)^2})(100\%) \quad (2.12)$$

其中 X_A 及 X_B 分別是 A、B 原子在該化合物中的電負度。

許多半導體化合物都有混合離子 - 共價鍵。例如，砷化鎵 (GaAs) 是 III-V 族化合物 (鎵為 3A 族，砷為 5A 族)，硒化鋅 (ZnSe) 則是 II-VI 族化合物。這些化合物鍵結的離子特性會隨著原子間電負度差異的增加而增加。因此，II-VI 族化合物的離子特性應該會比 III-V 族化合物大，因為 II-VI 族化合物中的電負度差異較大。

要注意的是，由於電負度不同，II-VI 族化合物較大，離子特性部分會增加。

■ 例題 2.9

利用下列鮑林方程式來計算半導體化合物砷化鎵 (3-5 族) 及硒化鋅 (2-6 族) 的離子特性百分比：

$$\text{離子特性 \%} = (1 - e^{(-1/4)(X_A - X_B)^2})(100\%)$$

解

a. 根據圖 2.14，砷化鎵 (GaAs) 的 X_{Ga} 與 X_{As} 分別為 1.6 及 2.0，所以，

$$\begin{aligned}
\text{離子特性 \%} &= (1 - e^{(-1/4)(1.6 - 2.0)^2})(100\%) \\
&= (1 - e^{(-1/4)(-0.4)^2})(100\%) \\
&= (1 - 0.96)(100\%) = 4\%
\end{aligned}$$

b. 根據圖 2.14，硒化鋅 (ZnSe) 的 X_{Zn} 與 X_{Se} 分別為 1.6 及 2.4，所以，

$$離子特性\% = (1 - e^{(-1/4)(1.6-2.4)^2})(100\%)$$
$$= (1 - e^{(-1/4)(-0.8)^2})(100\%)$$
$$= (1 - 0.85)(100\%) = 15\%$$

金屬 - 共價混合鍵結 混合金屬 - 共價鍵相當常見。例如，過渡金屬有包含 dsp 鍵結軌域的混合金屬 - 共價鍵，因此熔點高。另外，週期表 4A 族中，碳 (鑽石) 的純共價鍵會逐漸轉變為矽和鍺的部分金屬特性鍵結。錫和鉛則主要是金屬鍵結。

金屬 - 離子混合鍵結 如果形成介金屬化合物 (intermetallic compound) 材料的元素的電負度差異很大，化合物中可能會有大量的電子移轉 (離子鍵結)。因此，一些介金屬化合物可作為混合金屬 - 離子鍵結之例子。電子移轉對於 $NaZn_{13}$ 等介金屬化合物特別重要，不過對於 Al_9Co_3 及 Fe_5Zn_{21} 就沒那麼重要，因為後兩者的負電性差異較小。

2.6 次級鍵結 Secondary Bonds

到目前為止，我們只討論了原子間的主要鍵結，並說明價電子作用的影響。驅動主要鍵結目的是降低鍵結電子的能量。相較於主要鍵結，次級鍵結 (secondary bond) 較弱，能量通常只在 4 到 42 kJ/mol (1~10 kcal/mol) 之間。次級鍵結的驅動力為原子或分子中的電偶極相互吸引作用。

當兩個大小相等而符號相反的電荷被分開時，會形成一個電偶極矩，如圖 2.29a 所示。當正電荷中心與負電荷中心存在時，原子或分子中就會形成電偶極 (圖 2.29b)。

原子或分子中的偶極 (dipole) 會產生偶極矩 (dipole moment)，為電荷值乘以正、負電荷間的距離：

$$\mu = qd \tag{2.13}$$

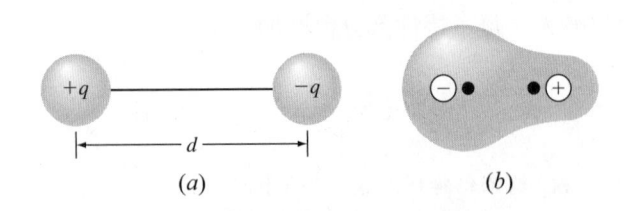

圖 2.29 (a) 一個電偶極，其偶極矩是 qd；(b) 共價鍵分子中的一個電偶極矩。

其中 μ = 偶極矩
q = 電荷大小

d = 電荷中心之間的距離

原子及分子中偶極矩的度量單位是庫侖-米 (C·m) 或德拜 (debye)。1 德拜 = 3.34×10^{-30} C·m。

電偶極透過靜電 (庫侖) 力而彼此作用，所以擁有偶極的原子或分子因此而相互吸引。雖然次級鍵結的鍵能很弱，但當它是原子或分子鍵結中唯一的鍵結力來源時，就變得很重要。

一般來說，原子或分子間包含電偶極的次級鍵結有兩類：變動偶極 (fluctuating dipole) 和永久偶極 (permanent dipole)。此類次級偶極鍵也可統稱為凡德瓦鍵 (van der Walls bond)。

外部價電子殼層完整的惰性氣體元素 (He 為 s^2，Ne、Ar、Kr、Xe 及 Rn 則為 s^2p^6) 之間有時會形成非常微弱的次級鍵結，因為這些原子間的電荷分布不對稱，進而會形成電偶極。不論何時，原子某側的電子電荷會比另一側還要多機率都很高 (圖 2.30)。因此，一個特定原子中的電子雲會隨著時間改變，形成所謂的變動偶極 (fluctuating dipole)。鄰近原子的變動偶極會互相吸引，形成微弱的原子間無方向性鍵結。惰性氣體在低溫及高壓下的液化和固化就是歸因於變動偶極鍵。表 2.8 列出惰性氣體在一大氣壓力下的熔點及沸點。當惰性氣體的原子越大，其熔點及沸點也會增加，因為電子能更自由地形成較強的偶極矩，進而造成較強的鍵結力。

如果有共價鍵的分子中有**永久偶極** (permanent dipole)，則分子間就可以形成微弱的鍵結力。例如，以四面體結構方式排列的甲烷分子 (CH_4)(圖 2.24)，其偶極矩為 0，因為它的 4 個 C-H 鍵為對稱排列。也就是說，四個偶極矩的向量和為零。相對地，氯甲烷分子 (CH_3Cl) 的 3 個 C-H 鍵及 1 個 C-Cl 鍵呈非對稱性的四面體排列方式，因此淨偶極矩值為 2.0 德拜。將甲烷中的一個氫原子用一個氯原子取代，會使沸點由原來甲烷的 –128°C 提升到氯甲烷的 –14°C。氯甲烷沸點會高這麼多的原因是因為其分子間有著永久偶極鍵結。

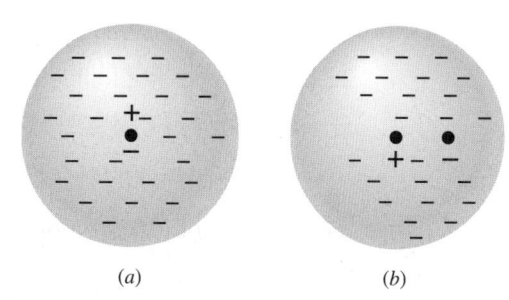

圖 2.30 惰性氣體原子中的電子電荷分布。(a) 理想的對稱電荷分布，其中的正電荷及負電荷中心重疊於中心點；(b) 電子實際上的分布不對稱時所導致暫時性的偶極。

表 2.8 惰性氣體的熔點和沸點

惰性氣體	熔點 (°C)	沸點 (°C)
氦	–272.2	–268.9
氖	–248.7	–245.9
氬	–189.2	–185.7
氪	–157.0	–152.9
氙	–112.0	–107.1
氡	–71.0	–61.8

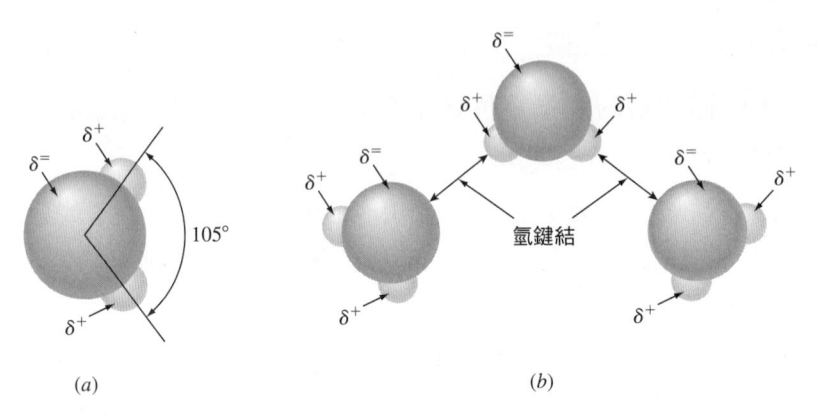

圖 2.31 (a) 水分子的永久偶極；(b) 水分子之間因為永久偶極的吸引而產生的氫鍵結。

氫鍵 (hydrogen bond) 是極化分子間永久偶極 - 偶極交互作用的特例。當含有氫原子的極化鍵結 (O-H 或 N-H) 與負電性原子 (O、N、F 或 Cl) 作用，即會產生氫鍵。例如，水分子 (H_2O) 的永久偶極距為 1.84 德拜，因為它與自己的兩個氫原子的不對稱排列，與氧原子呈 105°(圖 2.31a)。

水分子的氫原子區有正電荷中心，而氧原子區的另一端有負電荷中心 (圖 2.31a)。在水分子之間的氫鍵結中，一個分子的負電荷區域會受庫侖力吸引至另一分子的正電荷區 (圖 2.31b)。

液態及固態水的分子間會形成強的分子間永久偶極力 (氫鍵結)。氫鍵的能量約為 29 kJ/mol (7 kcal/mol)，而惰性氣體內的變動偶極力只有 2 到 8 kJ/mol (0.5 到 2 kcal/mol)。以水的分子質量來看，水 100°C 的沸點異常高就是因為氫鍵結的影響。氫鍵結對於某些高分子材料分子鏈的強化也很重要。

2.7 總結 Summary

原子主要由三個基本次原子粒子組成：質子、中子和電子。電子被設想為在高密度的原子核周圍形成不同密度的雲，其中原子核幾乎包含原子的所有質量。外電子 (高能電子) 是價電子，每個原子的化學反應性主要是由它們的行為來決定。

電子遵守量子力學定律，因此，電子的能量是量子化的。也就是說，電子只能具有某些允許的能量值。如果電子改變其能量，它必須改變到新的允許能階。在能量進行改變的期間，電子根據普朗克方程 $\Delta E = h\nu$ 放出或吸收能量的光子，其中 ν 是輻射的頻率。每個電子與四個量子數相關聯：主量子數 n，角量子數 l，磁量子數 m_ℓ 和自旋量子數 m_s。根據鮑立不相容原理，同一原子中沒有兩個電子可以具有四個相同的量子數。電子也遵守海森堡的測不準原理，該原理指出不可能同時確定電子的動量和位置。因此，必須根據電子密度分布來考慮原子中電子的位置。

有兩種主要類型的原子鍵：(1) 強的主要鍵結和 (2) 弱的次級鍵結。主要鍵結可以細分為 (1) 離子鍵，(2) 共價鍵和 (3) 金屬鍵，次級鍵結可以分為 (1) 變動偶極和 (2) 永久偶極。

離子鍵是透過將一個或多個電子從正電性原子轉移到負電性原子而形成的。離子通過靜電 (庫侖) 力在固體晶體中結合在一起，並且是非定向的。離子的大小 (幾何因子) 和電中性是決定離子堆積排列的兩個主要因素。共價鍵是透過成對的半填滿軌道進行共享電子而形成的。鍵結軌道重疊越多，鍵越強。共價鍵是定向的。金屬鍵是透過以相互共享非區域化之價電子而形成的。一般來說，價電子越少，它們就越非區域化，鍵結也越偏向金屬鍵結。金屬鍵僅在原子聚集體中發生，並且是非定向的。

次級鍵結通過原子或分子內的電偶極的靜電吸引而形成。由於原子內電子電荷的不對稱分布，變動偶極將原子鍵結在一起。這些鍵結力對於惰性氣體的液化和固化是重要的。永久偶極在極性共價鍵合分子 (例如水和烴) 的鍵結中是重要的。

混合鍵通常發生在原子之間和分子中。例如，鈦和鐵等金屬具有混合的金屬 - 共價鍵。共價鍵合的化合物如 GaAs 和 ZnSe 具有一定的離子特性。一些金屬間化合物如 $NaZn_{13}$ 具有一些離子鍵結與金屬鍵結。通常，鍵結發生在原子或分子之間，因為它們的能量可以通過鍵結過程而降低。

2.8 名詞解釋 Definitions

2.1 節

- **倍比定律** (law of multiple proportions)：當原子以特定的簡單比例結合時，就形成不同的化合物。
- **質量守恆定律** (law of mass conservation)：化學反應不會產生物質或是破壞物質。

2.2 節

- **原子序** (atomic number, Z)：原子核所包含的質子數量。
- **原子質量單位** (atomic mass unit, amu)：碳原子質量的 1/12。
- **質量數** (mass number, A)：原子核所包含的質子和中子數量總和。
- **同位素** (isotope)：屬於同一種化學元素的原子，電子和質子數量相同，但中子數量不同。
- **莫耳** (mole)：物質具有 6.02×10^{23} 個基本實體 (原子或分子) 的數量。
- **化學週期定律** (law of chemical periodicity)：元素的特性是其原子序的函數，並有週期性。

2.3 節

- **量子** (quanta)：原子和分子發出的離散 (特定) 能量。
- **電磁輻射** (electromagnetic radiation)：以電磁波方式釋放和傳輸的能量。
- **光子** (photon)：以電磁波輻射形式釋放或射出特定波長及頻率的量子能量。
- **游離能** (ionization energy)：從原子核移除電子所需要的最小能量。
- **測不準原理** (uncertainty principle)：在任何時刻之下，不論何時都無法同時判定一個物體 (例如電子) 的確實位置與動量。

- 電子密度 (electron density)：在特定空間區域及能階下，可以找到電子的機率。
- 軌域 (orbital)：波動方程式的不同波函數解，可以用電子密度圖表式。
- 邊界表面 (boundary surface)：電子密度圖的替代方案，顯示出有 90% 機率可以找到一個電子的區域。
- 主量子數 (principal quantum number)：代表電子能階的量子數。
- 軌道量子數 (orbital quantum number)：決定電子雲形狀或軌域邊界空間的數值。
- 磁量子數 (magnetic quantum number)：代表每個次殼層內的軌域定向。
- 自旋量子數 (spin quantum number)：代表電子的旋轉方向。
- 鮑立不相容原理 (Pauli's exclusion principle)：沒有兩個電子會有完全相同的四個量子數。
- 核電荷效應 (nucleus charge effect)：原子核的電荷愈高，對電子的吸引力愈大，而該電子的能量也愈低。
- 屏蔽效應 (shielding effect)：當同能階的兩個電子互相抵抗，會抵消來自原子核的吸引力。

2.4 節

- 金屬半徑 (metallic radius)：在金屬元素中，兩個相鄰原子核相隔距離的一半。
- 共價半徑 (covalent radius)：在共價分子中，兩個相同原子的原子核相隔距離的一半。
- 第一游離能 (first ionization energy, IE1)：移除最外層的電子所需的能量。
- 第二游離能 (second ionization energy, IE2)：移除第二個外核電子所需的能量 (在第一個電子去除之後)。
- 正氧化數 (positive oxidation number)：原子在離子化過程中所能釋放出的外層電子數量。
- 電子親和力 (electron affinity, EA)：原子可接受一個或多個電子的程度並在過程中釋放能量。
- 負氧化數 (negative oxidation number)：原子可獲得的電子數量。
- 活性金屬 (reactive metal)：游離能低且電子親和力極小甚至全無的金屬。
- 活性非金屬 (reactive nonmetal)：游離能高且電子親和力高的非金屬。
- 類金屬 (metalloid)：可以表現得像金屬或像非金屬的元素。
- 電負度 (electronegativity)：原子吸引電子的程度。
- 赫斯定律 (Hess Law)：生成熱等於離子固體形成時所有五個步驟所需的熱能總和。

2.5 節

- 主要鍵結 (primary bond)：原子間的強鍵結。
- 離子鍵結 (ionic bonding)：在金屬和非金屬或負電性差異大的電子間形成的主要鍵結。
- 離子間平衡距離 (equilibrium interionic distance)：當鍵結形成時，陽離子和陰離子之間的距離 (平衡狀態)。
- 晶格能 (lattice energy)：氣態離子透過離子鍵結形成三維固態所需的能量。

- **共價鍵** (covalent bonding)：常存在於負電性差異小的原子間的主要鍵結，尤其是非金屬元素。
- **共享對** (shared pair) / **鍵結對** (bonding pair)：形成共價鍵的電子對。
- **鍵級** (bond order)：兩個原子間形成的共享電子對 (共價鍵) 的數量。
- **鍵能** (bond energy)：要克服共價鍵中原子核與共享電子對之間吸引力所需的能量。
- **鍵長** (bond length)：共價鍵原子處於最低能量時，其原子核之間的距離。
- **混成軌域** (hybrid orbital)：當兩個或更多原子的軌域混合而形成的新軌域。
- **網狀共價固體** (network covalent solid)：完全由共價鍵組成的材料。
- **金屬鍵** (metallic bond)：由於金屬在凝固時的原子緊密堆疊所形成的一種主要鍵結。

2.6 節

- **次級鍵結** (secondary bond)：由於電偶極的靜電吸引力而在分子間 (及惰性氣體原子間) 形成的相對較弱的鍵。
- **變動偶極** (fluctuating dipole)：由於電子電荷雲瞬間改變所產生的變動偶極。
- **永久偶極** (permanent dipole)：由於分子的結構不對稱性所產生的穩定偶極。
- **氫鍵** (hydrogen bond)：極性分子間永久偶極互相作用的特殊範例。

2.9　習題 Problems

知識及理解性問題

2.1 一個氧原子的質量為 16.00 amu；請決定一個氧原子的質量 (單位：公克) 不依靠任何計算。

2.2 解釋化學週期定律。

2.3 描述氫原子的波爾模型。波爾模型的缺點是什麼？

2.4 描述測不準原理。這個原理如何與波爾的原子模型相矛盾？

2.5 解釋鮑立不相容原理。

2.6 描述控制離子固體和共價固體中填充效率 (相鄰原子數) 的因素。對每種類型都舉一個實際的例子。

2.7 描述導致形成離子固體的五個階段。解釋哪些階段需要能量以及哪個階段會釋放能量。

2.8 描述 (a) 赫斯定律，(b) 晶格能量，和 (c) 生成熱。

應用及分析問題

2.9 美國鑄幣廠所生產的四分錢硬幣是由銅和鎳合金所製成。在每一枚硬幣中，有 0.00740 莫耳的鎳和 0.0886 莫耳的銅。(a) 一枚四分錢硬幣的質量為何？ (b) 在一枚四分錢硬幣中，鎳和銅所占的重量百分率分別為何？

2.10 紋銀含有 92.5 wt% 的銀和 7.5 wt% 的銅。在銀中加入銅，是為了使金屬更堅固耐用。一個小紋銀湯匙質量為 100 克。計算勺子中銅和銀原子的數量。

2.11 硼有兩個天然存在的同位素，質量數分別為 10 (10.0129 amu) 和 11 (11.0093 amu)；百分比分別為 19.91 和 80.09。(a) 求出平均原子質量；(b) 求出硼的相對原子質量 (或原子量)。(c) 比較你求出的值與週期表中的值。

2.12 若氫原子的電子在 $n = 4$ 的狀態，電子發生了一個向 $n = 3$ 狀態的躍遷。計算 (a) 發射出的光子的能量，(b) 它的頻率，和 (c) 其波長，單位為奈米 (nm)。

2.13 對於值為 4 的主量子數 n，決定 ℓ 和 m_ℓ 的所有其他可能的量子數。

2.14 對於下面給出的每對 n 和 ℓ，寫出次殼層的名稱、可能的 m_ℓ 值以及對應的軌域數目。

    (a) $n = 1$，$\ell = 0$ (b) $n = 2$，$\ell = 1$ (c) $n = 3$，$\ell = 2$ (d) $n = 4$，$\ell = 3$

2.15 利用 (a) 原子尺寸的增加和 (b) 第一游離能 IE1 的降低，來排列以下原子。僅使用元素週期表來回答問題。使用圖 2.10 和表 2.11 來檢查你的答案。

    (i) K、Ca、Ga (ii) Ca、Sr、Ba (iii) I、Xe、Cs

2.16 兩個具有 (a) $1S^2 2s^2 2p^6$ 和 (b) $1s^2 2s^2 2p^6 3s^1$ 電子組態的原子之第一游離能為 2080 kJ/mol 和 496 kJ/mol。決定這兩個 IE1 分別屬於哪個電子結構，並論證您的答案。

2.17 計算剛剛相互接觸的一對 Ba^{2+} 和 S^{2-} 離子之間的吸引力 (●→ ←●)。假設 Ba^{2+} 離子的離子半徑為 0.143 nm，S^{2-} 離子的離子半徑為 0.174 nm。

2.18 對於以下一系列鍵結中的每個鍵結，確定鍵級，排序鍵長和鍵強。僅使用週期表，解釋你的答案。

    (a) S-F; S-Br; S-Cl (b) 中 C-C; C=C; C≡C

2.19 對於具有 sp^3、sp^2、sp 混成的 C 原子，列出其鍵結的原子數。對於每一個都繪出分子內原子的幾何排列。

2.20 比較半導體化合物 CdTe 和 InP 的離子性之百分比。

綜合評價問題

2.21 稀有氣體 Ne、Ar、Kr 和 Xe 中，哪些應該是最具化學反應性的？

2.22 Na 的熔融溫度為 89℃，高於 K 的熔融溫度 (63.5℃)。你能用電子結構的差異來解釋這個嗎？

2.23 彈殼黃銅 (cartridge brass) 是兩種金屬的合金：70 wt% 的銅和 30 wt% 的鋅。討論該合金中銅和鋅之間的鍵結性質。

2.24 如何利用金屬鍵結的「電子氣」模型來解釋金屬的高導電性和導熱性？延展性？

2.25 四氯化碳 (CCl_4) 具有零偶極矩。這告訴我們這個分子中的 C-Cl 鍵結排列是什麼？

2.26 不鏽鋼含有大量的鉻，因此是一種耐腐蝕的金屬。鉻如何保護金屬不被腐蝕？

2.27 固體鉀和固體鈣的密度為 0.862 g/cm³ 和 1.554 g/cm³。比較單個鉀原子和鈣原子的質量；你觀察到什麼？你如何解釋兩個元素之間固體密度的差異？

CHAPTER 3
材料的晶體結構與非晶質構造
Crystal and Amorphous Structure in Materials

(a)　　　(b)　　　(c)　　　(d)　　　(e)

((a) © McGraw-Hill Education; (b) © Doug Sherman/Geofile; (c) © Zadiraka Evgenii/Shutterstock; (d) © Getty Images/iStockphoto; (e) Source: James St. John)

固體大致上可分為結晶質 (crystalline) 和非晶質 (amorphous) 固體。由於結晶質固體原子、分子或離子的結構規則有序，因此形狀稜角分明。金屬為結晶質，由明確的晶體或晶粒 (grains) 組成。它的顆粒微小，並且由於金屬的不透明性，所以無法清楚觀察。礦物多數擁有半透明到透明的本質，可以清楚看到界線分明的結晶質形狀。上圖顯示了礦物的晶體本質：(a) 天青石 ($SrSo_4$)，為天空藍；(b) 黃鐵礦 (FeS_2)，因為色呈為黃銅，因此又稱為「傻瓜的黃金」；(c) 紫水晶 (SiO_2)，是一種紫色的石英；(d) 石鹽 (NaCl)，一般稱為岩鹽。相對來說，非晶質固體的長程有序很差，或根本沒有，不會像結晶質固體般以對稱性和規律性固化。例如，透明質蛋白石或玻璃蛋白石的無定形結構如圖 (e) 所示。注意這種缺乏對稱性和清晰明確的晶體邊緣。

> 學習目標

到本章結束時,學生將能夠:
1. 描述結晶質和非晶質(無定形)材料是什麼。
2. 了解固體中的原子和離子如何在空間中排列,並確定固體的基本結構單元。
3. 描述固體材料的原子結構和晶體結構之間的差異。
4. 區分晶體結構和晶體系統。
5. 解釋為什麼塑膠之結構不能 100% 結晶。
6. 解釋材料中的多形性或同素異形體。
7. 計算具有體心和面心立方結構的金屬之密度。
8. 描述如何使用 X 光繞射方法進行材料鑑定。
9. 寫出立方晶體的原子位置、方向指數和米勒 (miller) 指數的正式名稱。指出大多數金屬的三種密集堆積結構。確定六邊形緊密堆積結構的米勒 - 布拉斐 (Bravais) 指數。能夠繪製立方體和六邊形晶體的方向和平面。

■ 3.1 空間晶格及單位晶胞 The Space Lattice and Unit Cells

對工程重要的固體材料之物理結構,主要是靠組成固體的原子、離子與分子之排列,以及它們之間的鍵結來決定。如果原子或離子是在三維空間重複依序排列,它們就會形成一個有長程有序 (long-range order, LRO) 的固體,稱為結晶質固體或稱為結晶質材料 (crystalline material)。結晶質材料的範例包括合金、金屬與一些陶瓷材料。相對而言,有些材料的原子和離子的排列並非如此,而只有短程有序 (short-range order, SRO)。也就是說,只在靠近原子或分子之處才存在有序 (order)。例如,液態水的分子內有短程有序,其中一個氧原子共價鍵兩個氫原子。但是當每一個分子透過弱的次鍵結與其他分子隨機鍵結時,這種有序則消失。只有短程有序的材料屬於非晶質或非結晶質 (noncrystalline) 材料。我們在第 3.12 節會有更多說明與範例。

結晶固體中的原子排列可以用三維網絡的交會點來說明。這種網絡稱為**空間晶格** (space lattice)(圖 3.1a),可以視為一個無限的三維點陣列。空間晶格中的每一點的環境都相同。在理想**晶體** (crystal) 中,任何一點周圍的**晶格點** (lattice point) 組合和晶格中任何其他點的完全相同。因此,只要說明重複**單位晶胞** (unit cell) 中的原子位置,就能描述每個晶格點,如圖 3.1a 中標示的區域。晶胞可視為得以保持整體晶體特性的晶格最小單位。以特定重複排列方式組織在一起的原子彼此以晶格點相關聯，即構成**基本單元** (motif) 或基底 (basis)。此晶體結構則可被定義為晶格及基底的組合。要注意的是，原子不見得會與晶格點重疊。單位晶胞的形狀與大小可以用來自晶格角的三個晶格向量 (lattice vector) **a**、**b**、**c** 來描述 (圖 3.1b) 所示。軸長度 a、b、c 及其間夾角 α、β、γ 為單位晶胞的晶格常數 (lattice constant)。

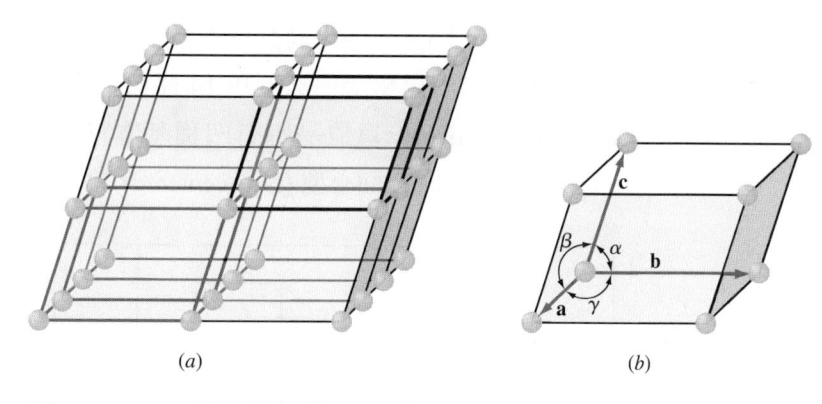

圖 3.1 (a) 理想結晶固體的空間晶格；(b) 單位晶胞的晶格常數。

3.2　晶系及布拉斐晶格 Crystal Systems and Bravais Lattices

指定特定邊長與軸間夾角即可建構不同的單位晶胞。結晶學家指出，創造所有的空間晶格只需有七種單位晶胞。這些晶體系統列於表 3.1。

表 3.1 透過不同的晶系種類來將空間晶格分類

晶系	軸長與軸間夾角	空間晶格
立方	三軸等長且成直角相交 $a = b = c$，$\alpha = \beta = \gamma = 90°$	簡單立方 體心立方 面心立方
正方	兩軸等長，且三軸成直角相交 $a = b \neq c$，$\alpha = \beta = \gamma = 90°$	簡單正方 體心正方
斜方	三軸不等長，成直角相交 $a \neq b \neq c$，$\alpha = \beta = \gamma = 90°$	簡單斜方 體心斜方 底心斜方 面心斜方
菱形	三軸等長，且相交成三個等傾斜夾角 $a = b = c$，$\alpha = \beta = \gamma \neq 90°$	簡單菱形
六方	兩軸等長且夾角為 120°，並與第三軸成直角 $a = b \neq c$，$\alpha = \beta = 90°$，$\gamma = 120°$	簡單六方
單斜	三軸不等長，且其中一夾角不成 90° $a \neq b \neq c$，$\alpha = \gamma = 90° \neq \beta$	簡單單斜 底心單斜
三斜	三軸不等長，三夾角不等，且無直角 $a \neq b \neq c$，$\alpha \neq \beta \neq \gamma \neq 90°$	簡單三斜

這七個晶體系統中，有許多系統的單位晶胞有些變化。布拉斐[1]證明了要描述所有可能的晶格網絡需要用 14 種標準單位晶胞；圖 3.2 顯示這些布拉斐晶格 (Bravais lattice)。單位晶胞有四種基本形式：(1) 簡單型 (simple)；(2) 體心型 (body-centered)；(3) 面心型 (face-centered)；(4) 底心型 (base-centered)。

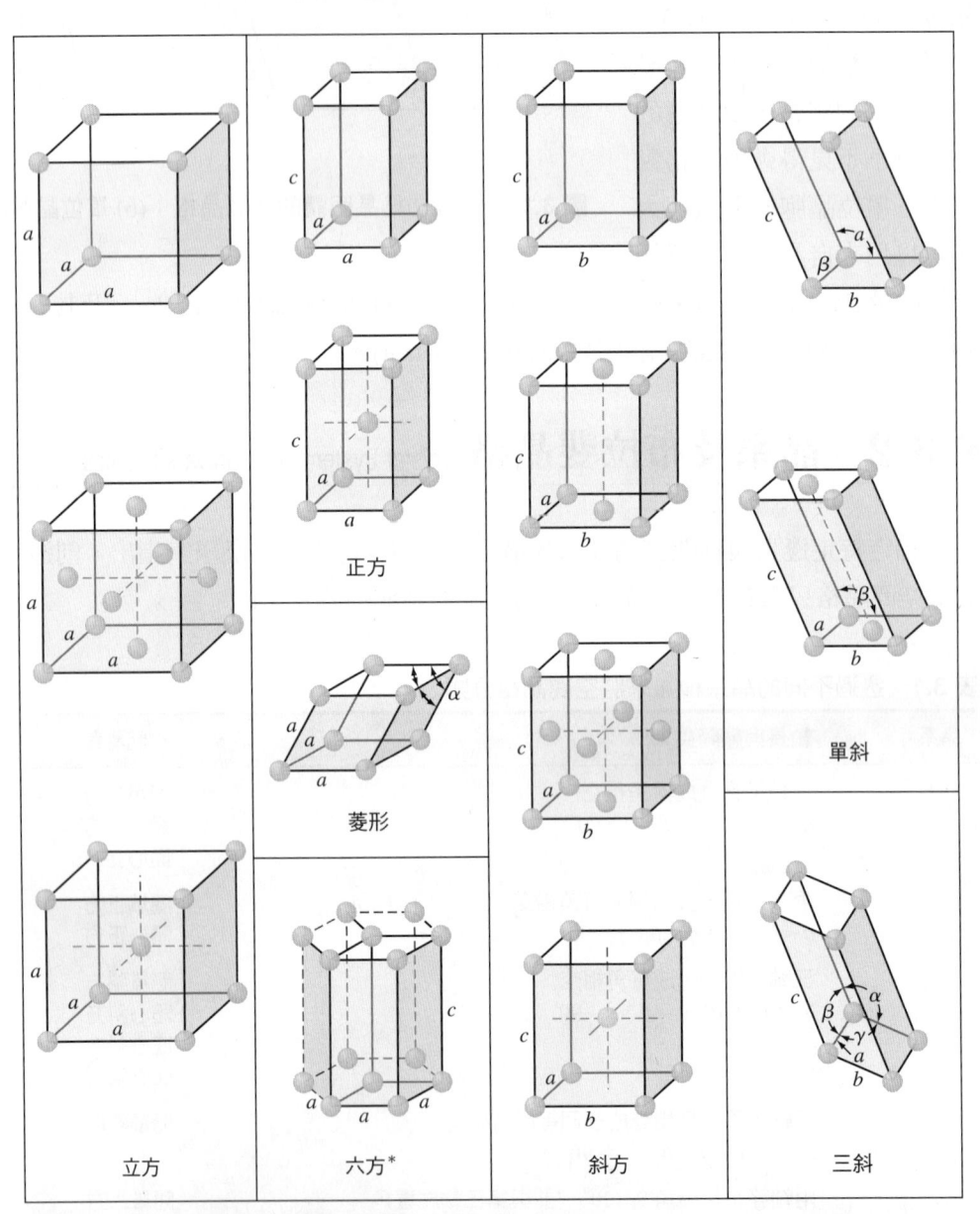

圖 3.2 透過不同的晶系種類分類出的 14 種布拉斐單位晶胞。圓點代表晶格點，位於表面或角落者就會與鄰近的單位晶胞共享。

(Source: W. G. Moffatt, G. W. Pearsall, and J. Wulff, *The Structure and Properties of Materials*, vol. l: "Structure," Wiley, 1964, p.47)

---

[1] 布拉斐 (August Bravais, 1811-1863) 為法國結晶學學者，發表了 14 種在空間中可能的點排列。

立方晶系統有三種單位晶胞：簡單立方、體心立方與面心立方。斜方晶系統四種都有。正方晶系統只有兩種：簡單正方與體心正方。面心正方單位晶胞看似被遺漏，但其實可以用四個體心正方單位晶胞組成。單斜晶系統有簡單型和底心型單位晶胞，而菱方、六方和三斜晶系統都只有一種簡單型單位晶胞。

■ 3.3　主要的金屬晶體結構 Principal Metallic Crystal Structures

本章會討論元素金屬的主要晶體結構。大多數離子和共價材料也具有晶體結構，這些將在第 11 章中詳細討論。

大部分 (約 90%) 的元素金屬，固化時會結晶成三種密集堆積的晶體結構之一：**體心立方** (body-centered cubic, BCC)(圖 3.3a)、**面心立方** (face-centered cubic, FCC)(圖 3.3b) 與**六方最密堆積** (hexagonal close-packed, HCP)(圖 3.3c)。六方最密堆積結構是圖 3.2 顯示的簡單六方晶體結構的緊密修正版本。多數金屬都是用這幾種結構來結晶，因為這樣原子能更接近彼此，鍵結在一起後會釋放能量。因此，密集堆積結構的能量較低，也是較穩定的排列方式。

圖 3.3 顯示的結晶金屬單位晶胞的非常小，得特別注意。例如，在室溫下，體心立方結構的鐵元素邊長是 0.287×10^{-9} m 或 0.287 nm。[2] 因此，如果將純鐵單晶胞接連排列的話，1 mm 中會有

$$1 \text{ mm} \times \frac{1 \text{ 單位晶胞}}{0.287 \text{ nm} \times 10^{-6} \text{ mm/nm}} = 3.48 \times 10^6 \text{ 個單位晶胞！}$$

我們現在來細看三種主要晶體結構單位晶胞的原子排列方式。雖然只是近似，我們假設這些晶體結構中的原子全是硬球狀。兩個相鄰原子間的距離可用 X 光繞射分析[3] 測量而出。例如，在 20°C 時，純鋁的兩個相鄰原子間距是

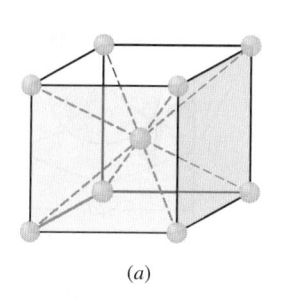

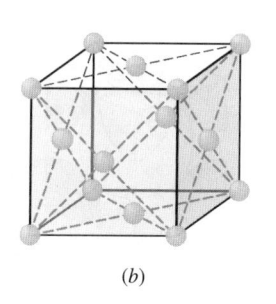

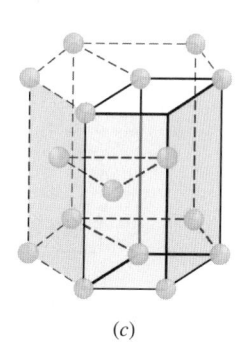

圖 3.3　主要金屬晶體結構和單位晶胞：(a) 體心立方；(b) 面心立方；(c) 六方最密堆積結晶結構 (單位晶胞用實線標示)。

(a)　　　(b)　　　(c)

---

[2]　1 奈米 (nanometer) = 10^{-9} 公尺 (meter)。
[3]　X 光繞射分析的一些原理將在 3.11 節中研究。

0.286 nm。純鋁中鋁原子的半徑被設定為原子距的一半，或 0.143 nm。表 3.2 至表 3.4 明列了一些金屬原子的半徑大小。

3.3.1 體心立方 (BCC) 晶體結構

圖 3.4a 顯示 BCC 晶體結構的原子位置單位晶胞。實心球體代表原子所在的中心，清楚地顯示它們的相對位置。如果我們將此晶胞中的原子視為硬球，則單位晶胞就會如圖 3.4b 所示。我們可以清楚看到晶胞單位的中心原子被 8 個最接近的相鄰原子包圍，因此配位數 (coordination number) 是 8。

如果我們單獨看一個硬球單位晶胞，則模型就如圖 3.4c 所示。單位晶胞的中心是一個完整原子，而晶胞各角各有一個八分之一個硬球，加起來是一個完整的原子。所以每個單位晶胞的總原子數是 1 (中心) + 8 × $\frac{1}{8}$ (角落) = 2 個。BCC 單位晶胞內的原子跨過立方體對角相互接觸，如圖 3.5 所示，使得立方體邊長 a 與原子半徑 R 之間的關係如下：

$$\sqrt{3}a = 4R \quad 或 \quad a = \frac{4R}{\sqrt{3}} \tag{3.1}$$

假設 BCC 單位晶胞中的原子為球狀，**原子堆積因子** (atomic packing factor, APF) 可用以下方程式求得：

$$原子堆積因子 (APF) = \frac{單位晶胞原子所占體積}{單位晶胞的體積} \tag{3.2}$$

此式可解出 BCC 單位晶胞 (圖 3.4c) 的 APF 值為 68% (參考例題 3.2)。也就

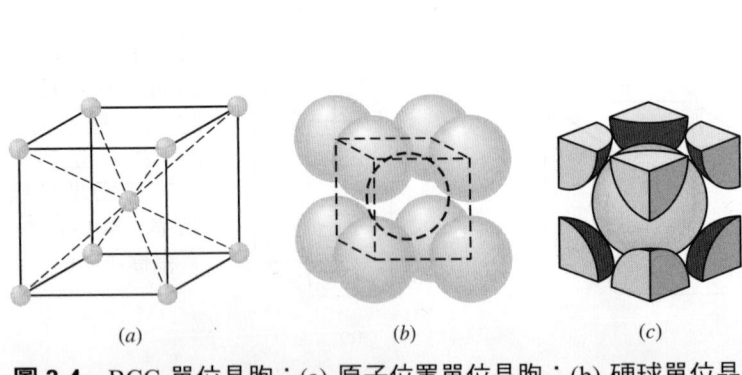

圖 3.4 BCC 單位晶胞：(a) 原子位置單位晶胞；(b) 硬球單位晶胞；(c) 單獨獨立出來的單位晶胞。

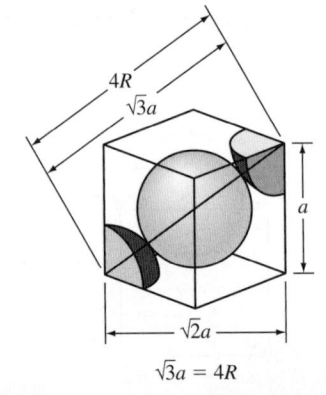

圖 3.5 BCC 單位晶胞，顯示了晶格常數 a 與原子半徑 R 之間的關係。

例題 3.1

鐵於 20°C 時之晶體結構為 BCC，其原子半徑是 0.124 nm，試估算鐵之單位晶胞邊長 a (即晶格常數)。

解

由圖 3.5 可知，BCC 單位晶胞中的原子在立方對角線上彼此接觸。因此若 a 是此立方體的邊長，則

$$\sqrt{3}a = 4R \tag{3.1}$$

其中 R 是鐵原子的半徑。因此，

$$a = \frac{4R}{\sqrt{3}} = \frac{4(0.124 \text{ nm})}{\sqrt{3}} = 0.287 \text{ nm} \blacktriangleleft$$

是說，BCC 單位晶胞內有 68% 體積被原子占據，而剩餘的 32% 體積是空的。由於此原子可以更緊密堆積，因此 BCC 結晶並非密集堆積結構。很多金屬在室溫下都有 BCC 晶體結構，像鐵、鉻、鎢、鉬與釩。表 3.2 列出一些 BCC 金屬的晶格常數和原子半徑。

表 3.2 在室溫 (20°C) 下，一些具 BCC 晶體結構的金屬及其晶格常數與原子半徑

金屬	晶格常數 a(nm)	原子單位 R*(nm)
鉻	0.289	0.125
鐵	0.287	0.124
鉬	0.315	0.136
鉀	0.533	0.231
鈉	0.429	0.186
鉭	0.330	0.143
鎢	0.316	0.137
釩	0.304	0.132

* 由晶格常數及 (3.1) 式 ($R = \sqrt{3}a/4$) 求得。

例題 3.2

假設將原子視為硬球，試計算 BCC 單位晶胞的原子堆積因子 (APF)。

解

$$\text{原子堆積因子 (APF)} = \frac{\text{單位晶胞原子所占體積}}{\text{單位晶胞的體積}} \tag{3.2}$$

因為每個 BCC 單位晶胞中有 2 個原子，在半徑 R 的單位晶胞中，原子所占之體積為

$$V_{原子} = (2)(\tfrac{4}{3}\pi R^3) = 8.373R^3$$

BCC 單位晶胞的體積為

$$V_{單位晶包} = a^3$$

其中 a 為晶格常數。a 和 R 的關係可從圖 3.5 得知，又 BCC 單位晶胞的立方對角線上之原子相互接觸，故

$$\sqrt{3}a = 4R \quad 或 \quad a = \frac{4R}{\sqrt{3}} \tag{3.1}$$

所以

$$V_{單位晶包} = a^3 = 12.32R^3$$

BCC 單位晶胞之原子堆積因子可寫為

$$APF = \frac{V_{原子}/單位晶胞}{V_{單位晶包}} = \frac{8.373R^3}{12.32R^3} = 0.6796 \approx 0.68 \blacktriangleleft$$

3.3.2 面心立方 (FCC) 晶體結構

現在來看圖 3.6a 的 FCC 晶格點單位晶胞。單位晶胞立方體的每一角及每一面的中心都有一個晶格點。圖 3.6b 中的硬球模型顯示 FCC 晶體結構的原子都是盡可能地密集堆積，因此稱之為緊密堆積結構。其 APF 值為 0.74，而並非最緊密排列之 BCC 晶體結構之 APF 值只有 0.68。

圖 3.6c 中的 FCC 單位晶胞等同於每單位晶胞有 4 個原子。位於 8 個角的 $\tfrac{1}{8}$ 個原子合計為 1 個原子 ($8 \times \tfrac{1}{8} = 1$)，而 6 個面上的 $\tfrac{1}{2}$ 個原子合計為 3 個原子，使得每單位晶胞有 4 個原子。FCC 單位晶胞的原子在面的對角線相互接觸，如圖 3.7 所示，使得晶格常數 a 與原子半徑 R 之間的關係成為

$$\sqrt{2}a = 4R \quad 或 \quad a = \frac{4R}{\sqrt{2}} \tag{3.3}$$

圖 3.6 FCC 單位晶胞：(a) 原子位置單位晶胞；(b) 硬球單位晶胞；(c) 單獨獨立出來的單位晶胞。

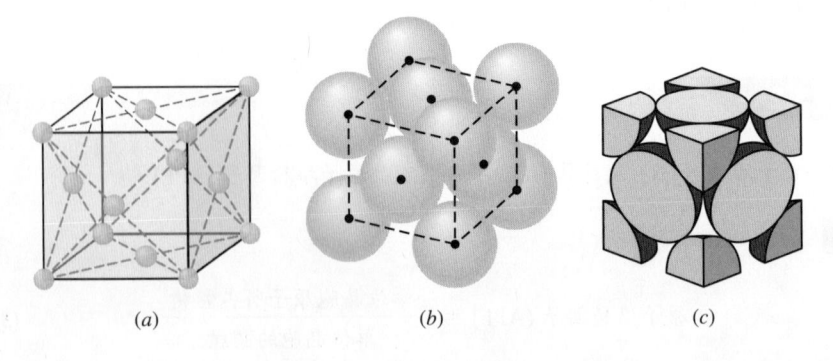

(a)   (b)   (c)

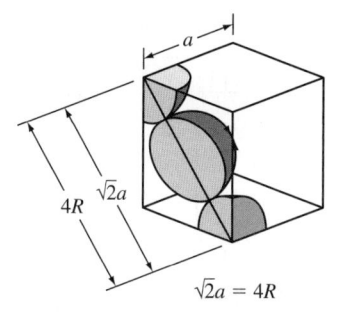

圖 3.7 FCC 單位晶胞，顯示出了晶格常數 a 和原子半徑 R 之間的關係。原子跨過面對角線方向互相接觸，因此 $\sqrt{2}a = 4R$。

表 3.3 在室溫 (20°C) 下，一些具 FCC 晶體結構的金屬及其晶格常數與原子半徑

金屬	晶格常數 a (nm)	原子單位 R^*(nm)
鋁	0.405	0.143
銅	0.3615	0.128
金	0.408	0.144
鉛	0.495	0.175
鎳	0.352	0.125
鉑	0.393	0.139
銀	0.409	0.144

* 由晶格常數及 (3.3) 式 ($R = \sqrt{2}a/4$) 求得。

FCC 晶體結構的 APF 為 0.74，比 BCC 晶體結構的 0.68 大。「球形原子」最密堆積的極限 APF 就是 0.74。許多金屬在高溫 (912°C～1394°C) 下的晶體結構為 FCC，例如鋁、銅、鉛、鎳與鐵。表 3.3 列出一些 FCC 金屬的晶格常數與原子半徑。

3.3.3 六方最密堆積 (HCP) 晶體結構

第三種常見的金屬晶體結構為 HCP，如圖 3.8a 和圖 3.8b 所示。金屬不會結晶成為如圖 3.2 的簡單六方晶體結構，因為 APF 值太低。原子可以形成圖 3.8b 的 HCP 結構，以獲得較低的能量與較穩定的狀態。HCP 和 FCC 晶體結構的 APF 都是 0.74，因為兩者的原子都是最密集堆積。在這兩個晶體結構內，每個原子都被 12 個鄰近原子包圍，引此兩者的配位數都是 12。FCC 與 HCP 晶體結構原子堆積方式的差異會在第 3.8 節討論。

圖 3.8c 顯示一個單獨獨立出來的一個 HCP 晶胞，也稱為原始晶胞 (primitive cell)。在圖 3.8c 中位於標示為「1」的原子貢獻給單位晶胞 $\frac{1}{6}$ 個原子。位於標示為「2」的原子則貢獻 $\frac{1}{12}$ 個原子。因此坐落在單位晶胞的 8 個角的原子總共貢獻 1 個原子（$4(\frac{1}{6})+4(\frac{1}{12}) = 1$）。位於標示「3」的原子是在單位晶胞的中心，但稍微超出晶胞邊界。因此，HCP 單位晶胞內的總原子數為 2 (8 個角有一個，中心有一個)。有些書中會以圖 3.8a 表示 HCP 單位晶胞，稱其為「較大晶胞」(larger cell)。此時，單位晶胞有 6 個原子。這僅是為了方便起見；真正的單位晶胞用實線表示於圖 3.8c 中。在討論結晶方向及面的相關議題時，除了原始晶胞之外，我們也會用較大晶胞以求方便。

圖 3.8 HCP 單位晶胞：(a) 圖示晶體結構；(b) 硬球模型；(c) 圖示單獨獨立出來的單位晶胞。

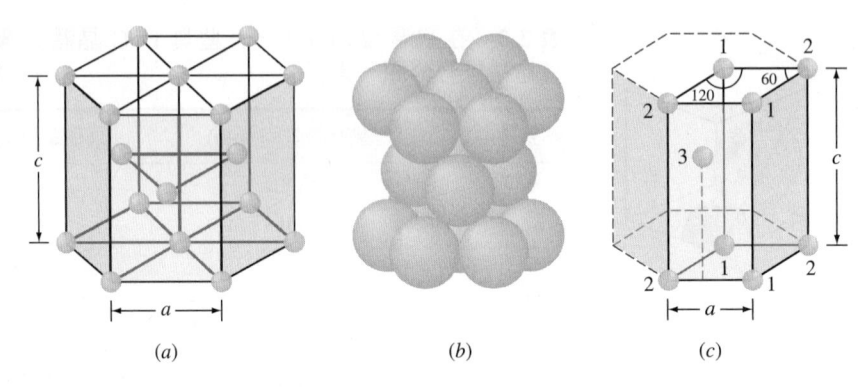

表 3.4 在室溫 (20°C) 下，一些具 HCP 晶體結構的金屬及其晶格常數、原子半徑與 c/a 比率

金屬	晶格常數 (nm) a	c	原子半徑 R (nm)	c/a 比值	與理想狀況之偏離率 (%)
鎘	0.2973	0.5618	0.149	1.890	+15.7
鋅	0.2665	0.4947	0.133	1.856	+13.6
理想 HCP				1.633	0
鎂	0.3209	0.5209	0.160	1.623	−0.66
鈷	0.2507	0.4069	0.125	1.623	−0.66
鋯	0.3231	0.5148	0.160	1.593	−2.45
鈦	0.2950	0.4683	0.147	1.587	−2.81
鈹	0.2286	0.3584	0.113	1.568	−3.98

　　HCP 晶體結構的六角柱高 c 和底面邊長 a 的比率，稱為 c/a 比率 (圖 3.8a)。理想的 CP 晶體結構 (由均勻的球組成且達到最緊密靠近的程度) 的 c/a 比率為 1.633。表 3.4 列出許多重要 HCP 金屬及其 c/a 比率，其中，鎘與鋅的 c/a 比率大於理想值 1.633，這表示，這些結構中的原子沿著 HCP 單位晶胞 c 軸的方向會被拉長一些。鎂、鈷、鋯、鈦與鈹這些金屬的 c/a 比值比 1.633 小，這表示它們沿著 c 軸的長度會被壓縮一些。因此，表 3.4 列出的 HCP 金屬會和理想硬球模型稍有不同。

■ 例題 3.3

a. 使用下列資料估算鋅晶體結構單位晶胞之體積，其中純鋅之晶體結構是 HCP，晶格常數 $a = 0.2665$ nm 與 $c = 0.4947$ nm。
b. 求出較大單位晶胞之體積。

解

首先估算單位晶胞之底面積，接著乘以高，就可得到鋅的 HCP 單位晶胞體積 (圖 EP3.3)。

a. 在圖 EP3.3a 和 EP3.3b 中，可知 ABDC 面積為 HCP 單位晶胞的底面積。由圖 EP3.3b 中，可知 ABDC 由與 ABC 相同之 2 個三角形組成。從圖 EP3.3c 可得，

$$\text{三角形 } ABC \text{ 的面積} = \tfrac{1}{2}(\text{底})(\text{高})$$
$$= \tfrac{1}{2}(a)(a \sin 60°) = \tfrac{1}{2}a^2 \sin 60°$$

從圖 EP3.3b 可得，

$$\text{HCP 底面積} = ABDC \text{ 面積} = (2)(\tfrac{1}{2}a^2 \sin 60°)$$
$$= a^2 \sin 60°$$

從圖 EP3.3a 可得，

$$\text{鋅 HCP 單位晶胞之體積} = (a^2 \sin 60°)(c)$$
$$= (0.2665 \text{ nm})^2 (0.8660)(0.4947 \text{ nm})$$
$$= 0.03043 \text{ nm}^3 \blacktriangleleft$$

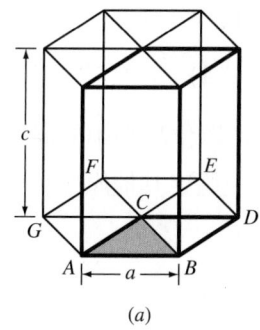

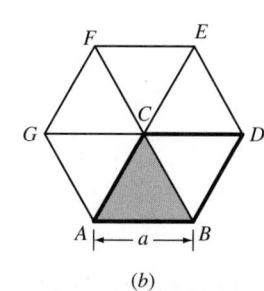

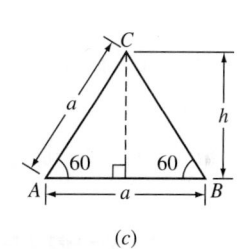

圖 EP3.3 計算 HCP 單位晶胞體積示意圖：(a) HCP 單位晶胞；(b) HCP 單位晶胞的底面；(c) HCP 單位晶胞的底面中的三角形 ABC。

b. 從圖 EP3.3a 可得，

$$\text{最大鋅 HCP 單位晶胞之體積} = 3 (\text{單位晶胞或基本晶胞的體積})$$
$$= 3 (0.0304)$$
$$= 0.09130 \text{ nm}^3$$

3.4 立方單位晶胞中的原子位置
Atom Positions in Cubic Unit Cells

要找出原子在立方單位晶胞中的位置，我們用直角 x、y 與 z 軸坐標來描述。在結晶學中，正 x 是從紙張射出的方向，正 y 是紙張右邊的方向，而正 z 則是紙

圖 3.9 (a) 用以找出原子在立方單位晶胞中之位置的 x、y 與 z 軸之直角坐標；(b) BCC 單位晶胞中的原子位置。

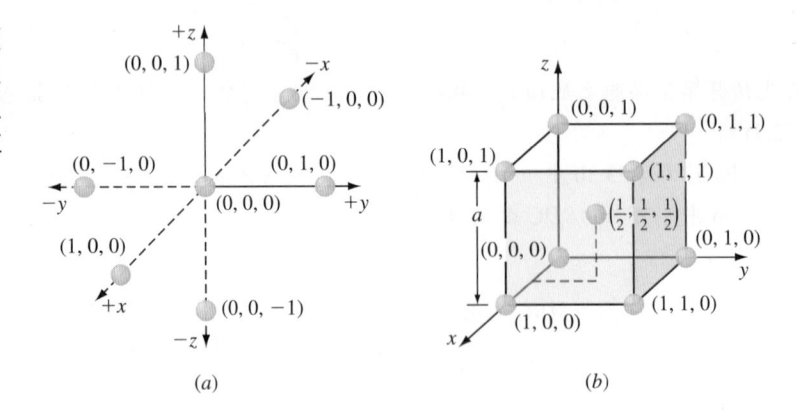

張上方的方向 (圖 3.9)。負的方向則是相反。

原子在單位晶胞中的位置可用 x、y、z 軸上的單位距離來定義，如圖 3.9a。例如，圖 3.9b 顯示了 BCC 單位晶胞內原子的位置。位於 BCC 單位晶胞 8 個角的原子位置是：

$$(0, 0, 0) \quad (1, 0, 0) \quad (0, 1, 0) \quad (0, 0, 1)$$
$$(1, 1, 1) \quad (1, 1, 0) \quad (1, 0, 1) \quad (0, 1, 1)$$

中心原子的位置坐標是 $(\frac{1}{2}, \frac{1}{2}, \frac{1}{2})$。為了簡單起見，BCC 單位晶胞中的原子位置有時候只用 (0,0,0) 和 $(\frac{1}{2}, \frac{1}{2}, \frac{1}{2})$ 兩個原子位置坐標表示，並假定其他原子位置都已默認。FCC 單位晶胞內的原子位置也可用相同方法表示。

■ 3.5　立方單位晶胞中的方向 Directions in Cubic Unit Cells

晶體晶格中的方向有時需要特別定義，這對於特性會隨著結晶方位不同而改變的金屬和合金來說特別重要。立方晶體的結晶**方向指數** (direction indices) 是每一個坐標軸上的向量分量縮減至最小整數。

若要在立方單位晶胞中以繪圖指方式出方向，我們從原點 (通常是立方晶胞的某一角) 畫一方向向量到穿出立方表面為止 (圖 3.10)。這個方向向量在立方表面穿出的單位晶胞位置坐標轉換為整數後，即為方向指數。方向指數會用中括弧，並不會用逗號分隔。

例如，圖 3.10a 中的方向向量 OR 在立方表面穿出的位置坐標為 (1, 0, 0)，因此方向向量 OR 的方向指數是 [100]。方向向量 OS (圖 3.10a) 的位置坐標為 (1, 1, 0)，所以方向指數為 [110]。方向向量 OT (圖 3.10b) 的位置坐標為 (1, 1, 1)，因此其方向指數為 [111]。

方向向量 OM (圖 3.10c) 的位置坐標是 $(1, \frac{1}{2}, 0)$。由於方向向量必須是整數，因此這個坐標需乘以 2 才行，使得 OM 的方向指數為 $2(1, \frac{1}{2}, 0) = [210]$。方向向量 ON (圖 3.10d) 的位置坐標為 $(-1, -1, 0)$。負的方向指數在數字上方會加橫槓表示，因此 ON 的方向指數為 $[\bar{1}\bar{1}0]$。注意，在立方體中畫 ON 方向時，原點需要移到前面右下方的角 (圖 3.10d)。例題 3.4 中給出更多立方方向向量。

確定出兩個晶體方向之間的角度通常是很有用的。除了地理測量分析，我們還可以使用點積的定義來確定任意兩個方向向量之間的角度。回想一下你對向量的了解

$$A \cdot B = \|A\| \|B\| \cos\theta; A = a_x i + a_y j + a_z k \text{ 和 } B = b_x i + b_y j + b_z k$$

同時
$$A \cdot B = a_x b_x + a_y b_y + a_z b_z \tag{3.4}$$
因此
$$\cos\theta = \frac{a_x b_x + a_y b_y + a_z b_z}{\|A\| \|B\|}$$

英文字母 u、v、w 泛用於表示 x、y、z 方向的方向指數，並寫成 $[uvw]$。這裡也要注意，所有平行方向向量的方向指數都相同。

如果每一方向的原子間距都相同，我們稱這些方向為結晶等效 (crystallographically equivalent)。例如，以下立方邊緣方向為結晶等效方向：

$$[100], [010], [001], [0\bar{1}0], [00\bar{1}], [\bar{1}00] \equiv \langle 100 \rangle$$

等效方向被稱為方向族。符號 $\langle 100 \rangle$ 是用來概括表示立方邊緣方向。其他的方向族為立方體的對角線 $\langle 111 \rangle$ 及立方面的對角線 $\langle 110 \rangle$。

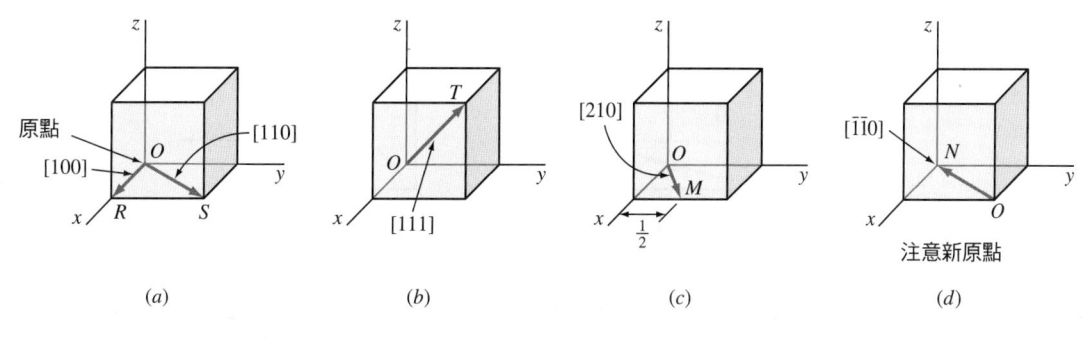

圖 3.10 立方單位晶胞中的一些方向。

■ **例題 3.4**

畫出下列立方單位晶胞中的方向向量：

a. [100] 及 [110]
b. [112]
c. [$\bar{1}$10]
d. [$\bar{3}$2$\bar{1}$]
e. 請找出 [100] 與 [110] 之間的夾角。
f. 請找出 [112] 與 [$\bar{1}$10] 之間的夾角。

解

a. [100] 方向的位置坐標是 (1, 0, 0)，如圖 EP3.4a 所示。而 [110] 方向的位置坐標則是 (1, 1, 0)，如圖 EP3.4a。
b. 將 [112] 的方向指數除以 2，可得其位置坐標為 ($\frac{1}{2}$, $\frac{1}{2}$, 1)，如圖 EP3.4b。
c. [$\bar{1}$10] 方向的位置坐標為 (−1, 1, 0)，如圖 EP3.4c。注意，原點已移到左下前方。
d. 將 [$\bar{3}$2$\bar{1}$] 的方向指數除以 3(最大指數)，可得其位置坐標為 (−1, $\frac{2}{3}$, −$\frac{1}{3}$)，如圖 EP3.4d 所示。

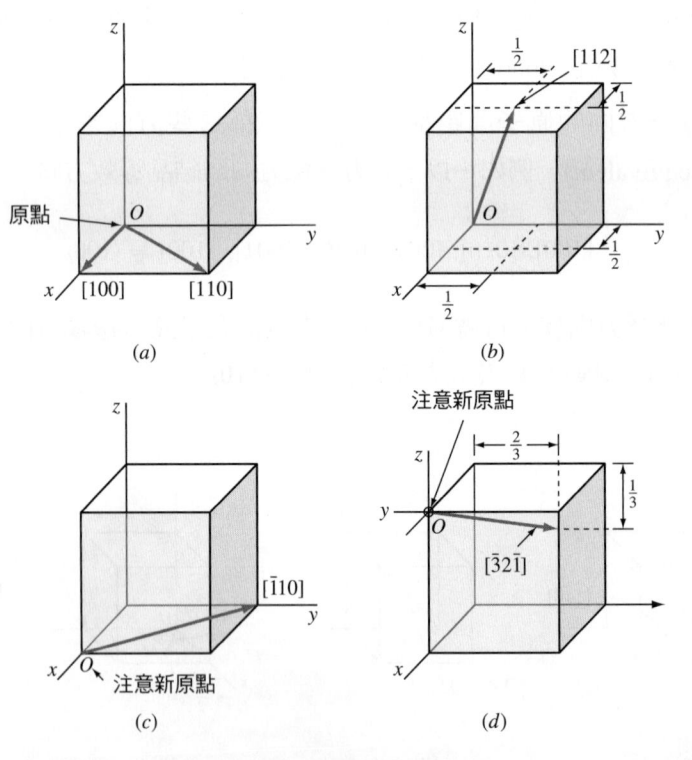

圖 EP3.4 立方單位晶胞中的方向向量。

e. [100] 和 [110] 這兩個方向之間的角度可以使用 (3.4) 式來確定。如下：
方程式尚未插入

$$\|A\| = \sqrt{1^2 + 0^2 + 0^2} = 1$$

$$\|B\| = \sqrt{1^2 + 1^2 + 0^2} = \sqrt{2}$$

$$\cos\theta = \frac{a_x b_x + a_y b_y + a_z b_z}{\|A\|\|B\|} = \frac{(1)(1) + (0)(1) + (0)(0)}{(1)(\sqrt{2})} = \frac{1}{\sqrt{2}}$$

$$\theta = 45°$$

f. [112] 和 [$\bar{1}$10] 這兩個方向之間的角度可以使用 (3.4) 式來確定。如下：

$$\|A\| = \sqrt{1^2 + 1^2 + 2^2} = \sqrt{6}$$

$$\|B\| = \sqrt{-1^2 + 1^2 + 0^2} = \sqrt{2}$$

$$\cos\theta = \frac{a_x b_x + a_y b_y + a_z b_z}{\|A\|\|B\|} = \frac{(1)(-1) + (1)(1) + (2)(0)}{(\sqrt{6})(\sqrt{2})} = \frac{0}{\sqrt{12}}$$

$$\theta = 90°$$

■ 例題 3.5 ●

試求圖 EP3.5a 所示立方方向的方向指數。

解

平行的方向向量之方向指數都相同，因此我們可以將該方向向量往上平移直到碰到立方晶胞最近的角落為止，但仍將向量保持在立方晶胞內。此時左前方的角落會變成新原點 (見圖 EP3.5b)。現在我們可以求得方向向量離開立方晶胞的位置坐標。它們是 $x = -1$，$y = +1$ 和 $z = -\frac{1}{6}$。因此，它離開立方晶胞的方向之位置坐標為 $(-1, +1, -\frac{1}{6})$。各自乘以 6 之後，此方向之方向指數為 $(-1, +1, -\frac{1}{6})$，或 $[\bar{6}6\bar{1}]$。

圖 EP3.5

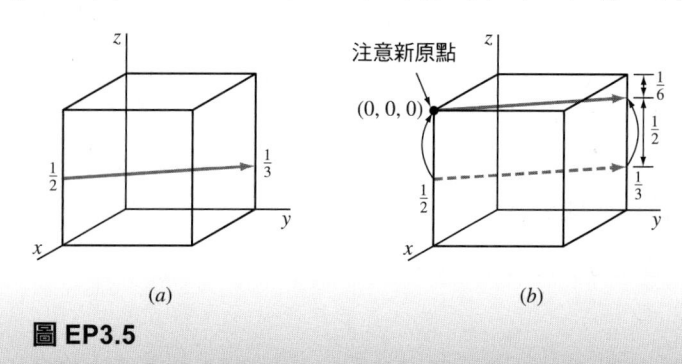

■ 例題 3.6

試求 $(\frac{3}{4}, 0, \frac{1}{4})$ 及 $(\frac{1}{4}, \frac{1}{2}, \frac{1}{2})$ 兩點間立方方向的方向指數。

解

如圖 EP3.6 所示，首先找出單位立方體之方向向量的原點及終點，此方向的向量分量為

$$x = -(\frac{3}{4} - \frac{1}{4}) = -\frac{1}{2}$$
$$y = (\frac{1}{2} - 0) = \frac{1}{2}$$
$$z = (\frac{1}{2} - \frac{1}{4}) = \frac{1}{4}$$

即向量方向的各分量值為 $-\frac{1}{2}$、$\frac{1}{2}$、$\frac{1}{4}$，且方向指數與其向量分量的比值相同。故將其各乘以 4 後得到方向指數為 $[\bar{2}21]$。

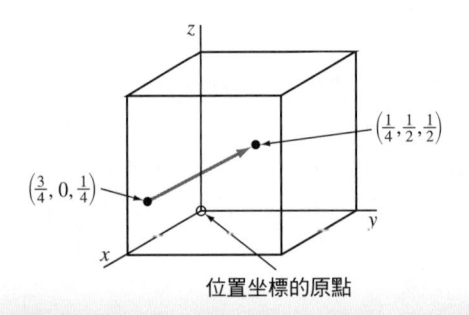

圖 EP3.6

■ 3.6 立方單位晶胞中結晶面的米勒指數
Miller Indices for Crystallographic Planes in Cubic Unit Cells

有時我們會需要討論晶體結構內特定的晶格平面，或是希望了解晶體晶格中單一或一群平面的結晶取向 (crystallographic orientation)。米勒標記系統 (Miller notation system) [4] 可用來找出立方晶體結構中的結晶面。**結晶面的米勒指數** (Miller indices of a crystal plane) 被定義為結晶面和立方單位晶胞非平行邊緣的 x、y、z 軸相交截距的倒數 (將分數整式化)。單位晶胞邊緣代表單位長度，而與結晶面的截距會以此單位長度來計算。

求立方結晶面的米勒指數步驟如下：

---

[4] William Hallowes Miller (1801-1880) 是英國晶體學家，於 1839 年發表了「晶體學論文」，使用與晶體邊緣平行的晶體參考軸，並使用倒晶格指數。

圖 3.11 一些重要立方結晶面的米勒指數：(a) (100)；(b) (110)；(c) (111)。

1. 選擇一個不通過原點 (0, 0, 0) 的平面。
2. 找出平面與 x、y、z 軸之截距，它們有可能是分數。
3. 求各截距的倒數。
4. 整式化各截距倒數，所得數字即為結晶平面的米勒指數，會用括弧括起來，也沒有逗點。h、k 與 l 通常用來代表結晶面 x、y、z 軸之米勒指數，寫成 (hkl)。

圖 3.11 顯示三種最重要的立方晶體結構結晶面。先看圖 3.11a 中以陰影表示的結晶面，與 x、y 與 z 軸的截距分別是 1、∞、∞。它們的倒數，也就是米勒指數，為 1、0、0。由於不包含分數，所以此平面的米勒指數是 (100)。接著來看圖 3.11b 的第二個平面。該結晶面與 x、y 與 z 軸的截距是 1、1、∞，倒數是 1、1、0，也不含分數。因此，此平面之米勒指數是 (110)。最後，第三個平面 (圖 3.11c) 的截距是 1、1、1，米勒指數則是 (111)。

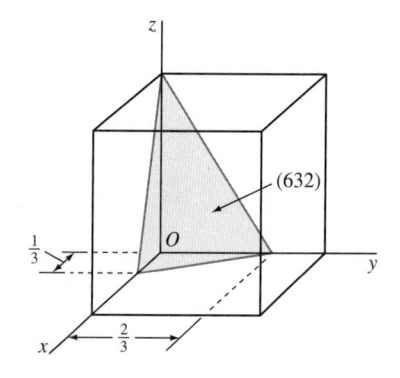

圖 3.12 有分數截距的立方結晶面 (632)。

我們現在來看圖 3.12 中的結晶面，它與 x、y、z 軸的截距是 $\frac{1}{3}$、$\frac{2}{3}$、1，倒數是 3、$\frac{3}{2}$、1。由於截距不允許有分數，因此必須整式化，各乘以 2。所得截距倒數為 6、3、2，而米勒指數為 (632)。

如果結晶面通過原點，使得部分截距為 0，該平面必須移到相同單位晶胞內的一個等效位置，而且該平面必須和原來的平面保持平行。這是有可能達到的，因為所有等距平行的米勒指數都相同。

若是等效晶格平面的晶體系統均為對稱，它們被稱為平面族 (planes of a family or form)，而其中每個平面可用 $\{hkl\}$ 表示其指數。例如，立方體表面平面的米勒指數 (100)、(010) 和 (001) 一齊被歸類於以 {100} 表示的平面族。

立方晶系統，也唯有此系統，有一個重要關係，就是垂直於某結晶面平面的方向指數和該平面的米勒指數相同。例如，[100] 方向和結晶面 (100) 相互垂直。

■ 例題 3.7

試繪出下列立方單位晶胞中的結晶面：
a. (101)
b. ($1\bar{1}0$)
c. (221)
d. 畫出 BCC 原子位置單位晶胞內之 (110) 面，同時標示原子中心於此平面上之原子位置坐標。

解

a. 先求出 (101) 面米勒指數之倒數 1、∞、1，可知 (101) 面和 x 軸、z 軸之截距分別是 1、1，並與 y 軸平行 (圖 EP3.7a)。
b. 先求出 ($1\bar{1}0$) 面米勒指數之倒數 1、−1、∞，可知 ($1\bar{1}0$) 面和 x 軸、y 軸之截距分別是 1、−1，並與 z 軸平行。注意到原點位於右後下角 (圖 EP3.7b)。
c. 先求出 (221) 面米勒指數之倒數 $\frac{1}{2}$、$\frac{1}{2}$、1，可知 (221) 面和 x 軸、y 軸、z 軸之截距分別是 $\frac{1}{2}$、$\frac{1}{2}$、1 (圖 EP3.7c)。
d. (110) 面的中心原子坐標是 (1, 0, 0)、(0, 1, 0)、(1, 0, 1)、(0, 1, 1) 與 ($\frac{1}{2}$, $\frac{1}{2}$, $\frac{1}{2}$)。這些原子位置以實心圓表示 (圖 EP3.7d)。

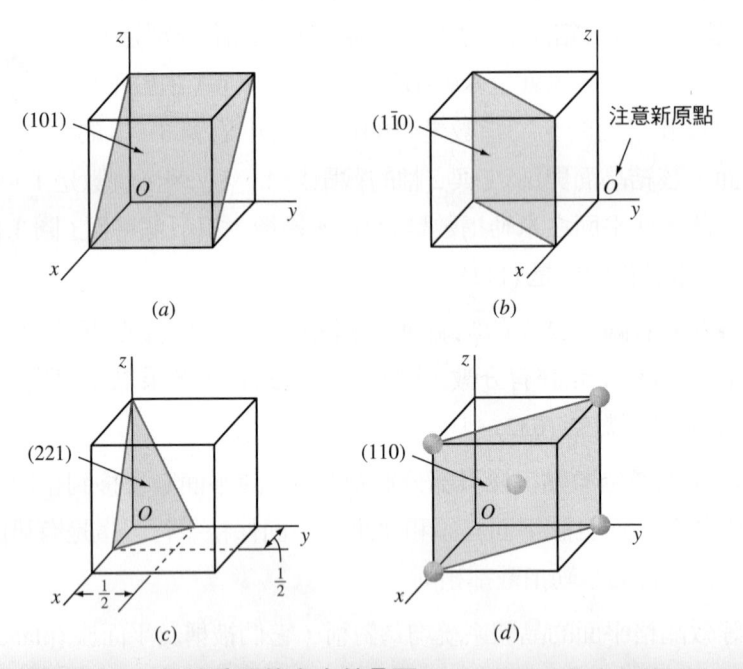

圖 EP3.7 各種重要的立方結晶面。

CHAPTER **3** 材料的晶體結構與非晶質構造

在立方晶體結構中，兩個米勒指數相同的且最接近的平行結晶面，兩者間距離表示為 d_{hkl}，其中的 h、k 與 l 為米勒指數。該間距表示一個平面和另一個與之最接近且具有相同米勒指數的平行平面之間的距離，例如，圖 3.13 中，(110) 平面 1 與平面 2 之間的距離 d_{110} 為 AB。另外，(110) 平面 2 與平面 3 之間的距離 d_{110} 為 BC。使用簡單幾何計算可得知：

$$d_{hkl} = \frac{a}{\sqrt{h^2 + k^2 + l^2}} \quad (3.5)$$

其中 d_{hkl} = 兩個米勒指數 h、k 與 l 相同的最接近平行結晶面之間的距離

a = 晶格常數（單位立方體的邊長）

h、k、l = 結晶面的米勒指數

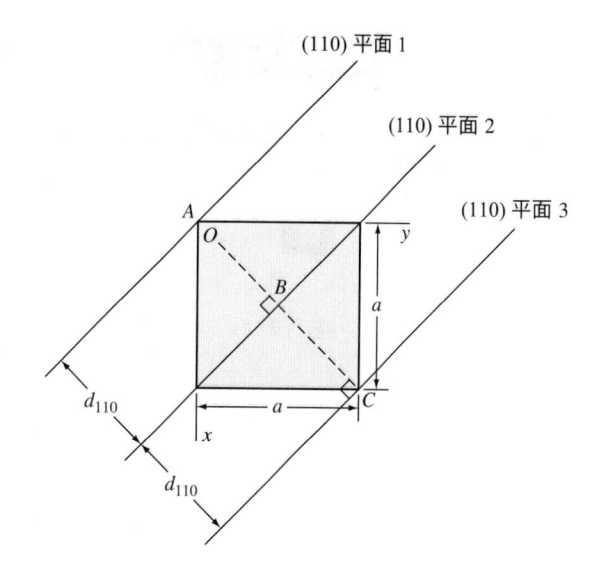

圖 3.13 立方單位晶胞的俯視圖，顯示了 (110) 結晶面的距離為 d_{110}。

■ 例題 3.8

試求圖 EP3.8a 中，立方結晶面的米勒指數。

解

將此平面沿 y 軸向右平移 $\frac{1}{4}$ 單位，如圖 EP3.8b 所示，接著把右後下角當成新原點，新平面和 x 軸之截距是 1 個單位長，所以新平面和各軸之截距是 $(+1, -\frac{5}{12}, \infty)$。取其倒數後可寫為 $(1, -\frac{12}{5}, 0)$，最後取簡單整數比，得到平面米勒指數 $(5\bar{12}0)$。

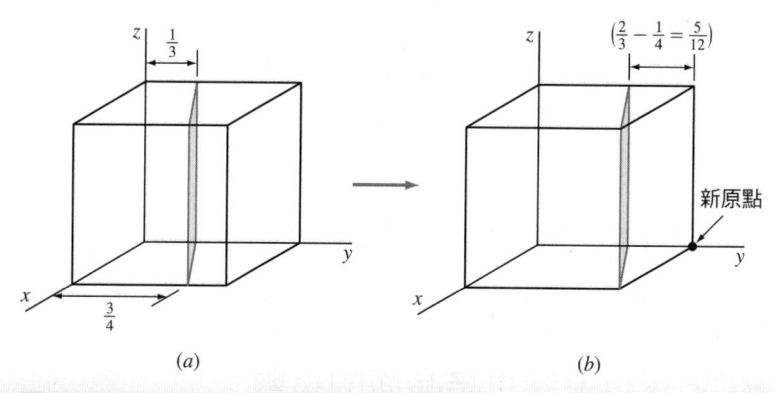

圖 EP3.8

■ 例題 3.9

試求通過 $(1, \frac{1}{4}, 0)$、$(1, 1, \frac{1}{2})$、$(\frac{3}{4}, 1, \frac{1}{4})$ 三點以及所有坐標軸之立方結晶平面的米勒指數。

解

先把 $A(1, 1, \frac{1}{2})$、$B(\frac{3}{4}, 1, \frac{1}{4})$ 與 $C(1, \frac{1}{4}, 0)$ 標出，如圖 EP3.9 所示。連接 AB 並延伸得到 D 點，連接 AC 與 CD 得到 ACD 平面。將 E 點視成平面原點，可得到各軸截距，$x = -\frac{1}{2}$，$y = -\frac{3}{4}$，$z = \frac{1}{2}$，取倒數寫為 -2、$-\frac{4}{3}$ 與 2，將倒數各乘以 3 之後得到平面米勒指數 $(\bar{6}\bar{4}6)$。

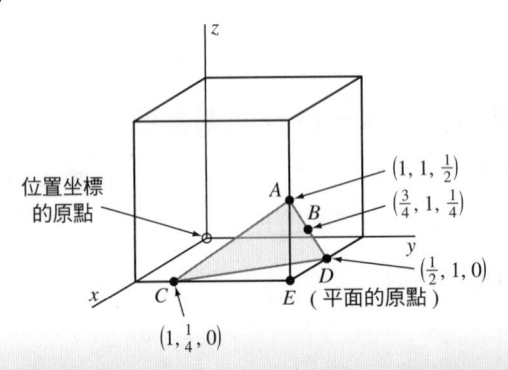

圖 EP3.9

■ 例題 3.10

銅的晶體結構是 FCC，單位晶胞的晶格常數是 0.361 nm。試問距離 d_{220} 為何？

解

$$d_{hkl} = \frac{a}{\sqrt{h^2 + k^2 + l^2}} = \frac{0.361 \text{ nm}}{\sqrt{(2)^2 + (2)^2 + (0)^2}} = 0.128 \text{ nm} \blacktriangleleft$$

■ 3.7 六方晶體結構中的結晶面與方向
Crystallographic Planes and Directions in Hexagonal Crystal Structure

3.7.1 HCP 單位晶胞中結晶面的指數

HCP 單位晶胞中的結晶面通常會以四個指數來表示，並非三個。HCP 結晶面指數稱為米勒 - 布拉斐指數 (Miller-Bravais indices)，是以括號中的字母 h、k、i、

l 代表，如 $(hkil)$。此含有四個數字的六面體指數建立於四個坐標軸系統基礎上，如圖 3.14 所示的 HCP 單位晶胞。a_1、a_2 與 a_3 為三個基本軸，彼此間夾角為 $120°$，c 軸為第四軸，是位於單位晶胞中心的垂直軸。位於 a_1、a_2 與 a_3 軸上的原子間的距離為 a，如圖 3.14 所示。在針對 HCP 平面與方向的討論中，我們會同時使用單元晶胞與較大晶胞來說明概念。c 軸量測的是單位晶胞的高度。結晶面和 a_1、a_2 與 a_3 軸截距的倒數為 h、k、i 指數，而與 c 軸截距的倒數則為 l 指數。

基面 (Basal Plane) HCP 單位晶胞的基面非常重要，如圖 3.15a 所示。由於圖中位於 HCP 單位晶胞上方的基面和 a_1、a_2 與 a_3 軸平行，因此截距皆為無窮大，$a_{1,\text{截距}} = \infty$，$a_{2,\text{截距}} = \infty$，$a_{3,\text{截距}} = \infty$。而由於基面與 c 軸在單位距離處交叉，因此截距是 1。取所有截距之倒數後可得 HCP 基面的米勒-布拉菲指數：$h = 0$，$k = 0$，$i = 0$ 與 $l = 1$，可寫成 (0001) 面。

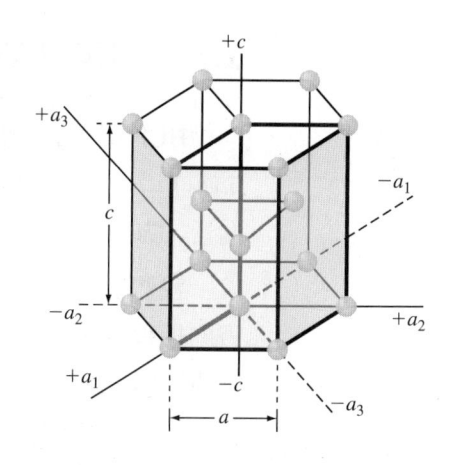

圖 3.14 HCP 晶體結構的四個坐標軸 (a_1、a_2、a_3 與 c)。

稜柱面 (Prism Plane) 根據上述方式，圖 3.15b 的稜柱面 (ABCD) 之截距為 $a_{1,\text{截距}} = +1$，$a_{2,\text{截距}} = \infty$，$a_{3,\text{截距}} = -1$ 與 $c_{\text{截距}} = \infty$。取倒數可得 $h = 1$，$k = 0$，$i = -1$ 及 $l = 0$，可寫成 $(10\bar{1}0)$ 面。接著，圖 3.15b 之 ABEF 稜柱面指數是 $(1\bar{1}00)$，而 DCGH 稜柱面指數則是 $(01\bar{1}0)$。所有 HCP 稜柱面可一起視為 $\{10\bar{1}0\}$ 平面族。

有時，HCP 面可以只用三個指數 (hkl) 表示，因為 $h + k = -i$。不過，$(hkil)$ 指數還是比較普遍，因為它可以顯示 HCP 單位晶胞之六方對稱性。

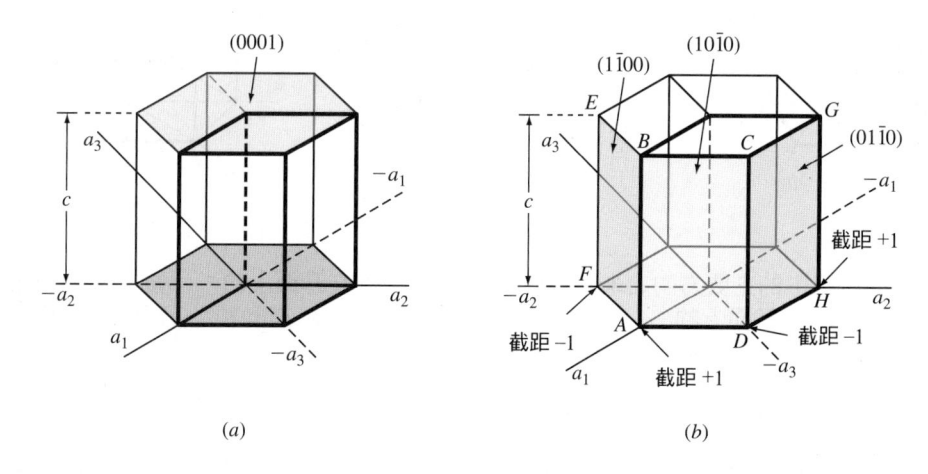

圖 3.15 六方結晶面的米勒-布拉菲指數：(a) 基面；(b) 稜柱面。

3.7.2 HCP 單位晶胞的方向指數 [5]

HCP 單位晶胞裡面的方向也是以四個指數 u、v、t 與 w 來表示，寫為 $[uvtw]$，u、v、t 分別是 a_1、a_2 與 a_3 方向的晶格向量 (圖 3.16)，w 為 c 方向的晶格向量。方向條件為 $u + v = -t$，以保持 HCP 平面與方向指數的均勻性。

我們現在來看方向 a_1、a_2 與 a_3 的米勒 - 布拉斐六方指數。圖 3.16a 顯示 a_1 的方向指數，圖 3.16b 顯示 a_2 的方向指數，圖 3.16c 顯示 a_3 的方向指數。若我們還需要為 a_3 方向顯示 c 方向，請見圖 3.16d。圖 3.16e 總結了簡單六方晶體結構上方基面的正、負方向。

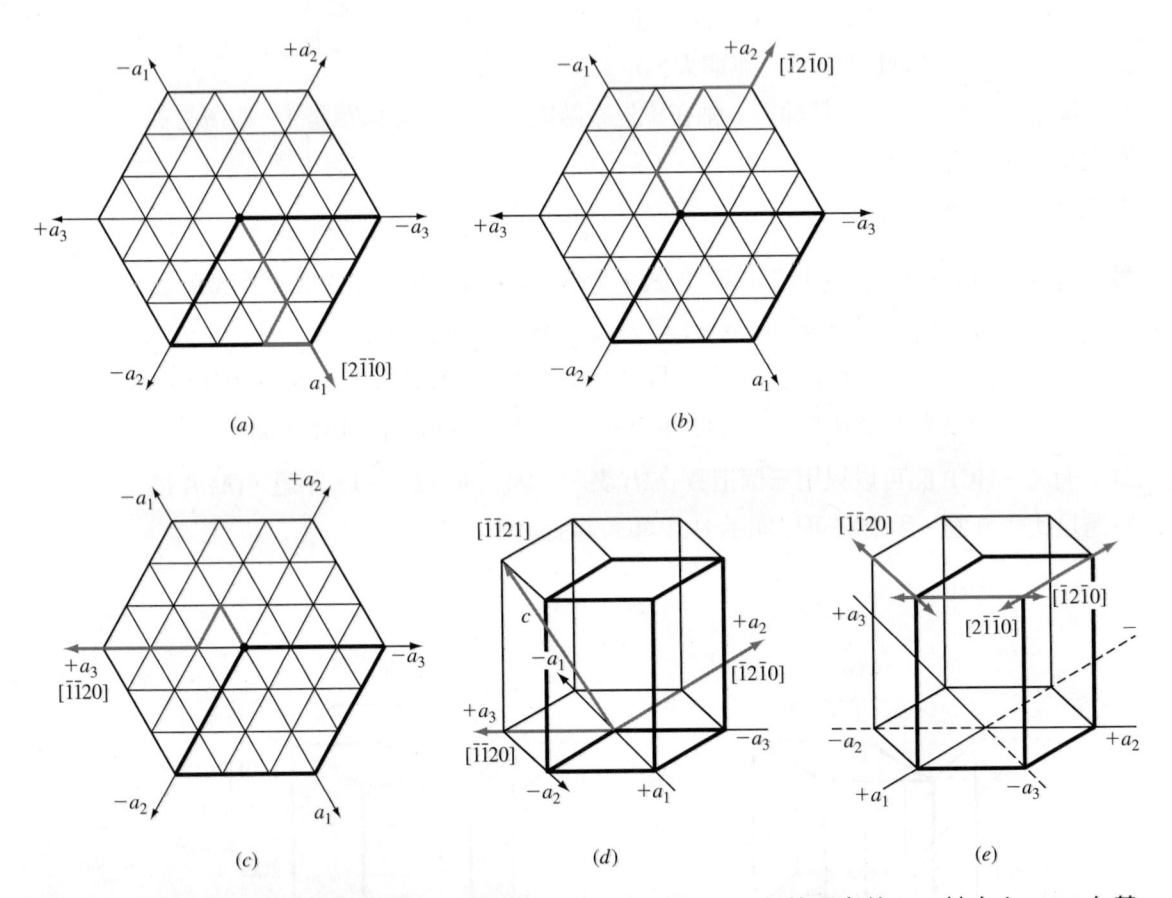

圖 3.16 六方晶體結構中的主要方向之米勒 - 布拉斐指數：(a) 在基面上的 $+a_1$ 軸方向；(b) 在基面上的 $+a_2$ 軸方向；(c) 在基面上的 $+a_3$ 軸方向；(d) 包含 c 軸的 $+a_3$ 方向軸；(e) 正、負米勒 - 布拉斐指數顯示在簡單六方晶體結構中的上方基面。

---

[5] 六方單位晶胞的方向指數主題通常不會在入門課程中介紹，但包含在此是為了提供給進度較前的學生。

3.8 FCC、HCP 及 BCC 晶體結構的比較
Comparison of FCC, HCP, and BCC Crystal Structures

3.8.1 面心立方 FCC 及六方最密堆積 HCP 晶體結構

我們已知 HCP 與 FCC 晶體結構為最密堆積結構，也就是說近似球形的原子會盡量緊密堆積，使原子堆積因子達到 0.74。[6] 圖 3.17a 顯示的是 FCC 晶體結構 (111) 面，其與圖 3.17b 所顯示的 HCP 晶體結構 (0001) 面之堆積方式完全相同。然而，FCC 和 HCP 的三維晶體結構並不相同，因為兩者的原子平面堆疊方式不同。如果我們用彈珠來代表原子，我們可以想像以同尺寸的彈珠形成的平面往上堆疊，能使間隙達到最小。

我們先討論如圖 3.18 所示的由最密堆積原子所組成的 A 平面。從圖中明顯可見原子之間明顯的兩種空隙；a 空隙指向上方，而 b 空隙指向下方。在 a 或 b 的上方可以放第二層原子平面，形成同樣的三維結構。假設我們將 B 平面放在 a 空隙的上方，如圖 3.18b 所示。接著，如果在 B 平面的上方又放了第三層平面，形成最密堆積結構，就可能形成兩種不同的最密堆積結構。一種可能是將第三層平面的原子放入 B 平面的 b 空隙，使得第三層平面的原子直接位於 A 平面原子的上方，形成另一個 A 平面 (圖 3.18c)。如果後續平面都是如此處理，那麼此三維空間結構堆疊順序可寫為 $ABABAB\cdots\cdots$，形成圖 3.17b 顯示的 HCP 晶體結構。

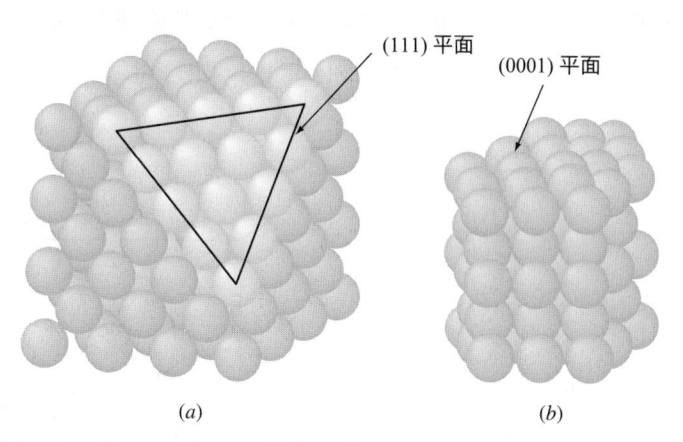

圖 3.17 比較以下二者：(a) 顯示出最密堆積平面 (111) 的 FCC 晶體結構；(b) 顯示出最密堆積平面 (0001) 的 HCP 晶體結構。

(Source: W. G. Moffatt, G. W. Pearsall, and J. Wulff, *The Structure and Properties of Materials*, vol. l: "Structure," Wiley, 1964, p.51.)

---

[6] 正如 3.3 節所指出的，HCP 結構中的原子在不同程度上偏離了理想狀況。在一些 HCP 金屬中，原子沿 c 軸伸長，而在其他情況下，它們沿 c 軸壓縮 (見表 3.4)。

圖 3.18 由數個原子平面堆積出 HCP 與 FCC 晶體結構。(a) 顯示 a 及 b 空隙的 A 平面；(b) B 平面被放在 A 平面的 a 空隙上；(c) 第三平面被放在 B 平面的 b 空隙上，產生了另一個 A 平面並形成了 HCP 晶體結構；(d) 第三平面被放在 B 平面的 a 空隙上，產生了一個新的 C 平面並形成了 FCC 晶體結構。
(Source: P. Ander and A. J. Sonnessa, *Principles of Chemistry*, 1st ed.)

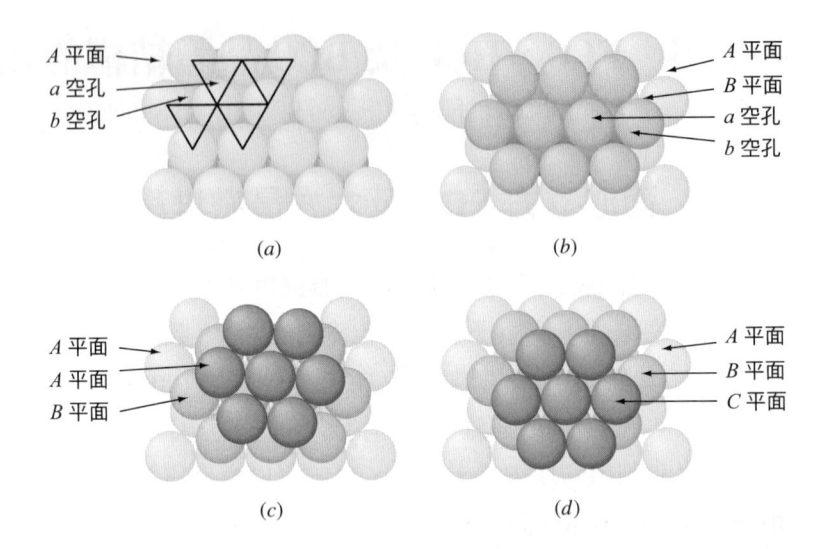

第二種可能是將第三層原子放如 B 平面的 a 空隙 (圖 3.18d)。由於第三層原子並非直接放在不在 A 平面或 B 平面原子的正上方，因此稱為 C 平面。此最密堆積結構之堆疊順序則為 ABCABCABC……，形成圖 3.17a 顯示的 FCC 晶體結構。

3.8.2 體心立方 BCC 晶體結構

BCC 結構並不是最密堆積結構，因此沒有像 FCC 結構的 {111} 面與 HCP 結構的 {0001} 面。BCC 結構中最密堆積的平面為 {110} 面族，其中 (110) 面如圖 3.19b 所示。然而，BCC 結構的原子沿立方體對角線方向還是有最密堆積方向，也就是 ⟨111⟩ 方向。

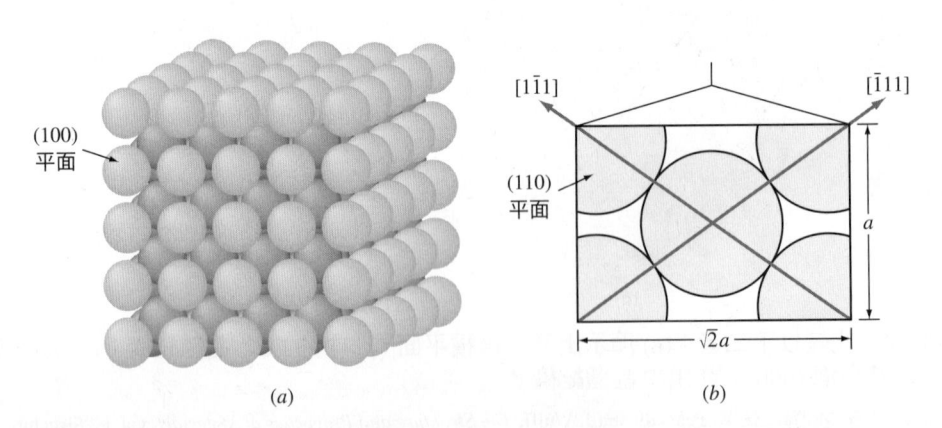

圖 3.19 BCC 晶體結構，顯示了：(a) (100) 平面；(b) (110) 平面剖面圖。值得注意的是此並非最密堆積結構，而是立方對角方向有最密堆積方向。
(Source: W. G. Moffatt, G. W. Pearsall, and J. Wulff, *The Structure and Properties of Materials*, vol. I: "Structure," Wiley, 1964, p.51.)

3.9 計算單位晶胞中原子的體、面及線密度
Volume, Planar, and Linear Density Unit-Cell Calculations

3.9.1 體密度

用硬球原子模型來描繪金屬的晶體結構單位晶胞，以及使用由 X 光繞射所求出的金屬原子半徑。金屬的**體密度** (volume density, ρ_v) 可用下式求得：

$$\text{金屬的體密度} = \rho_v = \frac{\text{質量 / 單位晶胞}}{\text{體積 / 單位晶胞}} \tag{3.6}$$

例題 3.11 求得銅的密度為 8.933 Mg/m³ (8.933 g/cm³)。手冊上的密度實驗值為 8.96 Mg/m³ (8.96 g/cm³)。後者較低主要可能是因為某些原子位置沒有原子、線缺陷與晶界不對等所致；第 4 章會更詳細討論。另外一個可能原因是原子並非完美球形。

■ 例題 3.11

銅的晶體結構為 FCC，原子半徑是 0.1278 nm。如果使用原子硬球模型，原子球沿著面對角線相互接觸，如圖 3.7 所示，試估算銅的密度理論值 (Mg/m³)。銅的原子量是 63.54 g/mol。

解

對 FCC 單位晶胞而言，$\sqrt{2}a = 4R$，其中 a 是晶格常數，R 是銅原子的原子半徑。因此，

$$a = \frac{4R}{\sqrt{2}} = \frac{(4)(0.1278 \text{ nm})}{\sqrt{2}} = 0.3615 \text{ nm}$$

$$\text{銅的體密度} = \rho_v = \frac{\text{質量 / 單位晶胞}}{\text{體積 / 單位晶胞}} \tag{3.6}$$

FCC 單位晶胞中有 4 個原子，每個銅原子質量是 (63.54 g/mol)/(6.022 × 10²³ atoms/mol)，所以 FCC 單位晶胞中，銅總質量 m 為

$$m = \frac{(4 \text{ atoms})(63.54 \text{ g/mol})}{6.022 \times 10^{23} \text{ atoms/mol}} \left(\frac{10^{-6} \text{ Mg}}{\text{g}}\right) = 4.220 \times 10^{-28} \text{ Mg}$$

銅單位晶胞的體積 V 為

$$V = a^3 = \left(0.361 \text{ nm} \times \frac{10^{-9} \text{ m}}{\text{nm}}\right)^3 = 4.724 \times 10^{-29} \text{ m}^3$$

故銅密度為

$$\rho_v = \frac{m}{V} = \frac{4.220 \times 10^{-28} \text{ Mg}}{4.724 \times 10^{-29} \text{ m}^3} = 8.933 \text{ Mg/m}^3 \quad (8.933 \text{ g/cm}^3) \blacktriangleleft$$

3.9.2 面原子密度

我們有時需要計算不同結晶面之原子密度。利用下式計算**面原子密度** (planar atomic density, ρ_p)：

$$\text{面原子密度} = \rho_p = \frac{\text{原子中心在特定區域上的等效原子數}}{\text{特定區域面積}} \quad \text{(3.7)}$$

為了方便，這些計算通常用的是與單位晶胞交叉的晶面面積，像是圖 3.20 顯示的 BCC 單位晶胞的 (110) 面。晶面必須穿過原子的中心才能納入計算。例題 3.12 中的 (110) 面與 5 個原子中心相交，但能納入計算的只有 2 個等效的原子，因為單位晶胞的 4 個角只各有 $\frac{1}{4}$ 原子可算在內。

圖 3.20 (a) BCC 原子位置單位晶胞，(110) 面以陰影顯示出；(b) BCC 單位晶胞中被 (110) 面切出的原子面積。

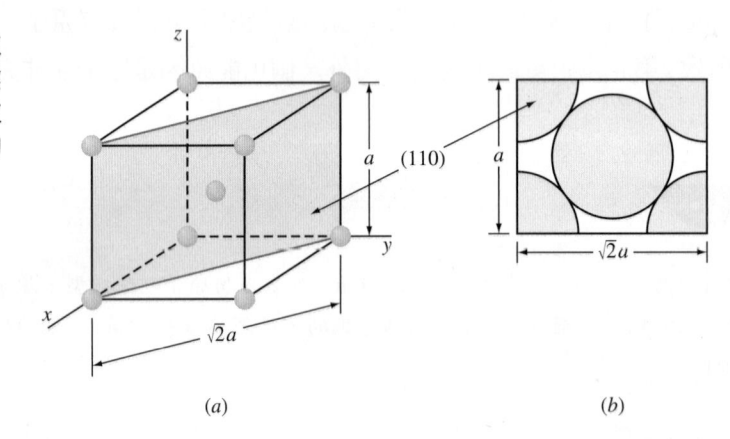

例題 3.12

估算 α 鐵 BCC 晶格 (110) 面之面原子密度 ρ_p (atoms/mm²)。α 鐵之晶格常數是 0.287 nm。

解

$$\rho_p = \frac{\text{原子中心在特定區域上的等效原子數}}{\text{特定區域面積}} \quad \text{(3.7)}$$

如圖 3.22 所示，BCC 單位晶胞中 (110) 面上之等效原子數為

$$1 \text{個中心原子} + 4 \times \frac{1}{4} \text{個角落原子} = 2 \text{個原子}$$

BCC 單位晶胞中 (110) 面之面積 (特定區域面積) 為

$$(\sqrt{2}a)(a) = \sqrt{2}a^2$$

因此面原子密度為

$$\rho_p = \frac{2 \text{ atoms}}{\sqrt{2}(0.287 \text{ nm})^2} = \frac{17.2 \text{ atoms}}{\text{nm}^2}$$

$$= \frac{17.2 \text{ atoms}}{\text{nm}^2} \times \frac{10^{12} \text{ nm}^2}{\text{mm}^2}$$

$$= 1.72 \times 10^{13} \text{ atoms/mm}^2 \blacktriangleleft$$

3.9.3 線原子密度與重複距離

我們有時需要計算晶體結構中不同方向的原子密度。下式可求得**線原子密度**(linear atomic density, ρ_l)：

$$\text{線原子密度} = \rho_l = \frac{\text{原子直徑在特定直線上的等效原子數}}{\text{特定直線長度}} \tag{3.8}$$

沿特定方向的兩個連續晶格點之間的距離稱為**重複距離** (repeat distance)。

例題 3.13 說明如何求得純銅晶格在 [110] 方向的線原子密度。

■ 例題 3.13 •

估算銅晶格在 [110] 方向之線原子密度 ρ_l (atoms/mm^2)。銅之晶體結構為 FCC，晶格常數是 0.361 nm。

解

圖 EP3.13 顯示出原子中心在 [110] 方向上之所有原子。假設特定直線為 FCC 單位晶胞之面對角線，長度為 $\sqrt{2}a$，則原子直徑位於該特定直線之原子數目為 $\frac{1}{2} + 1 + \frac{1}{2} = 2$ 個原子。利用 (3.8) 式，可求得線原子密度為

$$\rho_l = \frac{2 \text{ atoms}}{\sqrt{2}a} = \frac{2 \text{ atoms}}{\sqrt{2}(0.361 \text{ nm})} = \frac{3.92 \text{ atoms}}{\text{nm}}$$

$$= \frac{3.92 \text{ atoms}}{\text{nm}} \times \frac{10^6 \text{ nm}}{\text{mm}}$$

$$= 3.92 \times 10^6 \text{ atoms/mm} \blacktriangleleft$$

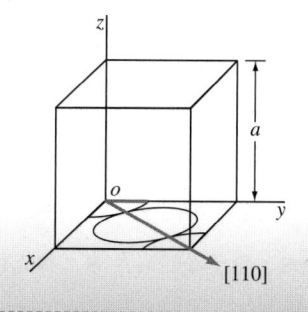

圖 EP3.13 計算 FCC 單位晶胞於 [110] 方向上的線原子密度圖。

3.10 多形體或同素異形體 Polymorphism or Allotropy

在不同的溫度和壓力條件下,許多元素和化合物以一種以上的晶形存在。這種現象稱為**多形體** (polymorphism) 或同素異形體。 許多工業上重要的金屬,如鐵、鈦和鈷,在高溫與在大氣壓下進行同素異形轉化。表 3.5 列出了一些選出的金屬,這些金屬會發生結構變化的這種同素異形轉化。

在室溫至 1539°C 的熔點溫度範圍內,鐵存在於 BCC 和 FCC 晶體結構中,如圖 3.21 所示。α 鐵存在於 −273°C 至 912°C 之間並具有 BCC 晶體結構。γ 鐵存在於 912°C 至 1394°C 並具有 FCC 晶體結構。δ 鐵存在於 1394°C 至 1539°C 之間,而 1539°C 是鐵的熔點。δ 鐵的晶體結構也是 BCC,但具有比 α 鐵更大的晶格常數。

表 3.5 一些金屬的同素異形結晶形式

金屬	室溫時的晶體結構	其他溫度時的晶體結構
鈣 (Ca)	FCC	BCC (> 447°C)
鈷 (Co)	HCP	FCC (> 427°C)
鉿 (Hf)	HCP	BCC (> 1742°C)
鐵 (Fe)	BCC	FCC (912-1394°C)
		BCC (> 1394°C)
鋰 (Li)	BCC	HCP (<−193°C)
鈉 (Na)	BCC	HCP (<−233°C)
鉈 (Tl)	HCP	BCC (> 234°C)
鈦 (Ti)	HCP	BCC (> 883°C)
釔 (Y)	HCP	BCC (> 1481°C)
鋯 (Zr)	HCP	BCC (> 872°C)

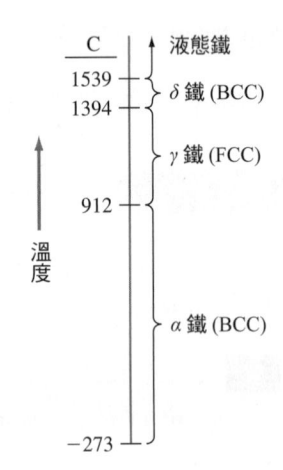

圖 3.21 在大氣壓下與在各溫度範圍內的鐵的各種同素異形結晶形式。

例題 3.14

估算純金屬晶體結構從 FCC 變成 BCC 同素異形變態之體積變化值。使用硬球原子模型,而且同素異形變態狀態前後原子之體積不變。

解

FCC 晶體結構單位晶胞內,原子於面對角線上相互接觸,如圖 3.7 所示。因此,

$$\sqrt{2}a = 4R \quad \text{或} \quad a = \frac{4R}{\sqrt{2}} \tag{3.3}$$

BCC 晶體結構單位晶胞內,原子於體對角線上相互接觸,如圖 3.5 所示。因此,

$$\sqrt{3}a = 4R \quad \text{或} \quad a = \frac{4R}{\sqrt{3}} \tag{3.1}$$

FCC 單位晶胞中包括 4 個原子，因此每個原子體積為

$$V_{\text{FCC}} = \frac{a^3}{4} = \left(\frac{4R}{\sqrt{2}}\right)^3 \left(\frac{1}{4}\right) = 5.66R^3$$

BCC 單位晶胞中包括 2 個原子，因此每個原子體積為

$$V_{\text{BCC}} = \frac{a^3}{2} = \left(\frac{4R}{\sqrt{3}}\right)^3 \left(\frac{1}{2}\right) = 6.16R^3$$

假如原子半徑不變，晶體結構從 FCC 變成 BCC 之體積變化為

$$\frac{\Delta V}{V_{\text{FCC}}} = \frac{V_{\text{BCC}} - V_{\text{FCC}}}{V_{\text{FCC}}}$$

$$= \left(\frac{6.16R^3 - 5.66R^3}{5.66R^3}\right)100\% = +8.83\% \blacktriangleleft$$

■ 3.11　晶體結構分析 Crystal Structure Analysis

我們目前對晶體結構的知識主要是歸功於 X 光繞射分析技術，使用波長近似於晶格間距的 X 光來進行鑑定。然而，在討論 X 光在晶體中繞射的行為之前，讓我們先了解如何為了此實驗而產生 X 光。

3.11.1　X 光源

用於繞射的 X 光是一種波長在 0.05～0.25 nm (0.5～2.5 Å) 範圍內的電磁波，相較於可見光的波長約為 600 nm (6000 Å)。為了產生用於繞射目的的光，需要施加約 35 kV 的電壓在陰極和陽極金屬靶之間，兩者都在真空中，如圖 3.22 所示。當陰極的鎢絲被加熱時，電子通過熱電子發射釋放並通過陰極和陽極之間的大電壓差通過真空加速，從而獲得動能。當電子撞擊目標金屬 (例如鉬) 時，發出 X 光。然而，大部分動能 (約 98%) 轉化為熱量，因此目標金屬必須在外部冷卻。

使用鉬靶在 35 kV 下發射的 X 光光譜，如圖 3.23 所示。光譜顯示在約 0.2～1.4 Å (0.02～0.14 nm) 的波長範圍內的連續 X 光輻射，以及稱為 K_α 射線和 K_β 射線的兩個特徵輻射峰。K_α 和 K_β 射線的波長是元素的特徵。對於鉬離子，K_α 射線出現在約 0.7 Å (0.07 nm) 的波長處。特徵輻射的起源解釋如下：首先，K 電子 (n = 1 殼中的電子) 由被高能轟擊的靶的原子中撞出，留下受激發的原子。接下來，

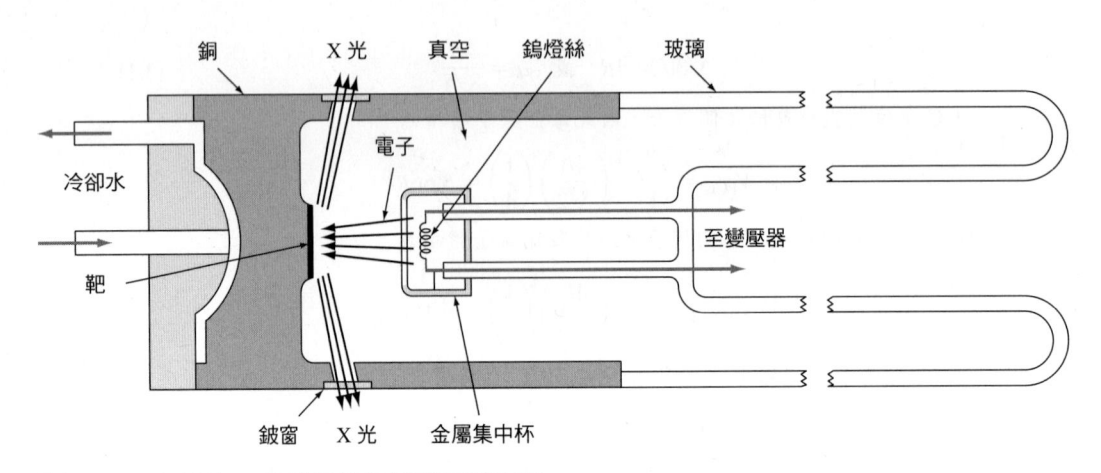

圖 3.22 密封的 X 光燈絲管的橫截面示意圖。
(Source: B. D. Cullity, *Elements of X-Ray Diffraction*, 2nd ed., Addison-Wesley, 1978, p. 23.)

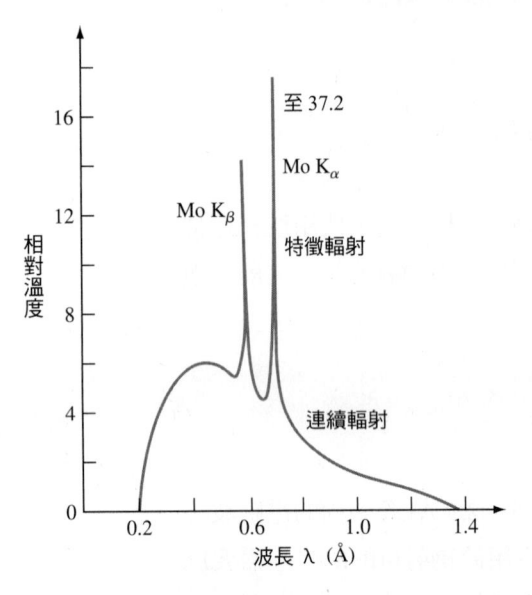

圖 3.23 當鉬金屬用於操作在 35 kV 下的 X 光管中的目標金屬時，所產生的 X 光發射光譜。

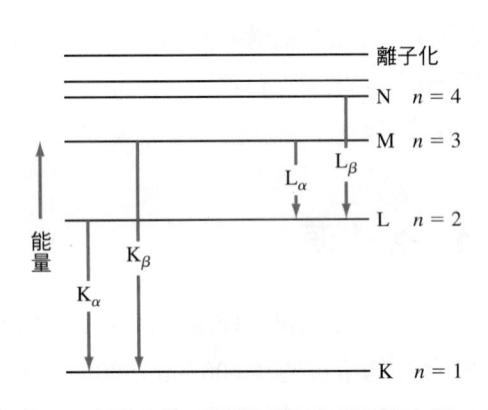

圖 3.24 鉬中電子的能階圖，顯示出了 K_α 和 K_β 輻射的起源。

較高能階的一些電子 (即，$n = 2$ 或 3) 掉下來到較低的能階以取代損失的 K 電子，從而發射特徵波長的能量。電子從 L($n = 2$) 殼到 K($n = 1$) 殼的躍遷產生了 K_α 射線的能量，如圖 3.24 所示。

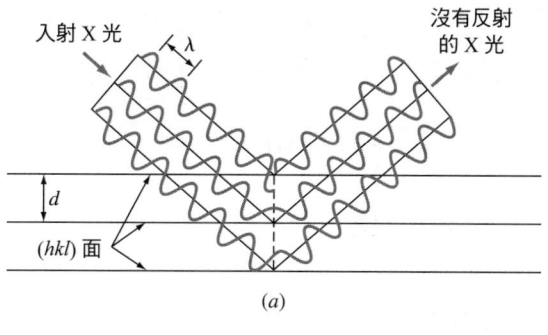

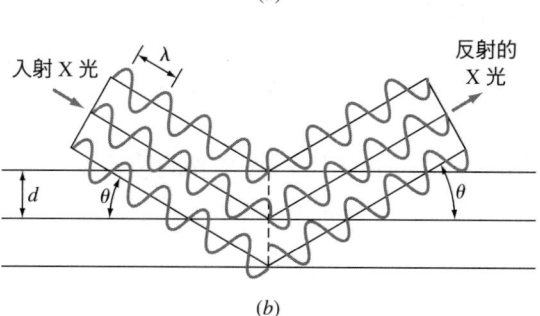

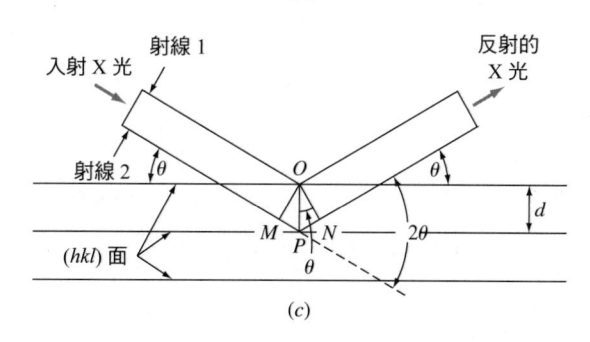

圖 3.25 X 光於結晶體 (hkl) 面上的反射情形：(a) 入射角無法產生反射光束的狀況；(b) 在布拉格角 θ，反射光束同相並且會增強；(c) 除了波形以外，其他均與 (b) 相似。

(Source: A. G. Guy and J. J. Hren, *Elements of Physical Metallurgy*, 3rd ed., Addison-Wesley, 1974, p. 201.)

3.11.2　X 光繞射

　　由於有些 X 光波長與結晶質固體之結晶面間距差不多，當 X 光射入結晶質固體時，即可產生不同強度的增強繞射峰。不過，在討論 X 光繞射技術在晶體結構分析方面的應用前，我們先看產生 X 光繞射或增強光束所需要的幾何條件。

　　圖 3.25 顯示一個單色 (單一波長) 的 X 光入射到晶體中。為了簡化，我們將原子散射中心的結晶面用像鏡子般可以反射的結晶面取代。在圖 3.25 中，水平線表示一組米勒指數為 (hkl) 的平行結晶面。當波長為 λ 的單色 X 光以某個角度射入這一組平行結晶面，使得產生的反射光相位不同，就不會產生增強光束 (圖 3.25a)。這時會發生破壞性干涉 (destructive interference)。如果所產生的反射光束相位同相的話，則會產生增強光束，導致建設性干涉 (constructive interference)(圖 3.25b)。

我們現在來看圖 3.25c 的入射 X 光射線 1 與 2。若要讓這兩道 X 光同相位，射線 2 需要多走的距離為 $MP + PN$，且 $MP + PN$ 必須為波長的整數倍數。因此

$$n\lambda = MP + PN \tag{3.9}$$

其中 $n = 1, 2, 3, \cdots\cdots$，為繞射階數 (order of the diffraction)。由於 MP 與 PN 都等於 $d_{hkl}\sin\theta$，其中 d_{hkl} 是指數 (hkl) 晶面的平面間距，因此產生建設性干涉 (即產生強放射繞射峰) 的條件必須是

$$n\lambda = 2d_{hkl}\sin\theta \tag{3.10}$$

上式稱布拉格定律 (Bragg's law)，[7] 用入射 X 光的波長 λ 及晶面間距 d_{hkl} 來說明增強繞射光束入射角度。多數情況會使用一階繞射 ($n = 1$)，而此時布拉格定律則成為

$$\lambda = 2d_{hkl}\sin\theta \tag{3.11}$$

■ 例題 3.15

BCC 鐵試片放在 X 光繞射儀內，入射 X 光束之波長 $\lambda = 0.1541$ nm。{110} 面得到之繞射角 $2\theta = 44.70°$。估算 BCC 鐵的晶格常數 a (假設為第一階繞射，$n = 1$)。

解

$$2\theta = 44.70° \qquad \theta = 22.35°$$
$$\lambda = 2d_{hkl}\sin\theta \tag{3.11}$$
$$d_{110} = \frac{\lambda}{2\sin\theta} = \frac{0.1541 \text{ nm}}{2(\sin 22.35°)}$$
$$= \frac{0.1541 \text{ nm}}{2(0.3803)} = 0.2026 \text{ nm}$$

由 (3.5) 式可得

$$a = d_{hkl}\sqrt{h^2 + k^2 + l^2}$$

因此

$$a(\text{Fe}) = d_{110}\sqrt{1^2 + 1^2 + 0^2}$$
$$= (0.2026 \text{ nm})(1.414) = 0.2865 \text{ nm} \blacktriangleleft$$

---

[7] 威廉·亨利·布拉格 (William Henry Bragg)(1862-1942)。從事 X 射線晶體學研究的英國物理學家。

3.11.3 晶體結構的 X 光繞射分析

X 光繞射分析粉末法 最常用的 X 光繞射技術為粉末法 (powder method)，其中會使用粉末狀樣本，使得許多晶體為隨機排列，以確保一些顆粒會與 X 光滿足布拉格繞射定律的條件。現代的 X 光晶體分析使用 X 光繞射儀中的輻射計數器來偵測繞射光束的角度與強度 (圖 3.26)。計數器隨著測角器轉圈的同時 (如圖 3.27)，繞射光束的強度會被記錄下來。圖 3.28 為一個純金屬粉末樣本的 X 光繞射圖，顯示繞射光束強度對繞射角 2θ 的變化。如此可同時記錄繞射光束的角度與強度。有時，繞射儀可用封閉底片粉末照相機所取代，但它較慢，也較不方便。

立方單位晶胞的繞射條件 X 光繞射技術可用來測定結晶質固體的結構。大部分結晶物質的 X 光繞射資訊很難詮釋且複雜，超出本書範圍；本書只會討論純立方金屬之簡單繞射。立方單位晶胞的 X 光繞射資訊分析可以將 (3.5) 式

$$d_{hkl} = \frac{a}{\sqrt{h^2 + k^2 + l^2}}$$

及布拉格定律 $\lambda = 2d \sin \theta$ 合併簡化如下：

$$\lambda = \frac{2a \sin \theta}{\sqrt{h^2 + k^2 + l^2}} \tag{3.12}$$

此方程式可以和用 X 光繞射數據來判斷立方晶體結構為體心立方或面心立方。以下將詳細說明此法。

首先，我們必須知道每一種晶體結構中的哪些結晶面是繞射面。對簡單立方晶格來說，反射可能來自所有 (hkl) 面。但 BCC 結構的繞射只會發生在米勒指數值加總 ($h + k + l$) 為偶數之平面 (表 3.6)。因此，BCC 晶體結構的主要繞射面為 {110}、{200}、{211} 等，如表 3.7 所列。而 FCC 晶體結構的主要繞射面為米勒指數全是偶數或全是奇數之平面 (0 為偶數)。因此，FCC 結構的繞射面為 {111}、{200}、{220} 等，如表 3.7 所列。

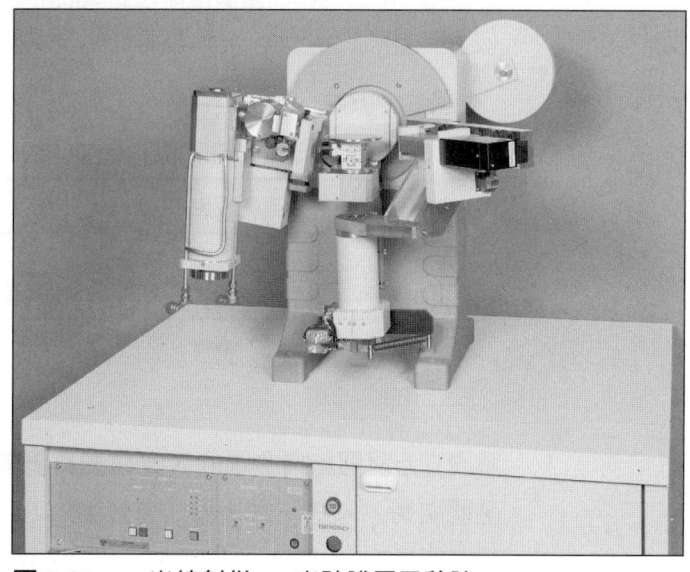

圖 3.26 X 光繞射儀 (X 光防護罩已移除)。
(Courtesy of Rigaku)

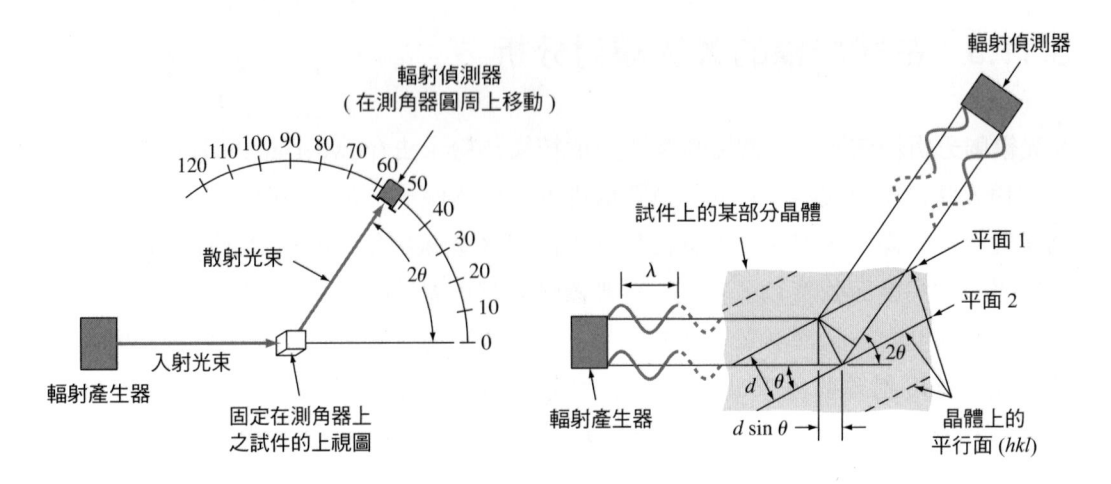

圖 3.27 圖示晶體分析的繞射方法及繞射時所需的條件。

(Source: A.G. Guy, *Essentials of Materials Science*, McGraw-Hill, 1976.)

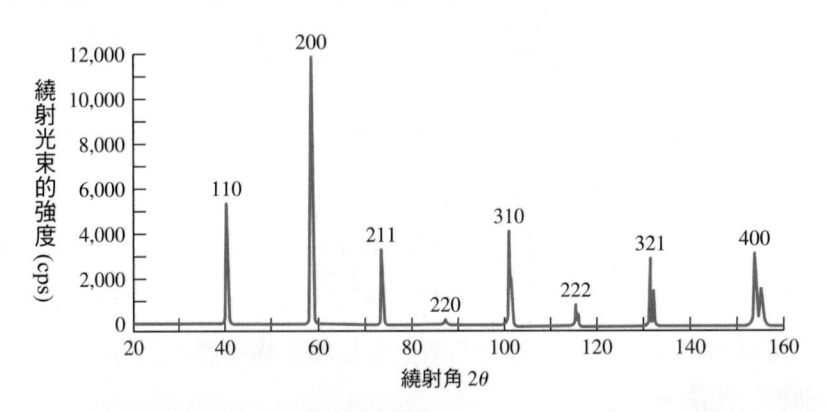

圖 3.28 使用銅靶的繞射儀所得到鎢的繞射角度。

(Source: A.G. Guy and J. J. Hren, *Elements of Physical Metallurgy*, 3rd ed., Addison-Wesley, 1974, p.208.)

表 3.6 決定立方晶體繞射面 $\{hkl\}$ 的規則

布拉菲晶格	產生反射	不產生反射
BCC	$(h+k+l)$ = 偶數	$(h+k+l)$ = 奇數
FCC	(h, k, l) 全為偶數或全為奇數	(h, k, l) 不全為偶數或不全為奇數

解讀立方晶體結構金屬的 X 光繞射實驗數據 我們可用 X 光繞射儀的數據來判斷晶體結構，像是如何分辨立方金屬的 BCC 與 FCC 晶體結構。假設有一個晶體結構可能是 BCC 或 FCC 的金屬，而已知金屬的主要繞射面與其相對應的 2θ 角，如圖 3.28 的鎢。

表 3.7　BCC 與 FCC 晶格繞射面的米勒指數

立方結晶面 {hkl}	$h^2 + k^2 + l^2$	總和 $\Sigma[h^2 + k^2 + l^2]$	立方繞射面 {hkl} FCC	BCC
{100}	$1^2 + 0^2 + 0^2$	1		
{110}	$1^2 + 1^2 + 0^2$	2	...	110
{111}	$1^2 + 1^2 + 1^2$	3	111	
{200}	$2^2 + 0^2 + 0^2$	4	200	200
{210}	$2^2 + 1^2 + 0^2$	5		
{211}	$2^2 + 1^2 + 1^2$	6	...	211
...		7		
{220}	$2^2 + 2^2 + 0^2$	8	220	220
{221}	$2^2 + 2^2 + 1^2$	9		
{310}	$3^2 + 1^2 + 0^2$	10	...	310

求解 (3.12) 式中的 $\sin^2\theta$，得到

$$\sin^2\theta = \frac{\lambda^2(h^2 + k^2 + l^2)}{4a^2} \tag{3.13}$$

從 X 光繞射數據中，我們可以得到一系列主繞射面 {hkl} 的 2θ 實驗值。由於入射光與晶格常數 a 均為常數，我們可以利用 2 個 $\sin^2\theta$ 的比率來消去這些常數：

$$\frac{\sin^2\theta_A}{\sin^2\theta_B} = \frac{h_A^2 + k_A^2 + l_A^2}{h_B^2 + k_B^2 + l_B^2} \tag{3.14}$$

其中 θ_A 與 θ_B 分別為主要繞射面 $\{h_A k_A l_A\}$ 與 $\{h_B k_B l_B\}$ 之繞射角。

使用 (3.14) 式與表 3.7 中 BCC 與 FCC 晶體結構的前兩組主繞射面的米勒指數，我們可以求得 BCC 與 FCC 兩者的 $\sin^2\theta$ 比值。

BCC 晶體結構的前兩組主繞射面分別為 {110} 與 {200}(表 3.7)。將這些米勒指數代入 (3.14) 式可得

$$\frac{\sin^2\theta_A}{\sin^2\theta_B} = \frac{1^2 + 1^2 + 0^2}{2^2 + 0^2 + 0^2} = 0.5 \tag{3.15}$$

因此，如果未知立方金屬之晶體結構為 BCC，則其前兩組繞射面的 $\sin^2\theta$ 比率是 0.5。

FCC 晶體結構的前兩組主繞射面分別為 {111} 與 {200}(表 3.7)。將這些米勒指數代入 (3.15) 式可得

$$\frac{\sin^2\theta_A}{\sin^2\theta_B} = \frac{1^2 + 1^2 + 1^2}{2^2 + 0^2 + 0^2} = 0.75 \tag{3.16}$$

因此，如果未知立方金屬之晶體結構為 FCC，則其前兩組繞射面之 $\sin^2\theta$ 比率是 0.75。

例題 3.16 使用 (3.14) 式與 X 光繞射實驗的 2θ 數據來判定未知立方金屬是 BCC 或 FCC 結構。X 光繞射分析一般都會複雜許多，但使用的是相同原則。材料晶體結構的判定會持續地同時使用實驗及理論的 X 光繞射分析。

■ 例題 3.16 •

有一個晶體結構為 BCC 或 FCC 的元素，其 X 光繞射圖形上產生繞射頂峰的 2θ 角為 40、58、73、86.8、100.4 及 114.7。X 光的波長為 0.154 nm。

a. 求出此元素的晶體結構。
b. 求出此元素的晶格常數。
c. 辨識出此元素。

解

a. 求出此元素的晶體結構。首先，由 2θ 繞射角來計算 $\sin^2\theta$ 值。

2θ(deg)	θ(deg)	sin θ	$\sin^2\theta$
40	20	0.3420	0.1170
58	29	0.4848	0.2350
73	36.5	0.5948	0.3538
86.8	43.4	0.6871	0.4721
100.4	50.2	0.7683	0.5903
114.7	57.35	0.8420	0.7090

接下來，計算出第一個及第二個 2θ 的 $\sin^2\theta$ 比值：

$$\frac{\sin^2\theta}{\sin^2\theta} = \frac{0.117}{0.235} = 0.498 \approx 0.5$$

因為其比值約為 0.5，故其晶體結構是 BCC。若比值約為 0.75，則其晶體結構是 FCC。

b. 求出晶格常數。改寫 (3.14) 式並求解 a^2：

$$a^2 = \frac{\lambda^2}{4}\frac{h^2+k^2+l^2}{\sin^2\theta} \tag{3.17}$$

或

$$a = \frac{\lambda}{2}\sqrt{\frac{h^2+k^2+l^2}{\sin^2\theta}} \tag{3.18}$$

以 BCC 晶體結構第一組主要繞射面 (也就是 {110} 面) 的米勒指數 $h=1$、$k=1$、$l=0$ 代入 (3.18) 式，其對應的 $\sin^2\theta$ 值是 0.117，波長是 0.154 nm，因此可求得

$$a = \frac{0.154 \text{ nm}}{2}\sqrt{\frac{1^2+1^2+0^2}{0.117}} = 0.318 \text{ nm} \blacktriangleleft$$

c. 辨識出此元素。因為此元素的晶格常數為 0.318 nm，且晶體結構是 BCC，故可判定此元素為鎢元素。

3.12 非晶材料 Amorphous Materials

前面已提及，有些材料缺乏長程有序的原子結構，被稱為非晶質或非晶態。要注意的是，一般來說，材料會傾向達到結晶狀態，才會最穩定，也才有最低能量。不過，非晶材料中的原子是以無序方式鍵結，因為有些原因會阻礙它們形成週期性的排列。因此，不像結晶質固體中的原子會占據特定位置，非晶材料中的原子會隨機占據空間位置。圖 3.29 列出不同程度的有序 (或無序)。

大部分聚合物、玻璃和某些金屬都屬於非晶材料。聚合物分子間的次級鍵不允許在固化過程中形成平行且緊密堆積的長鏈。因此，像是聚氯乙烯的聚合物是又既長又扭曲的分子鏈所組成，形成非晶質構造固體，如圖 3.29c 所示。某些像是聚乙烯的聚合物分子在材料的某些區塊可較有效的緊密堆積，形成較高的區塊性長程有序。因此，這些聚合物通常被歸為半晶質 (semicrystalline)。第 10 章會就此做更進一步探討。

由氧化矽 (SiO_2) 組成的無機玻璃一般是歸類為陶瓷材料 (陶瓷玻璃)，也是一種非晶質結構材料。這種玻璃中分子的基礎次單位是四面體的 SiO_4^{4-}。這種玻璃的理想晶體結構如圖 3.29a 所示。圖中顯示矽 - 氧四面體角對角連接，形成長程有序。在黏稠液體狀態下，分子的活動力有限，一般會結晶得很慢。因此，較溫和的冷卻速度能抑制晶體結構的形成，使得四面體的各角會形成一個缺乏長程有序的網絡 (圖 3.29b)。

除了聚合物及玻璃外，有些金屬在嚴格且通常很難達成的條件下，也能形成非晶材料。由於金屬在熔融狀態下的建構單位既小，活動性也高，因此很難阻止它結晶。不過組合成分中有高比率半金屬的合金，像是 78% 鐵 −9% 矽 −13% 硼，矽和硼可能會因冷卻速度超過 10^8 °C/s 而形成金屬玻璃 (metallic glass)。在冷卻速度如此高的狀況下，原子根本沒有足夠時間形成晶質結構，而只能形成非晶材料金屬。換句話說，這些原子的排列有高度不規則性。

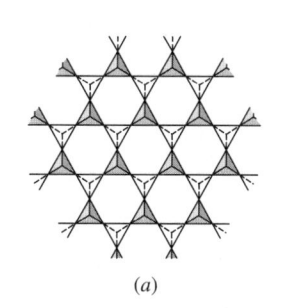

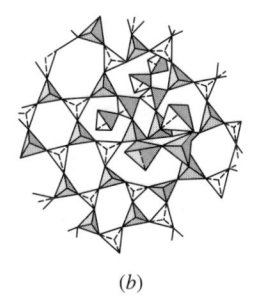

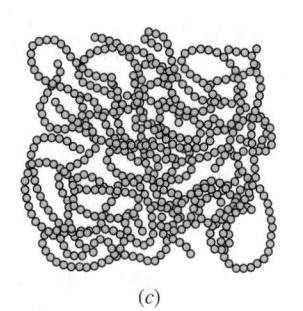

圖 3.29 圖示各種材料中不同程度的排序：(a) 長程有序的結晶矽；(b) 無長程有序的矽玻璃；(c) 聚合物的非晶質構造。

由於結構特殊，非晶材料有些優於一般的特性。例如，和自己的結晶相相比，金屬玻璃的強度較高、腐蝕特性及磁特性也更佳。最後必須注意的是，在用 X 光繞射技術分析時，非晶材料不會顯示尖銳繞射峰，因為其原子結構缺乏秩序和週期。我們在後面會說明材料結構對其特性所造成的影響。

3.13 總結 Summary

結晶質固體中的原子排列可以透過稱為空間晶格的線網絡來描述，也可以利用指定重複單位單元中的原子位置來描述每個空間晶格。晶體結構由空間晶格和構成基本單元或基底組成。結晶材料 (如大多數金屬) 之原子都具有長程有序。但是有些材料，例如許多聚合物和玻璃，只具有短程有序。這種材料稱為半晶質或非晶質。基於單位晶胞的軸向長度與軸間角度所決定的幾何形狀，有七種晶體系統。基於單位晶胞內原子位置的內部排列，這七個系統總共具有 14 個子晶格 (晶胞)。

在金屬中，最常見的晶體結構晶胞是：體心立方 (BCC)、面心立方 (FCC) 和六方最密堆積 (HCP) (這是簡單的六邊形結構的變化)。

立方晶體中的晶體方向是沿每個軸的向量分量，並且減小到最小整數。它們表示為 [uvw]。方括號系列由尖括號括起的方向指數為 ⟨uvw⟩。立方晶體中的晶面由平面的軸向截距 (隨後是化整分數) 的倒數表示為 (hkl)。同一族的立方晶面用大括號索引為 {hkl}。這些指數是六方晶體結構單位晶胞的 a_1、a_2、a_3 和 c 軸上的平面截距的倒數。六方晶體中的晶體方向是沿四個坐標軸所分解出的向量分量，並且簡化為最小的整數，如 [uvtw]。

使用原子的硬球模型，可以計算單位晶胞中原子的體積，平面和線密度。原子盡可能緊密堆積的平面稱為最密堆積平面，原子最接近的方向稱為最密堆積方向。藉由硬球原子模型也可以確定出不同晶體結構的原子堆積因子。一些金屬在不同的溫度和壓力範圍內具有不同的晶體結構，這種現象稱為多形性。

結晶質固體的晶體結構可以藉由使用 X 光繞射分析技術來確定。當滿足布拉格定律 ($n\lambda = 2d \sin \theta$) 條件時，X 光在晶體中產生繞射。通過使用 X 光繞射儀和粉末法，可以確定許多結晶質固體的晶體結構。

3.14 名詞解釋 Definitions

3.1 節

- **非晶質** (amorphous)：缺乏長程的原子排序。
- **晶體** (crystal)：由原子、離子或分子在三維空間重複規則排列組合的固體。
- **晶體結構** (crystal structure)：原子或離子的規則三維空間排列。

- **空間晶格** (space lattice)：三維空間內之點陣，每一點的周遭環境完全相同。
- **晶格點** (lattice point)：點陣中的一點，所有點的周遭環境完全相同。
- **單位晶胞** (unit cell)：空間晶格內重複排列之最小單位。軸長與軸間夾角為單位晶胞之晶格常數。
- **基底** (motif or basis)：一群相互組織在一起且具有相對晶格點的原子。

3.3 節

- **體心立方單位晶胞** (body-centered cubic (BCC) unit cell)：在一個虛擬立方體中，原子排列方式是有一中心原子及 8 個位於各角的原子之單位晶胞。
- **面心立方單位晶胞** (face-centered cubic (FCC) unit cell)：原子排列方式是 12 個原子圍繞一中心原子之單位晶胞。FCC 晶體中，結構密集堆積平面的堆疊順序為 $ABCABC$……。
- **六方最密堆積單位晶胞** (hexagonal close-packed (HCP) unit cell)：原子排列方式是 12 個原子圍繞一中心原子之單位晶胞。HCP 晶體結構中，密集堆積平面的堆疊順序為 $ABABAB$……。
- **原子堆積因子** (atomic packing factor, APF)：單位晶胞內之原子體積除以單位晶胞之總體積。

3.5 節

- **立方晶體的方向指數** (indices of direction in a cubic crystal)：立方單位晶胞內的方向是以原點至單位晶胞表面端點的向量表示；向量位置坐標 (x, y, z) 整式化後即為此方向之方向指數，可寫為 $[uvw]$。指數上方有一橫槓代表負值。

3.6 節

- **立方結晶面的米勒指數** (indices for cubic crystal planes, Miller indices)：結晶面和 x、y、z 軸相交截距倒數的整式化結果稱為結晶面之米勒指數，可以 (hkl) 表示。注意，所選擇之結晶面不能通過原點。

3.9 節

- **體密度** (volume density, ρ_v)：單位體積的質量，常用單位是 Mg/m^3 或 g/cm^3。
- **面密度** (planar density, ρ_p)：中心與某特定區域交叉的原子之等效原子數除以該特定區域面積。
- **線密度** (linear density, ρ_ℓ)：在單位晶胞中，中心位於特定方向的直線上之原子的原子數。
- **重複距離** (repeat distance)：沿一特定方向的兩個連續晶格點之間的距離。

3.10 節

- **多形體** (polymorphism)：金屬可存在於有兩種或兩種以上晶體結構的能力。例如，依溫度而定，鐵會有 BCC 與 FCC 兩種不同晶體結構。

3.12 節

- **半晶質** (semicrystalline)：材料的晶體結構區塊分散在周圍非晶質區域，例如，某些聚合物。
- **金屬玻璃** (metallic glass)：含有非晶質原子結構的金屬。

3.15 習題 Problems

知識及理解性問題

3.1 對於 HCP 晶胞 (考慮原始晶胞)，(a) 晶胞內有多少原子，(b) 原子的配位數是多少，(c) 什麼是原子堆積因子，(d) 什麼是 HCP 金屬的理想 c/a 比率，和 (e) 考慮「較大」的晶胞並重複題目 (a) 到 (c)。

3.2 原子位置如何位於立方單位晶胞中？

3.3 如何確定立方晶胞中晶面的米勒指數？使用哪種通用符號來表示它們？

3.4 用於表示立方晶面的族的符號是什麼？

3.5 (a) HCP 晶體結構和 (b) FCC 晶體結構中最密堆積平面的堆疊排列有何不同？

3.6 區分由晶體反射回的 X 光之破壞性干涉和建設性干涉。

應用及分析問題

3.7 在溫度 20°C 時，鎢是 BCC 結構，原子半徑為 0.137 nm。(a) 計算其晶格常數 a 的值，單位為奈米。(b) 計算其單位晶胞的體積。

3.8 考慮一塊 0.05 mm 厚，500 mm² (約為一角硬幣面積的三倍) 的鋁箔。此鋁箔中存在多少個單元？如果鋁的密度是 2.7 g/cm³，那麼每個電池的質量是多少？

3.9 在 BCC 單位晶胞中繪製以下方向，並列出與這些方向向量相交的原子的位置坐標。以每個方向的晶格常數來確定重複距離。

(a) [010]　(b) [011]　(c) [111]

(d) 找出 (b) 和 (c) 中方向之間的角度。

3.10 在 FCC 單位晶胞中繪製以下立方方向的方向向量，並列出中心與方向向量相交的原子的位置坐標。根據每個方向的晶格常數確定重複距離。

(a) $[\bar{1}\bar{1}1]$　(b) $[10\bar{1}]$　(c) $[2\bar{1}\bar{1}]$　(d) $[\bar{1}31]$

(e) 找出 (b) 和 (d) 中方向之間的角度。

3.11 立方系統的 {100} 族平面是什麼？在 BCC 單元格中繪製這些平面，並顯示與平面相交的所有原子。你的結論是什麼？

3.12 在 BCC 單元格中繪製以下晶面，並列出與每個平面相交的原子的位置：

(a) (010)　(b) (011)　(c) (111)

3.13 立方平面具有以下截距：$a = -\frac{1}{2}$，$b = -\frac{1}{2}$，$c = \frac{2}{3}$。這個平面的米勒指數是多少？

3.14 鎢是 BCC 結構，晶格常數 a 為 0.31648 nm。計算以下面間距：

(a) d_{110}　(b) d_{220}　(c) d_{310}

3.15 一個具有 BCC 結構的元素中的 d_{310} 晶面間距為 0.1587 nm。(a) 它的晶格常數是多少？(b) 元素的原子半徑是多少？(c) 這個元素是什麼？

3.16 具有 BCC 結構的鉭在 20°C 時的晶格常數為 0.33026 nm，密度為 16.6 g/cm³。計算出其相對原子質量。

3.17 冷卻到 332°C 後，鈦經歷從 BCC 到 HCP 晶體結構的多形性變化。計算晶體結構從 BCC 變為 HCP 時的體積百分比變化。BCC 晶胞在 882°C 的晶格常數 a 為 0.332 nm，HCP 晶胞的 a = 0.2950 nm，c = 0.4683 nm。

3.18 純鐵在加熱至 912°C 後經歷從 BCC 到 FCC 的多形性變化。如果在 912°C，BCC 晶胞具有晶格常數 a = 0.293 nm 並且 FCC 晶胞 a = 0.363 nm，請計算與 BCC 到 FCC 的晶體結構變化相關的體積變化。

3.19 將 BCC 金屬樣品置於 X 光繞射儀中，其所使用的 X 光波長 λ = 0.1541 nm。在 2θ = 88.838° 處獲得 {221} 面的繞射。計算此 BCC 元素金屬的晶格常數 a 的值。(假設一階繞射，n = 1。)

3.20 以未知波長的 X 光對金樣本產生繞射。{220} 平面的 2θ 角為 64.582°。使用的 X 光的波長是多少？(金的晶格常數 = 0.40788 nm；假設是一階繞射，n = 1)

3.21 以 X 光繞射儀記錄具有 BCC 或 FCC 晶體結構的元素的繞射圖譜，顯示了在以下 2θ 角處具有繞射峰：41.069°、47.782°、69.879° 和 84.396°。入射 X 光的波長為 0.15405 nm。(國際繞射數據中心的 X 光繞射數據系統)

(a) 確定元素的晶體結構。

(b) 確定元素的晶格常數。

(c) 確定此元素。

綜合及評價問題

3.22 您是否預料鐵和銀會具有相同的 (a) 原子堆積因子，(b) 單位晶胞體積，(c) 每單位晶胞的原子數，以及 (d) 配位數？若改為金與銀又如何回答？鈦和銀又如何回答？

3.23 在立方單位晶胞中，繪製 (111) 和 (011) 平面。突顯兩個平面的交點。交叉線的方向指數是多少？

3.24 離子固體 CsI 的單位晶胞結構與圖 2.18a 中的相似。決定 (a) 其填充係數，(b) 將該填充係數與 BCC 金屬的填充係數進行比較。如果有差異的話，請解釋其差異。

3.25 六方晶體中有一個平面與 a_1 軸相交於 -1，與 a_2 軸相交於 1，與 c 軸相交於無窮大。這個平面的米勒指數是多少？在六方單位晶胞中繪製此平面並顯示所有關鍵尺寸。

3.26 六方晶體中有一個平面與 a_1 軸相交於 1，與 a_2 軸相交於 1，與 c 軸相交於 0.5。這個平面的米勒指數是多少？在六方單位晶胞中繪製此平面並顯示所有關鍵尺寸。

3.27 就一般而言，請解釋為什麼許多聚合物和一些陶瓷玻璃具有無定形或半結晶結構。

3.28 解釋一些金屬合金在超快速冷卻下如何產生金屬玻璃。

CHAPTER

4 凝固與結晶缺陷
Solidification and Crystalline Imperfections

(Courtesy of Stan David and Lynn Boatner, Oak Ridge National Library))

當熔融合金被澆鑄入模具時，合金會先從模具的壁面開始固化，而且會在一個溫度範圍內逐漸發生，不是只在某個特定的溫度。在此溫度範圍內時，合金呈現漿糊的型態，是由固態、像是樹一樣的樹狀晶結構與液態金屬組成。冷卻速率會決定樹狀晶的尺寸和形狀。液態金屬存在於這種三維樹枝狀結構間，然後最終會固化，形成我們稱之為晶粒結構的完整固體結構。樹狀晶會影響組成變化、多孔性和偏析，所以會影響了鑄造金屬的特性，因此要詳細研究。上圖顯示鎳基超合金在固化過程中形成的樹狀晶「森林」組織。[1]

---

[1] http://mgnews.msfc.nasa.gov/IDGE/IDGE.html

> **學習目標**

到本章結束時，學生將能夠：

1. 描述金屬凝固的過程，辨別均質成核和異質成核。
2. 描述純金屬凝固過程中涉及的兩種能量，並寫出與液態轉變為固態核相關的總自由能變化的方程式。
3. 區分等軸晶粒和柱狀晶粒，以及前者優於後者的優點。
4. 區分單晶和多晶材料，並解釋為什麼單晶和多晶形式的材料具有不同的機械性能。
5. 描述各種形式的金屬固溶體，並解釋固溶體和混合物合金之間的差異。
6. 分類各種類型的晶體缺陷，並解釋缺陷在晶體材料的機械和電學性質中的作用。
7. 確定 ASTM 晶粒尺寸和平均晶粒直徑，並描述晶粒尺寸和晶界密度對晶體材料行為的重要性。
8. 了解如何以及為何光學顯微鏡、SEM、TEM、HRTEM、AFM 和 STM 技術用於深入了解不同放大倍率下材料的內部和表面結構。
9. 概括地解釋為什麼合金是用於結構應用的優質材料，而不是純金屬。

■ 4.1　金屬的凝固 Solidification of Metals

由於多數金屬都是先被熔化成液體，再鑄造為半成品或成品，因此金屬和合金的固化是重要的工業製程。圖 4.1 顯示一個大型的半連續[2]製造鋁合金鑄錠，會繼續被製成鋁合金板狀產品，說明了金屬鑄造(凝固)過程可能會有的大規模情況。

一般來說，金屬或合金的凝固可分成以下步驟：

1. 在熔化物中形成穩定的**核** (nuclei)(成核作用)(圖 4.2a)。
2. 核成長為晶體(圖 4.2b)，形成晶粒結構(圖 4.2c)。

圖 4.3 顯示鈦合金固化時所形成的一些實際晶粒。金屬固化後的晶粒形貌會受很多因素影響，其中，熱梯度 (thermal gradients) 相當重要。圖 4.3 顯示的晶粒結構為等軸 (equiaxed)，因為它在各方面的生長都相同。

---

[2] 透過在具有可移動底部模組(參見圖 4.8)的模具中來固化熔融金屬(例如鋁或銅合金)，以生產半連續鑄造錠。該底部模組能夠隨著金屬固化而緩慢降低。使用「半」連續來形容是因為其所產生的錠的最大長度由底部模組降低的凹坑的深度來決定。

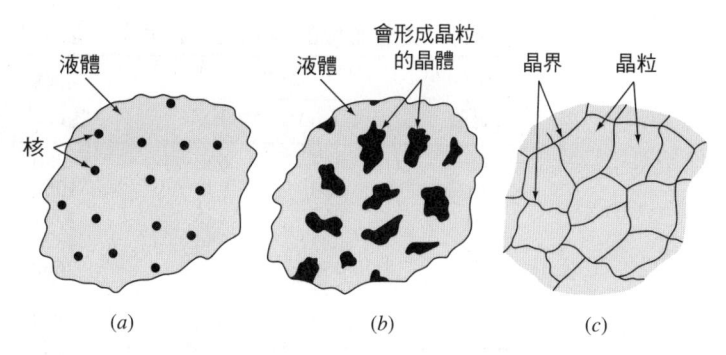

圖 4.2 金屬固化的步驟：(a) 形成核；(b) 核成長為晶體；(c) 晶體結合後形成晶粒與晶界。注意到晶粒方位的排列是隨機的。

圖 4.1 大型的半連續製造鋁合金鑄錠被移出，隨後會將鑄錠進行熱軋與冷軋處理成板或片。
(Courtesy of Reynolds Metals Co.)

圖 4.3 圖像顯示鎳鉬合金的等軸晶粒，放大倍數為 50,000X。
(Source: U.S. Department of Energy)

4.1.1 液態金屬中穩定核的形成

固體顆粒在液態金屬中成核有兩個主要機制：均質成核與異質成核。

均質成核 均質成核 (homogeneous nucleation) 是最簡單的成核方式。當金屬本身能夠提供形成核的原子時，均質成核就會在液態熔化物中發生。我們先看純金屬。當純的液態金屬冷卻到平衡凝固點下的相當程度後，原子會緩慢移動，鍵結成許多均質核。均質成核通常需要相當的過冷度，對於某些金屬來說甚至須過冷到攝氏幾百度 (見表 4.1)。核要能穩定形成晶體，必須先達到臨界尺寸 (critical size)。一群比臨界尺寸小的原子鍵結在一起的團簇 (cluster) 稱為**胚** (embryo)；尺寸大於臨界尺寸的團簇則稱為核 (nucleus)。由於胚不穩定，所以在熔融金屬中原子受激發的情況下，會不斷地形成與再熔解。

表 4.1　某些金屬的凝固點、熔解熱、表面能與最大過冷度

金屬	凝固點 °C	凝固點 K	熔解熱 (J/cm^3)	表面能 (J/cm^2)	最大過冷度 (ΔT[°C])
Pb	327	600	280	33.3×10^{-7}	80
Al	660	933	1066	93×10^{-7}	130
Ag	962	1235	1097	126×10^{-7}	227
Cu	1083	1356	1826	177×10^{-7}	236
Ni	1453	1726	2660	255×10^{-7}	319
Fe	1535	1808	2098	204×10^{-7}	295
Pt	1772	2045	2160	240×10^{-7}	332

(Source: B. Chalmers, *Solidification of Metals*, Wiley, 1964.)

均質成核所需能量　在固化純金屬的均質成核過程中有兩種能量轉變：(1) 液態轉固態時所釋放的體積自由能 (volume free energy)；(2) 固化顆粒形成新的固體表面時所需的表面能 (surface energy)。當純液態金屬 (例如鉛) 冷卻到平衡凝固點以下時，從液態轉為固態時所需要的驅動能是液態與固態體積自由能的差異 ΔG_V。若 ΔG_v 代表單位體積金屬的體積自由能差值，則半徑為 r 的球形核的自由能差為 $\frac{4}{3}\pi r^3 \Delta G_v$，體積自由能與半徑間的關係顯示如圖 4.4 中下方曲線；由於從液態轉固態為放熱，因此曲線為負值。

然而，胚與核的形成會面對一個對抗能，就是形成顆粒表面所需要的能量 ΔG_S，相當於顆粒表面自由能 (specific surface free energy, γ) 乘以球面積，或 $4\pi r^2 \gamma$，其中 $4\pi r^2$ 為球的表面積。圖 4.4 上方的曲線為 ΔG_S，為正值。形成胚或核的總自由能為體積與表面自由能的和，顯示如圖 4.4 中央的曲線，可用以下方程式表示：

圖 4.4　一個純金屬固化產生的自由能差值 ΔG 和胚或核半徑的關係圖。若顆粒的半徑大於 r^*，則穩定的核會繼續成長。

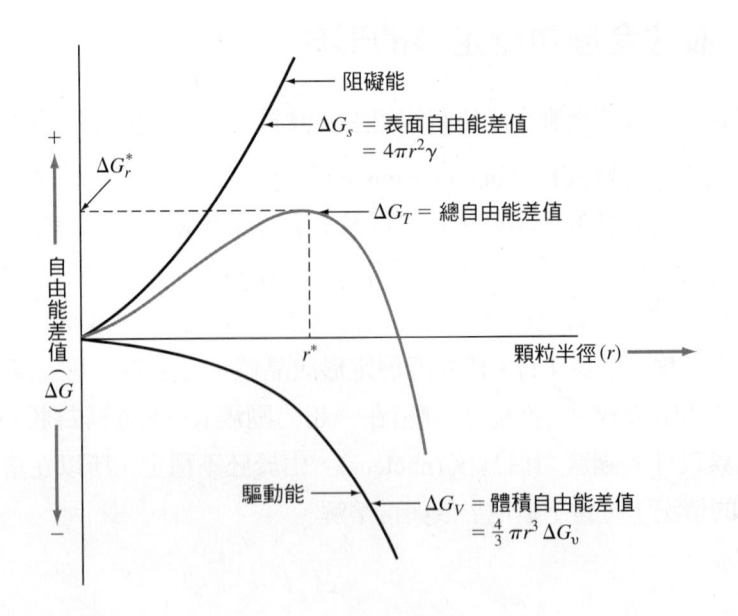

$$\Delta G_T = \tfrac{4}{3}\pi r^3 \Delta G_v + 4\pi r^2 \gamma \tag{4.1}$$

其中 ΔG_T = 總自由能變化

r = 胚或核的半徑

ΔG_V = 體積自由能

r = 特定表面自由能

在自然界中，系統能夠自發性地由高能量轉為低能量狀態。純金屬在冷凍過程中，若所形成的固態顆粒半徑小於**臨界半徑** (critical radius, r^*)，當它再度熔融時，系統能量會降低。因此，這些小胚群會在液態金屬中再次熔融。不過，若顆粒半徑大於 r^*，當顆粒(核)生長或是轉變為晶體(圖 4.2b)時，系統能量才會降低。半徑到達臨界半徑 r^* 時 ΔG_T 為其最大值 ΔG^*。

將 (4.1) 式積分可得固化純液態金屬臨界半徑大小、體積自由能與表面自由能間的關係。$r = r^*$ 時，ΔG_T 的積分為零，也就是曲線中的最高點。因此

$$\frac{d(\Delta G_T)}{dr} = \frac{d}{dr}\left(\frac{4}{3}\pi r^3 \Delta G_v + 4\pi r^2 \gamma\right)$$

$$\frac{12}{3}\pi r^{*2} \Delta G_V + 8\pi r^* \gamma = 0 \tag{4.1a}$$

$$r^* = -\frac{2\gamma}{\Delta G_v}$$

臨界半徑與過冷度　過冷度 ΔT 越低於金屬的平衡熔化溫度，體積自由能 ΔG_V 的變化越大。然而，由於表面能 ΔG_s 引起的自由能的變化不隨溫度而有很大的變化，因此臨界核尺寸主要由 ΔG_V 決定。在接近凝固溫度時，臨界核尺寸因為 ΔT 接近零而必須是無窮大的。隨著過冷量的增加，臨界核尺寸減小。圖 4.5 顯示了銅的臨界核尺寸隨過冷度變化的改變。表 4.1 中列出的純金屬中均相成核的最大

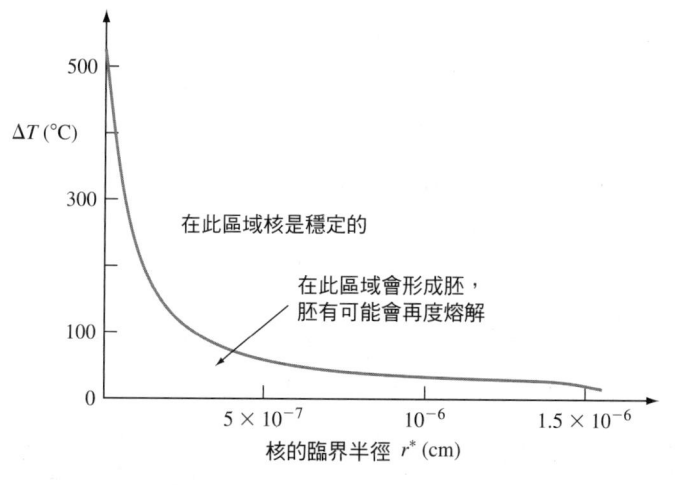

圖 4.5　銅核的臨界半徑與過冷度 ΔT 之關係。
(Source: B. Chalmers, *Principles of solidification*, Wiley, 1964.)

低溫冷卻量為 327°C 至 1772°C。臨界尺寸的核與過冷量有關，此關係為

$$r^* = \frac{2\gamma T_m}{\Delta H_f \Delta T} \quad (4.2)$$

其中　r^* = 核的臨界半徑

　　　γ = 表面自由能

　　ΔH_f = 熔化潛熱

　　ΔT = 形成核的過冷量

例題 4.1 顯示了如何從實驗數據計算臨界核中原子數的值。

■ 例題 4.1

a. 假使純液態銅凝固，請估算均質核之臨界半徑 (cm)。ΔT (過冷度) $= 0.2\, T_m$。請參考表 4.1 數據。

b. 請估算此過冷度下，臨界尺寸大小核之原子數。

解

a. 計算核之臨界半徑：

$$r^* = \frac{2\gamma T_m}{\Delta H_f \Delta T} \quad (4.2)$$

$\Delta T = 0.2 T_m = 0.2(1083°C + 273) = (0.2 \times 1356\ K) = 271\ K$

$\gamma = 177 \times 10^{-7}\ J/cm^2 \quad \Delta H_f = 1826\ J/cm^3 \quad T_m = 1083°C = 1356\ K$

$$r^* = \frac{2(177 \times 10^{-7}\ J/cm^2)(1356\ K)}{(1826\ J/cm^3)(271\ K)} = 9.70 \times 10^{-8}\ cm \blacktriangleleft$$

b. 計算臨界尺寸大小核之原子數：

臨界尺寸大小核之體積 $= \frac{4}{3}\pi r^{*3} = \frac{4}{3}\pi(9.70 \times 10^{-8}\ cm)^3$

$$= 3.82 \times 10^{-21}\ cm^3$$

銅單位晶胞體積 $(a = 0.361\ nm) = a^3 = (3.61 \times 10^{-8}\ cm)^3$

$$= 4.70 \times 10^{-23}\ cm^3$$

因為每個 FCC 單位晶胞內有 4 個原子，故

$$體積 / 原子 = \frac{4.70 \times 10^{-23}\ cm^3}{4} = 1.175 \times 10^{-23}\ cm^3$$

因此每個均質臨界核的原子數為

$$\frac{核體積}{體積 / 原子} = \frac{3.82 \times 10^{-21}\ cm^3}{1.175 \times 10^{-23}\ cm^3} = 325\ (個原子) \blacktriangleleft$$

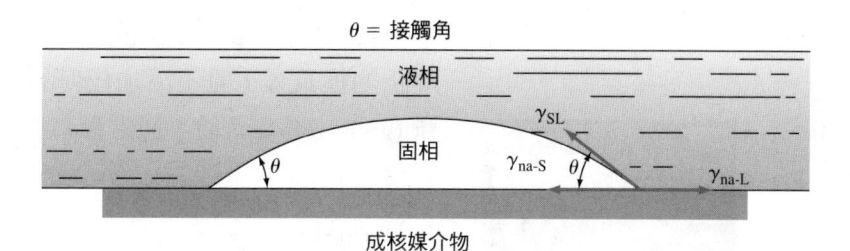

圖 4.6 成核媒介物的異質成核作用。na 表示成核媒介物，SL 表示固態 - 液態，S 表示固態，L 表示液態，θ 表示接觸角。
(Source: J.H. Brophy, R.M. Rose and J. Wulff, *The Structure and Properties of Materials*, vol. II: "Thermodynamics of Structure," Wiley, 1964, p. 105.)

異質成核　異質成核 (heterogeneous nucleation) 是液體在容器、不溶解雜質及其他會降低形成穩定和所需臨界自由能的結構材料表面上發生的成核。由於工業鑄造作業過程中不會發生大量的過冷現象，且過冷溫度範圍通常會在 0.1°C 至 10°C 間，成核一定是異質而不是均質。

要讓異質成核發生，固態成核媒介物 (不溶解雜質或容器) 必須先被液態金屬潤濕，而且液態金屬應該能輕易地在成核媒介物上固化。圖 4.6 顯示一個被固化中金屬液體潤濕的成核媒介物 (基材)，在固態金屬與成核媒介物之間形成一個低的接觸角 θ。異質成核會發生在成核媒介物上的原因是，在此媒介物上形成穩定核之表面能比在純液體上 (均質成核) 要低，這也導致形成穩定核所需之總自由能差異也會較低一些，核的臨界尺寸也會較小。因此，異質成核形成穩定核所需的過冷度數值會小許多。

4.1.2　液態金屬中晶體的生長及晶粒構造的形成

當固化中金屬內形成了穩定的核之後，這些核會長成為晶體，如圖 4.2b 所示。在每一個固化中的晶體內，原子基本上為規則排列，但每個晶體的方向不同 (圖 4.2b)。當金屬終於固化完成後，晶體會在不同方向結合，形成晶體邊界；原子排列的方向會在邊界幾個原子的距離處發生改變 (圖 4.2c)。包含許多結晶的固化後金屬若稱為多晶體 (polycrystalline)，其中的結晶稱為**晶粒** (grain)，而晶粒間的表面稱為晶界 (grain boundary)。

冷凍金屬中成核位置數量會影響所產生的固體金屬中的晶粒結構。如果在固化過程中，成核位置的數量相對少，形成的晶粒結構會較粗或較大；反之，也就是成核的位置數量相對變多的話，會形成微細晶粒構造 (fine-grain structure)。幾乎所有的工程金屬和合金都使用微晶粒構造鑄模，因為所製造出來的成品強度及均勻性都令人滿意。

把相當高純度的液態金屬倒入一個靜止的模具裡，且不添加任何晶粒細化劑 (grain refiner)[3] 時，通常會產生兩種晶粒構造：

1. 等軸晶粒。
2. 柱狀晶粒。

若液態金屬的固化過程條件適宜，使晶體得以往各方向均衡生長，就會產生**等軸晶粒** (equiaxed grain)。等軸晶粒通常發生在比較冷的模壁邊，如圖 4.7 所示。模壁附近在固化過程中的過冷度大，會產生高度的核，也是產生等軸晶粒構造必要的先決條件。

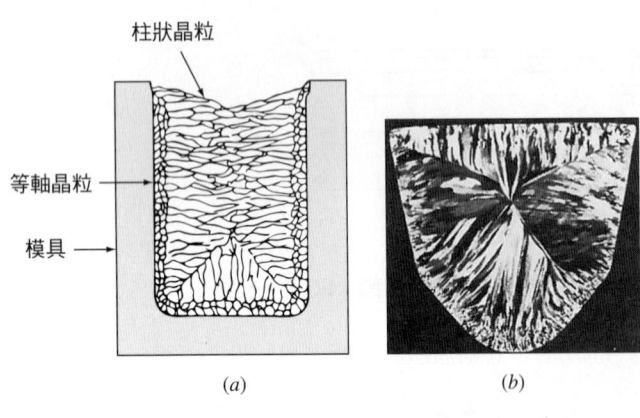

圖 4.7　(a) 使用冷模產生的固化金屬晶粒構造圖；(b) 使用 Properzi 法鑄造的 1100 鋁合金 (99.0% Al) 鑄錠的橫剖面。注意，所有的柱狀晶粒都會朝垂直於模壁的方向成長。

(b: ©ASM International)

柱狀晶粒 (columnar grain) 是一種既長且薄的粗晶粒，這種晶粒的出現是當金屬在很陡的溫度梯度下進行緩慢凝固時所產生。當產生柱狀晶粒時，所需的核的數量相對較少。等軸晶粒及柱狀晶粒顯示於圖 4.7a。注意在圖 4.7b 中，柱狀晶粒是沿著垂直於模壁方向成長，這是因為在此方向上有一較大的熱梯度所致。

4.1.3　工業鑄件的晶粒結構

在工業中，金屬和合金會被鑄造成各種形狀。如果金屬在鑄造之後要進一步製造，則首先生產簡單形狀的大型鑄件，然後再製造成半成品。例如，在鋁工業中，用於進一步製造的常見形狀是具有矩形橫截面的板錠 (圖 4.1) 和具有圓形橫截面的擠壓 [4] 錠。對於某些應用，熔融金屬基本上被鑄造成其最終形狀，例如，專用工具 (見圖 6.3)。

圖 4.1 中的大型鋁合金板錠採用直接冷硬半連續鑄造工藝鑄造而成。在這種鑄造方法中，將熔融金屬澆鑄到具有可移動底部模組的模具中，該底部模組在模具填充後緩慢降低 (圖 4.8)。模具由水箱水冷，水也沿著鑄錠的凝固表面的側面噴射。利用這種方式，可以連續鑄造大約 15 ft 長的大型鋼錠，如圖 4.1 所示。在

---

[3] 晶粒細化劑是添加到熔融金屬中以在最終晶粒結構中獲得更細晶粒的材料。
[4] 擠壓是一種強制塑料金屬通過所需橫截面輪廓的模具或孔口之製程，將固體金屬錠轉變成具有均勻橫截面的長棒。

鋼鐵工業中，大約 60％ 的金屬以固定模具鑄造，其餘 40％ 被連續鑄造，如圖 4.9 所示。

為了生產具有細晶粒尺寸的鑄錠，通常在鑄造之前將晶粒細化劑添加到液態金屬中。對於鋁合金，在鑄造操作之前，液態金屬中包括少量的晶粒細化元素，例如鈦、硼或鋯，以便在凝固過程中可獲得異質核的精細分散。圖 4.10 顯示了在鑄造直徑為 6 吋的鋁擠壓錠時使用晶粒細化劑的效果。沒有晶粒細化劑鑄造的鑄錠部分具有大的柱狀晶粒 (圖 4.10a)，並且用晶粒細化劑鑄造的部分具有精細的等軸晶粒結構 (圖 4.10b)。

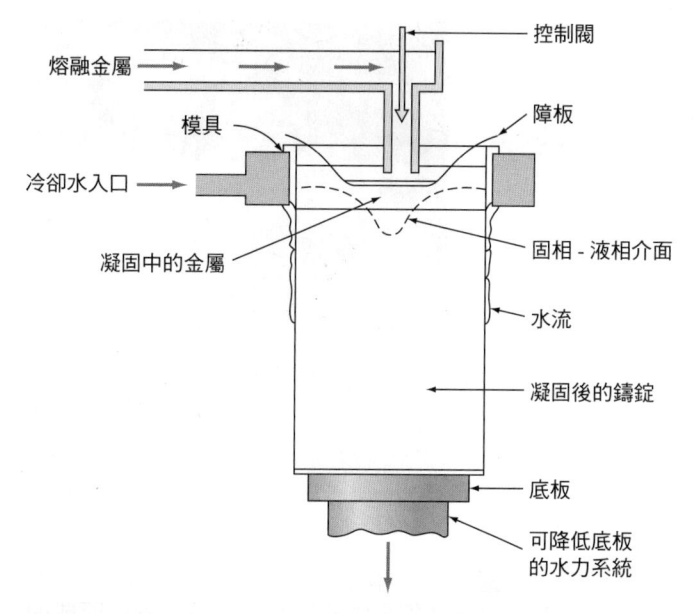

圖 4.8　鋁合金鑄錠在直接冷卻半連續鑄造裝置中鑄造的示意圖。

(a)

(b)

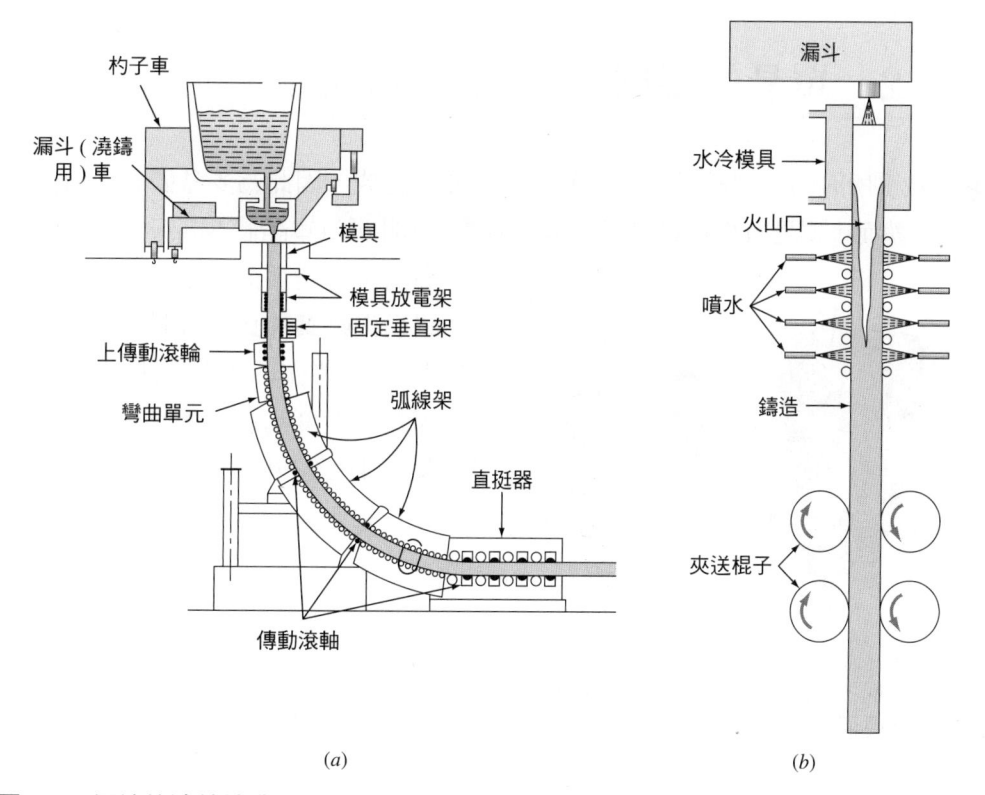

圖 4.9　鋼錠的連續鑄造。(a) 一般裝置和 (b) 模具布置的特寫。
(Source: *Making, Shaping and Treating of Steel*, 10th ed., Association of Iron and Steel Engineers, 1985.)

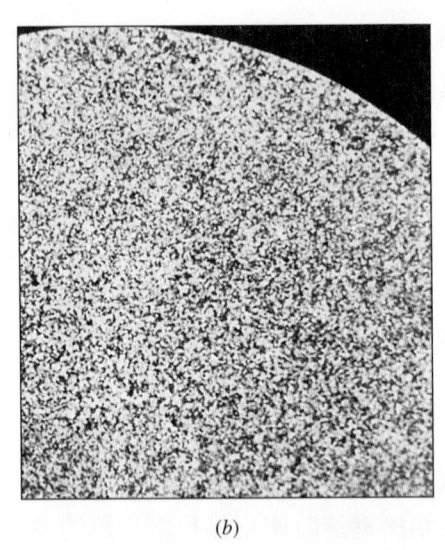

圖 4.10 兩個 6 in. 直徑的合金 6063 (Al-0.7％ Mg-0.4％ Si) 鑄錠之橫截面的一部分，這些鑄錠是由直接冷卻半連續鑄造而成的。(a) 鑄錠是在沒有加入晶粒細化劑的情況下鑄造的；可以發現到在部分中心附近的柱狀顆粒和羽毛狀晶體；(b) 鑄錠時有加入了晶粒細化劑，照片顯示出細小的等軸晶粒結構。
(a-b: ©ASM International)

■ 4.2　單晶的凝固　Solidification of Single Crystals

幾乎所有的工程結晶材料都是由許多晶體組成，因此為**多晶體** (polycrystalline)。然而，還是有少數材料只有單一晶體，因此稱為單晶體 (single crystal)。例如，高溫抗潛變燃氣渦輪葉片。在高溫下，單晶渦輪葉片比用等軸晶粒結構或柱狀晶結構製作的渦輪葉片更能抗潛變，因為當溫度高於金屬熔點一半時，晶界會變得比晶粒脆弱。

在生長單晶體時，必須只能在單核周圍發生固化，而沒有任何其他晶體會成核及生長。因此，在固態及液態間的介面溫度必須略低於固態材料的熔點，而且液態區的溫度要高於介面溫度。

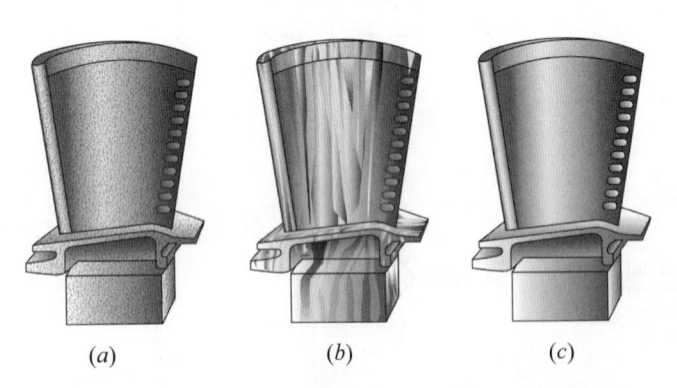

圖 4.11　燃氣渦輪葉片的不同晶粒構造：(a) 多晶等軸；(b) 多晶柱狀；(c) 單晶體。

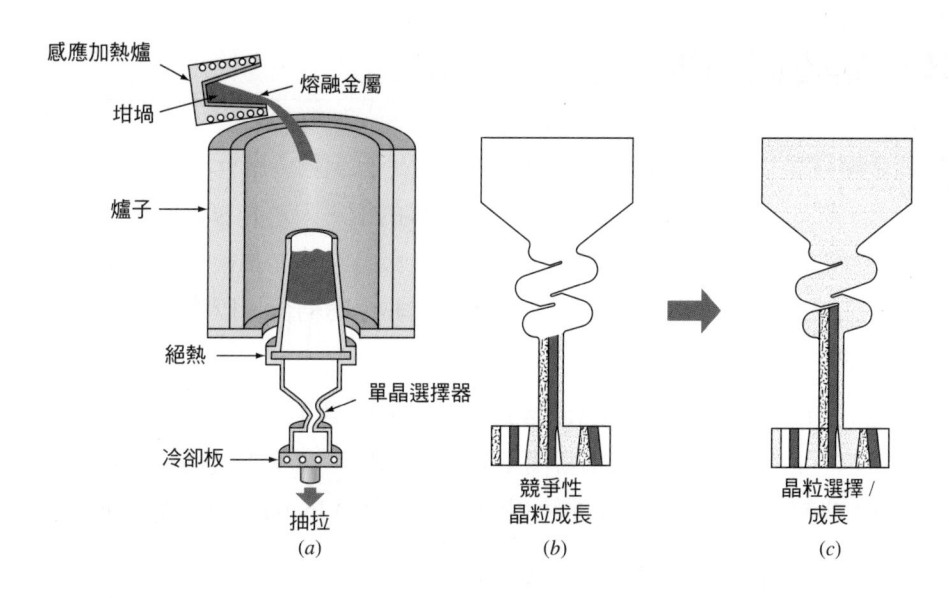

圖 4.12 (a) 製造單晶燃氣渦輪葉片的工藝示意圖；(b) 用於生產單晶燃氣渦輪葉片的鑄造之起始區域，在低於辮子狀單晶選擇器之下，顯示出在凝固過程中之競爭性成長；(c) 與 (b) 相同，但顯示通過單晶選擇器後的凝固期間，僅一種晶粒存活下來。(Source: Pratt and Whitney Co.)

要達到此溫度梯度，固化中的晶體必須能傳導凝固潛熱 [5]。晶體成長速率必須緩慢，使得液態和固態間的介面溫度能稍低於固化中固體的熔點。圖 4.12a 顯示單晶渦輪葉片如何鑄造，而圖 4.12b 與 c 顯示藉由使用辮子狀的選擇器將競爭性的顆粒增長減少到單一顆粒增長。

具有工業用途的單晶體的另一個例子是單晶矽。單晶矽會被切成晶圓用於積體電路晶片 (圖 14.1)。單晶體的這種應用非常重要，因為晶界會阻礙半導體矽中電子的自由流動。8～12 in. (20～25 cm) 的單晶矽晶圓早已應用於工業半導體元件的製作。最常用來製作高品質 (最少缺陷) 單晶矽的方法之一是柴氏法 (Czochralski method)。高純度的多晶矽會先熔融於惰性坩堝中，溫度會維持在剛好在熔點上，然後具有特定方向的高純度矽晶種會一邊旋轉一邊降入熔融液中。此時，晶種的部分表面會在液體中熔化，以去除表面應變區域，同時產生一個可以讓液體固化的表面。接著，晶種會持續旋轉，然後緩慢地由熔融液中拉出。當晶種被拉出時，來自坩堝中的液體矽就會黏著並開始生長成直徑大出許多的矽單晶 (圖 4.13)。此製程可以製作出 12 in. ($\cong$ 30 cm) 的大單晶矽鑄錠。

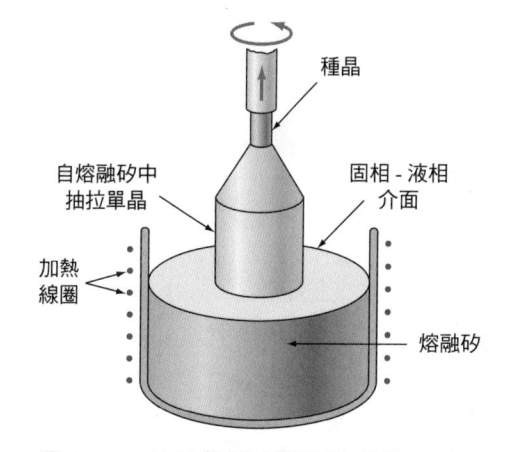

圖 4.13 使用柴氏法製造矽單晶。

---

[5] 凝固潛熱是金屬凝固時釋放的熱能。

4.3 金屬固溶體 Metallic Solid Solutions

雖然純金屬或是接近純金屬的使用非常少，還是有少數金屬會以接近純金屬的狀態被使用。例如，電線使用的是純度為 99.99% 的銅，因為其導電率極高；高純度的鋁 (99.99%)(稱為超純度鋁) 常用來作裝飾，因為它在加工後的表面非常光亮。不過，大部分的工程用金屬都會與其他金屬或非金屬結合，以獲得高強度、耐腐蝕或其他特性。

金屬合金 (metal alloy) 簡稱**合金** (alloy)，是指兩種 (含) 以上的金屬或金屬與非金屬之混合物。合金的結構可以相當簡單 (彈殼黃銅為 70 wt% 銅和 30 wt% 鋅的二元合金)，或複雜 (噴射引擎零件使用的鎳基超合金 Inconel 718 含十種合金組合元素)。

最簡單的合金形式是**固溶體** (solid solution)，由兩種 (含) 以上的元素組成，原子散布在單一晶相構造中。固溶體一般有兩種類型：置換型與間隙型。

4.3.1 置換型固溶體

置換型固溶體 (substitutional solid solution) 是以兩種元素組成，其中的溶質原子可以取代位於晶格的母溶劑原子。圖 4.14 顯示某 FCC 晶格的 (111) 面，一些溶質原子已取代了母元素的溶劑原子。母元素或溶劑的晶體結構並未改變，但是晶格可能會因加入溶質原子而被扭曲，尤其當溶質和溶劑原子的直徑差異很大時，扭曲會更明顯。

休姆 - 若塞瑞法則 (Hume-Rothery rules) 可提高某一個元素在另一個元素中的固溶度 (solid solubility)：

1. 元素的原子直徑差異不可超過 15%。
2. 兩元素的晶體結構要相同。
3. 兩元素的陰電性差距不可過大，以免形成化合物。
4. 兩元素的價數應該相同。

圖 4.14 置換型固溶體。深色和淺色的圓圈分別代表不同元素的原子。圖中的原子平面為某 FCC 晶格的 (111) 面。

如果形成固溶體的兩元素原子直徑不同，晶格就會出現扭曲。由於原子晶格只能承受有限的壓縮或膨脹，原子直徑的差異也有限制，以確保固溶體仍可保持相同的晶體結構。若原子直徑差異超過 15%，「尺寸因素」將不利於產生大規模的固溶度。

例題 4.2

請利用下表數據,判定下列元素在銅中的原子固溶度的相關程度。

a. 鋅　b. 鉛　c. 矽　d. 鎳　e. 鋁　f. 鈹

70% ~ 100% 為非常高;30% ~ 70% 為高度;10% ~ 30% 為中度;1% ~ 10% 為低度;< 1% 為非常低。

元素	原子半徑 (nm)	晶體結構	負電性	原子價
銅	0.128	FCC	1.8	+2
鋅	0.133	HCP	1.7	+2
鉛	0.175	FCC	1.6	+2, +4
矽	0.117	鑽石立方	1.8	+4
鎳	0.125	FCC	1.8	+2
鋁	0.143	FCC	1.5	+3
鈹	0.114	HCP	1.5	+2

解

銅-鋅系統的原子半徑差異估算如下:

$$原子半徑差異 = \frac{溶質原子半徑 - 溶劑原子半徑}{溶劑原子半徑}(100\%)$$

$$= \frac{R_{Zn} - R_{Cu}}{R_{Cu}}(100\%) \qquad (4.3)$$

$$= \frac{0.133 - 0.128}{0.128}(100\%) = +3.91\%$$

系統	原子半徑差異 (%)	負電性差異	預測的固溶度相關程度	最大固溶度實驗值 (%)
銅-鋅	+3.9	0.1	高度	38.3
銅-鉛	+36.7	0.2	非常低	0.1
銅-矽	−8.6	0	中度	11.2
銅-鎳	−2.3	0	非常高	100
銅-鋁	+11.7	0.3	中度	19.6
銅-鈹	−10.9	0.3	中度	16.4

原則上可利用原子半徑差異作為預測基礎。不過對銅-矽系統而言,晶體結構的差異相當重要。上述系統的負電性並無太大的差異,而且原子價除了鋁與矽之外均相同。進行最後分析必須將實驗數據加入考慮,才能做判定。

如果溶質和溶劑的原子具有相同的晶體結構，則有利於有較廣的固溶度。如果兩種元素以所有比例混合均顯示完全固溶，則兩種元素必須具有相同的晶體結構。而且，形成固溶體的兩種元素的陰電性不能有太大的差異，否則高電正性元素將失去電子，高電負性元素將獲得電子，並且將導致化合物形成。最後，如果兩種固體元素具有相同的揮發性，則有利於有較佳的固溶度。如果原子之間存在電子短缺，則它們之間的結合將被擾亂，導致不利於固溶度的條件。

4.3.2　間隙型固溶體

在間隙型固溶體中，溶質原子置於溶劑或母體原子之間的空間。這些空間或空缺稱為間隙 (interstice)。如果由八個鄰近原子包圍 (即配位數為 8。但在 BCC 或 FCC 晶體中不會出現配位數為 8)，立方晶體中可用的間隙可以被分類為**立方位置** (cubic site)；如果由六個鄰居包圍，則稱為**八面體位置** (octahedral site)(即配位數為 6)；如果由四個鄰居包圍，則稱為**四面體位置** (tetrahedral site)(即配位數為 4)。BCC 晶胞中的八面體位置位於 (1/2, 1, 1/2) 或其他類似位置，而四面體位置位於 (1, 1/2, 1/4) 或其他類似位置。類似地，FCC 單位晶胞中的八面體位置位於 (0, 1/2, 1) 和 (1/2, 1/2, 1/2)，而四面體位置位於 (1/4, 3/4, 1/4) 或其他類似類型的位置。

間隙型固溶體 (interstitial solid solution) 中的溶質原子會插入母原子間的空隙。當一原子比另一原子大許多時，就可能形成間隙型固溶體。因為體積小而能形成間隙型固溶體的原子有氫、碳、氮、氧等。

一個重要的間隙型固溶體是將碳溶入在 912°C 至 1394°C 之間為穩定狀態的 FCC γ 鐵中。γ 鐵原子的半徑為 0.129 nm，而碳原子半徑為 0.075 nm，差異比例為 42%。但是即便差異很大，碳原子還是能在 1148°C 時，以間隙型的形式溶解於鐵中，最高可達 2.08%。圖 4.15 顯示 γ 鐵晶格中碳原子周遭的扭曲狀況。

FFC γ 鐵的最大間隙孔洞半徑為 0.053 nm (參考例題 4.3)。由於碳原子半徑為 0.075 nm，碳在 γ 鐵中的最大固溶度只有 2.08%，這並不意外。BCC α 鐵的最大間隙空孔半徑只有 0.036 nm，因此，剛好在 727°C 以下時，只有 0.025% 的碳原子能夠以間隙型的形式溶解。

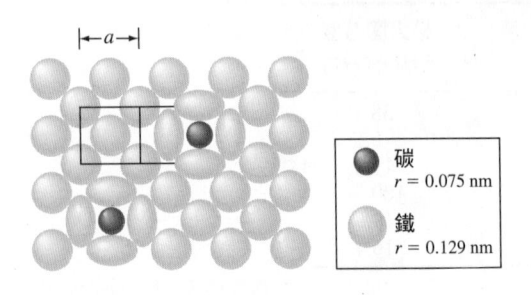

圖 4.15　溫度高於 912°C 時，碳 –FCC 鐵這種間隙型固溶體之 (100) 面。要注意的是，在碳原子插入 0.053 nm 半徑空孔的情況下，圍繞於碳原子 (半徑 0.075 nm) 周遭的鐵原子 (半徑 0.129 nm) 會扭曲。

(Source: L. H. Van Vlack, *Elements of Materials Science and Engineering*, 4th ed., p.113.)

碳　$r = 0.075$ nm
鐵　$r = 0.129$ nm

■ 例題 4.3

計算 FCC γ 鐵晶格中最大格隙空孔的半徑。FCC 晶格內鐵原子半徑為 0.129 nm，最大格隙空孔發生於 $(\frac{1}{2}, 0, 0)$、$(0, \frac{1}{2}, 0)$、$(0, 0, \frac{1}{2})$ 等形式的位置。

解

圖 EP4.3 為 yz 平面上之 (100) FCC 晶格面。鐵原子半徑是 R，$(0, \frac{1}{2}, 0)$ 位置上的格隙空孔半徑是 r。從圖 EP4.3 可知，

$$2R + 2r = a \tag{4.4}$$

由圖 4.15b 中可知，

$$(2R)^2 = (\tfrac{1}{2}a)^2 + (\tfrac{1}{2}a)^2 = \tfrac{1}{2}a^2 \tag{4.5}$$

求解上式可得

$$2R = \frac{1}{\sqrt{2}}a \quad 或 \quad a = 2\sqrt{2}R \tag{4.6}$$

結合 (4.4) 式及 (4.6) 式可得

$$2R + 2r = 2\sqrt{2}R$$
$$r = (\sqrt{2} - 1)R = 0.414R$$
$$= (0.414)(0.129 \text{ nm}) = 0.053 \text{ nm} \blacktriangleleft$$

圖 EP4.3 FCC 晶格的 (100) 面，此平面在 $(0, \frac{1}{2}, 0)$ 位置有一個格隙型原子。

◼ 4.4　結晶缺陷 Crystalline Imperfections

　　晶體其實並非完美，它也包含各種不同且能影響其物理和機械性質的缺陷，進而影響材料的工程性質，像是合金的冷加工特性、半導體電子導電率、合金內原子遷移速率和金屬腐蝕性等。

　　晶格缺陷會依結晶的幾何與形狀來分類，主要有三種：(1) 零維缺陷或點缺陷；(2) 一維缺陷或線缺陷 (差排)；(3) 二維缺陷，包括外表面、晶界、雙晶、低角度晶界、高角度晶界、扭轉、疊差、空隙和析出。三維空間的巨觀缺陷或體缺陷，像是空孔、破裂與外來雜質物等也能包括在內。

4.4.1　點缺陷

　　最簡單的點缺陷就是**空位** (vacancy)，也就是原本該有原子的位置上卻不存在原子 (圖 4.16a)。在晶體生長時的固化期間，局部擾動可能會造成空位。原子因原子遷移率 (atomic mobility) 而再排列也可能產生空位。金屬中空位的平衡濃度很少超過 1/10,000。空位屬於金屬的平衡缺陷，形成所需要的能量約為 1 eV。

　　塑性變形、高溫急速冷卻以及高能量粒子 (如中子) 碰撞可在金屬中增加額外空位。非平衡的空位有聚集的傾向，導致雙空位 (divacancy) 或三空位 (trivacancy) 的形成。空位能與鄰居互換位置而移動。這過程對固態原子的遷移和擴散非常重要，尤其是在高溫時，原子的遷移率更大。

　　有時候，晶體內的原子會占據鄰近正常原子間的間隙位置 (圖 4.16b)，這種點缺陷稱為**自我間隙** (self-interstitial 或 interstitialcy)。這種缺陷通常不會自然產生，因為會使結構產生扭曲，但是它可以透過照射的方式產生。

　　離子晶體中的點缺陷較複雜，因為必須保持電中性。當離子晶體中同時缺少

圖 4.16　(a) 空位點缺陷；(b) 緊密堆積固體金屬晶格內的自我間隙點缺陷。

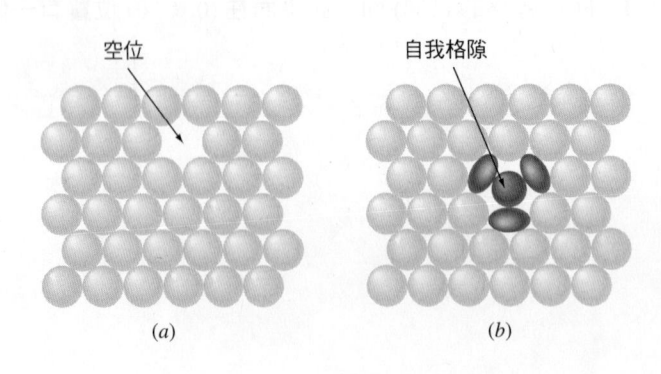

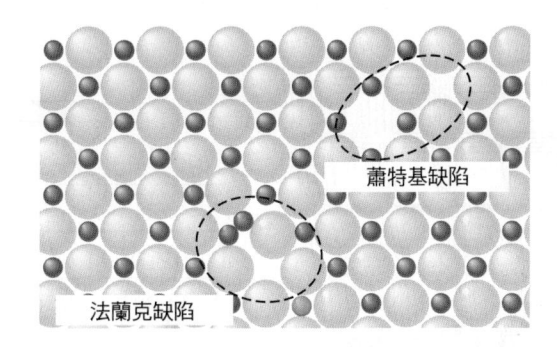

圖 4.17 此二維圖中呈現出離子晶體的蕭特基缺陷與法蘭克缺陷。
(Source: Wulff et al., *Structure and Properties of Materials*, vol. I: "Structure," Wiley, 1964, p.78.)

兩個帶相反電荷的離子時，便會產生出一個陽離子—陰離子的雙空位，稱為**蕭特基缺陷** (Schottky imperfection)(圖 4.17)。若一個陽離子移到離子晶體的間隙位置上，便會在正常的離子位子造成一個陽離子空位，此空位 - 自我間隙對是**法蘭克缺陷**[6] (Frenkel imperfection)(圖 4.17)。這些缺陷都會增加離子晶體的導電率。

置換型或間隙型的雜質原子也是點缺陷，可能出現在由金屬鍵或共價鍵晶體中。例如，純矽中摻入極少量的置換型雜質原子會對其導電率有極大影響。離子晶體中的雜質離子也是點缺陷。

4.4.2 線缺陷 (差排)

固態晶體中的線缺陷，也稱**差排** (dislocation)，是指會造成圍繞著一條直線產生晶格扭曲的缺陷。結晶固體固化時可能產生差排結晶固體的永久或塑性變形、空位聚集或是固溶體中的原子不匹配 (mismatch) 也都可能形成差排。

差排的兩種主要形式為刃差排 (edge dislocation) 和螺旋差排 (screw dislocation)。兩者同時出現時則稱為混合差排 (mixed dislocation)。刃差排是指晶體中插入一個額外的原子半平面，如圖 4.18a 所示，在「⊥」符號的正上方。倒 T 符號，⊥代表正刃差排，而正「T」符號，代表負刃差。

差排附近的原子位移距離稱為滑動向量或布格向量 (Burgers vector, **b**)，與刃差排線垂直 (圖 4.18b)。差排屬於非平衡的缺陷，會在差排周圍的晶格扭曲區域中儲藏能量。在刃差排的額外半平面處有一個壓縮應變區，而在半平面下方則會有一個拉伸應變區 (圖 4.19a)。

---

[6] 法蘭克 (Yakov Ilyich Frenkel) (1894-1954)。研究晶體缺陷的俄羅斯物理學家。他的名字與一些離子晶體中發現的空間 - 間隙缺陷有關。

(a) *(b)*

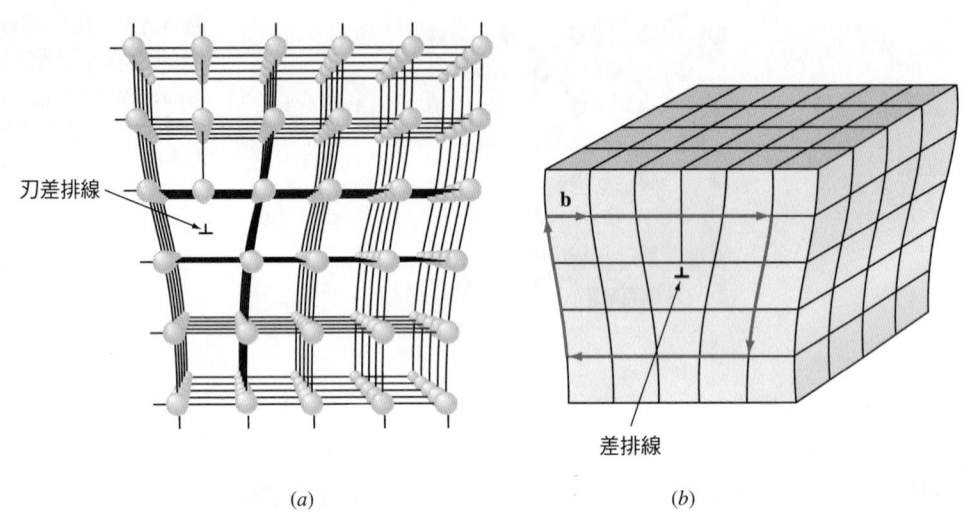

圖 4.18
(a) 結晶晶格的正刃差排；線缺陷是發生在倒 T「⊥」正上方的區域，即一額外的原子半平面插入之處；(b) 指出布格向量或稱滑動向量 b 方位的刃差排。
(Source: A. G. Guy, *Essentials of Materials Science*, McGraw-Hill, 1976 , p.153.)
(Source: M. Eisenstadt, *Introduction to Mechanical Properties of Materials: An Ecological Approach*, 1st ed., ©1971.)

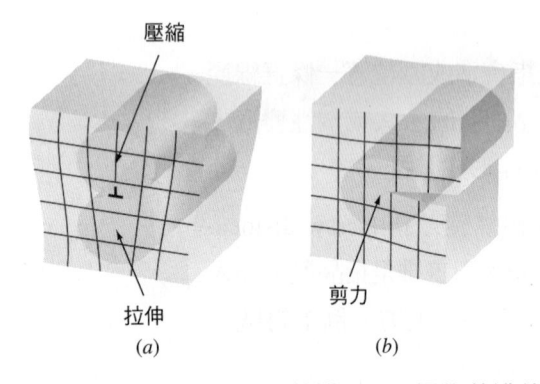

(a) *(b)*

圖 4.19 圍繞在 (a) 刃差排和 (b) 螺旋差排的應變區。
(Source: Wulff et al., *Structure and Properties of Materials*, Vol. III, H. W. Hayden, L. G. Moffatt, and J. Wulff, *Mechanical Behavior*, Wiley, 1965, p. 69.)

在被一個平面切割的完美晶體中施加向上及向下的剪應力可造成螺旋差排，如圖 4.20a 所示。這些剪應力會產生晶格扭曲的區域，內含螺旋狀的扭曲原子或螺旋差排 (圖 4.20b)。晶格扭曲的區域並不會清楚劃分，但直徑至少有幾個原子長。螺旋差排的周圍會出現一個剪應變區域，會儲藏能量 (圖 4.19b)。螺旋差排的滑動或是布格向量與差排線平行，如圖 4.20b 所示。

晶體內大部分的差排為混合形式。在圖 4.21 的 AB 弧形差排線中，當它進入晶體時，左邊為純的螺旋差排；當它離開晶體時，右邊為純的刃差排。而在晶體中的差排形式則為混合差排，同時具有刃差排及螺旋差排兩種形式。

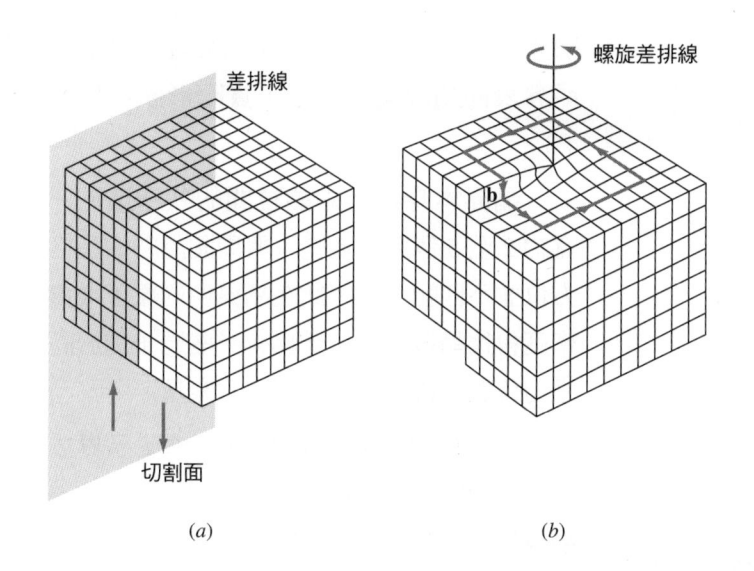

圖 4.20 螺旋差排的形成。(a) 完美晶體被一平面切割而分割，並被施加向上及向下的剪應力因而形成 (b) 中的螺旋差排；(b) 螺旋差排的滑動或布格向量與差排線平行。
(Source: M. Eisenstadt, *Introduction to Mechanical Properties of Materials: An Ecological Approach*, 1st ed., ©1971.)

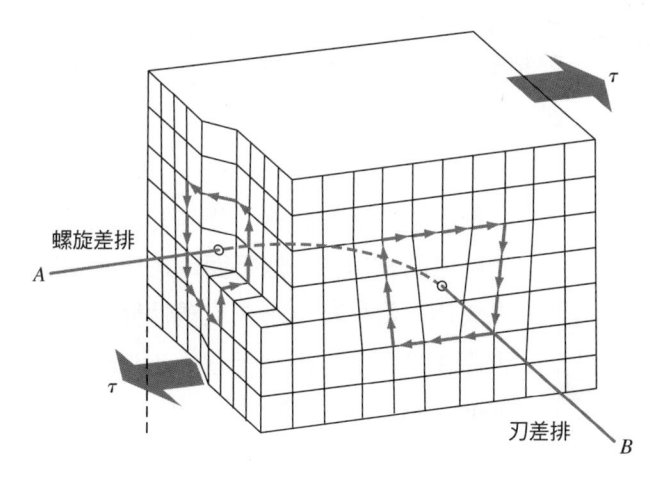

圖 4.21 晶體內的混合差排。當差排線 AB 進入晶體時，左邊為純的螺旋差排，當它離開晶體時，右邊為純的刃差排。
(Source: Wulff et al., *Structure and Properties of Materials*, Vol. III, H. W. Hayden, L. G. Moffatt, and J. Wulff, *Mechanical Properties*, Wiley, 1965, p. 65.)

4.4.3 面缺陷

　　面缺陷包括外表面、**晶界** (grain boundary)、**雙晶** (twin)、**低角度晶界** (low-angle boundary)、**高角度晶界** (high-angle boundary)、**扭轉** (twist) 及 **疊差** (stacking fault)。任何材料的外表面是最常見的面缺陷。外表面被認為是缺陷的原因是表面原子只有一邊能和其他原子鍵結，因此鄰近原子較少，也因此和內部原子相較之下，能量較高，使得表面較易受到腐蝕或與環境中的元素反應。這點更顯示出缺陷對材料行為的重要。

　　分隔不同晶向的晶粒 (結晶) 之晶界是多晶材料的面缺陷。金屬的晶界是在固化過程中，同時由不同核所生長出的晶粒相遇所形成 (圖 4.2)。晶界的形狀受

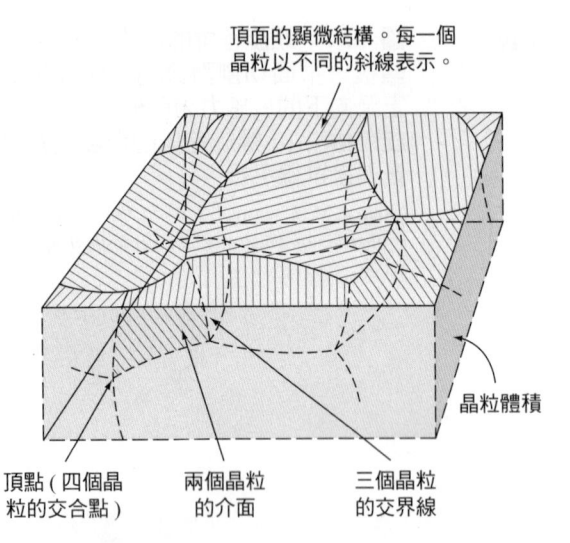

圖 4.22 圖中顯示結晶材料的二維空間顯微結構與下方三維空間網絡的關係。任一晶粒只有總體積與總面積的一部分被顯示出來。

(Source: A.G. Guy, *Essentials of Materials Science*, McGraw-Hill, 1976.)

圖 4.23 黃銅晶粒結構中的雙晶界。
(©McGraw-Hill Education)

限於鄰近晶粒的生長。約略等軸晶粒結構的晶界表面如圖 4.22 所示，實際形狀可見圖 4.3。

晶界本身是在兩晶粒間的狹窄區域，寬約 2 至 5 個原子直徑，與周圍晶粒的晶格方位並不匹配，也因此在晶界中的原子堆積密度會比晶粒低。晶界也有一些原子處於高應力位置，會提高晶界區域的能量。

晶界的高能量以及鬆散結構使晶界成為成核與析出較易發生之處 (見 9.5 節)。晶界較差的原子排列也讓原子得以在晶界區域擴散得更快。在一般溫度下，晶界也會限制塑性流動，因為差排在晶界區域很難移動。

雙晶或雙晶界 (twin boundary) 是另一種二維缺陷的範例。雙晶的定義是一個區域的結構在一個平面或邊界兩邊存在鏡相。當材料為永久或塑性變形時，會產生雙晶界 (形變雙晶，deformation twin)。雙晶界也會在再結晶過程中出現，在其中，原子會在變形的晶體 (退火雙晶，annealing twin) 中調整位置，但這種情況只會發生在一些 FCC 結構的合金中。黃銅的退火雙晶顯微結構顯示於圖 4.23。雙晶邊界會成對出現。類似於差排，雙晶可提昇材料的強度。在 6.5 節中會提供雙晶界更仔細的解釋。

當一列刃差排在晶體中的排列看似會造成晶體變異或是傾斜兩個晶界 (圖 4.24a) 時，會產生一個二維缺陷，稱為小角度傾斜晶界 (small-angle tilt boundary)。當螺旋差排產生一個小角度扭轉晶界 (small-angle twist boundary) 時，如圖 4.24b，也會發生類似的現象。小角度晶界的相差角 θ 通常不會超過 10 度，但會

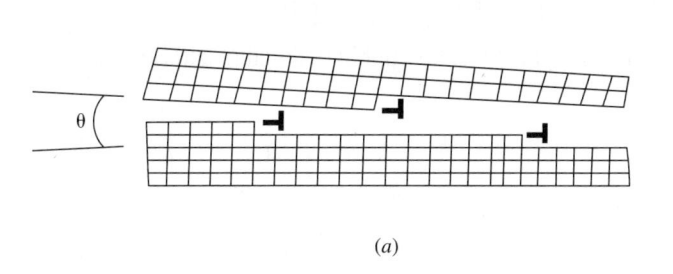

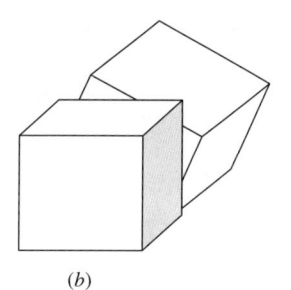

圖 4.24 (a) 一列刃差排形成小角度傾斜晶界；(b) 小角度扭轉晶界。

隨著小角度晶界(傾斜或扭轉)的差排密度增加而變大。如果 θ 超過 20 度，邊界就不再稱為小角度晶界，而是一般晶界。類似於差排與雙晶，小角度晶界是局部晶格扭曲產生的高能量區域，可強化金屬。

於 3.8 節已經討論過由原子平面堆積所形成的 FCC 和 HCP 晶體結構，其中堆疊順序 *ABABAB*…… 為 HCP 晶體結構，而堆疊順序 *ABCABCABC*…… 為 FCC 晶體結構。當結晶質材料在生長時，空位團簇有時會崩解，差排有時會交互作用，導致一個或多個堆疊平面消失，產生另一種二維平面的缺陷，稱為疊差 (stacking fault) 或堆疊錯誤 (piling-up fault)。*ABCAB**A**ACB**A**BC* 和 *ABAA**BB**AB* 類型的疊差分別在常見於 FCC 及 HCP 結構(粗體字平面代表缺陷)。疊差缺陷通常也能強化材料。

重要的是要注意，一般來說，這裡討論的二維缺陷，晶界在強化金屬最有效；然而，疊差、雙晶界和小角度傾斜晶界通常也起到類似的作用。這些缺陷傾向於強化金屬的原因將在第 6 章中詳細討論。

4.4.4 體缺陷

當點缺陷結合而產生三維空孔 (void) 或洞 (pore) 時，即形成了體缺陷 (volume defect) 或三維缺陷 (three-dimensional defect)。相反地，一群雜質原子也可能結合而形成三維析出。體缺陷可能小至幾奈米，大至幾公分，甚至更大。這些缺陷對材料的行為和性質有極大影響。最後，三維缺陷或體缺陷的觀念可以延伸至多晶材料中的非晶區域。這些材料已在第 3 章稍作介紹，也會在後面的章節中更廣泛地討論。

■ 4.5 識別微結構及缺陷的實驗技巧
Experimental Techniques for Identification of Microstructure and Defects

材料科學家和工程師會基於材料的微結構、缺陷、微量成分以及其他內部結構來研究及了解它們的行為。儀器分析的量度範圍由微米到奈米都有。本章將討論光學金相學、掃描式電子顯微鏡、穿透式電子顯微鏡、高解析穿透式電子顯微鏡和掃描探針顯微鏡等技術，以了解材料的內部和表面特性。

4.5.1 光學金相學、ASTM 晶粒尺寸與晶粒直徑測定法

光學金相學技術 (optical metallography technique) 被用來研究材料在微米級的形貌與內部結構 (放大倍數約 2000 倍)。有關晶粒尺寸、晶界、各種相的存在、內部損壞、一些缺陷等定性和定量的資訊可用光學金相學技術取得。首先，待觀測材料 (例如金屬或陶瓷) 的表面要透過詳細且冗長的過程先準備。準備過程包括多次表面研磨階段 (通常是四次)，以便去除樣本表面較大刮痕及塑性變形薄層。接下來為拋光階段 (通常是四次)，以去除剩餘的微小刮痕。表面的品質對結果非常重要；一般來說，最後的成品必須為光滑如鏡面般的表面。這些步驟對於減少表面形貌的對比十分必要。然後，拋光後的表面會暴露於化學蝕刻劑。蝕刻劑的選擇和蝕刻時間 (樣本與蝕刻劑接觸的時間) 非常關鍵，會依材料而定。位於晶界的原子蝕刻速率會比晶粒內部的要更快，因為晶界的原子能階較高 (缺乏緊密堆積)。蝕刻劑會沿著晶界處產生極小凹槽。然後，準備好的樣本會放在金相顯微鏡 (倒置顯微鏡) 下，用可見入射光觀察，如圖 4.25 所示。當入射光在光學顯微鏡中照射到樣本時，凹槽反射的光強度比由晶粒所反射的弱 (圖 4.26)，因此看起來像是深色線條，也顯示出晶界 (圖 4.27)。此外，雜質、其他存在的相及內部缺陷對蝕刻劑的反應都不同，也都可在顯微照相下觀察到。總而言之，此技術可提供許多有關材料的定性資訊。

除了從顯微照片中得到的定性資訊外，還有一

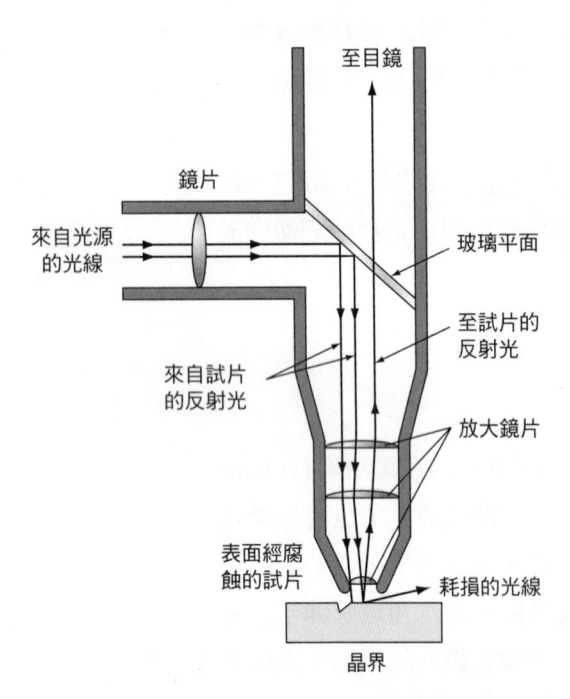

圖 4.25 圖中顯示光如何自經拋光及蝕刻的金屬樣本表面反射出去。蝕刻後的晶界表面無法反射光線。

(Source: M. Eisenstadt, *Mechanical Properties of Materials*, Macmillan, 1971, p. 126.)

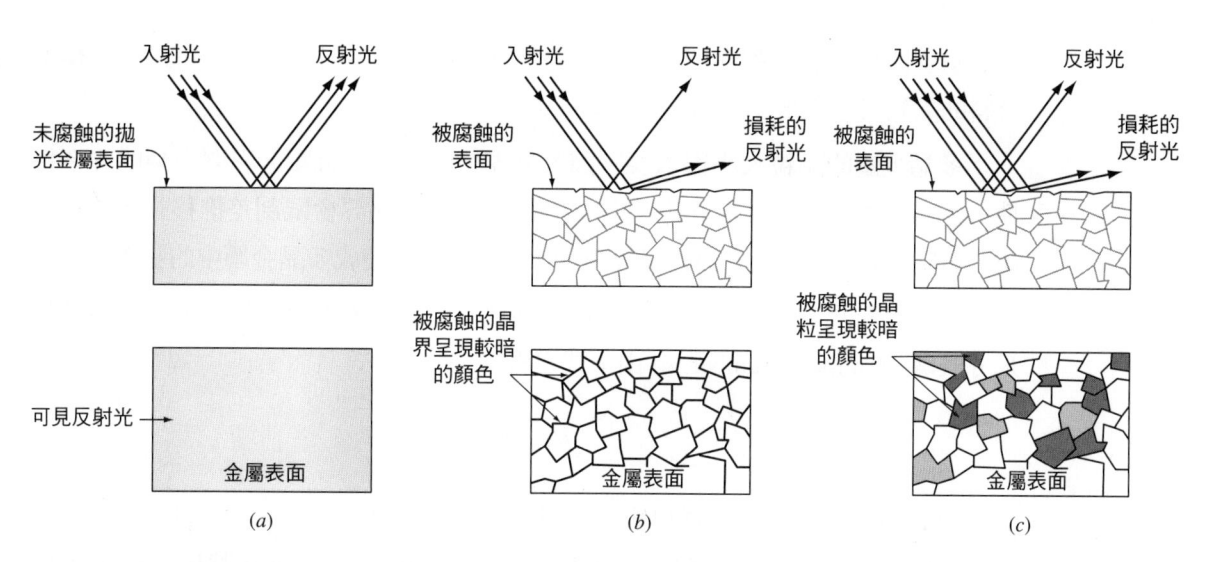

圖 4.26 將拋光的鋼金屬樣本表面進行蝕刻,並用光學顯微鏡觀察顯微結構被蝕刻所造成的影響。(a) 剛拋光好時,觀察不到任何顯微結構特徵;(b) 蝕刻低碳鋼後,只有晶界會被化學溶劑嚴重侵蝕,因此晶界在光學顯微結構下看起來像是深色線條;(c) 蝕刻一拋光的中碳鋼樣本後,較暗(波來鐵)和較亮(肥粒鐵)的區域皆可在顯微結構下觀察到。較暗的波來鐵區域因為被蝕刻劑侵蝕得比較嚴重,所以無法反射太多光線。

(Source: Eisenstadt, M., *Introduction to Mechanical Properties of Materials: An Ecological Approach*, 1st ed., ©1971.)

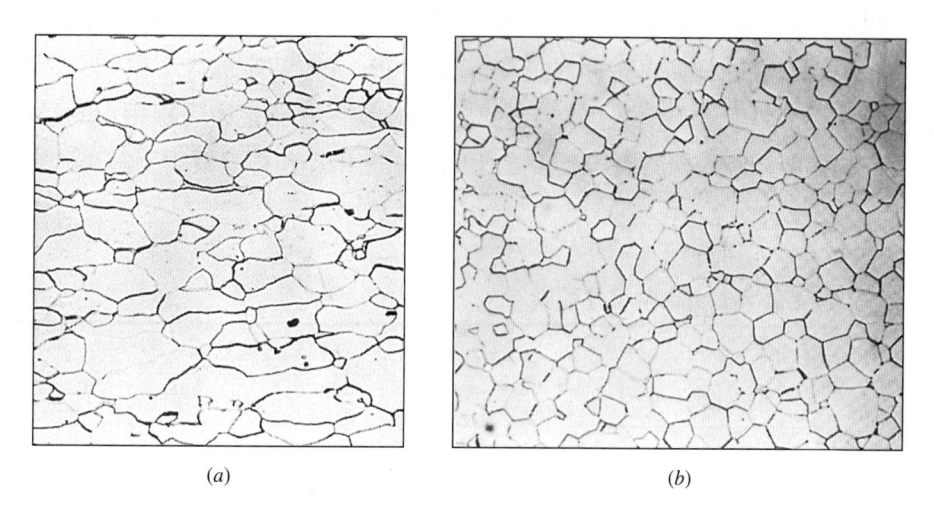

圖 4.27 在光學顯微鏡下,經拋光及蝕刻的樣本呈現出的表面晶界。(a) 低碳鋼(放大倍率 100×);(b) 氧化鎂(放大倍率 225×)。

(©ASM International, (b) Courtesy of The American Ceramic Society)

些定量資訊也可能被觀察到。從用這項技術所取得的顯微照片中，可以得到樣本材料的晶粒尺寸和平均粒徑。

多晶金屬的晶粒大小很重要，因為晶界表面的數量會顯著影響金屬的許多特性，尤其是強度。溫度較低時 (低於熔點的一半)，晶界會限制差排移動而強化金屬。溫度較高時，可能會發生晶界滑動，而晶界可能變成多晶金屬中的脆弱區域。

測量晶粒尺寸的一種方法是美國材料與試驗協會 (ASTM) 的方法，其中**晶粒尺寸號碼** (grain-size number, n) 由下式定義：

$$N = 2^{n-1} \tag{4.7}$$

其中 N 是拋光和蝕刻後的材料表面上每平方吋內的晶粒數，放大倍數為 100 倍。n 是整數，稱為 ASTM 晶粒尺寸號碼。表 4.2 列出了晶粒尺寸號碼、放大倍數為 100 倍時每平方吋中標稱的晶粒個數，以及 1 倍時每平方公厘中標稱的晶粒個數。圖 4.28 顯示了低碳鋼板樣品的標稱晶粒尺寸的一些例子。一般來說，當 $n < 3$ 時，可以將材料歸類為粗粒度；$4 < n < 6$，中等粒度；$7 < n < 9$，細粒，以及 $n > 10$，超細晶粒。

評估材料晶粒尺寸更直接的方法是確定實際平均晶粒直徑。這比 ASTM 晶粒尺寸號碼還具有明顯的優勢，因為實際上 ASTM 晶粒尺寸號碼並沒有提供關於晶粒實際尺寸的任何直接訊息。在該方法中，先以特定放大率得到顯微照片，然後在顯微照片上繪製一段隨機且已知長度的線。在確定與該線相交的晶粒數後，即可決定晶粒數與線的實際長度之比例為 n_L。平均粒徑 d 使用下式來確定

表 4.2　STM 晶粒尺寸號碼

晶粒尺寸號數	標稱晶粒數	
	每平方公厘 (1 倍)	每平方吋 (100 倍)
1	15.5	1.0
2	31.0	2.0
3	62.0	4.0
4	124	8.0
5	248	16.0
6	496	32.0
7	992	64.0
8	1980	128
9	3970	256
10	7940	512

(Source: *Metals Handbook*, vol. 7, 8th ed., American Society for Metals, 1972, p. 4.)

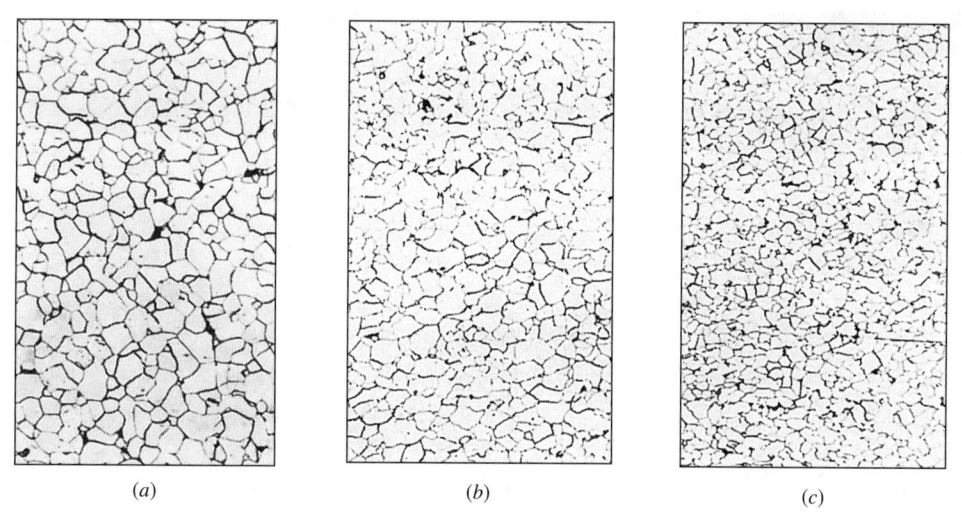

圖 4.28　幾種標稱 ASTM 晶粒尺寸的低碳鋼板：(a) 編號 7，(b) 編號 8，和 (c) 編號 9 (蝕刻劑：硝酸鹽；放大 100×)。
((a-c): ©ASM International)

$$d = C/(n_L M) \tag{4.8}$$

其中 C 是常數 (一般微結構的 C = 1.5)，M 是拍攝顯微照片的放大倍數。

■ 例題 4.4

ASTM 晶粒尺寸是利用放大倍率為 100 倍的金屬顯微照片來判定。若每平方吋內有 64 個晶粒，則 ASTM 晶粒尺寸號數為何？

解

$$N = 2^{n-1}$$

其中 N = 放大倍率為 100 倍時，每平方吋的晶粒數
　　　n = ASTM 晶粒尺寸號數

因此，

$$64 \text{晶粒}/\text{in}^2 = 2^{n-1}$$
$$\log 64 = (n-1)(\log 2)$$
$$1.806 = (n-1)(0.301)$$
$$n = 7 \blacktriangleleft$$

例題 4.5

若放大倍率為 200 倍的金屬顯微照片內，每平方吋有 60 個晶粒，則 ASTM 晶粒尺寸號數為何？

解

若在放大倍率為 200 倍時，每平方吋有 60 個晶粒，則在 100 倍時，可得

$$N = \left(\frac{200}{100}\right)^2 (60 \text{ 晶粒}/\text{in}^2) = 240 = 2^{n-1}$$

$$\log 240 = (n-1)(\log 2)$$
$$2.380 = (n-1)(0.301)$$
$$n = 8.91 \blacktriangleleft$$

注意，放大倍數變化的比值必須先平方，因為所考慮的是每平方吋的晶粒數。

4.5.2 掃描式電子顯微鏡

掃描式電子顯微鏡 (scanning electron microscopy, SEM) 是材料科學與材料工程的重要工具，能用來量測材料的微觀特徵、分析斷裂、研究微結構、評估薄膜、檢測表面污染和分析失效。不同於光學顯微鏡會用可見入射光來觀察樣本表面，SEM 是將電子束直接轟擊至樣本表面的特定點，並收集及顯示由樣品釋放出的電子訊號。圖 4.29 顯示掃描式電子顯微鏡原理與操作。基本上，電子槍會在真空中產生電子束，然後瞄準轟擊樣本表面的一小點。掃描線圈使得電子束可在試片表面小範圍地掃描，低角度背像散射電子與表面的起伏交互作用後產生二次[7]背像電子，然後產生電子訊號，進而產生影像，其景深可達光學顯微鏡的 300 倍 (10,000 倍直徑放大倍率時約 10 μm)。許多 SEM 儀器的解析度大約是 5 nm，而放大倍率範圍從 15 倍到 100,000 倍不等。

SEM 對檢視金屬斷裂表面時的材料分析特別有用。圖 4.30 顯示一張晶粒間腐蝕斷裂面的 SEM 斷口顯像。SEM 斷口顯像可用來判定破裂面是沿晶 (沿著晶界)、穿晶 (穿越晶粒)，或是兩者混合。使用標準 SEM 進行樣品分析時，樣本表面通常會鍍上一層金或是其他重金屬材料以獲得更好的解析度及訊號品質，這對

---

[7] 二次電子是在由來自電子束的一次電子撞擊之後從目標金屬原子噴射出的電子。

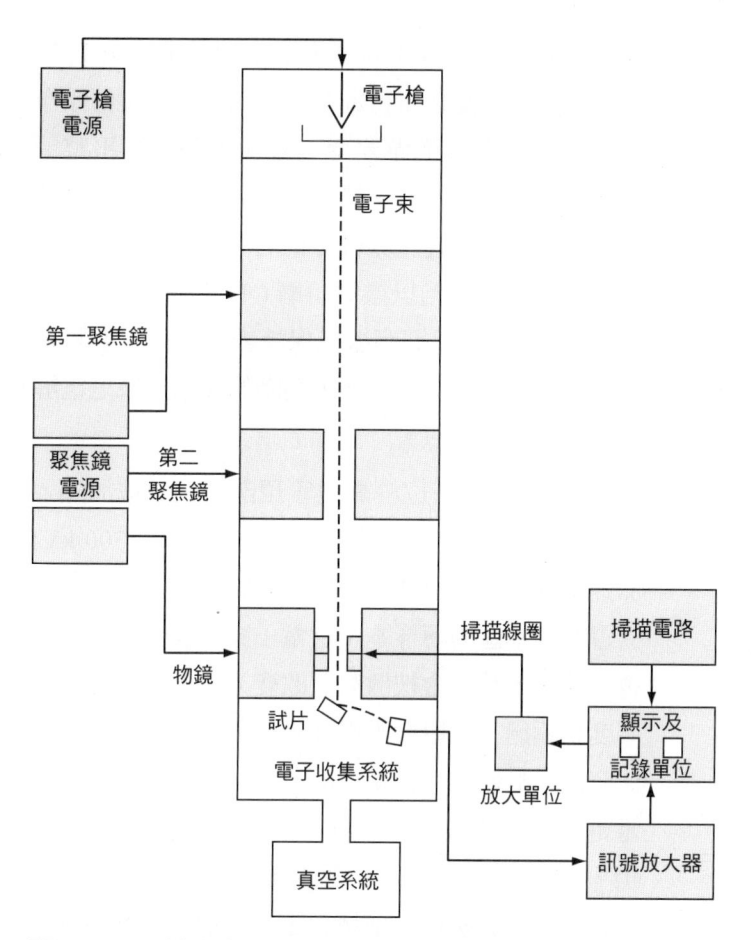

圖 4.29 掃描式電子顯微鏡的基本構造圖。
(Source: V. A. Phillips, *Modern Metallographic Techniques and Their Applications*, Wiley, 1971, p.425)

圖 4.30 掃描式電子顯微鏡影像，拍攝處為 304 型不鏽鋼厚壁管臨近環狀焊接處之粒間腐蝕斷裂面的斷口 (放大倍率為 180×)。
(©ASM International.)

於非導電材料的樣本而言尤其重要。當 SEM 另配有 X 光光譜儀時，也可獲得有關樣本成分的定性及定量資料。

4.5.3 穿透式電子顯微鏡

穿透式電子顯微鏡 (transmission electron microscopy, TEM)(圖 4.31) 是可以分析材料缺陷和析出物 (二次相) 的重要技術。若沒有使用解析度是在奈米尺度的 TEM 證實，很多對缺陷的認知只能根據理論推測。

類似差排的缺陷可以在 TEM 的螢幕上看到。不同於光學顯微鏡和 SEM 的簡單樣本備製過程，TEM 的樣本備製過

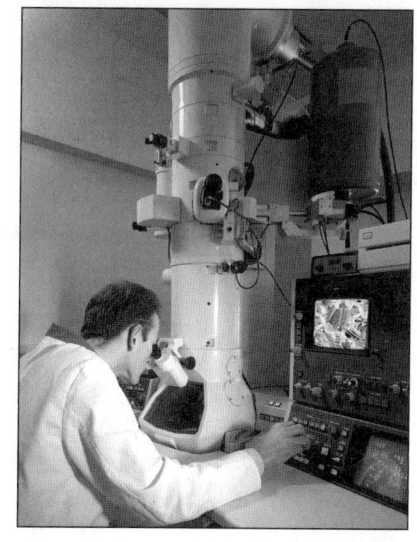

圖 4.31 研究人員利用電子顯微鏡觀察樣本。
(© Steve Allen/Brand X Pictures)

程不僅複雜，還需要高度專業化的設備。用 TEM 分析的樣品厚度必須為數百奈米以下，依設備操作電壓而定。樣本不僅要薄，表面也需平行平整。因此，一塊 3～0.5 mm 厚的樣本會用放電加工及旋轉鋼絲鋸等方式從塊材材料上切下來。接著，切下來的樣本再透過以機械研磨（有研磨劑輔助）至 50 μm，同時使用細磨拋光保持表面平行。要將樣本處理製更薄可採用其他更高階的技術，像是電解拋光或離子束減薄。

在 TEM 中，位於真空管頂部的鎢絲被加熱，所產生電子束被高電壓（通常是從 100～300 kV）加速通過真空管，然後被電磁線圈集中，並且穿透置於樣本區的薄樣本。當電子穿透樣本時，有些會被吸收，有些會被散射而改變方向。此處的樣本厚度是關鍵：太厚會因過度吸收和散射而使電子無法穿透。晶體中原子排列的差異會造成電子散射。當電子束穿透樣本後，會用物鏡線圈（磁透鏡）聚焦，然後被放大投射於螢光幕（圖 4.32）。圖像可以藉由收集直接電子或散射電子來形成。選擇收集直接電子或散射電子是靠一個插入物鏡後背對焦平面的光圈來決定。如果穿過光圈的是直接電子，所產生的影像稱為明視野影像；如果是散射電子，所產生的影像則稱為暗視野影像。

在明視野模式中，金屬樣本中電子散射角度更大的區域在螢幕上會顯現深色。因此，線性原子排列不規則的差排在電子顯微鏡螢幕上會看似深色線條。在 −195°C 且變形 14% 的薄鐵片的差排結構之 TEM 照片如圖 4.33 所示。

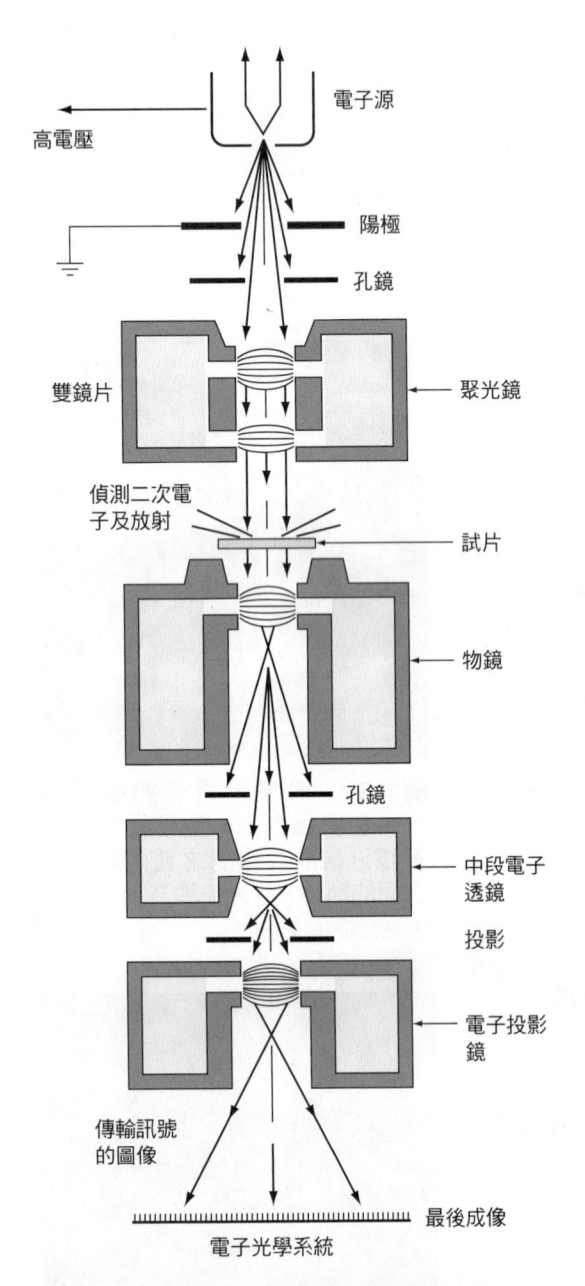

圖 4.32 穿透式電子顯微鏡的電子成像系統之示意圖。所有透鏡皆封閉在一圓柱體內，圓柱體在操作其間保持在真空環境。箭頭表示從電子源產生電子束到最後形成投影穿透影像的路徑。一薄樣品置於聚焦鏡及物鏡之間，樣本薄到足以讓電子束穿透。

(Source: L.E. Murr, *Electron and Ion Microscopy and Microanalysis*, Marcel Decker, 1982, p. 105.)

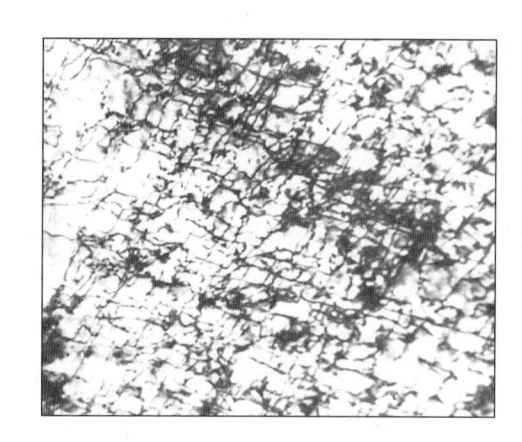

圖 4.33　在 −195°C 且變形 14% 的薄鐵片的差排結構。差排看起來像深色線條，這是因為電子會沿著差排的不規則原子排列散射所致 (薄金屬樣本；放大倍率 40,000×)。
(©ASM International)

4.5.4　高解析穿透式電子顯微鏡

　　高解析穿透式電子顯微鏡 (high-resolution transmission electron microscopy, HRTEM) 是另一種分析晶體缺陷和結構的重要工具。它的解析度約為 0.1 nm，可觀察到原子級的晶體結構和缺陷。我們用矽來說明這種等級解析度可觀察到的晶體結構：矽單位晶胞的晶格常數約為 0.543 nm，比 HRTEM 所能提供的解析度大 5 倍。HRTEM 的基本原理和 TEM 很像，只是樣本厚度必須更薄，約 10 ~ 15 nm。在某些情況下，有可能觀察到帶有缺陷晶體的二維投影。若要如此，薄樣本需要傾斜，使得平面的低指數方向和電子束的方向 (原子位於彼此的正上方) 相互垂直。繞射圖紋代表了二維電子的週期位勢。所有來自繞射光束及主光束的干射被物鏡聚集後，提供了週期位勢的加大影像。圖 4.34 顯示氮化鋁薄膜裡的數個差排 (以「d」標示) 和疊差 (以箭頭標示) 的 HRTEM 影像。圖中不受干擾區域 (左下) 中原子的週期排列清晰可見。差排造成了波浪般的原子結構。像是差排和疊差等缺陷對原子結構所造成的擾動可以被清楚觀察。要注意的是，由於 HRTEM 物鏡的本身限制，定量分析不容易準確，且必須謹慎處理。

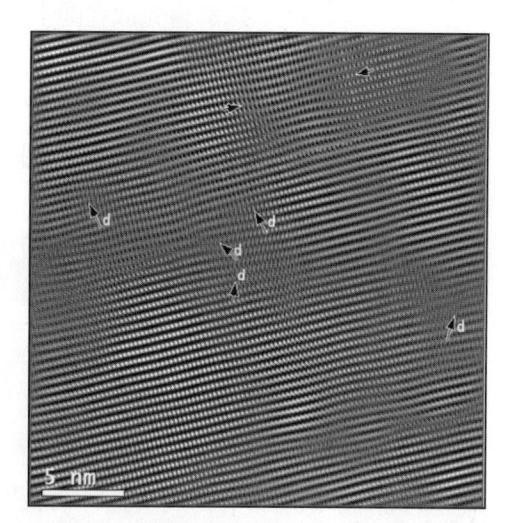

圖 4.34　氮化鋁 AℓN 原子結構的 HRTEM 影像圖。此影像顯示了兩種缺陷：(a) 差排，以箭頭和字母 d 表示；(b) 疊差，以兩個方向相反的箭頭所指之處 (在此影像的最上方)。
(Courtesy of Dr. Jharna Chavdhuri)

4.5.5 掃描探針顯微鏡與原子解析度

掃描穿隧顯微鏡 (scanning tunneling microscopy, STM) 和原子力顯微鏡 (atom force microscope, AFM) 是兩種近期開發出來的工具，讓科學家能夠去觀測原子等級的材料影像。所有這些有類似功能的儀器通稱為掃描探針顯微鏡 (scanning probe microscopy, SPM)，能將表面次奈米尺度的特徵放大，產生原子尺度的表面形貌圖形。這些儀器在許多科學領域都有重要的應用，包括但不僅限於表面科學 (其中原子的排列及其鍵合很重要)、度量衡學 (需要分析材料的表面粗糙度)，以及奈米技術 (可以控制單個原子或分子的位置，並可以研究新的奈米級現象)。討論這些系統它們如何運作、它們提供的信息的性質以及它們的應用是恰當的。

掃描穿隧顯微鏡　　IBM 的研究人員 G. Binnig 和 H. Rohrer 在 1980 年代初開發了掃描穿隧顯微鏡 (STM) 技術，並因此於 1986 年獲得諾貝爾物理學獎。此技術使用非常尖銳的探針來探測樣品表面 (圖 4.35)；探針傳統上為金屬 (如鎢、鎳、鉑-銥、金)，而最近開始採用奈米碳管 (見 11.2.12 節) 來探測樣品表面。

探針會先放在離樣本表面約一個原子直徑長度 ($\cong 0.1$ nm ~ 0.2 nm) 的距離。由於距離近，探針尖端原子的電子雲會和樣本表面的電子雲相互作用。此時，若在尖端與樣本表面施加小幅電壓，電子會突破兩者間的空隙，產生可被監測到的小電流。樣本通常會在超高真空下分析，以免表面受到污染和氧化。

產生的電流對樣品表面和探針尖端間的間隙大小非常敏感，任何微小變化都會使電流指數性的增加。因此，尖端對表面的位置再小的改變 (小於 0.1 nm) 都會被檢測到。當探針位在原子的正上方 (電子雲上) 時可量測電流大小。探針在原子上方及原子間凹處移動時，電流維持固定不變，也就是固定電流模式 (圖 4.36a)。此時，探針尖端的垂直位置會被調整，而所需要的位移過程可用來描繪出表面。表面也可以使用固定高度模式來描繪，也就是固定探針尖端和樣本表面間的距離，而監測電流的變化 (圖 4.36b)。使用 STM 所能觀察到的影像品質非常高，可由白金表面的 STM 影像得知 (圖 4.37)。

很明顯地，尖端直徑必須為一個原子的範圍才能保持原子級的解析度。一般使用的金屬尖端在掃

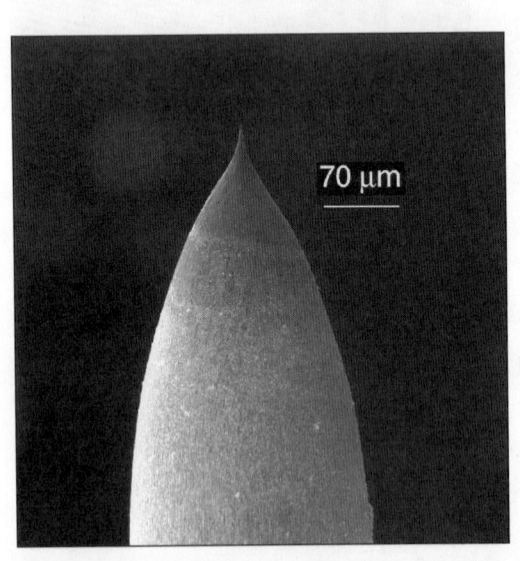

圖 4.35　由鉑-鐵合金製成的 STM 探針；探針尖端是運用化學蝕刻技術來削尖。
(Courtesy of Molecular Imaging Corp.)

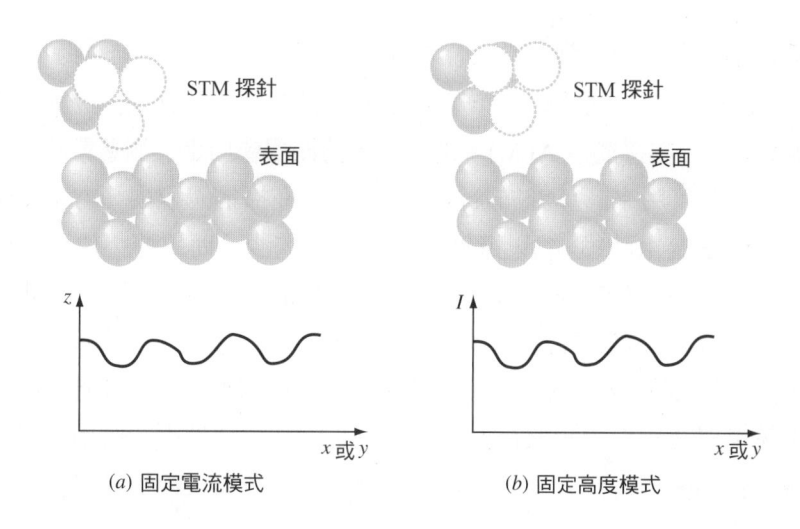

圖 4.36 圖示 STM 的操作模式。(a) 調整尖端的 Z 坐標以維持固定電流 (記錄下 Z 坐標的調整)；(b) 調整尖端的電流以維持固定高度 (記錄下電流的調整)。

(a) 固定電流模式

(b) 固定高度模式

圖 4.37 白金表面的 STM 影像顯示品質相當高的原子解析度。
(Courtesy of Almaden Research Center)

描過程中很容易磨損和損壞，使得影像品質降低。最近，因為奈米碳管的纖細結構和強度，STM 和 AFM 開始使用直徑約為一至數十奈米的奈米碳管作為奈米探針。STM 主要用來量測表面形貌，不會提供材料鍵結和性質等量化資訊。由於儀器的功能是基於產生和監測微量電流，因此只能描繪出能導電的材料表面，包括金屬和半導體。然而，科學界希望研究的材料有許多並不導電，像是生物材料或聚合物，因此無法使用這種方法分析。此時可以應用 AFM 於不導電的材料上。

原子力顯微鏡　AFM 和 STM 很像，都是利用探針尖端探測表面。不過，AFM 的探針是接在小型懸臂上。當尖端與樣本表面交互作用時，作用於探針的力(凡德瓦力)會使懸臂偏向。這種相互作用可能是一種短距離排斥力(接觸型 AFM)或是長距離吸引力(非接觸型 AFM)。雷射和光偵測器會用來監測懸臂的偏向，如圖 4.38 所示。偏向可用來計算施加於探針上的力。在掃描過程中，力量會保持固定(如 STM 中的固定電流模式)，探針的位移會被監測，而這些小位移則會被用來獲得表面形貌。不同於 STM，AFM 不需靠通過探針的穿隧電流，因此適用於所有材料，甚至是絕緣體。這是 AFM 的主要優勢。目前有許多其他以 AFM 為基礎的技術，提供了多種成像模式並應用於不同領域，像是 DNA 研究、臨場材料腐蝕監測、臨場聚合物退火和聚合物塗層技術。因為這種技術的應用使得上述所提到的領域及其問題已得到大幅的加強及改善。這些技術大幅提升了我們對這些領域的基本了解。

了解先進材料在原子尺度上的行為推動了高解析度電子顯微鏡技術的發展，這反過來又為新材料的開發提供了機會。電子顯微鏡和掃描探針顯微鏡技術在奈米技術和奈米結構材料中是特別重要的。

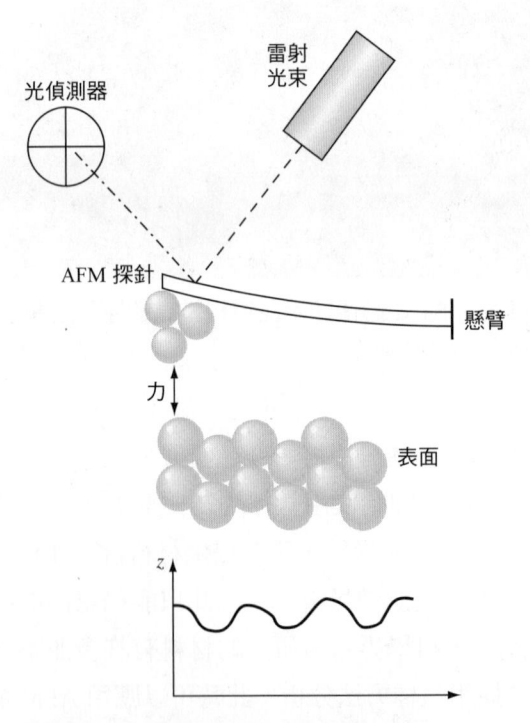

圖 4.38 原子力顯微鏡技術示意圖。

4.6 總結 Summary

　　大多數金屬和合金都熔化並鑄造成半成品或成品形狀。在金屬凝固成鑄件的過程中，形成的核會成長為晶粒，形成具有多晶結構的固化鑄造金屬。對於大多數工業應用，需要非常小的晶粒尺寸。晶粒大小可以通過 ASTM 晶粒尺寸號碼 n 間接決定，或者通過找到平均粒徑來直接決定。大型單晶很少在工業上製造。然而，一個例外是為半導體工業生產的大型單晶矽。對於這種材料，必須使用特殊的凝固條件，並且矽必須具有非常高的純度。

　　所有的晶體材料中都存在晶體缺陷，即使在原子或離子尺寸也是如此。金屬中的空位可以用原子的熱擾動來解釋，並且被認為是平衡晶格缺陷。錯位(線缺陷)發生在金屬晶體中並且在凝固過程中大量產生。錯位不是平衡缺陷，因為它們增加了金屬的內能。可以在穿透電子顯微鏡中觀察到錯位的影像。晶界是金屬中的一種面缺陷，其在凝固期間由不同取向的晶體彼此相遇而成。其他幾個會影響材料特性的重要缺陷類型是雙晶界、低角度晶界、大角度晶界、扭轉晶界、疊差和析出物。

　　材料科學家和工程師使用高科技儀器來了解材料的內部結構(包括缺陷結構)、行為和失效。金相、SEM、TEM(HRTEM)和 SPM 等儀器可以分析從宏觀到奈米範圍的材料。沒有這樣的儀器，了解材料的行為是不可能的。

4.7 名詞解釋 Definitions

4.1 節

- **核** (nuclei)：因為相變化(如固化)所形成的新相小顆粒，可持續成長至相變化完成為止。
- **均質成核** (homogeneous nucleation)(**於金屬固化**)：純金屬內新生成的微小固相區域(稱為核)，可持續成長至固化完成。純且均勻的金屬會提供生成核所需要的原子。
- **胚** (embryo)：因為相變化(例如固化)所形成的新相小顆粒，比臨界半徑還小，也可能再熔解。
- **核的臨界半徑 r^*** (critical radius r^* of nucleus)：核作用所形成的新相顆粒得以成為穩定核所需要的最小半徑。
- **異質成核** (heterogeneous nucleation)(**於金屬固化**)：在固體雜質介面所形成的新固相微小區域(稱為核)。在特定溫度下，此雜質會降低某些穩定核的臨界半徑。
- **晶粒** (grain)：多晶體內中的一個晶粒。
- **等軸晶粒** (equiaxed grain)：具有任意結晶方向，且在所有方向的晶粒都大致相同。
- **柱狀晶粒** (columnar grains)：固化多晶結構中的細長且薄的晶粒。在固化過程中，當熱流動緩慢且方向一致時，這些晶粒會在固化金屬鑄錠內形成。

4.2 節

- **多晶結構** (polycrystalline structure)：包含許多晶粒的結晶結構。

4.3 節

- **合金** (alloy)：兩種 (含) 以上的金屬或金屬與非金屬的混合物。
- **固溶體** (solid solution)：兩種 (含) 以上的金屬的合金，或金屬與非金屬的單相原子混合物。
- **置換型固溶體** (substitutional solid solution)：某溶質元素原子可取代某溶劑原素原子的固溶體。例如，在 Cu–Ni 固溶體中，銅原子可於固溶體晶格內取代鎳原子。
- **間隙型固溶體** (interstitial solid solution)：溶質原子可進入溶劑原子晶格間隙或空洞的固溶體。

4.4 節

- **空位** (vacancy)：晶格內的點缺陷，其中某原子位置並無原子占據。
- **間隙；自我間隙** (interstitialcy; self-interstitial)：晶格內的點缺陷，與基材晶格相同的原子位於基材原子間的間隙位置。
- **蕭特基缺陷** (Schottky imperfection)：離子晶體的點缺陷，其中一個陽離子空位與一個陰離子空位有關聯。
- **法蘭克缺陷** (Frenkel imperfection)：離子晶體內的點缺陷，其中一個陽離子空位與一個間隙型陽離子有關聯。
- **差排** (dislocation)：結晶固體中沿直線產生晶格扭曲的缺陷。圍繞差排的原子位移距離稱為滑動向量或布格向量 **b**。對刃差排來說，滑動向量與差排線相互垂直；對螺旋差排來說，滑動向量與差排線相互平行；同時包含刃差排與螺旋差排的差排稱為混合差排。
- **晶界** (grain boundary)：多晶材料內把不同方位晶體 (晶粒) 分開的一種表面缺陷。
- **雙晶界** (twin boundary)：具有鏡相錯位的晶體結構，被視為一種表面缺陷。
- **低角度晶界** (small-angle boundary; tilt)：因差排陣列在晶體中形成小角度的不匹配。
- **扭轉晶界** (twist boundary)：因螺旋差排陣列存在所造成的晶體不匹配。
- **疊差** (stacking fault)：原子平面不適當堆積所造成的表面缺陷。

4.5 節

- **晶粒尺寸號碼** (grain-size number)：在特定放大倍率下，每單位面積中的標稱的 (平均的) 晶粒個數。
- **掃描式電子顯微鏡** (scanning electron microscopy, SEM)：一種透過電子撞擊並以高倍率觀察材料表面的儀器。
- **穿透式電子顯微鏡** (transmission electron microscopy, TEM)：一種透過電子穿透材料薄膜以研究內部結構缺陷的儀器。
- **高解析穿透式電子顯微鏡** (high-resolution transmission electron microscopy, HRTEM)：建立在穿透式電子顯微鏡上的一種技術，但使用更薄的樣本而取得更高的解析度。
- **掃描探針顯微鏡** (scanning probe microscopy, SPM)：像是 STM 和 AFM 的顯微鏡技術，能在原子級程度描繪出材料表面形貌。

4.8 習題 Problems

知識及理解性問題

4.1 以晶體成核和晶體生長的方式來描述和說明純金屬的凝固過程。

4.2 在金屬的凝固過程中，胚與核之間有什麼區別？凝固為顆粒的臨界半徑是多少？

4.3 區分固化金屬結構中的等軸晶粒和柱狀晶粒。

4.4 半導體工業的大型單晶矽是如何生產的？

4.5 描述間隙位置，並在立方單元晶格中指出各種分類以及各自的配位數。

4.6 描述和說明下列面缺陷：(a) 雙晶界，(b) 小角度傾斜晶界，(c) 低角度扭轉晶界，(d) 外表面，和 (e) 疊差。對於每個缺陷，請記錄其對材料屬性的影響。

4.7 為什麼在光學顯微鏡中容易觀察到晶界？

4.8 如何透過 ASTM 方法測量多晶材料的晶粒尺寸？

4.9 描述各種晶粒大小範圍。這些範圍能告訴你有關金屬的資訊是什麼？

4.10 解釋如何使用已知放大倍數的顯微鏡照片來測量金屬的平均晶粒大小。

應用及分析問題

4.11 當發生均質成核時，計算純鉑的核的臨界尺寸 (半徑)。

4.12 (a) 計算 BCC α 鐵晶格中最大間隙空隙的半徑。該晶格中鐵原子的原子半徑為 0.124 nm，最大的間隙空隙發生在 $(\frac{1}{4}, \frac{1}{2}, 0); (\frac{1}{2}, \frac{3}{4}, 0); (\frac{3}{4}, \frac{1}{2}, 0); (\frac{1}{2}, \frac{1}{4}, 0)$ 等位置。(b) 如果一個鐵原子占據這個間隙，那麼它將擁有多少個鐵原子的鄰居？換句話說，它的配位數是多少？

4.13 如果一個金屬在 100 倍的顯微鏡照片上每平方吋有 300 個顆粒，那麼它的 ASTM 晶粒尺寸號碼是多少？

4.14 如果一個陶瓷材料在 200 倍的顯微鏡照片上每平方吋有 250 個顆粒，那麼材料的 ASTM 晶粒尺寸號碼是多少？

綜合及評價問題

4.15 Cu 和 Al 的介金屬化合物的化學式為 Cu_2Al。根據公式，Al 的原子百分比應該恰好是 33.33％ (三個原子中的一個應該是 Al)。然而，事實上，人們可以發現 Al 的範圍為 31％ ~ 37％。你如何解釋這種差異？

4.16 氧化鐵 FeO 是由 Fe^{2+} 陽離子和 O^{2-} 陰離子組成的離子化合物。但是，如果可以的話，少量的 Fe^{3+} 陽離子可以取代 Fe^{2+} 陽離子。如果有發生這樣的事，這種取代將如何影響化合物的原子結構？(請參閱與離子化合物堆疊有關的第 2.5.1 節)

4.17 (a) 化合物 FeO 中每種元素的理論 at％是多少？相對應的 wt％是多少？您的結論是什麼？

4.18 純銀由約 93 wt％的銀和 7 wt％的銅組成。討論添加 7 wt％銅有益的所有方法。這種合金是什麼類型的固溶體？

4.19 對於特定的應用，您需要選擇晶粒尺寸較大的金屬，介於銅 ($n = 7$) 和低碳鋼 ($n = 4$) 之間。(a) 您會選哪一個？(b) 如果強度是一個重要的考慮因素，你會選擇哪種合金？為什麼？(c) 如果該應用將處於高溫狀態，該怎麼辦？你在 (b) 中的答案會改變嗎？為什麼？

4.20 具有圓形截面的低碳鋼棒，鑄造條件使其晶粒結構等軸。應用端要求你減小鋼棒的直徑，並沿著鋼棒的縱軸使晶粒尺寸更長。你會怎麼做到這一點？

CHAPTER 5

固體中的熱活化過程和擴散

Thermally Activated Processes and Diffusion in Solids

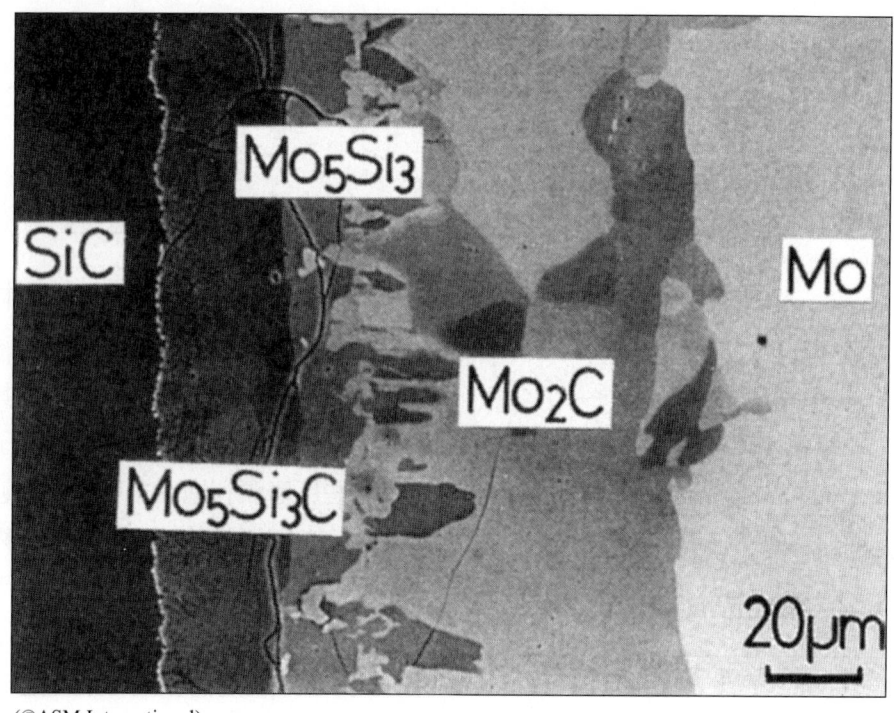

(©ASM International)

汽車引擎組件通常使用金屬及陶瓷材料製造。金屬能提供高強度及高延展性,而陶瓷則能提供高溫強度、化學穩定性及低磨耗。很多應用需要結合金屬組件與陶瓷薄膜材料。陶瓷層能防止內部金屬組件在高溫下受到腐蝕性環境的影響。一種結合金屬及陶瓷組件的方法是固態結合 (solid-state bonding),製程中需要同時施加壓力及高溫。外在的施加壓力可確保接觸表面的結合,而高溫可促進接觸表面間的擴散。圖片顯示當金屬鉬 (Mo) 跟碳化矽 (SiC) 薄膜在溫度為 1700°C 與壓力為 100 MPa 下鍵結一小時後的結合界面顯微結構。注意,在接面處有一層大部分為 Mo_2C (碳化物) 及 Mo_5Si_3 (矽化物) 的過渡區。這些化合物是由於擴散而形成的,且不同層之間的鍵結很強。

學習目標

到本章結束時,學生將能夠:

1. 描述固態材料中涉及基於波茲曼 (Boltzmann) 關係的原子運動之動力學。解釋活化能 E* 的概念,並能得到在給定溫度下時能量大於 E* 的原子或分子的比例。
2. 根據阿瑞尼斯 (Arrhenius) 速率方程式描述溫度對反應速率的影響。
3. 描述兩種主要的擴散機制。
4. 區分穩定和不穩定的擴散,並將菲克 (Fick) 的第一和第二定律應用於相關問題的解決方案。
5. 描述擴散過程在工業上的應用。

■ 5.1　材料動力學 Rate Processes in Solids

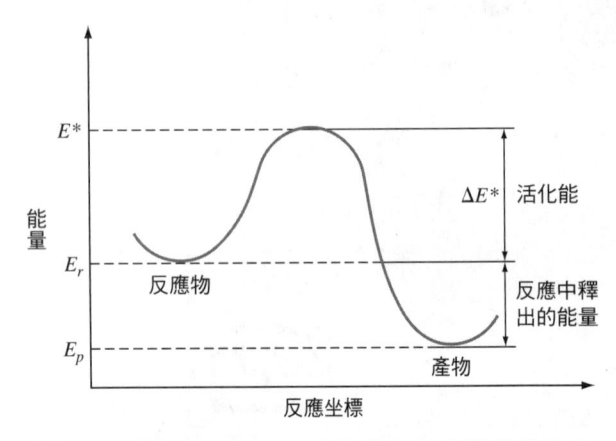

圖 5.1　圖中顯示從未反應狀態到反應狀態的反應過程中能量變動的情形。

許多與生產及利用工程材料相關的製程都會考慮原子在固態時的移動速率。在許多此類製程中,反應是在固態下發生,其中原子會自發性地重新排成全新且穩定的原子排列。要能使這些反應順利地由未反應的狀態到反應後的狀態,參與反應的原子必須有足夠能量來克服活化能。所需能量超過原子本身平均能量的部分稱為活化能 (activation energy, ΔE^*),常用焦耳/莫耳或卡/莫耳單位表示。圖 5.1 顯示熱活化固態反應所需的活化能。擁有 E_r 能階 (反應物的能量) + ΔE^* (活化能) 的原子就有足夠能量產生自發性反應,達到反應狀態 E_p (產物的能量)。圖 5.1 中反應會釋出能量,因此為放熱反應。

　　無論溫度為何,系統中只有少數原子或分子擁有足夠能量可以達到活化能階 E^*。隨著溫度上升,更多的分子或原子會到達活化能階。波茲曼 (Boltzmann) 研究了溫度對增加氣體分子能量的影響。根據統計分析,波茲曼的結果顯示,在特定溫度 T (凱氏溫度) 下,要在系統中找到有大於平均能量 E 之能階 E^* 會的分子與原子的機率為

$$機率 \propto e^{-(E^*-E)/kT} \tag{5.1}$$

其中 k = 波茲曼常數 = 1.38×10^{-23} J/(atm·K)。

系統中能量大於 E^* (E^* 遠大於平均能量) 的原子或分子的比率可以寫成

$$\frac{n}{N_{\text{total}}} = Ce^{-E^*/kT} \tag{5.2}$$

其中 n = 能量大於 E^* 的原子或分子數量
 N_{total} = 系統內原子或分子的總數
 k = 波茲曼常數 = 8.62×10^{-5} eV/K
 T = 溫度,K
 C = 常數

在特定溫度下,金屬晶格內之平衡空位數量可以下式表示:

$$\frac{n_v}{N} = Ce^{-E_v/kT} \tag{5.3}$$

其中 n_v = 每立方公尺金屬中的空位數量
 N = 每立方公尺金屬中的總原子位置數
 E_v = 形成一個空位所需的活化能,eV
 T = 絕對溫度,K
 k = 波茲曼常數 = 8.62×10^{-5} eV/K
 C = 常數

在例題 5.1 中,在 500°C 時,純銅之空位平衡濃度用 (5.3) 式求得,假設 $C = 1$。根據這個計算,大約每 100 萬個原子才會有一個空位!

■ 例題 5.1

估算:(a) 500°C 下,純銅每立方公尺之平衡空位數;(b) 500°C 下,純銅內之空位比率。純銅內形成一空位所需能量是 0.90 eV。利用 (5.3) 式,並假設 $C = 1$ (波茲曼常數 $k = 8.62 \times 10^{-5}$ eV/K)。

解

a. 500°C 時,純銅每立方公尺的平衡空位數是

$$n_v = Ne^{-E_v/kT} \quad (假設 \ C = 1) \tag{5.3a}$$

其中 n_v = 空位數 / 立方公尺
 N = 原子位置數 / 立方公尺
 E_v = 500°C 下純銅形成一空位所需能量,eV
 k = 波茲曼常數

T = 溫度 (K)

首先，我們利用下式決定 N 的值：

$$N = \frac{N_0 \rho_{Cu}}{Cu\ 原子量} \tag{5.4}$$

其中 N_0 = 亞佛加厥數，ρ_{Cu} = 銅的密度 = 8.96 Mg/m³。因此，

$$N = \frac{6.02 \times 10^{23}\ atoms}{原子量} \times \frac{1}{63.54\ g/原子量} \times \frac{8.96 \times 10^6\ g}{m^3}$$
$$= 8.49 \times 10^{28}\ atoms/m^3$$

將 N、E_v、k 及 T 代入 (5.3a) 式，可得

$$n_v = Ne^{-E_v/kT}$$
$$= (8.49 \times 10^{28}) \left\{ \exp\left[-\frac{0.90\ eV}{(8.62 \times 10^{-5}\ eV/K)(773\ K)}\right] \right\}$$
$$= (8.49 \times 10^{28})(e^{-13.5}) = (8.49 \times 10^{28})(1.37 \times 10^{-6})$$
$$= 1.16 \times 10^{23}\ 空位/m^3 \blacktriangleleft$$

b. 500°C 時純銅內的空位比率可由 (5.3a) 式求得：

$$\frac{n_v}{N} = \exp\left[-\frac{0.90\ eV}{(8.62 \times 10^{-5}\ eV/K)(773\ K)}\right]$$
$$= e^{-13.5} = 1.37 \times 10^{-6} \blacktriangleleft$$

所以，每 10^6 個原子格子才有一個空位！

氣體的分子能量還可以用另一個類似於波茲曼關係式的表示法。阿瑞尼斯[1]進行了溫度對化學反應速率影響的實驗，發現很多化學反應的速率為溫度的函數，可以表示如下：

阿瑞尼斯速率方程式 (Arrhenius rate equation)：反應速率 $= Ce^{-Q/RT}$ (5.5)

其中 Q = 活化能，J/mol 或 cal/mol
R = 莫耳氣體常數 = 8.314 J/(mol·K) 或 1.987 cal/(mol·K)
T = 溫度 (K)
C = 速率常數，與溫度無關

當處理液體及固體時，活化能通常會以一莫耳來表示 (或是 6.02×10^{23} 個原子或分子)，其符號為 Q，單位是 J/mol 或 cal/mol。

---

[1] 阿瑞尼斯 (Svante August Arrhenius) (1859-1927)。瑞典物理化學家，他是現代物理化學的創始人之一，研究過反應速度。

波茲曼方程式 [(5.2) 式] 和阿瑞尼斯方程式 [(5.5) 式] 都指出，原子或分子的反應速率常常是依活化能等於或大於 E^* 的分子或原子的數量而定。許多材料科學家與工程師感興趣的固態反應速率會遵守阿瑞尼斯速率定律，因此阿瑞尼斯方程式常被用來分析固態速率的實驗數據。

阿瑞尼斯方程式 [(5.5) 式] 常表示成自然對數形式：

$$\ln 反應速率 = \ln C - \frac{Q}{RT} \tag{5.6}$$

上式描述的是以下型態的直線：

$$y = b + mx \tag{5.7}$$

其中 b 為 y 軸截距，m 為此直線的斜率。(5.6) 式的 $\ln$ 反應速率項相當於 (5.7) 式的 y 項。(5.6) 式的 $\ln C$ 項相當於 (5.7) 式的 b 項。此外，(5.6) 式的 $-Q/R$ 數量相當於 (5.7) 式的斜率 m。因此，以 $\ln$ 速率和 $1/T$ 為兩軸，$-Q/R$ 為所繪出直線的斜率。

阿瑞尼斯方程式 [(5.5) 式] 也可寫成一般對數形式：

$$\log_{10} 反應速率 = \log_{10} C - \frac{Q}{2.303\,RT} \tag{5.8}$$

2.303 是從自然對數改成一般對數的轉換值。此式也是一條直線，如圖 5.2 所示。

因此，如果 $\ln$ 反應速率和 $1/T$ 的實驗數據為一直線，製程的活化能則為該直線的斜率。

稍後我們將使用 Arrhenius 方程式探討溫度對原子擴散和純元素半導體導電率的影響。

■ 5.2　固體中的原子擴散 Atomic Diffusion in Solids

5.2.1　一般固體中的擴散

擴散可定義為某物質在另一物質中傳輸的機制。氣體、液體及固體中的原子永遠處於不斷運動的狀態，並會在一段時間內遷移。氣體中的原子運動得非常快速，像是烹飪時快速移動的氣味與油煙。液體中的原子運動一般會比氣體中的原子慢，就像是顏料在水中的緩慢移動。固體中的原子於平衡位置時受到鍵結的牽制，因此原子運動能力受限，但是熱擾動現象仍可使部分原子在固體中移動。金屬及合金中的原子擴散特別的重要，因為大多數的固態反應都會牽涉到原子的運

圖 5.2 反應速率實驗數據的典型阿瑞尼斯圖形。
(Source: Wulff et al., *Structure and Properties of Materials*, Vol. II; J. H. Brophy, R. M. Rose, and J. Wulff, *Thermodynamics of Structure*, Wiley, 1966, p. 64.)

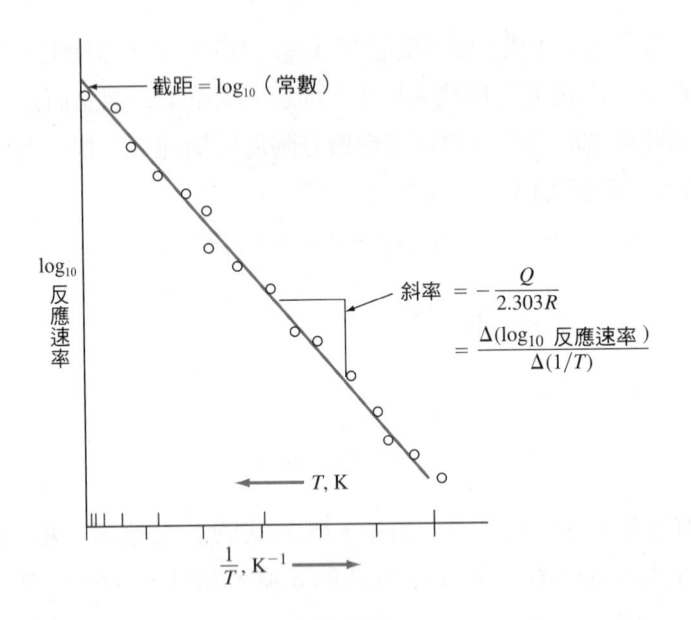

動。像是固溶體(第 9.5.1 節)中第二相的析出，以及在冷加工金屬(第 6.8 節)中再結晶時所新生晶粒的成核與成長。

5.2.2 擴散機制

晶格中原子的擴散機制主要有兩種：(1) 空位或置換機制；(2) 間隙擴散機制。

空缺或置換擴散機制 只要原子的熱擾動能提供足夠的活化能，而且晶格中也有空缺或其他晶體缺陷可允許原子移入，原子就能在晶格中由一個原子位置移動到另一個原子位置。金屬和合金內的空缺是一種平衡缺陷，因此總是會存在，使得原子置換機制得以發生。當金屬溫度增加，空缺及熱能也會增加，導致擴散速率也會愈大。

圖 5.3 顯示銅晶格中銅原子 (111) 面上的空缺擴散。如果在空位旁邊的原子有足夠的活化能，該原子就可以移動到這個空位，形成**自我擴散** (self-diffusion)。自我擴散所需的活化能，是形成空缺所需的活化能加上移動空缺所需的活化能的總和。表 5.1 列出一些純金屬的自我擴散活化能。注意，一般來說，金屬的熔點愈高，所需的活化能也愈高，因為高熔點金屬的原子鍵結能較強。

在自我擴散或置換型固態擴散時，原子必須切斷原有的原子鍵，建立新的鍵。此過程需要空缺的幫忙，以便可以發生在比較低的活化能(圖 5.3)。此過程若要在合金中發生，一種原子一定要在另一種原

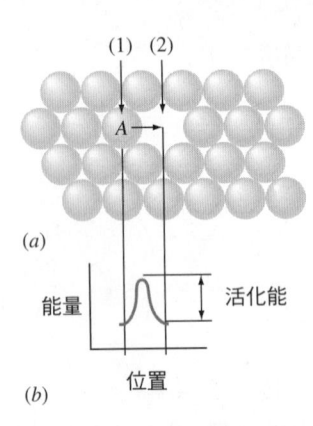

圖 5.3 原子在金屬中的移動有關的活化能。當如 (b) 所示有提供足夠活化能的話；(a) 銅原子 A 能從銅晶格中 (111) 面上的位置 1 擴散到位置 2 (一個空位)。

表 5.1 某些純金屬的自我擴散活化能

金屬	熔點 (°C)	晶體結構	溫度範圍 (°C)	活化能 kj/mol	活化能 kcal/mol
鋅	419	HCP	240-418	91.6	21.9
鋁	660	FCC	400-610	165	39.5
銅	1083	FCC	700-990	196	46.9
鎳	1452	FCC	900-1200	293	70.1
α 鐵	1530	BCC	808-884	240	57.5
鉬	2600	BCC	2155-2540	460	110
* 矽	1414	鑽石立方	927-1377	483	115
** 碳	鑽石	鑽石立方	1800-2100	655	156

*Source: http://courses.ucsd.edu/jtalbot/MS201B/PRL81%3Dbracht.Si.pdf
**Source: http://journals.aps.org/prb/pdf/10.1103/PhysRevB.72.024108

子中具有固溶度，因此會受到固溶度法則 (第 4.3 節) 的影響。由於化學鍵結與固溶度的差異以及其他因素，置換擴散的數據一定得透過實驗取得。隨著時間演進，量測數據會日益精準，因此可能會隨著時間改變。

在 1940 年代間，隨著 Kirkendall 效應的發現，擴散量測有了主要突破。此效應顯示，若以一標示物指出擴散介面，此標示物會朝二元擴散偶 (binary diffusion couple) 中較快分子移動方向的反方向做微量的移動 (圖 5.4a)。科學家們的結論是，空缺的存在使得此現象得以發生。

固溶體中的空缺機制也可以讓擴散發生。原子大小和原子鍵結能量的差異會影響擴散速率。

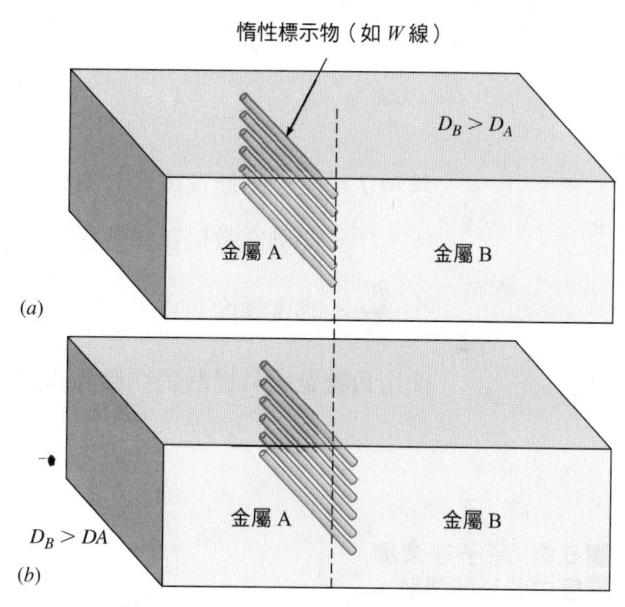

圖 5.4 闡釋 Kirkendall 效應的實驗。(a) 擴散實驗剛開始時 ($t = 0$)；(b) 經過時間 t 後，標示物朝擴散速率最快種類 B 相反的方向移動。

間隙擴散機制 　**間隙擴散** (interstitial diffusion) 是指原子在不會永久替換基材晶格任何原子的條件下，從一個間隙位置移動到另一個附近的間隙位置 (圖 5.5)。發生此機制的要件是，擴散原子必須比基材原子小。像是氫、氧、氮與碳等小原子都能夠在某些金屬晶格中進行間隙擴散。例如，碳可在 BCC α 鐵與 FCC γ 鐵間進行間隙擴散 (如圖 4.15a)。鐵中的碳在進行間隙擴散時，碳原子必須擠入鐵基材原子間。

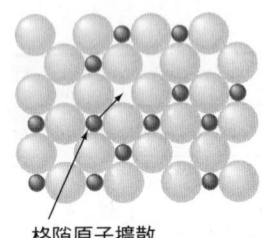

5.2.3 穩態擴散

考慮溶質原子在 x 方向上在垂直於紙張的兩個平行原子平面之間的擴散,如圖 5.6 所示。假設在一段時間內,平面 1 處的原子濃度為 C_1,而平面 2 處的原子濃度為 C_2。也就是說,隨著時間的改變,在這些平面上的溶質原子濃度沒有變化。這種擴散條件稱為**穩態條件** (steady-state conditions)。當非反應氣體通過金屬箔擴散時,會發生這種擴散。例如,當氫氣通過鈀箔擴散時,如果氫氣在一側處於高壓而另一側處於低壓,就會發生這種穩態擴散條件。

如果在圖 5.6 所示的擴散系統中,溶質和溶劑原子之間沒有發生化學相互作用,因為在 1 和 2 平面之間存在濃度差異,原子的淨流量將從較高濃度到較低濃度。在這種類型的系統中,原子的通量 (flux) 或流量可以用下式表示

$$J = -D\frac{dC}{dx} \quad (5.9)$$

其中 J = 原子的通量或淨流量

D = 比例常數稱為擴散係數 (原子傳導率) 或**擴散率** (diffusivity)

$\frac{dC}{dx}$ = 濃度梯度

使用負號是因為擴散是從較高濃度到較低濃度;也就是說,存在負擴散梯度。

圖 5.5 間隙型固溶體之示意圖。大圓圈代表 FCC 晶格 (100) 面上的原子。深色小圓圈則代表占據間隙位置的間隙原子。間隙原子可移動至鄰近的間隙空位。擴散過程也會需要活化能。

圖 5.6 原子在濃度梯度中的穩態擴散。一個例子是氫氣通過鈀金屬箔擴散。

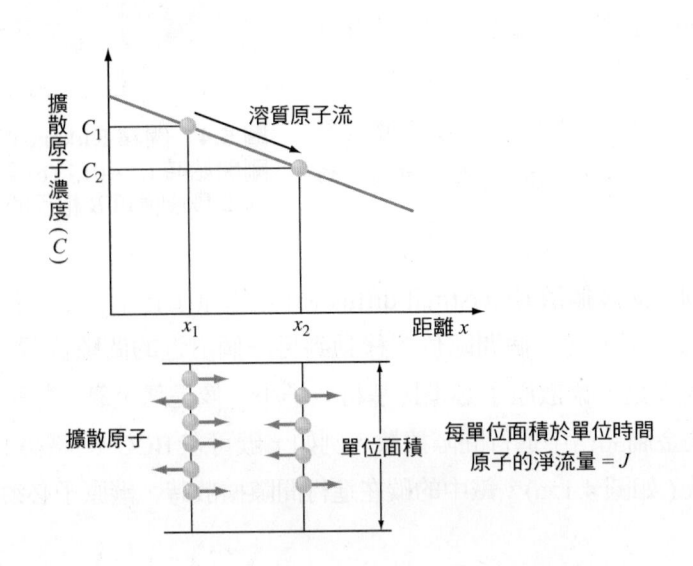

該方程式稱為**菲克[2]第一擴散定律** (Fick's first law of diffusion)，指出了對於穩態擴散條件 (即系統不會隨時間變化)，原子擴散的原子淨流量等於擴散率 D 乘以擴散梯度 dC/dx。該等式的 SI 單位是

$$J\left(\frac{\text{atoms}}{\text{m}^2 \cdot \text{s}}\right) = D\left(\frac{\text{m}^2}{\text{s}}\right)\frac{dC}{dx}\left(\frac{\text{atoms}}{\text{m}^3} \times \frac{1}{\text{m}}\right) \tag{5.10}$$

表 5.2 列出了所選的一些間隙和置換擴散系統的原子擴散係數值。擴散係數值取決於許多變因，其中以下列幾個比較重要：

1. 擴散機制的類型。擴散是間隙型還是置換型將影響擴散率。小原子可以在較大的溶劑原子的晶格中進行間隙擴散。例如，碳在 BCC 或 FCC 鐵晶格中可以進行間隙擴散。而銅原子在鋁溶劑晶格中進行置換擴散，因為銅和鋁原子的大小大致相同。
2. 發生擴散時的溫度極大地影響擴散係數的值。藉由比較所有顯示在表 5.2 中的系統之 500°C 時的擴散係數值與 1000°C 時的擴散係數值，可以發現隨著溫度

表 5.2 某些溶質 - 溶劑擴散系統在 500°C 和 1000°C 下的擴散係數

溶質	溶劑 (主要結構)	擴散率 (m^2/s) 500°C (930°F)	1000°C (1830°F)
碳	FCC 鐵	$(5 \times 10^{-15})^*$	3×10^{-11}
碳	BCC 鐵	10^{-12}	(2×10^{-9})
鐵	FCC 鐵	(2×10^{-23})	2×10^{-16}
鐵	BCC 鐵	10^{-20}	(3×10^{-14})
鎳	FCC 鐵	10^{-23}	2×10^{-16}
錳	FCC 鐵	(3×10^{-24})	10^{-16}
鋅	銅	4×10^{-18}	5×10^{-13}
銅	鋁	4×10^{-14}	10^{-10} M[†]
銅	銅	10^{-18}	2×10^{-13}
銀	銀 (結晶)	10^{-17}	10^{-12} M
銀	銀 (晶界)	10^{-11}	
碳	HCP 鈦	3×10^{-16}	(2×10^{-11})
鋁	氧化鋁 -Al_2O_3	1.6×10^{-35}	7.4×10^{-23}
氧	氧化鋁 -Al_2O_3	1.9×10^{-44}	1.5×10^{-27}
矽	矽	1.5×10^{-32}	2.4×10^{-20}
鎂	MgO	1.2×10^{-27}	7.16×10^{-19}
氧	MgO	2.4×10^{-32}	3.3×10^{-23}
鎳	MgO	4.0×10^{-23}	9.2×10^{-18}

[*] 括號表示該相是逆穩態的。
[†] M- 計算得到，儘管溫度高於熔點。
(Source: L.H. Van Vlack, *Elements of Materials Science and Engineering*, 5th ed., Addison-Wesley, 1985.)

---

[2] Adolf Eugen Fick (1829-1901)。德國生理學家，他首先使用數學方程來定量化擴散。他的一些作品發表在 *Annals of Physics* (*Leipzig*), 170 : 59(1855)。

的升高，擴散係數也會增加。溫度對擴散系統之擴散係數的影響將在 5.4 節進一步討論。

3. 溶劑晶格的晶體結構種類很重要。例如，BCC 鐵中碳的擴散係數在 500°C 時為 10^{-12} m²/s，遠大於相同溫度下 FCC 鐵中碳的擴散係數值 5×10^{-15} m²/s。這種差異的原因是因為 BCC 晶體結構具有的較低原子堆積因子 0.68，而 FCC 晶體結構的原子堆積因子為 0.74。而且，在 BCC 晶體結構中鐵原子之間的原子間空間比在 FCC 晶體結構中更寬。因此，比起在 FCC 結構中的擴散，碳原子更可以在 BCC 結構中的鐵原子之間輕易的擴散。

4. 固態擴散區域中存在的晶體缺陷類型也很重要。更開放的結構區域允許更快速的原子擴散。例如，沿著晶界的擴散比金屬和陶瓷晶粒中的擴散更快。過多的空缺將增加金屬和合金的擴散率。

5. 擴散物質的濃度很重要，因為較高濃度的擴散溶質原子會影響擴散率。固態擴散的這一方面是非常複雜的。

5.2.4 非穩態擴散

在各種工程材料內，通常不會遇到這種條件不隨時間變化的穩態擴散。在大多數情況下，材料中會發生**非穩態擴散** (non-steady-state diffusion)，即任何一處的溶質原子濃度會隨時間變化。例如，如果碳被擴散到鋼凸輪軸的表面中以使其表面硬化，則隨著擴散過程的進行，表面下任何點處的碳濃度將會隨時間而變化。對於非穩態擴散而言，其中擴散率與時間無關，適用**菲克第二擴散定律** (Fick's second law of diffusion) 來描述，即

$$\frac{dC_x}{dt} = \frac{d}{dx}\left(D\frac{dC_x}{dx}\right) \tag{5.11}$$

此定律表明，成分變化率等於擴散率乘以濃度梯度的變化率。微分方程的推導和求解超出了本書的範圍。然而，與氣體擴散到固體中有關的此方程式之特解，對於一些工程擴散過程非常重要，並且將用於解決一些實際的工業擴散問題。

讓我們考慮氣體 A 擴散到固體 B 中的情況，如圖 5.7a 所示。隨著擴散時間的增加，x 方向任意點的溶質原子濃度也會增加，如圖 5.7b 中的時間 t_1 和 t_2 所示。

如果固體 B 中氣體 A 的擴散係數與位置無關，那麼菲克第二定律 [(5.11) 式] 的解是

$$\frac{C_s - C_x}{C_s - C_0} = \mathrm{erf}\left(\frac{x}{2\sqrt{Dt}}\right) \tag{5.12}$$

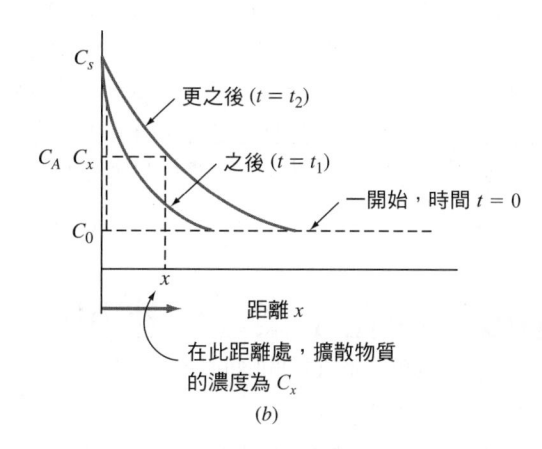

圖 5.7　氣體擴散入固體。(a) 氣體 A 由在 $x = 0$ 的表面擴散到固體 B 中。氣體在該表面上保持 A 原子的濃度，稱為 C_s；(b) 於不同時間，元素 A 在沿固體 x 方向的濃度分布。在擴散開始之前，固體含有均勻濃度的元素 A，稱為 C_0。

其中 C_s = 擴散入表面的氣體元素之表面濃度

C_0 = 元素於固體中初始的均勻濃度

C_x = 在時間 t 時，距離表面 x 處的元素濃度

x = 與表面的距離

D = 將發生擴散的溶質元素之擴散係數

t = 時間

erf 是一種稱為誤差函數的數學函數。

誤差函數 erf 是一種定義出來的數學函數，並且用於菲克第二定律的一些解。錯誤函數可以在標準表中找到。類似於正弦函數和餘弦函數。表 5.3 是錯誤函數的縮寫表。

表 5.3　錯誤函數表

z	erf z	z	erf z	z	erf z	z	erf z
0	0	0.40	0.4284	0.85	0.7707	1.6	0.9763
0.025	0.0282	0.45	0.4755	0.90	0.7970	1.7	0.9838
0.05	0.0564	0.50	0.5205	0.95	0.8209	1.8	0.9891
0.10	0.1125	0.55	0.5633	1.0	0.8427	1.9	0.9928
0.15	0.1680	0.60	0.6039	1.1	0.8802	2.0	0.9953
0.20	0.2227	0.65	0.6420	1.2	0.9103	2.2	0.9981
0.25	0.2763	0.70	0.6778	1.3	0.9340	2.4	0.9993
0.30	0.3286	0.75	0.7112	1.4	0.9523	2.6	0.9998
0.35	0.3794	0.80	0.7421	1.5	0.9661	2.8	0.9999

(Source: R. A. Flinn and P. K. Trojan, *Engineering Materials and Their Applications,* 2nd ed., Houghton Mifflin, 1981, p. 137.)

5.3　擴散製程在工業上的應用
Industrial Applications of Diffusion Processes

很多的工業製程都會應用到固態擴散製程，本節將詳細介紹兩種擴散製程：(1) 以氣體滲碳法進行鋼表面硬化；(2) 積體電路用的矽晶圓雜質擴散。

5.3.1　以氣體滲碳法進行鋼表面硬化

很多旋轉或滑動的鋼元件，像是齒輪與軸，都需要耐磨的堅硬表面及強韌的內心以防斷裂。製造滲碳鋼件時，會先加工較軟的鋼元件，然後表面會再用像是氣體滲碳法硬化處理。滲碳鋼為低碳鋼，含碳量只有 0.10% ~ 0.25%。然而，滲碳鋼的合金含量則依用途而差異頗大。一些典型氣體滲碳元件如圖 5.8 所示。

在氣體滲碳製程中，首先會將鋼件置入大約 927°C (1700°F) 的爐中，使其與包含甲烷 (CH_4) 或其他碳氫化合物的氣體接觸。空氣中的碳原子會擴散進入齒輪

圖 5.8　典型的氣體滲碳元件。
(Source: *Metals Handbook*, vol. 2, "Heat Treating ," 8th ed., American Society for Metals, 1964, p. 108. ASM International.)

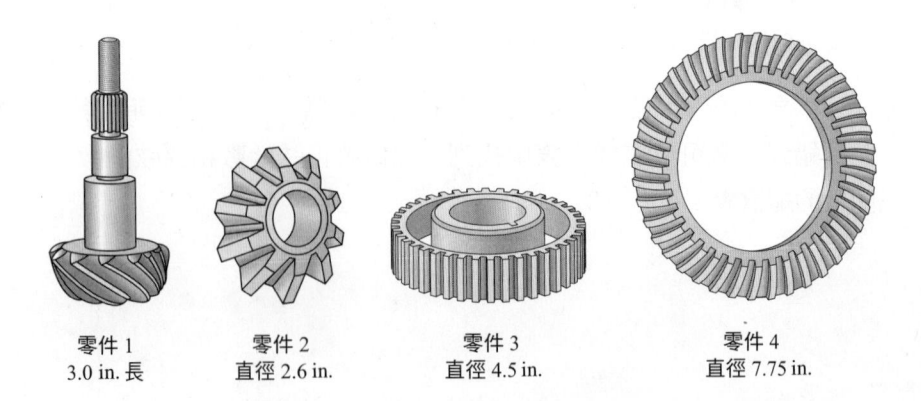

零件 1　3.0 in. 長
零件 2　直徑 2.6 in.
零件 3　直徑 4.5 in.
零件 4　直徑 7.75 in.

表面，使其在熱處理後具有碳含量高的堅硬表面，如圖 5.9 所示。在圖 5.9a 中，鏈輪中硬化表面的厚度 (穿透深度顯示為較暗的陰影) 由齒周圍的變色表示。在圖 5.9b 中，單齒輪齒的橫截面顯示了碳和硬化層的穿透深度。

圖 5.10 顯示在溫度 918°C (1685°F) 下，AISI 1022 (0.22% 碳) 普通碳鋼測試棒以含 20% 一氧化碳氣體進行滲碳後的典型碳梯度。請注意，滲碳時間會嚴重影響碳含量與離表面距離之關係。例題 5.2 及例題 5.3 說明如何用 (5.11) 式求得某未知變數，像是擴散時間或表面下特定深度的碳含量。

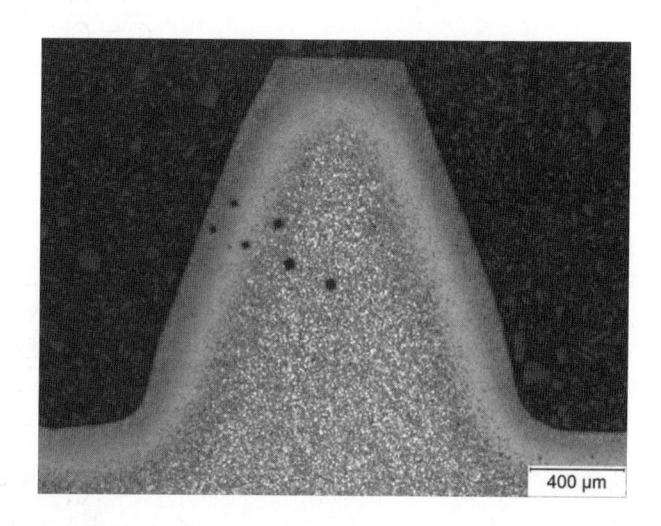

圖 5.9 (a) 鋼鏈輪的橫截面，顯示了齒周圍的硬化層；(b) 表面硬化齒輪上的一個齒，顯示內部未受影響的材料和硬化的表面層 (黑點是由於硬度測量而產生)。
((a) Source: Zaereth/CC BY-SA 4.0; (b) Courtesy of American Testing Services)

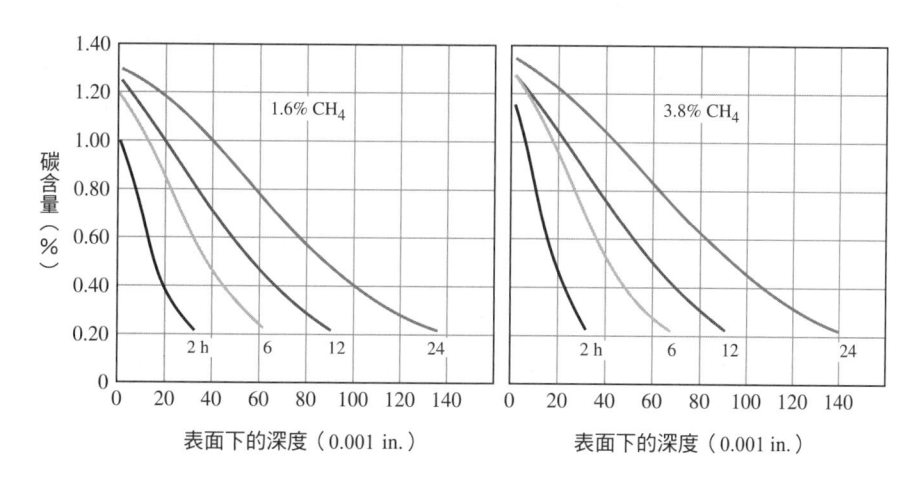

圖 5.10 1022 鋼測試棒的碳梯度。其在 918°C (1685°F) 下，受到含 20% CO–40% H_2 並分別加上 1.6% 和 3.8% 甲烷的氣體滲碳。
(Source: *Metals Handbook*, vol .2, "Heat Treating," 8th ed., American Society for Metals, 1964, p. 100.)

■ 例題 5.2

假設一 1020 鋼齒輪在 927°C (1700°F) 溫度下做氣體滲碳處理。計算要將表面下 0.50 mm 處的碳含量增加 0.40% 所需的最小時間 (單位為分鐘)。假設表面碳含量是 0.90%，而鋼的標稱碳含量為 0.20%。

解

$$D_{927°C} = 1.28 \times 10^{-11} \text{ m}^2/\text{s}$$

$$\frac{C_s - C_x}{C_s - C_0} = \text{erf}\left(\frac{x}{2\sqrt{Dt}}\right) \tag{5.12}$$

$C_s = 0.90\%$ $x = 0.5 \text{ mm} = 5.0 \times 10^{-4} \text{ m}$
$C_0 = 0.20\%$ $D_{927°C} = 1.28 \times 10^{-11} \text{ m}^2/\text{s}$
$C_x = 0.40\%$ $t = ? \text{ s}$

將上述數值代入 (5.12) 式，可得

$$\frac{0.90 - 0.40}{0.90 - 0.20} = \text{erf}\left[\frac{5.0 \times 10^{-4} \text{ m}}{2\sqrt{(1.28 \times 10^{-11} \text{ m}^2/\text{s})(t)}}\right]$$

$$\frac{0.50}{0.70} = \text{erf}\left(\frac{69.88}{\sqrt{t}}\right) = 0.714$$

令

$$Z = \frac{69.88}{\sqrt{t}} \text{ 則 erf } Z = 0.714$$

我們需要一個 Z 的數字，它的錯誤方程式 (erf) 之值為 0.714，可以從表 5.3 利用內插法得到 $x = 0.755$，即

$$\frac{0.7143 - 0.7112}{0.7421 - 0.7112} = \frac{x - 0.75}{0.80 - 0.75}$$

$$x - 0.75 = (0.1003)(0.05)$$

$$x = 0.75 + 0.005 = 0.755$$

erf Z	Z
0.7112	0.75
0.7143	x
0.7421	0.80

因此

$$Z = \frac{69.88}{\sqrt{t}} = 0.755$$

$$\sqrt{t} = \frac{69.88}{0.755} = 92.6$$

$$t = 8567 \text{ s} = 143 \text{ min} \blacktriangleleft$$

■ 例題 5.3

承例題 5.2 的例子。在例題 5.3 中只計算齒輪在碳化 5 小時後，表面下 0.50 mm 處之碳含量。假設齒輪表面的碳含量是 0.90%，鋼之標稱碳含量為 0.20%。

解

$$D_{927°C} = 1.28 \times 10^{-11} \text{ m}^2/\text{s}$$

$$\frac{C_s - C_x}{C_s - C_0} = \text{erf}\left(\frac{x}{2\sqrt{Dt}}\right) \tag{5.12}$$

$C_s = 0.90\%$ $x = 0.50 \text{ mm} = 5.0 \times 10^{-4} \text{ m}$
$C_0 = 0.20\%$ $D_{927°C} = 1.28 \times 10^{-11} \text{ m}^2/\text{s}$
$C_x = ?\%$ $t = 5 \text{ h} = 5 \text{ h} \times 3600 \text{ s/h} = 1.8 \times 10^4 \text{ s}$

$$\frac{0.90 - C_x}{0.90 - 0.20} = \text{erf}\left[\frac{5.0 \times 10^{-4} \text{ m}}{2\sqrt{(1.28 \times 10^{-11} \text{ m/s})(1.8 \times 10^4 \text{ s})}}\right]$$

$$\frac{0.90 - C_x}{0.70} = \text{erf } 0.521$$

令 $Z = 0.521$，我們需要知道 Z 值為 0.521 的對應誤差函數為何，可以從表 5.3 利用內插法得到。

$$\frac{0.521 - 0.500}{0.550 - 0.500} = \frac{x - 0.5205}{0.5633 - 0.5205}$$

$$0.42 = \frac{x - 0.5205}{0.0428}$$

$$x - 0.5205 = (0.42)(0.0428)$$

$$x = 0.0180 + 0.5205$$

$$= 0.538$$

Z	erf Z
0.500	0.5205
0.521	x
0.550	0.5633

因此

$$\frac{0.90 - C_x}{0.70} = \text{erf } 0.521 = 0.538$$

$$C_x = 0.90 - (0.70)(0.538)$$

$$= 0.52\% \blacktriangleleft$$

注意，1020 鋼透過增加滲碳時間 (從約 2.4 小時增加至 5 小時)，齒輪表面下 0.5 mm 處的碳含量從 0.4% 增加到 0.52%。

5.3.2 積體電路用的矽晶圓雜質擴散

將雜質滲入矽晶圓中以改良其導電性質是積體電路製程中的重要步驟。一種方法是讓矽晶圓表面在溫度環境高於 1100°C 的石英管爐中，暴露在適當雜質的蒸氣，如圖 5.11 所示。不欲暴露於雜質的矽晶圓表面部分必須要被遮蔽住，才可以使雜質只進入設計工程師所選擇須改變導電性之區域。圖 5.12 顯示一名技工正在將一組矽晶圓置入爐中，準備進行雜質擴散。

與處理鋼表面的氣體滲碳法類似，滲入矽晶圓的雜質原子濃度會隨著雜質穿透深度的增加而降低。擴散時間也會影響雜質濃度及穿透深度的分布，如圖 5.7 所示。例題 5.4 將用 (5.12) 式定量估算在特定濃度下的某些未知變數，像是擴散時間或穿透深度。

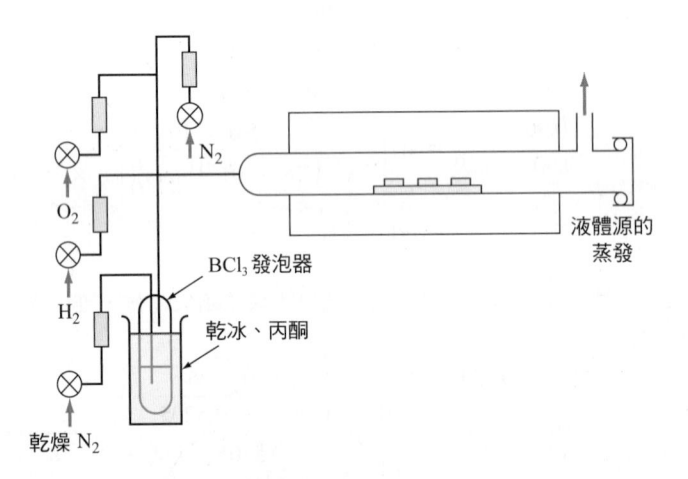

圖 5.11 將硼擴散進入矽晶圓的擴散方法。
(Source: W. R. Runyan, *Silicon Semiconductor Technology*, McGraw-Hill, 1965.)

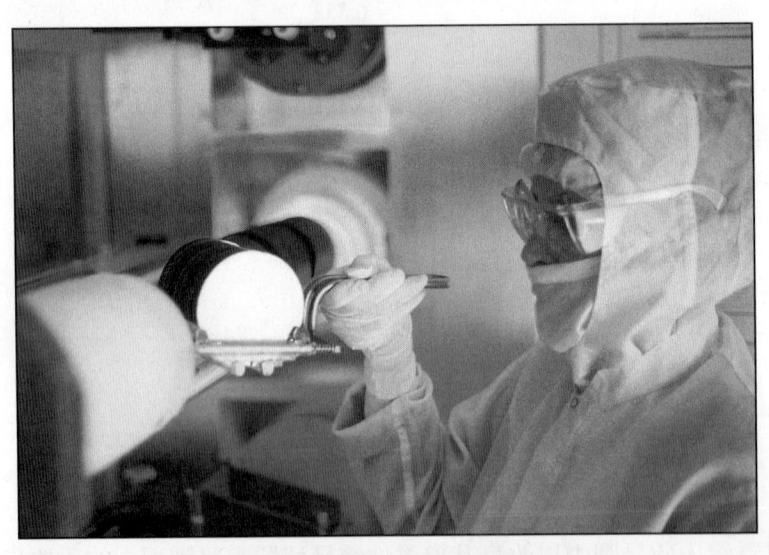

圖 5.12 送一組矽晶圓入管爐中以進行雜質擴散。
(©Digital Vision/Getty Images.)

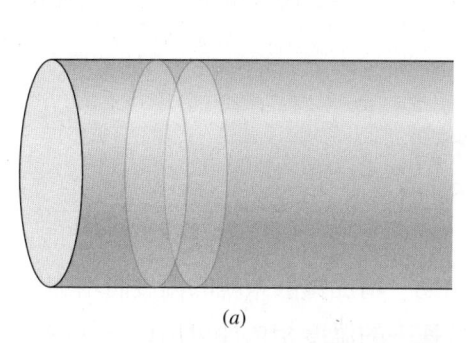

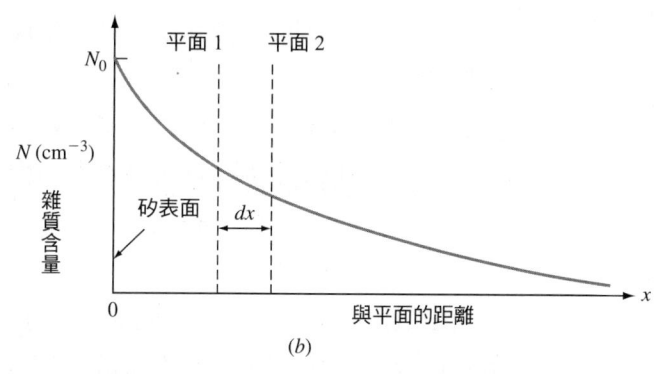

圖 5.13 雜質從某一表面擴散到矽晶圓中。(a) 一個將厚度誇張放大的矽晶圓，其雜質濃度從左面向內部減小；(b) 以圖呈現同一雜質的濃度分布。
(Source: R. M. Warner, *Integrated Circuits*, McGraw-Hill, 1965, p. 70.)

例題 5.4

考慮鎵的雜質擴散進入矽晶圓。鎵在 1100°C 及擴散時間 3 小時的條件下擴散進入先前完全沒有鎵的矽晶圓，若表面濃度為 10^{24} atoms/m³，則表面下多少距離處的濃度會是 10^{22} atoms/m³？

解

$$D_{1100°C} = 7.0 \times 10^{-17} \text{ m}^2/\text{s}$$

$$\frac{C_s - C_x}{C_s - C_0} = \text{erf}\left(\frac{x}{2\sqrt{Dt}}\right) \tag{5.12}$$

$C_s = 10^{24}$ atoms/m³ 　　$x = ?$ m　（在 $C_x = 10^{22}$ atoms/m³ 時的深度）
$C_x = 10^{22}$ atoms/m³　　$D_{1100°C} = 7.0 \times 10^{-17}$ m²/s
$C_0 = 0$ atoms/m³　　　　$t = 3$ h $= 3$ h $\times 3600$ s/h $= 1.08 \times 10^4$ s

將上述數值代入 (5.12) 式，可得

$$\frac{10^{24} - 10^{22}}{10^{24} - 0} = \text{erf}\left[\frac{x \text{ m}}{2\sqrt{(7.0 \times 10^{-17} \text{ m}^2/\text{s})(1.08 \times 10^4 \text{ s})}}\right]$$

$$1 - 0.01 = \text{erf}\left(\frac{x \text{ m}}{1.74 \times 10^{-6} \text{ m}}\right) = 0.99$$

令

$$Z = \frac{x}{1.74 \times 10^{-6} \text{ m}}$$

因此　　　　　　　　　erf $Z = 0.99$　及　$Z = 1.82$

(利用表 5.3 進行內插法)。所以

$$x = (Z)(1.74 \times 10^{-6} \text{ m}) = (1.82)(1.74 \times 10^{-6} \text{ m})$$
$$= 3.17 \times 10^{-6} \text{ m} \blacktriangleleft$$

注意：矽晶圓的擴散深度一般都在數個微米左右 (約 10^{-6} m)，而晶圓的厚度通常為數百個微米。

■ 5.4 溫度對固體擴散的影響
Effect of Temperature on Diffusion in Solids

由於原子擴散涉及原子運動，因此可以預期，增加擴散系統的溫度將增加擴散速率。經由實驗已發現許多擴散系統的擴散速率的溫度相依性可用以下阿瑞尼斯 (Arrhenius) 型方程式來表示：

$$D = D_0 e^{-Q/RT} \tag{5.13}$$

其中 D = 擴散係數，m^2/s

D_0 = 比例常數 m^2/s，在方程式的有效範圍內是與溫度無關的

Q = 擴散物質的活化能，J/mol 或 cal/mol

R = 莫耳氣體常數 = 8.314 J/(mol·K) = 1.987 cal/(mol·K)

T = 溫度，K

例題 5.5 應用 (5.13) 式，在 927°C 下當給定 D_0 值和活化能 Q 時，可以決定出在 γ 鐵中擴散的碳的擴散係數。

■ 例題 5.5

計算在 927°C (1700°F) 時，γ 鐵 (FCC) 中碳擴散的擴散係數 D (以公尺 / 秒為單位)。使用值 $D_0 = 2.0 \times 10^{-5}$ m^2/s，$Q = 142$ kJ/mol，以及 $R = 8.314$ J/(mol·K)。

解

$$\begin{aligned}
D &= D_0 e^{-Q/RT} \\
&= (2.0 \times 10^{-5} \text{ m}^2/\text{s}) \left\{ \exp \frac{-142{,}000 \text{ J/mol}}{[8.314 \text{ J/(mol·K)}](1200 \text{ K})} \right\} \\
&= (2.0 \times 10^{-5} \text{ m}^2/\text{s})(e^{-14.23}) \\
&= (2.0 \times 10^{-5} \text{ m}^2/\text{s})(0.661 \times 10^{-6}) \\
&= 1.32 \times 10^{-11} \text{ m}^2/\text{s} \blacktriangleleft
\end{aligned} \tag{5.13}$$

擴散方程式 $D = D_0 e^{-Q/RT}$ [公式 (5.13)] 可以用對數形式來表示，就像直線方程式。如同方程式 (5.6) 與 (5.8) 一般的阿瑞尼斯速率定律方程：

$$\ln D = \ln D_0 - \frac{Q}{RT} \tag{5.14}$$

或

$$\log_{10} D = \log_{10} D_0 - \frac{Q}{2.303RT} \tag{5.15}$$

如果在兩個溫度下確定了某擴散系統的擴散係數值，則可以通過求解兩個類似方程式 (5.14) 的聯立方程式來確定 Q 和 D_0 的值。如果將這些 Q 和 D_0 值代入方程式 (5.15)，則可以創建出在所研究的溫度範圍內 $\log_{10} D$ 與 $1/T$ 的一般方程。例題 5.6 顯示了當已知兩個溫度下的擴散係數時，如何通過使用關係 $D = D_0 e^{-Q/RT}$ [公式 (5.13)] 直接計算二元擴散系統的活化能。

表 5.4 列出了用於產生圖 5.14 中阿瑞尼斯擴散係數的一些金屬系統的 D_0 和 Q 值。圖 5.15 顯示了雜質元素擴散到矽中的狀況，可用於製造電子工業的積體電路。

■ 例題 5.6

銀原子於固態銀金屬中的擴散率在 500°C 下為 1.0×10^{-17} m²/s，在 1000°C 下為 7.0×10^{-13} m²/s。計算在 500°C～1000°C 溫度範圍內，銀原子於固態銀中擴散的活化能（焦耳每莫耳）。

解

利用 (5.13) 式，$T_2 = 1000°C + 273 = 1273$ K、$T_1 = 500°C + 273 = 773$ K，以及 $R = 8.314$ J/(mol·K)：

$$\frac{D_{1000°C}}{D_{500°C}} = \frac{\exp(-Q/RT_2)}{\exp(-Q/RT_1)} = \exp\left[-\frac{Q}{R}\left(\frac{1}{T_2} - \frac{1}{T_1}\right)\right]$$

$$\frac{7.0 \times 10^{-13}}{1.0 \times 10^{-17}} = \exp\left\{-\frac{Q}{R}\left[\left(\frac{1}{1273K} - \frac{1}{773K}\right)\right]\right\}$$

$$\ln(7.0 \times 10^4) = -\frac{Q}{R}(7.855 \times 10^{-4} - 12.94 \times 10^{-4}) = \frac{Q}{8.314}(5.08 \times 10^{-4})$$

$$11.16 = Q\,(6.11 \times 10^{-5})$$

$$Q = 183{,}000 \text{ J/mol} = 183 \text{ kJ/mol} \blacktriangleleft$$

表 5.4　一些金屬和非金屬系統的擴散率數據

溶質	溶劑	$D_0(m^2/s)$	Q (kJ/mol)	Q (kcal/mol)
碳	FCC 鐵	2.0×10^{-5}	142	34.0
碳	BCC 鐵	22.0×10^{-5}	122	29.3
鐵	FCC 鐵	2.2×10^{-5}	268	64.0
鐵	BCC 鐵	20.0×10^{-5}	240	57.5
鎳	FCC 鐵	7.7×10^{-5}	280	67.0
錳	FCC 鐵	3.5×10^{-5}	282	67.5
鋅	銅	3.4×10^{-5}	191	45.6
銅	鋁	1.5×10^{-5}	126	30.2
銅	銅	2.0×10^{-5}	197	47.1
銀	銀	4.0×10^{-5}	184	44.1
碳	HCP 鈦	51.0×10^{-5}	182	43.5
鋁	氧化鋁-Al_2O_3	2.8×10^{-3}	477	114.0
氧	氧化鋁-Al_2O_3	0.19	636	152.0
矽	矽	0.18	460	110.0
鎂	MgO	24.9×10^{-6}	330	79.0
氧	MgO	4.3×10^{-9}	344	82.1
鎳	MgO	1.8×10^{-9}	202	48.3

(Source: L. H. Van Vlack, *Elements of Materials Science and Engineering*, 5th ed., Addison-Wesley, 1985 and James Shackelford, *Materials Science for Engineers*, 6th Ed. Pearson, Prentice Hall.)

圖 5.14　一些金屬系統的擴散率數據之阿瑞尼斯圖。

(Source: Van Vlack, L. H., *Elements Materials Science Engineering*, 5th ed., 1985.)

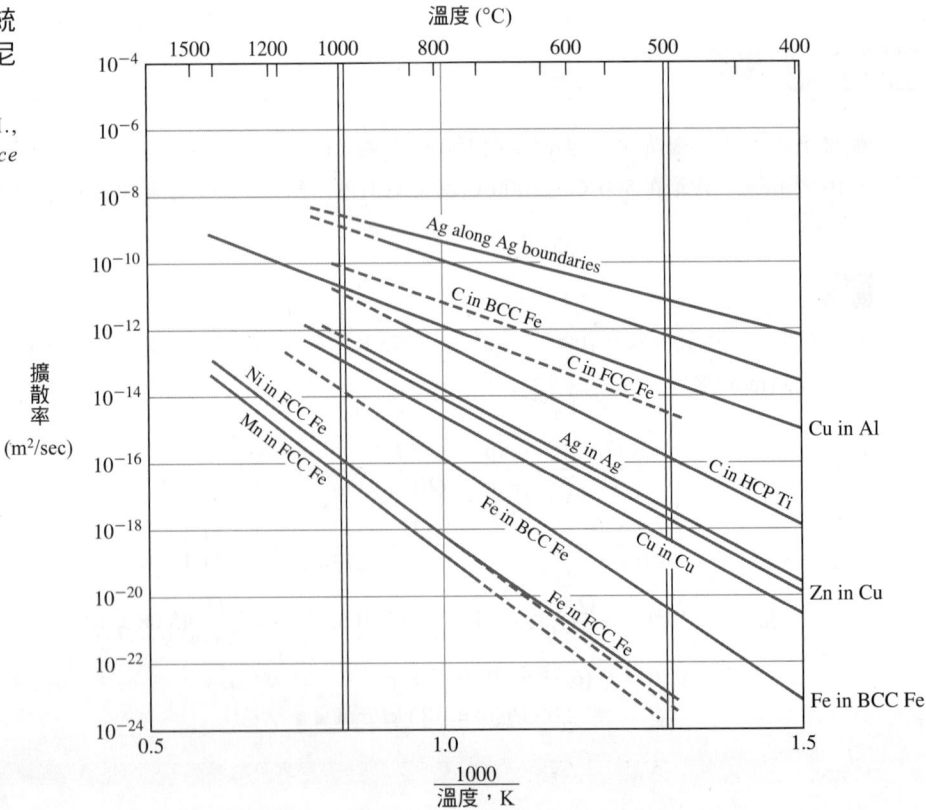

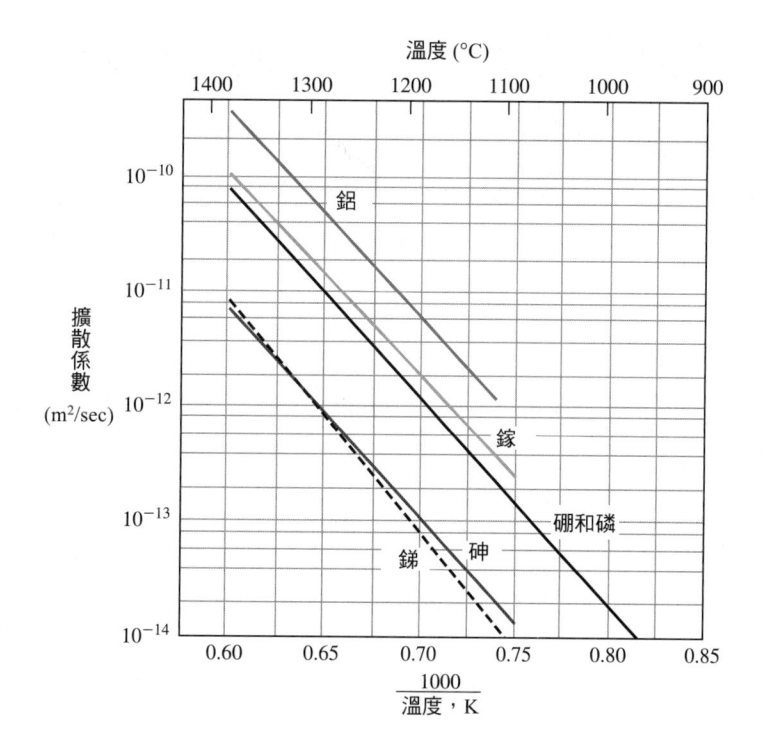

圖 5.15 矽中某些雜質元素的擴散係數對溫度的函數。

(Source: C. S. Fuller and J. A. Ditzenberger, *J. Appl. Phys.*, 27:544(1956).)

5.5 總結 Summary

　　金屬固體中發生原子的擴散主要是利用 (1) 空位或置換機制和 (2) 間隙機制。在空位機制中，大約相同大小的原子由一個空位原子位置跳到另一個空位原子位置。在間隙機制中，非常小的原子穿過母晶格較大原子之間的間隙。菲克的第一擴散定律說明擴散是由於擴散物質從一個地方到另一個地方的濃度不同而發生的，並且適用於穩態條件 (即不隨時間變化的條件)。菲克第二擴散定律適用於非穩態條件 (即擴散物質濃度隨時間變化的條件)。在本書中，菲克第二定律的使用僅限於氣體擴散進入固體的情況。擴散速率在很大程度上取決於溫度，並且這種相依性能夠由擴散率表示。擴散率是擴散速率的量度：$D = D_o e^{-Q/RT}$。在工業中經常使用到擴散過程。在本章中，我們研究了表面硬化鋼的擴散 - 氣體 - 滲碳工藝以及受控量的雜質擴散到積體電路的矽晶圓中。

5.6 名詞解釋 Definitions

5.1 節
- **活化能** (activation energy)：超出平均能量的額外能量，以產生熱活化反應。
- **阿瑞尼斯速率方程式** (Arrhenius rate equation)：將反應速率描述為溫度與活化能障函數的經驗方程式。

5.2 節
- **置換擴散** (substitutional diffusion)：大小與溶劑原子類似的溶質原子在溶劑原子晶格上的移動。空缺的存在使擴散得以發生。
- **自我擴散** (self-diffusion)：在純物質中的原子移動。
- **間隙擴散** (interstitial diffusion)：間隙原子在晶格內的移動。
- **穩態條件** (steady-state conditions)：對於一個特定擴散系統，在系統中不同位置的擴散物質濃度不會隨時間變化。
- **擴散係數** (diffusivity)：在恆定溫度下，固體中的擴散速率。擴散係數 D 可以藉由等式 $D = D_0 e^{-Q/RT}$ 來表示，其中 Q 是活化能，T 是溫度 (以 Kelvins 為單位)。D_0 和 R 是常數。
- **在固體中的菲克第一擴散定律** (Fick's first law of diffusion in solids)：在特定溫度時，擴散物質的通量與濃度梯度成正比。
- **非穩態條件** (non-steady-state conditions)：對於一個特定擴散系統，擴散物質的濃度隨系統中不同位置的時間而會變化。
- **在固體中的菲克第二擴散定律** (Fick's second law of diffusion in solids)：在特定溫度時，組成分變化率等於擴散係數乘以濃度梯度的變化率。

5.7 習題 Problems

知識及理解性問題

5.1 繪製 log10 的反應速率值與絕對溫度的倒數值之典型阿瑞尼斯圖，並指出圖的斜率。斜坡的物理意義是什麼？

5.2 哪些因素會影響固體金屬晶體的擴散速度？

5.3 寫出固態材料中的菲克第二擴散定律的等式，並定義每個項次。

應用及分析問題

5.4 (a) 假設純銅中空位形成的能量為 1.0 eV，計算在 850°C 的銅中，每立方公尺中的空位平衡濃度。(b) 800°C 時的空位率是多少？

CHAPTER 5　固體中的熱活化過程和擴散

5.5 考慮在 927°C (1700°F) 下對 1018 鋼 (0.18 wt％) 的齒輪進行氣體滲碳。計算在齒輪表面下方 0.40 mm 處將碳含量增加至 0.35 wt% 所需的時間。假設表面的碳含量為 1.15 wt%，且滲碳前的鋼齒輪的標稱碳含量為 0.18 wt%。在 927°C 時的 D (C 在 γ 鐵中) = 1.28×10^{-11} m^2/s。

5.6 由 1022 鋼 (0.22 wt% C) 製成的鋼齒輪之表面應在 927°C (1700°F) 下進行氣體滲碳。計算在低於齒輪表面 0.030 in. 處，將碳含量增加至 0.30 wt% 所需的時間。假設表面的碳含量為 1.20 wt%。在 927°C 時的 D (C 在 γ 鐵中) = 1.28×10^{-11} m^2/s。

5.7 在 1100°C 的溫度下 5 小時，以將硼擴散到厚矽片中 (沒有事先摻入的硼)。如果表面濃度為 10^{18} 個原子 /cm^3，則表面下方的深度是多少時，其濃度為 10^{17} 個原子 /cm^3？對於在 1100°C 下，在矽中擴散的硼之 $D = 4 \times 10^{-13}$ cm^2/s。

5.8 在 700°C 時，計算碳在 HCP 鈦中的擴散係數 D (單位為平方公尺/秒)。使用 $D_0 = 5.10 \times 10^{-4}$ m^2/s; Q = 182 kJ/mol; R = 8.314 J/(mol · K)。

5.9 鋁晶格中銅原子的擴散係數在 600°C 時為 7.50×10^{-13} m^2/s，在 400°C 時為 2.50×10^{-15} m^2/s。計算在此溫度範圍內的活化能。R = 8.314 J/(mol · K)。

5.10 BCC 鐵晶格中鐵原子的擴散係數在 400°C 時為 4.5×10^{-23} m^2/s，在 800°C 時為 5.9×10^{-16} m^2/s。在此溫度範圍內計算此情況下的活化能，單位為 kJ/mol。R = 8.314 J/(mol · K)。

綜合及評價問題

5.11 500°C 時，FCC 鐵 (亞穩態) 樣品表面的錳 (Mn) 濃度為 0.6 a%。在距離表面 2 mm 的距離處，濃度為 0.1 a%。請決定表面和 2 mm 深的平面之間的錳原子通量。提示：使用表 3.2 中的資訊將 a% 轉換為 atoms/m^3。

5.12 FCC 鐵中鎳原子的活化能為 280 kJ/mol，FCC 鐵中的碳原子的活化能為 142 kJ/mol。(a) 這告訴你鎳和碳在鐵中的擴散情形相對而言是怎樣？(b) 你能解釋為什麼活化能如此劇烈地不同？(c) 找到一種方法來定性地解釋給非工程師或非科學家了解能量 142 kJ 是多少？

5.13 你認為銅粒子的自我擴散率 (自我擴散) 在 ASTM 晶粒尺寸號碼為 4 時比在號碼為 8 的銅中更低或更高嗎？解釋你的答案。

5.14 僅使用方程式顯示，隨著氣體滲碳過程中時間的增加，濃度 C_x 也會增加。

5.15 如果氫在鐵合金中擴散，會使材料明顯更脆並且易於破裂。鋼中氫的活化能是 3.6 Kcal/mol。我們應該擔心鋼的氫脆 (很可能發生) 嗎？說明。

5.16 在 1100°C 下，計算鎳在 FCC 鐵中的擴散係數 D (平方公尺/秒)。使用值 $D_0 = 7.7 \times 10^{-5}$ cm^2/s; Q = 280 kJ/mol; R = 8.314 J/(mol · K)。

CHAPTER 6

金屬的機械性質 I
Mechanical Properties of Metals I

(©Getty Images)   (©Andrew Wakeford/Getty Images)

　　金屬能夠透過各種冷加工或熱加工之製程，被製成具有各種機能性的形狀。金屬成型的最重要範例之一就是汽車零件的製造 (包括車體和引擎)。汽車引擎缸體通常是由鑄鐵或鋁合金來製備；汽缸和其他汽缸上的孔洞則是由鑽、鑿及敲打的方式完成。汽缸蓋的材質也是鑄鋁合金；連接桿、曲軸和凸輪則是鍛造而成，最後再打磨。車身面板 (包括車頂、行李箱蓋、門和側板) 是先由鋼板沖壓而成，最後再點焊在一起 (如左圖)。當金屬成型的製造步驟增加時，成本就會增加。若想要有效降低成本，就必須有「近淨形」(Near Net Shape) 的製造概念，用最少的製造步驟和最小的精加工或磨削方式來使產品達到要求。具有非對稱且複雜形狀的汽車零件部分，例如錐齒輪或萬向接頭，都是鍛造而成，可以直接拿來使用 (如右圖)。

173

學習目標

到本章結束時,學生將能夠:

1. 描述用於將金屬成型為功能性形狀的成型操作。能夠區分鍛造合金和鑄造產品之間的差異。能夠區分熱成型和冷成型之製程。
2. 解釋應力和應變在工程上和真實上的定義。
3. 解釋彈性和塑性變形在原子尺度、微觀尺度和宏觀尺度下之差異。
4. 解釋正常的和剪切的應力與應變之間的差異。
5. 解釋拉伸試驗是什麼,用什麼類型的機器來進行拉伸試驗,以及從這些試驗中能得到有關材料性能的什麼資料。
6. 定義硬度並解釋如何測量硬度。描述各種可用的硬度尺度。
7. 描述單晶在原子尺度下的塑性變形。描述滑移、位錯和雙晶的概念,以及它們在單晶塑性變形中所扮演的角色。
8. 定義在 BCC、FCC 和 HCP 單晶中的臨界滑移系統。
9. 描述施密特定律 (Schmid's law) 及其在確定臨界分解剪應力中的應用。
10. 描述塑性變形過程對多材料性能和晶粒結構的影響。
11. 解釋晶粒尺寸 (Hall-Petch 方程式) 和晶界對金屬塑性變形和性質的影響。
12. 描述用於金屬的各種強化機制。
13. 描述退火過程及其對冷加工金屬的性能和微觀結構的影響。
14. 描述金屬中的超塑性行為。
15. 描述奈米結晶金屬是什麼以及它可能提供什麼優勢。

6.1 金屬和合金製程 The Processing of Metals and Alloys

6.1.1 金屬和合金的鑄造

一般而言,常見的金屬成型方法是先將金屬置於一個高溫加熱爐中,使固態金屬熔成熔融態金屬。再把形成合金的另一種元素加到熔化的金屬液中,以製作成所需要的各種合金比例。例如,將固態鎂金屬加入熔化的鋁液中,鎂金屬在加熱爐開始熔化之後,便會跟鋁熔液互相混合,並形成均勻的鋁鎂合金熔液。在經過後續處理以去除鋁鎂合金熔液中的氧化物雜質與氫氣之後，再將它倒進一個直接冷卻半連續鑄模內，如圖 4.8 所示。大型片狀鑄錠，如圖 4.1 所示，也是應用此方法製造而成。其他具有不同截面的鑄錠也可以運用類似的方法製造，例如將擠壓鑄錠鑄造成具有圓形截面的外形。

大多時候，鑄錠的基本形狀就已經可以用來製造成半成品。如片材[1]和板材[2]等都是經由多次滾軋片狀鑄錠而減少厚度。片材和板材是根據其厚度進行分類的。板材會比片材厚。另一種擠製產品，例如蜂巢狀和溝槽狀的產品則是藉由擠製鑄錠所得到，棒材和線材通常是利用線狀鑄錠方式得到。所有這些由大型鑄錠開始，經過熱加工和冷加工使金屬永久／塑性變形而製造出的產品，被稱為鍛造用合金產品 (wrought alloy products)。本書 6.5 節和 6.6 節將描述永久變形對金屬結構和性質的影響。

利用直接將熔融金屬注入最後產品之模型的方式，適用於尺寸相對較小的工件。過程中只需要少量機器製造或整修的製程，就可以得到最後產品。使用此方法所得之產品稱為鑄件 (cast products)，製造鑄件之合金稱為鑄造合金 (casting alloys)。例如，汽車引擎活塞即是利用此方法製作。圖 6.1 中顯示一個形狀相當簡單的永久模及其鑄件。圖 6.2a 顯示一位操作員將鋁合金熔液倒入永久模內後製造兩個活塞鑄件的情形；圖 6.2b 顯示離模後的鑄件，經過整修、熱處理及車削的活塞成品 (圖 6.2c) 即可用於汽車引擎內。

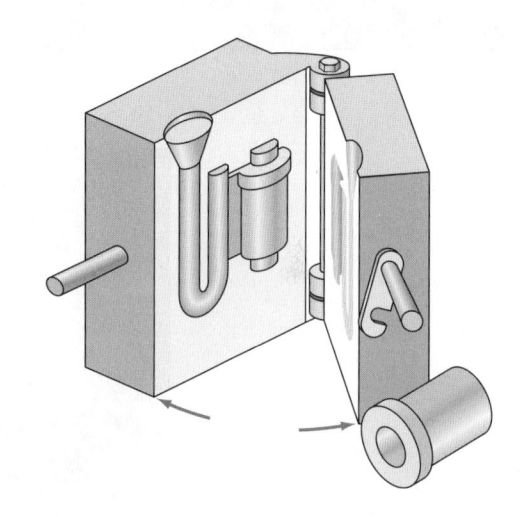

圖 6.1 永久模鑄造法。帶有入口和金屬芯的凝固鑄件顯示在模具的左半部分。完成的鑄件顯示在模具前面。
(Source: H. F. Taylor, M. C. Flemings, and J. Wulff, *Foundry Engineering*, Wiley, 1959, p. 58.)

6.1.2 金屬和合金之熱軋與冷軋

常用來製造金屬和合金的方法有熱軋和冷軋，具有均勻截面的長條片材和板材通常利用這些方法製造。

片狀鑄錠的熱軋 熱軋 (hot rolling) 是片狀鑄錠製程的第一個步驟，因為金屬處於高溫的環境下較易軟化，所以進行每一次滾軋，其厚度的改變量較多較明顯。在進行熱軋前，首先要將片狀和板狀鑄錠預熱至較高的溫度 (取決於金屬的再結晶

---

[1] 對於本書，片材定義為橫截面為矩形的軋製產品，厚度為 0.006 至 0.249 吋 (0.015 至 0.063 公分)。

[2] 對於本書，板材定義為橫截面為矩形的軋製產品，厚度為 0.250 吋 (0.635 公分) 或更大。

(a)

(b)

(c)

圖 6.2 (a) 鋁合金零件的永久模鑄造法；(b) 從模具中取出後的鑄件；(c) 鑄造組件已完成並可以使用。
((a) ©Monty Rakusen/Cultura Creative/Alamy; (b) ©Ty Wright/Bloomberg via Getty Images; (c) ©DmyTo/iStock/Getty Images Plus)

溫度)。但是少數時候，熱軋的鑄錠可以直接鑄造而成。當鑄錠自預熱爐移出後就可以馬上送入往復式滾軋機內做熱軋處理(如圖 6.3 所示)。

熱軋的過程會持續下去，直到板胚溫度降低，使滾軋無法順利進行為止。板胚會再次加熱，持續進行熱軋過程，直到熱軋鋼帶薄到足以盤捲成圈。一般常見的大型製造工廠中，板胚的熱軋都是使用一系列的四輪滾軋機來進行，如圖 6.4 所示。

鋼片的冷軋[3]　在熱軋製程之後，也許會包括部分**冷軋** (cold rolling)，金屬盤捲成圈後還要再經由加熱處理，這個過程稱為**退火** (annealing)，退火的過程是為了軟

---

[3] 金屬的冷軋通常在低於金屬的再結晶溫度下進行，並導致金屬的應變硬化。

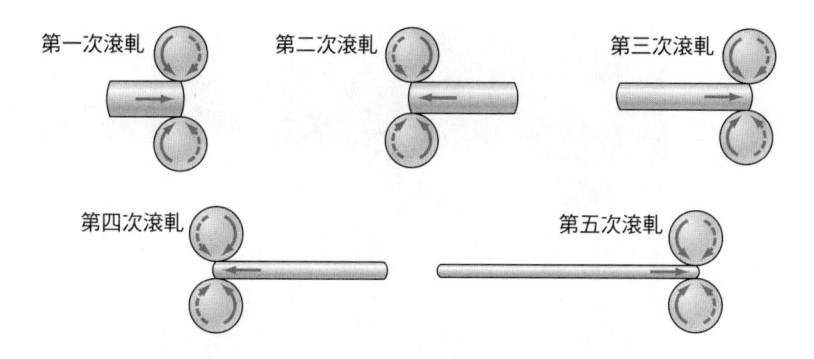

圖 6.3 熱軋操作流程的圖解表示，包含了在可往返的二重式可逆軋機上將鑄錠減少到板坯。

(Source: H. E. McGannon (ed.), *The Making, Shaping, and Treating of Steel*, 9th ed., United States Steel, 1971, p. 677.)

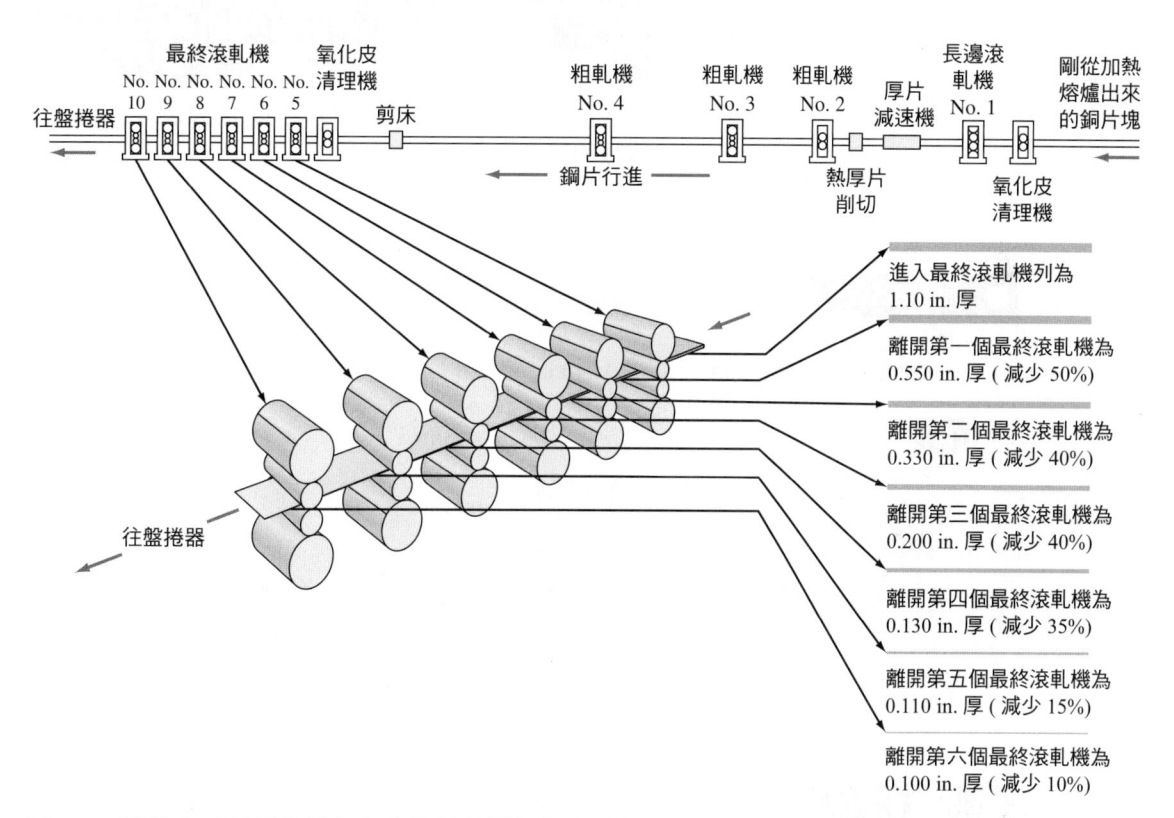

圖 6.4 配備有四個粗軋機架和六個精軋機架的熱軋板條機，每一次運作時的一般減少量。繪圖不按比例繪製。

(Source: H. E. McGannon (ed.), *The Making, Shaping, and Treating of Steel*, 9th ed., United States Steel, 1971, p. 937.)

化金屬以除去因熱軋時產生的雜質。冷軋通常在室溫下進行，也是使用單獨或系列的四輪滾軋機 (圖 6.5)。圖 6.6 顯示工廠內鋼片冷軋作業的實際情形。

　　金屬板材或片材之**冷作縮減百分比** (percent cold reduction) 可利用下式計算：

$$冷作縮減\% = \frac{初始金屬厚度 - 最終金屬厚度}{初始金屬厚度} = 100\% \qquad (6.1)$$

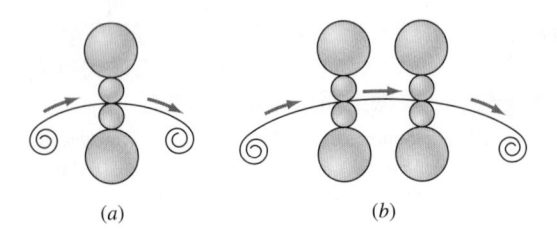

圖 6.5　用四輪滾軋機冷軋金屬板時的金屬路徑的示意圖：(a) 單個軋機和 (b) 兩個串聯軋機。

圖 6.6　冷軋鋼板。這種類型的滾軋機用於冷軋鋼帶、錫板和非鐵金屬。
(©Sputnik/ Alamy)

例題 6.1

計算鋁合金片從 0.120 in. 冷軋到 0.040 in. 的冷作縮減百分比。

解

$$冷作縮減\% = \frac{初始厚度-最終厚度}{初始厚度} \times 100\%$$

$$= \frac{0.120 \text{ in.} - 0.040 \text{ in.}}{0.120 \text{ in.}} \times 100\% = \frac{0.080 \text{ in.}}{0.120 \text{ in.}} \times 100\%$$

$$= 66.7\%$$

例題 6.2

70% Cu-30% Zn 合金片冷軋 20% 後的厚度為 3.00 mm。此片材接著再冷軋至 2.00 mm，則全部的冷作縮減百分比為何？

解

可以藉由第一次的 20% 冷作縮減百分比求得片材的厚度。設 x 為原來厚度，

$$\frac{x - 3.00 \text{ mm}}{x} = 0.20$$

或

$$x - 3.00 \text{ mm} = 0.20x$$

$$x = 3.75 \text{ mm}$$

從原本厚度和最終厚度可以得到全部的冷作縮減百分比：

$$\frac{3.75 \text{ mm} - 2.00 \text{ mm}}{3.75 \text{ mm}} = \frac{1.75 \text{ mm}}{3.75 \text{ mm}} = 0.466 \text{ 或 } 46.6\%$$

6.1.3 金屬和合金的擠製

擠製 (extrusion) 是一種塑性成型的製程，亦即對材料施加高壓，使它穿過一個模具上的小孔，利用此方式來減小它的截面積 (圖 6.7)。對大多數金屬而言，擠製製程經常用來生產圓棒或是中空管件，然而對於那些比較容易進行擠製的金屬，例如鋁、銅及它們的合金，擠製製程也可以用來進行較不規則截面產品的製造。一般來說，金屬的擠製製程通常會在高溫的環境下進行，因為此時的變形阻抗較低溫時小得多。擠製時，模具內的鋼胚受到衝柱所施加的壓力後即可穿過模具，產生連續性的變形，然後產生均勻截面的長條狀金屬。

擠製有兩種主要形式，分別為直接式擠製 (direct extrusion) 和間接式擠製 (indirect extrusion)。直接式擠製是指衝柱撞擊鋼胚，接著金屬直接穿過模具 (圖 6.7a)；間接式擠製則是利用中空衝柱來夾持模具，而衝柱的另一端以鋼板密封 (圖 6.7b)。間接式擠製所產生摩擦力與耗費馬力要比直接式擠製來得低，不過利用這種中空衝柱以間接方式所施出之壓力也會比直接式擠製低一些。

擠製的製程主要是用來生產一些低熔點非鐵金屬 (例如鋁、銅及其合金) 的棒材、管材及不規則形狀製品。但是，在目前科技日新月異之下，開發出馬力更大的擠製機與改良的潤滑劑 (例如玻璃)，一些碳鋼和不鏽鋼亦可利用熱擠製製程來製造成品。

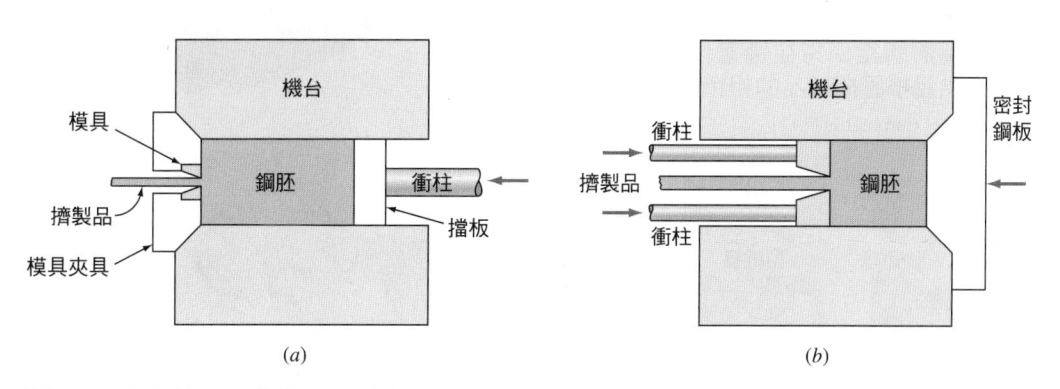

圖 6.7 金屬擠壓工藝的兩種基本類型：(a) 直接和 (b) 間接。
(Source: G. Dieter, *Mechanical Metallurgy*, 2nd ed., McGraw-Hill, 1976, p. 639.)

6.1.4 鍛造

鍛造 (forging) 是另一種主要的金屬成型加工法。利用鎚擊或壓擠方式對金屬進行加工形成所需的形狀稱為鍛造製程。一般而言，鍛造都會在金屬處於高溫時來執行，但在少數情形之下，金屬也可以利用冷鍛來加工。鍛造方式主要可分為兩種，分別為鎚擊式鍛造 (hammer forging) 和壓擠式鍛造 (press forging)。鎚擊式鍛造是指一個下擊式鎚頭反覆地在金屬表面敲擊以施加作用力；壓擠式鍛造則是指在金屬之上施加一慢速的壓縮力 (圖 6.8)。

鍛造製程也可以分類為開模鍛造 (open-die forging) 或閉模鍛造 (close-die forging)。開模鍛造指的是利用外形平直或形狀較簡單的模具來進行鍛造，例如 V 形或半圓穴形的模具 (圖 6.9)，此方法非常適合運用在製造大型零件如電蒸氣渦輪機和發電機鋼質軸心的製造。閉模鍛造則是指將金屬置於兩模具之間進行鍛造，上模具刻有產品的上半部外形，下模具刻有產品的下半部外形。閉模鍛造可依照需求選擇使用單一對模或多重壓擠模來完成。舉例來說，汽車引擎連桿製造就是一種使用多重壓擠的閉模鍛造的例子 (圖 6.10)。

圖 6.8 重型機械手臂將鑄錠保持在適當位置，而 10,000 噸的壓力機將熱鋼擠壓成成品的粗糙形狀。
(Courtesy of United States Steel Corporation)

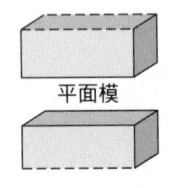

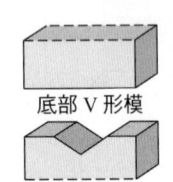

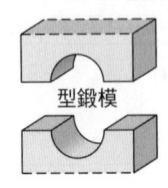

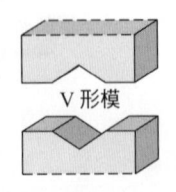

平面模　　底部 V 形模　　型鍛模　　V 形模

圖 6.9 各種開模鍛造的基本形狀。
(Source: H. E. McGannon (ed.), *The Making, Shaping, and Treating of Steel*, 9th ed., United States Steel, 1971, p. 1045.)

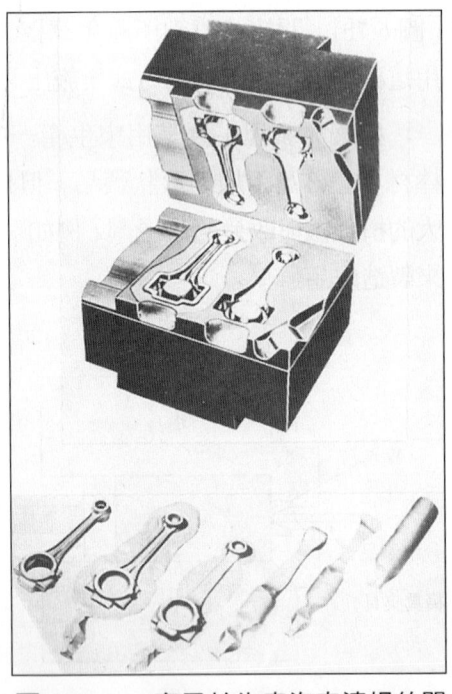

圖 6.10 一套用於生產汽車連桿的閉式鍛模。
(Courtesy of the Forging Industry Association.)

鍛造通常可以用於製造不規則形狀的物品，尤其是那些需要經由加工處理以降低孔隙和強化內部結構的金屬成品。舉例來說，與僅經過鑄造的成品相比，經過鍛造後的螺絲起子會變得較強韌、不易損壞。運用鍛造的方式也可以用來打散一些高合金含量金屬(例如一些工具鋼)內的鑄造結構，使得金屬性質更加均勻，而且在進行後續加工時也比較不易發生破裂。

6.1.5　其他金屬成型法

較為次要的金屬成型法有非常多種，但因篇幅的關係，本書僅簡單介紹拉線法和金屬片材的深衝法。

拉線法 (wire drawing) 是一種非常重要的金屬成型方式。線材或棒材多數是經由此法製備而成 (圖 6.11)。以鋼線拉線為例，一個內部的碳化鎢「鳥嘴」模眼鑲在鋼模箱內，這個硬質的碳化物在拉線進行時提供一個抗磨耗的表面。在拉線時，應該要預先注意原材料的表面是否保持清潔，並且經過適當的潤滑。經過拉線處理後的線材若發生加工硬化的情況，中間軟化熱處理是必要的。根據被拉線的金屬或合金，以及最後所需的直徑及是否需回火改質等因素，使用的方法變化相當大。

■ 例題 6.3

減少金屬絲或金屬棒直徑的拉線製程中，**冷作縮減百分比** (percent cold reduction) 可依照下式計算：

$$\text{冷作縮減} \% = \frac{\text{初始截面積} - \text{最終截面積}}{\text{初始截面積}} \times 100\% \quad (6.2)$$

計算退火後的銅線從 1.27 mm (0.050 in.) 的直徑冷拉到直徑 0.813 mm (0.032 in.) 時的冷作縮減百分比。

解

$$\text{冷作縮減} \% = \frac{\text{截面積改變量}}{\text{初始面積}} \times 100\% \quad (6.2)$$

$$= \frac{(\pi/4)(1.27 \text{ mm})^2 - (\pi/4)(0.813 \text{ mm})^2}{(\pi/4)(1.27 \text{ mm})^2} \times 100\%$$

$$= \left[1 - \frac{(0.813)^2}{(1.27)^2}\right](100\%)$$

$$= (1 - 0.41)(100\%) = 59\% \blacktriangleleft$$

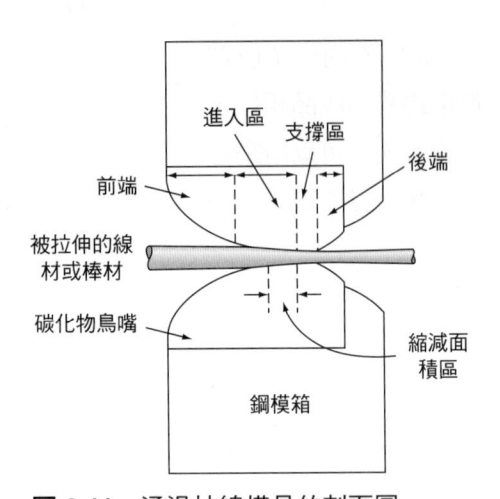

圖 6.11 通過拉線模具的剖面圖。
(Source: "Wire and Rods, Alloy Steel," *Steel Products Manual*, American Iron and Steel Institute, 1975.)

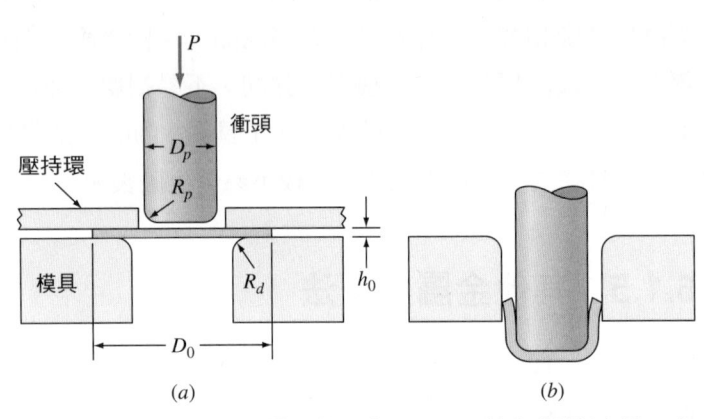

圖 6.12 以深衝法製備圓柱形杯子。(a) 執行深衝法前，和 (b) 執行深衝法後。
(Source: G. Dieter, *Mechanical Metallurgy*, 2nd ed., McGraw-Hill, 1976, p. 688.)

深衝法 (deep drawing) 是另一種金屬成型法，適用於將扁平金屬片材加工為罐狀物之產品。製程方法是將一金屬片放在模具上面，再將衝頭和金屬片壓入模具之內 (圖 6.12)。通常需要壓持器 (hold-down device) 才能使金屬平滑地壓入模具內，避免發生金屬皺折。

■ 6.2　金屬之應力和應變　Stress and Strain in Metals

在本章的第一部分中，我們簡要介紹了將金屬加工成半成品和鑄造產品的主要方法。現在讓我們研究如何評估金屬強度和延展性等機械性質，以期達到工程應用之需要。

6.2.1　彈性和塑性變形

金屬承受單軸拉伸外力時就會發生變形。外力除去後，若金屬可以恢復原本的尺寸，此金屬則被稱為經歷**彈性變形或可恢復變形** (elastic or recoverable deformation)。金屬可以有的彈性變形量是很小的。在發生彈性變形時，金屬原子會離開原本位置，但是因為位移量不夠而無法占據新位置。此時，當此外力移除後，原子即會回到原本位置，而金屬也會恢復其原有形狀。然而，當金屬變形到無法完全回復原本尺寸時，金屬則被稱為發生**塑性變形或永久變形** (plastic or permanent deformation)。在塑性變形過程中，金屬原子之間的鍵斷裂，金屬原子將會永久地離開原來所在位置，並且移至新位置。在沒有破裂的情況下，某些金屬可以發生大量的塑性變形的能力是金屬最有用的工程性能之一。例如，鋼的大量的塑性變形能夠使擋泥板、發動機罩和門等汽車部件在沒有金屬破裂的情況下以機械沖壓製成(參見章節開頭討論)。

　　金屬和其他材料(彈性或塑性)的變形是由力或負載的作用產生的。這些負載可以以拉力、壓縮力、剪切力、扭轉或彎曲的形式施加。這種負載在金屬中產生各種應力，包括拉伸、壓縮和剪切應力。這些應力反過來產生應變並隨後變形。在下一節中，我們定義了各種類型的應力和應變以及如何決定它們。

6.2.2　工程應力和工程應變

工程應力　一根圓棒長度為 l_0，截面積為 A_0，承受單軸拉伸外力為 F，如圖 6.13 所示。根據定義，棒上的**工程應力** (engineering stress, σ) 等於棒上的平均單軸拉伸外力 F 除以初始截面積 A_0。因此，

$$\text{工程應力 } \sigma (\text{正常應力}) = \frac{F(\text{平均軸向拉伸應力})}{A_0(\text{初始截面積})} \quad (6.3)$$

工程應力 σ 的單位如下：

　　美國習慣用法：磅力／每平方吋 ($lb_f/in.^2$ 或 psi)；

　　lb_f = 磅力

　　國際標準制 (SI 制)：牛頓／每平方公尺 (N/m^2) 或帕斯卡 (Pa)，
　　其中 $1\ N/m^2 = 1\ Pa$

英制 psi 與國際標準制帕斯卡 (Pa) 之間的轉換因子為：

$$1\ psi = 6.89 \times 10^3\ Pa$$

$$10^6\ Pa = 1\ \text{百萬帕斯卡} = 1\ MPa$$

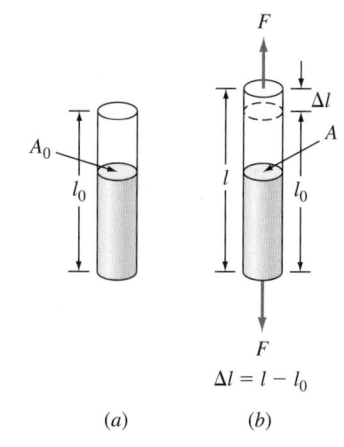

$$1000\ psi = 1\ ksi = 6.89\ MPa$$

圖 6.13　金屬圓棒承受單軸拉伸外力 F 而伸長。(a) 無外力作用時；(b) 承受單軸拉伸外力 F 作用時，此圓棒的長度從 l_0 伸長至 l。

■ 例題 6.4 •

一直徑 0.500 in. 的鋁棒承受 2500 lb_f 的外力，計算鋁棒所承受的工程應力 (psi)。

解

$$\sigma = \frac{外力}{原截面積} = \frac{F}{A_0}$$

$$= \frac{2500 \text{ lb}_f}{(\pi/4)(0.500 \text{ in})^2} = 12{,}700 \text{ lb}_f/\text{in.}^2 \blacktriangleleft$$

■ 例題 6.5

一直徑 1.25 cm 的棒材承受 2500 kg 的外力,計算棒材所承受的工程應力 (MPa)。

解

棒材所承受的負載為 2500 kg。在 SI 制,棒上的力等於負載質量乘上重力加速度 ($g = 9.81$ m/s^2),或

$$F = mg = (2500 \text{ kg})(9.81 \text{ m/s}^2) = 24{,}500 \text{ N}$$

棒材的直徑 $d = 1.25$ cm $= 0.0125$ m,所以棒材上的工程應力為

$$\sigma = \frac{F}{A_0} = \frac{F}{(\pi/4)(d^2)} = \frac{24{,}500 \text{ N}}{(\pi/4)(0.0125 \text{ m})^2}$$

$$= (2.00 \times 10^8 \text{ Pa})\left(\frac{1 \text{ MPa}}{10^6 \text{ Pa}}\right) = 200 \text{ MPa} \blacktriangleleft$$

工程應變　如圖 6.13 所示,圓棒被施加一個單軸拉伸外力時,圓柱會沿著力的方向伸長 (或是說垂直於截面積),在棒的整個長度上的這種位移稱為正常工程應變 (normal engineering strain)。根據定義,單軸拉伸外力作用於金屬樣品所產生的**工程應變** (engineering strain) 是樣品在受力方向的長度變化量與原長度之間的比值。因此,示於圖 6.13 之圓棒 (或類似型式之金屬樣品) 的工程應變為

$$工程應變\ \epsilon\ (\ 正常應變\ ) = \frac{l - l_0}{l_0} = \frac{\Delta l\ (\ 試片長度變化量\ )}{l_0\ (\ 試片初始長度\ )} \quad (6.4)$$

其中 l_0 是樣品原長度,l 是樣品受單軸外力拉伸後的長度。在多數情況下,會在較長 (例如 8 吋) 的樣品上,取一個較短的長度 (例如 2 吋) 來計算工程應變,此長度稱為標距長度 (gage length) 的小長度 (見例題 6.6)。

工程應變 ϵ 的單位如下：

美國習慣用法：吋 / 吋 (in./in.)

國際標準制 (SI 制)：公尺 / 公尺 (m/m)

因此，工程應變是一個無維度 (dimensionless) 的量值。實際應用上常將工程應變轉換成應變百分比 (percent strain)：

$$工程應變\% = 工程應變 \times 100\%$$

■ 例題 6.6

一商用鋁材的長、寬、高分別為 8、0.500、0.040 in.，材料中央有標距 2.00 in.，受力後標距變成 2.65 in. (圖 6.14)，估計此試片的工程應變與伸長量百分比。

解

$$工程應變\ \epsilon = \frac{l - l_0}{l_0} = \frac{2.65\ \text{in.} - 2.00\ \text{in.}}{2.00\ \text{in.}} = \frac{0.65\ \text{in.}}{2.00\ \text{in.}} = 0.325 \blacktriangleleft$$

$$伸長量\% = 0.325 \times 100\% = 32.5\% \blacktriangleleft$$

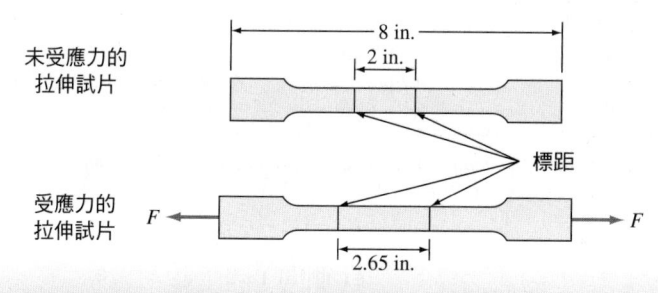

圖 6.14 試驗前後的片狀拉伸試片。

6.2.3 波松比

金屬在縱軸方向的彈性變形也會導致在橫軸方向產生伴隨的變形。如圖 6.15b 所示，一個拉伸應力 σ_z 產生一軸向應變 $+\epsilon_z$，以及 $-\epsilon_x$ 和 $-\epsilon_y$ 的側向壓縮應變。對等向性 (isotropic)[4] 行為而言，ϵ_x 等於 ϵ_y。以下的比值稱為波松比 (Poisson's ratio)

---

[4] 等向性：當沿所有方向的軸測量時，表現出具有相同值的特性。

圖 6.15 (a) 未受力的立方體；(b) 立方體受拉伸應力，垂直受力方向的彈性收縮比值為波松比 v；(c) 立方體承受作用在表面積 A 的剪應力 S，作用在立方體的剪應力 τ 為 S/A。

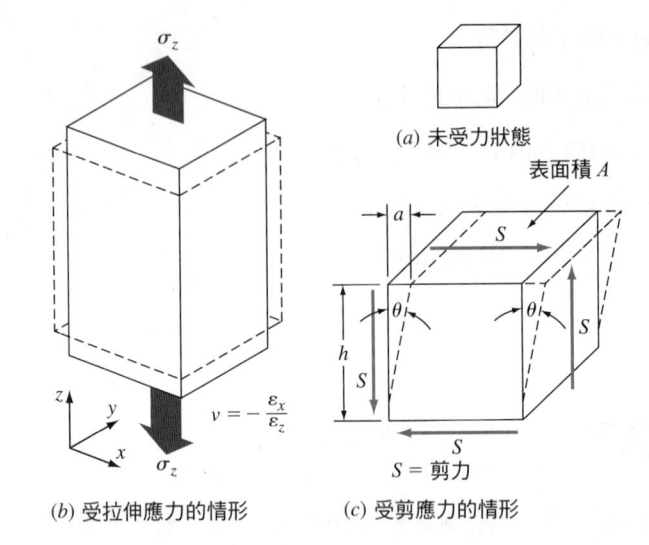

(a) 未受力狀態
(b) 受拉伸應力的情形
(c) 受剪應力的情形

表 6.1 在室溫下，等向性材料一般的彈性常數值

材料	彈性模數 10^6 psi (Gpa)	剪模數 10^6 psi (Gpa)	波松比
鋁合金	10.5(72.4)	4.0(27.5)	0.31
銅	16.0(110)	6.0(41.4)	0.33
鋼 (低碳，低合金)	29.0(200)	11.0(75.8)	0.33
不鏽鋼 (18-8)	28.0(193)	9.5(65.6)	0.28
鈦	17.0(117)	6.5(44.8)	0.31
鎢	58.0(400)	22.8(15.7)	0.27

(Source: G. Dieter, *Mechanical Metallurgy*, 3rd ed., McGraw-Hill, 1986.)

$$v(剪應力) = -\frac{\epsilon(側向)}{\epsilon(軸向)} = -\frac{\epsilon_x}{\epsilon_z} = -\frac{\epsilon_y}{\epsilon_z} \tag{6.5}$$

理想材料的 $v = 0.5$。然而，真實材料的波松比範圍為 0.25 至 0.4，平均值大約為 0.3。表 6.1 列出一些金屬與合金的 v 值。

6.2.4 剪應力和剪應變

我們到目前為止討論的，都是金屬及合金在單軸拉伸應力作用時所發生的彈性和塑性變形。**剪應力** (shear stress) 是另一個讓金屬材料能夠發生變形的重要方法。單純剪應力對 (剪應力皆成對作用) 於一立方體之作用顯示於圖 6.15c，其中剪力 S 作用在區域 A。剪應力 τ 和剪力 S 的關係可寫為：

$$\tau(\text{剪應力}) = \frac{S(\text{剪力})}{A(\text{剪力作用的面積})} \tag{6.6}$$

剪應力的單位和單軸拉伸應力的單位相同：

美國習慣用法：磅力 / 平方吋 (lb_f/in.² 或 psi)

國際標準制 (SI 制)：牛頓 / 平方公尺 (N/m²) 或帕斯卡 (Pa)

剪應變 γ (shear strain) 定義為剪位移 a (shear displacement) 除以剪力作用的距離 h，如圖 6.15c 所示：

$$\gamma = \frac{a}{h} = \tan\theta \tag{6.7}$$

純彈性剪力的剪應變和剪應力之比例關係為

$$\tau = G\gamma \tag{6.8}$$

其中 G 為彈性模數。

我們可以概括的說，正常的應力和應變會導致金屬長度和體積的變化，而剪切應力和應變會導致金屬形狀的變化 (比較圖 6.13 和 6.15)。當我們在 6.5 節討論金屬的塑性變形時，我們將關注剪切應力。

■ 6.3　拉伸試驗和工程應力 - 應變曲線
The Tensile Test and the Engineering Stress-Strain Diagram

拉伸試驗 (tensile test) 是用來估計金屬及合金的強度與剛性。在拉伸試驗中，金屬樣品會在短時間內被等速拉伸至破裂或斷裂。圖 6.16 為一台新式拉伸試驗機。圖 6.17 是樣品受張力測試的示意圖。

施加於樣品上的力量是由測力計 (load cell) 所量測，而應變是由連接在樣品上的伸長計 (extensometer) 來量測 (圖 6.18)。所得數據會蒐集於電腦控制軟體。

需要拉伸試驗的樣品五花八門。截面積厚的金屬板材，通常會用直徑 0.5 in. 的圓形樣品來進行測試 (圖 6.19a)。截面積較薄的金屬片則會用扁平樣品 (圖 6.19b)。2 in. 是拉伸試驗最常用的標距長度。

從拉伸試驗表所得的力量值可以轉換為工程應力值，進而可以畫出工程應力和工程應變的關係。圖 6.20 為高強度鋁合金之**工程應力 - 應變曲線圖** (engineering stress-strain diagram)。

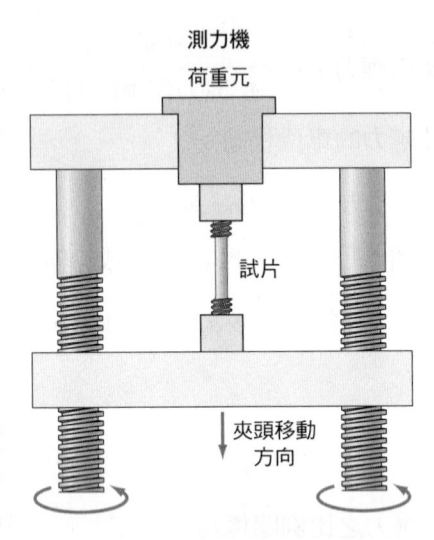

圖 6.17 此為圖 6.16 中拉伸試驗機的運作示意圖。不過，注意到圖 6.16 中機器的夾頭是向上向下移動的。
(Source: H. W. Hayden, W. G. Moffatt and J. Wulff, *The Structure and Properties of Materials*, vol. III, "Mechanical Behavior," Wiley, 1965, Fig. 1.1, p. 2.)

圖 6.16 新式拉伸試驗機。施加於樣品的力量(負載)是由測力計所量測，而應變則是利用伸長計測得。資料會透過電腦控制軟體加以蒐集與分析。
(Courtesy of the Instron® Corporation)

圖 6.18 進行拉伸試驗量測應變用的伸長計之特寫。透過小型彈簧夾將伸長計接在樣品上。
(Courtesy of the Instron® Corporation)

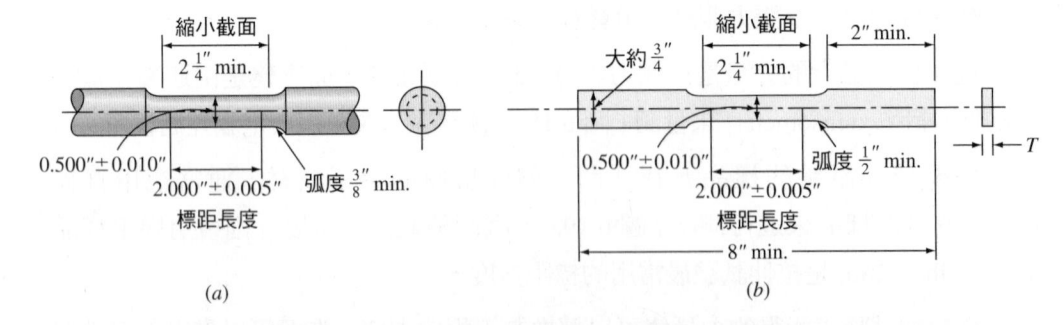

圖 6.19 常用的拉伸試驗樣品範例之幾何形狀。(a) 標距長度為 2 in. 的標準圓形拉伸試驗樣品；(b) 標距長度為 2 in. 的標準矩形拉伸試驗樣品。
(Source: H. E. McGannon (ed.), *The Making, Shaping, and Treating of Steel*, 9th ed., United States Steel, 1971, p. 1220.)

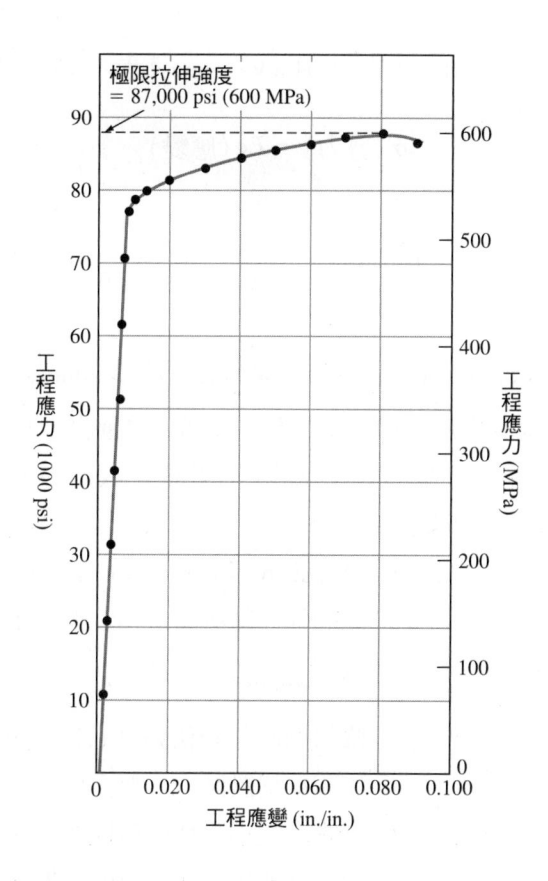

圖 6.20 高強度鋁合金 (7075-T6) 的正常工程應力-應變曲線圖。本試驗的樣品取自 5/8 in. 的板材，樣品直徑為 0.50 in. 英吋直徑，且標距長度為 2 in.。

(Source: Aluminum Company of America.)

6.3.1 由拉伸試驗與工程應力-應變曲線所獲得之機械特性

在對於結構設計非常重要的金屬和合金中，可以藉由拉伸試驗獲得的基本機械特性有下列幾項：

1. 彈性模數。
2. 0.2% 偏移之降伏強度。
3. 極限拉伸強度。
4. 斷裂時的伸長率。
5. 斷裂時的斷面收縮率。
6. 彈性模量
7. 韌性 (靜態)

彈性模數 拉伸試驗的第一步是先使金屬產生彈性變形。也就是說，如果樣品上的負載被釋放，則樣品將恢復其原始長度。金屬的最大彈性變形量通常小於 0.5%(0.005)。一般來說，金屬與合金在工程應力-應變曲線圖中的彈性區內，應力和應變為線性關係，可用虎克定律 (Hooke's law)[5] 表示：

$$\sigma(\text{應力}) = E\epsilon(\text{應變}) \tag{6.9}$$

或

$$E = \frac{\sigma(\text{應力})}{\epsilon(\text{應變})} \quad (\text{單位為 psi 或 Pa})$$

其中 E 為**彈性模數** (modulus of elasticity) 或楊氏模數 (Young's modulus)[6]。

彈性模數是金屬的剛度或剛性 (抗彈性變形) 的量度，其和原子鍵結強度有關。表 6.1 列出一些常見金屬的彈性模數。彈性模數較高的金屬比較堅硬且不易彎曲。例如，鋼材的彈性模數很高，大約為 30×10^6 psi (207 GPa)[7]，而鋁合金的彈性模數較低，只有 10 到 11×10^6 psi (69 到 76 GPa)。注意，在應力 - 應變曲線圖的彈性區域內，彈性模數不會隨應力的增加而改變。

降伏強度　降伏強度 (yield strength, YS 或 σ_y) 是工程結構設計中一個重要的數值，因為金屬或合金會就是從降伏強度開始產生明顯的塑性變形。由於在應力 - 應變曲線上無法明確定義彈性應變的終點及塑性應變的起點，因此降伏強度被選定為當某定量應變發生時的應力。根據美國的工程結構設計標準，降伏強度的定義是發生了 0.2% 塑性應變時的應力，如圖 6.21 所示。

0.2% 的降伏強度，也稱為 0.2% 偏位降伏強度 (offset yield strength)，是由工程應力 - 應變曲線圖所獲得，如圖 6.21 所示。首先，從 0.002 in./in. (m/m) 應變處畫一平行於應力 - 應變曲線之彈性 (線性) 區的直線，如圖 6.21 所示。然後，從直線和曲線的交差點畫一條水平線至應力軸。該水平線和應力軸相交處之應力值即為 0.2% 偏位降伏強度。圖 6.21 中的降伏強度

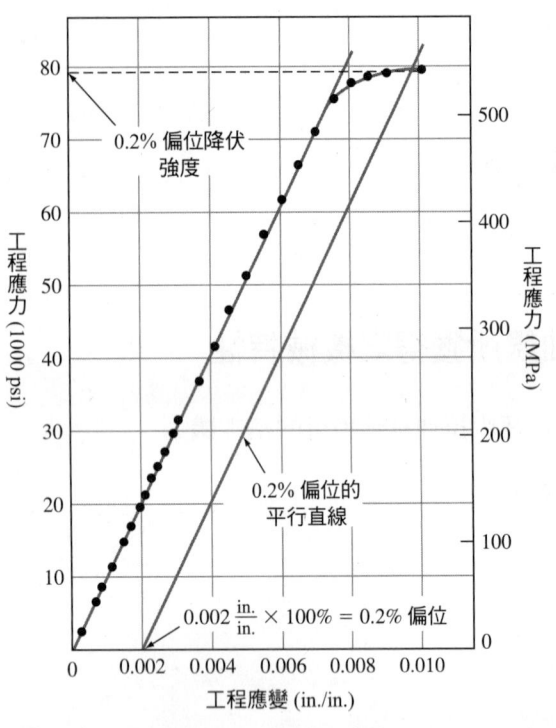

圖 6.21　示於圖 6.20 中的工程應力 - 應變曲線圖的線性部分。應變軸已經局部放大，以便能更精確地確定 0.2% 偏位的降伏強度。

(Source: Aluminum Company of America.)

---

[5]　羅伯・虎克 (Robert Hooke) (1635–1703)。研究固體彈性行為的英國物理學家。

[6]　湯姆森・楊 (Thomas Young) (1773–1829)。英國物理學家。

[7]　G 代表 = giga = 10^9。

是 78,000 psi。在此要指出，0.2% 偏位降伏強度是一種任意選擇，可以更多或更少。例如，英國常用 0.1% 偏位降伏強度當作設計參考值。

極限拉伸強度　極限拉伸強度(ultimate tensile strength, UTS 或 σ_u) 為工程應力-應變曲線中可達到的最大強度。當人們想知道哪種金屬更強時，通常比較的是極限拉伸強度。對於韌性金屬，樣品在 UTS 點周圍 (通常稱為頸縮) 的橫截面積局部減小。圖 6.22 顯示了縮頸過程的最後階段。一旦開始出現頸縮，工程應力-應變曲線將會下降，直到發生斷裂。工程應力-應變曲線的下降是由於實際樣品橫截面積減小，而在相同載重下產生大應力的結果。而工程應力則是以樣品原截面積來計算。換句話說，樣品中的應力會繼續增加直到斷裂時的應力。工程應力-應變圖上的應力在測試的後半部分減小，這只是因為我們使用原始橫截面積來確定工程應力。金屬的延展性愈好，樣品斷裂前的頸縮現象就愈明顯，也會使應力-應變曲線在超過最大應力後的降低程度愈大。如圖 6.20 所示，對於高強度鋁合金的應力-應變曲線而言，其超出最大應力後的應力下降量只會下降少許，因為此材料的延展性相當低。

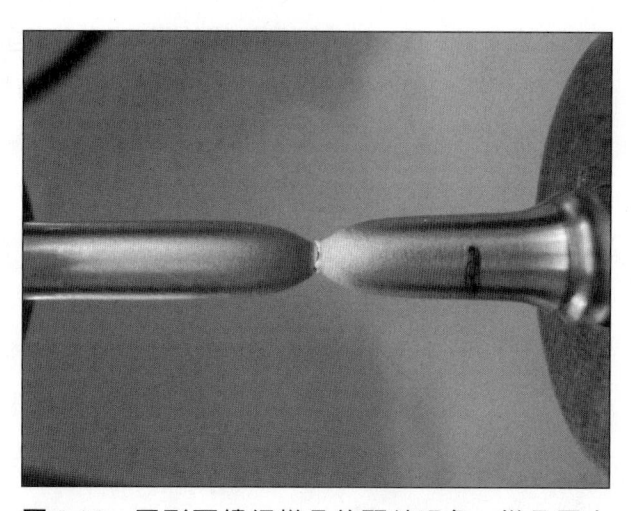

圖 6.22　圓形不鏽鋼樣品的頸縮現象。樣品原本是均勻的圓柱狀，在承受單軸拉伸力到將近要斷裂時，樣品中間部分的截面積減少，亦即發生「頸縮」現象。
(©G2MT Laboratories)

從金屬的應力-應變曲線上最高點畫一水平線至應力軸，交點即為金屬的極限拉伸強度，或簡稱拉伸強度 (tensile strength)。圖 6.20 中的鋁合金極限拉伸強度為 87,000 psi。

延展性合金的極限拉伸強度值並不常用在工程設計上，因為在達到此值之前已有許多塑性變形。但是，極限拉伸強度能指出缺陷的存在。若金屬含有孔隙或夾雜物，這些缺陷可能會使金屬的極限拉伸強度比正常值低。

伸長率　在拉伸試驗中，樣品在試驗中展現的伸長量可為金屬的延展性提供數值。金屬的延展性通常是以伸長率來表示，以標距長度 2 in. (5.1 cm) 為基準 (圖 6.19)。一般而言，金屬的延展性愈高 (愈容易變形)，它的伸長率也愈大。例如，0.0622 in. (1.6 mm) 厚之商用純鋁 (合金 1100-0) 在軟化時的伸長率可達 35%，但相同厚度之高強度鋁合金 7075-T6 在完全硬化時的伸長率只有 11%。

如前所述，在進行拉伸試驗時，可以使用延伸計來連續量測樣品的應變。然而，樣品斷裂後的伸長率可以透過將斷裂樣品連接回原狀，然後用游標卡尺測量最終伸長量而得。計算伸長率的方程式如下：

$$伸長率\% = \frac{最後長度* - 初始長度*}{初始長度} \times 100\%$$

$$= \frac{l - l_0}{l_0} \times 100\% \tag{6.10}$$

金屬斷裂時的伸長率有很高的工程價值，因為它不僅是延展性的量測，也是金屬品質的依據。若金屬中含有孔隙或夾雜物，或金屬因加工時溫度過高以致內部結構被破壞，受測試片的伸長率可能會低於正常值。

斷面收縮率 斷面收縮率也可用來表示金屬或合金的延展性。此值通常是使用直徑 0.5 in. (12.7 mm) 之拉伸試棒來進行拉伸試驗而得。拉伸試棒在試驗後縮小的截面積半徑會被量測。使用試棒在試驗前後的直徑代入下式，可求得斷面收縮率：

$$斷面縮率\% = \frac{初始面積* - 最後面積*}{初始面積} \times 100\%$$

$$= \frac{A_0 - A_f}{A_0} \times 100\% \tag{6.11}$$

■ 例題 6.7

一個直徑為 0.500 in. 的 1030 碳鋼圓棒試片，在拉伸試驗機被拉伸至破斷。此試片破裂表面的直徑為 0.343 in.，計算此試片的斷面收縮率。

解

$$斷面收縮\% = \frac{A_0 - A_f}{A_0} \times 100\% = \left(1 - \frac{A_f}{A_0}\right)(100\%)$$

$$= \left[1 - \frac{(\pi/4)(0.343 \text{ in.})^2}{(\pi/4)(0.500 \text{ in.})^2}\right](100\%)$$

$$= (1 - 0.47)(100\%) = 53\% \blacktriangleleft$$

---

* 初始長度是測試前試片上標距間的長度，最後長度是在測試後，把破裂試片的表面組裝在一起時，相同標距間的長度 (見例題 6.6)。

與伸長率一樣，斷面收縮率也是量測金屬延展性的方法及品質的指標。如果金屬樣品中有夾雜物或孔隙存在，斷面收縮率可能會降低。

彈性能模數　彈性能模數 U_r 是在彎曲之前由受負載材料吸收的能量的值。一旦負載被移除，該能量就完全恢復。該特性可以通過使用 (6.12) 式來計算工程應力 - 應變圖的線性彈性部分下的面積來決定。彈性能模數的單位是每單位體積的能量 $[J/m^3$ 或 $N \cdot m/m^3 (lb \cdot in/in^3)$ 或 $N/m^2 (lb/in^2)]$。

$$U_r = \frac{1}{2} \sigma_y \varepsilon_y \tag{6.12}$$

韌性　韌性模數用於描述強度和延展性的整體特性。具有高強度和延展性的材料將比具有較低強度和/或延展性的材料更堅韌。韌性模數可以通過計算全應力 - 應變曲線下的面積來決定。我們可以將韌性模數定義為在拉伸試驗中使樣品破裂所需的每單位體積的能量。

■ 例題 6.8

對於一個給定的工程應力 - 應變圖，請找出彈性模數 U_r 和材料的韌性。

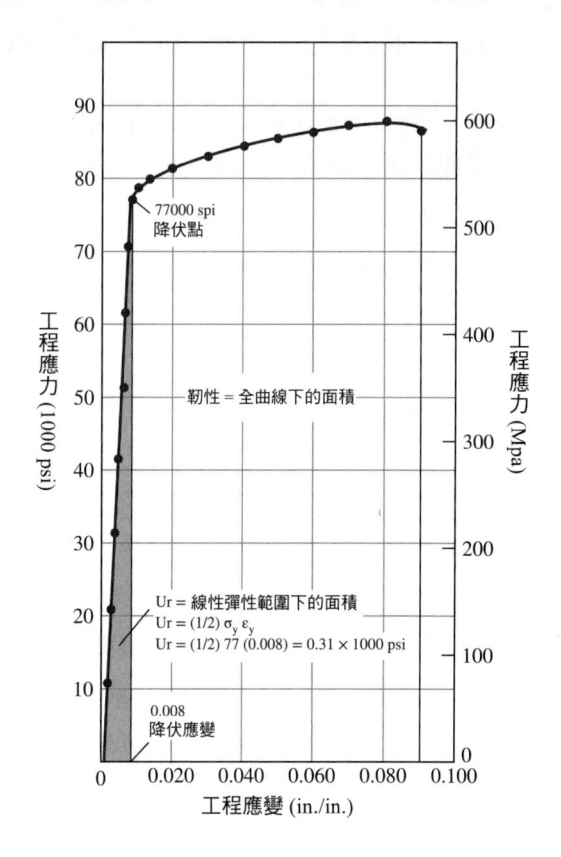

解

彈性模數 U_r 等於應力-應變圖中的線性彈性範圍下的面積。這個面積可以利用 (6.12) 式來估計。基於前述的圖，降伏強度 σ_y 估計為 77,000 psi，降伏應變 σ_y 估計為 0.008。

$$U_r = \frac{1}{2}\sigma_y \varepsilon_y = \frac{1}{2}(77{,}000 \text{ psi})(0.008) = 0.3 \times 1000 \text{ psi} = 300 \text{ psi}$$

通過測量全應力-應變曲線下的面積可以估算材料的韌性。如果估計應力-應變曲線下的白色方塊的總數為 32 個方格，並且知道每個方格的面積為 200 psi $(10{,}000 \times 0.02)$，則可以估計白色區域為 6400 psi。

因此，材料的總面積或韌性估計為 6700 psi 或 (lb.in.)/in.^{3} (300 + 6400)。這個值表示使樣品在靜態張力下破裂所需的每單位體積的能量。

面積減少百分比，就像是伸長百分比，是衡量金屬延展性的指標，也是衡量金屬品質的指標。如果金屬試樣中存在有如夾雜物和/或孔隙的缺陷，則會減小面積減少百分比。

6.3.2　一些合金的工程應力-應變曲線之比較

圖 6.23 是數種金屬和合金的工程應力-應變曲線。將金屬與其他金屬或非金屬製成合金，再經過熱處理，可以明顯地改變金屬之拉伸強度及延展性。圖 6.23 的應力-應變曲線顯示極限拉伸強度 (UTS) 出現很大的差異。鎂元素的 UTS 為 35 ksi(1 ksi = 1000 psi)，而 SAE 1340 鋼經過水淬火及在 700°F(370°C) 溫度下的回火處理後，UTS 可以達到 240 ksi。

6.3.3　真應力與真應變

工程應力為拉伸試片所受之外力 F 除以初始的截面積 A_0 [(6.3) 式]，但是在試驗過程中，試片的截面積實際上是連續變化的情況，用這種方式來進行工程應力的計算並不適合。故在進行試驗的過程中，在試片發生頸縮之後 (圖 6.22)，工程應力就會隨著應變的增加而出現下降的現象。在這種情形下會使工程應力-應變曲線上出現一個最大工程應力 (圖 6.24)。因此，當試驗中開始出現頸縮現象時，這時的真應力值會大於工程應力值。我們將真應力及真應變分別定義如下：

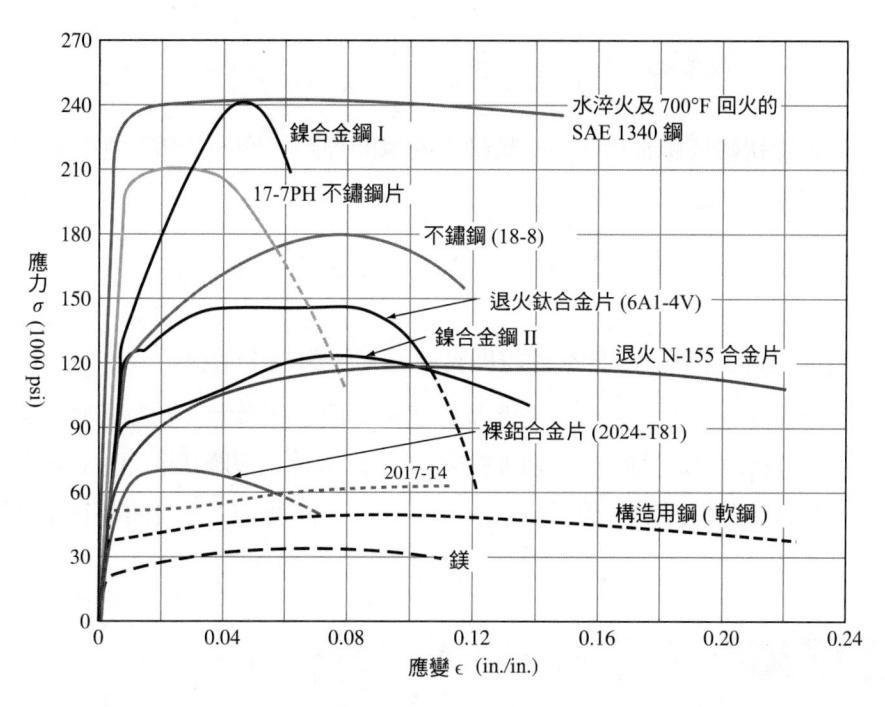

圖 6.23 一些選定金屬和合金的工程應力 - 應變曲線。
(Source: Marin, *Mechanical Behavior of Engineering Materials*, 1st ed., 1962.)

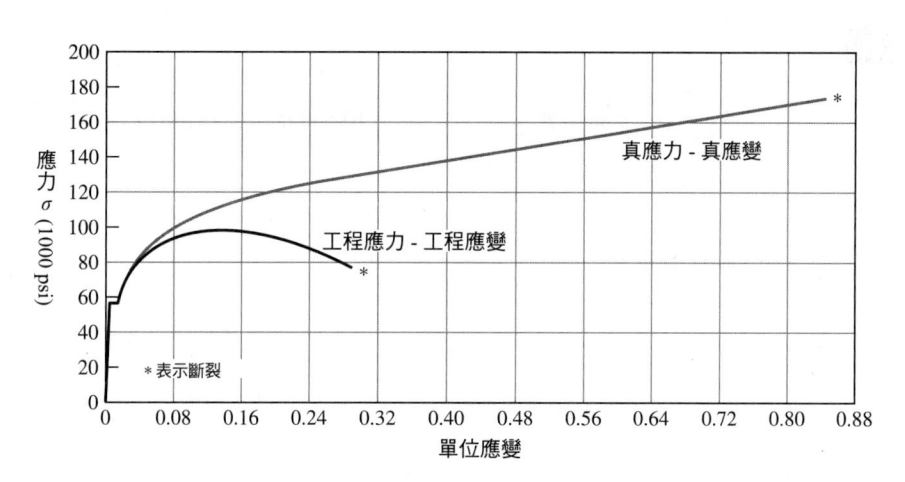

圖 6.24 低碳鋼的真應力 - 應變曲線與工程應力 - 應變曲線的比較。
(Source: H. E. McGannon (ed.), *The Making, Shaping, and Treating of Steel*, 9th ed., United States Steel, 1971.)

$$\text{真應力 } \sigma_t = \frac{F\,(\text{拉伸試片所受之平均軸向壓力})}{A_t\,(\text{試片的瞬間最小截面積})} \tag{6.13}$$

$$\text{真應變 } \epsilon_t = \int_{l_0}^{l_i} \frac{dl}{l} = \ln \frac{l_i}{l_0} \tag{6.14}$$

其中 l_0 = 試片初始標距長度，l_i = 試驗中的瞬間標距長度。若假設在試驗中試片標距部分的體積不變，則 $l_0 A_0 = l_i A_i$ 或

$$\frac{l_i}{l_0} = \frac{A_0}{A_i} \quad \text{且} \quad \epsilon_t = \ln \frac{l_i}{l_0} = \ln \frac{A_0}{A_i} \tag{6.15}$$

圖 6.24 為低碳鋼工程應力-應變曲線與真應力-應變曲線的比較。

在工程設計時，不能夠依據破壞時的真應力值來作參考，因為當應力超過降伏強度，材料就會開始變形。工程師會採用 0.2% 偏位工程降伏應力並且搭配適當的安全係數來作結構設計。但是以研究工作來說，真應力-應變曲線在某些時候仍是有需要的。

■ 例題 6.9 ●

低碳鋼的拉伸實驗參數如下，比較工程應力和應變與真應力和應變。

試片所受外力 = 17,000 lb_f 初始試片直徑 = 0.500 in.

受力 17,000 lb_f 時，試片直徑 = 0.472 in.

解

$$\text{初始面積 } A_0 = \frac{\pi}{4} d^2 = \frac{\pi}{4} (0.500 \text{ in.})^2 = 0.196 \text{ in.}^2$$

$$\text{受力時面積 } A_i = \frac{\pi}{4} (0.472 \text{ in.})^2 = 0.175 \text{ in.}^2$$

假設受力時體積固定，則 $A_0 l_0 = A_i l_i$ 或 $l_i/l_0 = A_0/A_i$。

$$\text{工程應力} = \frac{F}{A_0} = \frac{17{,}000 \text{ lb}_f}{0.196 \text{ in.}^2} = 86{,}700 \text{ psi} \blacktriangleleft$$

$$\text{工程應變} = \frac{\Delta l}{l} = \frac{l_i - l_0}{l_0} = \frac{A_0}{A_i} - 1 = \frac{0.196 \text{ in.}^2}{0.175 \text{ in.}^2} - 1 = 0.12$$

$$\text{真應力} = \frac{F}{A_i} = \frac{17{,}000 \text{ lb}_f}{0.175 \text{ in.}^2} = 97{,}100 \text{ psi} \blacktriangleleft$$

$$\text{真應變} = \ln \frac{l_i}{l_0} = \ln \frac{A_0}{A_i} = \ln \frac{0.196 \text{ in.}^2}{0.175 \text{ in.}^2} = \ln 1.12 = 0.113$$

6.4 硬度與硬度試驗 Hardness and Hardness Testing

硬度 (hardness) 是對金屬材料能否抗拒永久 (塑性) 變形的一種度量，可透過將壓痕器 (indenter) 壓入金屬材料表面而測得。壓痕器的形狀不外乎球形、角錐形或圓錐形，其材料硬度會比受測材料要高得多，像是硬化鋼、碳化鎢或鑽石都是常見的壓痕器材料。在大多數標準的硬度試驗中，壓痕器會將一個已知的負荷以 90° 緩慢地壓入受測材料的表面 [圖 6.25b(2)]。當壓痕出現後，壓痕器會從材料表面移開 [圖 6.25b(3)]，然後根據壓痕的截面積或是深度，可計算出實驗的硬度值，或是直接由計量表 (或數字顯示器) 讀取。

表 6.2 列出四種常見硬度試驗之壓痕器和壓痕種類：勃氏 (Brinell)、維克氏 (Vickers)、奴氏 (Knoop) 與洛氏 (Rockwell)。每種試驗之硬度值會依壓痕形狀和所施負荷而有所不同。圖 6.25 為一台配備數字顯示器之新型洛氏硬度試驗機。

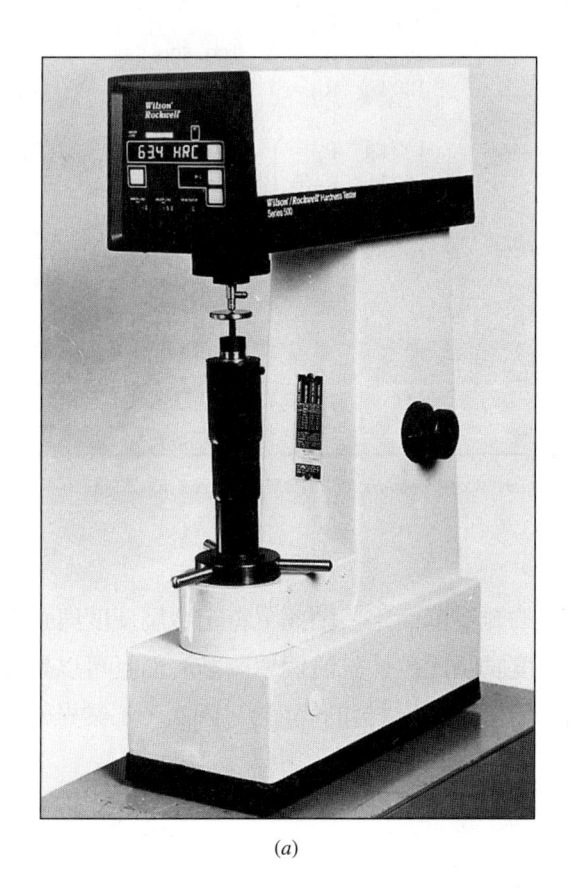

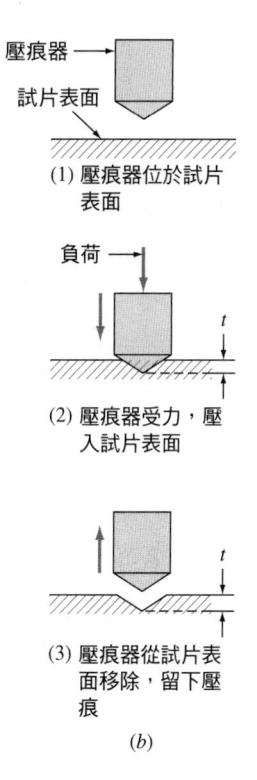

圖 6.25 (a) 洛氏硬度試驗機；(b) 使用圓錐型鑽石壓痕器進行硬度試驗的步驟。深度 t 決定材料的硬度，此 t 值愈小，材料的硬度愈高。
(©Laryee)

表 6.2 硬度試驗

試驗	壓痕器	壓痕型態 (側視圖 / 上視圖)	負荷	硬度值公式
勃氏	10 mm 的鋼球或碳化鎢球體	D, d	P	$BHN = \dfrac{2P}{\pi D(D - \sqrt{D^2 - d^2})}$
維克氏	角錐型鑽石	$136°$；d_1	P	$VHN = \dfrac{1.72P}{d_1^2}$
奴氏	角錐型鑽石	$l/b = 7.11$，$b/t = 4.00$	P	$KHN = \dfrac{14.2P}{l^2}$
洛氏 A, C, D	圓錐型鑽石 ($120°$)	t	60 kg $R_A =$ 150 kg $R_C =$ 100 kg $R_D =$	$100 – 500t$
洛氏 B, F, G	直徑 $\frac{1}{16}$ in. 之鋼球		100 kg $R_B =$ 60 kg $R_F =$ 150 kg $R_G =$ 100 kg $R_E =$	$130 – 500t$
洛氏 E	直徑 $\frac{1}{8}$ in. 之鋼球	t		

(Source: H. W. Hayden, W. G. Moffatt, and J. Wulff, *The Structure and Properties of Materials*, vol. III, Wiley, 1965, p. 12.)

金屬的硬度會依其發生塑性變形的難易度而定。因此,特定金屬硬度與強度之間的關係可以利用實驗來決定。硬度試驗比拉伸試驗簡單許多,而且可以是非破壞性(也就是說,留下的微小壓痕不會危及該材料的使用)。因次,工業界經常使用硬度試驗作品管控制。

6.5 單晶金屬的塑性變形
Plastic Deformation of Metal Single Crystals

6.5.1 金屬晶體表面的滑動帶及滑動線

我們先來看鋅的單晶圓棒受到超過其彈性限度應力時所形成的永久變形。檢查變形的鋅單晶後可發現，材料表面有稱之為**滑動帶** (slipbands) 的階梯狀記號。在假想的 HCP 金屬單晶中的滑帶示於圖 6.26a 中。這些滑動帶是由在某些特定結晶面 [我們稱之為滑動面 (slip plane)] 上的金屬原子發生滑動或剪力變形所造成。變形的 HCP 單晶表面說明了滑動帶的形成，且滑移主要發生在 HCP 基面上 (圖 6.26b)。

像是銅和鋁等有延展性的單晶 FCC 金屬，滑動會發生在數個滑動面上，使得金屬表面上的滑動帶非常均勻 (圖 6.27)。將金屬的滑動表面高度放大檢視後可發現，滑動發生在滑動帶內的許多滑動面 (圖 6.28)。這些微細的階梯線稱為滑動線 (slip line)，通常間距為 50～500 個原子，而滑動帶的間通常為 10,000 個原子直徑。不幸的是，這兩個名詞經常被混用。

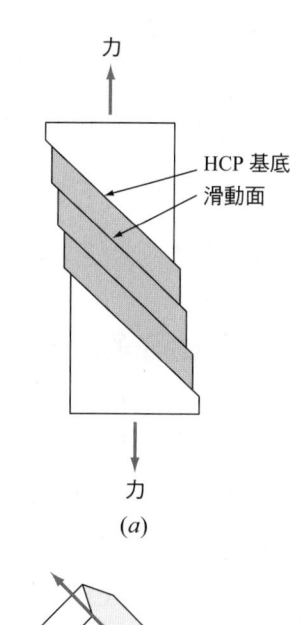

圖 6.26 塑性變形的 HCP 單晶，其顯示出了滑動帶：(a) 側視圖中指出了晶體的 HCP 基底滑動面；(b) 顯示基底滑動面的 HCP 單位晶胞。

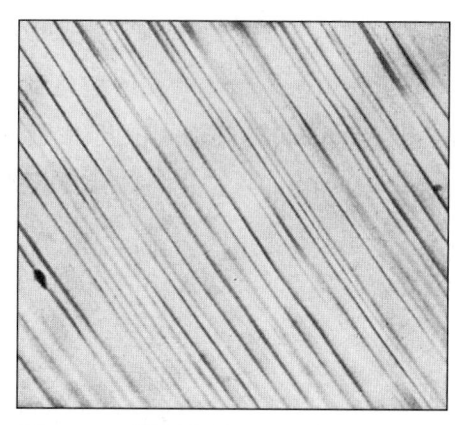

圖 6.27 單晶銅在 0.9% 變形後，於表面上造成的滑動帶型態 (放大倍率 100×)。

(Courtesy of American Institute of Mining, Metallurgical, and Petroleum Engineers)

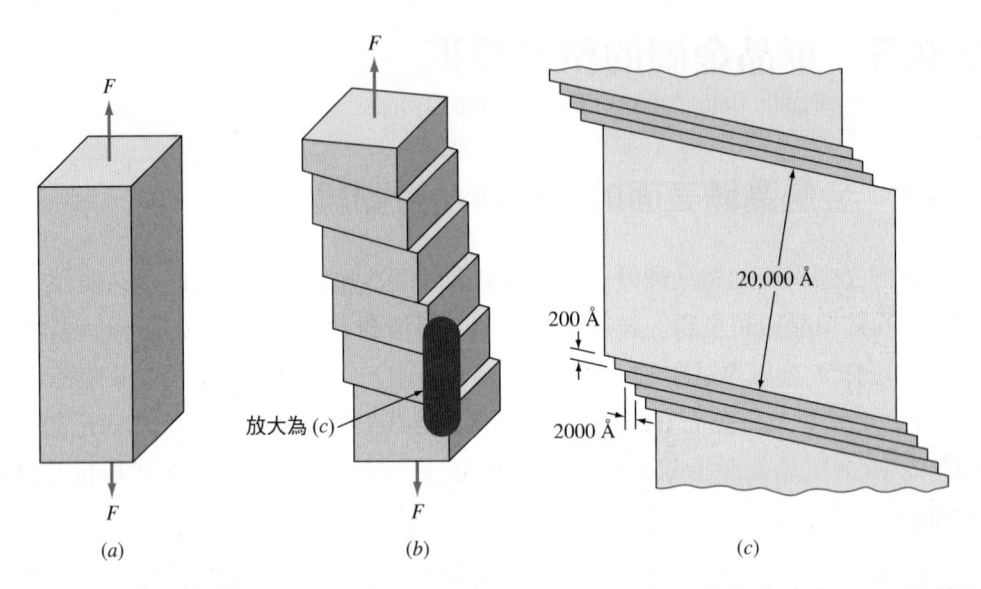

圖 6.28 塑性變形過程中，滑動帶的形成。(a) 單晶金屬承受拉伸應力；(b) 當外加應力超過降伏強度時便出現滑動帶，晶體塊擦過彼此而滑移；(c) 將 (b) 中的陰影區放大，滑動發生在許多平行的最密堆積滑動面。陰影區被稱為滑動帶，在低放大倍率下，看似一條線。

(Source: Eisenstadt, M., *Introduction to Mechanical Properties of Materials: An Ecological Approach*, 1st ed., 1971.)

6.5.2 金屬晶體內塑性變形的滑動機制

圖 6.29 是完美金屬晶體內，一群原子滑動越過另一群原子的一種可能原子模型。估算此模型後可得知，金屬晶體的強度應該比其可觀察到的剪應力強度高 1000～10,000 倍。所以，此原子滑動機制發在實際上大的金屬晶體內一定不正確。

為了讓大金屬晶體能在所觀察到的低剪力強度時變形，材料內必須有所謂差排 (dislocations) 的這種高密度結晶缺陷。這些差排在金屬凝固時會大量地產生 (～10^6 cm/cm^3)，而且當金屬晶體發生變形時，更會繼續產生更多差排，使得高度

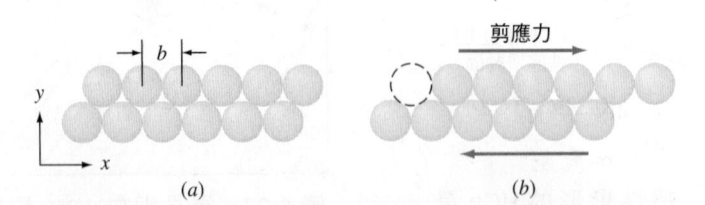

圖 6.29 大金屬晶體內的多數原子在承受塑性剪應力變形時，並不會如圖所示同時滑動越過其他原子，因為這樣的過程需要很大的能量。會發生的是涉及少數原子滑動的低能量過程。

變形的晶體可能包含高達 10^{12} cm/cm³ 的差排。圖 6.30 顯示刃差排 (edge dislocation) 如何在低剪力狀態下產生一個單位的滑動。此過程只需要少量的應力就可造成滑動，因為不論任何瞬間，只會有少量的原子群相互滑動。

(a) 因額外的原子半平面產生一刃差排

(b) 低應力轉移原子鍵結，到一新的插入原子面

(c) 重複此過程，造成差排滑移過晶體

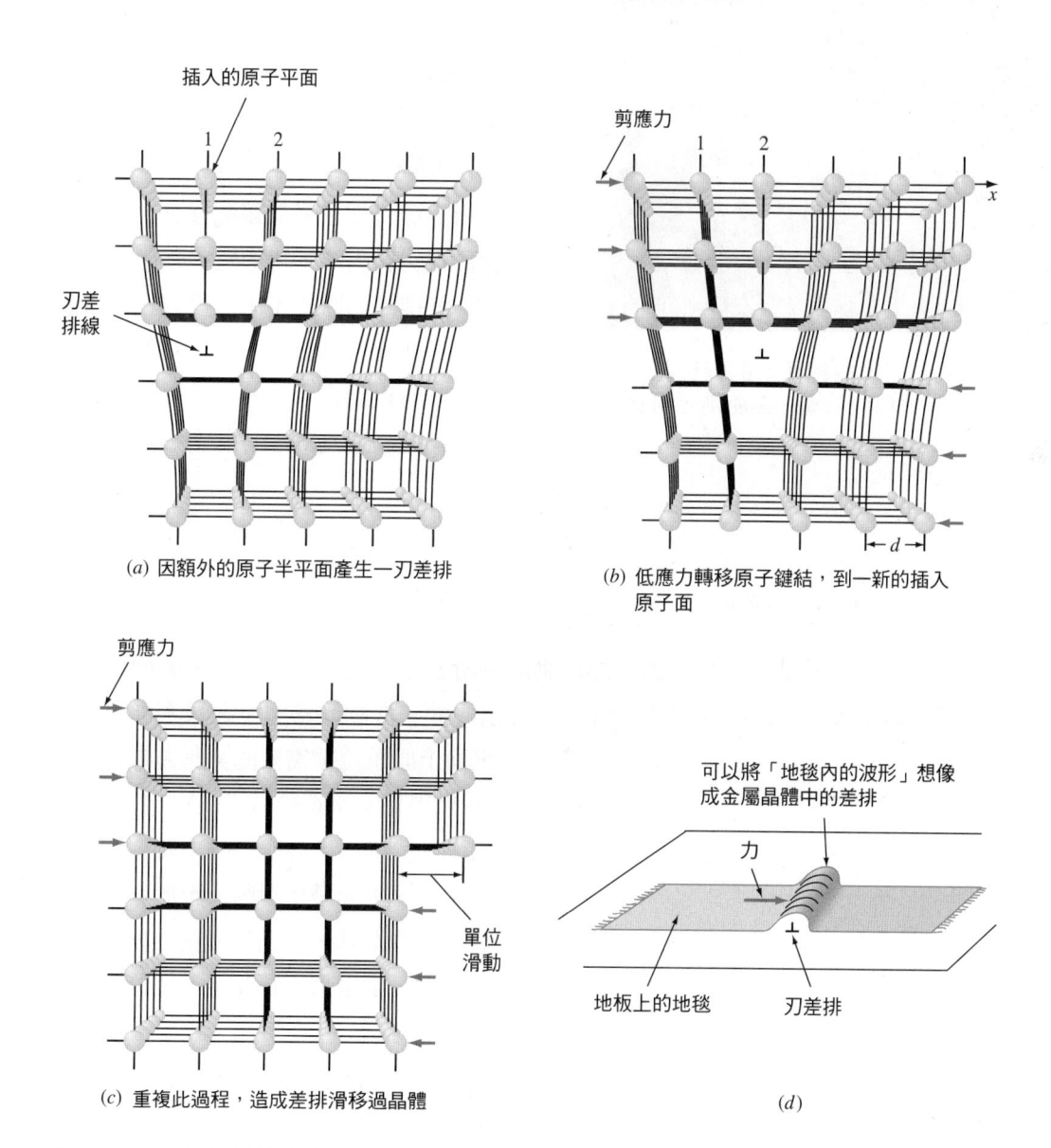

(d)

圖 6.30 圖示在低剪應力的作用下，刃差排的移動如何造成一個單位的滑動。(a) 刃差排，由額外的原子半平面所產生；(b) 低應力造成原子鍵結移動以釋出一新的插入原子面；(c) 重複此過程會造成差排滑移過晶體。此過程所需的能量比圖 6.28 所示的要低。(d)「地毯內的波紋」類比。當塑性變形發生時，差排穿過金屬晶體的方式，就類似波紋被地板上的地毯推著移動的情形。在這兩種情況下，差排或是波紋的移動會造成一小量的相對移動，因此只有相對少量的能量被消耗。

((a-c) Source: A.G. Guy, *Essentials of Materials Science*, McGraw-Hill, 1976, p. 153.)

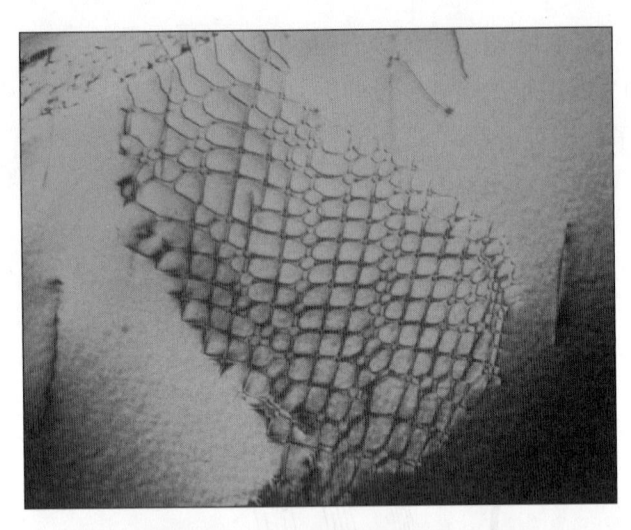

圖 6.31 藉由穿透式電子顯微鏡顯示的機械軋製的鎳-鋁合金樣品中的差排單元結構。晶胞清晰可見並且充滿了差排。

(©Professor I. Baker/Science Source)

金屬晶體中的差排受剪應力作用而移動，可以比喻成帶有波紋的地毯在大面積的地板上移動。如果要拉住地毯的一端使它移動可能不容易，因為地毯與地板間有摩擦力。但是如果讓地毯中央形成一個波形 (如同在金屬晶體中的差排)，就可以逐步推動波形，而使地毯在地板上移動 (圖 6.30d)。

利用穿透式電子顯微鏡觀察金屬薄箔，可看到實際晶體內的差排。這些差排看似線條，因為差排處的原子不規則排列會干擾到顯微鏡電子束的穿透路徑。圖 6.31 顯示了在機械軋製的鎳鋁合金中產生的差排網絡。晶胞是明顯可觀察到的，且此合金充滿了差排。

6.5.3　滑動系統

差排會造成原子在特定的結晶滑動面及滑動方向上產生位移。滑動面通常是指原子堆積最緊密的面，且平面間相隔最遠的面。滑動經常發生在最密堆積平面上，在這些平面上原子位移需要的剪應力會比不緊密堆積的平面來得低 (圖 6.32)。但是如果在最密堆積平面上的滑動受到局部高應力的阻礙，就會在較不緊密堆積的原子平面發生滑動。至於為何在最密堆積方向較常發生滑動，是因為最密堆積方向上的原子為緊密接觸，由原來位置移至其他位置所需之能量較低。

所謂的**滑動系統** (slip system) 指的是滑動面與滑動方向兩者之結合。金屬結構內的滑動會發生在多個滑動系統。每一種晶體結構的滑動系統特性也會不相同。表 6.3 列舉 FCC、BCC 及 HCP 三種晶體結構的主要滑動面及滑動方向。

對於 FCC 晶體結構的金屬，滑動發生於最密堆積 $\{111\}$ 八面體平面和 $\langle 1\bar{1}0 \rangle$ 最密堆積方向。以

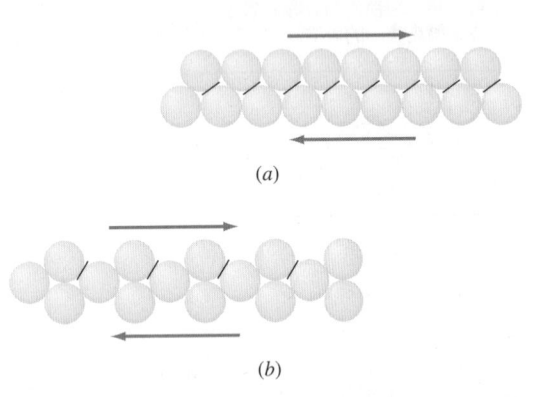

圖 6.32 比較原子在以下各處的滑動：(a) 緊密堆積平面；(b) 不緊密堆積平面。滑動容易發生在緊密堆積平面，因為將原子移動到下一個緊鄰位置所需的能量較低，如圖中原子斜率標示線所示。要注意的是，差排一次移動一個原子的距離。

(Source: A. H. Cottrell, The Nature of Metals, "Materials," *Scientific American*, September 1967, p.48.)

表 6.3 在晶體結構中觀察到的各種滑動系統

結構	滑動面	滑動方向	滑動系統數
FCC(面心立方)： 銅、鋁、鎳、鉛、金、銀、γ鐵……	{111}	$\langle 1\bar{1}0 \rangle$	$4 \times 3 = 12$
BCC(面心立方)： α鐵、鎢、鉬、β黃銅	{110}	$\langle \bar{1}11 \rangle$	$6 \times 2 = 12$
α鐵、鉬、鎢、鈉	{211}	$\langle \bar{1}11 \rangle$	$12 \times 1 = 12$
α鐵、鉀	{321}	$\langle \bar{1}11 \rangle$	$24 \times 1 = 24$
HCP (六方最密堆積)： 鎘、鋅、鎂、鈦、鈹……	{0001}	$\langle 11\bar{2}0 \rangle$	$1 \times 3 = 3$
鈦(角柱平面)	{10$\bar{1}$0}	$\langle 11\bar{2}0 \rangle$	$3 \times 1 = 3$
鈦、鎂 (角錐狀平面)	{10$\bar{1}$1}	$\langle 11\bar{2}0 \rangle$	$6 \times 1 = 6$

(Source: H. W. Hayden, W. G. Moffatt, and J. Wulff, *The Structure and Properties of Materials*, vol. III, Wiley, 1965, p. 100.)

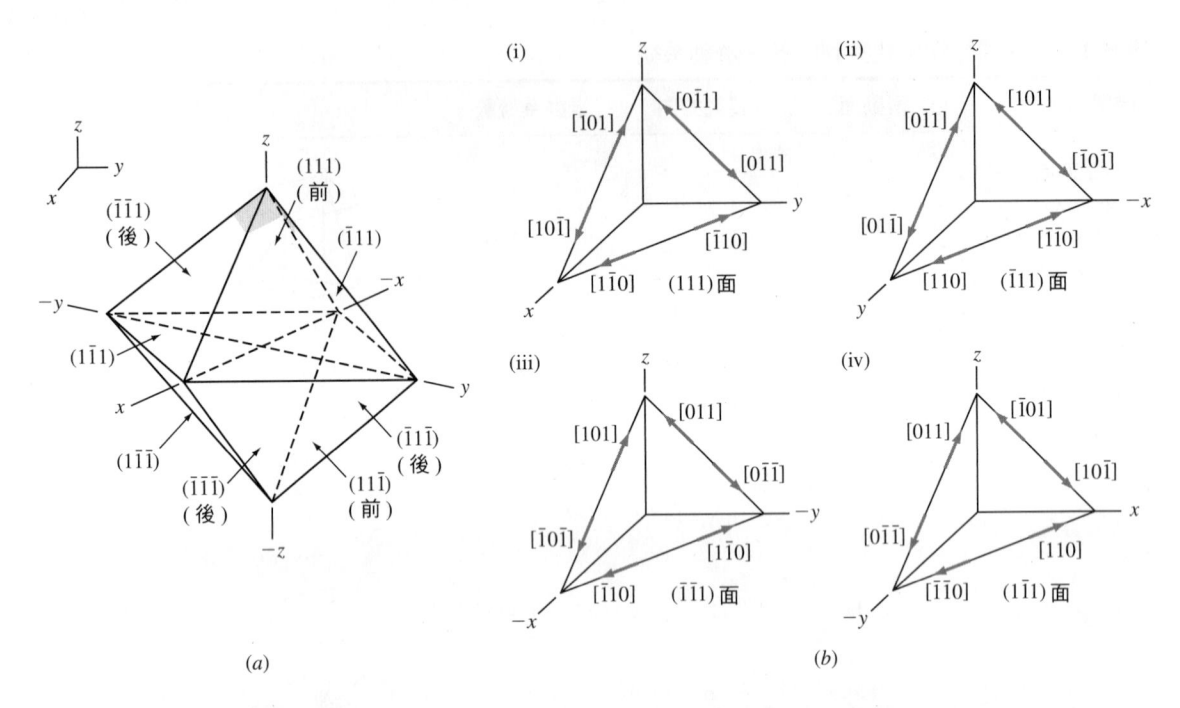

圖 6.33 FCC 晶體結構的滑動平面和方向。(a) 八個 {111} 八面體平面中只有四個被認為是滑動面，因為彼此相對的平面被認為是相同的滑移面；(b) 每一個⟨1̄10⟩平面有三個滑動方向，因為相反的方向被認為只有一個滑動方向。注意，僅顯示八面體 FCC 平面的上四個滑移面的滑移方向。因此，FCC 晶體結構有四個滑移平面和三個滑動方向，總共 12 個滑移系統。

FCC 晶體結構來說，有 8 個 {111} 八面體平面 (圖 6.33)。每個互相相對、互相平行之 (111) 面可視為相同型態的 (111) 滑動面，所以在 FCC 晶體結構內只有 4 個不同型的 (111) 滑動面。因為每一個 (111) 型滑動面有 3 個 [11̄0] 型滑動方向，而將正負方向看成相同滑動方向，FCC 晶格可以有 4 個滑動面 × 3 個滑動方向 = 12 個滑動系統 (表 6.3)。

BCC 結構不是緊密堆積結構，也沒有像 FCC 結構具有一個主要的最密原子堆積面。{110} 面有最高的原子密度，而且滑動通常會發生在這些平面上。然而，BCC 金屬的滑動也會發生在 {112} 和 {123} 面。由於 BCC 結構中的滑動面不像 FCC 結構中的平面屬於最密堆積方式，所以在 BCC 結構中的滑動要比 FCC 結構需要更大的剪應力。BCC 金屬的滑動方向是⟨1̄11⟩型。因為 BCC 結構中有 6 個 (110) 型滑動面，每一平面能在兩個 [1̄11] 方向滑動，所以 BCC 結構會有 6 × 2 = 12 個 {110}⟨1̄11⟩滑動系統。

在 HCP 結構中，對於像是鋅、鎘和鎂等具有高 *c/a* 比值 (表 6.3) 的 HCP 金屬，其基面 (0001) 為最密堆積平面，也常是滑動面。然而對於像是鈦、鋯、鈹等具有低 c/a 比值的 HCP 金屬，滑動也常發生在角柱平面 {10$\bar{1}$0} 及角錐平面 {10$\bar{1}$1}。對於 HCP 結構的所有情況，滑動面的滑動方向均維持在 ⟨10$\bar{2}$0⟩ 方向。因為 HCP 金屬的滑動系統數目有限，故此種金屬的延性相對較差。

6.5.4 單晶金屬的臨界分解剪應力

單晶純金屬發生滑動所需的應力，視金屬晶體結構、原子鍵特性、變形時的溫度，以及剪應力和活化的滑移平面之間相對的指向等因素而定。在晶體中，任一滑動面其滑動方向上的剪應力達到某一定值 [稱為臨界分解剪應力 (critical resolved shear stress) τ_c]，就會開始滑動。事實上，τ_c 值就是單晶金屬的降伏應力，也等於由多晶金屬或合金應力 - 應變拉伸試驗曲線中得到的降伏應力。

表 6.4 列出某些純金屬單晶在室溫時的臨界分解剪應力。由表中可知 HCP 金屬 (如鋅、鎘及鎂) 具有低臨界分解剪應力，範圍從 0.18 到 0.77 MPa。另一方面，鈦這種 HCP 金屬具有非常高的 τ_c 值，可高達 13.7 MPa。一般相信，會有如此高的 τ_c 數值是因為一些共價鍵與金屬鍵混合鍵結。純 FCC 結構的金屬，例如銀和銅，具有較多的滑動系統，故具有較低的 τ_c 值，分別為 0.48 和 0.65 MPa。

表 6.4 金屬單晶的室溫滑移系統和臨界分辨剪切應力

金屬	晶體結構	純度 (%)	滑動面	滑動方向	臨界剪應力 (MPa)
鋅	HCP	99.999	(0001)	[11$\bar{2}$0]	0.18
鎂	HCP	99.996	(0001)	[11$\bar{2}$0]	0.77
鎘	HCP	99.996	(0001)	[11$\bar{2}$0]	0.58
鈦	HCP	99.99	(10$\bar{1}$0)	[11$\bar{2}$0]	13.7
		99.9	(10$\bar{1}$0)	[11$\bar{2}$0]	90.1
銀	FCC	99.99	(111)	[1$\bar{1}$0]	0.48
		99.97	(111)	[1$\bar{1}$0]	0.73
		99.93	(111)	[1$\bar{1}$0]	1.3
銅	FCC	99.999	(111)	[1$\bar{1}$0]	0.65
		99.98	(111)	[1$\bar{1}$0]	0.94
鎳	FCC	99.8	(111)	[1$\bar{1}$0]	5.7
鐵	BCC	99.96	(110)	[$\bar{1}$11]	27.5
			(112)		
			(123)		
鉬	BCC	...	(110)	[$\bar{1}$11]	49.0

(Source: G. Dieter, *Mechanical Metallurgy*, 2nd ed., McGraw-Hill, 1976, p. 129.)

6.5.5 施密特定律

在作用於純金屬圓柱狀單晶上之單軸應力和施力後圓柱體內滑動系統所產生之分解剪應力間之關係是可以計算得到的。考慮一金屬圓柱體上承受一個單軸拉伸應力 σ 的作用，如圖 6.34 所示。設 A_0 為垂直於軸向力 F 的面積，A_1 為分解剪力 F_r 作用的滑動面面積或剪面積。滑動面和滑動方向可使用角度 ϕ 與 λ 來得到。ϕ 是軸向力 F 和滑動面面積 A_1 的法線之間的夾角，λ 則是軸向力和滑動方向間夾角。

為了讓差排能在滑動系統中滑動，需要施加軸向力，使在滑動方向上能夠產出一個足夠大的分解剪應力。分解剪應力為

$$\tau_r = \frac{剪力}{剪面積(滑動面面積)} = \frac{F_r}{A_1} \tag{6.16}$$

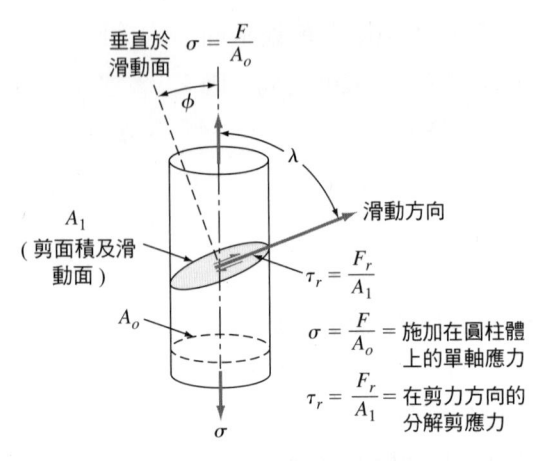

圖 6.34 軸向應力 σ 可以產生分解剪切應力 τ_r 並且在滑移面 A_1 中引起差排。

分解剪應力 F_r 與軸向力 F 之間的關係式為 $F_r = F \cos \lambda$，滑動面面積 (剪面積) $A_1 = A_0/\cos \phi$，再把剪力 $F \cos \lambda$ 除以剪面積 $A_0/\cos \phi$，可得

$$\tau_r = \frac{F \cos \lambda}{A_0/\cos \phi} = \frac{F}{A_0} \cos \lambda \cos \phi = \sigma \cos \lambda \cos \phi \tag{6.17}$$

此式稱為施密特定律 (Schmid's law)。讓我們考慮一個範例，計算當軸向力作用於一滑動系統時的分解剪應力。

值得注意的是，在立方系中，垂直於滑移面的方向的方向指數與晶面的米勒指數相同。您可以使用此資訊與 (3.4) 式來確定力加載軸與滑動面之垂直軸之間的角度。

■ 例題 6.10 •

若有 13.7 Mpa 的應力作用在單位晶胞 [001] 的方向，計算在 FCC 單晶鎳中，單位晶胞在 (111)[0$\bar{1}$1] 滑動系統上之分解剪應力。

解

如圖 EP6.9a 所示，幾何上應力與滑動方向間的夾角 λ 為 45°。在立方系統內，平面法向量指數和平面米勒指數相同。所以，垂直 (111) 滑動面的方向是 [111] 方向。從圖 EP6.9b 可知，

$$\cos\phi = \frac{a}{\sqrt{3}a} = \frac{1}{\sqrt{3}} \quad \text{或} \quad \phi = 54.74°$$

$$\tau_r = \sigma \cos\lambda \cos\phi = (13.7\,\text{MPa})(\cos 45°)(\cos 54.74°) = 5.6\,\text{MPa} \blacktriangleleft$$

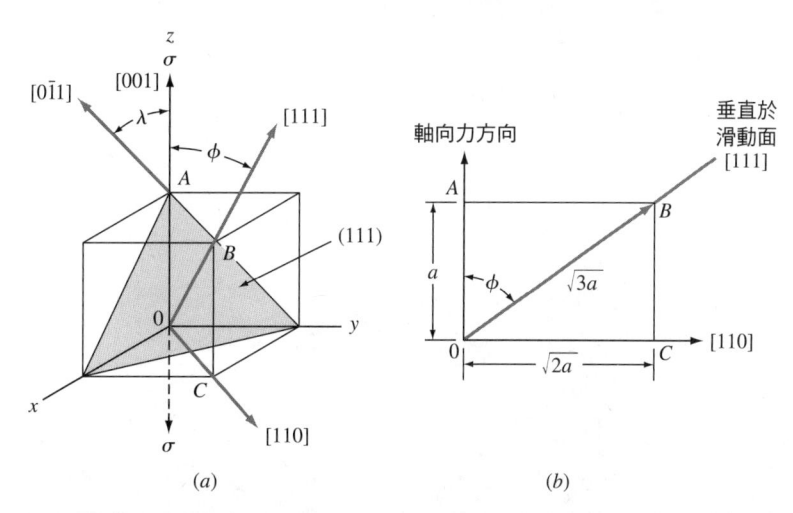

圖 EP6.9 FCC 單位晶胞受 [001] 方向拉伸應力，在 (111) [0$\bar{1}$1] 滑動系統上產生一分解剪應力。

6.5.6 雙晶

變形雙晶 (deformation twining) 是第二重要的金屬塑性變形機制。在此過程中，部分的原子晶格會變形，成為相鄰未變形部分晶格的鏡面映像 (圖 6.35)。變形與未變形晶格的對稱結晶面稱為雙晶面 (twining plane)。就像滑動一樣，雙晶也會發生在特定方向，稱為雙晶方向 (twining direction)。然而，在滑動時，所有在滑動面同一側的原子移動的距離都相同 (圖 6.30)，但是在雙晶中，原子位移的距離與各原子距離雙晶面的遠近成正比 (圖 6.35)。圖 6.36 顯示金屬表面在變形後，滑動與雙晶的基本差異。滑動會留下一系列階梯 (線)(圖 6.36a)，而雙晶會留下一個很小但清晰的晶體變形區 (圖 6.36b)。圖 6.37 顯示鈦金屬表面的部

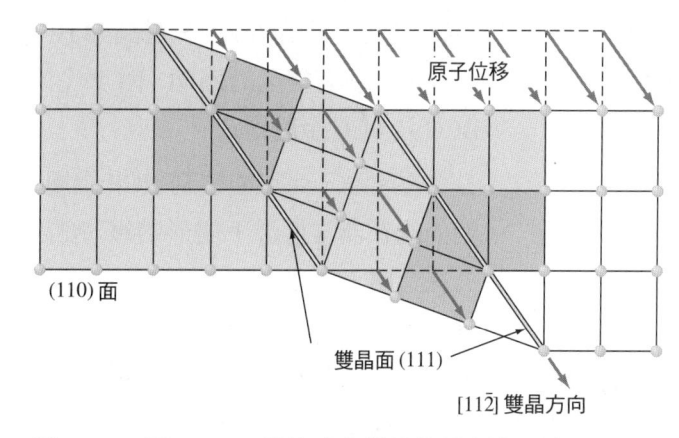

圖 6.35 圖示 FCC 晶格發生雙晶的過程之示意圖。
(Source: H. W. Hayden, W. G. Moffatt and J. Wulff, *The Structure and Properties of Materials*, vol. III, Wiley, 1965, p. 111.)

圖 6.36 經過 (a) 滑動和 (b) 雙晶後的金屬表面變形之示意圖。

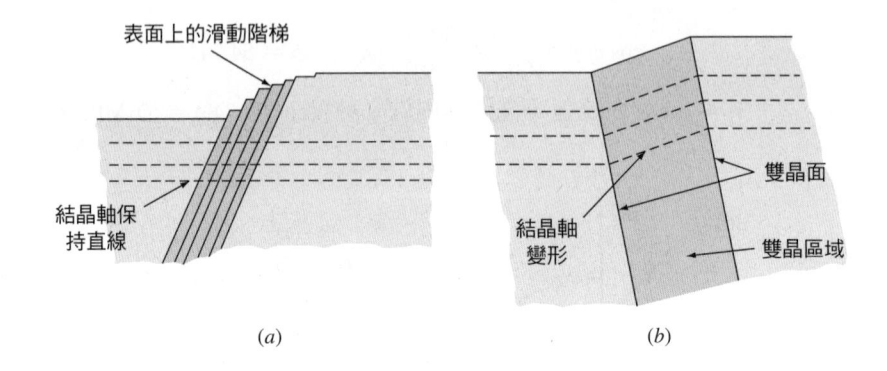

圖 6.37 純鈦 (99.77%) 金屬的變形雙晶 (放大倍率 150×)。
(Courtesy of American Institute of Mining, Metallurgical, and Petroleum Engineers)

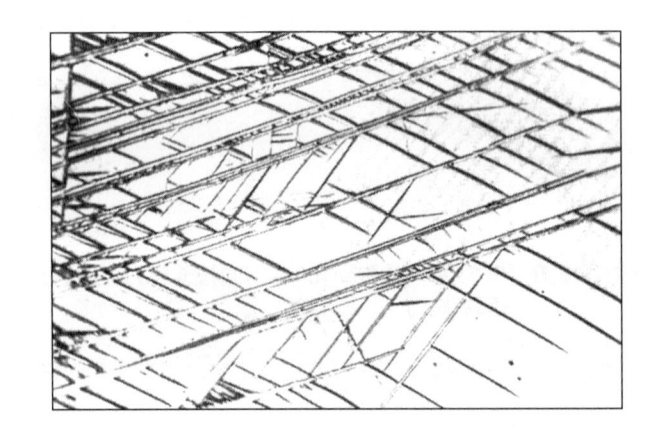

分變形雙晶區。

　　雙晶只關係到整體金屬體積中的一小部分，所以產生的整體變形量很小。然而，雙晶在變形機制中非常重要，因為它會改變晶格方位，產生有利於剪應力作用的新滑動系統方向使得更多滑動得以發生。在三種主要的金屬單位晶胞結構 (BCC、FCC 及 HCP) 中，雙晶對 HCP 結構最重要，因為 HCP 的滑動系統很少。但是，即便有雙晶的協助，HCP 金屬 (如鋅與鎂) 的延展性仍比滑動系統較多的 BCC 及 FCC 金屬還差。

　　在室溫下可以觀察到 HCP 金屬的變形雙晶。在 BCC 金屬中能夠發現雙晶，例如能在非常低溫下變形的鐵、鉬、鎢、鉭與鉻之中。這些 BCC 金屬晶體中的一些金屬，當它們經受非常高的應變速率時，在室溫下也能在它們中發現雙晶。FCC 金屬具有形成變形雙晶的最小傾向。然而，如果應力足夠高並且溫度足夠低，則可以在一些 FCC 金屬中產生變形雙晶。例如，在高應力下與在 4K 下，銅晶體可以變形形成變形雙晶。

6.6 多晶金屬的塑性變形
Plastic Deformation of Polycrystalline Metals

6.6.1 晶界對金屬強度的影響

幾乎所有的工程合金都是多晶結構。單晶金屬及合金主要是用於研究工作，很少會應用在工程上[8]。晶界可以是差排移動的障礙，因此能強化金屬及合金，只是在高溫下除外；此時晶界反而會變成弱點。在金屬強度為重點的應用中，多會要求細小晶粒尺寸。一般來說，在室溫下的微小晶粒金屬較堅固、強韌，也更易受到應變硬化。但是，它們也比較不耐腐蝕和潛變 (在高溫時受恆定負荷的變形；見 7.4 節)。細小的晶粒尺寸也會造成材料的表現更均勻及等向。在 4.5 節中討論了 ASTM 粒度數和使用金相技術確定金屬平均晶粒直徑的方法。這些參數使我們能夠對金屬中的晶粒密度和晶界密度進行相對比較。因此，對於由相同合金製成的兩個組件，具有較大 ASTM 粒度數或較小平均粒徑的組件更強。強度和晶粒大小之間的關係對工程師來說非常重要。知名的 Hall-Petch 方程式，即 (6.18) 式，是一個經驗公式 (由實驗獲得，非推導自理論)，連結了降伏強度 σ_y 與平均晶粒直徑 d：

$$\sigma_y = \sigma_0 + k/(d)^{1/2} \tag{6.18}$$

其中，σ_0 和 k 是該材料的相關常數。硬度 (維克氏測試) 和晶粒尺寸之間也存在類似關係。此方程式清楚顯示，當晶粒直徑減少時，材料的降伏強度增加。由於傳統的晶粒直徑可以從幾百微米到幾微米，調整晶粒直徑可大幅度強化晶粒。表 6.5 列出不同材料的 σ_0 和 k 值。請注意，Hall-Petch 方程式不適合用在：(1) 極粗糙或是極精細的晶粒尺寸；(2) 處於高溫下的金屬。

圖 6.38 比較單晶與多晶純銅在室溫下的拉伸應力-應變曲線。在所有應變下，多晶銅都比單晶銅強韌，在 20% 應變時，多晶銅的拉伸強度為 40 ksi (276 MPa)，而單晶銅的為 55 MPa (8 ksi)。

表 6.5 不同材料的 Hall-Petch 常數值

	σ_0 (Mpa)	k (Mpa·m$^{1/2}$)
銅	25	0.11
鈦	80	0.40
中碳鋼 (Mild steel)	70	0.74
Ni$_3$Al	300	1.70

---

[8] 單晶渦輪葉片已經被開發出來，並且用於燃氣渦輪發動機，以避免在高溫和應力下裂開。見 F.L. Ver Snyder and M.E. Shank, *Mater. Sci. Eng.*, 6:213–247(1970)。

圖 6.38 單晶和多晶銅的應力-應變曲線。單晶具有高度晶向且具有多次滑動。多晶在應變範圍內皆顯示出較高的強度。

(Source: M. Eisenstadt, *Introduction to Mechanical Properties of Materials*, Macmillan, 1971, p. 258.)

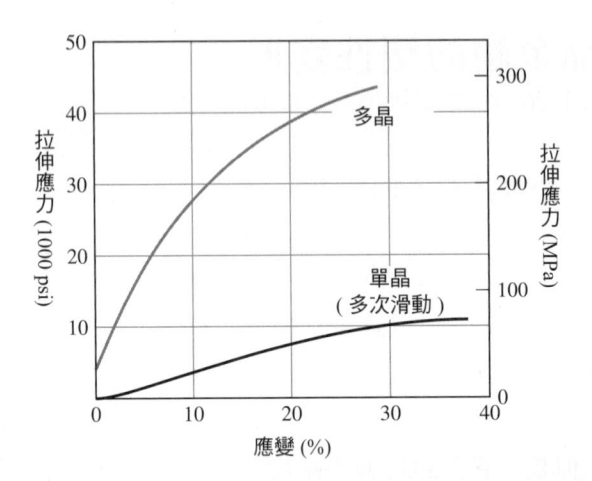

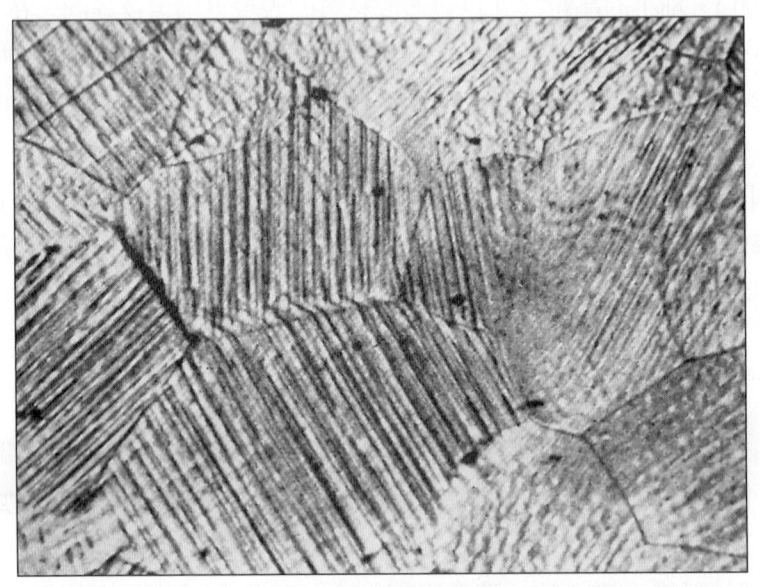

圖 6.39 經歷了塑性變形的多晶銅。注意到晶粒內的滑動帶是平行的，不過跨越了晶界後，滑動帶便不再連續了 (放大倍率 60×)。

(Courtesy of Jixi Zhang)

金屬發生塑性變形時，沿著某特定滑動面移動的差排無法直接以直線方式由一個晶粒進入到另一個晶粒。如圖 6.39 所示，滑動線會在晶界改變方向。因此，每個晶粒都會在偏好的滑動面上有自己的一組差排，且滑動方向與相鄰的晶粒不同。當晶粒數目增加，直徑變小，每個晶粒中的差排在碰到晶界之前可移動的距離較小。它們的移動會在晶界終止 (差排累積)。這就是細小晶粒材料強度較高的原因。圖 6.40 清楚顯示一個身為差排移動障礙的高角度晶界，造成晶界處的差排堆積。

圖 **6.40** 穿透式電子顯微鏡觀察鈦合金薄箔的差排在晶界上堆積(S：螺旋差排；M：混合模式)。
(Source: Royaly Society)

6.6.2 塑性變形對晶粒形狀和差排排列的影響

晶粒形狀隨塑性變形改變　我們先看具有等軸晶粒結構的純銅退火樣品[9]之塑性變形。當冷塑性變形發生時，由於差排的生成、移動與重組，使得晶粒在彼此間產生剪切力。圖 6.41 為冷軋後減少 30% 與 50% 的純銅片樣品之顯微結構。隨著更多冷軋，晶粒在滾軋方向的伸長會因差排移動而更明顯。

差排排列隨塑性變形改變　純銅樣品在 30% 塑性變形後，差排會形成像晶胞狀結構，其中晶胞中央處是明顯清楚的 (圖 6.42a)。將冷塑性變形增加至 50% 的減少量，此晶胞狀結構的密度會隨著增高，且沿著滾軋方向伸長 (圖 6.42b)。

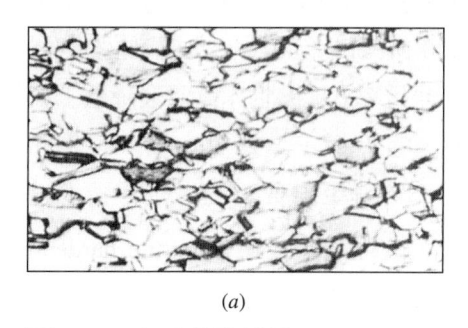

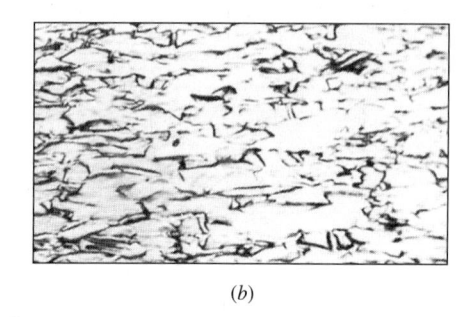

(a)   (b)

圖 **6.41** 經冷軋塑性變形後的純銅片的光學顯微相片，(a) 為冷軋量 30%，(b) 為冷軋量 50% (腐蝕液：重鉻酸鉀；放大倍率 300×)。
(©ASM International)

---

[9] 在退火條件下的樣品已經具有塑性變形，然後再加熱到適當程度，即產生在所有方向 (等軸) 大致相等的晶粒結構。

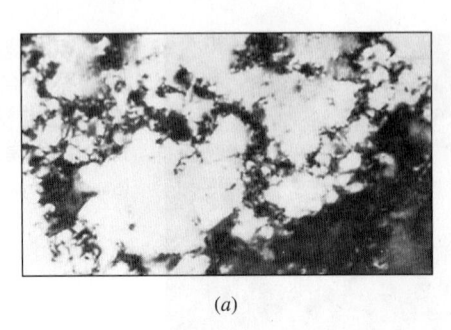

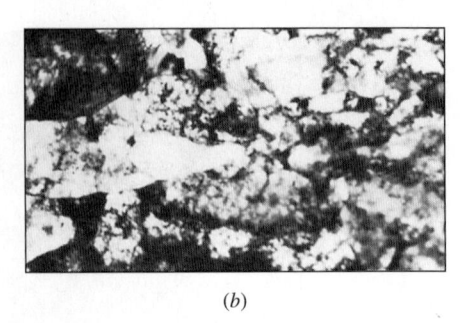

圖 6.42 經冷軋塑性變形後的純銅片的穿透式電子顯微相片，(a) 為冷軋量 30%，(b) 為冷軋量 50%。注意到這些電子顯微照片和圖 6.41 的光學顯微照片相對應 (薄箔樣品，放大倍率 30,000×)。
(©ASM International)

6.6.3 冷塑性變形對增加金屬材料強度的影響

如圖 6.42 顯示，差排密度會隨著冷加工變形量增加而增加，但是箇中機制目前仍無法完全了解。冷變形會產生新差排，並且會與已存在的差排相互作用。當差排密度隨著變形量不斷增加，差排就會愈來愈難移動穿過已存在的眾多差排。因此，冷變形的增加會使金屬發生加工硬化或是應變硬化。

當經過退火處理的延性金屬材料 (如銅、鋁及鐵) 等在室溫下進行冷加工處理後，它們會因為上述的差排作用而發生應變硬化。圖 6.43 顯示在室溫下進行冷加工處理會如何增加純銅的拉伸強度；當冷加工量達 30% 時，純銅的拉伸強度會從 30 ksi (200 MPa) 增加至 45 ksi (320 MPa)。但是在金屬拉伸強度增加的同時，伸長率 (延展性) 會隨之降低，如圖 6.43 所示。當冷加工量為 30% 時，純銅的伸長率會從 52% 降至 10%。

冷加工處理或**應變硬化** (strain hardening) 是強化某些金屬的最重要方法，像是純銅和鋁只能用此方法才能明顯強化之一。因此，冷抽 (cold-drawn) 處理的純銅電線可透過不同程度的應變硬化來製成不同強度 (在特定範圍內) 的電線成品。

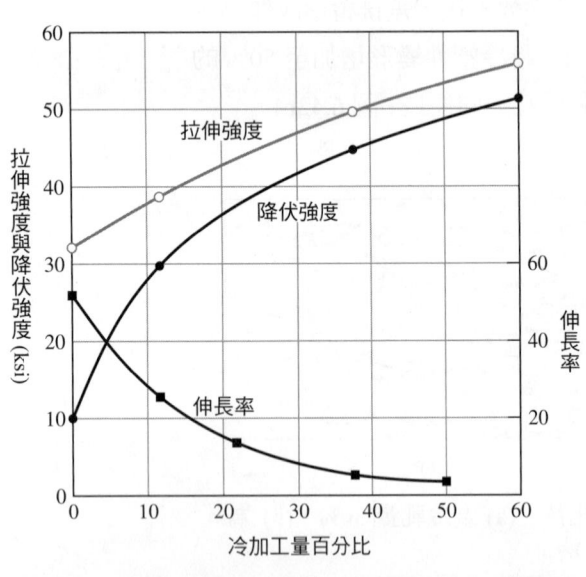

圖 6.43 圖為純無氧銅的冷加工量百分比對拉伸強度和伸長率之關係。冷加工量是以金屬截面積之百分比減少比率來表示。

■ 例題 6.11

想要製造拉伸強度 45 ksi、厚度 0.040 in. 的無氧銅片,需要多少冷加工量百分比?冷軋前之厚度應為多少?

解

從圖 6.43 可知冷加工量百分比應該為 25%,所以原本厚度應為

$$\frac{x - 0.040 \text{ in.}}{x} = 0.25$$

$$x = 0.053 \text{ in.} \blacktriangleleft$$

6.7 金屬材料的固溶強化 Solid-Solution Strengthening of Metals

除了冷加工處理外,另一種強化金屬材料的方法稱為**固溶強化** (solid-solution strengthening)。在金屬內添加一種或多種元素可形成固溶體而使金屬強化。前面 4.3 節已討論過置換型及間隙型固溶體的結構。當處於固態的置換型 (溶質) 原子與其他金屬 (溶劑) 混合時,溶質原子周圍會形成應力場 (stress field)。此應力場會與差排作用使其移動困難,導致固溶體金屬的強度比純金屬高。

兩個固溶強化的重要因素為:

1. 相對尺寸因素 (relative-size factor):由於固溶會產生晶格扭曲,溶質與溶劑原子間的尺寸差異會影響固溶強化的程度。晶格扭曲會使差排移動困難,因此能強化金屬固溶體。
2. 短程規則排列 (short-range order):固溶體的原子混合極少隨意排列,會產生某種短程規則排列,或是相似原子的團簇。因此,不同的鍵結結構會對差排移動造成阻礙。

其他也能形成固溶強化效應的因素不在本書範圍,因此不予贅述。

我們以 70 wt% 銅和 30 wt% 鋅 (彈筒黃銅) 的固溶合金作為固溶強化效應的範例。經過 30% 冷加工處理的純銅拉伸強度約為 48 ksi (330 MPa)(圖 6.43)。然而,經過 30% 冷加工處理的 70 wt% 銅 -30 wt% 鋅合金的拉伸強度為 72 ksi (500 MPa)(圖 6.44)。因此,此例中的固溶強化效應可以使銅的拉伸強度增加 24 ksi (165 MPa)。然而,在經過 30% 冷加工處理之後,添加 30% 鋅的銅合金之延展性會從 65% 降至 10%(圖 6.44)。

圖 6.44 圖為 70 wt% 銅 -30 wt% 鋅合金的冷加工量百分比對應拉伸強度和伸長率之關係。冷加工量是以金屬截面積之百分比減少比率來表示。[見 (6.2) 式]

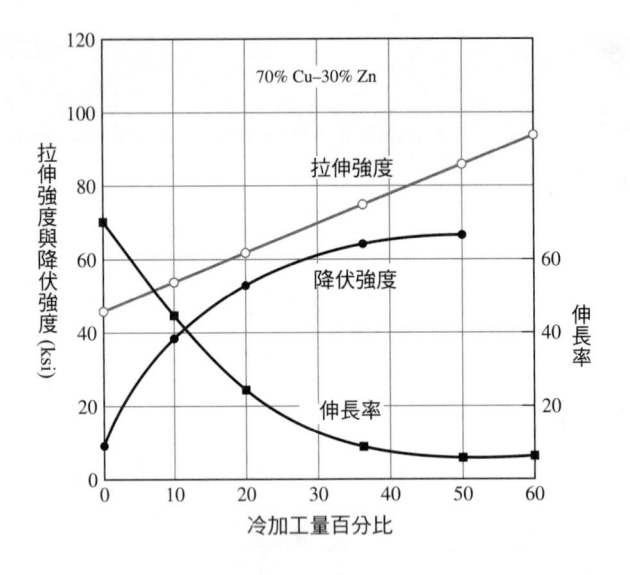

6.8 塑性變形金屬的回復與再結晶
Recovery and Recrystallization of Plastically Deformed Metals

在前面的章節曾討論金屬塑性變形對機械性質及顯微結構特徵的影響。當金屬的成型製程是採用例如滾壓、鍛造、擠壓成型及其他冷加工，被加工的材料會有很多差排及其他缺陷，晶粒也會被拉長及變形；結果，被加工的金屬明顯變得較強但是延性較差。很多時候，我們不希望冷加工處理後的金屬會具有較低的延性，較軟的材料還是需要的。為了達到此目的，冷加工的金屬在爐子中被加熱。若是將金屬回溫到一個相當高的溫度，並且保溫一段足夠長的時間，則經過冷加工處理之後的金屬結構將會發生一連串的變化，分別是：(1) **回復** (recovery)；(2) **再結晶** (recrystallization)；(3) **晶粒成長** (grain growth)。圖 6.45 是結構變化、溫度與機械特性變化之關係圖。這個利用再加熱來使冷加工金屬產生軟化現象的處理，稱為**退火** (annealing)；至於部分退火 (partial anneal) 及

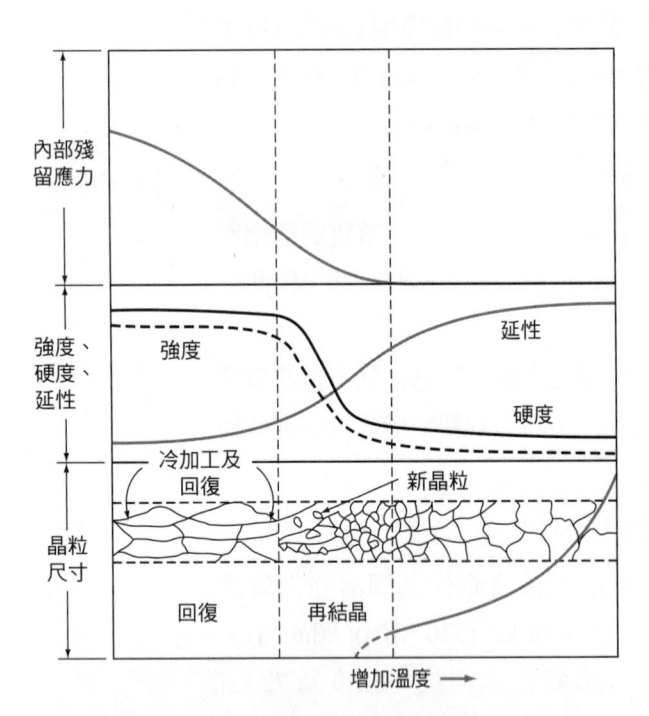

圖 6.45 退火對冷加工金屬結構和機械性能變化的影響。

(Source: Z. D. Jastrzebski, *The Nature and Properties of Engineering Materials*, 2nd ed., Wiley, 1976, p. 228.)

完全退火 (full anneal) 等名詞是用來表示軟化的程度。本節將從高度冷加工處理的金屬結構開始，詳細說明這些結構改變的現象。

6.8.1 高度冷加工金屬於再加熱前的結構

當金屬進行高度冷加工處理之後，大量的應變能將以差排或其他缺陷的形式 (如點缺陷) 儲存在金屬結構中。因此進行應變硬化處理的金屬會比還未進行應變硬化處理的金屬具有較高的內能。圖 6.46a 是鋁 0.8% 鎂合金片材，在 85% 冷加工後之顯微結構 (100 倍)，可以明顯看到其晶粒沿滾軋方向大量伸長。在較高放大倍率 (20,000 倍) 下，一個薄箔的穿透式電子顯微照片 (圖 6.47) 顯示結構為高差排密度晶胞壁與晶胞狀網路所組成。一個完全冷加工處理的金屬，其差排密度約為每平方公分有 10^{12} 條差排線。

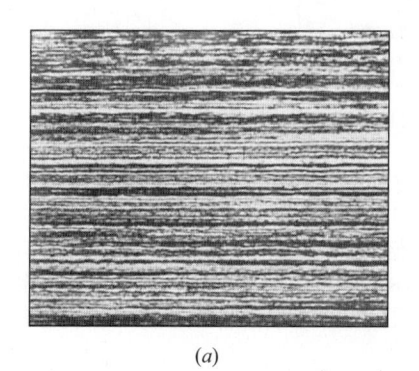

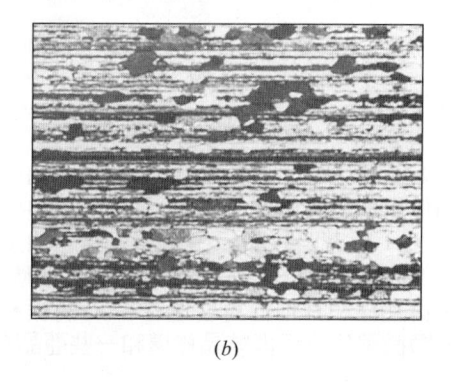

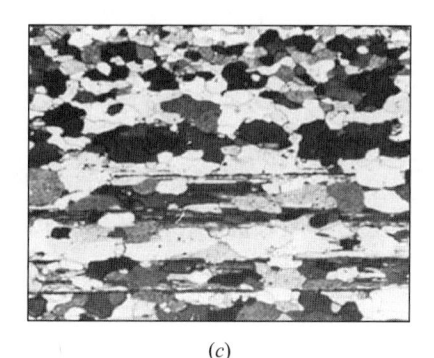

圖 6.46 鋁合金 5657 (0.8% Mg) 片材在 85％ 冷軋後顯示出微觀結構並隨後再加熱 (在偏振光下觀察 100 倍的光學顯微照片)。(a) 冷加工 85%；縱切面。晶粒大大的拉長了；(b) 冷加工 85% 並在 302°C (575°F) 下消除應力 1 小時。結構顯示再結晶的開始，這改善了片材的可成型性；(c) 冷加工 85% 並在 316°C (600°F) 下退火 1 小時。結構顯示了再結晶晶粒和未再結晶晶粒帶。

((a-c): ©ASM International)

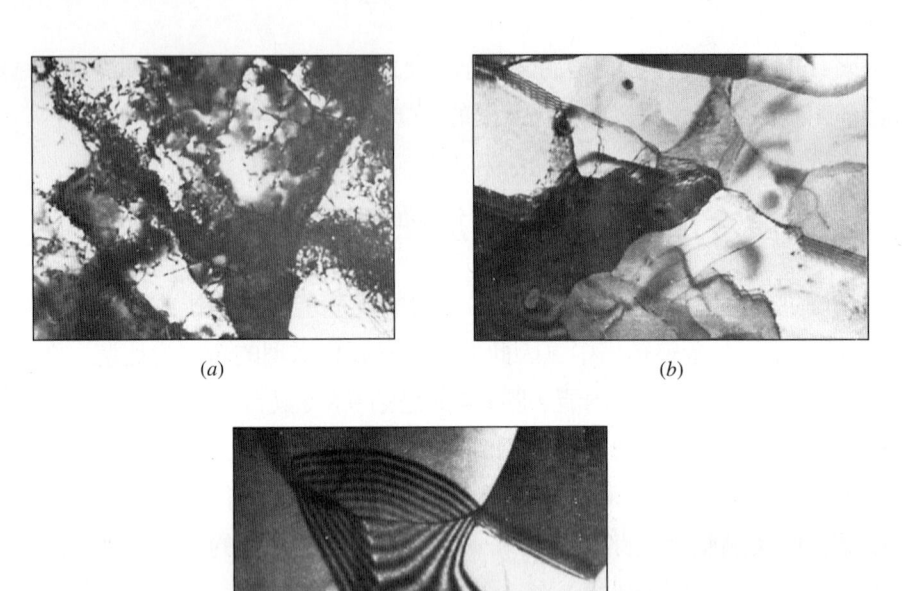

圖 6.47 鋁合金 5657 (0.8% Mg) 板材在 85% 冷軋後顯示出微觀結構並隨後再加熱。通過使用薄箔透射電子顯微鏡獲得該圖中所示的微結構。(放大 20,000×)(a) 板材冷加工 85%；顯微照片顯示由冷加工引起的差排纏結和帶狀晶胞 (亞晶)；(b) 將板材冷加工 85%，隨後在 302°C (575°F) 下消除應力 1 小時。顯微照片顯示了由多邊形化產生的差排網絡和其他低角度邊界；(c) 將板材冷加工 85% 並在 316°C (600°F) 下退火 1 小時。顯微照片顯示再結晶結構和一些亞晶粒生長。
((a-c): ©ASM International)

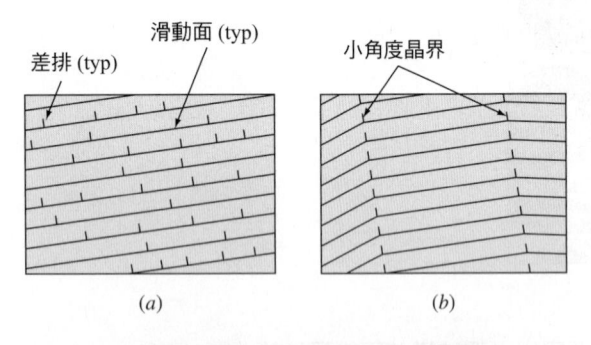

圖 6.48 變形金屬中多邊形化的示意圖。(a) 變形的金屬晶體，顯示在滑移平面上堆積的差排；(b) 在回復熱處理後，差排移動形成小角度晶界。
(Source: L. E. Tanner and I. S. Servi, *Metals Handbook*, vol. 8, 8th ed., American Society for Metals, 1973, p. 222.)

6.8.2 回復

當冷加工處理過後的金屬加熱到回復的溫度範圍時 (剛好低於再結晶溫度)，此金屬的內能就會開始釋放 (圖 6.45)。在回復過程中，也因供應足夠熱能給金屬，促使內部差排能夠重新排列為低能量結構 (圖 6.48)。多種冷加工金屬 (例如純鋁) 在回復的時候，會產生低角度晶界的次晶粒結構，如圖 6.48b 所示。此回復過程稱為多邊形化 (polygonization)，此為再結晶之前的結構變化。回復後之金屬內能會比冷加工狀態時低，這是因為藉由回復過程，許多差排之間會互相抵銷或是差排滑移形成低能量型態。在回復過程中，冷加工後金屬的強度將會稍微下降，但是延性會有明顯的增加 (圖 6.45)。

6.8.3 再結晶

將冷加工金屬加熱到足夠高的溫度，這時產生的無應變晶粒會於回復金屬結構內進行成核並開始成長 (圖 6.46b)，形成一個再結晶結構。若材料在再結晶溫度之下進行足夠長的時間，冷加工結構會完全被再結晶晶粒結構所取代，如圖 6.46c 所示。

再結晶的發生主要是因為兩個機制：(1) 獨立核可以在變形晶粒中成長擴張 (圖 6.49a)；或是 (2) 初始高角度晶界可以遷移進入高度變形區域 (圖 6.49b)。在任一種機制中，移動邊界凹面側之結構，都是沒有應變能且內能較低之部分；相反地，移動介面的凸面側則是包含高差排密度及高內能的應變結構，所以晶界會朝遠離晶界的曲率中心方向移動。因此，在再結晶初期過程中，新晶粒的擴張成長會使得金屬整體內能降低，因為變形區域被無應變區域取代。

冷加工金屬經過退火處理之後，會使金屬結構產生再結晶，並且使拉伸強度降低，而延性增加。例如，冷軋量 50% 且厚度為 0.040 in. (1 mm) 之 85% 銅 -15% 鋅的黃銅片，在 400°C 溫度下進行恆溫退火 1 小時之後，拉伸強度從原來的 75 ksi (520 MPa) 降至 45 ksi (310 MPa)(圖 6.50a)。另一方面，片材的延性會從原來的 3% 增加至 38% (圖 6.50b)。圖 6.51 為鋼片的連續退火製程示意圖。

影響金屬材料再結晶之重要因素包括：(1) 金屬的預加工量；(2) 材料加熱溫度；(3) 恆溫時間；(4) 起始晶粒尺寸；(5) 金屬或合金的化學成分。金屬的再結晶現象會產生於某個溫度範圍之內，這個範圍的大小在某種程度上是由上面的幾項因素所控制。所以金屬的再結晶溫度不能看成是純金屬熔點，因為再結晶溫度不再是定值。下列敘述再結晶過程中的一般性規則：

1. 必須要有最小的金屬變形量才有可能讓再結晶現象發生。
2. 變形量愈低 (仍應高於最低值)，再結晶產生所需的溫度就愈高。

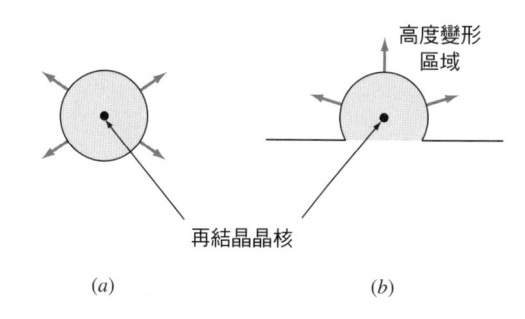

圖 6.49 金屬再結晶過程中再結晶晶粒生長的示意模型。(a) 一個獨立出來的核在變形的晶粒內生長；(b) 原始的大角度晶界遷移到更高度變形的金屬區域。

圖 6.50 退火溫度對 50％ 冷軋 85％ Cu-15％ Zn，0.040-in. (1 mm) 厚的板材之 (a) 拉伸強度和 (b) 伸長率的影響。(溫度退火時間為 1 小時。)
(Source: *Metals Handbook*, vol. 2, 9th ed., American Society for Metals, 1979, p. 320.)

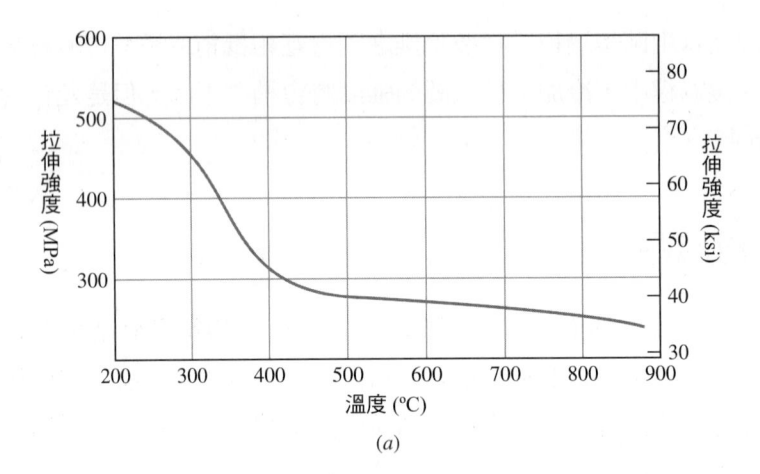

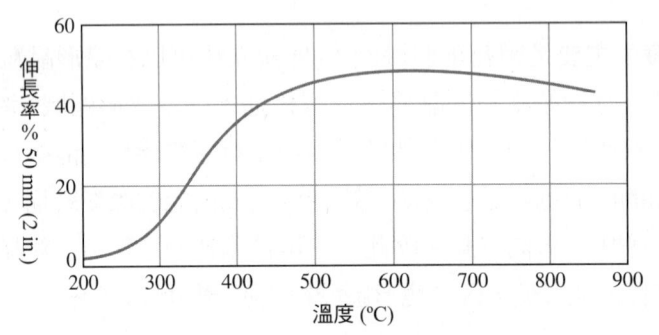

圖 6.51 連續退火原理圖。
(Source: W. L. Roberts, *Flat Processing of Steel*, Marcel Dekker, 1988)

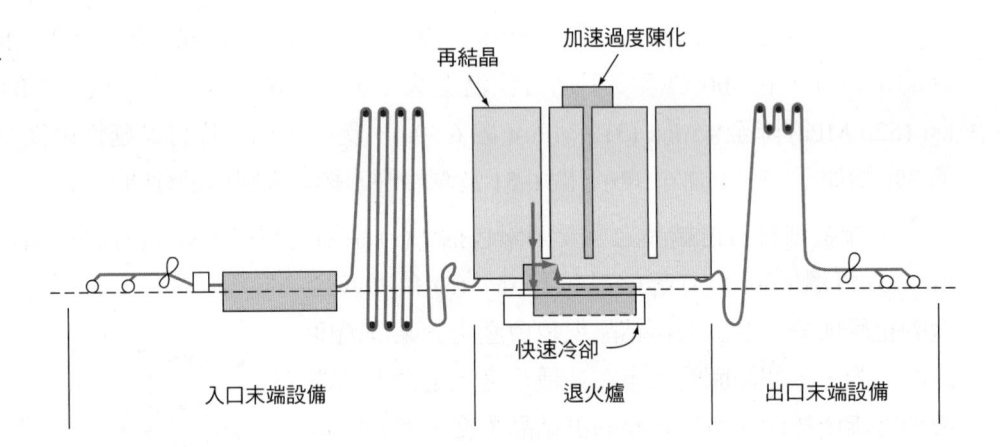

3. 提高再結晶溫度可以縮短完成再結晶所需的時間 (圖 6.52)。
4. 最後晶粒尺寸主要決定於變形的程度。若是變形的程度愈高，再結晶的退火溫度愈低，所產生的再結晶晶粒就會愈小。
5. 若晶粒愈大，要維持相同的再結晶溫度時，所需要的變形量也愈大。
6. 金屬純度愈高，再結晶溫度愈低。換言之，固溶合金添加劑會使再結晶溫度提高。

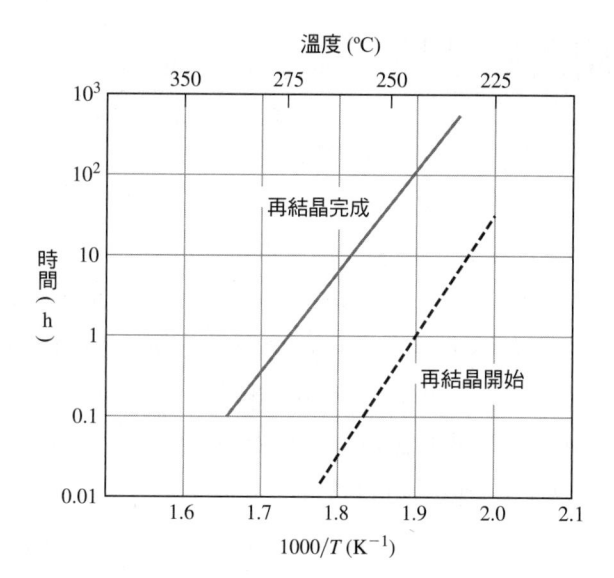

圖 6.52 冷加工 75% 的 99.0% Al 之重結晶的時間 - 溫度關係。實線用於再結晶結束,而虛線用於再結晶開始。該合金中的再結晶遵循 ln t 與 1/T(K⁻¹) 的 Arrhenius 型關係。

(Source: Aluminum, vol. 1, American Society for Metals, 1967, p. 98)

■ 例題 6.12 •

銅在 88°C 與 135°C 再結晶時,分別需要 9.0×10^3 min 與 200 min,估算在結晶過程的活化能為多少?過程中必須遵守阿瑞尼阿斯速率方程式,而再結晶時間 $= Ce^{+Q/RT}$,$R = 8.314$ J/(mol·K),T 為凱氏絕對溫度。

解

$$t_1 = 9.0 \times 10^3 \text{ min}; T_1 = 88°C + 273 = 361 \text{ K}$$
$$t_2 = 200 \text{ min}; T_2 = 135°C + 273 = 408 \text{ K} \tag{6.19}$$
$$t_1 = Ce^{Q/RT_1} \quad 或 \quad 9.0 \times 10^3 \text{ min} = Ce^{Q/R(361 \text{ K})}$$
$$t_2 = Ce^{Q/RT_2} \quad 或 \quad 200 \text{ min} \quad\quad = Ce^{Q/R(408 \text{ K})} \tag{6.20}$$

將 (6.19) 式除以 (6.20) 式,則

$$45 = \exp\left[\frac{Q}{8.314}\left(\frac{1}{361} - \frac{1}{408}\right)\right]$$

$$\ln 45 = \frac{Q}{8.314}(0.00277 - 0.00245) = 3.80$$

$$Q = \frac{3.80 \times 8.314}{0.000319} = 99{,}038 \text{ J/mol} \quad 或 \quad 99.0 \text{ kJ/mol} \blacktriangleleft$$

6.9 金屬的超塑性 Superplasticity in Metals

仔細檢查圖 6.23 可以看出，包括所謂延性金屬的大部分金屬，在破壞斷裂前都多少會有某種程度的塑性變形。例如，在單軸拉伸試驗中，軟鋼在斷裂前有 22% 的伸長率。如 6.1 節所述，許多金屬成型操作是在高溫下進行的，以便通過提高金屬的延展性來實現更高程度的塑性變形。**超塑性** (superplasticity) 是指一些金屬合金在高溫和緩慢的負載率下，可達到變形 2000% 的能力，像是鋁和鈦合金。然而，這些合金在正常溫度下給予負載時並不具有超塑性。例如，經過退火的鈦合金 (6Al-4V) 在室溫下的常規拉伸試驗中，斷裂前的伸長率接近 12%，但是在高溫 (840°C ~ 870°C) 和極低的負載率 (1.3×10^{-4} s^{-1}) 下，伸長率可達 750% 至 1170%。為了達到超塑性，材料和負載過程必須滿足以下條件：

1. 材料必須具有非常細的晶粒尺寸 (5 μm ~ 10 μm) 及高度敏感的應變率。
2. 負載溫度必須高至超過金屬熔點溫度的 50%。
3. 應變率要低且控制在 0.01 ~ 0.0001 s^{-1} 的範圍。[10]

不是所有材料都能符合這些條件，因此不是所有材料都能達到超塑性行為。在大多數情況下，第一個條件很難實現，也就是超細晶粒尺寸。[11]

超塑性行為是非常有用的性質，可以用來製造複雜的結構元件。問題是，這種驚人程度的塑性變形到底是根據哪種變形機制？我們之前曾討論在室溫負載下，差排及其移動在材料塑性變形上所扮演的角色。差排移動穿越晶粒時，會造成塑性變形。但隨著晶粒尺寸減小，差排移動會更受限，而材料也因此更堅固。然而，對具有超塑性特性的材料進行金相分析中可發現，晶粒中的差排移動其實很小。由此可見超塑性材料很容易受到其他變形機制的影響，像是晶界滑動或晶界擴散。在高溫下，個別晶粒或晶粒叢集之間的滑動和旋轉被視為可導致大量應變在晶粒內累積。還有一說是，當物質經由擴散而穿過晶界時，晶粒形狀的逐漸改變會造成晶界滑動。圖 6.53 顯示了 Zn-22% Al 合金在 473K (200°C) 溫度和各種應變速率下的超塑性效應。從圖中很明顯地可看出，晶粒在變形前和變形後為等軸；晶粒的滑動和旋轉十分明顯。

材料的超塑性行為讓許多製造過程得以生產複雜元件。吹塑即是其中一種。超塑性材料在氣體壓力下被迫變形成為模具形狀。圖 6.54 顯示的汽車引擎蓋即是

---

[10] 據報導，一些鋁合金具有高應變率 (> 10^{-2}s^{-1}) 超塑性。
[11] 靜態和動態再結晶、機械合金化和其他技術已經用於產生超細晶粒結構。

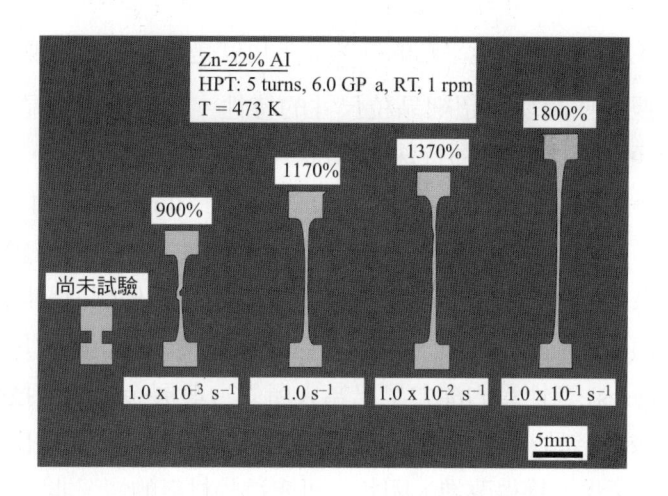

圖 6.53 Zn-22％ Al 合金拉伸試樣的超塑性變形。注意在各種應變速率下塑性變形的水平超過 900％。相比之下，金屬的正常變形水平很少超過 25％。

圖 6.54 使用吹塑法由超塑鋁製成的汽車發動機罩。
((a-b): Courtesy of Panoz Auto)

由超塑性鋁合金以吹塑法成型法製造。此外，超塑性行為可與擴散焊 (金屬連接方法) 併用以生產組件，減少材料的浪費。

■ 6.10　奈米結晶金屬 Nanocrystalline Metals

在第 1 章，我們曾提到奈米技術的概念和奈米結構的材料。任何材料若長度小於 100 奈米，即被列為奈米結構。根據這個定義，所有平均晶粒直徑小於 100 奈米的金屬即被視為奈米結構或奈米結晶。問題是，「**奈米結晶金屬** (nanocrystalline metals) 有哪些優點？」冶金學家知道，透過減少晶粒尺寸，可以產生更堅硬、更強大和更強韌的金屬，如 Hall-Petch 方程式 [(6.16) 式] 所證。我們也知道，在超細晶粒尺寸大小 (不一定是奈米結晶) 及一定的溫度和負載條件下，一些材料可以塑性變形至平常的許多倍，也就是說，它們展現超塑性。

　　注意，根據這些歸功於超細晶粒尺寸的特性，並對奈米結晶金屬使用 Hall-Petch 方程式，可以預見到某種特殊的情況。考慮下列的可能性，根據 Hall-Petch 方程式，如果金屬的平均晶粒直徑從 10 μm 縮小到 10 nm，其降伏強度將增加 31 倍。這可能嗎？奈米晶粒如何影響金屬的延性、韌性、疲勞和潛變行為？我們如何才能產生具奈米結晶結構的大量金屬？這些問題和其他類似問題是研究和發展奈米結晶金屬領域的動力。因此，至少在金屬製造業，縮小晶粒尺寸或分布二次奈米相 (nanophases) 等性質的潛力早已為人所知。發展金屬成型技術的困難，在於產生真正的奈米結晶 ($d < 100$ nm) 金屬。近幾十年來，已開發出生產這種材料的新技術，舊技術也已獲得改進。因此，研究這些材料的情況非常狂熱。

　　已經有報告指出，晶粒大於 5 nm 的奈米材料的彈性模數比得上微米結晶塊材。當 d 小於 5 nm，金屬的彈性模數會驟降，例如奈米結晶鐵。目前尚不完全清楚彈性模數為何會發生驟降；一個理由是考慮到這些小晶粒，大部分原子位於晶粒的表面 (而非晶粒的內部)，因此會沿著晶界。這與微晶質材料是完全相反的。

　　如前所述，當材料的晶粒尺寸減小，其硬度和強度隨之增加。增加的硬度和強度是由於差排堆積和晶粒差排移動。對於奈米結晶材料，大部分可用數據是基於奈米硬度測試所獲得的硬度值。這是因為具有奈米結晶結構的拉伸樣品難以生產。但是因為強度和硬度密切相關，此時可以接受奈米硬度測試。與大晶粒金屬 ($d > 1$ μm) 相較，當晶粒尺寸減小到 10 nm 左右，奈米結晶銅的硬度大約增加 4 至 6 倍，奈米結晶鎳則增加 6～8 倍。儘管這是一個顯著增加，但由 Hall-Petch 方程式所作的預測，只有極小幅的縮短。此外，也有數據指出在最微細的晶粒尺寸 ($d < 30$ nm) 會有「負 Hall-Petch 效應」，表明有軟化機制起作用。一些研究者認為，有可能是因為在最小晶粒標準內，差排移動或差排堆積不再適用，而是其他機制發揮效用，例如晶界滑動、擴散等。

　　對於在較高的奈米結晶範圍 (50 nm $< d <$ 100 nm)，其差排活動和微晶質金屬中的差排活動是否一樣具有優勢。而在較低的奈米結晶範圍 ($d <$ 50 nm)，差排活動 (形成和移動) 是否會大幅減少，其中一直存有爭議。在這麼小的晶粒尺寸，啟動差排來源所需的應力非常大。利用高解析穿透式電子顯微鏡的研究已經完成，可以支持這一論點。最後，奈米結晶材料的強化和變形機制尚不清楚，需要更多的理論和實驗研究。在下一章中，我們將討論這些材料的塑性和韌性。

6.11 總結 Summary

通過各種製造方法將金屬和合金加工成不同的形狀。最重要的一些工業過程是鑄造、軋製、擠壓、拉絲、鍛造和深拉。

當對長金屬棒施加單軸應力時，金屬首先彈性變形然後塑性變形，導致永久變形。對於許多工程設計，工程師對金屬或合金的 0.2% 偏移降伏強度，極限拉伸強度和伸長率 (延展性) 感興趣。這些量是從源自拉伸試驗的工程應力 - 應變圖獲得的。金屬的硬度也可能具有工程重要性。工業中常用的硬度計是 Rockwell B 和 C 和 Brinell (BHN)。

晶粒尺寸直接影響金屬的性質。具有細晶粒尺寸的金屬更堅固並且具有更均勻的性質。通過稱為 Hall-Petch 方程的經驗關係，金屬的強度與其晶粒尺寸有關。奈米級範圍內的晶粒尺寸的金屬 (奈米晶粒金屬) 預計具有超高強度和硬度，如 Hall-Petch 方程所預測的那樣。

當金屬通過冷加工塑性變形時，金屬發生應變硬化，導致其強度增加和延展性降低。通過對金屬進行退熱火處理，可以除去應變硬化。當應變硬化金屬緩慢加熱至低於其熔化溫度的高溫時，發生回復、再結晶和晶粒生長的過程，並使金屬軟化。通過結合應變硬化和退火，可以實現金屬零件的厚度大幅減小而不會破裂。

藉由在高溫和緩慢加載速率的條件下使一些金屬變形，可以實現超塑性，即變形在 1000% 至 2000% 的量級。晶粒尺寸必須超細才能達到超塑性。

金屬的塑性變形最常發生在滑移過程中，涉及差排的移動。滑動通常發生在最密堆疊平面和最密集的方向上。滑移面和滑移方向的組合構成滑動系統。具有大量滑移系統的金屬比僅具有少量滑移系統的金屬更具延展性。當滑動變得困難時，許多金屬通過雙晶變形。

較低溫度下的晶界通常會利用為差排運動提供障礙來強化金屬。然而，在某些高溫變形條件下，晶界由於晶界滑動而成為薄弱區域。

6.12 名詞解釋 Definitions

6.1 節

- **熱軋** (hot rolling of metals)：金屬及合金在能夠連續產出無應變的顯微結構溫度 (再結晶溫度) 之上所發生的永久變形。

- **冷軋** (cold rolling of metals)：金屬及合金在能夠連續產出無應變的顯微結構溫度 (再結晶溫度) 之下所發生的永久變形。冷加工導致金屬應變硬化。

- **冷作縮減** (percent cold reduction)：冷作縮減 % = $\dfrac{\text{截面積變化值}}{\text{初始截面積值}} \times 100\%$。

- **退火** (annealing)：一種熱處理方法，可以將金屬材料軟化。

- **擠製** (extrusion)：一種塑性成型法，在高壓下以外力使金屬通過一個開模，來縮小它的截面積。

- **鍛造** (forging)：一種主要的處理法，將金屬敲打或壓擠成所需的形狀。

- **拉線法** (wire drawing)：將線材拉過一個或多個漸細的拉線模，可以改變材料的截面積。
- **深衝法** (deep drawing)：一種金屬成型法，將扁平金屬片材加工為罐狀物件。

6.2 節
- **彈性變形** (elastic deformation)：若金屬受力產生的變形，在將外力除去後，可以恢復到原本的形狀，可以稱這個材料為彈性變形。
- **工程應力** (engineering stress, σ)：平均軸向力除以初始截面積 ($\sigma = F/A_0$)。
- **工程應變** (engineering strain, ϵ)：試片長度變化量除以試片的原長度 ($\epsilon = \Delta l/l_0$)。
- **剪應力** (shear stress, τ)：剪力 S 除以剪力作用的面積 A ($\tau = S/A$)。
- **剪應變** (shear strain, γ)：剪位移 a 除以剪力作用的距離 h ($\gamma = a/h$)。

6.3 節
- **工程應力 - 應變曲線圖** (engineering stress-strain diagram)：工程應力和工程應變的試驗值關係圖。y 軸和 x 軸分別為應力 σ 和應變 ε。
- **彈性模數** (modulus of elasticity)：應力除以應變 (σ/ϵ) 落在金屬的工程應力 - 應變曲線圖中的彈性區 ($E = \sigma/\epsilon$)。
- **降伏強度** (yield strength)：拉伸試驗中，一個特定應變量產生時的應力。在美國，降伏強度是取 0.2% 應變的應力。
- **極限拉伸強度** (ultimate tensile strength, UTS)：工程應力 - 應變曲線圖中最大的應力值。

6.4 節
- **硬度** (hardness)：材料對永久變形的抵抗力。

6.5 節
- **滑動** (slip)：在金屬永久變形時，原子互相移動過對方的過程。
- **滑動帶** (slipbands)：金屬表面由於永久變形引起的滑移所形成的線記號。
- **滑動系統** (slip system)：滑動面和滑動方向的組合。
- **變形雙晶** (deformation twinning)：發生在某些金屬和特定狀況下的塑性變形過程。在這個過程之中，一群原子會一起產生滑移，形成金屬晶格區域，是沿著雙晶面的相似區域的鏡像。

6.6 節
- **Hall-Petch 關係** (Hall-Petch relationship)：一個經驗方程式，與金屬的強度和晶粒尺寸有關。
- **應變硬化 (強化)** [strain hardening (strengthening)]：冷加工硬化金屬與合金。冷加工時，差排會增加並且互相作用，使材料強度增加。

6.7 節
- **固溶硬化 (強化)** [solid-solution hardening (strengthening)]：添加合金產生固溶體來強化材料。但若晶格原子的尺寸和電性不同，差排移動會非常困難。

6.8 節

- **退火** (anneal)：一種熱處理製程，施加在冷加工的金屬以軟化它。
- **回復** (recovery)：退火過程的第一個階段，導致殘留應力去除及形成低能量的差排結構。
- **再結晶** (recrystallization)：退火過程的第二個階段，此時新晶粒開始成長且差排密度明顯降低。
- **晶粒成長** (grain growth)：退火的第三個階段，此時新晶粒開始以等軸方式成長。

6.9 節

- **超塑性** (superplasticity)：有些金屬在高溫及低負載速率時有塑性變形 1000% 至 2000% 的能力。

6.10 節

- **奈米結晶金屬** (nanocrystalline metals)：其晶粒尺寸小於 100 nm 的金屬。

■ 6.12 習題 Problems

知識及理解性問題

6.1 為什麼鑄造金屬板首先進行的是熱軋而不是冷軋？

6.2 區分彈性和塑性變形 (使用示意圖)。

6.3 定義 (a) 彈性模數，(b) 降伏強度，(c) 極限拉伸強度，(d) 彈能模數，(e) 韌性，(f) Poisson 比，(g) 延展性。

6.4 (a) FCC 金屬的主要滑移面和滑移方向是什麼？(b) BCC 金屬的主要滑移面和滑移方向是什麼？(c) HCP 金屬的主要滑移面和滑移方向是什麼？

6.5 金屬塑性變形的滑移和雙晶機制有什麼區別？

6.6 通常受冷加工影響的金屬的延展性如何？為什麼？

6.7 描述當冷加工金屬板 (如鋁) 進行回復熱處理時，顯微鏡下會觀察到什麼？

6.8 描述當冷加工金屬板 (如鋁) 進行再結晶熱處理時，顯微鏡下會觀察到什麼？

6.9 影響金屬再結晶過程的五個重要因素是什麼？

6.10 討論超塑性導致大量塑性變形的主要變形機制。

6.11 為什麼奈米晶體材料更強？基於差排活動來說明答案。

應用及分析問題

6.12 計算鋁線從 5.25 mm 直徑冷拉到 2.30 mm 直徑時的冷軋減少百分比。

6.13 黃銅片的拉伸樣品的橫截面為 0.320 in.×0.120 in.，標距為 2.00 in.。如果標距之間的距離為 2.35 in.，則計算試驗過程中發生的工程應變。

6.14 0.505 in. 直徑的鋁合金試驗棒承受 25,000 lb 的載荷。如果在該載荷下鋼筋的直徑為 0.490 in.，則確定 (a) 工程應力和應變，(b) 真實應力和應變。

6.15 一個 2 in. 金屬樣品的棒子被壓縮到其長度的一半。此時確定工程應變和真應變。比較價值並得出結論。

6.16 鋁合金的平均粒徑為 14 μm，強度為 185 MPa。平均粒徑為 50 μm 的相同合金的強度為 140MPa。(a) 確定該合金 Hall-Petch 方程式中的常數。(b) 如果你想要 220 MPa 的強度，你還應該減少多少晶粒大小？

6.17 無氧銅棒的拉伸強度必須為 50.0 ksi，最終直徑為 0.250 in.。(a) 此棒必須進行多少冷加工 (見圖 6.43)？ (b) 此棒的初始直徑應該是多少？

6.18 對一塊高純度銅板而言，如果在 140°C 下需要 12.0 分鐘達到 50% 再結晶，在 88°C 下此再結晶需要 200 分鐘。那麼在 100°C 下將板材再結晶 50% 需要多少分鐘？假設此為 Arrhenius 型速率行為。

綜合及評價問題

6.19 在飛機上使用由鋁合金 7075-T6 製成的 20 mm 直徑，350 mm 長的桿 (使用圖 6.20 估算特性)。如果施加 60 kN 的載荷，則確定桿中的伸長率。這種伸長率的彈性百分比是多少？桿產生的負荷是多少？如果沒有斷裂，鋼筋可以承受的最大載荷是多少？

6.20 考慮從具有同一體積的同一種金屬來鑄造一個立方體和一個球體。哪一個會更快固化？為什麼？

6.21 當使用冷鍛或形狀軋製來製造複雜形狀時，降伏強度、拉伸強度和延展性等機械性能的測量方法取決於製造組件的位置和方向。(a) 您如何從微觀角度解釋這一點？ (b) 這會在熱鍛或軋製過程中發生嗎？解釋你的答案。

6.22 (a) 推導出真應變與工程應變之間的關係。(提示：從工程應變的表達開始。)(b) 得出真實應力和工程應變之間的關係。(提示：以 $\sigma_t = F/A_i = (F/A_o)(A_o/A_i)$ 開頭。)

6.23 必須選擇橫截面積為 2.70 in.^{2}，長度為 75.0 in. 的棒料，使其在 120,000.0 lb 的軸向載荷下不會變形，並且棒材的伸長率將保持在 0.105 in. 以下。(a) 提供滿足這些條件的至少三種不同金屬的清單。(b) 如果會有成本問題，請減少清單。(c) 如果腐蝕成為問題，請將清單縮小。僅使用附錄 I 了解普通合金的性能和成本。

6.24 將一吋立方體的回火不鏽鋼 (合金 316) 沿其 z 方向施加 60.00 ksi 的負載。(a) 在裝載前後繪製立方體的示意圖，顯示尺寸的變化。(b) 重複該問題，假設立方體由回火鋁 (合金 2024) 製成。使用圖 6.15b 和附錄 I 獲取相關數據。

6.25 將一吋立方體的回火不鏽鋼 (合金 316) 施加負載於已有剪切應力為 30.00 ksi 的同一面上。在加載之前和之後繪製立方體的示意圖，顯示形狀的任何變化。($G = 11.01 \times 10^6$ psi；使用圖 6.17c)

6.26 一位同學問你：「鋁的硬度是多少？」你能回答這個問題嗎？請說明。

6.27 為什麼 BCC 金屬一般需要比 FCC 金屬更高的 τ_c 值，因為它們都具有相同數量的滑移系統？

6.28 (a) 在對單晶施加負載時，如何相對於加載軸來定位晶體，以使分辨剪切應力為零？ (b) 這個物理意義是什麼，也就是說，在這些條件下，當 σ 增加時晶體會發生什麼？

6.29 為什麼難以同時提高強度和延展性？

CHAPTER

7 金屬的機械性質 II
Mechanical Properties of Metals II

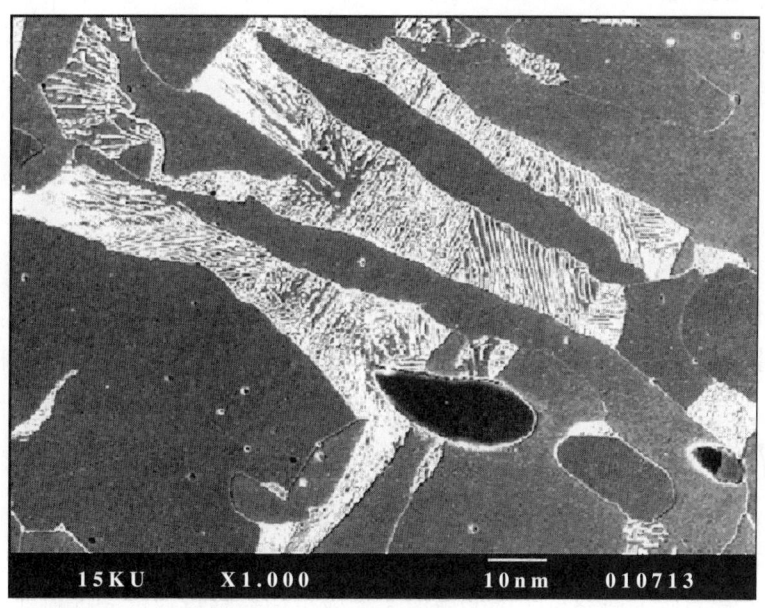

(©The Minerals, Metals & Materials Society, 1998)

　　在1912年4月12日的晚上，鐵達尼號在它的處女航中撞上冰山，船體受到了破壞並導致六個前艙破裂。此時的海水溫度大約是 −2°C。船艙外殼完全損壞且內部進水，導致了超過 1,500 人死亡的重大悲劇。

　　1985 年 9 月 1 日，Robert Ballard 在海面下 3.7 公里發現鐵達尼號。根據對鐵達尼號鋼材的冶金與機械測試來看，船艙殼體縱向樣品的延脆轉變溫度是 32°C，橫向樣品的延脆轉變溫度則是 56°C。由此可知，建造鐵達尼號所使用的鋼材在撞到冰山時是呈現高脆性的形式。鐵達尼號鋼材的顯微結構示於圖中，可以看到肥粒鐵 (ferrite) 的晶粒 (灰色)、波來鐵 (pearlite) 的群聚體 (淺色的層狀構造) 以及硫化錳的粒子 (黑色部分)。[1]

---

[1] www.tms.org/pubs/journals/JOM/9801/Felkins-9801.html#ToC6

學習目標

到本章結束時，學生將能夠：

1. 描述金屬斷裂過程，並區分韌性和脆性斷裂。
2. 描述金屬的延性 - 脆性轉變。哪種類型的金屬更容易發生延性 - 脆性轉變？
3. 定義材料的斷裂韌性，並解釋為什麼在工程設計中使用該屬性而不是韌性。
4. 定義材料中的疲勞負載和失效，描述用於表徵波動應力的參數，並列舉影響材料疲勞強度的因素。
5. 描述潛變、潛變測試以及在設計中使用 Larsen-Miller 參數來確定斷裂應力的時間。
6. 描述為什麼對故障零件的分析很重要，以及在故障分析過程中採取了哪些步驟。
7. 描述奈米晶粒大小對金屬強度和延展性的影響。

本章繼續研究金屬的機械特性。首先，將討論金屬的斷裂。然後考慮金屬的疲勞和疲勞裂紋擴展以及金屬的潛變 (時間變形) 和應力破裂。還介紹了金屬零件斷裂的案例研究。最後，討論了奈米結構金屬的合成及其性質與未來方向。

■ 7.1　金屬斷裂 Fracture of Metals

在新元件的設計、開發和生產中，材料選擇的重要且實際考量之一，就是元件在正常運作下會發生失效的機率。失效可定義為材料或元件無法：(1) 執行必要功能；(2) 符合性能標準 (雖然仍可運作)；(3) 即使在惡化之後仍可安全、可靠地運作。降伏、磨損、撓曲 (彈性不穩定)、腐蝕、斷裂皆為元件會失效的範例。

工程師非常清楚負載元件的斷裂可能性，可能對生產力、安全及其他經濟問題造成的不利影響。因此，所有的設計、製造和材料工程師都會在初步分析時使用安全因子來降低斷裂機率。許多領域 (像壓力容器設計及製造) 都有設計師和製造商必須遵循的規範和標準。但是不管再謹慎，仍不免失誤，造成財產甚至生命的損失。每位工程師都必須：(1) 完全熟悉材料破壞和失效的概念；(2) 能從失效元件中找出導致失效的原因。在大多數情況下，科學家和工程師會仔細分析故障的元件找出原因，進而將所獲得的資訊用來修正設計、製造過程及材料合成與選擇，以便提高安全性能，減少失效的可能。純粹由機械性能的角度來看，工程師關心的是由金屬、陶瓷、複合材料、聚合物甚至電子材料所構成設計元件的斷裂失效。

斷裂是指固體於應力作用下分為兩個或數個碎片之情況。一般來說，金屬破壞可分成延性破裂、脆性破裂或兩者混合。金屬之**延性斷裂** (ductile fracture) 發生在大量塑性變形之後，具有緩慢裂痕傳播的特徵。圖 7.1 為鋁合金試棒的延性斷裂範例。相對而言，**脆性斷裂** (brittle fracture) 通常會沿著特定之結晶面 [稱為解理面 (cleaveage plane)] 行進，裂痕傳播快速。由於速度快，脆性斷裂通常會導致突如其來的災難性失效，而隨延性斷裂而來的塑性變形可在實際斷裂前被發現。

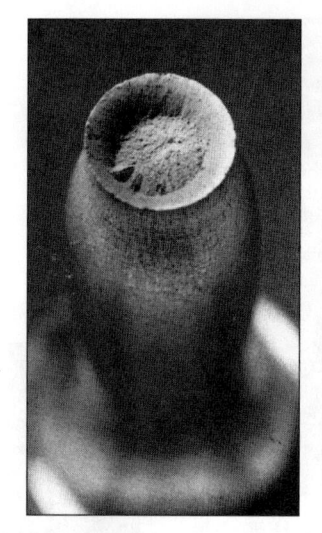

圖 7.1 鋁合金的延性斷裂 (杯錐形)。
(©ASM International)

7.1.1 延性斷裂

金屬的延性斷裂發生在大量塑性變形之後。我們先用圓柱型 (直徑 0.5 in.) 拉伸樣品的延性斷裂來簡單說明。若在樣品上所施加的應力超過樣品的極限拉伸強度，且施力時間夠長的話，樣品就會斷裂。延性斷裂可分以下三個階段：(1) 樣品形成頸縮，並且在頸縮區域內形成微空穴 (圖 7.2a 和圖 7.2b)；(2) 頸縮區域內的微空穴在試棒中心聚結形成裂紋，而此裂紋會往樣品表面傳播延伸，方向與應力方向垂直 (圖 7.2c)；(3) 當裂紋接近表面，傳播會轉方向和應力軸呈 45°，造成杯錐形斷裂結果 (圖 7.2d 和圖 7.2e)。圖 7.3 為彈簧鋼片樣品延性斷裂的掃描式電子顯微圖片。圖 7.4 顯示高純度銅變形樣品在頸縮區域內部的裂紋。

實際上，延性斷裂比脆性斷裂少見，主要發生的原因是元件超載。超載會發生是因為：(1) 設計不當，包括材料選擇 (設計不足)；(2) 製造不當；(3) 濫用 (元件的使用超過設計師所允許的負載)。圖 7.5 為一個延性斷裂的例子。圖中的汽車後軸承由於被施加扭力而承受巨大的塑性扭轉 (注意軸上的扭轉痕跡)。根據工程分析，失效的原因是選材不良。此元件使用的 AISI 型 S7 工具鋼

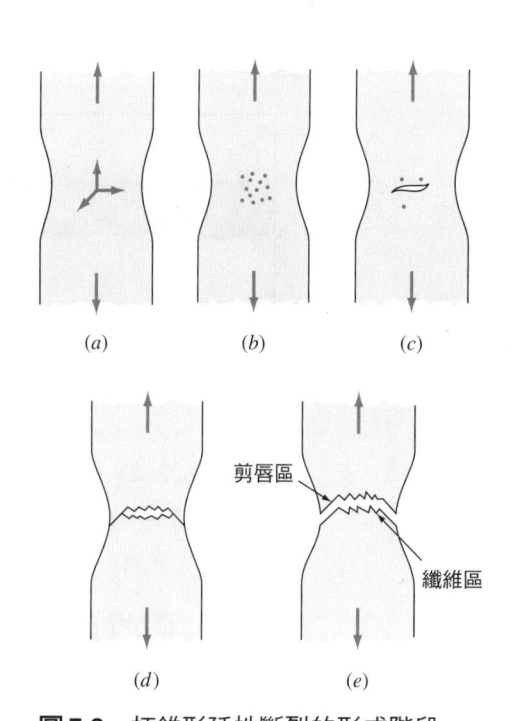

圖 7.2 杯錐形延性斷裂的形成階段。
(Source: G. Dieter, *Mechanical Metallurgy*, 2nd ed., McGraw-Hill, 1976, p. 278.)

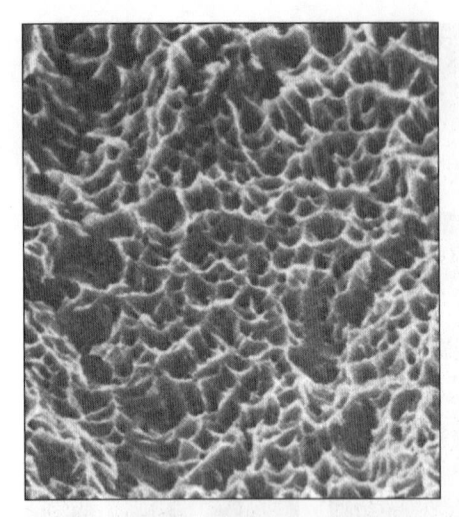

圖 7.3 掃描式電子顯微圖片顯示彈簧鋼片樣品在斷裂時所產生的錐形等軸渦穴。這些於斷裂時的微空穴聚結過程中形成的渦穴，顯示這是一種延性斷裂。
(©ASM International)

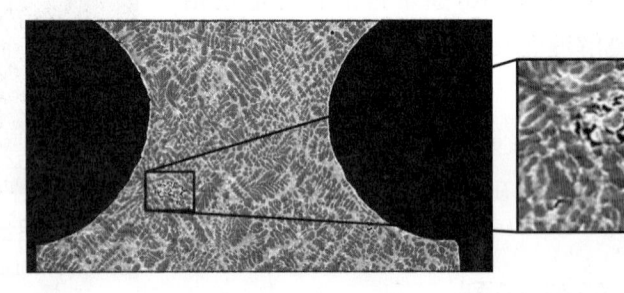

圖 7.4 高純度多晶銅樣品於頸縮區域內之內部裂紋 (放大倍率 9×)。
(Graphic by Tony Van Buuren/Critical Materials Institute, LLNL)

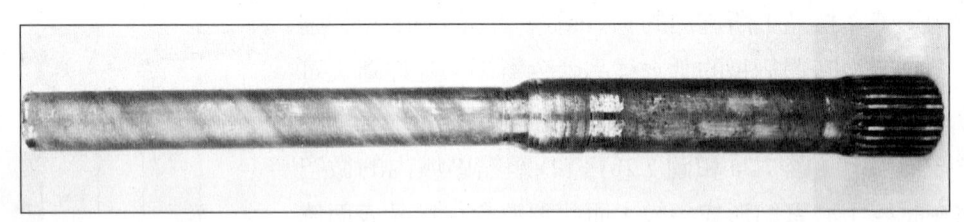

圖 7.5 失效的軸承。
(©ASM International)

硬度僅為 22–27 HRC 不適合此用途。此金屬所需的硬度為 50 HRC 以上，通常需要透過熱處理過程才能達到 (見第 9 章)。

7.1.2 脆性斷裂

許多金屬及合金是在極小的塑性變形狀況下以脆性方式斷裂。圖 7.6 顯示了以脆性方式斷裂的拉伸樣品。與圖 7.1 比較起來，可明顯看出在脆性斷裂和延性斷裂發生前，變形程度的差異。當受到一個垂直於解理面的應力時，脆性斷裂通常會沿著此解理面發生 (見圖 7.7)。許多具有 HCP 晶體結構的金屬常發生脆性斷裂，因為其滑動面比較少。例如，單晶鋅受到垂直於 (0001) 面的高應力會出現脆性斷裂。像是 α 鐵、鉬與鎢等 BCC 金屬在低溫與高應變率的環境下也會出現脆性斷裂。

大多數多晶金屬的脆性斷裂都為**穿晶** (transgranular)，也就是裂紋會傳播穿過晶粒基底。但是，若晶界含有脆性薄膜，或是晶界區域因有害元素偏析而脆化，則脆性斷裂也會以**粒間** (intergranular) 方式發生。

金屬的脆性斷裂一般可視為有三個階段：
1. 塑性變形將差排沿著滑動面集中於障礙處。
2. 剪應力會在差排被阻擋處累積，導致微裂紋成核。
3. 更多應力可使微裂紋傳播，而儲存的彈性應變也會使裂紋傳播。

脆性斷裂往往是因為金屬中存在有缺陷而發生。這些缺陷不是在製造階段時就存在，就是在產品運作時才出現。不良缺陷 (例如折疊、大型雜質、不良的晶粒流、劣質微結構、孔隙度、撕裂和裂紋) 可能會在製造過程時形成。疲勞裂紋、氫原子所引起的脆化 (13.5.11 節)，還有腐蝕損害，往往會導致最後的脆性斷裂。不論原因為何，脆性斷裂都會從缺陷的位置 (應力集中點) 開始。某些特定缺陷、低運作溫度或高負載率也可導致某些中度延展性材料的脆性斷裂。從延展性轉變至脆性的行為稱為**延脆轉變** (ductile-to-brittle transition, DBT)。圖 7.8 顯示了由於存在銳角這個缺陷，而導致扣環的脆性斷裂 (見圖中的箭頭)；注意人字形圖案 (chevron pattern) 指向裂縫的起源 (通常發現在脆性斷裂面上)。

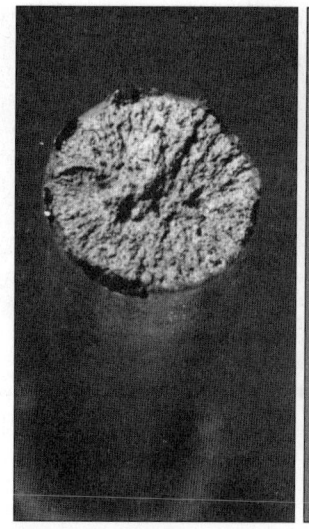

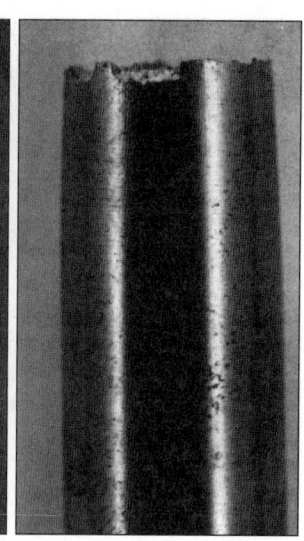

圖 7.6 金屬合金的脆性斷裂，其顯示了許多從樣品中心放射開來的徑向脊。
(©ASM International)

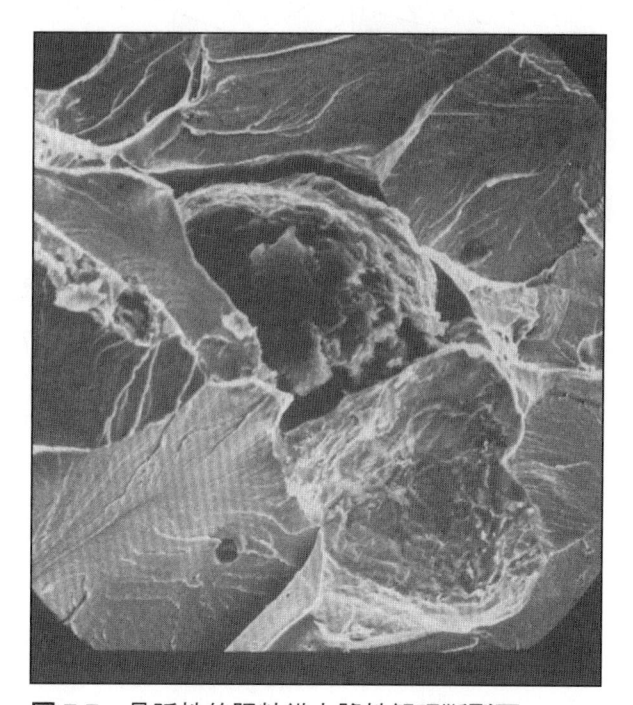

圖 7.7 具延性的肥粒鐵之脆性解理斷裂面。SEM 照片，放大倍率 1000×。
(©ASM International)

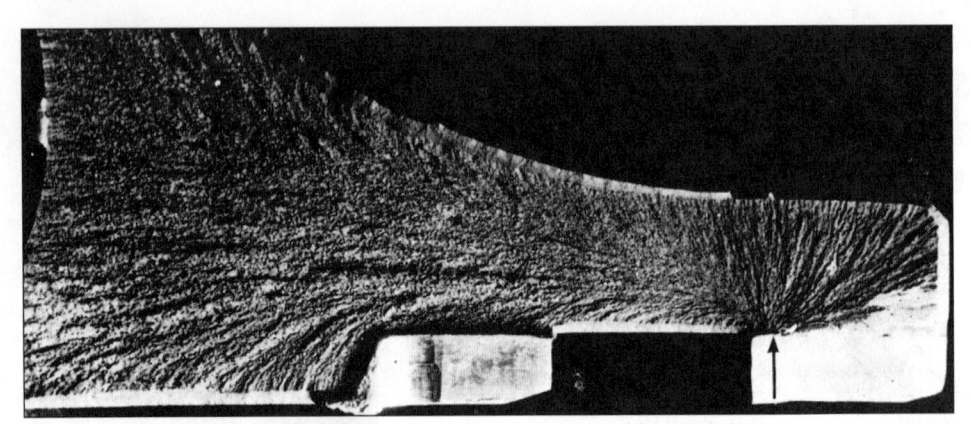

圖 7.8 以 4335 鋼製成的扣環因為受到銳角的影響而發生脆性斷裂。
(©ASM International)

7.1.3 韌性與衝擊實驗

動態或衝擊韌性 (Dynamic or impact toughness) 與第 6.3 節中測量的靜態韌性是不同的韌性測量值，它是在動態負載條件下，材料在發生壓裂前可吸收能量的量測。當考慮材料承受衝擊負載而不破裂的能力時，它變得具有工程重要性。測量韌性的最簡單方法之一是使用衝擊測試設備 (impact-testing apparatus)。簡單衝擊試驗機的示意圖如圖 7.9 所示。使用該裝置的一種方法是將恰比 (Charpy)V 型凹口樣品 (如圖 7.9 的上半部分所示) 放在衝擊試驗機的平行墩座之間。測試時，沉重擺鎚從已知的某高度處落下打擊樣品至其斷裂。使用擺鎚質量落下前後位置的高度差，破壞所吸收的能量即可被量測出來。圖 7.10 顯示溫度對不同材料衝擊能量的影響。

各種材料對凹口的存在作出不同的反應。例如，鈦合金的韌性在凹口的存在下

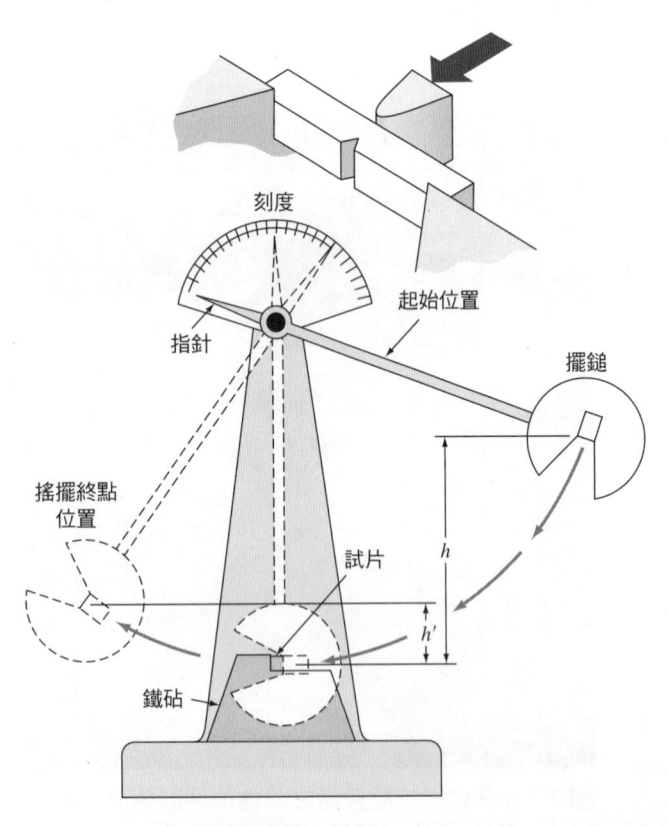

圖 7.9 標準衝擊試驗機示意圖。
(Source: H.W. Hayden, W.G. Moffatt, and J. Wulff, *The Structure and Properties of Materials*, vol. III, Wiley, 1965, p. 13.)

顯著降低，而其他材料如鋼合金則不那麼敏感。可以使用恰比測試來評估各種材料對凹口尺寸和形狀的動態韌性敏感性。

7.1.4 韌脆轉變溫度

如上所述，在一定條件下，某些金屬的抗破壞性會有顯著改變，即延脆轉變。低溫、高應力狀態及快速負載率都可能導致延性材料具有脆性行為；然而，為了呈現此種轉變，通常以下列這些條件來呈現：溫度為變數，而負載率和應力變化率保持不變。7.1.3 節討論的衝擊試驗機，可以用來決定材料由延性行為轉變為脆性行為的溫度範圍。恰比樣品的溫度可以利用電爐和製冷裝置來設定。雖然金屬的延脆轉變溫度不同，但轉變的溫度皆落在一個範圍內 (見圖 7.10)。另外，圖 7.10 也顯示，FCC 金屬不會進行延脆轉變，因此適合於低溫使用。影響延脆轉變溫度的因素為合金成分、熱處理和加工。例如，退火鋼的碳含量會影響韌脆轉變的溫度範圍，如圖 7.11 所示。低碳退火鋼的轉變溫度範圍要比高碳鋼的低，而且範圍也更窄。此外，退火鋼的碳含量愈高，鋼材就會變得愈脆，衝擊破壞時所能夠吸收的能量也就愈低。

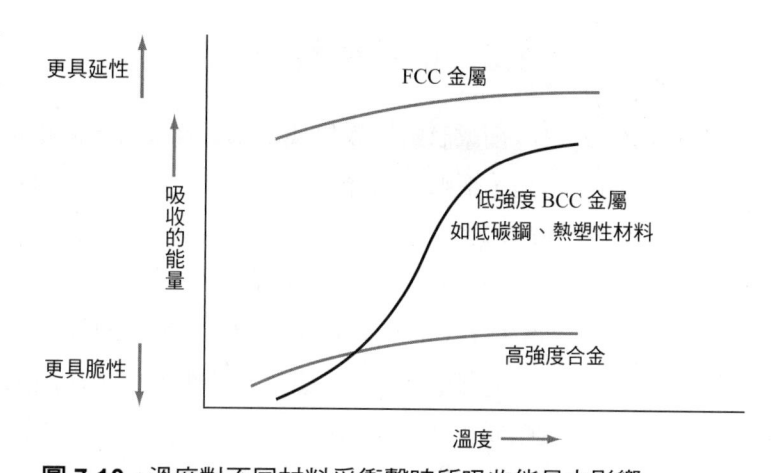

圖 7.10 溫度對不同材料受衝擊時所吸收能量之影響。
(Source: G. Dieter, *Mechanical Metallurgy*, 2nd ed., McGraw-Hill, 1976, p. 278.)

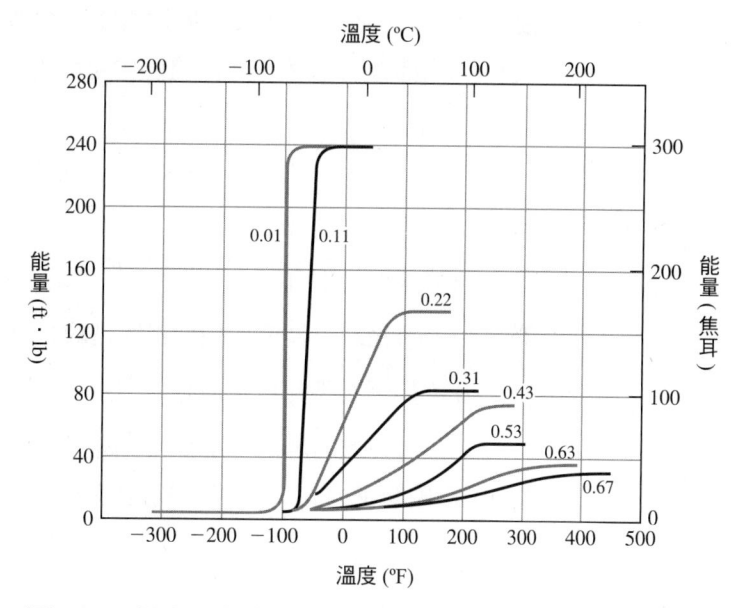

圖 7.11 退火鋼之碳含量對衝擊能量與溫度的關係之影響。
(Source: J.A. Rinebolt and W.H. Harris, *Trans. ASM*, 43:1175 (1951).)

在寒冷的環境下運作，延脆轉變是選擇材料的重要條件之一。例如，航行在寒冷水域的船舶，和位於北極海域的海上平台，特別容易受到延脆轉變影響。在這樣的應用上，所選擇材料的延脆轉變溫度應大幅低於操作溫度。

7.1.5 破裂韌性

衝擊試驗法對於簡單的試片及儀器能提供一些量化的數據，作為比較之用。但是，衝擊試驗無法對包含裂紋或缺陷之材料提供與結構設計相關的數據。上面所說的數據需經由破壞力學求得。破壞力學即為對裂紋或缺陷之結構材料破壞進行理論和實驗分析。在本書中，我們會將重點放在破壞力學中的破壞韌性，並證明破壞韌性如何應用在某些簡單構件的設計。

金屬 (材料) 破壞來自於應力集中最高處，例如裂紋尖端的頂部。考慮一個受軸向拉伸作用的平板試片中，其含有一個邊緣裂紋 (圖 7.12a) 或是一個中心穿越裂紋 (圖 7.12b)，裂紋尖端處的應力值應該是最大的，如圖 7.12c 所示。

裂紋尖端處的應力強度取決於所施加的應力及裂紋長度。我們以應力強度因子 K_I 來表示這兩種因素的綜合影響。此處的下標 I 表示第 I 型試驗，這個試驗主要是利用拉伸應力來使裂紋擴散傳播。從單軸拉伸應力作用在具有邊緣或內部裂紋 (第 I 型試驗) 金屬平板的實驗中可發現

$$K_I = Y\sigma\sqrt{\pi a} \tag{7.1}$$

其中 K_I = 應力強度因子

σ = 外加的垂直應力

a = 邊緣裂紋長度或內部貫穿裂紋長度的一半

Y = 無因次幾何修正常數

使板材失效的應力 - 強度因子臨界值稱為材料的破壞韌性 (fracture toughness, K_{IC})，以破壞應力 σ_f 及邊緣裂紋長度 a (或內部裂紋長度的一半) 表示如下：

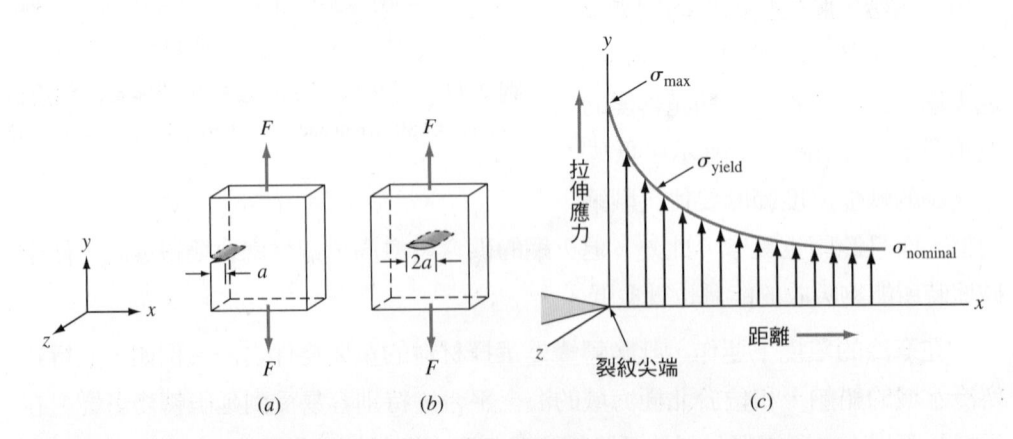

圖 7.12 單軸拉伸下的金屬合金板 (a) 具有邊緣裂紋 a；(b) 具有中心裂紋 $2a$；(c) 應力分布與裂紋尖端的距離。裂紋尖端的應力最大。

$$K_{IC} = Y\sigma_f \sqrt{\pi a} \tag{7.2}$$

破壞韌性 (K_{IC}) 值的單位為 MPa$\sqrt{m}$ (國際標準制) 或 ksi$\sqrt{in.}$ (美國習慣用法)。圖 7.13a 為密合型破壞韌性試片示意圖，要得到 K_{IC} 的常數值，此試片的厚度 B 必須遠大於缺口深度 a，稱為平面應變狀態。如果要滿足平面應變條件，則試驗時的缺口方向 (圖 7.13a 的 z 方向) 就不可以有其他應變變形。一般來說，當 B (試片厚度) = 2.5 (K_{IC} / 降伏強度) 時，就可以滿足上述的平面應變條件。另外，破壞韌性試片在試驗進行前，就已經含有一加工缺口以及在刻痕前方約 3 mm 處的疲勞裂紋。圖 7.13b 是實際破壞韌性試驗中，發生急速破壞之情形。

材料的破壞韌性值對機械設計非常有用，特別是使用較低韌性或是延性的材料，例如高強度鋁、鋼及鈦合金。表 7.1 列出某些合金之 K_{IC} 值。在破壞前呈現較低塑性變形程度的材料，其 K_{IC} 值較低，並且傾向脆性破壞；反之，在破壞前呈現較高塑性變

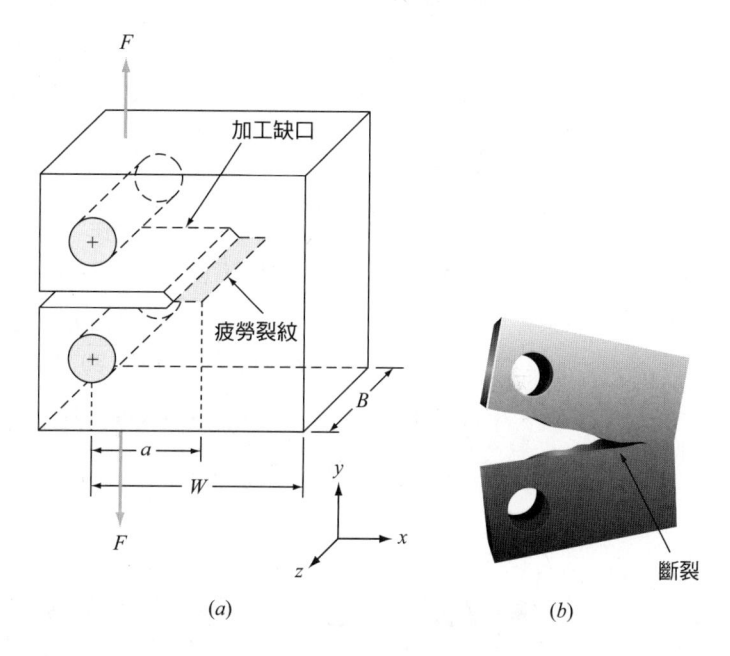

圖 7.13 使用緊密型樣品和平面應變條件進行斷裂韌性試驗。(a) 標本的尺寸；(b) 在疲勞負載下具有延伸裂紋的樣品的示意圖。

表 7.1 所選工程合金的典型斷裂韌性值

材料	K_{IC} MPa$\sqrt{m}$	ksi$\sqrt{in.}$	σ 降伏強度 Mpa	ksi
鋁合金：				
2024-T851	26.4	24	455	66
7075-T651	24.2	22	495	72
7178-T651	23.1	21	570	83
鈦合金：				
Ti-6A1-4V	55	50	1035	150
合金鋼：				
4340(低合金鋼)	60.4	55	1515	220
17-7 pH(析出硬化)	76.9	70	1435	208
350 麻時效鋼	55	50	1550	225

(Source: R.W. Herzberg, *Deformation and Fracture Mechanics of Engineering Materials*, 3rd ed., Wiley, 1989.)

形程度的材料，其 K_{IC} 值較高，並且傾向延性破壞。在設計機械時，破壞韌性的大小可以用來預測具有有限延展性的合金中，當受特定應力作用時 (安全係數也應用於增加安全性) 所允許的缺陷尺寸。例題 7.1 將說明上述的觀念。

■ 例題 7.1

一平板構件的設計可以承受 207 MPa (30 ksi) 的拉伸應力，但若是用鋁合金 2024-T851 當作材料，則此材料能夠承受的最大內部裂紋值為多少？ ($Y = 1$)

解

$$K_{IC} = Y\sigma_f \sqrt{\pi a} \tag{7.2}$$

使用 $Y = 1$，並由表 7.1 可知 $K_{IC} = 26.4 \text{ MPa}\sqrt{\text{m}}$，

$$a = \frac{1}{\pi}\left(\frac{K_{IC}}{\sigma_f}\right)^2 = \frac{1}{\pi}\left(\frac{26.4 \text{ MPa}\sqrt{\text{m}}}{207 \text{ MPa}}\right)^2 = 0.00518 \text{ m} = 5.18 \text{ mm}$$

所以材料可以承受的最大內部裂紋為 $2a = (2)(5.18 \text{ mm}) = 10.36 \text{ mm}$。

■ 7.2　金屬疲勞 Fatigue of Metals

在許多應用中，重複或是循環性承受應力的金屬組件，比只受到單一靜態應力時，會在更低許多的應力下就會產生斷裂，原因就是**疲勞** (fatigue)。這種發生在承受重複或是循環應力作用的失效，稱為**疲勞失效** (fatigue failure)。經常發生疲勞失效的機械組件通常是移動零件，例如軸承、連桿及齒輪等。調查指出，大約有 80 % 的機械組件失效來自於疲勞失效。

圖 7.14 顯示一個鋼質栓槽軸的典型疲勞失效。疲勞失效通常發生在應力聚集點，像是銳角、刻痕 (圖 7.14) 或是在冶金夾雜物或缺陷。一旦成核，裂紋會在重複或循環作用的應力下往組件它處延伸。貝殼或沙灘形的紋路會在此階段出現，如圖 7.14 所示。最後，未受裂紋作用的區域會因為縮得太小，而無法負擔整體負載，導致完全斷裂。因此，表面通常可明顯看出有兩種：(1) 當裂紋傳遞至各處時，開放表面間的摩擦所形成的平滑區域；(2) 當負載過高時，因斷裂所形成之粗糙區域。圖 7.14 中的疲勞裂紋在斷裂發生前，幾乎已穿過整個截面。

材料的**疲勞壽命** (fatigue life) 可用許多方法測試，最常用的小尺度疲勞試驗法是旋轉樑式試驗法 (rotating-beam test) 其中試片會不斷旋轉，並反覆地承受等量

的壓縮及拉伸應力 (圖 7.15)。圖 7.16 示出 R. R. Moore 反覆彎曲疲勞試驗機的示意圖。試片表面仔細拋光並向中心傾斜。利用此試驗機進行試片的疲勞測試時，由於重錘掛載在機器中央，試片中心的下表面承受的是拉伸力，而上表面則是承受壓縮力 (圖 7.15)，如圖 7.17 顯示其放大圖。使用上述試驗所得數據可繪出 SN 曲線圖，S 為破壞應力，N 為施加應力的次數。圖 7.18 為高碳鋼與高強度鋁合金的典型 SN 曲線。對鋁合金而言，施力次數增加時，導致材料失效所需之應力會下降。對高碳鋼而言，當施力次數增加時，疲勞強度會先下降，然後會保持水平，不會再隨循環次數增加而降低。上述的 SN 曲線水平部分稱為疲勞極限 (fatigue limit) 或耐久極限 (endurance limit)。低於耐久極限的應力，樣品壽命被認為是無限的概率為 50％－無論循環次數如何，都不會發生故

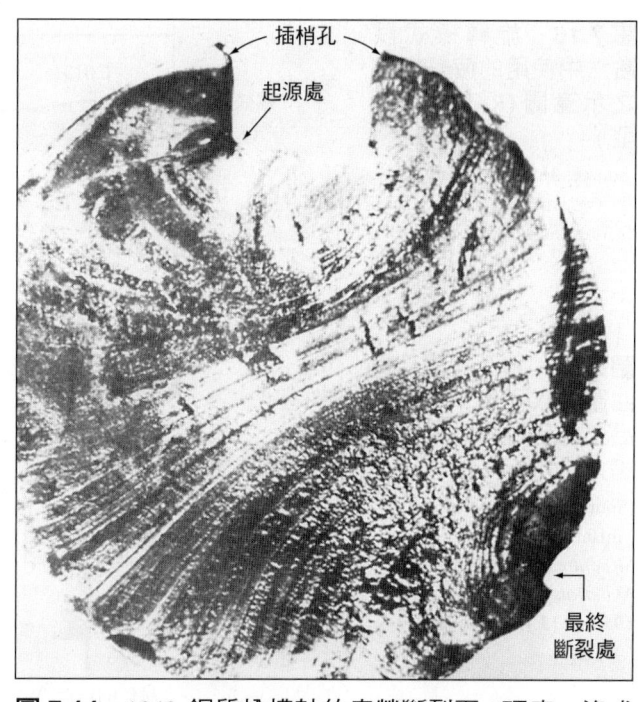

圖 7.14 1040 鋼質栓槽軸的疲勞斷裂面 (硬度～洛式 C 30)。疲勞裂紋從鍵軸左下方角落開始產生，且可看出在最後要斷裂前，裂紋幾乎已穿過整個截面 (放大倍率 $1\frac{7}{8}$ ×)。
(©ASM International)

障。許多鐵系合金的耐久極限大約是其拉伸強度的一半。而像是鋁合金的非鐵系合金並沒有耐久極限，或者在 SN 圖中沒有明顯的平整度，其疲勞強度可低到只有拉伸強度的三分之一。

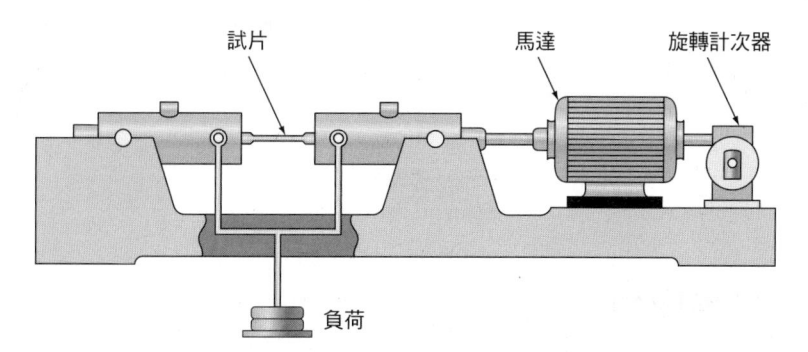

圖 7.15 R. R. Moore 反覆彎曲疲勞試驗機之示意圖。
(Source: H.W. Hayden, W.G. Moffatt, and J. Wulff, *The Structure and Properties of Materials*, vol. III, Wiley, 1965, p. 15.)

圖 7.16 旋轉樑式試驗法中使用的疲勞樣品之示意圖 (R. R. Moore 型)。
(Source: *Manual on Fatigue Testing*, American Society for Testing and Materials, 1949.)

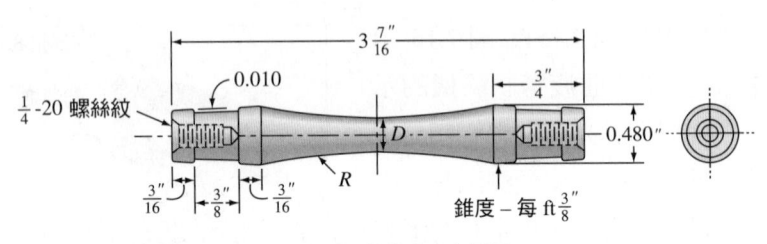

$D = 0.200 \sim 0.400$ in.，依極限拉伸強度來選擇
$R = 3.5 \sim 10$ in.

圖 7.17 放大的樣品彎曲圖，以呈現作用在樣品上的正拉伸力與負壓縮力。
(Source: H.W. Hayden, W.G. Moffatt and J. Wulff, *The Structure and Properties of Materials*, vol. III, Wiley, 1965, p. 13.)

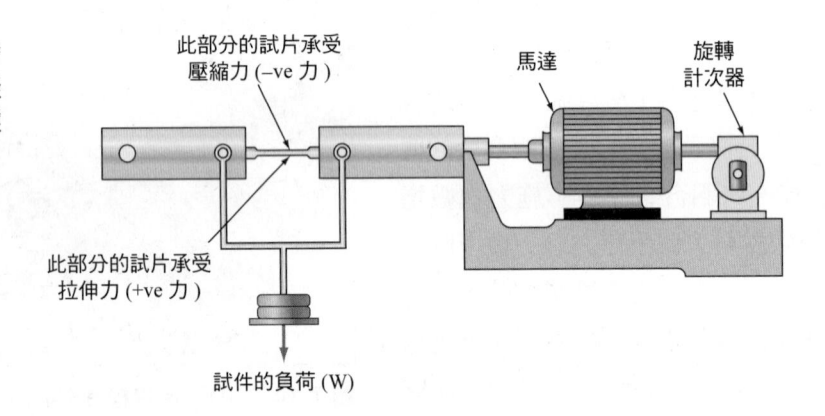

圖 7.18 2014-T6 鋁合金及 1047 中碳鋼的疲勞失效 SN 曲線圖。
(Source: H.W. Hayden, W.G. Moffatt, and J. Wulff, *The Structure and Properties of Materials*, vol. III, Wiley, 1965, p. 15.)

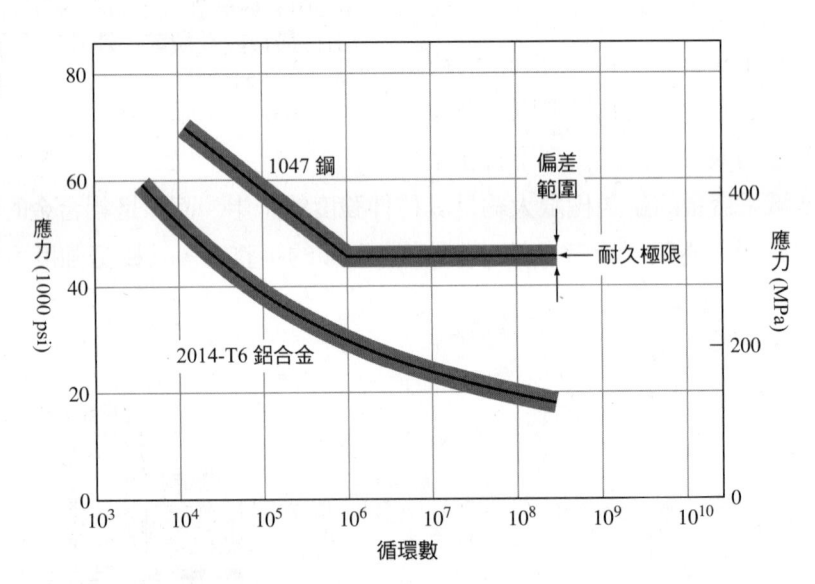

7.2.1 循環應力

　　施加的疲勞應力在現實生活中和實驗室控制的疲勞試驗中可能有很大差異。工業和研究中使用的許多不同類型的疲勞測試方法涉及軸向、扭轉和彎曲應力。圖 7.19 是三種疲勞試驗之疲勞應力和疲勞循環關係圖。圖 7.19a 表現的是

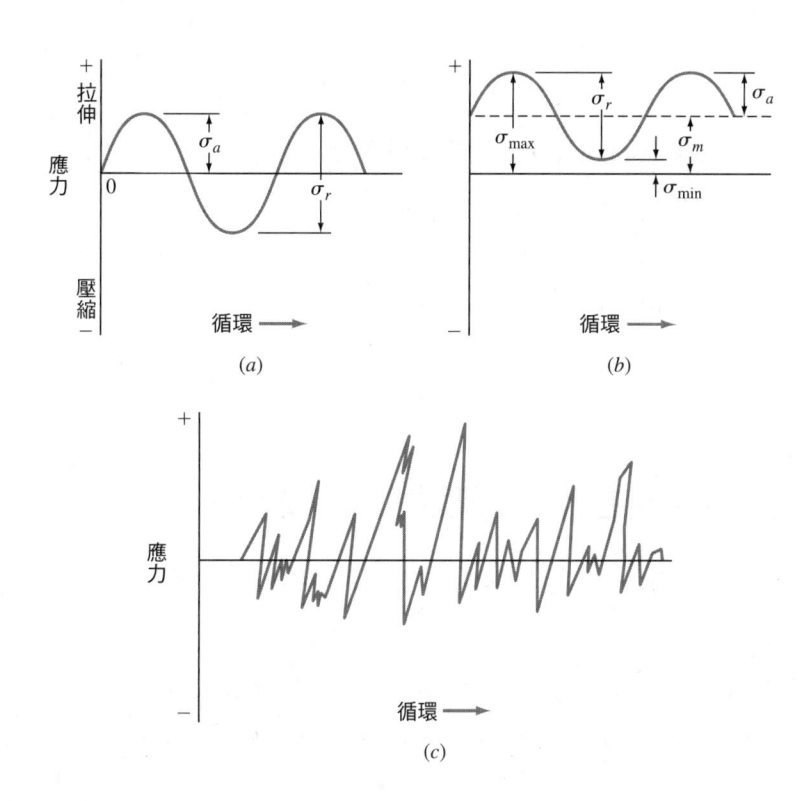

圖 7.19 典型的疲勞應力-循環圖。(a) 完全反覆應力循環；(b) 重複的應力循環，σ_{max} 和 σ_{min} 相等；(c) 隨機應力循環。

(Source: J.A. Rinebolt and W.H. Harris, *Trans. ASM*, 43:1175 (1951)).

正弦(最大應力 σ_{max}= 最小應力 σ_{min} 的負值)形式完全反覆應力循環 (completely reversed stress cycle) 的疲勞應力和疲勞循環關係圖。這些應力形式是在沒有超過負荷的定速旋轉軸試驗的條件下所產生。圖 7.15 的 R. R. Moore 可逆式彎曲疲勞試驗機可以發現類似的應力對應疲勞循環圖。在這個疲勞循環中，最大與最小的應力值會相等。依照定義，正應力值將會被看成拉伸應力，而負應力值會被看成壓縮應力；所以最大應力擁有最高的數值，而最小應力則會有最低的數值。

圖 7.19b 所示為重複應力循環 (repeated stress cycle) 圖，最大應力 σ_{max} 和最小應力 σ_{min} 可以都是正的或是拉伸應力。然而，重複的應力循環也可以具有相反符號的最大和最小應力，或者兩者都是壓縮應力。最後，循環應力的振幅與頻率也可能會有不規律變化，如圖 7.19c 所示。在這種情況下，可能存在一系列不同的應力與週期疲勞圖。

波動應力循環可以利用一些參數來描述。下列是最重要的一些參數：

1. 平均應力 (mean stress, σ_m) 為疲勞循環中最大和最小應力的平均值：

$$\sigma_m = \frac{\sigma_{max} + \sigma_{min}}{2} \tag{7.3}$$

2. 應力範圍 (range of stress, σ_r) 是 σ_{max} 和 σ_{min} 的差：

$$\sigma_r = \sigma_{\max} - \sigma_{\min} \tag{7.4}$$

3. 應力振幅 (stress amplitude, σ_a) 是循環範圍的一半：

$$\sigma_a = \frac{\sigma_r}{2} = \frac{\sigma_{\max} - \sigma_{\min}}{2} \tag{7.5}$$

4. 應力比 (stress ratio, R) 是最小和最大應力的比值：

$$R = \frac{\sigma_{\min}}{\sigma_{\max}} \tag{7.6}$$

7.2.2　延性金屬在疲勞過程中的結構變化

當具有延性的均質金屬材料受到循環應力作用時，在疲勞過程中會發生下面的結構變化：

1. 裂紋起始 (crack initiation)：疲勞破壞發生的初期發展。
2. 滑動帶裂紋成長 (slipband crack growth)：裂紋起始發生是因為塑性變形不是一個完全可逆的過程。塑性變形在一個方向然後又在一個相反方向，導致金屬試片表面出現突起及凹入，稱為滑動帶凸出 (slipband extrusions) 和滑動帶凹入 (slipband intrusions)，並且會使金屬內部沿著永久性滑動帶 (persistent slipbands) 受損 (圖 7.20 與圖 7.21)。在表面的凹凸和沿著永久性滑動帶之損害會使裂紋於表面或接近表面處發生，而且沿高剪應力平面往試片內部傳播；這個情形稱為疲勞裂紋成長的第一階段，此時的裂紋成長速率很低 (約 10^{-10} m/循環)。
3. 高拉伸應力平面之裂紋成長 (crack growth on planes of high tensile stress)：在第一階段，裂紋還未改變傳播方向垂直於最大拉伸應力方向時，在多晶金屬上的成長只有幾個晶粒直徑；在裂紋成長的第二階段，裂紋明顯以較快速率傳播 (μm/ 循環)，而且會在裂紋前進穿過試片的截面時留下疲勞條紋線痕 (圖

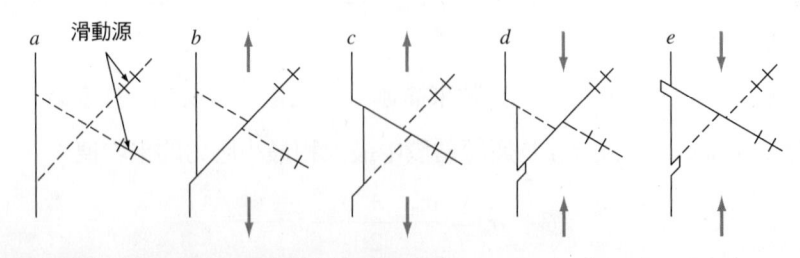

圖 7.20　形成滑帶凸出和凹入的機制。
(Source: A. H. Cottrell and D. Hull, *Proc. R. Soc. London*, 242A: 211–213 (1957).)

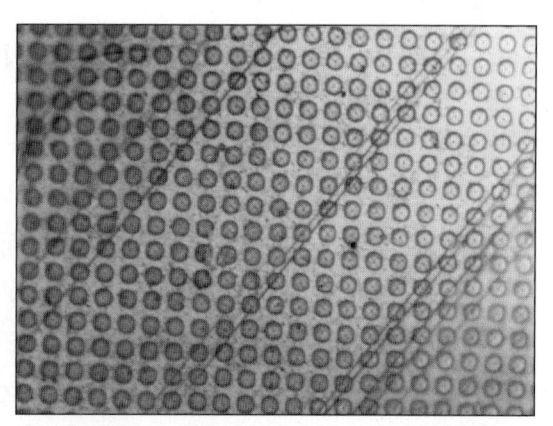

圖 7.21 (a) 銅單晶中的永久性滑動帶；(b) 沉積在表面上的聚合物點在許多情況下被滑動帶 (表面上的暗線) 切成兩半，導致這兩半的聚合物有著相對位移。
(Courtesy of Wendy C. Crone, University of Wisconsin.)

7.14)。這些條紋線痕對於判定疲勞裂紋起源和傳播方向之疲勞破壞分析來說是非常重要的。

4. 最後延性失效 (ultimate ductile failure)：最後，當裂紋穿過大部分的截面，讓剩下金屬的截面無法承受負荷時，試片會因延性失效而斷裂。

7.2.3 影響金屬疲勞強度的主要原因

金屬或合金材料的疲勞強度除了受本身化學成分的影響之外，還有幾個比較重要的影響因素：

1. 應力密集度：在應力提升處，像是缺口、孔洞、扁形鑰匙孔或截面積驟變，疲勞強度會大幅下降。例如，圖 7.14 中的疲勞破壞是從鋼軸承的插梢孔開始。避免應力提升的小心設計可以讓疲勞破壞最小化。
2. 表面粗糙度：一般來說，金屬樣品表面愈平滑，疲勞強度愈高。粗糙表面會產生應力提升處，加速了疲勞裂紋的形成。
3. 表面處理：由於大多數疲勞失效源自於金屬表面，因此任何表面狀況的重大變化都會影響金屬的疲勞強度。例如，鋼的表面硬化處理，例如滲碳和氮化，使表面硬化，增加疲勞壽命。另一方面，脫碳會使經過熱處理的鋼表面軟化，從而降低疲勞壽命。在金屬表面上引入有利的壓縮殘餘應力圖案也增加了疲勞壽命。
4. 環境：如果金屬在腐蝕性環境受到循環應力，化學侵蝕會大幅增加疲勞裂紋的傳播速率。腐蝕侵蝕及循環應力的結合稱為腐蝕疲勞 (corrosion fatigue)。

7.3 疲勞裂紋的擴展速率 Fatigue Crack Propagation Rate

對於高週期疲勞 (即疲勞壽命大於 $10^4 \sim 10^5$ 次循環) 的金屬和合金的大多數疲勞數據，一直關注在特定週期中引起失效所需的標稱應力，即 *SN* 曲線，例如那些如圖 7.18 中所示的曲線。然而，這些測試通常都使用光滑或缺口的試樣，因此難以區分疲勞裂紋形成壽命和疲勞裂紋傳播壽命。因此，一些測試方法已經開發出來，以測量與材料中預先存在的缺陷相關的疲勞壽命。

在材料組件中預先存在的缺陷或裂縫可以減少或消除材料組件疲勞壽命中的裂紋形成部分。因此，具有預先存在的缺陷的材料組件的疲勞壽命可能比沒有缺陷的材料組件的壽命短得多。在本節中，我們將利用斷裂力學方法來建立一種關係，以預測在應力狀態條件下 (由於循環疲勞作用引起) 與具有預先存在缺陷的材料之疲勞壽命。

對於含有已知長度的預先存在裂縫的緻密型金屬樣品，一種用於測量它的裂紋擴展速率的高週期疲勞試驗裝置如圖 7.22 所示。在該裝置中，會在垂直方向上產生循環疲勞動作，並且透過由疲勞動作進一步打開和延伸的裂縫所產生的電位變化來測量裂縫長度。

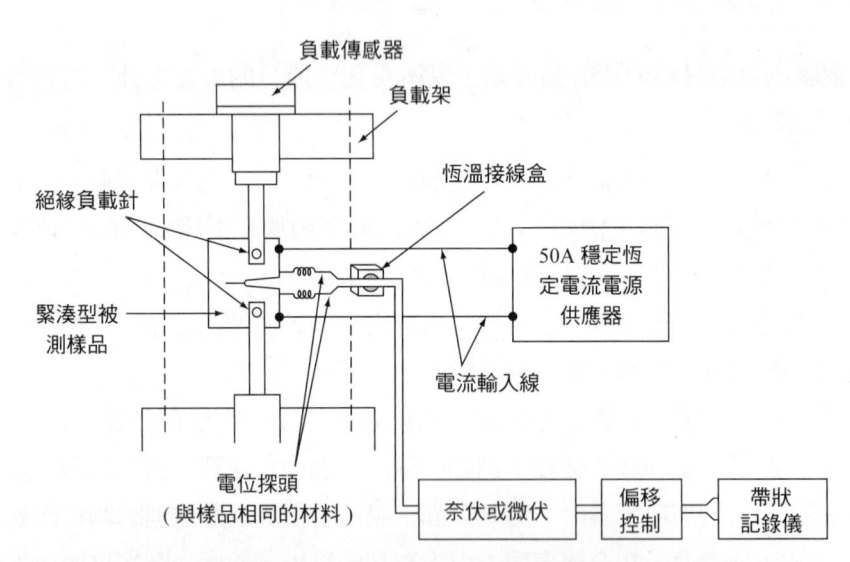

圖 7.22 用於緻密測試樣品的高週期疲勞測試的直流電位裂縫監測系統的示意圖。

(Source: *Metals Handbook*, vol. 8, 9th ed., American Society for Metals, 1985, p. 388.)

7.3.1 疲勞裂紋擴展與應力和裂紋長度的關係

現在讓我們定性地考慮使用從如圖 7.22 所示的實驗裝置所獲得的數據，來解釋疲勞裂紋長度如何隨著施加的循環應力的增加而變化。讓我們使用幾個由同一材料製成的測試樣品，每種材料的側面都有裂縫，如圖 7.23a 所示。現在讓我們對樣品施加恆定振幅的循環應力，並測量裂紋長度的增加與所施加的應力循環次數的關係。圖 7.23b 定性地顯示了對於特定材料 (如低碳鋼) 在兩種應力下的裂紋長度與應力循環次數之關係曲線。

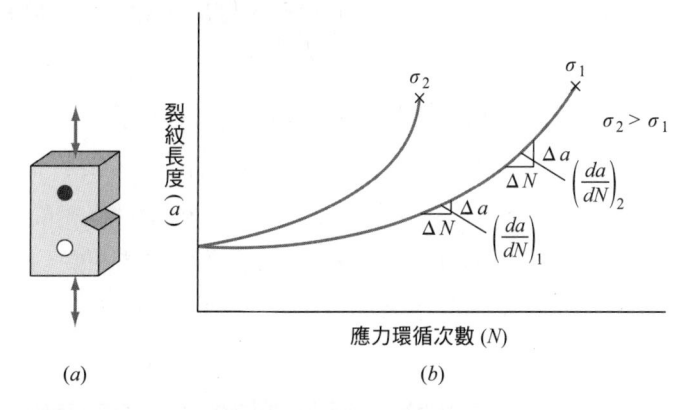

圖 7.23　(a) 在循環應力下具有邊緣裂紋的薄板樣品；(b) 裂紋長度與應力循環次數的關係圖，應力為 σ_1 和 $\sigma_2 (\sigma_2 > \sigma_1)$。
(Source: H.W. Hayden, W.G. Moffatt, and J. Wulff, *The Structure and Properties of Materials*, vol. III, Wiley, 1965, p. 15.)

檢視圖 7.23b 的曲線，它們指出了下面幾點：

1. 當裂紋長度小時，疲勞裂紋擴展速率 (fatigue crack growth rate, da/dN) 也相對較小。
2. 裂紋擴展速率 da/dN 隨裂紋長度的增加而增加。
3. 循環應力 σ 的增加會增加裂紋擴展速率。

因此，如圖 7.23b 所示的材料在循環應力下之裂紋擴展速率，表明了以下關係：

$$\frac{da}{dN} \propto f(\sigma, a) \tag{7.7}$$

此式讀作「疲勞裂紋擴展速率 da/dN 隨施加的循環應力 σ 和裂紋長度 a 的變化而變化。」經過大量研究，已經證明對於許多材料而言，疲勞裂紋擴展速率是斷裂力學的應力 - 強度因子 K (模式 I) 的函數，其本身是應力和裂紋長度的組合。對於許多工程合金，疲勞裂紋擴展速率可以表示為微分 da/dN，且通過下式與恆定振幅疲勞應力的應力 - 強度範圍 ΔK 相關聯

$$\frac{da}{dN} = A \Delta K^m \tag{7.8}$$

其中 da/dN = 疲勞裂紋擴展速率，單位是 mm/ 循環或 in./ 循環

ΔK = 應力-強度因子範圍($\Delta K = K_{max} - K_{min}$)，$MPa\sqrt{m}$ 或 $ksi\sqrt{in}$.

A, m = 與材料、環境、頻率、溫度和應力比有關的常數

請注意，7.8 式中我們使用應力-強度因子 K_I（模式 I）而不是斷裂韌性值 K_{IC}。因此，在最大循環應力下，應力-強度因子 $K_{max} = \sigma_{max}\sqrt{\pi a}$，並且在最小循環應力下 $\Delta K_{min} = \sigma_{min}\sqrt{\pi a}$。對於應力-強度因子的範圍，$\Delta K(range) = K_{max} - K_{min} = \Delta K = \sigma_{max}\sqrt{\pi a} - \sigma_{min}\sqrt{\pi a} = \sigma_{range}\sqrt{\pi a}$。由於沒有為了壓應力來定義應力強度因子，如果 σ_{min} 處於壓縮狀態，則 K_{min} 被指定為零值。如果 $\Delta K = \sigma_r\sqrt{\pi a}$ 方程有 Y 幾何校正因子，則 $\Delta K = Y\sigma_r\sqrt{\pi a}$。

7.3.2　疲勞裂紋擴展速率與應力-強度因子範圍圖

通常，疲勞裂紋長度對應力-強度因子範圍的數據會繪製為 log da/dN 對對數應力-強度因子範圍 ΔK。要將這些數據繪製為對數-對數圖，是因為在大多數情況下可以獲得直線或接近直線圖。會得到直線圖的基本原因是 da/dN 與 ΔK 數據緊密地遵循 $da/dN = A\Delta K^m$ 關係，因此如果該等式的兩邊取對數，則我們獲得

$$\log \frac{da}{dN} = \log(A\Delta K^m) \tag{7.9}$$

或

$$\log \frac{da}{dN} = m \log \Delta K + \log A \tag{7.10}$$

這是 $y = mx + b$ 形式的直線方程。因此，$\log(da/dN)$ 對 $\log \Delta K$ 的曲線產生具有 m 斜率的直線。

圖 7.24 顯示了 ASTM A533 B1 鋼的疲勞試驗的對數裂紋擴展速率與對數應力-強度因子範圍的關係圖。該圖分為三個區域：疲勞裂紋擴展速度非常慢的區域 1，區域 2 中的曲線是由 $da/dn = A\Delta K^m$ 代表的直線，而區域 3 中發生快速不穩定的裂紋擴展，接近樣品的失效。沒有可測量得到的裂紋增長之 ΔK 極限值被稱為應力-強度因子範圍閾值 ΔK_{th} (stress-intensity factor range threshold)。在此應力強度範圍以下不應發生裂紋擴展。區域 2 中疲勞裂紋擴展 da/dN 的 m 值通常在約 2.5～6 之間變化。

7.3.3　疲勞壽命計算

有時在使用特定材料設計新的工程零件時，會希望獲得有關零件疲勞壽命的資料。在許多情況下，這可以通過將斷裂韌性數據與疲勞裂紋擴展數據相結合，

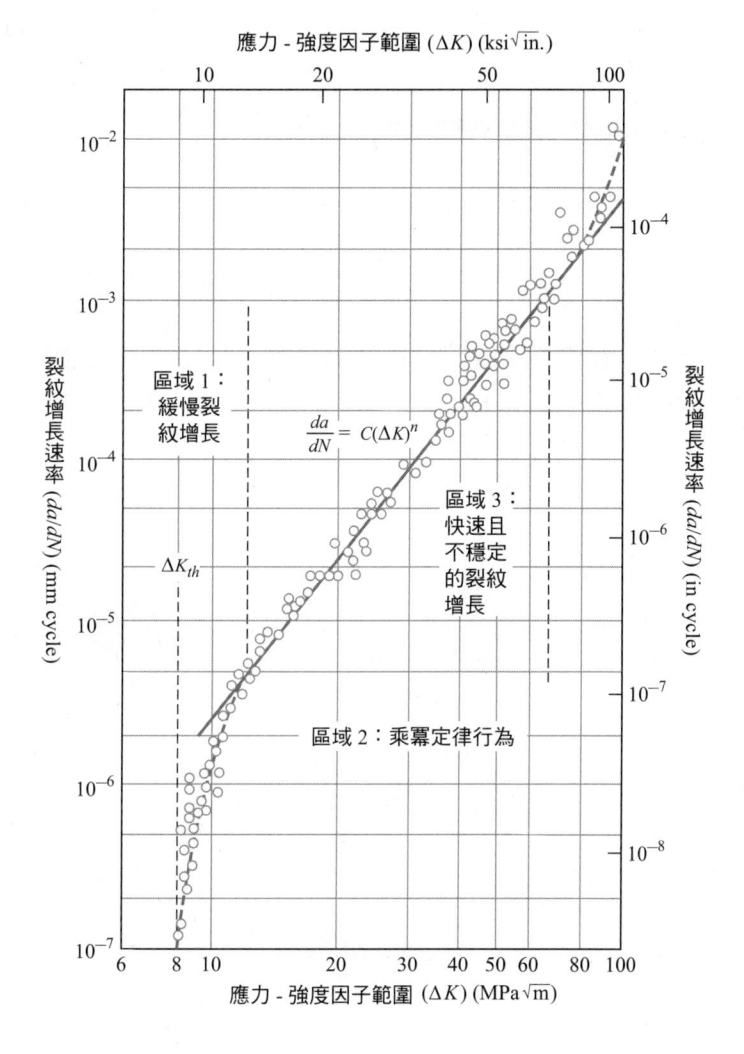

圖 7.24 ASTM A533 B1 鋼的疲勞裂紋擴展行為 (屈服強度 470 MPa [70 ksi])。試驗條件：$R = 0.10$；環境室內空氣，24°C。
(Source: *Manual on Fatigue Testing*, American Society for Testing and Materials, 1949.)

來產生可用於預測疲勞壽命的方程式。

可以透過積分 (7.8) 式，$da/dN = A\Delta K^m$，來開發一種用於計算疲勞壽命的方程式。該方程式用於初始裂紋 (缺陷) 尺寸 a_0 和臨界裂紋 (缺陷) 尺寸 a_f 之間。其中 a_f 是在失效循環次數 N_f 之後在疲勞失效時產生。

我們從 (7.8) 式開始：

$$\frac{da}{dN} = A\Delta K^m \tag{7.11}$$

因

$$\Delta K = Y\sigma\sqrt{\pi a} = Y\sigma\pi^{1/2}a^{1/2} \tag{7.12}$$

遵循著

$$\Delta K^m = Y^m \sigma^m \pi^{m/2} a^{m/2} \tag{7.13}$$

用 (7.13) 式的 $Y^m \sigma^m \pi^{m/2} a^{m/2}$ 代替 (7.11) 式的 ΔK^m，得到了

$$\frac{da}{dN} = A(Y\sigma\sqrt{\pi a})^m = A(Y^m \sigma^m \pi^{m/2} a^{m/2}) \tag{7.14}$$

重新排列 (7.14) 式，我們將裂縫尺寸從初始裂縫尺寸 a_o 到破壞後的最終裂縫尺寸，以及從零到疲勞破壞數 N_f 的疲勞循環次數進行整合。因此得到，

$$\int_{a_v}^{a_f} da = AY^m \sigma^m \pi^{m/2} \cdot a^{m/2} \int_0^{N_f} dN \tag{7.15}$$

和

$$\int_0^{N_f} dN = \int_{a_v}^{a_f} \frac{da}{A\sigma^m \pi^{m/2} Y^m a^{m/2}} = \frac{1}{A\sigma^m \pi^{m/2} Y^m} \int_{a_v}^{a_f} \frac{da}{a^{m/2}} \tag{7.16}$$

使用下述關係

$$\int a^n da = \frac{a^{n+1}}{n+1} + c \tag{7.17}$$

我們更整合了 (7.16) 式，

$$\int_0^{N_f} dN = N \Big|_0^{N_f} = N_f \tag{7.18a}$$

讓 $n = -m/2$，

$$\frac{1}{A\sigma^m \pi^{m/2} Y^m} \int_{a_v}^{a_f} \frac{da}{a^{m/2}} = \frac{1}{A\sigma^m \pi^{m/2} Y^m} \left(\frac{a^{-(m/2)+1}}{-m/2+1} \right) \Big|_{a_0}^{a_f} \tag{7.18b}$$

因此，

$$N_f = \frac{a_f^{-(m/2)+1} - a_0^{-(m/2)+1}}{A\sigma^m \pi^{m/2} Y^m [-(m/2)+1]} \quad m \neq 2 \tag{7.19}$$

(7.19) 式假設 $m \neq 2$ 且 Y 與裂紋長度無關，但通常情況並非如此。因此，(7.19) 式可能是或可能不是零件疲勞壽命的真實值。對於更一般的情況，$Y = f(a)$，N_f 的計算必須考慮 Y 的變化，因此必須針對小的連續長度量來計算 ΔK 和 ΔN。

■ 例題 7.2

合金鋼板受到大小為 120 和 30 MPa 的恆定振幅單軸疲勞循環拉伸和壓縮應力。此鋼板的靜態特性有降伏強度為 1400 MPa，破壞韌性 K_{IC} 為 45 Mpa$\sqrt{m}$。如果鋼板包含均勻的邊緣裂縫 1.00 mm，估計有多少疲勞週期會導致斷裂？使用等式 da/dN (m/cycle) = $2.0 \times 10^{-12} \Delta K^3$ (MPa$\sqrt{m}$)^3。假設斷裂韌性方程式中 $Y = 1$。

解

我們將假設鋼板具有特性

$$\frac{da}{dN} \text{(m/cycle)} = 2.0 \times 10^{-12} \Delta K^3 \left(\text{MPa}\sqrt{m}\right)^3$$

因此，$A = 2.0 \times 10^{-12}$，$m = 3$，$\sigma_r = (120 - 0)$ MPa（因為忽略了壓縮應力），並且 $Y = 1$。

初始裂縫尺寸 a_o 等於 1.00 mm。最終裂縫尺寸 a_f 可以由斷裂韌性方程確定

$$a_f = \frac{1}{\pi}\left(\frac{K_{IC}}{\sigma_r}\right)^2 = \frac{1}{\pi}\left(\frac{45 \text{ MPa}\sqrt{m}}{120 \text{ MPa}}\right)^2 = 0.0449 \text{ m}$$

循環中的疲勞壽命 N_f 可由方程式 (7.19) 確定。

$$N_f = \frac{a_f^{-(m/2)+1} - a_0^{-(m/2)+1}}{[-(m/2)+1]A\sigma^m \pi^{m/2} Y^m} \quad m \neq 2$$

$$= \frac{(0.0449 \text{ m})^{-(3/2)+1} - (0.001 \text{ m})^{-(3/2)+1}}{(-\frac{3}{2}+1)(2.0 \times 10^{-12})(120 \text{ MPa})^3 (\pi)^{3/2}(1.00)^3}$$

$$= \frac{-2}{(2 \times 10^{-12})(\pi^{3/2})(120)^3}\left(\frac{1}{\sqrt{0.0449}} - \frac{1}{\sqrt{0.001}}\right)$$

$$= \frac{-2 \times 26.88}{(2 \times 10^{-12})(5.56)(1.20)^3(10)^6} = 2.79 \times 10^6 \text{ 次循環} \blacktriangleleft$$

■ 7.4 金屬的潛變與應力斷裂 Creep and Stress Rupture of Metals

7.4.1 金屬的潛變

金屬或合金在承受固定負載或應力時，可能會逐漸發生塑性變形。這種隨時間演進所發生的應變 (time-dependent strain) 稱為**潛變** (creep)。金屬和合金的潛變性質對一些工程設計來說非常重要，特別是在高溫作業的環境下。例如，工程師在選擇氣渦輪機渦輪葉片的材料時，一定要選擇**潛變速率** (creep rate) 低的合金，

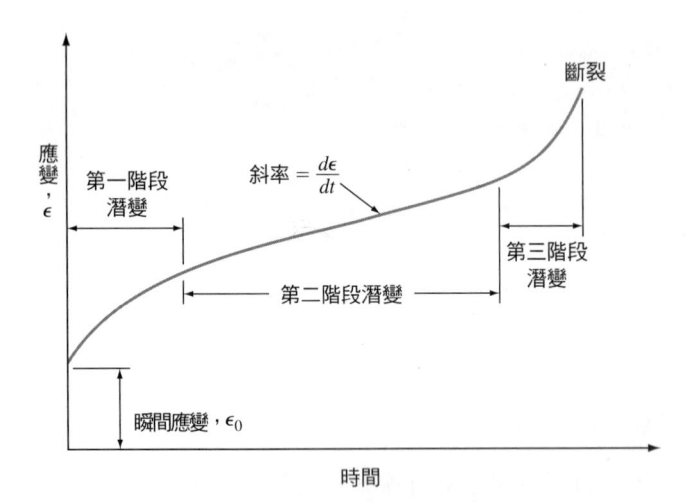

圖 7.25 金屬典型的潛變曲線。曲線代表金屬或合金在固定負載和固定溫度下的時間和應變行為。第二階段的潛變 (線性潛變) 是設計工程師最感興趣的，因為在此情況下會有大量潛變發生。

以便葉片在達到可容許的最大應變而須被更換前，可用的時間夠長。很多與高溫作業環境相關的工程設計，可容忍的最高環境溫度取決於材料的潛變性質。

我們先來看純多晶金屬在其絕對熔點溫度的一半 ($\frac{1}{2}T_M$) 以上溫度時的潛變 (高溫潛變)。還有一個潛變實驗，在其中退火拉伸樣品被施加可以產生潛變變形的固定負載。將樣品長度的變化與時間演進繪成圖，就可以得到如圖 7.25 的潛變曲線 (creep curve)。

在圖 7.25 的理想潛變曲線中，首先樣品 ϵ_0 會發生一段瞬間且快速的伸長。接著，樣品就開始進行第一階段的潛變，在其中，應變速率會隨時間增加而降低。潛變曲線的斜率 ($d\epsilon/dt$ 或 $\dot{\epsilon}$) 稱為潛變速率 (creep rate)。潛變在第一階段時，潛變速率會隨時間增加而逐漸降低。之後在第二階段，潛變速率將會保持固定，因此此階段也稱為穩態潛變 (steady-state creep)。最後在第三階段，潛變速率會隨時間快速增加，直到斷裂應變為止。負載 (應力) 和溫度大幅影響潛變曲線形狀。高的應力及溫度會使潛變速率增高。

在第一階段潛變時，金屬的應變硬化會支撐所施加的負載，而隨著進一步的應變硬化逐漸困難，潛變速率會隨時間而下降。在較高溫度的 (約高於金屬的 0.5 T_M) 的第二階段潛變期間，高移動性差排的回復過程會抵銷應變硬化，使金屬能繼續以穩定速度伸長 (潛變)(圖 7.25)。第二階段的潛變曲線斜率 ($d\epsilon/dt = \dot{\epsilon}$) 稱為最低潛變速率 (minimum creep rate)。在第二階段期間，金屬及合金的潛變阻抗 (creep resistance) 達到最高。最後，在負載固定的情況下，樣品會出現頸縮並形成孔洞 (特別是沿著晶界形成的孔洞)，使得第三階段的潛變速率增加。圖 7.26 顯示了經歷過潛變失效的 304L 不鏽鋼的晶粒間裂紋。

在低溫 (即低於 $0.4T_M$) 及低應力下，由於溫度太低使擴散回復潛變無法發生，金屬潛變只會出現第一階段，而第二階段很微小可以忽略不計。不過，若金屬承受的應力比極限拉伸強度高，金屬就會被延伸拉長 (和一般拉伸試驗相同)。一般來說，當潛變中的金屬所承受的應力與溫度都提高，潛變速率也會跟著提高 (圖 7.27)。

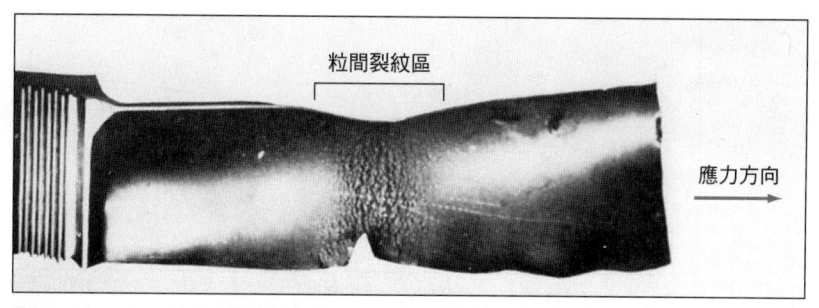

圖 7.26 噴射引擎渦輪葉片經歷了潛變變形，造成了局部變形和晶粒間裂紋增加。
(©ASM International)

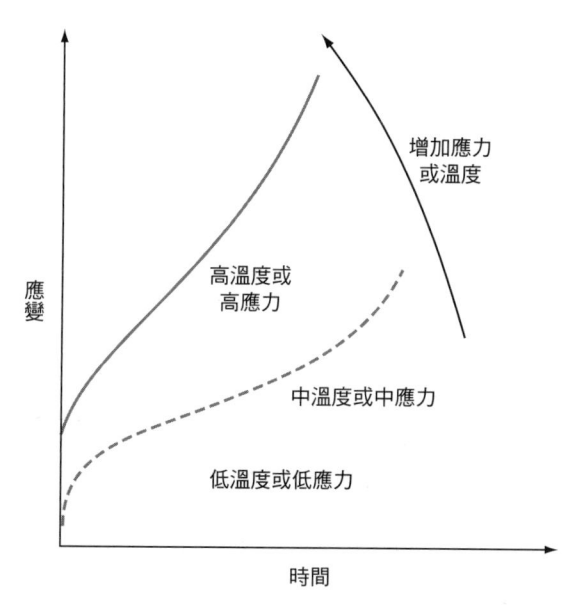

圖 7.27 應力的增加對金屬潛變曲線形狀之影響。注意到應力增加時，應變速率也會增加。

7.4.2 潛變試驗

　　利用潛變試驗可以知道溫度與應力對潛變速率的影響。多數潛變試驗可能是在溫度固定、應力改變，或是應力固定、溫度改變下執行，潛變曲線如圖 7.28 所示。潛變曲線第二階段之最低潛變速率或斜率，都可以從曲線上直接量測，如圖 7.28 所示。在已知溫度之下，能產生最小潛變速率 10^{-5} %/h 的應力，是常見的潛變強度標準。在圖 7.29 中，能夠使 316 不鏽鋼產生最小潛變速率 10^{-5} %/h 的應力可由外插法得到。

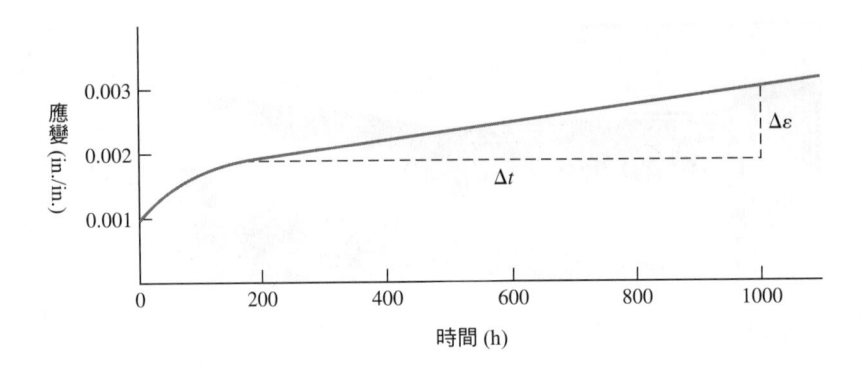

圖 7.28 在 225°C 和 230 MPa (33.4ksi) 下測試的銅合金的潛變曲線。曲線的線性部分的斜率是穩態潛變速率。
(Source: A.H. Cottrell and D. Hull, *Proc. R. Soc. London*, 242A: 211–213 (1957).)

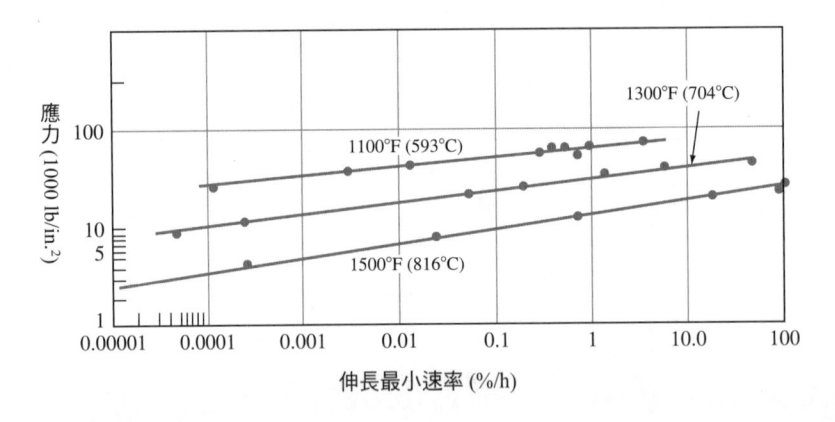

圖 7.29 在不同溫度 (1100°F、1300°F、1500°F [593°C、704°C、816°C] 下，應力對 316 不鏽鋼 (18% Cr-12% Ni-2.5% Mo) 的潛變速率之影響)。
(Source: H.E. McGannon [ed.], *The Making, Shaping, and Treating of Steel*, 9th ed., United States Steel, 1971, p. 1256)

■ 例題 7.3

計算圖 7.28 的銅合金潛變曲線之穩態潛變速率。

解

圖 7.28 的銅合金潛變曲線之穩態潛變速率，也就是圖中曲線線性部分的斜率：

$$\text{潛變速率} = \frac{\Delta \epsilon}{\Delta t} = \frac{0.0029 - 0.0019}{1000\ \text{h} - 200\ \text{h}} = \frac{0.001\ \text{in./in.}}{800\ \text{h}} = 1.2 \times 10^{-6}\ \text{in./in./h} \blacktriangleleft$$

7.4.3 潛變斷裂試驗

潛變斷裂 (creep-rupture) 或**應力斷裂** (stress-rupture) 的試驗和潛變試驗的原則一樣，除了它的負載較高，以及試驗必須進行至試片失效之外。潛變斷裂之數據可用 log 應力與 log 斷裂時間之關係畫出，如圖 7.30 所示。通常產生應力斷裂所需要的時間會隨著外加應力及溫度的增高而降低。圖 7.30 的曲線斜率改變，是由再結晶、氧化、腐蝕或相變化等因素所引起。

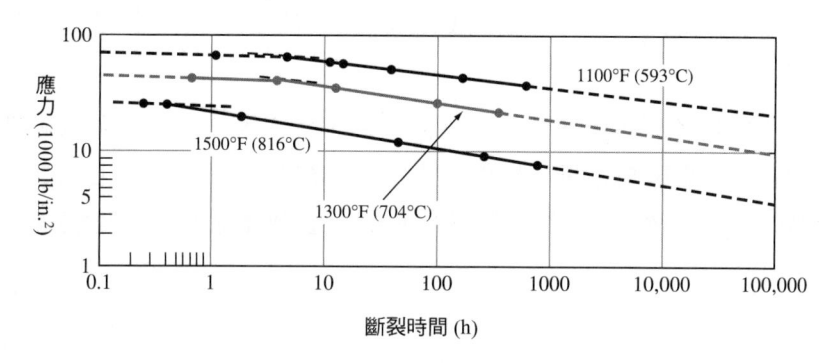

圖 7.30 在不同溫度下 (1100°F、1300°F、1500°F [593°C、704°C、816°C])，應力對 316 型不鏽鋼 (18% Cr–12% Ni–2.5% Mo) 斷裂時間的影響。
(Source: *Metals Handbook*, vol. 8, 9th ed., American Society for Metals, 1985, p. 388)

■ 7.5 利用拉 - 米氏參數表示潛變斷裂和應力斷裂時間 - 溫度數據的圖形表示法
Graphical representation of creep-and stress-rupture time-temperature data using the Larsen-Miller parameter

高溫抗潛變合金的潛變應力破裂數據通常會繪製為對數的破裂應力與對數的破裂時間和溫度的組合。用於呈現此類數據的最常見的時間 - 溫度參數之一是**拉 - 米氏參數** [Larsen-Miller (L.M.) parameter]，其通用形式是

$$P(\text{L.M.}) = T[\log t_r + C] \tag{7.20}$$

其中 T = 溫度，K 或 °R

t_r = 應力破裂時間，h

C = 常數，通常在 20 左右

以絕對溫度 - 小時描述的話，L.M. 參數方程式變為

$$P(\text{L.M.}) = [T(°C) + 273][(20 + \log t_r)] \tag{7.21}$$

就 Rankine- 小時描述的話，等式變為

$$P(\text{L.M.}) = [T(°F) + 460][(20 + \log t_r)] \tag{7.22}$$

根據 L.M. 參數，在給定的應力水平下，對數的應力破裂時間加上一個常數 (大約 20 的數量級)，再乘以絕對溫度或 Rankine 的度數，這個值對於給定的材料來說是恆定的。

圖 7.31 比較了三種熱處理過、耐高溫的、抗潛變的合金之對數破裂應力的 L.M. 參數圖。如果破裂時間、溫度和應力三個變量中的兩個變量已知，那麼符合 L.M. 參數的第三個變量可以從對數應力與 L.M. 參數曲線確定，如實施例題 7.4 所示。

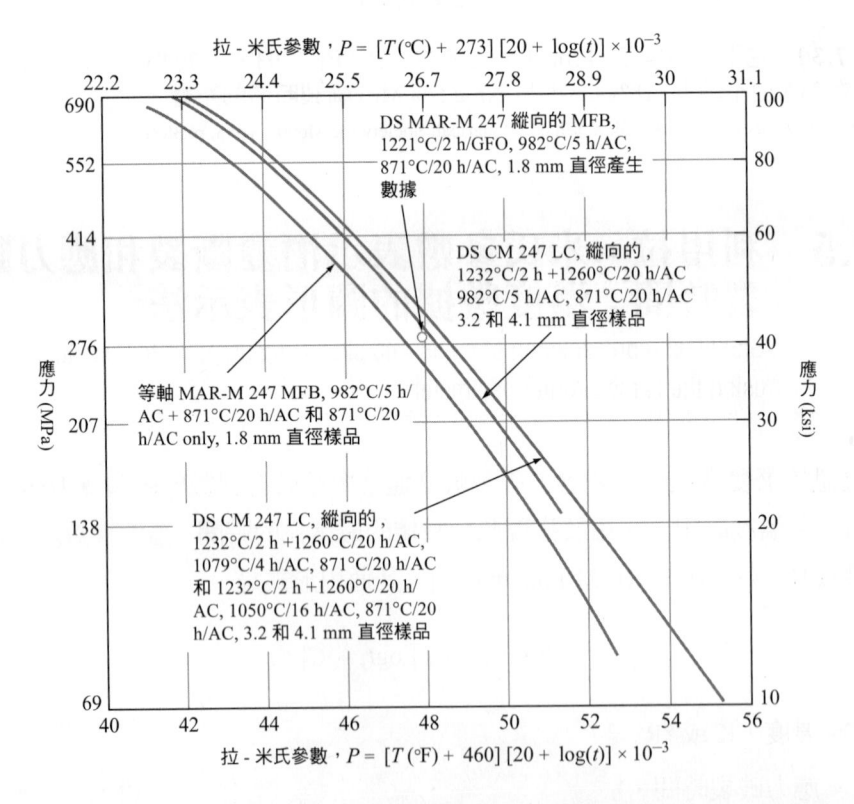

圖 7.31 定向凝固 (DS)CM 247 LC 合金與 DS 和等軸 MAR-M 247 合金之 Larsen-Miller 應力 - 斷裂強度。MFB：由刀片加工而成；GFQ：風扇淬火；AC：風冷。
(Source: *Metals Handbook*, vol. 1, 10th ed., ASM International, 1990, p. 998.)

■ 例題 7.4

使用圖 7.31 的 L.M. 參數圖，在 207 MPa (30 ksi) 的應力下，得到定向凝固合金 CM 247(最上面的圖)在 980°C 下的應力斷裂時間。

解

從圖 7.31 中，在 207 MPa 的應力下，L.M. 參數的值為 27.8×10^3 K·h。因此，

$$P = T(K)(20 + \log t_r) \qquad T = 980°C + 273 = 1253 \text{ K}$$
$$27.8 \times 10^3 = 1253(20 + \log t_r)$$
$$\log t_r = 22.19 - 20 = 2.19$$
$$t_r = 155 \text{ h} \blacktriangleleft$$

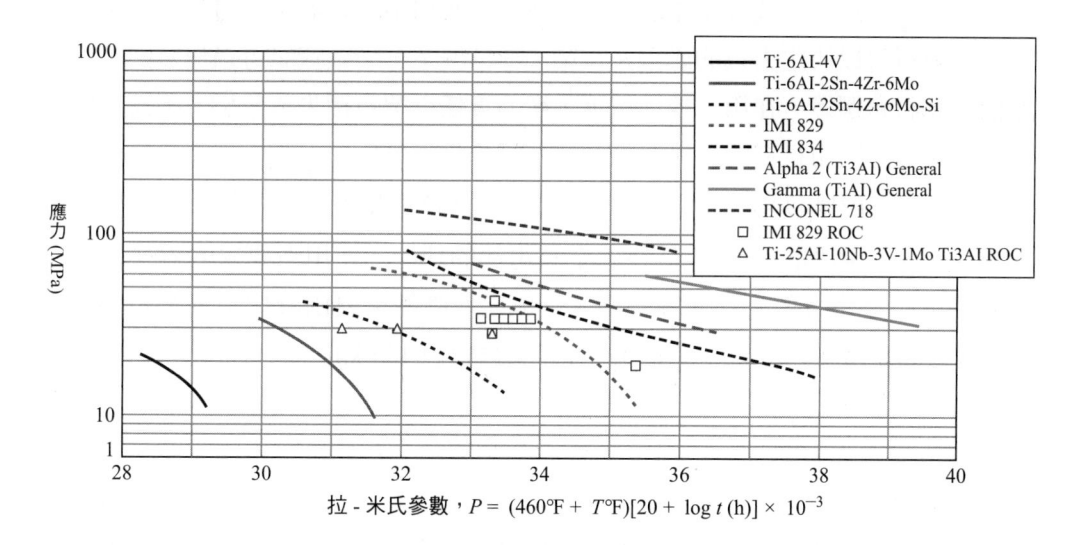

Larsen-Miller 的參數圖，在不同時間和溫度下，通過可變應力產生的潛變應變量(例如 0.2％)，也可用於比較材料的高溫潛變性能，如圖 7.32 所示用於各種鈦合金的曲線。例題 7.5 顯示了如何使用對數應力與 L.M. 參數圖來確定應力時間、潛變時間和潛變溫度。

圖 7.32 Larsen-Miller 圖表顯示在 0.2％應變下，將 ROC、IM Ti-829 和 ROC Ti-25-10-3-1 與幾種商業上重要的 α 和 β 合金進行比較。ROC：快速全方位壓實。
(Source: P. C. Paris et al., *Stress Analysis and Growth of Cracks*, STP513 ASTM, Philadelphia, 1972, pp. 141–176.)

例題 7.5

使用圖 7.32 計算在 1200°F 時與在 40 ksi 的應力下時，在 γ 鋁化鈦 (TiAl) 中產生 0.2% 潛變應變的時間。

解

對於這些條件，由圖 7.32 得知，$P = 38,000$。因此，

$$P = 38,000 = (1200 + 460)(\log t_{0.2\%} + 20)$$
$$22.89 = 20 + \log t$$
$$\log t = 2.89$$
$$t = 776 \text{ h} \blacktriangleleft$$

7.6 金屬零件失效案例研究
A Case Study in Failure of Metallic Components

因為材料缺陷、設計不良和材料誤用等原因，皆會使金屬元件因為破壞疲勞和潛變而失效。在某些情況下，這些失效在製造商進行原型試驗時即會發生；在其他情況下，這些失效直到產品已銷售或正在使用中才會發生。這兩種情況都說明失效分析可以決定失效的成因。在第一種情況下，失效資訊可以作為回饋以改進設計和材料選擇。在第二種情況下，產品責任必須包括失效分析。不論是何種情況，工程師利用材料的機械行為知識進行分析。分析這件事本身就是需要討論的程序，需要證據的文件化和保存。以下的案例研究提供一個例子。

失效分析過程的第一步是要確定該組件的功能、使用者要求的規格以及在什麼情況下發生失效。在此案例中，一風扇傳動軸需要由降伏強度 586 MPa 的冷軋 1040 或 1045 鋼來製作。此軸的預期壽命為 6440 km，然而，此軸在僅服務 3600 km 之後即破壞，如圖 7.33 所示。

調查通常從肉眼檢查已破壞的組成部分開始。在初步目視檢查時，必須小心保護破壞表面，避免受到任何額外的損害。切勿試圖配對破壞表面，因為這可能會引起表面的淺層損壞，而影響未來的分析。在風扇傳動軸的案例中，調查顯示，破壞由兩個點開始，位於內圓角(即有突然改變軸直徑之區域)附近。這兩個起始點相差 180 度，如圖 7.34 所示。根據對表面的目視分析，研究人員確定破壞傳播是先從兩個起始點開始直到軸的中心，也就是最後發生激烈破壞之處。由

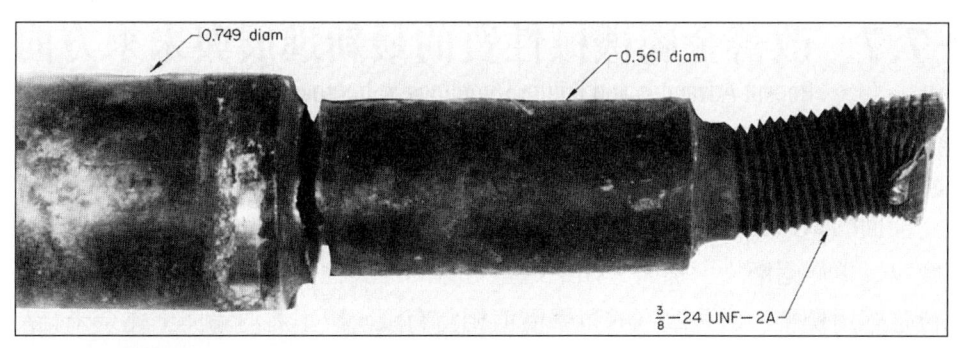

圖 7.33 風扇軸過早失效 (尺寸以吋為單位)。
(©ASM International)

於這兩個點的對稱性和表面上的海灘痕跡，研究人員表示此破壞為典型的反覆彎曲疲勞。造成此破壞是因為週期性交替循環彎曲和銳角的內圓角半徑 (應力增加) 所致。

在目視檢查和所有非破壞性的檢查完成之後，可以執行其他更深入、甚至是破壞性的測試。例如，將軸材料進行化學分析，顯示它是使用 1040 鋼，如使用者實際上所要求的。研究人員也可以利用已破壞的中心軸在機器上進行拉伸試驗。拉伸試驗結果顯示，此金屬的拉伸強度和降伏強度是 631 和 369 MPa，而破壞的伸長率為 27%。軸材料的降伏強度 (369 MPa) 大幅低於使用者要求的強度 (586 MPa)。隨後的金相分析顯示，材料結構多數為等軸化的晶粒。回想前第 6 章所述，冷加工會增加降伏強度、降低延性，並產生一

圖 7.34 斷裂表面顯示了裂縫起源的對稱位置。注意裂縫最終發生的中心區域。
(©ASM International)

個非等軸但會拉長的晶粒結構。較低的降伏強度、較高的延性以及顯微結構的等軸性質等，顯示製造此軸所使用的 1040 鋼並未經過冷軋。事實上，這些證據證明它是熱軋材料。

使用熱軋鋼板 (具較低的疲勞極限) 和銳角的圓角的應力提升影響，造成組件在反覆彎曲負載下的失效。如果該組件是由 1040 冷軋鋼製成 (疲勞極限提高 40%)，也許就可以避免破壞或延遲破壞。這個案例研究顯示出工程師的材料性能知識、加工技術、熱處理和選擇在成功的設計和組件操作中的重要性。

7.7 改善金屬機械性質的最新進展與未來方向
Recent Advances and Future Directions in Improving the Mechanical Performance of Metals

前面的章節已簡短討論過奈米結晶材料的一些結構優點，像是高強度、更高硬度以及更佳耐磨性。然而，如果這些材料的延展性、斷裂與損傷的容忍度不符合特定應用標準，這些改良的科學價值相當有限。以下將討論與上述奈米結晶金屬性質相關的知識和進展。注意，目前對奈米結晶金屬的行為了解不多，要達到像對微晶金屬般的了解程度需要更多研究。

7.7.1 同時改善延性與強度

純銅在退火和粗晶粒狀態的拉伸延性可高達 70%，但降伏強度非常低。晶粒尺寸小於 30 nm 的純銅奈米晶粒之降伏強度明顯高出許多，但拉伸延展性卻低於 5%。初步研究顯示，這是 FCC 結構純奈米結晶金屬 (例如銅和鎳) 的典型趨勢。類似趨勢在 BCC 和 HCP 奈米結晶金屬尚未發現。不過奈米結晶鈷 (HCP) 的拉伸伸長倒是可媲美微結晶鈷。相較於，奈米結晶 FCC 金屬比微結晶金屬更脆，如圖 7.35 所示。圖中的曲線 A 顯示退火微晶銅的應力 - 應變行為，可看出降伏強度約為 65 MPa，延展性約為 70%。曲線 B 顯示的奈米結晶銅其加強的降伏強度提高至約 400 MPa，延展性低於 5%。曲線下的面積代表每種金屬的韌性，因此奈米結晶銅的韌性明顯較低。延展性和韌性的減少是因為有局部應變帶的形成，稱為剪切帶 (shear band)。在沒有差排活動的情況下 (因為顆粒尺寸非常小)，奈米晶粒不會以傳統的方式變形，而是在局部性地變形成微小剪切帶，在晶粒其他部分沒有嚴重變形的情況下造成最終斷裂。因此，超高的降伏強度其實效果不彰，因為低延展性會降低韌性，使這些材料失去實用價值。

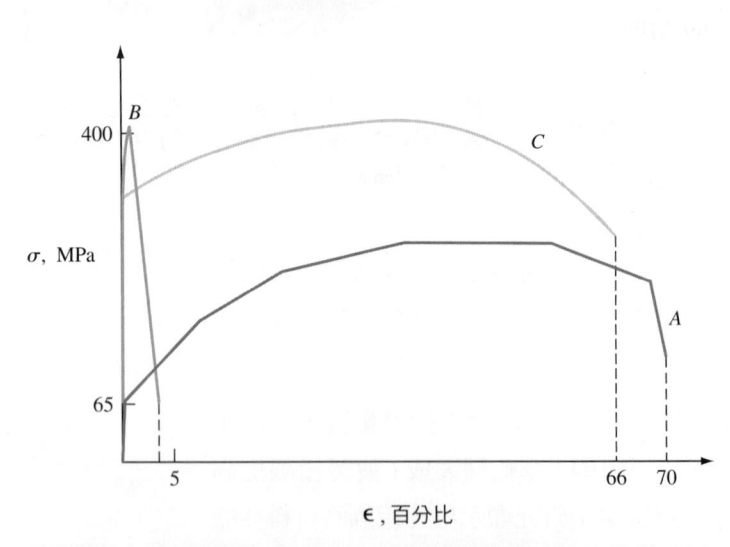

圖 7.35 微晶銅 (曲線 A)、奈米結晶銅 (曲線 B) 和混合晶粒 (曲線 C) 的應力 - 應變圖。

好在科學家們已能生產出延展性可媲美微結晶的奈米結晶銅。此複雜熱機械製程包括一系列精密的冷軋(在液氮溫度下)和退火程序。所產生的材料為奈米結晶和超細晶粒的基材,其中約25%為微米尺寸晶粒(圖7.36)。

在液氮溫度下執行的冷軋製程容許高密度的差排產生。低溫讓差排無法回復,因此會使差排密度增加至超出在室溫下可達到的程度。此時,嚴重變形的樣品有奈米結晶及超細晶粒的混合結構,然後會在高度控制的環境下退火。退火製程允許再結晶,讓晶粒成長至 1~3 μm (稱為不正常的晶粒成長或二次再結晶)。大晶粒的存在允許較高程度的差排和雙晶活動,進而造成材料整體的變形,但多已奈米化的超細晶粒仍保持高降伏強度。這種銅有高降伏強度和高延展性,因此也有高韌性,如圖 7.35 的曲線 C 所示。除了這種新的熱機械製程能增加奈米結晶材料之韌性,也有研究顯示雙相奈米結晶材料的合成可以改善延展性和韌性。此類科技發展對於促進奈米材料在各領域的應用非常重要。

圖 7.36 TEM 顯微照片顯示純銅微晶粒、超細和奈米尺寸晶粒的混合。
(Source: Y.M. Wang, M.W. Chen, F. Zhou, E. Ma, *Nature*, vol. 419, Oct. 2002: Figure 3b.)

7.7.2 奈米結晶金屬的疲勞行為

針對奈米結晶 (4~20 nm)、超細結晶 (300 nm) 及微晶純鎳的基本疲勞實驗(負載率 R 為零、週期頻率為 1 Hz)顯示了它對 SN 疲勞反應的影響很大。與鎳微晶相比,奈米結晶鎳和超細鎳在達到疲勞極限(定義為二百萬次循環)時,兩者的拉伸應力範圍 ($\sigma_{max} - \sigma_{min}$) 都有增加,且奈米結晶鎳的增加幅度稍高。但是用相同晶粒大小之鎳樣品所進行的疲勞裂紋成長實驗的結果完全不同。實驗顯示,晶粒尺寸愈小,疲勞裂紋在中段的成長會增加。此外,奈米結晶金屬的疲勞裂紋成長臨界值 K_{th} 也會較低。總體看來,結果顯示,奈米晶粒尺寸對於材料疲勞性質的影響同時有好有壞。

從此處的簡要概要可以清楚地看出,我們顯然需要更多研究才能開始真正了解這些材料的行為,以期將它們應用在各種工業所需。這些材料的非凡特性推動了我們持續尋找答案的堅持與信心。

7.8 總結 Summary

　　金屬組件在使用過程中的斷裂是非常重要和具有意義的。正確選擇組件的材料是避免不必要故障的關鍵步驟。金屬的斷裂通常可分為韌性或脆性。透過簡單的靜態拉伸測試，可以很容易地觀察到，在失效前的韌性斷裂會伴隨著嚴重的塑性變形。相反地，脆性斷裂在斷裂之前顯示很少或沒有變形，因此更是問題。在某些情況下，在高加載速率或較低溫度下，最初的延性材料轉變成表現為脆性，這就是韌性 - 脆性轉變。因此，應謹慎選擇在低溫下運行的組件材料。

　　由於諸如微裂紋之類的缺陷會削弱了材料，工程師會使用假設有既存缺陷 (斷裂力學) 的斷裂韌性概念來設計更安全的組件。應力 - 強度因子 K 在裂紋尖端的概念被用來表示裂紋尖端處的應力和裂紋長度的組合效應。

　　循環或週期性的負載下的金屬組件失效，稱為疲勞失效，這對工程師來說非常重要。它的重要性是由於這種故障發生的應力水平低、損壞的隱蔽性 (位於材料 / 組件內部) 以及它發生的突然性。在高溫和恆定負載下發生的另一種形式的失效稱為潛變，其被定義為在一段時間內的漸進塑性變形。工程師非常清楚這種失效，他們使用高安全因子來防範這些失效。

　　工程師和科學家們一直在尋找能夠提供更高強度、延展性、抗疲勞性和一般抗失效性的新材料。奈米晶材料有望成為未來的首選材料，提供的材料組合將大大提高材料對斷裂的抵抗力。然而，在奈米晶材料發揮其潛力之前，還需要進行更多的研究。

7.9 名詞解釋 Definitions

7.1 節

- **延性斷裂** (ductile fracture)：緩慢裂紋傳播的特徵破裂模式。金屬的延性破裂面通常是無光澤的纖維狀外觀。
- **脆性斷裂** (brittle fracture)：此破壞特徵是快速裂紋傳播現象。脆性破壞表面一般都是光亮且有粒狀區的情況。
- **穿晶斷裂** (transgranular fracture)：一種脆性破壞，裂紋傳播會穿過晶粒。
- **粒間斷裂** (intergranular fracture)：一種脆性破壞，裂紋傳播會沿著晶粒的邊界。
- **延脆轉變** (ductile-to-brittle transition, DBT)：在低溫時可觀察到材料的延性和抗破壞性降低。

7.2 節

- **疲勞** (fatigue)：循環應力作用致使破壞之現象，最大疲勞應力值低於材料的極限拉伸強度。
- **疲勞失效** (fatigue failure)：試片因疲勞破壞分為二半或讓剛性大幅降低所發生的失效。
- **疲勞壽命** (fatigue life)：試片在尚未發生失效之前的應力或應變循環。

7.3 節

- **疲勞裂紋擴展速率** (Fatigue crack growth rate, da/dN)：由恆定振幅疲勞負載引起的裂紋擴展速率。

7.4 節

- **潛變** (creep)：材料在承受固定負載或應力下，隨時間之變形。
- **潛變速率** (creep rate)：潛變 - 時間曲線在特定時間的斜率。
- **潛變(應力) - 斷裂強度** [creep (stress)-rupture strength]：在特定溫度、環境與時間下，於潛變(應力 - 斷裂) 試驗中發生破壞之應力。

7.5 節

- **拉 - 米氏參數** [Larsen-Miller (L.M.) parameter]：用於預測由於潛變引起的應力破裂的一種時間 - 溫度參數。

7.10 習題 Problems

知識及理解性問題

7.1 描述金屬韌性斷裂的三個階段。

7.2 金屬的脆性斷裂表面有哪些特徵？

7.3 為什麼事實上延性斷裂不如脆性斷裂頻繁？

7.4 疲勞失效的表面通常能夠識別出哪兩種不同類型的表面區域？

7.5 描述影響金屬疲勞強度的四個主要因素。

7.6 在恆定負載和相對較高的溫度下繪製金屬的典型潛變曲線，並在其上顯示所有三個潛變階段。

應用及分析問題

7.7 鋁合金 7075-T651 厚板若能承受 (a) 降伏強度的四分之三，和 (b) 降伏強度的一半，其內部貫穿裂紋的最大尺寸 (mm) 是多少？假設 $Y = 1$。

7.8 疲勞試驗的最大應力為 25 ksi (172 MPa)，最小應力為 −4.00 ksi (−27.6 MPa)。計算 (a) 應力範圍，(b) 應力幅度，(c) 平均應力，和 (d) 應力比。

7.9 進行疲勞試驗時，平均應力為 17,500 psi (120 MPa)，應力幅度值為 24,000 psi (165 MPa)。計算 (a) 最大和最小應力，(b) 應力比，和 (c) 應力範圍。

7.10 大型平板分別承受 120 和 35 MPa 的恆定振幅單軸循環拉伸和壓縮應力。如果在測試之前，最大表面裂紋是 1.00 mm，並且板的平面應變斷裂韌性是 35 MPa$\sqrt{m}$，請估計板在失效循環中的疲勞壽命。對於板，$m = 3.5$ 和 $A = 5.0 \times 10^{-12}$ (以 MPa 與 m 為單位)。假設 $Y = 1.3$。

7.11 當使用 DS MAR-M 247 合金 (圖 7.31) 用於支撐 207 MPa 的應力，在什麼溫度 (°C) 下，應力破裂壽命是 210 小時？

7.12 如果 DS CM 247 LC 合金 (圖 7.31 的中間圖) 在 960°C 的溫度下經過 3 年的時間，它可以支撐的最大應力是多少而不會產生破裂？

綜合及評價問題

7.13 A 公司使用的超聲波裂縫檢測機能夠發現長度為 $a = 0.20$ in. 或更長的裂縫。若欲設計和製造類似於圖 7.12 中的輕質板組件，然後使用機器檢查裂縫。施加於組件的最大單軸應力為 60 ksi。可用於元件的金屬選擇是表 7.1 中列出的 Al 7178-T651、Ti-6Al-4V 或 4340 鋼。(a) 您會選擇哪種金屬來製造組件？(b) 在考慮安全性和重量時，您會選擇哪種金屬？(使用 $Y = 1.0$ 並假設中心裂縫幾何形狀。)

7.14 在檢查橋樑 (和其他結構) 時，通常的做法是，如果在鋼中發現裂縫，工程師將在裂縫尖端前方鑽一個小孔。這有什麼用？

7.15 駕駛汽車時，一塊小卵石撞擊前擋風玻璃並產生一個小裂縫。如果你忽視它並在事件發生後繼續駕駛幾天，你認為這個小裂縫會發生什麼？你能建議一個解決方案嗎？

7.16 在連桿的製造中，可以使用可熱處理至 260 ksi 的 4340 合金鋼。製造組件有兩種選擇：(1) 熱處理組件和使用，(2) 熱處理和研磨表面。你會使用哪個選項？為什麼？

7.17 在飛機的應用中，鋁板透過在板材上鑽孔並鉚接在一起。在室溫下將孔進行塑性膨脹至所需直徑是行業慣例 (這在孔的圓周上引入壓縮應力)。(a) 解釋為什麼使用這個過程以及它如何使結構受益。(b) 設計一個能夠有效和廉價地完成冷膨脹過程的系統。(c) 在冷膨脹過程中必須採取哪些預防措施？

CHAPTER

8 相圖
Phase Diagrams

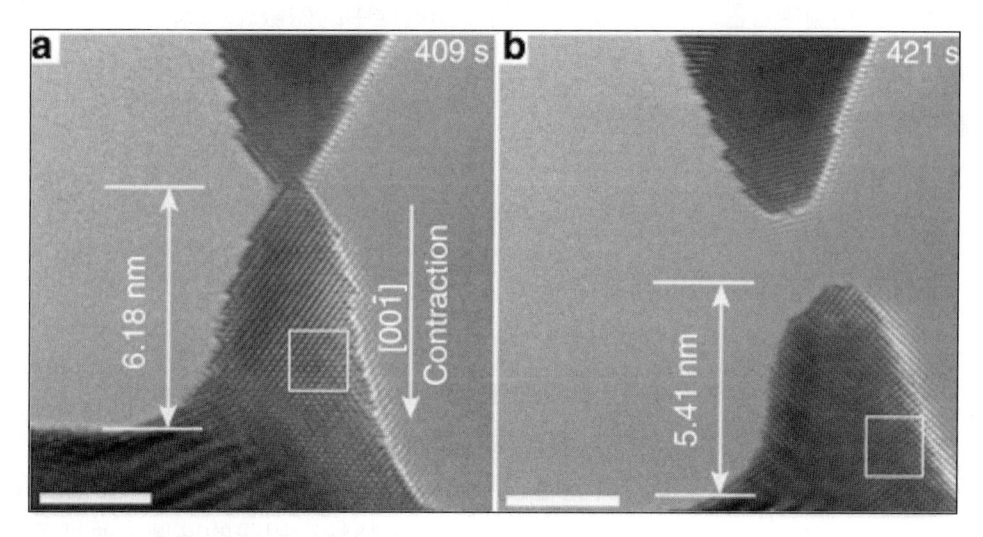

(Source: U.S. National Library of Medicine)

左圖是金單晶的高解析穿透式電子顯微鏡 (HRETM) 影像，顯示了其在軸向負載的作用下，於斷裂前的瞬間。此 HRETM 影像顯示了金奈米晶體於斷裂前的 FCC 結構。右邊的 HRETM 影像顯示了金奈米晶體於斷裂後的 BCT 結構。這種類型的相變稱為應力誘導的相變。此圖像還顯示了錯位從 FCC 相的自由表面產生出來。這與在塊材內部的行為完全不同，其中錯位是在晶體內部開始的。

> **學習目標**

到本章結束時，學生將能夠：

1. 描述材料系統的平衡、相和自由度。
2. 描述吉布斯 (Gibbs) 規則在材料系統中的應用。
3. 描述冷卻曲線和相圖，以及可從中得到的資訊類型。
4. 描述二元同質異晶相圖和畫出可以顯示所有相及有關資訊的通用圖。
5. 能夠將連結線和槓桿原理應用於相圖，以確定混合物中相的組成和相的比例。
6. 描述金屬的非平衡凝固，並解釋其與平衡凝固在微觀結構上的一般差異。
7. 描述二元共晶相圖和畫出可以顯示所有相及有關資訊的通用圖。
8. 描述金屬在相圖中各區域內固化時，平衡冷卻過程中的微觀結構演變。
9. 定義各種無變度反應。
10. 定義中間相化合物和介金屬化合物。
11. 描述三元相圖。

■ 8.1　純物質的相圖 Phase Diagrams of Pure Substances

　　純物質 (如水) 可因所處溫度及壓力條件不同而以固相、液相或是氣相 (phase) 存在。材料中的相是具有均勻結構、特性和組成的區域，並且透過明顯的邊界與其他的相分離開來。一杯含有冰塊的水是大家熟知的純物質兩相平衡 (equilibrium) 的範例。冰塊表面為相界 (phase boundary)，將固態和液態水分隔為兩個獨立不同的相。水在滾沸時，液相水與氣相水是處於平衡的兩個相。圖 8.1 為水在不同溫度與壓力下的相圖。

　　如圖 8.1 的相圖，是在不同溫度、壓力和成分時，材料系統中所存在的相的圖形表示。大多數相圖是使用平衡條件[1]構建的，工程師和科學家使用它來理解和預測材料許多方面的行為。水的壓力 - 溫度 (pressure-temperature, *PT*) 相圖中，在低壓力 (4.579 torr) 及低溫度 (0.0098°C) 處有一個三相點 (triple point)，為水的

---

[1] 平衡相圖 (equilibrium phase diagram) 是藉由採用緩慢冷卻的條件所決定，大部分的情況都是接近但不會完全達到平衡。

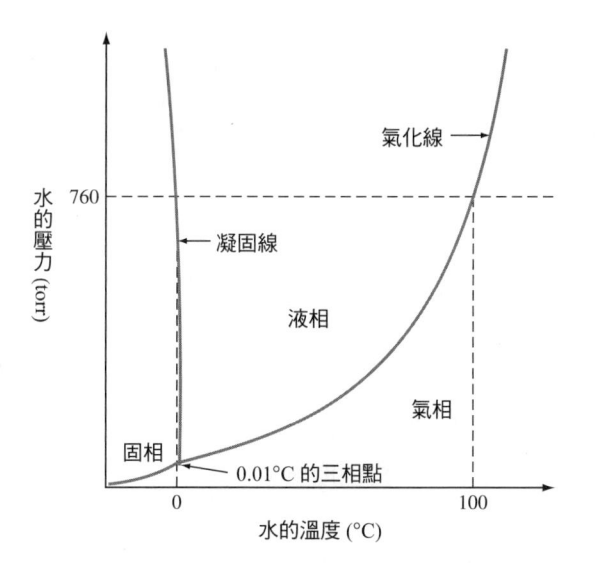

圖 8.1 純水的 PT 近似平衡相圖 (此相圖的軸有些許失真)。

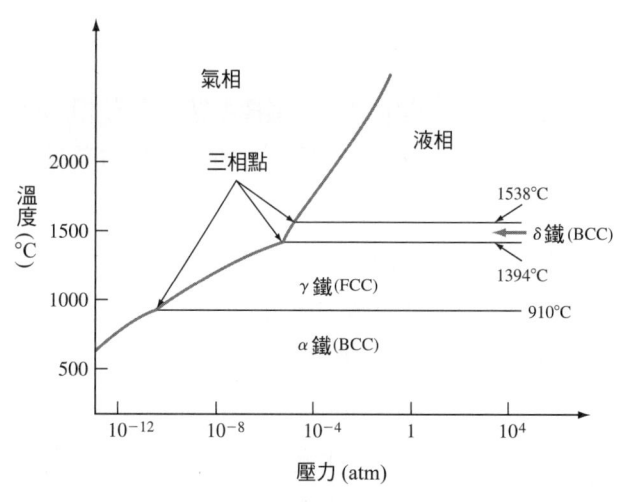

圖 8.2 純鐵的 PT 近似平衡相圖。
(Source: W.G. Moffatt, G.W. Pearsall, and J. Wulff, *The Structure and Properties of Materials*, vol. 1: "Structure," Wiley, 1964, p. 151.)

固、液、氣三相共存處。在該圖中，固體 (冰)、液體 (水) 和氣體 (蒸氣) 的三個相，基於它們各自的結構而不是組成 (所有相都具有相同組成)，是明確不同的。液相與氣相沿著氣化線 (vaporization line) 存在，而液相和固相則是沿著凝固線 (freezing line) 存在，如圖 8.1 所示。此兩線是兩相平衡線。

壓力 - 溫度平衡相圖也可為其他純物質而建構出來。例如，圖 8.2 是純鐵的平衡 PT 相圖。此圖最大的差異是有三個獨立且不同的固相：α 鐵、γ 鐵及 δ 鐵。α 鐵和 δ 鐵屬於 BCC 結晶結構，而 γ 鐵則屬於 FCC 結構。固態時的相界與液相及固相之間的相界有著相同性質。例如，在平衡條件下，α 鐵與 γ 鐵可存在於溫度 910°C 及 1 大氣壓力下。超過 910°C 時只有 γ 單相存在，低於 910°C 時只有 α 相存在 (圖 8.2)。鐵的 PT 圖上也有三個相共存的三相點：(1) 液相、氣相及 δ 鐵；(2) 氣相、δ 鐵及 γ 鐵；(3) 氣相、γ 鐵及 α 鐵。

8.2 吉布斯相定律 Gibbs Phase Rule

吉布斯 (J. W. Gibbs)[2] 由熱力學的角度出發，推導出可計算所選擇系統中平衡共存相的數量之方程式，稱為**吉布斯相定律** (Gibbs phase rule)：

---

[2] 喬瑟·維拉·吉布斯 (Josiah Willard Gibbs) (1839-1903)。美國物理學家。他是耶魯大學數學物理學教授，為熱力學做出了巨大貢獻，其中包括多相系統中相定律的陳述。

$$P + F = C + 2 \tag{8.1}$$

其中 P = 所選擇系統中共存相的數量

C = 系統內所含**成分的數量** (number of components)

F = 自由度

一般而言，C 是指系統裡的元素、化合物或溶液。自由度 (degrees of freedom, F) 是變數的數量，如壓力、溫度和成分。這些變數可獨立改變而不會影響系統內平衡相的數量。

我們來看吉布斯相定律如何使用在純水 PT 相圖中 (圖 8.1)。在三相點處，三相能夠平衡共存。由於系統 (水) 內只有一種成分，自由度為：

$$P + F = C + 2$$
$$3 + F = 1 + 2$$

或

$$F = 0 (自由度為零)$$

由於沒有任何變數 (溫度或壓力) 在被改變後仍然能持續保持三相平衡，因此三相點被稱為無變度點 (invariant point)。

接著來看圖 8.1 中的液相 - 固相凝固曲線 (freezing curve)。此線上的任何一點都是兩相共存。從相定律可得：

$$2 + F = 1 + 2$$

或

$$F = 1 (自由度為 1)$$

此結果顯示自由度為 1，代表系統可獨立改變一個變數 (溫度或壓力)，仍能繼續保持兩相共存。換句話說，假設壓力固定在某值，只有一個溫度可以使液相與固相共存。

第三種狀況是，考慮水的 PT 相圖中某個單相區內的一點。此時只有單相，$P = 1$，代入相定律方程式可得

$$1 + F = 1 + 2$$

或

$$F = 2 (自由度為 2)$$

結果顯示系統可以獨立改變兩個變數 (溫度及壓力)，而仍然維持單一相。

材料科學中，大部分的二元相圖都是溫度 - 成分圖，其中壓力通常保持固定在一大氣壓 (1 atm)。此時則為凝聚相定律 (condensed phase rule)：

$$P + F = C + 1 \tag{8.1a}$$

(8.1a) 式適用於接下來本章所有有關二元相圖的討論。

8.3　冷卻曲線 Cooling Curves

冷卻曲線可用來找出純金屬和合金的相變溫度。材料從熔化狀態凝固至室溫的過程中，把隨時間變化的溫度加以記錄下來並繪成圖，即為**冷卻曲線** (cooling curve)。圖 8.3 是純金屬的冷卻曲線。若金屬是在平衡條件下冷卻 (緩慢冷卻)，其溫度會沿著曲線 AB 持續下降，並在熔點 (凝固溫度) 開始凝固。冷卻曲線自此開始變平 [水平段 BC 稱為**平坦區** (plateau) 或**熱阻抗區** (region of thermal arrest)]。在 BC 區域的金屬為固相與液相混合的形式。當此混合物逐漸朝 C 點靠近，固體的重量比例會慢慢增加，直至達到完全凝固。由於金屬經過模具流失的熱與固化金屬所提供的潛熱間會彼此平衡，因此溫度不變。簡單來說，潛熱會將混合物保持在凝固溫度直到完全凝固，也就是 C 點，之後冷卻曲線會再次下降 (曲線的 CD 段)。

如第 4 章所提，要形成固態核必須有某種程度的過冷 (冷卻至凝固點以下)。在冷卻曲線上，過冷會表示為溫度降到凝固溫度以下，如圖 8.3 所示。

冷卻曲線也可以提供金屬固態相變的相關資訊。像是純鐵，在一大氣壓時，純鐵在凝固溫度 1538°C 時會形成結構為 BCC 之 δ 鐵 (圖 8.4)。當溫度持續下降到 1394°C 時，冷卻曲線會再度拉平，而 BCC δ 鐵會進行固 - 固相變成為 FCC γ 鐵。持續冷卻下去，在 912°C 會發生第二次固 - 固相變。此時，FCC γ 鐵會回復成 BCC 鐵結構，稱為 α 鐵。這種固 - 固相變在鋼鐵加工行業具有重要的技術意義，我們將在第 9 章中討論。

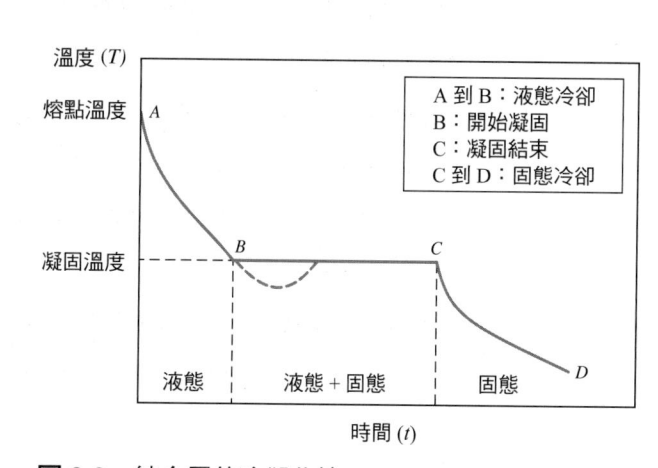

圖 8.3　純金屬的冷卻曲線。

圖 8.4 純鐵在一大氣壓時的冷卻曲線。

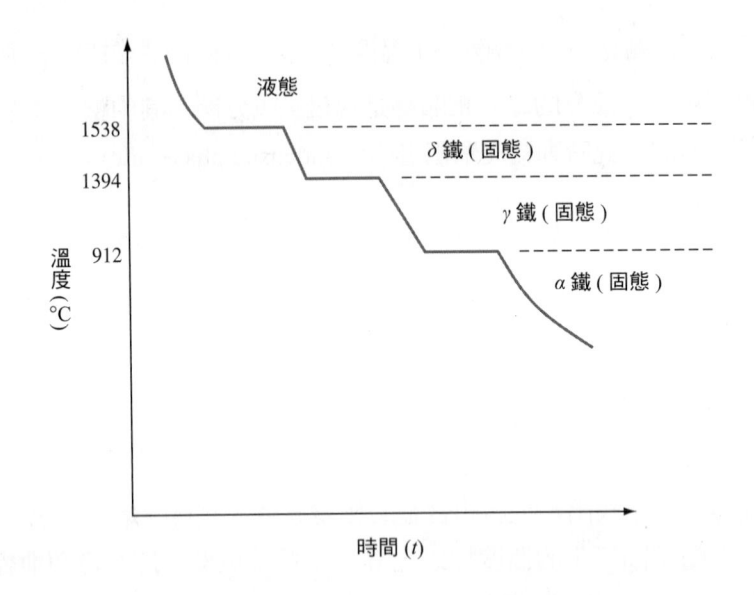

■ 8.4　二元異質同晶合金系統 Binary Isomorphous Alloy Systems

我們現在來討論兩種金屬的混合物或合金。兩種金屬的混合物稱為二元合金 (binary alloy)，是一種二成分系統 (two-component system)，因為兩種金屬元素在合金內都被視為獨立成分。因此純銅是一成分系統，銅鎳合金則為二成分系統。有時後合金內的化合物也會被認為是獨立成分，像是主要含有鐵及碳化鐵的普通碳鋼即是二成分系統。

有些二元金屬系統中的兩種元素可於液態與固態時完全互溶。不論成分組成，此時系統內只存在單一結晶結構，稱為**異質同晶系統** (isomorphous system)。為了使兩種元素能在彼此間有完全的固溶度，往往需要滿足至少一項休姆-若塞瑞 (Hume-Rothery) 固溶度法則[3]：

1. 兩個元素的原子大小差異必須小於 15%。
2. 兩個元素不可形成化合物，換句話說，雙方的電負度差異不大。
3. 固溶體 (solid solution) 中每種元素的結晶結構必須相同。
4. 元素價數必須相同。

休姆-若塞瑞法則並不適用於所有能夠形成完全固溶度的每一元素配對。

銅-鎳合金是異質同晶二元合金系統的重要範例。圖 8.5 為此系統的相圖，

---

[3] 威廉·休姆-拉塞福 (William Hume-Rothery) (1899-1968)。英國冶金學家為理論和實驗冶金做出了重大貢獻，並花了數年時間研究合金行為。他在合金中固溶度的經驗規則是基於他的合金設計工作。

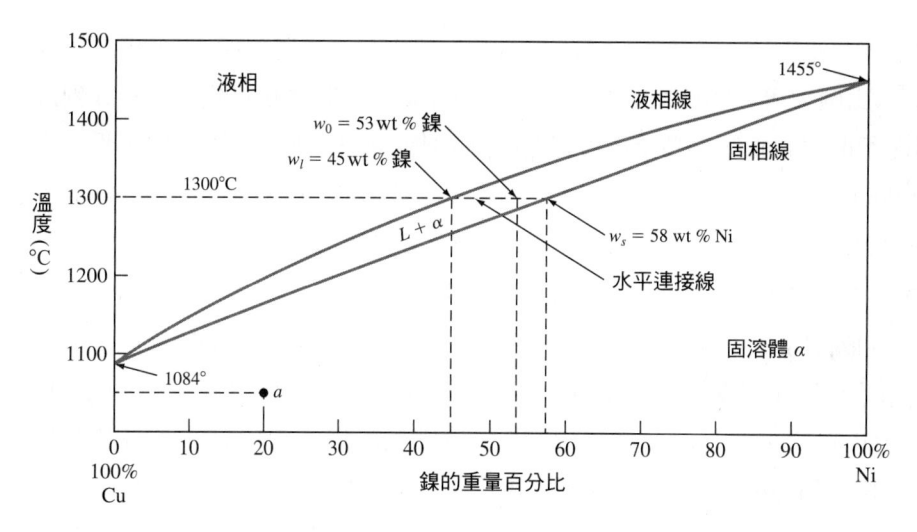

圖 8.5 銅 - 鎳相圖。銅和鎳於液相與固相皆可完全互溶。銅鎳固溶體是隨著一個範圍的溫度而非一固定溫度熔化，和純金屬的情況一樣。
(Source: *Metals Handbook*, vol. 8, 8th ed., American Society for Metals, 1973, p. 294.)

溫度為縱坐標，化學成分的重量百分率為橫坐標。此相圖顯示的是大氣壓力下的緩慢冷卻或是平衡條件情況，所以不適用於在凝固溫度範圍快速冷卻的合金。**液相線** (liquidus line) 以上區域是液相安定區，而**固相線** (solidus line) 以下的區域則是固相安定區。在液相與固相線之間的區域則為液相與固相共存的兩相區。

對於銅與鎳的二元異質同晶相圖，根據吉布斯相定律 ($F = C - P + 1$)，純成分在熔點時，成分數目 C 為 1，有效相數目 P 為 2 (液體或固體)，所產生自由度為 0 ($F = 1 - 2 + 1 = 0$)。這些點被稱為無變度點 ($F = 0$)，代表任何溫度變化會改變微結構，成為固體或液體。同樣地，在單相區 (液體或固體) 中，成分數目 C 為 2，有效相數目 P 是 1，所產生的自由度為 2 ($F = 2 - 1 + 1 = 2$)，代表無論是單獨的改變溫度或成分，系統的微結構仍可維持不變。在兩相區中，成分數目 C 是 2，有效相數目 P 是 2，自由度為 1 ($F = 2 - 2 + 1 = 1$)。也就是說，要維持系統的兩相結構，只能單獨改變一個變數 (無論是溫度或成分)。如果溫度被改變，相成分也會跟著改變。

在固溶體 α 的單相區中，必須合金的溫度與成分必須確定才能定位於相圖上某點位置。例如，1050°C 的溫度和 20% 的鎳訂定了銅 - 鎳相圖上的 a 點，如圖 8.5 所示。在此溫度與成分的固溶體 α 顯示出的微結構與純金屬一樣，也就是在光學顯微鏡下唯一可觀察到的特徵為晶界。然而，由於此合金為 20% 鎳在銅中的固溶體，它的強度和電阻比純銅更高。

在液相線與固相線之間的區域，為液相與固相共存的區域，而各個相存在所占的比例也會依合金溫度和成分占比而有所不同。圖 8.5 為處於溫度 1300°C 的 53 wt% Ni-47 wt% Cu 合金。由於此合金在 1300°C 時同時含有液相及固相，因此兩者各自的平均成分都不可能是 53 wt% Ni-47 wt% Cu。想要求出液相與固相在 1300°C 時的比例，可在溫度 1300°C 處，從液相線畫一水平連接線 (tie line) 到固相線，再從所得到的兩個交點畫垂直線至橫軸 (成分軸)。從圖中可看出，垂直虛線與成分軸的交點分別為 45% 及 55%，也就是在 1300°C 時，53 wt% Ni-47 wt% Cu 合金液相成分 (w_l) 為 45 wt% Ni，固相成分 (w_s) 為 58 wt% Ni。

在固態下彼此可完全互溶的成分的二元平衡相圖可以由一系列液-固冷卻曲線所構成，如圖 8.6 中的銅-鎳系統所示。如前一節所述，純金屬的冷卻曲線在其凝固點處顯示出水平熱阻，如圖 8.6a 中 AB 和 CD 處的純銅和鎳所示。如圖 8.6a 所示，材料組成為 80% Cu-20% Ni、50% Cu-50% Ni 和 20% Cu-80% Ni 的二元固溶體在液相線和固相線的冷卻曲線中會表現出斜率變化。圖 8.6a 中曲線在 L_1、L_2 和 L_3 處會有斜率變化，這些點對應於圖 8.6b 中液相線上的 L_1、L_2 和 L_3 點。類似地，圖 8.6a 的 S_1、S_2 和 S_3 處會有斜率變化，對應於圖 8.6b 中固相線上的 S_1、S_2 和 S_3 點。利用得到各種合金成分的更多冷卻曲線，可以獲得高精確度的銅-鎳相圖。

異質同晶系統中金屬合金的冷卻曲線不包含人們在純金屬凝固時所觀察到的熱阻區域。相反的，凝固從特定溫度開始，並在較低溫度下結束，如圖 8.6 中的 L 和 S 符號所示。因此，與純金屬不同，合金在一定溫度範圍內固化。因此，當我們提到金屬合金的凝固溫度時，我們說的是凝固過程完成時的溫度。

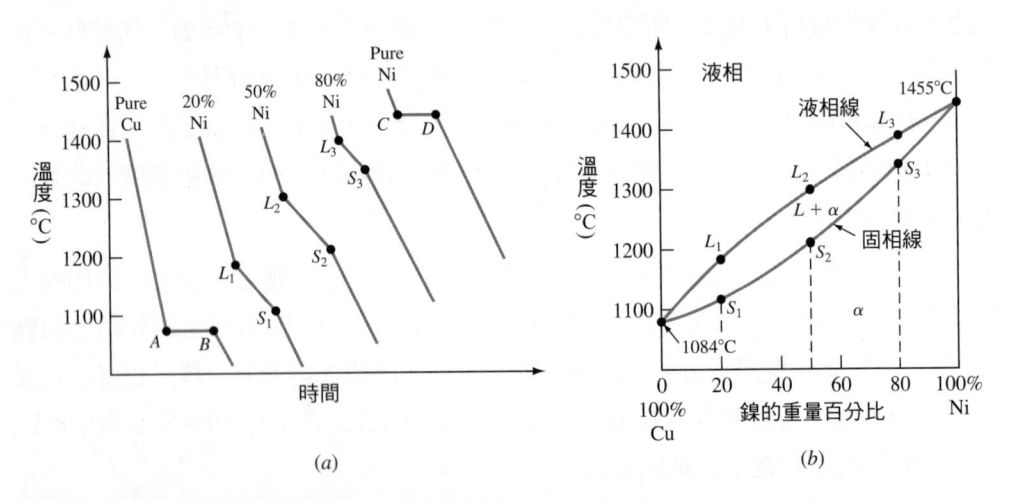

圖 8.6 從液固冷卻曲線構建銅-鎳平衡相圖。(a) 冷卻曲線和 (b) 平衡相圖。
(Source: *Metals Handbook*, vol. 8, 8th ed., American Society for Metals, 1973, p. 294.)

8.5 槓桿原理 The Lever Rule

　　二元平衡相圖內的任何兩相區域中的相之重量百分比是可以通過使用槓桿原理來計算得到的。例如，如圖 8.5 所示的二元銅 - 鎳相圖中的兩相液體 - 固體區域中的任何平均合金組成，通過使用槓桿原理，可以計算出任何特定溫度下的液體重量百分比和固體重量百分比。

　　為了得出槓桿原理方程，讓我們考慮兩個元素 A 和 B 的二元平衡相圖，它們彼此完全可溶，如圖 8.7 所示。假設 x 為合金組成，B 在 A 中的重量比為 w_0。假若 T 為您有興趣的溫度點，讓我們在溫度 T 處從液相線上的 L 點處到固相線上的 S 點處建構一條連結線 (LS)，形成連接線 LOS。在溫度 T 下，合金 x 是由重量比例為 w_l 的 B 液體和重量比例為 w_s 的 B 固體的混合物所組成。

　　槓桿原理方程式是可以藉由使用重量平衡推導出來的。由液相的重量比例 X_l 和固相的重量比例 X_s 之和必須等於 1 的這個事實，可以得到一個等式，這個等式能夠用於槓桿原理方程式之推導過程。因此，

$$X_l + X_s = 1 \tag{8.2}$$

或

$$X_l = 1 - X_s \tag{8.2a}$$

和

$$X_s = 1 - X_l \tag{8.2b}$$

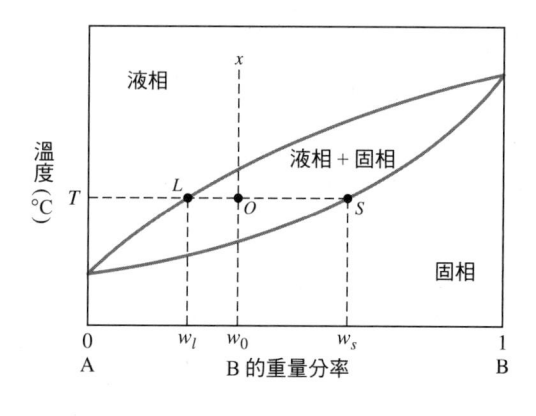

圖 8.7 金屬 A 和 B 的二元相圖。金屬 A 和 B 可以完全溶於彼此，並用於推導槓桿規則方程式。在溫度 T 下，液相的組成為 w_l，固體的組成為 w_s。

用於推導槓桿原理方程式的第二個等式可以通過整體合金中的 B 的重量平衡和兩個相中的 B 的總和來獲得。讓我們考慮 1 公克合金，並使之重量平衡：

$$\underbrace{(1\ g)(1)}_{\text{合金兩相混合公克重}}\left(\frac{\%w_0}{100}\right) = \underbrace{(1\ g)(X_l)}_{\text{液相公克重}}\left(\frac{\%w_l}{100}\right) + \underbrace{(1\ g)(X_s)}_{\text{固相公克重}}\left(\frac{\%w_s}{100}\right) \quad (8.3)$$

其中 $(1\ g)(1)$ 為合金混合相的重量分率，$(1\ g)(X_l)$ 為液相的重量分率，$(1\ g)(X_s)$ 為固相的重量分率；$\frac{\%w_0}{100}$ 為合金混合相中 B 的平均重量分率，$\frac{\%w_l}{100}$ 為液相中 B 的重量分率，$\frac{\%w_s}{100}$ 為固相中 B 的重量分率。

因此，
$$w_0 = X_l w_l + X_s w_s \quad (8.4)$$

結合
$$X_l = 1 - X_s \quad (8.2a)$$

可得到
$$w_0 = (1 - X_s)w_l + X_s w_s$$

或
$$w_0 = w_l - X_s w_l + X_s w_s$$

重新排列式子可得
$$X_s w_s - X_s w_l = w_0 - w_l$$

$$\boxed{\text{固相的比例 } W_t = X_s = \frac{w_0 - w_l}{w_s - w_l}} \quad (8.5)$$

類似的，
$$w_0 = X_l w_l + X_s w_s \quad (8.4)$$

結合
$$X_s = 1 - X_l \quad (8.2b)$$

可以得到出
$$\boxed{\text{液相的 } W_t \text{ 比例} = X_l = \frac{w_s - w_0}{w_s - w_l}} \quad (8.6)$$

方程式 (8.5) 和方程式 (8.6) 是槓桿原理方程式。有效地說，槓桿規則方程表明，要計算兩相混合物中的一個相的重量比例，必須使用位於感興趣的合金的相對側,並且距離最遠的那一條連結線的區段。該區段連結線與整體連結線的比例即提供了欲決定相之重量分數。因此,在圖 8.7 中,液相的重量比例是 *OS/LS*,固相的重量比例是 *LO/LS*。

重量比例乘以 100% 後可以轉換為重量百分比。例題 8.1 顯示了槓桿規則如何用於確定特定溫度下二元合金中相的重量百分比。

■ 例題 8.1 •

請推導圖 EP8.1 內之槓桿定律。

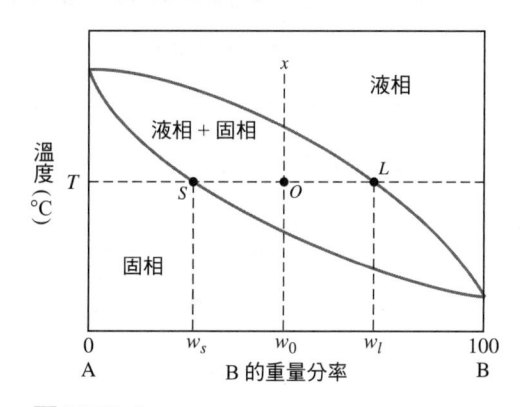

圖 EP8.1

解

推導槓桿定律必須先考慮兩元素之二元平衡相圖。A 和 B 兩元素會完全互溶,如圖 EP8.1 所示。假使 x 是所求合金組成,合金 B 於合金 A 之重量分率是 w_0。溫度是 T,由固相線 S 點建立一條水平連接線 SOL,由下式:

液相的重量分率等於

$$\frac{w_0 - w_s}{w_l - w_s} = \frac{SO}{LS}$$

固相的重量分率等於

$$\frac{w_l - w_0}{w_l - w_s} = \frac{OL}{LS}$$

這個問題會在例題 8.3 中以溫度 1200°C 來說明。

例題 8.2

一銅鎳合金內含 47 wt% Cu 與 53 wt% Ni，且在 1300°C，利用圖 8.5 的資料，回答下列問題：
a. 該溫度下，銅於液相與固相之重量百分比各為多少？
b. 此合金之多少成分為液體，多少成分為固體 (使用重量百分比) ？

解

a. 由圖 8.5 可知，在 1300°C，水平連接線與液相線相交，得知液相中銅的重量百分率為 55 wt%，另 1300°C 水平連接線與固相線相交，得知固相中銅的百分率為 42 wt%。

b. 由圖 8.5，並運用 1300°C 連接線上的槓桿定律，

$$w_0 = 53\% \text{ Ni} \qquad w_l = 45\% \text{ Ni} \qquad w_s = 58\% \text{ Ni}$$

$$\text{液相的重量分率} = X_l = \frac{w_s - w_0}{w_s - w_l}$$

$$= \frac{58 - 53}{58 - 45} = \frac{5}{13} = 0.38$$

液相的重量百分比 = (0.38)(100%) = 38% ◀

$$\text{固相的重量分率} = X_s = \frac{w_0 - w_l}{w_s - w_l}$$

$$= \frac{53 - 45}{58 - 45} = \frac{8}{13} = 0.62$$

液相的重量百分比 = (0.62)(100%) = 62% ◀

例題 8.3

請估算 EP8.3 之銀 - 鈀相圖內，溫度 1200°C，銀重量百分比 70% 情況下，液相和固相所占百分比各是多少？假設 $W_l = 74$ wt% 銀，$W_s = 64$ wt% 銀。

解

$$W_t(\%) \text{ 液相} = \frac{70 - 64}{74 - 64} = \frac{6}{10} = 60\%$$

$$W_t(\%) \text{ 固相} = \frac{74 - 70}{74 - 64} = \frac{4}{10} = 40\%$$

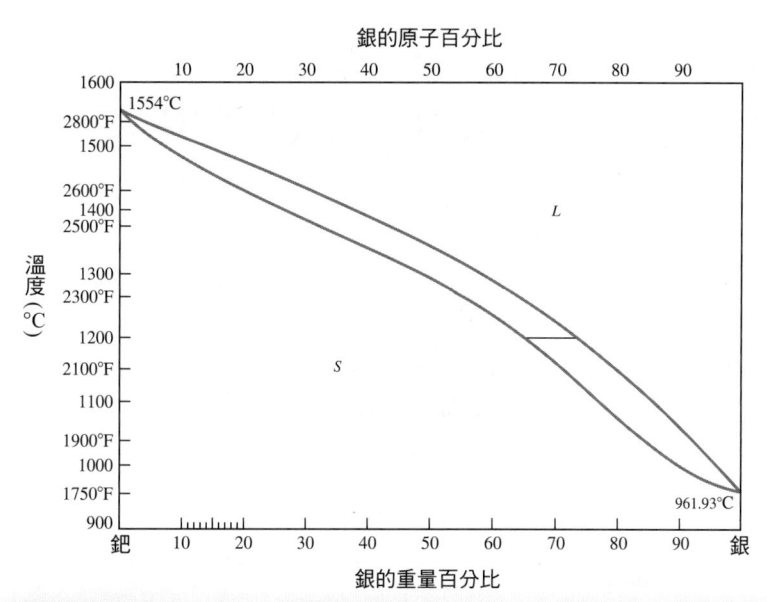

圖 EP 8.3 銀-鈀的平衡相圖。

8.6 合金的非平衡凝固 Nonequilibrium Solidification of Alloys

先前提到 Cu-Ni 系統的相圖，它是透過使用接近平衡且非常緩慢的冷卻條件來建構的。也就是說，當冷卻 Cu-Ni 合金通過兩相液體加固體區域時，液相和固相的組成必須隨著溫度的降低，透過固態擴散而達到連續性的重新調整。由於在固態狀況下，原子擴散得非常慢，因此需要大量的時間來消除濃度梯度。因此，緩慢凝固的合金的毛胚鑄件微結構通常具有如圖 8.8 的**核偏析結構** (cored structure)，這是由不同化學成分的區域所導致的。

銅鎳合金系統提供了一個很好的例子來描述這種核偏析結構是如何產生的。考慮一種 70% Ni-30% Cu 的合金，它從溫度 T_0 快速冷卻 (圖 8.9)。第一固體在溫度 T_1 下形成並具有組成 $α_1$ (圖 8.9)。再進一步快速冷卻至 T_2 時，將形成另外一層，組成為 $α_2$，而主要固化的固體的組成沒有太大變

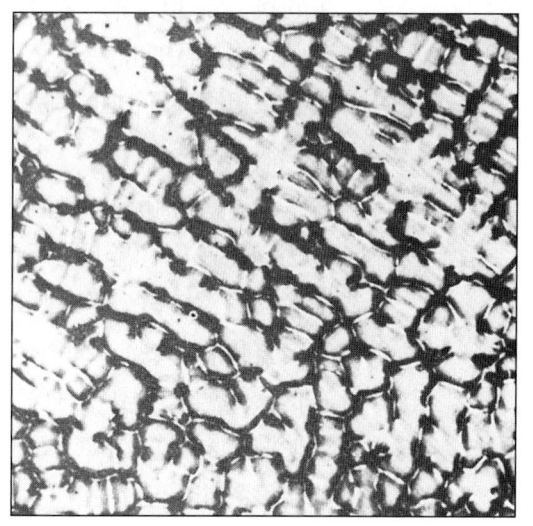

圖 8.8 70% Cu-30% Ni 合金的毛胚鑄件之顯微組織。其顯示出有核偏析結構。
(Courtesy of William G. Moffatt)

圖 8.9 70％ Ni-30％ Cu 合金的非平衡凝固。出於說明目的，此相圖已被扭曲。注意非平衡固相線 α_1 到 α'_7，直到非平衡固相線在 T_7 達到 α'_7 時，合金才完全凝固。

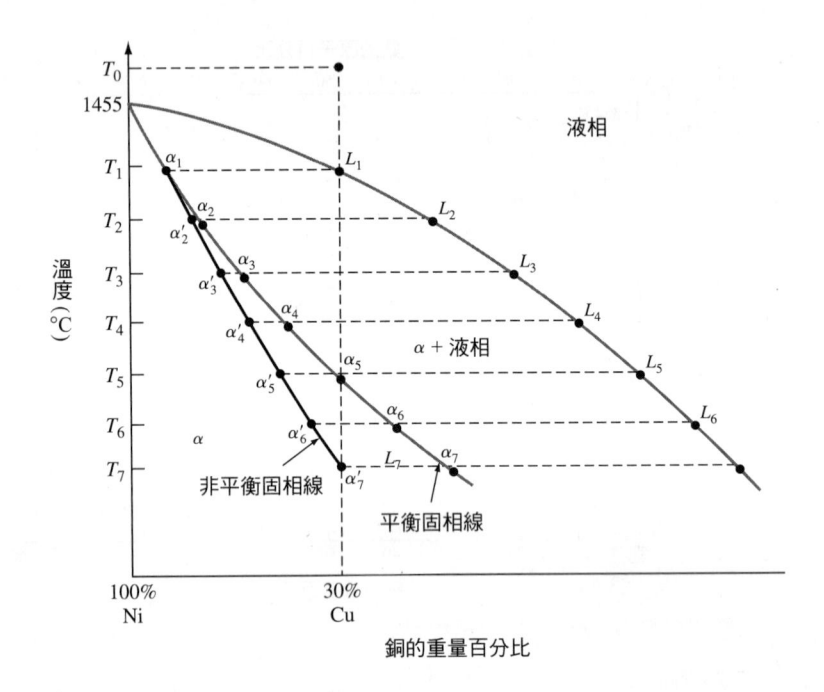

化。T_2 處的總體成分位於 α_1 和 α_2 之間，並且將被指定為 α'_2。由於連結線 $\alpha'_2 L_2$ 長於 $\alpha_2 L_2$，因此在快速冷卻的合金中將會比在平衡條件下冷卻到相同溫度時具有更多的液體和更少的固體。因此，藉由快速冷卻，在該溫度下的凝固會被延遲。

當溫度降低到 T_3 和 T_4 時，如上所述的相同過程會發生，合金的平均組成遵循非平衡固相線 $\alpha_1 \alpha'_2 \alpha'_3$ ……。在溫度 T_6 時，凝固的固體比合金的原始組成具有更少的銅，為 30％ 銅。在溫度 T_7 時，合金的平均組成為 30％ 銅，並且凝固完成。因此，當凝固期間形成了核偏析結構時，合金微觀結構中的區域將由 α_1 至 α'_7 的成分來組成 (圖 8.10)。圖 8.8 顯示了快速凝固的 70％ Cu-30％ Ni 合金的核偏析微觀結構。

大多數毛胚鑄件微觀結構在一定程度上是有核心的，因此具有成分梯度。這種結構在許多情況下是不希望它出現的，特別是如果隨後要加工合金的話。為了消除核偏析結構，將毛胚鑄件鑄錠或鑄件加熱至高溫以加速固態擴散。此過程稱為**均質化** (homogenization)，因為它在合金中產生均勻的結構。均質化熱處理必須在低於鑄態合金中具有最低熔點固體之熔點的溫度下進行，否則會發生熔化。為了使剛剛討論的 70％ Ni-30％ Cu 合金均勻化，應使用圖 8.9 中所示的略低於 T_7 的溫度。如果合金過熱，可能發生局部熔化或液化。如果液相沿晶界形成連續的薄膜，則合金將失去強度並且可能在隨後的加工過程中破裂。圖 8.11 顯示了 70％ Ni-30％ Cu 合金的微觀結構的液化。

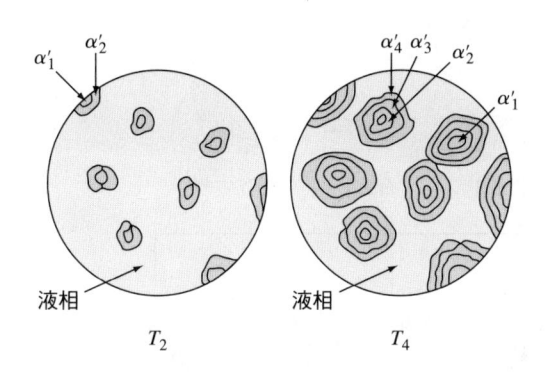

圖 8.10 在圖 8.9 中溫度 T_2 和 T_4 處的示意性微觀結構，用於 70% Ni-30% Cu 合金的非平衡凝固，說明了核偏析結構的發展。

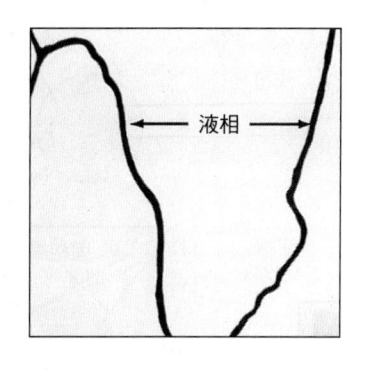

圖 8.11 在 70% Ni-30% Cu 合金中液化。僅稍微加熱到固相線溫度以上一些，以起始熔化並產生液體結構。

■ 8.7 二元共晶合金系統 Binary Eutectic Alloy Systems

許多二元合金系統的組成元素在彼此間的固溶度有限，像是圖 8.12 中的鉛-錫系統。在鉛-錫相圖兩端的有限固溶度區域被指定為 α 及 β 相，並稱為**末端固溶體** (terminal solid solutions)，因為兩者都出現在相圖末端。α 相為富鉛固溶體，在溫度 183°C 時最多可溶解 19.2 wt% 的錫於固溶體內。而 β 相則是富錫固溶體，在溫度 183°C 時最多可溶解 2.5 wt% 的鉛於固溶體內。一旦溫度降低於 183°C，溶質元素的最大固溶度會沿著鉛-錫相圖中的**固溶線** (solvus line) 逐漸減少。

簡單的二元共晶系統(如鉛-錫系統)有特定的合金成分，稱為**共晶成分** (eutectic composition)，會比其他成分的凝固溫度更低。這個較低的溫度是在緩慢冷卻時，液相能存在的最低溫度，稱為**共晶溫度** (eutectic temperature)。在鉛-錫系統中，共晶成分 (61.9% Sn 和 38.1% Pb) 及共晶溫度 (183°C) 出現在相圖上的那個點稱為**共晶點** (eutectic point)。當共晶成分的液相緩慢地冷卻至共晶溫度時，此單一液相會同時相變成兩個固相(固溶體 α 及 β)。此相變稱為**共晶反應** (eutectic reaction)，可以寫成

$$\text{液相} \xrightarrow[\text{冷卻}]{\text{共晶溫度}} \alpha \text{ 固溶體} + \beta \text{ 固溶體} \tag{8.7}$$

由於共晶反應必須在平衡條件下發生，特定溫度和合金成分都不能改變(根據吉布斯定律，$F = 0$)，因此稱為**無變度反應** (invariant reaction)。在共晶反應過程中，液相與兩固溶體 α 及 β 保持平衡狀態，維持三相平衡共存。由於二元相圖中

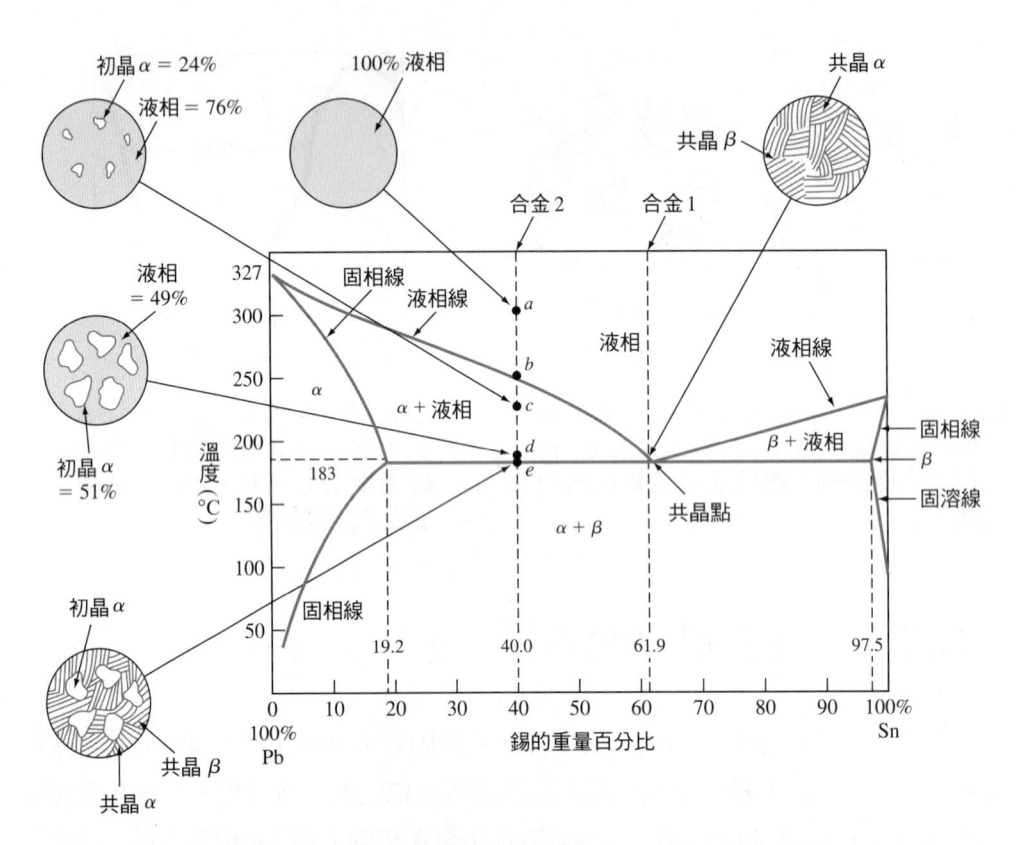

圖 8.12 鉛-錫平衡相圖。此圖的特徵為每個末端相 (α 與 β) 的有限固溶度。在 183°C 和 61.9% 錫的共晶無變度反應是此系統最重要的特點。在共晶點，α (19.2% Sn)、β (97.5% Sn) 以及液相 (61.9% Sn) 可以共存。

的三相只能在一個特定溫度下保持平衡，因此共晶成分合金的冷卻曲線在共晶溫度時會出現一個水平熱阻抗。

共晶成分鉛-錫合金的緩慢冷卻 有共晶成分 (61.9% Sn) 的鉛-錫合金 (見圖 8.12 的合金 1) 要從 200°C 緩慢冷卻至室溫。在從 200°C 降至 183°C 的冷卻期間內，合金保持在液相。在 183°C 的共晶溫度時，共晶反應使所有的液體金屬凝固，形成固溶體 α (19.2% Sn) 與 β (97.5% Sn) 之共晶混合物。此共晶反應可以寫為：

$$\text{液相 (61.9\% Sn)} \xrightarrow[\text{冷卻}]{183°C} \alpha\,(19.2\%\ Sn) + \beta\,(97.5\%\ Sn) \tag{8.8}$$

共晶反應完成後，合金從 183°C 降至室溫期間，α 及 β 固溶體內的溶質固溶度會沿著固溶線減少。不過，由於擴散速度在低溫時相當緩慢，使得這個過程常無法達到平衡，導致在室溫下的 α 及 β 固溶體仍可清楚辨識，如圖 8.13a 顯示的微結構。

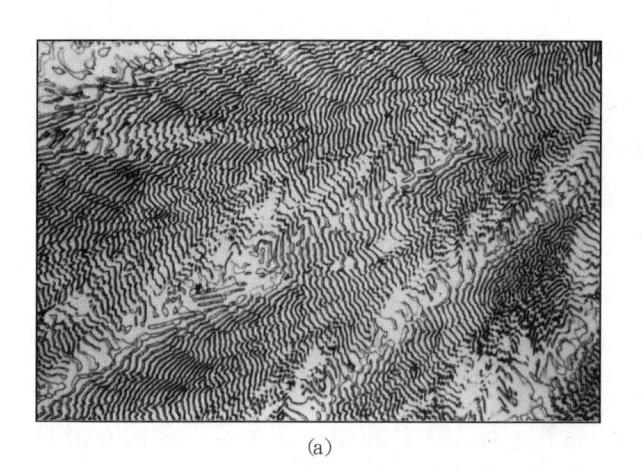

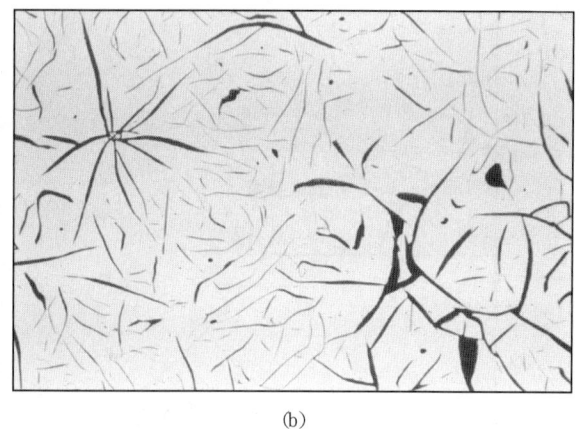

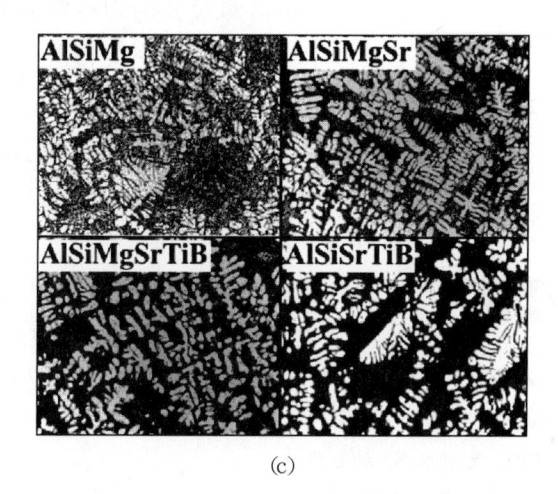

圖 8.13 (a) 緩慢冷卻的 Pb-Sn 合金共晶組合物 (63% Sn-37% Pb) 的微結構；(b) 過共晶鑄鐵合金的顯微組織；(c) 各種改值的亞共晶合金的微觀結構。

((a-b): ©Brian & Mavis Bousfield/SSPL/Getty Images; (c) Source: Haselhuhn, A.S., Sanders, P.G. & Pearce, J.M.)

在共晶點右側的成分稱**過共晶** (hypereutectic) (圖 8.13c)，如灰鑄鐵合金。在共晶點左側的成分稱**亞共晶** (hypoeutectic) (圖 8.13b)，如鋁 - 矽合金。

60% Pb–40% Sn 合金的緩慢冷卻 接著看 40% Sn-60% Pb 合金 (如圖 8.12 的合金 2) 從 300°C 的液態降至室溫。當溫度從 300°C (a 點) 下降，合金將保持液相直到與液相線相交於約 245°C (b 點)。在此溫度時，含有 12% Sn 的 α 固溶體開始從液體中析出。這種合金形成的第一個固體稱為**初晶** (primary) 或**共晶前** (proeutectic α)。此術語，共晶前 α 用於將該成分與稍後通過共晶反應形成的 α 區分開。

當液體從 245°C 經過相圖 (b 點至 d 點) 的兩相區 (液相 + α 相) 冷卻至接近

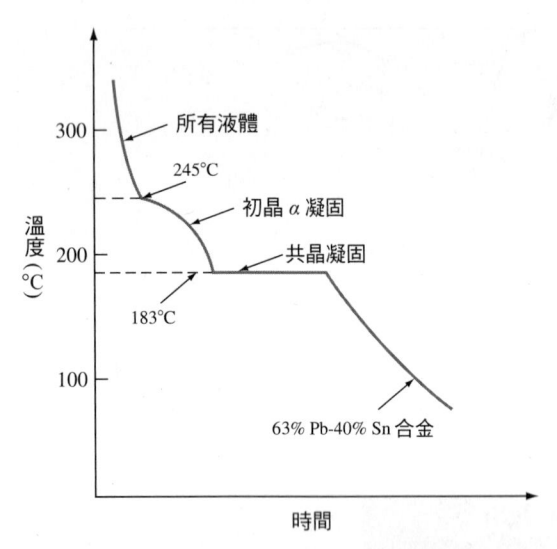

圖 8.14 60% Pb-40% Sn 合金的冷卻曲線圖（溫度-時間）。

183°C 時，固相(α相)成分會沿著固相線改變，從溫度 245°C 的 12% Sn 增加到 183°C 的 19.2% Sn，而液相成分會從 40% Sn 增加為 61.9% Sn。這些成分改變得以發生是因為合金的冷卻速度相當緩慢，容許原子擴散平衡掉了濃度梯度。在共晶溫度(183°C)時，所有剩餘的液體因共晶反應[(8.8)式]而凝固。在共晶反應完成之後，合金會包含初晶 α 以及 α (19.2% Sn) 與 β (97.5% Sn) 的共晶混合物。從 183°C 繼續冷卻至室溫會使 α 相的錫含量及 β 相的鉛含量降低。不過，在較低溫度時的擴散速率更慢許多，無法達到平衡狀態。圖 8.14 顯示了 60% Pb-40% Sn 合金的冷卻曲線。請注意到液相線斜率在 245°C 會改變，而在共晶凝固期間會出現水平熱阻抗。

■ **例題 8.4**

利用圖 8.12 的鉛-錫相圖，在下列各點做鉛-錫合金平衡凝固的相成分：
a. 在略低於 183°C (共晶溫度) 的共晶成分。
b. 在 230°C 及 40% Sn 的 c 點。
c. 在 183°C + ΔT 及 40% Sn 的 d 點。
d. 在 183°C − ΔT 及 40% Sn 的 e 點。

解

a. 在略低於 183°C 的共晶成分 (61.9% Sn) 處：

相的種類：	α	β
相的成分：	19.2% Sn 的 α 相	97.5% Sn 的 β 相
相的量：	α 相的 Wt %*	β 相的 Wt %*
	$= \dfrac{97.5 - 61.9}{97.5 - 19.2}(100\%)$	$= \dfrac{61.9 - 19.2}{97.5 - 19.2}(100\%)$
	$= 45.5\%$	$= 54.5\%$

b. 在 230°C 及 40% Sn 的 c 點：

相的種類：	液相	α
相的成分：	48% Sn 的液相	15% Sn 的 α 相

---

*注意：槓桿定律計算所用的水平線線段的比例，是遠離整個水平線上的重量百分比所決定的相。

相的量: 　　　　　液相的 Wt %　　　　　α 相的 Wt %

$$= \frac{40-15}{48-15}(100\%) \qquad = \frac{48-40}{48-15}(100\%)$$

$$= 76\% \qquad\qquad\qquad = 24\%$$

c. 在 183°C + ΔT 及 40% Sn 的 d 點：

相的種類：　　　液相　　　　　　　　　α

相的成分：　　　61.9% Sn 的液相　　　19.2% Sn 的 α 相

相的量：　　　　液相的 Wt %　　　　　α 相的 Wt %

$$= \frac{40-19.2}{61.9-19.2}(100\%) \qquad = \frac{61.9-40}{61.9-19.2}(100\%)$$

$$= 49\% \qquad\qquad\qquad = 51\%$$

d. 在 183°C $-\Delta T$ 及 40% Sn 的 e 點：

相的種類：　　　α　　　　　　　　　β

相的成分：　　　19.2% Sn 的 α 相　　97.5% Sn 的 β 相

相的量：　　　　α 相的 Wt %　　　　β 相的 Wt %

$$= \frac{97.5-40}{97.5-19.2}(100\%) \qquad = \frac{40-19.2}{97.5-19.2}(100\%)$$

$$= 73\% \qquad\qquad\qquad = 27\%$$

■ 例題 8.5

一公斤 70% Pb-30% Sn 合金由 300°C 開始緩慢冷卻，使用圖 8.12 之鉛-錫相圖，並估算下列各問題：

a. 250°C 下液相與初晶 α 之重量百分比。

b. 略高於共晶溫度 183°C，液相與初晶 α 之重量百分比與重量。

c. 共晶反應所產生之 α 與 β 重量。

解

a. 由圖 8.12 的 250°C：

$$\text{液相的 Wt \%}^* = \frac{30-12}{40-12}(100\%) = 64\% \blacktriangleleft$$

$$\text{初晶 } \alpha \text{ 的 Wt \%}^* = \frac{40-30}{40-12}(100\%) = 36\% \blacktriangleleft$$

b. 略高於共晶溫度 (183°C + ΔT) 下，液相與初晶 α 之重量百分比為：

$$\text{液相的 Wt \%} = \frac{30-19.2}{61.9-19.2}(100\%) = 25.3\% \blacktriangleleft$$

$$\text{初晶 } \alpha \text{ 的 Wt \%} = \frac{61.9-30.0}{61.9-19.2}(100\%) = 74.7\% \blacktriangleleft$$

---

* 參見例題 8.4 的註解注意事項。

$$液相重量 = 1 \text{ kg} \times 0.253 = 0.253 \text{ kg} \blacktriangleleft$$
$$初晶 \alpha 的重量 = 1 \text{ kg} \times 0.747 = 0.747 \text{ kg} \blacktriangleleft$$

c. 在 $183°C - \Delta T$ 時，
$$所有 \alpha (初晶 \alpha + 共晶 \alpha) 的 \text{Wt}\% = \frac{97.5 - 30}{97.5 - 19.2}(100\%)$$
$$= 86.2\%$$
$$所有 \beta (共晶 \beta) 的 \text{Wt}\% = \frac{30 - 19.2}{97.5 - 19.2}(100\%)$$
$$= 13.8\%$$
$$所有 \alpha 的重量 = 1 \text{ kg} \times 0.862 = 0.862 \text{ kg}$$
$$所有 \beta 的重量 = 1 \text{ kg} \times 0.138 = 0.138 \text{ kg}$$

共晶反應前後之初晶 α 量需保持一致。故，
$$經由共晶反應產生的 \alpha 重量 = 所有的 \alpha - 初晶 \alpha$$
$$= 0.862 \text{ kg} - 0.747 \text{ kg}$$
$$= 0.115 \text{ kg}$$
$$經由共晶反應產生的 \beta 重量 = 所有的 \beta$$
$$= 0.138 \text{ kg}$$

例題 8.6

在鉛-錫合金在 $183°C - \Delta T$ 下，有 64 wt% 初晶 α 及 36 wt% 共晶 $\alpha + \beta$，請估算該合金平均成分 (見圖 8.12)。

解

　　令 x 為未知合金中錫的重量百分比。因合金有 64 wt% 初晶 α，所以此合金一定是亞共晶，x 則介於 19.2 與 61.9 wt% Sn 之間，如圖 EP8.6。使用圖 EP8.6 與槓桿定律，計算 $183°C + \Delta T$ 下之合金成分：
$$\% 初晶 \alpha = \frac{61.9 - x}{61.9 - 19.2}(100\%) = 64\%$$
或
$$61.9 - x = 0.64(42.7) = 27.3$$
$$x = 34.6\% \blacktriangleleft$$

因此，合金有 34.6% 錫與 65.4% 鉛。值得注意的是，我們在共晶溫度之上使用槓桿定律計算，因為初晶 α 之百分比在比共晶溫度剛好高一點點及剛好低一點點之情況下都是一樣的。

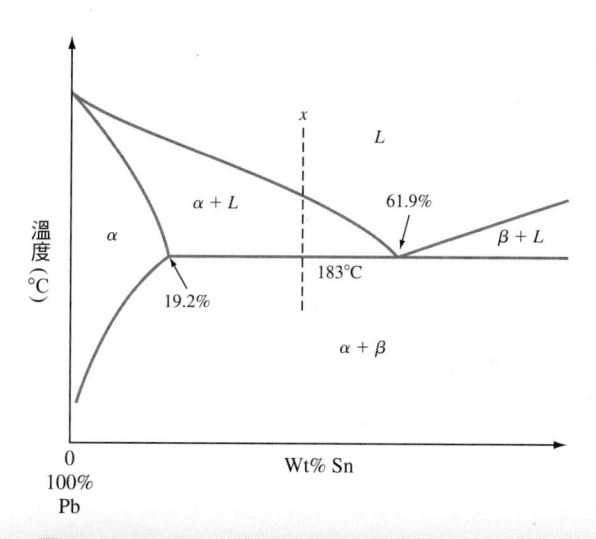

圖 EP8.6 鉛 - 錫相圖的富鉛端部分。

在二元共晶反應中，兩個固相 ($\alpha + \beta$) 可以有不同型態。圖 8.15 中顯示數種共晶結構。會影響外形的因素很多，其中最重要的就是 $\alpha - \beta$ 界面自由能的最小化。兩相 (α 和 β) 凝核與成長之方式是決定共晶形狀的重要因素。例如，當兩相都不需要反覆在某方向凝核時，就會形成桿狀和平板狀共晶物。圖 8.16 顯示了鉛 - 錫共晶反應形成的層狀共晶結構 (lamellar eutectic structure)。層狀共晶結構是很普遍的。圖 8.13a 則是鉛 - 錫系統中一種混合不規則的共晶結構。

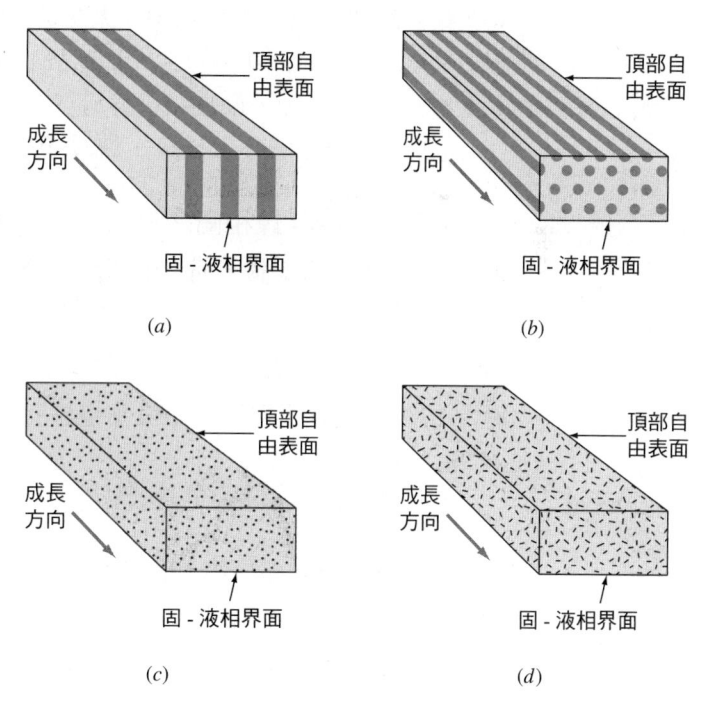

圖 8.15 各種共晶結構：(a) 層狀結構；(b) 桿狀結構；(c) 球狀結構；(d) 針狀結構。

(Source: W.C. Winegard, *An Introduction to the Solidification of Metals*, Institute of Metals, London, 1964.)

圖 8.16 由鉛-錫共晶反應所形成的層狀共晶結構(放大倍率 500×)。
(Courtesy of William G. Moffatt)

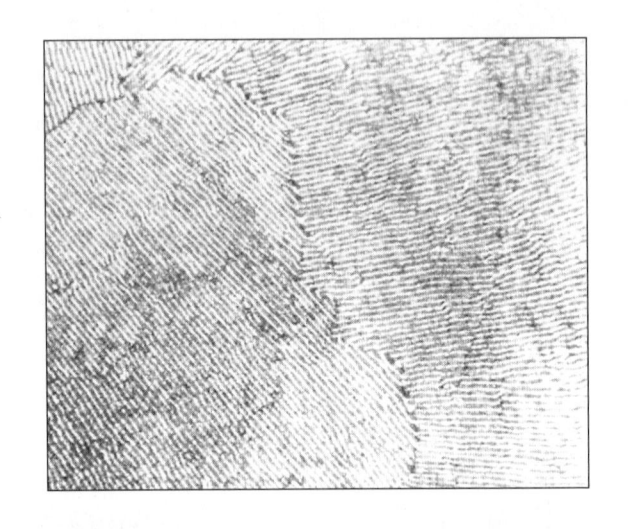

■ 8.8 二元包晶系統 Binary Peritectic Alloy Systems

　　二元平衡相圖中另一種常見反應為**包晶反應** (peritectic reaction)。此反應常出現在較複雜的二元平衡相圖中，尤其當兩個組成物的熔點差異頗大時。在包晶反應中，液相與固相產生反應，生成新的且不同的固相。一般可以表示為：

$$液相 + \alpha \xrightarrow{冷卻} \beta \tag{8.9}$$

　　圖 8.17 為鐵-鎳相圖之包晶區域，其中有固相(δ 和 γ)與一個液相。δ 相是鎳於 BCC 鐵之固溶體，而 γ 相則是鎳於 FCC 鐵之固溶體。1517°C 的包晶溫度與鐵中 4.3 wt% 鎳的包晶成分定義了圖 8.17 中的包晶點 c。此點是無變度的 (invariant)，δ 相、γ 相與液相在該點三相平衡共存。當 Fe-4.3 wt% Ni 合金緩慢冷卻並通過 1517°C 的包晶溫度時，會發生包晶反應，可寫成：

$$液相 (5.4 \text{ wt\% Ni}) + \delta (4.0 \text{ wt\% Ni}) \xrightarrow[冷卻]{1517°C} \gamma (4.3 \text{ wt\% Ni}) \tag{8.10}$$

　　為更加了解包晶反應，我們看由 1550°C 高溫緩慢降到略低於 1517°C(圖 8.17 內 a 點到 c 點) 的 Fe-4.3 wt% Ni (包晶成分)合金。由 1550°C 到約 1525°C(圖 8.17 內 a 點至 b 點)間，合金會以均質的 Fe-4.3 wt% Ni 液體冷卻。當液相線與約 1525°C (b 點) 交叉時，δ 固相會開始形成。繼續降溫到 c 點時，系統會產生更多的 δ 固相。當到達包晶溫度 1517°C (c 點) 時，含 4.0% Ni 的 δ 固相與 5.4% Ni 的液相會達成平衡。而且在此溫度，所有液相會和所有 δ 固相發生反應，產生含有 4.3% Ni 的不同新固相 γ。合金會保持單相 γ 固溶體狀態，直到低溫時發生另一相變 (不在討論範圍)。和共晶相圖一樣，包晶相圖的二相區域也可用槓桿定律。

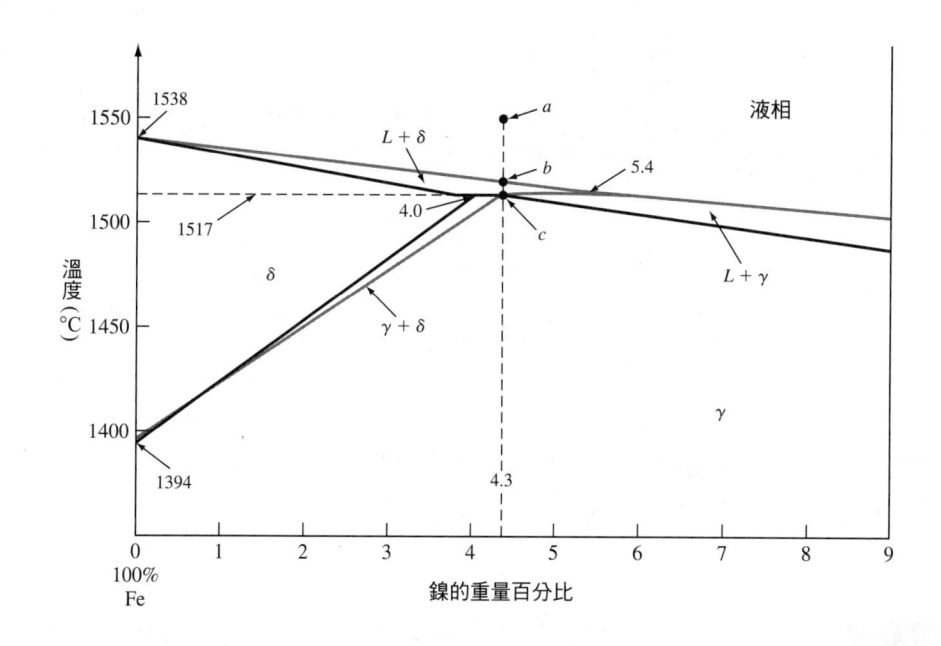

圖 8.17 鐵-鎳相圖中的包晶區域。包晶點位在 4.3% Ni 及 1517°C 處，亦即 c 點。

假設在鐵-鎳系統中，某合金的含鎳量少於 4.3%，並從液態通過相圖中的液相 +δ 區域緩慢冷卻，在完成包晶反應之後，會有剩餘的 δ 相存在。同樣地，假設含鎳量介於 4.3% 與 5.4% 之間的鐵-鎳合金從液態通過 δ+ 液相區域緩慢冷卻時，完成包晶反應之後，將會有剩餘的液相。

鉑-銀二元平衡相圖是單一無變度包晶反應系統最好的範例 (圖 8.18)。在此系統中，包晶反應 $L + \alpha \to \beta$ 發生在成分 42.4% Ag 及溫度 1186°C 處。圖 8.19 圖示說明包晶反應如何在鉑-銀系統中恆溫進行。在例題 8.7 中，在該相圖上的各個

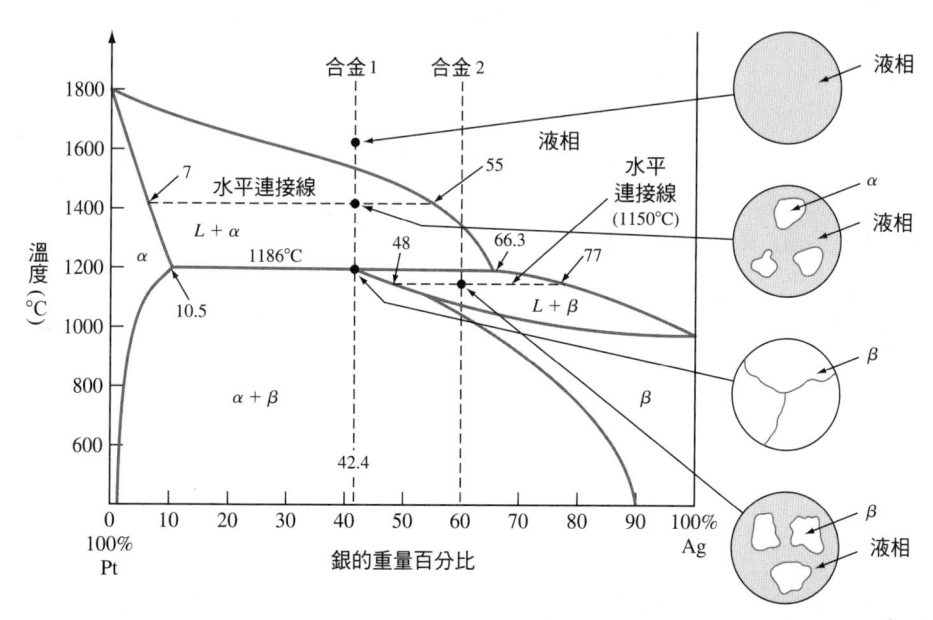

圖 8.18 鉑-銀相圖。此圖最重要的特徵在於 42.4% Ag 和 1186°C 的包晶無變度反應。在此包晶點，液相 (66.3%Ag)、α(10.5% Ag) 以及 β(42.4% Ag) 三相可以共存。

圖 8.19 液相 + α → β 這種包晶反應如何發展。

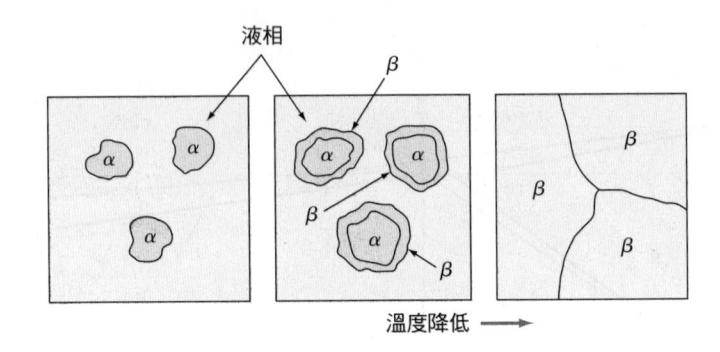

溫度降低 →

點進行相分析。然而，在包晶合金的自然凝固期間，偏離平衡通常非常大，這是由於原子擴散速率在通過該反應產生之固相中是相對慢的。

■ 例題 8.7 ●

利用圖 8.18 之鉑 - 銀平衡相圖，做下列各點之相分析。

a. 在 1400°C 及 42.4% Ag 處。
b. 在 1186°C + ΔT 及 42.4% Ag 處。
c. 在 1186°C − ΔT 及 42.4% Ag 處。
d. 在 1150°C 及 60% Ag 處。

解

a. 在 1400°C 及 42.4% Ag 處：

相的種類：	液相	α
相的成分：	55% Ag 的液相	7% Ag 的 α 相
相的量：	液相的 Wt%	α 相的 Wt%
	$= \dfrac{42.4 - 7}{55 - 7}(100\%)$	$= \dfrac{55 - 42.4}{55 - 7}(100\%)$
	$= 74\%$	$= 26\%$

b. 在 1186°C + ΔT 及 42.4% Ag 處：

相的種類：	液相	α
相的成分：	66.3% Ag 的液相	10.5% Ag 的 α 相
相的量：	液相的 Wt%	α 相的 Wt%
	$= \dfrac{42.4 - 10.5}{66.3 - 10.5}(100\%)$	$= \dfrac{66.3 - 42.4}{66.3 - 10.5}(100\%)$
	$= 57\%$	$= 43\%$

c. 在 1186°C − ΔT 及 42.4% Ag 處：
   相的種類：　　　　只有 β
   相的成分：　　　　42.4% Ag 的 β 相
   相的量：　　　　　100% β 相

d. 在 1150°C 及 60% Ag 處：
   相的種類：　　　　液相　　　　　　　　　　β
   相的成分：　　　　77% Ag 的液相　　　　　48% Ag 的 β 相
   相的量：　　　　　液相的 Wt %　　　　　　β 相的 Wt %

$$= \frac{60-48}{77-48}(100\%) \qquad = \frac{77-60}{77-48}(100\%)$$

$$= 41\% \qquad\qquad\qquad = 59\%$$

具有包晶成分的合金在通過包晶溫度之平衡的或是非常緩慢的冷卻期間，所有 α 固相會與所有液相反應，產生新的 β 固相，如圖 8.19 所示。但在鑄造合金過程中，通過包晶溫度快速地固化階段，會產生一種稱之為環繞 (surrounding) 或圍繞 (encasement) 的非平衡現象。在包晶反應 L + α → β 進行期間，藉由包晶反應所析出的 β 相產物會環繞或是圍繞初晶 α，如圖 8.20 所示。由於 β 相形成的是固相，而固相擴散又相對緩慢，因此圍繞 α 相之 β 成為擴散障礙，造成包晶反應速率持續下降。當包晶型合金進行快速鑄造時，在形成初晶 α 期間 (圖 8.21 中沿

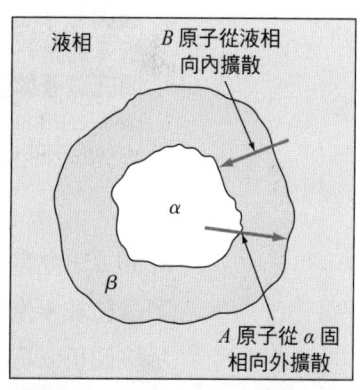

圖 8.20 包晶反應期間的環繞現象。原子從液相擴散到 α 相的速率緩慢，使 β 相環繞 α 相。

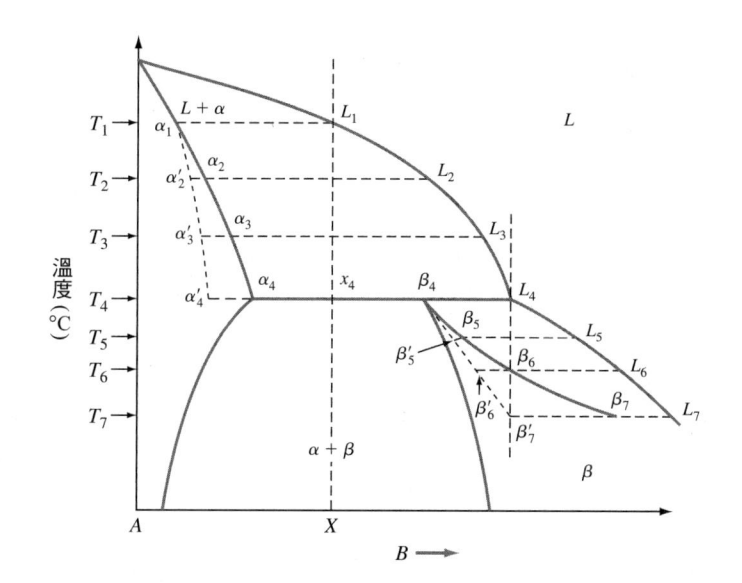

圖 8.21 假想的二元包晶相圖，用以說明核偏析如何在自然冷卻時發生。快速冷卻造成了固相線 α_1 到 α_4' 以及 α_4 到 α_4' 的非平衡改變，造成核偏析 α 相與核偏析 β 相。此環繞現象也會在包晶型合金快速固化期間發生。

(Source: F. Rhines, *Phase Diagrams in Metallurgy*, McGraw-Hill, 1956, p. 86.)

圖 8.22 圖示鑄造包晶型合金的環繞與圍繞現象。殘留的核偏析初晶 α 以實心圓與較小的虛線圓同心表示，環繞核偏析 α 的是一層具包晶成分的 β。其餘的空間充滿著核偏析 β，以虛線的曲線表示。
(Source: F. Rhines, *Phase Diagrams in Metallurgy*, McGraw-Hill, 1956, p. 86.)

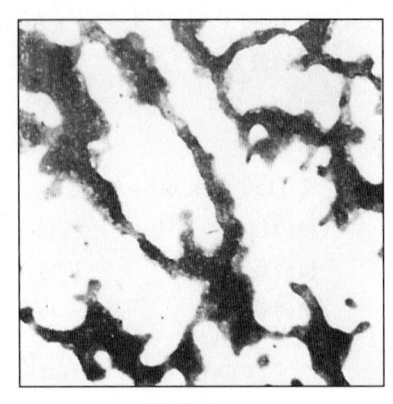

圖 8.23 鑄造的 60% Ag-40% Pt 過包晶合金。白色與淺灰色的區域是殘留的核偏析 α，深色的兩色調區域是 β，外層是包晶成分，而顏色最深的中心區域是在溫度低於包晶反應溫度時所形成的核偏析 β (放大倍率 1000×)。
(©McGraw-Hill Education)

α_1 到 α_4') 會發生核偏析，而且在包晶反應期之間，核 α 會被 β 圍繞。圖 8.22 顯示了這種非平衡結構。圖 8.23 為快速鑄造的 60% Ag-40% Pt 合金微結構。此結構顯示核偏析 α 與其被 β 相的圍繞。

■ 8.9 二元偏晶系統 Binary Monotectic Systems

另一種發生在某些二元相圖中的三相無變度反應為**偏晶反應** (monotectic reaction)，其中，一個液相會轉變為一個固相與另一個液相，如下：

$$L_1 \xrightarrow{\text{冷卻}} \alpha + L_2 \tag{8.11}$$

此兩液體於某成分範圍中是相互不溶的 (如油在水)，所以可視為獨立相。一個此反應的例子為發生在溫度 955°C 且鉛含量 36% 的銅-鉛系統，如圖 8.24 所示。銅-鉛相圖的共晶點在 326°C 及 99.94% 鉛處，因此，在室溫下會形成的最終固溶體幾乎會是純鉛 (0.007% 銅) 和純銅 (0.005% 鉛)。圖 8.25 顯示成分為銅-36% 鉛之鑄造偏晶合金的微結構。注意，富鉛相 (深色) 與銅基材 (淺色) 間有顯著的區隔。

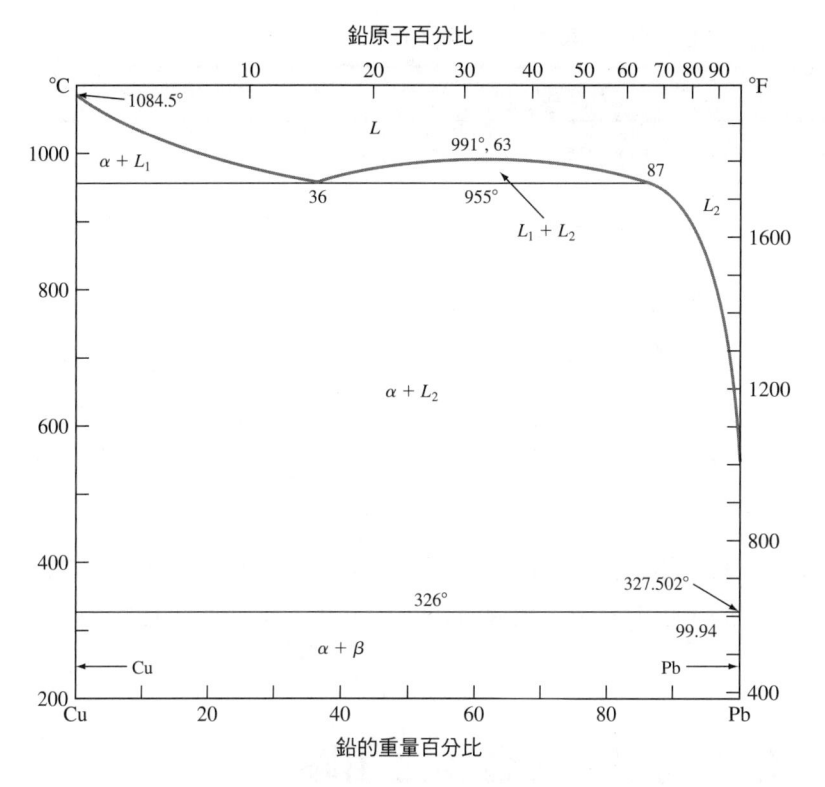

圖 8.24 銅 - 鉛相圖。此圖最重要的特徵為於 955°C 與 36% 鉛處的偏晶無變度反應。在偏晶點上，α (100% Cu)、L_1 (36% Pb) 以及 L_2 (87% Pb) 可以共存。注意，基本上銅和鉛不互溶。
(Source: *Metals Handbook*, vol. 8: Metallography, Structures, and Phase Diagrams, 8th ed., American Society for Metals, 1973, p. 296.)

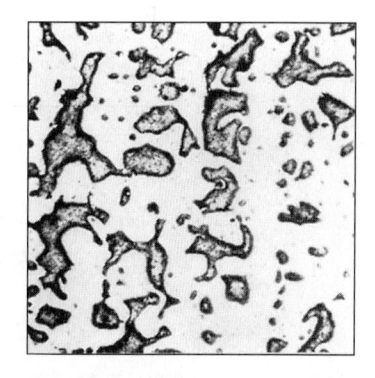

圖 8.25 鑄造銅 -36% 鉛偏晶合金的微結構。淺色區為偏晶組成的富銅基材；深色區則是富鉛區域，在偏晶溫度時是以 L_2 存在 (放大倍率 100×)。
(©McGraw-Hill Education)

許多合金 (如銅 - 鋅黃銅) 會少量 (不超過 0.5%) 添加鉛以降低合金的延展性，但合金強度只會略微降低。此摻雜幫助合金更容易切削。添加鉛的合金也被用來作為軸承材料，因為在軸承與軸心的磨耗表面微量的鉛可減少摩擦。

■ 8.10 無變度反應 Invariant Reactions

目前所討論過常見於二元相圖的無變度反應有三種：共晶、包晶及偏晶。表 8.1 摘要了這些反應，並且示出各反應點在相圖中的特徵。另外兩種二元系統重要的無變度反應為共析 (eutectoid) 及包析 (peritectoid) 反應。共晶及共析反應類似，都是在冷卻期間由單相轉變成二固相。然而，共析反應中的分解相是固相，而在共晶反應的分解相則為液相。在包析反應中，兩個固相會反應形成一個新固相。而在包晶反應中，新的固相則是由一個固相與一個液相所反應產生。有趣的是，

表 8.1 在二元相圖中發生的三相無變度反應的數種類別

反應名稱	方程式	相圖特徵
共晶	$L \xrightarrow{冷卻} \alpha + \beta$	α⟩—⟨L⟩—⟨β
共析	$\alpha \xrightarrow{冷卻} \beta + \gamma$	β⟩—⟨α⟩—⟨γ
包晶	$\alpha + L \xrightarrow{冷卻} \beta$	α⟩—⟨β⟩—⟨L
包析	$\alpha + \beta \xrightarrow{冷卻} \gamma$	α⟩—⟨γ⟩—⟨β
偏晶	$L_1 \xrightarrow{冷卻} \alpha + L_2$	α⟩—⟨L_1⟩—⟨L_2

包晶和包析反應分別為共晶和共析的逆反應。對於所有這些無變度反應，反應相的溫度及成分都是固定的，也就是說，根據吉布斯相定律，在反應點上的自由度為零。

8.11 具有中間相和化合物之相圖
Phase Diagrams with Intermediate Phases and Compounds

到目前為止，我們所考慮的相圖是相對簡單的，並僅包含少量的相與一個無變度反應。許多平衡相圖是複雜的，且會有中間相或化合物。在與相圖相關的術語中，可以方便地區分兩種固溶體：**末端相** (terminal phases) 和 **中間相** (intermediate phases)。終端固溶體相發生在相圖的末端，與純的成分相接壤。Pb-Sn 圖中的 α 和 β 固溶體 (圖 8.12) 即是例子。中間固溶體相在相圖內的組成範圍內發生，並且在二元相圖中透過兩相區域與其他相分離。Cu-Zn 相圖具有末端相和中間相 (圖 8.26)。在該系統中，α 和 η 是末端相，β、γ、δ 和 ε 是中間相。Cu-Zn 相圖包含五個無變度的包晶點和一個在 δ 中間相區中最低點的共析無變度點。

中間相不限於二元金屬相圖。在 Al_2O_3-SiO_2 系統的陶瓷相圖中，形成稱為莫來石 (mullite) 的中間相，其包括了化合物 $3Al_2O_3 \cdot 2SiO_2$ (圖 8.27)。許多耐火材料[4] 都含有 Al_2O_3 和 SiO_2 作為其主要成分。這些材料將在第 11 章陶瓷材料中討論。

如果在兩種金屬之間形成中間相化合物，則所得材料為晶體材料，稱為介金屬化合物或簡稱為介金屬。一般而言，介金屬化合物應具有明確的化學式或化學

---
[4] 耐火材料是耐熱陶瓷材料。

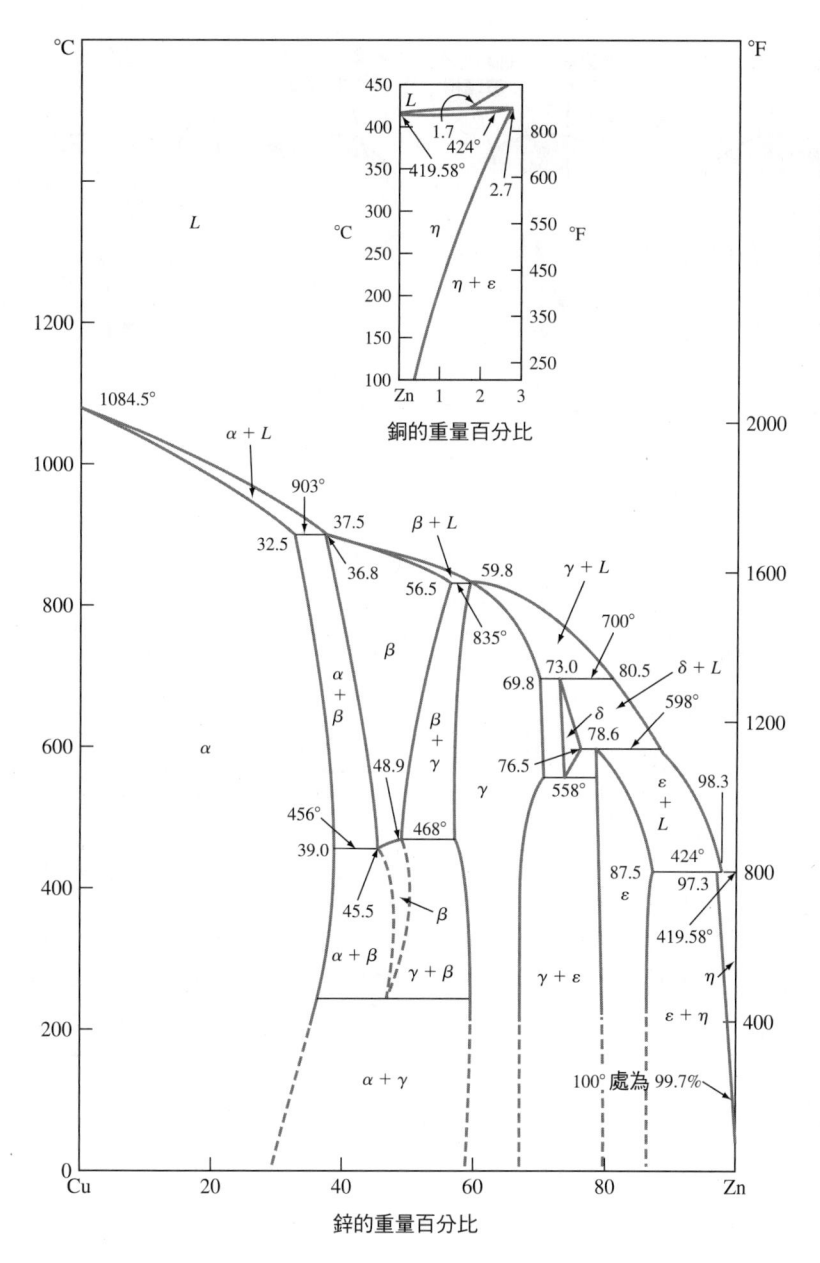

圖 8.26 銅-鋅相圖。該圖具有末端相 α 和 η，以及中間相 β、γ、δ 和 ε。存在五個無變度的包晶點和一個共析點。
(Source: *Metals Handbook*, vol. 8: Metallography, Structures, and Phase Diagrams, 8th ed., American Society for Metals, 1973, p. 301.)

計量(涉入原子的固定比率)。然而，在許多情況下，發生一定程度的原子取代導致化學計量的大偏差。在相圖中，介金屬化合物顯示為單一垂直線，表示化合物的本質化學計量(參見圖 EP8.8 中的 $TiNi_3$ 線)。或者，有時介金屬化合物顯示成一個組成物的範圍，表示非化學計量化合物(例如，在 Cu-Zn 相圖的 β 和 γ 相中 Cu 取代 Zn 或 Zn 取代 Cu 原子，如圖 8.26 所示。大多數介金屬化合物具有混合的金屬-離子鍵，或混合的金屬-共價鍵。在金屬間化合物中形成的離子鍵或共價鍵的百分比取決於所涉及元素的電負度的差異(參見第 2.4 節)。

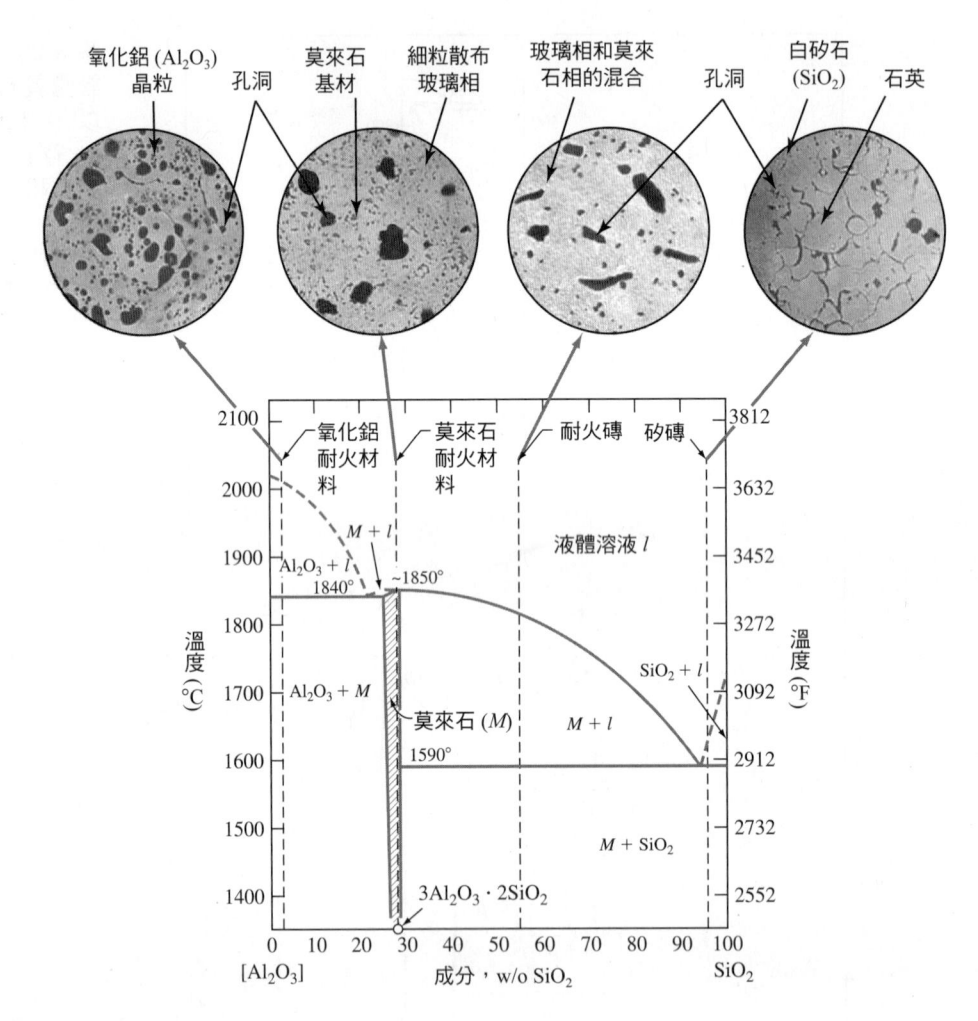

圖 8.27 Al_2O_3-SiO_2 系統的相圖，其含有莫來石作為中間相。也顯示出以 Al_2O_3 和 SiO_2 為主要成分的耐火材料的典型組成。

(Source: A.G. Guy, *Essentials of Materials Science*, McGraw-Hill, 1976.)

　　Mg-Ni 相圖包含中間相化合物 Mg_2Ni 和 $MgNi_2$，它們主要是金屬鍵結的，具有固定的組成和明確的化學計量 (圖 8.28)。介金屬化合物 $MgNi_2$ 是一致熔融化合物 (congruently melting compound)，因為它保持其組成直至熔點。另一方面，Mg_2Ni 是一種不一致熔融化合物 (incongruently melting compound)，因為在加熱時，它在 761°C 經歷包晶分解成液相和 $MgNi_2$ 相。在相圖中出現中間相化合物的其他實例是 Fe_3C 和 Mg_2Si。在 Fe_3C 中，鍵結主要是金屬性的，但在 Mg_2Si 中，鍵結主要是共價鍵。

圖 8.28 鎂-鎳相圖。在該圖中，存在兩種介金屬化合物，Mg_2Ni 和 $MgNi_2$。
(Source: A.G. Guy, *Essentials of Materials Science*, McGraw-Hill, 1976.)

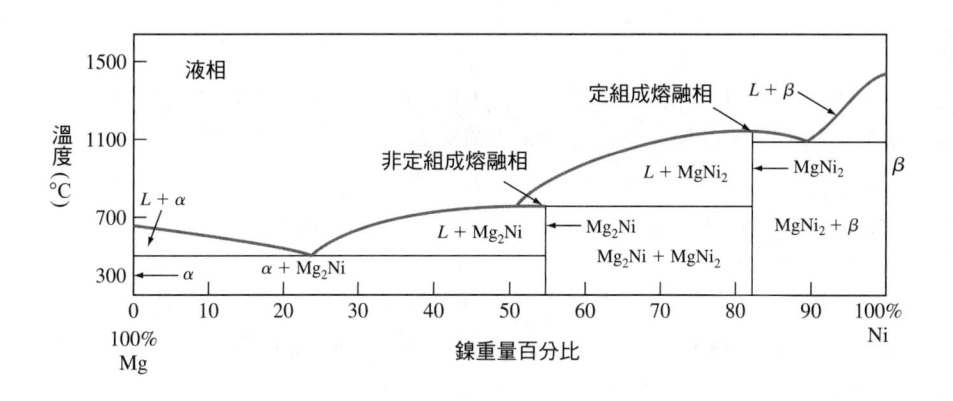

例題 8.8

考慮圖 EP8.8 之 Ti-Ni 相圖。此相圖有六個三相共存點，對於每一個三相點：

a. 列出各點成分(重量百分比)與溫度。
b. Ti-Ni 合金緩慢冷卻通過各點時，寫出所發生之無變度反應。
c. 寫出各點之無變度反應型態。

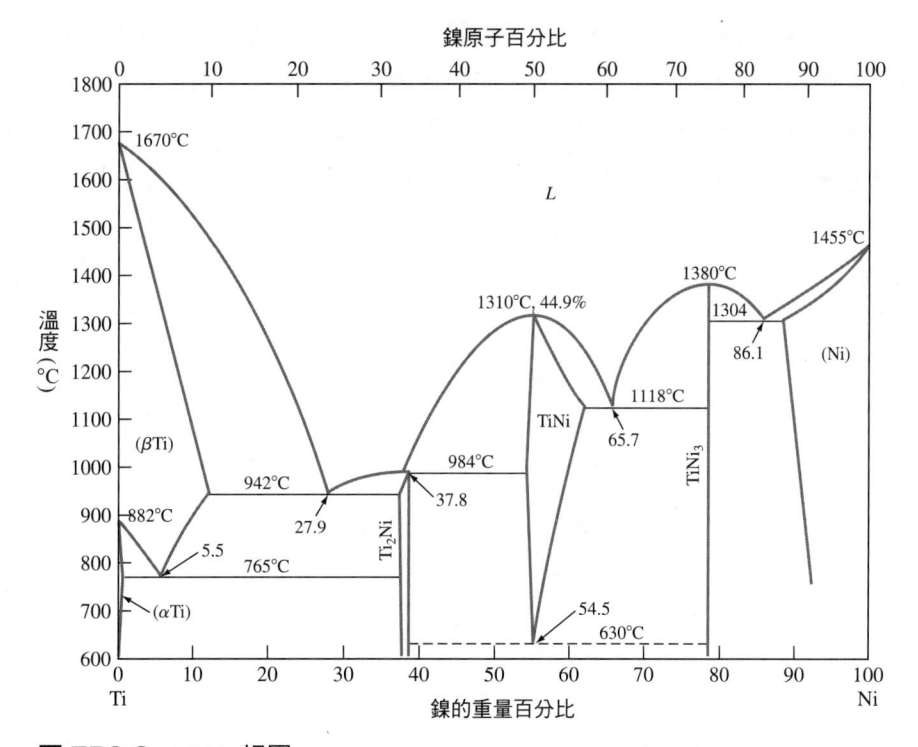

圖 EP8.8 Ti-Ni 相圖。
(Source: *Binary Alloy Phase Diagrams*, ASM Int., 1986, p. 1768.)

解

a. (i) 55 wt % Ni, 765°C
   (ii) (β Ti) → (α Ti) + Ti$_2$Ni
   (iii) 共析反應

b. (i) 27.9 wt% Ni, 942°C
   (ii) L → (β Ti) + Ti$_2$Ni
   (iii) 共晶反應

c. (i) 37.8 wt % Ni, 984°C
   (ii) L + TiNi → Ti$_2$Ni
   (iii) 包晶反應

d. (i) 54.5 wt % Ni, 630°C
   (ii) TiNi → Ti$_2$Ni + TiNi$_3$
   (iii) 共析反應

e. (i) 65.7 wt % Ni, 1118°C
   (ii) L → TiNi + TiNi$_3$
   (iii) 共晶反應

f. (i) 86.1 wt % Ni, 1304°C
   (ii) L → TiNi$_3$ + (Ni)
   (iii) 共晶反應

8.12 三元相圖 Ternary Phase Diagrams

到目前為止，我們只討論了二元相圖，其中有兩個組成。我們現在將注意力轉向具有三個成分的三元相圖。三元相圖上的成分通常通過使用等邊三角形作為基礎來建構。三元系統的組成表示在這個基礎之上，且在三角形的每一端點都是純的成分。圖 8.29 顯示了由純金屬 A、B 和 C 組成的三元金屬合金之三元相圖的組成基礎。二元合金組分 AB、BC 和 AC 表示在此三角形的三個邊緣上。

圖 8.29 具有純成分 A、B 和 C 的系統之三元相圖的組成基礎。

(Source: *Metals Handbook*, vol. 8, 8th ed., American Society for Metals, 1973, p. 314.)

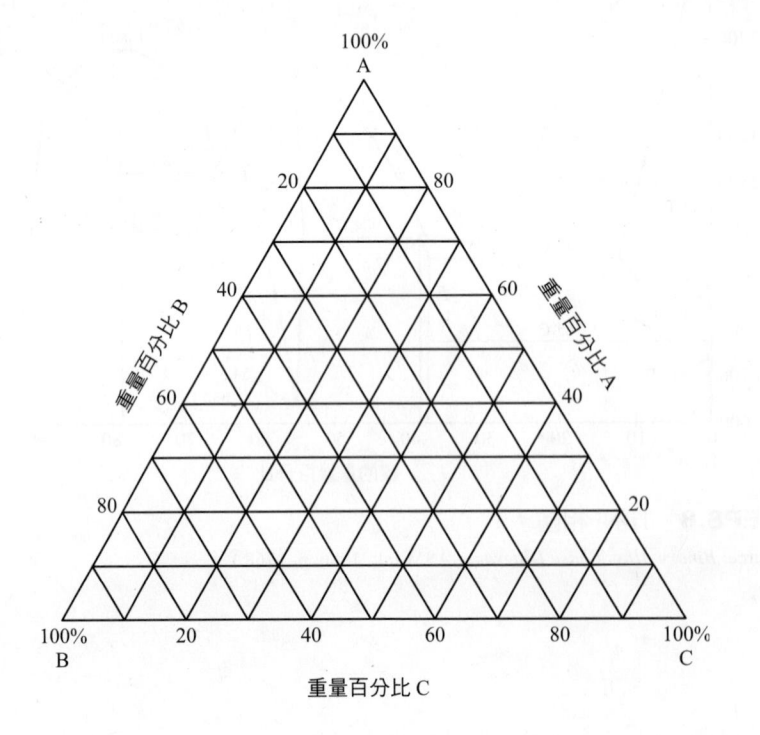

具有三角形組成基礎的三元相圖通常在 1 大氣壓的恆定壓力下構建出來。在整個圖中，溫度是均勻分布的。這種三元圖稱為等溫截面 (isothermal section)。為了顯示變化組合物比例時的溫度範圍，可以構建具有三角形組成基礎且垂直軸為溫度的圖形。然而，更常見的是，溫度等高線繪製在三角形組成基礎上以指示溫度範圍，就像在地形的平面地圖上顯示不同高度一樣。

現在讓我們來決定三元合金的成分，且用圖 8.29 所示類型的三元相圖上的點來表示。在圖 8.29 中，三角形的 A 角表示 100% 金屬 A，B 角表示 100% 金屬 B，而 C 角表示 100% 金屬 C。合金中每種純金屬的重量百分比以下列方式來決定：從每個純金屬角繪製垂直線到與該角相對的一邊，沿著垂直線與邊的交點量測到角落的距離，並將其與整條線比較，計算出百分比例。該百分比是合金中該角純金屬的重量百分比。例題 8.9 更詳細地解釋了此過程。

■ 例題 8.9

確定圖 EP8.9 中所示的三元相圖網格上 x 點處三元合金 ABC 的金屬 A、B 和 C 的重量百分比。

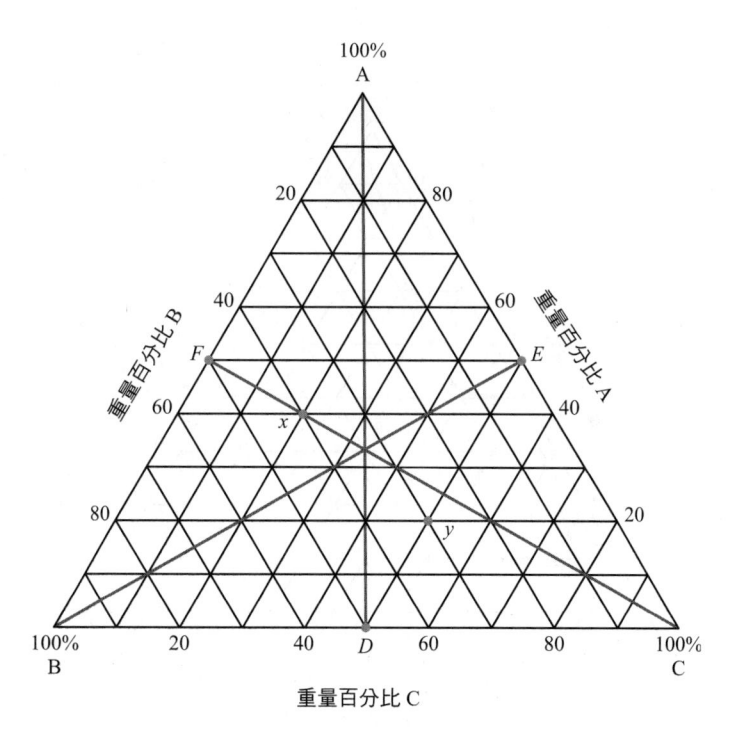

圖 EP8.9　ABC 合金的三元相圖。

解

如圖 EP8.9 中所示，三元相圖網格中的任一點處的組成是通過分別確定圖中每種純金屬的組成比例來確定。為了確定圖 EP8.9 中點 x 處的百分比 A，我們首先繪製從轉角 A 到轉角 A 對邊點 D 的垂直線 AD。從 D 到 A 的線的總長度表示 100% 的 A。在點 D 處，合金中的百分比 A 為零。點 x 在 40% A 的等分線上，因此合金中 A 的百分比為 40%。以類似的方式，我們繪製線 BE 並確定合金中 B 的百分比也是 40%。繪製第三條線 CF，並確定合金中 C 的百分比為 20%。因此，在點 x 處的三元合金的組成為 40% A、40% B 和 20% C。實際上僅需要確定兩個百分比，因為可以通過從 100% 中減去兩者的總和來獲得第三百分比。

鐵、鉻和鎳的三元相圖是重要的，因為商業上最重要的不鏽鋼具有基本上 74% 鐵、18% 鉻和 8% 鎳的組成。圖 8.30 顯示了鐵-鉻-鎳三元系統在 650°C (1202°F) 下的等溫截面。

三元相圖對於某些陶瓷材料的研究也很重要。圖 11.34 顯示了重要的二氧化矽 (silica)-白榴石 (leucite)-莫來石 (mullite) 系統的三元相圖。

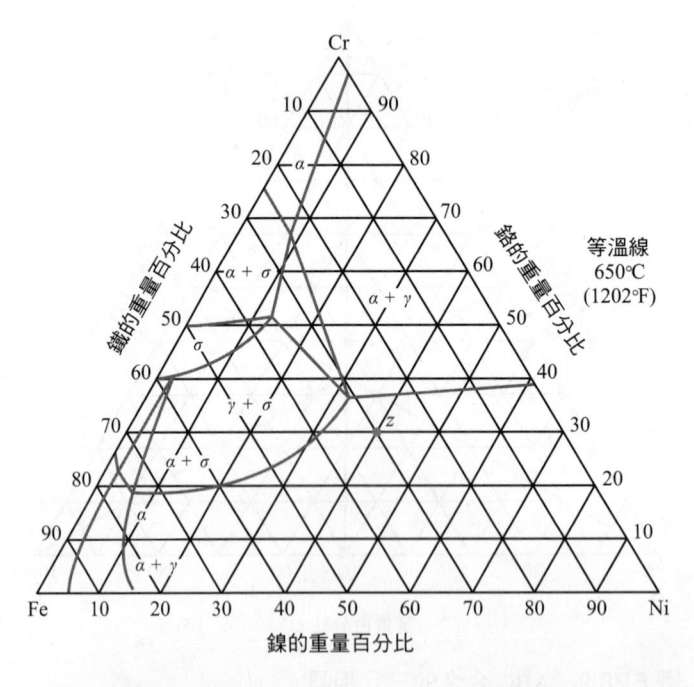

圖 8.30 鐵-鉻-鎳系統在 650°C (1202°F) 的等溫截面的三元相圖。

(Source: *Metals Handbook*, vol. 8, 8th ed., American Society for Metals, 1973, p. 425.)

8.13 總結 Summary

相圖是合金(或陶瓷)體系中,在各種溫度、壓力和組成下所存在的相之圖示。相圖是利用由冷卻曲線所收集到的訊息構建出來的。各種合金的冷卻曲線是一種時間-溫度曲線圖,它們提供了關於相變溫度的資料。在本章中,重點放在溫度-成分二元平衡相圖。這些圖表告訴我們,對於接近平衡的緩慢冷卻或加熱條件,哪些相可以在不同的組成和溫度下存在。在這些圖的兩相區域中,兩個相中的每一個相之化學組成是由等溫線與邊界的交叉點表示。兩相區域中,每相的重量比例可以通過沿等溫線(在特定溫度下的連接線)使用槓桿規則來確定。

在二元平衡異質同晶系統相圖中,兩種成分在固態下完全可溶,因此只有一種固相。在二元平衡合金(陶瓷)相圖中,經常發生涉及平衡三相的無變度反應。這些反應中最常見的是:

1. 共晶反應:$L \rightarrow \alpha + \beta$
2. 共析反應:$\alpha \rightarrow \beta + \gamma$
3. 包晶反應:$\alpha + L \rightarrow \beta$
4. 包析反應:$\alpha + \beta \rightarrow \gamma$
5. 偏晶反應:$L_1 \rightarrow \alpha + L_2$

在許多二元平衡相圖中,存在中間相和/或化合物。中間相具有一系列組成,而中間化合物僅具有一種組成。如果成分都是金屬,則中間體化合物稱為金屬間化合物。

在許多合金的快速凝固期間,產生成分梯度並產生核偏析結構。在剛好低於合金中最低熔融相的熔化溫度的高溫下,長時間均化鑄造合金,可以消除核偏析結構。如果鑄造合金稍微加熱過熱以使晶界處發生熔化,則產生液體結構。這種類型的結構是不希望產生的,因為會導致合金失去強度並且可能在隨後的加工過程中破裂。

8.14 名詞解釋 Definitions

8.1 節

- **相** (phase):材料系統中,物理上均質且可區分的部分。
- **平衡** (equilibrium):系統若不會隨時間演進發生很大的變化,稱為居於平衡狀態。
- **平衡相圖** (equilibrium phase diagram):呈現不同壓力、溫度與成分下,各種相存在某種平衡穩定的圖形。在材料科學中,最常見的相圖是為溫度-成分圖。

8.2 節

- **吉布斯相定律** (Gibbs phase rule):在平衡狀態,相數加自由度等於成分數加2,可寫為 $P + F = C + 2$。如果壓力等於 1 atm,就可寫為 $P + F = C + 1$。
- **系統** (system):從整體中獨立出來,其性質可以單獨研究之部分。

- **自由度** (degrees of freedom, F)：在不影響系統之相下，可獨立改變之變數 (溫度、壓力及成分) 數量。
- **相圖的成分數** (number of components of a phase diagram)：組成相圖系統之元素或化合物數目。例如，Fe-Fe$_3$C 系統是雙化合物系統，Fe-Ni 系統亦是雙化合物系統。

8.3 節
- **冷卻曲線** (cooling curve)：金屬凝固過程中的時間 - 溫度關係曲線。當溫度下降時，此圖可提供相變資訊。
- **熱阻抗** (thermal arrest)：純金屬冷卻曲線的區域，此處溫度不隨著時間改變，代表凝固溫度。

8.4 節
- **異質同晶系統** (isomorphous system)：只有一固相之相圖，也就是只有一種固態解構。
- **液相線** (liquidus line)：平衡條件下，液體開始凝固之溫度。
- **固相線** (solidus line)：在合金凝固期間，最後一個液相開始凝固的溫度。

8.5 節
- **槓桿原理** (lever rule)：在平衡狀態下，二元相圖內任何兩相區域之各相的重量占比可透過此定律求得。
- **水平連結線** (tie line)：一條在特定溫度下，畫於兩個相界間 (在二元相圖中) 的水平連結線上，並用於槓桿定律。從水平連結線和相界交叉點畫垂直線至成分軸。垂直線也從連結線畫向水平線上與有興趣合金的交叉點，對該合金使用槓桿定律。

8.6 節
- **核偏析結構** (cored structure)：金屬在快速凝固或是不平衡冷卻狀態下所產生的微結構。
- **均質化** (homogenization)：消除核偏析結構的金屬熱處理過程。

8.7 節
- **固溶線** (solvus)：位於等溫液體＋初晶固相邊界下方的相邊界，在二元共晶相圖內，則是介於最終固溶體和二相區域間。
- **共晶成分** (eutectic composition)：發生共晶反應的液體成分，在共晶溫度時會反應成兩個新固相。
- **共晶溫度** (eutectic temperature)：發生共晶反應的溫度。
- **共晶點** (eutectic point)：共晶溫度與組成所定義的點。
- **共晶反應 (在二元相圖中)** [eutectic reaction (in a binary phase diagram)]：所有液相在冷卻過程中等溫轉變成兩種固相的相變。
- **亞共晶組成** (hypoeutectic composition)：位於共晶點左側。
- **過共晶組成** (hypereutectic composition)：位於共晶點右側。

- **初晶相** (primary phase)：一種固相，在無變度反應溫度以上所生成，且保持到無變度反應完成。
- **共晶前相** (proeutectic phase)：在共晶溫度之上所形成的相。

8.8 節

- **包晶反應 (在二元相圖中)** [peritectic reaction (in a binary phase diagram)]：冷卻期間，一液相和一固相反應，生成另一新固相的相變。

8.9 節

- **偏晶反應 (在二元相圖中)** [monotectic reaction (in a binary phase diagram)]：在冷卻時，一個液相轉變成一個固相及另一個新液相 (成分與原液相不同) 的相變。

8.10 節

- **無變度反應** (invariant reaction)：反應相的溫度和成分均為固定的反應。在這些反應點的自由度為零。

8.11 節

- **末端相** (terminal phases)：一種成分在另一種成分中的固溶體，其中相的一個邊界是純成分。
- **中間相** (intermediate phases)：組成範圍介於末端相之間的相。

8.15　習題 Problems

知識及理解性問題

8.1 什麼是二元異質同晶合金系統？

8.2 解釋如何在 70% Cu-30% Ni 合金中產生核偏析結構。

8.3 描述在透過包晶反應迅速固化的包晶合金中產生環繞現象的機制。

8.4 什麼是偏晶無變度反應？為什麼在銅鉛系統內的偏晶反應在工業上很重要？

8.5 區分 (a) 中間相和 (b) 中間化合物。

8.6 一致熔融化合物與不一致熔融化合物有什麼區別？

應用及分析問題

8.7 如果將 500 公克 40 wt% Ag-60 wt% Cu 合金從 1000°C 緩慢冷卻至恰好低於 780°C (見圖 P8.23)：

　a. 在 850°C 時，存在多少公克液體和共晶前 α？

　b. 在 780°C + ΔT 時，存在多少公克液體和共晶前 α？

　c. 在 780°C − ΔT 時，多少公克 α 存在於共晶結構中？

　d. 在 780°C − ΔT 時，多少公克 β 存在於共晶結構中？

8.8 在 180°C $-\Delta T$ 時,鉛錫 (Pb-Sn) 合金由 60 wt% 的共晶前 β 和 60 wt% 的共晶 $\alpha + \beta$ 組成。計算該合金的平均組成 (見圖 8.12)。

8.9 在 50°C 時,Pb-Sn 合金 (圖 8.12) 含有 40 wt% 的 β 和 60 wt% 的 α。這種合金中 Pb 和 Sn 的平均組成是多少?

8.10 考慮圖 P8.28 的二元包晶銥 (iridium)- 鋨 (osmium) 相圖。在溫度 (a) 2600°C,(b) 2665°C$+\Delta T$ 和 (c) 2665°C$-\Delta T$ 下進行對 70 wt% Ir-30 wt% Os 的相分析。在相分析包括:

i. 有哪些相?

ii. 每個相的化學組成是什麼?

iii. 每相的含量是多少?

iv. 使用直徑為 2 公分的圓偏振場繪製微觀結構。

8.11 在 Cu-10 wt% Pb 合金的銅鉛 (Cu-Pb) 體系 (圖 8.24) 中,決定在 (a) 1000°C,(b) 955°C $+\Delta T$,(c) 955°C$-\Delta T$,和 (d) 200°C 所存在的相的量和組成。

8.12 對於 Cu-70 wt% Pb 的合金 (圖 8.24),決定在 (a) 955°C$+\Delta T$,(b) 955°C$-\Delta T$ 和 (c) 200°C 下存在的相的重量百分比的量和組成。

8.13 考慮將 Fe-4.2 wt% Ni 合金 (圖 8.17) 從 1550°C 緩慢冷卻至 1450°C。利用包晶反應固化的合金的重量百分比是多少?

8.14 示意性地繪製 Cu-Zn 圖的液相線和固相線 (圖 8.26)。顯示所有關鍵的鋅含量和溫度。這些溫度中的哪一個對金屬成型過程很重要?為什麼?

綜合及評價問題

8.15 一個未知金屬的冷卻曲線在特定溫度下顯示出明顯的平台,且沒有其他有趣的特徵。此冷卻曲線告訴您有關金屬的訊息是什麼?

8.16 根據圖 P8.23 中的 Cu-Ag 相圖,以近似的溫度來繪製下列合金的近似冷卻曲線,並解釋之。(i) 純 Cu,(ii) Cu-10 wt% Ag,(iii) Cu -71.9wt% Ag,(iv) Cu-91.2 wt% Ag。

8.17 下表列出了許多元素及其晶體結構和原子半徑。預計哪一對元素可以在彼此中具有完全的固溶度?

	晶體結構	原子半徑 (nm)		晶體結構	原子半徑 (nm)
銀	FCC	0.144	鉛	FCC	0.175
鈀	FCC	0.137	鎢	BCC	0.137
銅	FCC	0.128	銠	FCC	0.134
金	FCC	0.144	鉑	FCC	0.138
鎳	FCC	0.125	鉭	BCC	0.143
鋁	FCC	0.143	鉀	BCC	0.231
鈉	BCC	0.185	鉬	BCC	0.136

8.18 使用兩個元素完全可溶於彼此的相圖，得出在二元相圖的兩相區域中，每相重量百分比的槓桿定律。

8.19 (a) 設計一種在 1200°C 時完全固態的 Cu-Ni 合金 (使用圖 8.5)。(b) 設計 Cu-Ni 合金，該合金將在 1300°C 下是完全熔融狀態，並在 1200°C 下變為完全固態。

8.20 (a) 根據圖 P8.61 中的相圖，解釋城市工人為什麼會在結冰的道路上扔岩鹽。(b) 基於相同的圖表，建議一種從海水 (3 wt% 鹽) 產生幾乎純淨水的過程。

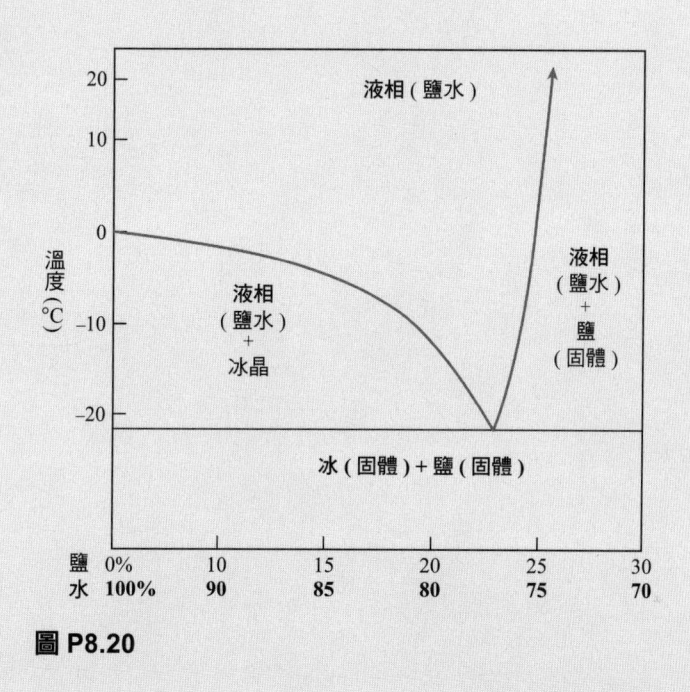

圖 P8.20

8.21 使用圖 P8.40，解釋當合金成分為 Al-43 wt% Ni (低於 854°C) 時，相圖呈現出了什麼。為什麼相圖中的那一點有垂直線？驗證化合物的配方為 Al_3Ni。你怎麼稱呼這樣的化合物？

8.22 使用圖 P8.40，解釋為什麼介金屬 Al_3Ni 由單個垂直線表示，而介金屬 Al_3Ni_2 和 Al_3Ni_5 由一定面積的區域表示。

8.23 (a) 在圖 P8.42 的 Ti-Al 相圖中，當溫度低於 1300°C 時，Ti-63 wt% Al 的整體合金成分可以得到哪些相？(b) 相圖中在該合金成分點的垂直線之重要性是什麼？(c) 驗證垂直線旁邊的公式。(d) 將該化合物的熔融溫度與 Ti 和 Al 的熔融溫度進行比較。你的結論是什麼？

CHAPTER

9 工程合金
Engineering Alloys

(© Textron Power Transmission)

各種金屬合金,如普通碳鋼、合金鋼、不鏽鋼、鑄鐵與銅合金,皆能應用於製造各式齒輪上。例如,鉻鋼用在汽車的傳動齒輪、鉻-鉬鋼用於飛機的燃氣渦輪齒輪上、鎳-鉬鋼用於堆運土設備上,部分銅合金則用來製造用於低荷重的齒輪上。齒輪的尺寸、承受應力、所需動力及其操作環境,均影響了適用於該齒輪的金屬選擇及製造方式。本頁上方的圖片示出了不同尺寸的各種工業用齒輪。[1]

---

[1] http://www.textronpt.com/cgi-bin/products.cgi?prod=highseeed&group=spcl

> 學習目標

到本章結束時，學生將能夠：

1. 描述鋼零組件的煉鋼和加工，區分普通碳鋼、合金鋼、鑄鐵和不銹鋼。
2. 重建能夠指出所有關鍵相、反應和微結構的鐵碳相圖。
3. 描述什麼是波來鐵和麻田散鐵，與它們的機械性能差異、微觀結構差異以及如何生產。
4. 定義恆溫和連續冷卻轉變。
5. 描述退火、正常化、淬火、回火、麻回火和沃斯回火的過程。
6. 描述普通碳鋼和合金鋼的分類，並說明各種合金元素對鋼性能的影響。
7. 描述鋁合金、銅合金、不銹鋼和鑄鐵的分類、熱處理性、顯微組織和一般性能。
8. 解釋介金屬化合物、形狀記憶合金和非晶態合金的重要性和應用。
9. 描述用於生物醫學應用的合金的優缺點。

■ 9.1　鐵和鋼的生產 Production of Iron and Steel

金屬及合金擁有許多有用的工程性質，並廣泛的應用在工程設計上。鐵與其合金(主要是鋼)的生產量約占全世界金屬生產總量的90%，主要是因為其具有良好強度、韌性、延展性且價格低廉。對工程設計而言，每種金屬都具有其特殊性質。在做過比較成本分析後，即可將選定的金屬用於特定的工程設計(表9.1)。

以鐵為主要成分的合金稱為鐵合金(ferrous alloys)，以其他金屬為主的合金稱

表 9.1　一些金屬在 2001 年 5 月的估計價格 (美元 / 磅)*

鋼†	0.27	鎳	2.74
鋁	0.67	錫	2.30
銅	0.76	鈦‡	3.85
鎂	3.29	金	3108.00
鋅	0.45	銀	52.00
鉛	0.22		

* 金屬的價格隨時間而改變。
† 熱軋碳鋼板。
‡ 當大量採購海綿狀鈦時的價錢。

為非鐵合金 (nonferrous alloys)。在本章中，我們將討論一些重要鐵合金和非鐵合金的製程、結構及性質。最後兩節著重在先進合金及其在各領域的應用，包括生物醫學領域。

9.1.1 鼓風爐中的生鐵製造

多數的鐵都是從大型鼓風爐 (圖 9.1) 中，由鐵礦石裡提煉出來的。在鼓風爐中，焦炭扮演還原劑的角色，可以將氧化鐵 (主要是 Fe_2O_3) 還原，產生含有大約 4% 的碳及其他雜質的生鐵。其化學反應如下所示：

$$Fe_2O_3 + 3CO \rightarrow 2Fe + 3CO_2$$

一般而言，由鼓風爐製成的生鐵，通常是以液態的狀態送到煉鋼爐。

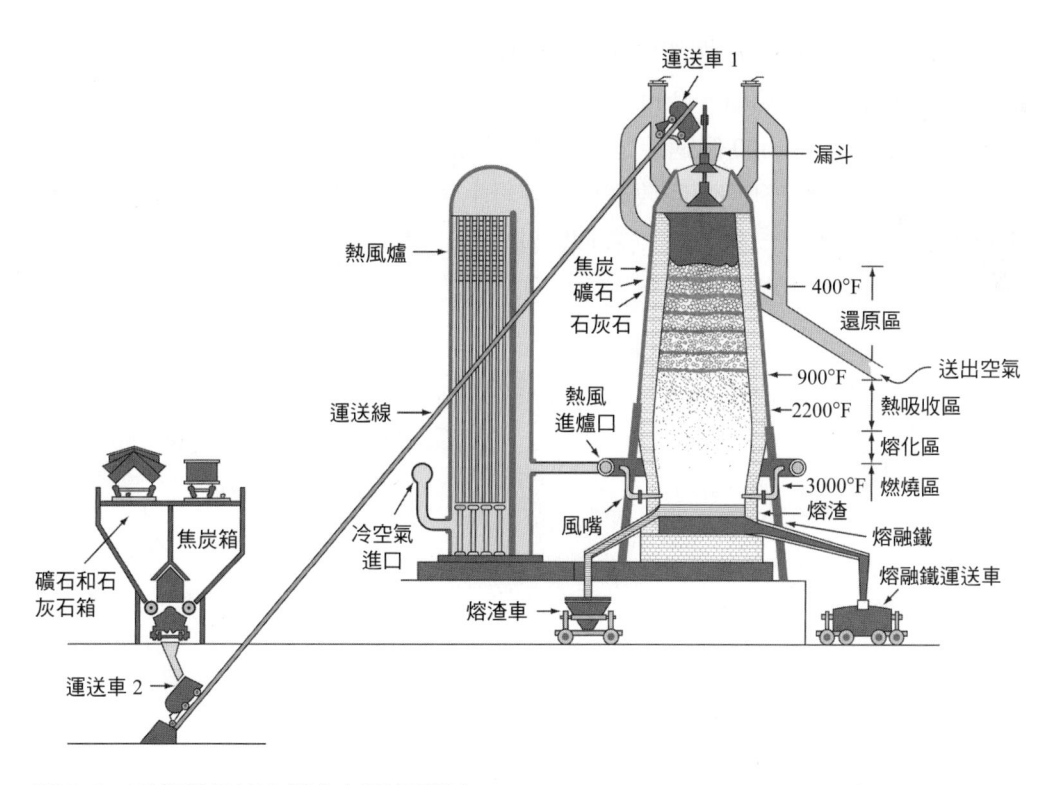

圖 9.1 現代鼓風爐之操作剖面示意圖。
(Source: A.G. Guy, *Elements of Physical Metallurgy*, 2nd ed., © 1959, Addison-Wesley, Fig. 2-5, p. 21.)

9.1.2 重要鋼品的煉鋼及製造方法

　　普通碳鋼 (plain-carbon steels) 為鐵及碳的合金，其含碳量高達 1.2%。然而，多數一般鋼材僅含有不到 0.5% 的碳。大部分的鋼材製造皆是利用氧化法來去除生鐵中過高的含碳量及其他雜質，直到鋼中的含碳量減少到規格水準。

　　最常用來將生鐵轉化為鋼的處理方法是鹼性氧氣吹煉法 (basic-oxygen process)。這個製程是將生鐵及廢鋼 (最多 30%) 送入具有耐火內襯的桶形轉爐內，並且以插入轉爐內的吹管來供給氧氣 (圖 9.2)。純氧由吹管送出，並與熔液相互反應形成氧化鐵。鋼中所含的碳接著與氧化鐵反應而生成一氧化碳：

$$FeO + C \rightarrow Fe + CO$$

在氧氣開始反應之前，會在轉爐內加入有助於產生熔渣之熔劑 (主要為石灰)。在這道製程中，鋼的含碳量可以在 22 分鐘內急遽降低，像是硫及磷這些雜質的濃度也會同時減少 (圖 9.3)。

　　由此轉爐產生的熔融鋼液會注入固定模，或是以連續鑄造的方法來製備長條鋼板，並且週期性的切斷。今日，約有 96% 的鋼鐵原料是利用連續鑄造的方法得到，不過仍有大約 4,000 個鋼錠是使用單獨鑄造的方法來取得的。然而，大約有一半以上的生鋼都是利用舊回收鋼材進行再生處理而製造，例如像是垃圾車與舊火車的廢棄車體都可以被拿來進行回收及再利用。[2]

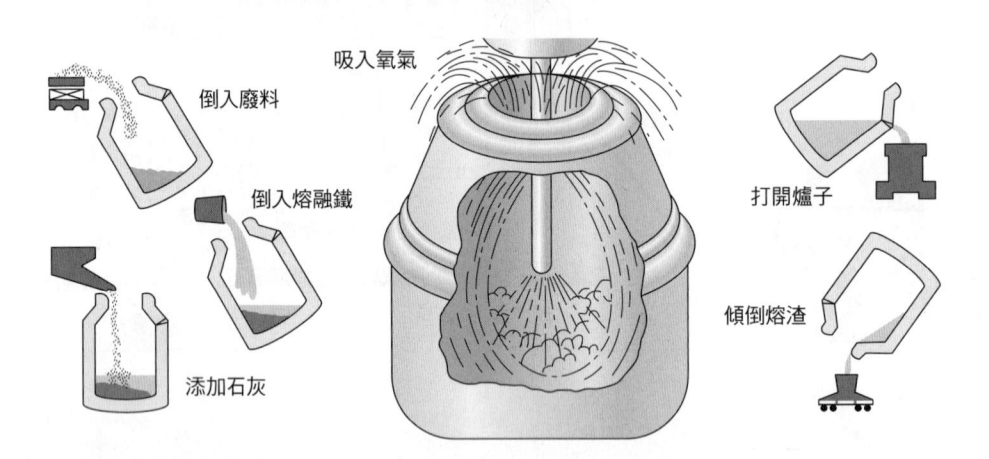

圖 9.2 鹼性氧氣吹煉法的煉鋼過程。
(Source: Inland Steel.)

---

[2] Table 23, pp. 73-75 of the *Annual Statistical Report of the AI&SI*。

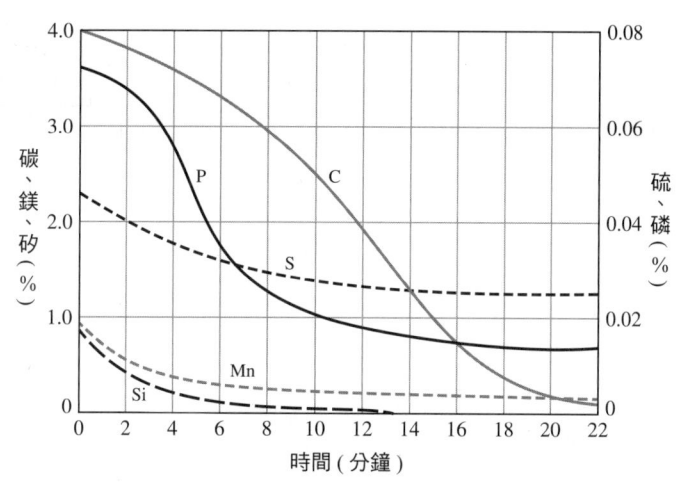

圖 9.3 頂端吹氣的基線槽精煉製程。

(Source: H.E. McGannon (ed.), *The Making, Shaping, and Treating of Steel*, 9th ed., United States Steel, 1971, p. 494.)

經鑄造的鋼錠會被放入均熱爐內加熱 (圖 9.4)，隨後利用熱軋形成扁鋼胚 (slabs)、小鋼胚 (billets) 或大鋼胚 (blooms)。扁鋼胚接著會持續以熱軋及冷軋方式形成鋼片或鋼板 (參考圖 9.4 及圖 6.4 至圖 6.6)。小鋼胚則以熱軋及冷軋製成鋼條、鋼棒及鋼絲；大鋼胚則是利用熱軋及冷軋製成 I 型鋼和鐵軌。圖 9.5 是一製程流程圖，簡短的摘要了鋼鐵原料製成鋼鐵產品的過程。

圖 9.4 鋼板熱軋。照片後方為粗熱滾軋機，前方有 6 台細熱滾軋機，最前面是熱軋後以水淬火之鋼片。

(Courtesy of United States Steel Corporation)

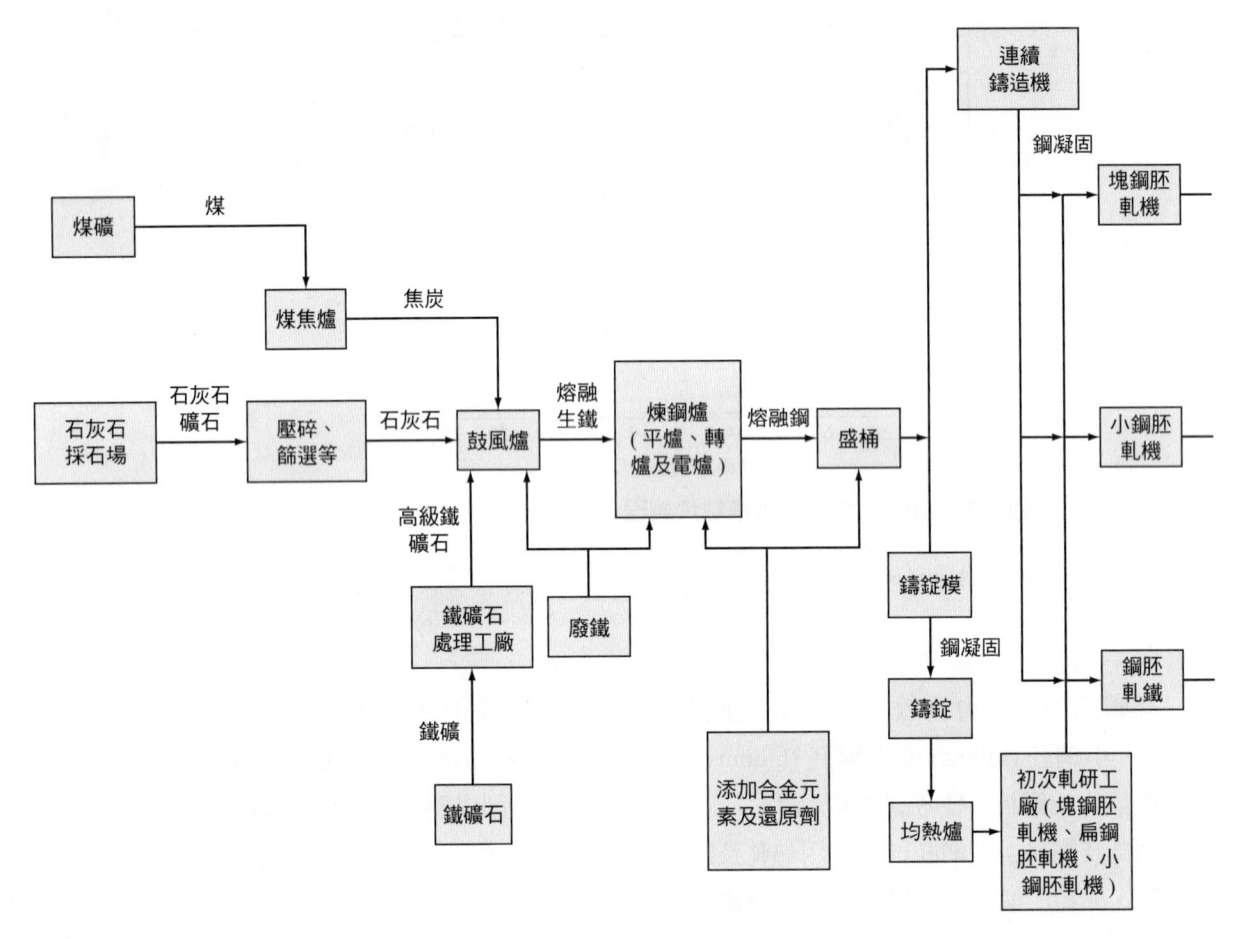

圖 9.5 鋼鐵原料製成鋼鐵產品 (不含塗層) 之主要流程圖。
(Source: H.E. McGannon (ed.), *The Making, Shaping, and Treating of Steel*, 9th ed., United States Steel, 1971, p. 2.)

■ 9.2　鐵 - 碳系統　The Iron-Carbon System

　　鐵 - 碳合金成分中的含碳量最少大約為 0.03%，最多則約達 1.2%，且含有 0.25% 到 1.00% 的錳，以及少量的其他元素[3]。這種成分的鐵 - 碳合金稱之為普通碳鋼 (plain-carbon steels)。然而，本節的討論僅把普通碳鋼視為鐵和碳合成的雙元合金，鋼中其他元素之影響則於後續的章節中討論。

---

[3] 普通碳鋼也包含矽、磷、硫及其他雜質。

圖 9.5 （續）

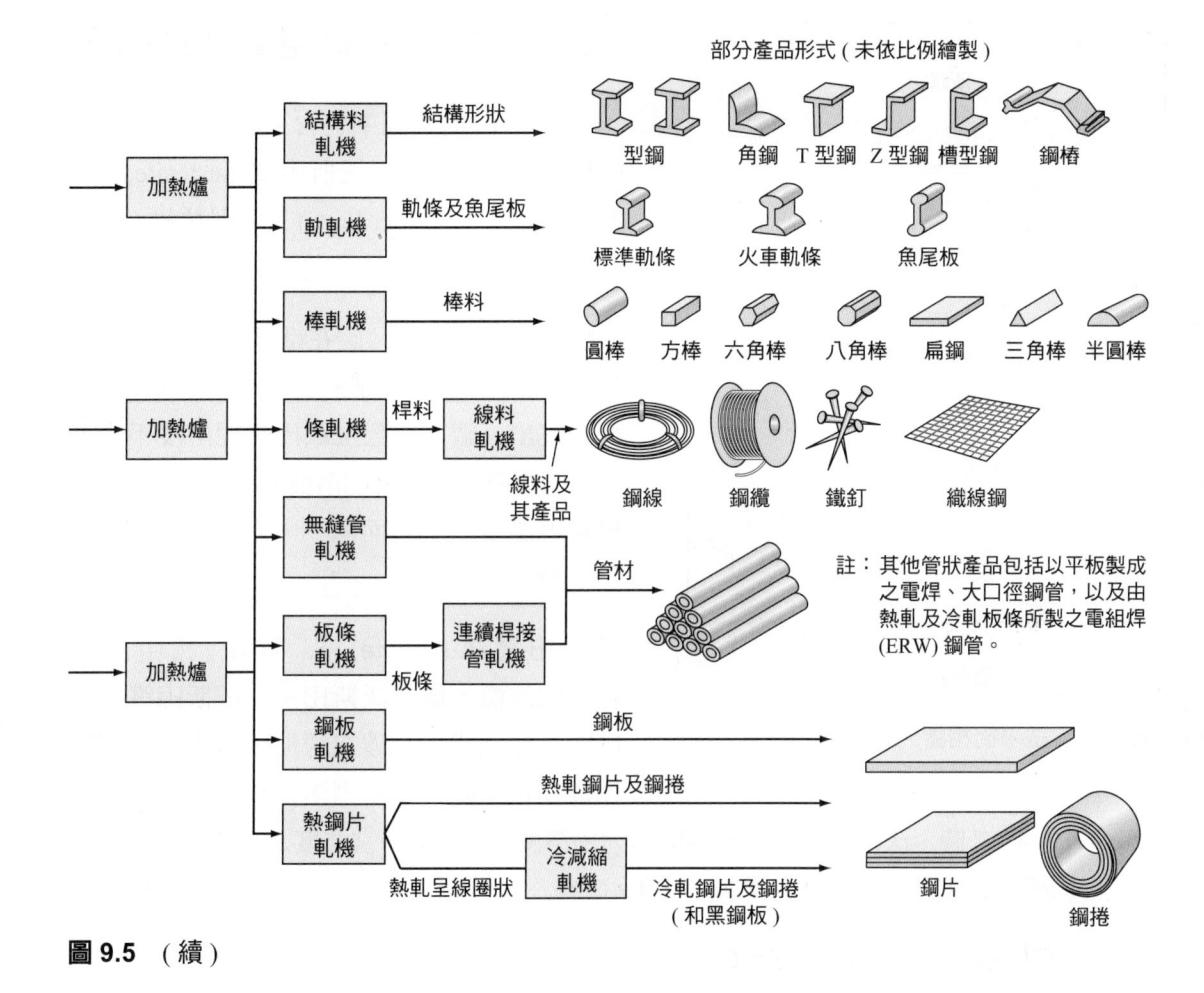

9.2.1　鐵 (Fe)- 碳化鐵 (Fe$_3$C) 相圖

　　圖 9.6 為鐵 - 碳化鐵之相圖。此相圖是利用非常慢的冷卻速率把鐵碳合金冷卻下來時所得到的，縱軸顯示為不同溫度，橫軸則是代表含碳量 (最多會有 6.67% 的碳)。因為此 Fe$_3$C 的形成並不是真正的平衡相，所以此相圖並不是一個真正的平衡相圖。在某些特別的情況下，Fe$_3$C 被稱為**雪明碳鐵** (cementite)，可以分解為較穩定的鐵及碳的相 (石墨)。但是在大多數的實際情況下，Fe$_3$C 仍然是非常穩定的，故仍可將其視為一種平衡相。

9.2.2 鐵 - 碳化鐵相圖中的固相

Fe-Fe₃C 的相圖中包含了以下幾個固相；α 肥粒鐵 (α ferrite)、沃斯田鐵 (austenite, γ)、雪明碳鐵 (cementite, Fe₃C) 及 δ 肥粒鐵 (δ ferrite)。

α 肥粒鐵 (α ferrite) 碳在鐵 BCC 晶格中的間隙型固溶體，稱為 α 肥粒鐵。由 Fe-Fe₃C 相圖可觀察出，碳在 α 肥粒鐵內的固溶度不高。在 727°C 時達到最大固溶度 0.02%；此固溶度會隨著溫度的下降而減少，最終在 0°C 時到達 0.005%。

沃斯田鐵 (Austenite, γ) 碳在 γ 鐵中的格隙型固溶體，稱為沃斯田鐵。沃斯田鐵擁有 FCC 晶體結構，且碳在沃斯田鐵中的固溶度比碳在 α 肥粒鐵中的固溶度更高出許多。在 1148°C 時，沃斯田鐵中擁有碳的最大固溶度為 2.11%。當溫度為 727°C 時，碳的固溶度則下降至 0.77% (如圖 9.6 所示)。

雪明碳鐵 (Cementite, Fe₃C) 介金屬化合物 Fe₃C 被稱為雪明碳鐵，具有可忽略的溶解度限制，且成分為 6.67% 的碳和 93.3% 的鐵，是一種堅硬且脆的化合物。

δ 肥粒鐵 (δ ferrite) 碳在 δ 鐵中的格隙型固溶體，稱做 δ 肥粒鐵。它有和 α 肥粒鐵相同之 BCC 晶體結構，不過它的晶格常數比較大一些。在溫度 1465°C 時，碳在 δ 肥粒鐵中的最大固溶度是 0.09%。

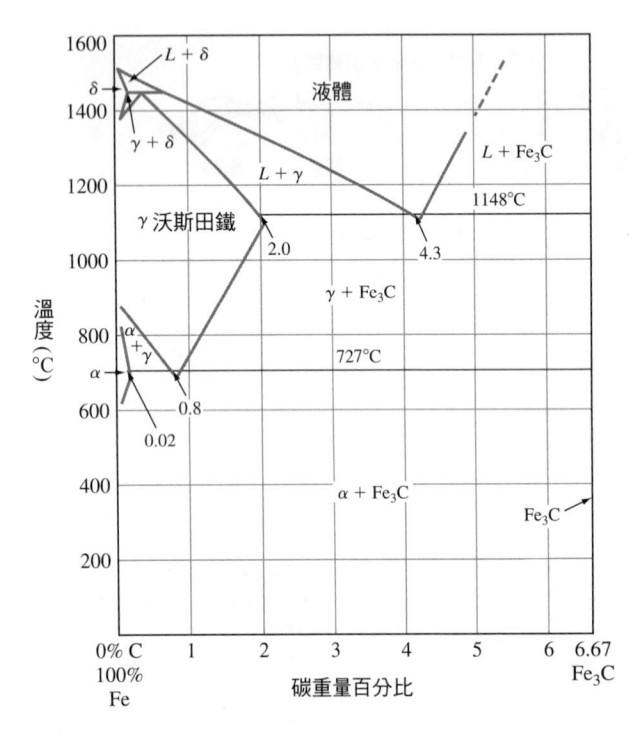

圖 9.6 鐵 - 碳化鐵平衡相圖。

9.2.3 鐵 - 碳化鐵相圖中的無變度反應

包晶反應 (Peritectic reaction) 在包晶反應點上，包含 0.53% 碳的熔液會與包含 0.09% 碳的 δ 肥粒鐵相互結合，形成包含 0.17% 碳的 γ 沃斯田鐵。這個發生在 1495°C 的反應，可寫成下式：

$$熔融液 (0.53\% 碳) + \delta(0.09\% 碳) \xrightarrow{1495°C} \gamma (0.17\% 碳)$$

因 δ 肥粒鐵是高溫的相，故普通碳鋼在較低溫時不會遇到 δ 肥粒鐵。

共晶反應 (Eutectic reaction)　在共晶反應點上，4.3% 的熔融液會形成含有 2.11% 碳的沃斯田鐵以及含有 6.67% 碳的介金屬化合物 Fe₃C (雪明碳鐵)。這個發生在 1148°C 的反應，可寫成下式：

$$\text{液體 (4.3\% 碳)} \xrightarrow{1148°C} \gamma \text{ 沃斯田鐵 (2.11\% 碳)} + Fe_3C\ (6.67\%\ \text{碳})$$

因普通碳鋼的含碳量太低，所以不會碰到此反應。

共析反應 (Eutectoid reaction)　在共析反應點上，含有 0.77% 碳的固體沃斯田鐵會形成含 0.022% 碳的 α 肥粒鐵以及含 6.67% 碳的 Fe₃C (雪明碳鐵)。這個發生在 727°C 的反應，可寫成下式：

$$\gamma \text{ 沃斯田鐵 (0.77\% 碳)} \xrightarrow{727°C} \alpha \text{ 肥粒鐵 (0.022\% 碳)} + Fe_3C\ (6.67\%\ \text{碳})$$

這一個共析反應完全發生在固體狀態，對普通碳鋼的熱處理而言，是相當重要的。

共析鋼 (eutectoid steel) 是指含碳量為 0.77% 的普通碳鋼。當此成分沃斯田鐵經由緩慢冷卻降至共析溫度以下時，會形成 α 肥粒鐵和 Fe₃C 的全共析組織。假設此碳鋼的含碳量低於 0.77%，即稱為**亞共析鋼** (hypoeutectoid steel)；假如含碳量高於 0.77%，則稱為**過共析鋼** (hypereutectoid steel)。

9.2.4　緩慢冷卻之普通碳鋼

共析普通碳鋼 (Eutectoid Plain-Carbon Steels)　當含碳量 0.77% (共析) 之普通碳鋼加熱到 750°C 並維持足夠時間，其組織就會轉變為均質的沃斯田鐵，此過程就稱為**沃斯田鐵化** (austenitizing)。若將此共析鋼緩慢地冷卻至略高於共析溫度時，其組織依然是沃斯田鐵，如圖 9.7 中 a 點所示。如果繼續進行冷卻至共析溫度或更低溫度時，其結構將會由沃斯田鐵轉變為肥粒鐵和雪明碳鐵 (Fe₃C) 夾雜的層狀組織。溫度低至共析

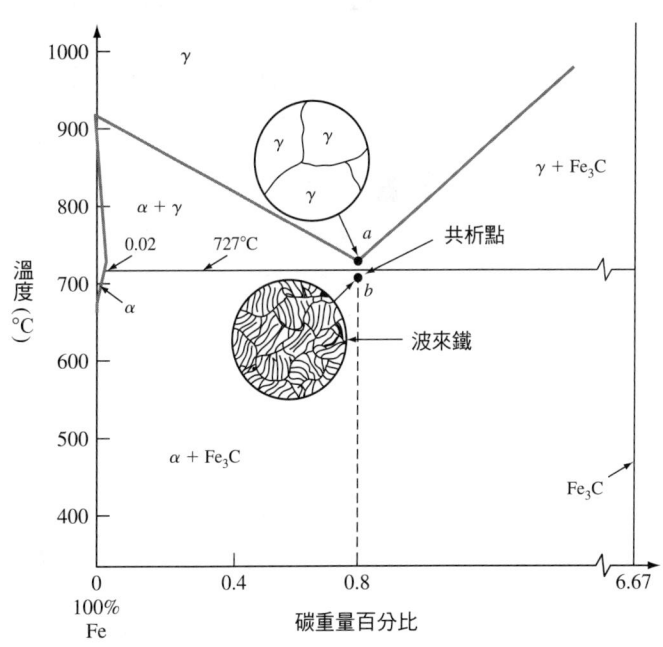

圖 9.7　共析鋼 (0.8% 碳) 緩慢冷卻時的相變。
(Source: W.F. Smith, *Structure and Properties of Engineering Alloys*, 2nd ed., McGraw-Hill, 1993, p. 8.)

圖 9.8 共析鋼緩慢冷卻之顯微結構。這是一種層狀共析波來鐵，黑色是雪明碳鐵，白色是肥粒鐵（腐蝕液：苦味酸蝕劑；放大倍率 650×）。
(Courtesy of United States Steel Corporation)

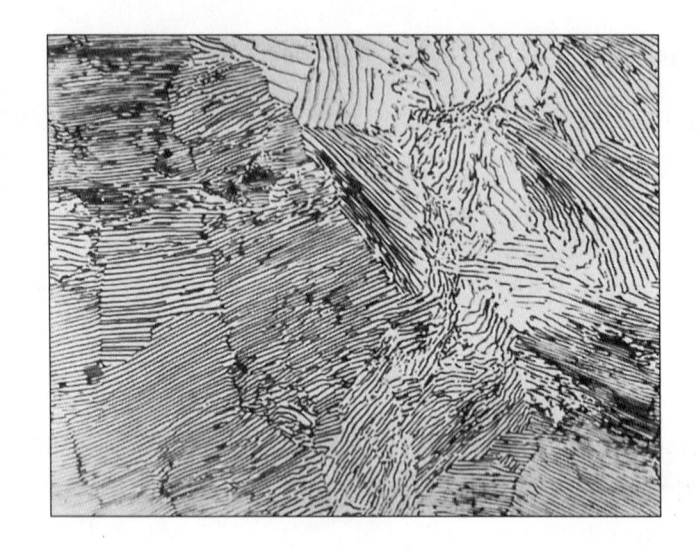

溫度下方時（圖 9.7 之 b 點），這些層狀組織將形成如圖 9.8 中的共析組織，稱為**波來鐵** (pearlite)。由溫度 727°C 至室溫，α 肥粒鐵及 Fe_3C 中的碳溶解度值變動不大，故在此溫度範圍之間的波來鐵組織也將不會有太大改變。

■ 例題 9.1

含碳量 0.77% 之共析普通碳鋼由溫度 750°C 冷卻至 727°C 之下。沃斯田鐵完全轉變成 α 肥粒鐵與雪明碳鐵：

a. 請估算共析肥粒鐵重量百分比。
b. 請估算共析雪明碳鐵重量百分比。

解

參考圖 9.6，我們首先從 α 肥粒鐵相的邊界到 Fe_3C 相邊界，畫出剛好就在 727°C 之下之一水平連接線，並且指出在此水平連接線 0.80% C 成分的位置，如下圖所示：

```
       Fe₃C         α              Fe₃C
   α ┤                                ├ 
 0.02% C         0.80% C          6.67% C
        ←────── 水平連接線 ──────→
```

a. 肥粒鐵的重量百分比可由 0.77% 碳點至水平連接線右端長度，除以水平連接線全長，再乘以 100% 而得

$$\text{肥粒鐵 wt\%} = \frac{6.67 - 0.77}{6.67 - 0.021} \times 100\% = \frac{5.90}{6.65} \times 100\% = 88.7\% \blacktriangleleft$$

b. 雪明碳鐵的重量百分比可由 0.80% 碳點至水平連接線左端長度，除以水平連接線全長，再乘以 100% 而得

$$\text{雪明碳鐵 wt\%} = \frac{0.77 - 0.022}{6.67 - 0.022} \times 100\% = \frac{0.75}{6.65} \times 100\% = 11.3\% \blacktriangleleft$$

亞共析普通碳鋼 (Hypoeutectoid Plain-Carbon Steels) 含碳量 0.4% 之普通碳鋼 (亞共析鋼) 加熱到溫度約 900°C (如圖 9.9 的 a 點)，且維持溫度時間夠長的話，此結構將變為均質的沃斯田鐵結構。假如此亞共析鋼經由緩慢冷卻，降至圖 9.9 中的 b 點 (溫度約 775°C)，大量的**初析肥粒鐵** (proeutectoid[4] ferrite) 將會在沃斯田鐵晶界處成核和成長。假如此合金由 b 點繼續冷卻至 c 點溫度時，初析肥粒鐵的量就會繼續增加，直到 50% 沃斯田鐵產生相變。而剩餘的沃斯田鐵之含碳量會

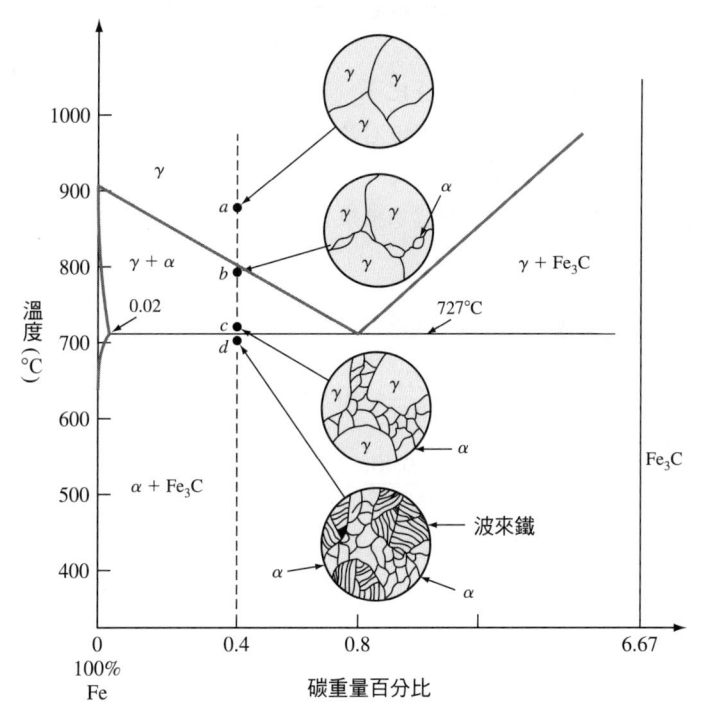

圖 9.9 含 0.4% 碳的亞共析普通碳鋼經過慢速冷卻之後的轉變。

(Source: W.F. *Smith, Structure and Properties of Engineering Alloys*, 2nd ed., McGraw-Hill, 1993, p. 10.)

---

[4] 字首「pro」表示「在 …… 之前」之意，故 proeutectoid ferrite (初析肥粒鐵) 是用來與後續共析反應所產生的 eutectoid ferrite (共析肥粒鐵) 有所區別。

圖 9.10 從沃斯田鐵相緩慢冷卻下來的亞共析普通碳鋼（含 0.35% 碳）之顯微結構。白色是初析肥粒鐵；黑色是波來鐵（腐蝕液：2% 硝酸乙醇腐蝕液；放大倍率 500×）。
(©McGraw-Hill Education)

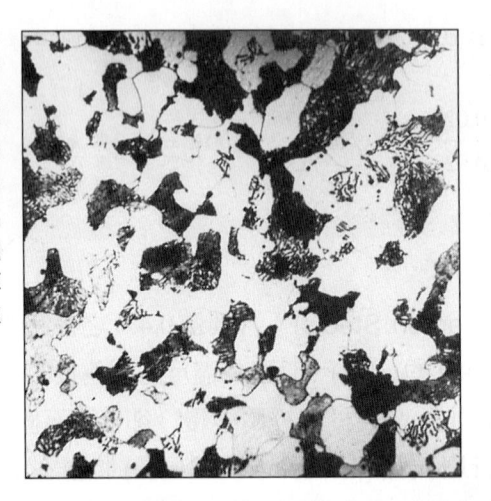

由 0.4% 增加至 0.77%。當溫度緩慢降至 727°C 時，殘留的沃斯田鐵就會進行共析反應而形成波來鐵，即是沃斯田鐵 → 肥粒鐵 + 雪明碳鐵。在波來鐵中的 α 肥粒鐵就稱之**共析肥粒鐵** (eutectoid ferrite)，這是為了與在溫度 727°C 以上所形成之初析肥粒鐵做區別。圖 9.10 為經過沃斯田鐵化與緩慢冷卻至室溫之含碳量 0.35% 的亞共析鋼的光學顯微鏡照片。

■ 例題 9.2

a. 0.40% 碳的亞共析普通碳鋼從 940°C 冷卻到 727°C 之上。
　(i) 請估算沃斯田鐵重量百分比。
　(ii) 請估算初析肥粒鐵重量百分比。
b. 0.40% 碳的亞共析普通碳鋼從 940°C 冷卻到 727°C 之下。
　(i) 請估算初析肥粒鐵重量百分比。
　(ii) 請估算共析肥粒鐵與共析雪明碳鐵重量百分比。

解

由圖 9.6 及使用水平連接線可知：

a. (i) 沃斯田鐵 Wt % $= \dfrac{0.40 - 0.022}{0.77 - 0.022} \times 100\% = 50\%$ ◀

　(ii) 初析肥粒鐵 Wt % $= \dfrac{0.77 - 0.40}{0.77 - 0.022} \times 100\% = 49\%$ ◀

b. (i) 727°C 之下初析肥粒鐵重量百分比與 727°C 之上相同，均為 50%。

　(ii) 727°C 之下全部肥粒鐵與雪明碳鐵重量百分比分別是

$$\text{全部肥粒鐵 Wt \%} = \dfrac{6.67 - 0.40}{6.67 - 0.022} \times 100\% = 94.3\%$$

$$\text{全部雪明碳鐵 Wt \%} = \dfrac{0.40 - 0.022}{6.67 - 0.022} \times 100\% = 5.7\%$$

$$\text{共析肥粒鐵 Wt \%} = \text{全部肥粒鐵} - \text{初析肥粒鐵}$$
$$= 94.3 - 49 = 45.3\% ◀$$

$$\text{共析雪明碳鐵 Wt \%} = \text{全部雪明碳鐵 wt \%} = 5.7\% ◀$$

(冷卻過程中，並無初析雪明碳鐵形成。)

過共析普通碳鋼 (Hypereutectoid Plain-Carbon Steels) 含碳量 1.2% 的普通碳鋼 (過共析鋼) 加熱到 950°C 時,並繼續保溫一段時間後,結構將轉變成均質沃斯田鐵 (如圖 9.11 的 a 點)。假如此過共析鋼經過緩慢地冷卻,溫度降至如圖 9.11 的 b 點溫度時,將會在沃斯田鐵晶界處出現**初析雪明碳鐵** (proeutectoid cementite) 的成核成長。而當溫度持續緩慢下降至圖 9.11 的 c 點 (727°C 稍微上方處) 時,在沃斯田鐵晶界處會產生更多的初析雪明碳鐵。如果冷卻的緩慢,似接近平衡狀態,殘餘的沃斯田鐵的含碳量將從 1.2% 下降至 0.77%。

當溫度繼續緩慢地冷卻到 727°C 或是低於 727°C 以下一點點的溫度時 (圖 9.11 的 d 點),殘餘的沃斯田鐵會藉由共析反應轉變成波來鐵。經由此共析反應所產生的雪明碳鐵稱之為**共析雪明碳鐵** (eutectoid cementite),這是為了與溫度在 727°C 以上所形成之初析雪明碳鐵做區別。同樣地,共析反應所形成的肥粒鐵,稱為共析肥粒鐵 (eutectoid ferrite)。圖 9.12 為經過沃斯田鐵化與緩慢冷卻至室溫之含碳量 1.2% 的過共析鋼的光學顯微鏡照片。

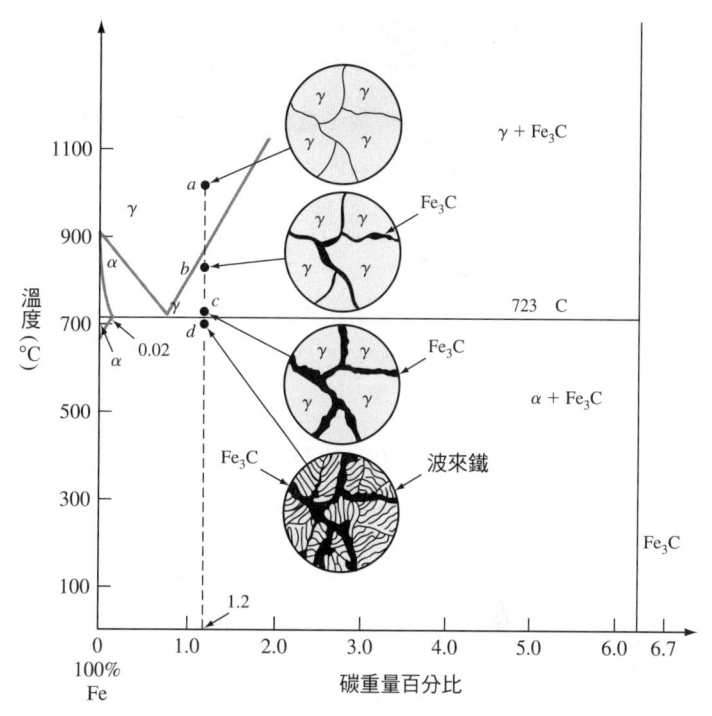

圖 9.11 含 1.2% 碳的過共析普通碳鋼經過慢速冷卻之後的轉變。

(Source: W.F. Smith, *Structure and Properties of Engineering Alloys*, 2nd ed., McGraw-Hill, 1993, p. 12.)

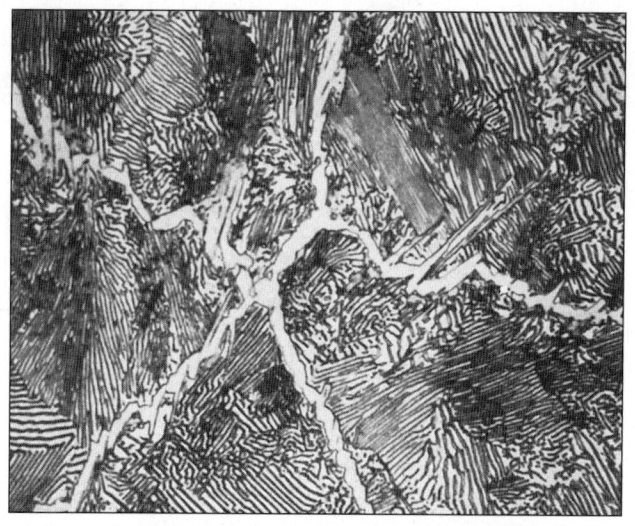

圖 9.12 從沃斯田鐵相冷卻下來的過共析鋼 (含 1.2% 碳的) 之顯微結構。白色是初析雪明碳鐵,會於高溫沃斯田鐵晶界處出現。其他組織為粗層狀波來鐵 (腐蝕液:苦味酸蝕劑;放大倍率 1000×)。

(Courtesy of United States Steel Corporation)

■ 例題 9.3

一個亞共析普通碳鋼從高溫沃斯田鐵相冷卻到室溫，顯微結構內有 9.1 wt% 共析肥粒鐵。假設從共析溫度下方冷卻到室溫時，顯微結構沒有變化，請計算此鋼的含碳量。

解

令 x 為亞共析鋼含碳重量百分比。共析肥粒鐵、全部肥粒鐵，以及初析肥粒鐵之關係如下式：

$$共析肥粒鐵 = 全部肥粒鐵 - 初析肥粒鐵$$

由圖 EP9.3 及槓桿率，可得下式：

$$0.091 = \frac{6.67-x}{6.67-0.022} - \frac{0.77-x}{0.77-0.022} = \frac{6.67}{6.65} - \frac{x}{6.65} - \frac{0.77}{0.75} + \frac{x}{0.75}$$

共析肥粒鐵　　全部肥粒鐵　　初析肥粒鐵

或

$$1.33x - 0.150x = 0.091 - 1.003 + 1.026 = 0.114$$

$$x = \frac{0.114}{1.18} = 0.97\% \text{ 碳} \blacktriangleleft$$

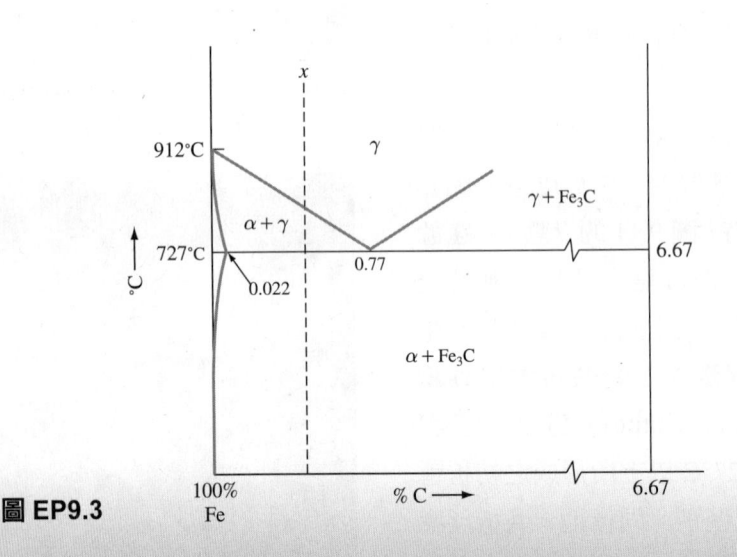

圖 EP9.3

■ 9.3　普通碳鋼的熱處理　Heat Treatment of Plain-Carbon Steels

藉由對普通碳鋼進行不同的加熱與冷卻處理，就會得到各種不同機械特性組合之鋼材。本節將討論對普通碳鋼進行熱處理後的結構與性質之變化。

9.3.1 麻田散鐵

經過快速淬火形成之 Fe-C 麻田散鐵 如果處於沃斯田鐵結構狀態之普通碳鋼以水淬火 (quenching) 處理，快速冷卻到室溫狀態，其結構將從沃斯田鐵改變為**麻田散鐵** (martensite)。普通碳鋼中的麻田散鐵結構是一種準安定相 (metastable phase)，這是種碳於鐵體心立方或正方晶胞內的過飽和間隙型固溶體 (正方晶胞是由鐵 BCC 單位晶胞受扭曲而造成的)。上述之冷卻過程中，沃斯田鐵轉變成麻田散鐵之溫度稱為麻田散鐵轉變開始 (martensite start, M_s) 溫度，相變結束的溫度稱為麻田散鐵轉變結束 (martensite finish, M_f) 溫度。Fe-C 合金之 M_s 溫度會隨著碳重量百分率之增加而減少，如圖 9.13 所示。

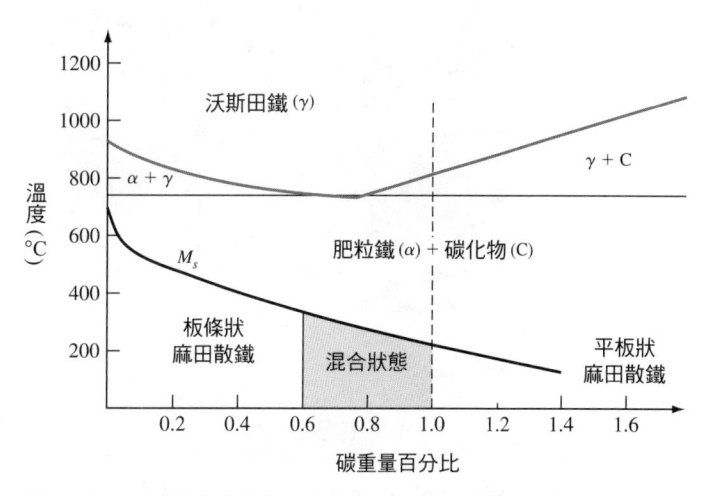

圖 9.13 含碳量對鐵 - 碳合金的麻田散鐵轉變開始溫度 (M_S) 的影響。
(Source: A.R. Marder and G. Krauss, as presented in "*Hardenability Concepts with Applications to Steel*," AIME, 1978, p. 238.)

Fe-C 麻田散鐵的微結構 普通碳鋼中麻田散鐵的微結構取決於鋼的含碳量多寡。若鋼的含碳量低於 0.6%，麻田散鐵是由具特定方位且貫穿整個區域之板條 (lath) 所組成。在板條內部的是高度扭曲的結構，包含高密度之差排纏結 (dislocation tangles)。圖 9.14a 是成分為鐵 -0.2% 碳的合金中的板條狀麻田散鐵的光學顯微鏡照片，放大倍率為 600 倍。而圖 9.15 顯示的則是電子顯微鏡下的板條狀麻田散鐵次組織結構照片，放大倍率為 60,000 倍。

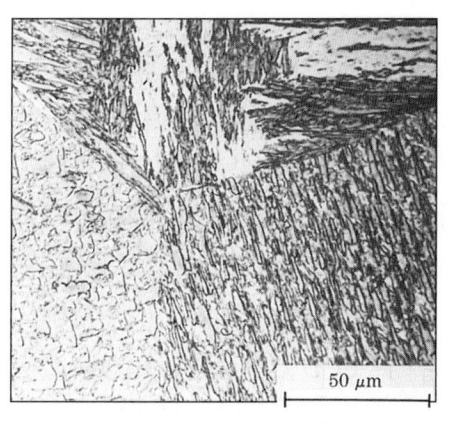

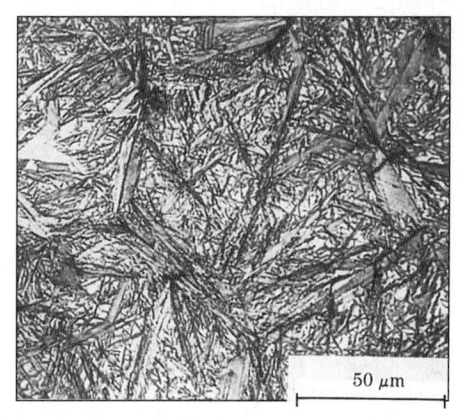

圖 9.14 含碳量對普通碳鋼的麻田散鐵顯微結構之影響：(a) 板條狀；(b) 平板狀 (腐蝕液：亞硫酸鈉；光學顯微照片)。
((a-b): ©ASM International)

圖 9.15 Fe-0.2% 碳合金板條狀麻田散鐵之結構 (板條平行排列)。
(©ASM International)

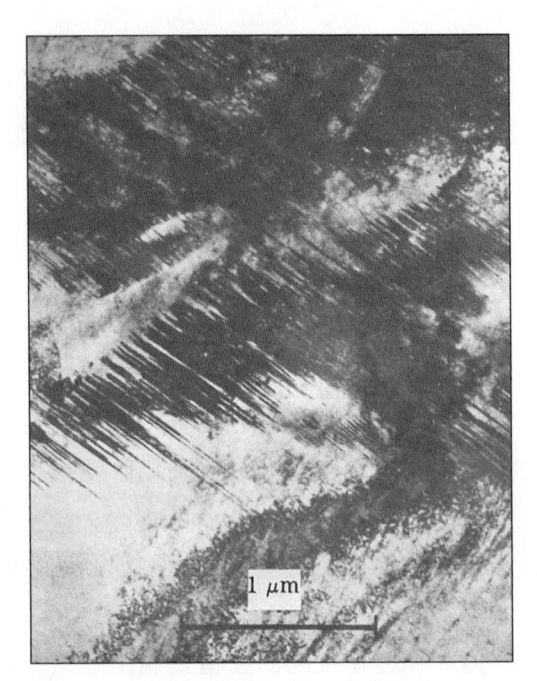

圖 9.16 具細相變雙晶之平板狀麻田散鐵。
(©ASM International)

當 Fe-C 麻田散鐵的含碳量超過 0.6%，即開始產生平板狀麻田散鐵 (plate martensite) 結構。含碳量超過 1%，Fe-C 合金將完全由平板狀麻田散鐵結構所組成。圖 9.14b 是鐵 -1.2% 碳合金中的平板狀麻田散鐵結構的光學顯微鏡照片，放大倍率 600 倍。如圖 9.16 顯示，高含碳量 Fe-C 麻田散鐵之平板結構之尺寸大小會不同，且會具有平行雙晶的微細結構。通常平板會被大量還沒產生相變 (殘留) 的沃斯田鐵包圍。而含碳量在 0.6% 至 1.0% 的 Fe-C 麻田散鐵即含有板條狀及平板狀兩種麻田散鐵結構。

原子尺度下的 Fe-C 麻田散鐵結構 當 Fe-C 合金 (普通碳鋼) 的沃斯田鐵轉變為麻田散鐵時，此種相變是屬於非擴散型 (diffusionless)，因為此類型的相變發生速度相當快，原子無法有充足的時間來擴散。由沃斯田鐵轉變為麻田散鐵並無熱活化能障礙，而且成分也沒有產生任何改變，所以原子仍然是與相變前的鄰近原子接觸。除此之外，碳原子與鐵原子之相對位置也和相變前的沃斯田鐵狀態一樣。

當 Fe-C 麻田散鐵含碳量低於 0.2%，沃斯田鐵將轉變為具有 BCC 晶體結構的 α 肥粒鐵。但是當 Fe-C 合金中的含碳量增加時，此 BCC 結構會扭曲變形而產生體心正方 (body-centered tetragonal, BCT) 晶體結構。一般 γ 鐵 FCC 晶體結構中之

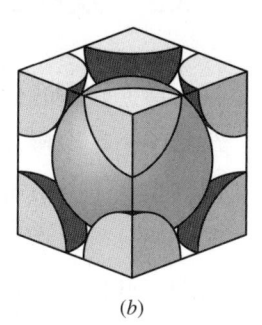

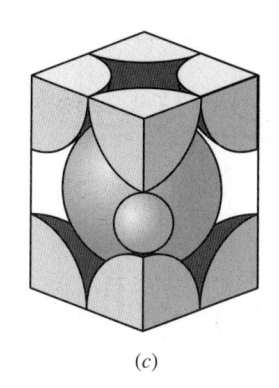

圖 9.17 (a) 碳原子位於 FCC γ 鐵單位晶胞中沿立方體邊長之大格隙空孔；(b) BCC α 鐵單位晶胞於立方體邊緣原子間有較小格隙空孔；(c) BCT (體心正方) 鐵單位晶胞的生成是因為卡在格隙中的碳原子使 BCC 單位晶胞扭曲而成的。
(Source: E.R. Parker and V.F. Zackay, "Strong and Ductile Steels," *Scientific American*, November 1968, p. 42.)

最大間隙空孔直徑為 0.104 nm (圖 9.17a)，而 α 鐵 BCC 晶體結構內最大間隙空孔的直徑卻只有 0.072 nm (圖 9.17b)。因碳原子直徑 0.154 nm，因此可在 γ 鐵 FCC 晶體結構中形成間隙型固溶體。當含碳量超過 0.2%，Fe-C 合金由沃斯田鐵狀態經快速冷卻製程轉變為麻田散鐵時，因 BCC 晶格的間隙空孔較小，故 BCC 單位晶胞之 c 軸將產生扭曲來適應碳原子 (如圖 9.17c)。圖 9.18 是 Fe-C 麻田散鐵晶格之 c 軸隨含碳量增加而增長之情形。

Fe-C 麻田散鐵的硬度及強度 Fe-C 麻田散鐵的硬度和強度與其含碳量有直接的關係。當 Fe-C 麻田散鐵之含碳量增加時，其硬度和強度值也會隨之上升 (圖 9.19)。然而，在延性和韌性這兩種特性上，卻會因為含碳量的增加而降低。所以大部分的麻田散鐵普通碳鋼會利用再加熱 (溫度低於 727°C 轉變溫度) 的方法來加強延性與韌性。

低含碳量的 Fe-C 麻田散鐵是利用高濃度差排 (板條狀麻田散鐵) 的存在以及碳原子所形成的間隙型固溶體的方式來強化。高濃度的差排 (板條狀麻田散鐵) 網路結構 (networks) 將使得其他差排的移動相對艱難。當含碳量高於 0.2% 時，這種間隙型固溶體的強化機制會變得更為重要，且鐵 BCC 晶格也因含碳多而被扭曲成體心正方晶形。此外，對高含碳量的 Fe-C 麻田散鐵來說，平板狀麻田散鐵內具有許多雙晶界面 (twinned interfaces) 也是其具有高硬度的原因之一。

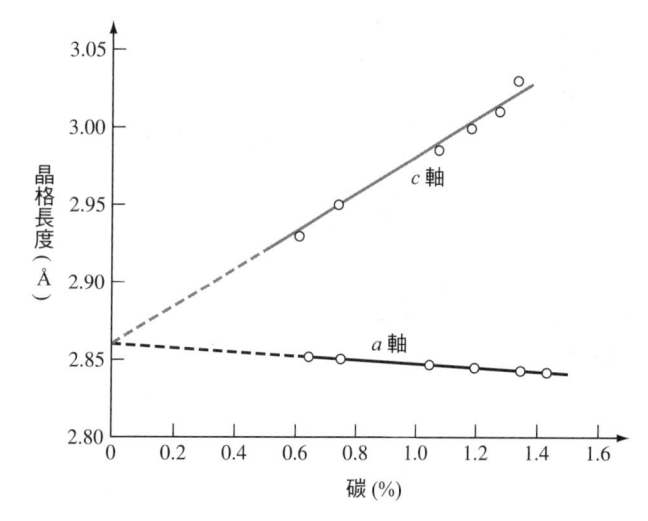

圖 9.18 Fe-C 麻田散鐵晶格之 c 軸和 a 軸與含碳量之關係。
(Source: E.C. Bain and H.W. Paxton, *Alloying Elements in Steel*, 2nd ed., American Society for Metals, 1966, p. 36.)

9.3.2 沃斯田鐵的恆溫分解

共析普通碳鋼的恆溫轉變圖 於前面的章節中，在緩慢及快速冷卻的情形下，已經說明了共析普通碳鋼的沃斯田鐵結構如何分解且產生生成物。現在我們將討論當共析普通碳鋼從沃斯田鐵狀態被快速冷卻到共析溫度下方，且經歷恆溫轉變 (isothermally transformed) 反應，將會產生何種生成物。

共析沃斯田鐵分解之微結構改變可以透過恆溫轉變實驗來研究，其所需要之樣品大小僅為像是美金一角硬幣之大小。一開始先將樣品置於溫度高於共析溫度的爐中以進行沃斯田鐵化 (圖 9.20a)，接著將樣品放入溫度低於共析溫度之容器內進行鹽浴，讓其能快速冷卻 (淬火)(圖 9.20b)。在不同時間間隔後，將樣品由鹽浴中以一次一個的方式取出，並放入水中進行淬火至室溫 (圖 9.20c)。這樣一來，在室溫下就能觀察到不同轉變時間所導致的微結構。

圖 9.21 為在 705°C 溫度下進行恆溫轉變時，共析普通碳鋼的顯微結構變化。經過沃斯田鐵化過程後，將樣品放入 705°C 的鹽浴中進行急速冷卻，直到溫度達到在 705°C 的恆溫狀態。約 6 分鐘後，少量的粗波來鐵已經開始形成。當時間經過 67 分鐘後，沃斯田鐵就會完全轉變成粗波來鐵。

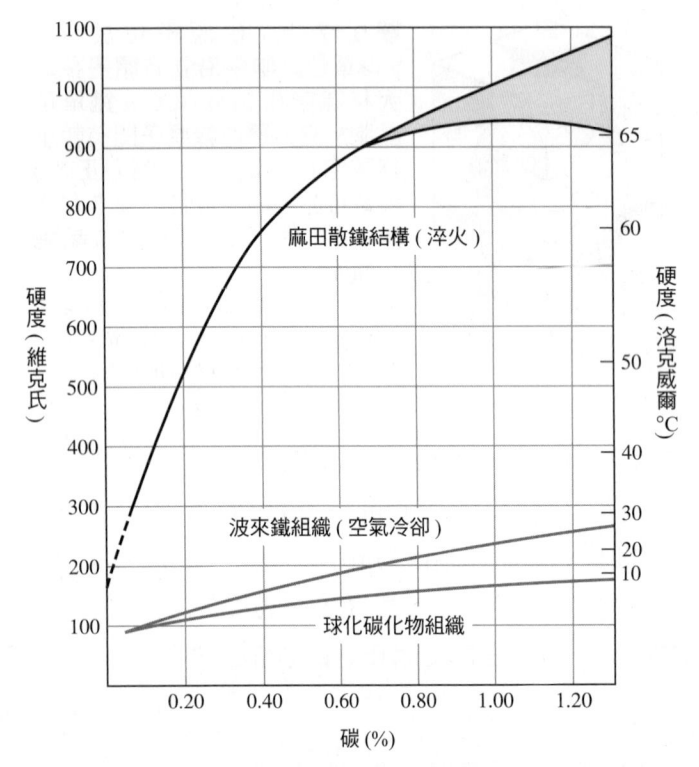

圖 9.19 完全硬化麻田散鐵型普通碳鋼之預估硬度大小和含碳量關係。陰影區表示比麻田散鐵軟之沃斯田鐵所可能造成的硬度損失。

(Source: E.C. Bain and H.W. Paxton, *Alloying Elements in Steel*, 2nd ed., American Society for Metals, 1966, p. 37.)

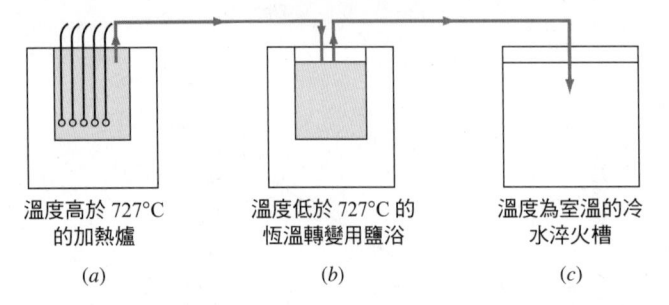

圖 9.20 決定共析普通碳鋼內的沃斯田鐵之恆溫轉變顯微結構變化的實驗過程。

(Source: W.F. Smith, *Structure and Properties of Engineering Alloys*, McGraw-Hill, 1981, p. 14.)

以較低的溫度繼續重複上述的步驟來處理共析鋼，就可以得到圖 9.23 中的實驗數據，並根據這些數據畫出**恆溫轉變圖** [isothermal transformation (IT) diagram]，如圖 9.22 所示。溫度軸旁 S 形曲線表示沃斯田鐵開始發生恆溫轉變的時

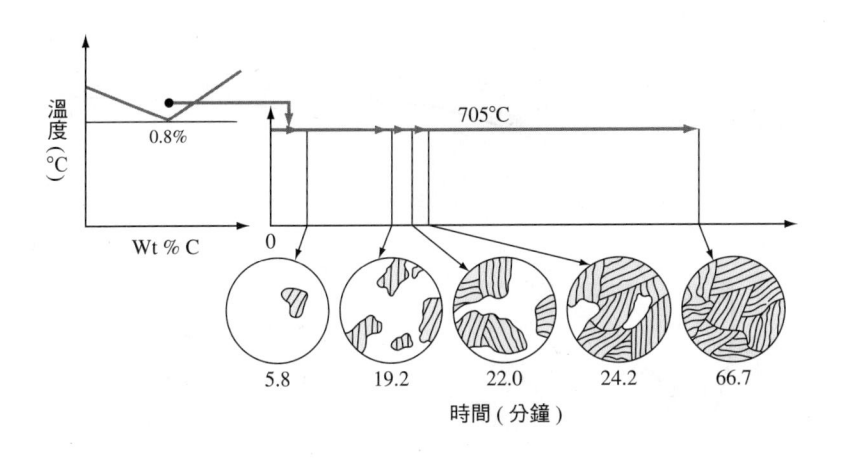

圖 9.21 共析普通碳鋼在 705°C 時的恆溫時間和顯微結構之關係。沃斯田鐵化後，樣品放到鹽浴內淬火到 705°C，保溫圖中指出的一段時間後再放到水中淬火至室溫。
(Source: W.F. Smith, *Structure and Properties of Engineering Alloys*, McGraw-Hill, 1981, p. 14.)

間，第二條 S 曲線則是表示轉變完成的時間。

當共析鋼的恆溫轉變溫度介於 727°C 及 550°C 之間時，會於共析鋼中形成波來鐵的微結構。在這個溫度範圍內，假使轉變溫度愈低，波來鐵微結構也將變得愈細 (圖 9.23)。如果把共析鋼從 727°C 以上的溫度藉由快速淬火處理降溫下來，則像之前所說的一樣，其結構將會從沃斯田鐵轉變成麻田散鐵。

如果共析鋼從沃斯田鐵狀態熱淬火至 550°C 到 250°C 溫度之間，且讓其恆溫轉變的話，則會產生一種介於波來鐵與麻田散鐵之間的結構，稱之為**變韌鐵** (bainite)[5]。對 Fe-C 合金而言，變韌鐵可被定義為沃斯田鐵所分解出來的產物，就是 α 肥粒鐵與雪明碳鐵 (Fe_3C) 的一種非層狀共析組織 (nonlamellar eutectoid structure)。對共析普通碳鋼而言，變韌鐵分類成在 550°C 至 350°C 的溫度範圍內進行恆溫轉變而形成的上變韌鐵 (upper bainite)，與在 350°C 至 250°C 的溫度範圍內進行恆溫轉變而形成的下變韌鐵 (lower bainite)。圖 9.24a 為在共析普通碳鋼中的上變韌鐵的微結構之電子顯微鏡照片，而圖 9.24b 示出下變韌鐵的電子顯微鏡照片。一般而言，上變韌鐵會有較大的桿狀雪明碳鐵區，而下變韌鐵具有較細的雪明碳鐵顆粒。當轉變溫度下降，因碳原子擴散較不易，使得下變韌鐵結構有較小的雪明碳鐵顆粒。

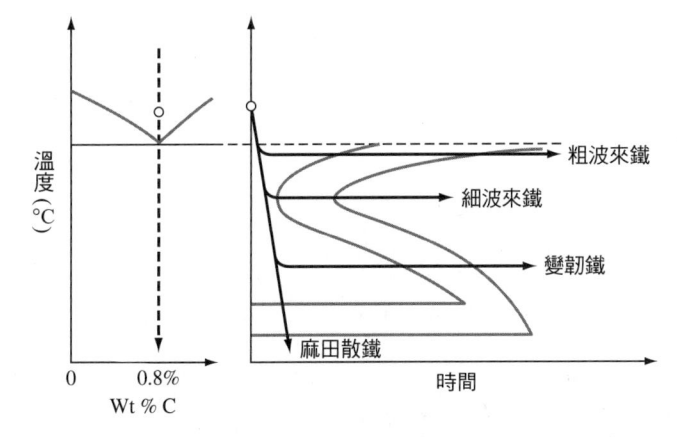

圖 9.22 共析普通碳鋼恆溫轉變圖與 $Fe-Fe_3C$ 相圖之關係。

---

[5] 變韌鐵是以 E. C. Bain 之姓氏來命名，Bain 是美國冶金學家，他是第一位致力於研究鋼的恆溫轉變的學者。請參考 E. S. Davenport and E. C. Bain, *Trans. AIME*, **90**: 117 (1930)。

圖 9.23 共析鋼之恆溫轉變圖。
(Courtesy of United States Steel Corporation)

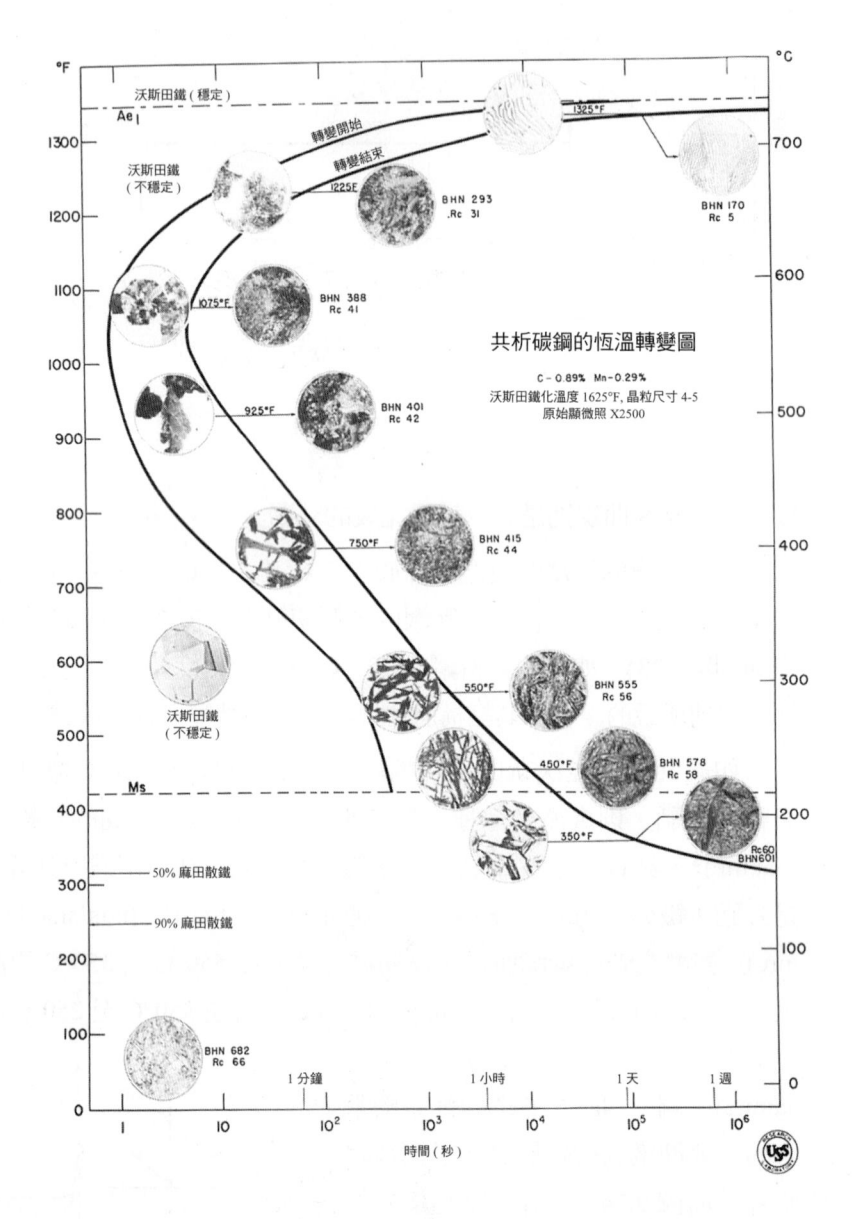

圖 9.24 (a) 共析鋼於 450°C (850°F) 恆溫轉變產生的上變韌鐵顯微結構；(b) 共析鋼於 260°C (500°F) 恆溫轉變產生的下變韌鐵顯微結構。白色顆粒是 Fe_3C，黑色基材是肥粒鐵（電子顯微鏡照片，仿製型態；放大倍率 15,000×）。
((a-b) Courtesy of United States Steel Corporation)

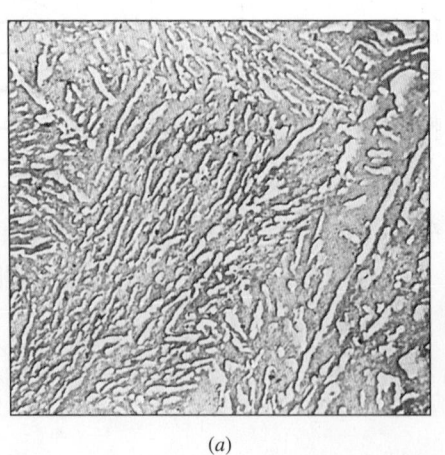

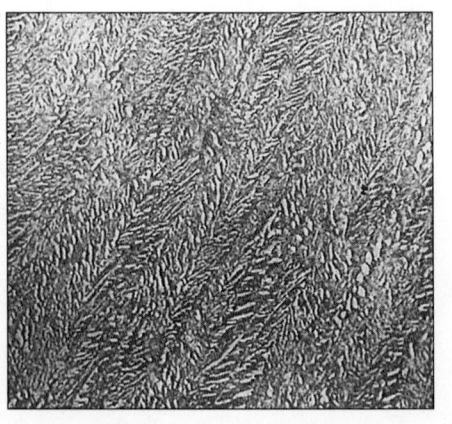

(a)　　　　　(b)

■ 例題 9.4

一厚度 0.25 mm 之 1080 熱軋鋼捲加熱到 850°C，保溫 1 小時後。用下列各方式做熱處理。請用圖 9.23 恆溫轉變圖判定各熱處理方式會得到何種結果。
   a. 水淬火到室溫。
   b. 鹽浴熱淬火到 690°C，保溫 2 小時；水淬火。
   c. 熱淬火到 610°C，保溫 3 分鐘；水淬火。
   d. 熱淬火到 580°C，保溫 2 秒；水淬火。
   e. 熱淬火到 450°C，保溫 1 小時；水淬火。
   f. 熱淬火到 300°C，保溫 30 分鐘；水淬火。
   g. 熱淬火到 300°C，保溫 5 小時；水淬火。

解

各冷卻方式如圖 EP9.4，得到之顯微結構分別是：
a. 全麻田散鐵。
b. 全粗波來鐵。
c. 全細波來鐵。
d. 50% 細波來鐵與 50% 麻田散鐵。
e. 全上變韌鐵。
f. 50% 下變韌鐵與 50% 麻田散鐵。
g. 全下變韌鐵。

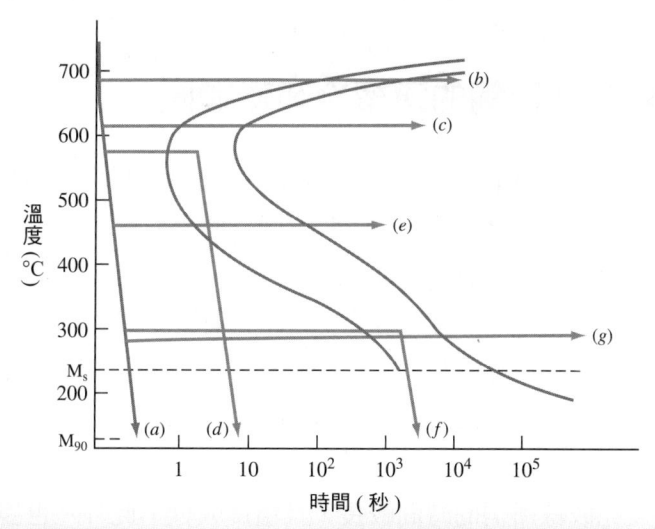

圖 EP9.4　各冷卻方式之共析鋼恆溫轉變圖。

非共析普通碳鋼的恆溫轉變圖　非共析普通碳鋼也可繪出恆溫轉變圖。圖 9.25 顯示出一個含碳量 0.47% 亞共析普通碳鋼的恆溫轉變圖。在非共析和共析普通碳鋼

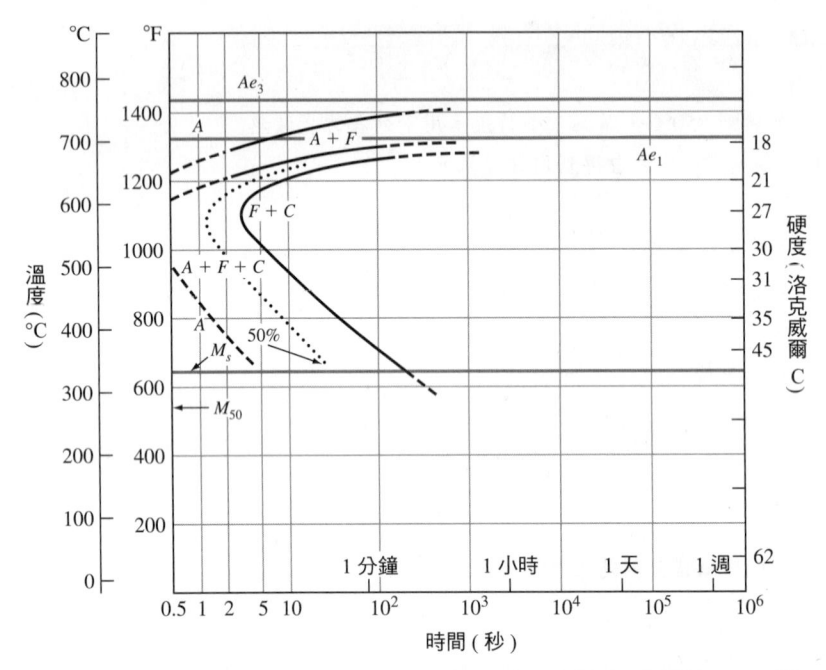

圖 9.25 含有 0.47% C 與 0.57% Mn 的亞共析鋼的恆溫轉變圖（沃斯田鐵化溫度：843°C）。
(Source: R.A. Grange and J.K. Kiefer as adapted in E.C. Bain and H.W. Paxton, *Alloying Elements in Steel*, 2nd ed., American Society for Metals, 1966.)

的恆溫轉變圖之間，有一些明顯的差異是很容易被觀察到的 (圖 9.23)。其中一個主要的差異是亞共析碳鋼的 S 曲線會向左移動。因此，當碳鋼由沃斯田鐵狀態淬火，無法得到完全的麻田散鐵結構。

第二個主要的差異是，另一條表示初析肥粒鐵形成之曲線會出現在亞共析鋼恆溫轉變圖中。故在 727°C 到 765°C 溫度之間的恆溫轉變只能形成初析肥粒鐵。

過共析普通碳鋼也會產生類似的恆溫轉變圖。但在此例中，最上方曲線會變成為表示開始產生初析雪明碳鐵之曲線。

9.3.3　共析普通碳鋼的連續冷卻轉變圖

在工業上的熱處理操作，大部分的鋼並不會在麻田散鐵轉變溫度以上的某一個特定溫度進行恆溫轉變，而是從沃斯田鐵溫度連續冷卻至室溫。在連續冷卻普通碳鋼時，沃斯田鐵轉變為波來鐵之反應是在某一個溫度範圍內發生，而非固定於一恆定之溫度來進行進行恆溫轉變。因此，連續冷卻後的最終微結構是相當複雜的，主要原因就是在轉變發生之溫度範圍內的反應動力學不斷的在改變。圖 9.26 同時顯示了共析普通碳鋼的**連續冷卻轉變圖** [continuous-cooling transformation (CCT) diagram] 與恆溫轉變圖。連續冷卻轉變的曲線相對於恆溫轉變的曲線而言，其開始線及完成線所需的時間較長，且溫度較低。此外，也觀察不到 450°C 以下由沃斯田鐵轉變為變韌鐵的連續冷卻轉變曲線。

當薄的共析普通碳鋼樣品由沃斯田鐵狀態冷卻至室溫時，不同冷卻速率將會帶來不同的影響，如圖 9.27 所示。冷卻曲線 A 表示冷卻得非常緩慢，例如將加熱爐電源關掉，讓鋼鐵隨加熱爐的溫度一起下降。由此方式得到的微結構將會是粗

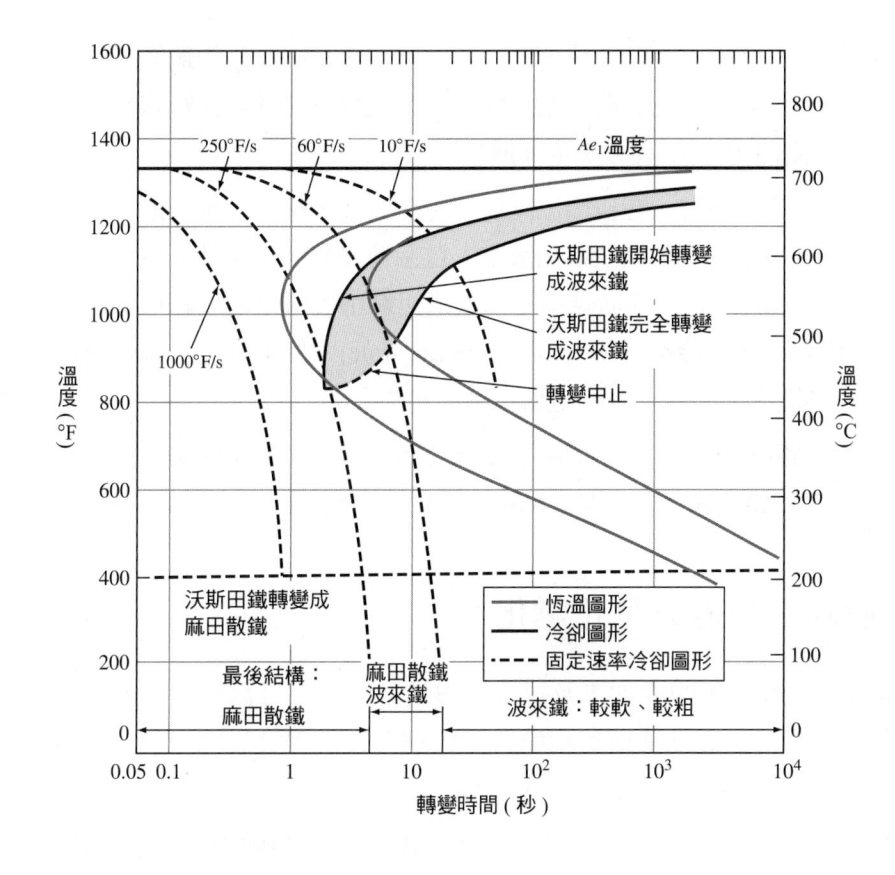

圖 9.26 共析普通碳鋼之連續冷卻圖形。

(Source: R.A. Grange and J.M. Kiefer as adapted in E.C. Bain and H.W. Paxton, *Alloying Elements in Steel*, 2nd ed., American Society for Metals, 1966, p. 254.)

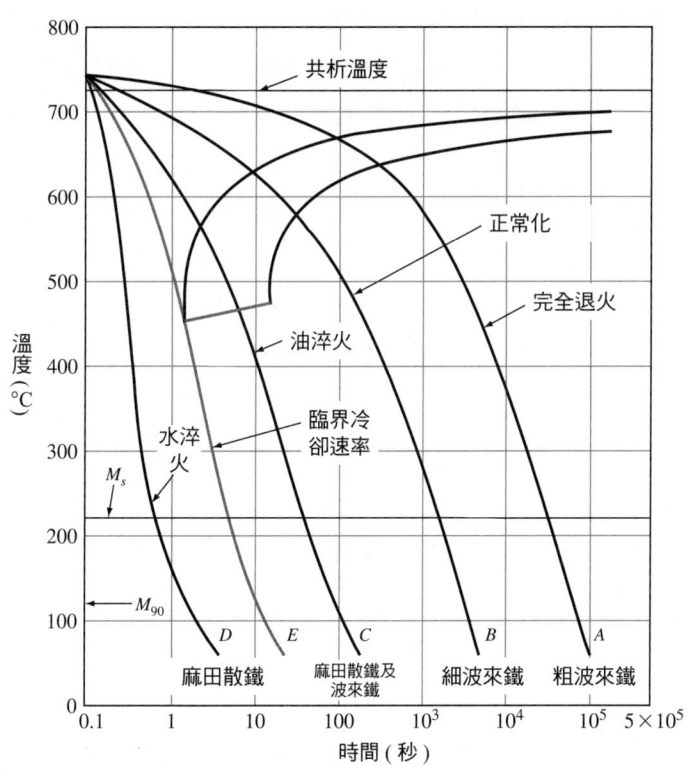

圖 9.27 共析普通碳鋼在不同連續冷卻速率下之顯微結構變化。

(Source: R.E. Reed-Hill, *Physical Metallurgy Principles*, 2nd ed., D. Van Nostrand Co., 1973 © PWS Publishers.)

波來鐵組織。冷卻曲線 B 則表示較為快速的冷卻，例如沃斯田鐵化的鋼從加熱爐中拿出來，並在靜止空氣中進行冷卻。由此方式得到的是細波來鐵的微結構。

圖 9.27 中的冷卻曲線 C 從形成波來鐵開始，但因反應時間不夠，無法完成完整的沃斯田鐵至波來鐵轉變。在較高溫時沒有轉變為波來鐵的殘留沃斯田鐵，在溫度下降至 220°C 以下時會轉變為麻田散鐵。這個轉變分為兩步驟，所以又稱分裂轉變 (split transformation)。其微結構是波來鐵與麻田散鐵之混成結構。在圖 9.27 中的曲線 E 代表了臨界冷卻速率 (critical cooling rate)，如果有比曲線 E 冷卻速率更快的反應，即能夠形成完全硬化之麻田散鐵組織。

眾多亞共析普通碳鋼的連續冷卻圖早已量測完畢，但因為經由連續冷卻的鋼材在低溫區會產生變韌鐵結構，所以非常複雜。這些特性的討論已超出本書範圍。

9.3.4　普通碳鋼的退火及正常化

本書第 6 章已經就金屬的冷加工及退火製程進行討論，可當作本節的一個參考資料。在商業應用上最常使用的兩種普通碳鋼退火製程就是完全退火 (full annealing) 以及製程退火 (process annealing)。

完全退火製程中，亞共析鋼和共析鋼都必須在沃斯田鐵區中加熱，在沃斯田鐵-肥粒鐵界限以上溫度約 40°C 的地方 (圖 9.28)，且在該溫度下保持溫度一段時間，之後在爐中緩慢冷卻至室溫。對過共析鋼而言，通常在共析溫度以上約 40°C 的沃斯田鐵加雪明碳鐵的兩相區來進行沃斯田鐵化。完全退火後的亞共析鋼的微結構含有初析肥粒鐵及波來鐵 (圖 9.10)。

製程退火通常是指應力消除 (stress relief)，藉由消除冷加工產生之內部應力，以軟化冷加工後之低碳鋼。這個方法經常應用於含碳量低於 0.3% 的亞共析鋼，其所需熱處理溫度通常在共析溫度以下，一般介於 550°C 到 650°C 間 (圖 9.28)。

正常化 (normalizing) 處理是一種熱處理方式，將鋼加熱到沃斯田鐵化溫度區間後，置於靜止的空氣內進行冷卻。亞共析普通碳鋼經過正常化處理後，其微結構中會有

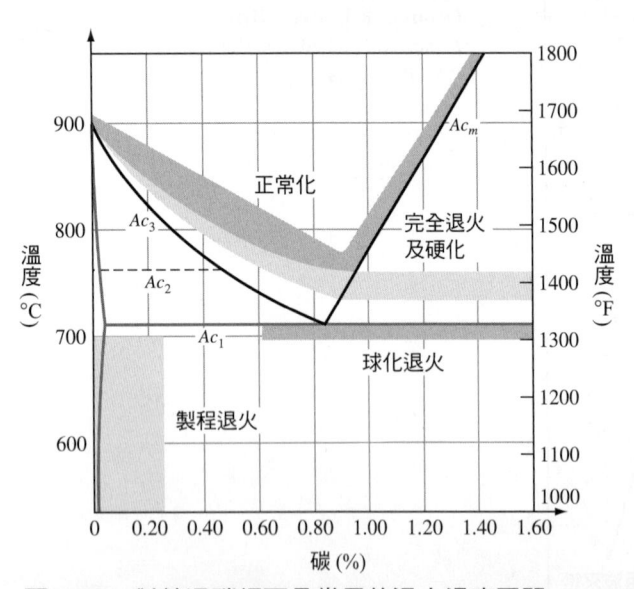

圖 9.28　對普通碳鋼而言常用的退火溫度區間。
(Source: T. G. Digges et al., "Heat Treatment and Properties of Iron and Steel," NBS Monograph 88, 1966, p. 10.)

初析肥粒鐵及細波來鐵。正常化處理在工程上有相當多的實際用途，分別是：
1. 細化晶粒組織。
2. 增加鋼強度(相對於退火後的鋼)。
3. 減少鑄件或鍛件內的組成偏析，以實現較均勻的組織結構。

用來將普通碳鋼正常化之沃斯田鐵化溫度範圍示於圖 9.28。因正常化處理的冷卻步驟不需要透過爐子控制冷卻速率，所以比完全退火製程更經濟一些。

9.3.5　普通碳鋼的回火

回火過程　回火 (tempering) 處理是指將麻田散鐵之鋼加熱到低於共析轉變溫度之溫度，使之得以變得柔軟且較有延性之熱處理方式。圖 9.29 顯示為**普通碳鋼** (plain-carbon steel) 之淬火與回火過程。首先，將鋼經過沃斯田鐵化之過程，再以很快的冷卻速率進行淬火並產生麻田散鐵組織，此步驟也避免了生成肥粒鐵與雪明碳鐵。之後再將其加熱至共析溫度以下，藉著將其轉變為一種在肥粒鐵基材中含有鐵的碳化物顆粒的結構，以軟化麻田散鐵。

回火時麻田散鐵的微結構變化　麻田散鐵是一種準安定結構 (metastable structure)，當它被加熱時，即開始產生分解。一般低碳普通碳鋼之板條狀麻田散鐵有高差排密度，而這些差排提供了碳原子比正常間隙位置能量更低之位置。因此，當低碳麻田散鐵鋼在溫度範圍 20°C 至 200°C 之間進行回火處理時，碳原子就會在這些低能量位置上產生偏析。

對於具有高於 0.2% 含碳量的麻田散鐵普通碳鋼，當在 200°C 以下的溫度進行回火處理，碳將會以析出聚集的方式重新分布在其中。在這個溫度範圍之內，會有很小尺寸的 ε 碳化物 (epsilon carbide) 析出。若將具有麻田散鐵組織的鋼在 200°C 到 700°C 之間的溫度區間進行回火處理，將會產生雪明碳鐵 (Fe_3C)。回火

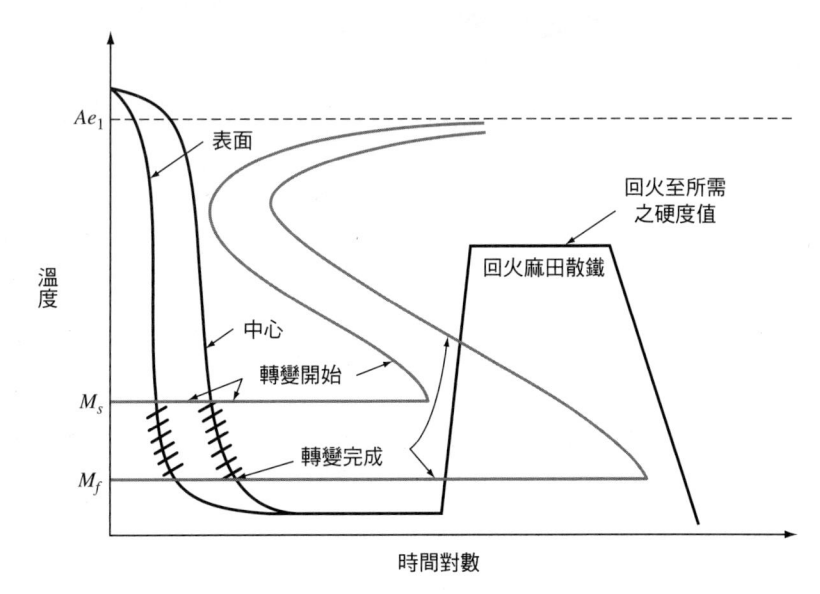

圖 9.29　普通碳鋼常用之淬火及回火過程。
(Source: "Suiting the Heat Treatment to the Job," United States Steel Corp., 1968, p. 34.)

溫度如果介於 200°C 到 300°C 之間，此時析出的碳化物會呈成桿狀 (rodlike) (圖 9.30)。回火溫度如果介於 400°C 至 700°C 之間，先前的桿狀碳化物就會聚結形成球狀 (sphere-like) 顆粒。經過回火處理的麻田散鐵組織，且在光學顯微鏡下呈現聚結雪明碳鐵結構，稱之**球化波來體** (spheroidite)(圖 9.30)。

回火溫度對普通碳鋼硬度值的影響 圖 9.31 顯示回火溫度對數種有麻田散鐵組織的普通碳鋼之硬度值的影響。當回火溫度在 200°C 至 700°C 範圍之間的時候，材料的硬度值會隨著回火溫度的上升而漸漸降低。這是由於碳原子會由承受應力之間隙位置擴散出來，而形成第二個碳化鐵析出物的相。

麻回火 麻回火 (martempering) 或稱**麻淬火** (marquenching)，是一種改良後的淬火程序，可使材料在不平均的冷卻溫度狀態下時，減少扭曲與破裂情況的發生。麻回火的過程包括：(1) 將鋼進行沃斯田鐵化；(2) 將鋼放到溫度高於 (或略低於) M_s 溫度的熱油或熔融鹽內淬火；(3) 將鋼放在淬火介質內保溫一段時間，使鋼材內部的溫度可以達到平衡狀態，但必須在形成變韌鐵轉變之前結束此恆溫處理；(4) 以適當的冷卻速率將鋼冷卻至室溫，且盡量避免有太大的溫差存在。最後鋼材會再以傳統的方式進行回火處理。圖 9.32 為麻回火的冷卻過程。

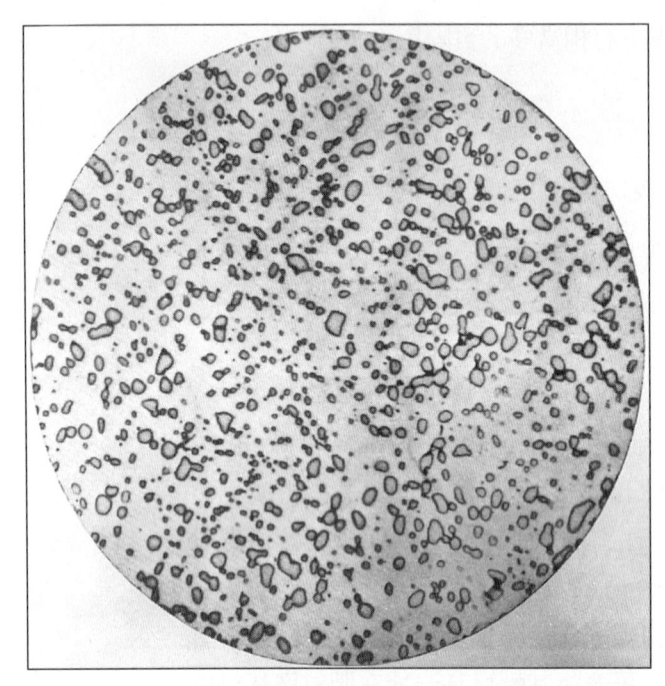

圖 9.30 含 1.1% 碳的過共析鋼之球化波來體 (放大倍率 1000×)。
(©ASM International)

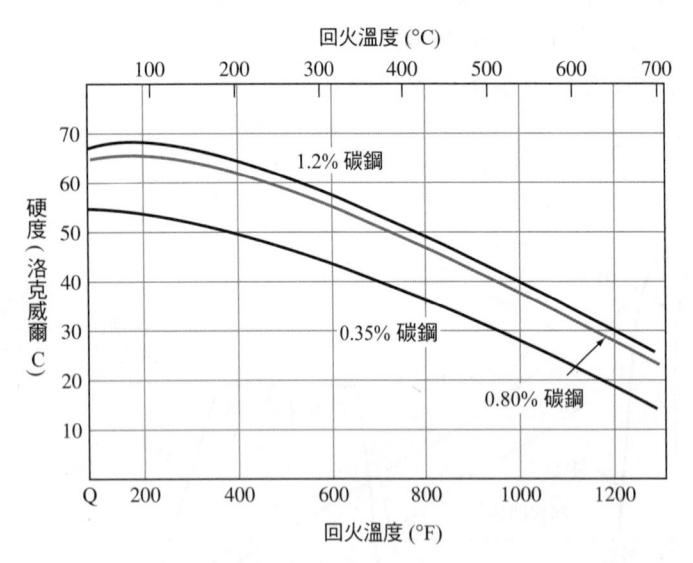

圖 9.31 鐵-碳麻田散鐵組織 (含 0.35% ~ 1.2% 的碳) 在不同溫度下進行回火處理 1 小時之硬度值。
(Source: E.C. Bain and H.W. Paxton, *Alloying Elements in Steel*, 2nd ed., American Society for Metals, 1966, p. 38.)

當鋼材經過麻回火處理後，就會產生麻田散鐵的微結構。若再對其做麻回火或麻淬火處理，則其微結構就會改變，且稱為回火麻田散鐵 (tempered martensite)。表 9.2 中舉出了一些經過麻回火 - 回火處理及傳統淬火 - 回火處理的普通碳鋼 (含碳量 0.95%) 之機械特性。麻回火 - 回火處理與淬火 - 回火處理此兩種方式最大的不同點為：經過麻回火 - 回火處理之後的鋼材會有較高的衝擊能 (impact energy)。通常「麻回火」這個名詞很容易使人誤解，最好用「麻淬火」來說明這個熱處理製程。

沃斯回火　沃斯回火 (austempering) 是一種恆溫熱處理製程，對某些普通碳鋼而言，這種製程會造成變韌鐵微結構。沃斯回火提供了另一種淬火及回火程序，以提升某些鋼材的韌性與延性。沃斯回火處理的順序：一開始先將鋼材進行沃斯田鐵化，接著把鋼材置入溫度略高於 M_s 溫度之熔融鹽浴內做淬火處理，然後在恆溫條件下維持一段適當的時間，使其發生變韌鐵轉變，接著再將這個鋼材放在空氣中自然冷卻到室溫 (圖 9.33)。通常，共析普通碳鋼進行沃斯回火處理之後會形成最後的結構就是變韌鐵。

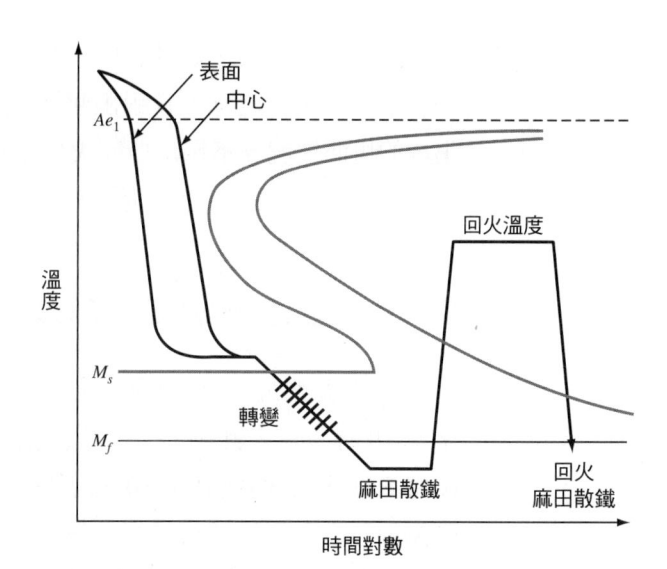

圖 9.32　麻回火 (麻淬火) 之冷卻曲線與共析普通碳鋼恆溫轉變圖重疊。中斷淬火方式可降低淬火時金屬內應力的產生。

(Source: *Metals Handbook*, vol. 2, 8th ed., American Society for Metals, 1964, p. 37.)

表 9.2　1095 鋼經沃斯回火及其他熱處理後在 20°C 之機械性質

熱處理方式	硬度 (RC)	衝擊值 (ft · lb)	1 in. 伸長率 (%)
水淬火及回火	53.0	12	0
水淬火及回火	52.5	14	0
麻回火及回火	53.0	28	0
麻回火及回火	52.8	24	0
沃斯回火	52.0	45	11
沃斯回火	52.5	40	8

Source: *Metals Handbook*, vol. 2, 8th ed., American Society for Metals, 1964.

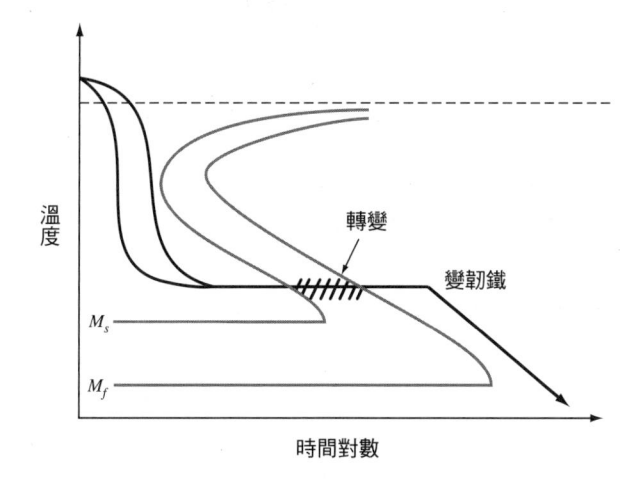

圖 9.33　共析普通碳鋼的沃斯回火冷卻曲線。沃斯回火後的結構為變韌鐵。與圖 9.29 淬火 - 回火過程相較，沃斯回火有不必回火之優點。M_s 及 M_f 分別表示麻田散鐵轉變的開始及結束溫度。

(Source: "Suiting the Heat Treatment to the Job," United States Steel Corp., 1968, p. 34.)

將沃斯回火與一般傳統的淬火-回火處理方式做比較，其具有下列優點：(1) 增加了某些鋼材之延性及耐衝擊性 (表 9.2)；(2) 可以降低材料在淬火處理之後所出現的扭曲情況。不過沃斯回火也是有缺點的，其缺點就是：(1) 需要比較特別的熔融鹽浴；(2) 只適用於少數鋼種。

9.3.6 普通碳鋼之分類及其典型機械特性

普通碳鋼最常用的分類方式是 4 位數的 AISI-SAE [6] 編碼。當前面兩位數字為 10 時，代表此材料是普通碳鋼。後兩位數字則表示鋼材中含碳量。例如 AISI-SAE 規格編號為 1030 就是指一種含碳量為 0.30% 的普通碳鋼。所有普通碳鋼都包含有錳這種可以提升鋼材強度之合金元素，多數普通碳鋼之含錳量介於 0.30% 至 0.95%。普通碳鋼也可能會含有硫、磷、矽及其他元素的雜質。

表 9.3 是一些以 AISI-SAE 規格命名之典型普通碳鋼的機械特性。普通碳鋼若含碳量極低，通常會具有相對低的強度，但延性非常高，適合製作成薄鋼片，例如作為製造汽車擋板及汽車門板的材料。假設普通碳鋼含碳量增加時，其強度會

表 9.3 普通碳鋼的典型機械性質及其用途

AISI-SAE 合金編號	化學成分 (wt %)	狀態	拉伸強度 ksi	拉伸強度 MPa	降伏強度 ksi	降伏強度 MPa	伸長率 (%)	用途
1010	0.10 C, 0.40 Mn	熱軋 冷軋	40-60 42-58	276-414 290-400	26-45 23-38	179-310 159-262	28-47 30-45	拉製用鋼片及鋼條；線、棒及釘子和螺絲；混凝土補強棒
1020	0.20 C, 0.45 Mn	軋延狀態 退火	65 57	448 393	48 43	331 297	36 36	鋼板及結構體；軸、齒輪
1040	0.40 C, 0.45 Mn	軋延狀態 退火 回火 *	90 75 116	621 517 800	60 51 86	414 352 593	25 30 20	軸、螺栓、高張力管、齒輪
1060	0.60 C, 0.65 Mn	軋延狀態 退火 回火 *	118 91 160	814 628 110	70 54 113	483 483 780	17 22 13	彈簧線、鍛造用模具、火車車輪
1080	0.80 C, 0.80 Mn	軋延狀態 退火 回火 *	140 89 189	967 614 1304	85 54 142	586 373 980	12 25 12	鋼琴線、螺旋彈簧、鑿子、鍛造用模具
1095	0.95 C, 0.40 Mn	軋延狀態 退火 回火 *	140 95 183	966 655 1263	83 55 118	573 379 814	9 13 10	模、衝頭、銑刀、剪切刀片、高張力線

* 淬火後 315°C(600°F) 回火。

[6] AISI 是美國鋼鐵學會的簡稱，SAE 則是汽車工程師協會的簡稱。

有一點提升但延性則會降低。中碳鋼 (1020-1040) 通常是用來製造軸及齒輪等工件，而高碳鋼 (1060-1095) 則用來製造彈簧、模具、切削工具。

9.4 低合金鋼 Low-Alloy Steels

若對於材料的強度及其他工程要求不是很嚴苛的話，使用普通碳鋼就可以滿足其需求。而且普通碳鋼的價錢也相對較低廉，但是會有以下幾點缺點：

1. 當普通碳鋼強化到 100,000 psi (690 MPa) 以上，延性與耐衝擊性均會顯著下降。
2. 普通碳鋼之大型工件不能形成全麻田散鐵結構。換言之，普通碳鋼無法進行深度硬化。
3. 普通碳鋼的耐蝕性及耐氧化性都很差。
4. 中碳普通碳鋼需經過快速的淬火處理才能獲得完全的麻田散鐵結構。但快速淬火處理卻可能產生扭曲及破裂等情況。
5. 普通碳鋼在低溫下的耐衝擊性很不好。

為了克服普通碳鋼的缺點，使其更適用於工程範圍，人們開發了一種添加合金元素來改善普通碳鋼性質的合金鋼。合金鋼比普通碳鋼的成本高很多，但在眾多工程應用上，合金鋼卻是唯一能符合工程要求的材料。添加到合金鋼中的主要合金元素包含錳、鎳、鉻、鉬及鎢。有時也會添加其他的元素，如釩、鈷、硼、銅、鋁、鉛、鈦與鈳(鈮)等等。

9.4.1 合金鋼的分類

合金鋼可以有高至 50% 的合金元素含量，而仍然視其為合金鋼。在本書中，低合金鋼含有 1%～4% 的合金元素，將被視為合金鋼。這些鋼材主要是汽車工業及建築業用的鋼種，通常都簡稱其為合金鋼 (alloy steels)。

在美國，合金鋼通常是以 AISI-SAE 系統的 4 位數來表示。前兩位數字是主要添加元素或元素群，後兩位數字表示鋼材含碳百分比。表 9.4 列舉出主要標準合金鋼的標稱成分。

9.4.2 合金元素在合金鋼內之分布情形

合金元素在碳鋼內之分布主要取決於元素形成化合物或碳化物的傾向。表 9.5 顯示多數合金元素在合金鋼內的大致分布狀況。

表 9.4　標準合金鋼的主要類型

13xx	錳 1.75
40xx	鉬 0.2 或 0.25；或鉬 0.25 及硫 0.042
41xx	鉻 0.50、0.80 或 0.95；鉬 0.12、0.20 或 0.30
43xx	鎳 1.83；鉻 0.50 或 0.80；鉬 0.25
44xx	鉬 0.25
46xx	鎳 0.85 或 1.83；鉬 0.20 或 0.25
47xx	鎳 1.05；鉻 0.45；鉬 0.20 或 0.35
48xx	鎳 3.50；鉬 0.25
50xx	鉻 0.40
51xx	鉻 0.80、0.88、0.93、0.95 或 1.00
51xxx	鉻 1.03
52xxx	鉻 1.45
61xx	鉻 0.60 或 0.95；釩 0.13 或是最小量 0.15
86xx	鎳 0.55；鉻 0.50；鉬 0.20
87xx	鎳 0.55；鉻 0.50；鉬 0.25
88xx	鎳 0.55；鉻 0.50；鉬 0.35
92xx	矽 2.00；或矽 1.40 及鉻 0.70
50Bxx*	鉻 0.28 或 0.50
51Bxx*	鉻 0.80
81Bxx*	鎳 0.30；鉻 0.45；鉬 0.12
94Bxx*	鎳 0.45；鉻 0.40；鉬 0.12

*B 表硼鋼。

Source: "Alloy Steel: Semifinished; Hot-Rolled and Cold-Finished Bars," American Iron and Steel Institute, 1970.

鎳元素會溶入 α 肥粒鐵內，這是因為鎳比鐵更難生成碳化物。矽能有限量的與氧結合，產生非金屬夾雜物，不然就會溶進到肥粒鐵內。大部分加入碳鋼內的錳溶到肥粒鐵內，少數錳則形成碳化物，而且會進入雪明碳鐵中形成 $(Fe,Mn)_3C$。

鉻產生碳化物的機會比鐵高得多，鉻除了可溶入肥粒鐵內之外，其也有機會能產生碳化物。鉻的分布情況會受到含碳量與更強的碳化物生成元素(像是鈦與鈮等元素)的影響。此外，鎢與鉬也能和碳結合為碳化物，先決條件是需要有足夠的含碳量，且沒有強的碳化物生成元素如鈦及鈮存在。釩、鈦及鈮皆是非常強的碳化物生成元素，故其出現在鋼中的型態多為碳化物。鋁能分別和氧氣及氮氣結合成 Al_2O_3 及 AlN 化合物。

表 9.5　合金元素在合金鋼內的分布情形 *

元素	溶入肥粒鐵	在碳化物內結合	形成碳化物	化合物	元素
鎳	Ni				Ni_3Al
矽	Si				$SiO_2 \cdot M_xO_y$
錳	Mn	←→	Mn	$(Fe,Mn)_3C$	MnS; $MnO \cdot SiO_2$
鉻	Cr		Cr	$(Fe,Cr)3C$	
				Cr_7C_3	
				$Cr_{23}C_6$	
鉬	Mo	←→	Mo	Mo_2C	
鎢	W	←→	W	W_2C	
釩	V	←→	V	V_4C_3	
鈦	Ti	←→	Ti	TiC	
鈮†	Cb		Cb	CbC	
鋁	Al				Al_2O_3; AlN
銅	Cu(微量)				
鉛					Pb

* 箭頭表示主元素溶入肥粒鐵或在碳化物內結合之相對傾向。

† Cb = Nb(鈮)。

Source: E.C. Bain and H.W. Paxton, *Alloying Elements in Steel*, 2nd ed., American Society for Metals, 1966.

9.4.3 合金元素對鋼的共析溫度之影響

添加不同的合金元素可以使 Fe-Fe$_3$C 相圖中的共析溫度產生上升或下降的情況 (圖 9.34)。添加錳及鎳都能使共析溫度下降，因為它們為沃斯田鐵安定元素 (austenite-stabilizing elements)，可以使 Fe-Fe$_3$C 相圖當中的沃斯田鐵相區擴大 (圖 9.6)。當某些鋼材擁有足夠的鎳或錳時，甚至在室溫下就可以得到沃斯田鐵結構。另外，一些碳化物的生成元素，如鎢、鉬及鈦等，都會讓 Fe-Fe$_3$C 相圖中的共析溫度上升，導致沃斯田鐵相區縮減。這些元素稱為肥粒鐵安定元素 (ferrite-stabilizing elements)。

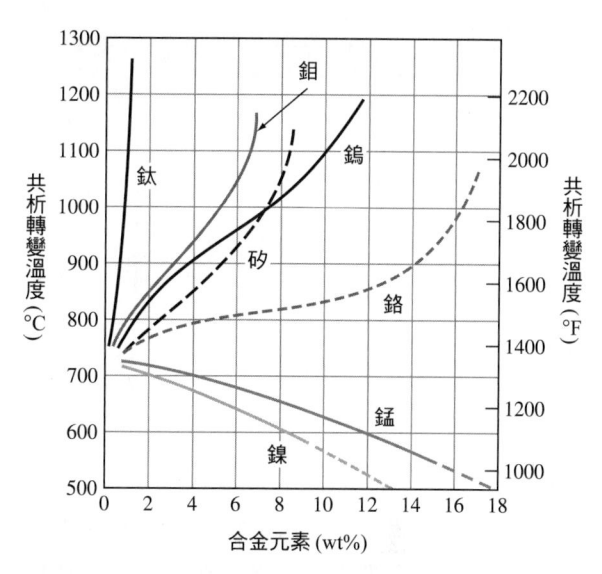

圖 9.34 Fe-Fe$_3$C 相圖中，合金元素之含量對的共析轉變溫度之影響。

(Source: *Metals Handbook*, vol. 8, 8th ed., American Society for Metals, 1973, p. 191.)

9.4.4 硬化能

鋼的**硬化能** (hardenability) 的定義為，當鋼材由沃斯田鐵狀態進行淬火處理後，其硬度的強度與分布性質。影響鋼硬化能的主要因素有三，分別是：(1) 鋼材的成分；(2) 沃斯田鐵晶粒尺寸；(3) 鋼材淬火前之結構。硬化能和硬度為兩種不同的特性，這兩者經常被搞混。硬度是材料抵抗塑性變形之能力，且通常是用壓痕的方式來量測硬度。

工業界一般是利用**喬米尼硬化能試驗** (Jominy hardenability test) 來量測硬化能。喬米尼端面淬火試驗之試片為直徑 1 in.、長 4 in. 之圓棒，另一端是 1/16 in. 的法蘭 (flange) (圖 9.35a)。因為這樣的結構會對硬化能造成很大的影響，所以在試驗前會先對試棒進行正常化處理。在喬米尼試驗中，會先將試棒沃斯田鐵化，再置於如圖 9.35b 所示的固定裝置中，且會對試棒的一端噴水。當試棒冷卻後，先將試棒上兩個平面磨平，接著測量洛氏 (Rockwell C) 硬度值，直到距離淬火端 2.5 in. 為止。

圖 9.36 為 1080 共析普通碳鋼之洛氏硬度對距淬火端距離所繪製的硬化能曲線圖。這個鋼材的鋼材的硬化能不大，因為其洛氏硬度由淬火端的 65 開始下降，到離淬火端 3/16 in. 時已經降到了 50。因此，較厚的 1080 共析普通碳鋼不能使用淬火處理得到完整的麻田散鐵結構。圖 9.36 將 1080 共析普通碳鋼的端面淬火硬

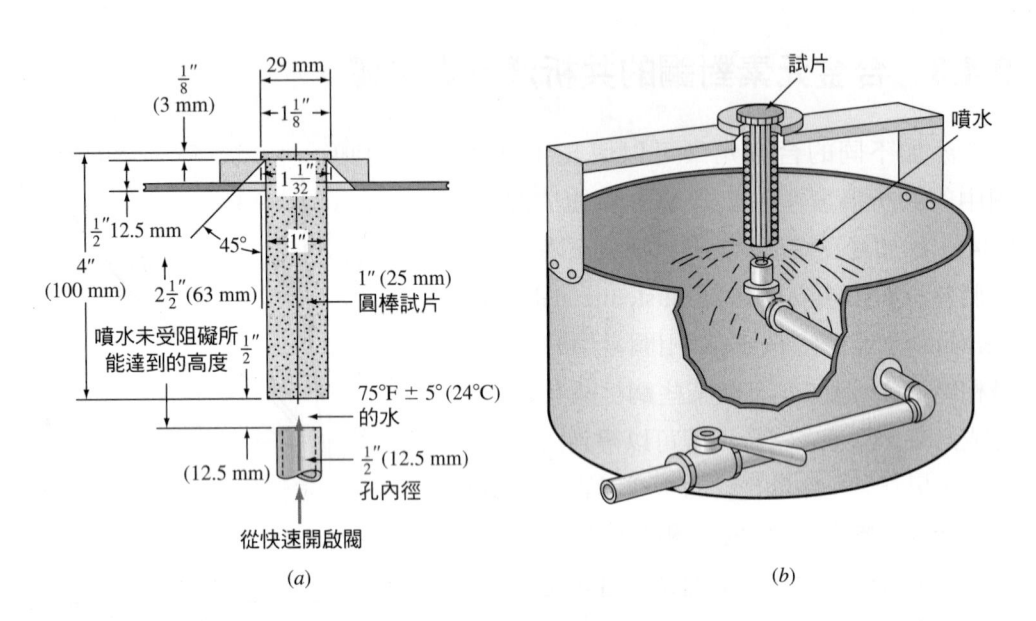

圖 9.35 (a) 端面淬火硬化能試驗的試片與固定裝置。
(Source: M. A Grossmann and E. C. Bain, *Principles of Heat Treatment*, 5th ed., American Society for Metals, 1964, p.114.)
(b) 硬化能端面淬火試驗之示意圖。
(Source: H. E. McGannon (ed.), *The Making, Shaping, and Treating of Steel*, 9th ed., United States Steel Corp., 1971, p.1099.)

化能數據與連續冷卻轉變圖關連起來，因此得以指出試棒離淬火端面之 A、B、C、D 四處之微結構變化。

圖 9.37 示出了含有 0.40% 碳的合金鋼之硬化能曲線。因為 4340 合金鋼有非常高的硬化能，故喬米尼試驗中，距離淬火端 2 in. 之洛氏硬度值可以達到 40。因此，合金鋼能夠以緩慢速度進行淬火處理，而且還有具有相當高的硬度值。

當 4340 合金鋼由沃斯田鐵狀態進行冷卻時，原本的肥粒鐵轉變和變韌鐵轉變會被遲延，造成麻田散鐵轉變可以在較慢的冷卻速率下完成，所以此種合金鋼會顯現出極佳的可硬化性。圖 9.38 以量化的方式顯現了肥粒鐵轉變與變韌鐵轉變延遲之狀況。

對於大部分碳鋼及低合金鋼而言，標準淬火方式是用相同直徑之長圓鋼棒與相同淬火速率在鋼棒橫截面特定點求得。但淬火速率或許會因下列因素產生變化：(1) 不同圓柱直徑；(2) 截面上不同位置；(3) 不同冷卻媒介物。圖 9.39 是在鋼棒橫截面上不同點位置的圓棒直徑對冷卻速率的曲線，此數據是利用攪拌的水與攪拌的油進行淬火得到的。當使用特定的淬火媒介物、特定直徑之鋼棒與在截面上的特定位置時，這些圖可以用來決定該位置的冷卻速率與該位置至淬火端之距

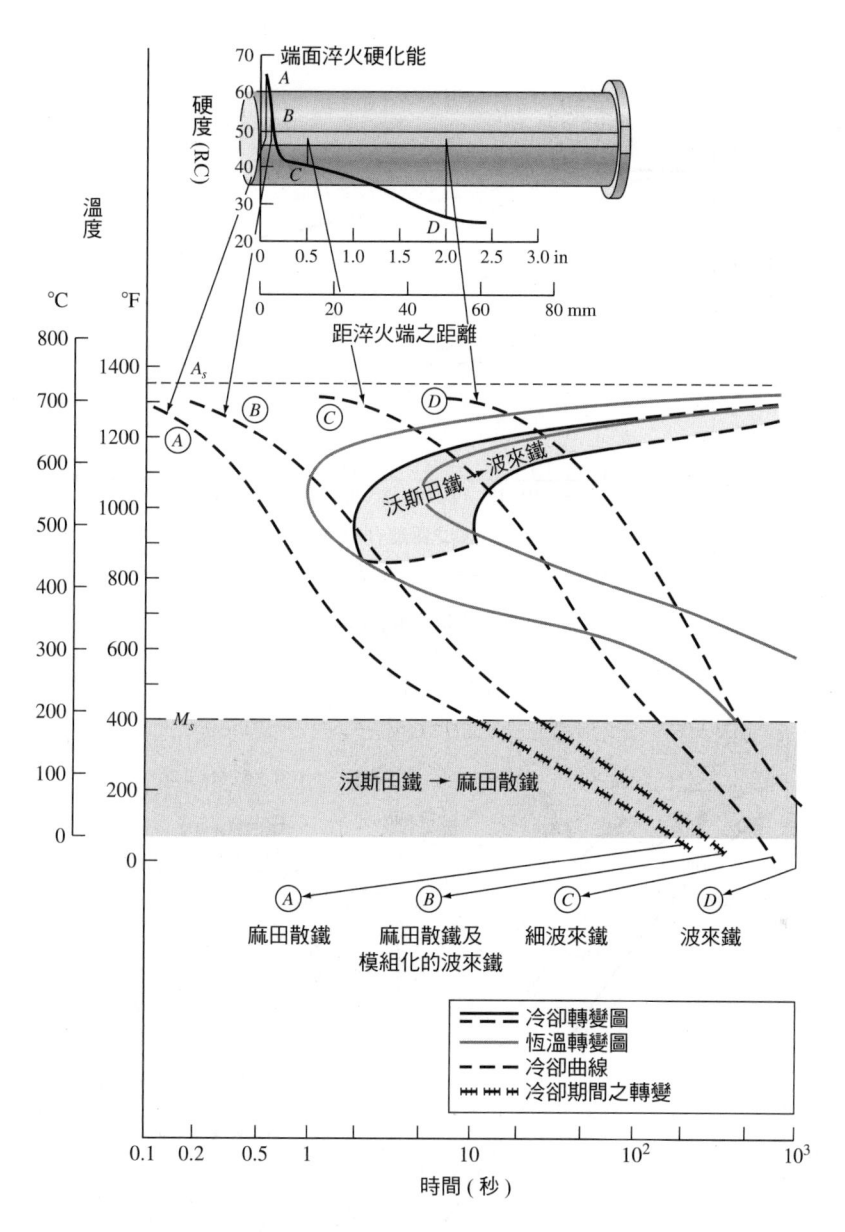

圖 9.36 共析碳鋼的連續冷卻轉變圖和端面淬火硬化能試驗的比對關係圖。
(Source: "Isothermal Transformation Diagrams," United States Steel Corp., 1963, p. 181.)

離。同樣的,利用喬米尼的表面硬度對距淬火端距離的圖,上面提及該位置的冷卻速率與該位置至淬火端之距離可以用來決定鋼材在截面上的特定位置的硬度。例題 9.5 即是使用圖 9.39 來預測鋼棒橫截面某點的硬度值,且此鋼棒之直徑與淬火介質均已給定。通常喬米尼曲線都是以帶狀數據來作圖而不是以單一線條數據來作圖,所以由曲線上所得到的硬度值是測得範圍數據值的平均值。

圖 9.37 0.4% 碳合金鋼的硬化能曲線。

(Source: H.E. McGannon (ed.), *The Making, Shaping, and Treating of Steel*, 9th ed., United States Steel Corp., 1971, p. 1139.)

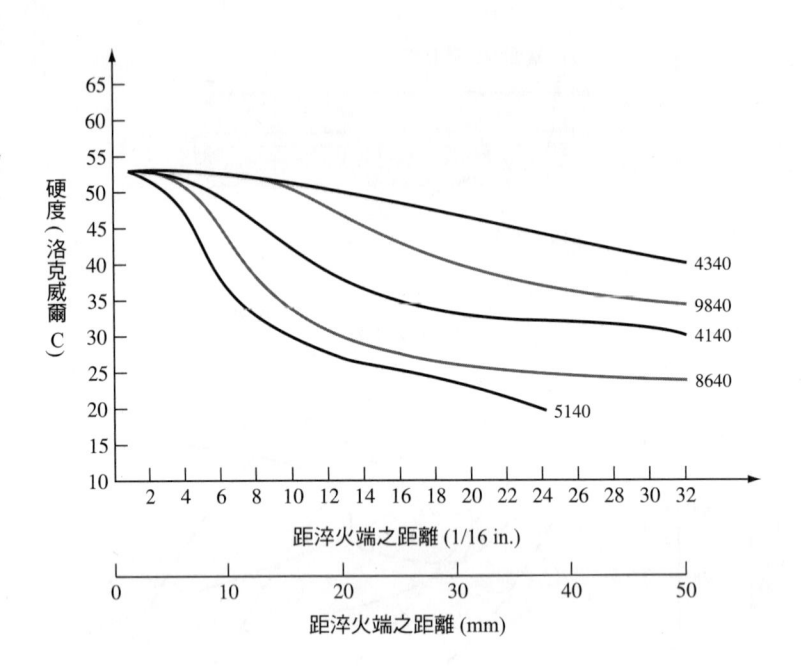

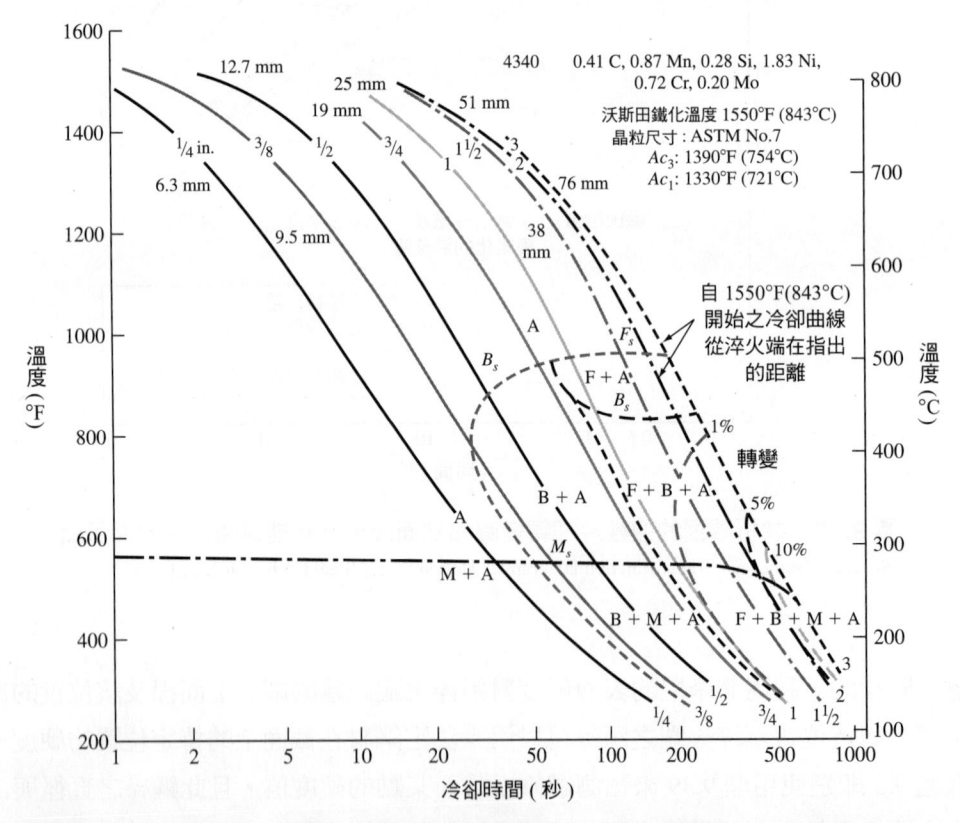

圖 9.38 AISI 4340 合金鋼的連續冷卻轉變圖，A = 沃斯田鐵，F = 肥粒鐵，B = 變韌鐵，M = 麻田散鐵。

(Source: *Metal Progress*, September 1964, p. 106.)

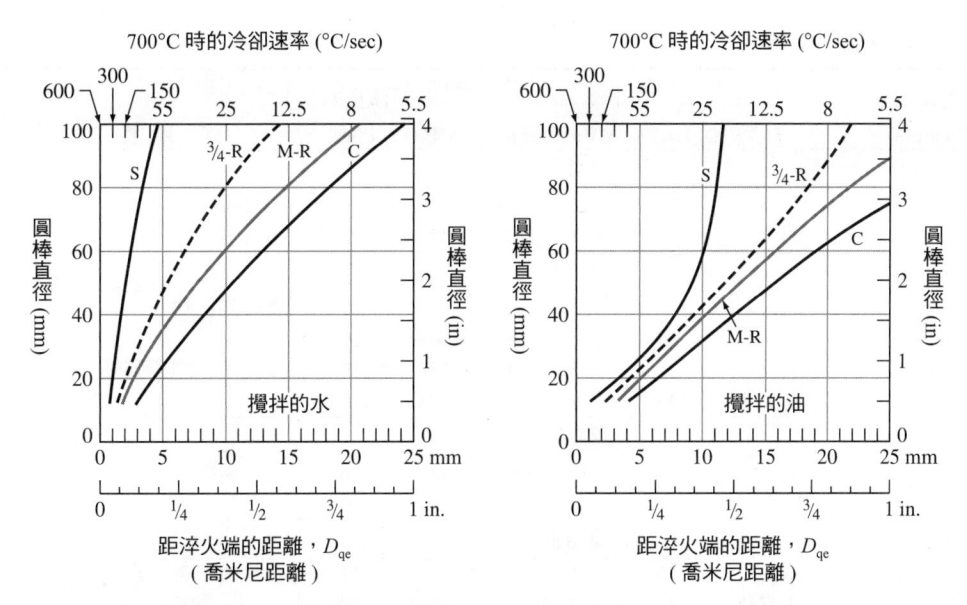

圖 9.39 長圓鋼棒放在：(i) 攪拌的水；與 (ii) 攪拌的油中淬火之冷卻速率。上端橫坐標為 700°C 之冷卻速率；下端橫坐標為末端淬火試驗棒之相對位置 (C = 中心，M-R = 沿半徑中間處，S = 表面，虛線 = 鋼棒橫截面 3/4 半徑處的約略冷卻曲線)。

(Source: Van Vlack, L.H., *Materials for Engineering: Concepts and Applications*, 1st ed., © 1982.)

■ 例題 9.5 ●

一直徑 40 mm 之 5140 合金鋼棒沃斯田鐵化後，放在攪拌的油中淬火。請估算此鋼棒：(a) 表面；與 (b) 中心處的 RC 硬度值。

解

a. 棒之表面。在攪拌的油中淬火，40 mm 鋼棒表面冷卻速率相當於圖 9.39 第 (ii) 部分標準淬火喬米尼試棒離端面 8 mm 之冷卻速率。從圖 9.37 可知，喬米尼試棒離端面 8 mm 之 5140 鋼的硬度值是 32 RC。

b. 棒之中心。在攪拌的油中淬火，40 mm 鋼棒中心冷卻速率相當於圖 9.39 第 (ii) 部分喬米尼淬火試棒離端面 13 mm 之冷卻速率。從圖 9.37 可知，喬米尼試棒離端面 13 mm 之 5140 合金鋼的硬度值是 26 RC。

9.4.5 低合金鋼的典型機械特性及用途

表 9.6 為一些常用的低合金鋼之拉伸機械特性與用途。在某一些強度下，低合金鋼之強度、韌性與延性之綜合特性優於普通碳鋼。然而，因為低合金鋼的價

表 9.6 低合金鋼的典型機械性質及用途

AISI-SAE 合金編號	化學成分 (wt%)	狀態	拉伸強度 ksi	拉伸強度 MPa	降伏強度 ksi	降伏強度 MPa	伸長率 (%)	用途
\multicolumn{9}{c}{錳鋼}
1340	0.40 C, 1.75 Mn	退火	102	704	63	435	20	高強度螺栓
		回火*	230	1587	206	1421	12	
\multicolumn{9}{c}{鉻鋼}
5140	0.40 C, 0.80 Cr, 0.80 Mn	退火	83	573	43	297	29	汽車傳動齒輪
		回火*	229	1580	210	1449	10	
5160	0.60 C, 0.80 Cr, 0.90 Mn	退火	105	725	40	276	17	汽車線圈及門扇彈簧
		回火*	290	2000	257	1773	9	
\multicolumn{9}{c}{鉻鉬鋼}
4140	0.40 C, 1.0 Cr, 0.9 Mn, 0.20 Mo	退火	95	655	61	421	26	航空器噴射引擎及傳動用引擎
		回火*	225	1550	208	1433	9	
\multicolumn{9}{c}{鎳鉬鋼}
4620	0.20 C, 1.83 Ni, 0.55 Mn, 0.25 Mo	退火	75	517	54	373	31	傳動齒輪、軸、滾輪、軸承
		正常化	83	573	53	366	29	
4820	0.20 C, 3.50 Ni, 0.60 Mn, 0.25 Mo	退火	99	683	67	462	22	鋼滾軋設備用齒輪、造紙設備用齒輪、採礦設備用齒輪
		正常化	100	690	70	483	60	
\multicolumn{9}{c}{鎳 (1.83%) 鉻鉬鋼}
4340 (E)	0.40 C, 1.83 Ni, 0.90 Mn, 0.80 Cr, 0.20 Mo	退火	108	745	68	469	22	起落架之齒輪、卡車零件
		回火*	250	1725	230	1587	10	
\multicolumn{9}{c}{鎳 (0.55%) 鉻鉬鋼}
8620	0.20 C, 0.55 Ni, 0.50 Cr, 0.80 Mn, 0.20 Mo	退火	77	531	59	407	31	傳動齒輪
		正常化	92	635	52	359	26	
8650	0.50 C, 0.55 Ni, 0.50 Cr, 0.80 Mn, 0.20 Mo	退火	103	710	56	386	22	小型機器之輪軸、軸
		回火*	250	1725	225	1552	10	

* 在 600°F (315°C) 回火。

格比較昂貴，因此只在必要時才會採用低合金鋼。例如像是汽車與卡車中許多零件需要較高的強度和韌性，如汽車所需的軸、輪軸、齒輪及彈簧等零件，若使用普通碳鋼不能達到這些要求，則會使用合金鋼來進行製造。含碳量 0.2% 的低合金鋼通常會進行滲碳或表面熱處理，以使其表面形成一個堅硬的耐磨耗層，但其內部還保有良好韌性。

■ 9.5　鋁合金 Aluminum Alloys

在討論鋁合金的結構、性質與用途之前，我們必須先了解析出強化 (硬化) 的過程。這種強化過程可用來增強鋁合金與其他金屬合金之強度。

9.5.1 析出強化(硬化)

廣義二元合金的析出強化 析出強化之主要目的是在經過熱處理後的合金中可以製造出分布密集且微細之析出物粒子。這些析出物將會阻礙差排的移動，也因此可以強化這些熱處理過的合金。

圖 9.40 中所示的 A 和 B 兩金屬的二元合金相圖可以用來說明析出強化的過程。如果要讓合金系統能夠發生析出強化，則必須要有一種終端固溶體具有隨著溫度下降而下降的溶解度。圖 9.40 中的 α 固溶體就有此項特性，它的固溶線由 a 點至 b 點之間的溶解度是隨溫度下降而降低的。

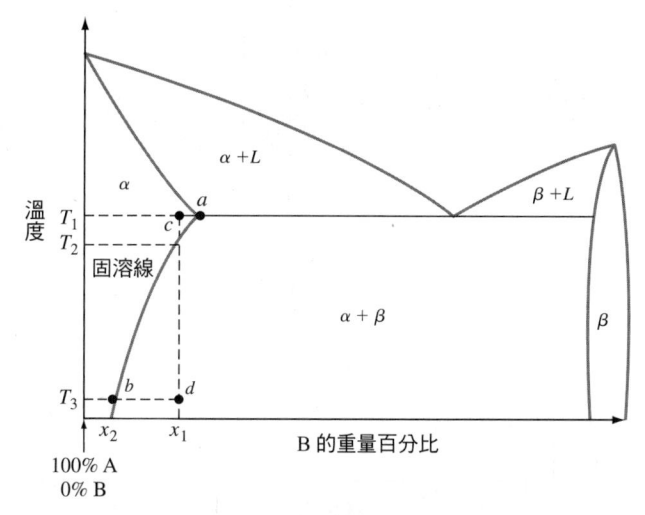

圖 9.40 A-B 材料之二元合金相圖。在最終得到的 α 固溶體中，B 在 A 中的固溶度隨溫度下降而降低。

首先，我們先關注相圖 9.40 中合金成分比例為 x_1 的合金材料之析出強化。我們選擇 x_1 合金成分來觀察的主要因素是因為，在 T_2 降到 T_3 的溫度區間內，α 固溶體的溶解度有明顯下降。一般而言，析出強化過程包括了下列三個基本步驟：

1. 固溶體熱處理 (solution heat treatment) 為析出強化過程的第一個步驟，又稱為固溶化 (solutionizing)。固溶體熱處理的作法是將鑄造或鍛造之合金加熱到固溶線和固相線之間的溫度，然後保持溫度一段足夠長的時間，直到產生均勻的固溶體組織為止。圖 9.40 中溫度為 T_1 的 c 點被選擇作為合金 x_1 的固溶體熱處理溫度，這是因為 c 點位於 α 相固溶線與固相線的中點。
2. 淬火 (quenching) 為析出強化過程的第二個步驟。試片會快速的被冷卻至低溫（通常指室溫），且通常使用室溫下的水來當作冷卻媒介。使用水將合金試片淬火之後的微結構屬於過飽和固溶體。因此，當合金 x_1 淬火至圖 9.40 中溫度為 T_3 的 d 點時，其微結構就是 α 相的過飽和固溶體。
3. 陳化 (aging) 為析出強化過程的第三個步驟。合金試片經過固溶體熱處理及淬火後，必須要進行陳化處理以形成均勻分散的析出物。而在合金中形成均勻分散的析出物就是析出強化製程的主要目的。合金內所產生的細微析出物可以在金屬形變時，藉由迫使差排切過或圍繞這些細微析出物，而達到阻礙差排移動的能力。也因此達到強化合金試片的目的。

在室溫下對合金所進行的陳化處理，稱為自然陳化 (natural aging)。在比較高的溫度下所做的時效處理，則稱為人工陳化 (artificial aging)。大多數合金都會採

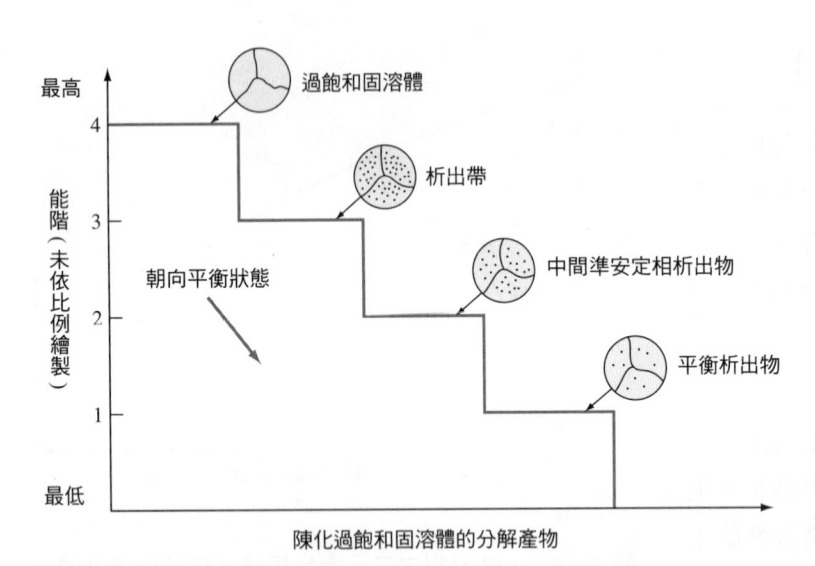

圖 9.41 析出硬化型合金之過飽和固溶體經過陳化處理產生的分解產物。過飽和固溶體具有最高的能階，相反地，平衡析出物有最低的能階。如果合金有足夠活化能進行轉變，且動力學條件處於有利的狀況下，此合金可自發性的從高能階至低能階狀態。

取人工陳化方式來進行處理，且其陳化溫度通常介於室溫至固溶體熱處理溫度差額的 15% 至 25% 之間。

陳化過飽和固溶體所生成之分解產物 處於過飽和固溶體狀態的析出硬化型合金具有較高的能量狀態，如圖 9.41 所示的第四個能階。此能態相對不穩定，所以此合金會傾向於自發性地從過飽和固溶體分解成具較低能量之準安定相或平衡相。實現較低能量之材料系統，即是能夠析出準安定相或平衡相的驅動力。

當在相對較低的溫度對析出硬化型合金的過飽和固溶體進行陳化處理時，因為只能獲得較少活化能，所以只會形成少量的偏析原子叢，稱為析出帶 (precipitation zone) 或 GP 帶 (GP zone)。[7] 以圖 9.40 的 A-B 二元合金為例，此 GP 帶即是以 A 原子為主體的基材中富含 B 原子的區域。圖 9.41 中第三個能階的圖形就是用來表示過飽和固溶體中形成這些相的情形。假如持續進行陳化處理，且陳化溫度提高到可以提供足夠活化能之程度，則 GP 帶就會轉變成尺寸較大的中間準安定析出物，也就是圖 9.41 中第二個能階的圖形所表示的狀況。假使持續進行陳化處理 (通常需要更高的溫度)，並且可以提供足夠之活化能時，此中間相析出物會被平衡析出物所取代，如圖 9.41 中第一個能階的圖形所表示的狀態。

經過固溶熱處理及淬火的可析出硬化型合金之陳化時間對強度及硬度之影響 陳化處理對於經過固溶熱處理及淬火的析出硬化型合金的強度之影響可用陳化曲線 (aging curve) 來表示。陳化曲線是指在某溫度下，陳化時間和強度或硬度之關係圖，如圖 9.42 所示。陳化時間通常表示為對數尺度。剛開始進行陳化處理時，過飽和固溶體之強度標記在陳化曲線和縱坐標之交點上。但隨著陳化處理時間增長，析出帶形成且其尺寸不斷地變大，使得合金強度及硬度增加，但是延性則會

---

[7] 析出帶有時又稱 GP 帶，是因為此組織是由兩位早期的科學家 Guinier 及 Preston 以 X 光繞射分析法所發現的，所以取兩人姓氏之第一個英文字母稱之。

逐漸減少 (圖 9.42)。假如陳化溫度夠高的話，就會形成中間準安定相析出物，此時可以得到最大強度 (陳化處理的最佳狀況)。假如再持續進行陳化處理，中間相析出物將合併與變粗，合金發生過陳化 (over-aging) 現象，並且強度與硬度都會比最佳時效曲線還弱 (圖 9.42)。

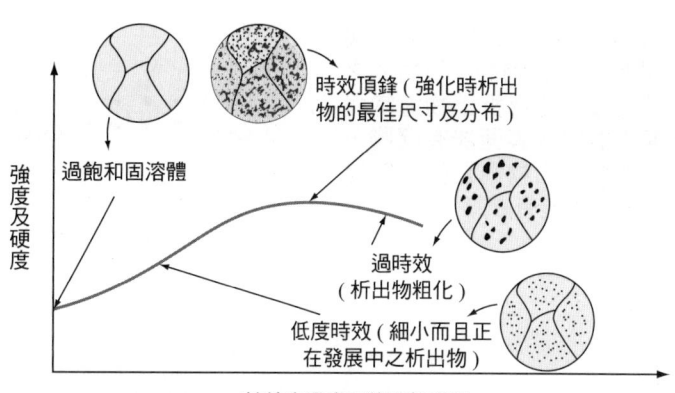

Al-4% Cu 合金之析出強化 (硬化)

現在我們來討論 Al-4% Cu 合金在析出熱處理期間的結構及硬度的變化。此合金的析出強化熱處理步驟為：

1. 固溶熱處理：Al-4% Cu 合金在溫度約 515°C 時可達固溶化 (見圖 9.43 的 Al-Cu 相圖)。
2. 淬火：合金經過固溶熱處理後，用室溫的水進行淬火 (急速冷卻)。
3. 陳化：合金經過固溶熱處理與淬火後，加熱到 130°C 至 l90°C 的溫度區間內進行人工陳化。

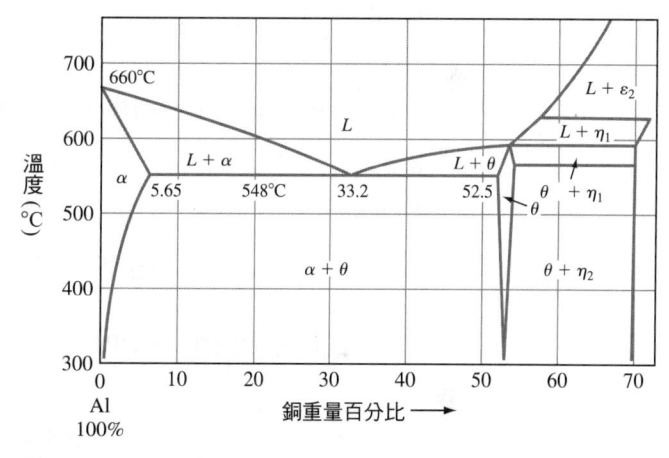

圖 9.42 析出硬化型合金在某特定溫度下之陳化曲線 (強度或硬度對時間之關係)。

圖 9.43 富鋁端的鋁 - 銅二元相圖。
(Source: K.R. Van Horn (ed.), *Aluminum*, vol. 1, American Society for Metals, 1967, p. 372.)

Al-4% Cu 合金陳化時所形成的組織

Al-4% Cu 合金在析出強化的過程中，有五種結構能被辨認出來：(1) 過飽和固溶體 α；(2) GP1 帶；(3) GP2 帶 (也稱 θ'' 相)；(4) θ' 相；(5) θ 相，$CuAl_2$。上述這五種相並非在所有陳化溫度皆可產生。GP1 及 GP2 帶能夠在較低的陳化溫度產生，而 θ' 及 θ 相則生成在較高的陳化溫度。

GP1 帶 GP1 帶能在較低之陳化溫度形成，且是透過銅原子在過飽和固溶體 α 中偏析而成。GP1 帶中具有許多偏析出的盤狀區域，大約數個原子厚 (0.4 nm 到 0.6 nm)，直徑約 8 nm 到 10 nm，會在基材 {100} 立方面形成。因為銅原子之直徑比鋁原子小 11%，所以會使得 GP1 帶周圍基材之晶格產生受應變的正方晶系。另外注意到 GP1 帶和基材晶格有整合性 (coherent)，主要是因為基材晶格上鋁原子僅是被銅原子置換取代了 (圖 9.44)。可以藉由電子顯微鏡偵測 GP1 帶產生的應變場來觀測 GP1 帶。

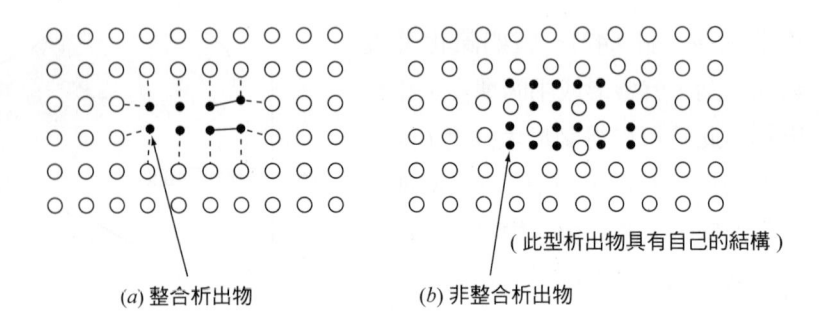

圖 9.44 (a) 整合析出物；與 (b) 非整合析出物的本質特徵之圖示比較。整合析出物通常與高應變能與低表面能有關聯，而非整合析出物則是與低應變能與高表面能有關聯。

(a) 整合析出物

(b) 非整合析出物（此型析出物具有自己的結構）

GP2 帶 (θ'' 相) GP2 帶具有正方結構，且與 Al-4% Cu 合金基材之 {100} 面具有整合性。GP2 尺寸將隨陳化增長而產生 1 nm 至 4 nm 的厚度與 10 nm 至 100 nm 之直徑。

θ' 相 θ' 相在差排處進行非均質成核反應，此相與基材不具整合性。這是指非整合析出物 (incoherent precipitate) 晶體結構和基材晶體結構不同 (圖 9.44a)。θ' 相具有正方結構，厚度約 10 nm 到 150 nm。

θ 相 平衡相 θ 的成分為 $CuAl_2$，且不具整合性。此相晶體結構是 BCT ($a = 0.607$ nm 及 $c = 0.487$ nm)，主要從 θ' 相形成或從基材直接形成。

二元鋁銅合金之一般析出程序可寫為：

$$過飽和固溶體 \to GP1\ 帶 \to GP2\ 帶\ (\theta''\ 相) \to \theta' \to \theta\ (CuAl_2)$$

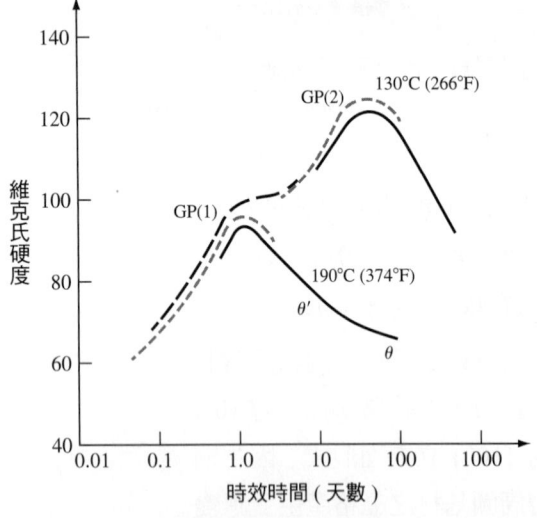

Al-4% Cu 合金的結構與硬度之關係 圖 9.45 示出在 130°C 及 190°C 進行陳化處理的 Al-4% Cu 合金之硬度對陳化時間的關係曲線。陳化溫度為 130°C 時，先形成 GP1 帶而阻礙了差排的移動，故使合金硬度增加。如果繼續在 130°C 進行陳化處理，則會產生 GP2 帶且使差排更難移動，因此硬度會繼續的增加。若再繼續在 130°C 進行陳化處理，θ' 相則會開始形成，此時合金之硬度將達最大值。陳化時間若超過達到硬度最大值所需時間，將會導致 GP2 帶開始溶解，且 θ' 相發生粗化，硬度也隨之變小。若在 190°C 對 Al-4% Cu 合金進行陳化處理，因溫度高於 GP1 固溶線，所以不會形成 GP1 帶。在 190°C 經過長時間的陳化處理，最後將會得到平衡 θ 相。

圖 9.45 於 130°C 與 190°C 進行陳化處理的 Al-4%Cu 合金之硬度和結構關係。
(Source: J.M. Silcock, T.J. Heal, and H.K. Hardy as presented in K.R. Van Horn (ed.), *Aluminum*, vol. 1, American Society for Metals, 1967, p. 123.)

■ 例題 9.6

當 Al-4.50 wt% Cu 合金從 548°C 冷卻到 27°C (室溫),請估算理論上形成 θ 相之重量百分比。假設 27°C 時 Cu 於 Al 之固溶度是 0.02 wt%,θ 相包括 54.0 wt % Cu。

解

先於 Al-Cu 相圖 27°C 處,在 α 與 θ 相間畫出一水平連接線 xy,如圖 EP9.6a。接著標示出含 4.5% Cu 成分點。xz 除以 xy 之比率 (圖 EP9.6b) 則為 θ 相重量百分比。因此

$$\theta \text{ wt\%} = \frac{4.50 - 0.02}{54.0 - 0.02}(100\%) = \frac{4.48}{53.98}(100\%) = 8.3\% \blacktriangleleft$$

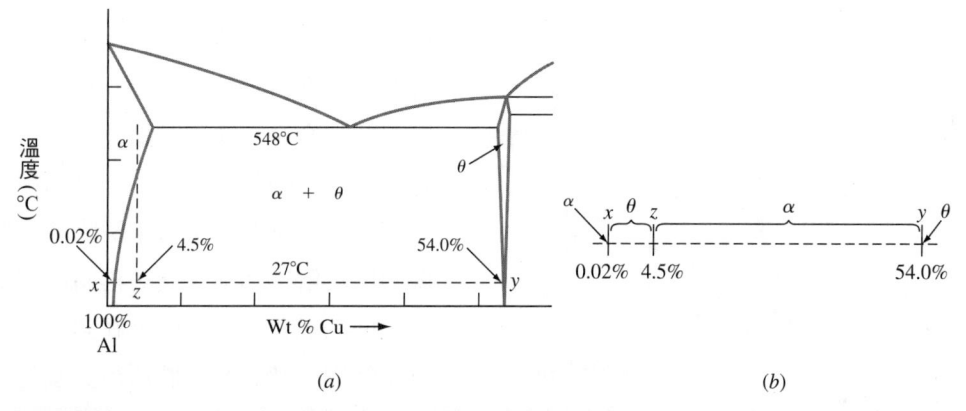

圖 EP9.6 (a) Al-Cu 相圖,在 27°C 處有一條水平連接線 xy,z 點位於 4.5% Cu 處。(b) 水平連接線 xy,其中 xz 部分代表 θ 相的重量百分比。

9.5.2 鋁的一般性質與其生產方法

鋁的工程性質 鋁材有相當多優良的性質,所以在工程應用上的可用性非常高。由於鋁的密度相當低 (2.70 g/cm³),這使得它在運輸用的製品上有廣泛的用途。因為鋁的表面容易生成一層緻密的氧化鋁膜,所以在大部分自然環境下有優良耐蝕性。雖然純鋁的強度很弱,但如果添加少量合金元素後,其強度可以增加到大約 100 ksi (690 MPa)。鋁材本身並不具有毒性,所以在食品容器及包裝上也被廣泛應用。此外,鋁具有良好的電性質,對電子產業也有許多應用發展的空間。從成本上來看,鋁的價格相當低廉 (1989 年的價格為 96 美分 / 磅),又加上具有許多優秀的性質,以上種種的因素使得鋁在工業上占有相當重要的地位。

鋁的生產　鋁是地球上蘊藏豐富的金屬元素之一，通常會與鐵、氧與矽等元素結合，以化合物的方式存在。鋁礬土是製造鋁的主要礦物，它的主要成分為水合鋁氧化物。當鋁礬土和氫氧化鈉熱溶液反應，礦石內的鋁元素將會被轉變成鋁酸鈉 (sodium aluminate)，此法稱為拜耳法 (Bayer process)。將不可溶物質由溶液中分離後，再將氫氧化鋁由溶液中析出。將氫氧化鋁增厚以後，再經由鍛燒即可變成氧化鋁 (Al_2O_3)。

氧化鋁會於熔融冰晶石 (Na_3AlF_6) 內溶解，接著用碳陽極與陰極的電解槽進行電解 (圖 9.46)。在電解過程中，鋁會以液態的形式在槽的底部形成，其純度大約為 99.5% 至 99.9%。此時，鐵與矽為其主要雜質。

在進行鑄造之前，由電解槽所得到的鋁材還會置入具有耐火內襯的大型爐中進行精煉，以得到較佳的品質。此時合金元素與其鑄錠也可以一起熔解且和爐料混合。在上述的精煉過程中，通常會以氯氣來清除液態金屬中所溶解的氫氣，接著再將液態金屬表面的氧化金屬去除。在對金屬進行脫氣與去渣之後，將所得金屬進行篩選，然後注入鑄模內，形成片狀與擠壓鑄錠等外形，再做進一步加工。

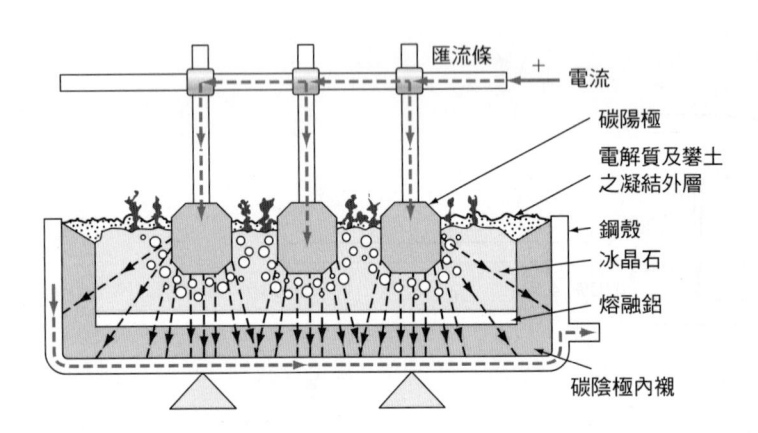

圖 9.46　可生產鋁之電解槽。
(Source: Aluminum Company of America.)

9.5.3　鍛造用鋁合金

主要製造方式　如圖 4.8 所示，我們通常會利用直接冷卻法 (direct-chill method) 做半連續鑄造，以得到片狀或是擠壓出的鑄錠形狀。圖 4.1 是一個由鑄坑移出之大型半連續鑄錠之照片。

對片狀鑄錠來說，和熱軋機滾輪接觸的鑄錠表面會去除掉 1/2 in. 的金屬。這種操作過程稱為去皮 (scalping)，如此才能夠維持此加工用片或板表面的清潔平滑。接著鑄錠會經過預熱 (preheated) 或均質化 (homogenized) 的高溫處理約 10 到 24 小時，這是為了使原子有足夠的時間擴散，如此才會有成分均勻的鑄錠。至於所需要的預熱溫度，則是一定要低於成分元素中擁有最低熔點之元素的熔點。

再加熱之後，會使用大型熱軋機對鑄錠實施熱軋 (hot-rolled)，將它製成為約略 3 in. 的厚度。再加熱後，再用中型熱軋機熱軋成約 3/4 到 1 in. 厚。接下來的縮減步驟則是用一套熱軋機處理方式，把金屬熱軋至約 0.1 in. 厚。圖 6.6 則為典型冷軋操作方式。如果想製成薄片金屬，一般而言中間需要退火一次以上。

表 9.7 鍛鋁合金群

鋁，純度 99.00% 以上	1xxx
以主要合金元素含量來分群：	
銅	2xxx
錳	3xxx
矽	4xxx
鎂	5xxx
鎂及矽	6xxx
鋅	7xxx
其他元素	8xxx
尚未使用系列	9xxx

鍛造用鋁合金的分類 鍛鋁合金 (片、板、擠製品、棒及線) 可以根據其主要合金元素含量做分類，一般採 4 位數字編號以辨別鍛鋁合金。第一個數字表示了含有特定合金元素的合金群。第二個數字則表示原合金之改良或是雜質的極限。最後兩個數字則用來識別鋁合金或表示鋁純度。表 9.7 列出一部分鍛鋁合金群之分類。

回火命名 鍛鋁合金之回火編號主要編寫在合金編號之後，而且用橫短線隔開 (例如 1100-0)。若要將基本回火再進行細分類，則是由一個基本編碼的英文字母加上一個或多個數字 (例如 1100-H14)。

基本回火命名

F：剛製造完成之狀態。沒有控制應變硬化；也沒有機械特性的限制。

O：退火與再結晶後。回火後有最低強度與最高延性。

H：應變硬化後 (參考下面內容)。

T：熱處理後以實現 F 或 O 以外所造成的穩定回火 (參考下面內容)。

應變硬化細分類

H1：只有應變硬化。應變硬化的程度係由第二位數字來表示，變化範圍從 1/4 部分硬化 (H12) 至大約 75% 之面積減縮所造成的完全硬化 (H18)。

H2：應變硬化與部分退火。假如初始冷加工材料的強度超過需求，就可以採用部分回火之方式來獲得 1/4 部分硬化至完全硬化，其回火編號為 H22、H24、H26 及 H28。

H3：應變硬化與安定化。陳化軟化處理過之鋁鎂合金經過應變硬化後，繼續在較低溫度處加熱使它的延性增加，且安定化其機械特性。其編號為 H32、H34、H36 及 H38。

熱處理細分類

T1：自然陳化處理。產品經過高溫成型製程後實施冷卻，經過自然陳化而形成穩定態。

T3：固溶熱處理、冷加工和自然陳化至穩定態。

T4：固溶熱處理，並自然陳化到穩定態。

T5：產品經過高溫成型後實施冷卻，並進行人工陳化處理。

T6：固溶熱處理，再做人工的陳化處理。

T7：固溶熱處理和安定化。

T8：固溶熱處理、冷加工，再做人工陳化。

不可熱處理之鍛造用鋁合金　鍛鋁合金可簡要地分成兩類：非熱處理用 (non-heat-treatable) 及熱處理用 (heat-treatable) 合金。第一類的非熱處理用鋁合金無法利用析出強化方式進行強化，只能用冷加工方式增加它的強度。在非熱處理用鍛鋁合金中主要使用的三個合金群是 1xxx、3xxx 與 5xxx。表 9.8 為一些工業上重要鍛鋁合金的化學成分、機械性質和用途。

1xxx 合金　此種鋁合金純度為 99.0% 以上，鐵和矽為其最主要的雜質元素 (合金元素)。當添加 0.12% 的銅以後，則可再增加其強度。退火後的 1100 合金拉伸強度約為 13 ksi (90 MPa)，主要常用於片狀金屬加工應用。

3xxx 合金　錳為此類合金的主要合金元素，且錳是利用固溶強化的方式來提升鋁合金之強度。3003 合金為此類合金中最重要的一種，其成分為 1100 合金內添加 1.25% 的錳元素。在退火的情況下，3003 合金的拉伸強度約是 16 ksi (110 MPa)。此種合金可以使用在需要具有優良加工性之材料的用途上。

5xxx 合金　鎂為此類合金的主要合金元素，添加量大約為 5% 以內。鎂也是以固溶強化的方式來提升鋁合金強度。在工業上最重要的此類合金是 5052 合金，其成分包含 2.5% 的鎂與 0.2% 的鉻。在退火的情況下，5052 合金的拉伸強度是 28 ksi(193 MPa)，此類合金可用於片狀金屬加工，尤其是在客車、卡車與潛艇上。

可熱處理之鍛造用鋁合金　某些鋁合金可以透過熱處理的方式來達到析出強化。一些熱處理用鍛鋁合金，像是 2xxx、6xxx 與 7xxx 合金群，可利用類似前文所述的鋁-銅合金的機制達成析出強化。表 9.8 列出一些在工業上很重要的熱處理用鍛鋁合金之化學成分、機械特性與應用。

表 9.8 鋁合金的典型機械性質及用途

合金編號*	化學成分 (wt%)[†]	狀態[‡]	拉伸強度 ksi	拉伸強度 MPa	降伏強度 ksi	降伏強度 MPa	伸長率 (%)	用途
鍛造用合金								
1100	99.0 min Al, 0.12 Cu	退火狀態 (-O)	13	89 (av)	3.5	24 (av)	25	片狀金屬、直尾翼
		1/2 部分硬化 (-H14)	18	124 (av)	14	97 (av)	4	
3003	1.2 Mn	退火狀態 (-O)	17	117 (av)	5	34 (av)	23	壓力容器、化學設備、片狀金屬
		1/2 部分硬化 (-H14)	23	159 (av)	23	159 (av)	17	
5052	2.5 Mg, 0.25 Cr	退火狀態 (-O)	28	193 (av)	9.5	65 (av)	18	客車、卡車及潛艇用途小壓管
		1/2 部分硬化 (-H34)	38	262 (av)	26	179 (av)	4	
2024	4.4 Cu, 1.5 Mg, 0.6 Mn	退火狀態 (-O)	32	220 (max)	14	97 (max)	12	航空器結構體
		熱處理狀態 (-T6)	64	442 (min)	50	345 (min)	5	
6061	1.0 Mg, 0.6 Si, 0.27 Cu, 0.2 Cr	退火狀態 (-O)	22	152 (max)	12	82 (max)	16	卡車及潛艇結構體、管線、欄杆
		熱處理狀態 (-T6)	42	290 (min)	35	241 (min)	10	
7075	5.6 Zn, 2.5 Mg, 1.6 Cu, 0.23 Cr	退火狀態 (-O)	40	276 (max)	21	145 (max)	10	航空器及其他結構
		熱處理狀態 (-T6)	73	504 (min)	62	428 (min)	8	
鑄造用合金								
355.0	5 Si, 1.2 Cu, 0.5 Mg	砂模鑄造 (-T6)	32	220 (min)	20	138 (min)	2.0	幫浦架構、航空器配件、曲軸箱
		永久模鑄造 (-T6)	37	285 (min)	...	...	1.5	
356.0	7 Si, 0.3 Mg	砂模鑄造 (-T6)	30	207 (min)	20	138 (min)	3	傳動箱、卡車輪軸、架構、卡車車輪
		永久模鑄造 (-T6)	33	229 (min)	22	152 (min)	3	
332.0	9.5 Si, 3 Cu, 1.0 Mg	永久模鑄造 (-T5)	31	214 (min)	21	145	...	汽車用活塞
413.0	12 Si, 2 Fe	壓鑄鑄造	43	297			2.5	大型複雜鑄件

* 美國鋁協會標號。

[†] 平衡鋁。

[‡] O = 退火與再結晶；H14 = 只做應變硬化；H34 = 應變硬化與安定化；T5 = 高溫成型冷卻，再做人工陳化；T6 = 固溶熱處理，再做人工陳化。

2xxx 合金　銅為此合金之主要合金元素。大部分此類合金中也會添加鎂與微量的其他元素。2024 合金為此類合金中最重要的合金之一，其成分包含有 4.5% 銅、1.5% 鎂與 0.6% 錳。此合金之強化機制是固溶強化及析出強化。最主要的強化析出物為 Al_2CuMg 這種介金屬化合物。2024 合金在 T6 狀態下的拉伸強度約為 64 ksi (442 MPa)，常被利用在飛機之結構體上。

6xxx 合金　鎂與矽為 6xxx 合金群的主要合金元素，此二元素結合後會形成 Mg_2Si 這種介金屬化合物，且強化了此類合金。6061 合金為此類合金群中最重要的合金之一，其成分是 1.0% 的鎂、0.6% 的矽、0.3% 的銅與 0.2% 的鉻。在 T6 熱處理狀態下的 6061 合金之拉伸強度約為 42 ksi (290 MPa)，常應用在一般用途的結構體上。

7xxx 合金　鋅、鎂、銅是 7xxx 合金群的主要合金元素。其中鋅和鎂會結合形成 $MgZn_2$ 這種介金屬化合物，當此類合金做熱處理時會析出 $MgZn_2$，因而強化了合金。另外，由於鋅和鎂在鋁中都擁有相當高的溶解度，這使得它可以產生高密度之析出物，因此其強度可以大幅度提升。7075 合金為此類合金中最重要的合金之一，其成分為 5.6% 的鋅、2.5% 的鎂、1.6% 的銅與 0.25% 的鉻。經過 T6 回火處理後的 7075 合金之拉伸強度約是 73 ksi (504 MPa)，主要常應用在飛機之結構體上。

9.5.4　鑄造用鋁合金

鑄造製程　鋁合金的鑄造主要有下列三種方式：砂模鑄造、永久模鑄造與壓鑄鑄造。

砂模鑄造 (sand casting) 為最簡單、可變動性最大之鋁合金鑄造法。圖 9.47 中顯示出如何生產一個簡單砂模供砂模鑄造使用。砂模鑄造方式可生產：(1) 小量且相同的鑄件；(2) 具複雜砂心的複雜鑄件；(3) 大型鑄件；(4) 結構性鑄件。

對永久模鑄造 (permanent-mold casting) 而言，是於重力、低壓或只有離心壓力作用下，將熔融金屬倒入一個永久金屬模具內。圖 6.1 顯示一個處於開啟狀態的永久模，而圖 6.2a 是兩個用永久模鑄造製造的鋁合組件。用永久模鑄造所得到的鑄件比砂模鑄件擁有更細的晶粒和更好的強度。使用永久模鑄造時之冷卻速率愈快，其結構上的晶粒也會愈細。另外，永久模鑄件的氣孔較少，通常也較不容易收縮。不過，永久模的尺寸有其限制，不能無限制地擴大；而且要用這種方式來製造複雜的零件也不簡單，甚至可以說無法用永久模方式鑄造出複雜之大型工件。

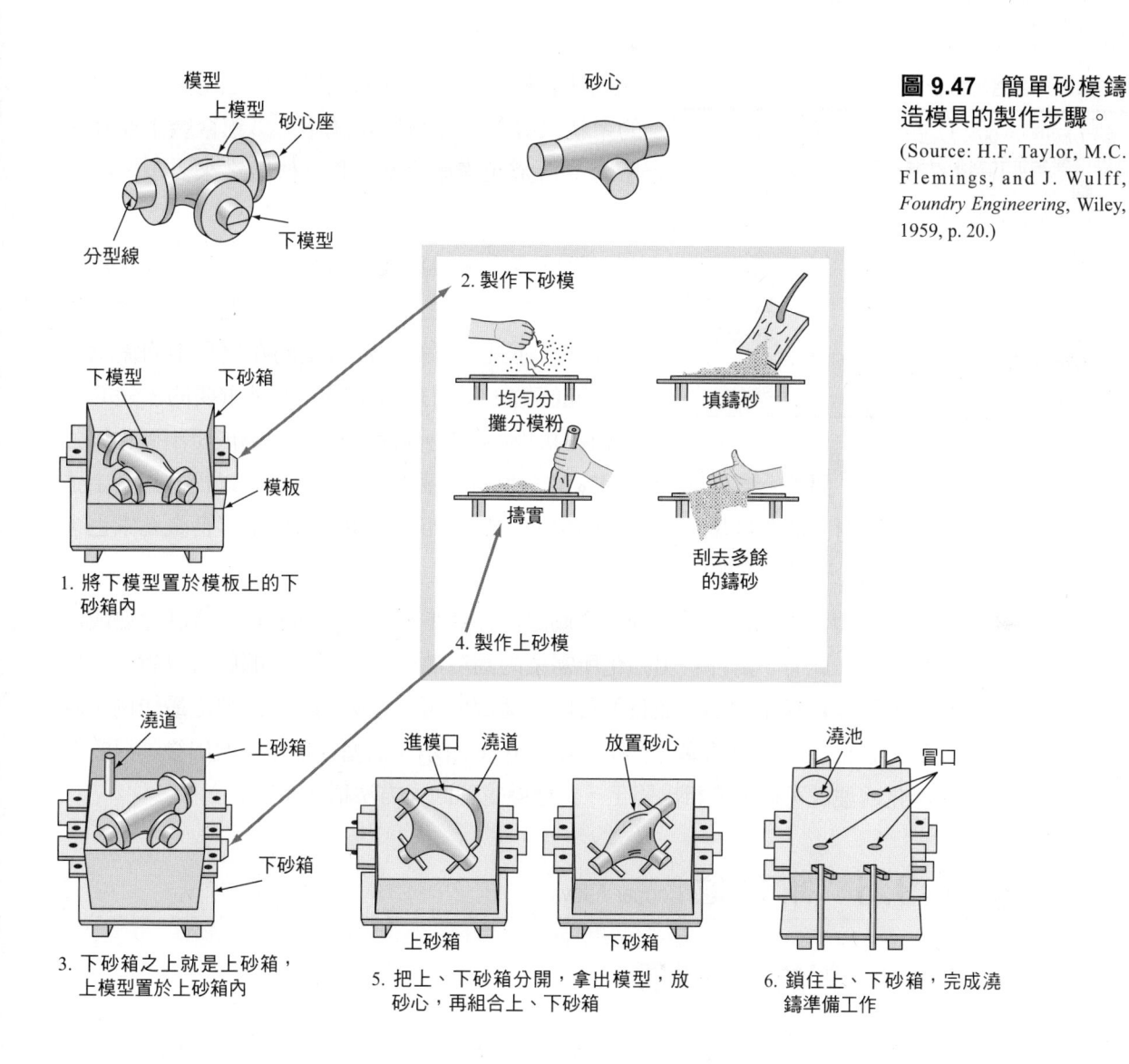

圖 9.47 簡單砂模鑄造模具的製作步驟。
(Source: H.F. Taylor, M.C. Flemings, and J. Wulff, *Foundry Engineering*, Wiley, 1959, p. 20.)

至於壓鑄鑄造 (die casting)，則是將熔融金屬藉由相當大之壓力注入金屬模內。此種方式可用來以最大生產速率鑄造相同零件。進行壓鑄時，兩個金屬模將會鎖在一起以承受高壓。首先把熔融鋁注進模內，金屬凝固後就可打開壓鑄模，然後取出灼熱的鑄件。然後再度鎖住兩金屬模，重複上述步驟。壓鑄法優點包含：(1) 以此法所生產的零件幾乎不用再加工，而且生產速率高；(2) 鑄件尺寸精確度比其他鑄造方式更佳；(3) 鑄件表面光滑；(4) 鑄件快速冷卻而形成微細晶粒；(5) 可以容易的實現自動化的壓鑄流程。

鑄造用鋁合金的成分 在發展鑄鋁合金之過程中除了要注意例如強度、延性及耐蝕性等機械特性外，也必須考量其流體性及填充能力等鑄造性質。因此，鑄鋁合金與鍛鋁合金的化學成分會有很大的不同。表 9.8 是部分鑄鋁合金的化學成分、

表 9.9　鑄鋁合金群

鋁，純度 99.00% 以上	1xx.x
以主要合金元素來分群：	
銅	2xx.x
矽，添加銅及/或鎂	3xx.x
矽	4xx.x
鎂	5xx.x
鋅	7xx.x
錫	8xx.x
其他元素	9xx.x
尚未使用系列	6xx.x

機械性質和用途。合金的編碼分類是用美國鋁協會的系統來分類；在這套系統中，鑄鋁合金主要利用所含主合金元素來分類，以 4 個數字來表示，如表 9.9。

鑄鋁合金中最重要的合金元素為矽，其含量約為 5%～12%。矽之所以重要是因為它不僅可提升鋁之強度，並且也可提升熔融金屬在模具中的流動性和填充能力，這對鑄造來說是非常重要的。鎂的含量約在 0.3%～1%，透過熱處理而造成析出硬化以強化鋁合金。另外，含量約 1%～4% 的銅也可以添加到鑄鋁合金，以提升鋁合金強度，特別對高溫強度增加有很大的幫助。其他如鋅、錫、鈦與鉻等合金元素也會被添加到一些鑄鋁合金內。

某些情況下，假設模內固化金屬之冷卻速率夠快，可熱處理合金就會變成過飽和固體。此時，鑄件析出強化所需要的固溶熱處理與淬火步驟就可以省略，只需要把鑄件自模中取出，並且進行陳化處理即可。這種熱處理類型之最佳例子就是析出強化型汽車用活塞之生產。如圖 6.2b 所示，活塞從鑄模中取出後，只需要做陳化處理就可以達成析出強化。此種熱處理回火方法稱為 T5。

■ 9.6　銅合金 Copper Alloys

9.6.1　銅的一般性質

銅是一種相當重要的工程金屬，不管是純銅或是銅合金都被廣泛地應用在各種用途。在工業上來說，純銅具有一些相當優良的性質；舉例來說，銅是電與熱的良導體，具良好的耐蝕性、加工方便、拉伸強度中等、可控制的退火性質及一般軟焊及接合特質等優點。黃銅與青銅系列的銅合金具較高的強度，可應用在許多工程應用。

9.6.2　銅的生產

多數的銅是由含有銅及硫化鐵的礦石中萃取出來的。當把由較劣等礦石中所獲得之硫化銅濃縮物放入反射爐中熔煉，就可產生硫化銅及硫化鐵混合之冰銅 (matte)。冰銅中的硫化銅可藉吹入空氣而發生化學變化，形成泡銅 (blister copper；98% + 銅)。而此時硫化鐵會先發生氧化，然後成為熔渣。泡銅內大部分的雜質可進一步精煉，將雜質形成熔渣後除去。這種精煉過的銅稱為韌煉銅 (tough-pitch copper)。一般來說，韌煉銅的用途並不多，一般會再做電解精煉以產生純度 99.95% 電解韌煉銅 (electrolytic tough-pitch copper, ETP copper)。

9.6.3 銅合金的分類

銅合金的命名是根據銅發展協會 (Copper Development Association, CDA) 的命名系統進行分類。此系統編號 C10100 至 C79900 是屬於鍛造合金，編號 C80000 至 C99900 則屬於鑄造合金。表 9.10 是各種分類的合金群，而表 9.11 則是一些銅合金的化學成分、機械特性與用途。

9.6.4 鍛造用銅合金

純銅 由於純銅是電的良導體，所以對於工業界來說它是一種相當重要的金屬，在電力工業上隨處可見純銅的廣泛應用。電解韌煉銅是價格便宜的工業用銅之一，常用來生產線、棒、板與片狀的銅產品。氧在電解韌煉銅中是幾乎不可溶的氣體，通常在電解韌煉銅中含有 0.04% 的氧。氧會在鑄造銅時形成樹枝狀的 Cu_2O。對於大部分的應用領域來說，電解韌煉銅中的氧只是不重要的雜質。但是如果將電解韌煉銅加熱至 400°C 以上，而且外在環境中含有氫時，這時候氫就會藉由擴散進入銅內，而與 Cu_2O 反應產生水蒸汽，如下式：

表 9.10 銅合金的分類 (銅發展協會系統)

	鍛造用合金
C1xxxx	純銅 * 及高含量銅合金 †
C2xxxx	銅鋅合金 (黃銅)
C3xxxx	銅鋅鉛合金 (鉛黃銅)
C4xxxx	銅鋅錫合金 (錫黃銅)
C5xxxx	銅錫合金 (磷青銅)
C6xxxx	銅鋁合金 (鋁青銅)、銅矽合金 (矽青銅) 及其他銅鋅合金
C7xxxx	銅鎳及銅鎳鋅合金 (白銅)
	鑄造用合金
C8xxxx	鑄造純銅、鑄造高含量銅合金、各類型鑄造黃銅、鑄造錳青銅，及鑄造銅鋅矽合金
C9xxxx	鑄造銅錫合金、銅錫鉛合金、銅錫鎳合金、銅鋁鐵合金、銅鎳鐵合金、銅鎳鋅合金

* 純銅的含銅量在 99.3% 以上。
† 高含量銅合金是指具有 96% 到 99.3% 之間的銅含量，並且不能編入其他合金群者。

表 9.11 銅合金的典型機械性質及用途

合金編號	化學成分 (wt %)	狀態	拉伸強度 Ksi	拉伸強度 MPa	降伏強度 Ksi	降伏強度 MPa	伸長率 在 2 in. 內 (%)	用途
			鍛造用合金					
C10100	99.99 Cu	退火	32	220	10	69	45	導體、波導、中空的導體、真空管用的引入線反陽極、真空密封墊、電晶體零件、玻璃對金屬的密封器
		冷加工	50	345	45	310	6	
C11000 (ETP)	99.9 Cu, 0.04 O	退火	32	220	10	69	45	（真空管內殘餘氣體的）吸收劑、蓋屋頂的材料、墊、鉚釘、收音機組件、同軸電纜和管、速調管、微波管整流器、匯流排線、釘子、滾印
		冷加工	50	345	45	310	6	
C26000	70 Cu, 30 Zn	退火	47	325	15	105	62	散熱器芯材反外殼、閃光燈殼、燈配件、扣件、鎖、鉸鏈、彈藥零件、鉛錘配件、大頭針、鉚釘
		冷加工	76	525	63	435	8	
C28000	60 Cu, 40 Zn	退火	54	370	21	145	45	有關建築的大螺帽與螺栓、黃銅棒、冷凝器板材、熱交換器與冷凝管、熱鍛件
		冷加工	70	485	50	345	10	
C17000	99.5 Cu, 1.7 Be, 0.20 Co	SHT*	60	410	28	190	60	蛇腹管、低音管材（電話機等的）振動板、保險絲夾子、扣件、鎖緊墊圈、彈簧、開關零件、滾針、閥、銲接設備
		SHT、CW、PH*	180	1240	155	1070	4	
C61400	95 Cu, 7 Al, 2 Fe	退火	80	550	40	275	40	螺帽、螺栓、縱橫和帶螺紋的構件、抗腐蝕的容器和槽、結構組件、機械零件、冷凝管與管道系統、船舶的保護罩與緊固件
		冷加工	89	615	60	415	32	
C71500	70 Cu, 30 Ni	退火	55	380	18	125	36	通訊繼電器、冷凝器、冷凝器板材、電彈簧、蒸發器與熱交換管、金屬箍、電阻器
		冷加工	84	580	79	545	3	
			鑄造用合金					
C80500	99.75 Cu	鑄造狀態	25	172	9	62	40	電反熱的導體、抗腐蝕反氧化的應用
C82400	96.4 Cu, 1.7 Be, 0.25 Co	鑄造狀態	72	497	37	255	20	安全工具、塑膠組件的模具、凸輪、閥、幫浦組件、齒輪
		熱處理	150	1035	140	966	1	
C83600	85 Cu, 5 Sn, 5 Pb, 5 Zn	鑄造狀態	37	255	17	117	30	閥、小緣、管接頭、幫浦鑄件、水幫浦葉輪反外殼、小齒輪
C87200	89 Cu, 4 Si	鑄造狀態	55	379	25	172	30	軸承、傳送帶、推動器、幫浦反閥的組件、船舶的配件、抗腐蝕鑄造物
C90300	93 Cu, 8 Sn, 4 Zn	鑄造狀態	45	310	21	145	30	軸承、軸襯、幫浦推進器、活塞環、密封環、輪船配件、齒輪
C95400	85 Cu, 4 Fe, 11 Al	鑄造狀態	85	586	35	242	18	軸承、螺釘（螺釘等的）螺紋、閥門座反閥門、幫浦主體、法蘭、浸酸設備
		熱處理	105	725	54	373	8	
C96400	69 Cu, 30 Ni, 0.9 Fe	鑄造狀態	68	469	37	255	28	閥門、幫浦主體、法蘭、使用在抗海水腐蝕的彎管

* SHT＝固溶熱處理；CW＝冷加工；PH＝析出硬化。

$$Cu_2O + H_2 \text{ (溶在銅內)} \rightarrow 2Cu + H_2O \text{ (水蒸汽)}$$

上式反應所形成的水分子因其體積較大而不會擴散，所以會形成內部空孔 (特別是在晶界處)，而使銅變得具有脆性 (圖 9.48)。

為避免由 Cu_2O 導致的氫脆 (hydrogen embrittlement) 現象產生，我們可以藉由添加磷，並使磷與氧反應而形成磷的五氧化物 (P_2O_5)(合金 C12200) 來解決此問題。此外，也可以在還原性氣體的環境下鑄造電解韌煉銅，以除去銅內的氧；我們稱以此法所製得之銅為無氧高傳導性銅 (oxygen-free high-conductivity copper, OFHC copper)，合金編號為 C10200。

銅 - 鋅合金 黃銅即是一系列添加 5% 至 40% 鋅之銅鋅合金。銅在添入低於 35% 的鋅時，銅與鋅會形成置換型固溶體。如圖 8.27 的銅 - 鋅合金相圖所示，在此添加量內的合金微結構全是 α 相。當鋅含量達到約 40% 時，會形成 α 與 β 兩相。

圖 9.49 為 70% Cu-30% Zn 合金 (C26000，彈殼黃銅) 之微結構，顯示 α 單相黃銅之微結構由 α 固溶體組成。而 60% Cu-40% Zn 黃銅 [C280000，孟茲 (Muntz) 合金] 則具有 α 與 β 雙相，如圖 9.50 所示。

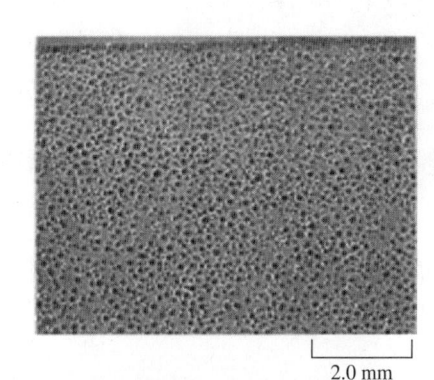

圖 9.48 暴露在氫氣中的電解韌煉銅。橫向與軸向的兩種不同尺度影像顯示了由蒸汽產生的內部孔洞。這些孔洞使得銅變脆。
(Source: The Institute of Scientific and Industrial Research, Osaka University, Osaka, Japan)

(a)　　　(b)

圖 9.49 在退火狀態的彈殼黃銅的顯微結構 (70% Cu-30% Zn)(腐蝕液：NH$_4$OH + H$_2$O$_2$；放大倍率 75×)。
(©McGraw-Hill Education)

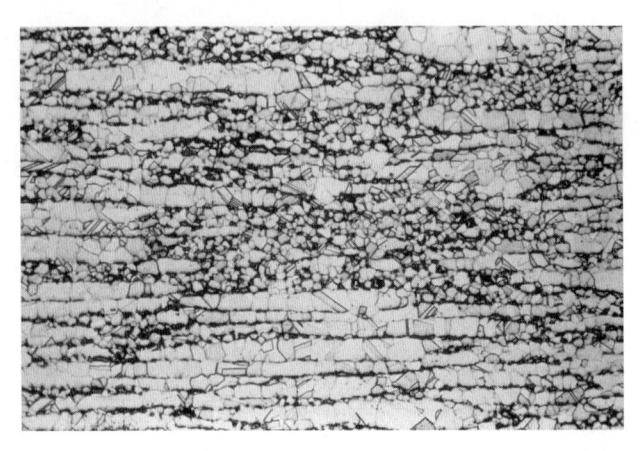

圖 9.50 熱軋孟茲合金板 (60% Cu-40% Zn)，其結構包括 β 相 (深色) 及 α 相 (淺色)(腐蝕液：NH$_4$OH + H$_2$O$_2$；放大倍率 100×)。
(©Brian & Mavis Bousfield/SSPL/Getty Images)

圖 9.51 黃銅內含有小球狀鉛。(腐蝕液：NH$_4$OH +H$_2$O$_2$；放大倍率 62×)。
(©Astrid & Hanns-Frieder Michler/Science Source)

銅鋅黃銅有時會添加少量 (0.5% ~ 3%) 的鉛，來改良機械加工性。鉛於固體銅內幾乎不可溶，主要以小球狀分布於鉛黃銅 (圖 9.51)。

表 9.11 列出了一些黃銅的拉伸強度。這些合金在退火狀態時具有中等的強度 (34 ksi ~ 54 ksi；234 MPa ~ 374 MPa)，若對其施以冷加工則可增加強度。

銅 - 錫青銅　所謂的銅錫合金是指在銅內添加 1% ~ 10% 錫所形成的固溶強化合金，其正確名稱應為錫青銅 (tin bronzes)，但是一般常被稱為磷青銅 (phosphor bronzes)。鍛造錫青銅的強度會比銅鋅黃銅再好一些，尤其是在冷加工狀態；它的耐蝕性也較好，但缺點就是成本較昂貴。含錫量低於 16% 之銅錫鑄造合金常使用於高強度軸承與齒輪。大量的鉛 (5% ~ 10%) 會添加到這些合金中，主要目的是要讓軸承表面有潤滑作用。

銅 - 鈹合金　銅鈹合金含有 0.6% 到 2% 的鈹，也會添加 0.2% ~ 2.5% 的鈷。它屬於一種析出硬化型合金，可以藉由熱處理製程及冷加工方式來增強其拉伸強度，大約可以達到 212 ksi (1463 MPa) 的水準，這也是商用銅合金中的最大強度。所以銅鈹合金常被用來製造需高硬度的工具。因為其優越的耐蝕性、疲勞性質與高強度等性質，這些合金有時候也會用來製造彈簧、齒輪、隔板與閥件等。不過，銅鈹合金也有缺點，就是其價格相當昂貴。

9.7 不鏽鋼 Stainless Steels

不鏽鋼之所以被視為是重要的工程材料，主要原因就是它可以在許多惡劣的環境下仍然具有優良的耐蝕性。不鏽鋼的耐蝕性主要是由於它含有很高的鉻含量所致。為了讓「不鏽鋼」不生鏽，鉻含量需超過12%。依據古典化學，鉻會於金屬表面形成氧化物，藉此氧化物層來保護表面下的鐵鉻合金使其不受腐蝕。為了產生此保護性的氧化物，不鏽鋼必須暴露於具氧化性的介質下。

一般而言，不鏽鋼主要可分為下列四大類型：肥粒鐵系、麻田散鐵系、沃斯田鐵系與析出硬化系。在這裡只針對前三種類型進行討論。

9.7.1 肥粒鐵系不鏽鋼

基本上，肥粒鐵系不鏽鋼 (ferritic stainless steels) 是指含鉻量約 12%～30% 的鐵鉻二元合金。將其命名為肥粒鐵系之主因是，在正常熱處理時，其微結構大部分為肥粒鐵 (BCC，α 鐵) 之故。因鉻元素與 α 肥粒鐵具有相同的 BCC 晶體結構，所以 α 相的區域會擴大，而 γ 相的區域會縮小。所以肥粒鐵系的不鏽鋼會在鐵-鉻相圖中形成「γ 圈」，產生 FCC 及 BCC 區域 (圖 9.52)。由於肥粒鐵系不鏽鋼的含鉻量超過 12%，因此並不會有 FCC 到 BCC 的相變。當它從高溫冷卻下來時，始終都是含有鉻的 α 鐵固溶體狀態。

表 9.12 列出一些不鏽鋼，包括了 430 肥粒鐵系不鏽鋼，的化學成分、機械特性及其用途。

由於肥粒鐵系不鏽鋼並沒有添加鎳元素，因此價格相對較低，在成本考量上是比較經濟

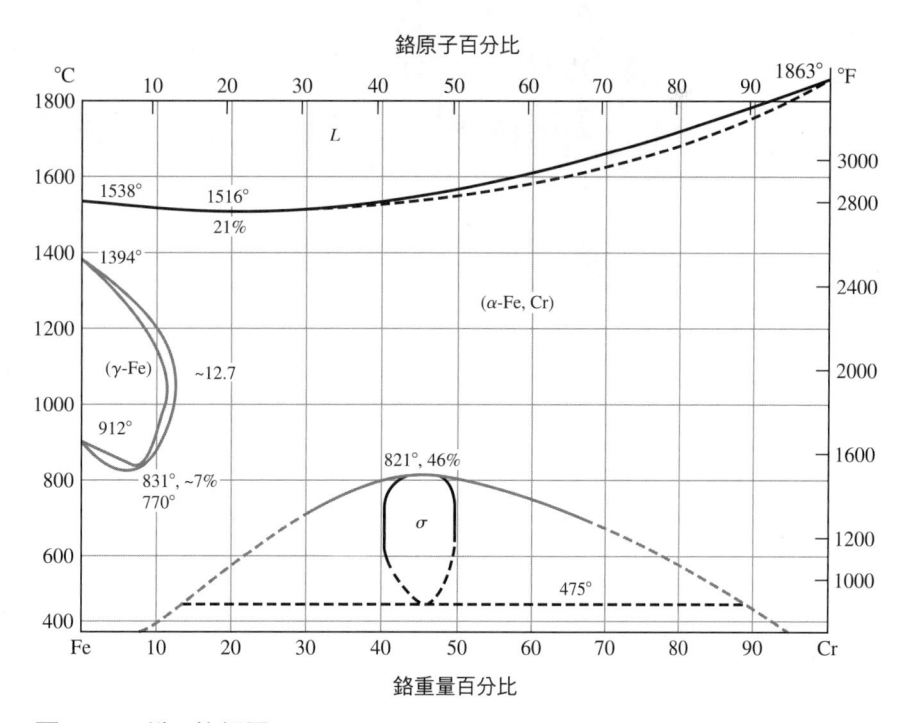

圖 9.52 鐵-鉻相圖。

(Source: "Metals Handbook," vol. 8, 8th ed., American Society for Metals, 1973, p. 291.)

表 9.12 不鏽鋼的典型機械性質及用途

合金編號	化學成分 (wt %)*	狀態	拉伸強度 Ksi	拉伸強度 MPa	降伏強度 Ksi	降伏強度 MPa	伸長率 在 2 in. 內 (%)	用途
肥粒鐵系不鏽鋼								
430	17 Cr, 0.012 C	退火	75	517	50	345	25	一般用途、非硬化使用；餐飲設備
446	25 Cr, 0.20 C	退火	80	552	50	345	20	高溫用途；加熱器、燃燒室
麻田散鐵系不鏽鋼								
410	12.5 Cr, 0.15 C	退火	75	517	40	276	30	一般用途可熱處理；機器零件、閥
		Q & T †						
440A	17 Cr, 0.70 C	退火	105	724	60	414	20	刀具、軸承、外科手術用具
		Q & T †	265	1828	245	1690	5	
440C	17 Cr, 1.1 C	退火	110	759	70	276	13	球、軸承、座圈環、閥零件
		Q & T †	285	1966	275	1897	2	
沃斯田鐵系不鏽鋼								
301	17 Cr, 7 Ni	退火	110	759	40	276	60	高加工硬化速率合金；結構用途
304	19 Cr, 10 Ni	退火	84	580	42	290	55	化學及食品製程設備
304L	19 Cr, 10 Ni, 0.03 C	退火	81	559	39	269	55	低含碳量以利焊接；化學槽
321	18 Cr, 10 Ni, Ti = 5 × %C min	退火	90	621	35	241	45	安定化以利焊接；製程設備、壓力容器
347	18 Cr, 10 Ni, Cb (Nb) = 10 ×C min	退火	95	655	40	276	45	安定化以利焊接；化學槽車
析出硬化型不鏽鋼								
17-4PH	16 Cr, 4 Ni, 4 Cu, 0.03 Cb (Nb)	析出硬化	190	1311	175	1207	14	齒輪、凸輪、軸系、航空器及輪機零件

* 平衡鐵。
† 淬火和回火。

的。肥粒鐵系不鏽鋼主要的用途是一些需要較佳耐蝕及耐熱特性的一般建築材料。圖 9.53 中所顯示的是 430 肥粒鐵系不鏽鋼在退火狀態下的微結構。如果此類型鋼中存在有碳化物的話，就會降低其耐蝕性。因此，目前所發展出來最新的肥粒鐵系不鏽鋼都只含有少量的碳及氮，並且具有較佳的耐蝕性。

9.7.2　麻田散鐵系不鏽鋼

麻田散鐵系不鏽鋼是指含有 12% ~ 17% 的鉻及充足的碳 (0.15% ~ 1.0% 的碳) 的鐵鉻合金，這樣的組成成分可以確保當材料從沃斯田鐵相區經過淬火處理後，會產生麻田散鐵組織。這類合金因為可以在沃斯田鐵化及淬火熱處理後得到麻田散鐵組織，所以就被稱為麻田散鐵系 (martensitic)。一般而言，麻田散鐵系不鏽鋼的成分設計主要是為了要獲得最佳的強度和硬度，因此在耐蝕性方面會比肥粒鐵系及沃斯田鐵系來得差一些。

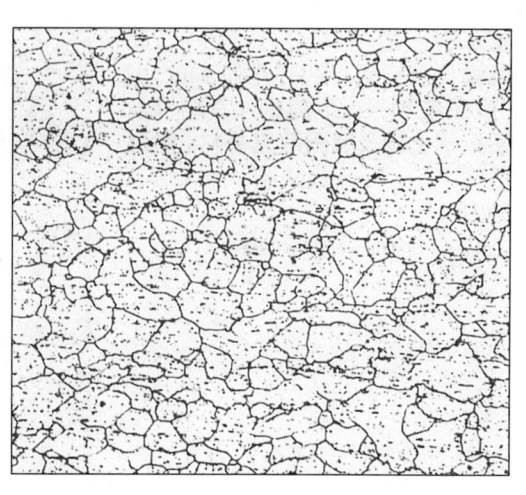

圖 9.53　於 788°C (1450°F) 退火之 430(肥粒鐵系) 不鏽鋼。構造是具有等軸晶粒的肥粒鐵基材與散布的碳化物顆粒 (腐蝕液：苦味酸蝕劑 + HCl；放大倍率 100×)。
(Courtesy of United States Steel Corporation)

麻田散鐵經過熱處理之後的效果和普通碳鋼及合金鋼一樣，都是可以使材料的強度與韌性增強。製程也是相同，一開始先將合金進行沃斯田鐵化處理，藉著快速冷卻方式使其產生麻田散鐵組織，然後再利用回火處理清除殘留的應力，並且也藉此增加其韌性。此外，鐵 - 鉻 (12% ~ 17%) 合金由於具有高硬化能力，所以可以不需進行水淬火處理，採用較緩慢冷卻速率的方式仍可產生麻田散鐵組織。

表 9.12 是 410 與 440C 麻田散鐵系不鏽鋼之化學成分、機械特性及用途。含鉻量 12% 的 410 不鏽鋼屬於低強度麻田散鐵不鏽鋼，可做一般熱處理製程，常用在機器零件、幫浦傳動軸、螺栓與軸襯之製造。

當鐵鉻合金中的含碳量增加至 1% 時，就會擴大 α 相的環狀區域。因此，含碳量 1% 之鐵鉻合金可添加 16% 的鉻，但仍然可以在沃斯田鐵化與淬火後形成麻田散鐵組織。含 16% 鉻及 1% 碳的 440C 麻田散鐵系不鏽鋼，其硬度是所有耐蝕鋼材中最高的。其高硬度的來源是其含有堅硬的麻田散鐵基材與高濃度的初析碳化物。圖 9.54 是 440C 鋼的微結構。

圖 9.54 於 1010°C (1850°F) 沃斯田鐵化及空氣冷卻硬化的 440C 型 (麻田散鐵系) 不鏽鋼。其結構為初析碳化物及麻田散鐵基材 (腐蝕液：HCl + 苦味酸蝕劑；放大倍率 500×)。
(Courtesy of Allegheny Ludlum Steel Co.)

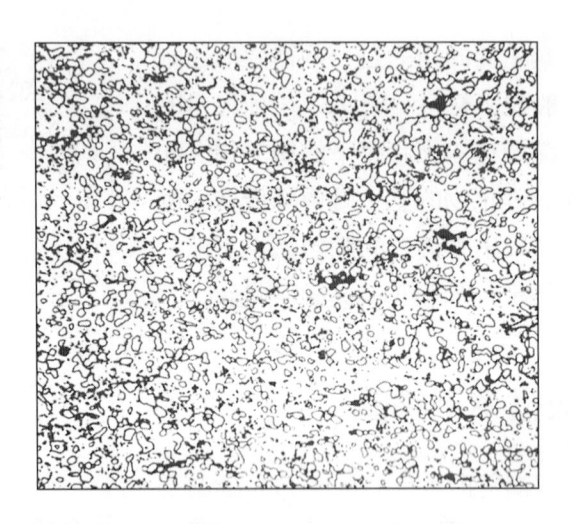

9.7.3 沃斯田鐵系不鏽鋼

沃斯田鐵系不鏽鋼是指含有 16%～25% 的鉻及 7%～20% 的鎳的鐵鉻鎳三元合金。此類合金在所有正常熱處理溫度下均有沃斯田鐵結構 (FCC，γ 鐵)，故稱為沃斯田鐵系不鏽鋼。因為有鎳 (具有 FCC 晶體結構) 的存在，這些合金在室溫之下還是能夠保持 FCC 晶體結構。因為沃斯田鐵系不鏽鋼具有 FCC 晶體結構，因此其具有優良成型性 (formability)。表 9.12 是 301、304 與 347 型沃斯田鐵系不鏽鋼之化學成分、機械特性與用途。

因沃斯田鐵系不鏽鋼之碳化物可利用由高溫快速冷卻的方式保留在固溶體中，故耐蝕性優於肥粒鐵系與麻田散鐵系不鏽鋼。然而，若這些合金將會被用來焊接，或於 870°C 至 600°C 之溫度範圍緩慢冷卻，因為含鉻的碳化物會在晶界析出，所以這些材料很容易受到粒間腐蝕破壞。改善方法為降低合金最大含碳量到 0.03% (304L 型合金) 或添加能和碳結合之元素，例如鈳 (鈮)(347 型合金) 等 (參考 12.5 節粒間腐蝕)。經過 1065°C 退火溫度處理且經過靜置於空氣冷卻，可得到 304 型不鏽鋼，其微結構照片示於圖 9.55。值得注意的是，此微結構中並沒有像圖 9.53 的 430 不鏽鋼及圖 9.54 中的 440C 型不鏽鋼一樣具有碳化物的存在。

圖 9.55 於 1065°C (1950°F) 退火 5 分鐘，並進行空氣冷卻之 304 型 (沃斯田鐵系) 不鏽鋼。顯微結構是等軸沃斯田鐵晶粒。請注意到此圖有退火雙晶 (腐蝕液：HNO_3 - 醋酸 - HCl - 甘油；放大倍率 250×)。
(Courtesy of Allegheny Ludlum Steel Co.)

9.8 鑄鐵 Cast Irons

9.8.1 一般性質

鑄鐵是鐵合金家族的成員，具有相當廣泛的機械特性。顧名思義，鑄鐵不需要再經由固態加工的方式來得到所需要的形狀，而是由鑄造加工的方式來得到所需的外形。一般來說，碳鋼的含碳量在 1% 以下；而鑄鐵則會含有 2%～4% 的碳及 1%～3% 的矽。在鑄鐵中也可以添加其他合金元素來控制或改變某特定性質。

由於鑄鐵具有易熔解、液體狀態流動性佳且在澆鑄時不會形成不佳的表面層等特性，所以我們可以使用鑄鐵來製造出優良的鑄造合金。在鑄造及冷卻期間，鑄鐵的固化會有少許至中等的收縮現象。另外，鑄鐵合金的強度和硬度值具有廣大的範圍，在大部分情形下，它的加工滿容易的。鑄鐵也可以利用添加其他合金元素的方式來增加其耐磨及耐蝕性。然而，鑄鐵的缺點是耐衝擊性與延性不佳，使其某些用途受限。鑄鐵的工業用途廣泛，主要是因為其低廉的價格與具有多樣化的工程性質。

9.8.2 鑄鐵的類型

根據碳的分布可以將鑄鐵分成四個種類：**白鑄鐵** (white cast iron)、**灰鑄鐵** (gray cast iron)、**展性鑄鐵** (malleable cast iron) 與**延性鑄鐵** (ductile cast iron)。高合金鑄鐵 (high-alloy cast irons) 可視為第五種鑄鐵。但是，由於這些鑄鐵的化學成分重疊，無法透過化學成分的分析來區分這些鑄鐵。表 9.13 是上述四種鑄鐵之化學成分範圍，而表 9.14 列出這四種鑄鐵的拉伸機械特性與用途。

表 9.13 未添加合金元素之鑄鐵的化學成分範圍

元素	灰鑄鐵 (%)	白鑄鐵 (%)	展性鑄鐵 (%)	延性鑄鐵 (%)
碳	2.5-4.0	1.8-3.6	2.00-2.60	3.0-4.0
矽	1.0-3.0	0.5-1.9	1.10-1.60	1.8-2.8
錳	0.25-1.0	0.25-0.80	0.20-1.00	0.10-1.00
硫	0.02-0.25	0.06-0.20	0.04-0.18	0.03 最大
磷	0.05-1.0	0.06-0.18	0.18 最大	0.10 最大

Source: C.F. Walton (ed.), *Iron Castings Handbook*, Iron Castings Society, 1981.

表 9.14 鑄鐵的典型機械性質及用途

合金名稱及編號	化學成分 (wt %)	狀態	顯微結構	拉伸強度 ksi	拉伸強度 MPa	降伏強度 ksi	降伏強度 MPa	伸長率 (%)	用途
灰鑄鐵									
肥粒鐵 (G2500)	3.4 C, 2.2 Si, 0.7 Mn	退火	肥粒鐵基材	26	179	…	…	…	小汽缸滑輪組、汽缸頭、離合器路板盤
波來鐵 (G3500)	3.2 C, 2.0 Si, 0.7 Mn	鑄造狀態	波來鐵基材	36	252	…	…	…	卡車與拖車氣壓缸、大齒輪箱
波來鐵 (G4000)	3.3 C, 2.2 Si, 0.7 Mn	鑄造狀態	波來鐵基材	42	293	…	…	…	柴油引擎鑄件
展性鑄鐵									
肥粒鐵 (32510)	2.2 C, 1.2 Si, 0.04 Mn	退火	回火碳與肥粒鐵	50	345	32	224	10	需要良好加工性能的工程應用
波來鐵 (45008)	2.2 C, 1.4 Si, 0.75 Mn	退火	回火碳與波來鐵	65	440	45	310	8	具有特殊指定公差條件的工程應用
麻田散鐵 (M7002)	2.4 C, 1.4 Si, 0.75 Mn	淬火和回火	回火麻田散鐵	90	621	70	438	2	高強度工件
延性鑄鐵									
肥粒鐵 (60-40-18)	3.5 C, 2.2 Si	退火	肥粒鐵	60	414	40	276	18	壓力鑄件，例如閥件與幫浦本體
波來鐵	3.5 C, 2.2 Si	鑄造狀態	肥粒鐵 - 波來鐵	80	552	55	379	6	機軸、齒輪、滾軸
麻田散鐵 (120-90-02)	3.5 C, 2.2 Si	麻田散鐵狀態	淬火和回火	120	828	90	621	2	小齒輪、齒輪、滾輪、滑輪

9.8.3 白鑄鐵

當鑄鐵固化時，很多的碳在熔融的鑄鐵中形成碳化鐵而非石墨，就形成白鑄鐵。對於剛鑄造好且未添加合金元素的白鑄鐵，其微結構就像是在共晶基材內包含了大量的針狀碳化鐵(圖 9.56)。白鑄鐵這個名稱的由來，是因為它斷裂時表面會產生白色或是明亮的結晶斷面。若要讓碳以碳化鐵的形式在白鑄鐵中存在，其碳和矽的含量必須保持相對的低(即 2.5%～3.0% 碳及 0.5%～1.5% 矽)，且其固化速率必須很快才行。

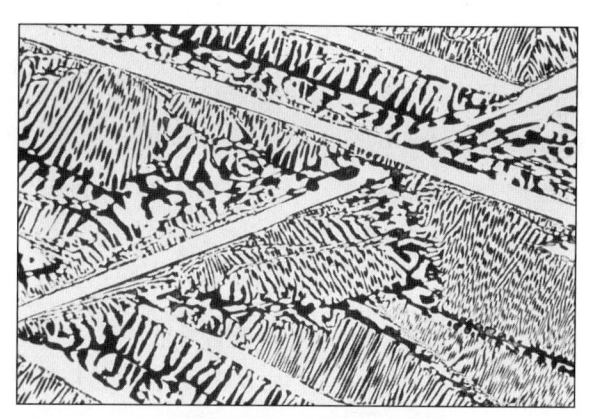

圖 9.56 白鑄鐵的顯微結構。白色區域為碳化鐵，層狀灰色區域為共晶鑄鐵(腐蝕液：2% 硝酸乙醇腐蝕液；放大倍率 100×)。
(©Brian & Mavis Bousfield/SSPL/Getty Images)

白鑄鐵最常被使用的原因是它優良的耐磨和耐損耗性。其具有優異的耐磨特性主要是因為其結構中具有大量的碳化鐵。白鑄鐵經常用來作為展性鑄鐵的原料。

9.8.4 灰鑄鐵

當合金中的碳含量超過沃斯田鐵的碳溶解度，並沉澱出片狀石墨，就會形成灰鑄鐵。灰鑄鐵名稱的由來是因為當此鑄鐵斷裂時，其破斷面會因石墨的存在而呈現灰色。

灰鑄鐵是一個重要的工程材料，因為它具有相對低廉的價格和有用的工程特性，包括優良的可加工性、良好的耐磨性、在有限度潤滑下的抗擦傷能力，此外灰鑄鐵還有良好振動阻尼能力。

成分與微結構 由表 9.13 得知，未添加合金元素的灰鑄鐵有 2.5%～4% 的碳與 1%～3% 的矽。在鑄鐵中，由於矽是一種石墨安定元素，相對較高的矽含量是用於促進形成石墨。對於石墨的形成，凝固速率也是一重大因素。中等與緩慢的凝固速率有利於形成石墨。凝固速率也會影響到灰鑄鐵內基材的類型，一般而言，中等冷卻速率將產生波來鐵基材，慢速冷卻速率將會產生肥粒鐵基材。如果要使未添加合金的灰鑄鐵擁有完全肥粒鐵基材，通常會進行退火處理，使得基材內的碳堆積附著在片狀石墨上，留下完全肥粒鐵基材。

圖 9.57 是剛鑄造好的未添加合金元素之灰鑄鐵的微結構，顯示了片狀石墨處於肥粒鐵和波來鐵混合的基材中。圖 9.58 為過共晶灰鑄鐵之掃描式電子顯微鏡照片。

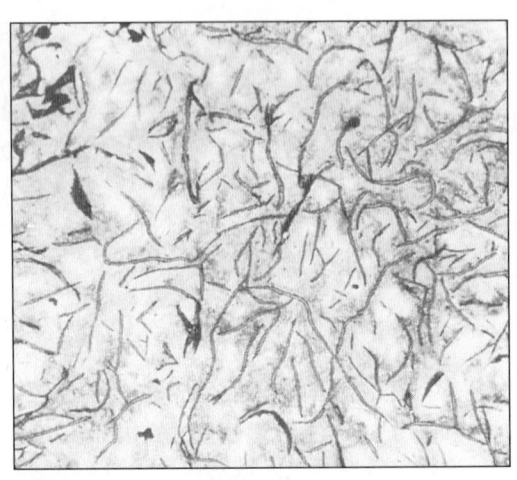

圖 9.57 在砂模中等級 30 的灰鑄鐵毛胚鑄件。結構為 A 型的石墨小薄片在 20% 自由肥粒鐵 (淺色部分) 與 80% 波來鐵 (深色部分) 基材中 (腐蝕液：3% 硝酸乙醇腐蝕液；放大倍率 100×)。
(©ASM International)

圖 9.58 過共晶灰鑄鐵的掃描式電子顯微鏡照片。基材已經腐蝕掉以顯示 B 型石墨的樣子 (腐蝕液：3：1 醋酸甲酯 - 液體溴；放大倍率 130×)。
(©ASM International)

9.8.5　延性鑄鐵

　　延性鑄鐵 (有時又稱結節狀或球墨狀石鑄鐵) 結合灰鑄鐵的製程優點和鋼的工程優點於一身。延性鑄鐵具有良好的流動性和鑄造性、優良的機械加工性和好的耐磨性。此外，延性鑄鐵也有一些類似於鋼的特性，例如高的強度、韌性、延性、熱加工性和硬化度等。

成分與微結構　延性鑄鐵的內部組織具有球結節狀石墨，所以可以具有上述優良的機械特性，如圖 9.59 及圖 9.60 所示。並且，位於球結節狀石墨間的延性基材使得塑性變形得以發生但不至於破裂。

　　未添加合金元素之延性鑄鐵其含碳量及含矽量大致和灰鑄鐵相同。從表 9.13 可知，其含碳量約為 3.0% ~ 4.0%，含矽量則約為 1.8% ~ 2.8%。高品質延性鑄鐵的含硫及含磷量分別必須低於 0.03% 及 0.1%，這個要求比灰鑄鐵的最大含硫及含磷量還要低上 10 倍。至於其他

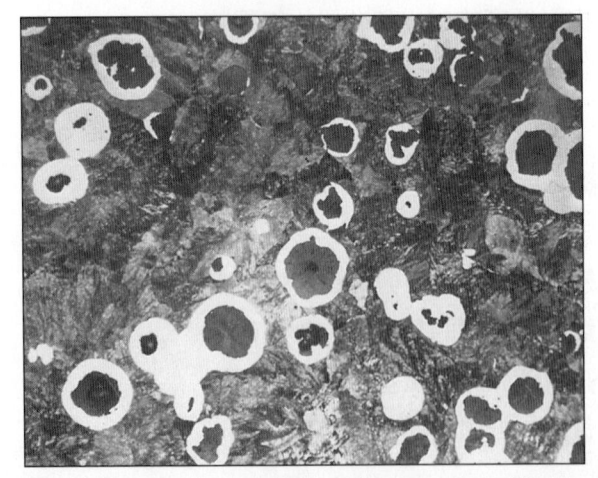

圖 9.59 80-55-06 等級的波來鐵系延性鑄鐵毛胚鑄件。可看出波來鐵基材內包含有外包肥粒鐵之球狀石墨 (牛眼組織)(腐蝕液：3% 硝酸乙醇腐蝕液；放大倍率 100×)。
(©ASM International)

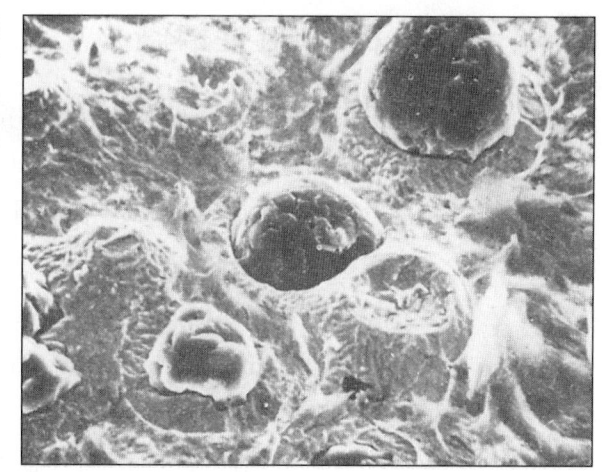

圖 9.60 波來鐵系延性鑄鐵毛胚鑄件的掃描式電子顯微鏡照片。基材已經腐蝕掉以展示二次析出石墨與外包肥粒鐵之球狀石墨牛眼 (腐蝕液：3：1 醋酸甲酯-液體溴；放大倍率 130×)。
(©ASM International)

未提到的雜質元素，由於它們也會影響球結節狀石墨的形成，所以其含量也是愈低愈好。

通常在進行澆鑄前，會在延性鑄鐵中添加鎂元素。因為鎂元素會和硫及氧反應，使延性鑄鐵中的硫和氧的量大幅度減少，使其無法對球結節狀石墨的形成造成影響。因此當熔融液凝固時，就可以在延性鑄鐵中形成球結節狀石墨。

當延性鑄鐵沒有添加合金元素時，其微結構多為牛眼型，如圖 9.59 所示。這種結構主要是在波來鐵基材中分布有外包肥粒鐵的球狀石墨。其他具有全部肥粒鐵或是全部波來鐵基材的毛胚鑄件狀態組織，則可以藉由添加合金元素來產生。此外，使用後續熱處理的方式也可以改變毛胚鑄件狀態的牛眼組織及其機械特性，如圖 9.61 所示。

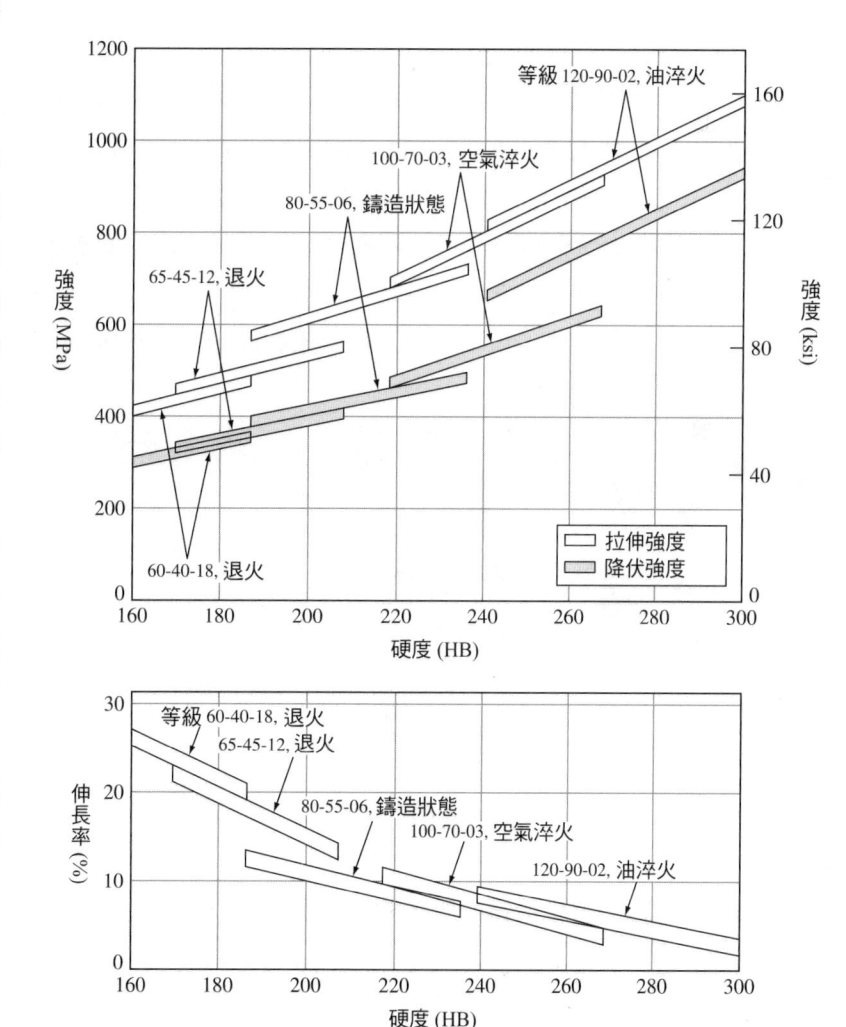

圖 9.61 延性鑄鐵之拉伸性質與硬度關係。
(Source: *Metals Handbook*, vol. 1. 9th ed., American Society for Metals, 1978, p. 36.)

9.8.6 展性鑄鐵

成分與顯微結構 要製造展性鑄鐵，要先製造含大量碳化鐵的白鑄鐵，且無石墨成分。所以，基本上展性鑄鐵與白鑄鐵的化學成分類似。由表 9.13 可看出展性鑄鐵含碳量在 2.0%～2.6%，含矽量是 1.1%～1.6%。

如果要得到展性鑄鐵的結構，就必須將白鑄鐵置於爐中加熱，使得其中的碳化鐵分解成石墨和鐵。在展性鑄鐵中生成的石墨會呈現不規則球結節狀聚集，稱為回火碳 (temper carbon)。圖 9.62 是肥粒鐵系展性鑄鐵的顯微照片，可見肥粒鐵基材內有回火碳。

因展性鑄鐵有可鑄造性、切削性、適度強度、韌性、耐蝕性與熱處理後均質性等特性，所以是一種相當重要的工程材料。

熱處理 白鑄鐵需要經過二階段的熱處理之後才會變為展性鑄鐵：

1. 石墨化 (graphitization)。此階段白鑄鐵會加熱到共析溫度，此溫度一般在 940°C (1720°F)。接下來，根據鑄件成分、結構與尺寸大小來決定恆溫時間，大約需要 3～20 小時。此時，白鑄鐵內的碳化鐵就會轉變成回火碳 (石墨) 及沃斯田鐵。
2. 冷卻 (cooling)。沃斯田鐵在此階段可轉變成三種基材：肥粒鐵、波來鐵與麻田散鐵。

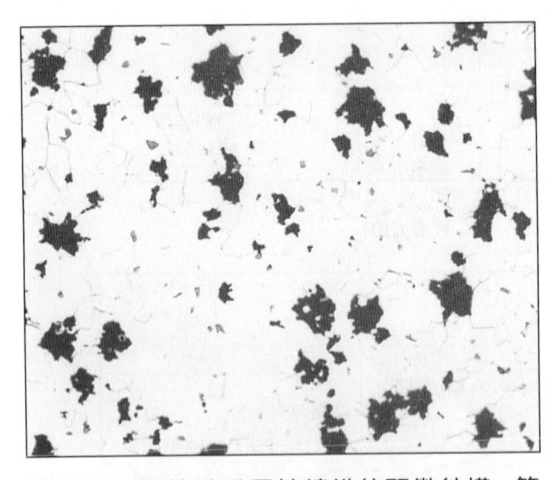

圖 9.62 肥粒鐵系展性鑄鐵的顯微結構 (等級 M3210)。經兩階段退火處理，即在 954°C (1750°F) 恆溫 4 小時，在 6 小時內冷卻至 704°C (1300°F)，最後以空氣冷卻。球結節狀石墨 (回火碳) 在粒狀肥粒鐵基材中 (腐蝕液：2% 硝酸乙醇腐蝕液；放大倍率 100×)。
(©ASM International)

肥粒鐵系展性鑄鐵 (ferritic malleable iron)：在第一階段加熱後，鑄件必須要馬上冷卻至 740°C 至 760°C (1360°F～1400°F)，再接著以每小時 3°C 至 11°C (5 °F～20°F) 的速率進行緩慢冷卻，便可得到肥粒鐵基材。在此冷卻期內，沃斯田鐵會轉成肥粒鐵與石墨，此石墨將會沉積於原先存在之回火碳顆粒上 (圖 9.62)。

波來鐵系展性鑄鐵 (pearlitic malleable iron)：為了得到此類型鑄鐵，鑄件需要緩慢冷卻至 870°C (1600°F) 左右，再放置於空氣中進行進行冷卻。此時的快速冷卻可以使沃斯田鐵轉變成波來鐵，因此可產生波來鐵基材內有球狀回火碳之波來鐵系展性鑄鐵。

回火麻田散鐵系展性鑄鐵 (tempered martensitic malleable iron)：想要得到此鑄鐵，要先讓鑄件於爐內冷卻至 845°C ~ 870°C (1550°F ~ 1600°F) 的淬火溫度內，然後進行 15 ~ 30 分鐘的恆溫處理以使其達到均質化。接著放入攪拌的油之內淬火，即可得到麻田散鐵基材。最後再讓鑄件於 590°C ~ 725°C (1100°F ~ 1340°F) 做回火處理以得到特定機械特性。最後所得之微結構是球狀回火碳分布於回火麻田散鐵基材中。

■ 9.9 鎂、鈦與鎳合金 Magnesium, Titanium, and Nickel Alloys

9.9.1 鎂合金

在金屬的分類上，鎂屬於輕金屬 (密度 = 1.74 g/cm³) 的等級，在許多使用低密度金屬的應用上，鎂和鋁 (密度 = 2.70 g/cm³) 互為競爭對手。但是，鎂及鎂合金因為具有許多缺點，進而限制了其用途。第一點，鎂的價格相對於鋁要昂貴一些 (2001 年時，鎂每磅為 3.29 美元，而鋁每磅為 0.67 美元，見表 9.1)。第二點，鎂的鑄造製程也比較不容易，因為鎂處於熔融狀態時會在空氣中燃燒，因此鎂在鑄造時需要有助熔劑覆蓋。第三點，鎂合金的強度較差，而且對潛變、疲勞及磨耗等因素的抵抗性也不佳。最後，鎂具有 HCP 的晶體結構，因此其結晶只有 3 個主要的滑移系統，所以室溫下也不容易發生塑性變形。但就另一方面來說，鎂及其合金因為具有非常低密度的優點，常被應用於航太用途與材料搬運設備等領域。表 9.15 是鎂合金與其物理性質及價格比較表。

鎂合金的分類　鎂合金主要有兩種類型：第一類是鍛造用合金，這種合金的主要樣式為片、板、擠製品與鍛製品；第二類則是鑄造用合金。此兩種類型都有非熱處理用與熱處理用的等級。

鎂合金的編號是以兩個大寫英文字母加上 2 到 3 位數字表示。英文字母是代

表 9.15　一些工程金屬的物理性質及價格

金屬	20°C 時之密度 (g/cm³)	熔點 (°C)	晶體結構	價格 ($/lb) (2001)
鎂	1.74	651	HCP	3.29
鋁	2.70	660	FCC	0.67
鈦	4.54	1675	HCP ⇌ BCC*	3.85
鎳	8.90	1453	FCC	2.74
鐵	7.87	1535	BCC ⇌ FCC†	0.27
銅	8.96	1083	FCC	0.76

* 883°C 時發生相變。
† 910°C 時發生相變。
‡ 海綿狀鈦，約 50 噸的價格。

表合金中的兩種主要合金元素，第一個字母代表含量最高的合金元素，第二個字母代表含量第二高之合金元素。假如只有 2 位數字，字母後第一位數字表示第一個字母元素之重量百分率，第二位數字表示第二個字母元素之重量百分率。假如在數字之後跟著一個字母，如 A、B 等，表示此合金為 A、B 等改良形式。下列幾個字母分別是鎂合金添加元素之常用代號：

A＝鋁	K＝鋯	M＝錳
E＝稀土金屬	Q＝銀	S＝矽
H＝釷	Z＝鋅	T＝錫

鎂合金之回火編號和鋁合金系統一致，請參見 9.5 節。

■ 例題 9.7

請說明下列鎂合金編號的意義：(a) HK31A-H24；(b) ZH62A-T5。

解

a. HK31A-H24 代表鎂合金有 3 wt% 釷與 1 wt% 鋯，A 改良形式。
   H24 代表合金經冷加工軋延與部分退火。
b. ZH62A-T5 代表鎂合金有 6 wt% 鋅與 2 wt% 釷，A 改良形式。
   T5 代表合金鑄造後將進行人工陳化處理。

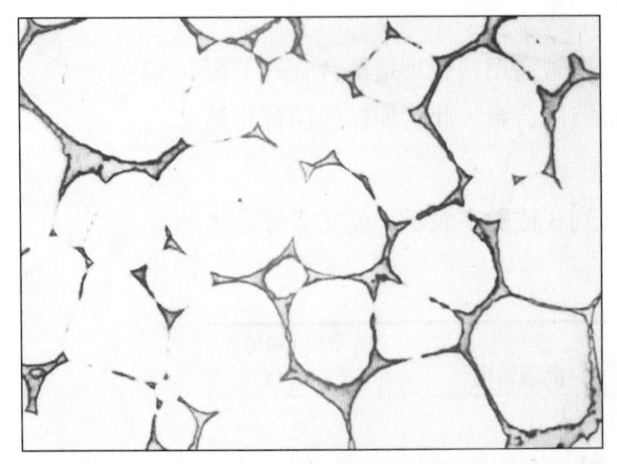

圖 9.63 鎂合金 EZ33A 毛胚鑄件狀態之顯微結構，可看出大量 Mg_9R(稀土金屬) 化合物晶界網絡 (腐蝕液：乙二醇；放大倍率 500×)。
(Courtesy of The Dow Chemical Company)

結構與性質 因為鎂結晶為 HCP 結構，若透過冷加工，鎂合金只能被有限的加工。但在高溫下，基面外之其他滑移面會變得活躍，所以鎂合金常採用熱加工而非冷加工方式。

鍛造用的鎂合金中含有鋁與鋅元素，因為鋁與鋅可以透過固溶強化的方式來增強鎂的強度。鋁會和鎂反應形成 $Mg_{17}Al_{12}$ 析出物，可被使用在 Mg-Al 合金的陳化硬化上。此外，釷與鋯可在鎂內形成析出物，使得合金在 427°C (800°F) 的高溫下仍可使用。

鑄造用的鎂合金也會含有鋁與鋅元素，此二種元素會以固溶強化的方式來增強鎂合金的強度。如果添加稀土金屬 (主要是鈰) 在鎂合金內，可以產生剛性晶界網路，如圖 9.63。表 9.16 是一些鍛造用與鑄造用鎂合金之機械特性與其用途。

表 9.16　一些鎂、鈦和鎳合金的典型機械性質及用途

合金名稱及編號	化學成分 (wt %)	狀態*	拉伸強度 ksi	拉伸強度 MPa	降伏強度 ksi	降伏強度 MPa	伸長率 (%)	用途
鍛造鎂合金								
AZ31B	3 Al, 1 Zn, 0.2 Mn	退火	32	228	...	...	11	空運設備；架子
		H24	36	248	23	159	7	
HM21A	2 Th, 0.8 Mn	T8	32	228	20	138	6	飛彈及航空器可使用至 800°F (427°C) 的片及板
ZK60	6 Zn, 0.5 Zr	T5	45	310	34	235	5	高應力航空用途；擠製品及鍛造品
鑄造鎂合金								
AZ63A	6 Zn, 3 Al, 0.15 Mn	鑄造狀態	26	179	11	76	4	需要良好室溫強度之砂模鑄件
		T6	34	235	16	110	3	
EZ33A	3 RE, 3 Zn, 0.7 Zr	T5	20	138	14	971	2	使用於 350-500°F (150-260°C) 之壓力砂模及永久模鑄件
鈦合金								
	99.0% Ti (α 晶體結構)	退火狀態	96	662	85	586	20	化學及海洋用途；航空引擎零件
	Ti-5 Al-2 Sn (α 晶體結構)	退火狀態	125	862	117	807	16	用於鍛造及片狀金屬零件的可焊接合金
鎳合金								
鎳 200	99.5 Ni	退火狀態	70	483	22	152	48	化學及食品製程；電子零件
蒙鎳 400	66 Ni, 32 Cu	退火狀態	80	552	38	262	45	化學及石油製程；海洋用途
蒙鎳 K500	66 Ni, 30 Cu, 2.7 Al, 0.6 Ti	陳化硬化	150	1035	110	759	25	閥、汞、彈簧、鑽油井軸

*H24 = 冷加工及部分退火；T5 = 陳化硬化；T6 = 溶解熱處理及陳化；T8 = 溶解熱處理、冷加工及陳化硬化。

9.9.2 鈦合金

鈦是一種相當輕的金屬 (密度 = 4.54 g/cm^3)，雖然價格較貴 (2001 年時，每磅鈦[8]為 3.85 美元；而每磅鋁只要 0.67 美元，見表 9.1)，但是具有相當高的強度 (99.0% 鈦為 96 ksi)，因此鈦與鈦合金比鋁在一些太空材料用途上要占優勢。由於鈦具有優良的耐蝕性，也可以使用在含氯的溶液中與無機氯化物溶液環境。

鈦金屬的價格相當昂貴，因為要從化合物中提煉出鈦金屬相當困難。高溫下，鈦會與氧、氮、氫、碳和鐵結合，所以必須使用特殊的技術來鑄造或加工鈦金屬。

室溫下，鈦的晶體結構為 HCP (α 相)，加熱到 883°C 時就會轉變成 BCC 晶體結構 (β 相)。添加鋁及氧元素會使 α 相安定化，並且會使 α 相轉變為 β 相的轉變溫度提高。至於添加像是釩及鉬等其他元素，則會讓 β 相安定化，減低 α 相轉為 β 相之轉變溫度。另外，添加像鉻及鐵等元素也會減低 α 相轉為 β 相之轉變溫度，這是由於共析反應發生，使得在室溫時鈦合金可以存在雙相結構。

表 9.16 列出商用純鈦 (99.0% Ti) 與數種鈦合金之用途及機械特性。Ti-6 Al-4 V 合金在鈦合金中用途最廣泛，因為它具有高強度與加工性。經固溶熱處理與陳化處理的 Ti-6 Al-4 V 合金，其拉伸強度可達 170 ksi (1173 MPa)。

9.9.3 鎳合金

鎳合金具有優良耐蝕性與抗高溫氧化特性，所以是一種重要工程材料。鎳之晶體結構為 FCC 結構，因此具有良好的成型性。但由於鎳的價格較高 (2001 年時每磅為 2.74 美元)，密度也偏高 (8.9 g/cm^3)，所以限制了其於工業上的用途。

商業用鎳與蒙鎳合金 商業用的純鎳具有良好的強度與導電性，所以可應用在電子零件製造。此外，因為它也有良好的耐蝕性，所以也可作為食品加工設備材料。固體狀態的鎳與銅完全互溶，所以很多固溶強化合金都是鎳與銅的合金。蒙鎳 400 合金 (表 9.16) 指的是含銅量 32% 之鎳銅合金，具有高強度、可焊接性及優良的耐蝕性。添加 32% 的銅，可以增強鎳強度並降低成本。如果添加 3% 的鋁與 0.6% 的鈦，蒙鎳合金 (66% Ni-30% Cu) 會因析出硬化而使得強度增加。此強化析出物是 Ni$_3$Al 及 Ni$_3$Ti。

---

[8] 海綿鈦約 50 噸的數量。

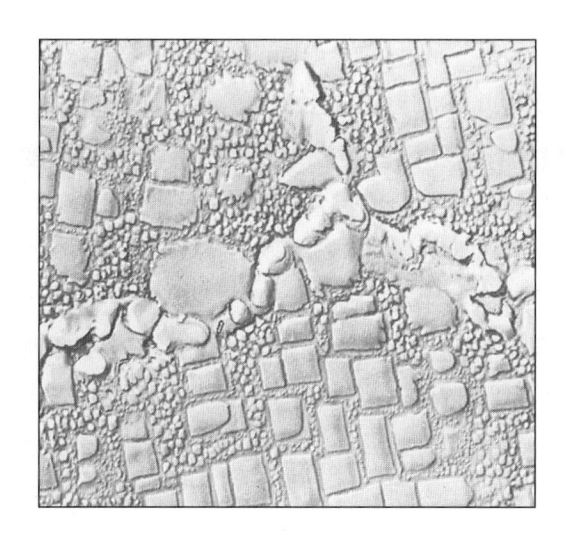

圖 9.64　鍛造後，1150°C 固溶熱處理 4 小時，空氣冷卻至 1079°C 陳化 4 小時，油淬火至 843°C 陳化 4 小時，空氣冷卻至 760°C 陳化 16 小時，最後於空氣冷卻到室溫。粒間 γ' 析出相會於溫度 1079°C 析出，細微 γ' 析出相會在溫度 843°C 與 760°C 析出，碳化物顆粒出現於晶界，基材為 γ 相 (電解拋光劑：H_2SO_4、H_3PO_4、HNO_3；放大倍率 10,000×)。

(©ASM International)

鎳基超合金　發展鎳基超合金之目的是為了製造噴射渦輪零件，這些零件必須要能夠承受高溫、高氧化環境，而且耐潛變性。一般而言，鍛造用的鎳基超合金中含有 50%～60% 的鎳、15%～20% 的鉻與 15%～20% 的鈷。此外，也會添加少量鋁 (1%～4%) 與鈦 (2%～4%) 至鎳基超合金內以產生析出強化。鎳基超合金是由三種相所組成：(1) γ 沃斯田鐵基材；(2) 稱為 γ' 的 Ni_3Al 及 Ni_3Ti 析出相；(3) 碳化物顆粒 (添加約 0.01%～0.04% 碳所致)。γ' 的 Ni_3Al 及 Ni3Ti 析出相提供此類合金高溫下的強度與穩定性，且碳化物可使晶界於高溫下保持安定。圖 9.64 是鎳基超合金熱處理後之微結構照片，圖中可看到 γ' 析出相與碳化物顆粒。

9.10　特別目的之合金及應用
Special-Purpose Alloys and Applications

9.10.1　介金屬化合物

介金屬化合物 (intermetallics)(見 8.11 節) 具有獨特的性能組合，因此吸引許多產業。例如：鎳鋁化合物 (Ni_3Al 和 NiAl)、鐵鋁化合物 (Fe_3Al 和 FeAl) 和鈦鋁化合物 (Ti_3Al 和 TiAl) 在飛機和噴射引擎應用上引起許多關注。這些介金屬化合物都含有鋁：在氧化環境下，鋁可以形成一層薄薄的氧化鋁 (Al_2O_3) 鈍化層，可保護該合金免於腐蝕損傷。介金屬化合物的密度比其他高溫合金 (如鎳超合金) 的密度還相對低，因此更適合於航空用途。這些合金也有較高的熔點和優良的高溫下的強度。但有個因素限制了這些金屬的應用，即其在常溫下的脆性。對於一些鋁化合物，例如 Fe_3Al 在常溫下的環境也會脆化。這脆化是由於環境中的水蒸氣

跟元素 (例如鋁) 起反應，而形成原子態的氫。氫會擴散進入金屬而導致延性降低及過早脆裂 (見 13.5.11 節的氫損傷)。

Ni_3Al 這種鋁化物有著特殊的優點，即是它在高溫的強度和耐腐蝕性。這種鋁化物已經被使用在鎳基超合金中，當作微細的分散組成物以增加合金的強度。添加約 0.1 wt% 的硼至 Ni_3Al (少於 25 at.% 的鋁) 中，可以消除合金的脆性；事實上，藉由添加硼，可以透過減少氫脆以改善它的延性高達 50%。當溫度升高，這些合金也同時表現出有趣及有用的異常降伏強度。除了添加硼之外，也可以添加 6～9 at.% 鉻到合金以減少在高溫環境下的脆化；添加鋯，可藉由固溶強化來改善強度；添加鐵則可改善焊接性。每一個雜質的添加都增加了相圖及相分析的複雜度。除了飛機引擎的應用，這種介金屬化合物也用來製造爐子的組件、飛機緊固零件、活塞、閥門及工具。然而，介金屬化合物的應用不僅只限於結構用途。例如，Fe_3Si 因為其卓越的磁性和耐磨性，已經開發了磁應用；$MoSi_2$ 材料因為其具有高導電及導熱特性，已用於在高溫爐的電加熱元件，NiTi (nitinol) 則是用於醫療應用上的形狀記憶合金。

9.10.2 形狀記憶合金

一般性質及特點　當**形狀記憶合金** (shape-memory alloys, SMAs) 受到適當的熱處理過程後，它便有能力恢復成先前定義的形狀。在恢復到形狀記憶合金原來的形狀時，它們也可施加力量。有許多金屬合金都具有這種特徵，包括金-鎘合金、銅-鋅-鋁合金、銅-鋁-鎳合金以及鎳-鈦合金。對於記憶形狀合金最實際的應用為其有能力恢復大量應變 (超彈性)，或在恢復它們原來的形狀時能夠施加很大的力。

形狀記憶合金的產生及機械行為　形狀記憶合金可使用熱成型與冷成型技術來製備，如鍛造、軋製、擠壓以及拉絲，其可以是帶、管、線材、板材或彈簧。為了給予所需的形狀記憶，此合金需要在 500°C～800°C 的溫度範圍內進行熱處理。在熱處理的過程中，形狀記憶合金被限制在所需形成的形狀。在這個溫度下材料具有有序的立方結構，稱為沃斯田鐵 (母相)(圖 9.65a)。一旦材料冷卻下來，其結構變化為高度的雙晶化結構或高度交錯的剪切結構，稱為麻田散鐵 (圖 9.65b)。交錯的剪切結構 (即連續反剪) 保持了晶體的整體外形，如圖 9.66(實際微結構如圖 9.66c 所示)。

形狀記憶合金的形狀恢復效應是一種在兩個材料結構之間 (即沃斯田鐵和麻田散鐵) 的固-固相轉變的結果。在麻田散鐵系狀態，施加應力於形狀記憶合金後，因為雙晶界的移動傳遞 (圖 9.67)，形狀記憶合金很容易變形。如果在這個階段將負載移除，麻田散鐵中的變形依然存在，而產生了塑性變形。然而，在麻田散鐵系狀態產生變形後，加熱會導致麻田散鐵轉變為沃斯田鐵 (圖 9.68)，材料形狀也會回到原來的形狀。結構上的改變不會發生在某些特定的溫度，而是發生在一定的溫度範圍內。這個溫度範圍取決於合金系統，如圖 9.69 所示。在冷卻時，轉變由 M_s (100% 沃斯田鐵) 開始，在 M_f (0% 麻田散鐵) 完成；而當加熱時，轉變在 A_s (100% 麻田散鐵) 開始，而在 A_f (0% 麻田散鐵) 結束。此外，冷卻與加熱期間的轉變過程是不重疊的，即系統展現遲滯現象 (hysteresis)(圖 9.69)。

當形狀記憶合金在高於 A_f (100% 沃斯田鐵) 的溫度下施以應力，形狀記憶合金可能會變形且轉變為麻田散鐵狀態。如果在此刻移除了負載，由於高溫之故，麻田散鐵相將變成在熱力學上是不穩定的，並彈性的恢復成其原有的結構和形狀。這是形狀記憶合金超彈性行為的基礎。因為這個轉換是在一個恆定的溫度和負載存在的狀況下達成，被稱為應力誘發 (stress-induced) 的轉換。

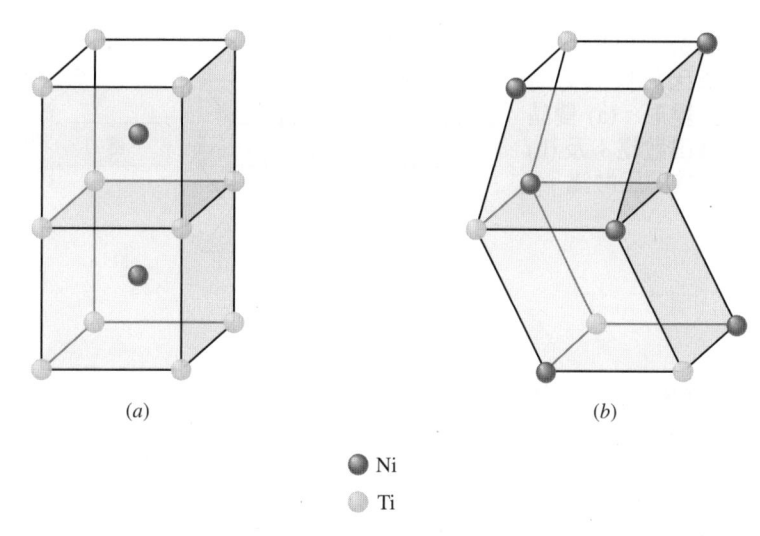

圖 9.65 鎳 - 鈦合金的結構：(a) 沃斯田鐵系；(b) 麻田散鐵系。

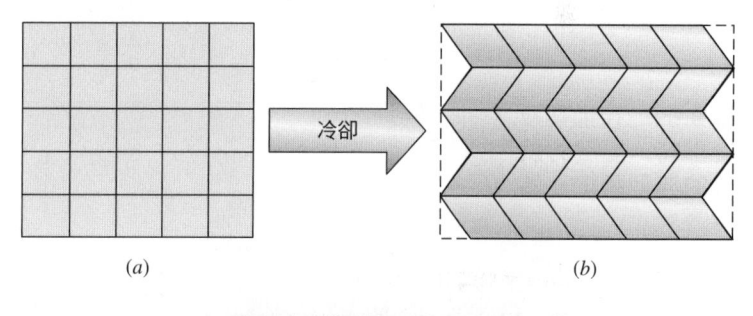

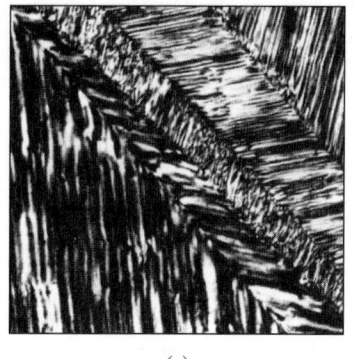

圖 9.66 冷卻時發生的沃斯田鐵系至麻田散鐵系的轉變，晶體的整體形狀仍然保持住。(a) 沃斯田鐵結晶；(b) 高雙晶的麻田散鐵；及 (c) 麻田散鐵顯示交替的剪切結構。
(©ASM International)

圖 9.67 麻田散鐵結構因施與應力而產生變形。(a) 雙晶的麻田散鐵；及 (b) 變形的麻田散鐵。

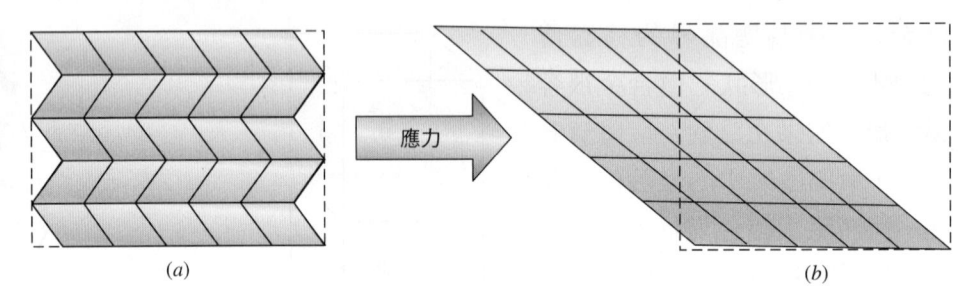

圖 9.68 變形的麻田散鐵因受熱而轉變為沃斯田鐵。(a) 變形的麻田散鐵；及 (b) 沃斯田鐵。

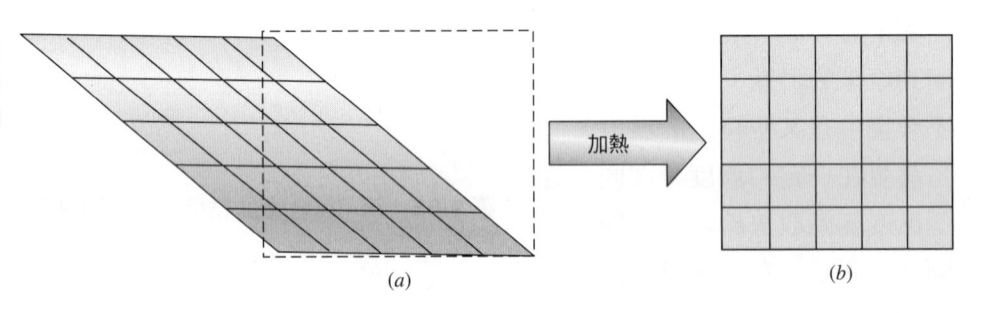

圖 9.69 在加熱及冷卻時，受應力試片的典型轉變—溫度圖。

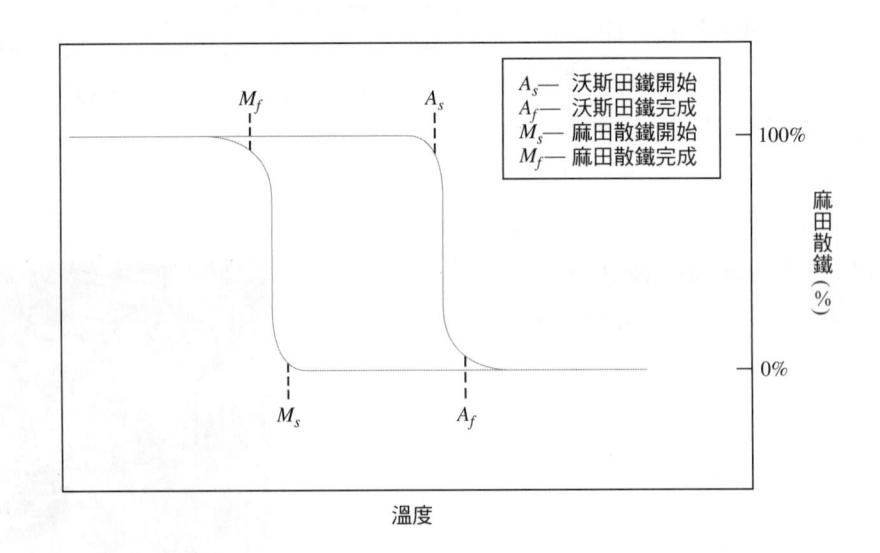

形狀記憶合金的用途 介金屬化合物 Ni-Ti (nitonol) 是一種最常用的形狀記憶合金，其成分範圍在 Ni-49 at.% Ti 到 Ni-51 at.% Ti。Nitonol 具有記憶形狀應變約 8.5%、無磁性、比其他形狀記憶合金具有優良的耐腐蝕性及較高的延展性 (見表 9.17)。Nitonol 的用途包括傳動裝置，其所用的材料：(1) 有能力自由地恢復到原來的形狀；(2) 被完全束縛住，以至於在其形狀回復時，能夠施加很大力量在這受限制的結構上；(3) 部分受制於周圍的可變形材料，且形狀記憶合金在這種情況下執行工作。傳動裝置的實際例子為血管支架、咖啡壺恆溫器、液壓管接頭。其他應用如：眼鏡架及齒科矯正術中的弓狀絲線。在這些應用中，這些材料的超彈性

表 9.17　nitonol 的一些特性

特性	性能值
融化溫度，°C (°F)	1300 (2370)
密度，g/cm^3 (lb/in.^{3})	6.45 (0.233)
電阻，$\mu\Omega$，cm	
沃斯田鐵	~100
麻田散鐵	~70
熱導，W/m・°C (Btu/ft・h・°F)	
沃斯田鐵	18 (10)
麻田散鐵	8.5 (4.9)
抗腐蝕	類似於 300 系列不鏽鋼或鈦合金
楊氏係數，GPa (10^6 psi)	
沃斯田鐵	~83 (~12)
麻田散鐵	~28-41 (~4-6)
降伏強度，MPa (ksi)	
沃斯田鐵	195-690 (28-100)
麻田散鐵	70-140 (10-20)
極限拉伸強度，MPa (ksi)	895 (130)
轉變溫度，°C(°F)	−200 到 110 (−325 到 230)
滯後現象，Δ°C(Δ°F)	~30 (~55)
轉變的潛熱，kJ/kg・atom (cal/g・atom)	167 (40)
形狀記憶應變	最大值 8.5%

Source: *Metals Handbook*, 2nd ed., ASM International, 1998.

正是它被期望具有的性質。此外，麻田散鐵系相因為其雙晶結構，而具有良好的能量吸收及疲勞抵禦能力。因此，麻田散鐵系相被用在振動阻尼器及開心手術的可彎曲外科手術工具。顯然，在選擇這些材料作為特定應用時，必須比較材料的操作溫度與轉變溫度。

9.10.3　非晶金屬

一般性質及特點　一般來說，「非晶」和「金屬」的名稱似乎在本質上互相矛盾。在前面的章節中，當介紹晶體結構的概念及金屬凝固時，經常提及金屬本身具有很高的傾向去形成長程有序的晶體結構。然而，如同第 3 章討論的，在某些條件下，金屬甚至可以形成非結晶的、高度無序的、非晶的或玻璃結構 (又稱金屬玻璃)。金屬玻璃中的原子以隨機方式排列。圖 9.70a 為晶態固體之結構示意圖 (注意有序及平行的特徵)，而圖 9.70b 則顯示非晶或玻璃態的原子結構。由這些圖裡，可輕易的了解到玻璃態合金與結晶態合金的本質不同。

非晶金屬的產生及機械行為　**非晶金屬** (amorphous metal) 的概念並不新穎，它的研究可以追溯到 1960 年代。非晶金屬首次開發出來，是將熔融的金屬傾倒在快速

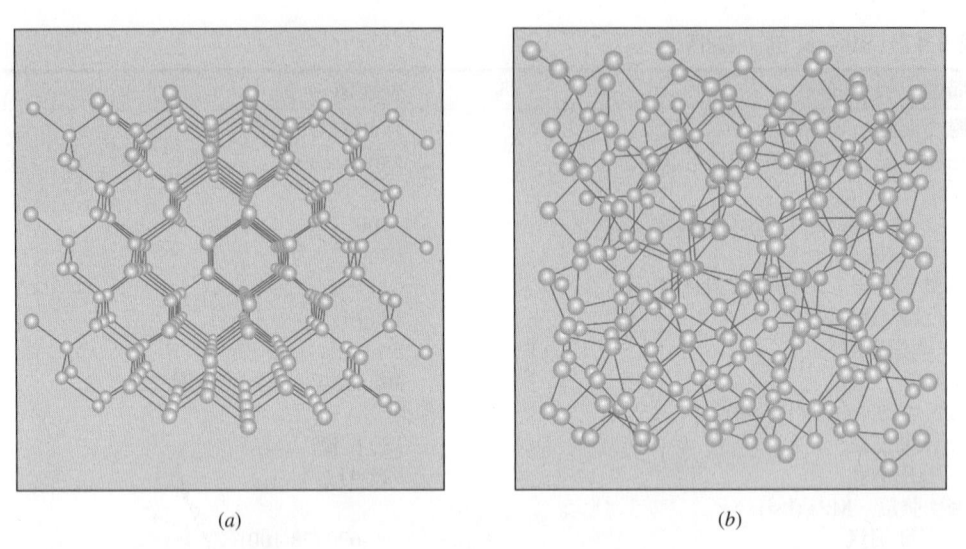

圖 9.70 比較在 (a) 結晶的鋯基合金及 (b) 玻璃質的鋯基合金中的原子排列。
(Source: Rutgers University)

移動及冷卻的表面上。這流程導致金屬能以 10^5 K/s 的速度進行快速淬火。快速淬火的過程允許熔融金屬在很短的時間內凝固。在這麼短的時間內，原子擴散及晶體的形成是無法發生的，也因此能夠形成玻璃態。實現這樣的快速淬火速度是不容易的。由於金屬玻璃導熱性能差，所以以前只有箔、線或粉末形式被開發，直到最近才有新突破。

因為非晶金屬原子是隨機排列的，材料中差排的活動是極微小的。因此，以這方式形成的非晶金屬是非常硬的。此外，這些金屬不會發生應變硬化，且能夠表現出彈性與完美塑性的特性(應力應變曲線中，塑性的部分是平的)。金屬玻璃的塑性變形是非常地不均勻。因此，這種金屬的結構、變形機制及特性完全不同於結晶態金屬。

玻璃態金屬的用途　最近發現，在較低的冷卻速率時，已經可以製造公分規模或塊材形式的非晶合金，而且其中一部分非晶合金已經商業化。最新發現指出，如果金屬由原子半徑有很大差異的材料而成，如鈦、銅、鋯、鈹或鎳元素混合而形成的合金，其結晶的過程會受到阻礙，而使得固體具有非晶結構。當這類合金凝固時，它們不會顯著的收縮，因此可以達成高維精確度。因此，不用任何額外的銳化處理或後續作業就可以產生像是刀具和手術工具的鋒利金屬表面。金屬玻璃的一個主要缺點是它是準安定的，即如果溫度升高到臨界等級，金屬會重回到結晶狀態，並再次獲得其標準特徵。

金屬玻璃的一個商業例子是鑄造合金 Vit-001（基於鋯的材料），其具有高彈性模數、高降伏強度 (1900 MPa) 及高耐腐蝕性。金屬玻璃的密度比鋁和鈦高，但比鋼材低。它可以承受一個約為 2% 的可恢復應變，明顯高於傳統的金屬。由於這種高彈性應變極限和硬度，早期玻璃金屬的用途已經運用在運動器材工業，如高爾夫球。更硬、更有彈性的並用於嵌入桿頭的玻璃金屬製品可使揮桿能夠使用更久。有了更好的加工技術，生產塊材非晶金屬的一些新應用也將增加。

9.11 總結 Summary

工程合金可以方便地細分為兩種類型：鐵合金和非鐵合金。鐵合金含有鐵作為其主要的合金金屬，而非鐵合金含有除了鐵以外的主要合金金屬。含鐵合金鋼是迄今為止最重要的金屬合金，主要是因為它們具有相對低的成本和廣泛的機械性能。通過冷加工和退火可以顯著改變碳鋼的機械性能。當鋼的碳含量增加到約 0.3% 以上時，可以通過淬火和回火對它們進行熱處理，以產生具有合理延展性並具有高強度。合金元素如鎳、鉻和鉬被添加到普通碳鋼中以生產低合金鋼。低合金鋼具有高強度和高韌性的良好組合，並廣泛用於汽車工業中，用於齒輪、軸承和車軸等應用。

鋁合金是非鐵合金中最重要的，主要是因為它們的輕質、可加工性、耐腐蝕性和相對低的成本。非合金銅由於其高導電性、耐腐蝕性、可加工性和相對低的成本而被廣泛使用。銅與鋅一起形成一系列黃銅合金，其強度高於非合金銅。

不鏽鋼是重要的鐵合金，因為它們在氧化環境中具有高耐腐蝕性。為了製造不鏽鋼，它必須含有至少 12% 的 Cr。

鑄鐵仍然是另一個工業上重要的鐵合金系列。它們成本低，具有良好的鑄造性、耐磨性和耐久性等特殊性能。灰鑄鐵由於其結構中的石墨薄片而具有高機械加工性和減振能力。

本章也簡要討論了其他非鐵合金，如鎂、鈦和鎳鋁合金。鎂合金非常輕，具有航太應用，它們也用於材料處理設備。鈦合金價格昂貴，但具有強度和輕量的組合，這是其他任何金屬合金系統都無法提供的。它們廣泛用於飛機結構零件。鎳合金具有高耐腐蝕性和抗氧化性，因此通常用於石油和化學加工工業。與鉻和鈷形成合金時的鎳構成了噴氣式飛機和一些發電設備的燃氣輪機所需的鎳基高溫合金的基礎。

在本章中，我們在一定程度上討論了一些重要工程合金的結構、性質和應用。我們還簡介了特殊用途合金，這些合金在各個行業中的重要性和應用日益增加。特別重要的是在各個領域中使用金屬間化合物，非晶態金屬和先進的超級合金。這些材料具有優於傳統合金的性能。

9.12　名詞解釋 Definitions

9.2 節

- **雪明碳鐵** (cementite)：介金屬化合物 Fe_3C；是一種既硬且脆的物質。
- **α 肥粒鐵** (α ferrite)(**Fe-F$_3$C 相圖的 α 相**)：BCC 鐵的碳間隙型固溶體；碳在 BCC 鐵內的最大固溶度是 0.02%。
- **共析鋼** [eutectoid (plain-carbon steel)]：含碳量 0.8% 的碳鋼。
- **亞共析鋼** [hypoeutectoid (plain-carbon steel)]：含碳量低於 0.8% 的碳鋼。
- **過共析鋼** [hypereutectoid (plain-carbon steel)]：含碳量在 0.8% 至 2.0% 的碳鋼。
- **沃斯田鐵** (austenite)(**Fe-Fe$_3$C 相圖的 γ 相**)：FCC 鐵的碳間隙型固溶體；碳在沃斯田鐵內的最大固溶度是 2.0%。
- **沃斯田鐵化** (austenitizing)：將鋼加熱至沃斯田鐵溫度範圍，使其組織轉變成沃斯田鐵。沃斯田鐵化溫度隨著鋼的成分不同而有所差異。
- **波來鐵** (pearlite)：沃斯田鐵在共析分解反應時所產生的 α 肥粒鐵和雪明碳鐵 (Fe_3C) 混合的層狀組織。
- **初析 α 肥粒鐵** (proeutectoid α ferrite)：沃斯田鐵在共析溫度以上的溫度發生分解所產生的 α 肥粒鐵。
- **共析 α 肥粒鐵** (eutectoid α ferrite)：沃斯田鐵在共析分解反應時所產生的 α 肥粒鐵；此 α 肥粒鐵存在於波來鐵組織內。
- **初析雪明碳鐵** [proeutectoid cementite (Fe_3C)]：沃斯田鐵在共析溫度以上的溫度分解所產生的雪明碳鐵。
- **共析雪明碳鐵** [eutectoid cementite (Fe_3C)]：沃斯田鐵在共析分解反應時所產生的雪明碳鐵；此雪明碳鐵位於波來鐵組織內。

9.3 節

- **麻田散鐵** (martensite)：碳在體心正方鐵中的過飽和格隙型固溶體。
- **恆溫轉變 (IT) 圖** [isothermal transformation (IT) diagram]：一種時間 - 溫度 - 轉變圖，顯示了某特定相在不同恆溫溫度時，轉變成其他相所需要的時間。
- **變韌鐵** (bainite)：沃斯田鐵分解所產生的 α 肥粒鐵和 Fe_3C 微小顆粒的混合組織；是沃斯田鐵的非層狀共析分解產物。
- **連續冷卻轉變 (CCT) 圖** [continuous-cooling transformation (CCT) diagram]：一種時間 - 溫度 - 轉變圖，顯示了某特定相在不同冷卻速率下，轉變成其他相所需要的時間。
- **回火 (鋼)**[tempering (of a steel)]：將淬火過的鋼再加熱至適當的溫度以增加其韌性和延性。回火後，麻田散鐵會轉變成回火麻田散鐵。

- **普通碳鋼** (plain-carbon steel)：含碳量 0.02% ~ 2% 的鐵碳合金。所有商業用普通碳鋼都含有約 0.3% ~ 0.9% 錳，以及硫、磷和矽等雜質。
- **球化波來體** (spheroidite)：α 肥粒鐵基材中含有雪明碳鐵 (Fe_3C) 顆粒的混合組織。
- **麻回火(麻淬火)** [martempering (marquenching)]：將沃斯田鐵狀態的鋼先置於溫度在 M_s 溫度以上的鹽浴中熱淬火。保持適當的一段時間且需避免造成沃斯田鐵轉變，然後再將其緩慢冷卻至室溫。麻回火處理過的鋼具有麻田散鐵組織，而此中斷的淬火過程可使內部應力消除。
- **沃斯回火** (austempering)：將沃斯田鐵狀態的鋼先置於溫度剛好略高於 M_s 溫度的鹽浴中進行熱淬火，保持適當的一段時間使鋼完全轉變，然後再冷卻至室溫。普通碳鋼若經沃斯回火處理過後，可得到完全變韌鐵組織。
- **麻田散鐵轉變開始** (martensite start, M_s)：沃斯田鐵狀態的鋼開始轉變成麻田散鐵的溫度。
- **麻田散鐵轉變結束** (martensite finish, M_f)：沃斯田鐵狀態的鋼完全轉變成麻田散鐵的溫度。

9.4 節

- **硬化能** (hardenability)：鋼從沃斯田鐵狀態淬火產生麻田散鐵的難易程度。具高硬化能的鋼可使整個截面都形成麻田散鐵。硬化能和硬度是不相同的，硬度是指材料對貫穿的抵抗能力。硬化能是鋼的組成成分及晶粒尺寸的函數。
- **喬米尼硬化能試驗** (Jominy hardenability test)：此試驗是將直徑 1 in. (2.54 cm)、長 4 in. (10.2 cm) 的圓棒沃斯田鐵化後，再從鋼棒的一端予以水淬火。接著再量測從淬火端面至約 2.5 in. (6.35 cm) 處的硬度值。如此可在縱軸座標為硬度而橫軸座標為距淬火端距離的圖形中，量出喬米尼硬化能曲線。

9.8 節

- **白鑄鐵** (white cast irons)：含有介於 1.8% ~ 3.6% 的碳及介於 0.5% ~ 1.9% 的矽之鐵碳矽合金。白鑄鐵含有大量的鐵碳化物，使其硬且脆。
- **灰鑄鐵** (gray cast irons)：含有介於 2.5% ~ 4.0% 的碳及介於 1.0% ~ 3.0% 的矽之鐵碳矽合金。灰鑄鐵含有大量的片狀石墨，使其易加工且具有良好的耐磨耗性。
- **展性鑄鐵** (malleable cast irons)：含有介於 2.0% ~ 2.6% 的碳及介於 1.1% ~ 1.6% 的矽之鐵碳矽合金。要獲得展性鑄鐵，首先需鑄造得到白鑄鐵，然後再將其加熱至約 940°C (1720°F)，保持溫度 3 ~ 20 小時，此時白鑄鐵內的鐵碳化物會分解產生不規則狀的石墨。
- **延性鑄鐵** (ductlle cast irons)：含有介於 3.0% ~ 4.0% 的碳及介於 1.8% ~ 2.8% 的矽之鐵碳矽合金。延性鑄鐵含有大量的球狀石墨，而不是像灰鑄鐵所含有的片狀石墨。在液態鑄鐵澆鑄前，若添加鎂元素 (約 0.05%) 則可使石墨形成球狀。一般而言，延性鑄鐵的延性優於灰鑄鐵。

9.10 節

- **介金屬化合物** (intermetallics)：由金屬元素組成的化學計量化合物，有著高硬度和高溫強度，但是材料是脆的。

- **形狀記憶合金** (shape-memory alloys, SMAs)：一種金屬合金，當受到適當熱處理的過程後，能夠恢復先前定義好的形狀。
- **非晶金屬** (amorphous metal)：有著非晶體結構的金屬，又稱玻璃質金屬 (glassy metal)。這類合金具有高彈性應變極限。

9.13　習題 Problems

知識及理解性問題

9.1 (a) 為什麼 Fe-Fe$_3$C 相圖是亞穩態相圖而不是真正的平衡相圖？(b) 定義 Fe-Fe$_3$C 相圖中存在的以下各種相：(i) 沃斯田鐵，(ii) α 肥粒鐵，(iii) 雪明碳鐵，與 (iv) δ 肥粒鐵。(c) 寫出 Fe-Fe$_3$C 相圖中發生的三個無變度反應。

9.2 (a) 描述普通碳鋼的全退火熱處理。(b) 對 (i) 共析鋼與 (ii) 亞共析鋼進行全退火熱處理會分別生產出什麼類型的微結構呢？

9.3 (a) 解釋 AISI 和 SAE 用於普通碳鋼的編號系統。(b) 什麼是用於指定低合金鋼的 AISI-SAE 系統？

9.4 (a) 普通碳鋼在工程設計上之限制為何？(b) 普通碳鋼內添加何種合金元素可變為低合金鋼？(c) 碳鋼之肥粒鐵含哪些元素？(d) 請將下列元素依生成碳化物傾向排序：鈦、鉻、鉬、釩和鎢。

9.5 (a) 鋁在鋼中形成什麼化合物？(b) 列出在鋼中的兩種沃斯田鐵安定元素。(c) 列出在鋼中的四種肥粒鐵安定元素。

9.6 什麼元素提高了 Fe-Fe$_3$C 相圖的共析溫度？什麼元素降低它呢？

9.7 (a) 什麼是可析出硬化合金的陳化曲線？(b) 當陳化溫度過低時，什麼類型的沉澱物會在合金中形成？(c) 當陳化溫度過高時，什麼類型的沉澱物會在合金中形成？

9.8 為什麼不能在含氫氣的大氣中將電解韌銅用於需要加熱到 400°C 以上的應用？

9.9 如何避免電解韌銅的氫脆化？(請指出兩個方法)

9.10 (a) 描述 30 級灰口鑄鐵的毛胚鑄件在 100 倍下的微觀結構。(b) 為什麼灰鑄鐵的斷裂表面呈現灰色？(c) 灰鑄鐵有哪些應用？

9.11 (a) 延性鑄鐵中碳和矽的成分範圍是多少？(b) 描述 80-55-06 延性鑄鐵毛胚鑄件的在 100 倍下的微觀結構。(c) 導致牛眼結構的原因是什麼？(d) 為什麼延性鑄鐵一般比灰鑄鐵更具延展性？(e) 延性鑄鐵有哪些應用？

9.12 為什麼石墨在延性鑄鐵中形成球形結核而不是像灰鑄鐵中所形成的石墨片？

9.13 (a) 展性鑄鐵中碳和矽的成分範圍是多少？(b) 描述 100 倍的肥粒展性鑄鐵 (M3210 級) 在 100 倍下的的微觀結構。(c) 如何生產展性鑄鐵？(d) 展性鑄鐵有哪些性質上的優勢？(e) 展性鑄鐵有哪些應用？

9.14 (a) 為什麼鎳是重要的工程金屬？(b) 它的優點是什麼？(c) 缺點是什麼？

9.15 (a) 請定義介金屬化合物為何？(請舉例)(b) 請指出一些介金屬化合物的用途。(c) 介金屬化合物有哪些優於其他高溫合金的優點？(d) 又有哪些缺點？(e) 在介金屬化合物中的鋁有什麼作用，如鎳鋁化物及鈦鋁化物？

9.16 (a) 請定義形狀記憶合金 (SMAs) 為何？(b) 請指出一些形狀記憶合金的用途，有哪些例子？(c) 如何製造 SMAs？(d) 請用圖示解釋其如何工作。

應用及分析問題

9.17 如果一個共析普通碳鋼的薄樣品從沃斯田鐵區域熱淬火並保持在 700°C 直到轉變完成，那麼它的微觀結構是什麼？

9.18 將含 0.25% C 的亞共析普通碳鋼從 950°C 緩慢冷卻至略低於 727°C 的溫度。

a. 計算鋼中初析肥粒鐵的重量百分比。

b. 計算鋼中共析肥粒鐵的重量百分比和共析雪明碳鐵的重量百分比。

9.19 普通碳鋼含有 93 wt% 肥粒鐵 -7 wt% Fe_3C。它的平均碳含量是多少重量百分比？

9.20 如果過共析普通碳鋼含有 4.7 wt% 的初析雪明碳鐵，它的平均碳含量是多少重量百分比？

9.21 亞共析鋼含有 44.0 wt% 的共析肥粒鐵。它的平均碳含量是多少？

9.22 厚度為 0.3 mm 的 1080 鋼熱軋帶材以下列方式進行熱處理。使用如圖 9.23 的恆溫轉變圖和其他知識去決定每次熱處理後鋼樣品的微結構。

a. 在 860°C 加熱 1 小時；以水淬火。

b. 在 860°C 加熱 1 小時；以水淬火；在 350°C 下再加熱 1 小時。這種熱處理的名稱是什麼？

c. 在 860°C 加熱 1 小時；在 700°C 的熔融鹽浴中淬火並保持溫度 2 小時；以水淬火。

d. 在 860°C 加熱 1 小時；在 260°C 的熔融鹽浴中淬火並保持溫度 1 分鐘；以空氣冷卻。這種熱處理的名稱是什麼？

e. 在 860°C 加熱 1 小時；在 350°C 的熔融鹽浴中淬火並保持溫度 1 小時以空氣冷卻。這種熱處理的名稱是什麼？

f. 在 860°C 加熱 1 小時；以水淬火；並在 700°C 下再加熱 1 小時。

9.23 沃斯田鐵化及淬火後的 5140 鋼棒，其表面處某點的洛氏硬度值為 35。請估算淬火時此點的冷卻速率。

9.24 將直徑 60 mm 沃斯田鐵化的 8640 鋼棒在攪拌的油中淬火。為這種鋼重複處理問題 9.83 的硬度分布。

9.25 將沃斯田鐵化的 4340 標準鋼棒以 50°C/s 的速度冷卻 (距離 Jominy 棒的淬火端 9.5 mm)。在 200°C 時，棒材微結構中的成分是什麼？見圖 9.38。

9.26 描述以下 Cu-Zn 黃銅在 75 倍下的微觀結構：(a) 在退火狀態下的 70% Cu-30% Zn (汽車黃銅) 和 (b) 在熱軋條件下的 60% Cu-40% Zn (Muntz 金屬)。

9.27 計算從 548°C 緩慢冷卻至 27°C 的 Al-5.0% Cu 合金中 θ 相的 wt%。假設在 27°C 下 Cu 在 Al 中的固溶度為 0.02 wt%，並且 θ 相含有 54.0 wt% 的 Cu。

9.28 將二元 Al-8.5 wt% Cu 合金從 700°C 緩慢冷卻至恰好低於共晶溫度 548°C。

　　a. 計算剛好在 548°C 以上出現的初析 α 相的重量百分比。

　　b. 計算剛好低於 548°C 時出現的共析 α 相的重量百分比。

　　c. 計算剛好低於 548°C 時出現的 θ 相的重量百分比。

綜合及評價問題

9.29 (a) 平均而言，對於碳含量為 1 wt% 的普碳鋼，在 900°C 時，在 100 個單位晶格中可以找到多少碳原子？(b) 如果將這種合金冷卻到 727°C 以下，平均而言，在肥粒鐵相中的 100 個單元晶格中可以找到多少碳原子？(c) 如果在室溫下，肥粒鐵的平均碳含量下降到 0.005 wt%，你需要搜索多少單元晶格才能找到一個碳原子？你能解釋三個答案的差異嗎？

9.30 碳含量為 1.1 wt% 的普通碳鋼的恆溫轉變示意圖與圖 9.23 所示的共析鋼的恆溫轉變示意圖有何不同？以示意圖顯示差異。

9.31 鑄造的普通碳鋼 (含 0.4 wt% 的碳) 的顯微組織太粗糙，不均勻和柔軟。如何在不顯著降低其延展性的情況下改善其晶粒結構？

9.32 延性鑄鐵 (Q & T) 和鋁合金 7075 (T-6) 均可用於汽車懸架部件。在生產零件時使用每一種金屬分別有什麼好處？

9.33 飛機機身是由鋁合金 2024 (T6) 或 7075 (T6) 製成。使用這些合金相較於其他金屬合金有哪些優點？為什麼你會考慮這個選擇？

9.34 普通碳鋼和合金鋼廣泛用於螺栓和螺釘的製造。給出盡可能多的理由。

9.35 您獲得一種僅用普通碳鋼製成的小型鋼組件，並告知您將其硬度提高到 60 HRC。然而，沒有任何熱處理 (淬火) 達到這一點。你的結論是什麼？

9.36 機械工程師用退火後的 1080 鋼製成螺紋圓柱體，並確保螺紋與螺母相匹配。然後，他透過沃斯田鐵化、淬火和回火對螺紋圓筒進行熱處理，以獲得更高的硬度。(a) 在熱處理過程之後，螺紋不再適合螺母，請解釋為什麼。(b) 你會如何避免這個問題？

CHAPTER

10 聚合物材料
Polymer Materials

(©Shaun Botterill/Getty Images) 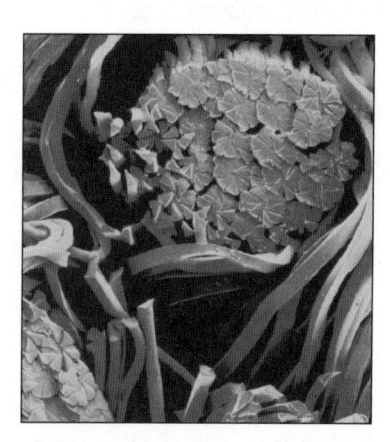　　(©SPL/Science Source) 　　(©Eye of Science/Science Source)

微纖維 (microfiber) 是人造纖維，明顯小於人髮 (比絲纖維更細)，並多次分裂成 V 形 (見上面中間的圖)。傳統纖維要粗許多，截面是圓實心。微纖維可以由不同聚合物製成，包括聚酯纖維、尼龍和壓克力。由微纖維所製造的布料表面積很高，因為它們纖維小，且液體和垢物會聚集在 V 形凹槽，而不是像傳統實心圓形纖維般會被排斥出去。因此，微纖維觸感如絲綢般柔軟 (對成衣業很重要)，以及可高度吸水和污垢 (對清潔服務業很重要)。這些特性讓微纖維布料在運動服飾及清潔服務業中大受歡迎。兩個主要的微纖維材料是聚酯纖維材料 (擦洗材料) 和聚醯胺 (吸收材料)。

> 學習目標

到本章結束時，學生將能夠：
1. 定義和分類聚合物，包括熱固性塑膠、熱塑性塑膠和彈性體。
2. 描述各種聚合反應和步驟。
3. 描述功能性、乙烯基、亞乙烯基、均聚物和共聚物等術語。
4. 描述各種工業聚合方法。
5. 描述聚合物的結構並將其與金屬進行比較。
6. 描述玻璃轉變溫度以及在此溫度附近聚合物材料的結構和性質的變化。
7. 描述用於製造熱固性和熱塑性組件的各種製造工藝。
8. 能夠命名一些通用熱塑性塑膠、熱固性塑膠、彈性體及其應用。
9. 能夠解釋聚合物中的變形，強化，應力鬆弛和斷裂機制。
10. 描述生物聚合物及其在生物醫學應用中的用途。

10.1 簡介 Introduction

聚合物 (polymer) 的字面意思是「許多部分」。聚合物固體材料可被視為是許多部分或單元透過鍵結而連接在一起所組成的固體。本章將探討塑膠與彈性體——兩種工業上重要的聚合物材料的結構、性質、製程及應用。塑膠[1]是透過塑造或模造成型的巨大且多樣化的合成材料，種類很多，像是聚乙烯和尼龍。根據化學鍵結的不同結構，塑膠可以分為**熱塑性塑膠** (thermoplastic plastic) 及**熱固性塑膠** (thermosetting plastic) 兩種。彈性體 (或稱橡膠) 在受到外力作用時可以產生很大的彈性變形；外力一旦移除，材料又可以 (或幾乎可以) 回復到原本形狀。

如第 1 章所述，使聚合物在工程應用中極為有用的主要特徵是電絕緣性、低成本、低密度 (導致組件的低重量)、自潤滑能力、基本耐腐蝕性、各種顏色和光學性質，以及組件設計和製造的簡易性。由於這些優點，工程聚合物已經在許多應用和工業 (例如汽車) 中取代了其他材料。但是，必須注意的是，塑膠僅能在不損害組件的長期功能的情況下使用。例如，應該避免在組件會發生潛變、暴露

---

[1] 塑膠這個詞有很多含義。作為名詞，塑膠是指一類可以模塑或成型的材料。作為形容詞，塑膠可以意味著能夠被塑造。塑膠作為形容詞的另一種用途是描述金屬的連續永久變形而不會破裂，如「金屬的塑性變形」。

於紫外線或需要顯著結構強度的情況下使用聚合物。在以下部分中，我們將討論各種聚合物的化學成分、重要性質、不足之處以及它們各自的應用。

10.1.1 熱塑性塑膠

熱塑性塑膠需要加熱才能塑形，而冷卻後可以保持所塑形狀。這種材料可以多次重新加熱及重新塑形，不會改變其質太多。大多數熱塑性塑膠包含以碳原子共價鍵在一起的極長主鏈。有時，主鏈中也會出現以共價鍵的氮、氧或硫原子。側基的原子或原子群會以共價鍵連接到主鏈。熱塑性塑膠中的長鏈分子鏈彼此是以次級鍵互相鍵結。

10.1.2 熱固性塑膠

以化學反應被永久塑形後的熱固性塑膠無法重新熔化及重新塑形，而是會在過度加熱後裂化或分解。因此，熱固性塑膠無法被回收利用。術語「熱固性」意味著需要加熱來永久固定塑料。然而，有許多所謂的熱固性塑膠可在室溫下只需化學反應即可定形。大多數的熱固性塑膠為共價鍵鍵結的網狀碳原子所形成的堅硬固體。有時，氮、氧或其他硫原子也會共價鍵鍵結成熱固性網狀結構。

塑膠是重要工程材料的理由很多。它們的特性廣泛，有些甚至是其他材料無法做到的，而且它們也多半相對便宜。在塑膠使用於工程機械設計上有幾個優點，像是減少非必要零件或表面加工製程、簡化組裝步驟、減少重量、降低噪音，有時更可以節省潤滑零件的需要。由於塑膠材料的絕緣性極佳，對於許多電機工程的設計來說也相當重要。塑膠在電機電子方面的應用包括連接器、開關、繼電器、電視調頻器元件、線圈外殼、積體電路板與電腦元件等。圖 10.1 顯示了工程設計上使用塑膠材料的一些實例。

工業使用塑膠的數量明顯增加，像是是汽車製造業就是最好的例子。1959 年，設計工程師對於要在凱迪拉克轎車上使用 25 lb 的塑膠感到不可思議。到了 1980 年，平均每輛車上使用 200 lb 的塑膠材料。而 1990 年，平均每輛車的塑膠材料使用量已達到 300 lb。當然，不同工業對塑膠的依賴度不同，但是整體而言，過去幾十年來，工業的塑膠材料使用量有增無減。現在我們就開始詳細地研究有關塑膠與彈性體材料的構造、性質及應用。

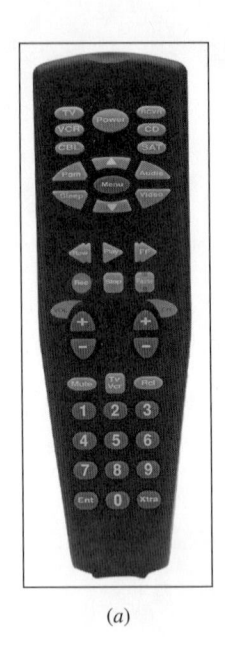

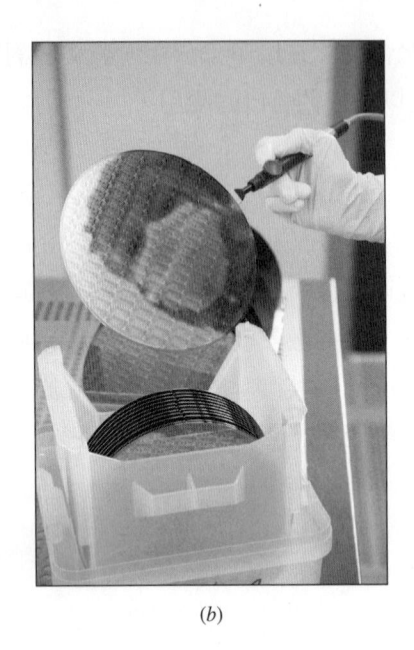

圖 10.1 工程塑膠的應用實例。(a) 電視遙控器外殼，使用苯乙烯樹脂以符合光澤、韌性及抗裂痕的要求；(b) 半導體晶圓棒，使用 Vitrex PEEK (polyetheretherketone，聚二醚酮) 熱塑性塑膠材料製成；(c) 尼龍熱塑性塑膠，透過添加 30% 的玻璃纖維來加以強化，以取代福特汽車 Ford Transit 車款用於柴油渦輪引擎空氣進氣流道的鋁材。

((a) ©Comstock Images/Alamy; (b) ©Agencja Fotograficzna Caro/Alamy; (c) ©Tom Pantages)

■ 10.2　聚合反應 Polymerization Reactions

大多數熱塑性塑膠的合成是利用鏈狀成長聚合化 (chain-growth polymerization)。在這個過程中，可能有數千個小分子共價鍵成非常長的分子鏈。以共價鍵形成長鏈的簡單分子稱做單體 (monomer)(希臘字 mono 代表「單一」)。由單體所形成的長鏈分子就是聚合物 (polymer)(希臘字 polys 代表「很多」)。

10.2.1　乙烯分子的共價鍵結構

乙烯 (ethyIene) 分子 (C_2H_4) 中，碳分子間為雙共價鍵，而碳原子與氫原子間則為單共價鍵 (圖 10.2)。含有碳的分子中，如果有碳 - 碳間的雙共價鍵，即稱為不飽和分子 (unsaturated molecule)，因此乙烯是一個不飽和的含碳分子，含有一個碳 - 碳雙鍵。

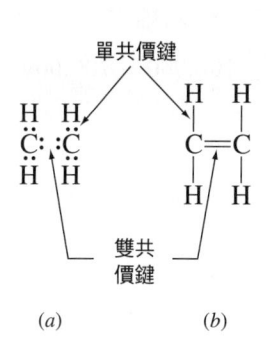

圖 10.2 乙烯分子的共價鍵：(a) 電子點 (點代表價電子) 以及 (b) 直線法。乙烯分子中有一組碳 - 碳間的雙共價鍵以及 4 個碳 - 氫間的單共價鍵；雙鍵的化學活性比單鍵強。

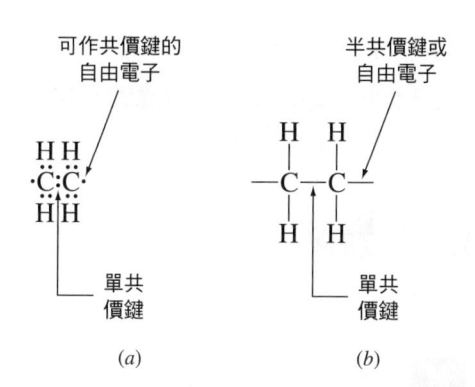

圖 10.3 活化的乙烯分子的共價鍵結構：(a) 電子點法 (其中點代表價電子)；分子兩端有可以和其他分子的自由電子形成共價鍵的自由電子，注意到碳 - 碳間的雙共價鍵已降成單共價鍵；(b) 直線法，分子兩端形成的自由電子以只連接到一個碳原子的半鍵表示。

10.2.2 活化的乙烯分子的共價鍵結構

乙烯分子活化時，兩個碳原子之間的雙共價鍵會「打開」，由一個單共價鍵取代 (如圖 10.3)，使得原乙烯分子中的每個碳原子會有一個自由電子，可和另一個分子的自由電子形成共價鍵。在下面的討論中，我們將看到乙烯分子如何的被活化，結果可以有多少乙烯單體單元可以共價鍵合在一起形成聚合物。此過程就是所謂的**鏈狀聚合化** (chain polymerization) 過程。乙烯經聚合化所生成的聚合物稱為聚乙烯 (polyethylene)。

10.2.3 聚乙烯的一般聚合反應及聚合度

乙烯單體透過鏈狀聚合化反應成為聚乙烯的一般反應式可寫成如下：

在聚合物長鏈中重複的次單元稱為**單體** (mer)。聚乙烯的單體是 $[CH_2 - CH_2]$，在以上方程式中已標明。方程式中的 n 為**聚合物長鏈的聚合度** (degree of polymerization, DP)，等於聚合物分子鏈中次單元或單體的數量。聚乙烯的平均 DP 範圍從大約 3,500～25,000，所對應的平均分子質量範圍為從 100,000～700,000 g/mol 之間。

■ 例題 10.1

一聚乙烯的分子量是 150,000 g/mol，它的聚合度 (DP) 是多少？

解

聚乙烯單體是 ╋CH₂—CH₂╈，單體質量是 4 個氫原子 × 1 g = 4 g，加 2 個碳原子 × 12 g = 24 g，所以每一聚乙烯單體總質量是 28 g。

$$DP = \frac{聚合物分子量\ (g/mol)}{單體質量\ (g/mer)} \tag{10.1}$$

$$= \frac{150,000\ g/mol}{28\ g/mer} = 5,357\ mers/mol ◀$$

10.2.4　鏈狀聚合反應之步驟

單體的鏈狀聚合反應，例如像是乙烯聚合成線性聚合物聚乙烯的過程，可分為下列幾個步驟：(1) 起始反應 (initiation)；(2) 傳播擴散反應 (propagation)；(3) 終止反應 (termination)。

起始反應　乙烯的鏈狀聚合反應可用許多不同種的催化劑。在此，我們考慮為自由基 (free-radical) 生成元素的有機性過氧化物。自由基可以被定義成一群原子中，一個擁有未配對電子 (自由電子) 的原子，能與其他分子之未配對電子形成共價鍵。

我們先討論過氧化氫分子 (H_2O_2) 如何能以下式所描述的方式分解為兩個自由基。我們用點來表示共價鍵中的電子：

$$H:\ddot{O}:\ddot{O}:H \xrightarrow{加熱} H:\ddot{O}· + ·\ddot{O}:H$$
　　過氧化氫　　　　　　　　自由基

用直線來表示共價鍵，則：

$$H—O—O—H \xrightarrow{加熱} 2H—O·$$
　　過氧化氫　　　　　　　　自由基（自由電子）

在乙烯的自由基鏈狀聚合化過程中，有機過氧化物也能像過氧化氫一樣的分解。若 R—O—O—R 代表有機過氧化物，其中 R 為化學基團，那麼在加熱後，此過氧化物即可以類似過氧化氫分解的方式分解為兩個自由基：

$$R—O—O—R \longrightarrow 2R—O\cdot$$

過氧化苯是一種有機過氧化物，用於起始某些鏈狀聚合反應。它分解為自由基的過程如下：[2]

過氧化苯分解出來的一個自由基跟乙烯分子反應，形成全新且較長的長鏈自由基如下：

此有機自由基可視為乙烯聚合化的過程的起始催化劑。

傳播反應 藉由不斷加入單體單元，使聚合物長鏈持續延長的過程稱為傳播 (propagation) 反應。持續自由基可以打開乙烯單體末端的雙鍵，並與其產生共價鍵。因此，聚合物長鏈就會因此而不斷延長：

$$R—CH_2—CH_2\cdot + CH_2=CH_2 \longrightarrow R—CH_2—CH_2—CH_2—CH_2\cdot$$

聚合物長鏈在鏈狀聚合化的過程中會自動地持續成長，因為此過程會降低整個化

---

[2] 六角形環代表苯結構，如下所示。另見 2.6 節。

學系統的能量，也就是說，反應生成的聚合物總能量要比用來製造聚合物的所有單體的總能量更低。鏈狀聚合反應所生成聚合物的聚合度不僅在材料內部就不盡相同，平均聚合度值也會隨著材料而異。工業用聚乙烯的聚合度平均值範圍通常在 3,500～25,000 之間。

終止反應 加入自由基終止劑，或當兩條長鏈結合時，就會發生終止 (termination)。還有一個可能是，加入少許微量雜質也能使聚合物長鏈反應停止。兩條長鏈結合所造成的終止可表示為：

$$R(CH_2-CH_2)_m^{\cdot} + R'(CH_2-CH_2)_n^{\cdot} \longrightarrow R(CH_2-CH_2)_m-(CH_2-CH_2)_nR'$$

10.2.5　熱塑性塑膠之平均分子重量

熱塑性塑膠包含許多不同長度的聚合物分子鏈，各自都有其分子量與聚合度。因此，一般說到熱塑性塑膠材料的分子量時，指的一定是它的平均分子量。

熱塑性塑膠的平均分子重量可用特殊的物理-化學技術求得。一種方法是先求各種分子量範圍內的重量比率，然後將各分子重量範圍內的平均分子量乘上其重量分率，全部加總後再除以重量分率總和，就可以求得出熱塑性塑膠的平均分子重。

$$\bar{M}_m = \frac{\sum f_i M_i}{\sum f_i} \tag{10.2}$$

其中 $\bar{M}_m$ = 熱塑性塑膠之平均分子量
　　　M_i = 在特定分子量範圍內的平均分子量
　　　f_i = 材料在特定分子量範圍內的重量分率

■ 例題 10.2 •

熱塑性塑膠材料各分子重量範圍及分子重量分率 f_i 如下表所示，請估算材料的平均分子重量 $\bar{M}_m$：

分子重量範圍，g/mol	M_i	f_i	$f_i M_i$
5000–10,000	7500	0.11	825
10,000–15,000	12,500	0.17	2125
15,000–20,000	17,500	0.26	4550
20,000–25,000	22,500	0.22	4950
25,000–30,000	27,500	0.14	3850
30,000–35,000	32,500	0.10	3250
		$\sum = 1.00$	$\sum = 19,550$

解

求出每一分子於重量範圍的分子重量平均值,接著列出該數值,如上 M_i 欄,再把 f_i 乘上 M_i 得到 f_iM_i 值,熱塑性塑膠之平均分子重量為:

$$\bar{M}_m = \frac{\sum f_iM_i}{\sum f_i} = \frac{19{,}550}{1.00} = 19{,}550 \text{ g/mol} \blacktriangleleft$$

10.2.6 單體之官能性

單體要能進行聚合反應,必須至少要有兩個活性化學鍵。有兩個活性鍵 (active bond) 的單體能夠與另外兩個單體反應,不斷重複反應後,其他的同類單體可以形成長鏈或線性聚合物。若一個單體有兩個以上的活性鍵,聚合反應會可以在兩個以上的方向進行,因此得以形成三度空間的網狀分子。

單體所具有的活性鍵數量稱為該單體的**官能度** (functionality)。使用兩個活性鍵進行長鏈聚合化的單體稱為雙官能度 (bifunctional) 單體,像是乙烯。當單體使用三個活性鍵來形成網狀聚合物材料,就被稱為三官能度 (trifunctional) 單體,像是酚 (phenol, C_6H_5OH),主要使用在酚及甲醛 (formaldehyde) 的聚合反應。

10.2.7 非晶線性聚合物的結構

我們若用顯微鏡觀察一小段聚乙烯鏈,就可以發現它呈鋸齒排列 (圖 10.4),因為在碳 - 碳單共價鍵之間的鍵結角度約為 109°。但若以較大尺度去看,非晶聚乙烯聚合物鏈就像是隨意丟在碗內的義大利麵條。圖 10.5 顯示了線性聚合物的糾結。包括聚乙烯在內的一些聚合物材料,其內部結構可能同時存在結晶與非結晶區域。這個議題將在 10.4 節中討論。

聚乙烯長分子鏈之間的鍵結為微弱地永久性電偶極次要鍵結。不過,長分子鏈實體上的盤根錯雜會增強聚合物材料的強

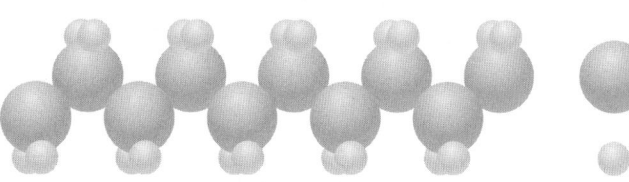

○ 碳原子
○ 氫原子

圖 10.4 一小段聚乙烯長鏈的分子構造,碳原子呈鋸齒排列,因為所有的碳 - 碳共價鍵之間的鍵結角度大約呈 109°。
(Source: W.G. Moffatt, G.W. Pearsall, and J. Wulff, *The Structure and Properties of Materials*, vol. 1: *Structure*, Wiley, 1965, p. 65.)

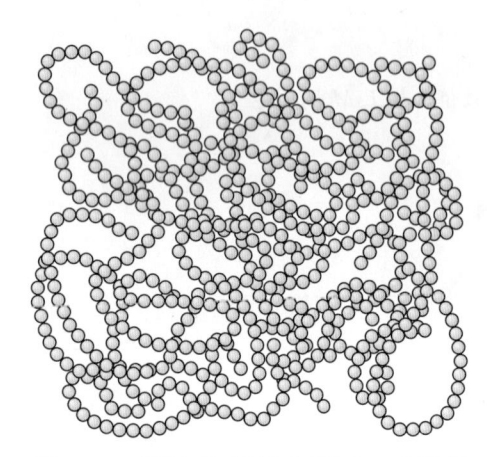

圖 10.5 聚合物材料之圖示，球體代表的是聚合物鏈的重複單元，而非特定的原子。
(Source: W.G. Moffatt, G.W. Pearsall, and J. Wulff, *The Structure and Properties of Materials*, vol. 1: *Structure*, Wiley, 1965, p. 104.)

度。側向分支鏈也可能形成，使得分子鏈鬆散堆疊，而傾向於形成非晶結構。線性聚合物的側向分支鏈會因此減弱長鏈間的次要鍵結，並降低整體聚合物材料的拉伸強度。

10.2.8 乙烯基及亞乙烯基聚合物

將一個或多個乙烯的氫原子置換為其他型態的原子或原子團，就能合成出許多具有像是乙烯的碳主鏈結構的添加(長鏈)聚合物材料。若乙烯單體中只有一個氫原子被置換為另一原子或原子群，所產生的聚合物就稱為乙烯基聚合物 (vinyl polymer)，像是聚氯乙烯、聚丙烯、聚苯乙烯、丙烯與聚醋酸乙烯等。一般乙烯基聚合物聚合反應如下：

$$n \begin{bmatrix} H & H \\ C=C \\ H & R_1 \end{bmatrix} \longrightarrow \begin{bmatrix} H & H \\ -C-C- \\ H & R_1 \end{bmatrix}_n$$

其中，R_1 是其他原子或原子群。圖 10.6 顯示一些乙烯基聚合物的鍵結結構。

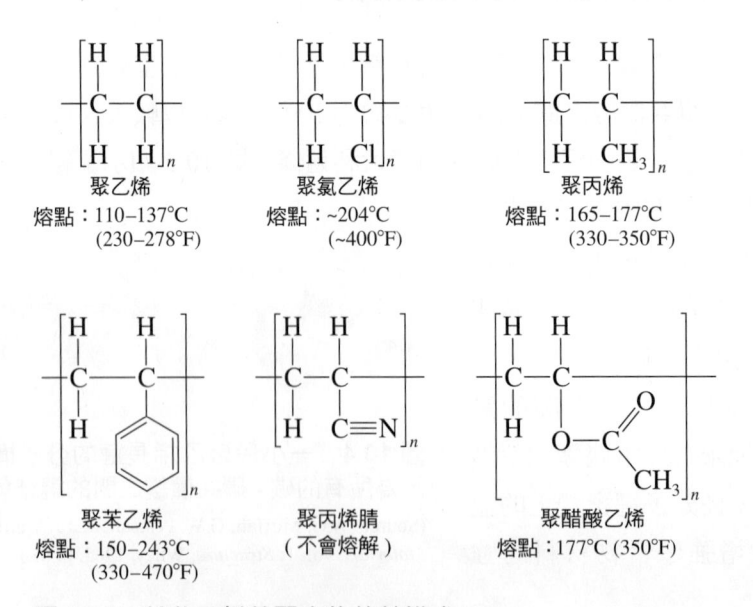

聚乙烯
熔點：110–137°C
(230–278°F)

聚氯乙烯
熔點：~204°C
(~400°F)

聚丙烯
熔點：165–177°C
(330–350°F)

聚苯乙烯
熔點：150–243°C
(330–470°F)

聚丙烯腈
(不會熔解)

聚醋酸乙烯
熔點：177°C (350°F)

圖 10.6 某些乙烯基聚合物的結構式。

若乙烯單體中，某一個碳原子上的兩個氫原子都被其他原子或是原子群所取代，所產生的聚合物就稱為亞乙烯基聚合物 (vinylidene polymer)。亞乙烯基聚合物聚合反應為：

$$n\begin{bmatrix} H & R_2 \\ C=C \\ H & R_3 \end{bmatrix} \longrightarrow \begin{bmatrix} H & R_2 \\ -C-C- \\ H & R_3 \end{bmatrix}_n$$

聚氯亞乙烯
熔點：177°C (350°F)

聚甲基丙烯酸甲酯
熔點：160°C (320°F)

圖 10.7　某些亞乙烯聚合物的結構式。

其中，R_2 及 R_3 是其他種類之原子或是原子群。圖 10.7 顯示兩種亞乙烯基聚合物的鍵結結構。

10.2.9　同質聚合物與共聚合物

同質聚合物 (homopolymer) 是由相同單位重複聚合鏈結所組成的聚合物材料。也就是說，假設 A 是一個重複單元，則同質聚合物中的聚合物分子鏈結構會是 AAAAAAA…。相對地，**共聚合物** (copolymer) 包含兩種 (含) 以上化學性質不同之重複單元所組成之聚合物長鏈，且排列順序可以不同。

雖然大多數共聚合物材料的單體為任意排列，已可歸類出 4 種不同形式：隨機、交錯、區段與接枝 (圖 10.8)。

隨機共聚合物 (random copolymer)。不同單體在聚合物分子鏈中隨機分布。假如 A 與 B 是不同單體，此排列可以是如下範例 (圖 10.8a)：

AABABBBBAABABAAB…

交替共聚合物 (alternating copolymer)。不同單體以特定規律交錯排列如以下範例 (圖 10.8b)：

ABABABABABAB…

區段共聚合物 (block copolymer)。不同單體以長區段在鏈中分布 (圖 10.8c)，如以下範例：

AAAAA—BBBBB—…

接枝共聚合物 (graft copolymer)。某單體的長鏈側邊與

圖 10.8　共聚合物的排列方式：(a) 不同單元沿著分子長鏈隨機分布的共聚合物；(b) 不同單元規則交錯排列的共聚合物；(c) 區段共聚合物；(d) 接枝共聚合物。
(Source: W.G. Moffatt, G.W. Pearsall, and J. Wulff, *The Structure and Properties of Materials*, vol. 1: *Structure*, Wiley, 1965, p. 108.)

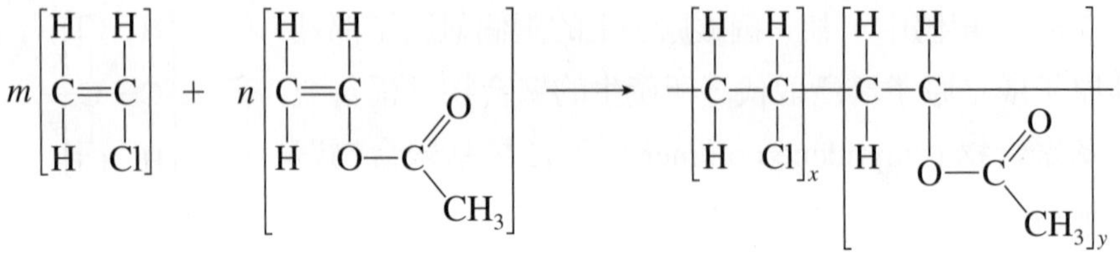

圖 10.9 氯乙烯及醋酸乙烯單體製造聚氯乙烯-聚醋酸乙烯共聚合物之一般聚合反應。

$$m\begin{bmatrix}H & H \\ | & | \\ C=C \\ | & | \\ H & Cl\end{bmatrix} + n\begin{bmatrix}H & H \\ | & | \\ C=C \\ | & | \\ H & O-C=O \\ & & | \\ & & CH_3\end{bmatrix} \longrightarrow \begin{bmatrix}H & H \\ | & | \\ -C-C- \\ | & | \\ H & Cl\end{bmatrix}_x \begin{bmatrix}H & H \\ | & | \\ -C-C- \\ | & | \\ H & O-C=O \\ & & | \\ & & CH_3\end{bmatrix}_y$$

氯乙烯單體　　　　醋酸乙烯單體　　　　聚氯乙烯-聚醋酸乙烯共聚合物

其他單體接枝，如以下範例 (圖 10.8d)：

```
AAAAAAAAAAAAAAAAAAAAAA
B              B
B              B
B              B
```

兩種 (含) 以上不同單體之間可以發生鏈狀反應聚合化 (chain-reaction polymerization)，只要這些單體能以相同的相對能階與速率加入成長中的分子長鏈。例如，聚氯乙烯及聚醋酸乙烯所組成的共聚合物是工業上重要的共聚合物，經常作為電纜、水池、鐵罐的塗層材料。此共聚合物製程的一般聚合反應顯示於圖 10.9。

■ 例題 10.3 ●

一共聚合物材料由 15% 重量百分比之聚醋酸乙烯 (PVA)，與 85% 重量百分比之聚氯乙烯 (PVC) 組成，請估算兩種成分之莫耳百分比。

解

用 100 g 共聚合物材料當基準，由題意知有 15 g PVA 與 85 g PVC。先估算個別材料莫耳數，再估算其莫耳百分比。

聚醋酸乙烯莫耳數：PVA 單元體之分子量可由 PVA 單體結構式，各原子原子量相加而得 (圖 EP10.3a)：

4 C atoms × 12 g/mol + 6 H atoms × 1 g/mol + 2 O atoms × 16 g/mol = 86 g/mol

$$\text{此 100 g 共聚合物材料 PVA 莫耳數} = \frac{15 \text{ g}}{86 \text{ g/mol}} = 0.174$$

聚氯乙烯莫耳數：PVC 單體之分子量可寫為 (圖 EP10.3b)：

2 C atoms × 12 g/mol + 3 H atoms × 1 g/mol + 1 Cl atom × 35.5 g/mol = 62.5 g/mol

$$\text{此 100 g 共聚合物材料 PVC 莫耳數} = \frac{85 \text{ g}}{62.5 \text{ g/mol}} = 1.36$$

$$\text{PVA 莫耳數百分比} = \frac{0.174}{0.174 + 1.36} = 0.113$$

$$\text{PVC 莫耳數百分比} = \frac{1.36}{0.174 + 1.36} = 0.887$$

圖 EP10.3 兩種單元體之結構式：(a) 聚醋酸乙烯；(b) 聚氯乙烯。

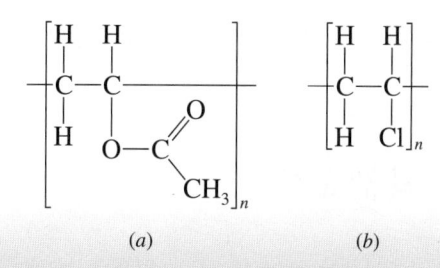

■ 例題 10.4 ●

請估算一分子量 10,520 g/mol、聚合度 (DP) 160 之共聚合物材料，氯乙烯與醋酸乙烯之莫耳數比。

解

由上題已知 PVC 單體分子重量 62.5 g/mol，PVA 單體分子重量 86 g/mol。

由於聚氯乙烯莫耳數百分比 f_{vc} 與聚醋酸乙烯莫耳百分比 f_{va}，加起來之和是 1，可有關係式 $f_{va} = 1 - f_{vc}$，所以此共聚合物單體平均分子重量可寫成：

$$\text{MW}_{av}(\text{mer}) = f_{vc}\text{MW}_{vc} + f_{va}\text{MW}_{va} = f_{vc}\text{MW}_{vc} + (1 - f_{vc})\text{MW}_{va}$$

因此共聚合物單體的平均分子重量也是：

$$\text{MW}_{av}(\text{mer}) = \frac{\text{MW}_{av}(\text{polymer})}{\text{DP}} = \frac{10{,}520 \text{ g/mol}}{160 \text{ mers}} = 65.75 \text{ g/(mol} \cdot \text{mer)}$$

聯立上述兩個有關 MW_{av} (單體) 的方程式，即可求出 f_{vc}：

$$f_{vc}(62.5) + (1 - f_{vc})(86) = 65.75 \quad \text{或} \quad f_{vc} = 0.86$$

$$f_{va} = (1 - f_{vc}) = 1 - 0.86 = 0.14$$

■ 例題 10.5 ●

一氯乙烯 - 醋酸乙烯之共聚合物，分子重量 16,000 g/mol，材料內氯乙烯單體和醋酸乙烯單體數量比 10:1，請估算共聚合物聚合度 (DP)。

解

$$MW_{av}(mer) = \tfrac{10}{11}MV_{vc} + \tfrac{1}{11}MW_{va} = \tfrac{10}{11}(62.5) + \tfrac{1}{11}(86) = 64.6 \text{ g/(mol · mer)}$$

$$DP = \frac{16{,}000 \text{ g/mol (polymer)}}{64.6 \text{ g/(mol · mer)}} = 248 \text{ mers}$$

10.2.10　其他聚合法

逐步聚合化　在**逐步聚合化** (stepwise polymerization) 法中，單體與彼此產生化學反應而形成線性聚合物。進行逐步聚合化的單體兩端官能基 (functional group) 反應性 (reactivity) 一般會假設大約相同，不論聚合物尺寸為何。因此，單體可以和彼此或是與任何尺寸的生成聚合物產生反應。許多逐步聚合反應會產生某些小分子副產物，因此也稱為縮合聚合反應 (condensation polymerization reaction)。六亞甲基二胺 (hexamethylene diamine) 和己二酸 (adipic acid) 反應生成尼龍 6,6 為逐步聚合反應的範例，而水是其副產物。圖 10.10 顯示一個六亞甲基二胺分子和另一個己二酸分子反應過程。

網路聚合化　某些包含具有兩個以上反應點的化學反應物的聚合反應會產生三維空間網狀結構的塑膠材料，像酚醛樹脂 (phenolic)、環氧樹脂 (epoxy) 與某些聚酯 (polyester)。兩個酚分子和一個甲醛 (formaldehyde) 分子之聚合反應顯示於圖 10.11。水分子是此反應的副產物。由於酚分子有三個官能基，在足夠的熱和壓力環境下，並加上適當的催化劑 (catalyst)，可以與甲醛聚合生成網狀的熱固性酚醛塑膠材料，一般商品名為電木 (Bakelite)。

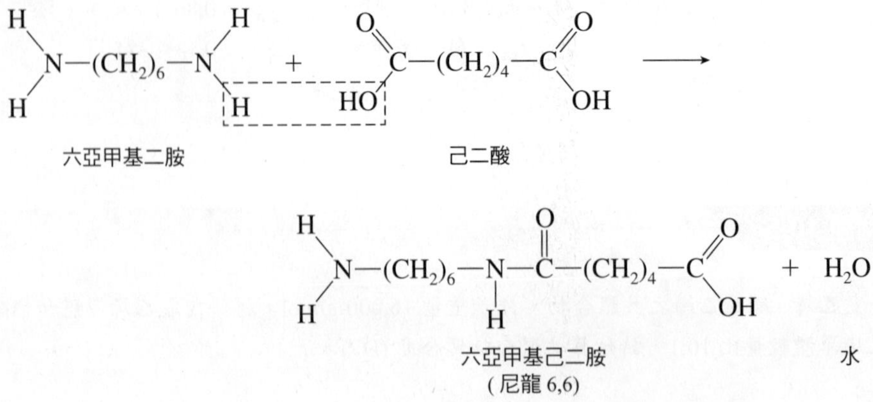

圖 10.10　六亞甲基二胺和己二酸生成一單位尼龍 6,6 的聚合反應。

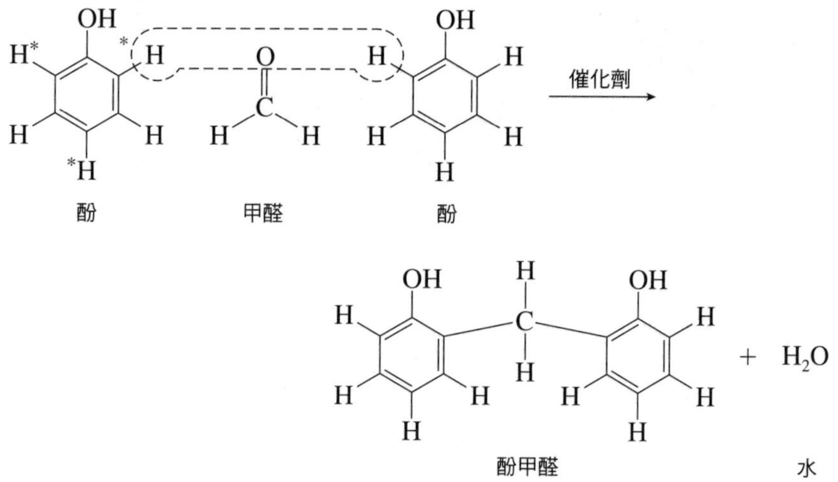

圖 10.11 酚(星號代表反應點)和甲醛生成酚樹脂單元鍵結的聚合反應。

10.3 工業生產之聚合法 Industrial Polymerization Methods

在此階段,你必定想知道在工業上是如何生產塑膠材料的呢?這個問題無法憑一個簡單的答案來說明,因為很多不同的製程已被使用,並且還有許多新的製程方法持續在發展中。開始時,會將一些像是天然氣 (natural gas)、原油 (petroleum) 及煤炭 (coal) 的基本原料製成聚合反應過程中所需的基本化學品。再利用很多不同的製程,將這些化學品聚合化為粒狀、丸狀、粉狀與液態之塑膠材料,最後再進一步製成成品。製造塑膠材料之化學聚合製程相當複雜且多變化。在製程發展與工業應用上,化工工程人員扮演了相當重要的角色。後續的段落中會對一些最重要的聚合方法作概略性的介紹,可以參照圖 10.12 及圖 10.13。

整體聚合化 (bulk polymerization)(圖 10.12a)。單體跟活化劑混合在一個具有加熱及冷卻功能的反應器內。這種方式可以被廣泛應用於濃縮聚合化,在反應器內將單一種類單體材料全部置入,接著緩緩地加入另一種單體材料。由於濃縮聚合反應具有低反應熱,因此許多濃縮聚合反應適合用於整體聚合化製程。

溶液聚合化 (solution polymerization)(圖 10.12b)。單體溶解在含有催化劑的無反應溶劑中。此時由溶劑吸收反應釋出的熱能,所以反應速率會因此而降低。

懸浮聚合化 (suspension polymerization)(圖 10.12c)。將單體和催化劑混合,然後成懸浮狀分散在水中。在此製程中,水將會吸收反應釋出的熱量。聚合化後,將聚合化產物從水中分離並乾燥。此製程經常應用於生產很多的乙烯基類的聚合物像是聚氯乙烯、聚苯乙烯、聚丙烯及聚甲基丙烯酸甲酯等。

圖 10.12 一些常用的工業聚合方法的示意圖：(a) 整體，(b) 溶液，(c) 懸浮和 (d) 乳化。

(Source: W.E. Driver, *Plastics Chemistry and Technology*, Van Nostrand Reinhold, 1979, p. 19.)

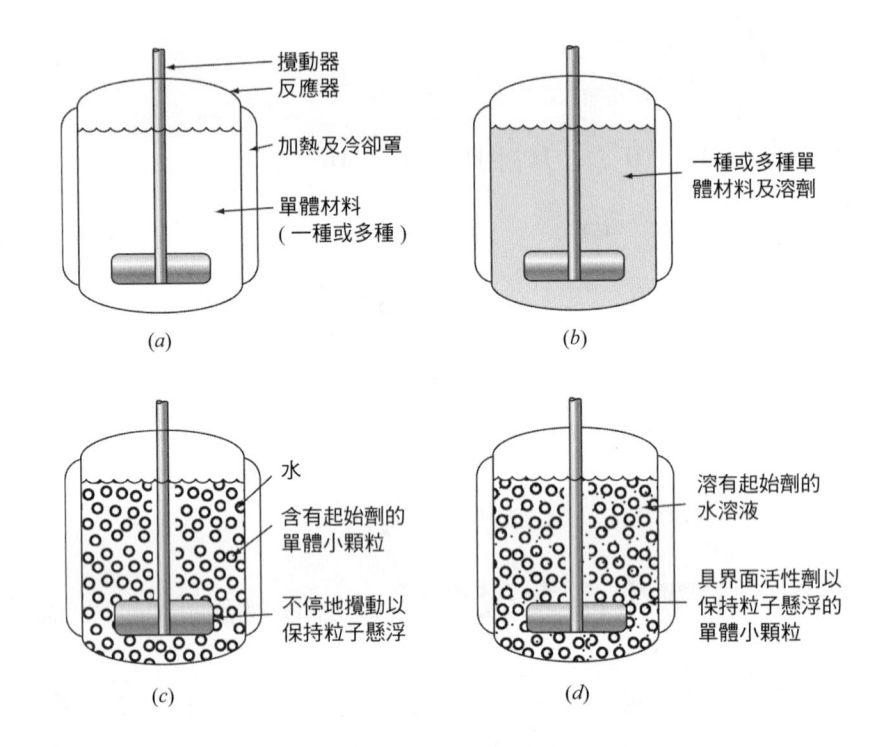

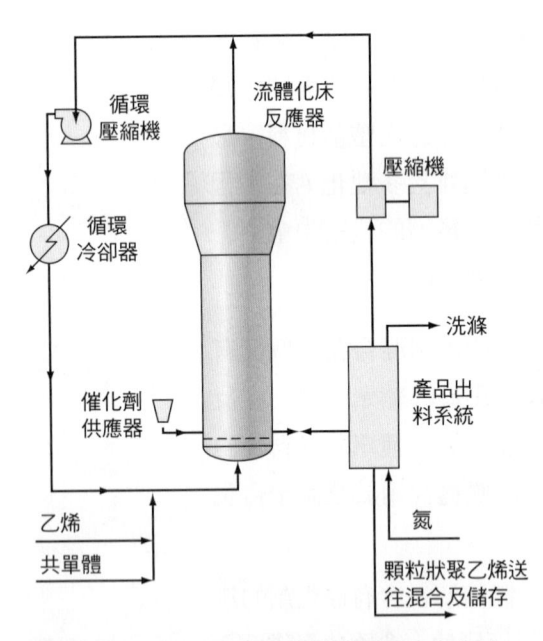

圖 10.13 低密度聚乙烯的氣相聚合方法。流程圖概述了該過程的基本步驟。

(Source: *Chemical Engineering*, Dec. 3, 1979, pp. 81, 83)

乳化聚合化 (emulsion polymerization)(圖 10.2d)。此類型的聚合反應之過程和懸浮製程類似，因為它在水中完成。然而，不一樣的是此反應會添加乳化劑 (emulsifier)，以便將單體分散成許多極小的顆粒。

除了上述那些批次性的聚合化製程外，許多種質量連續聚合製程已經被開發，而且在此領域的研究與開發一直都在持續進行。一個非常重要的製程[3]就是 Union Carbide 公司生產低密度聚乙烯之氣相優你保 (Unipol) 製程，用於生產低密度聚乙烯。在此製程中先將氣體形式的乙烯單體與其他一些共單體進行混合，之後添加一種特別的催化劑，將其連續地輸入至一流體化床反應器進行反應 (圖 10.13)。此製程的最大優點在於可以在比較低的聚合化溫度 (僅有 100°C，其他舊製程則為 300°C)，與比較低的製程壓力 (僅有 100 psi，其他舊製程則為 300 psi) 下進行。

---

[3] *Chemical Engineering*, Dec. 3, 1979, p. 80

因此目前優你保製程已經被許多工業工廠採用。

10.4 熱塑性塑膠的玻璃轉化溫度和結晶度
Glass Transition Temperature and Crystallinity in Thermoplastics

熱塑性塑膠由液態冷卻凝固時，會形成非晶或是部分結晶的固體。以下是此類材料的凝固及結構特性的討論。

10.4.1 玻璃轉換溫度

隨著熱塑性塑膠在冷卻過程中固化，它們從柔順的橡膠態轉變為更脆的玻璃態。如圖 10.14 中的曲線 ABCD 和 ABEF 所示，這種轉變將伴隨著比容積與溫度曲線的斜率變化。在區域 C 和 E 中，隨著聚合物冷卻並從液態轉變為橡膠狀態，分子鏈的堆積變得更緊密和更有效。結果，這導致了比容積的減少。這種減少在一些材料 (ABCD) 中是緩慢和連續的，而在其他材料 (ABDF) 中是明顯的和不同的。一旦我們進入區域 D 或 F，聚合物就轉變成玻璃態。通常這種轉變不是在特定溫度下發生，而是在一定溫度範圍內發生。曲線斜率變化的窄溫度範圍內的平均溫度稱為**玻璃轉換溫度** (Glass transition Temperature, T_g)。玻璃轉換溫度 T_g 不應與聚合物的熔融溫度 T_m 相混淆，這表示材料從液態轉變為高黏態。

玻璃轉化溫度 T_g 是聚合物最重要的性質之一，因為材料的模數、剪切強度和熱行為將取決於相對於 T_g 的操作溫度。例如，實際上，如果人們對室溫下的高強度或剛度感興趣，則必須使用 T_g 大約或高於室溫的聚合物；見表 10.1。

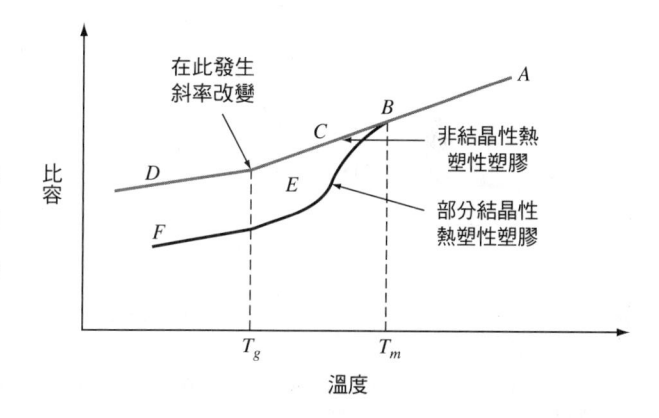

圖 10.14 此圖顯示非結晶與部分結晶熱塑性塑膠於固化與冷卻的過程中，比容積對溫度的改變。T_g 表示玻璃轉換溫度，T_m 則為熔點溫度。非結晶熱塑性塑膠沿著 ABCD 線冷卻，其中 A = 液體，B = 高黏稠性液體，C = 過冷液體(橡膠質)，D = 玻璃性固體(硬且脆)；部分結晶熱塑性塑膠沿著 ABEF 線冷卻，其中 E = 過冷液體基材內的固態結晶區域，F = 玻璃基材內的固態結晶區域。

表 10.1 某些熱塑性塑膠的玻璃轉換溫度 T_g*(°C)

聚乙烯	−110 （標稱）
聚丙烯	−18 （標稱）
聚醋酸乙烯	29
聚氯乙烯	82
聚苯乙烯	75–100
聚甲基丙烯酸甲酯	72

* 注意：熱塑性塑膠的 T_g 並不像結晶體熔點為一固定溫度，反而會是與結晶度 (crystallinity)、聚合物分子平均分子量和熱塑性塑膠冷卻速率等參數有某種程度關係之變數。

10.4.2　非晶熱塑性塑膠之凝固

我們先看非晶熱塑性塑膠凝固及緩慢冷卻到低溫的情形。非晶熱塑性塑膠在凝固時，比容積(specific volume)(單位質量之體積)不會因溫度下降而突然降低(圖10.14)。液體凝固後會轉變為一種在固體狀態下的過冷(super-cooled)液體，而比容積也會隨著溫度降低而逐漸降低，如圖10.14中的 ABC 線所示。非晶熱塑性塑膠在溫度 T_g 以上時呈現黏稠性(橡膠態或軟皮革態)，但在溫度 T_g 以下時呈現玻璃脆性。T_g 可視為是延性-脆性之間的轉換溫度。在 T_g 以下，材料內部分子鏈的移動受到極大的限制，因此呈現玻璃脆性。圖10.15顯示了非晶聚丙烯樹脂的比容積與溫度的實驗曲線，其斜率在 T_g 溫度 $-12°C$ 時出現變化。表10.1列出一些熱塑性塑膠的 T_g 值。重要的是要注意，這種材料在室溫下的狀態將是橡膠狀而不是玻璃狀。

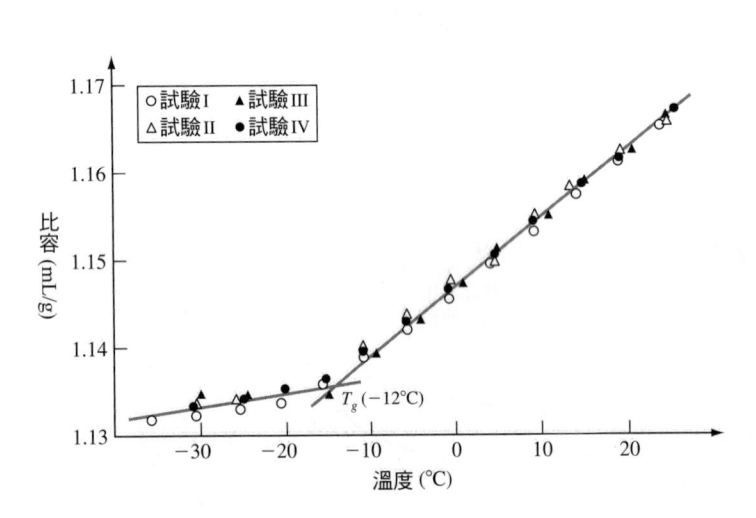

圖 10.15　雜排聚丙烯的比容積對溫度的實驗數據，以求出其玻璃轉換溫度，T_g 為 $-12°C$。
(Source: D. L. Beck, A. A. Hiltz, and J. R. Knox, *Soc. Plast. Eng. Trans*, 3:279(1963).)

10.4.3　部分結晶熱塑性塑膠之凝固

我們再來討論部分結晶熱塑性塑膠凝固及緩慢冷卻到低溫的情形。此類材料開始冷卻並發生凝固時，比容積會急速下降(圖10.14的 BE 線段)，主要是因為聚合物分子鏈能有效率的堆疊成結晶區域。位於 E 點的部分結晶熱塑性塑膠的結構將會如同在過冷液體(黏稠性固體)非晶基材中的結晶區域。繼續冷卻的話，就會發生玻璃轉換，如圖10.14中比容積對溫度的曲線斜率改變(E 與 F 之間)所示之區域。過冷液相基材在經過玻璃轉換後會轉變為玻璃態，因此 F 點上的熱塑性塑膠的結構就會變成在玻璃態非結晶基材中的結晶區域。聚乙烯就是此類熱塑性塑膠之一。

10.4.4 部分結晶熱塑性材料的結構

在聚合物分子之結晶結構中，聚合物分子的確實排列方式目前並無法確定，仍需更多研究。通常多晶聚合物材料結晶區域或微晶的最長邊大約是 5 至 50 nm，相較於只是一般聚合物分子完全伸直後尺寸 (約為 5000 nm) 是非常微小。穗狀微束模型 (fringed-micelle model) 是早期描述聚合物分子的模型，顯示許多長約 5000 nm 的聚合物分子鏈沿著聚合物分子長度方向上的一連串不規則與規則區域連續穿梭 (圖 10.16a)。折疊鏈模型 (folded-chain model) 是較新的模型，顯示分子鏈分段自我折疊，使得從結晶區至非結晶區之間的轉變得以發生 (圖 10.16b)。

過去幾年對部分結晶熱塑性塑膠的研究很多，尤其是聚乙烯材料。聚乙烯被認為是以折疊鏈結構形成斜方晶格，如圖 10.17 所示。每層折疊間的分子鏈長度大約是 100 個碳原子，而折疊鏈結構中的每一層稱為薄片層 (lamella)。在實驗室條件下，低密度的聚乙烯結晶成球晶狀結構 (spherulitic-type structure)，如圖 10.18 所示。圖中深色的球晶狀區域是由結晶薄片層所組成，而中間的白色區域則是非結晶部分。如圖 10.18 所示的球狀結構只能在實驗室中嚴密控制的無應力條件下才能夠生成。

部分結晶線性聚合物材料的結晶度 (crystallinity) 大約是其總體積的 5%～95%。由於分子鏈的糾結交錯，即使結晶能力強的聚合物材料也

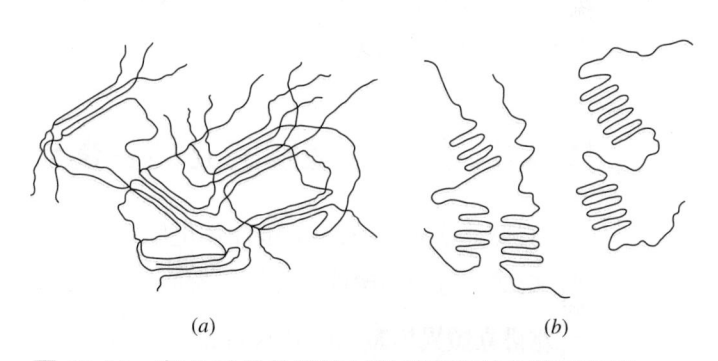

圖 10.16 部分結晶熱塑性材料的兩種結晶排列模型：(a) 穗狀微束模型與 (b) 折疊鏈模型。
(Source: F. Rodriguez, Principles of Polymer Systems, 2nd ed., p. 42.)

≈100 個碳原子

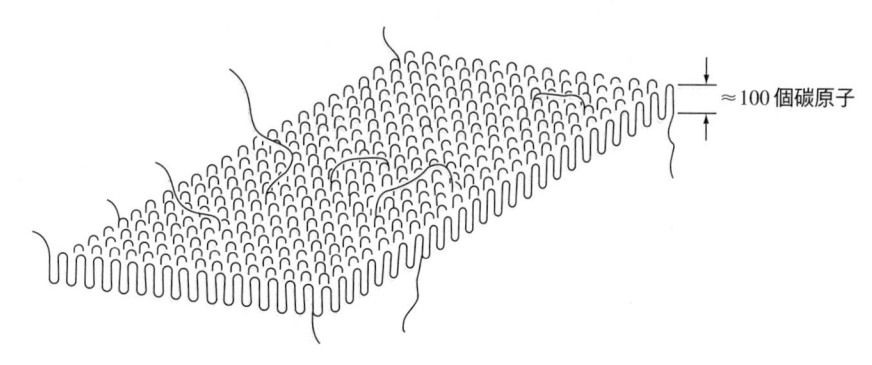

圖 10.17 圖示一低密度聚乙烯薄片層的折疊鏈結構。
(Source: From R.L. Boysen, "Olefin Polymers (High-Pressure Polyethelene)," in *Kirk-Othmer Encyclopedia of Chemical Technology*, vol. 16, 1981, p. 405.)

圖 10.18 低密度聚乙烯的薄膜球晶結構，密度為 0.92 g/cm³。
(Source: Unbound)

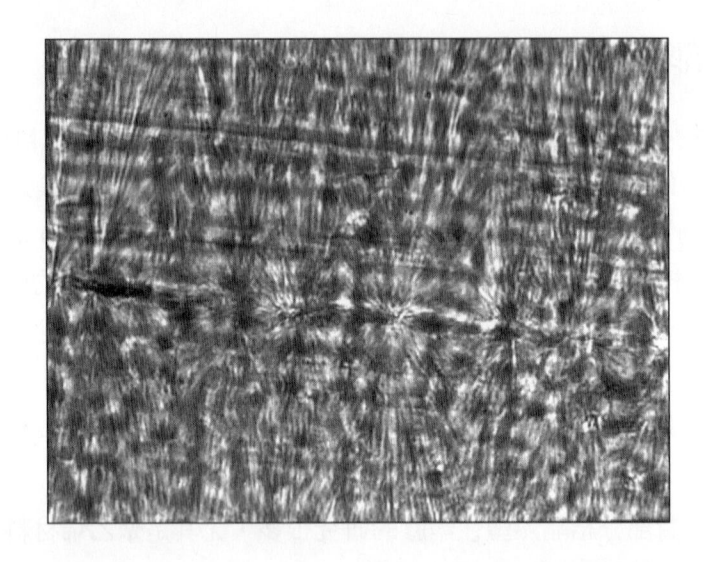

不太可能完全結晶。熱塑性材料內的結晶材料會影響其拉伸強度。一般來說，結晶度愈高，材料強度也會愈高。

10.4.5 熱塑性塑膠的立體異構現象

立體異構體 (stereoisomer) 為化學組成相同，但是結構排列卻不同的分子化合物之統稱。有些熱塑性塑膠像是聚丙烯，可以三種不同的立體異構體型態存在：

1. **雜排立體異構體** (atactic stereoisomer)。聚丙烯中的甲基隨意排列於碳原子主鏈的兩邊 (圖 10.19a)。
2. **順排立體異構體** (isotactic stereoisomer)。聚丙烯中的甲基總是排列在碳原子主鏈的同一邊 (圖 10.19b)。
3. **對排立體異構體** (syndiotactic stereoisomer)。聚丙烯中的甲基規則地交錯排列於碳原子主鏈兩邊 (圖 10.19c)。

塑膠工業的一項重大進展是**立體特異性催化劑** (stereospecific catalyst) 的發現，使順排線性聚合物的工業級聚合反應得以商業化規模生產。順排聚丙烯是一種高度結晶之聚合物材料，熔點介於 165°C ~ 175°C 之間，結晶度高，因此強度及耐熱變形溫度都比雜排聚丙烯更高。

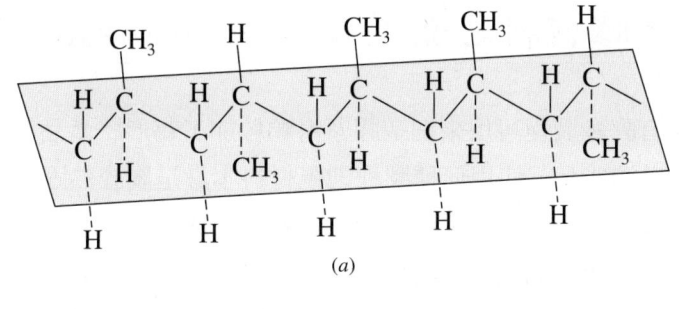

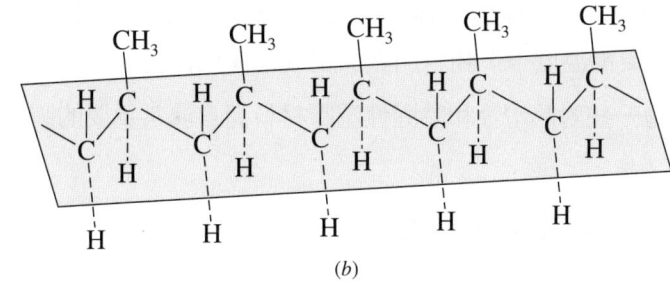

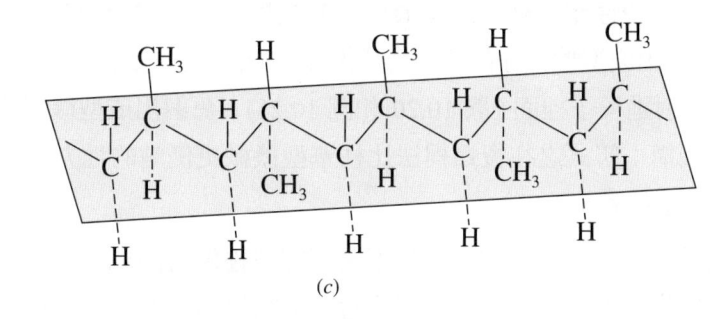

圖 **10.19** 聚丙烯立體異構體：(a) 雜排立體異構體，甲基任意排列在碳原子主鏈的兩側；(b) 順排立體異構體，甲基全部排列在碳原子主鏈的同一側；(c) 對排立體異構體，甲基規則交錯排列在碳原子主鏈的兩側。

(Source: G. Crespi and L. Luciani, "Olefin Polymers (Polyethylene)," in *Kirk-Othmer Encyclopedia of Chemical Technology*, vol. 16, Wiley, 1982, p. 454.)

10.4.6 齊格勒 (Ziegler)- 納塔 (Natta) 催化劑

Karl Ziegler 和 Giulio Natta 因其在線性聚乙烯和聚丙烯立體異構體方面的工作而獲得 1963 年一起得到諾貝爾獎[4]。關於這個主題已經寫了很多書，詳細內容超出了本書的範圍，但是對於那些希望追求這一主題的人在此給出了一些參考文獻。簡而言之，茂金屬 (metallocene) 催化劑與產物結合使用。因此，茂金屬不是真正的催化劑，因為它們確實參與反應並且被反應消耗一些很小的程度。因此，茂金屬催化劑開闢了聚烯烴聚合的新紀元。

---

[4] 1963 年諾貝爾化學獎的得主是齊格勒 (Karl Ziegler) 與納塔 (Giulio Natta) 兩位科學家，他們藉由使用新穎的有機金屬催化劑來達到控制碳氫化合物聚合化作用之研究，而得到此項殊榮。

■ 10.5 塑膠材料之加工製程 Processing of Plastic Materials

在工程上,有許多製程可用來把塑膠原料顆粒加工為形狀產品,例如:板、桿、擠型、管或模造成品。使用何種製程則視材料本身是屬於熱固性或熱塑性塑膠而定。以熱塑性塑膠而言,通常會先把它加熱軟化成型,然後再冷卻到室溫。至於熱固性材料在最後成品成型以前還不會完成其聚合反應,最後是使用化學反應之方式使聚合物長鏈之間產生交聯,藉以構成網路狀聚合物材料。最後的聚合反應是於室溫或是更高溫度下,利用加熱加壓或是催化作用之方式來達成。

本節將會討論一些對熱塑性和熱固性塑膠材料而言非常重要的製程。

10.5.1 熱塑性塑膠材料的製程

射出成型 使熱塑性塑膠材料成型最重要的製程之一是**射出成型** (injection molding)。現代的射出成型機往往都是利用往復桿機制之方式來將塑膠原料熔化。然後再把塑膠原料射進模子裡面 (圖 10.20 和圖 10.21)。舊射出成型機則使用柱塞當作推動熔液之機構;新式之往復螺桿法比柱塞型機械更優越的地力在於利用螺桿放置能夠更均勻地推動熔液。

在射出成型製程中,從漏斗中落下之塑膠粒經過射出缸上方之開口,接著被推進到一個轉動螺桿之表面上,這螺桿會將塑膠粒朝模方向推送 (圖 10.22a)。此

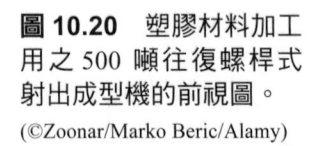

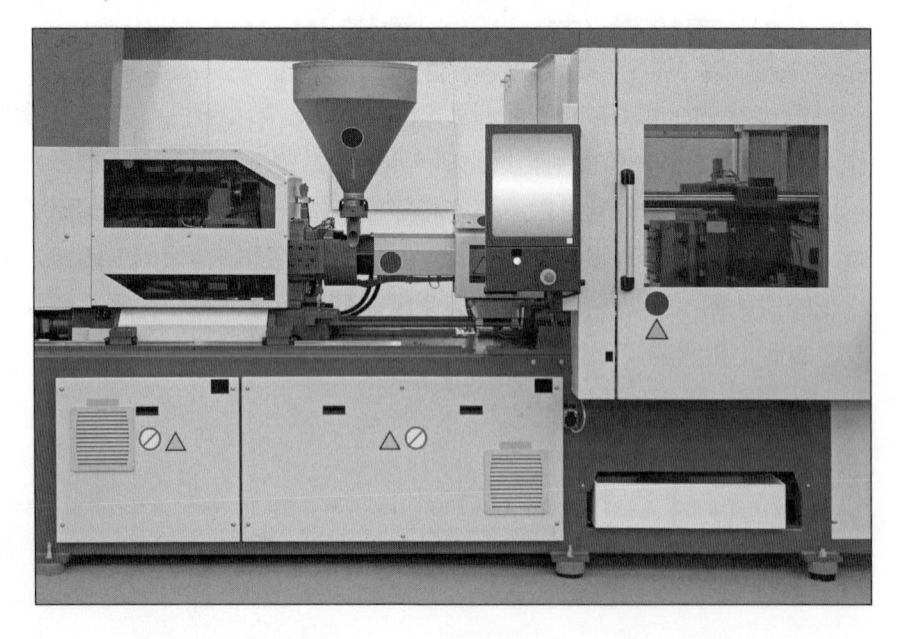

圖 **10.20** 塑膠材料加工用之 500 噸往復螺桿式射出成型機的前視圖。
(©Zoonar/Marko Beric/Alamy)

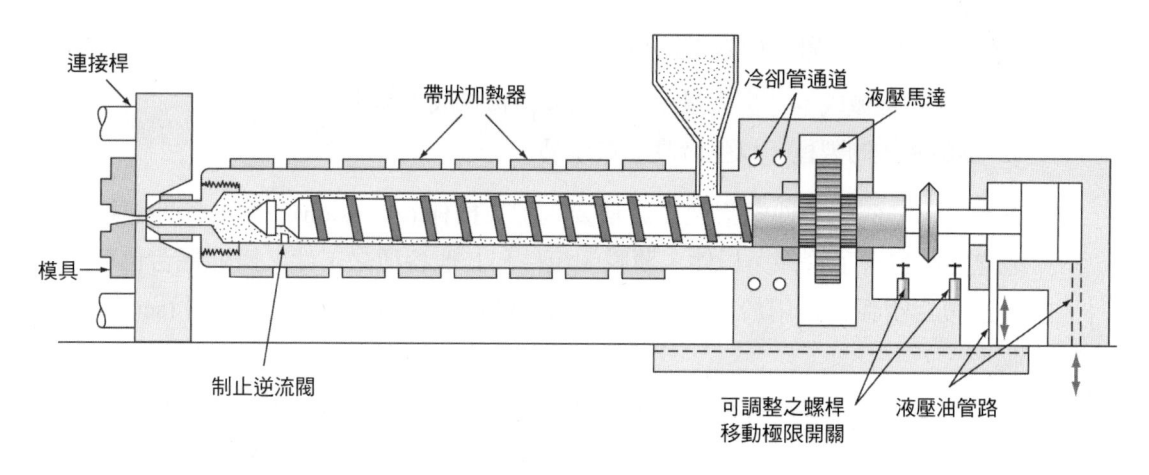

圖 10.21 塑膠材料加工用之往復螺桿式射出成型機的剖面圖。
(Source: J. Bown, *Injection Molding of Plastic Components*, McGraw-Hill, 1979, p. 28.)

過程內，螺桿的轉動將會驅使塑膠顆粒往射出缸加熱壁的方向接近，所以塑膠粒會在壓縮、摩擦和缸壁加熱之熱量作用下開始熔化 (圖 10.22b)。直到螺桿靠近模子端之部分已經累積足夠的熔化塑膠原料時，螺桿才會停止轉動，接著透過柱塞式運動射出定量熔化塑膠液，流經模具內流道系統進入封閉模穴內 (圖 10.22c)。這時螺桿軸於短時間內將會保持不動，藉以保持塑膠材料進入模子裡之壓力，然後退出螺桿軸，這時會利用水冷方式來冷卻模子，藉以加速塑膠成品之成型。最後打開模具，再用空氣或是彈簧推動之退模梢從模具中把成品推出 (圖 10.22d)。接著模具將會再次關閉以接著下一次的製作循環。

射出成型製程之主要優點有下列幾項：

1. 可用高生產率來製造高品質的零件。
2. 人工成本低。
3. 能生產表面光滑的模造件。
4. 製程可高度自動化。
5. 可生產形狀複雜的組件。

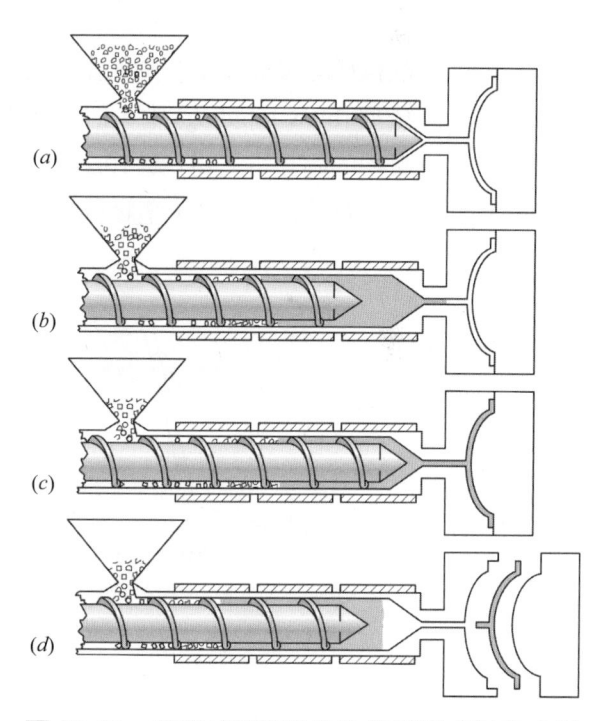

圖 10.22 塑膠材料所用的往復螺桿式射出成型製程：(a) 利用轉動的螺桿運送塑膠顆粒；(b) 塑膠粒沿轉動的螺桿前進，同時加熱熔化，當螺桿前端有足夠熔化材料時，螺桿會停止轉動；(c) 螺桿利用柱塞方式往前移動，同時把熔化塑膠經模具流道系統射到封閉模穴；(d) 螺桿退回並退出已完成塑膠件。

射出成型製程的主要缺點在於：

1. 高昂的機械成本，需大量生產才可以將機械成本攤平。
2. 需嚴密控制製程，以生產高品質產品。

擠伸　另一個熱塑性塑膠製作之重要製程為**擠伸** (extrusion)。藉著擠伸製程所製成之產品包含了管件、桿件、薄膜、板件和其他各種之工件。擠伸機台也可用在製造複合塑膠材料用於生產未經加工的彈丸及用在熱塑性塑膠廢料 (scrap) 之回收。

在擠伸過程中，將熱塑性塑膠樹脂放置到一個加熱缸中進行加熱熔化，熔化塑膠利用旋轉螺桿的推擠通過一個或多個開口進入至加工精細模具內，形成一個連續形狀工件 (圖 10.23)。將擠伸件從模具中取出時，將它冷卻至低於玻璃轉換溫度之下，以確定尺寸之穩定性，上面描述之冷卻過程通常是利用噴氣或是冷卻水系統來達成。

吹模成型及熱成型　其他重要之熱塑性塑膠成型法為吹模成型與熱成型。在**吹模成型** (blow molding) 中，把一個稱為型坯 (parison) 的加熱塑膠圓柱或管放置在模具中的兩顎鉗之間 (圖 10.24a)，在模具閉合時，同時捏緊圓柱兩端 (圖 10.24b)，吹入壓縮乾燥空氣，塑膠材料將會貼合模具孔壁四周成型 (圖 10.24c)。

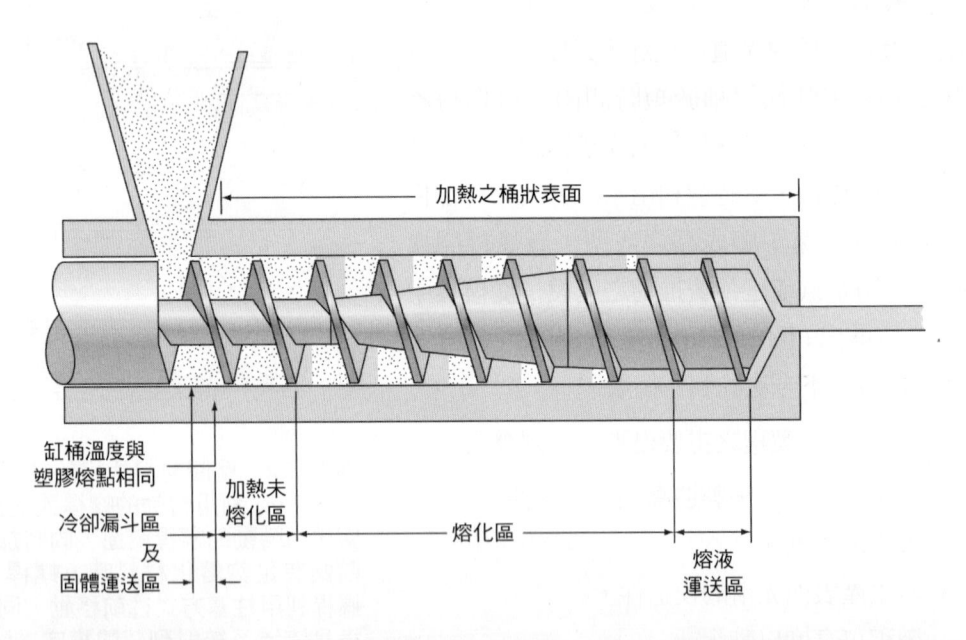

圖 10.23　擠伸器示意圖。圖中幾個功能區域包括：漏斗、固體運送區、加熱未熔化區、熔化區與熔液運送區。

(Source: H.S. Kaufman and J.J. Falcetta (eds.), "Introduction to Polymer Science and Technology," *Society of Plastic Engineers*, Wiley, 1977, p. 462.)

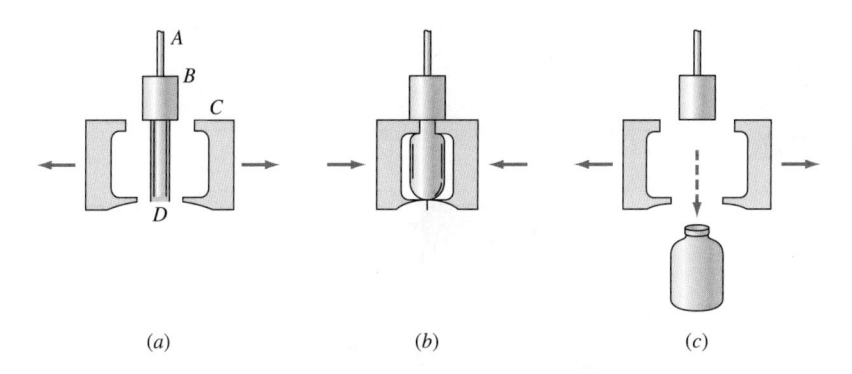

圖 10.24 塑膠瓶之吹模成型流程：(a) 塑膠管材放到模具；(b) 模具閉合，管材底端被模具夾緊；(c) 經模具把氣壓引至管材，使管材膨脹貼緊模具，保持氣壓到成品冷卻。A = 空氣管線，B = 模頭，C = 模具，D = 管材段。
(Source: P.N. Richardson, "Plastics Processing," in *Kirk-Othmer Encyclopedia of Chemical Technology*, vol. 18, Wiley, 1982, p. 198.)

在**熱成型** (thermoforming) 法中，主要是藉著壓力將一個加熱後的塑膠板片依據模具之輪廓而成型。在閉合模中，可使用機械壓力來完成成型之目的。另外，於開放模裡也可使用真空拉引方式將加熱後的板材順服模具外形，也可使用氣壓之方式將加熱板材壓在一開放模上進行成型。

10.5.2 熱固性塑膠材料的製程

壓模成型 很多熱固性樹脂，例如酚-甲醛樹脂、尿素-甲醛樹脂和三聚氰胺-甲醛樹脂等，都是利用壓模成型的方法製成固體成品。**壓模成型** (compression molding) 法中，先把預熱過的塑膠樹脂放入具有一個或多個模穴之熱模具中 (圖10.25a)，之後把模具之上半部往下壓，使其壓在塑膠樹脂上，所施加的壓力及熱量將會熔化模中之樹脂，而且使得液化後的塑膠得以充滿模穴 (圖 10.25b)，接著必須將模穴連續加熱通常為 (1～2 分鐘)，以確保熱固性塑膠交聯 (cross-linking) 反應完成，最終成品從模具中退出，一段時間後再把成品上多餘毛邊切除。

壓模成型法的優點有下列幾項：
1. 模具簡單，因此初始模具成本較低。
2. 材料之流動距離短，可以降低模具之磨損。
3. 容易生產大型成品。
4. 因為模具比較簡單，可以採用質地更細緻之模具。
5. 硬化反應所排出氣體可以於壓模過程順利除去。

圖 10.25 壓模成型法：(a) 打開的模具剖面圖，可看到模穴內有預成型粉末塊；(b) 閉合模具剖面圖，可看到成型試片與多餘毛邊。

(Source: R.B. Seymour, "Plastics Technology" in *Kirk-Othmer, Encyclopedia of Chemical Technology*, vol. 15, Interscience, 1968, p. 802.)

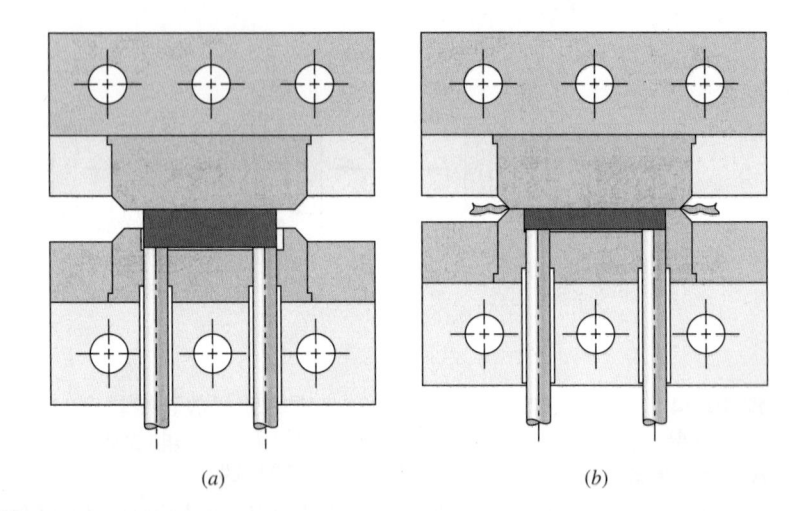

(a)　　　　　　(b)

壓模成型法的缺點有下列幾項：

1. 無法利用此方法生產形狀複雜的成品。
2. 產品難以保持嚴格公差。
3. 成型件必須經過除去毛邊處理。

移模成型　移模成型 (transfer molding) 法也可用在像是酚醛樹脂、尿素樹脂、三聚氰胺樹脂與醇酸樹脂等熱固性塑膠的壓模成型。移模成型與壓模成型兩種方法之間的差別在於把塑膠材料引入模具裡的方法；在移模成型法中，塑膠樹脂不會直接灌注至模穴中，而是先把塑膠樹脂引入到位於模穴之外的一個容器內 (圖 10.26a)。在移模成型法中，一旦模具開始閉合時，就會有一柱塞壓迫塑膠樹脂 (通常是已經預熱過的) 由外模室經流道系統進到模穴 (圖 10.26b)。當已成型的材料經過一段足夠長的硬化時間之後，就可以在聚合物材料內形成堅固之網路狀結構，此時就可以把成型產品從模中取出 (圖 10.26c)。

移模成型法的優點在於：

1. 移模成型優於壓模成型，因為前者在成型過程不會產生毛邊，成型之產品只需要少量之表面精細加工。

圖 10.26　移模成型法。(a) 預成型的塑膠材料被一柱塞推到關閉模穴內；(b) 於塑膠材料上施加壓力，使塑膠經流道系統進到模穴；(c) 塑膠硬化後，把柱塞退出同時打開模穴，退出產品。

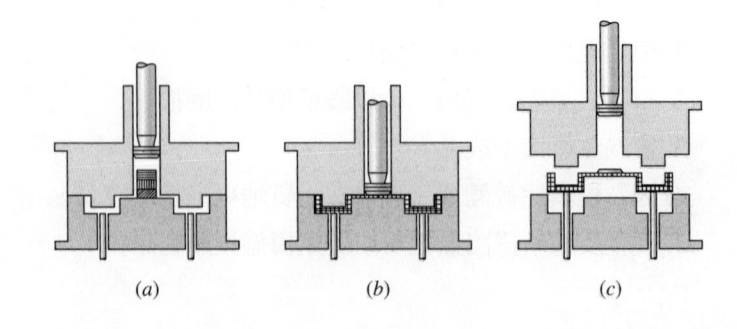

(a)　　　　　(b)　　　　　(c)

2. 利用澆道分流系統，可同時製成多組產品。
3. 移模成型法特別適合在壓模成型難以製作的精巧小零件。

射出成型　在現代科技之進展下，我們也可以使用往復螺桿式射出成型 (injection molding) 機來作部分熱固性化合物之射出成型加工。不過一般標準型射出成型機需加上特殊加熱與冷卻襯套，才能夠使樹脂在上述加工過程中硬化；另外對一些硬化時生成出反應生成物的熱固性樹脂來說，模穴中需要有良好之通風狀態才能夠維持安全。未來於塑膠材料製作之發展上，射出成型因為擁有非常高之效率，很可能會成為生產熱固性材料工件之重要製程。

■ 10.6　一般用途之熱塑性塑膠 General-Purpose Thermoplastics

本節將討論以下熱塑性塑膠材料的基本結構、化學製程、特性和應用：聚乙烯、聚氯乙烯、聚丙烯、聚苯乙烯、ABS、聚甲基丙烯酸甲酯、醋酸纖維素及相關材料與聚四氟乙烯等。

不過，我們要先觀察這些材料的銷量、售價和其他重要特性。

一般用途熱塑性塑膠的全球銷量和原料價格　根據 1961 年至 2012 年某些熱塑性塑膠的全球銷售量，全球聚合物和塑膠的消費量增加了 4800％，而四種主要塑料材料 (聚乙烯、聚氯乙烯、聚丙烯和聚苯乙烯) 占了大部分所銷售出的塑膠材料。這些材料的成本相對較低，聚乙烯約為 0.3 美元 / 磅，聚氯乙烯為 3.67 美元 / 磅，聚丙烯為 0.82 美元 / 磅，聚苯乙烯為 1.3 美元 / 磅，這無疑是其廣泛應用於工業和許多工程應用的部分原因。然而，當需要使用特殊性能且無法透過使用較便宜的熱塑性塑膠來獲得時，就需要使用更昂貴的塑膠材料。例如，聚四氟乙烯 (Teflon) 具有特殊的高溫和潤滑性能，其於 2000 年每磅的成本約為 5～9 美元。

一般用途熱塑性塑膠的基本性質　表 10.2 列出一些一般用途熱塑性塑膠的密度、拉伸強度、衝擊強度、介電強度與最高使用溫度等特性。許多塑膠材料在工程應用上的最大優點之一就是其較低的密度。相較於鐵的密度 7.8 g/cm³，這些材料的密度大約只有 1 g/cm³。

熱塑性塑膠材料的拉伸強度相對低，對某些工程設計可能會是缺點。大部分塑膠材料的拉伸強度都低於 10,000 psi (69 MPa)(表 10.2)。塑膠材料拉伸強度的測試設備與金屬相同 (圖 6.18)。

塑膠材料的衝擊試驗通常是缺口式 Izod 測試法。測試時尺寸為 $\frac{1}{8} \times \frac{1}{2} \times 2\frac{1}{2}$ in.

表 10.2　一般用途熱塑性塑膠的一些物理性質

材料	密度 (g/cm³)	拉伸強度 (×1000 psi)*	衝擊強度 Izod (ft·lb/in.)†	介電強度 (V/mil)‡	最高使用溫度 (無負載下) °F	°C
聚乙烯：						
低密度	0.92-0.93	0.9-2.5		480	180-212	82-100
高密度	0.95-0.96	2.9-5.4	0.4-14	480	175-250	80-120
經氯處理之堅實 PVC	1.49-1.58	7.5-9	1.0-5.6		230	110
聚丙烯，一般用途	0.90-0.91	4.8-5.5	0.4-2.2	650	225-300	107-150
聚乙烯-丙烯腈 (SAN)	1.08	10-12	0.4-0.5	1775	140-220	60-104
ABS，一般用途	1.05-1.07	5.9	6	385	160-220	71-93
壓克力，一般用途	1.11-1.19	11.0	2.3	450-500	130-230	54-110
纖維素系樹脂，醋酸型	1.2-1.3	3-8	1.1-6.8	250-600	140-220	60-104
聚四氟乙烯	2.1-2.3	1-4	2.5-4.0	400-500	550	288

* 1000 psi = 6.9 Mpa。
† 缺口 Izod 測試：1ft·lb/in. = 53.38 J/m。
‡ 1 V/mil = 39.4 V/mm。
Source: *Materials Engineering*, May 1972.

的試片 (圖 10.27) 被固定在擺錘試驗機之底座上。擺錘衝擊試片時，試片沿著缺口方向單位長度所吸收之能量，即稱為此材料的缺口衝擊強度 (notched impact strength)，一般是用每公尺多少焦耳 (J/m) 或每吋多少呎磅 (ft·lb/in.) 為單位。表 10.2 列出的一般用途塑膠材料衝擊強度範圍大概是在 0.4～14 ft·lb/in. 之間。

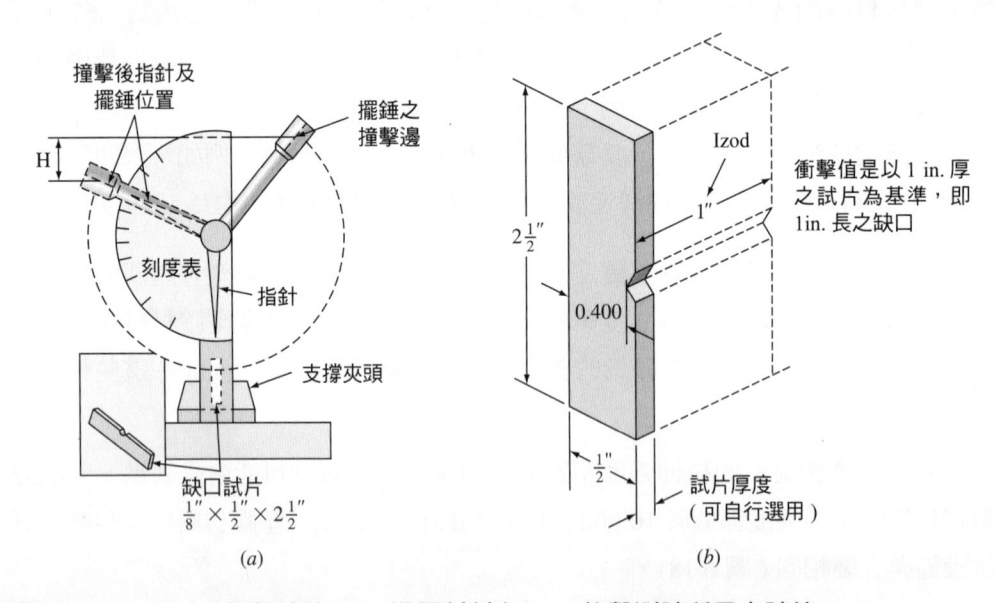

圖 10.27　(a) Izod 衝擊試驗；(b) 塑膠材料在 Izod 衝擊測試所用之試片。
(Source: W.E. Driver, *Plastics Chemistry and Technology*, Van Nostrand Reinhold, 1979, pp. 196–197.)

塑膠材料通常是很好的電絕緣材料。塑膠材料的電絕緣強度是以介電強度 (dielectric strength) 來衡量。介電強度定義為材料內產生電崩潰時的電壓梯度，一般是以伏特 / 毫吋 (mil) 或伏特 / 公厘 (mm) 為單位。表 10.2 所列之塑膠材料介電強度範圍在 385 到 1775 V/mil 之間。

大部分熱塑性塑膠材料可以使用之最高溫度都相對低，範圍由 130°F ～ 300°F (54°C ～ 149°C) 不等。但是某些熱塑性塑膠為例外，像是聚四氟乙烯就可抵抗最多 550°F (288°C) 之高溫。

10.6.1 聚乙烯

聚乙烯 (polyethylene, PE) 為一種介於透明和白色半透明之間的熱塑性塑膠材料，常製成透明薄膜。較厚處為半透明，看起來像蠟。聚乙烯可使用染料使之呈現各種顏色。

重複化學結構單元

$$\left[\begin{array}{cc} H & H \\ | & | \\ -C-C- \\ | & | \\ H & H \end{array} \right]_n$$

聚乙烯
熔點：110–137°C
(230–278°F)

聚乙烯種類 聚乙烯一般可分為低密度聚乙烯 (low-density polyethylene, LDPE) 和高密度聚乙烯 (high-density polyethylene, HDPE) 兩種。低密度聚乙烯是分支鏈狀結構 (圖 10.28b)，高密度聚乙烯則是直鏈狀結構 (圖 10.28a)。

低密度聚乙烯早在 1939 年即於英國開始商業化生產，所使用的熱壓釜 (autoclave) 壓力超過 14,500 psi (100 MPa)，溫度大約是 300°C。高密度聚乙烯則是於 1956-1957 年之間才出現，使用菲利浦 (Phillips) 和齊格勒 (Ziegler) 製程方法及特殊催化劑來達到商業化生產。乙烯轉變成聚乙烯所需要的壓力和溫度在這些製程中都降低了許多。例如，100°C ～ 150°C 之間的溫度與 290 psi ～ 580 psi (2 MPa ～ 4 MPa) 之間的壓力是菲利浦製程的運作範圍。

大約在 1976 年，市面上出現了一種新的生產聚乙烯的低壓簡化製程，壓力只需 100 psi ～ 300 psi (0.7 MPa ～ 2 MPa)，而溫度只需 100°C。所生

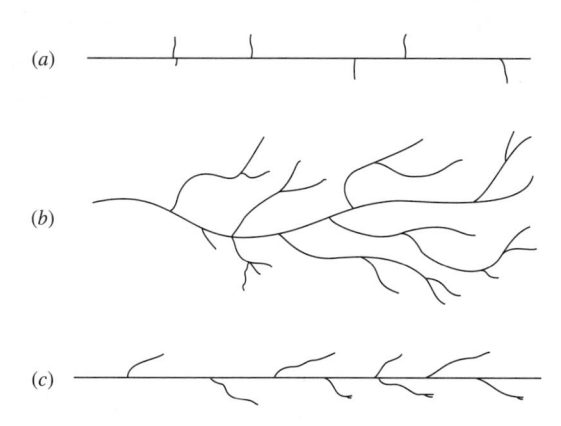

圖 10.28 不同種類聚乙烯的鏈狀結構：(a) 高密度；(b) 低密度；(c) 線性低密度。

表 10.3 低密度與高密度聚乙烯之材料特性

性質	低密度聚乙烯	線性低密度聚乙烯	高密度聚乙烯
密度 (g/cm³)	0.92-0.93	0.922-0.926	0.95-0.96
拉伸性質 (×1000 psi)	0.9-2.5	1.8-2.9	2.9-5.4
伸長率 (%)	550-600	600-800	20-120
結晶度 (%)	65	…	95

產的聚乙烯為線性低密度聚乙烯 (linear-low-density polyethylene, LLDPE)，擁有較短斜向邊枝之線性鏈狀結構 (圖 10.28c)。第 10.3 節描述了生產 LLDPE 的方法 (見圖 10.13)。

結構與性質 低密度和高密度聚乙烯之鏈狀結構如圖 10.28 所示。低密度聚乙烯為分支鏈狀結構，會使其結晶度和密度降低 (表 10.2)，也會減低分子鏈間之鍵結力，因此也會降低低密度聚乙烯強度。相反地，因為高密度聚乙烯在主分子鏈上具有比較少的分支，所以各個分子鏈可緊密堆疊，因此具有較強的結晶度和強度 (表 10.3)。

聚乙烯是使用最多的塑膠材料。主要的原因除了價格低廉外，它有許多重要的工業應用特性，像是室溫下的韌性、低溫時的強度、大幅溫度範圍 (甚至低至零下 73°C) 的可撓度、極佳的抗腐蝕性與絕緣性、無臭、無味及低水氣穿透性等優點。

應用 聚乙烯的應用包括容器、電絕緣材料、化學管件、家庭用品和吹模成型瓶罐等。聚乙烯薄膜的應用包括包裝用薄膜和水池防水層等 (圖 10.29)。

圖 10.29 正鋪設高密度聚乙烯布防水層於巨大水塘中。每一防水布可達半英畝之面積和 5 公噸之重量。

(©Ashley Cooper/Alamy)

10.6.2 聚氯乙烯與共聚合物

聚氯乙烯 (polyvinyl chloride, PVC) 是一種使用廣泛的合成塑膠，全球銷量排名第二。它的普及主要是因為其高化學防蝕性，以及可與添加劑混合製成許多擁有不同物理及化學性質的化合物。

重複化學結構單元

$$\left[\begin{array}{cc} H & H \\ | & | \\ -C-C- \\ | & | \\ H & Cl \end{array} \right]_n \quad \text{聚氯乙烯}$$
熔點：~204°C (~400°F)

結構與性質 PVC 主分子長鏈的每兩個碳原子就有一個大的氯原子，會產生一種幾近非晶相的聚合物材料，不會再結晶。氯原子之間的強偶極矩會造成 PVC 的分子鏈之間的強凝聚力。不過，這個既龐大又帶負電的氯原子也會造成空間位阻與靜電排斥，導致聚合物分子鏈的可撓性降低。分子運動困難會增加處理同質聚合物的困難度。因此，除了少數應用外，一般使用 PVC 一定要加一些添加劑才將其加工為成品。

PVC 同質聚合物的強度很高 (7.5 ~ 9.0 ksi)，但也很脆。PVC 的熱變形溫度屬中等 [在 66 psi 時為 57°C ~ 82°C (135°F ~ 180°F)]、電性佳 (介電強度 425 ~ 1300 V/mil)，溶劑抵抗力也高。PVC 的高氯含量使其具抗燃和抗化學特性。

聚氯乙烯化合處理 聚氯乙烯只有在極少數應用且加工並轉化為成品時才不需要添加化合物。常添加至 PVC 中的化合物包含塑化劑、熱安定劑、潤滑劑、填充劑和著色劑等。

1. **塑化劑** (plasticizer) 可提升聚合物材料的可撓度。它通常是高分子量化合物，且必須可和基本原料完全互溶與共容。苯二甲酸酯 (phthalate ester) 是常用於 PVC 的塑化劑，圖 10.30 顯示一些塑化劑對 PVC 材料拉伸強度的影響。

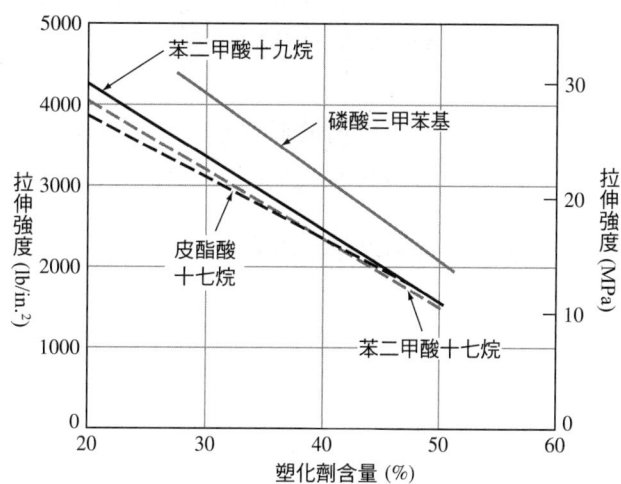

圖 10.30 不同塑化劑對聚氯乙烯拉伸強度的影響。
(Source: C.A. Brighton, "Vinyl Chloride Polymers (Compounding)," in *Encyclopedia of Polymer Science and Technology*, vol. 14, Interscience, 1971, p. 398.)

2. **熱安定劑** (heat stabilizer) 可防止 PVC 在製程中發生熱劣化反應，並可延長成品的使用年限。典型的熱安定劑可以是完全有機或無機，不過通常是以錫、鉛、鋇-鎘、鈣和鋅等為基礎的有機金屬化合物。
3. **潤滑劑** (lubricant) 可幫助 PVC 化合物在製程中的流動，防止其沾黏到金屬表面。常用的潤滑劑包括蠟、脂肪酯和金屬皂等。
4. **填充劑** (filler) 主要用來降低 PVC 化合物的成本，像是碳酸鈣。
5. **著色劑** (pigment) 可分為有機和無機，可改變 PVC 化合物的顏色、透明度和抗氣候性。

剛性聚氯乙烯 聚氯乙烯可單獨使用於某些特別應用，但很難處理，衝擊強度也低。添加橡膠性樹脂可在堅硬的 PVC 基材中形成小且柔軟之顆粒，改善製程中的融熔流動性。橡膠性材料可有效吸收並分散衝擊能量，提高材料的耐衝擊性。改良過的硬 PVC 材料用途廣泛。在建築工程上，硬 PVC 可用於配管、角材、窗框、集水管和內部裝潢修飾。PVC 也可作成電導管。

塑化聚氯乙烯 加入塑化劑後的 PVC 柔軟、可撓且可拉伸。調整塑化劑和聚合物的比例可大幅改變上述特性。塑化聚氯乙烯在許多用途方面的表現比橡膠、紡織品和紙更優秀，像是家具、汽車座椅布、內牆表皮、雨衣、鞋、行李箱和浴簾等。在交通運輸方面，聚氯乙烯可用於汽車頂覆皮、電線絕緣材料、地毯和室內外飾條。其他應用還包含庭院水管、冰箱墊圈、家電零組件和一般家用品。

10.6.3 聚丙烯

以銷量來看，聚丙烯 (polypropylene) 是第三重要的塑膠材料，成本也最低，因為它可以直接從廉價的石化原料中使用齊格勒 (Ziegler) 催化劑合成。

重複化學結構單元

$$\left[\begin{array}{cc} H & H \\ | & | \\ -C-C- \\ | & | \\ H & CH_3 \end{array} \right]_n$$

聚丙烯
熔點：165–177°C
(330–350°F)

結構與性質 從聚乙烯到聚丙烯，聚合物主分子鏈中每兩個碳原子上的氫被甲基群 (methyl group) 取代，造成分子鏈的轉動受到限制，讓材料強度增加，但可撓度降低。甲基群也會使玻璃轉換溫度升高，因此聚丙烯的熔點和熱變形溫度會比聚乙烯更高。添加立體特異性催化劑可合成出順排聚丙烯，其熔點範圍在 165°C ~

177°C (330 °F ~ 350 °F) 間。此材料在約 120°C (250°F) 下使用不會產生熱變形。

聚丙烯有許多優良的特質使其適合用來製造產品。這些特質包含良好的抗化學、水分和熱的能力，密度低 (0.900 ~ 0.910 g/cm³)、表面硬度適中以及尺寸穩定。聚丙烯的彎曲壽命極佳，適合用於有鉸鏈的產品。加上聚丙烯單體材料相當便宜，因此聚丙烯是非常有競爭力的熱塑性塑膠材料。

應用 聚丙烯主要應用於家庭用品、家電零件、包裝材料、實驗室用具和各種瓶罐。在交通運輸方面，抗衝擊性高的聚丙烯共聚合物已經取代硬橡膠，成為電瓶外殼材料。類似的樹脂也用於保險桿襯裡及灑水器罩。摻入填充劑後的聚丙烯的抗熱變形性更高，可用於汽車風扇罩和暖氣導管。另外，聚丙烯同質聚合物材料廣泛用於地毯之底層材料；作成織物時，它是許多工業產品包裝袋的材料。在薄膜方面，由於聚丙烯具光澤、亮滑且剛性適中，常用在柔軟產品包裝袋和密封膜。在包裝方面，聚丙烯被用於螺絲蓋頭、外盒與容器。

10.6.4 聚苯乙烯

聚苯乙烯 (polystyrene) 是使用量排行第四的熱塑性塑膠。聚苯乙烯同質聚合物是一種透明、無臭無味的塑膠材料，而且除非經過改良，否則脆性非常高。除了結晶性聚苯乙烯外，橡膠改良型、抗衝擊型和可膨脹型聚苯乙烯也是重要的類型。苯乙烯也常被用來製作很多重要的共聚合物。

重複化學結構單元

聚苯乙烯
熔點：150−243°C
(330−470°F)

結構與性質 聚苯乙烯主分子鏈每隔一個碳原子就存在的苯環結構導致體積堅硬龐大，所造成的空間位阻足以使得聚苯乙烯在室溫不易撓曲。聚苯乙烯同質聚合物的特性是堅硬、透明和容易加工，但也易脆。添加聚丁二烯彈性體產生**共聚合化** (copolymerization) 可以改善聚苯乙烯的衝擊特性。聚丁二烯的化學結構如下：

聚丁二烯

抗衝擊苯乙烯共聚合物通常含 3 % ~ 12 % 之橡膠。在聚苯乙烯中添加橡膠會減弱其剛性和熱變形溫度。

一般來說，聚苯乙烯尺寸穩定性佳，且模鑄收縮性低，因此處理成本很低。不過，聚苯乙烯之抗天候能力較差，而且容易受到有機溶劑和油脂的侵蝕。聚苯乙烯在操作溫度範圍內的電絕緣特性佳，機械特性也適中。

應用　典型應用包括汽車內裝零件、家電用品外殼、旋鈕和把手、家庭用品。

10.6.5　聚丙烯腈

此丙烯酸聚合材料 (acrylic-type polymeric material) 通常都被作成纖維來用。由於其強度和化學穩定性均高，也常作為工程熱塑性塑膠的共聚單體。

重複化學結構單元

$$\begin{bmatrix} \text{H} & \text{H} \\ | & | \\ -\text{C}-\text{C}- \\ | & | \\ \text{H} & \text{C}\equiv\text{N} \end{bmatrix}_n \quad \text{聚丙烯腈}\\(\text{不會熔化})$$

結構與性質　聚丙烯主分子鏈中每隔一個碳原子就存在的腈基團 (nitrile group) 會互相排斥，使得分子鏈形成延展堅硬的桿狀結構。桿狀結構規則性讓分子鏈間可產生氫鍵結，形成高強度纖維。因此，丙烯纖維強度高，對水氣和溶劑的阻抗也佳。

應用　丙烯腈可作成纖維狀當成羊毛使用，像是運動衫與毛毯。丙烯腈也可作為共聚單體，用來製造苯乙烯-丙烯腈共聚合物 (styrene-acrylonitrile copolymers) (SAN 樹脂) 和丙烯腈-丁二烷-苯乙烯三聚合物 (acrylonitrile-butadiene-styrene terpolymers)(ABS 樹脂)。

10.6.6　苯乙烯-丙烯腈

苯乙烯-丙烯腈 (styrene-acrylonitrile, SAN) 熱塑性塑膠是苯乙烯家族中性能好的成員。

結構與性質　SAN 樹脂是苯乙烯和丙烯腈隨機排列非晶質的共聚合物。共聚合反應會造成聚合物分子鏈間的極化和氫鍵吸引力。因此，SAN 樹脂的化學抵抗性、熱變形溫度、韌性和荷重承受特性都比純聚苯乙烯更好。SAN 熱塑性塑膠剛性與硬度均佳，易於加工也和聚苯乙烯一樣有光澤和透明度。

應用　SAN 樹脂主要的應用包含汽車儀器鏡片、儀表板零件和內裝玻璃支撐板、電器按鈕、攪拌機容器、醫學用針筒和抽血器、建築用安全玻璃，和家用安全杯和馬克杯等。

10.6.7　ABS

ABS 是三種單體名稱的縮寫——丙烯腈 (acrylonitrile)、丁二烯 (butadiene) 和苯乙烯 (styrene)——屬於一個熱塑性塑膠家族。ABS 材料以工程性質著稱，像是優良抗衝擊性和機械強度，且易於加工。

化學結構單元　ABS 包括了以下三種化學結構單元：

A：聚丙烯腈　　B：聚丁二烯　　S：聚苯乙烯

結構與性質　ABS 材料的廣泛工程性質來自各個成分。丙烯腈提供了抗熱性、抗化學性和韌性。丁二烯提供了衝擊強度與保存了低溫時的性質。苯乙烯則提供材料表面光澤、剛度和易加工處理性。當橡膠含量增加，ABS 塑膠材料的衝擊強度也會增加，但是拉伸特性和變形溫度則會降低 (圖 10.31)。表 10.4 列出高、中和低衝擊性 ABS 塑膠的一些工程特性。

ABS 的分子結構並非雜亂無序的三共聚合物，而可被視為是玻璃性共聚合物 (苯乙烯 - 丙烯腈) 與橡膠體 (主要是丁二烯聚合物和共聚合物) 的混合材料。不過僅僅簡單地將橡膠和玻璃性共聚合物混合並無法產生最佳衝擊特性。苯乙烯 - 丙烯腈共聚合物基材必須要用接枝方式連接到橡膠產生兩相結構 (圖 10.32)，才能獲得最佳衝擊強度。

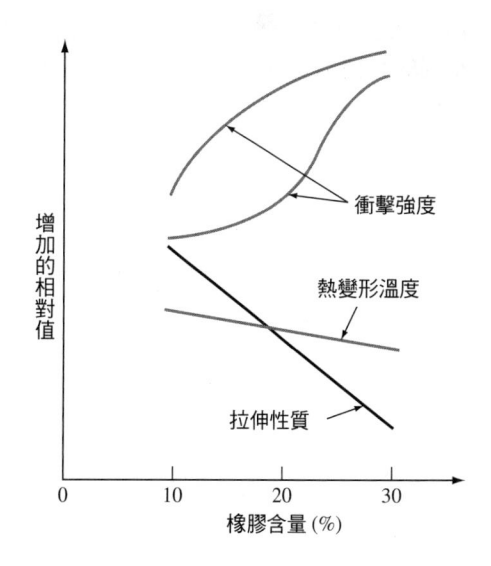

圖 10.31　ABS 材料性質和橡膠含量百分率關係。
(Source: G.E. Teer, "ABS and Related Multipolymers," in *Modern Plastics Encyclopedia*, McGraw-Hill, 1981–1982.)

表 10.4　ABS 塑膠之典型機械性質 (23°C)

	高衝擊	中衝擊	低衝擊
衝擊強度 (Izod)：			
ft · lb/in.	7-12	4-7	2-4
J/m	375-640	215-375	105-320
拉伸強度：			
× 1000 psi	4.8-6.0	6.0-7.0	6.0-7.5
MPa	33-41	41-48	41-52
伸長率 (%)	15-70	10-50	5-30

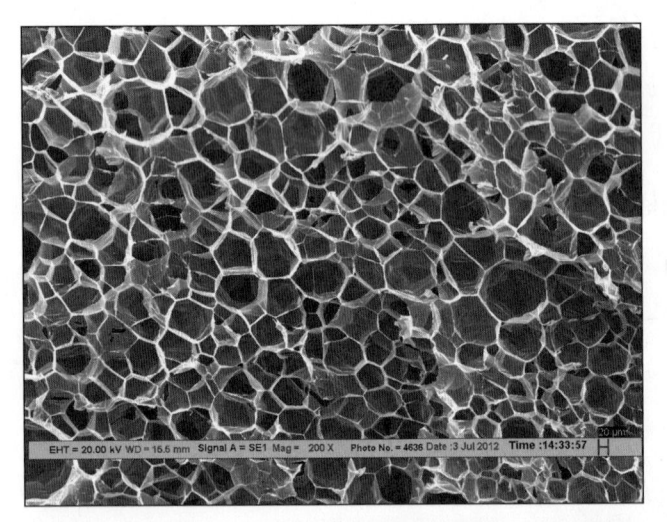

圖 10.32　發泡 ABS 樹脂的電子顯微照片，其顯示出不同的孔徑。
(Source: Gandhi.iit delhi)

應用　ABS 最主要是用於管線配件，尤其是建築物內的廢水與通風管路。其他應用還有汽車零件、冰箱門內層與內部層、事務機、電腦外殼、電話外殼、電導管及電磁干擾 - 無線電頻率遮蔽防護。

10.6.8　聚甲基丙烯酸甲酯

聚甲基丙烯酸甲酯 (polymethyl methacrylate, PMMA) 是一種剛硬透明的熱塑性塑膠，室外抗氣候性佳，抗衝擊性也比玻璃高。此材料為人熟知的商業名稱為 Plexiglas 或 Lucite，也是通稱壓克力 (acrylics) 的熱塑性塑膠族群中最重要的一種材料。

重複化學結構單元

聚甲基丙烯酸甲酯
熔點：160°C (320°F)

結構與性質　PMMA 的主分子鏈中，每隔一個碳原子就會存在的甲基與甲基丙烯酸群提供了很大的位阻，使得 PMMA 剛硬且強度頗高。碳原子非對稱的紊亂排列造成完全無結晶的構造，使材料對可見光的穿透性高。PMMA 對室外環境的抗化學性也很好。

應用 PMMA 材料用於飛機和船舶的玻璃、天窗、室外照明設備和廣告看板其他應用還有汽車尾燈鏡片、安全防護罩、護目鏡、旋鈕和把手。

10.6.9 氟素塑膠

此材料是塑膠或包含一個或多個氟原子單體聚合而成的聚合物。氟素塑膠 (fluoroplastics) 擁有數種工程應用所需特性的組合。所有此類材料對化學環境的抵抗力和優電絕緣特性都很高。氟含量高的氟素塑膠有低摩擦係數，使材料得以自體潤滑與不黏不沾。

氟素塑膠生產了很多。以下會討論最常用的兩種：聚四氟乙烯 (polytetrafluoroethylene, PTFE)(圖 10.33) 與聚三氟氯乙烯 (polychlorotrifluoroethylene, PCTFE)。

聚四氟乙烯

重複化學鍵結構單元

$$\left[\begin{array}{cc} F & F \\ | & | \\ -C-C- \\ | & | \\ F & F \end{array} \right]_n$$

聚四氟乙烯
在 370°C(700°F) 時軟化

圖 10.33 聚四氟乙烯之結構。

化學製程 PTFE 藉由自由基鏈聚合反應，將四氟乙烯氣體聚合反應生成以—CF_2—為單位的線性鏈狀聚合物，是一種完全氟化的聚合物。R. J. Plunkett 在 1938 年於杜邦公司之實驗室發現了這個將四氟乙烯氣體聚合成聚四氟乙烯〔鐵弗龍 (Teflon)〕的方法。

結構與性質 PTFE 是一種熔點為 327°C (620°F) 的結晶性聚合物。小尺寸的氟原子和氟化碳原子鏈聚合物的規律性使得 PTFE 是一種高密度的結晶性聚合物材料。PTFE 的密度對於塑膠材料來說相當高，範圍在 2.13 ~ 2.19 g/cm³ 之間。

PTFE 對化學品的抵抗性極佳，而且除了少數氟化物溶劑之外，它也不溶於所有有機溶劑。PTFE 的機械特性從超低溫約 –200°C (–330°F) ~ 約 260°C (550°F) 的範圍都很不錯。它的衝擊強度高，不過相較於其他塑膠，其拉伸強度就比較低。玻璃纖維可以是 PTFE 的填充劑以提升其強度。PTFE 觸感滑溜如蠟，摩擦係數很低。

加工製程　由於 PTFE 的熔體黏滯度高,傳統的擠壓和射出成型方式並不適用。零件都是於室溫及 2000 ~ 10,000 psi (14 ~ 69 MPa) 的壓力下,將顆粒原料壓模成型,然後以 360°C ~ 380°C (680°F ~ 716°F) 之溫度範圍加熱鍛燒。

應用　PTFE 用在抗化學管路和幫浦零件、高溫纜線絕緣、壓模電器元件、膠帶和不沾黏塗層等。添加填充劑的 PTFE 化合物可用於軸襯套、墊片、油封、O 型環及軸承等。

聚氯三氟乙烯

重複化學結構單元

$$\begin{bmatrix} \text{F} & \text{F} \\ | & | \\ -\text{C}-\text{C}- \\ | & | \\ \text{F} & \text{Cl} \end{bmatrix}_n$$

聚氯三氟乙烯
熔點:218°C (420°F)

結構與性質　PTFE 分子鏈內每第四氟原子會被氯原子取代,使得此聚合物鏈狀結構不算規則,導致材料結晶性較低,更利於模造。PCTFE 之熔點比 PTFE 低,為 218°C (420°F),可用傳統擠壓和壓模製程加工製造。

應用　PCTFE 聚合材料經過擠壓、壓模和切削後的產品被用在化學製程設備和電器。其他應用包含墊片、O 型環、油封和電器零件等。

■ 10.7　工程熱塑性塑膠 Engineering Thermoplastics

本節主要討論一些工程熱塑性塑膠之結構、特性與應用。由於任何塑料都可視為某種形式的工程塑料,因此工程塑料並無固定定義。本書將任何有適當特性使其適用於工程應用的熱塑性塑膠均視為工程熱塑性塑料,包含以下的工程熱塑性塑膠家族,例如:聚醯胺(尼龍)、聚碳酸酯、苯醚基樹脂、縮醛、熱塑性聚酯、聚碸、聚苯硫醚與聚醚亞胺等。

工程用熱塑性塑膠的銷量比一般塑膠少很多,除了尼龍以外,因為它具有一些相當特殊的性質。但是,這些圖示無法取得,因此在此不會被引用。僅大批價格清單可獲得。

一些工程熱塑性塑膠的基本性質　表 10.5 列出一些常用工程熱塑性塑膠的密度、拉伸強度、衝擊強度、介電強度與最高使用溫度。表中所列塑膠的密度相對較

表 10.5 一些工程熱塑性塑膠的性質

材料	密度 (g/cm³)	拉伸強度 (×1000 psi)*	衝擊強度 Izod (ft·lb/in.)†	介電強度 (V/mil)‡	最高使用溫度 (無負載下) °F	°C
尼龍 6,6	1.13-1.15	9-12	2.0	385	180-300	82-150
聚縮醛，同聚合物	1.42	10	1.4	320	195	90
聚碳酸酯	1.2	9	12-16	380	250	120
聚酯：						
PET	1.37	10.4	0.8	...	175	80
PBT	1.31	8.0-8.2	1.2-1.3	590-700	250	120
聚苯醚	1.06-1.10	7.8-9.6	5.0	400-500	175-220	80-105
聚楓	1.24	10.2	1.2	425	300	150
聚苯硫醚	1.34	10	0.3	595	500	260

* 1000 psi = 6.9 MPa。
† 缺口 Izod 測試：1ft·lb/in. = 53.38 J/m。
‡ 1 V/mil = 39.4 V/mm。

低，範圍從 1.06～1.42 g/cm³。這些材料的這種低密度特性是對工程設計上的重要優點。然而，幾乎所有的塑膠材料拉伸強度都相對較低；表 10.5 列出的拉伸強度範圍為 8000～12000 psi (55～83 MPa)。低拉伸強度通常是工程設計上的缺點。另外，表中聚碳酸酯的抗衝擊強度最高，衝擊值大約是 12 至 16 ft·lb/in.。表中所列聚縮醛與尼龍 6,6 的低衝擊值 1.4 與 2.0 ft·lb/in. 可能有些誤導。因為這兩種材料其實韌性都很高，只是經缺口 Izod 衝擊試驗證明缺口相當敏感。

表 10.5 顯示的工程熱塑性塑膠的電絕緣強度很高範圍分布從 320～700 V/mil，也符合大多數塑膠的特性。表中的最高使用溫度範圍是在 180°F～500°F (82°C～260°C) 之間，其中又以聚苯硫醚的 500°F (260°C) 為最高。

工程熱塑性塑膠還有其他重要的工業特質。它們可以輕易地製作成近成品或成品的形狀，而且製程多半都可自動化。工程熱塑性塑膠的抗腐蝕性在許多環境下很好。有時候工程塑膠對化學侵蝕的阻抗性極佳。例如，聚苯硫醚在 400°F (204°C) 的溫度以下目前仍無溶劑可用。

10.7.1 聚醯胺 (尼龍)

聚醯胺 (polyamide) 或尼龍 (nylon) 是可融熔成型的熱塑性塑膠，其主分子鏈有重複醯胺群。尼龍屬於工程塑膠家族，在高溫下的承重能力優越、韌性良好、摩擦性低及抗化學侵蝕性高。

重複化學鏈 尼龍的種類很多，每種的重複單元都不同。不過它們都有相同的醯胺鏈結 (amide linkage)。

$$\begin{array}{c} \text{O} \quad \text{H} \\ -\text{C}-\text{N}- \end{array} \quad \text{醯胺鏈結}$$

化學製程與聚合化反應 有些尼龍是由二元有機酸與二元胺以逐步聚化反應產生。尼龍類塑膠最重要的尼龍 6,6 [5] 是從六亞甲基二胺 (hexamethylene diamine) 和己二酸 (adipic acid) 間聚合反應而產生的聚六亞甲基二胺 (圖 10.10)。尼龍 6,6 的重複化學結構單元是：

$$\left[\begin{array}{c} \text{H} \\ | \\ \text{N} \end{array} -(\text{CH}_2)_6- \begin{array}{c} \\ \text{N} \\ | \\ \text{H} \end{array} - \begin{array}{c} \text{O} \\ \| \\ \text{C} \end{array} -(\text{CH}_2)_4- \begin{array}{c} \text{O} \\ \| \\ \text{C} \end{array} \right]_n \quad \begin{array}{l} \text{尼龍 6,6} \\ \text{熔點}: 250-266°\text{C} \\ (482-510°\text{F}) \end{array}$$

此類反應所產生的其他商業用尼龍包括尼龍 6,9、6,10 及 6,12，分別是從六亞甲基二胺和壬二酸 (azelaic acid)(9 個碳原子)、癸二酸 (sebacic acid)(10 個碳原子)，或十二烷二酸 (dodecanedioic acid)(12 個碳原子) 反應而成。

同時含有有機酸與胺群的環狀化合物也可以利用鏈狀聚合反應產生尼龍。例如，尼龍 6 可以藉由 ε- 己內醯胺 (ε-caprolactam)(6 個碳原子) 聚合而成，如下圖所示：

$$\begin{array}{c} \text{H}_2\text{C} \\ \text{H}_2\text{C} \\ \text{H}_2\text{C}-\text{CH}_2 \end{array} \begin{array}{c} \text{H} \\ | \\ \text{N} \\ | \\ \text{C}=\text{O} \\ | \\ \text{CH}_2 \end{array} \xrightarrow{\text{加熱}} \left[\begin{array}{c} \text{H} \\ | \\ \text{N} \end{array} -\text{CH}_2-\text{CH}_2-\text{CH}_2-\text{CH}_2- \begin{array}{c} \text{O} \\ \| \\ \text{C} \end{array} \right]_n$$

ε-己內醯胺（環之開口）

尼龍 6
熔點：216-225°C (420-435°F)

結構與性質 尼龍主聚合物長鏈對稱結構很規律，因此尼龍是一種高度結晶的聚合物材料。在良好控制的凝固條件下，尼龍內部會產生球晶結構，由此可見尼龍的結晶性高。圖 10.34 顯示尼龍 9,6 的複雜球晶結構在溫度 210°C 時的成長，是最好的範例。

尼龍的高強度有部分是歸因於分子鏈之間的氫鍵 (圖 10.35)。醯胺鏈結的存在讓分子鏈間得以產生 NHO 式的氫鍵。因此，尼龍聚醯胺的強度、熱變形溫度

---

[5] 尼龍 6,6 的名稱「6,6」是指反應性二胺 (六亞甲基二胺) 中有 6 個碳原子，反應性有機酸 (己二酸) 中也有 6 個碳原子。

和化學抵抗特性都很高。主碳原子鏈的可撓曲性會影響整個分子的可撓曲性，導致尼龍材料的熔體黏滯度低，易於加工處理。碳分子鏈的可撓性帶來高潤滑性、低表面摩擦與良好抗磨損性。但是，醯胺基團的極性與氫鍵使材料的吸水性大幅提高，造成吸水越多，尺寸改變越大。尼龍 11 及 12 的醯胺基團間碳原子鏈較長，因此對水分吸收較不敏感。

加工 大部分尼龍都是用傳統的射出成型法與擠壓法加工處理。

應用 幾乎所有工業都有用尼龍。典型的用途包括不需潤滑的齒輪、軸承、抗磨零件、耐高溫且抗碳氫化合物與溶劑的機械元件、高溫中使用的電氣零件、具強度及剛性的耐高衝擊零件。汽車工業的應用包含計速器與雨刷齒輪、修邊夾等。以玻璃纖維強化的尼龍可以用於引擎風扇葉片、煞車油與動力方向盤油箱、閥罩和轉向柱外殼。電氣與電子方面的應用包括連接器、插頭、接線絕緣、天線座與配線端子等。尼龍還可用於包裝與許多一般用途。

由於價格低廉、特性佳與易加工處理等綜合因素，尼龍 6,6 及 6 在美國的銷量領先其他尼龍材料。尼龍 6,10、6,12、尼龍 11 與 12 及其他尼龍的性質特殊，售價會高出許多。

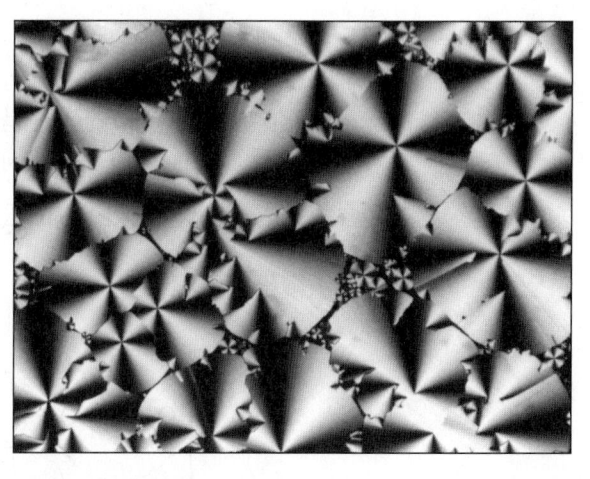

圖 10.34 溫度 210°C 時尼龍 9,6 產生之複雜球晶結構。尼龍材料內所形成之球晶結構，可強化尼龍材料結晶能力。
(Source: Minutemen/CC BY-SA 3.0)

圖 10.35 兩分子鏈間氫鍵結之示意圖。
(Source: M.I. Kohan (ed.), *Nylon Plastics*, Wiley, 1973, p. 274.)

10.7.2 聚碳酸酯

聚碳酸酯 (polycarbonate) 是有著特殊高績效特質的另一類工程熱塑性塑膠，像是高強度、韌性及尺寸穩定性，能夠滿足某些工程設計上的需求。在美國，奇異公司以 Lexan 之名，Mobay 公司以 Merlon 之名，分別生產聚碳酸酯樹脂。

基本重複化學結構單元

聚碳酸酯
熔點：270°C (520°F)

碳酸鏈結

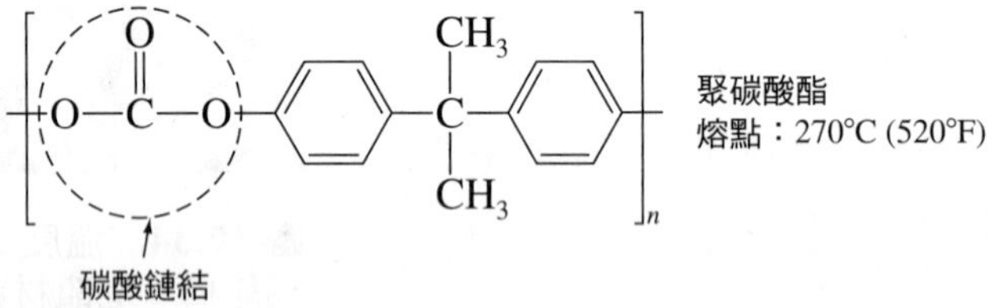

圖 10.36 聚碳酸酯熱塑性塑膠之結構。

結構與性質 重複結構單元內同一碳原子連接的兩個苯基和兩個甲基團(圖 10.36)造成空間位阻，使分子結構非常僵硬。不過，碳酸鏈結中的碳-氧單鍵可以為整體分子結構提供些許分子可撓曲性，產生高衝擊能。聚碳酸酯在室溫下的拉伸強度相當高，大約是 9 ksi (62 MPa)，而由 Izod 實驗測試而得的衝擊強度也相當高，大約在 12 ~ 16 ft·lb/in. (640 ~ 854 J/m) 之間。聚碳酸酯其他重要的工程性質還包含高熱變形溫度、良好電絕緣性質與透明性。它的潛變抵抗性也好。聚碳酸酯可以抵抗各化學藥品腐蝕，不過還是會受到溶劑侵蝕。它的尺寸穩定性極佳，可用精密工程零件。

應用 聚碳酸酯的應用包含安全防護殼、齒輪、安全帽、繼電器外殼、飛機零件、船推進器、交通號誌外殼與透鏡，窗戶或太陽能板玻璃、手持電動工具外殼、小型家電及電腦主機。

10.7.3 聚苯醚基樹脂

聚苯醚基樹脂 (phenylene oxide-based resin) 也是工程熱塑性塑膠材料的一種。

基本重複化學結構單元

聚苯醚基

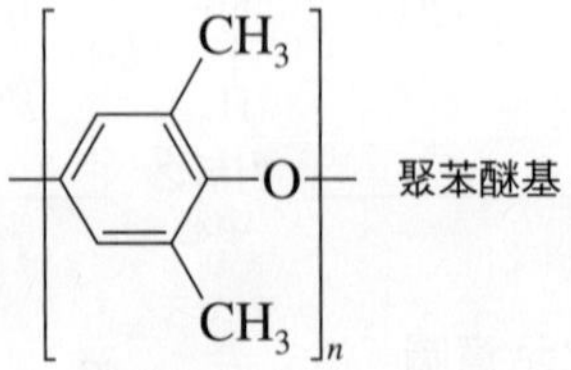

化學製程　用酚單體的氧化耦合來製造聚苯醚基熱塑性樹脂的一個製程已有專利，所產生的商品名為 Noryl (美國奇異公司)。

結構與性質　重複的苯環 [6] 造成聚合物分子轉動的空間位阻，也因鄰近分子苯環內的電子共振引起電子吸引力，使得此聚合物材料具有高剛性、強度、抗環境化學性、尺寸穩定性及高熱變形溫度。

這些材料可分很多等級，以符合各式工程設計應用的需求。聚苯醚基樹脂最主要的設計優點為在 –40°C ~ 150°C (–40°F ~ 302°F) 的溫度範圍機械性質優良、尺寸穩定性高，具有低淺變及低水分吸收性、介電性佳、抗衝擊性與抗水或化學環境性均優異。

應用　聚苯醚基樹脂的典型應用包括電連接器、電視調頻器及偏向軛元件、小家電和事務機外殼、汽車儀錶板、柵板與外部車身零件等。

10.7.4　縮醛

縮醛 (acetal) 是一種高性能的工程熱塑性塑膠，其拉伸強度 [約 10 ksi (68.9 MPa)] 與撓曲指數 [約 410 ksi (2820 MPa)] 均屬最高，而且疲勞壽命與尺寸穩定性都非常好。其他重要特性包含低摩擦係數、良好的易加工特性、良好溶劑抵抗性，以及在無負載狀況下具有高抗熱性到 90°C (195°F)。

重複化學結構單元

$$\begin{bmatrix} & H & \\ -& \underset{|}{\overset{|}{C}} & -O- \\ & H & \end{bmatrix}_n$$

聚氧化次甲基
熔點：175°C (347°F)

縮醛種類　目前有兩種基本的縮醛：一種是同質聚合物 (杜邦公司之 Delrin)，另一種是共聚合物 (Celanese 公司的 Celcon)。

結構與性質　聚縮醛分子本身具有高規則性、對稱性和可撓性，產生的聚合物材料會擁有高規則性、強度和熱變形溫度。由於縮醛長期承載特性及尺寸穩定性極佳，因此可以用於像是齒輪、軸承及凸輪等精密零件的製造。同質聚合物的硬

---

[6] 亞苯基環是與其他原子化學鍵合的苯環，例如，

度、剛性都比共聚合物要高，而且拉伸強度及撓曲強度也較高。在長期高溫下，使用共聚合物會更穩定，而且其伸長率也較大。

未經過改良的縮醛同質聚合物濕氣吸收性低，所以尺寸穩定性也較好。縮醛之低磨耗與低摩擦特性使其可應用於運動零件。縮醛的抵抗疲勞性極佳，這所有運動零件必備的性質。然而縮醛可燃，因此限制了它在電氣與電子方面之應用。

應用 由於成本低廉，縮醛陸續取代了許多使用鋅、黃銅及鋁金屬鑄件與鋼材的金屬沖壓件。當應用上不需要達到金屬材料的強度時，使用縮醛可以減低，甚至免除精細加工與組裝的成本。

在汽車工業方面，縮醛可用於燃料系統零件，及安全帶與窗戶把手零件。在機械方面的應用則包括幫浦翼輪、齒輪、凸輪與外殼等。縮醛也大量應用於拉鍊、釣魚捲線器和筆等消費產品。

10.7.5 熱塑性聚酯

聚對苯二甲酸丁二酯和聚對苯二甲酸乙二酯

聚對苯二甲酸丁二酯 (polybutylene terephthalate, PBT) 和聚對苯二甲酸乙二酯 (polyethylene terephthalate, PET) 是兩種非常重要的工程熱塑性聚酯材料。PET 廣泛用於食品包裝薄膜與布料、地毯和輪胎簾布纖維。從 1977 年起，PET 也成為容器用樹脂。PBT 的聚合物分子鏈重複單元分子量較高，首先在 1969 年成為傳統熱固性塑膠與金屬在某些應用上的替代品。由於特性良好與成本低廉，PBT 的用途不斷擴大。

重複化學結構單元

聚對苯二甲酸乙二酯 (PET)　　　　　聚對苯二甲酸丁二酯 (PBT)

結構與性質 PBT 聚合物分子鏈中的苯環及羰基 (carbonyl)(C=O) 形成龐大平坦的單元。儘管龐大，此規則結構還是能結晶。苯環結構提供材料所需要的剛性，而丁二酯單元則提供了加工處理中熔融狀態所需的分子移動性。PBT 強度佳 [未強化材料是 7.5 ksi (52 MPa)，加入 40% 玻璃纖維強化材料是 19 ksi (131 MPa)]。熱塑性聚酯樹脂也有低濕氣吸收的特性。PBT 的結晶構造使其足以抵抗大部分化學藥品的侵蝕。在一般溫度下，大部分的有機化合物對 PBT 的影響不大。PBT 的絕緣特性佳，幾乎不受溫度與濕度的影響。

應用 PBT 在電氣、電子方面的應用包括連接器、開關、繼電器、電視調頻器元件、高壓元件、端子板、積體電路板、馬達電刷固定器、鐘形罩與外殼。工業上的應用包含幫浦翼輪、外殼與支架、灌溉水閥和本體、水流量計本體與元件。PBT 也會被用於家電外殼和把手。汽車應用則是車身外殼元件、高能量點火線圈蓋子、線圈軸心、噴油控制器以及計速器框體與齒輪。

聚碸塑膠

重複化學結構單元

聚碸塑膠
熔點：315°C (600°F)

碸鏈結

結構與性質 聚碸塑膠 (polysulfone) 重複單元中的苯環限制了聚合物分子鏈的轉動，並且造成分子間強大吸引力，使得此材料有著高強度與高剛性的特性。在苯環中相對於碸基之對位 (para position)[7] 上的氧原子提供碸聚合物材料的高氧化穩定性因。位於苯環之間的氧原子 (醚鏈結) 則提供分子鏈可撓性與衝擊強度。

　　對於設計工程師而言，聚碸塑膠最重要的特性是其在 245 psi (1.68 MPa) 力下的高熱變形溫度 174°C (345°F)，以及在 150°C ~ 174°C (300°F ~ 345°F) 的溫度範圍內可長時間使用的性能。以熱塑性塑膠而言，聚碸塑膠的拉伸強度高 [10.2 ksi (70 MPa)]，而不易潛變。聚碸塑膠可抵抗在水溶性酸液與鹼性環境中的水解作用，因為苯環間的氧鏈結有水解穩定性。

應用 電氣與電子方面的應用包括連接器、線圈軸心、電視元件、電容器薄膜與線路板結構。聚碸塑膠可抵抗殺菌的高溫高壓環境，所以也常用於醫學儀器與器皿。在化學處理與控制污染設備應用方面，聚碸塑膠可作為抗蝕配管、幫浦、搭墊片，以及過濾器模組與支持板。

---

[7] 對位位於苯環的兩端。

10.7.6 聚苯硫醚

聚苯硫醚 (polyphenylene sulfide, PPS) 是一種工程熱塑性塑膠，其特點是具有出色的耐化學性以及良好的機械性能和高溫下的剛度。聚苯硫醚最初於 1973 年生產，由 Phillips Chemical Co. 以商品名 Ryton 製造。

重複化學結構單元　聚苯硫醚在其對位取代苯環和二價硫原子的主鏈中具有重複結構單元：

$$\left[-\!\!\left\langle\bigcirc\right\rangle\!\!-S-\right]_n \quad \text{聚苯硫醚}$$
熔點：288°C (550°F)

結構和性質　由硫原子隔開的亞苯基環的緊密對稱結構產生具有剛性和強韌的聚合物材料。緊密的分子結構也促使了高度的結晶度。由於存在硫原子，聚苯硫醚對化學品的侵蝕具有很強的抵抗力。事實上，沒有發現任何化學物質容易在 200°C (392°F) 以下溶解聚苯硫醚。即使在高溫下，也很少有材料與聚苯硫醚發生化學反應。

未填充的聚苯硫醚的室溫強度為 9.5 ksi (65 MPa)；當 40% 玻璃填充時，其強度提高到 17 ksi (120 MPa)。由於其晶體結構，隨著溫度的升高，強度的損失是逐漸的，甚至在 200°C (392°F) 時也保持相當大的強度。

應用　工業機械應用包括化學工藝設備，如潛水泵、離心泵、葉片泵和齒輪泵。聚苯硫醚化合物適用於許多汽車引擎蓋下的應用，如排放控制系統，因為它們不受發動機廢氣以及汽油和其他汽車流體的腐蝕作用的影響。電子電機應用，包括計算機零件，例如連接器、線圈形式和線軸。聚苯硫醚的耐腐蝕和熱穩定塗層用於油田管道、閥門、配件、聯軸器以及石油和化學品中的其他設備加工業。

10.7.7 聚醚醯亞胺

聚醚醯亞胺 (polyetherimide) 是新型無定形且高性能的工程熱塑性塑膠材料之一。它於 1982 年推出，可從奇異電子公司 (General Electric Co.) 獲得，商品名為 Ultem。聚醚醯亞胺具有以下化學結構：

聚醚醯亞胺　　　　　　　　　　　　　　　　　　　　　　醯亞胺鏈結

醯亞胺鍵的穩定特性使該材料具有高耐熱性、抗潛變性和高剛性。苯環之間的醚鍵提供了此材料具有良好的熔融加工性和流動特性所必須要有的可撓性。這種材料具有良好的電絕緣性能，可在很寬的溫度和頻率範圍內保持穩定。聚醚醯亞胺的用途包括電子電機、汽車、航空和其他專業應用。電子電機應用包括高壓斷路器外殼、引腳連接器、高溫線軸和線圈以及保險絲盒。由增強聚醚醯亞胺製成的印刷線路板為氣相焊接條件提供尺寸穩定性。

10.7.8 聚合物合金

聚合物合金由結構不同的共聚物或共聚物的混合物組成。在熱塑性聚合物合金中，不同類型的聚合物分子鏈通過二級分子間偶極力結合在一起。相反地，在共聚物中，兩種結構不同的單體通過強共價鍵在分子鏈中鍵合在一起。聚合物合金的組分必須具有一定程度的相容性或黏合性，以防止在加工過程中發生相分離。聚合物合金在現今變得越來越重要，因為可以產生具有特定性能的塑膠材料並且可以優化成本和性能。

一些早期的聚合物合金是利用將橡膠狀聚合物(例如 ABS)添加到剛性聚合物(例如聚氯乙烯)中而製成的。橡膠材料改善了剛性材料的韌性。今天，即使是較新的熱塑性塑膠也會合金化。例如，聚對苯二甲酸丁二醇酯與一些聚對苯二甲酸乙二醇酯合金化以改善表面光澤度並降低成本。表 10.6 列出了一些商業聚合物合金。

■ 10.8 熱固性塑膠 Thermosetting Plastics (Thermosets)

熱固性塑膠 (thermosetting plastics 或 thermosets) 是由以主要共價鍵所鍵結的網路狀分子結構所形成。有些熱固性塑膠是經由加熱或加熱結合加壓方式而產生

表 10.6 一些商用的聚合物合金

聚合物合金	商品名	供應商
ABS/聚碳酸酯	Bayblend MC2500	Mobay
ABS/聚氯乙烯	Cycovin K-29	Borg-Warner Chemicals
縮醛/彈性體	Celcon C-400	Celanese
聚碳酸酯/聚乙烯	Lexan EM	General Electric
聚碳酸酯/PBT/彈性體	Xenoy 1000	General Electric
PBT/PET	Valox 815	General Electric

交聯作用而成。其他可能是在室溫下，透過化學反應產生交聯作用而成 (所謂的冷固性塑膠)。雖然熱固性塑膠硬化所製成的元件遇熱還是會軟化，但材料內的共價鍵交聯鍵結使材料無法回到硬化前的可流動性。因此，熱固性塑膠無法像熱塑性塑膠一樣重新加熱熔解。此為熱固性塑膠的最大缺點，因為硬化加工製程產生的餘料與碎片無法回收再利用。

一般來說，熱固性塑膠在工程設計上有下列優點：

1. 熱穩定性高。
2. 剛度高。
3. 尺寸穩定性佳。
4. 承載負荷下對潛變與變形的抵抗佳。
5. 重量輕。
6. 電與熱的絕緣性質高。

熱固性塑膠通常是用壓送成型或壓模成型的方式生產。不過，有些時候會使用新發展出的熱固性塑膠射出成型技術，使製程成本得以大幅降低。

很多使用的熱固性塑膠屬於鑄模塑料化合物的型態，其中包含了兩種主要成分：(1) 含結合劑、硬化劑和塑化劑的樹脂；(2) 有機或無機的填充劑或 (與) 強化材料。常見的填充材料有木屑、石英、玻璃及纖維素。

我們先來看一些熱固性塑膠在美國的原料價格，並比較它們的一些重要性質。

熱固性塑膠的原料價格　　常用的熱固性塑膠原料價格範圍在 0.30 至 5.0 美元之間，對塑膠材料而言屬中低價位。表中所列出的熱固性塑膠中，酚醛樹脂的價格最低，銷量也最大。不飽和聚酯的價格也相當低，相對銷量也不少。環氧樹脂有工業應用獨特性，因此價格可以很高。

一些熱固性塑膠的基本特性　　表 10.7 列出一些熱固性塑膠的密度、拉伸強度、衝擊強度、介電強度及最高使用溫度。熱固性塑膠密度通常比大部分塑膠材料密度高；表 10.7 中所列的範圍介於 1.34 ~ 2.3 g/cm^3 之間。大多數熱固性塑膠的拉伸強度偏低，一般介於 4000 ~ 15000 psi (28 ~ 103 MPa) 之間。但是，若加入大量玻璃填充劑，一些熱固性塑膠的拉伸強度可增加至 30000 psi (207 MPa)。添加玻璃的熱固性塑膠其衝擊強度也高許多，如表 10.7 所列。熱固性塑膠的介電強度也很優異，範圍在 140 ~ 650 V/mil. 之間。然而，像所有塑膠材料一樣，熱固性塑膠的最高使用溫度仍然受限。表 10.7 中的熱固性塑膠最高使用溫度範圍是從 170°F 至 550°F (77°C ~ 288°C)。

表 10.7 一些熱固性塑膠的性質

材料	密度 (g/cm³)	拉伸強度 (×1000 psi)*	衝擊強度 (ft · lb/in.)†	介電強度 (V/mil)‡	最高使用溫度（無負載下）°F	°C
酚醛樹脂：						
填充木屑	1.34-1.45	5-9	0.2-0.6	260-400	300-350	150-177
填充石英	1.65-1.92	5.5-7	0.3-0.4	350-400	250-300	120-150
填充玻璃	1.69-1.95	5-18	0.3-18	140-400	350-550	177-288
聚酯：						
填充玻璃之 SMC	1.7-2.1	8-20	8-22	320-400	300-350	150-177
填充玻璃之 BMC	1.7-2.3	4-10	15-16	300-420	300-350	150-177
聚三氰胺：						
填充纖維素	1.45-1.52	5-9	0.2-0.4	350-400	250	120
填充毛絮	1.50-1.55	7-9	0.4-0.5	300-330	250	120
填充玻璃	1.8-2.0	5-10	0.6-18	170-300	300-400	150-200
尿素，填充纖維素	1.47-1.52	5.5-13	0.2-0.4	300-400	170	77
醇酸樹脂：						
填充玻璃	2.12-2.15	4-9.5	0.6-10	350-450	450	230
填充礦物	1.60-2.30	3-9	0.3-0.5	350-450	300-450	150-230
環氧樹脂：						
未加填充劑	1.06-1.40	4-13	0.2-10	400-650	250-500	120-260
填充礦物	1.6-2.0	5-15	0.3-0.4	300-400	300-500	150-260
填充玻璃	1.7-2.0	10-30	...	300-400	300-500	150-260

* 1000 psi = 6.9 MPa。
† 缺口 Izod 測試：1ft · lb/in. = 53.38 J/m。
‡ 1 V/mil = 39.4 V/mm。
Source: *Materials Engineering*, May 1972.

我們接著討論酚醛樹脂、環氧樹脂和不飽和聚酯這三種熱固性塑膠的結構、特性及應用。

10.8.1 酚醛樹脂

酚醛熱固性塑膠 (phenolic thermosetting) 是工業界最早使用的主要塑膠材料。用酚與甲醛反應來製造出酚醛塑膠 Bakelite 的原始專利在 1909 年由 L. H. Baekeland 取得。由於價格低廉、電與熱絕緣性及機械性均佳，酚醛塑膠目前仍廣泛應用於工業。酚醛塑膠還很容易模造，但是顏色受限 (通常只有黑色或棕色)。

化學性質 最常見的酚醛樹脂生產方式是縮合聚合酚與甲醛，而水是此反應的副產物。但是，幾乎任何其他可以產生反應的酚或醛類都行。為了方便壓模製造，一般會生產二階段酚醛樹脂。第一階段會先製造一種脆性熱塑性樹脂，可以熔

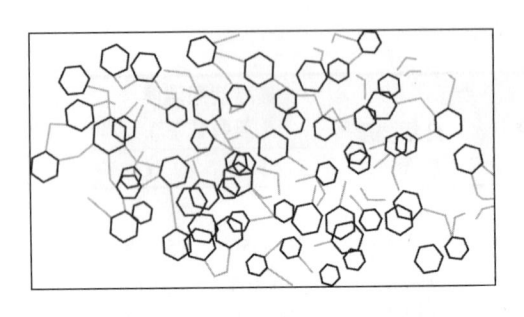

圖 10.37 聚合後酚醛樹脂的三維模型。

解但本身不會交聯為固體。製程會在催化酸劑的幫助下，用不到 1 莫耳的甲醛與 1 莫耳的酚反應產生此材料。圖 10.11 顯示此聚合反應。

第一階段製程中加入的催化劑是環六亞甲基四胺 (hexamethylenetetramine, hexa)，可以產生甲基交聯 (methylene cross-linkage) 而形成一種熱固性材料。含有環六亞甲基四胺的酚醛樹脂經熱與加壓處理時，環六亞甲基四胺將會分解而釋出氨，提供甲基交聯形成網狀結構。

酚醛樹脂交聯 (或硬化) 所需要的溫度範圍大約是在 120°C～177°C (250°F～350°F)。樹脂加入不同填充劑可作為一般模造化合物，有時可能占整個模造化合物總重量的 50%～80%。填充劑可以減少模造時的收縮現象、降低成本並改善強度，也可以增加電氣與熱絕緣性。

結構與性質　芳香族結構 (圖 10.37) 的高度交聯性使其硬度、剛性、強度皆高，同時也具有良好的熱與電氣絕緣性和化學抗性。

以下為一些不同型態的酚醛模造化合物：

1. 一般用化合物：此材料通常用木屑填充，以增加強度並降低成本。
2. 高衝擊強度化合物：此化合物用纖維素 (棉絮與碎布)、礦物和玻璃纖維填充，以提供高達 18 ft·lb/in. (961 J/m) 的衝擊強度。
3. 高電氣絕緣性化合物：此材料用礦物 (如石英) 填充，以增加電阻。
4. 抗熱性化合物：此材料用礦物 (如石棉)，以能抵抗 150°C～180°C (300°F～350°F) 的溫度。

應用　酚醛化合物廣泛應用於配線裝置、電氣開關、連接器與電話繼電器系統。汽車工程師將酚醛模造化合物用於動力輔助煞車零件和傳動零件。酚醛樹脂廣泛用於小家電把手、旋鈕及端板。由於它們是抗高溫與抗濕性極佳的黏著劑，酚醛樹脂會用來黏著一些夾板與木屑板。鑄造廠也大量使用酚醛樹脂作為鑄模砂的結合劑材料。

10.8.2　環氧樹脂

環氧樹脂 (epoxy resin) 是一種熱固性聚合物材料家族，在交聯 (硬化) 時不會產生反應生成物，因此硬化收縮性極低。環氧樹脂對其他材料的黏著性佳、有好的抗化學與環境性、優良機械性以及好的電氣絕緣性。

化學性質　環氧樹脂的特徵是每個分子上都有兩個或多個的環氧基群。環氧基群化學結構如下：

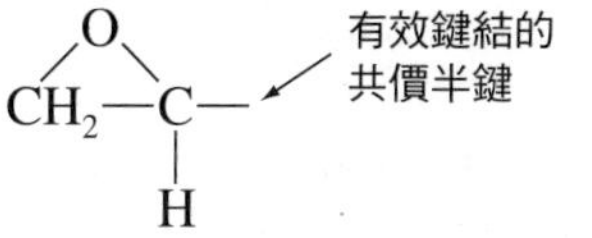

$$CH_2-CH \begin{smallmatrix}O\\H\end{smallmatrix} \leftarrow 有效鍵結的共價半鍵$$

大部分的商業用環氧樹脂塑膠有以下的一般化學結構：

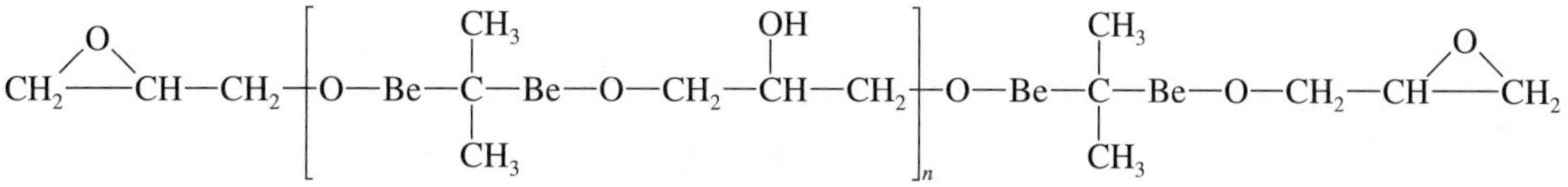

$$CH_2-CH-CH_2-\left[O-Be-\underset{CH_3}{\overset{CH_3}{C}}-Be-O-CH_2-\underset{}{\overset{OH}{CH}}-CH_2\right]_n-O-Be-\underset{CH_3}{\overset{CH_3}{C}}-Be-O-CH_2-CH-CH_2$$

其中 Be 代表苯環。液態樹脂結構中的 n 通常小於 1。固態樹脂中的 n 則是 2 或更大。還有很多其他種類的環氧樹脂，其化學結構都與上不同。

要形成固態熱固性塑膠材料，環氧樹脂必須透過交聯反應劑及(或)催化劑硬化，才能產生所要特性。交聯反應發生在環氧基與氫氧基群(—OH)。交聯反應劑包括胺、酐及乙醛縮合生成物。

當固化(curing)生成環氧樹脂固態材料所需的熱能比較低時(大約 100°C 以下)，並可以在室溫下進行時，像是二乙烯三胺(diethylene triamine)或是三乙烯四胺(triethylene tetramine)等胺可作為硬化劑。有些環氧樹脂是藉由固化試劑(curing reagent)而產生交聯反應，而另外一些環氧樹脂，只要存在有適當催化劑，可以在自身反應處發生化學反應。在環氧樹脂反應中，環氧基環會打開，其中的養原子會和可能來自胺基或氫氧基的氫原子產生鏈結。圖 10.38 顯示二個線性環氧樹脂分子末端的環氧基群和乙烯二胺的反應。

在圖 10.38 的反應中，環氧基環打開後，與二胺中的氫原子發生反應形成—OH 群；這些位置都是接下來交聯反應的發生處。此反應有一個重要特點，就是

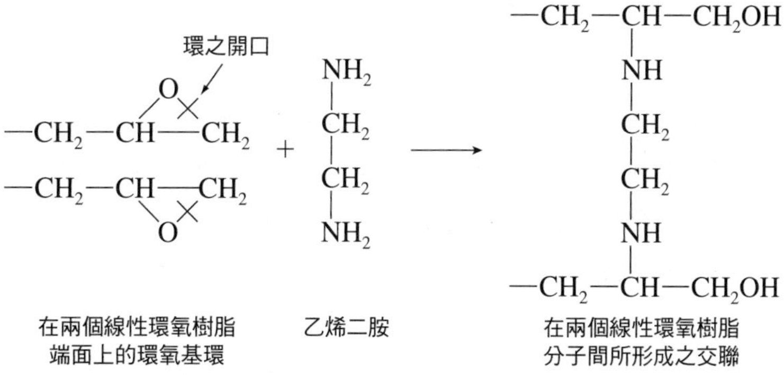

圖 10.38　二線性環氧樹脂分子上之環氧基環和乙烯二胺反應所生成之分子交聯，反應過程中沒有副產物損失。

沒有任何副產物。環氧樹脂的交聯反應可以使用許多不同種類的胺。

結構與性質 未硬化的液態環氧樹脂分子量低，因此在製程中分子流動性特別高。這種特性使得液態環氧樹脂能夠很快地完全濕潤表面，這對補強材料與黏著劑來說很重要。另外，能輕易澆鑄為最終形狀對電子灌注封裝而言很重要。其環氧樹脂和胺等硬化劑間有高度反應性，能提供高的交聯度產生好的硬度、強度及抗化學特性。由於固化反應不會產生任何副產物，所以環氧樹脂在硬化時的收縮量低。

應用 環氧樹脂廣泛用於各種保護或裝飾塗層材料，因為它們的黏著性、機械性與抗化學性都很優秀。典型應用為罐頭或鼓的內層、汽車與家電產品底漆和電線表層。電氣及電子工業使用環氧樹脂是因為其介電強度特性佳、硬化時的收縮量低、黏著性好，且在不同環境下(如潮濕及高濕度)仍可保持原有特性。典型應用包括高電壓絕緣體、開關齒輪及電晶體封裝。環氧樹脂也可以用於層板和纖維強化基材等材料。環氧樹脂為以高模數纖維(像是石墨碳纖維)所製成的高效能零件中最主要的基材。

10.8.3　不飽和聚酯

不飽和聚酯(unsaturated polyesters)有活性的碳-碳共價雙鍵，可以產生交聯作用形成熱固性塑膠。與玻璃纖維結合的話，不飽和聚酯就可因交聯作用形成高強度的強化複合材料。

化學性質 酒精與有機酸反應可產生酯鏈結，如：

$$R-\underset{\text{有機酸}}{\underset{\|}{C}-O{H}} + R'{OH} \xrightarrow{\text{加熱}} R-\underset{\text{酯}}{\underset{\|}{C}-O-R'} + \underset{\text{水}}{H_2O}$$

$$R \text{ 和 } R' = CH_3-, C_2H_5-, ...$$

一個二元醇(diol)(酒精具有兩個—OH 群)與一個含有活性碳—碳雙鍵的二元酸(diacid)(酸具有兩個—COOH 群)反應可產生基本的不飽和聚酯樹脂。商業用樹脂可能混合不同的二元醇及二元酸以獲得某種特性，例如將乙二醇(ethylene glycol)和順丁烯二酸(maleic acid)反應生成線性聚酯：

乙二醇
（酒精）

順丁烯二酸
（有機酸）

酯鏈結　反應雙鍵

線性聚酯

＋ H_2O

線性不飽和聚酯通常會在自由基結合劑幫助下，和苯乙烯這種乙烯型分子進行交聯。最常用的結合劑是過氧化物，而其中的甲基乙基酮 (methyl ethyl ketone, MEK) 常用在室溫進行聚酯的固化。少量萘酸鈷 (cobalt naphthanate) 常用來活化反應。

線性聚酯　　苯乙烯　　過氧化物催化劑 活化劑　　交聯後聚酯

結構與性質　不飽和聚酯樹脂的黏滯性低，可以大量混合填充劑與強化材料。例如，不飽和聚酯中可含重量比高達 80% 的玻璃纖維強化材料，在固化作用後將有 25～50 ksi (172～344 MPa) 的高強度特性，抗衝擊能力與抗化學性也不錯。

製程處理　不飽和聚酯樹脂的處理方式很多，不過多半是與模造處理有關。開放模堆疊或是噴灑堆疊的技術多用於小量零件製造，通常使用量大的話，像是汽車面板等，一般會使用壓模成型法。近年來出現了結合樹脂、強化材料與其他添加劑的板片模造化合物 (sheet-molding compounds, SMCs)，可幫助壓模製造加速材料進料速度並縮短製程。

應用　經過玻璃強化的不飽和聚酯會用於汽車面板和車身零件，還有小船船殼、建築業所用的結構板和浴室零件。不飽和聚酯也可用於需抵抗腐蝕侵蝕之處，像是管路、水槽與導管。

10.8.4 胺基樹脂(尿素與三聚氰胺)

胺基樹脂是通過甲醛與含有胺基 -NH_2 的各種化合物的受控反應形成的熱固性聚合物材料。兩種最重要的胺基樹脂類型是尿素 - 甲醛和三聚氰胺 - 甲醛。

化學性質　尿素和三聚氰胺都利用縮聚反應與甲醛反應，產生水作為副產物。尿素與甲醛的縮合反應是

$$\text{尿素} + \text{甲醛} + \text{尿素} \xrightarrow{\text{加熱催化劑}}$$

$$\text{尿素 - 甲醛分子} + H_2O$$

這裡顯示的分子末端胺基與更多的甲醛分子反應，產生高剛性的網絡聚合物結構。與酚醛樹脂的情況一樣，尿素和甲醛首先僅部分聚合以產生低分子量聚合物，將其研磨成粉末並與填料、顏料和催化劑混合。然後利用施加熱 [127°C ~ 171°C (260°F ~ 340°F)] 和壓力 [2 ~ 8 ksi (14 ~ 55 MPa)] 將塑膠模壓成最終形狀。

三聚氰胺還透過縮合反應與甲醛反應，產生聚合的三聚氰胺 - 甲醛分子，水作為副產物釋放出來：[8]

$$\text{三聚氰胺} + \text{甲醛} + \text{三聚氰胺} \xrightarrow{\text{加熱}}$$

$$\text{三聚氰胺 - 甲醛分子} + H_2$$

---

[8] 從每個 NH_2 基團中僅除去一個氫原子，且從甲醛分子中除去一個氧原子，以形成 H_2O 分子。

結構和性質 尿素-甲醛和三聚氰胺-甲醛低分子量預聚物的高反應性使得能夠製備高度交聯的熱固性產品。當這些樹脂與纖維素(木粉)填料結合時,獲得具有良好剛性、強度和抗衝擊性的低成本產品。尿素-甲醛的成本低於三聚氰胺-甲醛,但其耐熱性和表面硬度不如三聚氰胺高。

應用 纖維素填充的尿素-甲醛模塑化合物用於電壁板和容器以及旋鈕和手柄。應用填充纖維素的三聚氰胺化合物包括模壓餐具、鈕扣、控制按鈕和旋鈕。尿素和三聚氰胺水溶性樹脂都可用作木刨花板、膠合板、船體、地板和家具組件的黏合劑和黏合樹脂。胺基樹脂也用於鑄造型芯和殼模的黏合劑。

■ 10.9　彈性體(橡膠) Elastomers (Rubbers)

　　彈性體 (elastomer),或稱**橡膠** (rubber),是一種受外力作用時,尺寸會大幅改變的聚合物材料。而當此外力移去時,材料可以完全(或是幾乎)回復到原來的尺寸。彈性體材料的種類很多,本書只討論以下幾種:天然橡膠、合成聚異戊二烯、苯乙烯-丁二烯橡膠、丁腈橡膠、聚氯丁二烯橡膠與矽氧樹脂(矽利康)。

10.9.1　天然橡膠

生產　天然橡膠是 *Hevea brasiliensis* 樹之橡膠乳汁經過商業生產程序所製造出來的,這種樹木主要栽種在東南亞熱帶區域,尤其是在馬來西亞及印尼。天然橡膠來自一種含有細小橡膠懸浮顆粒的乳汁狀液體,稱為**膠乳** (latex)。液態膠乳從樹上採集後被送至處理中心,先釋到大約 15% 的橡膠含量,然後用蟻酸(一種有機酸)凝結。凝結後的材料經由滾壓處理除去水分形成片狀,再以熱氣烘乾,或是利用火燒成的煙燻乾(燻烤橡膠片)。經過滾壓處理後的片材或利用其他方法所製成的生橡膠一般都會用滾輪重壓,以便用機械剪應力來切斷一些長聚合物鏈,降低平均分子量。1980 年時,天然橡膠的產量大約占全世界橡膠市場的 30%。

結構　天然橡膠主要是**順-1,4 聚異戊二烯** (*cis*-1,4 polyisoprene) 和少量蛋白質、脂類、無機鹽與其他成分混合而成。順-1,4 聚異戊二烯是一種長鏈狀聚合物(其平均分子量約為 5×10^5 g/mol),結構式如下:

順-1,4 聚異戊二烯
天然橡膠之重複結構單元

「順」(英文為 cis) 起頭的分子名稱代表結構內甲基群和氫原子位於碳 - 碳雙鏈之同側，如上方圖中虛線圍成部分所示。至於數字 1,4 則表示聚合物分子鏈上的重複結構單元共價鍵位於第一與第四個碳原子上。天然橡膠的聚合物鏈既長且糾纏捲曲，在室溫下處於持續騷動狀態。天然橡膠聚合物鏈之所以會彎扭與捲曲的主要原因是甲基群與氫原子在碳 - 碳雙鏈同側形成空間結構的阻礙所造成。天然橡膠聚合物分子鏈之共價鍵排列如下：

天然橡膠的聚合物分子鏈片段

另外有一種不屬於彈性體之聚異戊二烯的同素異構物[9]，**反 -1,4 聚異戊二烯** (*trans*-1,4 polyisoprene)[10]，又稱為馬來橡樹膠 (gutta-percha)。在此材料結構中，甲基群與氫原子分布於聚異戊二烯上重複結構單元雙鍵之兩側，與碳 - 碳雙鍵形成共價鍵，如下圖虛線圈圍所示：

反 -1,4 聚異戊二烯
馬來橡樹膠的重複結構單元

在這個結構中，分別鍵結到雙鍵兩側的甲基群與氫原子不會互相干擾，因此反 -1,4 聚異戊二烯分子較對稱，能夠結晶成堅硬的材料。

馬來橡樹膠的聚合物分子鏈片段

硫化 硫化 (vulcanization) 是指一種聚合物分子經交聯而形成更大分子使得分子移動性受限的化學過程。在 1839 年，固特異 (Charles Goodyear)[11] 發現了用硫與碳酸鉛處理橡膠的硫化製程。他發現，當天然橡膠、硫和碳酸鉛之混合物受熱時，

---

[9] 同素異構物是具有相同分子式但原子結構排列不同的分子。

[10] *trans*- 來自拉丁語，意思是「跨越」。

[11] 查爾斯·固特異 (Charles Goodyear)(1800-1860)。美國發明家，透過使用硫和碳酸鉛作為化學試劑發現了天然橡膠的硫化過程。美國專利 3633 於 1844 年 6 月 15 日授予 Charles Goodyear，用於「改進印度 - 橡膠織物」。

圖 10.39 橡膠硫化說明圖。此過程內，硫原子與 1,4 聚異戊二烯鏈間形成交聯。(a) 順-1,4 聚異戊二烯於硫原子交聯前之鏈結；(b) 順-1,4 聚異戊二烯在活性雙鍵處與硫產生交聯。

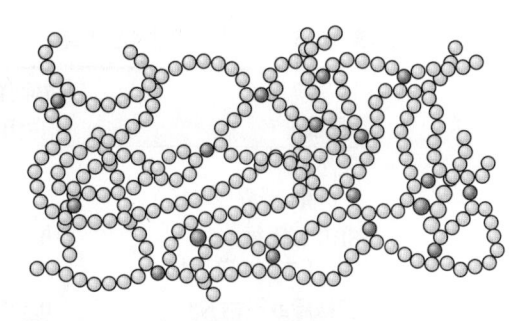

圖 10.40 由硫原子 (深色圓球) 所產生在順-1,4 聚異戊二烯鏈上之交聯模型。

(Source: W.G. Moffatt, G.W. Pearsall, and J. Wulff, *The Structure and Properties of Materials*, vol. 1: Structure, Wiley, 1965, p. 109.)

橡膠會由熱塑性變為彈性體材料。雖然硫與橡膠之間的複雜反應至今仍未完全釐清，但最後結果是聚異戊二烯分子中的部分雙鍵會打開與硫原子交聯，如圖 10.39 所示。

圖 10.40 顯示硫原子交聯如何能增進橡膠分子剛性。圖 10.41 則顯示硫化作用如何能增加天然橡膠的拉伸強度。即使在高溫下，橡膠與硫的反應速度仍然非常緩慢，因此若想縮短高溫下硬化所需的時間，通常在添加填充劑、塑化劑和抗氧化劑之外，還需加入化學催速劑。

一般來說，硫化後的軟橡膠含硫量大約 3 wt%，硫化或硬化的加熱溫度大約在 100°C ~ 200°C 的範圍。假如增加含硫量，交聯反應也會增加，產生較硬也較不易撓曲的材料。45% 的含硫量會形成結構完全堅硬的硬橡膠。

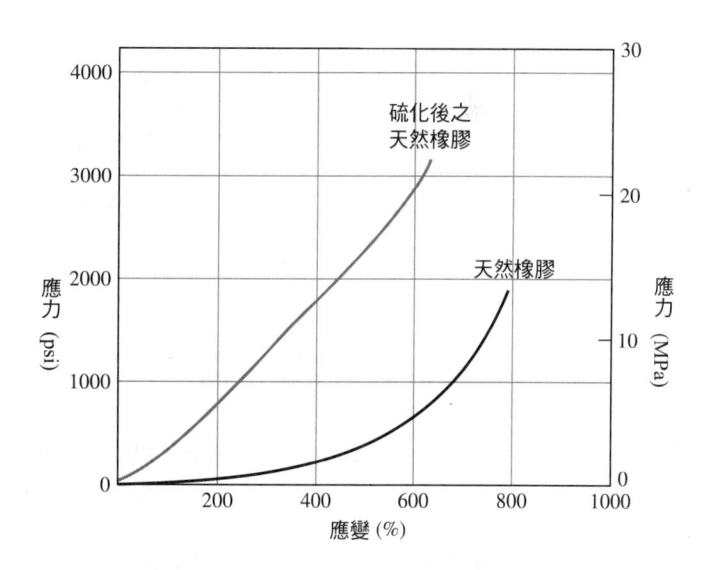

圖 10.41 經硫化及未經硫化處理的橡膠之應力-應變圖。在順-1,4 聚異戊二烯聚合物分子鏈間因硫化所產生的硫原子交聯，提升了硫化後橡膠的強度。

(Source: M. Eisenstadt, *Introduction to Mechanical Properties of Materials: An Ecological Approach*, 1st ed., © 1971.)

氧與臭氧也會與橡膠中的碳-碳雙鍵發生與硫化類似的反應，使橡膠脆化。在橡膠合成時，加入一些抗氧化劑可多少減緩此氧化反應。

使用填充劑可以降低橡膠產品成本並使其強化。碳黑 (Carbon black) 是常見的橡膠填充劑，且一般來說，顆粒愈細小，橡膠的拉伸強度就會愈大。碳黑也可

表 10.8　某些彈性體的性質

彈性體	拉伸強度 (ksi)†	伸長率 (%)	密度 (g/cm³)	建議之使用溫度 °F	°C
天然橡膠* （順-聚異戊二烯）	2.5-3.5	750-850	0.93	−60 至 180	−50 至 82
SBR 或巴納* （丁二烯-苯乙烯）	0.2-3.5	400-600	0.94	−60 至 180	−50 至 82
腈橡膠或巴納 N* （丁二烯-丙烯腈）	0.5-0.9	450-700	1.0	−60 至 250	−50 至 120
尼奧普林橡膠* （聚氯丁二烯）	3.0-4.0	800-900	1.25	−40 至 240	−40 至 115
矽樹脂（聚甲矽烷）	0.6-1.3	100-500	1.1-1.6	−178 至 600	−115 至 315

* 純硫化膠之特性。
† 1000 psi = 6.89 MPa。

增加橡膠的抗磨損與抗撕裂性質。矽土(例如矽酸鈣)與修正化學成分的黏土也會用來作為強化橡膠的填充劑。

特性　表 10.8 比較了硫化天然橡膠與其他彈性體之拉伸強度、伸長率與密度等特性。如同所料，這些材料的拉伸強度都偏低，但是伸長率極高。

10.9.2　合成橡膠

1980 年，合成橡膠占全世界橡膠材料 70% 的供應量。一些重要的合成橡膠包括苯乙烯-丁二烯、丁腈橡膠與聚氯丁二烯橡膠。

苯乙烯-丁二烯橡膠(丁苯橡膠)　最重要也最常用的合成橡膠是丁二烯-苯乙烯共聚合物，稱作苯乙烯-丁二烯橡膠 (styrene-butadiene rubber, SBR)。在聚合反應後，此材料會含 20% 至 23% 的苯乙烯。SBR 的基本構造如圖 10.42 所示。

由於丁二烯單體包含雙鍵，此共聚合物可以透過交聯而被硫化。當與立體特異性催化劑合成型成順式異構物時，丁二烯本身的彈性比天然橡膠大，因為丁二烯單體中缺乏天然橡膠中雙鍵所鏈接的甲基群。共聚合物中的苯乙烯會使橡膠更強且更韌。苯乙烯中沿著共聚合物主鏈任意散布的苯環使聚合物在高應力下較不易結晶化。SBR 橡膠的成本比天然橡膠低，因此常見於許多應用。例如，作為輪胎面材料，SBR 的抗磨損性較好，不過較易生熱。SBR 與天然橡膠的缺點是

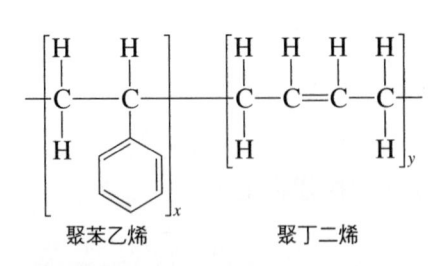

圖 10.42　苯乙烯-丁二烯合成橡膠共聚合物之化學結構。

兩者都會吸收諸如汽油與機油類的有機溶液，因而膨脹。

丁腈橡膠　丁腈 (nitrile) 橡膠是丁二烯 (含量約在 55% ~ 82% 之間) 和丙烯腈 (含量約在 45% ~ 18% 之間) 的共聚合物。丁腈基團增加了主分子鏈的極性與鄰近分子鏈間的氫鍵強度。丁腈基團可增加橡膠對於油與溶劑的抗性，並且改善磨耗性與耐熱性，不過會使分子鏈的可撓曲度降低。丁腈橡膠比普通橡膠貴，所以這類共聚合物只會用在特定領域，像是油管、墊片等需要對油及溶劑有高抵抗力之零件。

聚氯丁二烯 (氯丁橡膠)　聚氯丁二烯 (polychloroprene) 又稱為氯丁橡膠 (neoprene)。除了以氯原子取代和碳 - 碳雙鍵所接的甲基外，其他結構和異戊二烯 (isoprene) 類似：

$$\left[\begin{array}{cccc} H & Cl & H & H \\ | & | & | & | \\ -C-C & = & C-C- \\ | & & & | \\ H & & & H \end{array} \right]_n$$

聚氯丁二烯 (氯丁橡膠)
結構單元

氯原子會增加不飽和雙鍵對氧、臭氧、熱、光線和氣候的抗性。此外，氯丁橡膠對燃料與油脂抗性也不錯，強度也超越普通橡膠。然而，它在低溫下的撓曲性較差，成本也偏高。因此，氯丁橡膠會用於特殊用途，如電線電纜表皮、工業用管、皮帶和汽車用油封及隔膜。

10.9.3　聚氯丁二烯彈性體的性質

氯丁橡膠是以原料形式之合成橡膠出售給其製造商。在將其轉化為有用的產品之前，必須將其與選定的化學品、填料和加工助劑化合。然後將所得混合化合物成型或模塑並硫化。該成品的性質取決於氯丁橡膠原料和配方中各成分的量。表 10.9 列出了作為生橡膠、硫化橡膠和碳黑填充硫化橡膠的聚氯丁二烯所選的基本物理性質。

10.9.4　聚氯丁二烯彈性體的硫化

聚氯丁二烯彈性體的硫化取決於金屬氧化物而不是硫，雖然硫用於許多彈性體材料。最常用的是氧化鋅和氧化鎂。硫化過程透過以下反應進行：

表 10.9 聚氯丁二烯的基礎物理性質

性質	生聚合物	硫化 橡膠	硫化 碳黑
密度 (g/cm³)	1.23	1.32	1.42
體積係數		610	
$\beta = 1/v \cdot \delta v/\delta T, \kappa^{-1}$	600×10^{-6}	720×10^{-6}	
熱性質			
玻璃轉換溫度，K(°C)	228(−45)	228(−45)	230(−43)
熱容量，C_p [kJ/(kg·K)]^b	2.2	2.2	1.7-1.8
熱傳導係數 [W/(m·K)]	0.192	0.192	0.210
電子			
介電常數 (1 kHz)		6.5-8.1	
消散係數 (1 kHz)		0.031-0.086	
導電性 (pS/m)		3-1400	
機械			
最終伸長率 (%)		800-1000	500-600
拉伸強度，MPa(ksi)		25-38(3.6-5.5)	21-30(3.0-4.3)
楊氏係數，MPa(psi)		1.6(232)	3-5(435-725)
彈性回復 (%)		60-65	40-50

Source: "Neoprene Synthetic Elastomers," *Ency. Chen. & Tech.*, 3rd ed., Vol. 8 (1979), Wiley, p. 516.

聚氯丁二烯的硫化過程可能發生的化學反應

所形成的氯化鋅是用於硫化時的活性催化劑，除非將其除去，否則在後續加工過程中會引起問題。MgO 可以作為穩定劑去除 $ZnCl_2$，如下所示：

矽橡膠　矽原子與碳一樣，價數為 4，可通過共價鍵形成聚合物分子。有機矽聚合物具有矽和氧的重複單元，如下圖所示：

矽氧烷聚合物的基本
重複結構單元

其中 X 和 X' 可以是氫原子或基團如甲基 (CH3-) 或苯基 (C_6H_5-)。基於矽和主鏈中的氧的矽氧烷聚合物稱為矽氧烷 (silicones)。在許多有機矽彈性體中，最常見的類型是重複單元的 X 和 X' 為甲基的類型：

$$\left[\begin{array}{c} CH_3 \\ | \\ -Si-O- \\ | \\ CH_3 \end{array} \right]_n$$

聚二甲基矽氧烷的基本
重複結構單元

該聚合物被稱為聚二甲基矽氧烷 (polydimethyl siloxane)，並且可以在室溫下通過添加起始劑 [例如過氧化苯甲醯 (benzoyl peroxide)] 進行交聯，起始劑將兩個甲基反應在一起，同時消除氫氣 (H_2) 以形成 Si—CH_2—CH2—Si 鍵結。其他類型的矽氧烷可以在更高的溫度 (例如，50°C ~ 150°C) 下固化，這取決於產品和預期用途。

有機矽橡膠的主要優點是能夠在很寬的溫度範圍內 (即 −100°C ~ 205°C) 使用。矽橡膠的應用包括密封劑、墊圈、電絕緣、自動點火電纜和火花塞靴。

■ 例題 10.6

必須在 100 g 聚異戊二烯橡膠中加入多少硫才能使 5%的聚苯乙烯產生交聯？假設所有可用的硫都會被使用，並且在每個交聯鍵中僅涉及一個硫原子。

解

如圖 10.39b 所示，平均而言，在交聯過程中，一個硫原子會與一個聚異戊二烯單體相關。 首先，我們將決定聚異戊二烯單體的分子量。

MW(聚異戊二烯) = 5 個 C 原子 ×12 g / mol + 8 個 H 原子 ×1 g / mol = 68.0 g / mol

因此，對於 100 g 聚異戊二烯，我們具有 100 g /(68.0 g / mol) = 1.47 mol 聚異戊二烯。對於與硫的 100%交聯，我們需要 1.47 mol 的硫或

$$1.47 \text{ mol} \times 32 \text{ g / mol} = 47.0 \text{ g 硫}$$

$$\begin{array}{c} \text{H} \quad CH_3 \; \text{H} \quad \text{H} \\ | \quad | \quad | \quad | \\ -\text{C}-\text{C}=\text{C}-\text{C}- \\ | \quad \quad \quad | \\ \text{H} \quad \quad \quad \text{H} \end{array}$$

聚異戊二烯單體

對於交聯 5%的鍵結，我們只需要

$$0.05 \times 47.0 \text{ g 硫} = 2.35 \text{ g 硫} \blacktriangleleft$$

例題 10.7

丁二烯-苯乙烯橡膠是利用將一種苯乙烯單體與八種丁二烯單體進行聚合而成的。如果 20% 的交聯點與硫結合，則需要多少重量百分比的硫？

解

基礎：100 g 共聚物

在共聚物中，我們有 1 莫耳苯乙烯和 8 莫耳聚丁二烯。

因此，以重量來看，我們有：

$$8 \text{ moles 聚丁二烯} \times 54 \text{ g/mol} = 432 \text{ g}$$
$$1 \text{ mole 聚苯乙烯} \times 104 \text{ g/mol} = \underline{104 \text{ g}}$$
$$\text{共聚物的總重量} = 536 \text{ g}$$

聚丁二烯與共聚物的重量比 = 432/536 = 0.806

因此，在 100 g 的共聚物中，我們具有 100 g × 0.806 = 80.6 g 丁二烯或 80.6 g / 54 g = 1.493 moles 聚丁二烯。

對於 20% 的交聯，硫的公克數 = (1.493 moles)(32 g/mole)(0.20) = 9.55 g 硫。

$$\text{硫的重量百分比 (\%)} = \left(\frac{9.55 \text{ g}}{100 \text{ g} + 9.55 \text{ g}} \right) 100\% = 8.72\% \blacktriangleleft$$

例題 10.8

丁二烯-丙烯腈橡膠是使用一種丙烯腈單體與三種丁二烯單體聚合而成的。若要交聯 20% 的交聯點，需要多少硫才能與 100 kg 這種橡膠反應？

解

基礎：100 g 共聚物

$$3 \text{ 摩爾聚丁二烯} \times 54 \text{ g} = 162 \text{ g}$$
$$1 \text{ 摩爾聚丙烯腈} \times 53 \text{ g} = \underline{53 \text{ g}}$$
$$\text{共聚物的總重量} = 215 \text{ g}$$

聚丁二烯與共聚物的重量比 = 162 g / 215 g = 0.7535

在 100 g 共聚物中，我們具有 100 g × 0.7535 = 75.35 g 或 75.35 g / 54 g/mol = 1.395 mol。

20% 交聯所需的硫重量 = (1.395 mol)(32 g / mol)(0.20) = 8.93 g 硫或 8.93 kg。

10.10 塑膠材料的變形與強化
Deformation and Strengthening of Plastic Materials

10.10.1 熱塑性塑膠之變形機制

熱塑性材料的變形可為彈性的、塑性的 (永久的) 或兩者兼具。當溫度低於玻璃轉換溫度下時，熱塑性塑膠的變形主要是彈性變形，如圖 10.43 中的聚甲基丙烯酸甲酯 (polymethyl methacrylate, PMMA) 在 $-40°C$ 與 $68°C$ 時之拉伸應力-應變曲線圖。當溫度高於玻璃轉換溫度時，熱塑性塑膠變形則以塑性變形為主，如圖 10.43 中 PMMA 在 $122°C$ 和 $140°C$ 時的拉伸應力-應變曲線圖。因此，熱塑性塑膠從低溫加熱超過玻璃轉換溫度時，材料會經歷延脆轉換過程。PMMA 的玻璃轉換溫度 (T_g) 在 $86°C \sim 104°C$ 之間，所以會在此溫度區間內經過延脆轉換。

圖 10.44 說明了當熱塑性塑膠材料發生變形時，其長分子鏈中主要的原子和分子的變形機制。圖 10.44a 中的彈性變形是以拉直主分子鏈中的共價鍵來表示。圖 10.44b 中的彈性或塑形變形是以拉直捲曲狀態的線性高分子來表示。最後，圖 10.44c 中的塑形變形則是以打斷及重建次電偶極鍵結力使得分子鏈滑動來表示。

10.10.2 強化熱塑性塑膠

以下是影響熱塑性塑膠強度的各種因素：(1) 聚合物分子鏈的平均分子質

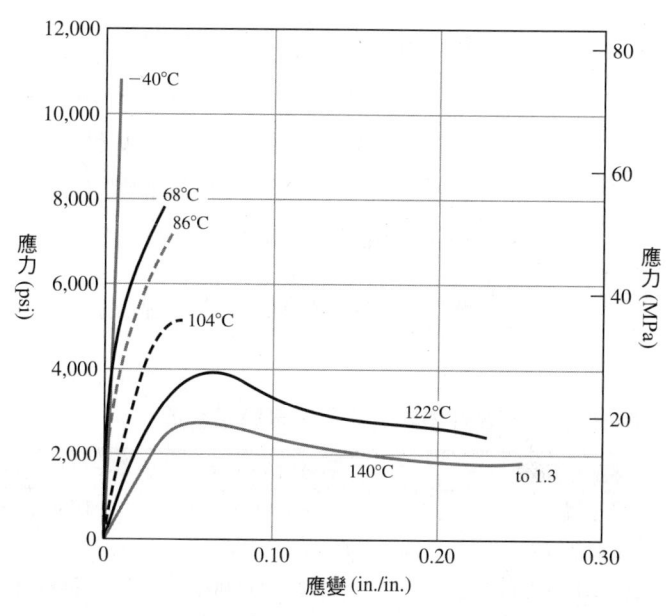

圖 10.43 不同溫度時，聚甲基丙烯酸甲酯的拉伸應力-應變曲線圖。$86°C \sim 104°C$ 之間，材料會發生延性-脆性轉換。

(Source: T. Alfrey, *Mechanical Behavior of High Polymers*, Wiley-Interscience, 1967.)

圖 10.44 聚合物材料內之變形機制：(a) 拉伸主分子鏈之碳共價鍵所產生的彈性變形；(b) 主分子鏈由捲曲到拉直所造成之彈性或塑性變形；(c) 分子鏈間滑動造成的塑性變形。

(Source: Eisenstadt, M., *Introduction to Mechanical Properties of Materials: An Ecological Approach*, 1st ed, © 1971.)

量；(2) 結晶度；(3) 主分子鏈上龐大側邊原子基團的影響；(4) 主分子鏈上高極性原子的影響；(5) 主碳分子鏈上氧、氮及硫原子的影響；(6) 主分子鏈上苯環的影響；(7) 玻璃纖維強化材料的添加。

聚合物分子鏈之平均分子質量所產生的強化 熱塑性塑膠材料的強度與其平均分子量成正相關，因為聚合反應必須達到一定的分子質量範圍才能產生穩定固體。然而，這並非一般會用來控制材料強度的方法，因為一旦熱塑性塑膠分子質量到達某臨界範圍後，即使繼續增加分子質量，往往也無法大幅提升強度。表 10.10 是某些熱塑性塑膠的分子質量範圍與聚合度。

增加熱塑性材料結晶度所產生的強化 熱塑性塑膠的結晶量可大幅影響其拉伸強度。一般來說，只要熱塑性材料的結晶度增加，其拉伸強度、拉伸彈性係數和密度也都會增加。

可在固化過程中形成結晶的熱塑性塑膠，其主分子鏈結構簡單且對稱。例如，聚乙烯和尼龍就是兩種固化時可以產生大量結晶的熱塑性塑膠。圖 10.45 比較了低密度和高密度聚乙烯的工程應力-應變圖。低密度聚乙烯結晶度較少，因此強度和拉伸模數都比高密度聚乙烯低。由於低密度聚乙烯中分子鏈的分支情況較明顯，彼此間距離也較遠，因此分子鏈間的鍵結力較弱，導致較低的材料強度。應力-應變曲線上的降伏峰來自拉伸試驗中試片截面產生的頸縮現象。

熱塑性材料結晶度增加對材料拉伸(降伏)強度影響的另一個範例就是圖 10.46 的尼龍 6,6。高結晶度材料強度增加的原因是聚合物分子鏈的緊密堆積，使得分子鏈間的鍵結更強。

表 10.10 熱塑性塑膠之分子質量與聚合度

熱塑性塑膠	分子質量 (g/mol)	聚合度
聚乙烯	28,000-40,000	1000-1500
聚氯乙烯	67,000(平均)	1080
聚苯乙烯	60,000-500,000	600-6000
聚六亞甲基二胺 (尼龍 6,6)	16,000-32,000	150-300

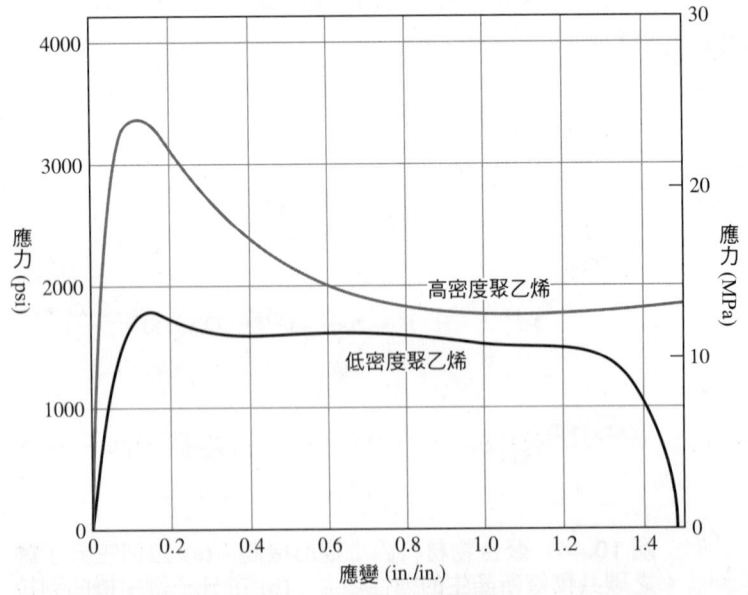

圖 10.45 低密度及高密度聚乙烯之拉伸應力-應變曲線。高密度聚乙烯因具有較大之結晶度，因此剛性較強，強度較大。

(Source: J.A. Sauer and K.D. Pae, "Mechanical Properties of High Polymers" in H.S. Kaufman and J.J. Falcetta (eds.), *Introduction to Polymer Science and Technology*, Wiley, 1977, p. 397.)

在主碳鏈上加入懸吊原子基團以強化熱塑性塑膠 在主碳分子鏈的側邊加入龐大原子基團能防止熱塑性材料因分子鏈滑動而造成的永久變形。例如，這種強化熱塑性材料的方法可用於聚丙烯與聚苯乙烯。高密度聚乙烯的拉伸係數可從 $0.6 \sim 1.5 \times 10^5$ psi 的範圍，提升到聚丙烯 (在主碳分子鏈側邊接有甲基團) 的 $1.5 \sim 2.2 \times 10^5$ psi 的範圍。若接上更巨大的苯環 (即聚苯乙烯) 成為聚苯乙烯，拉伸彈性模數更可以增加至 $4 \sim 5 \times 10^5$ psi 的範圍。不過，斷裂時的伸長率也會由高密度聚乙烯的 100% ~ 600% 大幅降低至聚苯乙烯之 1% ~ 2.5%。因此，在熱塑性塑膠主碳分子鏈添加龐大的基團可以提升材料剛性和強度，但會減少其延展性。

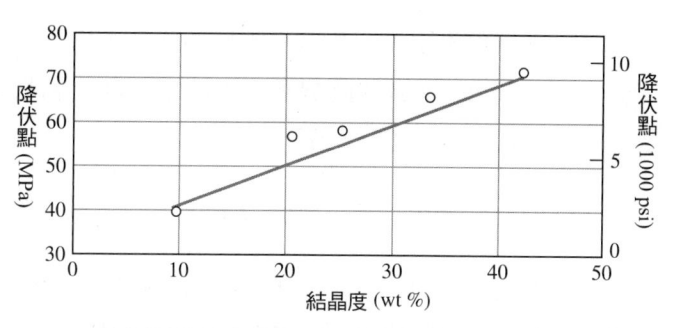

圖 10.46 乾的聚醯胺 (尼龍 6,6) 之降伏點與結晶度之函數關係。
(Source: *Kirk/Encyclopedia of Chemical Technology*, vol. 18, Wiley, 1982, p. 331.)

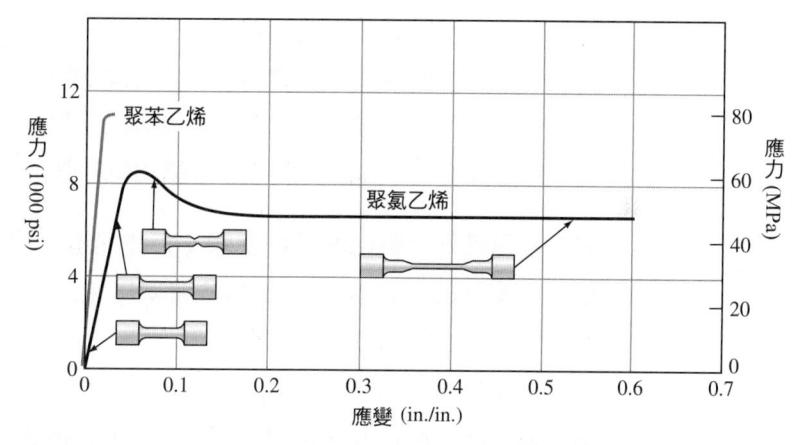

圖 10.47 非結晶性聚氯乙烯 (PVC) 及聚苯乙烯 (PS) 熱塑性塑膠之拉伸應力 - 應變資料，顯示在應力 - 應變曲線上不同點時試片之變形模型。
(Source: J.A. Sauer and K.D. Pae, "Mechanical Properties of High Polymers," in H.S. Kaufman and J.J. Falcetta (eds.), *Introduction to Polymer Science and Technology*, Wiley, 1977, p. 331.)

在主碳鏈上鏈結高極性原子以強化熱塑性塑膠 在主碳鏈上，每隔 1 個碳原子即置入 1 個氯原子於側邊形成聚氯乙烯，可大幅提升聚乙烯的強度。龐大且極性高的氯原子可顯著增加聚合物分子鏈之間的鏈結力。堅硬的聚氯乙烯拉伸強度範圍大約為 6 ~ 11 ksi，遠高於聚乙烯原先的 2.5 ~ 5 ksi。圖 10.47 顯示一聚氯乙烯試片之拉伸應力 - 應變圖，最大降伏強度大約是 8 ksi。此曲線的降伏峰來自拉伸試驗中，試片中央部位所產生的頸縮現象。

在主碳鏈上加入氧及氮原子以強化熱塑性塑膠 在主碳長鏈上引入 —C—O—C— 醚鏈結可增加熱塑性塑膠的剛性。如聚氧化亞甲基 (縮醛)，其擁有重複化學單元。此材料的拉伸強度大約在 9～10 ksi 之間，比高密度聚乙烯的 2.5～5.5 ksi 範圍要高很多。主碳原子鏈的氧原子也會提升聚合物長鏈間的永久偶極鍵結。

在熱塑性塑膠的主分子鏈中引入氮，像在醯胺的鍵連結 $\left(\begin{smallmatrix} & O \\ & \| \\ -C&-N- \end{smallmatrix}\right)$，分子間的永久偶極力會因未氫鍵而大幅提升 (圖 10.35)。尼龍 6,6 的拉伸強度高達 9 至 12 ksi，就是因為聚合物長鏈上醯胺鍵之間的氫鍵之故。

在主聚合物長鏈中同時引入苯環與其他像 O、N 及 S 等元素以強化熱塑性塑膠
強化熱塑性塑膠最重要的方法之一就是在主碳分子鏈中引入苯環，常用於高強度工程塑膠。苯環會使聚合物分子鏈無法旋轉，且遏阻鄰近分子之共振電子間的電子吸引力。含有苯環的聚合物材料包括拉伸強度於 7.8～9.6 ksi 之間的聚苯醚基材料、拉伸強度約 10 ksi 的熱塑性聚酯和拉伸強度約 9 ksi 的聚碳酸酯材料。

加入玻璃纖維以強化熱塑性塑膠　　有些熱塑性塑膠是用玻璃纖維強化。大部分填充玻璃纖維的熱塑性塑膠，其含玻璃重量比率大概在 20%～40% 之間。在材料所需強度、成本和加工處理難易度之間取得平衡和折衷才可得所謂的最佳玻璃含量。常用玻璃纖維來強化的熱塑性塑膠包括尼龍、聚碳酸酯、聚苯醚、聚苯硫醚、聚丙烯、ABS 和聚縮醛。例如，尼龍 6,6 加入 40% 玻璃纖維後，拉伸強度可由 12 ksi 提升至 30 ksi，但是伸長率卻也從 60% 減至 2.5%。

10.10.3　強化熱固性塑膠

未使用強化材料的熱固性塑膠會在材料結構內形成共價鍵網狀結構來達成強化效果。在鑄模後，或在在加熱和加壓的模壓製程中，熱固性塑膠內會因化學反應而產生共價鍵網路狀結構，像是酚醛樹脂、環氧樹脂與聚酯 (不飽和) 都是範例。由於有這些共價鍵網路狀結構的存在，這些材料的強度、彈性模數和剛性對塑膠而言都很高。例如，鑄模酚醛樹脂的拉伸強度大約是 9 ksi，鑄造聚酯的大約是 10 ksi，鑄造環氧樹脂的則可高達 12 ksi。但也是因此之故，這些材料的延展性都很低。

加入強化材料可使熱固性塑膠的強度明顯提升。例如，填充玻璃纖維之後的酚醛樹脂，其拉伸強度可達 18 ksi。填充玻璃纖維之後的聚酯基板片模造化合物的拉伸強度更可高達 20 ksi。添加碳纖強化之環氧樹脂單向積層板材料於某個方向上更可達 250 ksi 之超高拉伸強度。

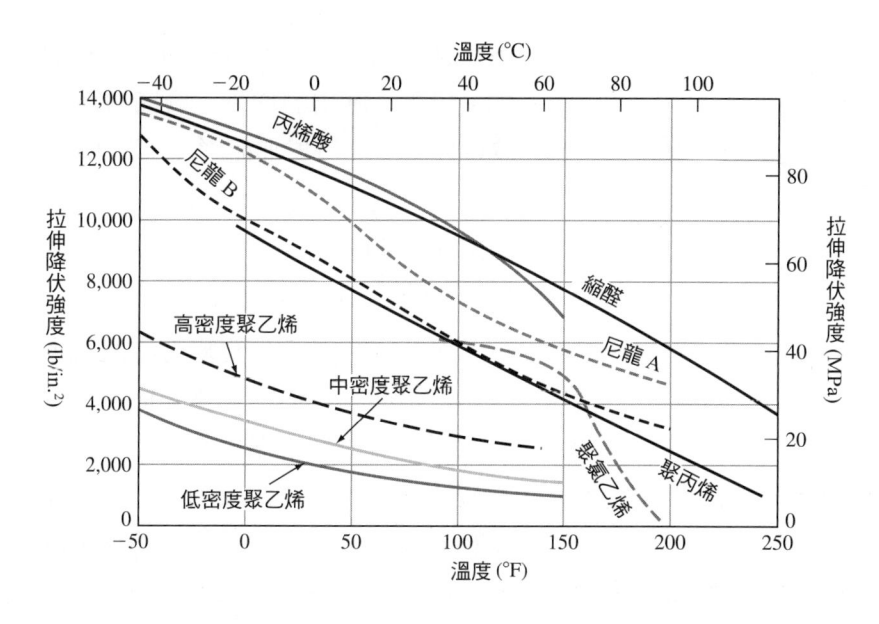

圖 10.48 溫度對某些熱塑性塑膠拉伸降伏強度的影響。
(Source: H.E. Barker and A.E. Javitz, "Plastic Molding Materials for Structural and Mechanical Applications," Electr. Manuf., May 1960.)

10.10.4 溫度對塑膠材料強度的影響

熱塑性塑膠有一個特徵，就是材料會隨著溫度升高而逐漸軟化，如圖 10.48 所示。當溫度升高時，分子鏈之間的次鍵結力開始轉弱，使得熱塑性塑膠的強度降低。當熱塑性塑膠材料的溫度超過其玻璃轉換溫度 T_g 時，其強度會因次鍵結力大量減弱而急遽降低。圖 10.43 顯示聚甲基丙烯酸甲酯 (PMMA) 的溫度與材料強度的關係，其 T_g 大約是 100°C。PMMA 在 86°C 時的拉伸強度大約是 7 ksi，此溫度低於 T_g。一旦溫度提高至高於 T_g 的 122°C，材料的拉伸強度就會降到 4 ksi。表 10.2 及表 10.5 列出一些熱塑性塑膠的最高使用溫度。

熱固性塑膠在受熱後也會變得較弱，但是由於其原子主要藉由網狀結構內很強的共價鍵所鏈結，因此即使處於高溫也不會變成黏稠，只是會劣化，而且在超過最高使用溫度時會碳化。一般來說，熱固性塑膠在高溫時比起塑性塑膠穩定，但是也有些熱塑性塑膠的高溫穩定性極佳。表 10.7 列出一些熱固性塑膠之最高使用溫度範圍。

10.11 聚合物材料的潛變與斷裂
Creep and Fracture of Polymeric Materials

10.11.1 聚合物材料之潛變

聚合物材料在承受負載時會產生潛變。也就是說，在恆定溫度與固定負載

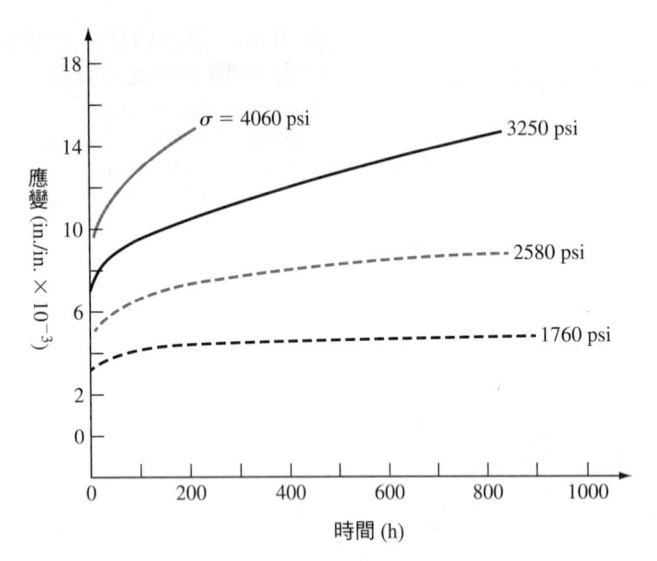

圖 10.49 溫度 77°F 時各種拉伸應力下之聚苯乙烯潛變曲線。
(Source: J.A. Sauer, J. Marin, and C.C. Hsiao, *J. Appl. Phys.*, 20:507 (1949).)

下，材料的變形會隨著時間而持續增加。另外，應變的增量也會隨著所承受的應力與溫度增加而增加。圖 10.49 顯示在溫度 77°F (25°C) 時，拉伸應力在 1760～4060 psi (12.1～30 MPa) 範圍內時，聚苯乙烯潛變應變的變化。

聚合物材料發生潛變時的溫度也是影響潛變速率的一個重要因素。當溫度低於玻璃轉換溫度時，因為熱塑性塑膠的分子鏈運動受限，因此潛變率相對低。當溫度超過玻璃轉換溫度時，熱塑性材料就會因為同時產生塑性與彈性變形而變得較易變形；這種現象稱為黏彈性行為 (viscoelastic behavior)。當高於玻璃轉換溫度時，分子鏈間很容易產生互相滑動；這種容易變形的行為稱之為黏性流動 (viscous flow)。

在工業界，聚合物材料的潛變是以潛變模數來量測，也就是在某一恆定測試溫度下經過一特定時間之後，初始應力 σ_0 與潛變應變 $\epsilon(t)$ 之間的比值。因此，材料的潛變模數愈高，表示其潛變率愈低。表 10.11 列出不同塑膠在 1000 到 5000 psi 應力範圍內的潛變模數。從表中可看出龐大側邊基團與強分子鏈結力對降低聚合物材料潛變率的影響。例如，在 73°F 時，聚乙烯在 10 小時的 1000 psi 的應力作用下，潛變模數為 62 ksi，而在同樣的條件下，PMMA 潛變模數可高達 410 ksi。

填充了玻璃纖維的強化塑膠潛變模數大幅提升，潛變率也較低。例如，未強化的尼龍 6,6 經過 10 小時 1000 psi 應力作用後的潛變模數為 123 ksi，但若加入 33% 的玻璃纖維強化後，在 10 小時 4000 psi 應力作用後的潛變模數可升高到 700 ksi。在塑膠材料中添加玻璃纖維是可以增加潛變抗性與強度的重要方法。

10.11.2 聚合物材料之應力鬆弛

持續承受固定應變作用的聚合物材料，會因應力鬆弛而使得所承受應力隨著時間降低。應力會鬆弛是因為聚合物內部結構產生的黏性流動。分子鏈間次鍵結的斷裂及重建，還有分子鏈機械式的鬆開及再繞，都會造成分子鏈間滑動，形成黏性流動。只要能有足夠的活化能，應力鬆弛可讓材料自發性地達到低能量狀

表 10.11 聚合物材料在 73°F(23°C) 下之潛變模數

	測試時間 (h)			
	10	100	1000	
	潛變模數 (ksi)			應力值 (psi)
未強化材料：				
聚乙烯，Amoco 31-360B1	62	36		1000
聚丙烯，Profax 6323	77	58	46	1500
聚苯乙烯，FyRid KSI	310	290	210	修正之衝擊式
聚甲基丙烯酸甲酯，Plexiglas G	410	375	342	1000
聚氯乙烯，Bakelite CMDA 2201	…	250	183	1500
聚碳酸酯，Lexan 141-11	335	320	310	3000
尼龍 6, 6，Zytel 101	123	101	83	1000，在 50% RH 達到平衡
縮醛，Delrin 500	360	280	240	1500
ABS，Cycolac DFA-R	340	330	300	1000
強化之材料：				
縮醛，Thermocomp KF-1008，30% 玻璃纖維	1320	…	1150	5000，75°F(24°C)
尼龍 6, 6，Zytel 70G-332，33% 玻璃纖維	700	640	585	4000，在 50% RH 達到平衡
聚酯，熱固性模造化合物，Cyglas 303	1310	1100	930	2000
聚苯乙烯，Thermocomp CF-1007	1800	1710	1660	5000，75°F(24°C)

Source: *Modern Plastics Encyclopedia*, 1984–85, McGraw-Hill.

態。因此，聚合物材料的應力鬆弛與溫度和活化能有關。

應力鬆弛發生的速率和材料本身的鬆弛時間 (relaxation time, τ) 有關。鬆弛時間 τ 的定義是應力 (σ) 減低到起始應力 σ_0 的 0.37(1 e) 倍所需要的時間。應力隨著時間 t 的變化關係可寫成下式：

$$\sigma = \sigma_0 e^{-t/\tau} \tag{10.3}$$

其中 σ = 時間 t 後的應力，σ_0 = 起始應力，τ = 鬆弛時間。

■ 例題 10.9 •

恆定應變下，一彈性體材料施以 1100 psi (7.6 MPa) 高應力。於 20°C 溫度下經 40 天，應力值降到 700 psi (4.8 MPa)。請估算：(a) 此材料的鬆弛時間常數；(b) 同樣 20°C 溫度，經 60 天後之應力。

解

a. 由 $\sigma = \sigma_0 e^{-t/\tau}$ [(10.3) 式] 或 $\ln(\sigma/\sigma_0) = -t/\tau$，其中 $\sigma = 700$ psi，$\sigma_0 = 1000$ psi，與 $t = 40$ 天，

$$\ln\left(\frac{700 \text{ psi}}{1100 \text{ psi}}\right) = -\frac{40 \text{ 天}}{\tau} \qquad \tau = \frac{-40 \text{ 天}}{-0.452} = 88.5 \text{ 天} \blacktriangleleft$$

b.

$$\ln\left(\frac{\sigma}{1100 \text{ psi}}\right) = -\frac{60 \text{ 天}}{88.5 \text{ 天}} = -0.678$$

$$\frac{\sigma}{1100 \text{ psi}} = 0.508 \qquad \text{或} \qquad \sigma = 559 \text{ psi} \blacktriangleleft$$

由於鬆弛時間 τ 是速率的倒數，我們可用阿瑞尼斯 (Arrhenius-type) 速率方程式將它與絕對溫度的關係寫成：

$$\frac{1}{\tau} = Ce^{-Q/RT} \tag{10.4}$$

其中 C = 速率常數 (與溫度無關)，Q = 過程活化能，T = 絕對溫度 K，R = 莫耳氣體常數 = 8.314 J/(mol·K)。例題 10.10 顯示了 (10.4) 式如何用於確定經受應力鬆弛的彈性體材料的活化能。

■ 例題 10.10 •

25°C 下一彈性體材料之鬆弛時間是 40 天，35°C 下是 30 天，請估算該應力鬆弛過程活化能。

解

由 (10.4) 式，$1/\tau = Ce^{-Q/RT}$，當 $\tau = 40$ 天，

$$T_{25°C} = 25 + 273 = 298 \text{ K} \qquad T_{35°C} = 35 + 273 = 308 \text{ K}$$

$$\frac{1}{40} = Ce^{-Q/RT_{298}} \tag{10.5}$$

且

$$\frac{1}{30} = Ce^{-Q/RT_{308}} \tag{10.6}$$

(10.5) 式除以 (10.6) 式，可得

$$\frac{30}{40} = \exp\left[-\frac{Q}{R}\left(\frac{1}{298} - \frac{1}{308}\right)\right] \quad 或 \quad \ln\left(\frac{30}{40}\right) = -\frac{Q}{R}(0.003356 - 0.003247)$$

$$-0.288 = -\frac{Q}{8.314}(0.000109) \quad 或 \quad Q = 22{,}000 \text{ J/mol} = 22.0 \text{ kJ/mol} \blacktriangleleft$$

10.11.3 聚合物材料之斷裂

和金屬類似，聚合物材料的斷裂 (fracture) 也可分為脆性、延性及介於兩者之間。一般來說，未經強化處理的熱固性塑膠主要會在脆性模式下斷裂。相對地，熱塑性塑膠斷裂主要可以是脆性或延性。如果熱塑性塑膠斷裂是發生在玻璃轉換溫度以下，則主要是脆性；若是發生在玻璃轉換溫度以上，則主要是延性。因此，溫度對熱塑性塑膠的斷裂模式有很大影響。熱固性塑膠加熱到室溫以上時會變得較弱，因此會在較低的應力下斷裂，但是其斷裂模式仍主要為脆性，因為它在高溫下仍然保有共價鍵的網路狀結構。應變率也是影響熱塑性塑膠斷裂模式的重要因素。應變率較低時，斷裂模式多為延性，因為分子鏈可以重新排列。

聚合物材料的脆性斷裂 類似聚苯乙烯或聚甲基丙烯酸甲酯的無結晶脆性玻璃質 (glassy) 聚合物材料斷裂，所需要的表面能比斷裂面含簡單碳-碳鍵結的材料所需要的能量高約 1000 倍。因此，像是 PMMA 的玻璃質聚合物材料要比無機玻璃韌許多。玻璃質熱塑性塑膠斷裂所需要的額外能量很高，因為在斷裂前，所謂裂痕 (crazes) 的局部扭曲區會形成在材料內的高應力區，內含排列整齊的分子鏈與高密度的分散孔洞 (voids)。

圖 10.50 顯示在玻璃質熱塑性塑膠 (如 PMMA) 中，於裂痕附近的分子結構變化。若材料所承受的應力夠高，斷裂就會發生在裂痕處，如圖 10.51 與圖 10.52 所示。裂縫尖端所出現的應力會延著裂痕長度方向延伸。在裂痕區中將聚合物分子鏈排列所花的功是玻璃質聚合物材料斷裂需要許多能量的原因。這也說明聚苯乙烯及 PMMA 的斷裂能是介於 300 及 1700 J/m² 之間，而不是只有 0.1 J/m²；那是只考慮打斷共價鍵所需的斷裂能。

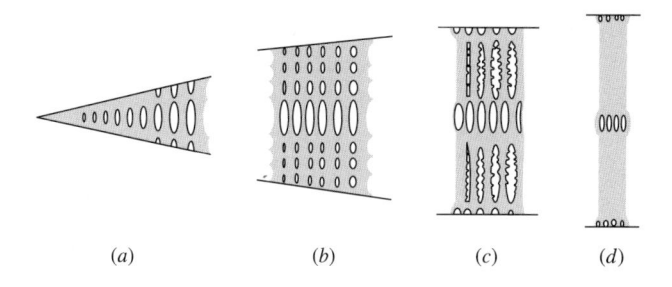

(a) (b) (c) (d)

圖 10.50 玻璃化熱塑性塑膠發生裂痕厚化之裂痕顯微結構改變圖。

(Source: P. Beahan, M. Bevis, and D. Hull, *J. Mater. Sci.*, 8:162(1972).)

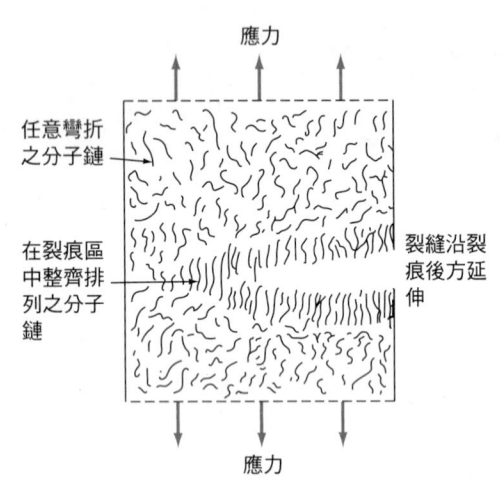

圖 10.51 玻璃化熱塑性塑膠內接近裂縫端點的裂痕結構。

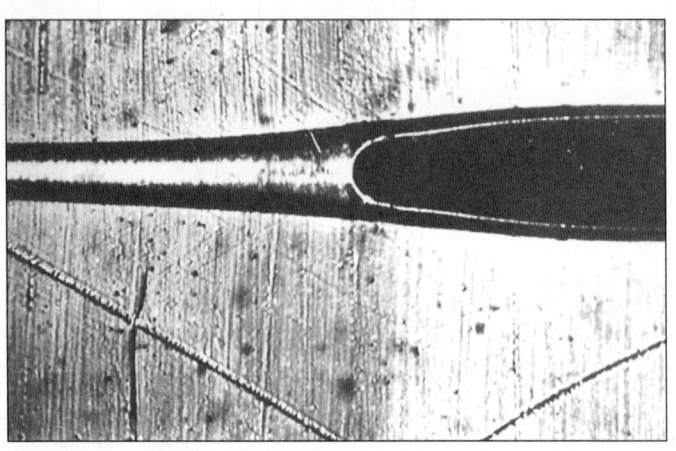

圖 10.52 玻璃化熱塑性塑膠內貫穿裂痕中心之裂縫。
(©ASM International)

聚合物材料的延性斷裂　熱塑性塑膠在超過玻璃轉換溫度時，會在斷裂前出現塑性降伏的現象。線性分子鏈會由捲曲拉直，然後滑過彼此，逐漸於外加應力方向上開始緊密排列(圖10.53)。最後，當分子鏈承受之應力過高時，主分子鏈上的共價鍵會斷開，導致材料斷裂。彈性體的變形機制也是如此，只是它的分子鏈拉伸現象(彈性變形)更明顯。當材料所承受的應力過高，且分子鏈被過度拉伸時，主分子鏈上的共價鍵會斷開導致材料斷裂。

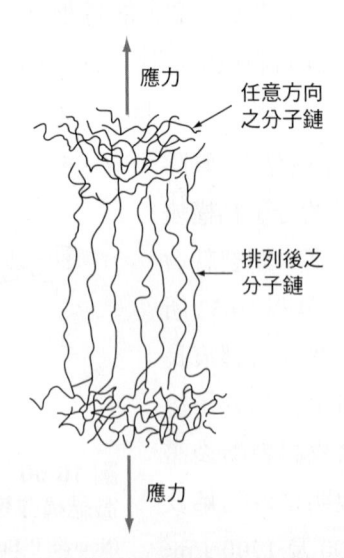

圖 10.53 應力作用下熱塑性聚合物材料之塑性降伏現象。捲曲分子鏈被拉直且相互滑動，分子鏈本身沿應力方向排列，一旦應力過高，就會因分子鏈斷裂造成材料破斷。

10.12　總結 Summary

　　塑膠和彈性體是重要的工程材料，主要是因為它們具有廣泛的性能，相對容易形成所需形狀，並且成本相對較低。塑膠材料可以方便地分為兩類：熱塑性塑膠和熱固性塑膠 (熱固性塑膠)。熱塑性塑膠需要加熱才能使其成型，冷卻後它們保持其形成的形狀。這些材料可以重複加熱並重複使用。熱固性塑膠通常利用熱和壓力形成永久形狀，在此期間發生化學反應，將原子鍵結在一起形成剛性固體。然而，一些熱固性反應在室溫下進行而不使用熱和壓力。熱固性塑膠在「固化」或「固化」後不能再熔化，並且在加熱至高溫時，它們會降解或分解。

　　生產塑膠所需的化學品主要來自石油、天然氣和煤炭。塑膠材料是透過將許多稱為單體的小分子聚合成稱為聚合物的非常大的分子而產生的。熱塑性塑膠由長分子鏈聚合物組成，鏈之間的鍵結力是次級永久偶極型。熱固性塑膠通過所有原子之間的強共價鍵力而共價鍵在一起。

　　熱塑性塑膠最常用的加工方法是注塑、擠出和吹塑，而熱固性塑膠最常用的方法是壓縮和傳遞模塑和鑄造。

　　有許多熱塑性塑膠和熱固性塑膠系列。一些通用熱塑性塑膠的實例是聚乙烯、聚氯乙烯、聚丙烯和聚苯乙烯。工程塑膠的實例是聚醯胺 (尼龍)、聚縮醛、聚碳酸酯、飽和聚酯、聚苯醚和聚碸。(注意，將熱塑性塑膠分離成通用和工程塑膠是任意的。) 熱固性塑膠的例子是酚醛樹脂、不飽和聚酯、三聚氰胺和環氧樹脂。

　　彈性體或橡膠是聚合物材料的一個大型分支，具有重要的工程重要性。天然橡膠來自人工林，由於其優越的彈性，仍然需求量很大 (約占世界橡膠供應量的 30%)。合成橡膠約占世界橡膠供應量的 70%，苯乙烯 - 丁二烯是最常用的類型。其他合成橡膠如腈和聚氯丁二烯 (氯丁橡膠) 用於需要特殊性能如耐油和溶劑的應用。

　　熱塑性塑膠具有玻璃化轉變溫度，高於該溫度，這些材料表現為黏性或橡膠狀固體，低於該溫度，它們表現為脆性玻璃狀固體。在玻璃化轉變溫度以上，藉由分子鏈彼此滑過、破壞和重新形成二級鍵而發生永久變形。在玻璃化轉變溫度以上使用的熱塑性塑膠可以透過使用極性側鏈原子 (例如聚氯乙烯中的氯) 或透過氫鍵 (如尼龍的情況) 產生的分子間鍵結力來增強。熱固性塑膠由於它們在整個過程中共價鍵，因此在斷裂前幾乎不會變形。

10.13　名詞解釋 Definitions

10.1 節

- **熱塑性塑膠** (thermoplastic)(名詞)：需要熱才能變形 (塑性)、冷卻時保持原有形狀之塑膠材料。熱塑性塑膠是由偶矩次鍵結力結合之鏈狀聚合物材料所組成，可以重複加熱使軟化，或冷卻使硬化。聚乙烯、乙烯、壓克力、纖維素塑膠與尼龍等都屬此類型塑膠。
- **熱固性塑膠** [thermosetting plastic(thermoset)]：利用熱、催化劑作用產生化學反應造成交聯網狀結構的塑膠材料。由於此材料再加熱時會產生劣化或分解，因此無法重新熔解與再利用。典型熱固性塑膠包括酚醛樹脂、不飽和聚酯與環氧樹脂等。

10.2 節

- **單體** (monomer)：共價鍵組成長分子鏈 (聚合物) 之簡單分子化合物，例如乙烯。
- **鏈狀聚合化** (chain polymerization)：一種聚合反應機制，其中聚合物分子一旦開始成長，每一個分子會快速增大。此類反應有三個步驟：(1) 分子鏈起始反應；(2) 分子鏈傳播擴散；(3) 分子鏈終止反應。此反應名稱隱含連鎖式反應意義，通常都是起始於外力。例如，乙烯產生聚乙烯的鏈狀聚合反應。
- **單體** (mer)：鏈狀聚合物分子之重複單元。
- **聚合度** (degree of polymerization, DP)：聚合物分子鏈分子質量和單體分子質量之比值。
- **官能度** (functionality)：單體中活性鍵結的數量。假如單體中存在兩個鍵結，該單體稱為雙官能度。
- **同質聚合物** (homopolymer)：只有一種單體單元所組成之聚合物。
- **共聚合物** (copolymer)：具有兩種或兩種以上之單體單元的聚合物分子鏈。
- **共聚合化** (copolymerization)：由兩種或更多種單體形成高分子量分子的化學反應。
- **逐步聚合化** (stepwise polymerization)：一種聚合反應機制，其中聚合物分子成長來自於分子間的逐步反應。只有一反應會發生。單體單元可和其他單體或任何大小之聚合物分子反應。不論聚合物長度，單體端之活性群的反應性均視為相同。聚化反應過程通常會釋出像是水等副產物，例如，由己二酸與六甲亞甲基二胺生成尼龍 6,6 的聚合反應。

10.3 節

- **整體聚合** (bulk polymerization)：在反應體系中液體單體直接聚合成聚合物，其中聚合物保持可溶於其自身單體。
- **溶液聚合化** (solution polymerization)：在該方法中，使用可溶解單體、聚合物和聚合引發劑的溶劑。用溶劑稀釋單體降低了聚合速率，並且聚合反應釋放的熱量會被溶劑吸收。
- **懸浮聚合化** (suspension polymerization)：在該方法中，使用水作為反應介質，並且單體分散而不是溶解在介質中。聚合物產物以小珠粒的形式獲得，將其過濾、洗滌並以模塑粉末的形式乾燥。
- **乳化聚合化** (emulsion polymerization)：一種處理未混合相混合的聚合方法。

10.4 節

- **玻璃轉換溫度** (glass transition temperature)：熱塑性塑膠加熱後冷卻，會由橡膠狀、皮革狀之狀態變成似脆性玻璃狀態的溫度範圍內的中間溫度。
- **立體異構體** (stereoisomers)：具相同化學組成但結構排列不同的分子。
- **雜排立體異構體** (atactic stereoisomer)：此異構體的邊群原子基團是沿著乙烯基聚合物長鏈任意排列，例如亂聯聚丙烯。
- **順排立體異構體** (isotactic stereoisomer)：此異構體的邊群原子基團都在乙烯基聚合物長鏈的同一側，例如聚丙烯。

- **對排立體異構體** (syndiotactic stereoisomer)：此異構體的邊群原子規則交錯排列於乙烯基聚合物主分子鏈兩邊，例如對聯性聚丙烯。
- **立體特異性催化劑** (stereospecific catalyst)：在聚合過程可產生某特定立體異構體的催化劑，例如齊格勒 (Ziegler) 催化劑即是用於聚合化丙烯成為主要的順排聚丙烯同素異構體。

10.5 節

- **射出成型** (injection molding)：將加熱軟化後之塑膠材料利用螺旋桿推入一較冷模穴，達成最終產品外形之成型法。
- **擠出成型** (extrusion molding)：透過孔口強化軟化的塑膠材料，產生連續的產品。例如：擠出塑膠管。
- **吹模成型** (blow molding)：一中空塑膠原料利用內部氣壓使其成型為模穴形狀的塑膠成型法。
- **壓模成型** (compression molding)：熱固性塑膠之成型法，此法先將模造化合物 (已加熱過) 放到模穴內，將其閉合，同時加熱與加壓，直到材料硬化成型。
- **傳遞模塑** (transfer molding)：熱固性模塑工藝，其中模塑膠首先在傳送室中透過加熱軟化，然後在高壓下被迫進入一個或多個模腔以進行最終固化。
- **熱成型** (thermoforming)：藉由施加熱和壓力將聚合物片材或薄膜轉化為可用產品的過程。

10.6 節

- **塑化劑** (plasticizer)：為改善塑膠化合物之流動性與加工性和降低脆性而加入的化學劑，例如塑化聚氯乙烯。
- **填充劑** (filler)：降低成本而於塑膠內加入的低成本惰性物。一般填充劑也可改善像是拉伸強度、衝擊強度、硬度、抗磨損性等特性。
- **熱安定劑** (heat stabilizer)：一種化學物質，可防止化學物質之間的反應。
- **著色劑** (pigment)：粒子添加到材料中以開發色彩。

10.9 節

- **彈性體** (elastomer)：室溫下受應力拉伸可以有兩倍長度以上的變形，移去應力瞬間可快速回復到原始長度的材料。
- **順-1,4 聚異戊二烯** (*cis*-1,4 polyisoprene)：單體中央雙鍵同側包含甲基與氫邊群的 1,4 聚異戊二烯異構體，天然橡膠即由此異構體組成。
- **反-1,4 聚異戊二烯** (*trans*-1,4 polyisoprene)：單體中央雙鍵對邊各有甲基與氫邊群的 1,4 聚異戊二烯異構體。
- **硫化** (vulcanization)：使聚合物分子鏈交聯的一種化學反應。硫化通常是指橡膠分子鏈和硫的交聯反應，但也可用於聚合物的交聯反應，像是矽橡膠。

10.14 習題 Problems

知識及理解性問題

10.1 (a) 熱塑性塑膠的分子鏈中存在什麼類型的鍵結？

(b) 熱塑性塑膠的分子鏈之間存在什麼類型的鍵結？

10.2 (a) 聚合物鏈的重複化學單元叫作什麼？(b) 什麼是聚乙烯的化學重複單元？(c) 決定聚合物鏈的聚合度。

10.3 單體的功能是什麼？區分雙官能和三官能單體。

10.4 透過使用填充和空心圓圈表示以下類型的共聚合物：(a) 隨機，(b) 交替，(c) 區段和 (d) 接枝。

10.5 (a) 定義熱塑性塑膠的玻璃化轉變溫度 T_g。(b)(i) 聚乙烯，(ii) 聚氯乙烯和 (iii) 聚甲基丙烯酸甲酯所量測到的 T_g 值是多少？這些 T_g 值是否為常數？

10.6 什麼是立體特異性催化劑？用於聚丙烯聚合的立體特異性催化劑之開發如何影響商業聚丙烯的用處？

10.7 (a) 描述熱固性塑膠的移模成型工藝。(b) 移模成型工藝有哪些優點？

10.8 熱塑性塑膠中醯胺鍵的結構式是什麼？聚醯胺熱塑性塑膠的通用名稱是什麼？

10.9 聚苯醚基樹脂的基本重複化學結構單元是什麼？這些樹脂的商品名稱是什麼？

10.10 聚碸的重複化學結構單元是什麼？

10.11 (a) 什麼是聚合物合金？(b) 它們的結構與共聚合物有何不同？(c) 什麼類型的聚合物合金是 (i) Xenoy 1000，(ii) Valox 815，和 (iii) Bayblend MC2500？

10.12 從哪棵樹獲得的天然橡膠最多？哪些國家有這些樹木的大型種植園？

10.13 什麼是化學結構異構體？

10.14 什麼是丁苯橡膠 (SBR)？苯乙烯的重量百分比是多少？什麼是 SBR 的重複化學結構單元？

10.15 熱塑性塑膠的彈性和塑性變形過程中涉及哪些變形機制？

10.16 什麼是塑膠材料的黏彈性行為？

10.17 定義塑料材料的潛變模數。

10.18 玻璃熱塑性塑膠的裂紋是什麼？

10.19 描述熱塑性塑膠中的裂紋結構。

10.20 描述熱塑性塑膠韌性斷裂過程中發生的分子結構變化。

應用及分析問題

10.21 高分子量聚乙烯的平均分子量為 410,000 g/mol。它的平均聚合度是多少？

10.22 有一種共聚物由 70 wt％聚苯乙烯和 30 wt％聚丙烯腈組成。計算該材料中每種組分的莫耳分率。

10.23 在 90 g 聚異戊二烯橡膠中，必須加入多少硫來交聯 10% 的交聯點？

10.24 丁二烯-苯乙烯橡膠是通過將一種苯乙烯單體與七種丁二烯單體聚合而製成的。如果 20% 的交聯點與硫結合，則需要多少重量百分比的硫？(參見 EP 10.7。)

10.25 當施加應力為 6.0 MPa 時，聚合物材料在 27°C 下的鬆弛時間為 100 天。(a) 減少壓力至 4.2 MPa 需要多少天？(b) 如果活化能為 25 kJ/mol，則在 40°C 時的鬆弛時間是多少？

10.26 (a) 是什麼原因導致聚乙烯分子鏈具有鋸齒形結構？(b) 聚乙烯中聚合物鏈之間有什麼類型的化學鍵結？(c) 聚乙烯主鏈上的側鏈如何影響固體聚合物中分子鏈的堆積？(d) 聚合物鏈的分支如何影響固體聚乙烯的拉伸強度？

10.27 寫下兩個酚分子與一個甲醛逐步聚合生成酚醛分子之反應。

10.28 (a) 寫出苯乙烯聚合為聚苯乙烯的一般反應。(b) 苯基在主鏈的每隔一個碳上的存在，對聚苯乙烯的衝擊性能有什麼影響？(c) 如何透過共聚合以改善聚苯乙烯的低抗衝擊性？(d) 聚苯乙烯的一些應用是什麼？

10.29 寫下由 ϵ-己內醯胺聚合尼龍 6 的化學反應。

10.30 縮醛的哪一部分結構提供了高強度？

10.31 熱固性塑膠在工程設計應用中有哪些優勢？什麼是熱固性材料的主要缺點而熱塑性塑膠沒有的？

10.32 寫下兩個環氧分子與乙二胺交聯的反應。

10.33 什麼使不飽和聚酯樹脂「不飽和」？

10.34 矽橡膠如何在室溫下交聯？

10.35 工程熱塑性塑膠的價格與聚乙烯、聚氯乙烯和聚丙烯等商業化塑膠的價格相比如何？

10.36 (a) 什麼是氟塑膠？(b) 聚四氟乙烯和聚三氟氯乙烯的重複化學結構單元是什麼？(c) 聚四氟乙烯的一些重要特性和應用是什麼？

10.37 如何提高熱塑性塑膠的潛變模數？

10.38 在熱塑性塑膠的凝固過程中，非晶態和部分結晶熱塑性塑膠的比容-溫度曲線有何不同？

10.39 (a) 使聚乙烯成為工業上重要的塑膠材料的一些特性是什麼？(b) 它的一些工業應用是什麼？

10.40 (a) 如何改善 PVC 的加工性以生產硬質 PVC？(b) 塑化 PVC 有哪些應用？

10.41 (a) 什麼是 SAN 樹脂？(b) SAN 熱塑性塑膠有哪些理想的性能？(c) SAN 熱塑性塑膠的一些應用是什麼？

10.42 (a) ABS 熱塑性塑膠中字母 A、B 和 S 代表什麼？(b) 為什麼 ABS 有時被稱為三元共聚物？(c) ABS 中的每一個成分分別貢獻哪些重要的特性優勢？(d) 描述 ABS 的結構。(e) 如何改善 ABS 的衝擊性能？(f) ABS 塑膠的一些應用是什麼？

10.43 (a) 聚甲基丙烯酸甲酯的重複化學結構單元是什麼？(b) PMMA 以什麼商品名稱為人所知？(c) PMMA 的哪一些重要特性使其成為重要的工業塑膠？

10.44 尼龍有哪些屬性可以使它們對工程應用有用？尼龍的不理想特性是什麼？

10.45 尼龍有哪些工程應用？

10.46 縮醛的哪些特性使它們成為重要的工程熱塑性塑膠？

10.47 與尼龍相比，縮醛有什麼突出的特性優勢？

10.48 PBT 熱塑性塑膠有哪些工程應用？

10.49 聚碸的哪些特性對工程設計很重要？

10.50 PPS 有哪些工程應用？

10.51 聚醚醯亞胺對 (a) 電機工程設計和 (b) 機械工程設計有哪些特殊性能？

10.52 酚類化合物有哪些應用？

10.53 環氧熱固性樹脂有哪些優點？它們的一些應用是什麼？

10.54 氯丁橡膠有哪些工程應用？

10.55 矽橡膠的一些工程應用是什麼？

10.56 SBR 有哪些優點和缺點？對於天然橡膠呢？

綜合評價問題

10.57 (a) 在設計和製造大型旅行箱時，列出所需選擇的材料所具有的屬性的清單。(b) 提出一些候選材料。(c) 確定您的最佳選擇並解釋原因。使用章節表和附錄。

10.58 工程師已經確定環氧樹脂，一種熱固性樹脂，作為潮濕和輕微腐蝕條件下特定應用的有效候選材料。然而，環氧樹脂的低剛度或低彈性模數是一個潛在的問題。你能提供解決方案嗎？

10.59 (a) 在選擇嬰兒奶瓶的材料時，您應該考慮哪些因素？(b) 聚苯乙烯是一個不錯的選擇嗎？(c) 您會為了此用途選擇哪種材料？使用章節表和後面的附錄。

10.60 (a) 在選擇光碟材料時，你應該考慮哪些因素？(b) 您會為此應用選擇什麼材料？使用章節表和後面的附錄。

10.61 (a) 選擇鍵盤、終端機和其他電腦有關的材料。裝有電子元件的設備，您應該考慮哪些因素？(b) 您會為這些應用選擇哪些材料？使用章節表和附錄。

10.62 研究聚合物在心臟瓣膜置換手術中的重要性。聚合物在這次手術中的作用是什麼？什麼聚合物用於此目的？

CHAPTER

11 陶瓷材料
Ceramics

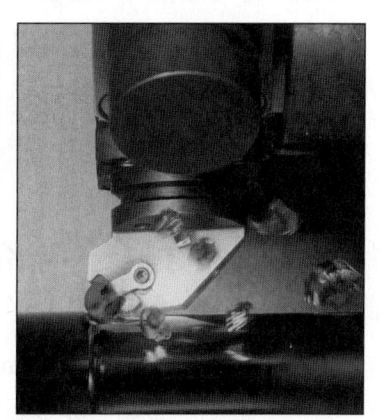

(Courtesy of Kennametal)

　　由於先進陶瓷材料之高硬度、高抗磨損能力、高化學穩定性,在高溫下有良好的強度以及低熱膨脹係數等優良特性,先進陶瓷材料是許多應用的首選,像是礦物加工、密封零件、閥門、熱交換器、金屬成型模具、絕熱柴油引擎、蒸氣渦輪機、醫療產品與切割工具等。

　　陶瓷切割工具比傳統的金屬製品的優點更多,包含化學穩定性、高抗磨損能力、高熱硬度及在晶片切除過程中的熱傳導性更佳。用陶瓷材料做成的切割工具之範例有金屬氧化物複合材料 (70% Al_2O_3-30% TiC)、矽-鋁-氮氧化物 (sialons) 和立方氮化硼等。這些工具是用粉末冶金法製造,將緊壓過的陶瓷粉末顆粒燒結及壓鑄形成最終形狀。上圖顯示利用先進陶瓷製造出的不同金屬切割工具。[1]

---

[1] *Ceramics Engineered Materials Handbook*, vol. 1, ASM International.

學習目標

到本章結束時,學生將能夠:

1. 定義和分類陶瓷材料,包括傳統和工程陶瓷。
2. 描述各種陶瓷晶體結構。
3. 描述碳及其同素異形體。
4. 描述陶瓷的各種加工方法。
5. 描述陶瓷的機械性能以及陶瓷變形、增韌和失效的機制。
6. 描述陶瓷的熱性能。
7. 描述各種類型的陶瓷玻璃、玻璃轉變溫度、成型方法和玻璃結構。
8. 描述各種陶瓷塗層和應用。

11.1 簡介 Introduction

陶瓷材料 (ceramic material) 是無機的非金屬材料,由以離子鍵和/或共價鍵鍵結的金屬與非金屬元素組成。陶瓷材料的化學組成多樣,從簡單化合物到由許多複雜相的鍵結組成物都有。

一般而言,工程應用的陶瓷材料有兩種:傳統陶瓷材料和結構陶瓷材料。傳統陶瓷材料通常有黏土 (clay)、矽石 (silica)[燧石 (flint)] 和長石 (feldspar) 這三種基本成分,如玻璃、磚、瓦,常用於建築業和電氣工業中的電子陶瓷產品。相對地,結構陶瓷大多是純的或是接近純的化合物,像是氧化鋁 (Al_2O_3)、碳化矽 (SiC) 及氮化矽 (Si_3N_4) 常用在高科技,像是使用於汽車燃氣渦輪引擎 AGT-100 內高溫區零件的碳化矽,及使用於積體電路晶片組基板熱傳導模組的氧化鋁。

陶瓷材料的特性也會因為其鍵結差異而差別甚大。一般來說,陶瓷材料都硬且脆,韌性和延性也低。結構陶瓷比傳統陶瓷更硬、更堅固以及更堅韌,但材料的延展性仍然是主要的缺點。由於缺少傳導電子,陶瓷材料通常是好的電和熱的絕緣體。也由於鍵結強且穩健,陶瓷材料的熔點也相對高,並在惡劣腐蝕環境下還能保有良好的化學穩定性。這些種種特性使陶瓷材料成為工程設計應用上不可或缺的材料。圖 11.1 中的例子顯示了陶瓷材料在高溫下的一些應用,例如用於熔化金屬的坩堝,和陶瓷材料在高應力條件的一些應用,如陶瓷軸承。

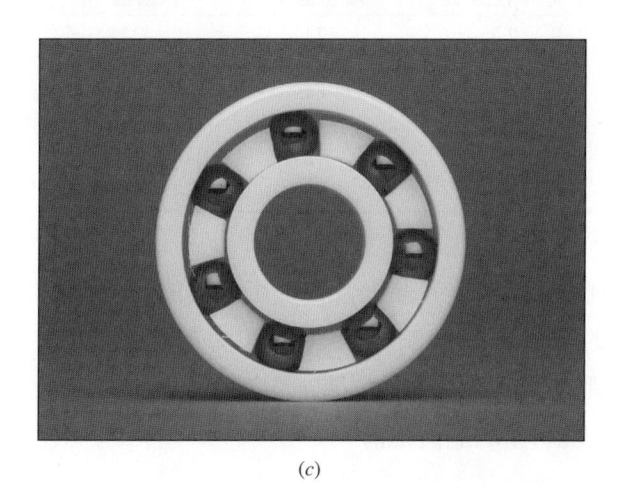

圖 11.1 (a) 熔化超合金所使用的氧化鋯 (二氧化鋯) 坩堝；(b) 氧化鋁坩堝；(c) 由鈦金屬和氮化碳原料通過粉末金屬技術製成的高性能陶瓷球滾珠軸承及座圈。

((a) ©Tawin Mukdharakosa/Shutterstock; (b) Source: GOKLuLe/CC BY-SA 3.0; (c) ©Editorial Image, LLC/Alamy)

　　本章會先介紹較簡單的陶瓷晶體結構，然後探討較複雜的矽酸鹽 (silicate) 陶瓷結構。接著，我們將探討一些處理陶瓷材料的方法，然後研究一些陶瓷材料的機械和熱性能。我們將研究玻璃、陶瓷塗層和表面工程的結構和性質，以及陶瓷在生物醫學中的應用。最後我們將探討奈米科技及陶瓷。

11.2　簡單陶瓷晶體結構 Simple Ceramic Crystal Structures

11.2.1　簡單陶瓷化合物之離子鍵與共價鍵

　　我們先來看一些簡單的陶瓷晶體結構。表 11.1 列出一些具有簡單晶體結構的陶瓷化合物和其熔點。

　　表中列出的陶瓷化合物之原子鍵結，同時包含了離子鍵和共價鍵。藉由使用

表 11.1　一些簡單陶瓷化合物及其熔點

陶瓷化合物	化學式	熔點 (°C)	陶瓷化合物	化學式	熔點 (°C)
碳化鉿	HfC	4150	碳化硼	B_4C_3	2450
碳化鈦	TiC	3120	氧化鋁	Al_2O_3	2050
碳化鎢	WC	2850	氧化矽†	SiO_2	1715
氧化鎂	MgO	2798	氮化矽	Si_3N_4	1700
二氧化鋯	ZrO_2*	2750	二氧化鈦	TiO_2	1605
碳化矽	SiC	2500			

* 熔解時成單斜面氟化物螢石 (無序) 的晶體結構。
† 方英石 (白矽石)。

表 11.2　一些陶瓷化合物的離子鍵和共價鍵的百分比關係

陶瓷化合物	鍵結原子	陰電性差值	離子鍵 %	共價鍵 %
二氧化鋯，ZrO_2	Zr—O	2.3	73	27
氧化鎂，MgO	Mg—O	2.2	69	31
氧化鋁，Al_2O_3	Al—O	2.0	63	37
二氧化矽，SiO_2	Si—O	1.7	51	49
氮化矽，Si_3N_4	Si—N	1.3	34.5	65.5
碳化矽，SiC	Si—C	0.7	11	89

鮑林方程式 [(2.12) 式] 計算離子特性比值，與考慮化合物中原子間的電負度差異，可以大約估算離子鍵和共價鍵的比例。表 11.2 顯示，在簡單陶瓷化合物中，離子鍵特性和共價鍵特性的占比差距很大。這些化合物原子間的離子鍵和共價鍵的量很重要，因為它可以決定化合物塊材中的晶體結構。

11.2.2　離子鍵結固體中的簡單離子排列

在離子 (陶瓷) 固體中，離子堆積方式主要取決於以下因素：

1. 離子在離子固體中的相對大小 (假設離子為半徑不變的硬球)。
2. 離子固體中的靜電荷需平衡以維持電中性 (electrical neutrality)。

當固體中的原子間形成離子鍵結，原子的能量會降低。離子固體會傾向盡量緊密排列離子，使得固體總能量可降至最低。緊密堆積的方式會受限於離子的相對尺寸，以及維持電中性的需要。

離子固體中緊密堆積離子的尺寸限制　離子固體包含了陽離子和陰離子。在離子鍵結中，有些原子會失去最外層電子而成為陽離子 (cation)，而其他則會獲得外層電子而成為陰離子 (anion)。因此，陽離子通常比與它所鍵結的陰離子小。在離子固體中，環繞中心陽離子的陰離子數目稱為**配位數** (coordination number, CN)，也代表最接近中心陽離子的陰離子數目。包圍中心陽離子的陰離子愈多，就表示其結構愈安定。然而，這些陰離子必須與中心陽離子接觸，同時須保持電荷中性。

圖 11.2 顯示離子固體中，圍繞中心陽離子的配位陰離子之兩種安定組態。若這些陰離子並未接觸中心陽離子，結構即會不安定，因為中心陽離子會在陰離子圍成的範圍內中任意「晃動」(圖 11.2 的第三個圖)。中心陽離子的半徑與其周圍陰離子的半徑比值稱為**半徑比** (radius ratio)，可寫成 $r_{陽離子}/r_{陰離子}$。當陰離子彼此剛好碰觸，又剛好與陽離子接觸時，此時的半徑比稱為**臨界(最小)半徑比** [critical (minimum) radius ratio]。圖 11.3 列出配位數為 3、4、6 和 8 之離子固體的可容許半徑比範圍，並圖示了它們的配位關係。

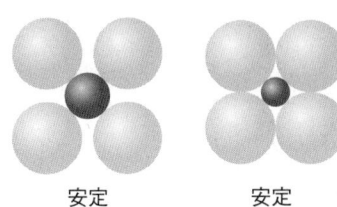

圖 11.2 離子固體的安定和不安定的配位組態。
(Source: W.D. Kingery, H.K. Bowen, and D.R. Uhlmann, *Introduction to Ceramics*, 2d ed., Wiley, 1976.)

中心離子周圍的離子位置	CN	陽離子和陰離子半徑比的範圍
立方體角隅	8	≥0.732
八面體角隅	6	≥0.414
四面體角隅	4	≥0.225
三面體角隅	3	≥0.155

CN = 配位數

圖 11.3 於離子固體中，圍繞中心陽離子且配位數為 8、6、4 和 3 的陰離子之陽離子/陰離子半徑比。
(Source: W.D. Kingery, H.K. Bowen, and D.R. Uhlmann, *Introduction to Ceramics*, 2nd ed., Wiley, 1976.)

■ 例題 11.1

請估算三陰離子(半徑 R)包圍中心陽離子(半徑 r)之三角形配位 (CN = 3) 臨界(最小)半徑值 r/R。

解

圖 EP11.1a 是三個大尺寸陰離子(半徑 R)包圍並接觸中心陽離子(半徑 r)之情形。ABC 是正三角形(每個角度 = 60°)，AD 平分 $\angle CAB$，所以 $\angle DAE = 30°$。由 $\triangle ADE$ (見圖 EP11.1b)，估算 r/R 之值。

$$AD = R + r$$

$$\cos 30° = \frac{AE}{AD} = \frac{R}{R+r} = 0.866$$

$$R = 0.866(R+r) = 0.866R + 0.866r$$

$$0.866r = R - 0.866R = R(0.134)$$

$$\frac{r}{R} = 0.155 \blacktriangleleft$$

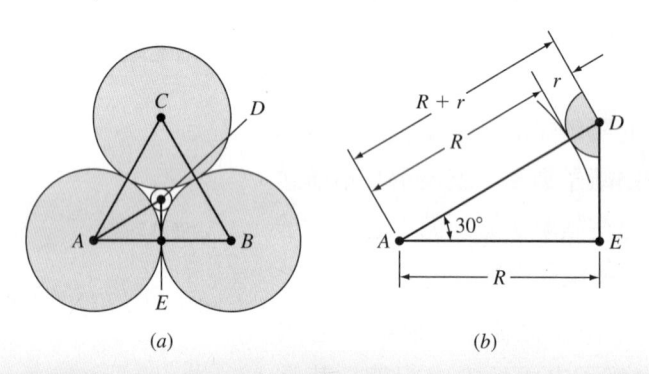

圖 EP11.1 三角形配位關係圖。

例題 11.2

估算離子固體 CsCl 與 NaCl 之配位數。使用下列離子半徑進行估算：

$$Cs^+ = 0.170 \text{ nm} \quad Na^+ = 0.102 \text{ nm} \quad Cl^- = 0.181 \text{ nm}$$

解

CsCl 的半徑比值為

$$\frac{r(Cs^+)}{R(Cl^-)} = \frac{0.170 \text{ nm}}{0.181 \text{ nm}} = 0.94$$

由於比值 0.94 大於 0.732，故 CsCl 應為立方體配位 (CN = 8)。

NaCl 的半徑比值為

$$\frac{r(Na^+)}{R(Cl^-)} = \frac{0.102 \text{ nm}}{0.181 \text{ nm}} = 0.56$$

因為比值 0.56 大於 0.414，小於 0.732，所以 NaCl 是八面體配位 (CN = 6)。

11.2.3 氯化銫 (CsCl) 型晶體結構

固態氯化銫的化學式為 CsCl。由於其結構主要為離子鍵結，Cs^+ 和 Cl^- 離子的數量相等。CsCl 的半徑比是 0.94 (見例題 11.2)，因此表示氯化銫為立方體配位 (CN = 8)，如圖 11.4。也就是說，在 CsCl 單位晶胞中，有 8 個氯離子圍繞著位於 $(\frac{1}{2}, \frac{1}{2}, \frac{1}{2})$ 坐標位置的銫離子中心。晶體結構和 CsCl 相同的離子化合物還有 CsBr、TlCl 和 TlBr。像是 AgMg、LiMg、AlNi 及 β-Cu-Zn 等介金屬化合物也有這種結構。CsCl 型結構對陶瓷材料並不重要，但是由它可看出，離子晶體結構的半徑比較高時，配位數也會較高。

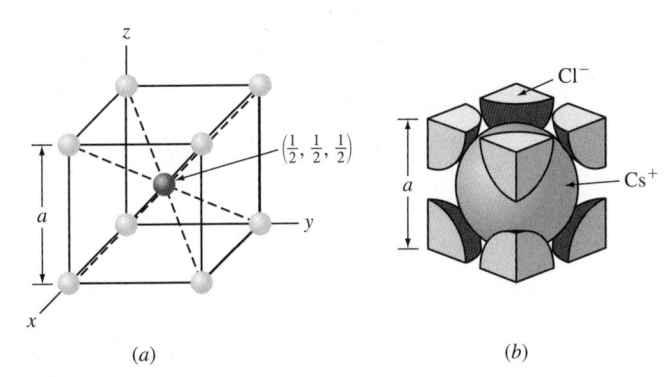

圖 11.4 氯化銫 (CsCl) 晶體結構單位晶胞。(a) 單位晶胞的離子位置模型；(b) 單位晶胞的硬球模型。在此晶體結構中，8 個氯離子圍繞著 1 個立方體配位 (CN = 8) 的陽離子。在此單位晶胞中有 1 個 Cs^+ 和 1 個 Cl^- 離子。

■ 例題 11.3 •

請估算 CsCl 之離子堆積常數。Cs^+ 半徑 = 0.170 nm，Cl^- 半徑 = 0.181 nm。

解

如圖 EP11.3，離子於 CsCl 單位晶胞之立方對角線上互相接觸。假設 $r = Cs^+$ 離子半徑，$R = Cl^-$ 離子半徑，則

$$\sqrt{3}a = 2r + 2R$$
$$= 2(0.170 \text{ nm} + 0.181 \text{ nm})$$
$$a = 0.405 \text{ nm}$$

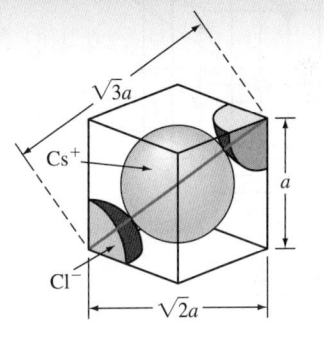

圖 EP11.3 三角形配位關係圖。

CsCl 的離子堆積常數

$$= \frac{\frac{4}{3}\pi r^3 (1 \text{ Cs}^+ \text{ ion}) + \frac{4}{3}\pi R^3 (1 \text{ Cl}^- \text{ ion})}{a^3}$$

$$= \frac{\frac{4}{3}\pi (0.170 \text{ nm})^3 + \frac{4}{3}\pi (0.181 \text{ nm})^3}{(0.405 \text{ nm})^3}$$

$$= 0.68 \blacktriangleleft$$

11.2.4 氯化鈉 (NaCl) 型晶體結構

氯化鈉或岩鹽的晶體結構屬於高度離子鍵結，化學式為 NaCl。也就是說，氯化鈉的 Na⁺ 和 Cl⁻ 離子數量相同，才能保持電荷中性。圖 11.5a 顯示 NaCl 單位晶胞的晶格格位 (lattice-site)，而圖 2.18b 顯示 NaCl 單位晶胞的硬球模型。圖 11.5a 中的陰離子 Cl⁻ 占據了面心立方體中晶格的格位，而陽離子 Na⁺ 則占據面心立方體中原子與原子間的間隙位置。圖 11.5a 中的 Na⁺ 和 Cl⁻ 離子占據了下列晶格位置：

$$Na^+: \quad (\tfrac{1}{2}, 0, 0) \quad (0, \tfrac{1}{2}, 0) \quad (0, 0, \tfrac{1}{2}) \quad (\tfrac{1}{2}, \tfrac{1}{2}, \tfrac{1}{2})$$

$$Cl^-: \quad (0, 0, 0) \quad (\tfrac{1}{2}, \tfrac{1}{2}, 0) \quad (\tfrac{1}{2}, 0, \tfrac{1}{2}) \quad (0, \tfrac{1}{2}, \tfrac{1}{2})$$

由於每個中心 Na⁺ 離子被 6 個 Cl⁻ 離子包圍，所以結構呈現八面體配位 (CN = 6)，如圖 11.5b 所示。這種的配位結構可透過計算半徑比值的方式得知：r_{Na^+}/R_{Cl^-} = 0.102 nm/0.181 nm = 0.563，此數值大於 0.414 但是小於 0.732，所以為八面體配位。具有相同 NaCl 結構的陶瓷化合物還有 MgO、CaO、NiO 及 FeO 等。

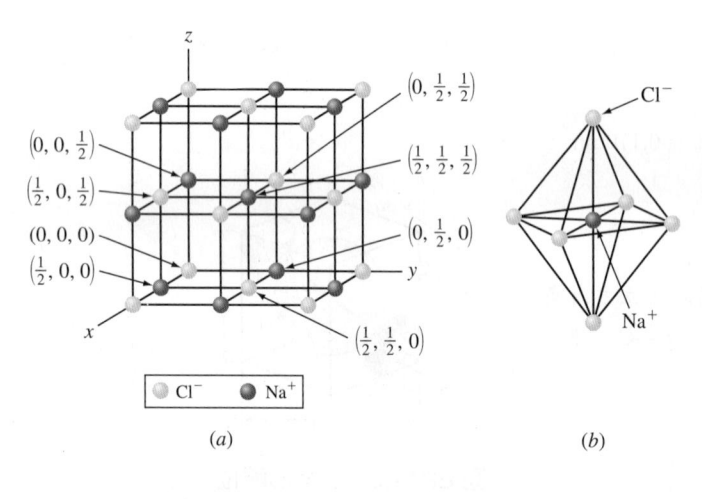

圖 11.5 (a) NaCl 單位晶胞的晶格點，顯示了 Na⁺(半徑 = 0.102 nm) 和 Cl⁻(半徑 = 0.181 nm) 離子的位置；(b) 6 個 Cl⁻陰離子包圍中心 Na⁺陽離子的八面體配位；(c) NaCl 的單位晶胞截面。

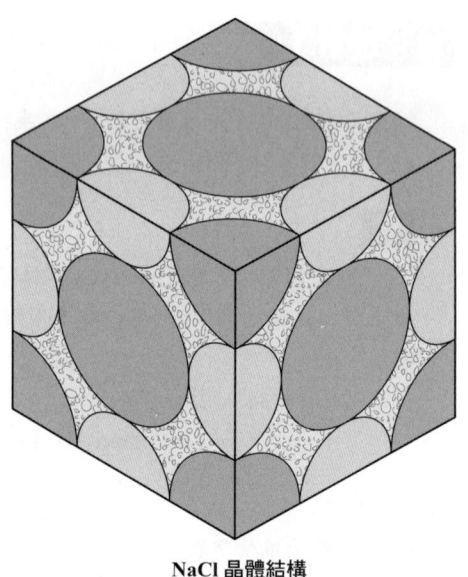

NaCl 晶體結構

(淺色部分) 鈉離子：半徑 0.102 nm
(深色部分) 氯離子：半徑 0.181 nm
$\dfrac{r_{Na^+}}{R_{Cl^-}} = 0.56$

(c)

■ 例題 11.4

由 NaCl 晶體結構 (圖 11.5a) 估算密度。Na^+ 半徑 = 0.102 nm，Cl^- 半徑 = 0.181 nm，Na 原子量 = 22.99 g/mol，Cl 原子量 = 35.45 g/mol。

解

如圖 11.5a，Cl^- 離子於 NaCl 單位晶胞內為面心立方結構，Na^+ 離子位在 Cl^- 離子間格隙型空隙。NaCl 單位晶胞之八個角隅 Cl^- 離子等於一完整 Cl^- 離子 (8 個角隅 $\times \frac{1}{8}$ 個離子 = 1 個離子)。NaCl 單位晶胞之 6 個平面 Cl^- 離子也等於 3 個 Cl^- 離子 (6 個平面 $\times \frac{1}{2}$ 個離子 = 3 個離子)。所以 NaCl 單位晶胞內有 4 個 Cl^- 離子。為了要保持 NaCl 電中性，需要有 4 個 Na^+ 離子。由上可得知 NaCl 單位晶胞中有 4 對 Na^+Cl^- 離子。

估算 NaCl 單位晶胞時，要先求得一單位晶胞之質量與體積，就可以得知密度 (即質量 / 體積)。

NaCl 單位晶胞質量

$$= \frac{(4Na^+ \times 22.99 \text{ g/mol}) + (4Cl^- \times 35.45 \text{ g/mol})}{6.02 \times 10^{23} \text{ atoms (ions)/mol}} = 3.88 \times 10^{-22} \text{ g}$$

NaCl 單位晶胞的體積等於 a^3，a 為單位晶胞的晶胞常數。沿著單位晶胞邊緣相互接觸的 Cl^- 離子與 Na^+ 離子，如圖 EP11.4 所示。因此

$$a = 2(r_{Na^+} + R_{Cl^-}) = 2(0.102 \text{ nm} + 0.181 \text{ nm}) = 0.566 \text{ nm}$$
$$= 0.566 \text{ nm} \times 10^{-7} \text{ cm/nm} = 5.66 \times 10^{-8} \text{ cm}$$
$$V = a^3 = 1.81 \times 10^{-22} \text{ cm}^3$$

NaCl 的密度

$$\rho = \frac{m}{V} = \frac{3.88 \times 10^{-22} \text{ g}}{1.81 \times 10^{-22} \text{ cm}^3} = 2.14 \frac{\text{g}}{\text{cm}^3} \blacktriangleleft$$

標準規範手冊中 NaCl 的密度值為 2.16 g/cm³。

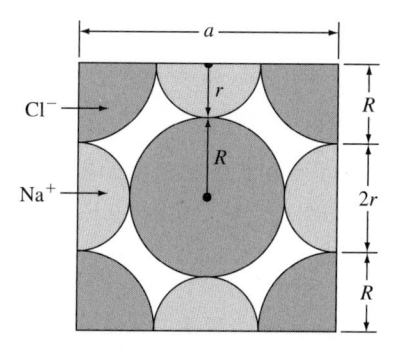

圖 EP11.4 NaCl 單位晶胞的一個立方晶面。離子沿著立方格邊接觸排列，因此 $a = 2r + 2R = 2(r + R)$。

■ 例題 11.5

試計算 NaCl 結構之 CaO 於 [110] 方向上 Ca^{2+} 與 O^{2-} 離子線密度 (單位：個/nm)。Ca^{2+} 離子半徑 = 0.106 nm，O^{2-} 離子半徑 = 0.132 nm。

解

如圖 11.5 與圖 EP11.5 所示，(0, 0, 0) 點至 (1, 1, 0) 點之 [110] 方向將通過 2 個 O^{2-} 離子直徑。單位晶胞中 [110] 方向之長度為 $\sqrt{2}a$，a 是晶胞邊長或稱為晶格常數。由圖 EP11.4，NaCl 單位晶胞之 $a = 2r + 2R$。因此，對 CaO 而言，

$$a = 2(r_{Ca^{2+}} + R_{O^{2-}})$$
$$= 2(0.106 \text{ nm} + 0.132 \text{ nm}) = 0.476 \text{ nm}$$

O^{2-} 離子在 [110] 方向上的線密度

$$\rho_L = \frac{2O^{2-}}{\sqrt{2}a} = \frac{2O^{2-}}{\sqrt{2}(0.476 \text{ nm})} = 2.97 O^{2-}/\text{nm} \blacktriangleleft$$

若將方向原點由上述 (0, 0, 0) 點移到 (0, $\frac{1}{2}$, 0) 點，可得到 Ca^{2+} 離子於 [110] 方向上之線密度 2.97 Ca^{2+}/nm。因此，此題答案為 2.97(Ca^{2+} 或 O^{2-})/nm。

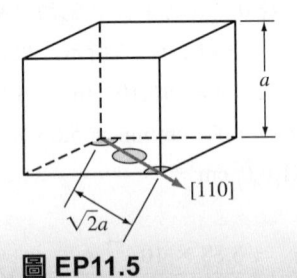

圖 EP11.5

■ 例題 11.6

試計算 NaCl 結構 CaO 於 (111) 平面上與離子之面密度 (planar density)(單位：個/nm^2)。Ca^{2+} 離子半徑 = 0.106 nm，O^{2-} 離子半徑 = 0.132 nm。

解

陰離子如圖 11.5 與 EP11.6 之離子所示，位在立方體單位晶胞之面心立方位置，(111) 平面之離子等於 2 個完整陰離子 [如圖 EP11.6，角隅離子 = 3 × 60° = 180° = $\frac{1}{2}$ 個離子，(111) 平面三角形各邊中點之陰離子 = 3 × $\frac{1}{2}$ 個陰離子，所以共有 2 個完整陰離子位在一 (111) 三角形]。單位晶胞的晶格常數 $a = 2(r + R) = 2(0.106 \text{ nm} + 0.132 \text{ nm}) = 0.476 \text{ nm}$。三角形面積 $A = \frac{1}{2}bh$，$h = \frac{\sqrt{3}}{2}a^2$，因此

$$A = \left(\frac{1}{2}\sqrt{2}a\right)\left(\sqrt{\frac{3}{2}}a\right) = \frac{\sqrt{3}}{2}a^2 = \frac{\sqrt{3}}{2}(0.476 \text{ nm})^2 = 0.196 \text{ nm}^2$$

所以 O^{2-} 離子的面密度是

$$\frac{2(O^{2-} \text{ ions})}{0.196 \text{ nm}^2} = 10.2 O^{2-} \text{ ions/nm}^2 \blacktriangleleft$$

若 Ca^{2+} 也位於立方體單位晶胞之面心立方格子點，那麼 Ca^{2+} 陽離子面密度也是上值，所以

$$\rho_{\text{planar}}(CaO) = 10.2(Ca^{2+} \text{ 或 } O^{2-})/\text{nm}^2 \blacktriangleleft$$

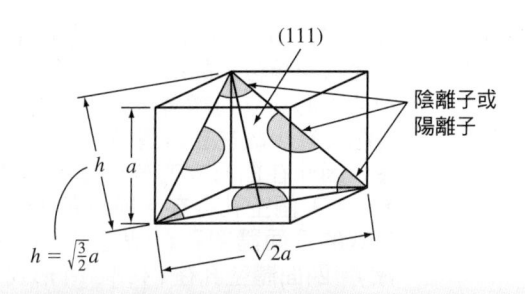

圖 EP11.6

11.2.5 面心立方 (FCC) 和六方最密堆積 (HCP) 晶格中的間隙位置

原子或離子堆積成的晶體結構中有一些空位或是空孔，稱為間隙位置 (interstitial site)，可容許其他非原本晶格的原子或是離子填入。面心立方與六方最密堆積均屬緊密堆積的晶體結構，其中會存在兩種間隙位置：**八面體** (octahedral) 和**四面體** (tetrahedral)。在八面體間隙位置中，6 個最相鄰原子或離子等距離地圍繞一個中心空孔，如圖 11.6a 所示。之所以被稱為八面體是因為圍繞在中心空孔的原子或是離子會形成一個八邊的八面體外形。而在四面體間隙位置中，4 個最相鄰原子或是離子等距離地圍繞在一個中心空孔，如圖 11.6b 所示。將環繞中心空隙的 4 個原子中心相連接，就會形成一個四面體結構。

在 FCC 晶體結構中，八面體間隙位置位於單位晶胞的中心及各立方體邊緣，如圖 11.7 所示。每個 FCC 單位晶胞有 4 個等效的八面體間隙位置。由於每個 FCC 單位晶胞中有 4 個原子，所以在 FCC 晶格中的每個原子會有 1 個八面體間隙位置。圖 11.8a 顯示出 FCC 單位晶胞中的八面體間隙位置的晶格位置。

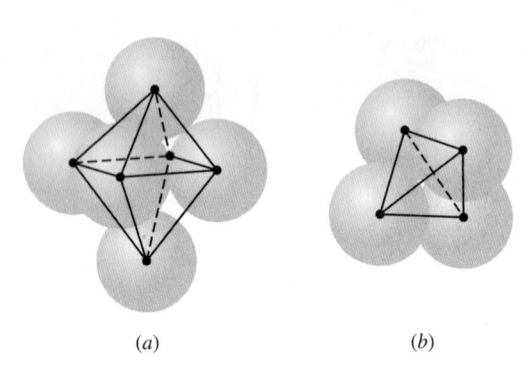

圖 11.6 面心立方 (FCC) 和六方最密堆積 (HCP) 晶體結構晶格中的間隙位置。(a) 在中心形成的八面體間隙位置，當中的 6 個原子彼此接觸；(b) 在中心形成的四面體間隙位置，當中的 4 個原子彼此接觸。

(Source: W.D. Kingery, H.K. Bowen, and D.R. Uhlmann, *Introduction to Ceramics*, 2nd ed., Wiley, 1976.)

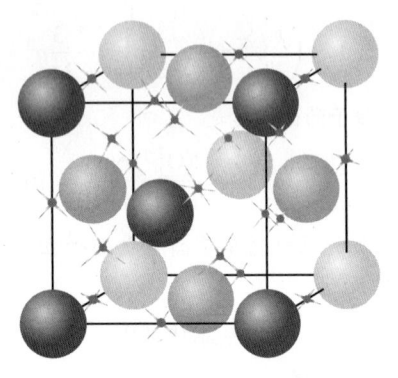

圖 11.7 面心立方離子晶體結構單位晶胞中八面體和四面體間隙位置的所在。八面體間隙位置座落在單位晶胞的中心與立方體邊緣的中心位置。由於共有 12 個立方體邊緣，故在立方體的每一個邊緣上會有 $\frac{1}{4}$ 的間隙存在。因此在面心立方單位晶胞中的立方體邊緣共有 12 × $\frac{1}{4}$ = 3 個空孔存在。所以每 FCC 單位晶胞會有 4 個等效的八面體空孔 (1 個在中心，3 個等效在立方體邊緣)。四面體空孔在 ($\frac{1}{4}$, $\frac{1}{4}$, $\frac{1}{4}$) 形式的位置。因此，總共有 8 個四面體空孔位在面心立方單位晶胞內。

(Source: W.D. Kingery, *Introduction to Ceramics*, Wiley, 1960, p. 104.)

FCC 晶格中的四面體間隙位置在 ($\frac{1}{4}$, $\frac{1}{4}$, $\frac{1}{4}$) 形式的坐標上，如圖 11.7 和圖 11.8b 所示。在 FCC 單位晶胞中，每單位晶胞有 8 個四面體間隙，或是 FCC 母體單位晶胞中的每個原子有 2 個。而在六方最密堆積晶體結構中，由於原子堆積方式和 FCC 類似，因此八面體間隙的數量與 HCP 單位晶胞中的原子數量相同，四面體間隙的數量則為原子數量的 2 倍。

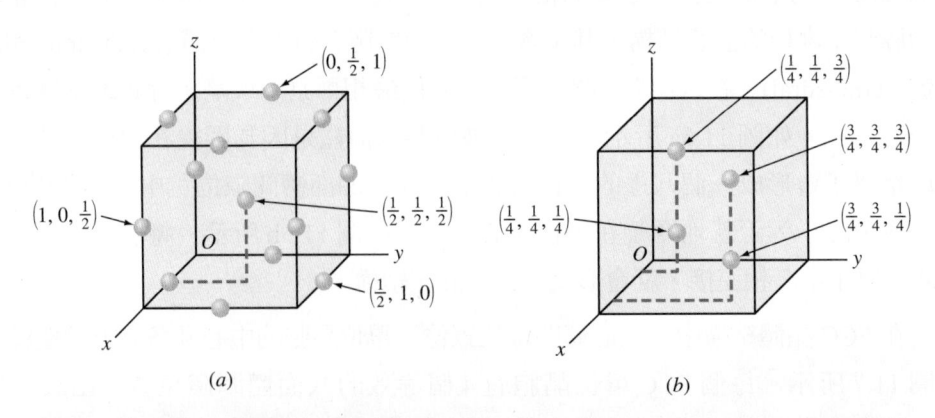

圖 11.8 面心立方原子單位晶胞的間隙位置之所在。(a) 面心立方單位晶胞中的八面體間隙位置位於單位晶胞的中心和各立方體邊緣的中間點；(b) 面心立方單位晶胞中的四面體間隙位置位在所標示的單位晶胞位置。圖中只標示出具代表性的位置。

11.2.6 閃鋅礦 (ZnS) 型晶體結構

閃鋅礦 (zinc blende) 結構的化學式為 ZnS，單位晶胞結構如圖 11.9 所示，有 4 個等效鋅原子與硫原子。一種原子 (硫或鋅) 會占據 FCC 單位晶胞中的晶格點，而另一種原子 (鋅或硫) 則會占據 FCC 單位晶胞的 4 個四面體間隙位置的一半。在圖 11.9 顯示的硫化鋅晶體結構中，硫原子 (淺色圓點) 占據了 FCC 單位晶胞的晶格點，而鋅原子 (深色圓點) 占了 4 個四面體格隙位置的一半。閃鋅礦晶體結構中的硫和鋅原子位置坐標如下：

硫原子：$(0, 0, 0)$　$(\frac{1}{2}, \frac{1}{2}, 0)$　$(\frac{1}{2}, 0, \frac{1}{2})$　$(0, \frac{1}{2}, \frac{1}{2})$

鋅原子：$(\frac{3}{4}, \frac{1}{4}, \frac{1}{4})$　$(\frac{1}{4}, \frac{1}{4}, \frac{3}{4})$　$(\frac{1}{4}, \frac{3}{4}, \frac{1}{4})$　$(\frac{3}{4}, \frac{3}{4}, \frac{3}{4})$

根據鮑林方程式 [(2.12) 式]，鋅-硫鍵 (Zn-S bond) 有 87% 的共價特性，所以硫化鋅晶體結構基本上一定是共價鍵。因此，閃鋅礦晶體結構為四面體共價鍵，而鋅和硫子的配位數為 4。許多半導體化合物像是 CdS、InAs、InSb 和 ZnSe 都為閃鋅礦晶體結構。

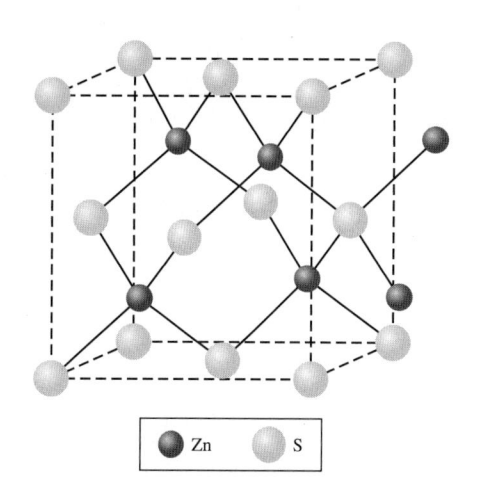

圖 11.9 閃鋅礦晶體結構。在此單位晶胞中，硫原子占據了 FCC 原子單位晶胞的晶格點 (4 個等效原子)。鋅原子占據了 4 個四面體間隙位置的一半。每個鋅和硫原子的配位數為 4，而且是以四面體共價鍵。

(Source: W.D. Kingery, H.K. Bowen, and D.R. Uhlmann, *Introduction to Ceramics*, 2nd ed., Wiley, 1976.)

■ 例題 11.7 ■

試計算硫化鋅 (ZnS) 密度，假設 ZnS 由離子組成。Zn^{2+} 離子半徑 = 0.060 nm，S^{2-} 離子半徑 = 0.174 nm。

解

$$\text{密度} = \frac{\text{單位晶胞的質量}}{\text{單位晶胞的體積}}$$

每個單位晶胞有 4 個鋅離子與 4 個硫離子。所以

$$\text{單位晶胞的質量} = \frac{(4Zn^{2+} \times 65.37 \text{ g/mol}) + (4S^{2-} \times 32.06 \text{ g/mol})}{6.02 \times 10^{23} \text{ atoms/mol}}$$

$$= 6.47 \times 10^{-22} \text{ g}$$

單位晶胞的體積 $= a^3$

由圖 EP11.7 可知

$$\frac{\sqrt{3}}{4}a = r_{Zn^{2+}} + R_{S^{2-}} = 0.060 \text{ nm} + 0.174 \text{ nm} = 0.234 \text{ nm}$$

$$a = 5.40 \times 10^{-8} \text{ cm}$$
$$a^3 = 1.57 \times 10^{-22} \text{ cm}^3$$

因此

$$密度 = \frac{質量}{體積} = \frac{6.47 \times 10^{-22} \text{ g}}{1.57 \times 10^{-22} \text{ cm}^3} = 4.12 \text{ g/cm}^3 \blacktriangleleft$$

標準規範手冊中 ZnS 的密度值(立方體)是 4.10 g/cm³。

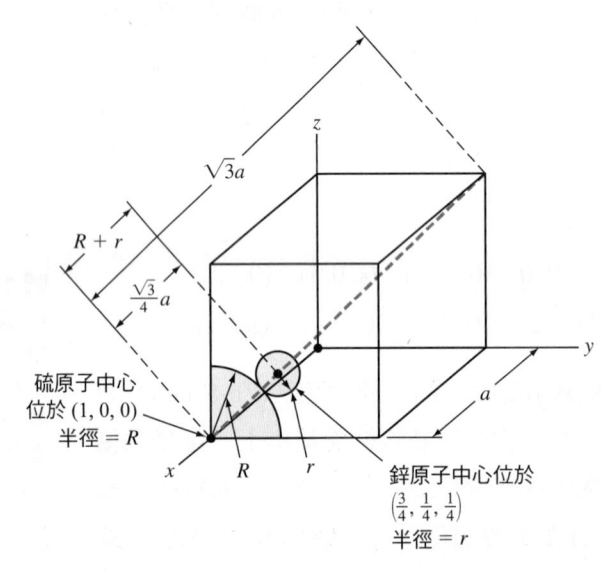

圖 EP11.7 閃鋅礦型結構內晶格常數 a 和硫與鋅原子(離子)之關係：

$$\frac{\sqrt{3}}{4}a = r_{\text{Zn}^{2+}} + R_{\text{S}^{2-}} \quad 或 \quad a = \frac{4}{\sqrt{3}}(r + R)$$

11.2.7　氟化鈣 (CaF₂) 型晶體結構

氟化鈣 (calcium fluoride) 結構的化學式是 CaF_2，單位晶胞如圖 11.10 所示。在此單位晶胞中，Ca^{2+} 離子占據 FCC 晶格位置，而 F^- 離子則占據 8 個四面體位置。FCC 晶格其餘的 4 個八面體位置則保持空位。因此每個單位晶胞中有 4 個 Ca^{2+} 離子和 8 個 F^- 離子。有此種結構的化合物包括 UO_2、BaF_2、$AuAl_2$ 和 $PbMg_2$。ZrO_2 擁有扭曲的(單斜)氟化鈣結構。UO_2 中大量空的八面體格隙位置其用為核燃料，因為這些空孔位置能夠容納核分解後的產物。

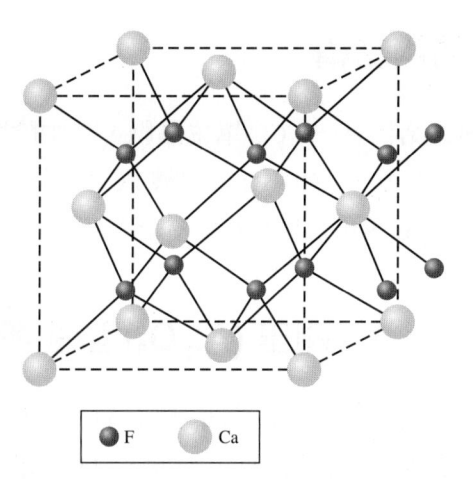

圖 11.10 氟化鈣 (CaF_2) 晶體結構 (也稱為螢石結構)。在此單位晶胞中，Ca^{2+} 離子位於 FCC 單位晶胞點 (4 個離子)，8 個氟離子占據了所有的四面體間隙位置。

(Source: W.D. Kingery, H.K. Bowen, and D.R. Uhlmann, *Introduction to Ceramics*, 2nd ed., Wiley, 1976.)

■ 例題 11.8 ●

試計算 CaF_2 結構之氧化鈾 (UO_2) 密度。離子半徑：$U^{4+} = 0.105$ nm，$O^{2-} = 0.132$ nm。

解

$$密度 = \frac{質量/單位晶胞}{體積/單位晶胞}$$

一單位晶胞 (CaF_2 類型) 內有 4 個鈾離子與 8 個氧離子，所以

$$單位晶胞的質量 = \frac{(4U^{4+} \times 238 \text{ g/mol}) + (8O^{2-} \times 16 \text{ g/mol})}{6.02 \times 10^{23} \text{ ions/mol}}$$

$$= 1.794 \times 10^{-21} \text{ g}$$

單位晶胞的體積 $= a^3$

由圖 EP11.7 可知

$$\frac{\sqrt{3}}{4}a = r_{U^{4+}} + R_{O^{2-}}$$

$$a = \frac{4}{\sqrt{3}}(0.105 \text{ nm} + 0.132 \text{ nm}) = 0.5473 \text{ nm} = 0.5473 \times 10^{-7} \text{ cm}$$

$$a^3 = (0.5473 \times 10^{-7} \text{ cm})^3 = 0.164 \times 10^{-21} \text{ cm}^3$$

$$密度 = \frac{質量}{體積} = \frac{1.79 \times 10^{-21} \text{ g}}{0.164 \times 10^{-21} \text{ cm}^3} = 10.9 \text{ g/cm}^3 \blacktriangleleft$$

標準規範手冊中 UO_2 的密度值 (立方體) 是 10.96 g/cm^3。

11.2.8 反螢石晶體結構

反螢石 (antifluorite) 結構為一 FCC 單位晶胞，其中陰離子 (像是 O^{2-} 離子) 占據了 FCC 晶格點，而陽離子 (如 Li^+) 則占據 FCC 晶格中的 8 個四面體位置。Li_2O、Na_2O、K_2O 和 Mg_2Si 等化合物都為這種結構。

11.2.9 剛玉 (Al_2O_3) 型晶體結構

在剛玉 (corundum, Al_2O_3) 結構中，氧離子位於 HCP 單位晶胞中的晶格點，如圖 11.11 所示。如同 FCC 結構，在 HCP 結構中，八面體間隙位置的數量和單位晶胞內的原子數量相等。然而，由於鋁的價數為 +3 而氧的價數為 −2，因此每 3 個 O^{2-} 離子只能有 2 個 Al^{3+} 離子才可維持電中性。因此在 Al_2O_3 的 HCP 晶格中，鋁離子只能占據八面體位置的 2/3，造成結構的部分扭曲。

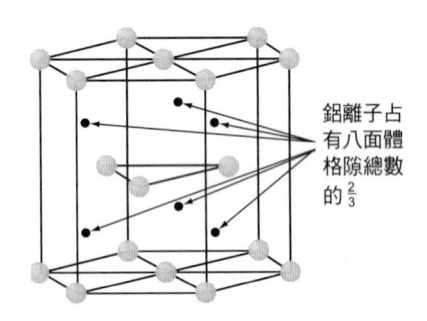

圖 11.11 剛玉 (Al_2O_3) 型晶體結構。氧離子 (O^{2-}) 占據了 HCP 單位晶胞的晶格點。鋁離子 (Al^{3+}) 則只占據八面體間隙位置的三分之二，以維持電中性。

11.2.10 尖晶石 ($MgAl_2O_4$) 晶體結構

為 $MgAl_2O_4$ 或尖晶石 (spinel) 結構的氧化物有共同化學式 AB_2O_4，其中 A 為 +2 價金屬離子，B 為 +3 價金屬離子。在尖晶石結構中，氧離子形成 FCC 晶格，而 A 與 B 離子會根據特定尖晶石類型占據四面體和八面體的間隙位置。具有尖晶石結構的化合物廣泛用於電子應用的非金屬磁性材料，並將在第 16 章中更詳細地研究磁性材料。

11.2.11 鈣鈦礦 ($CaTiO_3$) 晶體結構

在鈣鈦礦 (perovskite, $CaTiO_3$) 結構中，Ca^{2+} 與 O^{2-} 離子會形成 FCC 單位晶胞，其中 Ca^{2+} 離子位於單位晶胞的各角落，而 O^{2-} 離子則位在單位晶胞各平面的中心 (如圖 11.12 所示)。位於單位晶胞中心八面體間格位置的 Ti^{4+} 離子 (帶電荷高) 和 6 個 O^{2-} 離子形成配位。$BaTiO_3$ 在 120°C 以上時為鈣鈦礦結構，一旦溫度降至 120°C 以下，結構就會稍微改變。其他有類似結構的化合物為 $SrTiO_3$、$CaZrO_3$、$SrZrO_3$ 和 $LaAlO_3$ 等。這種結構對壓電材料來說很重要 (14.8 節)。

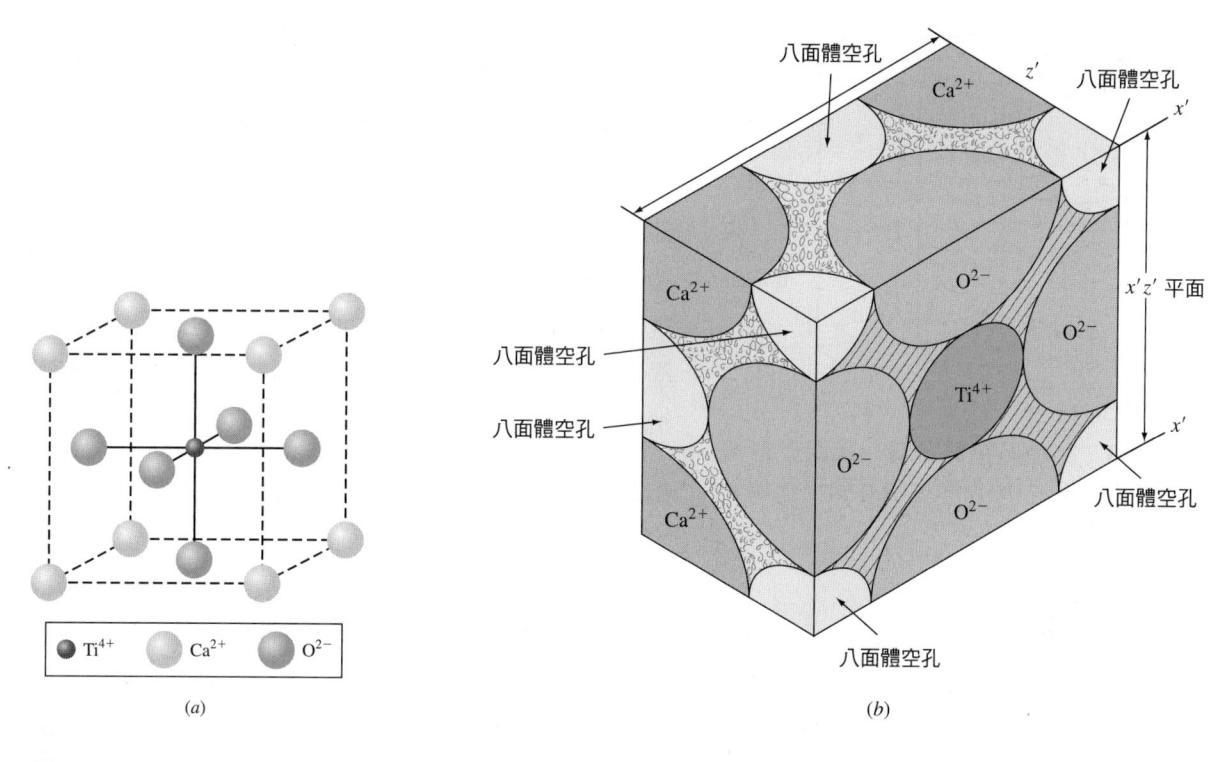

圖 11.12 鈣鈦礦 (CaTiO₃) 晶體結構。(a) 鈣離子佔據 FCC 單位晶胞之一角，氧離子佔據 FCC 單位晶胞之面心位置。鈦離子佔據立方體中心的八面體間隙位置；(b) 截短的鈣鈦礦 (CaTiO₃) 晶體結構的中間部分。

((a) Source: W.D. Kingery, H.K. Bowen, and D.R. Uhlmann, *Introduction to Ceramics*, 2nd ed., Wiley, 1976.)

11.2.12 石墨及其同素異形體

碳有許多的同素異形體，亦即其存在許多不同的結晶型態。這些同素異形體有許多不同的晶體結構，在性質上也有明顯的差異。碳及其同素異形體不直接屬於一般傳統材料種類，但是由於石墨有時會被認為是一種陶瓷材料，因此其結構及其同素異形物亦在本節討論。本節將會討論石墨、鑽石、巴克球及**巴克管** (buckytube)—皆為碳的同素異形體—的結構及性質。

石墨 石墨 (graphite) 這個字源於希臘文的 graphein (意思是「寫」)。石墨是由碳原子三角形的 sp^2 鍵結而成。回顧關於 sp^3 混成軌域 (第 2 章) 的討論，sp^2 混成軌域僅會由 2s 中一個被激發的電子和 2 個 2p 電子混成軌域形成 3 個 sp^2 軌域。剩餘的電子形成一個非混成且自由的 p 軌域。這 3 個 sp^2 軌域在相同的平面上，其之間夾角為 120°。由於 p 電子是非定域的且非混成的，此軌域被導引至垂直於 3 個 sp^2 混成軌域的平面。因此，石墨具有層狀的結構，而層中的碳原子藉由 sp^2 軌

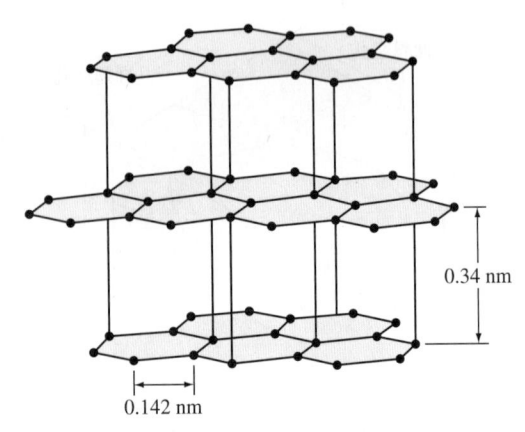

圖 11.13 結晶石墨的結構。碳原子形成強共價鍵的六方陣列層。層之間存在微弱的次級鍵結。

域，牢牢地鍵結在六角形的陣列之中，如圖 11.13 所示。層和層之間藉由弱的二次鍵鍵結，其相互間可以容易地滑動。自由電子可輕鬆地從層的一邊移動至另一邊，但不容易在層和層之間游走。因此，石墨是非等向性 (anisotropic)(也就是與它的性質和方向有關)。它有 2.26 g/cm³ 的低密度，其基面是一種熱及電的良導體(而在垂直平面的方向則無此性質)。石墨可以用來製作長纖維的複合材料，也可以用作為潤滑劑。

鑽石　鑽石的結構在第 2 章中有詳細的解釋。它的立方結構(如圖 2.23)，是由 sp³ 混成軌域的共價鍵所組成。它的特性和石墨有很大的差異。不像石墨，鑽石是等向性 (isotropic)，並具有 3.51 g/cm³ 的高密度。鑽石是自然界中最堅硬且最不可壓縮的材料。它有相當高的熱傳導性(和石墨相似)，但其導電度卻很低(幾近一個完美的絕緣體)。然而，像是氮等雜質對於其性質會有負面影響。天然鑽石價格相當昂貴，具有寶石的價值。但是合成(人造)鑽石有相當的硬度、價格較便宜，並且可用來當作切削的工具、塗料和磨料。

巴克明斯特‧富勒烯 (巴克球)　1985 年，科學家發現一種分子範圍為 C_{30} 至 C_{100} 的碳簇。1990 年，其他科學家已經能夠在實驗室中合成這種分子形式的碳。這種新的結構和世界著名建築師巴克明斯特‧富勒 (Buckminster Fuller) 建造的大地測量桁架結構 (geodesic truss structures) 相類似。因此，這個新的多形體又被稱為富勒烯或巴克球 (buckyball)。巴克球很像一個足球，有 12 個五邊形和 20 個六邊形。在每個交界點，1 個碳原子和 3 個碳原子以共價鍵鍵結，如圖 11.14a 所示。圖 11.14b 顯示了富勒烯的形成或誕生、最終還原為 C_{60} 分子，最後分散於奈米碳管內的的 TEM 圖像。這個結構含 60 個碳原子；因此分子為 C_{60}。從 1990 年之後，其他像是 C_{70}、C_{76} 及 C_{78} 逐一被發現。這些不同的形式統稱為富勒烯。C_{60} 富勒烯的直徑是 0.710 nm，因此被歸類為一種奈米團簇。聚合的 C_{60} 具有 FCC 的結構，C_{60} 位在每個 FCC 晶格點上。分子在 FCC 結構中以凡德瓦力來鍵結。因此，聚集的 C_{60} 及石墨有類似的潤滑應用。富勒烯現正被研究應用在電子工業和燃料電池、潤滑劑和超導體。

奈米碳管　最近另一個引起高度興趣的碳之同素異形體是奈米碳管。試想滾動一個有傳統六邊形結構的原子石墨層(石墨薄膜)，將它捲成管子，並確認六邊

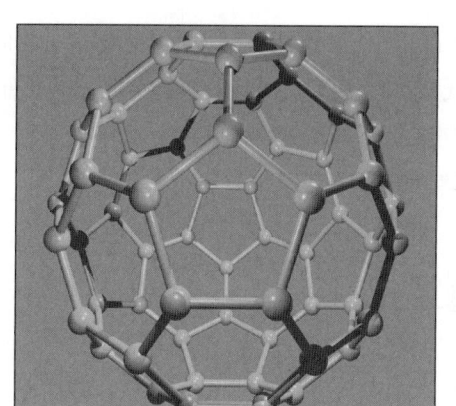

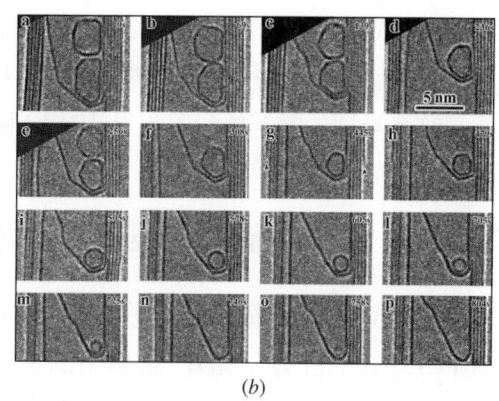

圖 11.14　(a) C_{60} 分子的示意圖；(b) 在奈米碳管內形成和分散 C_{60} 分子的 TEM 影像。
((a) ©Tim Evans/Science Source; (b) ©Science Source)

形的邊都可以完美地接合在一起。接著，利用兩個半圓形的富勒烯 (只有五角形) 將一端封住，就可得到一個奈米碳管的結構 (圖 11.15)。雖然奈米碳管可以被合成為不同的直徑，但大多數的直徑為 1.4 nm。奈米管的長度可以到達 μm 甚至於 mm 的範圍 (這是一個非常重要的特色)。奈米管可以合成單壁 (single-wall nanotube, SWNT) 或多壁 (multiwall nanotube, MWNT) 的形式。這些奈米管的拉伸強度估計可達強度最強鋼鐵的 20 倍。某些研究確實顯示奈米管在長度方向上的拉伸強度可達 45 GPa。這些奈米管彈性模數可達 1.3 Tpa (T = 特拉 = 10^{12})。市面上最強的碳纖維其強度為 7 GPa，且最高的彈性模數接近 800 GPa。除此之外，奈米碳管有低密度、高導熱和導電率。更重要的是，可以將大量的奈米管對齊來製備繩索、纖維和薄膜。這些優點和性質的結合已使許多科學家相信奈米碳管在這個世紀將會參與許多技術的突破。因為它們的強度高和質地細長，早期將其應用在像是 STM 的探針、平面顯示的場發射器 (或任何需要一個產生電子之陰極的設備)、化學感測器和複合材料中的纖維。

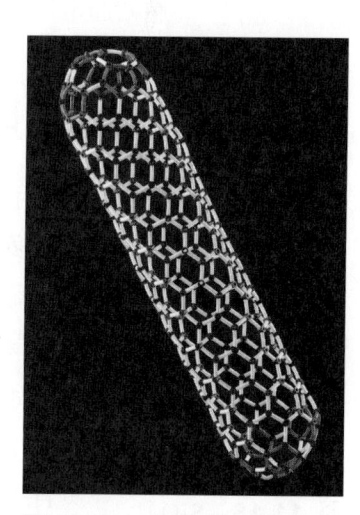

圖 11.15　奈米管示意圖，在管上顯示六邊形圖案，兩端顯示五邊形圖案。
(©Science & Society Picture Library/Getty Images)

■ 11.3　矽酸鹽結構 SILICATE STRUCTURES

許多陶瓷材料含有矽酸鹽結構，其由以各種排列結合在一起的矽和氧原子

(離子)組成。此外，大量天然存在的礦物如黏土、長石和雲母是矽酸鹽，因為矽和氧是地殼中最豐富的兩種元素。由於其低成本、可利用性和特殊性質，許多矽酸鹽可用於工程材料。矽酸鹽結構對於工程建築材料玻璃、波特蘭水泥和磚尤其重要。許多重要的電絕緣材料也是用矽酸鹽製成的。

11.3.1 矽酸鹽結構的基本結構單元

矽酸鹽的基本結構單元是矽酸鹽 (SiO_4^{4-}) 四面體 (圖 11.16)。根據 Pauling 方程式 (2.12) 式的計算，SiO_4^{4-} 結構中的 Si-O 鍵約為 50％共價鍵和 50％離子鍵。SiO_4^{4-} 的四面體配位滿足共價鍵的方向性要求和離子鍵的半徑比要求。Si–O 鍵的半徑比為 0.29，此值能夠產生穩態離子密堆積的四面體配位範圍。由於 Si^{4+} 離子很小且帶電荷高，在 SiO_4^{4-} 四面體內產生強大的鍵結力，因此 SiO_4^{4-} 單元之間的連結通常是從一個角到另一個角，很少由邊緣連結到邊緣。

11.3.2 矽酸鹽的島狀、鏈狀和環狀結構

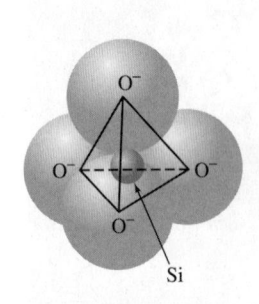

由於矽酸鹽四面體的每個氧具有一個可用於鍵結的電子，因此可以產生許多不同類型的矽酸鹽結構。當正離子與 SiO_4^{4-} 四面體的氧鍵結時，會產生島狀矽酸鹽結構。例如，Fe^{2+} 和 Mg^{2+} 離子與 SiO_4^{4-} 結合形成橄欖石，其具有基本化學式 $(Mg, Fe)_2SiO_4$。

如果每個 SiO_4^{4-} 四面體的兩個角與其他四面體的角結合，則產生鏈 (圖 11.17a) 或具有單位化學式 SiO_3^{2-} 的環狀結構。礦物-頑火石 ($MgSiO_3$) 具有鏈狀矽酸鹽結構，礦物綠柱石 $[Be_3Al_2(SiO_3)_6]$ 具有環狀矽酸鹽結構。

11.3.3 矽酸鹽板材結構

當矽酸鹽四面體的同一平面中的三個角黏合到另外三個矽酸鹽四面體的角上時形成矽酸鹽片結構，如圖 11.17b 所示。該結構具有 $Si_2O_5^{2-}$ 的單位化學式。這些矽酸鹽板可與其他類型的結構板結合，因為每個矽酸鹽四面體上仍有一個未鍵結的氧 (圖 11.17b)。例如，帶負電的矽酸鹽片可以與帶有正電荷的 $Al_2(OH)_4^{2+}$ 片黏合，形成高嶺石複合片，如圖 11.18 所示。礦物高嶺石由 (以其純淨形式) 非常小的平板形成，大致為六邊形，其平均尺寸為直徑約 0.7 μm，厚度為 0.05 μm (圖 11.19)。晶體板由一系列 (最多約 50

圖 11.16 SiO_4^{4-} 四面體的原子 (離子) 鍵結排列。在此結構中，四個氧原子圍繞中心矽原子。每個氧原子具有額外的電子，因此具有淨負電荷，用於與另一個原子的鍵結。

(Source: Eisenstadt, M., *Introduction to Mechanical Properties of Materials: An Ecological Approach*, 1st ed., © 1971.)

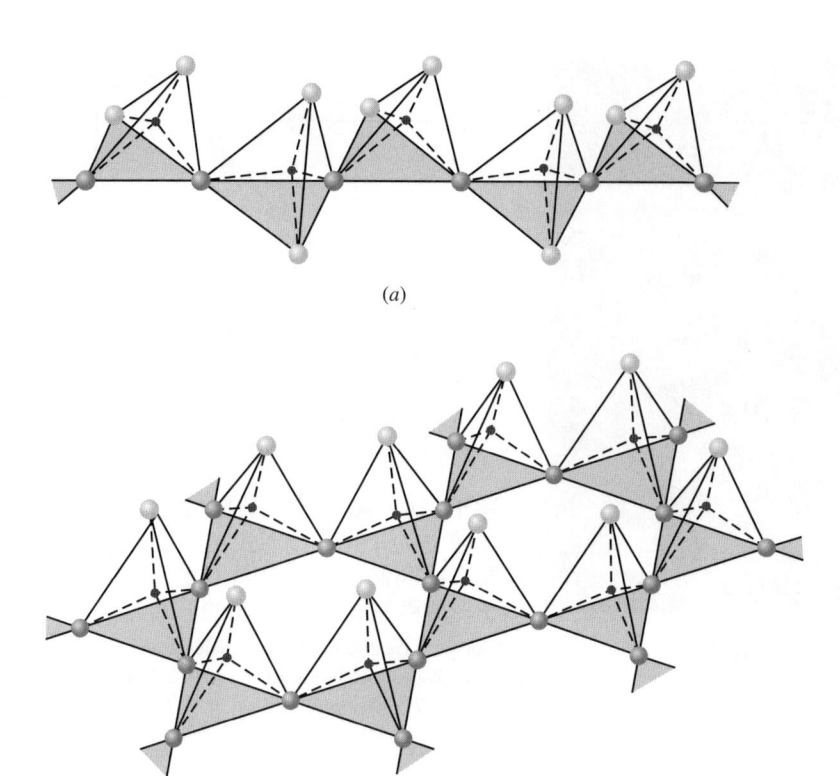

圖 11.17 (a) 矽酸鹽鏈結構。SiO_4^{4-} 四面體的四個氧原子中的兩個與其他四面體鍵結形成矽酸鹽鏈；(b) 矽酸鹽板結構。SiO_4^{4-} 四面體的四個氧原子中的三個與其他四面體結合形成矽酸鹽片。未鍵合的氧原子顯示為較淡色的球體。

((b) Source: M. Eisenstadt, *Mechanical Properties of Materials*, Macmillan, 1971, p. 82.)

個) 利用弱二級鍵結在一起的平行板製成。許多高級黏土主要由高嶺石組成。

片狀矽酸鹽的另一個例子是礦物滑石，其中一片 $Mg_3(OH)_2^{4+}$ 與兩層外層 $Si_2O_5^{2-}$ 片 (每側一片) 結合形成複合片。單位化學式 $Mg_3(OH)_2(Si_2O_5)_2$。複合滑石片通過弱的二級鍵結黏合在一起，因此這種結構使得滑石片容易相互滑動。

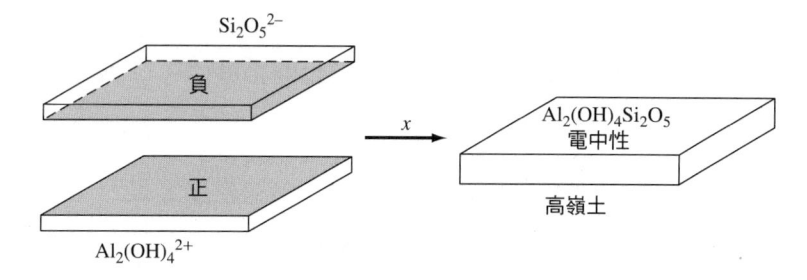

圖 11.18 從板材中形成高嶺石 ($Al_2(OH)_4^{2+}$ 和 $Si_2O_5^{2-}$) 的示意圖。

(Source: W.D. Kingery, H.K. Bowen, and D.R. Uhlmann, *Introduction to Ceramics*, 2nd ed., Wiley, 1976.)

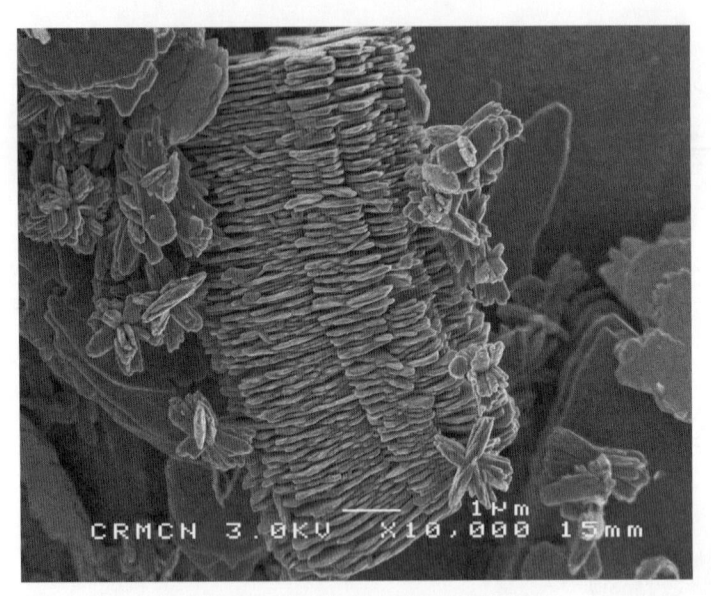

圖 11.19 用電子顯微鏡觀察到的高嶺石晶體。
(©Philippe Psaila/Science Source)

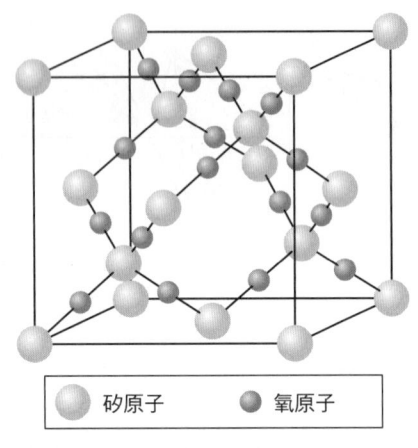

圖 11.20 高方矽石的結構，它是二氧化矽 (SiO$_2$) 的一種形式。注意，每個矽原子被四個氧原子包圍，並且每個氧原子形成兩個 SiO$_4$ 四面體的一部分。
(Source: "Treatise in Materials Science and Technology," vol. 9, J.S. Reed and R.B. Runk, *Ceramic Fabrication Processes*, p. 74.)

11.3.4 矽酸鹽網絡

二氧化矽 當 SiO$_4^{4-}$ 四面體的所有四個角共享氧原子時，產生稱為二氧化矽的 SiO$_2$ 網絡 (圖 11.20)。結晶型二氧化矽以幾種同素異形體之形式存在，其對應於四個角都共享的矽酸鹽四面體之不同排列方式。有三種基本的二氧化矽結構：石英、鱗石英和方矽石，它們中的每一種都有兩種或三種改質形式。在大氣壓下的不同溫度範圍能存在的最穩定二氧化矽形式是 573°C 以下的低石英、573°C 和 867°C 之間的高石英、867°C 和 1470°C 之間的高鱗石英以及在 1470°C 和 1710°C 之間的高方矽石 (圖 11.20)。高於 1710°C，二氧化矽是液體。二氧化矽是許多傳統陶瓷和許多不同類型玻璃的重要組成部分。

長石 有許多天然存在的矽酸鹽具有無限的三維矽酸鹽網絡。長石是在工業上重要的網狀矽酸鹽之一，它們也是傳統陶瓷的主要成分之一。在長石矽酸鹽結構網絡中，一些 Al^{3+} 離子取代一些 Si^{4+} 離子以形成具有淨負電荷的網絡。該負電荷與鹼金屬離子和鹼土金屬離子中的大離子平衡，例如 Na$^+$、K$^+$、Ca^{2+} 和 Ba^{2+}，它們適合於間隙位置。表 11.3 總結了一些矽酸鹽礦物的理想成分。

表 11.3 理想矽酸鹽礦物的組成

二氧化矽	
石英	
鱗石英	二氧化矽的常見晶相
方矽石	
矽酸鋁	
高嶺石 (瓷土)	$Al_2O_3 \cdot 2SiO_2 \cdot 2H_2O$
葉蠟石	$Al_2O_3 \cdot 4SiO_2 \cdot H_2O$
偏高嶺石	$Al_2O_3 \cdot 2SiO_2$
矽線石	$Al_2O_3 \cdot SiO_2$
莫來石	$3Al_2O_3 \cdot 2SiO_2$
鹼式矽酸鋁	
鉀長石	$K_2O \cdot Al_2O_3 \cdot 6SiO_2$
蘇打長石	$Na_2O \cdot Al_2O_3 \cdot 6SiO_2$
(白雲母) 雲母	$K_2O \cdot 3Al_2O_3 \cdot 6SiO_2 \cdot 2H_2O$
蒙脫石	$Na_2O \cdot 2MgO \cdot 5Al_2O_3 \cdot 24SiO_2 \cdot (6+n)H_2O$
白雲石	$K_2O \cdot Al_2O_3 \cdot 4SiO_2$
矽酸鎂：	
菫青石	$2MgO \cdot 5SiO_2 \cdot 2Al_2O_3$
塊滑石	$3MgO \cdot 4SiO_2$
滑石	$3MgO \cdot 4SiO_2 \cdot H_2O$
溫石棉 (石棉)	$3MgO \cdot 2SiO_2 \cdot 2H_2O$
鎂橄欖石	$2MgO \cdot SiO_2$

(Source: O.H. Wyatt and D. Dew-Hughes, *Metals, Ceramics and Polymers*, Cambridge, 1974.)

11.4 陶瓷製程 Processing of Ceramics

大多數傳統陶瓷及精密陶瓷相關產品的製程都是先把粉末或粉體擠壓成型，再置於高溫環境，利用高溫讓粉體鍵結成一體。藉由粉末的聚合來形成陶瓷的步驟是：(1) 準備材料；(2) 灌漿或擠壓成型；(3) 進行乾燥 (非必要) 及**燒製** (firing)，加熱到足夠高溫使粉末顆粒鍵結在一起形成陶瓷成品。

11.4.1 準備材料

許多陶瓷產品都是由粉末聚合方式而製成。[2] 隨著最終產品需求的不同，這些原始材料也會不一樣。粉末和其他材料，例如黏著劑和潤滑劑等，可用濕式或是乾式的方法混合。若是對於性質要求並不那麼嚴苛的陶瓷製品，例如磚塊、地下涵管或其他黏土製品，這些材料通常會用水來混合。有一些陶瓷的產品原料是

---

[2] 玻璃產品的生產和混凝土澆鑄是兩個主要的例外。

採用乾式混合的方式製作。有時也可以將這兩種混合方式結合使用，例如製造富鋁 (Al_2O_3) 絕緣體時，就是先將原料加水後，再和蠟黏著劑利用濕式混合的方式形成漿料，再用噴霧乾燥法將它做成很小的球形粉末 (如圖 11.21)。

11.4.2 成型

由粉末聚合方式製成的陶瓷產品能夠在乾燥、有可塑性或在液態的情況下製備成型。冷成型製程為陶瓷工業中主要的處理方式，但熱成型製程也會在某些條件下被使用。另外還有其他方法像是壓製法、注漿澆鑄法與擠製法，也都是常用的陶瓷成型法。

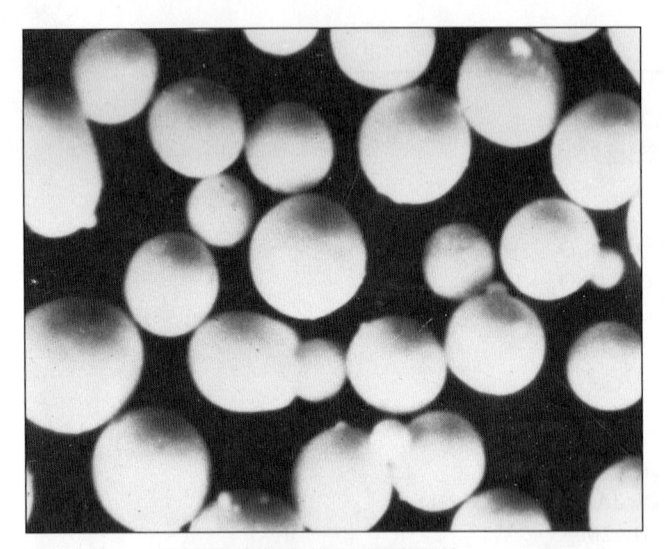

圖 11.21 噴霧乾燥的高鋁陶瓷體顆粒。
(Courtesy of The American Ceramic Society)

壓製法

陶瓷原料可以在乾式、可塑性或是濕式環境下將其壓入模型中成型。

乾壓法 此法常使用在結構用耐火磚 (高熱阻式材料) 或陶瓷電子零件上。**乾壓法** (dry pressing) 的定義為在單軸向 (uniaxial) 施壓，同時加入少量的水和 / 或有機黏著劑，使粒狀粉末結成型。圖 11.22 顯示了一系列乾壓法製造步驟，讓陶瓷粉末簡單成型之工作流程圖。冷壓後的組件，通常需要經過燒製步驟 (燒結)，使其完成達到所需要的強度和顯微結構。乾壓法廣泛使用是因為它能夠快速生產出許多不同形狀的產品，並且保持品質一致性及極小誤差值。像是氧化鋁、氧化鈦與

圖 11.22 陶瓷顆粒的乾壓：(a) 和 (b) 填充，(c) 壓製，和 (d) 彈出。
(Source: "Treatise in Materials Science and Technology," vol. 9, J.S. Reed and R.B. Runk, *Ceramic Fabrication Processes*, p. 74.)

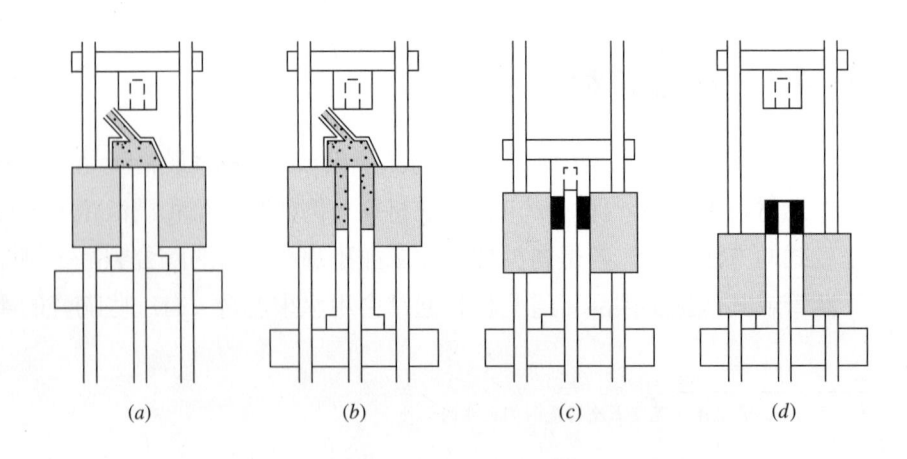

(a)　　(b)　　(c)　　(d)

氧化鐵均可以使用乾壓法來製造出具有線性尺寸從千分之幾到若干吋長的產品，而產能可高達每分鐘 5000 個。

均壓法　這種方式通常是先將陶瓷粉末置入一個柔軟可彎曲 (通常是橡膠) 並密閉的容器 (稱為袋)，再將此容器置入於一個液體壓流的腔體中並施予壓力。所施的壓力從各方向均勻地壓在粉體上，最後可得到與容器形狀相同的成品。**冷均壓法** (isostatic pressing) 之後的組件同樣需要經燒製 (燒結) 來達到物品所需要的強度和顯微結構。像是耐火磚、磚塊、模型、火星塞絕緣體、護罩、碳化物刀具、坩堝與軸承等的陶瓷零件，均可用均壓法製造。圖 11.23 為利用均壓法製造出火星塞絕緣體。

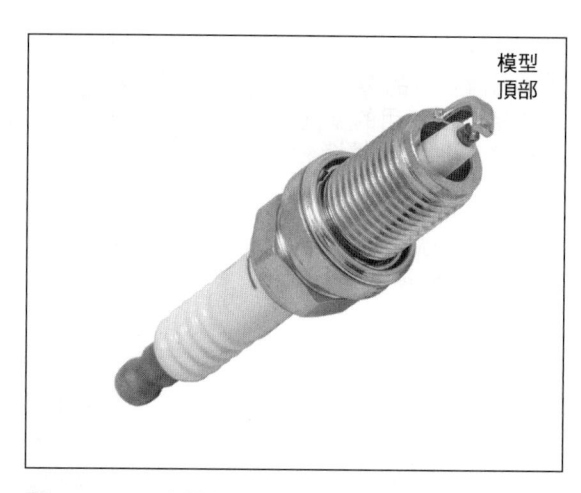

圖 11.23　噴霧乾燥的近球形顆粒 (圖 11.21) 通過重力進料到模具頂部並通過等靜壓壓縮，通常在 3000～6000 psi 範圍內，以形成上述火花塞的陶瓷絕緣體。
(©Denis Churin/Shutterstock)

熱壓法　這個方法是藉由同時進行加壓與燒製，來生產具有高密度和良好機械特質的陶瓷產品 (陶瓷鍋)。不論是單向施壓或是均向施壓方式都可以在此方法中使用。

注漿澆鑄法

陶瓷形狀可藉由**注漿澆鑄法** (slip casting) 成型，如圖 11.24 所示。注漿澆鑄法的主要步驟如下：

1. 製備陶瓷粉末材料與液體 (通常是黏土及水)，使其成為一個穩定的懸浮體，稱為泥漿 (slip)。
2. 將漿料填入多孔性 (porous) 之模具中 (通常是用石膏)，通常漿料中的部分水分會被模具吸收。而當漿料水分完全除去後，會在模壁上形成一層稍有強度的薄殼。
3. 當達到所需之厚度後，將多餘的漿料自模具中倒出 (圖 11.24a)，這個過程稱為中空澆鑄法 (drain casting)。若是再將模具注滿漿料的話，則可以再製作出一個實心的固體，如圖 11.20b 所示，這就是實心灌漿 (solid casting)。
4. 將模內材料乾燥至適當強度後，將模具拆除並取出零件。
5. 其後將鑄件燒結並得到所需要的微細構造和性質。

注漿澆鑄法適用在薄壁零件與具有複雜外表及厚度均勻的零件製作。此外，

圖 11.24 以注漿澆鑄法來製造各種形狀的陶瓷。(a) 在排水鑄造中使用的多孔熟石膏模具；(b) 固態鑄造。
(Source: J.H. Brophy, R.M. Rose and J. Wulff, "The Structure and Properties of Materials," vol. II: *Thermodynamics of Structure*, Wiley, 1964, p. 139.)

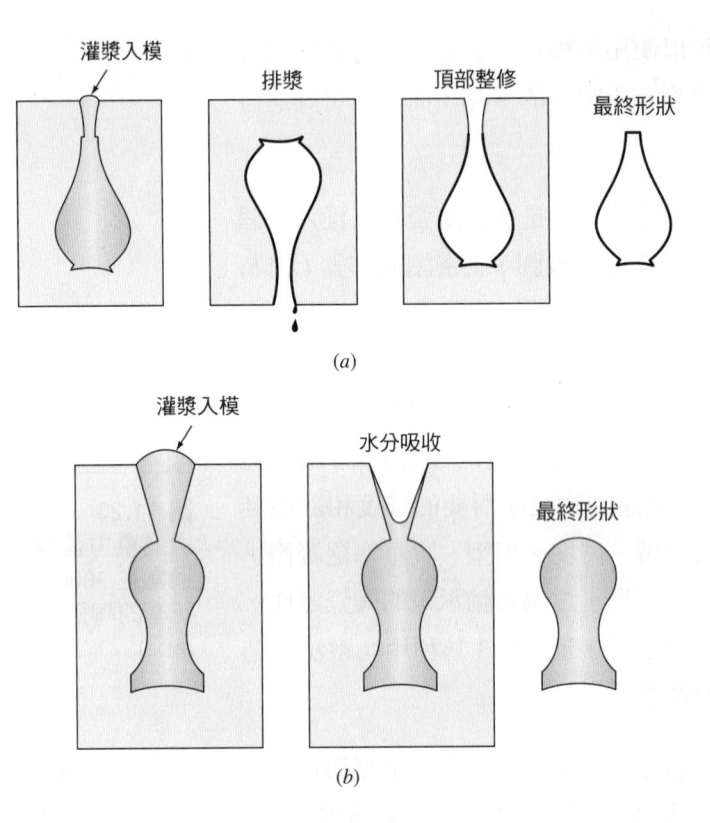

當產品在開發階段或是少量產出時，此法能夠節省成本。注漿澆鑄製程的一些新改變，是在灌漿成型時進行加壓或真空。

擠製法

如果將塑性狀態的陶瓷材料擠壓通過一個預先製作完成的模具，就能得到具有單一截面積且中空形狀的陶瓷製品。這種製作方式一般最常用在耐火磚、地下涵管、空心瓷管、精密陶瓷與電阻器用品的製造。而此種製作方法最常利用的機具是：真空螺旋鑽 (vacuum-auger-type) 擠製機。此方法是藉由馬達來驅動螺旋鑽，把塑性狀態的陶瓷原料 (例如黏土與水) 擠壓至一高硬度金屬或合金所製作的模具 (圖 11.25)。特殊的精密陶瓷通常是利用高壓活塞擠製而成，以求得到最小誤差。

11.4.3 熱處理

熱處理 (thermal treatment) 對於大多數的陶瓷產品來說是一個重要的製程。本節將會探討下列熱處理製程：乾燥、燒結及玻璃化作用。

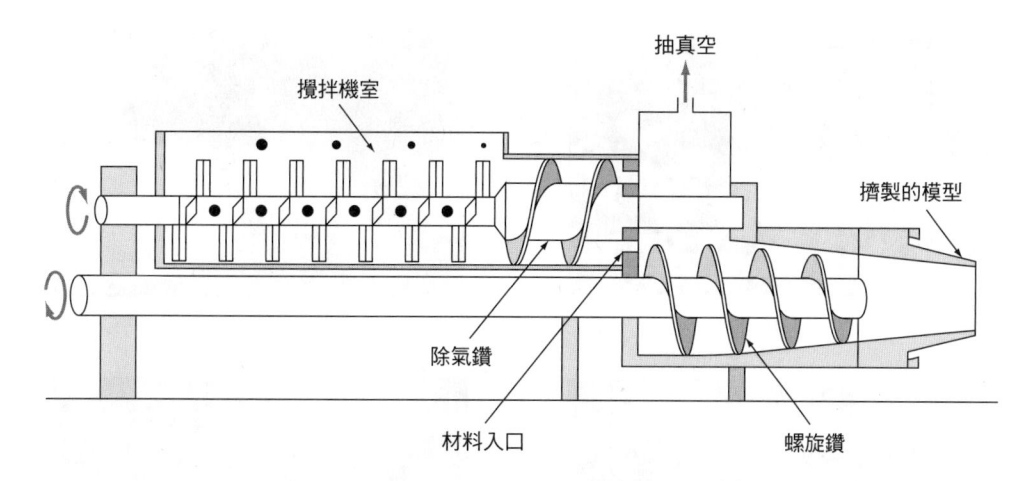

圖 11.25 用於陶瓷材料和真空螺旋擠壓機的組合式混煉機 (pug mill) 的橫截面。
(Source: W.D. Kingery, *Introduction to Ceramics*, Wiley, 1960.)

乾燥及去除黏著劑　陶瓷零件需要乾燥處理的目的，是要在它高溫燒結前，先利用乾燥步驟去除塑性陶瓷中的水分。通常在 100°C 或是更低的溫度就能夠將水分去除。若物件較大，所需時間可能會要 24 小時。有機黏著劑需在 200°C 至 300°C 的溫度才能夠將其從陶瓷零件中移除，雖然有部分殘留的碳氫化合物需要更高的溫度才能除去。

燒結　燒結 (sintering) 是指利用固態擴散 (solid-state diffusion) 的方式讓材料內的粉末能鍵結在一起的過程。經過燒結熱處理後，多孔性零件才能轉變為緊密聚合的物品。此方法常用在鋁系、鈹系、鐵系與鈦系氧化物陶瓷體的製造上。

　　燒結的過程是將粒子在低於化合物熔點的極高溫度下，藉由材料本身的固態擴散使粉末結合。舉例來說，氧化鋁絕緣體 (圖 11.23) 就是在 1600°C 的高溫下燒結而成的 (氧化鋁熔點為 2050°C)。當燒結過程進行時，原子擴散會發生在粉末和粉末間的接觸面，進而形成化學鍵鍵結 (圖 11.26)。製程進行時，小的粉末開始彼此結合，形成一較大顆粒，如圖 11.27a、b、c 所示的 MgO 燒結。燒結的時間增長，會使顆粒逐漸成長，而陶瓷體的孔隙度便會開始降低 (圖 11.28)。最後，過程結束後會得到一個「平衡晶粒尺寸」(equilibrium grain size)(圖 11.27d)。這個製程的驅動力 (driving force) 是系統能量的降低。一開始細小粉末具有較高的表面能，在燒結後，燒結製品的晶界表面則具有較低的能量。

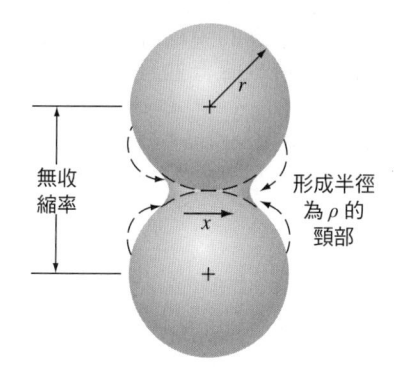

圖 11.26 在兩個細顆粒的燒結過程中形成頸部。原子擴散發生在接觸表面處並且擴大接觸區域以形成頸部。
(Source: B. Wong and J.A. Pask, *J. Am. Ceram. Soc.*, 62:141 (1979).)

圖 11.27 在靜態空氣中燒結的 MgO 壓塊 (壓縮粉末) 的斷裂表面之掃描式電子顯微照片。在 1430°C 下燒結 (a) 30 分鐘 (分數孔隙率 = 0.39)；(b) 303 分鐘 (f.p. = 0.14)；(c) 1110 分鐘 (f.p. = 0.09)；(d) 退火後的 (c) 的表面。

((a-d) Courtesy of The American Ceramic Society)

圖 11.28 在 1330°C 和 1430°C 的靜態空氣中燒結的 MgO 壓塊 (摻雜有 0.2wt% CaO) 的孔隙率與時間的關係。注意，較高的燒結溫度會使孔隙率更快地降低並且孔隙率更低。

(Source: B. Wong and J.A. Pask, *J. Am. Ceram. Soc.*, 62:141(1979).)

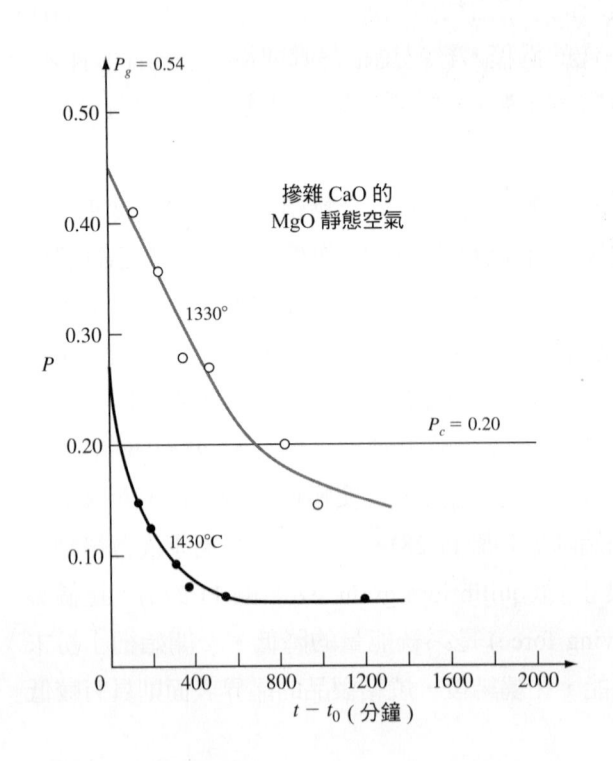

玻璃化作用　某些陶瓷產品，像是瓷器、結構瓷磚與一些電子零件的組成中會含有玻璃相。這種玻璃相可作為反應的介質，和陶瓷固體材料的其他部分相比，可以讓擴散在較低的溫度進行。這類陶瓷材料的燒結過程中會發生所謂的**玻璃化作用** (vitrification)，也就是玻璃相液化，將材料中的孔隙填滿，此時的液化玻璃相也有可能會與其他剩下的耐火材料發生反應。當冷卻後，此液相就會固化形成玻璃基材，與沒有熔化的粒子結合成為一體。

11.5　傳統陶瓷與結構陶瓷 Traditional and Structural Ceramics

11.5.1　傳統陶瓷

傳統陶瓷有三種基本成分：黏土、矽石(燧石)與長石。黏土主要為水化鋁矽酸鹽 ($Al_2O_3 \cdot SiO_2 \cdot H_2O$) 與其他少量氧化物，像是 TiO_2、Fe_2O_3、MgO、CaO、Na_2O 及 K_2O。表 11.4 列出一些工業用黏土的化學組成。

傳統陶瓷使用的黏土提供材料在燒結硬化前的可加工性 (workability)，為陶瓷製品的主體。矽石 (SiO_2) 又稱為燧石或是石英，熔點很高，為傳統陶瓷的耐火成分。鉀長石的基本組成為 $K_2O \cdot Al_2O_3 \cdot 6SiO_2$，熔點低，將陶瓷混合物加熱後會成為玻璃。它會將材料中的耐火成分鍵結在一起。

像是建築磚塊、污水涵管、排水瓦管、屋瓦與地板瓷磚等結構用黏土製品都是用黏土製成，含有上述三種基本成分。如電子瓷器、餐用瓷器及衛浴瓷器產品等白陶瓷品是由黏土、矽石與長石組成，其比例是受到控制的。表 11.5 列出一些三軸白陶瓷品的化學成分。三軸 (triaxial) 是指組成中有三種主要材料。

圖 11.29 為矽石-白榴石-莫來石的三元相圖。圖中顯示不同白陶瓷品的典型組成範圍，有些並特別用環形區域標示。

在燒結過程中，三軸陶瓷結構或發生的變化相當複雜，至今仍無法說明。表 11.6 約略列出白陶瓷品在燒結過程中，可能發生的結構變化。

表 11.4　某些黏土的化學成分

黏土種類	主要氧化物的重量百分率									燃燒損失
	Al_2O_3	SiO_2	Fe_2O_3	TiO_2	CaO	MgO	Na_2O	K_2O	H_2O	
高嶺土	37.4	45.5	1.68	1.30	0.004	0.03	0.011	0.005	13.9	
田納西球黏土	30.9	54.0	0.74	1.50	0.14	0.20	0.45	0.72	⋯	11.4
肯塔基球黏土	32.0	51.7	0.90	1.52	0.21	0.19	0.38	0.89	⋯	12.3

Source: P. W. Lee, *Ceramics*, Reinhold, 1961.

表 11.5 某些三軸白陶瓷品的化學成分

陶瓷體種類	瓷土	球黏土	長石	燧石	其他
硬瓷	40	10	25	25	
電絕緣瓷	27	14	26	33	
玻璃化衛生瓷器	30	20	34	18	
電絕緣體	23	25	34	18	
玻璃化磁磚	26	30	32	12	
半玻璃化白陶瓷體	23	30	25	21	
骨灰瓷	25	…	15	22	38 骨灰
餐具瓷	31	10	22	35	2 $CaCO_3$
牙用瓷器	5	…	95		

Source: W. D. Kingery, H. K. Bowen, and D. R. Uhlmann, *Introduction to Ceramics*, 2nd ed., Wiley, 1976, p. 532.

圖 11.29 在矽石-白榴石-莫來石的三元相圖中標示出三軸白陶瓷品之組成區域。

(Source: W.D. Kingery, H.K. Bowen, and D.R. Uhlmann, *Introduction to Ceramics*, 2nd ed., Wiley, 1976, p. 533.)

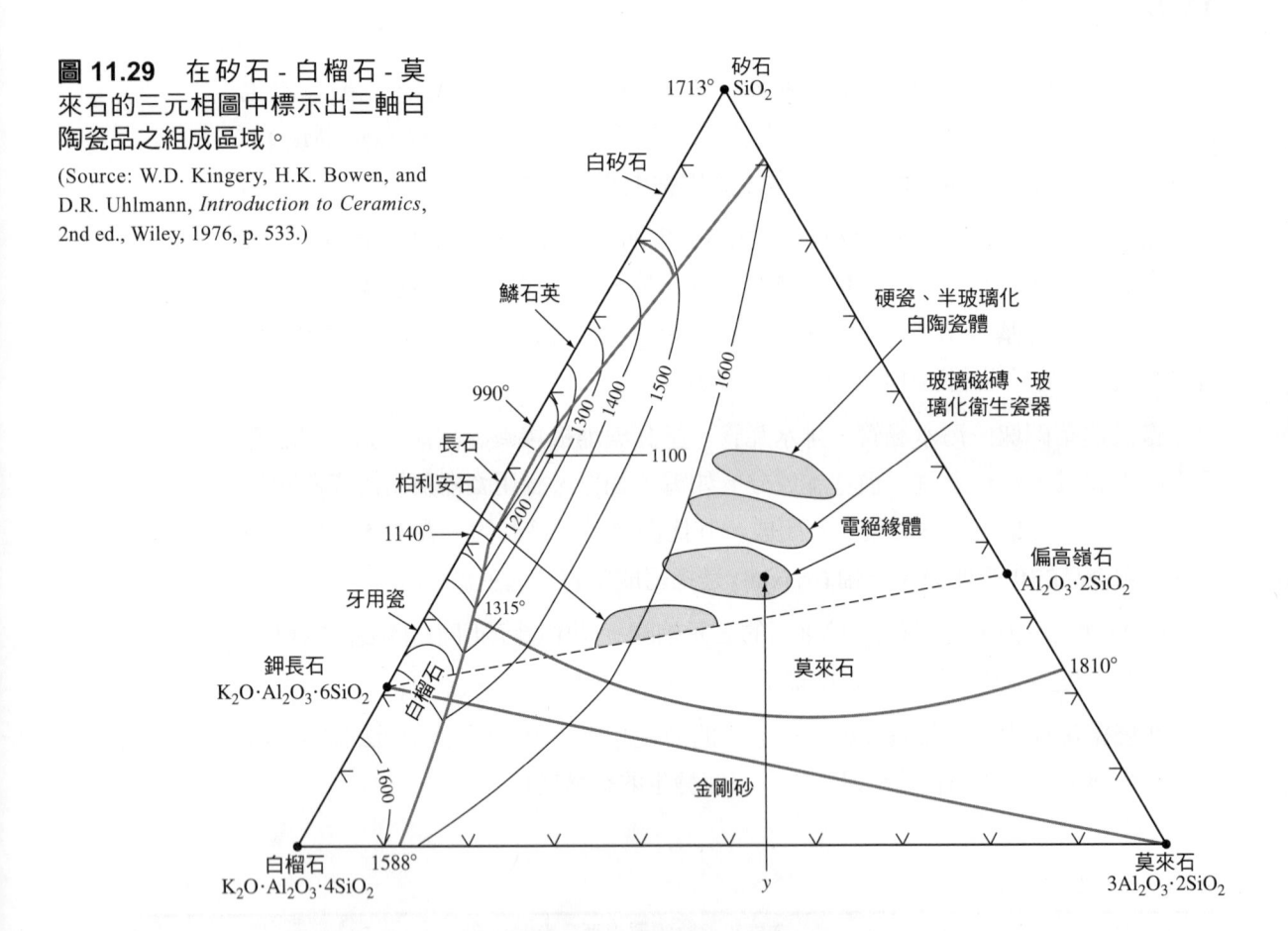

圖 11.30 為電子顯微鏡下的電氣絕緣瓷器之顯微結構，看得出來此結構相當不均勻。大的石英晶粒會被高矽石玻璃熔環包圍，還有摻雜在殘餘長石間的針狀莫來石與細緻的莫來石-玻璃混合物。

表 11.6　三軸白瓷體在燒結過程中所發生的結構變化

溫度 (°C)	反應
100以下	損失濕度
100-200	去除吸附的水分
450	脫水
500	有機物質氧化
573	石英轉換成高溫型，體積略微變化
980	黏土石形成尖晶石，體積開始收縮
1000	莫來石形成
1050-1100	長石中形成玻璃相，莫來石成長，收縮繼續
1200	更多的玻璃相及莫來石成長，孔隙開始流失，部分石英融解
1250	60%玻璃相，21%莫來石，19%石英，最少的孔隙

Source: F. Norton, *Elements of Ceramics*, 2nd ed., Addison-Wesley, 1974, p. 140.

在頻率 60 次 / 秒時使用三軸陶瓷作為絕緣體是可行的。不過在高頻時，介電耗損 (dielectric loss) 會太高。作為助溶劑 (flux) 的長石會釋出大量鹼性液來，增加三軸陶瓷的導電性及介電耗損。

11.5.2　結構陶瓷

相對於主要成分為黏土的傳統陶瓷，工程或結構陶瓷的成分主要是純化合物或是接近純化合物的氧化物、碳化物或氮化物，像是氧化鋁 (Al_2O_3)、氮化矽 (Si_3N_4)、碳化矽 (SiC) 或氧化鋯 (ZrO_2)，另外再結合一些其他的耐火氧化物。表 11.1 列出一些工程陶瓷的熔點，而其中一些材料的機械特性則列在表 11.7。以下簡要介紹一些重要工程陶瓷的一些性質、製程和應用。

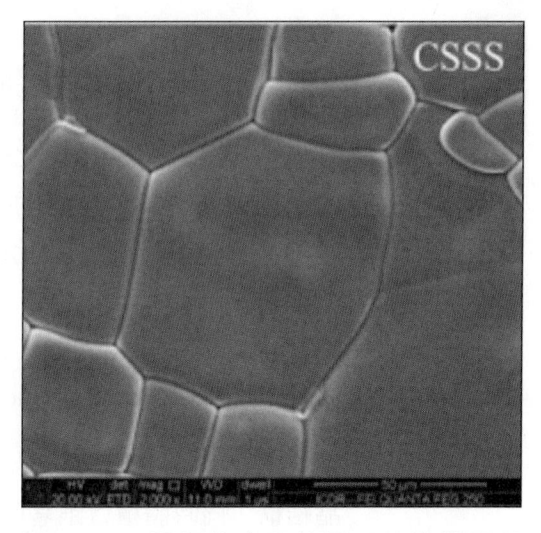

圖 11.30　電絕緣瓷器的電子顯微鏡照片（腐蝕 10 秒，0°C，40% HF，矽複印模）。
(Source: U.S. National Library of Medicine)

氧化鋁 (Al_2O_3)　氧化鋁最初是為了耐火管及在高溫使用的高純度坩堝而發展出來的，現在的使用範圍更廣，像是火星塞中的絕緣材料 (圖 11.23)。氧化鋁常摻雜氧化鎂，經冷壓與燒結後，形成圖 11.31 中的顯微結構。注意，相較於圖 11.30 中電陶瓷的顯微結構，氧化鋁晶粒結構較均勻。氧化鋁常用於需要低介電損耗和高電阻率的高階電子產品。

氮化矽 (Si_3N_4)　在所有結構陶瓷中，氮化矽的工程特性組合應該是最有用的。由於 Si_3N_4 在高於 1800°C 時會明顯解離，所以無法直接燒結，而是得用反應鍵

表 11.7　某些工程陶瓷材料的機械性質

材料	密度 (g/cm³)	壓縮強度 MPa	ksi	拉伸強度 MPa	ksi	彎曲強度 MPa	ksi	破壞韌性 MPa √m	ksi √m
Al₂O₃ (99%)	3.85	2585	375	207	30	345	50	4	3.63
Si₃N₄ (熱壓)	3.19	3450	500	…	…	690	100	6.6	5.99
Si₃N₄ (反應鍵結)	2.8	770	112	…	…	255	37	3.6	3.27
SiC (燒結)	3.1	3860	560	170	25	550	80	4	3.63
ZrO₂, 9% MgO (部分安定)	5.5	1860	270	…	…	690	100	8+	7.26+

圖 11.31　摻雜氧化鎂的氧化鋁，燒結且粉末化後的微觀結構。燒結溫度為 1700°C。微觀結構幾乎沒有孔隙，晶粒內只有少量孔隙。(放大 500×)
(Courtesy of The American Ceramic Society)

結法 (reaction bonding) 製作。先將矽粉的粉壓坯置於氮氣中使其氮化 (nitrided)，以獲得有微孔洞和中等強度的氮化矽 Si₃N₄ (如表 11.7)。添加 1% 至 5% 氧化鎂後所製造出的 Si₃N₄ 強度更高且無孔洞。目前業界正在探索將 Si₃N₄ 使用在先進引擎的零件上。

碳化矽 (SiC)　碳化矽是一種堅硬又耐火的碳化物，在高溫的抗氧化性極佳。雖然不屬於氧化物，但是在高溫時，碳化矽的表面會生成一層保護材料主體的 SiO₂ 薄膜。添加 0.5%～1% 的硼作為燒結促進劑後，SiC 可在 2100°C 燒結。碳化矽通常用於金屬基 (metal-matrix) 及陶瓷基 (ceramic-matrix) 複合材料作為增強纖維。

氧化鋯 (ZrO₂)　純氧化鋯為多形體，在約 1170°C 時會從正方晶結構轉變為單斜晶結構，同時體積會跟著膨脹導致產生破裂。然而，將 ZrO₂ 與其他像是 CaO、MgO 及 Y₂O₃ 等耐火氧化物材料結合後，立方晶結構便可以在室溫下穩定存在及被應用。在氧化鋯中添加 9% MgO 及經過特殊熱處理後，可製造出部分安定氧化鋯 (partially stabilized zirconia, PSZ)，破壞韌性極高，可提供新的陶瓷用途。(關於陶瓷斷裂韌性的更多細節請見 11.6 節。)

11.6　陶瓷的機械性質　Mechanical Properties of Ceramics

11.6.1　導論

整體而言，陶瓷材料相對易脆。陶瓷材料的拉伸強度差別很大，小至 100 psi (0.69 MPa)，大至在嚴格控制條件下製作的 Al₂O₃ 陶瓷鬚晶 (whisker) 的 10^6 psi (7×10^3 MPa)。不過，整體來看，很少陶瓷材料拉伸強度大於 25,000 psi (172

MPa)。陶瓷材料的拉伸強度和壓縮強度也差異甚大，通常後者較前者強 5～10 倍，如表 11.7 所示的 99% Al_2O_3 陶瓷材料之性質。此外，許多陶瓷材料既硬且耐衝擊性低，因為它們有離子 - 共價鍵。不過，其實還是有不少例外。例如，雖然塑性黏土是陶瓷材料，但是既柔軟也可變形，因為黏土材料強力離子 - 共價鍵層間的次級鍵結力很弱。

11.6.2　陶瓷材料的變形機制

結晶性陶瓷缺乏可塑性是因為其化學鍵結是離子鍵與共價鍵。在金屬中，晶體結構的線缺陷(差排)沿著特定晶體滑動面移動，產生塑性流動(見 6.5 節)。金屬中的差排能夠在無方向性之金屬鍵所產生的相對較低應力下移動，而且所有參與鍵結的原子表面都有平均分布的負電荷平均。也就是說，金屬鍵鍵結的過程中並沒有牽涉到帶正電荷或負電荷的離子。

在共價結晶和共價鍵陶瓷中，原子間的鍵結不僅獨特且具方向性，牽涉到電子對的電荷交換。因此，當共價結晶受到足夠大的應力作用時，就會因為電子對分離後無法復合鍵結而出現脆性斷裂。因此，不論單晶或多晶共價鍵的陶瓷都很脆。

主要鍵結為離子鍵的陶瓷有著不同的變形。單晶離子鍵結的固體，像是氧化鎂及氯化鈉，在室溫下承受壓縮應力時會出現明顯的塑性變形。但是，多晶離子鍵結的陶瓷在承受壓縮應力時，則會展現脆性，會在晶界處出現破裂。

我們簡短討論離子晶體的可變形條件，如圖 11.32 所示。一個離子平面在另一個平面上滑移時，會使帶不同電性的離子相互接觸，進而產生吸引力或排斥力。大部分具有 NaCl 結構的離子鍵結結晶會在 {110} 系統滑移，因為 {110} 平面族只牽涉電性相異的離子，所以在滑移的過程中會因庫侖力而相互吸引。圖 11.32 中的 AA' 線顯示這種 {110} 型的滑移。反之，{100} 平面族則很少發生滑移，因為彼此接近的離子具有相同電性，所產生的排斥力會使滑移面分離，圖 11.32 中的 BB' 線顯示了 {100} 型的滑移。許多單晶陶瓷材料有明顯的可塑性。但是，多晶陶瓷發生變形時，相鄰近的晶粒需要改變其外形。由於離子鍵結固體內可滑移的系統有限，很容易在晶界發

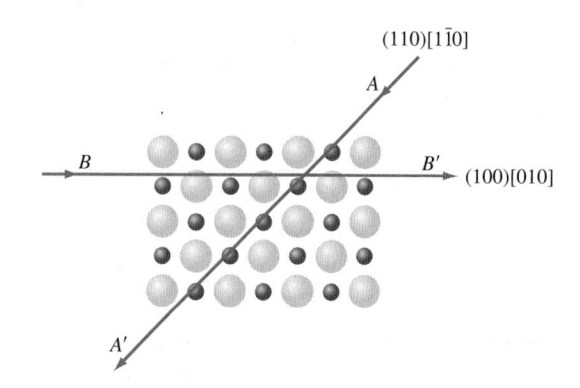

圖 11.32　NaCl 晶體結構的俯視圖，顯示：
(a) 在 (110) 平面和 [1$\bar{1}$0] 方向滑移 (AA' 線)；
(b) 在 (100) 平面 [010] 方向滑移 (BB' 線)。

生破裂進而出現脆性破壞。由於大部分重要的工業用陶瓷多為多晶結構，因此都很脆。

11.6.3 影響陶瓷材料強度的因素

陶瓷材料會發生機械性破壞的主因是其結構缺陷。多晶陶瓷材料出現破裂的主要原因包含表面處理過程中所產生的表面裂紋、空孔(孔洞)、內含物及製程中產出的大晶粒。[3]

脆性陶瓷材料中的孔洞是應力集中的區域。當孔洞上的應力到達某臨界值，裂縫會在孔洞處產生並傳播，因為這些材料並不像延性金屬一樣擁有大的能量吸收(energy-absorbing)機制。因此，一旦裂縫產生，就會持續地延伸直到完全斷裂。孔洞對陶瓷材料的強度很不利，因為它會減少材料本身的有效截面積，使材料能支撐的應力值變小。因此，陶瓷材料中的孔洞尺寸和所占體積分率是影響材料強度的重要因素。圖 11.33 顯示氧化鋁橫斷面的拉伸強度如何因孔洞體積分率的增加而降低。

加工陶瓷的內部缺陷也是決定陶瓷材料破壞強度的重要因素。大型缺陷可以是影響陶瓷強度的主因。在結構緻密且無大孔洞的陶瓷材料中，缺陷尺寸通常與晶粒大小有關。對於無孔洞的陶瓷，純陶瓷材料的強度是其晶粒尺寸的函數；陶瓷晶粒愈小，出現在晶界處的裂縫就會愈小，因此強度會大於大晶粒陶瓷。

也因此，多晶陶瓷材料的強度取決於許多因素，主要包括化學組成、顯微結構和表面環境。同時，溫度及環境，還有應力的型態及施加方式，也都很重要。然而，大部分

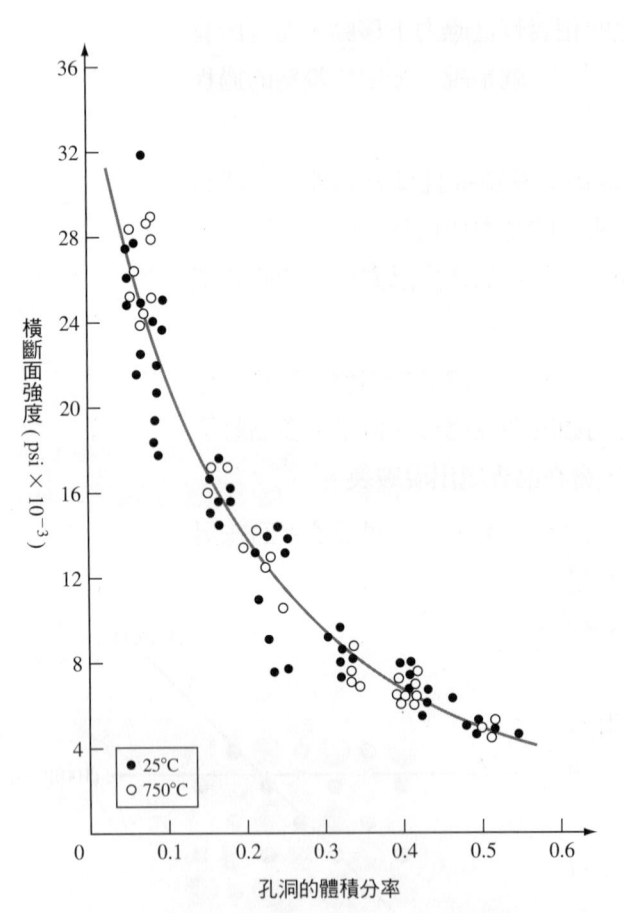

圖 11.33 孔隙率對純氧化鋁橫向強度的影響。
(Source: R.L. Coble and W.D. Kingery, *J. Am. Ceram. Soc.*, 39:377(1956).)

---

[3] A.G. Evans, *J. Am. Ceram. Soc.*, **65**:127(1982).

在室溫下陶瓷材料的破裂通常都是原先就存在的最大裂縫所導致。

11.6.4 陶瓷材料的韌性

由於陶瓷材料同時有共價鍵與離子鍵，韌性天生就低。多年來，很多研究都以增進陶瓷材料的韌性為重心。使用如熱壓法或反應鍵結法來改善陶瓷的韌性，科學家們已可以製造出韌性大為改善的工程陶瓷(表 11.7)。

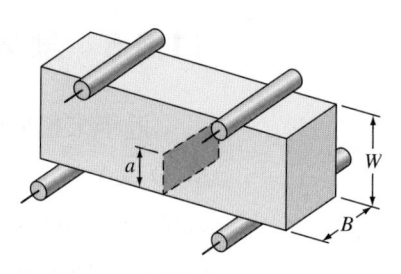

圖 11.34 對陶瓷材料進行單邊刻痕四點橫樑破裂韌性測試之裝備。

類似於金屬破裂韌性的測試(見 7.3 節)，陶瓷破裂韌性 K_{IC} 也可透過測試得到。陶瓷材料的 K_{IC} 值通常通過利用單邊 (single-edge notch) 或人字紋刻痕 (chevron-notched)，將試片做四點彎曲測試。(圖 11.34)。斷裂韌性方程，

$$K_{IC} = Y\sigma_f\sqrt{\pi a} \tag{11.1}$$

將斷裂韌性 K_{IC} 值與斷裂應力和最大缺陷尺寸相關聯起來。此式也可用於陶瓷材料。以 (11.1) 式進行測量時，K_{IC} 以 MPa $\sqrt{m}$ (ksi $\sqrt{in.}$) 為單位，斷裂應力 σ_f 以 MPa (ksi) 為單位，a (最大內部缺陷的一半) 以公尺 (吋) 為單位。Y 是等於約 1 的無因次 (dimemsionless) 常數。例題 11.9 顯示出該等式如何用於確定具有已知斷裂韌性和強度的特定工程陶瓷可以承受而沒有破裂的最大尺寸缺陷。

■ 例題 11.9

反應鍵結氮化矽之強度為 300 MPa，破壞韌性為 3.6 MPa $\sqrt{m}$，試計算不破壞材料條件下，材料內存在最大內部裂縫。$Y = 1$。

解

$$\sigma_f = 300 \text{ MPa} \quad K_{IC} = 3.6 \text{ MPa·}\sqrt{m} \quad a = ? \quad Y = 1$$
$$K_{IC} = Y\sigma_f\sqrt{\pi a}$$

或

$$a = \frac{K_{IC}^2}{\pi\sigma_f^2} = \frac{(3.6 \text{ MPa·}\sqrt{m})^2}{\pi(300 \text{ MPa})^2}$$
$$= 4.58 \times 10^{-5} \text{ m} = 45.8 \text{ μm}$$

因此，內部最大裂縫 $= 2a = 2(45.8 \text{ μm}) = 91.6 \text{ μm}$ ◀

11.6.5　部分安定氧化鋯 (PSZ) 的相變韌化

近年來相變的研究發現，在氧化鋯中添加一些抗高溫的氧化物 (如 CaO、MgO 或 Y_2O_3)，能夠生產出破裂韌性非常高的陶瓷材料。以下將討論 ZrO_2 添加 9 mol% 的 MgO 後，陶瓷材料所產生的相變韌化之機制。純氧化鋯存在著三種不同的晶體結構，分別是室溫到 1170°C 的單斜晶相、1170°C ~ 2370°C 的正方晶相，和 2370°C 以上的立方晶相 (如圖 11.10 的氟結構)。

純氧化鋯從正方晶相轉變為單斜晶相的相變是一種麻田散型的相變，無法透過急速冷卻的方式來抑制此情形。此種相變型態會伴隨著約 9% 的體積增加率，因此直接將純氧化鋯製成產品完全行不通。然而，若加入約 10 mol % 的抗高溫氧化物，如 CaO、MgO 或 Y_2O_3，就能夠使氧化鋯的立方晶結構穩定下來，並且能讓此結構在室溫下也能維持準安定 (metastable) 狀態，也可以將此材料應用於產品的製造。立方晶氧化鋯和安定劑氧化物結合後，可以在室溫下保持立方晶相結構，所以稱其為全安定化氧化鋯 (fully stabilized zirconia)。

關於最近氧化鋯耐火氧化物陶瓷材料的發展，已經利用此材料的相變特性來提升韌性和強度的材料。陶瓷鋯化合物其中一個重要的產品就是添加 9 mol% MgO 的部分安定氧化鋯 (PSZ)。在 1800°C 的溫度下，燒結氧化鋯 -9 mol % MgO (圖 11.35a 為 ZrO_2-9 mol% MgO 之相圖)，然後將其迅速冷卻至室溫，它會呈現一完全準安定態立方晶相結構。不過若再將它再加熱至 1400°C，並同時保溫一段很長的時間，便會析出一種正立方晶結構的準安定態析出物，如圖 11.35b 所示。這材料稱為部分安定氧化鋯 (PSZ)。在陶瓷材料上施予一個應力並讓其產生破裂，會讓正方晶相轉變為單斜晶相，進而引起體積的膨脹變化，形成破裂閉合機制且阻止了破裂現象。由於破裂的擴張受阻，所以陶瓷材料就會產生「韌化」的現象 (如圖 11.35c)。部分安定化氧化鋯的破壞韌性值為 $8 +\text{MPa}\sqrt{m}$，高於表 11.7 所列出之所有工程材料的破壞韌性值。

11.6.6　陶瓷的疲勞破壞

重複的循環應力會造成金屬疲勞破裂的導因是裂痕會在試片加工硬化區域內成核及成長。然而，由於陶瓷材料原子間的離子 - 共價鍵，當承受循環應力時，陶瓷沒有塑性，使得陶瓷很難出現疲勞斷裂。對於多晶氧化鋁的缺口板，最近已經報導了其在室溫下的壓縮 - 壓縮應力循環中的穩定疲勞裂痕生長的結果。研究顯示，多晶氧化鋁在經過 79,000 次的壓縮循環後出現了直線疲勞破裂 (如圖

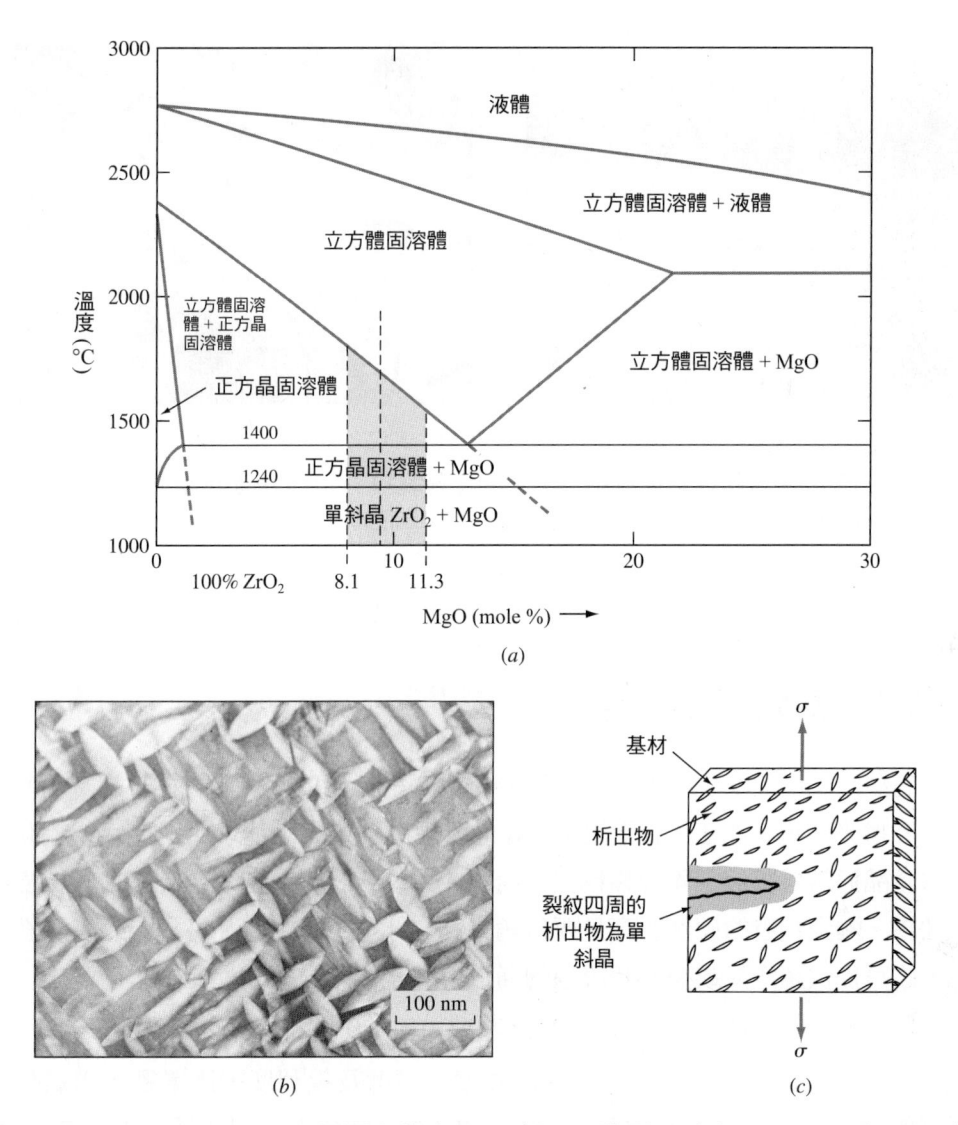

圖 11.35 (a)ZrO_2-MgO 二元相圖中的高 ZrO_2 部分。陰影區域表示用 MgO 與 ZrO_2 結合以產生部分穩定的氧化鋯的區域；(b) 最佳老化的 MgO- 部分穩定的 ZrO_2 的穿透式電子顯微照片，顯示出四方扁球形球狀沉澱物。在施加足夠的應力後，這些顆粒轉變成具有體積膨脹的單斜晶相；(c) 示意圖，說明在部分穩定的 ZrO_2-9mol% MgO 陶瓷樣品中的裂縫周圍的四方晶相沉澱物向單斜晶相的轉變。

((a) Source: A.H. Heuer, "Advances in Ceramics," vol. 3, *Science and Technology of Zirconia*, American Ceramic Society, 1981.; (b) Courtesy of The American Ceramic Society)

11.36a)，微裂縫會沿著晶界傳遞，最後導致疲勞破壞 (如圖 11.36b)。有許多正在進行的研究希望能夠製造出韌性更高的陶瓷材料，以對抗循環應力的影響，並適用於渦輪轉子等應用。

圖 11.36 多晶氧化鋁在循環壓縮下出現的疲勞裂紋：(a) 光學顯微鏡照片顯示疲勞裂紋 (壓縮軸為垂直的)；(b) 相同樣品疲勞區域的掃描式電子顯微鏡照片，顯示明顯的粒間失效模式。

((a-b) Courtesy of Elsevier)

11.6.7　陶瓷研磨材料

　　有些高硬度的陶瓷材料可作為研磨材料，對其他硬度較低的材料進行切割、研磨及拋光處理。剛玉 (氧化鋁) 與碳化矽是最常見的兩種。像是片狀或輪狀的研磨產品通常是將個別陶瓷顆粒結合而製成。結合材料包括燒製陶瓷、有機樹脂及橡膠。陶瓷顆粒的硬度要高且要稜角銳利。此外，研磨產品必須有一定的孔隙率，才可提供讓空氣或是液體流過的通道。氧化鋁顆粒的韌性比碳化矽高，但是硬度較低，所以需研磨質地較硬的材料時還是會選用碳化矽。

　　結合氧化鋁與氧化鋯[4]可以改善強度、硬度及銳利度，比單獨使用氧化鋁更有效。這種陶瓷合金之一是 25% ZrO_2 和 75% Al_2O_3，而另一種為 40% ZrO_2 及 60% Al_2O_3。還有一個重要的陶瓷磨料是立方氮化硼，商品名為 Borazon。[5] 此材料幾乎硬如鑽石，但熱穩定性比鑽石更佳。

11.7　陶瓷的熱性質 Thermal Properties of Ceramics

　　一般來說，本身由於的離子 - 共價鍵的強度高，大部分陶瓷材料的熱傳導性很低，是好的熱絕緣材料。圖 11.37 比較了大部分陶瓷材料熱傳導性對溫度的函

---

[4]　ZrO_2-Al_2O_3 陶瓷研磨合金由 Norton 公司在 1960 年代開發。

[5]　Borazon 是通用電子公司的產品，於 1950 年代開發。

數關係。由於陶瓷材料的耐熱性高，所以常用於**耐火材料** (refractory)，能阻絕液態或氣態的熾熱環境。金屬、化學、陶瓷及玻璃工業都會大量使用耐火材料。

11.7.1 陶瓷耐火材料

許多高熔點的純陶瓷化合物，如氧化鋁和氧化鎂，可作為工業用耐火材料，但是它們價格高昂，而且很難加工成型。因此，大部分工業用的耐火材料均為陶瓷化合物的混合物。表 11.8 列出一些常見耐火磚的組成及部分應用。

低溫強度、高溫強度、體密度與孔洞度等都是陶瓷耐火材料的重要特性。大部分陶瓷耐火材料的體密度在 2.1 ~ 3.3 g/cm^3 (132 ~ 206 lb/ft^3) 之間。孔洞度低的緻密耐火材料抗腐蝕性、抗沖蝕性及抗液體和氣體的滲透力較高。不過隔熱耐火材料的孔洞度最好要高。隔熱耐火材料最常用於較高密度與耐火性的耐火磚或耐火材料內襯。

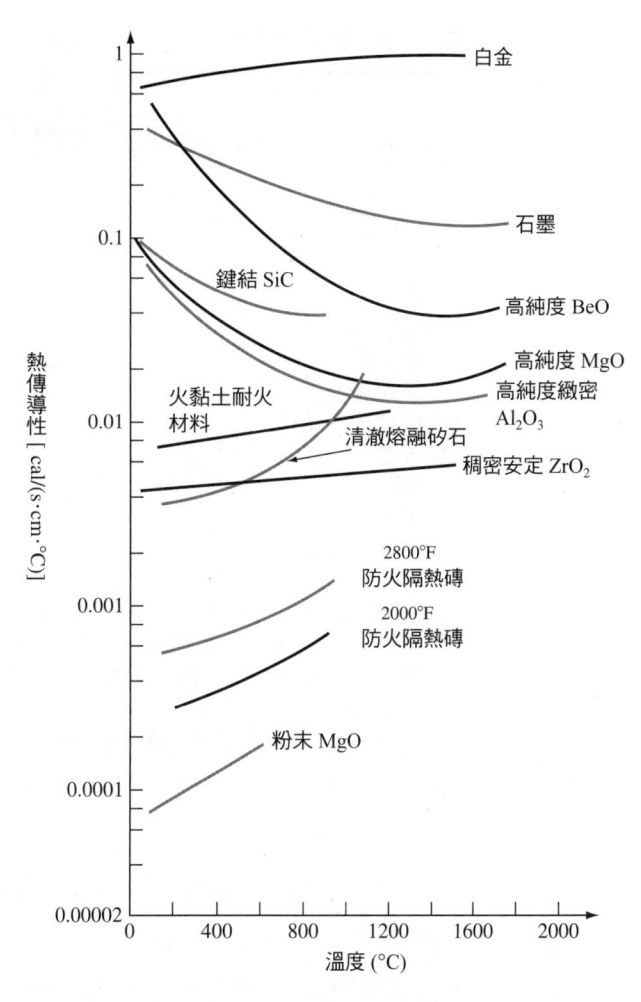

圖 11.37 陶瓷材料在各種溫度範圍內的熱傳導度。
(Source: NASA.)

工業用陶瓷耐火材料常分為酸性型與鹼性兩種。酸性耐火材料的主要基本成分為二氧化矽及氧化鋁，而鹼性耐火材料的主要基本成分則是氧化鎂、氧化鈣與氧化鉻。表 11.8 列出許多工業用耐火材料成分及各自的一些應用。

11.7.2 酸性耐火材料

矽石耐火材料 (silica refractory) 有高耐火、高機械強度及接近自身熔點溫度時還能保持剛性等特性。

耐火黏土 (fireclay) 是由塑性火黏土、燧石黏土和大顆粒黏土燒料 (grog) 混合而成。在生胚 (綠色) 時，這些耐火材料所組成的混合物顆粒尺寸從極粗到極細

表 11.8　某些耐火磚材料的成分與應用

	組成 (wt%)			
	SiO$_2$	Al$_2$O$_3$	MgO	其他
酸性型：				
矽石磚	95-99			
超級火黏土磚	53	42		
高級火黏土磚	51-54	37-41		
高氧化鋁磚	0-50	45-99+		
鹼性型：				
菱鎂礦	0.5-5		91-98	0.6-4 CaO
菱鎂礦-鉻	2-7	6-13	50-82	18-24 Cr$_2$O$_3$
白雲石(燒結)			38-50	38-58 CaO
特殊型：				
鋯石	32			66 ZrO$_2$
碳化矽	6	2		91 SiC
耐火材料應用：				
超級火黏土磚：熔鋁爐、旋轉窯與鼓風爐內襯				
高級火黏土磚：水泥與石灰窯、鼓風爐與焚化爐內襯				
高氧化鋁磚：鍋爐、磷酸礦爐、廢酸液再生爐與連續鑄造鋼桶內襯				
矽石磚：化學反應器內襯、陶瓷窯、煉焦窯				
菱鎂礦磚：煉鋼爐內襯				
鋯石磚：玻璃容器底磚、連續鑄造機出口				

Source: *Harbison-Walker Handbook of Refractory Practice*, Harbison-Walker Refractories, Pittsburgh, 1980.

大小不一。經過燒結後，其中的細微顆粒就會在大顆粒間形成陶瓷鍵結。

高氧化鋁耐火材料 (high-alumina refractorys) 中含有 50%～99% 的氧化鋁，且熔點比耐火黏土磚高，所以可用於條件更嚴峻的高溫熔爐或是比耐火黏土磚熔點更高的溫度，但價格卻非常昂貴。

11.7.3　鹼性耐火材料

鹼性耐火材料主要為氧化鎂 (MgO)、石灰石 (CaO)、鉻礦，或是這些材料中兩種或更多種的混合。這些鹼性耐火材料的體密度與熔點高，對爐渣和氧化物的化學腐蝕抵抗力也佳，不過卻較為昂貴。鹼性-氧氣煉鋼爐的內襯大量使用含高比例氧化鎂(92%至95%)的鹼性耐火材料。

11.7.4　太空梭隔熱陶瓷磚

太空梭隔熱系統的開發是現代材料科技用於工程設計的極佳範例。為了能使太空梭至少能進行 100 次的飛行任務，新的陶瓷隔熱材料得以問世。

太空梭大約有 70% 的表面被 24,000 片二氧化矽纖維化合物陶瓷板覆蓋以隔絕高熱。圖 11.38 顯示一個可再使用表面絕熱高溫 (high-temperature reusable-surface insulation, HRSI) 瓷磚的顯微結構圖，而圖 11.39 則顯示其連接於太空梭體表面的區域。此材料的密度僅有 4 kg/m^3 (9 lb/ft^3)，並可承受高達 1260°C (2300°F) 的高溫。把此材料由溫度高達 1260°C (2300°F) 之爐具取出 10 秒後，技術員便可使用雙手握住此瓷磚；由此可知其絕熱效果非常良好。

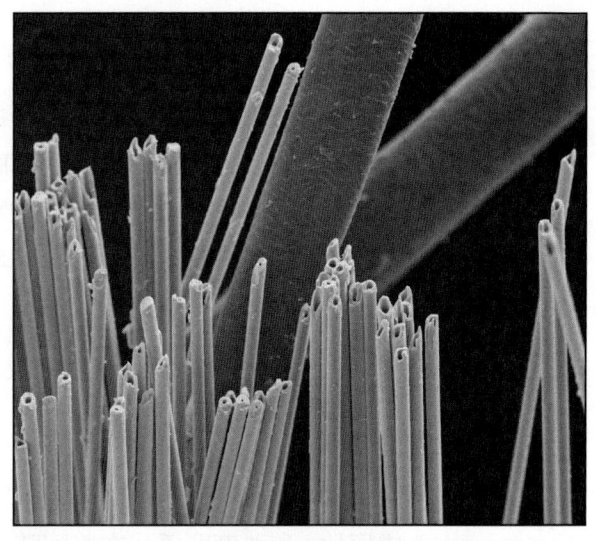

圖 11.38 LI900 高溫可重複使用表面絕熱材料 (為太空梭使用的瓷磚材料) 的顯微結構，含有 99.7% 的純二氧化矽纖維 (放大倍率 1200×)。
(©Eye of Science/Science Source)

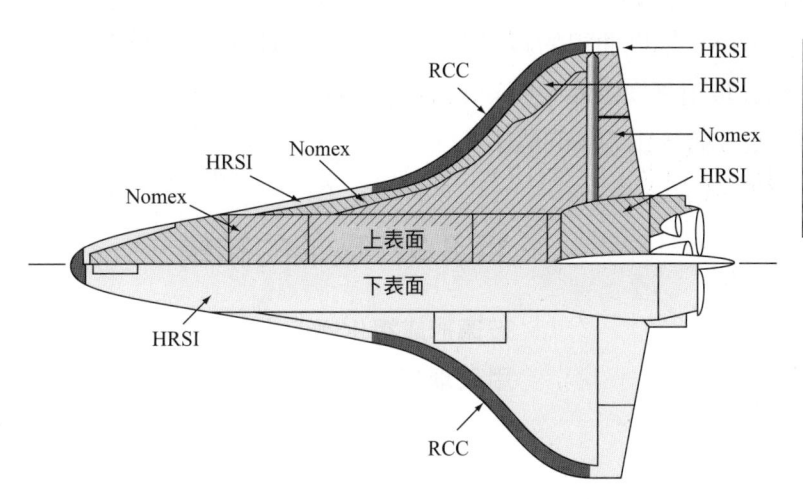

圖 11.39 太空梭的熱保護系統。
(Source: Corning Incorporated.)

■ 11.8 玻璃 Glasses

玻璃擁有其他工程材料缺乏的特性。它在室溫下有透光度和硬度，在一般環境下強度適中且抗腐蝕性極佳。這些性質讓玻璃成為工程應用上不可或缺的材料，像是建築和汽車車窗。玻璃也是各式燈具的必備材料，因為它是絕緣體，並可提供真空封裝。電子真空管也需要玻璃的真空封裝特性，以及其絕緣性作為連接器引入線之用。玻璃的高化學抵抗力適合用來作成實驗室器具與化學工業反應槽與管件的抗腐蝕襯墊。

11.8.1 玻璃的定義

玻璃是在高溫下由無機物質所製成的陶瓷材料。與其他陶瓷材料不同的是，玻璃的成分受熱熔融後冷卻到固態時並不會結晶。因此，**玻璃** (glass) 可定義為冷卻到固態時不會結晶的無機熔融物。玻璃的特色之一就是它的結構為非晶質或不規則。不同於一般結晶固體，玻璃裡的分子並非以規律重複的長程規律排列，而是以隨機方式改變排列方位。

11.8.2 玻璃轉換溫度

玻璃的凝固行為和結晶固體不同。圖 11.40 顯示這兩種材料的比容 (與密度成反比) 和溫度關係。在凝固時會產生結晶固體的液體通常會在熔點結晶化，且體積會明顯縮小，如圖 11.40 的 ABC 路徑所示。相對地，冷卻後形成玻璃的液體並不會結晶化，而是會跟隨圖 11.40 所示的 AD 路徑。這類液體在降溫時黏性會提升，並會在一個非常小的溫度範圍內由橡膠狀、柔軟的塑性狀態轉變成剛硬、脆性的玻璃質狀態，而比容 - 溫度曲線的斜率也會顯著減少。此曲線上兩個斜率的交點就是轉變點，稱為**玻璃轉換溫度** (glass transition temperature, T_g)。這個點對結構敏感；愈快的冷卻速率會產生愈高的溫度 T_g。

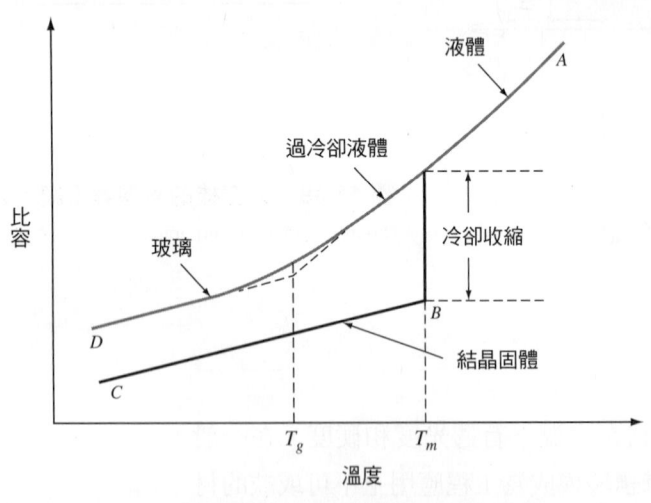

圖 11.40 結晶質與玻璃 (非晶) 材料的固化過程，顯示了比容的變化。T_g 是玻璃材料的玻璃轉換溫度；T_m 是結晶質材料的熔點。

(Source: O.H. Wyatt and D. Dew-Hughes, *Metals, Ceramics, and Polymers*, Cambridge University Press, 1974, p. 263.)

11.8.3 玻璃的結構

玻璃形成氧化物 大部分無機玻璃都是用**玻璃形成氧化物** (glass-forming oxide) 矽石 (SiO_2) 為基材。矽石基玻璃的基本次單位 (subunit) 為 SiO_4^{4-} 四面體，其中矽 (Si^{4+}) 原子 (離子) 以共價離子鍵和四個氧原子 (離子) 相互鍵結，如圖 11.41a 所示。在結晶矽石 (如白矽石) 中，Si-O 四面體會角對角相連規則排列，形成如圖 11.41b 顯示的理想長程規律 (long-range order) 結構。在簡單矽石玻璃中，角角相連的四面體形成的是鬆散網路 (loose network)，並非長程規律排列 (圖 11.41c)。

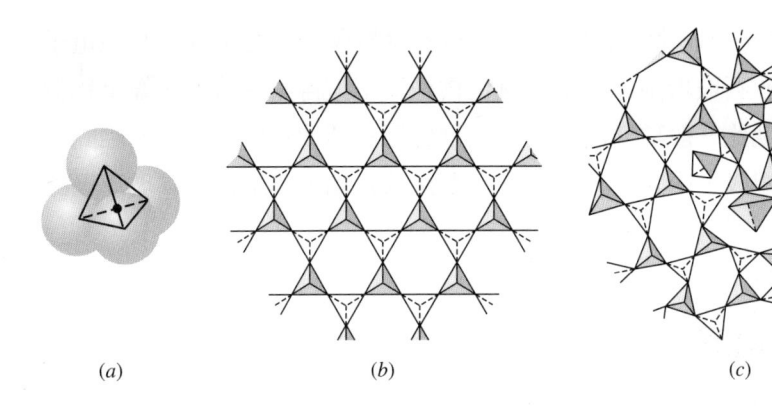

圖 11.41 (a) 矽-氧四面體；(b) 理想結晶矽石(白矽石)，其中四面體為長程規律結構；(c) 簡單矽石玻璃，其中四面體不具長程規律結構。

(Source: O.H. Wyatt and D. Dew-Hughes, *Metals, Ceramics, and Polymers*, Cambridge University Press, 1974, p. 259.)

氧化硼 (B_2O_3) 也是一種玻璃形成氧化物。它自身的次單位為平面三角形，其中硼原子略偏離氧原子平面。不過，在添加鹼或者是鹼土氧化物的硼矽酸鹽玻璃內，BO_3^{3-} 三角形可變成 BO_4^{4-} 四面體，其中鹼或鹼土陽離子提供了必要的電中性。氧化硼是許多商用玻璃的重要添加劑，像是硼矽酸鹽玻璃和鋁硼矽玻璃。

玻璃改良氧化物　能夠打斷玻璃鍵結網路的氧化物稱為**網路改良劑** (network modifier)。玻璃中會添入鹼金屬氧化物 (如 Na_2O、K_2O) 和鹼土金屬氧化物 (如 CaO、MgO) 以降低黏滯性，使其更容易被加工成型。這些氧化物的氧原子會從四面體結合點進入矽石網路，進而破壞網路，產生擁有未共用電子的氧原子 (圖 11.42a)。Na_2O 和 K_2O 的 Na^+ 和 K^+ 離子不會進入網路。而是會維持金屬離子形式，在網路格隙中進行離子鍵結。這些離子填入一些格隙後，會提升玻璃結晶化。

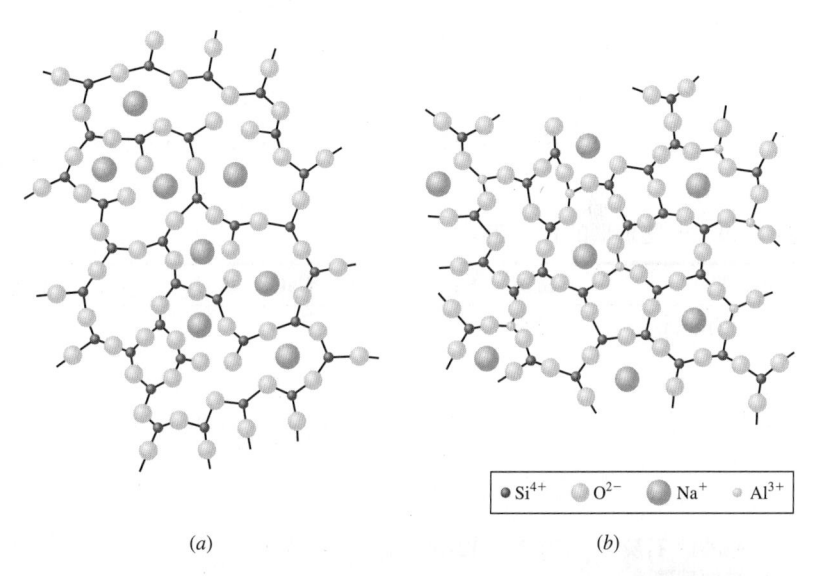

圖 11.42 (a) 網路改良玻璃 (鈉鈣玻璃)；注意，金屬離子 (Na^+) 並不屬於網路；(b) 中間氧化物玻璃 (鋁矽酸鹽玻璃)；注意：小金屬離子 (Al^{3+}) 屬於網路。

(Source: O.H. Wyatt and D. Dew-Hughes, *Metals, Ceramics, and Polymers*, Cambridge, 1974, p. 263.)

玻璃的中間氧化物　有些氧化物自己無法構成玻璃網路，但可加入現有的玻璃網路。這些氧化物稱為**中間氧化物** (intermediate oxide)。例如，氧化鋁 (Al_2O_3) 可以 AlO_4^{4-} 四面體的型態進入矽石網路，取代一些原有的 SiO_4^{4-} (圖 11.42b)。不過，由於 Al 價數為 +3，而非四面體所需的 +4，所以鹼金屬陽離子必須提供其他電子以達到電中性。要在矽石玻璃中加入中間氧化物是為了獲得某些特性，像是鋁矽酸鹽玻璃的耐熱溫度就比一般玻璃高。鉛氧化物是另一種矽石玻璃常用的中間氧化物。依玻璃的不同組成，中間氧化物可作為網路改良劑，或是可成為玻璃網路的一部分。

11.8.4 玻璃的組成

表 11.9 列出一些重要玻璃種類的組成，以及部分特性與應用的說明。熔矽石玻璃是最重要的單一成分玻璃。它的光穿透率高且不易受輻射傷害(輻射會造成其他玻璃的褐變)，因此是使用在太空載具玻璃窗、風洞玻璃窗和分光光度計內光學系統元件最理想的玻璃。不過，矽石玻璃不易製作，且價格昂貴。

表 11.9 一些玻璃的化學組成

玻璃	SiO_2	Na_2O	K_2O	CaO	B_2O_3	Al_2O_3	其他	特點
1. (熔)矽石	99.5+							不易熔解和製造，但1000°C時仍可使用，低膨脹係數，高耐熱震性。
2. 96%矽石	96.3	<0.2	<0.2		2.9	0.4		由較軟的硼矽酸鹽玻璃製成；加熱分離 SiO_2 及 B_2O_3 相；酸可溶解 B_2O_3 相；加熱使氣孔消失。
3. 碳酸鈉-石灰：平面玻璃	71-73	12-14		10-12		0.5-1.5	MgO, 1-4	易於製造，廣泛用於玻璃窗、容器及電燈泡。
4. 鉛矽酸鹽：電子	63	7.6	6	0.3	0.2	0.6	PbO, 21 MgO, 0.2	具有良好電性質，易於熔解及製造。
5. 高鉛	35		7.2				PbO, 58	高鉛含量可吸收 X 光；高折射率用於無色鏡片；裝飾用結晶玻璃。
6. 硼矽酸鹽：低膨脹係數	80.5	3.8	0.4		12.9	2.2		低膨脹係數，耐熱震性良好及化學穩定性高。廣泛用於化學工業。
7. 低電損	70.0		0.5		28.0	1.1	PbO, 1.2 B_2O_3, 2.2	低介電損失。
8. 鋁硼矽酸鹽：標準組織	74.7	6.4	0.5	0.9	9.6	5.6		提高氧化鋁含量，降低氧化硼含量，增高化學耐久性。
9. 低鹼金屬(E-玻璃)	54.5	0.5		22	8.5	14.5		作為玻璃樹脂複合材料的纖維。
10. 鋁矽酸鹽	57	1.0		5.5	4	20.5	MgO, 12	高溫強度，低膨脹係數。
11. 玻璃-陶瓷	40-70					10-35	MgO, 10-30 TiO_2, 7-15	以晶質化玻璃製成結晶陶瓷。容易製造(與玻璃相同)，良好的性質。可製成多種玻璃及觸媒。

Source: O.H. Wyatt and D. Dew-Hughes, *Metals, Ceramics, and Polymers*, Cambridge, 1974, p. 261.

鈉鈣玻璃 最常製作的玻璃為鈉鈣玻璃，大概占所有玻璃量的 90%。它的基本組成為 71% ~ 73% 的 SiO_2、12% ~ 14% 的 Na_2O 與 10% ~ 12% 的 CaO。Na_2O 及 CaO 可將玻璃的軟化溫度由 1600°C 降到 730°C，使鈉鈣玻璃容易加工。添加 1% ~ 4% 的 MgO 能防止玻璃失去透明，而添加 0.5% ~ 1.5% 的 Al_2O_3 則能提升耐久性。鈉鈣玻璃主要用於製成平板玻璃、容器、壓製與吹製器皿，還有一些不需要高化學耐久性與熱抵抗性的燈具。

硼矽玻璃 將矽石玻璃網路中的鹼金屬氧化物用氧化硼替代，能製作成低膨脹玻璃。矽石網路中加入 B_2O_3 後結構會減弱，玻璃軟化溫度也會明顯降低。會造成這種弱化的主要原因是平面三配位硼原子的存在。硼矽玻璃 (耐火玻璃) 會用於實驗室器材、管件、烤箱器皿與密封式頭燈等處。

鉛玻璃 氧化鉛通常在矽石網路內是作為改良劑，但也能是網路形成劑。鉛含量高的鉛玻璃熔點較低，適合用於焊接密封玻璃。此外，高鉛玻璃可作為高能量輻射屏障，常見於輻射玻璃、螢光燈外罩與電視螢幕。由於折射率高，因此鉛玻璃也能當作光學玻璃與裝飾用玻璃。

11.8.5　玻璃的黏滯變形

當高於玻璃轉換溫度時，玻璃行為與黏滯 (過冷) 液體類似。一旦承受應力，就可出現大量矽酸鹽原子 (離子) 滑移，產生永久變形。原子間鍵結力能阻止玻璃轉換溫度以上之變形，但在施加過高應力的時候，還是無法抑制玻璃間的黏滯流動。由上述得知，若玻璃原先所處的溫度比玻璃轉換溫度要來得高，就會使得這個玻璃的黏滯性愈低，同時也就愈容易產生黏滯流動的現象。通常溫度和玻璃黏滯度之關係遵守 Arrhenius 型方程式，不過其指數符號為正值，和一般負值不一樣 (如擴散理論中之 Arrhenius 型方程式是 $D = D_0 e^{(-Q/RT)}$)。玻璃產生黏滯流動時，黏滯度和溫度之關係式為：

$$\eta^* = \eta_0 e^{+Q/RT} \tag{11.2}$$

其中 η = 玻璃的黏滯度，單位是 P 或 Pa · s；[6] η_0 = 指數前常數，單位是 P 或 Pa · s；Q = 黏滯流動的分子活化能；R = 莫耳氣體常數；T = 絕對溫度。例題 11.10 證明玻璃黏滯流動的活化能可以用已知黏滯度 - 溫度數據，利用方程式求得。

---

* η = 希臘字母 eta，發音為 "eight-ah"。

[6] 1 P (poise) = 1 dyne · s/cm^2; 1 Pa · s (pascal-second) = 1 N · s/m^2; 1 P = 0.1 Pa · s.

圖 11.43 溫度對各種類型玻璃黏滯度的影響。曲線上的數字是指表 11.9 中的組成。

(Source: O.H. Wyatt and D. Dew-Hughes, *Metals, Ceramics, and Polymers*, Cambridge, 1974, p. 259.)

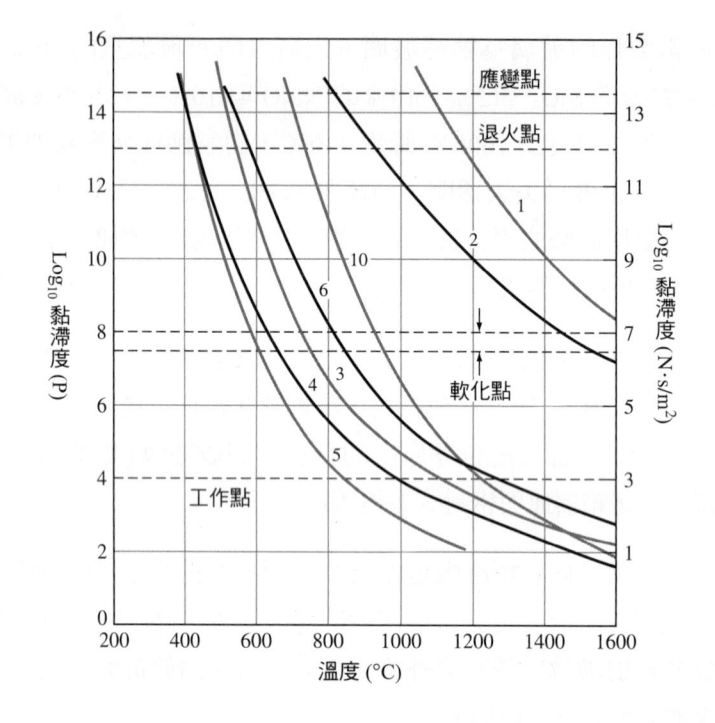

圖 11.43 顯示溫度對某些商用玻璃黏滯度之影響。為了比較各種玻璃，圖 11.43 以水平線顯示一些黏滯度之參考點，如工作、軟化、退火與應變等等，各點定義如下：

1. **工作點** (working point)：黏滯度 = 10^4 P (10^3 Pa·s)，在這個溫度玻璃能進行製造加工。

2. **軟化點** (softening point)：黏滯度 = 10^8 P (10^7 Pa·s)，此溫度下玻璃會因本身重量造成顯著的流動。不過此點無法以明確的黏滯度值標示，因為它會隨著玻璃的密度及表面張力而改變。

3. **退火點** (annealing point)：黏滯度 = 10^{13} P (10^{12} Pa·s)，在此溫度玻璃的內應力能被消除。

4. **應變點** (strain point)：黏滯度 = $10^{14.5}$ P ($10^{13.5}$ Pa·s)。此溫度下，玻璃為堅實固體，而應力鬆弛速率非常緩慢。退火點與應變點之間通常被認定是玻璃退火的範圍。

通常玻璃在等效於黏滯度 10^2 P (10 Pa·s) 之溫度下熔融。在玻璃成型期間，玻璃的黏滯度被定性地比較：硬玻璃 (hard glass) 有高軟化點，而軟玻璃 (soft glass) 有低軟化點。長玻璃 (long glass) 之軟化點和應變點之溫度差較大。換言之，若溫度降低，長玻璃之凝固會比短玻璃 (short glass) 慢。

■ 例題 11.10 •

一個 96% 矽石玻璃退火點是 940°C，黏滯度 10^{13} P，軟化點是 1470°C，黏滯度 10^8 P。請估算上述溫度範圍之玻璃黏滯流動活化能，單位為千焦耳／莫耳。

解

$$玻璃退火點 = T_{ap} = 940°C + 273 = 1213 \text{ K} \qquad \eta_{ap} = 10^{13} \text{ P}$$
$$玻璃軟化點 = T_{sp} = 1470°C + 273 = 1743 \text{ K} \qquad \eta_{sp} = 10^8 \text{ P}$$
$$R = 氣體常數 = 8.314 \text{ J/(mol·K)} \quad Q = ? \text{ J/mol}$$

利用 (11.2) 式，$\eta = \eta_0 e^{Q/RT}$，

$$\begin{aligned}\eta_{ap} &= \eta_0 e^{Q/RT_{ap}} \\ \eta_{sp} &= \eta_0 e^{Q/RT_{sp}}\end{aligned} \quad 或 \quad \frac{\eta_{ap}}{\eta_{sp}} = \exp\left[\frac{Q}{R}\left(\frac{1}{T_{ap}} - \frac{1}{T_{sp}}\right)\right] = \frac{10^{13} \text{ P}}{10^8 \text{ P}} = 10^5$$

$$10^5 = \exp\left[\frac{Q}{8.314}\left(\frac{1}{1213 \text{ K}} - \frac{1}{1743 \text{ K}}\right)\right]$$

$$\ln 10^5 = \frac{Q}{8.314}(8.244 \times 10^{-4} - 5.737 \times 10^{-4}) = \frac{Q}{8.314}(2.507 \times 10^{-4})$$

$$11.51 = Q(3.01 \times 10^{-5})$$

$$Q = 3.82 \times 10^5 \text{ J/mol} = 382 \text{ kJ/mol} \blacktriangleleft$$

成型法

玻璃製品的製程首先要把玻璃加熱至高溫，形成黏滯液體，之後進行模製、抽拉或滾軋，以製成所需要之形狀。

平板玻璃的成型　美國的平板玻璃有 85% 是採用**浮式玻璃** (float-glass) 製程；先由熔融爐內引出帶狀玻璃，浮在熔融錫之爐床表面 (圖 11.44)，此一帶狀玻璃在有化學環境控制的熔融錫爐床上移動時，會慢慢冷卻。一旦玻璃表面夠硬以後，玻璃會被移出爐床，以避免經過滾輪留下痕跡，然後被送進一稱作徐冷窯 (lehr) 的長型退火爐做殘留應力消除處理。

吹製、壓製及鑄造法　針對某些具深度的產品，例如瓶子、壺與日光燈管的製作，工業製程一般利用吹入氣體使熔融玻璃進入模型成型 (圖 11.45)。假如為扁平產品，例如光學鏡片，則是把熔融玻璃壓入模型成型。

另外還有許多產品都是經過玻璃之鑄造法而製成，例如直徑 6 m 之硼矽酸鹽玻璃望遠鏡片就是利用鑄造方法所製成。漏斗型產品，像是映像管，能利用離心

圖 11.44 (a) 浮式玻璃工藝圖；(b) 浮式玻璃工藝的側視圖和俯視示意圖。

((a) Source: D.C. Boyd and D.A. Thompson, "Glass," vol. II: *Kirk-Othmer Encyclopedia of Chemical Technology*, 3rd ed., Wiley, 1980, p. 862.)

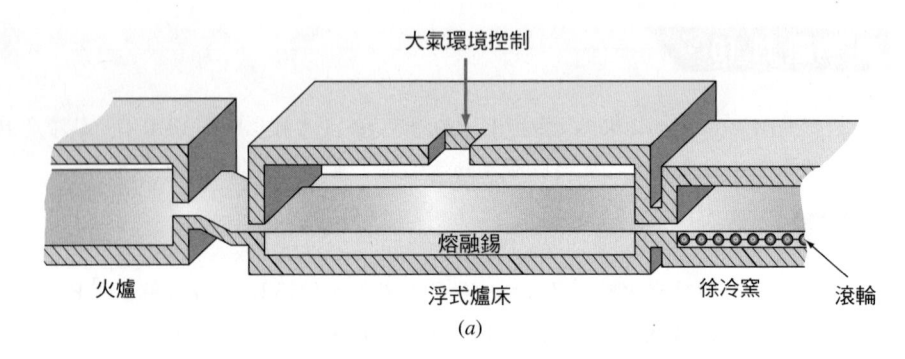

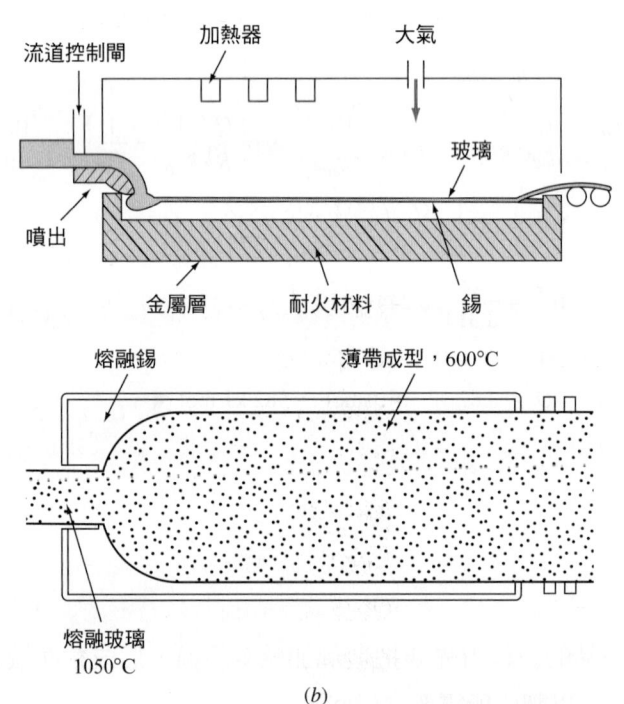

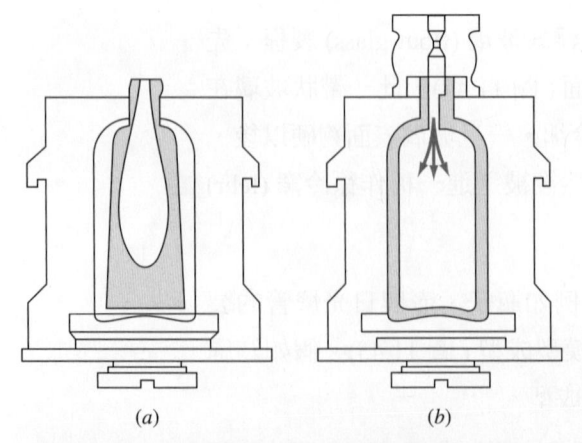

圖 11.45 (a) 再加熱和 (b) 玻璃吹製機工藝的最後吹製階段。

(Source: E.B. Shand, "Engineering Glass," vol. 6: *Modern Materials*, Academic, 1968, p. 270.)

鑄造法製造，製程先把熔融玻璃灌至旋轉模型，讓玻璃向四周流動，最終可以形成一樣厚度的玻璃牆。

11.8.7 強化玻璃

強化玻璃 (tempered glass)，或回火玻璃，是把加熱到接近軟化點的玻璃用快速流動的空氣來冷卻玻璃表面以達到強化目的。玻璃表面會先冷卻收縮，而溫度仍高之內部會隨尺寸變化進行相關調整 (圖 11.46a)，當內部也冷卻收縮時，表面已非常剛硬，使得內部會產生拉應

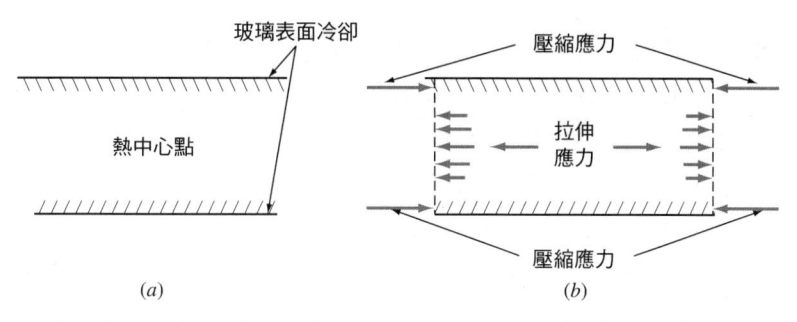

圖 11.46 回火玻璃的剖面：(a) 玻璃表面從接近軟化點溫度的高溫冷卻後；(b) 玻璃內部冷卻後。

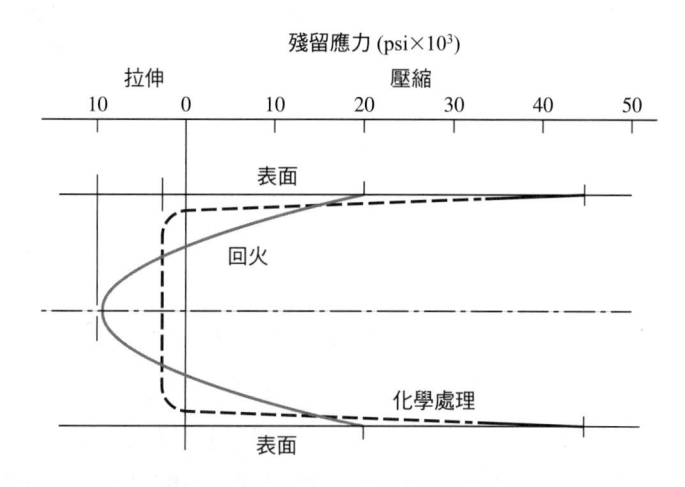

圖 11.47 經過熱回火處理的玻璃 (thermally tempered glass) 和經過化學回火處理的玻璃 (chemically tempered glass) 的殘留應力分布。
(Source: E.B. Shand, "Engineering Glass," vol. 6: *Modern Materials*, Academic, 1968, p. 270.)

力，而表面會產生壓應力 (圖 11.46b 及圖 11.47)。這種「回火」處理可提升玻璃強度，因為是施加的拉應力必須先超越表面的壓應力才會導致破壞產生。強化玻璃的耐衝擊性比退火玻璃 (annealed glass) 高，強度也更強 4 倍。汽車側邊玻璃和大門安全玻璃都是經過回火熱處理之玻璃。

11.8.8 化學強化玻璃

特別化學處理可以有效提升玻璃強度。例如，假設把鈉鋁矽玻璃浸入溫度在應力點 (約 500°C) 以下約 500°C 的硝酸鉀浴中為時 6～10 個小時，靠近表面的鈉離子會被較大的鉀離子代替，玻璃表面加入這些較大鉀離子後，會產生表面壓應力和內部拉應力。這種化學「回火」製程可代替熱回火用在截面積較薄之工件，如圖 11.47 所示。化學強化玻璃能用於超音速飛機用玻璃以及眼科鏡片。

11.9 瓷膜塗料及表面工程
Ceramic Coatings and Surface Engineering

元件的表面易受機械 (摩擦和磨損)、化學 (腐蝕)、電性 (電導率或絕緣)、光學 (反射率) 和熱 (高溫破壞) 等影響。因此，在任何工程領域中要設計任何元件，都以元件表面的品質和表面的保護為設計的主要標準。保護元件表面的一個方法是表面塗層。塗層材料可能是金屬，如在汽車裝飾的鉻；聚合物，如塗料的抗腐蝕；或陶瓷等。不同的陶瓷材料常被應用在高溫環境，或有過早磨損顧慮的情況下。陶瓷塗層提供基板材料本質上不具備的物理特性。這些塗料可以轉變基板表面，讓它成為有化學惰性、耐磨、低摩擦，並在一定溫度範圍內易於清潔的表面。陶瓷塗層還可以提供電阻，並防止氫擴散 (金屬材料損傷的主要原因)。陶瓷塗層材料的例子包括玻璃、氧化物、碳化物、矽化物、硼化物和氮化物。

11.9.1 矽酸鹽玻璃

矽酸鹽玻璃塗料具有廣泛的工業應用價值。應用於：(1) 陶瓷基板的稱為**釉** (glaze)；(2) 金屬表面的稱為**搪瓷** (porcelain enamel)；(3) 玻璃基板的稱為**玻璃搪瓷** (glass enamel)。這些塗料主要是為了美化，但它們還可以減少環境因素的影響，降低其對材料的滲透。特定的應用包含發動機排氣管、空間加熱器和散熱器。這些塗層通常利用噴或浸的技術來進行。當一個元件的表面要上釉時，必須先清潔 (除去表面顆粒和油)，而銳角必須加以鈍化，以利塗層黏附 (亦即避免塗層剝落)。

11.9.2 氧化物和碳化物

氧化膜提供抵禦氧化和高溫時對材料的損害，而硬質合金塗層 (因為其硬度) 常用於需要磨耗和密封是重要考量的狀況。例如氧化鋯 (ZrO_2) 常作為引擎移動部分的塗料。氧化鋯保護金屬基板 (鋁或鐵合金) 抵抗高溫的損傷。該塗層通常是利用加熱或熱噴塗的技術進行。在這種技術中，陶瓷顆粒 (氧化的硬質合金) 加熱後被推進到基板表面上。圖 11.48 顯示一個厚度大約 100 μm 的塗料之顯微結構。造紙作業中，由於紙漿的強酸或強鹼，利用塗層來保護滾筒是相當重要的。陶瓷是唯一能在這

圖 11.48 基板上碳化鎢 - 鈷鉻塗層的微觀結構。
(Courtesy of TWI Ltd.)

種苛刻的環境中抗腐蝕並耐磨損的材料。但是，脆性塗層中的任何裂縫都可能從表面成長到基板，最終導致該元件損壞。

■ 11.10 奈米科技及陶瓷 Nanotechnology and Ceramics

陶瓷材料的種類與應用即使再多，仍無法突破一個最大的缺點，就是其脆性所導致的低韌性。奈米結晶陶瓷可以改善這個天生的致命傷。以下會簡單說明目前最先進的塊狀奈米結晶陶瓷製程。

塊狀奈米結晶陶瓷是利用標準粉末冶金技術來製作 (11.4 節)，差別是此處所使用的起始粉末尺寸小於 100 nm。但是，奈米結晶陶瓷粉體很容易相互化學或物理鍵結形成大顆粒，一般稱為結塊 (agglomerate) 或聚集 (aggregate)。即使大小只有奈米尺寸或接近奈米尺寸，結塊的粉末也不會和非結塊的粉末堆積的一樣好。非結塊的粉末在壓實後，孔隙度約為奈米晶粒的 20%～50%。這種小尺寸使得燒結階段及緻密化能在較低的溫度快速進行。例如，無結塊 TiO_2 (粉體尺寸小於 40 nm) 必須在 700°C 燒結 120 分鐘，緊密度才能達到理論密度的 98%。而對由 10 至 20 nm 小結晶所組成，平均尺寸為 80 nm 的結塊 TiO_2 粉末團塊來說，緊密度要達理論值的 98% 則須在 900°C 燒結 30 分鐘。燒結溫度的差異主要是因為結塊材料中有大孔隙。由於所需的燒結溫度較高，壓實的奈米結晶最終會成長為不受歡迎的微晶。燒結溫度對晶粒增長的影響極大，而燒結時間的影響則還好。因此，要成功地生產塊狀奈米結晶陶瓷必需從非聚集的奈米粉體開始，並且將燒結製程優化，但這非常困難。

為了克服這種困難，工程師使用壓力輔助燒結法，一種類似熱均壓、熱擠壓和燒結鍛造的額外施加外壓力的燒結製程 (11.4 節)。在過程中，陶瓷粉壓坯會同時變形與緻密化。燒結鍛造生產奈米陶瓷的主要優點是其收縮孔隙的機能。如 11.4.3 所討論的，傳統微晶陶瓷中的孔隙收縮是基於原子擴散。而在燒結鍛造中，奈米結晶壓坯的孔隙收縮並非以擴散方式，而是基於晶體的塑形變形。在高溫時 (約熔點的一半)，奈米結晶陶瓷的延性比微晶好，一般認為是因為奈米陶瓷的超塑性變形之故。晶粒在高溫及大的負載下發生滑動或旋轉會造成超塑性。由於孔隙可塑性變形，它們可以藉由塑性流動壓縮關閉，而不是透過擴散 (圖 11.49)。

由於有關閉大孔隙的能力，即使結塊

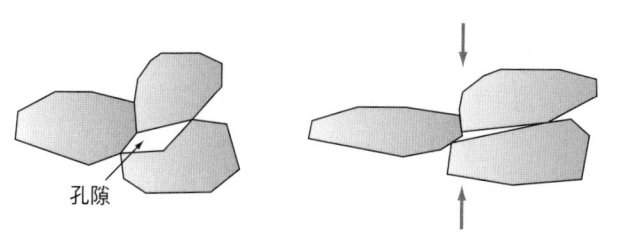

圖 11.49 圖示奈米結晶陶瓷中藉由塑性流動 (晶界滑動) 來達到孔隙收縮。

的粉末也可以緻密到接近其理論值。而且，施加外部壓力也能防止晶粒成長超出奈米尺度。例如，將成塊的奈米級 TiO_2 粉末在 610°C、60 MPa 下燒結鍛造 6 小時，可以產生真應變值 0.27 (對於陶瓷材料而言極高)，密度可達理論值的 91%，平均晶粒大小為 87 nm。相同的粉體在未加壓力燒結時需要到 800°C 的燒結溫度才能達到相同的密度，產生平均大小為 380 nm 的晶粒 (非奈米結晶)。值得注意的是，奈米結晶陶瓷的超塑性變形發生在特定的壓力和溫度範圍。一旦超出此範圍，孔隙收縮可能會變成擴散型機制，使得產品變成低密度微晶。

總而言之，日益精進的奈米科技未來可能使奈米結晶陶瓷的強度和延性達到極優的水準，進而改善韌性。改善後的延性尤其能在鍍膜科技中，讓陶瓷在金屬表面有更好的鍵結。韌性增加也能增加抗磨損性。這類的研究可以改變陶瓷在多種領域中的應用。

11.11 總結 Summary

陶瓷材料是無機非金屬材料，由主要通過離子鍵和 / 或共價鍵鍵結在一起的金屬和非金屬元素組成。結果，陶瓷材料的化學組成和結構變化很大。它們可以由單一化合物組成，例如純氧化鋁，或者它們可以由許多複雜相的混合物組成，例如電瓷中的黏土、二氧化矽和長石的混合物。

由於鍵結的差異，陶瓷材料的性質也變化很大。通常，大多數陶瓷材料通常是硬且脆的，具有低抗衝擊性和延展性。因此，在大多數工程設計中，通常避免陶瓷材料中存有高應力，特別是當它們是拉應力的話。由於沒有傳導電子，陶瓷材料通常是良好的電絕緣體和熱絕緣體，因此許多陶瓷用於電絕緣材料和耐火材料。一些陶瓷材料可以高度的被電極化，並用於電容器的介電材料。一些陶瓷材料的永久極化產生了壓電特性，使得這些材料可以用作機電換能器。其他陶瓷材料，例如 Fe_3O_4，是半導體，可用於溫度測量的熱敏電阻。石墨、鑽石、巴克球和巴克管都是碳的同素異形體，本章也對此進行了討論，因為石墨有時被認為是陶瓷材料。這些同素異形體具有許多不同的性質，這些性質與原子結構和位置的差異直接相關。巴克球和巴克管在奈米技術應用中變得越來越重要。

陶瓷材料的加工通常涉及通過各種方法在乾燥、塑性或液態下聚集小顆粒。冷成型工藝在陶瓷工業中占主導地位，但也會使用熱成型工藝。壓製法、注漿澆鑄法與擠製法是常用的陶瓷成型工藝。在形成之後，通常對陶瓷材料進行熱處理，例如燒結或玻璃化。在燒結過程中，成型製品的小顆粒在高溫下利用固態擴散而黏合在一起。在玻璃化中，玻璃相用作將未熔融顆粒黏合在一起的反應介質。

玻璃是無機陶瓷產品，由熔化的原料冷卻成剛性固體而不具有結晶。大多數無機玻璃基於離子共價鍵的二氧化矽 (SiO_2) 四面體。添加其他氧化物如 Na_2O 和 CaO 會改變二氧化矽網絡，從而提供更可塑造的玻璃。玻璃的其他添加物產生了一系列特性。玻璃具有透明性、室溫下的硬度和對大多數環境的優異耐受性等特殊性能，這些特性使其成為許多工程設計的重要組成部分。陶瓷的一個重要應用是將其用在零件表面的塗層中，以保護零件免受腐蝕或磨損。玻璃、氧化物和碳化物都用作塗層材料在各種應用中。奈米技術研究有望改善陶瓷材料的主要缺點：它們的脆性。早期研究顯示，奈米晶體陶瓷具有更高的延展性，這可以允許更複雜的陶瓷零件且更便宜地生產它們。

11.12　名詞解釋 Definitions

11.1 節
- **陶瓷材料** (ceramic material)：無機、非金屬材料，由金屬和非金屬元素以離子和／或共價鏈結合而成。

11.2 節
- **配位數** (coordination number, CN)：等距離且最接近晶體結構中單位晶胞內的原子或離子的相鄰者的數目。例如，在 NaCl 中，CN = 6，因為有 6 個等距離 Cl^- 陰離子環繞一中心 Na^+ 陽離子。
- **半徑比 (適用於離子固體)** [radius ratio(for an ionic solid)]：中心陽離子與環繞的陰離子的半徑比。
- **臨界 (最小) 半徑比** [critical (minimum) radius ratio]：當環繞的陰離子恰好與中心陽離子及其他陰離子相接觸時的半徑比。
- **八面體格隙位置** (octahedral interstitial site)：六個原子核環繞原子 (離子) 形成八面體時所圍的空間。
- **四面體格隙位置** (tetrahedral interstitial site)：四個原子核環繞原子 (離子) 形成四面體時所圍的空間。
- **石墨** (Graphite)：碳原子的層狀結構與層內的其他三個共價鍵合。
- **巴克球** (Buckyball)：也叫巴克明斯特‧富勒烯，是一個足球形的碳原子分子 (C_{60})。
- **巴克管** (Buckytube)：由共價鍵合在一起的碳原子組成的管狀結構。

11.4 節
- **燒結 (適用於陶瓷材料)** [firing (of a ceramic material)]：在足夠高的溫度下，使陶瓷粉末發生原子擴散，形成化學鍵結的過程。
- **乾壓法** (dry pressing)：單軸向施壓於粒狀陶瓷粉末 (和黏著劑)，使它在模型內成型。
- **均壓法** (isostatic pressing)：全方位均勻施壓於陶瓷粉末使它成型。
- **注漿成型法** (slip casting)：一種陶瓷成型製程，是將陶瓷粉末與水混合成的漿料倒入一多孔隙模型中，使水從漿料中擴散至模型內，留下成型的固體。若將鑄體內多餘的液體倒出模型，可得一鑄殼。
- **燒結 (適用於陶瓷材料)** [sintering (of a ceramic material)]：在足夠高的溫度下，使陶瓷粉末發生原子擴散，形成化學鍵結的過程。

- **玻璃化作用** (vitrification)：玻璃質結構的形成。玻化過程就是陶瓷混合物在加熱過程中生成一黏滯性玻璃液體。當冷卻時，液相固化，形成一玻化基材，結合未熔融的陶瓷粉末成為一體。

11.7 節
- **耐火(陶瓷)材料** [refractory (ceramic) material]：一種能夠承受高熱度環境的材料。

11.8 節
- **玻璃** (glass)：一種由無機材料在高溫時製成的陶瓷材料，與其他材料不同的是，當它冷卻至固態時無結晶化現象。
- **玻璃轉換溫度** (glass transition temperature, T_g)：某溫度範圍的中心點，在此溫度範圍內非結晶固體由玻璃般的脆性轉變成具黏滯性。
- **玻璃形成氧化物** (glass-forming oxide)：易形成玻璃的氧化物，及有助於矽石玻璃網路結構的氧化物，例如 B_2O_3。
- **網路改良劑** (network modifier)：能破壞矽石玻璃的網路結構的氧化物，能用來降低矽石的黏滯性並有助於結晶化，如 Na_2O、K_2O、CaO 及 MgO。
- **中間氧化物** (intermediate oxide)：依玻璃的組成而定，可作為玻璃形成劑或改良劑，如 Al_2O_3。
- **工作點** (working point)：在此溫度下，玻璃容易被加工。
- **軟化點** (softening point)：在此溫度下，玻璃有明顯的流動速率。
- **退火點** (annealing point)：在此溫度下，玻璃內的應力可被消除。
- **應變點** (strain point)：在此溫度下，玻璃為堅實固體。
- **浮式玻璃** (float glass)：略低於一大氣壓環境下浮動於熔解錫浴表面之玻璃，這是一種將帶狀纖維熔解玻璃冷卻至玻璃脆性狀態而產生的平板玻璃。
- **熱強化回火玻璃** (thermally tempered glass)：玻璃被加熱至接近其軟化溫度後，在空氣中急速冷卻，使接近表面處產生壓應力。
- **化學強化回火玻璃** (chemically strengthened glass)：玻璃經化學處理，在表面處引入較大的離子，產生壓應力。

11.9 節
- **釉料** (glaze)：應用在陶瓷基板的玻璃塗層。
- **搪瓷** (porcelain enamel)：應用在金屬基板的玻璃塗層。
- **玻璃搪瓷** (glass enamel)：應用在玻璃基板的玻璃塗層。

11.13 習題 Problems

知識及理解性問題

11.1 影響離子固體中離子堆積的兩個主要因素是什麼？

11.2 繪製 BaF_2 的晶胞，其具有螢石 (CaF_2) 晶體結構。如果 Ba^{2+} 離子占據 FCC 晶格位置，F- 離子占據哪個位置？

11.3 描述鈣鈦礦結構。四價陽離子占據了八面體間隙位置的哪一部分？

11.4 畫出一段石墨結構。為什麼石墨層能夠輕易地滑過其他層？

11.5 以粉末的聚合來加工陶瓷產品的基本步驟是什麼？

11.6 在製備用於加工的陶瓷原料時，陶瓷顆粒中添加了哪些類型的成分？

11.7 描述火心塞絕緣子製造的四個階段。

11.8 擠製法可以生產什麼類型的陶瓷產品？這個過程有哪些優點？限制？

11.9 高嶺土的近似成分是什麼？

11.10 什麼是長石？它在傳統陶瓷中扮演什麼角色？

11.11 為什麼用「三軸」這個術語用於描述一些白陶瓷品？

11.12 陶瓷耐火材料有哪兩種主要類型？

11.13 對於許多工程設計來說，玻璃的哪些特性是必不可少的？

11.14 定義玻璃轉變溫度。

11.15 定義以下玻璃黏滯度參考點：工作點、軟化點、退火點和應變點。

11.16 描述用於生產平板玻璃產品的浮式玻璃工藝。它的主要優點是什麼？

11.17 什麼是強化玻璃？它是如何產生的？為什麼強化玻璃在十年內比退火玻璃強得多？強化玻璃有哪些應用？

11.18 什麼是奈米碳管？它的一些特性是什麼？指出一些奈米管的應用。

11.19 命名五組陶瓷塗層材料。

11.20 定義奈米陶瓷生產中的凝聚物或聚集體。

應用及分析問題

11.21 使用 Pauling 方程式 [(2.12) 式]，比較下列化合物的共價特徵：碳化鉿、碳化鈦、碳化鉭、碳化硼和碳化矽。

11.22 計算具有 CsCl 結構的 CsI 之密度 (公克/立方公分)。其離子半徑為 Cs^+ = 0.165 nm，I^- = 0.220 nm。

11.23 計算 CeO_2 在 [111] 和 [110] 方向上的線密度 (個離子/奈米)，CeO_2 具有螢石結構。離子半徑為 Ce^{4+} = 0.102 nm 和 O^{2-} = 0.132 nm。

11.24 當氧離子占據 Al_2O_3 中的 HCP 晶格位置時,為什麼只有三分之二的八面體間隙位置被 Al^{3+} 離子填充?

11.25 計算具有鈣鈦礦結構的 $CaTiO_3$ 的離子堆積因子。離子半徑為 Ca^{2+} = 0.106 nm,Ti^{4+} = 0.064 nm,O^{2-} = 0.132 nm。假設晶格常數為 $a = 2(r_{Ti^{4+}} + r_{O^{2-}})$。

11.26 大多數精密陶瓷的成分是什麼?

11.27 多晶陶瓷材料失效的主要原因是什麼結構缺陷?

11.28 當材料從液態冷卻時,玻璃的比容與溫度的關係曲線與結晶材料的關係曲線如何的不同?

11.29 簡單的二氧化矽玻璃之二氧化矽網路與結晶(方石英)二氧化矽的二氧化矽網路有何不同?

11.30 什麼是玻璃中間氧化物?它們如何影響二氧化矽玻璃網路?為什麼它們被添加到石英玻璃中?

11.31 鈉鈣玻璃在 570°C 下的黏滯度為 $10^{14.3}$ P。如果該過程的活化能為 430 kJ/mol,其黏滯度在什麼溫度下為 $10^{9.9}$ P?

11.32 600°C(退火點)和 800°C(軟化點)之間的硼矽酸鹽玻璃的黏滯度分別為 $10^{12.5}$ P 和 $10^{7.4}$ P。假設等式 $\eta = \eta_0 e^{Q/RT}$ 有效,計算該區域中黏性流的活化能量值。

11.33 討論鑽石的機械、電和熱性質。在每種情況下,從原子結構的角度解釋其行為。

綜合評價問題

11.34 為了絕緣目的,您希望用極薄的 Si_3N_4 層覆蓋基板表面。(a) 提出一個可以實現這一目標的方法。(b) 您所提出的過程能否用於形成形狀複雜的大型物體?請說明。

11.35 混凝土是一種重要的建築材料,被歸類為陶瓷(或陶瓷複合材料)材料。它在壓縮時具有優異的強度特性,但在拉伸時非常弱。(a) 提出改善混凝土承重特性的方法。(b) 您在設計此流程中預計會遇到什麼問題?

11.36 參見圖 11.47,其中玻璃板可藉由在表面上產生壓縮應力來加強。請建議出一種使用機械方法在混凝土板的表面產生壓應力的方法。示意性地展示這將如何產生幫助。

11.37 傳統的水龍頭容易滴水,因為橡膠墊圈容易磨損,金屬座(黃銅)容易受到孔蝕。(a) 哪種材料適合橡膠/金屬組合,以減少滴水問題?(b) 為這個問題選擇一種特定的材料。(c) 你在使用或製造這些零件時會遇到什麼問題?

11.38 在什麼塗層應用中,您會選擇陶瓷塗層而不是金屬塗層或聚合物塗層?為什麼?請舉個具體的例子。

11.39 如果你的汽車擋風玻璃上有 1 in. 的裂縫,你想減慢它的傳播速度,你應該怎麼辦?

CHAPTER 12 複合材料
Composite Materials

(©Glow Images)

碳-碳複合材料結合了許多特性,讓它們即便在高達 2800°C 的溫度下仍能表現出色。例如,經表面處理的單軸高模數碳-碳複合材料 (纖維體積比 55%) 的拉伸模數在室溫時為 180 GPa,而在 2000°C 下為 175 GPa。它的拉伸強度也非常穩定,室溫時為 950 MPa,而 2000°C 時為 1100 MPa。此外,其他如高熱傳導係數、低熱膨脹係數及高強度與模數,顯示此材料可抵擋熱衝擊。這些特性的組合使這個材料適合應用在重返大氣層、火箭馬達與飛機煞車上。此材料較常見的商業用途是用於賽車煞車片。[1]

---

[1] *ASM Engineered Materials Handbook*, Composites, vol. 1, ASM International, 1991.

> 學習目標

到本章結束時，學生將能夠：

1. 定義複合材料，主要成分和各種分類。
2. 描述顆粒 (纖維) 和基質 (樹脂) 的作用，並指出它們的各種形式。
3. 定義多向層壓複合材料及其優於單向層壓複合材料的優點。
4. 描述如何基於材料特性和基質和纖維成分的體積分率，以估算纖維強化複合材料的材料特性。
5. 描述由複合材料製成零件的各種製程。
6. 描述在結構和建築應用中廣泛使用的混凝土、瀝青、木材與複合材料的性質、特性和分類。
7. 定義三明治夾層結構。
8. 定義聚合物基質、金屬基質和陶瓷基質複合材料，並列出每種複合材料的優點和缺點。

12.1 簡介 Introduction

複合材料 (composite material) 是什麼？複合材料目前並沒有一個廣泛被接受的定義。字典定義複合材料為由不同單元 (或成分) 組合成的物質。從原子面來看，一些合金或高分子材料是由不同原子群組成，因此可稱為複合材料。從顯微結構面 (約 $10^{-4} \sim 10^{-2}$ cm) 來看，像是含有肥粒鐵和波來鐵的普通碳鋼即可稱為複合材料，因為它在光學顯微鏡下，可明顯看到這兩種組合物。從巨觀結構面 (10^{-2} cm 以上) 來看，玻璃纖維強化塑膠也可視為複合材料，因為用肉眼就可看到玻璃纖維。由此可見，若要以組成物的尺寸大小來決定是否為複合材料確實有困難。在工程設計上，複合材料通常是指含有在微小到巨觀尺寸範圍內的組合物，且更偏向巨觀。本書將複合材料定義如下：

複合材料是一個材料系統，包含配置得宜的混合物或兩種或更多的微觀或巨觀組成物，不同成分的形態及化學成分不同，互不相溶，且彼此間以介面相隔。

12.1.1 複合材料的分類

通常,複合材料含有一種或多種被認為是強化相 (reinforcement phase) 的相或組分,以及容納強化相的另一種組成分,稱為基質相 (matrix phase)。例如,在玻璃纖維強化塑膠 (玻璃纖維) 的情況下,玻璃纖維被認為是強化相,容納纖維的環氧聚合物被認為是基質相。

複合材料可以用不同方式分類:一種方法是基於強化相的類型、形狀和尺寸對它們進行分類。例如,強化相可以是以下任何一種:

- 纖維:微米級 (10^{-6} m) 的纖維尺寸,通常是各向異性的,且具有非常小的直徑 (纖維方向的高強度和剛度),與短 (短切) 或長 (連續) 的長度。實例是玻璃纖維、石墨纖維或醯胺纖維 (aramid fibers)。單根纖維通常比傳統的塊狀金屬合金更堅固且更硬。
- 顆粒:微米級或宏觀級的顆粒尺寸,通常是各向同性的,且具有各種尺寸和形狀。例如礫石和沙子。
- 奈米強化:奈米級 (10^{-9} 米) 的奈米強化尺寸,此強化材料的尺寸低於 100 nm,可以是金屬或陶瓷。

根據所用強化材料的類型,複合材料因此可稱為纖維強化複合材料 (fiber-reinforced composite)、顆粒強化複合材料 (particle-reinforced composite) 或奈米複合材料 (nanocomposite)。

另一種對複合材料進行分類的方法是基於基質的性質。容納強化相的基質可以是聚合物、金屬或陶瓷,在這種情況下,所得材料分別稱為聚合物基質 (polymer matrix)、金屬基質 (metal matrix) 或陶瓷基質 (ceramic matrix) 複合物。

因為複合材料通常是兩相或更多相的混合物,所以它們是異質材料 (不同於被認為是均質的純金屬)。此外,由於使用強化材料 (取決於形狀和尺寸),在許多情況下,機械行為被分類為準各向同性或各向異性。在先進的結構複合材料的情況下,通常,複合材料的大部分強度和剛度來自強化相,而基質用於容納和保護強化相。因此,基質用於在所有強化構件之間傳遞負載。在大多數複合材料中,基質相是低密度材料;例如,聚合物環氧樹脂、金屬鋁或陶瓷氧化鋁都具有相對低的密度並且可以用作基質材料。

12.1.2 複合材料相對於傳統材料的優缺點

先進複合材料的工程重要性在於,兩種或更多種截然不同的材料組合而形成一個材料，其具有優於單個組成物的性質，或具有其他重要性質。為了幫助您了解複合材料的重要性，我們在此強調其主要優勢：

1. 由於所用基質材料的密度低，先進的複合材料通常很輕。
2. 由於使用了堅固且堅硬的強化材料，複合材料具有異常高的剛度和強度。
3. 由於其低密度、高剛度和高強度，大多數複合材料具有特別高的比模數(見下面的定義)和比強度。通常，複合材料的具體模數和強度遠遠超過傳統金屬的模數和強度。這是複合材料優於傳統金屬合金的主要優點。

$$比模數 = \frac{E}{\rho}; E 是彈性模數和 \rho 是密度$$

$$比強度 = \frac{\sigma_{ut}}{\rho}; \sigma_{ut} 是最大拉伸強度$$

4. 由於可以控制強化材料的量和排列方向，因此可以控制其強度和剛度。這在一些應用中是主要優點，其中在特定方向上具有所需要強化的性質，以及可控的各向異性。

基於前述優點，很容易理解複合材料的優點。然而，複合材料，就像任何其他類型的材料一樣，有一些缺點。兩個主要缺點是低延展性(在大多數情況下)和低抗衝擊性。許多複合材料易受損壞，導致了顯著降低強度和剛度。

傳統複合材料如混凝土、瀝青和木材的應用在建築業中是眾所周知的。對於先進的結構複合材料，如石墨環氧樹脂、石墨鋁或玻璃環氧樹脂，應用範圍從太空到汽車、能源、生物醫學和飛機工業。許多材料都屬於複合材料類別，因此對所有這些材料的討論遠遠超出了本書的範圍。在本章中，將僅討論工程中使用的一些最重要的複合材料。這些是纖維強化塑膠、混凝土、瀝青和木材，以及幾種各種類型的複合材料。在工程設計中使用複合材料的一些例子如圖 12.1 所示。

■ 12.2　強化塑膠複合材料所使用之纖維
Fibers for Reinforced-Plastic Composite Materials

在美國用來強化塑膠材料的合成纖維主要有三種：玻璃纖維、醯胺纖維[2]和碳纖維。玻璃纖維用途最廣，成本也最低。聚醯胺纖維和碳纖維的強度高但硬度低，因此即使價格較高，仍常被使用在特定用途，尤其是航太工業。

---

[2] 醯胺纖維是一種芳香族聚醯胺聚合物纖維，具有非常堅硬的分子結構。

圖 12.1 (a) 一個完成的輸送管測試元件，附有折曲凸緣；
(b) 碳纖維的使用在洛克希德-馬丁公司(Lockheed-Martin)X-35 型的攻擊戰鬥機上扮演很重要的角色。使用碳纖維的進氣管其製造速度要比傳統的零件快 4 倍，所需的扣件也明顯少了許多。
((a-b) ©Gardner Business Media Inc)

12.2.1 用於強化塑膠樹脂的玻璃纖維

玻璃纖維通常被用來強化塑膠基材，形成結構用複合材料和製模化合物。玻璃纖維塑膠複合材料有以下優點：高強度—重量比；高尺寸安定性；對冷、熱、水分、腐蝕的高抵抗力；高度電絕緣性；容易製造；成本較低。

用來製造複合材料用玻璃纖維最重要的兩種玻璃分別是電玻璃(E 型玻璃)與高強度玻璃(S 型玻璃)。

E 型玻璃 (E glass) 最常被使用在連續長玻璃纖維。基本上，E 型玻璃是石灰-鋁-矽酸硼玻璃，完全不含或僅含少量鈉與鉀。E 型玻璃的基本成分為 52% ~ 56% 的 SiO_2、12% ~ 16% 的 Al_2O_3、16% ~ 25% 的 CaO，和 8% ~ 13% 的 B_2O_3。未經處理的 E 型玻璃的拉伸強度約為 500 ksi(3.44 GPa)，彈性模數約為 10.5 Msi (72.3 GPa)。

S 型玻璃 (S glass) 的強度—重量比較高，成本也比 E 型玻璃高，主要用於軍事和航太方面。S 型玻璃的拉伸強度超過 650 ksi (4.48 GPa)，彈性模數強度約為 12.4 Msi (85.4 GPa)。典型的 S 型玻璃組成大約是 65% 的 SiO_2、25% 的 Al_2O_3 及 10% 的 MgO。

圖 12.2 玻璃纖維的製造流程。
(Source: M.M. Schwartz, *Composite Materials Handbook*, McGraw-Hill, 1984, pp. 2–24.)

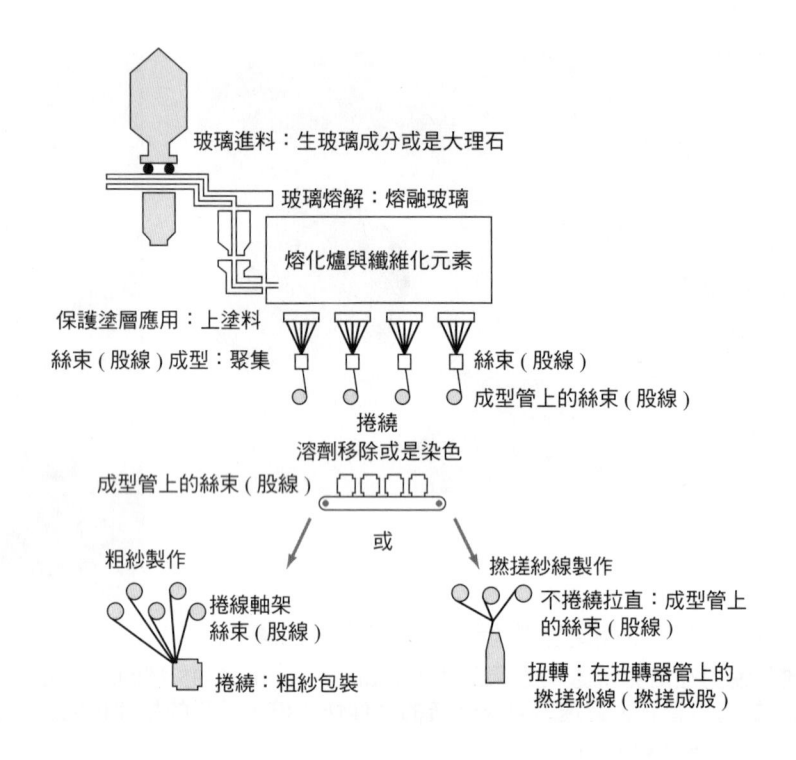

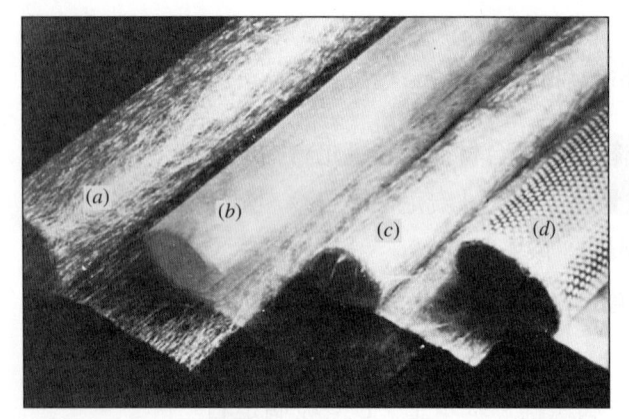

圖 12.3 玻璃纖維強化墊：(a) 連續纖維絲束墊；(b) 表面墊；(c) 切割成束的短墊子；(d) 結合編紗束和切割成束的的墊子。
(Courtesy of Owens/Corning Fiberglass Co.)

玻璃纖維的生產與玻璃纖維強化材料的種類

玻璃纖維是將熔融於熱爐中的玻璃抽拉成纖維絲，聚集形成玻璃纖維絲束 (圖 12.2)。這些玻璃纖維絲束 (strand) 可製成玻璃纖維紗線 (yarn) 或紗束 (roving)，由成束的連續束狀纖維所組成。紗束可以是連續纖維絲束，或是織成編紗束。玻璃纖維強化墊 (圖 12.3) 是由連續纖維絲束 (圖 12.3a) 或切碎纖維絲束組成的 (圖 12.3c)。這些纖維絲束通常是以樹脂黏著劑黏在一起。混紡墊是由化學鍵結在一起的編紗束與切割成束的墊子所組成 (圖 12.3d)。

玻璃纖維性質 E 型玻璃纖維、碳纖維及醯胺纖維的拉伸性質及密度比較列於表 12.1。玻璃纖維的拉伸強度和彈性模數比碳纖維及醯胺纖維低，但伸長率與密度較高。不過，由於價格低廉且用途多元，E 型玻璃纖維是目前最常用來作為強化塑膠的纖維 (表 12.1)。

表 12.1 強化塑膠的纖維所使用的紗線性質之比較

性質	玻璃纖維 (E 型)	碳纖維型 (HT 型)	醯胺纖維 (克維拉 49)
拉伸強度，ksi (MPa)	450 (3100)	500 (3450)	525 (3600)
拉伸模數，Msi (GPa)	11.0 (76)	33 (228)	19 (131)
斷裂前的伸長率 (%)	4.5	1.6	2.8
密度 (g/cm^3)	2.54	1.8	1.44

12.2.2　用於強化塑膠之碳纖維

　　用碳纖維強化塑膠樹脂基材 (例如環氧樹脂) 所製成的複合材料重量輕，強度及剛性 (彈性模數) 也高。這些特性使得碳纖維塑膠複合材料特別適合用於航太業。可惜的是，由於價格高，碳纖維塑膠複合材料在其他產業的應用受限，像是汽車工業。這些複合材料的**碳纖維** (carbon fiber) 主要來自聚丙烯 (polyacrylonitrile, PAN) 和瀝青兩種前驅物 (precursor)。

　　一般來說，由 PAN 前驅物纖維製成碳纖維需經過下列三段製程：(1) 穩定化；(2) 碳化；(3) 石墨化 (圖 12.4)。在穩定化階段，PAN 纖維要先經過拉直處理，以利排直纖維網狀結構，使其中每一根纖維皆平行於纖維軸，然後在拉緊的同時，在溫度 200°C～220°C (392°F～428°F) 的空氣中氧化。

　　高強度碳纖維製程的第二階段是碳化處理。此時，經過穩定化處理的纖維經加熱後，會失去前驅物纖維中的氧、氫及氮，而轉變成碳纖維。碳化熱處理通常是在 1000°C～1500°C (1832°F～2732°F) 的惰性氣體環境中進行。在碳化的過程中，纖維會形成層狀的石墨細纖維或帶狀物，大幅提升材料的拉伸強度。

　　若需要犧牲高拉伸強度以便換取更高的彈性模數，則須用到第三個階段，稱為石墨化處理。石墨化處理要在溫度 1800°C (3272°F) 以上進行，而各纖維內類石墨結晶的優選方向會被強化。

　　由 PAN 前驅物所製成的碳纖維材料的拉伸強度範圍約在 450～650 ksi (3.10～4.45 MPa) 間，而彈性模數約在 28～35 Msi (193～241 GPa) 間。高模數纖維的拉伸強度通常較低，反之亦然。碳化和石墨化的 PAN 纖維密度大約為 1.7～2.1 g/cm^3，最終直徑約 7～10 μm。圖 12.5 顯示由 6000 根碳纖維所組成的纖維束 (tow)。

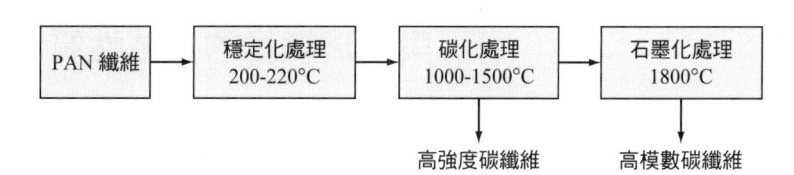

圖 12.4　用聚丙烯前驅物材料生產高強度、高模數碳纖維之製程。

圖 12.5 約 6000 根碳纖維所組成的纖維束。
(©Bloomberg/Getty Images)

12.2.3　用於強化塑膠樹脂之醯胺纖維

醯胺纖維 (aramid fiber) 是芳香族聚醯胺纖維 (aromatic polyamide fiber) 的通稱。杜邦公司在 1972 年以克維拉 (Kevlar) 的商品名將其商業化，目前有克維拉 29 和克維拉 49 兩種類型。克維拉 29 為低密度、高強度的醯胺纖維，常應用於彈道保護、繩索及電纜線。克維拉 49 為低密度、高強度及高模數的醯胺纖維，適合用於強化塑膠複合材料，可以使用於航太、造船、汽車和其他工業。

克維拉高分子長鏈的化學重複單元是芳香族醯胺分子，如圖 12.6 所示。氫鍵橫向鏈結高分子長鏈，因此克維拉纖維在縱向方向強度高，但橫向方向強度弱。芳香族環狀結構為高分子長鏈帶來高剛性，使其類似桿狀結構。

克維拉纖維被用於高性能的複合材料，要求的特性有輕重量、高強度、高剛性、高抗損傷力及對疲勞和應力破壞的高耐力等。克維拉 - 環氧樹脂複合材料尤其適合被使用於太空梭的零件。

圖 12.6　克維拉纖維的重複化學結構單元。

12.2.4　比較用於強化塑膠複合材料之碳纖維、醯胺纖維與玻璃纖維的機械性質

圖 12.7 比較碳纖維、醯胺纖維和玻璃纖維之典型應力 - 應變圖。可看出這三種纖維的強度約在 250 ~ 500 ksi (1720 ~ 3440 MPa) 間，破裂應變範圍在 0.4% ~ 4.0% 間，拉伸彈性模數在 10×10^6 至 60×10^6 (68.9 ~ 413 GPa) 間。碳纖維提供了理想的高強度、高剛性 (高模數) 及低密度，但伸長率較低。醯胺纖維克維拉

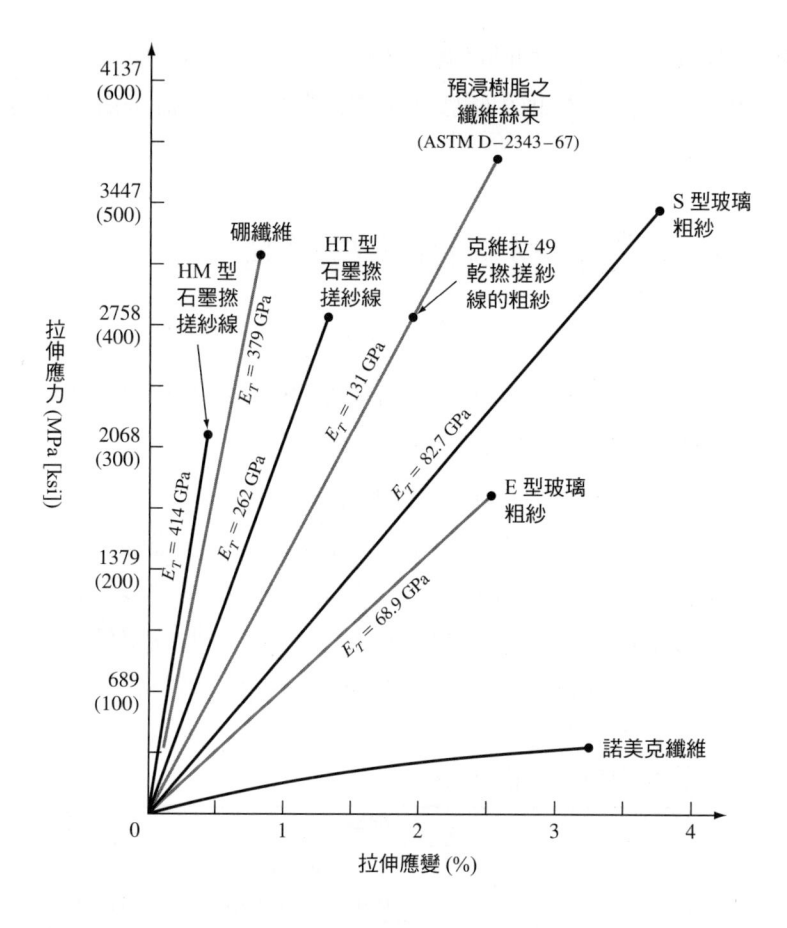

圖 12.7　各種強化纖維之應力 - 應變行為。

(Source: *Kevlar 49 Data Manual*, E.I. du Pont de Nemours & Co., 1974.)

49 具高強度、高模數 (但不及碳纖維)、低密度和高伸長率 (抗衝擊)。玻璃纖維的強度與彈性模數較低，而密度較高 (表 12.1)。玻璃纖維中，S 型玻璃纖維的強度和伸長率高於 E 型玻璃纖維。由於價格低，玻璃纖維的使用最廣泛。

圖 12.8 比較各強化纖維的強度與密度比，以及剛性 (拉伸模數) 與密度比。由圖可

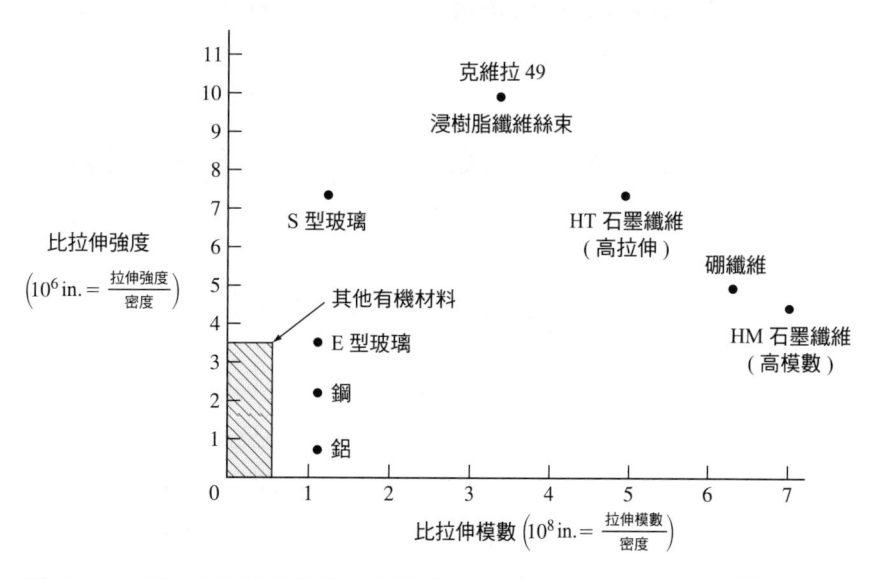

圖 12.8　各種強化纖維的**比拉伸強度** (specific tensile strength，拉伸強度與密度比) 及**比拉伸模數** (specific tensile modulus，拉伸模數與密度比)。

(Source: E.I. du Pont de Nemours & Co., Wilmington, Del.)

看出，相較於鋼和鋁，碳纖維和醯胺纖維(克維拉49)的強度與重量比和剛性與重量比極佳，也因此使得碳纖維和醯胺纖維強化複合材料在許多航太應用上取代了金屬。

12.3 用於複合材料的基質材料
Matrix Materials for Composites

兩種用於纖維強化塑膠的最重要的基質塑膠樹脂是不飽和聚酯和環氧樹脂。這些熱固性樹脂中交聯的化學反應已在第 10.8 節中描述。

表 12.2 列出了未填充的鑄造剛性聚酯和環氧樹脂的一些性能。聚酯樹脂的成本較低，但通常不如環氧樹脂強。不飽和聚酯廣泛用於纖維強化塑膠之基質。這些材料的應用包括船體、建築板和汽車、飛機和電器的結構板。與聚酯樹脂相比，環氧樹脂成本更高，但具有優異的強度性能和固化後收縮率低等特殊優點。環氧樹脂通常用作碳纖維複合材料和醯胺纖維複合材料的基質材料。

表 12.2 未填充的聚酯和環氧樹脂的一些特性

性質	聚酯	環氧樹脂
拉伸強度，ksi (MPa)	6-13 (40-90)	8-19 (55-130)
拉伸彈性模數，Msi (GPa)	0.30-0.64 (2.0-4.4)	0.41-0.61 (2.8-4.2)
彎曲降伏強度，ksi (MPa)	8.5-23 (60-160)	18.1 (125)
衝擊強度 (Izod 衝擊測試)，ft·lb/in. (J/m)	0.2-0.4 (10.6-21.2)	0.1-1.0 (5.3-53)
密度 (g/cm^3)	1.10-1.46	1.2-1.3

12.4 纖維強化塑膠複合材料
Fiber-Reinforced Plastic Composite Materials

12.4.1 玻璃纖維強化塑膠

玻璃纖維強化塑膠的強度主要與該材料的玻璃含量和玻璃纖維的排列有關。通常，複合材料中玻璃的重量百分比越高，強化塑膠越強。當存在平行的玻璃絲束時，如纖維纏繞成型的情況，玻璃纖維含量可高達 80 wt%，這使得了複合材料具有非常高的強度。圖 12.9 顯示了具有單向纖維的玻璃纖維-聚酯樹脂複合材料的橫截面的顯微照片。

任何與玻璃絲平行排列的偏差或偏離，都會降低玻璃纖維複合材料的機械強

圖 12.9 有單向排列玻璃纖維 - 聚酯纖維複合材料的截面照片。
(©Eye of Science/Science Source)

表 12.3 玻璃纖維 - 聚酯複合材料的一些力學性質

性質	編織布	短纖粗紗	片模製化合物
拉伸強度，ksi(MPa)	30-50(206-344)	15-30(103-206)	8-20(55-138)
拉伸彈性模數，Msi(GPa)	1.5-4.5(103-310)	0.80-2.0(55-138)	
衝擊強度(Izod衝擊測試)，ft·lb/in.(J/m)	5.0-30(267-1600)	2.0-20.0(107-1070)	7.0-22.0(374-1175)
密度(g/cm^3)	1.5-2.1	1.35-2.30	1.65-2.0

度。例如，用玻璃纖維編織而成的織物。由於它們的纖維是交錯排列而非平行排列，因此用這種織物具有比所有玻璃纖維股線平行時更低的強度 (表 12.3)。如果紗束被切斷，產生隨機排列的玻璃纖維，則強度在特定方向上較低，但在所有方向上均相等 (表 12.3)。

12.4.2 碳纖維強化之環氧樹脂

碳纖維複合材料中的纖維提供了高拉伸剛性與強度，而基材則使纖維得以排列，並提供部分衝擊強度。碳纖維最常用的基材是環氧樹脂，其他如聚醯胺 (polyimide)、聚苯硫 (polyphenylene sulfide) 或聚碸 (polysulfone) 也可提供特定應用。

碳纖維的主要優點是具有高強度、高彈性模數 (表 12.1) 及低密度。也因

表 12.4　含有 62%（體積）碳纖維比的碳纖 - 環氧樹脂商用單向複合材料基層板的機械性質

性質	軸向 (0°)	軸向 (90°)
拉伸強度，ksi (MPa)	270 (1860)	9.4 (65)
拉伸彈性模數，Msi (GPa)	21 (145)	1.36 (9.4)
極限拉伸應變 (%)	1.2	0.70

Source: Hercules, Inc.

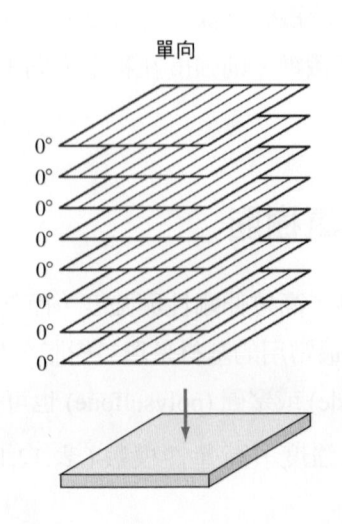

此，在需減輕重量的航太應用上，碳纖維已逐漸取代金屬圖 12.1。表 12.4 列出含有體積比為 62% 碳纖維之碳纖 - 環氧樹脂複合材料的部分機械特性。圖 12.10 顯示了，相較於 2024-T3 鋁合金而言，單向排列碳（石墨）纖維 - 環氧樹脂複合材料之優異抗疲勞性。

在工程設計結構方面，碳纖 - 環氧樹脂為**層層堆疊** (laminated)，以便滿足不同的強度要求（圖 12.11）。圖 12.11 中的每一層稱為**層狀體** (lamina)。

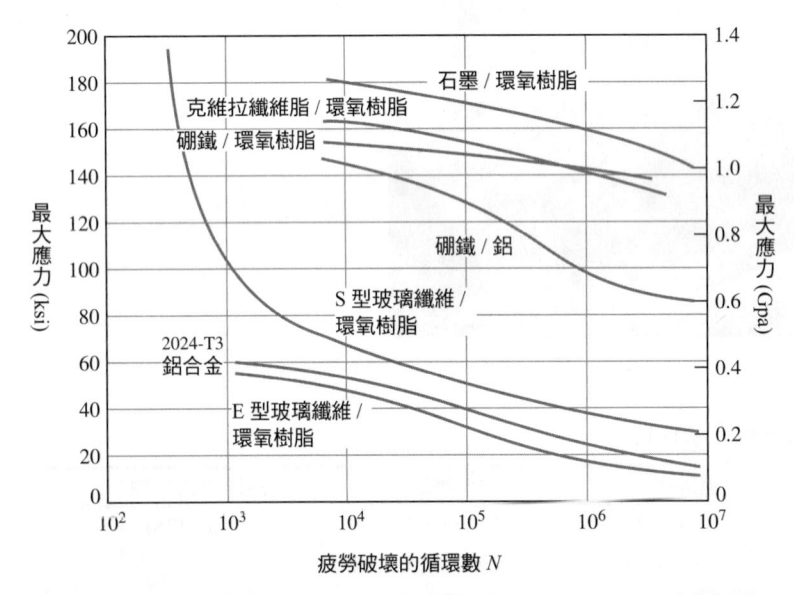

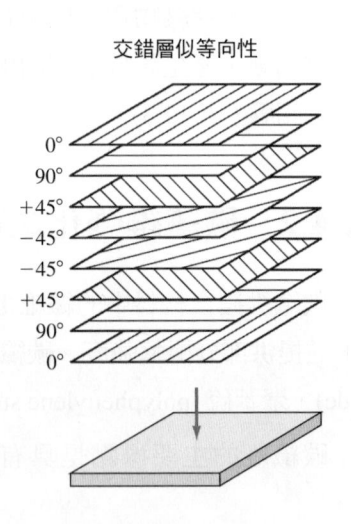

圖 12.10　碳（石墨）纖 - 環氧樹脂的單向複合材料和一些其他複合材料及 2024-T3 鋁合金的疲勞特性（最大應力 - 疲勞失效循環數）之比較。在室溫下，應力比值 R（拉伸對拉伸循環測試的最小應力與最大應力之比值）為 0.1。
(Source: Hercules, Inc.)

圖 12.11　複合積層板中的單向積層板 (unidirectional laminate) 和多向積層板 (multidirectional laminate)。
(Source: Hercules Inc.)

■ 例題 12.1 •

單向克維拉 49 纖維環氧樹脂複合材料有 60% 體積的克維拉 49 和 40% 的環氧樹脂。克維拉 49 和環氧樹脂的密度分別為 1.48 Mg/m³ 與 1.20 Mg/m³：(a) 請問複合材料內克維拉 49 和環氧樹脂的重量百分率？(b) 複合材料的平均密度？

解

基層是 1 m³ 的複合材料。因此其中有 0.60 m³ 的克維拉 49 及 0.40 m³ 的環氧樹脂。密度＝質量／體積，或

$$\rho = \frac{m}{V} \quad \text{及} \quad m = \rho V$$

a. 克維拉 49 質量 $= \rho V = (1.48 \text{ Mg/m}^3)(0.60 \text{ m}^3) = 0.888$ Mg

環氧樹脂之質量 $= \rho V = (1.20 \text{ Mg/m}^3)(0.40 \text{ m}^3) = \underline{0.480 \text{ Mg}}$

總質量 $= 1.368$ Mg

克維拉 49 Wt % $= \dfrac{0.888 \text{ Mg}}{1.368 \text{ Mg}} \times 100\% = 64.9\%$

環氧樹脂 Wt % $= \dfrac{0.480 \text{ Mg}}{1.368 \text{ Mg}} \times 100\% = 35.1\%$

b. 複合材料之平均密度為 $\rho_c = \dfrac{m}{V} = \dfrac{1.368 \text{ Mg}}{1 \text{ m}^3} = 1.37 \text{ Mg/m}^3$ ◀

■ 12.5 複合積層板的彈性模數之方程式：等應變條件和等應力條件

Equations For Elastic Modulus Of Composite Laminates: Isostrain and Isostress Conditions

在上一節中，我們討論了通過生產層板材料來訂製複合材料性能的能力，這些層板材料由多層 (薄層) 組成，且這些薄層排列在不同方向。顯然的，為了對這種積層板進行工程分析，必須了解積層板的整體特性。在下面的章節中，我們將會討論如何使用兩個不同的假設來確定這些材料的總彈性模數：等應變條件和等應力條件。

12.5.1 等應變條件

讓我們考慮一個理想化的層狀複合材料之測試樣品，其中包含交替的連續纖

維層和基質材料層，如圖 12.12 所示。在這種情況下，材料上的應力導致所有複合層上的均勻應變。我們將假設在施加應力期間，層之間的連結仍然保持完整。這種在複合樣品上的負載稱為等應變條件 (isostrain condition)。

現在讓我們得出一個方程式，該方程式根據纖維和基質的彈性模數及其體積百分率來說明複合材料的彈性模數。首先，複合結構上的負載等於纖維層上的負載與基質層上的負載之和，或者

$$P_c = P_f + P_m \tag{12.1}$$

由於 $\sigma = P/A$，或 $P = \sigma A$，

$$\sigma_c A_c = \sigma_f A_f + \sigma_m A_m \tag{12.2}$$

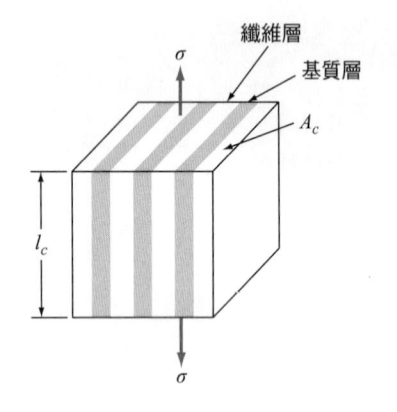

圖 12.12 由纖維層和基質層組成的複合結構處於等應變負載的條件下 (複合體積 V_c = 面積 $A_c \times$ 長度 l_c)。

其中 σ_c、σ_f 和 σ_m 是應力，A_c、A_f 和 A_m 分別是複合材料、纖維和基質的面積比例。由於基質和纖維層的長度相等，因此 (12.2) 式中的面積 A_c、A_f 和 A_m 可以用體積比例 V_c、V_f 和 V_m 代替：

$$\sigma_c V_c = \sigma_f V_f + \sigma_m V_m \tag{12.3}$$

由於總複合物的體積比例為 1，即 $V_c = 1$。則 (12.3) 式變成了

$$\sigma_c = \sigma_f V_f + \sigma_m V_m \tag{12.4}$$

對於等應變條件並假設複合層之間有良好的連結，

$$\epsilon_c = \epsilon_f = \epsilon_m \tag{12.5}$$

將 (12.4) 式除以 (12.5) 式，因為所有的應變是相等的，則得到了

$$\frac{\sigma_c}{\epsilon_c} = \frac{\sigma_f V_f}{\epsilon_f} + \frac{\sigma_m V_m}{\epsilon_m} \tag{12.6}$$

現在我們可以用彈性模數 E_c 代替 σ_c/ϵ_c，用 σ_f/ϵ_f 代替 E_f，用 E_m 代替 σ_m/ϵ_m，則得到了

$$\boxed{E_c = E_f V_f + E_m V_m} \tag{12.7}$$

這個等式稱為二元複合材料的混合規則。在知道纖維和基質分別的彈性模數及其體積百分比的狀況下，它使我們能夠計算複合材料彈性模數的值。

在等應變條件下施加負載的層狀複合結構中，纖維和基質區域上的負載方程式 當二元複合材料在等應變條件下施加應力，其纖維和基質區域上的負載比可以從它們的 $P = \sigma A$ 比獲得。因此，由於 $\sigma = E\epsilon$ 和 $\epsilon_f = \epsilon_m$，

$$\frac{P_f}{P_m} = \frac{\sigma_f A_f}{\sigma_m A_m} = \frac{E_f \epsilon_f A_f}{E_m \epsilon_m A_m} = \frac{E_f A_f}{E_m A_m} = \frac{E_f V_f}{E_m V_m} \tag{12.8}$$

如果樣品在等應變條件下施加應力時的總負載是已知的，則下列式子適用：

$$P_c = P_f + P_m \tag{12.9}$$

其中 P_c、P_f 和 P_m 分別是總共的複合材料、纖維區域和基質區域的負載。通過結合 (12.9) 式與 (12.8) 式，如果已知 E_f、E_m、V_f、V_m 和 P_c 的值，則可以確定每個纖維區域和基質區域的負載。

■ 例題 12.2

對於下述在等應變條件下受到應力的複合材料，計算 (a) 彈性模數，(b) 拉伸強度和 (c) 纖維承受負載的比例。該複合材料由連續玻璃纖維強化環氧樹脂組成，該樹脂採用 60% 體積的 E-玻璃纖維生產，彈性模數 $E_f = 10.5 \times 10^6$ psi，拉伸強度為 350,000 psi，硬化環氧樹脂的模數 $E_m = 0.45 \times 10^6$，抗拉強度為 9000 psi。

解

a. 複合材料的彈性模數是

$$\begin{aligned} E_c &= E_f V_f + E_m V_m \\ &= (10.5 \times 10^6 \text{ psi})(0.60) + (0.45 \times 10^6 \text{ psi})(0.40) \\ &= 6.30 \times 10^6 \text{ psi} + 0.18 \times 10^6 \text{ psi} \\ &= 6.48 \times 10^6 \text{ psi (44.6 GPa)} \blacktriangleleft \end{aligned} \tag{12.7}$$

b. 複合材料的拉伸強度是

$$\begin{aligned} \sigma_c &= \sigma_f V_f + \sigma_m V_m \\ &= (350{,}000 \text{ psi})(0.60) + (9000 \text{ psi})(0.40) \\ &= 210{,}000 + 3600 \text{ psi} \\ &= 214{,}000 \text{ psi 或 214 ksi (1.47 GPa)} \blacktriangleleft \end{aligned} \tag{12.4}$$

c. 纖維承載的負載比例是

$$\frac{P_f}{P_c} = \frac{E_f V_f}{E_f V_f + E_m V_m}$$

$$= \frac{(10.5 \times 10^6 \text{ psi})(0.60)}{(10.5 \times 10^6 \text{ psi})(0.60) + (0.45 \times 10^6 \text{ psi})(0.40)}$$

$$= \frac{6.30}{6.30 + 0.18} = 0.97 \blacktriangleleft$$

12.5.2 等應力條件

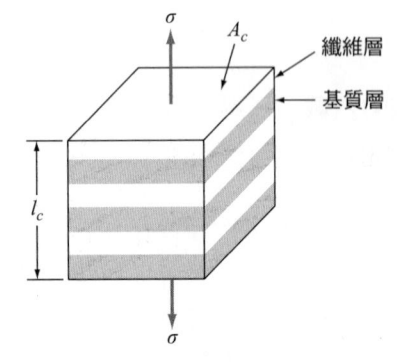

圖 12.13 由纖維和基質層組成的複合結構處於等應力負載的條件下。（複合體積 V_c = 面積 A_c × 長度 l_c。）

現在讓我們考慮理想化的層狀複合結構的情況，該結構由纖維層和基質層組成，其中各層垂直於所施加的應力，如圖 12.13 所示。在這種情況下，複合結構上的應力在所有層上產生相等的應力條件，因此稱為等應力條件 (isostress condition)。

為了得出處於這種類型負載下的層狀複合材料的彈性模數的方程式，我們將從一個方程式開始，該方程式表明整個複合結構上的應力等於纖維層上的應力和基質層上的應力。因此，

$$\sigma_c = \sigma_f = \sigma_m \tag{12.10}$$

因此，複合材料在應力方向上的總應變等於纖維層和基質層中的應變之和，

$$\epsilon_c = \epsilon_f + \epsilon_m \tag{12.11}$$

假設在施加應力之後，垂直於應力的區域面積不會改變，並且假設複合材料在受到應力之後的單位長度

$$\epsilon_c = \epsilon_f V_f + \epsilon_m V_m \tag{12.12}$$

其中 V_f 和 V_m 是纖維層和基質層分別的體積比例。

假設胡克定律在負載下是有效的，那麼

$$\epsilon_c = \frac{\sigma}{E_c} \quad \epsilon_f = \frac{\sigma}{E_f} \quad \epsilon_m = \frac{\sigma}{E_m} \tag{12.13}$$

將 (12.13) 式放入 (12.12) 式中，可得到

$$\frac{\sigma}{E_c} = \frac{\sigma V_f}{E_f} = \frac{\sigma V_m}{E_m} \tag{12.14}$$

將 (12.14) 式的每個項同除以 σ，可得到

$$\frac{1}{E_c} = \frac{V_f}{E_f} + \frac{V_m}{E_m} \tag{12.15}$$

接著進行通分，得到

$$\frac{1}{E_c} = \frac{V_f E_m}{E_f E_m} + \frac{V_m E_f}{E_m E_f} \tag{12.16}$$

重新排列，得到

$$\frac{1}{E_c} = \frac{V_f E_m + V_m E_f}{E_f E_m}$$

或

$$E_c = \frac{E_f E_m}{V_f E_m + V_m E_f} \tag{12.17}$$

圖 12.14 比較了複合分層結構的等應力負載與等應變負載，對於等體積的纖維，通過等應變負載獲得了更高模數的值。

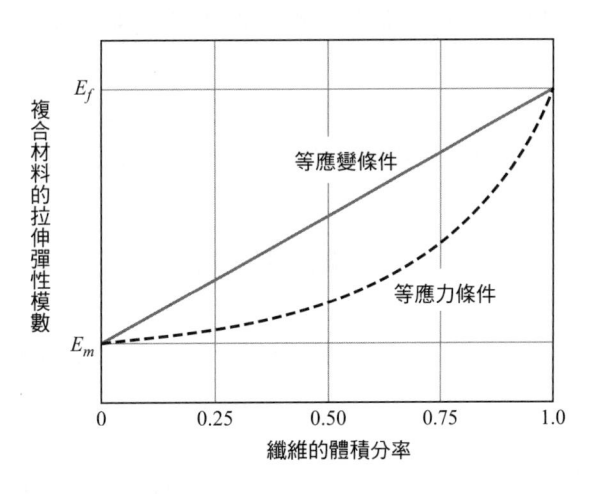

圖 12.14 在等應變條件和等應力條件下，拉伸彈性模數與單向層狀纖維強化塑膠複合材料中纖維之體積分率的關係圖。對於具有特定纖維體積比例的複合材料而言，在等應變負載條件下的材料具有較高的模數。

例題 12.3

計算複合材料的彈性模數，該複合材料由 60% 體積的連續 E-玻璃纖維和 40% 環氧樹脂組成，當在等應力條件下受到應力時 (即，材料在垂直於連續纖維的方向上受到應力)。E 玻璃的彈性模數為 10.5×10^6 psi，環氧樹脂的彈性模數為 0.45×10^6 psi。

解

$$E_c = \frac{E_f E_m}{V_f E_m + V_m E_f}$$

$$= \frac{(10.5 \times 10^6 \text{ psi})(0.45 \times 10^6 \text{ psi})}{(0.60)(0.45 \times 10^6) + (0.40)(10.5 \times 10^6)} \quad (2.17)$$

$$= \frac{4.72 \times 10^{12} \text{ psi}^2}{0.27 \times 10^6 \text{ psi} + 4.20 \times 10^6 \text{ psi}}$$

$$= 1.06 \times 10^6 \text{ psi (7.30 GPa)} \blacktriangleleft$$

注意，對 60% E-玻璃纖維-40% 環氧複合材料在等應力條件下施加應力所得到的彈性模數比在等應變條件下施加應力所得到的彈性模數低約六倍。

12.6 纖維強化塑膠複合材料之開模式製程
Open-Mold Processes for Fiber-Reinforced Plastic Composite Materials

目前已經有許多用於生產纖維強化塑膠的開模式方法。現在將簡要的討論其中一些最重要的問題。

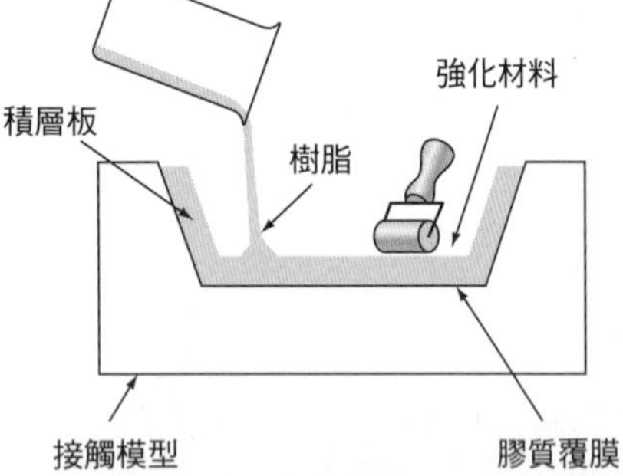

12.6.1 手積層製程

這是生產纖維強化零件最簡單的方法。為了使用**手積層製程** (hand lay-up process)，並以玻璃纖維和聚酯纖維來生產零件，首先要將凝膠塗在開口模具上 (圖 12.15)。玻璃纖維強化材料通常為布或墊的形式，並以手放置在模具中。接著，將混合有催化劑與加速劑的基礎樹脂以澆注、刷塗或噴塗的方式來施加在模具上。使用棍子或刮板將樹脂徹底與強化材料貼和並除去夾帶的空氣。為了增加所生

圖 12.15 用於模塑纖維強化塑膠複合材料的手積層製程。將樹脂澆注在模具中的強化材料上。
(Source: Owens/Corning Fiberglass Co.)

產零件的壁厚，可以添加一層玻璃纖維墊、編織粗紗布或樹脂。此方法的應用面包括了船體、坦克、外殼和建築板。

12.6.2 噴塗積層製程

生產纖維強化塑膠殼的**噴塗積層製程** (spray lay-up process) 類似於手積層製程，可用於製造船體、淋浴缸裝置和其他中型到大型的裝置。在這個過程中，如果使用玻璃纖維，連續編織粗紗布將會通過切碎機和噴槍的組合裝置 (圖 12.16) 進料，同時將切碎的粗紗和催化後的樹脂沉積到模具中。然後用棍子或刮板將沉積好的積層板材料緻密化，以除去空氣並確保樹脂充滿了強化纖維。可以多次使用同法形成多層膜，以產生所需的厚度。通常在室溫下進行固化，或者可以通過加熱來加速此固化反應。

12.6.3 真空袋 - 高壓釜製程

真空袋成型 (vacuum bag molding) 製程通常用於生產由纖維強化環氧樹脂製成的高性能層壓板。利用該方法生產的複合材料對於飛機和航太應用尤其重要。

現在我們來看看以這個過程生產零件成品所需的各個步驟。首先，在一張大桌子上放置一塊寬約 60 in. (152 cm) 的預浸碳纖維 - 環氧樹脂材料之長薄片 (圖 12.17)。此**預浸材料** (prepreg) 是一種含有單向長碳纖維的部分固化環氧基質。接下來，將預浸片切割為小片，將其層層疊並置於某形狀的工具上以形成層壓體。由於每層的最高強度在與纖維平行的方向上 (圖 12.11)，因此可以將上述層壓體排列在不同的方向上，以產生具有所需強度分布的層壓體。通常會將層壓材料放置在具有所需結構輪廓形狀的模具上。例如，圖

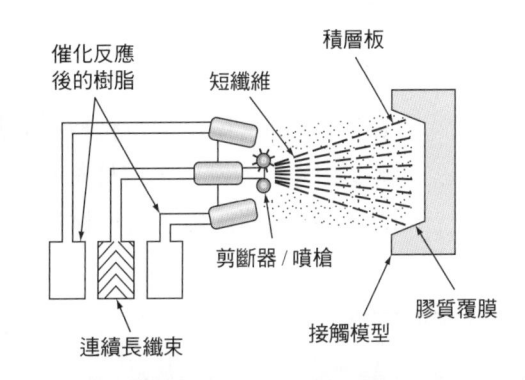

圖 12.16 用於模塑纖維強化塑膠複合材料的噴塗積層製程。該方法的優點包括能夠模塑更大且形狀更複雜的零件，以及能夠讓製程自動化的能力。

(Source: Owens/Corning Fiberglass Co.)

圖 12.17 在 McDonnell Douglas 的複合材料設施中，用電腦化的切割機來切割碳纖維 - 環氧預浸材料片。

(©Stephen Brashear/Getty Images)

圖 12.18 將 AV-8B 翼的一部份碳纖維 - 環氧樹脂層壓板和工具的放入高壓釜中，並在 McDonnell 航空工業公司工廠進行固化。
(©Stephen Brashear/Getty Images)

12.18 所示的模具是 Boing 777 翼板的模具。

在完成層壓板後，將工具和附接的層壓板加以裝袋並抽真空。施加真空是為了從層壓零件中除去夾帶的空氣。最後，將裝有層壓板和工具的真空袋放入高壓釜中，以使環氧樹脂最終固化。固化條件根據材料而異，但碳纖維 - 環氧複合材料通常在約 100 psi 的壓力下，以及在約 190°C (375°F) 下加熱。從高壓釜中取出後，將複合材料零件從其工具上剝離，並準備好進行進一步的精加工操作。

碳纖維 - 環氧複合材料主要用於航太工業，其中可充分利用材料的高強度、剛度和輕質。例如，這種材料用於飛機機翼、電梯和舵的零件以及太空梭的貨艙門。成本考量阻礙了這種材料在汽車工業中的廣泛使用。

12.6.4 纏繞成型製程

生產高強度空心圓柱體的另一個重要的開模式製程是**纏繞成型製程** (filament-winding process)。在該過程中，纖維強化材料通過樹脂浴進料，然後纏繞在合適的心軸上 (圖 12.19)。當有足夠的層數後，將纏繞的心軸在室溫下或在烘箱中以高溫固化。然後將模塑零件從心軸上剝離。

採用這種方法，高度的纖維取向和高纖維摻入量使得空心圓柱體具有極高的拉伸強度。該過程的應用包括化學和燃料儲罐、壓力容器和火箭發動機箱。

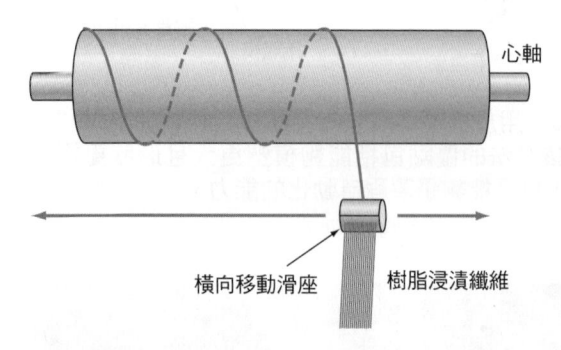

圖 12.19 用於生產纖維強化塑膠複合材料的纏繞成形製程。首先用塑膠樹脂充滿纖維，然後纏繞在旋轉的心軸 (鼓) 上。充滿樹脂的纖維之托架在纏繞過程中橫過並鋪下充滿樹脂的纖維。
(Source: H.G. De Young, "Plastic Composites Fight for Status," *High Technol*, October 1983, p. 63.)

■ 12.7 纖維強化塑膠複合材料之閉模式製程
Closed-Mold Processes for Fiber-Reinforced Plastic Composite Materials

目前已經有許多用於生產纖維強化塑膠的閉模式方法。現在將簡要的討論其中一些最重要的問題。

12.7.1　壓縮成型和射出成型

這是使用封閉模具以生產纖維強化塑膠的兩個最重要的大批量製程。這些製程與第 10.5 節中討論的塑膠材料製程基本上是相同的，只是纖維強化材料在加工前會與樹脂混合。

12.7.2　片狀模塑膠製程

片狀模塑膠 (sheet-molding compound, SMC) 製程是用於生產纖維強化塑膠零件的新型閉模式製程之一，特別是在汽車工業中。該製程在生產大批量、大尺寸、高度均勻的產品的同時，仍能具有出色的樹脂控制和良好的機械強度性能 (表 12.3)。

片狀模塑膠通常通過高度自動化的連續流製程來製造。將連續玻璃纖維粗紗切成約 2 in. (5.0 cm) 的長度，並沉積在一層在聚乙烯薄膜上行進的樹脂填充漿料上 (圖 12.20)。接著，在第一層上沉積另一層樹脂填充漿料，以形成玻璃纖維和樹脂填料的連續夾層。將具有聚乙烯頂層和底層的夾層壓實，並捲成具有包裝尺寸的捲狀 (圖 12.20)。

然後將捲起的 SMC 儲存在熟化室中約一至四天，以使片材可以裝載有玻璃纖維。然後將 SMC 捲材移動到壓力機附近，切割成特定零件的適當形式，並放置在熱的 (300°F [149°C]) 的匹配金屬模具中。然後關閉液壓機，讓 SMC 在 1000 psi 的壓力下於整個模具中均勻流動，以形成最終產品。有時可以在壓製過程中，在模具上注入內塗層以改善 SMC 零件的表面品質。

SMC 製程優於手積層或噴塗積層製程的優點是更高效率的大批量生產、較佳的表面品質和產品的均勻性。在汽車工業中，使用 SMC 特別有利於生產前端和格柵開口板、車身板和引擎罩。例如，1984 Chevrolet Corvette 的前罩由 SMC 製

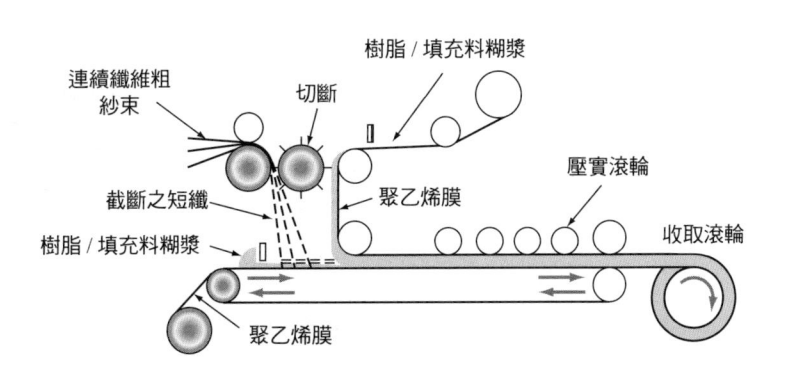

圖 12.20　片狀模塑膠的製造方法。圖中所示的機器在兩個聚乙烯薄膜片之間產生玻璃纖維和樹脂填充漿料的夾層。生產的片狀模塑膠必須在壓製成成品之前進行陳化。
(Source: Owens/Corning Fiberglass Co.)

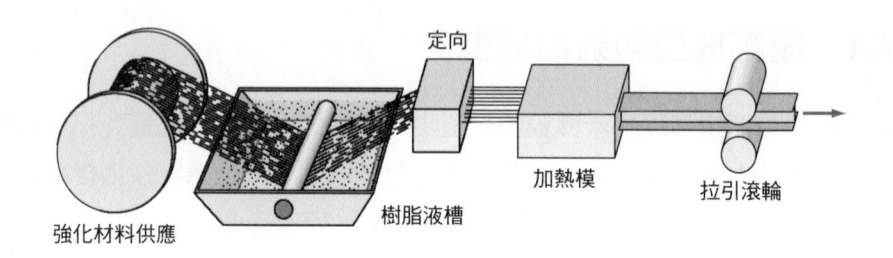

圖 12.21 用於生產纖維強化塑膠複合材料的拉擠成型製程。將浸有樹脂的纖維送入加熱模具中，然後緩慢將具有恆定橫截面形狀的固化複合材料拉出。
(Source: H.G. De Young, "Plastic Composites Fight for Status," *High Technol*, October 1983, p. 63.)

成。這款翻蓋式引擎罩是由 0.080 in. (0.20 cm) 的內板與具有外模塗層的 0.10 in. (0.25 cm) 之板結合而成。

12.7.3 連續拉擠成型製程

連續拉擠成型 (Continuous-pultrusion process) 用於製造具有固定橫截面的纖維強化塑膠，例如結構形狀、樑、通道和管道。在此過程中，將連續纖維浸在樹脂中，然後通過加熱的鋼模拉伸，以決定成品的形狀 (圖 12.21)。由於高纖維濃度和平行於被拉伸方向的纖維排列取向，這種材料可以實現非常高的強度。

12.8 混凝土 Concrete

混凝土 (concrete) 是用於土木工程中的主要材料。舉例來說，土木工程師多半拿混凝土作為橋樑、建築物、水壩、擋土牆與路面等工程之用。1982 年時，美國大約生產了 50×10^7 公噸混凝土，比同年美國所生產的 6×10^7 公噸鋼鐵還要多。以建築材料而言，混凝土具有下列優點：可鑄性高，讓設計彈性大、經濟、耐久、防火、可以就地施工與外表美觀。但從工程觀點來說，混凝土的缺點有：拉伸強度低、延性低及施工後會收縮。

混凝土是用粗顆粒狀材料 [建築用的小石料 (aggregate)] 嵌入由波特蘭水泥 (portland cement)[3] 與水混合成的水泥糊 (結合劑) 中所形成之陶瓷複合材料。混凝土材料之組成比例變化極大。一般混凝土的成分含有 (以絕對體積而言) 7% ~

---

[3] 波特蘭水泥的名字來自英格蘭南部海岸的小半島，在那裡的石灰石在某種程度上類似於波特蘭水泥。

15% 波特蘭水泥、14%～21% 水、0.5%～8% 空氣、24%～30% 小石料，以及 31%～51% 粗石料。圖 12.22 顯示硬化後混凝土之拋光截面。混凝土中的水泥糊像「黏膠」般，主要用來固定複合材料中的石料顆粒。以下會討論混凝土材料之組成物特性與性質。

12.8.1 波特蘭水泥

波特蘭水泥之生產 波特蘭水泥 (portland cement) 的基本原料為石灰 (CaO)、矽石 (SiO_2)、氧化鋁 (Al_2O_3) 與氧化鐵 (Fe_2O_3)。上述的組成物可依照適當的比例組合形成不同種類的波特蘭水泥。通常篩選過的原料經過搗碎研磨之後，會依照所需要的成分比例進行混合，然後在旋轉窯中加熱至高達 1400°C～1650°C (2600°F～3000°F)。此時這些混合物就會因為化學反應的關係，轉變成水泥熔結塊。這些水泥熔結塊冷卻後被搗碎，再加入少量控制混凝土凝固時間之石膏 ($CaSO_4 \cdot 2H_2O$)，即可產生最終混凝土產品。

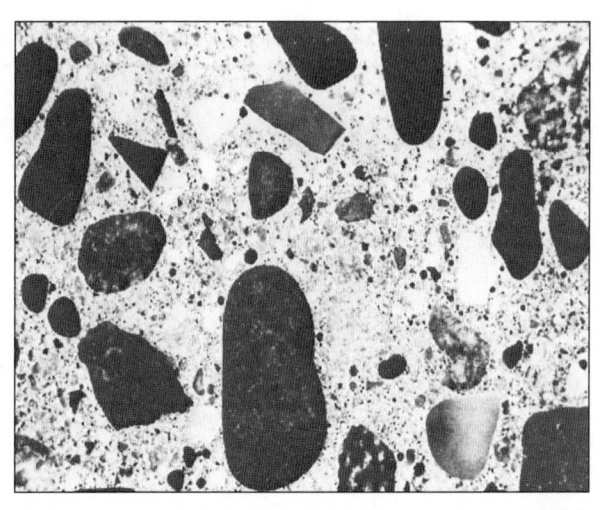

圖 12.22 硬化混凝土的橫截面。水泥和水泥糊完全塗覆每個石料並填充於石料顆粒之間的空隙以製備陶瓷複合材料。
(Courtesy of Portland Cement Association)

波特蘭水泥之化學成分 從實際的角度來看，波特蘭水泥內有四種化合物，分別是：

化合物	化學式	縮寫
三鈣矽酸鹽	$3CaO \cdot SiO_2$	C_3S
二鈣矽酸鹽	$2CaO \cdot SiO_2$	C_2S
三鈣礬土酸鹽	$3CaO \cdot Al_2O_3$	C_3A
四鈣鐵礬土酸鹽	$4CaO \cdot Al_2O_3 \cdot Fe_2O_3$	C_4AF

波特蘭水泥之種類 藉由改變化合物的成分，可以製造出許多不同種類的波特蘭水泥。製造出來的水泥依基本化學成分的不同分為五種，如表 12.5 所示。

第一類屬於一般用途波特蘭水泥，使用於不會受到含有高硫酸鹽之土壤或水侵蝕之處，或不受水泥水合反應產生之熱量而使溫度上升影響之處。第一類混凝土的典型應用包括了：人行道、強化混凝土結構、橋、涵洞、液體槽與水庫等。

第二類波特蘭水泥可以使用在有中等程度硫酸鹽侵襲之處，例如某些地下水中所含的硫酸濃度值超出正常。此類的下水道結構就需要使用第二類波特蘭水

表 12.5 波特蘭水泥的典型化合物組合物

水泥種類	ASTM C150 編號	成分 (wt%)* C₃S	C₂S	C₃A	C₄AF
一般用	I †	55	20	12	9
中等水合反應熱及中等抗硫酸鹽型	II	45	30	7	12
快乾型	III	65	10	12	8
低水合反應熱型	IV	25	50	5	13
抗硫酸鹽型	V	40	35	3	14

* 不足的百分率是由次要組成物如石膏及 MgO、鹵素硫酸鹽等組成。
† 所有水泥種類中最常用的一種。
Source: J. F. Young, *J. Educ. Module Mater. Sci.*, 3:410 (1981).

泥。第二類波特蘭水泥也適用於天氣炎熱地區的大型結構物，如大型橋柱碼頭及擋土牆，因為這種水泥具有中等的水合反應熱。

第三類波特蘭水泥屬於一種先期強化型水泥，在硬化的初期即可產生高強度。它主要用於結構急著使用且必須快速拆模的地方。

第四類波特蘭水泥是低水合反應熱的波特蘭水泥，使用在凝固時水泥放熱的速率與量必須達到最小化。第四類水泥使用於厚重混凝土結構上，像是大型重力水壩，其水泥產生的熱是一關鍵因素。

第五類波特蘭水泥具有抗硫酸鹽性，用於會暴露於重度硫酸鹽侵襲之處，像是埋設於含有高硫酸鹽成分土壤或地下水的地方。

波特蘭水泥之硬化 波特蘭水泥和水作用後的硬化現象是**水合反應** (hydration reaction)。到目前為止，科學家仍無法完全了解這些複雜的反應。三鈣矽酸鹽 (C_3S) 和二鈣矽酸鹽 (C_2S) 占波特蘭水泥重量約 75%。水泥在硬化過程中這些化合物會與水發生反應，此時主要水合反應生成物是三鈣矽酸鹽水合物。此化合物為極小 (小於 1 μm) 顆粒狀膠質。另外 C_3S 及 C_2S 的水合反應中同時也會產生結晶狀的氫氧化鈣，其反應分別為：

$$2C_3S + 6H_2O \rightarrow C_3S_2 \cdot 3H_2O + 3Ca(OH)_2$$
$$2C_2S + 4H_2O \rightarrow C_3S_2 \cdot 3H_2O + Ca(OH)_2$$

因三鈣矽酸鹽 (C_3S) 硬化快速，故成為波特蘭水泥硬化初期之強度來源 (圖 12.23)。一般而言，大部分的 C_3S 水合反應都會在 2 天之內完成，因此對於先期強化型的波特蘭水泥來說，通常會含有比較高比例的 C_3S。

二鈣矽酸鹽 (C_2S) 與水之水合反應較慢，因此是水泥硬化一週後強度的來源

(圖 12.23)。三鈣礬土酸鹽 (C_3A) 水合化的速度相當快，而且具有較高之放熱速率，對於水泥凝固初期的強度小有貢獻，而且在第五類抗硫酸鹽水泥中，三鈣礬土酸鹽的成分含量要低 (圖 12.23)。另外，四鈣鐵礬土酸鹽 (C_4AF) 在水泥中的用途則是在生產混凝土時降低窯燒的溫度。

混凝土的強度及耐久性都是視水合反應的完整程度而定。一般新混凝土在灌漿後幾天內，水合反應很快，所以在最初硬化期內保持混凝土水分變得很重要。此時要避免或降低水分的蒸發。

圖 12.24 是不同 ASTM 編號水泥混凝土之抗壓強度和硬化時間關係圖，大多數水泥抗壓強度大約 28 天內可達到，不過強度在後面幾年會持續增加。

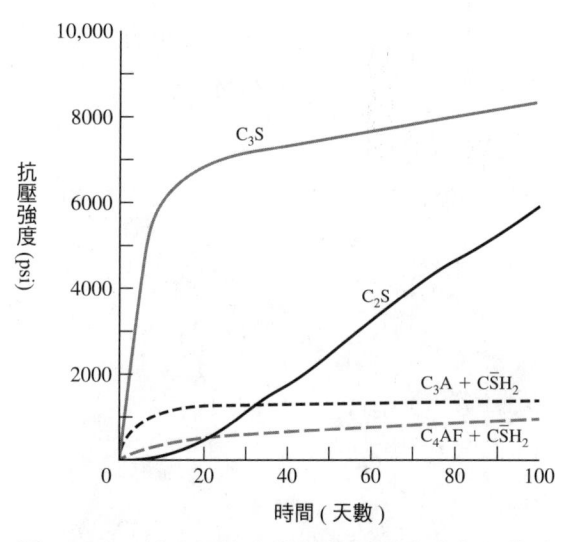

圖 12.23 純水泥複合漿料的抗壓強度與固化時間的關係。注意，$C\bar{S}H_2$ 是 $CaSO_4 \cdot 2H_2O$ 的縮寫式。

(Source: J.F. Young, *J. Educ. Module Mater. Sci.*, 3:410 (1981).)

12.8.2 混凝土用之混合水

大部分可飲用的水都可以用來作為混凝土的混合水。至於一些不能飲用的水其實也可使用在混凝土中，不過當水中雜質含量達到某種程度時，必須測試雜質對於混凝土強度是否有影響，才可在工程上使用，避免影響結構的安全。

12.8.3 混凝土用之石料

石料通常占整個混凝土體積之 60% 到 80%，其比例會明顯影響混凝土之性質。混凝土中石料可分成粗細兩類。細石料由粒徑 $\frac{1}{4}$ in.(6 mm) 的沙粒構成，粗石材則是可留於 16 號篩網 (1.18 mm 孔徑) 之顆粒。粗石料與細石料在顆

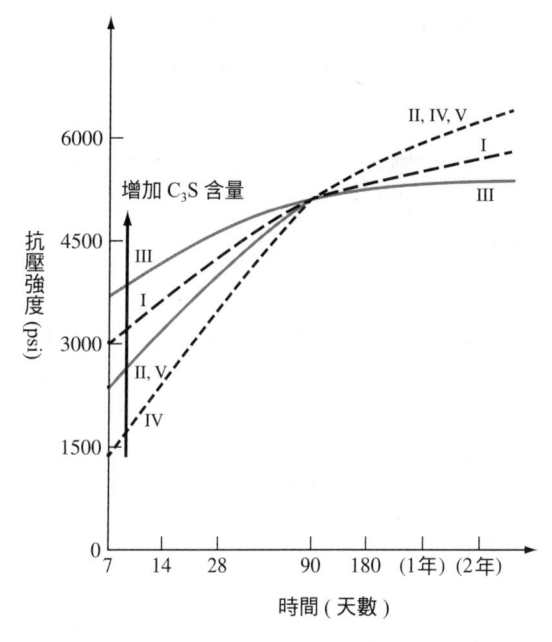

圖 12.24 用不同 ASTM 類型的波特蘭水泥製成的混凝土的抗壓強度與固化時間的關係。

(Source: J.F. Young, *J. Educ. Module Mater. Sci.*, 3:410 (1981).)

粒尺寸範圍有其重疊的部分。多數的粗石料由岩石組成，而礦石(沙子)則組成多數的細石材。

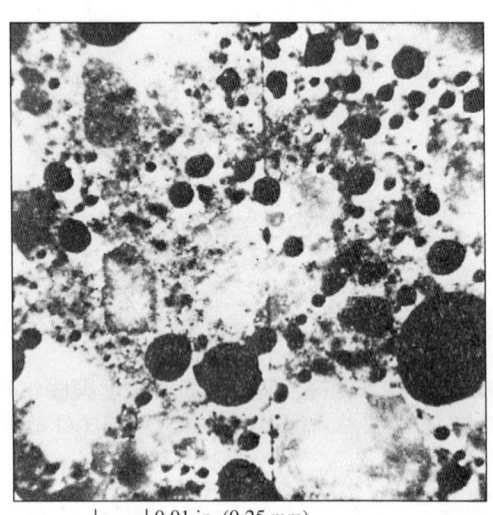

12.8.4 輸氣

輸氣混凝土 (air-entrained concrete) 的用途主要是要用來改善混凝土對冰凍及解凍等溫度效應的抵抗，同時也改善了某些混凝土的可加工性。加入輸氣劑的波特蘭水泥，會在其編號後多加英文字母 A，例如 IA 及 IIA 類水泥。輸氣劑內會含有表面活化劑，可以有效地降低空氣與水兩個介面之間的表面張力，因此可形成極小的氣泡 (90% 的氣泡尺寸小於 100 μm)(圖 12.25)。為提高其抗凍力，輸氣混凝土體積中必須要含有 4%～8% 體積的空氣。

圖 12.25 在光學顯微鏡中觀察輸氣混凝土的拋光部分。該樣品中的大部分氣泡直徑約為 0.1 mm。
(Courtesy of Portland Cement Association)

12.8.5 混凝土之抗壓強度

混凝土基本上是一種陶瓷複合材料，它的抗壓強度遠高於拉伸強度。因此在工程設計上都是採用混凝土來承受壓力負載。至於拉伸負載的能力，則需藉助強化用的鋼筋，此種強化方式將在之後章節再討論。

如圖 12.24 所示，混凝土的強度是隨時間改變的，因為它的強度來源，即水合反應，需要長時間來完成。混凝土的抗壓強度也和水對水泥的比例有關，高的水對水泥比例會生產出低強度的混凝土 (圖 12.26)。不過水對水泥的比例有一個最低限度，因為太少的水會讓製作水泥的工作變困難，讓完全填充混凝土模也變得相對困難。透過輸氣的方式，水泥變得更容易操作，從而讓水對水泥的比例可以降低。

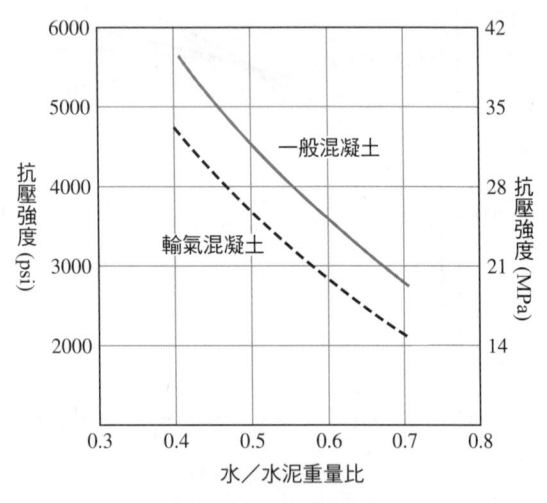

圖 12.26 水對水泥的重量比例對正常和輸氣混凝土抗壓強度之影響。
(Source: *Design and Control of Concrete Mixtures*, 14th ed., Portland Cement Association, 2002, p. 151.)

混凝土抗壓強度樣品之尺寸通常為直徑 6 in. (15 cm)、高 12 in. (30 cm) 的圓柱。然而核心部分或其他種類樣品可直接從現有的混凝土結構中切出取樣。

12.8.6 混凝土混合物之比例

設計混凝土混合物，需考慮下列幾個因素：
1. 混凝土可加工性。混凝土在灌入模板時，必須具備流動性與壓縮性。
2. 強度與耐久性。對大多數應用而言，混凝土必須具備特定強度與耐久性的規格。
3. 生產經濟性。對大多數應用而言，成本是重要的因素，因此必須要納入考量。

現代混凝土混合設計方法是從 20 世紀初期使用之 1 (水泥)：2 (細石料)：4 (粗石料) 的比值 (任意體積法) 延續下來。現今可讓混凝土混合物成比例的重量和絕對體積比法，是由美國混凝土學會提出。例題 12.4 概述了對於特定體積的混凝土所需要的水泥量、細及粗石料量、水量等的一個決定的方法，給出了這些組成的重量比例、它們的比重及每單位重量的水泥所需的水體積。

圖 12.27 呈現一般混凝土與輸氣混凝土，依照絕對體積法作為各種材料組成的比例範圍。一般混凝土含有之水泥體積比範圍從 7%～15%，有 25%～30% 的細石料、31%～51% 的粗石料以及 16%～21% 的水。在一般混凝土中空氣的含量範圍從 0.5%～3%，但是輸氣混凝土中的空氣含量範圍則高達 4%～8%。如同前面所描述，水與水泥的比例可決定混凝土的抗壓強度。假如水與水泥之間的比例含量超過 0.4 時，就會嚴重地降低混凝土的抗壓強度 (圖 12.26)。

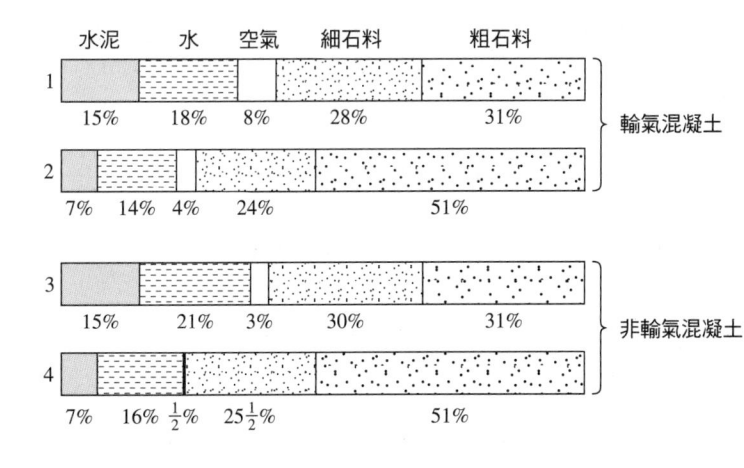

圖 12.27 依照絕對體積計算的混凝土之比例範圍。柱 1 和柱 3 的混合物具有較高的水和細石料含量，而柱 2 和柱 4 的混合物具有較低的水和較高的粗石料含量。

(Source: *Design and Control of Concrete Mixtures*, 14th ed., Portland Cement Association, 2002, p. 1.)

12.8.7 強化混凝土

因為混凝土的拉伸強度要比其抗壓強度低了大約 10～15 倍，因此工程設計上混凝土主要用來承受壓力負載。但混凝土結構承受樑內拉力時，可藉一些輔助方式強化拉伸強度。如圖 12.28，可以在混凝土中加入強化用鋼材來進行拉伸強度的改善。利用強化鋼材與混凝土之結合，可將拉伸應力轉至鋼材，提升了混凝土整體的拉伸強度。含有桿狀、線狀或篩網狀等強化鋼筋的混凝土就稱之為**強化混凝土** (reinforced concrete)。

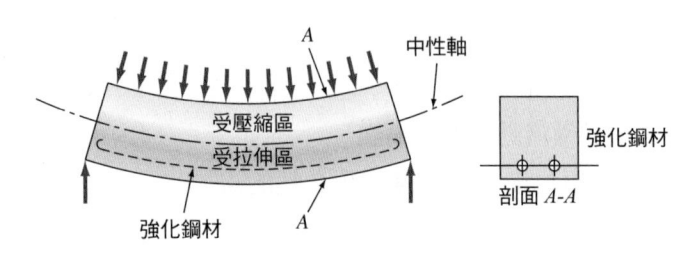

圖 12.28 重載荷對鋼筋混凝土樑的誇大化影響。注意，加強用鋼桿放置在張力區域中以吸收拉伸應力。
(Source: Wynne, George B., *Reinforced Concrete*, 1st ed., © 1981.)

12.8.8 預力混凝土

強化混凝土如使用稱為腱材 (tendon) 的強化鋼材，並利用預施拉伸 (pretensioning) 或後施拉伸 (posttensioning) 於結構內以產生壓應力，可進一步改善混凝土的拉伸強度。所謂的腱材就是指那些可以承受拉伸力的鋼桿或鋼纜之類的材料。預力混凝土的好處在於當混凝土承受拉伸應力時，會因為有這些鋼腱而使得混凝土內所產生的壓縮應力，可以抵銷部分拉伸載荷，降低結構中的拉伸應力。

■ 例題 12.4

欲調製 75 ft³ 混凝土，其水泥、沙 (細石料) 與碎石 (粗石料) 重量比是 1:1.8:2.8。如果每包水泥使用 5.5 gal 水，請估算混合物中每一組成物的量？假設沙與碎石之天然水量分別是 5% 與 0.5%。請以下列單位表示：水泥 (包)、沙與碎石 (lb)、水 (gal)。相關資料如下表：

組成物	比重	飽和之乾表面密度(lb/ft³)*
水泥	3.15	3.15 × 62.4 lb/ft³ = 197
沙	2.65	2.65 × 62.4 lb/ft³ = 165
碎石	2.65	2.65 × 62.4 lb/ft³ = 165
水	1.00	1.00 × 62.4 lb/ft³ = 62.4

* 飽和之乾表面密度 (saturated surface-dry density, SSDD)(lb/ft³)= 比重 × 1 ft³ 水重 = 比重 × 62.4(lb/ft³)。一包水泥重 94 lb。7.48 gal = 1 ft³ 水。

解

本題考慮 1 ft³ 體積混凝土，故先以每包水泥混凝土中各成分絕對體積估算。將估算無水狀態的沙與碎石所需量，再針對含水量進行修正。

組成物	重量比	重量	SSDD (lb/ft³)	每用一包水泥之絕對體積
水泥	1	1 × 94 lb = 94 lb	197	94 lb/197 lb/ft³ = 0.477 ft³
沙	1.8	1.8 × 94 lb = 169 lb	165	169 lb/165 lb/ft³ = 1.024 ft³
碎石	2.8	2.8 × 94 lb = 263 lb	165	263 lb/165 lb/ft³ = 1.594 ft³
水	(5.5 gal)			5.5 gal/7.48 gal/ft³ = 0.735 ft³
			每用一包水泥之混凝土絕對體積	= 3.830 ft³

乾基礎下 (不含水狀態)，一包水泥可調配 3.830 ft³ 的混凝土。以此基準，75 ft³ 混凝土所需水泥、沙與碎石量如下：

1. 水泥量 = 75 ft³/(3.83 ft³/ 每包水泥) = 19.58 包 ◀
2. 沙子量 = (19.58 包)(94 lb/ 包)(1.8) = 3313 lb
3. 碎石量 = (19.58 包)(94 lb/ 包)(2.8) = 5153 lb
4. 水量 = (19.58 包)(5.5 gal/ 包) = 107.7 gal

接下來考慮沙與碎石含水情形，

沙內水 = (3313 lb)(1.05) = 3479 lb；3479 − 3313 lb = 166 lb 水

碎石內水 = (5153 lb)(1.005) = 5179 lb；5179 lb − 5153 lb = 26 lb 水

1. 濕沙重量 = 3313 lb + 166 lb = 3479 lb ◀
2. 濕碎石重量 = 5153 lb + 26 lb = 5179 lb ◀

混凝土總需水量相當於沙與碎石不含水基準之結果減去沙與碎石含水量，可寫為

$$沙與碎石總含水加侖數 = (166 \text{ lb} + 26 \text{ lb})\left(\frac{7.48 \text{ gal}}{\text{ft}^3}\right)\left(\frac{1 \text{ ft}^3}{62.4 \text{ lb}}\right)$$

$$= 23.0 \text{ gal}$$

由上可知，沙與碎石不含水分之需水量減去沙與碎石含水量會相當於沙與碎石含水所需水量：

107.7 gal − 23.0 gal = 84.7 gal ◀

預施拉伸 (預力) 混凝土　在美國，大部分的**預力混凝土** (prestressed concrete) 都是屬於預施拉伸式的。腱材於此方法中多為多芯絞纜線，被拉伸於一個固定腱材錨座以及一個可調整張力的千斤頂之間 (圖 12.29a)。再將混凝土澆鑄在處於拉伸狀態之腱材上，直到混凝土達到所需的強度之後，就可除去千斤頂的壓力。此時鋼纜線傾向彈性收縮回原長度，但因為鋼纜已與混凝土結合固定，所以無法進行縮回的動作，藉此壓縮應力被引入混凝土中。

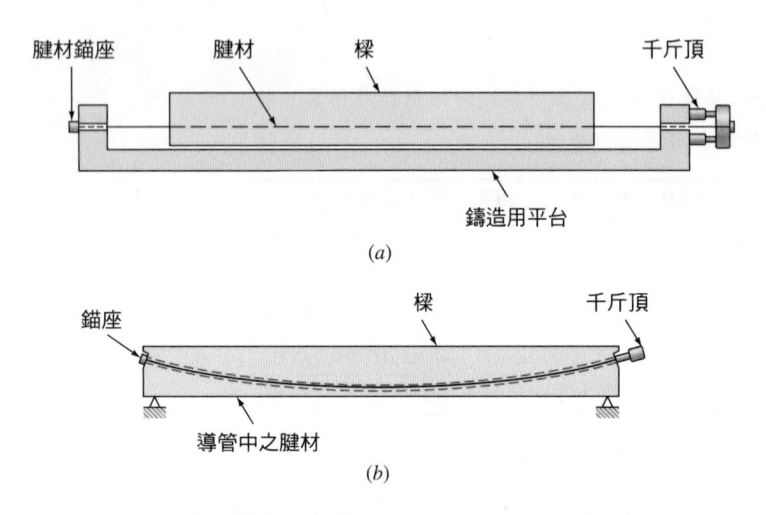

圖 12.29 示意圖示出了用於製造 (a) 預施拉伸混凝土和 (b) 後施拉伸混凝土樑的布置。
(Source: A.H. Nilson, *Design of Prestressed Concrete*, Wiley, 1978, pp. 14 and 17.)

後施拉伸（預力）混凝土 此製程通常是在澆鑄混凝土之前，將裝有鋼腱材的中空導管固定在混凝土模型中（如圖 12.29b）。腱材種類有絞纜線、束狀平行線或是實心鋼桿。進行澆鑄混凝土後，待混凝土固化到足夠強度，就可以將腱材之一端以錨座固定於成型之混凝土上，然後再將另一端裝置於千斤頂上，當千斤頂上的壓力提升至足夠程度，就可利用一配件座來取代千斤頂，藉以保持腱材上的張力。而導管中腱材與管壁間的空隙，則是從導管的一端以高壓將水泥漿灌入之方式來填滿，如此一來就可以改善混凝土樑對彎曲應力之抵抗能力。

■ 12.9 瀝青和瀝青混合物 Asphalt and Asphalt Mixes

瀝青也就是柏油，是一種碳氫化合物（烴），具有一些氧、硫和其他雜質，並且具有熱塑性聚合物材料的機械特性。大多數瀝青來自石油精煉，但有些是直接從含瀝青岩石（岩石瀝青）和表層沉積物（湖泊瀝青）加工而成。原油的瀝青含量通常為約 10％～60％。在美國，大約 75％ 的瀝青被用於鋪路，而其餘的主要用於屋頂和建築。

瀝青在化學上由 80％～85％ 的碳、9％～10％ 的氫、2％～8％的氧、0.5％～7％ 的硫和少量的氮和其他微量金屬組成。瀝青的成分變化很大並且很複雜。它們包括低分子量聚合物、高分子量聚合物，以及由鏈狀碳氫化合物、環結構和縮合環所組成的縮合產物。

瀝青主要用作為瀝青黏合劑，和石料一同形成瀝青混合物，其中大部分用於鋪路。美國瀝青研究所已經指定了 8 種鋪路混合物，這些混合物是基於石料（通過 8 號篩）的比例所組成的[4]。例如，用於鋪路的 IV 型瀝青混合料具有 3.0％～7.0％ 的瀝青組成，其中 35％～50％ 的石料（通過 8 號篩）。

---

[4] 一個 8 號篩的標稱開口為 0.0937 in. (2.36 mm)。

最穩定的瀝青混合料由密集的角狀石料製成，並搭配上剛好足夠量的瀝青塗覆於石料顆粒。如果瀝青含量過高，在炎熱的天氣，瀝青可能會集中在路面上並降低防滑性。角狀石料不易被拋光，且角狀石料易互相卡住對方。與軟質且易被拋光的石料相比，角狀石料具有更好的防滑性能。石料也應與瀝青黏合良好，以避免分離。

12.10 木材 Wood

木材 (wood 或 timber) 是美國使用最廣泛的工程建築材料，其年產量超過所有其他工程材料，包括混凝土和鋼材 (圖 1.14)。除了將木材用為木料並用於建造房屋、建築物和橋樑之外，木材還用於製造複合材料，例如合板、塑合板和紙張。

木材是一種天然存在的複合材料，主要由複雜的纖維素細胞陣列組成，纖維素細胞由木質素 (lingnin) 和其他有機化合物的聚合物質強化。本節中對木材的討論將首先觀察木材的巨觀結構，然後對軟木和硬木的微觀結構進行簡要的檢查。最後，木材的一些性質將與其結構相關聯起來。

12.10.1 木材的巨觀結構

木材是一種結構複雜的天然產物，因此我們不能指望用其於工程設計並得到均勻產品，例如木材無法像合金鋼棒或射出成型的熱塑性零件。眾所周知，木材的強度是高度各向異性的，其抗拉強度在平行於樹幹的方向上要大得多。

樹的橫截面中的圖層 讓我們首先看一般的樹的橫截面，如圖 12.30 所示。該圖中的重要分層區域由字母 a 至 f 表示。每個層的名稱和功能如下所示：

a. **外樹皮** (outer bark) 層由乾燥的死組織組成，為樹提供外部保護。
b. **內部樹皮** (inner bark) 層濕潤而柔軟，將食物從樹葉帶到樹的所有生長部位。
c. **形成層** (cambium layer) 是樹皮和木材之間的組

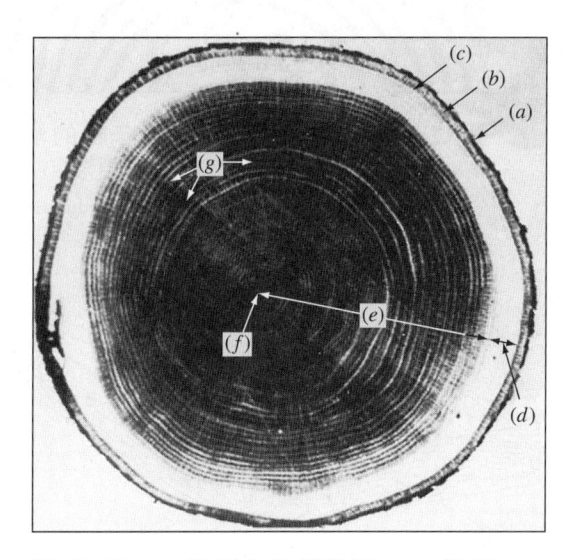

圖 12.30 一般樹木的橫截面：(a) 外皮；(b) 內皮；(c) 形成層；(d) 邊材；(e) 心材；(f) 髓；(g) 髓線。

(Source: U.S. Department of Agriculture)

織層，形成木材和樹皮細胞。

d. **邊材** (sapwood) 是淺色木材，形成樹幹的外部。邊材包含一些活細胞，這些活細胞具有食物儲存的作用，並從樹根攜帶汁液到樹葉中。

e. **心材** (heartwood) 是樹幹中較老的內部區域，已不再是活的。心材通常比邊材更暗，並提供樹的強度。

f. **髓** (pith) 是樹的中心的軟組織，大約在樹的第一次生長處之周圍。

圖 12.30 中還示出了髓線 (wood ray)，其將樹木層從木髓連接到樹皮，並用於食物儲存和食物轉移。

軟木和硬木 樹被分為兩大類，分別是**軟木** (softwoods)(裸子植物) 和**硬木** (hardwoods)(被子植物)。其分類的植物學基礎是，如果樹種子是暴露的，樹就是軟木類型，如果種子是被覆蓋著的，樹是則是硬木類型。除了少數例外，軟木樹是保留其葉子的樹，而硬木樹是每年會落葉的樹。軟木樹通常被稱為常綠樹，而硬木樹稱為落葉樹。大多數軟木樹都是柔軟的，大多數硬木樹都很硬，但也有例外。美國原產的軟木樹的例子是冷杉、雲杉、松樹和雪松，而硬木樹的例子是橡樹、榆樹、楓樹、樺樹和櫻桃。

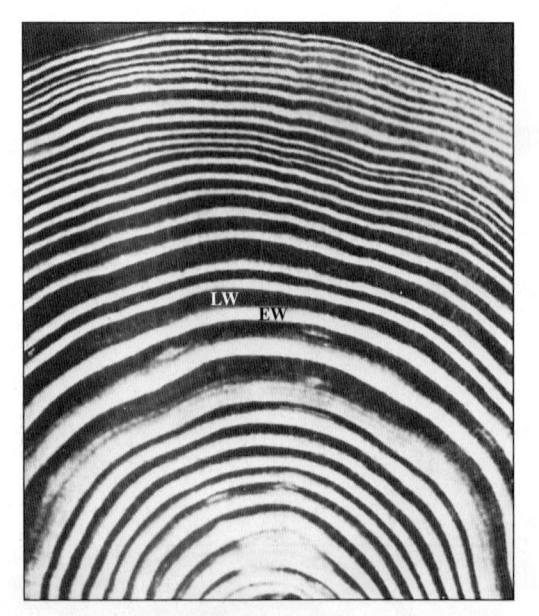

圖 12.31 軟木樹中的年輪。年輪的早木 (EW) 部分顏色比晚木 (LW) 部分更淺。
(Courtesy of the Journal of Materials Education, University Park, PA.)

年輪 (年度增長環) 在溫帶氣候 (如美國) 的每個生長季節，每年在樹幹周圍形成一層新的木材。這些層被稱為年輪，對軟木樹而言尤其明顯 (圖 12.31)。每個環有兩個子環：早木 (春天) 和晚木 (夏天)。在軟木中，早木的顏色較淺，細胞尺寸較大。

木材的對稱軸 能夠將樹木的方向與微觀結構相關聯是重要的。為此，選擇了一組軸，如圖 12.32 所示。與樹幹平行的軸稱為縱軸 (L)，而垂直於樹的年生長軸的軸稱為徑向軸 (R)。第三軸，即切向軸 (T)，與年輪平行，並且垂直於徑向和縱向軸。

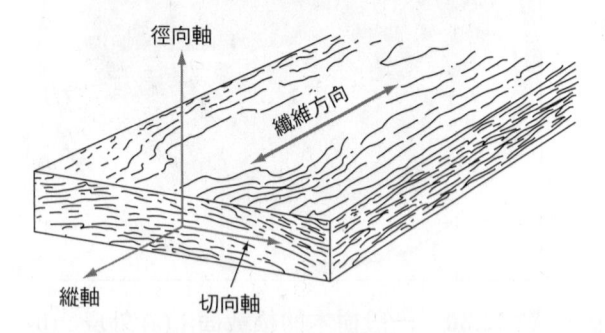

圖 12.32 木頭中的軸。縱軸平行於晶粒，切向軸平行於年輪，徑向軸垂直於年輪。
(Source: *U.S. Department of Agriculture Handbook No. 72*, revised 1974, p. 4-2.)

12.10.2　軟木的微觀結構

圖 12.33 顯示了 75 倍的一小塊軟木樹的微觀結構，其中可以看到三個完整的生長環。在該顯微照片中，較早的木材較大細胞的尺寸是清晰可見的。軟木主要由稱為**管胞** (tracheids) 的長而薄壁的管狀細胞組成，如圖 12.33 所示。細胞中心的開放大空間稱為**內腔** (lumen)，用於水傳導。縱向管胞的長度為約 3～5 mm，並且其直徑為約 20～80 μm。細胞末端的孔或凹坑允許液體從一個細胞流到另一個細胞。縱向管胞大約占軟木體積的 90%。早木細胞具有相對大的直徑、薄壁和大尺寸內腔。晚木細胞具有較小的直徑和較厚的壁，具有比早木細胞更小的內腔。

從樹皮到樹的中心橫向延伸的髓線由形狀為磚狀的小薄壁細胞 (parenchyma cells) 聚集而成。用於食物儲存的薄壁細胞透過凹坑之間得以相互連接。

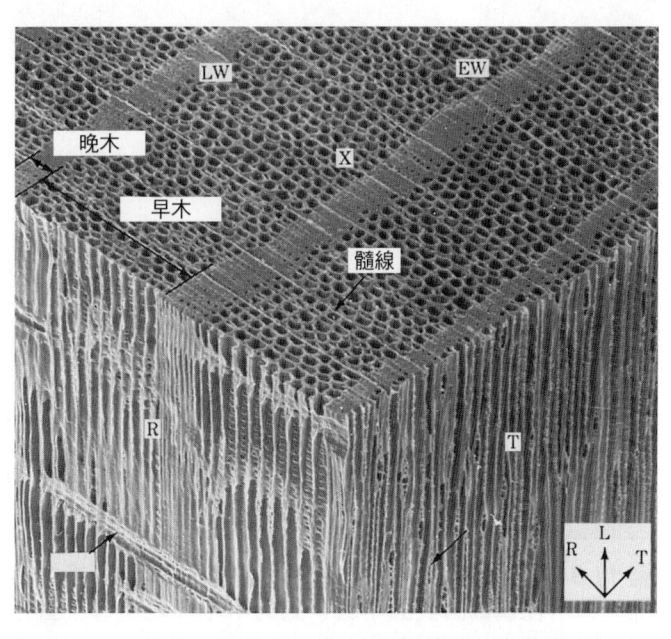

圖 12.33　軟木（長葉松）塊的掃描式電子顯微照片，顯示橫截面中的三個完整的生長環。請注意，早木中的單個細胞比晚木中的細胞大。由食物儲存單元組成的線垂直於縱向方向。（放大 75 ×）

(Courtesy of the N.C. Brown Center for Ultrastructure Studies, SUNY College of Environmental Science and Forestry.)

12.10.3　硬木的微觀結構

與軟木相比，硬木具有用於傳導流體的大直徑**導管** (vessels)。導管是薄壁結構，由稱為導管細胞 (vessel elements) 的單個細胞組成，並且在樹幹的縱向方向上形成。

硬木樹被分類為環孔 (ring-porous) 或散孔 (diffuse-porous)，取決於導管在生長環中的排列方式。在環孔硬木中，早木中形成的導管比晚木中形成的導管大（圖 12.34）。在散孔硬木中，導管直徑在整個生長環中基本相同（圖 12.35）。

負責支撐硬木樹幹的縱向細胞是纖維。硬木樹中的纖維是細長的細胞，具有尖端，通常是厚壁的。纖維的長度範圍為約 0.7～3 mm，平均直徑小於約 20 μm。由纖維組成的硬木的木材量變化很大。例如，楓香硬木中的纖維體積為 26%，而

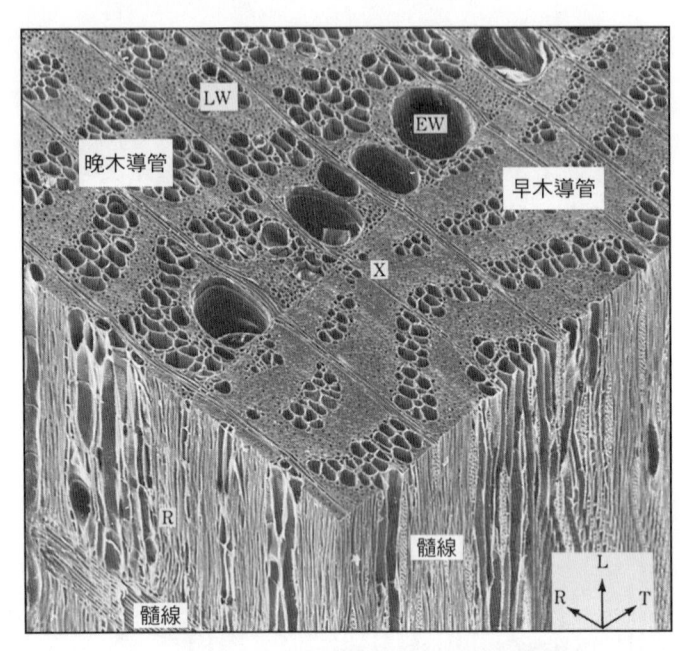

圖 12.34 環孔硬木（美國榆木）塊的掃描式電子顯微照片，顯示在橫截面表面中觀察到的早木和晚木導管直徑的突然變化。（放大 54 ×）

(Courtesy of the N.C. Brown Center for Ultrastructure Studies, SUNY College of Environmental Science and Forestry.)

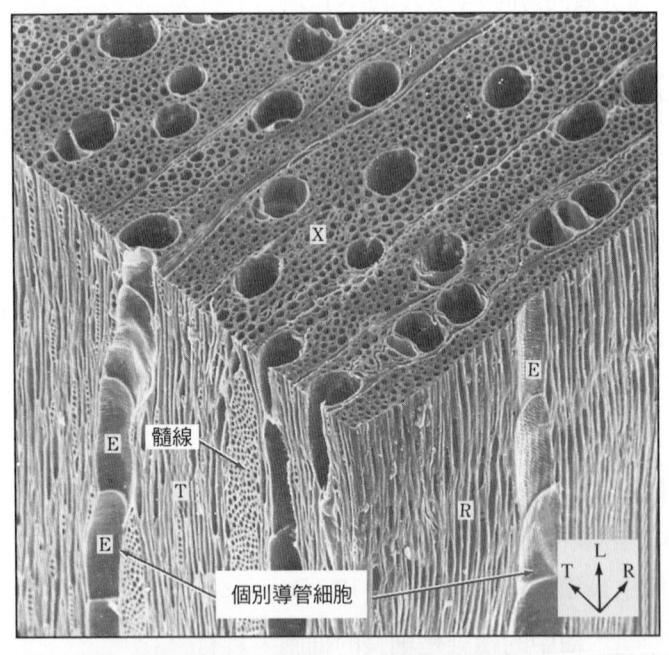

圖 12.35 散孔硬木（糖楓）塊的掃描式電子顯微照片，顯示整個生長環中直徑相當均勻的導管。從各個導管細胞形成的導管是清晰可見的。（放大 100 ×）

(Courtesy of the N.C. Brown Center for Ultrastructure Studies, SUNY College of Environmental Science and Forestry.)

山核桃的體積為 67%。

硬木的食物儲存細胞是髓線（橫向）和縱向的**薄壁組織** (parenchyma)，它們是磚形或盒形的。硬木的髓線通常比軟木大得多，在它的寬度上有許多細胞。

12.10.4　細胞壁超微結構

現在讓我們來看一下高倍放大的木質細胞結構，如圖 12.36 所示的套疊式細胞。在生長期間與細胞分裂期間形成的初始細胞壁稱為初生壁 (primary wall)。在其生長過程中，初生壁在橫向和縱向上擴大，並且在達到全尺寸後，次生壁 (secondary wall) 在同心層中形成並生長到細胞的中心（圖 12.36）。

木材細胞的主要成分是纖維素 (cellulose)、半纖維素 (hemicellulose) 和木質素 (lignin)。纖維素結晶分子佔木材固體的 45% ～ 50%。纖維素是由葡萄糖單元組成的線性聚合物（圖 12.37），聚合度為 5000 ～ 10,000。葡萄糖單元內和葡萄糖單元之間的共價鍵產生具有高拉伸強度的直的和堅硬的分子。纖維素分子之間的側向鍵結是通過氫和永久的偶極鍵結。半纖維素佔木材固體材料重量的 20% ～ 25%，是含有幾種糖單元的支化無定形分子。半纖維素分子具有 150 ～ 200 的聚合度。木材細胞的第三主要成分是木質素，其占固體材料重量的約 20% ～ 30%。木質素是由酚類單元形成的非常複雜的交聯的

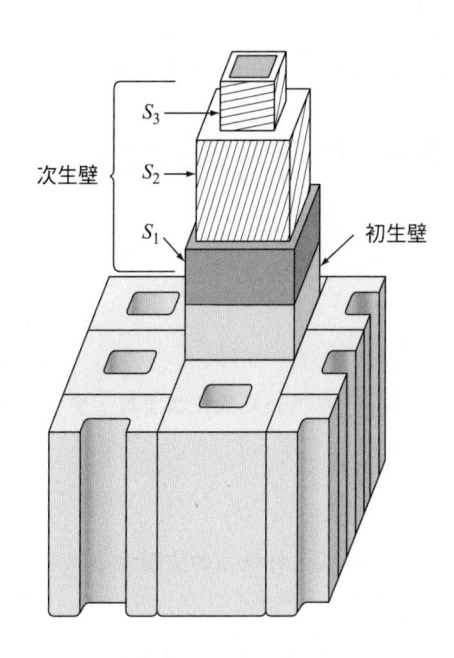

圖 12.36 多木細胞結構中的套疊式木材細胞的示意圖，顯示木材細胞的初生壁和次生壁的相對厚度。初生壁和次生壁上的線表示微纖維之方向。
(Source: R.J. Thomas, *J. Educ. Module Mater. Sci.*, 2:85 (1980).)

圖 12.37 纖維素分子的結構。
(Source: J.D. Wellons, *Adhesive Bonding of Woods and Other Structural Materials*, University Park, PA, Materials Education Council, 1983.)

三維聚合物材料。

細胞壁主要是由木質素黏合在一起的**微纖維** (microfibrils) 所組成。據信，微纖維本身由纖維素的結晶核心組成，其被半纖維素和木質素的無定形區域包圍。微纖維的排列和取向在細胞壁的不同層中是不同的，如圖 12.36 所示。木質素為細胞壁提供剛性並使其能夠抵抗壓縮力。除固體材料外，木材細胞可在水中吸收高達約 30％的重量。

12.10.5 木材的性質

含水量 木材，除非經過烘箱乾燥至恆重，否則含有一定量的水分。水在木材中的存在，是透過吸附在細胞的纖維壁上的水，或者是細胞纖維腔中未結合的水。

按照慣例，木材中水的百分比由下列等式定義

$$\text{木材含水量 (wt \%)} = \frac{\text{樣本中的水重}}{\text{乾木材樣本重}} \times 100\% \qquad (12.18)$$

由於水的百分比是基於乾燥的狀況，因此木材的含水量可能超過 200%。

■ 例題 12.5

一塊含水分的木材重 165.3 g，在烘箱乾燥至恆重後，重 147.5 g。它的含水量百分比是多少？

解

木材樣品中水的重量等於濕木材樣品的重量減去烘箱乾燥至恆重後的重量。因此，

$$\text{含水量 \%} = \frac{\text{濕木材重} - \text{乾木材重}}{\text{乾木材重}} \times 100\%$$

$$= \frac{165.3\ g - 147.5\ g}{147.5\ g} \times 100\% = 12.1\% \blacktriangleleft$$

活樹木中的水分狀況被稱為綠色條件 (green condition)。綠色條件下，軟木邊材的平均含水量約為 150%，而同一品種的心材含量約為 60%。在硬木中，綠色條件下，邊材和心材之間水分含量的差異通常要小得多，平均值約為 80%。

機械強度 表 12.6 列出了美國種植的某些類型木材的一些典型機械性質。一般來說，被分類為軟木的樹在質地上是柔軟的，而那些被歸類為硬木的樹木在質地上很硬。有一些例外，例如，質地上非常柔軟的輕木，在植物學上被歸類為硬木。

平行於紋理的木材抗壓強度遠遠高於垂直於紋理的木材抗壓強度約 10 倍。例如，窯乾 (12% 含水量) 北美喬松的平行於紋理的抗壓強度為 4800 psi (33 MPa)，但垂直於紋理的抗壓強度僅為 440 psi (3.0 MPa)。造成這種差異的原因是因為木材在縱向上的強度主要是由縱向排列的纖維素微纖維的強共價鍵所貢獻 (圖 12.37)，垂直於紋理的木材抗壓強度低得多，因為它取決於橫向黏合纖維素分子的弱氫鍵強度。

如表 12.6 所示，綠色條件下的木材比窯乾木材弱。這種差異的原因在於，當水從微纖維中的較低有序纖維素區域中除去後，使得細胞分子結構緊密並通過氫鍵形成內部橋樑。因此，在失去水分後，木材會收縮並變得更緻密和更堅固。

表 12.6 於美國所種植的一些重要商業木材之典型機械性能

樹種	條件	比重	靜力彎曲 斷裂模數 (psi)*	靜力彎曲 彈性模數 (10⁶ psi)*	平行於紋理之壓力；最大抗壓強度 (psi)*	垂直於紋理之壓力；極限纖維應力 (psi)*	順紋剪力；最大剪切強度 (psi)*
硬木：							
榆樹	綠色	0.46	7,200	1.11	2910	360	1000
	窯乾†	0.50	11,800	1.34	5520	690	1510
山核桃	綠色	0.60	9,800	1.37	3990	780	1480
	窯乾†	0.66	13,700	1.73	7850	1720	2080
紅楓樹	綠色	0.49	7,700	1.39	3280	400	1150
	窯乾†	0.54	13,400	1.64	6540	1000	1850
白橡	綠色	0.60	8,300	1.25	3560	670	1250
	窯乾†	0.68	15,200	1.78	7440	1070	2000
軟木：							
道格拉斯冷杉，海岸邊	綠色	0.45	7,700	1.56	3780	380	900
	窯乾†	0.48	12,400	1.95	7240	800	1130
紅雪松	綠色	0.31	5,200	0.94	2770	240	770
	窯乾†	0.32	7,500	1.11	4560	460	990
北美喬松	綠色	0.34	4,900	0.99	2440	220	680
	窯乾†	0.35	8,600	1.24	4800	440	900
紅杉	綠色	0.34	5,900	0.96	3110	270	890
	窯乾†	0.35	7,900	1.10	5220	520	1110

* 若要轉換為 MPa，將 psi 乘上 6.89×10^{-3}。
† 窯乾至 12% 水分。

Source: *The Encyclopedia of Wood*, Sterling Publishing Co., 1980, pp. 68–75.

圖 12.38 樹的橫截面，在切線方向、徑向和年輪環方向上的收縮和變形。
(Source: R.T. Hoyle, *J. of Educ. Modul Mater. Sci*, 4:88 (1982).)

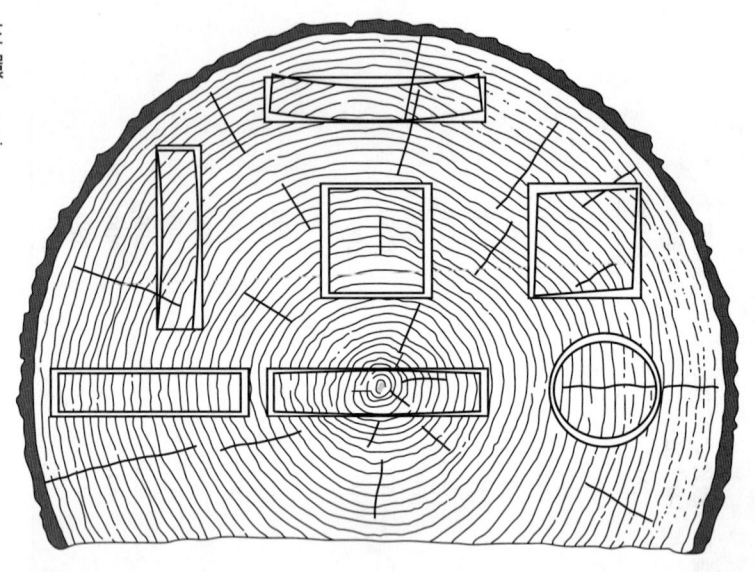

收縮 綠木因水分消失而收縮並導致木材變形。樹木在徑向和切線方向的橫截面如圖 12.38 所示。木材在橫向上比在縱向上收縮得更多，橫向收縮率通常為 10%～15%，而縱向方向僅為約 0.1%。

當水從微纖維外部的無定形區域除去時，微纖維變得更加緊密，木材變得更緻密。由於微纖維的長軸主要是指向於樹幹的縱向，因此木材在多數狀況下是橫向收縮。

12.11　三明治結構 Sandwich Structures

將核心材料 (core material) 夾貼於兩層較薄的外皮所形成的三明治結構複合材料常出現於工程設計。這類複合材料有兩種：(1) 蜂巢狀 (honeycomb) 三明治結構；(2) 覆層式 (cladded) 三明治結構。

12.11.1　蜂巢狀三明治結構

航太業使用蜂巢三明治結構為基本結構材料的歷史已超過 30 年。目前在運行的飛機內部大多都含有這種結構材料。目前最常使用的蜂巢狀結構有鋁合金 (如 5052 與 2024)、玻璃纖維強化酚醛樹脂、玻璃纖維強化聚酯以及醯胺纖維強化材料。

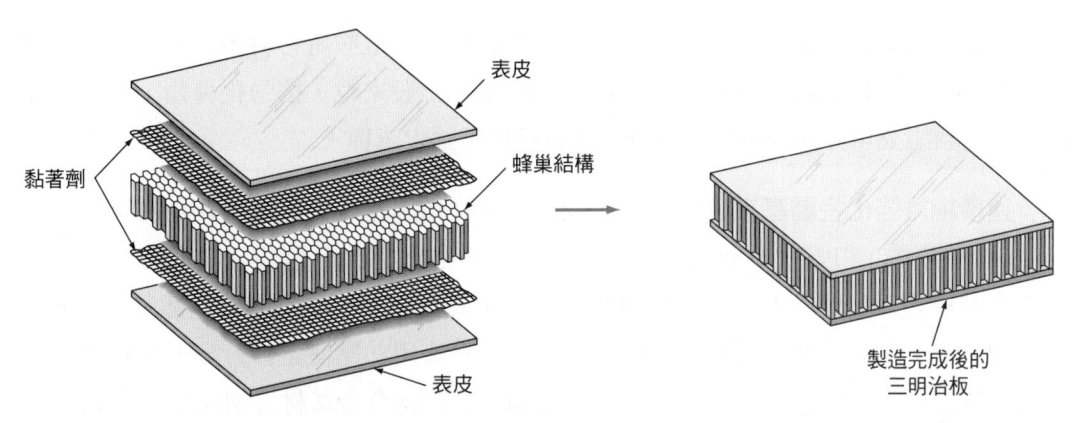

圖 12.39 三明治板是藉由將鋁合金表皮黏著於鋁合金蜂巢核心材料所製成。
(Source: Hexcel Corporation.)

鋁製蜂巢結構板是用黏著劑把鋁合金表皮貼在鋁金合蜂巢核心外,如圖 12.39 所示。這種結構提供了有高剛性、高強度與輕重量的三明治外版。

12.11.2 覆層式金屬結構

覆層式結構 (cladded structure) 是用來製作金屬核心材,而外皮為其他金屬薄層 (單一或多種) 的這種複合材料 (圖 12.40)。一般來說,薄金屬層會用熱滾軋黏到內部核心材金屬上,在外層與內核心材的介面形成冶金

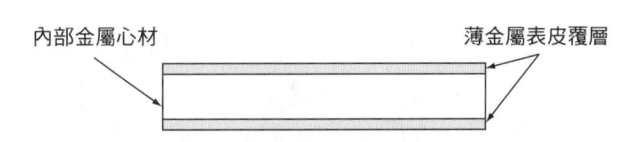

圖 12.40 覆層式金屬結構的橫截面。

(原子擴散) 鍵結。這種複合材料在工業上的應用很多。例如,高強度鋁合金 (如 2024 與 7075) 的抗腐蝕能力差,因此可在其外皮被覆一層柔軟並具高抗腐蝕性的鋁覆層以增保護。覆層式金屬也可用在以較貴金屬材料保護較便宜金屬心材。例如,美國的 10 美分與 25 美分硬幣是用 75% 銅 -25% 鎳合金外層保護較便宜的銅金屬核心材。

■ 12.12 金屬基與陶瓷基複合材料
Metal-Matrix and Ceramic-Matrix Composites

12.12.1 金屬基複合材料

過去幾年中,金屬基複合材料 (metal-matrix composite, MMC) 是許多研究的

重心，因此也產出了許多高強度重量比的新材料。這些新材料多為航太工業所開發，但有些也能用在其他領域，如汽車引擎。一般來說，按強化種類，金屬基複合材料主要可分連續纖維、不連續纖維與粒子強化三種。

連續纖維強化金屬基複合材料　添加連續纖維長絲在改善金屬基複合材料的剛性(拉伸模數)和強度方面效果最卓著。硼纖維強化鋁合金是最先發展的金屬基複合材料之一。此材料中的硼纖維是將硼以化學氣相沈積的方式鍍於鎢絲底材(圖12.41a)。鋁薄片間放置層層排列的硼纖維，然後用熱壓使鋁薄片變形包覆纖維，形成鋁硼複合材料。圖12.41b顯示了連續硼纖維鋁合金基材之剖面圖。表12.7列出一些硼纖維強化鋁合金複合材料的機械特性。當6061鋁合金增加了體積比51%的硼纖維後，其軸向拉伸強度可由310 MPa增加到1417 MPa，拉伸模數會由69 GPa增加到231 GPa。鋁硼複合材料可用於像是太空梭機身中段的部分結構。

其他曾用於金屬基複合材料的連續纖維強化材料包括碳化矽、石墨、氧化鋁與鎢纖維。使用連續碳化矽纖維強化的6061鋁複合材料使用於先進戰鬥機之垂直尾翼的可行性評估正在進行中。最特別的是，用連續碳化矽纖維強化的鈦鋁合金基材纖維，預期可以用在國家太空飛行器這種超音速飛機上，如NASA的X-plane (圖1.1)。

不連續纖維強化和顆粒強化金屬基複合材料　市面上已經有多種不連續纖維和顆粒強化金屬基複合材料。相較於未經強化的金屬合金，這些材料有強度、剛性、尺寸穩定性都更好的工程特性優勢。以下的討論會集中在鋁合金基複合材料。

顆粒強化金屬基複合材料(particulate-reinforced MMC)是低成本鋁合金基複合材料，以直徑約3～200 μm的不規則形狀氧化鋁和碳化矽顆粒構成。這些顆粒

圖 12.41 (a) 直徑為 100 μm 的硼纖維長絲，包覆著直徑為 12.5 μm 的鎢絲線核心；(b) 鋁合金-硼纖維複合材料橫截面的顯微照片(放大倍率 40×)。
((a-b) ©ASM International)

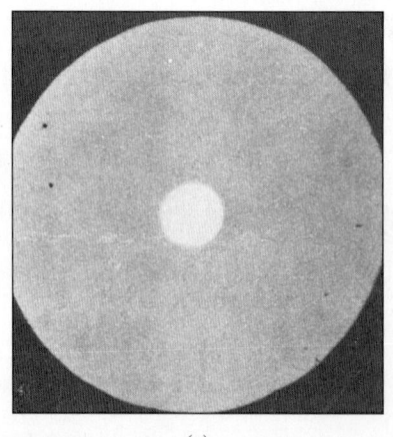

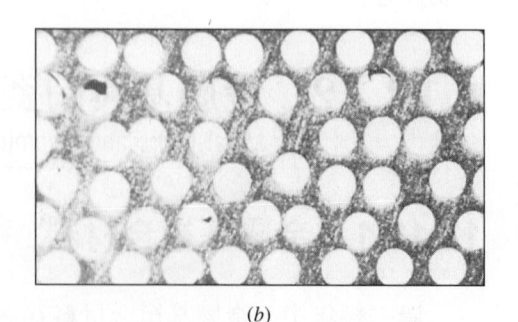

(a)　　　　　　(b)

表 12.7 金屬基複合材料的機械性質

複合材料	拉伸強度 Mpa	ksi	彈性模數 GPa	Msi	破斷應變(%)
連續纖維強化MMCs：					
Al 2024-T6(45% B)(軸向)	1458	211	220	32	0.810
Al 6061-T6(51% B)(軸向)	1417	205	231	33.6	0.735
Al 6061-T6(47% Sic)(軸向)	1462	212	204	29.6	0.89
不連續纖維強化MMCs：					
Al 2124-T6(20% Sic)	650	94	127	18.4	2.4
Al 6061-T6(20% Sic)	480	70	115	17.7	5
顆粒強化MMCs：					
Al 2124(20% Sic)	552	80	103	15	7.0
Al 6061(20% Sic)	496	72	103	15	5.5
非強化基材：					
Al 2124-F	455	66	71	10.3	9
Al 6061-F	310	45	68.9	10	12

有時會覆上專屬塗層，可以和熔化的鋁合金混合，倒入鑄模以成為可供再次熔化的鑄錠 (ingot) 或擠伸用之鑄胚 (billet)。表 12.7 顯示，添加 20% 碳化矽後，6061 鋁合金的極限拉伸強度可從 310 MPa 增加到 496 MPa，拉伸模數可從 69 MPa 增加到 103 MPa。這種材料的應用包括運動器材及汽車引擎零件。

不連續纖維強化金屬基複合材料 (discontinuous-fiber-reinforced MMC) 主要透過粉末冶金和熔體滲透過程來製造。在粉末冶金過程中，直徑 1～3 μm 與長度 50 至 200 μm 的針狀碳化矽晶鬚 (whisker)(圖 12.42) 會和金屬粉末混合，以熱壓機固結後，再以擠壓或鍛造方式製成所需形狀。表 12.7 顯示，加入 20% 碳化矽晶鬚後，6061 鋁合金的拉伸強度極限可從 310 MPa 增至 480 MPa，而拉伸模數可從 69 GPa 增至 115 GPa。雖然加入晶鬚比加入顆粒材料可得到的強度與剛性更高，但粉末冶金和熔體滲透過程的成本也較高。不連續纖維強化鋁合金基複合材料的應用包括導彈導航元件和高性能汽車活塞。

圖 12.42 用來強化金屬基複合材料的單晶碳化矽晶鬚的顯微照片。晶鬚直徑為 1～3 μm，長度為 50～200 μm。
(Source: U.S. National Library of Medicine)

12.12.2 陶瓷基複合材料

最近發展出來的陶瓷基複合材料 (ceramic-matrix composite, CMC) 的機械特性 (如強度與韌性) 比未強化的陶瓷基材更好。陶瓷基複合材料也同樣是用強化形式分類，分成連續纖維、不連續纖維與顆粒強化三種。

■ 例題 12.6

一金屬基複合材料由硼 (B) 纖維強化鋁合金組成 (圖 EP12.6)。半徑 75 μm 之硼纖維由半徑 10 μm 鎢 (W) 絲線被覆硼元素而得。鋁合金環繞於硼纖維，形成固定纖維基材，鋁合金占體積比 0.65。假如二元混合物定則 ($E_c = E_f V_f + E_m V_m$) 用於此三元混合物亦成立，請估算等應變時複合材料之有效拉伸彈性模數？材料常數如下：$E_W = 410$ GPa；$E_B = 379$ GPa；$E_{Al} = 68.9$ GPa。

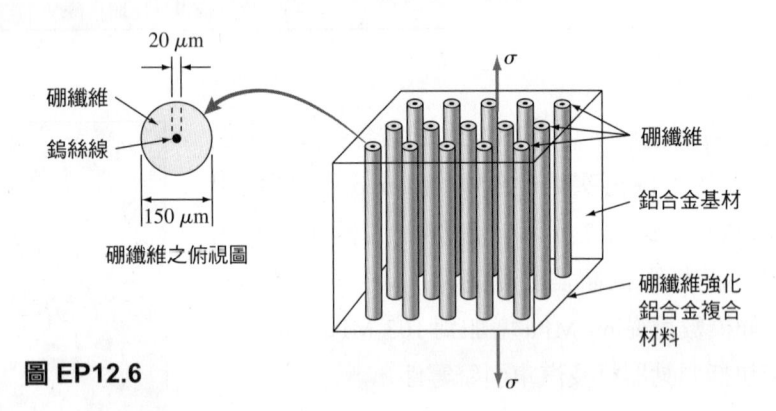

圖 EP12.6

解

$$E_{\text{comp}} = f_W E_W + f_B E_B + f_{Al} E_{Al} \qquad f_{W+B} = 0.35$$

$$f_W = \frac{鎢絲線之面積}{硼纖維之面積} \times f_{W+B}$$

$$f_W = \frac{\pi(10\ \mu m)^2}{\pi(75\ \mu m)^2} \times 0.35 = 6.22 \times 10^{-3} \qquad f_{Al} = 0.65$$

$$f_B = \frac{硼纖維之面積 - 鎢絲線之面積}{硼纖維之面積} \times f_{W+B}$$

$$= \frac{\pi(75\ \mu m)^2 - \pi(10\ \mu m)^2}{\pi(75\ \mu m)^2} \times 0.35 = 0.344$$

$$E_{\text{comp}} = f_W E_W + f_B E_B + f_{Al} E_{Al}$$
$$= (6.22 \times 10^{-3})(410\ \text{GPa}) + (0.344)(379\ \text{GPa}) + (0.65)(68.9\ \text{GPa})$$
$$= 178\ \text{GPa} \blacktriangleleft$$

由上述結果可知，複合材料拉伸模數 (剛性) 約為未強化鋁合金之 2.5 倍。

例題 12.7

一金屬基複合材料由 80% 體積 2124-T6 鋁合金與體積 20% SiC 晶鬚組成。2124-T6 鋁合金和碳化矽晶鬚密度分別是 2.77 g/cm³ 與 3.10 g/cm³，請估算複合材料平均密度。

解

以 1 m³ 體積複合材料做基準，由題意知有 0.80 m³ 2124 鋁合金與 0.20 m³ SiC 纖維。

$$1 \text{ m}^3 \text{ 2124 鋁合金質量} = (0.80 \text{ m}^3)(2.77 \text{ Mg/m}^3) = 2.22 \text{ Mg}$$
$$1 \text{ m}^3 \text{ SiC 晶鬚質量} = (0.20 \text{ m}^3)(3.10 \text{ Mg/m}^3) = 0.62 \text{ Mg}$$
$$1 \text{ m}^3 \text{ 複合材料之總質量} = 2.84 \text{ Mg}$$

$$\text{平均密度} = \frac{\text{質量}}{\text{單位體積}} = \frac{1 \text{m}^3 \text{ 材料之總質量}}{1 \text{m}^3} = 2.84 \text{ Mg/m}^3 \blacktriangleleft$$

連續纖維強化陶瓷基複合材料 此複合材料使用的兩種連續纖維為碳化矽及氧化鋁。在製造陶瓷基複合材料的一個製程中，碳化矽纖維會被編織成墊，然後再利用化學氣相沈積使碳化矽滲入纖維墊中。在另一製程中，碳化矽纖維會被包在玻璃陶瓷材料內 (例題 12.8)。此類材料的應用包括熱交換器管件、熱保護系統與防腐蝕或浸蝕材料等。

不連續纖維 (晶鬚) 和顆粒強化陶瓷基複合材料 陶瓷晶鬚 (圖 12.42) 可明顯增加整塊陶瓷的破裂韌性 (表 12.8)。添加了體積比 20% 的碳化矽晶鬚後，氧化鋁陶瓷的破壞韌性可由 4.5 MPa $\sqrt{m}$ 增為 8.5 MPa $\sqrt{m}$。短纖維與顆粒強化陶瓷複合材料的好處是可用像熱均壓法 (hot isostatic pressing, HIPing) 等普通陶瓷材料製程生產。

表 12.8 經碳化矽晶鬚強化的陶瓷基複合材料在室溫下的機械特性

基材	碳化矽晶鬚含量 (體積百分比%)	撓曲強度 MPa	撓曲強度 ksi	破壞韌性 MPa$\sqrt{m}$	破壞韌性 ksi$\sqrt{in.}$
Si₃N₄	0	400-650	60-95	5-7	4.6-6.4
	10	400-500	60-75	6.5-9.5	5.9-8.6
	30	350-450	50-65	7.5-10	6.8-9.1
Al₂O₃	0	...	...	4.5	4.1
	10	400-510	57-73	7.1	6.5
	20	520-790	75-115	7.5-9.0	6.8-8.2

Source: *Engineered Materials Handbook*, vol. 1, Composites, ASM International, 1987, p. 942.

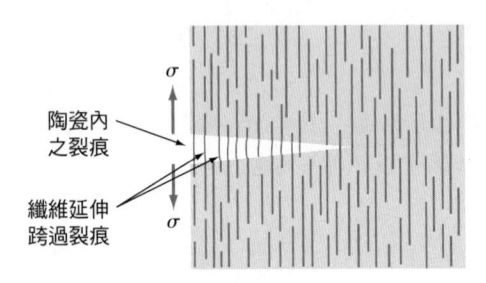

陶瓷基複合材料之韌性可透過三種主要機制提升，而這三種機制都是因為強化纖維阻擾陶瓷裂縫傳遞所致。它們分別為：

1. 裂縫偏向 (crack deflection)：裂縫一旦碰到強化材，擴展方向便偏折，使得擴展路徑變得更加彎曲。結果是需要更高應力才能擴展裂痕。
2. 裂縫架橋 (crack bridging)：纖維或晶鬚可連接裂縫兩邊，使材料保持結合，進而增加裂縫成長所需的應力（圖 12.43）。
3. 纖維拔出 (fiber pullout)：由破裂基材中拔出纖維或晶鬚所造成的摩擦力會吸收能量，所以需要施加更高應力才能產生更多裂縫。因此，纖維與基材間的介面鍵結的要夠好，強度才可更高。假如材料要在高溫下使用，基材與纖維之間的膨脹係數也應該匹配得宜。

圖 12.43 圖示陶瓷基複合材料的強化纖維如何利用裂縫架橋和纖維拔出之能量吸收來抑制裂縫擴展。

■ 例題 12.8 •

一個陶瓷基複合材料為玻璃陶瓷基材內埋入連續 SiC 纖維而成（圖 EP12.8）。(a) 請估算在等應變狀態下複合材料之拉伸彈性模數；(b) 請估算裂縫擴展之應力 σ。相關數據如下：

玻璃陶瓷基材：
$E = 94$ GPa
$K_{IC} = 2.4$ MPa $\sqrt{m}$
已存在的最大裂縫直徑為 $10\ \mu m$

SiC 纖維：
$E = 350$ GPa
$K_{IC} = 4.8$ MPa $\sqrt{m}$
最大的表面缺口裂紋為 $5\ \mu m$ 深

解

a. 估算複合材料 E 值。假設以下等應變狀態公式 (12.7) 式適用，

$$E_{comp} = f_{GC}E_{GC} + f_{SiC}E_{SiC}$$

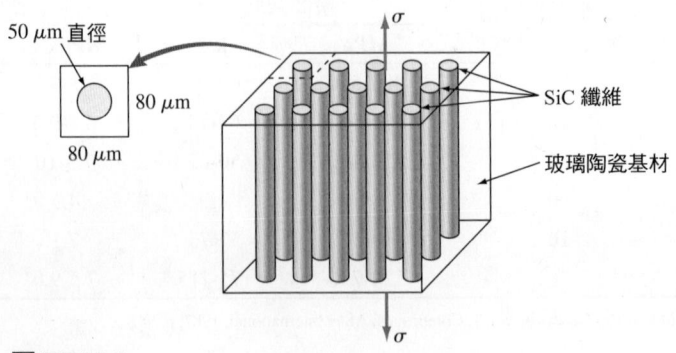

圖 EP12.8

因所有纖維長度相同，故 SiC 纖維之體積分率相當於試片截面上纖維面積比，如圖 EP12.8，每一直徑 50 μm 之纖維包圍於 80 μm × 80 μm 方形面積，可以寫為，

$$f_{SiC} = \frac{\text{纖維面積}}{\text{所取之總面積}} = \frac{\pi(25 \ \mu m)^2}{(80 \ \mu m)(80 \ \mu m)} = 0.307$$

$$f_{GC} = 1 - 0.307 = 0.693$$

$$E_{comp} = (0.693)(94 \text{ GPa}) + (0.307)(350 \text{ GPa}) = 172 \text{ GPa} \blacktriangleleft$$

b. 複合材料裂痕擴展應力。等應變狀態時，$\epsilon_{comp} = \epsilon_{GC} = \epsilon_{SiC}$。又 $\sigma = E\epsilon$ 與 $\epsilon = \sigma/E$，可寫為

$$\frac{\sigma_{comp}}{E_{comp}} = \frac{\sigma_{GC}}{E_{GC}} = \frac{\sigma_{SiC}}{E_{SiC}}$$

假設 $Y=1$，當裂痕在應力滿足 $\sigma = K_{IC}/\sqrt{\pi a}$ [(11.1) 式] 時，已知組成物之破裂開始。我們應該計算在兩種材料中導致裂縫形成的最小應力，然後比較我們的結果。具有較低應力產生裂縫的組成，將決定在何應力下，此複合材料將開始裂開。

(i) 玻璃陶瓷：此材料中存在最大微裂紋直徑是 10 μm。此值為 (11.1) 式之 $2a$，因此 $a = 10 \ \mu m/2$ 或者 $a = 5\mu m$。

$$\frac{\sigma_{comp}}{E_{comp}} = \frac{\sigma_{GC}}{E_{GC}} = \left(\frac{K_{IC,GC}}{\sqrt{\pi a}}\right)\left(\frac{1}{E_{GC}}\right)$$

$$\sigma_{comp} = \left(\frac{E_{comp}}{E_{GC}}\right)\left(\frac{K_{IC,GC}}{\sqrt{\pi a}}\right) = \left(\frac{172 \text{ GPa}}{94 \text{ GPa}}\right)\left[\frac{2.4 \text{ MPa} \sqrt{m}}{\sqrt{\pi(5 \times 10^{-6} \text{ m})}}\right] = 1109 \text{ MPa}$$

(ii) SiC 纖維：對此材料而言，表面裂縫 $a = 5 \ \mu m$。

$$\sigma_{comp} = \left(\frac{E_{comp}}{E_{SiC}}\right)\left(\frac{K_{IC,SiC}}{\sqrt{\pi a}}\right) = \left(\frac{172 \text{ GPa}}{350 \text{ GPa}}\right)\left[\frac{4.8 \text{ MPa} \sqrt{m}}{\sqrt{\pi(5 \times 10^{-6} \text{ m})}}\right] = 596 \text{ MPa}$$

因此假使施加 596 MPa 應力，陶瓷複合材料之碳化矽纖維會先發生裂痕擴展現象。◀

12.12.3 陶瓷複合材料和奈米技術

近年來，奈米技術科學家將奈米碳管加入傳統氧化鋁的顯微結構中，已開發出機械、化工、電特性都更優良的陶瓷基複合材料。這是一項令人激動的新發展，進一步提高了奈米技術在材料科學中的重要性。研究人員已可夠創造出由氧化鋁、5%～10% 奈米碳管及 5% 精細研磨鈮所製成的陶瓷複合材料。粉壓坯經燒結和緻密化後，所得的固體硬度比純氧化鋁更高出 5 倍。這種新材料也能以比氧化鋁的高 10 兆倍以上的速度導電。最後，若奈米碳管的排列與熱流方向平行，此材料可以導熱；若奈米管的排列與熱流方向垂直，此材料可作為熱保護屏障。以上原因使得這個新陶瓷成為熱保護塗層應用的極佳選擇。

12.13 總結 Summary

關於材料科學和工程學的複合材料可以定義為由兩種或更多種微觀或宏觀成分的混合物的一種材料系統，其在形式和化學組成上不同並且基本上彼此不溶。

一些纖維強化塑膠複合材料由玻璃、碳和醯胺的合成纖維製成。在這三種纖維中，玻璃纖維成本最低，並且與其他纖維相比具有中等強度和最高密度。碳纖維具有高強度、高模量和低密度，但是價格昂貴，因此僅用於需要特別高強度重量比的應用。醯胺纖維具有高強度和低密度，但不像碳纖維那樣堅硬。醯胺纖維也相對昂貴，因此用於需要高強度重量比以及比碳纖維更好的柔韌性的應用。用於纖維強化塑膠複合材料的玻璃纖維最常用的基質是聚酯，而碳纖維強化塑膠最常用的基質是環氧樹脂。碳纖維強化環氧複合材料廣泛用於飛機和航空航天應用。玻璃纖維強化聚酯複合材料具有更廣泛的用途，並且可應用於例如建築、運輸、船舶和航空工業中。

混凝土是一種陶瓷複合材料，通常由波特蘭水泥製成的硬化水泥漿基質中的石料顆粒(即砂和礫石)組成。作為建築材料的混凝土具有包括可用的抗壓強度、經濟性、在工作中的可鑄性、耐久性、耐火性和美觀的優點。藉由鋼筋加固可顯著提高混凝土的低抗拉強度。在鋼筋的預應力下，於高拉伸負載的位置處，在混凝土中引入殘餘壓應力，即可進一步提高混凝土的抗拉強度。

木材是一種天然複合材料，主要由纖維素纖維組成，纖維素纖維透過主要由木質素構成的聚合物材料基質而黏合在一起。木材的宏觀結構由邊材組成，而邊材主要由活細胞組成，能夠攜帶營養物質，而心材由死細胞組成。木材的兩種主要類型是軟木和硬木。軟木有暴露的種子和狹窄(針狀)葉子，而硬木有覆蓋的種子和寬葉。木材的微觀結構由主要在樹幹縱向上的細胞陣列所組成。軟木具有稱為管胞的長而薄壁的管狀細胞，而硬木具有緻密的細胞結構，其包含用於傳導流體的大導管。作為建築材料的木材具有包括可用強度、經濟性、易加工性和在適當保護下的耐久性等優點。

12.14 名詞解釋 Definitions

12.1 節

- **複合材料** (composite material)：含有由兩種或更多互不相溶，而且型態與化學成分都不同的微小或巨觀尺度組成物的材料系統。
- **纖維強化複合材料** (fiber-reinforced composite)：由玻璃、碳纖維或醯胺纖維等高強度纖維強化材與聚酯或環氧樹脂等塑膠基材所組成的複合材料。纖維提供了高強度與剛性，而塑膠基材則結合了纖維並給予支撐。

12.2 節

- **E 型玻璃纖維** (E-glass fiber)：由 E 型(電的)玻璃製成的纖維，材質為矽酸硼玻璃，是玻璃纖維強化塑膠中最常用的玻璃纖維。
- **S 型玻璃纖維** (S-glass fiber)：由 S 型玻璃所製的纖維，材質為氧化鎂 - 氧化鋁 - 矽酸玻璃，用於需要極高強度之玻璃纖維強化塑膠材料。

CHAPTER **12** 複合材料　　559

- **紗束** (roving)：纏繞或未纏繞之連續纖維束的集合物。

- **碳纖維 (複合材料)**[carbon fiber (for a composite material)]：主要是由聚丙烯或瀝青製成的碳纖維，利用抽拉使每一碳纖維中之細纖維網路結構同向排列，接著經加熱處理將前驅纖維中的氧、氮及氫去除而成。

- **(纖維的) 纖維束** [tow (of fibers)]：將大量纖維排列成直鏈束所形成的集合，根據其所包含的纖維數量來指名，例如 6000 根纖維 / 纖維束。

- **醯胺纖維** (aramid fiber)：用於纖維強化塑膠材料的化學合成纖維，具有芳香族 (苯環形式) 聚醯胺的線性構造。杜邦公司生產的醯胺纖維以克維拉商品名銷售。

- **比拉伸強度** (specific tensile strength)：材料的拉伸強度除以其密度。

- **比拉伸模量** (specific tensile modulus)：材料的拉伸模數除以其密度。

12.4 節

- **層層堆疊** (laminate)：通過將材料板黏合在一起而製成的產品，通常會使用熱和壓力。

- **單向積層板** (unidirectional laminate)：一種纖維強化塑膠積層板，通過將層壓纖維強化板層黏在一起而製成，這些層板在積層板中都具有相同方向的連續纖維。

- **多向積層板** (multidirectional laminate)：纖維強化塑膠積層板，通過將纖維強化片材層黏合在一起而使片材的連續纖維的一些方向處於不同角度。

- **積層板層 (薄層)**[laminate ply (lamina)]：一層多層積層板。

12.5 節

- **手積層** (hand lay-up)：用手將連續的強化材料層放置 (和加工) 在模具中以生產纖維強化複合材料的過程。

- **噴塗積層** (spray lay-up)：使用噴槍生產纖維強化產品的過程。在這種噴塗方法中，將短切纖維與塑膠樹脂混合並且噴塗到模具中以形成複合材料零件。

- **真空袋成形** (vacuum bag molding)：模製纖維強化塑膠零件的過程，其中透明柔性材料片放置在未固化的層壓零件上。將片材和零件密封，然後在覆蓋片材和層壓零件之間施加真空，使得夾帶的空氣從層壓件中抽出來。然後將真空袋烘烤。

- **預浸材料** (prepreg)：包含強化纖維的成型塑膠樹脂浸漬的布或墊。樹脂部分固化成 "B" 級，並供給製造商，該製造商使用該材料作為積層產品的層。在鋪設好各層以產生最終產品形狀之後，通常利用加熱和加壓來固化層壓材料以利將層黏合在一起。

- **纏繞成形製程** (filament winding)：通過將預先用塑膠樹脂浸漬的連續強化材料纏繞在旋轉心軸上來生產纖維強化塑膠的方法。當施加足夠的層數後，將其固化並移除心軸。

12.6 節

- **片狀模塑膠** (sheet-molding compound, SMC)：用於製造纖維強化塑膠複合材料的塑膠樹脂、填料和強化纖維的複合物。SMC 通常由約 25% ~ 30% 的纖維製成，長約 1 in. (2.54 cm)，其中玻璃纖維是最常用的纖維。SMC 材料通常被預先加熱到一種狀態，以便它可以自身支撐然後切割成一定尺寸並放入壓縮模具中。在熱壓時，SMC 固化以產生剛性零件。
- **拉擠成形** (pultrusion)：連續生產具有恆定橫截面的纖維強化塑膠零件的方法。藉由在加熱模具中拉伸樹脂浸漬纖維的束來製造拉擠零件。

12.7 節
- **混凝土 (波特蘭水泥型)**[concrete (portland cement type)]：波特蘭水泥、細石料、粗石料和水的混合物。
- **石料** (aggregate)：惰性材料與波特蘭水泥和水混合生產混凝土。較大的顆粒稱為粗石料 (例如礫石)，較小的顆粒稱為細石料 (例如砂)。
- **波特蘭水泥** (portland cement)：主要由矽酸鈣組成的水泥，其與水反應形成硬質團塊。
- **水合反應** (hydration reaction)：水與另一種化合物的反應。水與波特蘭水泥的反應是一種水合反應。
- **輸氣混凝土** (air-entrained concrete)：混凝土中存在均勻分散的小氣泡。約 90％的氣泡為 100 μm 的尺寸或更小。
- **強化混凝土** (reinforced concrete)：含有鋼絲或鋼筋的混凝土，以抵抗拉力。
- **預力混凝土** (prestressed concrete)：強化混凝土，其中引入了內部壓應力以抵消由重載荷引起的拉應力。
- **預施拉伸 (預力) 混凝土** [pretensioned (prestressed) concrete]：預力混凝土，其中混凝土澆注在預張緊的鋼絲或桿子上。

12.8 節
- **瀝青** (asphalt)：瀝青，主要由分子量範圍廣的烴類組成。大多數瀝青是從石油精煉中獲得的。
- **瀝青混合料** (asphalt mixes)：瀝青和石料的混合物，主要用於鋪路。

12.9 節
- **木材** (wood)：天然複合材料，主要由存在於木質素組成的聚合物材料基質中的複雜纖維素陣列所組成。
- **木質素** (lignin)：由酚單元形成的非常複雜的交聯三維聚合物材料。
- **形成層** (cambium)：位於木材和樹皮之間的組織，能夠重複細胞分裂。
- **邊材** (sapwood)：活樹的樹幹的外部，包含一些活細胞，為樹木儲存食物。
- **心材** (heartwood)：活樹幹的最裡面部分，只包含死細胞。
- **軟木樹** (softwood trees)：有暴露的種子和箭頭葉子 (針) 的樹木。例如松樹、冷杉和雲杉。
- **硬木樹木** (hardwood trees)：有覆蓋的種子和闊葉的樹木。例如橡木、楓木和灰。
- **管胞 (縱向)**[tracheids (longitudinal)]：軟木中的主要細胞；管胞具有傳導和支持的功能。
- **內腔** (lumen)：木細胞中心的空腔。
- **木導管** (wood vessel)：由縱向排列的小細胞組合所形成的管狀結構。

- **微纖維** (microfibrils)：形成木質細胞壁的基本結構，其含有纖維素。
- **薄壁組織** (parenchyma)：樹木的食物儲存細胞，壁較短，且壁較薄。

12.15 習題 Problems

知識及理解性問題

12.1 玻璃纖維強化塑膠有哪些優點？

12.2 E 玻璃和 S 玻璃的組成有何不同？哪個更強大，成本更高？

12.3 用聚丙烯腈 (PAN) 生產碳纖維的加工步驟是什麼？每一步都會發生什麼反應？

12.4 描述生產玻璃纖維強化部件的噴塗積層製程。這種方法有哪些優點和缺點？

12.5 描述片狀模塑膠的製造過程。這個過程有哪些優點和缺點？

12.6 描述用於製造纖維強化塑膠的拉擠成形製程。這個過程有什麼好處？

12.7 波特蘭水泥的四種主要化合物有哪些，其化學式和縮寫？

12.8 瀝青的化學成分範圍是多少？

12.9 描述軟木樹的微觀結構。

12.10 描述木材細胞的成分。

應用及分析問題

12.11 芳綸纖維內部和之間的化學鍵結如何影響其機械強度性能？

12.12 用於纖維強化塑膠的兩種最重要的基質塑膠是什麼？每種類型的優點是什麼？

12.13 玻璃纖維強化塑膠中玻璃纖維的數量和排列如何影響其強度？

12.14 單向碳纖維 - 環氧樹脂複合材料含有 68%（體積）的碳纖維和 32% 的環氧樹脂。碳纖維的密度為 1.79 g/cm^3，環氧樹脂的密度為 1.20 g/cm^3。(a) 複合材料中碳纖維和環氧樹脂的重量百分比是多少？(b) 複合材料的平均密度是多少？

12.15 計算單向碳纖維強化塑膠複合材料的拉伸彈性模數，該材料含有 64%（體積）的碳纖維，並在等壓條件下受到應力。碳纖維的拉伸彈性模數為 $54.0 \times 10^6 \text{ psi}$，環氧基質的拉伸彈性模數為 $0.530 \times 10^6 \text{ psi}$。

12.16 得出一個方程式，該方程式將單向纖維的層狀複合材料的彈性模數和在等應力條件下受到應力的塑膠基質的彈性模數關聯起來。

12.17 計算層壓複合材料的拉伸彈性模數，該複合材料由 62% 體積的單向 49 纖維和在等應力條件下受壓的環氧樹脂基體組成。49 纖維的十分彈性模數為 170 GPa，環氧樹脂的彈性模數為 $3.70 \times 10^3 \text{ MPa}$。

12.18 對於抗硫酸鹽的波特蘭水泥，哪種化合物保持在較低含量？

12.19 為什麼要加入 C_4AF 到波特蘭水泥中？

12.20 水對水泥的比例 (重量) 如何影響混凝土的抗壓強度？什麼比例能提供普通混凝土約 5500 psi 的抗壓強度？水對水泥的比例過高的缺點是什麼？水灰比太低了？

12.21 我們希望生產 50 ft^3 的混凝土，其比例分別為 1:1.9:3.2 (按重量計) 的水泥、沙子和礫石。如果每袋水泥要使用 5.5 gal 的水，所需的成分量是多少？假設砂和礫石的游離水分含量分別為 4% 和 0.5%。水泥、沙子和礫石的比重分別為 3.15, 2.65 和 2.65。(一袋水泥重 94 lb，1 ft^3 = 7.48 gal) 給出一袋水泥、沙子和礫石 (以 lb 為單位) 和水 (以 gal 為單位) 的答案。

12.22 為什麼混凝土主要用於工程設計中的壓縮部分？

12.23 描述如何在後拉伸預應力混凝土中引入壓應力。

12.24 一塊木頭含有 45% 的水分。如果乾燥前重 165 g，烘乾後最終重量必須是多少？

12.25 陶瓷基複合材料 (CMC) 由連續的 SiC 纖維製成，嵌入反應鍵結的氮化矽 (RBSN) 基體中，所有 SiC 纖維在單一個方向上排列。假設等壓條件，如果複合材料的拉伸模數為 250 GPa，複合材料中 SiC 纖維的體積比例是多少？E_{SiC} = 395 GPa 和 E_{RBSN} = 155 GPa。

12.26 陶瓷基複合材料由氧化鋁 (Al$_2$O$_3$) 基質和連續矽-碳化物-纖維強化材料製成，所有 SiC 纖維在單一個方向上。該複合材料由 30 vol% 的 SiC 纖維組成。如果存在於等壓條件下，則計算複合材料在纖維方向上的拉伸模數。如果在纖維方向上對複合材料施加 8 MN 的負荷，如果施加負荷的表面積為 55 cm^2，複合材料中的彈性應變是多少？數據是 $E_{Al_2O_3}$ = 350 GPa，E_{SiC} = 340 GPa。

綜合及評價問題

12.27 如今，複合材料如碳纖維強化環氧樹脂是網球拍的首選材料。解釋網球拍框架設計中哪些材料屬性很重要。目前用於網球拍框架的材料有哪些優點？

12.28 應力承載零件由鋁 2024-T4 製成。該公司希望透過單向碳纖維複合層壓板 (不改變其尺寸) 來減輕該部件的重量。(a) 設計該層壓材料的纖維和基質體積比例，使其彈性模數與鋁的相當。(b) 你會節省多少重量？(假設等應變條件並且材料中不存在空隙)

12.29 在設計管狀釣魚竿時，應考慮箍強度 (以防止塌陷效應) 和桿的軸向剛度 (以防止桿中的過度彈性變形)。(a) 提出一種用纖維強化複合材料製造釣竿管狀部分的方法。(b) 您將採取哪些步驟以確保 (i) 環向應力得到適當支撐，以及 (ii) 軸向剛度是否足夠？(c) 為此提出並建議合適的材料。

12.30 (a) 在設計高爾夫球桿的桿身時，我們應考慮哪些機械負載條件？(b) 纖維強化複合材料如何支撐這些負載條件 (提出一個過程)？(c) 指出使用複合球桿來替換不鏽鋼桿的好處。

12.31 您有 0° 層的輕質纖維強化複合材料，用於製造圓柱形壓力容器。請提出使用 0° 層來承受壓力容器中的應力的方法。回想一下，在加壓容器中，將產生軸向和環向 (周向) 應力。畫一個原理圖來解釋。

12.32 在全髖關節置換術中，相較於聚合物杯上的鈦合金頭，大多數外科醫生更喜歡聚合物杯上的陶瓷股石頭。推測其原因。網路搜尋並找出原因。答案會讓你感到驚訝嗎？

CHAPTER 13 腐蝕
Corrosion

(©AP Images)

在1988 年 4 月 28 日，阿羅哈航空公司的波音 737 客機在 24,000 呎的高空中失去了上機身的主要部分。[1] 在飛機結構沒有其他更嚴重損壞的情況之下，駕駛員順利地將飛機著陸。調查結果指出，用來接合機身嵌板的鉚釘 (lap joints) 受到腐蝕了，導致已經服務 19 年的飛機產生了裂痕，並且脫落開來。結果，因腐蝕所造成的加速疲勞，導致飛機在飛行途中發生機身結構破損。[1,2]

2024-T3 與 7075-T6 這兩種鋁合金是最常使用於機身蒙皮的材料。它們擁有優良的靜止強度與疲勞強度，但它們較易腐蝕損壞，例如孔蝕 (pitting) 與表皮脫落 (exfoliation)。為了避免問題再度發生，現在對於腐蝕破壞的檢測，必須遵循更嚴苛的規定。

---

[1] http://www.aloha.net/~icarus/

[2] http://www.corrosion-doctors.org

> 學習目標

到本章結束時,學生將能夠:
1. 定義腐蝕和與腐蝕相關的電化學反應。
2. 能夠根據標準半電池電位對一些重要純金屬的反應性(陰極與陽極)進行評價。
3. 定義伽凡尼電池 (galvanic cell)、其重要的元素、電解質在其中的作用,以及在現實生活中產生伽凡尼電池的各種環境。
4. 解釋腐蝕動力學的基本觀念,並定義極化、鈍化和伽凡尼系列。
5. 定義各種類型的腐蝕和每種情況在日常生活中發生的環境。
6. 定義氧化及其如何保護金屬。
7. 說出可以防止腐蝕的各種方法。

13.1 腐蝕與其對經濟的衝擊
Corrosion and Its Economical Impact

腐蝕 (corrosion) 可定義為材料受到外在化學環境影響所引起的劣化。腐蝕是由化學反應所導致的,故腐蝕速率會受到溫度、反應物濃度與產物濃度的影響,其他因素,如機械應力及沖蝕,也會加速腐蝕。

每當討論到腐蝕,我們通常會把金屬材料的腐蝕歸類為對金屬的電化學侵蝕。由於金屬具有自由電子,且能夠在金屬本身結構內建立起電化學電池,所以金屬會有受到電化學侵蝕的困擾。大部分金屬都會受到水或空氣的影響而有某種程度的腐蝕,也會受到化學溶劑,甚至液態金屬的直接化學侵蝕。

金屬腐蝕可以視為冶金的逆向反應。大部分金屬以化合物狀態存在自然界中,像是氧化物、硫化物、碳酸鹽或矽酸鹽。換句話說,多數純金屬是不穩定的(金、銀與白金除外),且金屬為了穩定下來,需要與環境發生反應去形成礦石或礦物質。金屬在化合物狀態下的能量會比在純金屬狀態下還低。因此,較不穩定的純金屬會自發性的發生化學反應而形成化合物。像是自然界中普遍存在氧化鐵,而不是純鐵。並且藉由特殊方法所產生的熱能才能將其還原成純鐵。這是因為氧化鐵的能量比金屬鐵低,故處於高能態的金屬鐵會傾向藉著腐蝕過程(生鏽)自發反應形成處在低能態的氧化鐵 (圖 13.1)。

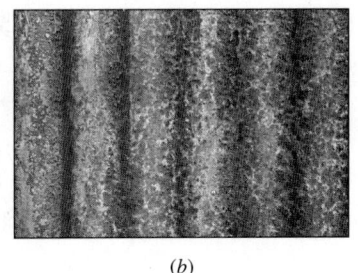

圖 13.1 (a) 鐵礦（氧化鐵）；(b) 暴露在大氣中的鋼（鐵）樣品上的鏽蝕（氧化鐵）腐蝕產物。透過生鏽，鋼鐵形式的金屬鐵已恢復到原來的低能量狀態。
((a) ©Levent Konuk/Shutterstock; (b) ©Image Source)

非金屬材料（如陶瓷和聚合物）不會遭受電化學腐蝕，但會因直接化學腐蝕而變質。例如，陶瓷耐火材料在高溫下會被熔融鹽化學侵蝕。有機聚合物會因有機溶劑的化學侵蝕而變質。水被某些有機聚合物吸收也會引起尺寸變化或性能變化。當氧氣和紫外線共同作用時，即使是在室溫下，也會破壞某些聚合物。

因此，對工程師而言，腐蝕是一種破壞過程，且會造成巨大的經濟損失。根據 2002 年國家防腐蝕工程師協會的研究，與腐蝕有關的直接損失估計為美國國內生產總值的 3.1%[3]。腐蝕是許多危害的根源，也在各領域造成損失，包括了基礎建設 (16.4%)、生產製造 (12.8%)、公用事業 (34.7%) 以及運輸 (21.5%)。根據研究指出，若有做好防範措施，一年所需防腐蝕的經費將減少 25%～30%。所以，工程師們必須重視腐蝕的控制與防治。本章最主要的目的就是要針對此重要主題作介紹。

■ 13.2　金屬的電化學腐蝕 Electrochemical Corrosion of Metals

電化學反應是一種自發反應，當電子由一個物質傳遞到另一個物質時即完成此反應。此反應所釋放出來的能量，將會轉換成電。電化學反應也被稱為氧化還原反應 (redox 或 oxidation-reduction reactions)。

13.2.1　氧化-還原反應

大多數的腐蝕在本質上都是屬於電化學反應。因此，了解電化學反應的基本原理相當重要。如圖 13.2 所示，當鋅金屬被放到稀鹽酸中，鋅會溶解或是腐蝕在稀鹽酸中，並且產生氯化鋅及氫氣。此化學反應可以如下式描述：

$$Zn + 2HCl \rightarrow ZnCl_2 + H_2 \qquad (13.1)$$

---

[3] https://www.nace.org/Publications/Cost-of-Corrosion-Study/

以上的反應可以將氯離子除去，改寫成簡單離子式。如下式：

$$Zn + 2H^+ \rightarrow Zn^{2+} + H_2 \qquad (13.2)$$

此方程式是由兩個半反應所組成：一個是鋅的氧化，另一個則是氫離子還原形成氫氣。這些半電池反應可表示為：

$$Zn \rightarrow Zn^{2+} + 2e^- \quad (氧化半電池反應) \qquad (13.3a)$$
$$2H^+ + 2e^- \rightarrow H_2 \quad (還原半電池反應) \qquad (13.3b)$$

一些氧化-還原半電池反應的重點是：

1. 氧化反應 (oxidation reaction)。金屬形成離子並且進到水溶液中的氧化反應稱作**陽極反應** (anodic reaction)。金屬表面產生氧化反應之局部區域稱作局部**陽極** (anode)。在陽極反應中，金屬原子將會形成陽離子 (舉例來說，$Zn \rightarrow Zn^{2+} + 2e^-$)。

2. 還原反應 (reduction reaction)。將金屬或非金屬價數降低的還原反應，稱作**陰極反應** (cathodic reaction)。金屬表面發生金屬離子或非金屬離子之價數減低的局部區域稱為局部**陰極** (cathode)。因此，陰極反應發生時會消耗電子 (consumption of electrons)。

3. 電化學腐蝕反應包括產生電子的氧化反應，與消耗電子的還原反應。氧化和還原反應一定要同時進行，且兩者反應速率一定相同以避免電荷累積。

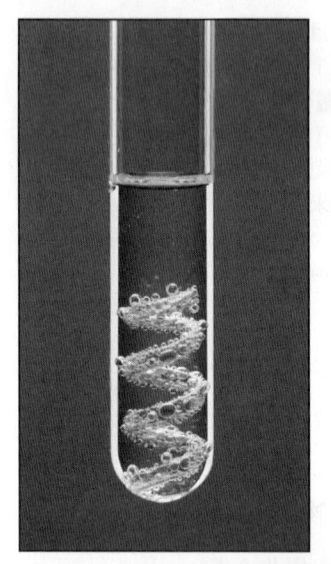

圖 13.2　鹽酸與鋅反應生成氫氣。
(©GIPhotoStock/Science Source)

13.2.2　金屬的標準電極半電池電位

每一種金屬在特定的環境下都會有不同的腐蝕傾向。例如，鋅在稀鹽酸溶液中會發生化學侵蝕或是被腐蝕的現象，但金就不會產生這種反應。要比較不同金屬於水溶液內成為離子之傾向，可把金屬的半電池氧化或還原電位 (電壓) 與標準氫-氫離子半電池氧化或還原電位相比較。圖 13.3 是判定半電池標準電極電位的裝置圖。

首先，利用兩個裝有溶液並以鹽橋隔離的燒杯，使用鹽橋的目的是避免兩種溶液混合在一起，如圖 13.3 所示。在其中一個燒杯中，將待測定標準電位的金屬電極浸泡於有該金屬離子的溶液中。溫度為 25°C，而溶液濃度為 1 M。圖 13.3 中顯示的是鋅電極被浸入 1 M 的鋅離子 (Zn^{2+}) 溶液中。而於另一個燒杯內，將白金電極浸置於裝有 1 M 氫離子 (H^+) 的溶液 (氫氣以氣泡打入)，兩電極間以接有開

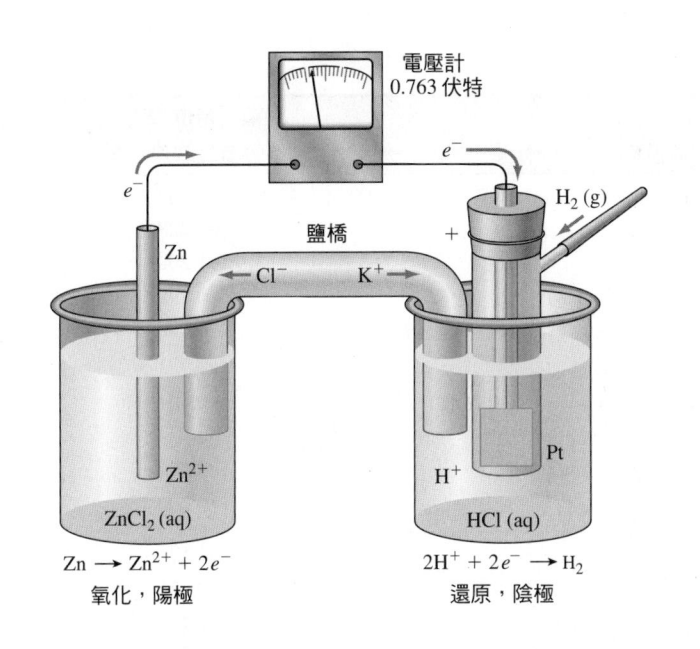

圖 13.3 測定鋅標準電動勢的實驗裝置。在左邊的燒杯中,將 Zn 電極置於 $1M$ Zn^{2+} 離子的溶液中。標準的氫參考電極則是在右邊的燒杯中,由浸入 $1M$ H^+ 離子溶液中的白金電極所組成。該溶液含有 1 個大氣壓的 H_2 氣體。當兩個電極通過外部電線連接時發生的整體反應是

$$Zn(s) + 2H^+(aq) \rightarrow Zn^{2+}(aq) + H_2(g)$$

(Source: R.E. Davis, K.D. Gailey, and K.W. Whitten, *Principles of Chemistry*, Saunders College Publishing, 1984, p. 635.)

關與伏特計之金屬線接通。一旦開關被接通,就可以測量出半電池間的電位。因為氫的半電池反應 $H_2 \rightarrow 2H^+ + 2e^-$ 被定義為零伏特,金屬(鋅)半電池反應 $Zn \rightarrow Zn^{2+} + 2e^-$ 的電位就可以藉由與氫的半電池反應的電位互相比較而得到。如圖 13.3 所示,$Zn \rightarrow Zn^{2+} + 2e^-$ 的標準半電池反應電位為 -0.763 V。

表 13.1 中列出某些金屬與非金屬的標準半電池電位 (E^0)。根據國際純化學和應用化學聯合會的慣例,標準半電池電位是還原電位。在這個表格中,E^0 越正,代表這個材料在反應中越容易被還原。舉例來說,金 ($E^0 = +1.5$) 比銀 ($E^0 = +0.799$) 還容易被還原。相對於參考氫電極的 E^0 為負值時,代表這個材料將會發生氧化反應。因此,E^0 為 -3.045 的鋰是在表格中最強的還原劑,即氧化並貢獻出電子。而 E^0 為 $+1.5$ 的金是在表格中最強的氧化劑,即接收電子而還原。因此,當鋰在標準狀況下連接到任何有更大 E^0 的金屬時,鋰會很輕易的氧化,並且提供電子給還原反應。相反的,當金與任何有更小 E^0 的金屬連接時,金會接收電子且輕易的還原。在標準狀況下,具有較小或 E^0 更負的金屬比具有較大或 E^0 更正的金屬還要相對傾向陽極性。

如圖 13.3 的標準實驗所示,這些具有負值 E^0 的金屬被氧化後會形成離子,而氫離子被還原而產生氫氣。其相關的反應式如下:

$$M \rightarrow M^{n+} + ne^- \quad (金屬氧化形成離子) \quad \text{(13.4a)}$$

$$2H^+ + 2e^- \rightarrow H_2 \quad (氫離子還原成氫氣) \quad \text{(13.4b)}$$

表 13.1　25°C 時的標準電極電位 *

	還原反應	電極電位 ($E°$) (以氫電極為基準的伏特)
偏陰極 (較不容易腐蝕)	$Au^{3+} + 3e^- \rightarrow Au$	+1.498
	$O_2 + 4H^+ + 4e^- \rightarrow 2H_2O$	+1.229
	$Pt^{2+} + 2e^- \rightarrow Pt$	+1.200
	$Ag^+ + e^- \rightarrow Ag$	+0.799
	$Hg^{2+} + 2e^- \rightarrow 2Hg$	+0.788
	$Fe^{3+} + e^- \rightarrow Fe^{2+}$	+0.771
	$O_2 + 2H_2O + 4e^- \rightarrow 4(OH)^-$	+0.401
	$Cu^{2+} + 2e^- \rightarrow Cu$	+0.337
	$Sn^{4+} + 2e^- \rightarrow Sn^{2+}$	+0.150
	$2H^+ + 2e^- \rightarrow H_2$	0.000
偏陽極 (較容易受腐蝕)	$Pb^{2+} + 2e^- \rightarrow Pb$	–0.126
	$Sn^{2+} + 2e^- \rightarrow Sn$	–0.136
	$Ni^{2+} + 2e^- \rightarrow Ni$	–0.250
	$Co^{2+} + 2e^- \rightarrow Co$	–0.277
	$Cd^{2+} + 2e^- \rightarrow Cd$	–0.403
	$Fe^{2+} + 2e^- \rightarrow Fe$	–0.440
	$Cr^{3+} + 3e^- \rightarrow Cr$	–0.744
	$Zn^{2+} + 2e^- \rightarrow Zn$	–0.763
	$Al^{3+} + 3e^- \rightarrow Al$	–1.662
	$Mg^{2+} + 2e^- \rightarrow Mg$	–2.363
	$Na^+ + e^- \rightarrow Na$	–2.714

* 根據 IUPAC 慣例，反應被寫為還原半電池。半電池反應越負，反應就越趨於陽極性，發生腐蝕或氧化的傾向越大。

比氫活性還小的金屬被指定為正電位，被稱為對於氫為相對陰極性。在圖 13.3 的標準實驗中，金屬離子還原為原子狀態(可能附著於金屬電極)，而氫氣氧化為氫離子。其反應式可表示為：

$$M^{n+} + ne^- \rightarrow M \quad (金屬離子還原成原子) \tag{13.5a}$$
$$H_2 \rightarrow 2H^+ + 2e^- \quad (氫氣氧化成氫離子) \tag{13.5b}$$

■ 13.3　伽凡尼電池 Galvanic Cells

13.3.1　電解質濃度為 1 莫耳的巨觀伽凡尼電池

因為多數金屬的腐蝕過程中都會包含電化學反應，所以對電化學**伽凡尼電偶(電池)**[galvanic couple (cell)] 的基本原理進行了解是很重要的。一個巨觀的伽凡尼電池是由兩個不同的金屬電極所組成，並且這兩個電極分別浸於與它們自己相同的金屬離子溶液中。如圖 13.4 所示，在溫度 25°C 的溶液中，將鋅電極浸入到 1 M 的 Zn^{2+} 離子的溶液中，而銅電極則是浸入到含 1 M 的 Cu^{2+} 離子的溶液中。並且使用一個多孔物質來隔離這兩種溶液，避免溶液間混合在一起。另外，還有一條外接電線連結了此兩電極，並且此電線也串連了開關及伏特計。當開關一接通時，電子流就會由鋅電極經由外接電線流向銅電極，此時伏特計上顯示之電位為 +1.10 V。

兩種金屬分別浸入含有各自離子濃度為 1 M 的溶液，且發生電化學伽凡尼電偶反應時，較負電位之電極會被氧化，而有較正電位的電極則會發生還原反應。因此，在圖 13.4 中的鋅 - 銅伽凡尼電池，鋅電極將會氧化形成鋅離子 (Zn^{2+})，而銅離子 (Cu^{2+}) 則會在銅電極上還原成銅。

對於一個伽凡尼電偶，被氧化的電極那端叫作陽極 (anode)，而發生還原反應的電極稱為陰極 (cathode)。陽極會產生金屬離子與電子，且電子會停留在金屬電極內，因此陽極被定義成負的極性。在陰極處，電子會被消耗掉，因此陰極被定義成正的極性。在前述的鋅銅電池中，銅離子會因為得到電子而形成銅原子並鍍在銅陰極上面。

當連接兩電池的開關接通，就可計算鋅 - 銅伽凡尼電池的電化學電位。首先，利用表 13.1，寫下鋅與銅之氧化半電池反應：

$$Zn^{2+} + 2e^- \rightarrow Zn \quad E^0 = -0.763 \text{ V}$$
$$Cu^{2+} + 2e^- \rightarrow Cu \quad E^0 = +0.337 \text{ V}$$

由上式可知，鋅半電池反應有較負的電位 (鋅：-0.763 V，銅：$+0.337$ V)。因此，在反應中，鋅電極會被氧化形成 Zn^{2+} 離子 ($E_{anode} = -0.763$)，而 Cu^{2+} 離子則會在銅電極上還原成純銅 ($E_{cathode} = +0.337$)。此電池的總電化學電位 (E_{cell})，又稱**電動勢** (electromotive force, emf)，可由下式得到

$$\mathbf{E_{cell} = E_{cathode} - E_{anode} = +0.337 - (-0.763) = +1.10}$$

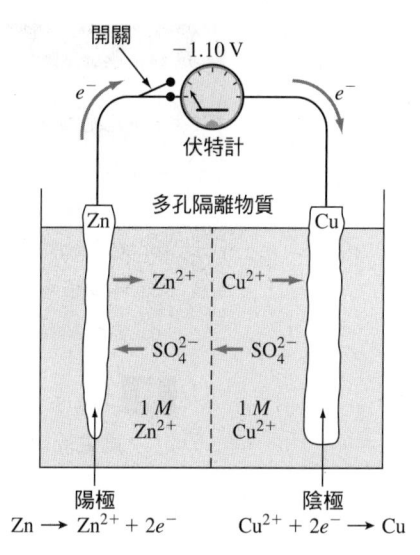

圖 13.4 有著鋅和銅電極的伽凡尼電池。當開關連通且電子流動時，鋅電極和銅電極之間的電壓差為 +1.10 V。鋅電極是電池的陽極並且產生腐蝕。

■ 例題 13.1

一伽凡尼電池之鋅、鎳電極分別浸到 1 M ZnSO$_4$ 與 NiSO$_4$ 溶液內,兩溶液間用多孔質牆隔離防止溶液混合。一條具有開關的外接電線連接兩電極。當開關接通時,
  a. 氧化發生於何電極?
  b. 此電池的陽極為何電極?
  c. 何電極會有腐蝕?
  d. 當開關接通時,此伽凡尼電池的電動勢為何?

解

此電池的半電池反應為

$$Zn \rightarrow Zn^{2+} + 2e^- \qquad E° = -0.763 \text{ V}$$
$$Ni^{2+} + 2e^- \rightarrow Ni \qquad E° = -0.250 \text{ V}$$

  a. 由於鋅的半電池反應的電位值 -0.763 V 的負值較鎳的半電池反應電位值 -0.250 V 更大,故鋅電極會有氧化發生。
  b. 由於氧化發生於陽極,故鋅極為陰極。
  c. 因為伽凡尼電池中陽極會腐蝕,故鋅極會有腐蝕。
  d. 將兩半電池反應相加而得到此電池的電動勢。

$$E_{陰極} = -0.25 \text{ 和 } E_{陽極} = -0.763$$
$$E_{電池} = E_{陰極} - E_{陽極} = -0.25 - (-0.763) = +0.513$$

13.3.2 電解質濃度非 1 莫耳的伽凡尼電池

實際上,伽凡尼電池中的多數電解質濃度都低於 1 M。如果陽極附近的電解質離子濃度低於 1 M,會有較大的陽極溶解反應或腐蝕陽極之驅動力,因為液體中只有低濃度的離子去引起逆反應。因此,半電池陽極反應之電動勢具有較負的值:

$$M \rightarrow M^{n+} + ne^- \tag{13.6}$$

在溫度 25°C 時,金屬離子濃度 C_{ion} 對標準電動勢 $E°$ 的影響,可由能斯特[4]方程式 (Nernst equation) 來加以說明。假使半電池陽極反應中只有產生一種離子,

---

[4] 華特・荷曼・能斯特 (Walter Hermann Nernst) (1864-1941)。德國化學家和物理學家,他在電解質溶液和熱力學方面做了基礎工作。

其能斯特方程式可表示如下：

$$E = E° + \frac{0.0592}{n} \log C_{\text{ion}} \quad (13.7)$$

其中 E = 半電池之新電動勢

$E°$ = 半電池之標準電動勢

n = 電子轉移的數目 (例如：M $\to$ M^{n+} + ne^-)

C_{ion} = 離子的莫耳濃度

對於陰極反應來說，其最終電動勢的符號必須變號。例題 13.2 說明如何使用能斯特方程式來計算電解質濃度不是 1 M 的巨觀伽凡尼電池之電動勢。

■ 例題 13.2

一伽凡尼電池在 25°C 是由鋅電極浸入 0.10 M ZnSO$_4$ 溶液中，及另一鎳電極浸入 0.05 M NiSO$_4$ 溶液中所組成。二電極間用多孔質牆隔離，但有一外界電線接通兩極。一旦開關打開，請估算電池電動勢為多少？

解

溶液濃度低於 1 M 並不影響 Zn 與 Ni 標準電位排序。因鋅有較大負值電極電位 -0.763 V，所以鋅是 Zn-Ni 電化學電池之陽極，鎳是陰極。利用能斯特方程式估算標準平衡電位。

$$E_{\text{電池}} = E_{\text{陰極}} - E_{\text{陽極}}$$

陽極反應： $E_{\text{陽極}} = -0.763 \text{ V} + \dfrac{0.0592}{2} \log 0.10$

$\qquad\qquad\qquad = -0.763 \text{ V} - 0.0296 \text{ V} = -0.793 \text{ V}$

陰極反應： $E_{\text{陰極}} = -0.250 \text{ V} + \dfrac{0.0592}{2} \log 0.05$

$\qquad\qquad\qquad = -0.250 \text{ V} - 0.0385 \text{ V} = -0.288 \text{ V}$

$E_{\text{電池}} = E_{\text{陰極}} - E_{\text{陽極}} = -0.288 \text{ V} - (-0.793\text{V}) = +0.505 \text{ V}$ ◀

13.3.3 無金屬離子存在而具有酸或鹼為電解質的伽凡尼電池

假設有一個伽凡尼電池，其中鐵與銅電極分別浸入沒有含任何金屬離子的酸性電解質溶液，鐵電極和銅電極之間利用一個外接電線連接，如圖 13.5 所示。鐵

圖 13.5 在鐵 - 銅伽凡尼電池中的電極反應，在電解質中，最初不存在金屬離子。
(Source: Wulff et al., *Structure and Properties of Materials*, Vol. II, Wiley, 1964, p. 164.)

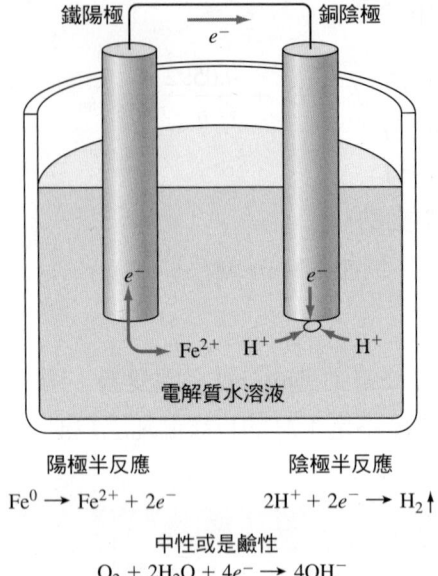

鐵陽極　　　　　銅陰極

電解質水溶液

陽極半反應　　　　　陰極半反應
$Fe^0 \rightarrow Fe^{2+} + 2e^-$　　　　$2H^+ + 2e^- \rightarrow H_2 \uparrow$

中性或是鹼性
$O_2 + 2H_2O + 4e^- \rightarrow 4OH^-$

電極氧化的標準電極電位為 -0.440 V，而銅電極則為 $+0.337$ V。在鐵與銅這一對電極中，由於鐵具有較負的半電池氧化電位，鐵是陽極且將會氧化。鐵陽極的半電池反應可表示為：

$$Fe \rightarrow Fe^{2+} + 2e^- \quad (\text{陽極半電池反應}) \tag{13.8a}$$

由於此電解質溶液中並沒有任何銅離子可以在陰極被還原成銅原子，因此在溶液中的氫離子將會被還原成氫原子，然後氫原子之間再彼此互相結合形成氫 (H_2) 氣。陰極的總反應為：

$$2H^+ + 2e^- \rightarrow H_2 \quad (\text{陰極半電池反應}) \tag{13.8b}$$

如果電解質溶液中包含氧化劑的話，那麼陰極的反應將可表示為：

$$O_2 + 4H^+ + 4e^- \rightarrow 2H_2O \tag{13.8c}$$

如果電解質溶液屬於中性或鹼性，且溶液內有氧氣的話，則氧氣與水分子將反應產生氫氧根離子，陰極反應可表示為：

$$O_2 + 2H_2O + 4e^- \rightarrow 4OH^- \tag{13.8d}$$

表 13.2 中列出四種發生於水系伽凡尼電池中的最常見反應。

表 13.2　一些水溶液伽凡尼電池之陰極反應

陰極反應	例子
1. 金屬沉積： 　$M^{n+} + ne^- \rightarrow M$	Fe-Cu 伽凡尼電偶，在具有 Cu^{2+} 離子的水溶液中； $Cu^{2+} + 2e^- \rightarrow Cu$
2. 產生氫氣： 　$2H^+ + 2e^- \rightarrow H_2$	Fe-Cu 伽凡尼電偶，在沒有銅離子存在的碳性溶液中
3. 氧氣還原（酸溶液）： 　$O_2 + 4H^+ + 4e^- \rightarrow 2H_2O$	Fe-Cu 伽凡尼電偶，在沒有銅離子存在的氧化碳性溶液
4. 氧氣還原（中性或鹼性溶液）： 　$O_2 + 2H_2O + 4e^- \rightarrow 4OH^-$	Fe-Cu 伽凡尼電偶，在沒有銅離子存在的中性或鹼性溶液中

13.3.4　單電極的微觀伽凡尼電池腐蝕

如果將一個鋅電極置入沒有空氣的稀鹽酸溶液中，由於電極本身結構與成分不均勻，會使得電極表面形成局部陽極與陰極，鋅電極將會發生電化學腐蝕 (圖 13.6a)。發生在局部陽極的氧化反應可表示為：

$$Zn \rightarrow Zn^{2+} + 2e^- \quad (陽極反應) \tag{13.9a}$$

發生在局部陰極的還原反應可表示為：

$$2H^+ + 2e^- \rightarrow H_2 \quad (陰極反應) \tag{13.9b}$$

上述兩反應將會同時以相等的反應速率發生於金屬表面。

單電極腐蝕的另一例是鐵的生鏽。假如把鐵浸入充氧的水中，鐵的表面將會形成氫氧化鐵 [Fe(OH)$_3$]，如圖 13.6b 所示。此時，發生在微觀局部陽極的氧化反應可以表示為：

$$Fe \rightarrow Fe^{2+} + 2e^- \quad (陽極反應) \tag{13.10a}$$

由於鐵是浸入在充氧的中性水中，局部陰極處所發生的還原反應可表示為：

$$O_2 + 2H_2O + 4e^- \rightarrow 4OH^- \quad (陰極反應) \tag{13.10b}$$

將 (13.10a) 式及 (13.10b) 式兩反應相加就可得到總反應：

$$2Fe + 2H_2O + O_2 \rightarrow 2Fe^{2+} + 4OH^- \rightarrow 2Fe(OH)_2 \downarrow \tag{13.10c}$$
（析出物）

由於氫氧亞鐵 Fe(OH)$_2$ 在充氧水溶液中是不可溶的，因此會從溶液中析出。接

圖 13.6 (a) 浸入稀鹽酸中的鋅和 (b) 浸入含氧中性水溶液中的鐵的電化學反應。

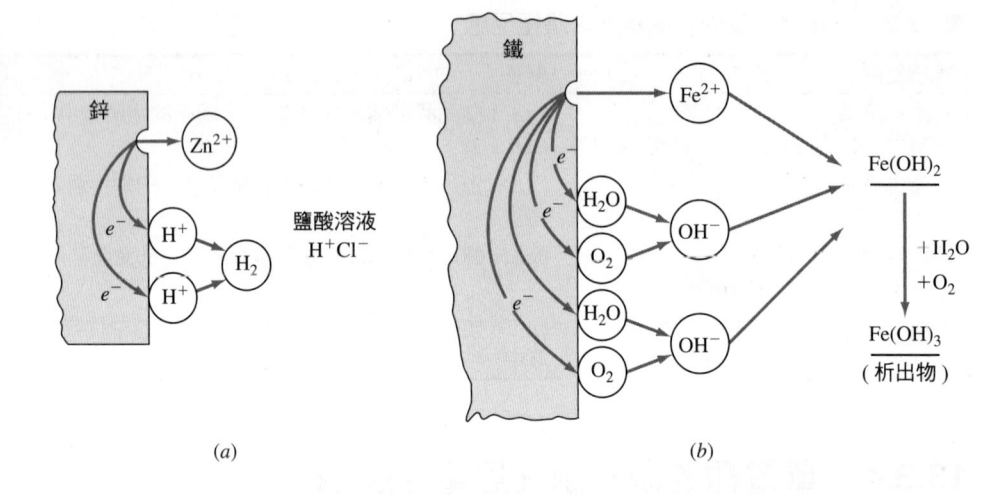

著，氫氧亞鐵再進一步氧化成紅棕色的氫氧化鐵 Fe(OH)$_3$。氫氧亞鐵到氫氧化鐵的氧化反應如下：

$$2Fe(OH)_2 + H_2O + \tfrac{1}{2} O_2 \rightarrow 2Fe(OH)_3 \downarrow \quad \text{(13.10d)}$$
（析出物）（鐵鏽）

■ 例題 13.3 ■

請說明下列電極-電解質之陽極與陰極半電池反應。用表 13.1 的 $E°$ 值為基礎作答。

a. 銅及鋅電極浸入稀硫酸銅 (CuSO$_4$) 溶液。
b. 銅電極浸入充氧的水溶液。
c. 鐵電極浸入充氧的水溶液。
d. 鎂及鐵電極以外部電線連接，並浸入充氧的 1% NaCl 溶液。

解

a. 陽極反應：Zn $\rightarrow$ Zn^{2+} + 2e^-　　$E° = -0.763$ V（氧化）
　陰極反應：Cu^{2+} + 2e^- $\rightarrow$ Cu　　$E° = -0.337$ V（還原）
　注意：鋅有較大負值電位，所以是陽極，發生氧化。

b. 因為銅氧化 (0.337 V) 和氫氧離子產生水 (0.401 V) 之電位差極小，只有少量腐蝕發生，甚至沒有。

c. 陽極反應：Fe $\rightarrow$ Fe^{2+} + 2e^-　　　　$E° = -0.440$ V（氧化）
　陰極反應：O$_2$ + 2H$_2$O + 4e^- $\rightarrow$ 4OH$^-$　$E° = +0.401$ V

d. 陽極反應：Mg $\rightarrow$ Mg^{2+} + 2e^-　　　　$E° = -2.36$ V
　陰極反應：O$_2$ + 2H$_2$O + 4e^- $\rightarrow$ 4OH$^-$　$E° = +0.401$ V
　注意：鎂有較大負值氧化電位，所以是陽極，發生氧化。

13.3.5 濃度伽凡尼電池

離子濃度電池　考慮一個包含兩個鐵電極的**離子濃度電池** (ion-concentration cell)，將一個電極浸入稀釋的鐵離子 (Fe^{2+}) 電解質溶液中，另一個電極則是浸入濃度較高的鐵離子 (Fe^{2+}) 電解質溶液中，如圖 13.7 所示。在這個伽凡尼電池中，根據能斯特方程式，放在較稀電解質中的電極具有比較大負電位值，故為陽極。

舉例來說，現在比較鐵電極浸入 0.001 M 較稀鐵離子 (Fe^{2+}) 電解質溶液，與鐵電極浸入 0.01 M 較濃稀鐵離子 (Fe^{2+}) 電解質溶液，這兩種溶液的半電池電位差異。並將此兩電極以外接電線連接，如圖 13.7 所示。$Fe \rightarrow Fe^{2+} + 2e^-$ 的半電池氧化反應的能斯特方程式是 (因為 $n = 2$)：

$$E_{Fe^{2+}} = E° + 0.0296 \log C_{ion} \tag{13.11}$$

對 0.001 M 的溶液：　$E_{Fe^{2+}} = -0.440\ V + 0.0296 \log 0.001 = -0.529\ V$

對 0.01 M 的溶液：　$E_{Fe^{2+}} = -0.440\ V + 0.0296 \log 0.01 = -0.499\ V$

因為 -0.529 V 比 -0.499 V 更負，放置於較稀溶液中的鐵電極成了電化學電池的相對陽極，所以鐵將會被氧化腐蝕。因此，離子濃度電池在較稀的電解質溶液區會產生腐蝕。

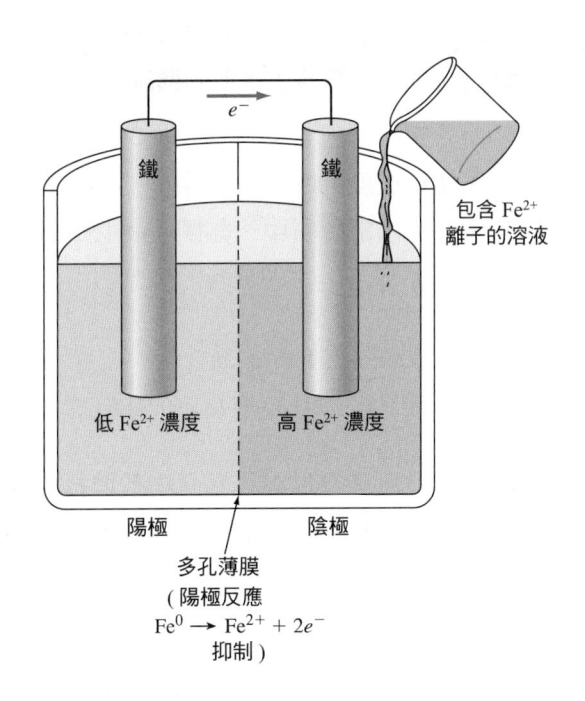

圖 13.7　由兩個鐵電極組成的離子濃度伽凡尼電池。當電解質在每個電極處具有不同濃度時，置於較稀電解質中的電極作為陽極。
(Source: Wulff et al., *Structure and Properties of Materials*, vol. II, Wiley, 1964, p. 163.)

■ 例題 13.4

鐵線兩端分別浸到 0.02 M Fe^{2+} 與 0.005 M Fe^{2+} 電解質溶液，兩電解質以多孔質牆隔離。

a. 鐵線哪一端會腐蝕？
b. 當鐵線剛浸入電解質溶液，鐵線兩端的電位差為多少伏特？

解

a. 鐵線浸入 0.005 M 較稀釋電解質溶液中的一端將會腐蝕，此端為陽極。
b. 使用能斯特方程式 [(13.11) 式]，當 $n = 2$ 時，

$$E_{Fe^{2+}} = E° + 0.0296 \log C_{ion} \tag{13.11}$$

對 0.005 M 溶液： $E_{Anode} = -0.440 \text{ V} + 0.0296 \log 0.005$
$\qquad\qquad\qquad\qquad = -0.508 \text{ V}$

對 0.02 M 溶液： $E_{Cathode} = -0.440 \text{ V} + 0.0296 \log 0.02$
$\qquad\qquad\qquad\qquad = -0.490 \text{ V}$

$E_{cell} = E_{Cathode} - E_{Anode} = -0.490 \text{ V} - (-0.508 \text{ V}) = +0.018 \text{ V}$ ◄

氧濃度電池 可被氧化的潮濕金屬表面具有不同氧濃度時，就會造成所謂的**氧濃度電池** (oxygen-concentration cell)。對於像鐵一樣不會形成具有保護性氧化膜，且容易氧化的金屬，氧濃度電池的機制特別重要。

考慮一個包含兩個鐵電極的氧濃度電池，將一個電極浸入低氧濃度的水電解質中，另一個電極則是浸入具有高氧濃度的水電解質中，如圖 13.8 所示。此電池的陽極和陰極反應為：

陽極反應：Fe → Fe^{2+} + 2e^- (13.12a)

陰極反應：O$_2$ + 2H$_2$O + 4e^- → 4OH$^-$ (13.12b)

此電池中何者才是陽極呢？由於陰極反應需要氧與電子，故周圍有高氧濃度溶液之電極為陰極。也由於陰極需要電子，電子必須從周圍有低氧濃度溶液之陽極產生。

對於氧濃度電池，低氧濃度區域為陽極，高氧濃度為陰極。所以，氧濃度較低之金屬表面處之腐蝕會加速進

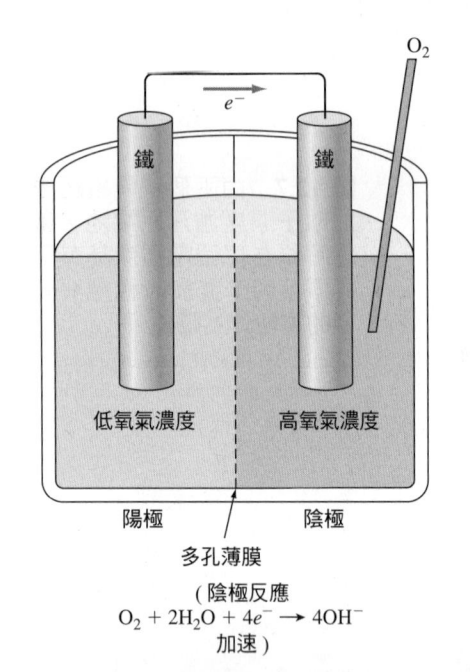

圖 13.8 氧濃度電池。該電池中的陽極是具有低氧濃度溶液的電極。
(Source: Wulff et al., *Structure and Properties of Materials*, vol. II, Wiley, 1964, p. 165.)

行，像是裂縫、裂隙、表面沉積累積物處。氧濃度電池的影響在後續 13.5 節腐蝕的類型中，將會作更進一步的探討。

13.3.6 成分、結構及應力差異所造成的伽凡尼電池

由於成分、結構及應力上的差異，微觀的伽凡尼電池可能有金屬的或是合金的。這些冶金因素，會嚴重影響到金屬或是合金的耐腐蝕能力。它們會產生不同範圍的陽極與陰極區域，導致伽凡尼電池腐蝕的發生。一些影響耐腐蝕性的主要冶金因素包含下列幾項：

1. 晶粒 - 晶界間的伽凡尼電池。
2. 多相伽凡尼電池。
3. 雜質伽凡尼電池。

晶粒 - 晶界間的電化學電池 對於大部分金屬與合金，晶界上之化學活性 (陽性) 會比晶粒高。因此，晶界較容易受到腐蝕或化學侵蝕，如圖 13.9a 所示。晶界會有在陽極的行為是由於位在晶界處的原子具有較高的能量，這歸咎於位在晶界處的原子排列較不規則、溶質偏析及雜質向晶界移動。不過對於某些合金來說，情況剛好相反，化學偏析的結果會使晶界變得比較穩定。相對於晶界鄰近的區域，晶界變成較為惰性或陰性。此時鄰近晶界的區域就會容易先受到腐蝕，如圖 13.9b 所示。

多相電化學電池 一般來說，單相合金的耐腐蝕性比多相合金還要好。這是由於在多相合金中，不同相之間會產生一些相對陽極的相與相對陰極的相，進而形成電化學電池。也因為這樣，所以在多相合金中的腐蝕速率通常比較快。多相伽凡尼腐蝕的典型例子發生在波來灰 (pearlitic gray) 鑄鐵中。波來灰鑄鐵的顯微結構具有片狀石墨散布在波來鐵基材中 (圖 13.10)。因為石墨的陰性 (惰性) 遠大於環繞的波來鐵基材，因此在片狀石墨與陽性的波來鐵基材之間將產生一個相當活性的伽凡尼電池。一個用於碼頭支柱的鑄鐵受到伽凡尼腐蝕的極端例子，示於圖 13.11 中。

另一個由於第二相的存在而使合金耐腐蝕性降低的例子是回火對於 0.95%

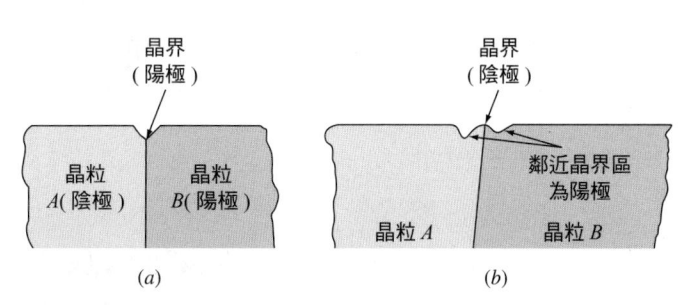

圖 13.9 晶界或晶界附近區域之腐蝕。(a) 晶界是伽凡尼電池的陽極並受腐蝕；(b) 晶界是陰極，與晶界相鄰的區域是陽極。

圖 13.10 等級 30 的灰鑄鐵。結構由波來鐵基材內含石墨片 (交替薄片是肥粒鐵，顏色深的地方是雪明碳鐵)。
(©ASM International)

圖 13.11 於碼頭使用的支柱，顯示了受到腐蝕的鑄鐵金屬。
(©Photimageon/Alamy)

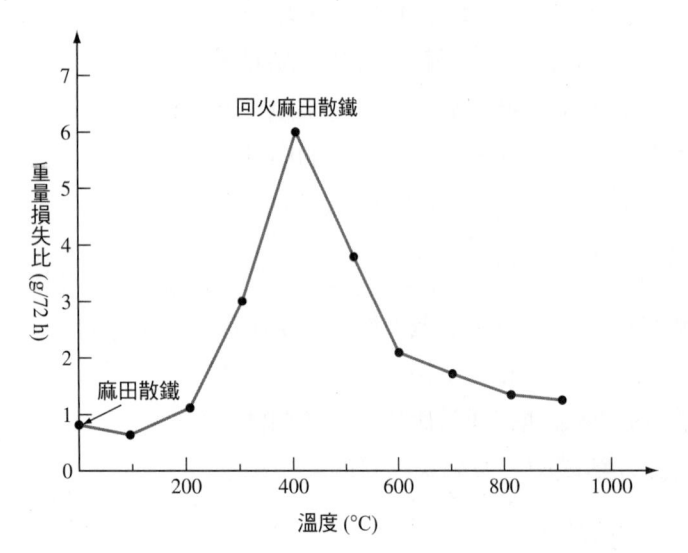

圖 13.12 熱處理對 0.95% 碳鋼在 1% H_2SO_4 中腐蝕的影響。拋光樣品為 $2.5 \times 2.5 \times 0.6$ cm，回火時間約為 2 小時。
(Source: Heyn and Bauer.)

碳鋼耐腐蝕性的影響。當此碳鋼由沃斯田鐵狀態經過淬火處理而形成麻田散鐵狀態時，其腐蝕速率相當低 (圖 13.12)。這是因為麻田散鐵的碳原子位於鐵的體心四方晶系中，為晶格格隙型位置的單相過飽和固溶體。一旦在 200°C 至 500°C 進行回火處理後，將會形成 ∈ 碳化物及雪明碳鐵 (Fe_3C) 的微細析出物。這個兩相結構造成伽凡尼電池的產生，增加鋼的腐蝕速率，如圖 13.12 所示。當回火溫度高於 500°C 的時候，雪明碳鐵會開始聚集形成較大的顆粒，使腐蝕速率減緩。

雜質 含在金屬或是合金中的金屬雜質可能會導致介金屬相的析出，其氧化電位與金屬基材不同。因此在金屬內部會產生許多微小的陽極區域與陰極區域，和基材結合時容易產生伽凡尼電偶。純度較高的金屬具有較佳的抗腐蝕性。但由於移除雜質元素的成本太高，大多數的工程金屬與合金都含有一定程度的雜質。

■ 13.4　腐蝕速率 (動力學) Corrosion Rates (Kinetics)

到目前為止，我們討論金屬的腐蝕都集中在平衡狀態及金屬腐蝕的傾向上。金屬腐蝕的傾向是與金屬的標準電極電位相關。事實上，腐蝕系統並非處於平衡狀態。因此，從熱力學上所得的電位並無法告訴我們腐蝕速率的快慢。腐蝕系統中的動態關係非常複雜，目前尚無法完全了解。本書在此小節將討論一些腐蝕動力學的基礎原理。

13.4.1　金屬在水溶液中均勻腐蝕或電鍍的速率

在固定的時間範圍內，於水溶液中，陽極金屬產生腐蝕或是陰極金屬產生電鍍的量可以利用法拉第[5]方程式來計算。

$$w = \frac{ItM}{nF} \tag{13.13}$$

其中 w = 於時間 $t(s)$ 時，在水溶液中因腐蝕而減少或是因電鍍而增加的重量 (g)。

　I = 電流大小 (a)
　M = 金屬的原子量 (g/mol)
　n = 反應過程中產生或消耗之原子或電子數
　F = 法拉第常數 = 96,500 C/mol 或 96,500 A·s/mol

金屬在水溶液中的均勻腐蝕可用電流密度 i 來表示，其單位為安培數/每平方公分。以 iA 取代 I，可將 (13.13) 式改寫成：

$$w = \frac{iAtM}{nF} \tag{13.14}$$

其中 i = 電流密度 (A/cm^2)，A = 面積 (cm^2)，其他變數 (13.13) 式中所用的一樣。

---

[5] 麥可·法拉第 (Michael Faraday)(1791-1867)。英國科學家，在電力和磁力方面做了基礎實驗。他進行了實驗，以顯示化合物的離子如何在施加的電流的影響下遷移到相反極性的電極。

■ 例題 13.5 •

電鍍製程電流是 15 A，可使銅陽極分解且對陰極產生電鍍效果。如果無其他反應，請估算銅陽極腐蝕 8.50 g 要多少時間？

解

用 (13.13) 式估算銅陽極腐蝕時間：

$$w = \frac{ItM}{nF} \quad \text{或} \quad t = \frac{wnF}{IM}$$

對本題而言，

$w = 8.5$ g　　$Cu \rightarrow Cu^{2+} + 2e^-$ 之 $n = 2$　　$F = 96{,}500$ A·s/mol

Cu 之 $M = 63.5$ g/mol　　$I = 15$ A　　$t = ?$ s

或

$$t = \frac{(8.5\text{ g})(2)(96{,}500\text{ A}\cdot\text{s/mol})}{(15\text{ A})(63.5\text{ g/mol})} = 1722\text{ s 或 } 28.7\text{ min} \blacktriangleleft$$

■ 例題 13.6 •

軟鋼圓形槽高 1 m，直徑 50 cm，內含充氣水溶液 60 cm 高，6 個星期後重量因腐蝕減少 304 g。請估算圓形槽之：(a) 腐蝕電流；(b) 電流密度。假設槽內表面受均勻腐蝕，鋼之腐蝕與純鐵一樣。

解

a. 使用 (13.13) 式來計算腐蝕電流：

$$I = \frac{wnF}{tM}$$

$w = 304$ g　　$Fe \rightarrow Fe^{2+} + 2e^-$ 之 $n = 2$　　$F = 96{,}500$ A·s/mol

Fe 之 $M = 55.85$ g/mol　　$t = 6$ 星期　　$I = ?$ A

先把將 6 星期換成秒，再把數值代到 (13.13) 式：

$$t = 6 \text{ 星期} \left(\frac{7\text{天}}{\text{星期}}\right)\left(\frac{24\text{小時}}{\text{天}}\right)\left(\frac{3600\text{ s}}{\text{小時}}\right) = 3.63 \times 10^6 \text{ s}$$

$$I = \frac{(304\text{ g})(2)(96{,}500\text{ A}\cdot\text{s/mol})}{(3.63 \times 10^6\text{ s})(55.85\text{ g/mol})} = 0.289 \text{ A} \blacktriangleleft$$

b. 電流密度為：

$$i\,(\text{A/cm}^2) = \frac{I\,(\text{A})}{\text{面積}\,(\text{cm}^2)}$$

槽內表面之腐蝕面積＝側邊面積＋底部面積
$$= \pi Dh + \pi r^2$$
$$= \pi(50 \text{ cm})(60 \text{ cm}) + \pi(25 \text{ cm})^2$$
$$= 9420 \text{ cm}^2 + 1962 \text{ cm}^2 = 11,380 \text{ cm}^2$$
$$i = \frac{0.289 \text{ A}}{11,380 \text{ cm}^2} = 2.53 \times 10^{-5} \text{ A/cm}^2 \blacktriangleleft$$

在腐蝕相關的實驗中，有許多方法可測量暴露在腐蝕環境中的金屬表面發生均勻腐蝕的程度。一個最常見到的方法就是量測試片處於特定環境一段時間之後的重量損失，藉此估算在單位時間內每單位面積的重量損失，以求得腐蝕速率。例如，均勻表面的腐蝕速率常以每天每平方公寸有損失多少毫克 (mdd) 來表示。另一種常用方法是以材料深度於每單位時間的損失量表示腐蝕速率，例如公厘數 / 每年 (mm/yr) 與英絲數 / 每年 (mils/yr) 等。[6] 對於水性環境之均勻電化學腐蝕，一般會用電流密度代表腐蝕速率 (見例題 13.8)。

例題 13.7

裝有充氣水溶液之鋼槽壁腐蝕速率 54.7 mdd，請估算壁的厚度減少 0.50 mm 要多久時間？

解

腐蝕速率 54.7 mdd 約等於金屬表面每平方公寸一天減少 54.7 mg。

$$\text{腐蝕速率 g/(cm}^2 \cdot \text{day)} = \frac{54.7 \times 10^{-3} \text{ g}}{100 \text{ (cm}^2 \cdot \text{day)}} = 5.47 \times 10^{-4} \text{ g/(cm}^2 \cdot \text{day)}$$

鐵密度 7.87 g/cm³。把腐蝕速率 g/(cm · day) 除上密度，可得到每天腐蝕深度：

$$\frac{5.47 \times 10^{-4} \text{ g/(cm}^2 \cdot \text{day)}}{7.87 \text{ g/cm}^3} = 0.695 \times 10^{-4} \text{ cm/day}$$

減少 0.50 mm 所需天數為

$$\frac{x \text{ days}}{0.50 \text{ mm}} = \frac{1 \text{ day}}{0.695 \times 10^{-3} \text{ mm}}$$
$$x = 719 \text{ days} \blacktriangleleft$$

---

[6] 1 mil = 0.001 in.

■ 例題 13.8 ●

一鋅試片於水溶液內進行均勻腐蝕，電流密度是 4.27×10^{-7} A/cm^2，請估算腐蝕速率 (mdd)？鋅氧化反應是 Zn → Zn^{2+} + 2e$^-$。

解

因電流密度需轉成 mdd，本題使用法拉第方程式 [(13.14) 式] 估算 mdd。

$$w = \frac{iAtM}{nF} \tag{13.14}$$

w (mg)

$$= \left[\frac{(4.27 \times 10^{-7}\text{ A/cm}^2)(100\text{ cm}^2)(24\text{ h} \times 3600\text{ s/h})(65.38\text{ g/mol})}{(2)(96{,}500\text{ A} \cdot \text{s/mol})}\right]\left(\frac{1000\text{ mg}}{\text{g}}\right)$$

= 1.25 mg 的鋅，每天每 1 dm^2 腐蝕 1.25 mg

或是腐蝕速率為 1.25 mdd。◄

13.4.2 腐蝕反應及極化作用

現在我們討論鋅金屬被鹽酸溶液溶解時的腐蝕反應機制，如圖 13.13。電化學反應的陽極半電池反應可表示為：

$$\text{Zn} \rightarrow \text{Zn}^{2+} + 2e^- \quad (陽極反應) \tag{13.15a}$$

針對上述反應，在電極上的動力學可利用電化學電位 E(伏特) 對電流密度的對數來做圖表示，如圖 13.14。圖中可以看到鋅電極與離子在平衡狀態下，電位 $E° = -0.763$ V，交換電流密度 $i_0 = 10^{-7}$ A/cm^2 (圖 13.14 中的 A 點)。交換電流密度 i_0 代表在平衡電極之氧化與還原反應的速率。當淨電流為零時，必須以實驗來決定交換電流密度。每一個電極與特定電解質溶液的組合均會有其特定的 i_0 值。

鋅被鹽酸溶液溶解時所產生腐蝕反應的陰極半電池反應可以寫為：

$$2\text{H}^+ + 2e^- \rightarrow \text{H}_2 \quad (陰極反應) \tag{13.15b}$$

在平衡狀態下，鋅表面的氫 - 電極反應可以用可逆轉的氫電極電位 $E° = 0.00$ V 表示，而交換電流密度則會變為 10^{-10} A/cm^2(圖 13.14 中的 B 點)。

當鋅開始與鹽酸起反應時 (開始腐蝕)，由於鋅是良導體，所以鋅表面會維持在一個穩定的電位。這個電位就是所謂的 E_{corr}(圖 13.14 中的 C 點)。當鋅開始腐

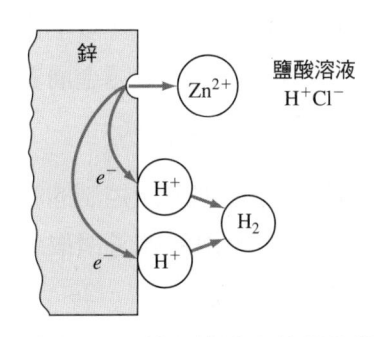

圖 13.13 鋅在鹽酸中的電化學溶解。

$Zn \rightarrow Zn^{2+} + 2e^-$
(陽極反應)
$2H^+ + 2e^- \rightarrow H_2$
(陰極反應)

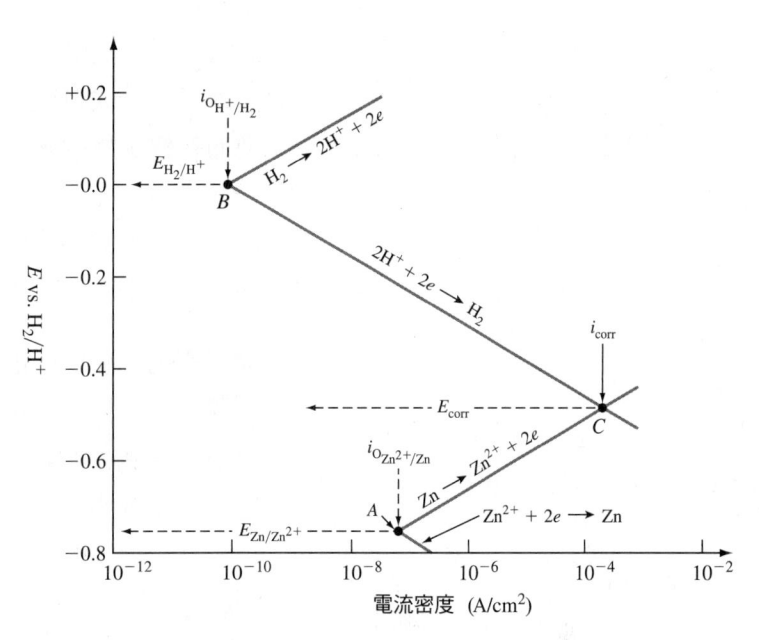

圖 13.14 純鋅在酸性溶液中的電極動力學行為 (示意圖)。
(Source: M.G. Fontana and N.D. Greene, *Corrosion Engineering*, 2nd ed., McGraw-Hill, 1978, p. 314.)

蝕時，位於陰極區域的電位值將會變得更負，並逐漸向 -0.5 V(E_{corr}) 接近。而位於陽極區域的電位值會變得更正，同樣朝 -0.5 V (E_{corr}) 接近。當來到圖 13.14 的 C 點時，鋅溶解的速率會與氫氣放出的速率相同。這個化學反應所對應到的電流密度稱為 i_{corr} 此電流密度也等同鋅溶解或腐蝕之速率。例題 13.8 介紹如何以每單位時間與每單位面積的重量損失來估算出均勻腐蝕表面的電流密度 (舉例來說，以 mdd 為單位)。

因此，當金屬內部因為微觀的伽凡尼電池發生短路而產生腐蝕現象時，在金屬表面將會有淨氧化及還原反應的發生。此時，局部陽極區域與陰極區域的電位將不再處於平衡而會發生變化，並同時趨向 E_{corr}。一般把此電極電位從平衡值改變成某一個固定的中介值，並出現淨電流的現象稱之為**極化** (polarization)。電化學反應的極化作用可以分成兩種型態，包含：活化極化 (activation polarization) 及濃度極化 (concentration polarization)。

活化極化 所謂的活化極化是指一種電化學反應，且此電化學反應被在金屬與電解質介面上的反應中最慢的那個反應步驟所控制。即最緩慢的步驟會產生一個能障，需要提供一個臨界活化能才能克服它。以金屬表面的陰極氫氣還原 $2H^+ + 2e^- \rightarrow H_2$ 反應來說明此類型的活化能。圖 13.15 可看出氫氣於鋅表面還原的過程。在

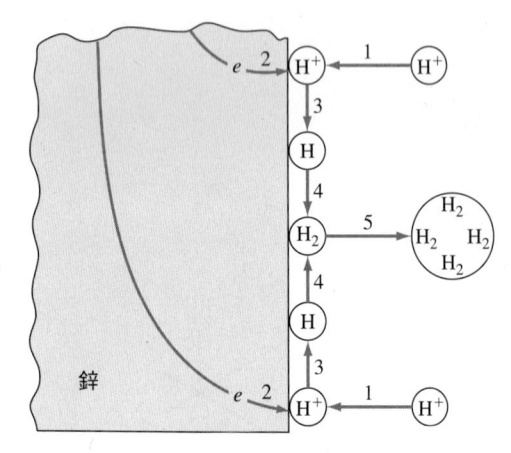

圖 13.15 鋅陰極在活化極化下的氫還原反應。在陰極形成氫氣的步驟是：(1) 氫離子遷移到鋅表面，(2) 電子流向氫離子，(3) 原子氫的形成，(4) 雙原子氫分子的形成和 (5) 氫氣泡的形成，並從鋅表面脫離。這些步驟中最慢的將是這種活化極化過程中的速率限制步驟。
(Source: M.G. Fontana and N.D. Greene, *Corrosion Engineering*, 2nd ed., McGraw-Hill, 1978, p. 15.)

此過程中，氫離子必須移動至鋅表面，然後電子會和氫離子結合成氫原。接著，氫原子再結合成氫分子，進而在鋅金屬的表面結合成氫氣泡。上述的步驟中，最緩慢的步驟將控制此陰極半電池反應。陽極半電池反應也有活性極化能障，也就是鋅原子離開金屬表面，產生鋅離子且進入電解質溶液所需之能量。

濃度極化 濃度極化與由電解質離子擴散所控制的電化學反應有關。如圖 13.16 所示，藉由氫離子擴散到金屬表發生陰極反應所產生氫氣的例子，$2H^+ + 2e^- \rightarrow H_2$，可以說明此類的極化作用。此例子中，由於氫離子濃度較低，所以氫離子於金屬表面上的還原速率受制於由氫離子到金屬表面的擴散。

對於濃度極化反應而言，只要有任何系統內的改變使得電解質內離子的擴散速率增加，將會降低濃度極化的效應，並加快反應速率。因此，攪拌電解質溶液可以降低溶液中陽離子的濃度梯度，同時也加速反應速率。將溶液溫度升高，也會增加離子的擴散速率，並且造成反應速率的增加。

電化學反應中，電極的總極化作用相當於活化極化和濃度極化兩者相加。當反應速率低時，活化極化通常是總極化作用的主要控制因素；但高反應速率時，濃度極化為主要控制因素。假使極化作用均發生在陽極，腐蝕速率稱為被陽極控制 (anodically controlled)；若極化作用均發生在陰極，腐蝕速率則稱為被陰極控制 (cathodically controlled)。

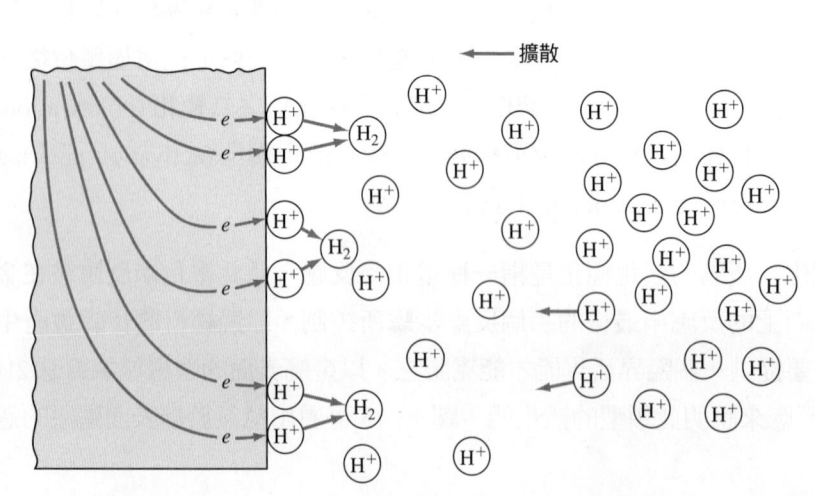

圖 13.16 在陰極氫離子還原反應 $2H^+ + 2e^- \rightarrow H_2$ 期間的濃度極化。在金屬表面上的反應由氫離子向金屬表面的擴散速率控制。
(Source: M.G. Fontana and N.D. Greene, *Corrosion Engineering*, 2nd ed., McGraw-Hill, 1978, p. 15.)

13.4.3 鈍化

金屬的**鈍化** (passivation) 是指反應產物表面生成一層反應物保護膜，藉由此保護膜可以隔絕腐蝕反應繼續向內發展。換言之，金屬鈍化是指在特定環境下，金屬失去化學活性的情形。工程上有許多重要的金屬及合金在相當中等到強烈的氧化環境下變得非常鈍化、耐腐蝕。像是不鏽鋼、鎳與鎳合金、鈦與鈦合金以及鋁與鋁合金都是鈍化金屬的代表。

關於鈍化膜形成的理論主要有兩個：(1) 氧化膜理論；(2) 吸附理論。氧化膜理論指出，鈍化膜是反應物之擴散障礙層 (像是金屬氧化物與其他化合物)，可將金屬與腐蝕環境隔絕，降低反應速率。而吸附理論則是認為，鈍化金屬是被化學吸附的氧薄膜所覆蓋，而這種化學吸附薄膜將會取代正常情況中水分子的覆蓋，也因此降低了陽極溶解速率 (含金屬離子的水合作用)。上述兩個理論間有一個共同點，就是兩者都認為鈍化的發生是因為金屬表面會形成一層保護膜，因此增加了金屬材料的耐腐蝕性。

若從腐蝕速率的角度來看，金屬鈍化作用的程度可利用金屬電位的變化與電流密度關係的極化曲線來說明，如圖 13.17。讓我們討論當電流密度增加時，M 金屬的鈍化行為。在圖 13.17 的 A 點時，金屬在它的平衡電位 E，交換電流密度為 i_0。當電極的電位往正的方向增加，金屬行為就會變得較活性，而電流密度和溶解速率則會呈現指數性的增加。

當電位持續往更正的方向增加達到電位 E_{pp} 值時，此即金屬的主要鈍態電位，電流密度以及腐蝕速率都會減低至一個低值，標示為 $i_{鈍化}$。當電位為 E_{pp} 時，金屬表面開始形成一個保護膜，讓反應減緩。當電位值繼續更正時，在鈍態區域上的電流密度仍維持在 $i_{鈍化}$。如果越過鈍態區域時，金屬將會再度活化，而且在超鈍態區域 (transpassive region) 的電流密度將會增加。

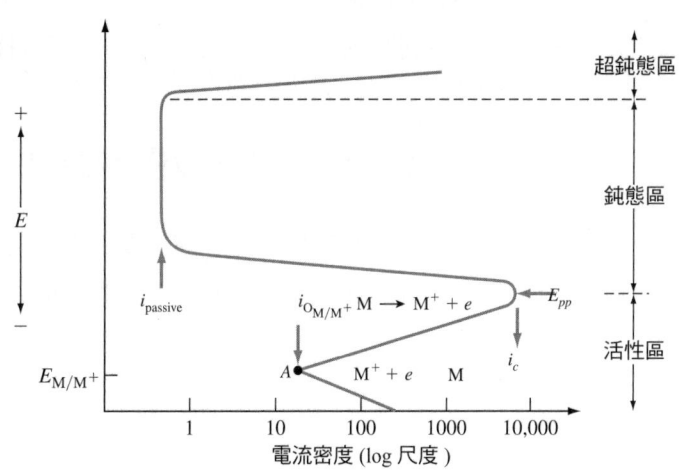

圖 13.17 鈍化金屬的極化曲線。
(Source: M.G. Fontana and N.D. Greene, *Corrosion Engineering*, 2nd ed., McGraw-Hill, 1978, p. 321.)

13.4.4 伽凡尼序列

由於許多重要的工程金屬都會在表層上生成鈍化膜,當這些金屬用於伽尼凡電池時,它們並不會依照它們被標示的標準電極電位來作用。因此,當腐蝕在實際應用上是重要考量時,一種新的稱為**伽凡尼序列** (galvanic series) 的陽極-陰極關係被發展出來。伽凡尼序列是指在每一個腐蝕環境中個別進行實驗而得到的一種排序。表 13.3 中列出金屬與合金暴露於流動海水中時的伽凡尼序列。從表可以看出某些不鏽鋼處於活化及鈍化情況下的電位。此表中顯示鋅的活性大於鋁合金,此結果和表 13.1 所示的標準電極電位剛好相反。

■ 13.5 腐蝕的類型 Types of Corrosion

從被腐蝕金屬的外觀,我們可以簡單地將腐蝕型態作以下幾種分類。其中,許多類型是容易辨識的,不同的腐蝕類型之間也都會有某種程度的關聯。這些包括:

均勻或一般侵蝕腐蝕	應力腐蝕
伽凡尼或兩種金屬間的腐蝕	沖蝕腐蝕
孔蝕腐蝕	空穴沖蝕損壞
間隙腐蝕	磨損腐蝕
粒間腐蝕	選擇性腐蝕或去合金

13.5.1 均勻或一般侵蝕腐蝕

均勻腐蝕是指當金屬處於腐蝕環境時,金屬的整個表面會均勻地出現電化學或是化學反應。就重量而言,金屬所面臨的最大腐蝕破壞就是均勻腐蝕,尤其是鋼鐵。不過這種均勻腐蝕可以很容易地藉由一些方法來加以控制,這些方法是:(1) 保護性鍍層,(2) 抑制劑及 (3) 陰極保護。這些方法將會在 13.7 節詳加討論。

13.5.2 伽凡尼或兩種金屬間的腐蝕

本書已經在 13.2 節及 13.3 節中討論過不同金屬間的伽凡尼腐蝕。當不同金屬放在一起時必須要格外小心,這是因為它們之間的電化學電位不同會造成腐蝕。

鍍鋅鋼是在鋼的外面鍍一層鋅,這種方法是犧牲一種金屬(鋅)來保護另一

表 13.3 在流動海水中的伽凡尼序列

流動海水中之腐蝕電位 (8 ~ 13 ft/sec)
溫度範圍 50°F ~ 80°F
伏特數：飽和甘汞半電池參考電極

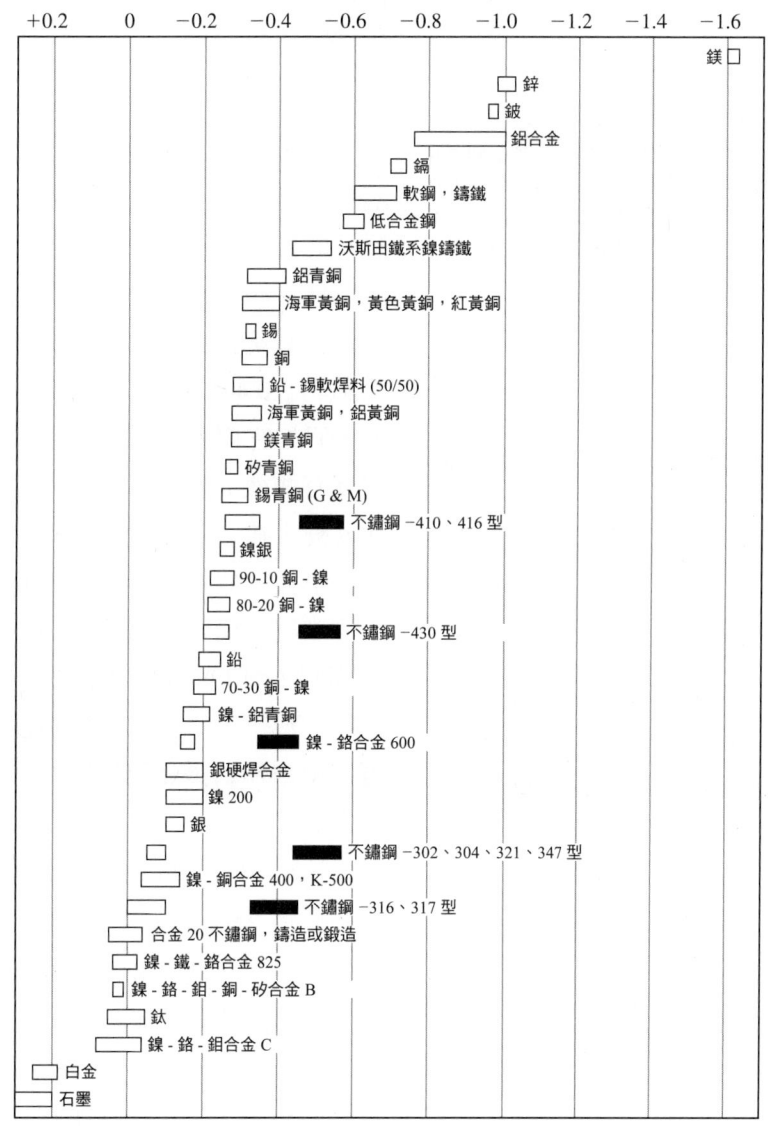

電位 (V)	合金
−1.6	鎂
−1.0 ~ −1.05	鋅
−1.0	鈹
−0.7 ~ −1.0	鋁合金
−0.8	錫
−0.6 ~ −0.75	軟鋼，鑄鐵
−0.55 ~ −0.7	低合金鋼
−0.45 ~ −0.7	沃斯田鐵系鎳鑄鐵
−0.3 ~ −0.45	鋁青銅
−0.3 ~ −0.5	海軍黃銅，黃色黃銅，紅黃銅
−0.3	錫
−0.3	銅
−0.25 ~ −0.35	鉛 - 錫軟焊料 (50/50)
−0.25 ~ −0.35	海軍黃銅，鋁黃銅
−0.25 ~ −0.3	錳青銅
−0.25	矽青銅
−0.2 ~ −0.3	錫青銅 (G & M)
−0.25 ~ −0.55	不鏽鋼 −410、416 型
−0.2	鎳銀
−0.2 ~ −0.25	90-10 銅 - 鎳
−0.2 ~ −0.25	80-20 銅 - 鎳
−0.2 ~ −0.55	不鏽鋼 −430 型
−0.2	鉛
−0.15 ~ −0.2	70-30 銅 - 鎳
−0.15 ~ −0.2	鎳 - 鋁青銅
−0.1 ~ −0.5	鎳 - 鉻合金 600
−0.1 ~ −0.15	銀硬焊合金
−0.1 ~ −0.15	鎳 200
−0.1	銀
0 ~ −0.5	不鏽鋼 −302、304、321、347 型
−0.05 ~ −0.15	鎳 - 銅合金 400，K-500
0 ~ −0.5	不鏽鋼 −316、317 型
−0.05 ~ −0.1	合金 20 不鏽鋼，鑄造或鍛造
−0.05 ~ −0.1	鎳 - 鐵 - 鉻合金 825
−0.05 ~ −0.1	鎳 - 鉻 - 鉬 - 銅 - 矽合金 B
−0.05 ~ −0.1	鈦
+0.05 ~ −0.1	鎳 - 鉻 - 鉬合金 C
+0.2 ~ +0.15	白金
+0.2 ~ +0.15	石墨

此表順序依據合金於流動海水內電位大小排列。某些以 ■ 表示的合金指的是它們處在流動速率比較低或充氣不足海水，假使在受保護區，合金會有較大活性，其電位也會接近 −0.5 伏特。

Source: LaQue Center for Corrosion Technology, Inc.

金屬 (鋼)。利用熱浸鍍或是電鍍方式將鋅鍍到鋼鐵表面，因為鋅是會發生腐蝕的相對陽極，因此可以保護陰極的鋼鐵 (圖 13.18a)。表 13.4 顯示單獨的及結合的鋅

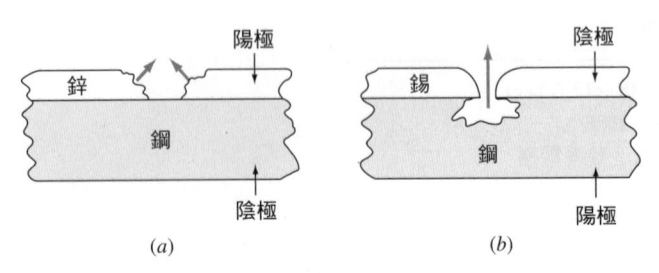

圖 13.18 暴露在大氣中的表面鍍鋅和錫的鋼之陽極-陰極行為。(a) 鋅相對於鋼為陽極，因此發生腐蝕（鋅的標準電動勢 = −0.763 V，鐵的標準電動勢 = −0.440 V）；(b) 鋼是錫和腐蝕的陽極（錫層在腐蝕開始之前被穿孔）−（Fe = −0.440 V 和 Sn = −0.136 V 的標準電動勢）。
(Source: M.G. Fontana and N.D. Greene, *Corrosion Engineering*, 2nd ed., McGraw-Hill, 1978.)

表 13.4 成對和非成對鋼和鋅的重量變化（以公克為單位）

環境	未成對 鋅	未成對 鋼	成對 鋅	成對 鋼
0.05 M MgSO$_4$	0.00	−0.04	−0.05	+0.02
0.05 M Na$_2$SO$_4$	−0.17	−0.15	−0.48	+0.01
0.05 M NaCl	−0.15	−0.15	−0.44	+0.01
0.005 M NaCl	−0.06	−0.10	−0.13	+0.02

Source: M.G. Fontana and N.D. Greene, *Corrosion Engineering*, 2nd ed., McGraw-Hill, 1978.

表 13.5 鐵銅成對電極在 3% 氯化鈉溶液中之伽凡尼腐蝕面積效應

相對面積 陰極	相對面積 陽極	陽極（鐵）損失 (g)*
1.01	1	0.23
2.97	1	0.57
5.16	1	0.79
8.35	1	0.94
11.6	1	1.09
18.5	1	1.25

*在充氣及攪拌溶液中測試，溫度為 86°F，時間 20 小時，陽極面積為 14 cm^2。

及鋼在水溶液環境中時重量損失情形。當鋅及鋼未結合在一起時，兩者之間的腐蝕速率差異並不大。不過當鋅及鋼結合在一起後，鋅就會成為伽凡尼電池中的陽極，其會被腐蝕而保護了鋼鐵。

另一使用雙金屬的例子是製造「錫罐」(tin can) 之鍍錫鋼片。大部分的鍍錫鋼片都是在鋼片表面以電鍍方式鍍上一層薄的錫膜。由於錫的鹽類不具毒性，所以鍍錫鋼片可廣泛用於食品容器上。錫（標準電動勢 −0.136 V）和鐵（標準電動勢 −0.441 V）之電化學行為非常接近。假如它們表面上的可用氧氣及離子濃度有些微改變，其極性也將會相對應地改變。在大氣環境下，錫相對於鋼來說是陰極。如果鍍錫鋼片表面有穿過錫膜的裂縫，鋼則會出現腐蝕，而錫並不會腐蝕（圖 13.18b）。但如果是處於缺氧的情況下，錫相對鋼是陽極，因此錫可以用來作為食品及飲料的容器材料。由上面的例子可知，對於伽凡尼腐蝕而言，氧氣的可用度也是一個重要的因素。

對於兩種金屬之間的化學腐蝕來說，有另外一個重要的影響因子，即陽極與陰極之間的面積比，也就是「面積效應」(area effect)。陰極面積較大而陽極面積較小，是一種不利的面積比。當特定電流經此兩種金屬對時，如不同尺寸之銅與鐵之金屬對，則小面積的電極電流密度將遠高於大面積的電極。因此，在小的陽極區域將會發生加速腐蝕的現象。表 13.5 顯示，當鐵-銅成對電極之陰極/陽極面積比例從 1 增加到 18.5 時，身為陽極的鐵之重量損失將會從 0.23 g 增到 1.25 g。銅-鋼成對電極之面積效應則繪製於圖 13.19。銅板(陰極)卻可以使得鋼鉸釘(陽極)產生嚴重的腐蝕，如圖 13.19 所示。因此，金屬電極對之間應盡量避免較大的陰極面積對上較小的陽極面積的情況。

圖 13.19 普通鎖裡面銅-鋼對之陰極和陽極面積關係的影響。
(©Besjunior/Shutterstock)

13.5.3 孔蝕腐蝕

孔蝕 (pitting) 是一種局部腐蝕侵蝕的形式，會在金屬上產生洞或孔。由於此類型的腐蝕會貫穿金屬，因此對於工程結構會有相當的破壞力。如果沒有發生貫穿的情況，些許的孔蝕在工程設備上仍然是可以被接受的。一般情況下是很難檢測孔蝕的，主因是小孔蝕會被腐蝕生成物覆蓋。此外，孔蝕數量與深度的變化也相當大，因此對於孔蝕的損壞程度評估並不容易。由於孔蝕的發生都是在局部的區域，它常會造成不可預期的破壞。

圖 13.20 是一個不鏽鋼在腐蝕環境下發生孔蝕的例子。在多數例子中，孔蝕需要花費數月甚至是數年的時間才能將金屬貫穿。孔蝕需要一段潛伏期，一旦侵蝕開始發生，孔蝕會以逐漸加速的方式開始成長。大部分的孔蝕都會往重力方向及工程設備中較低表面處發展與成長。

孔蝕通常會起始於腐蝕速率增加之局部區域。例如，金屬表面上的夾雜物、結構上異質的區域、材料成分上異質的區域，都可能是孔蝕開始發生的區域。當離子和氧濃度差異形成濃度電池時，也可能會產生孔蝕。一般認為，孔蝕坑的傳播方式與孔蝕內的金屬溶解有關，且會在孔蝕坑底處維持高度的酸性。圖 13.21

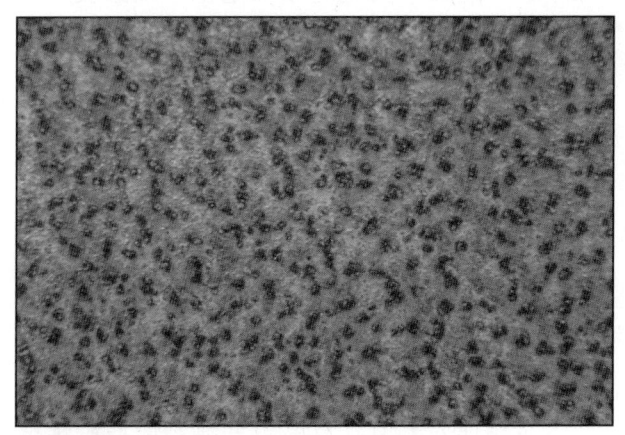

圖 13.20 在劇烈腐蝕性環境中鋼板的孔蝕。
(©iStock/Getty Images)

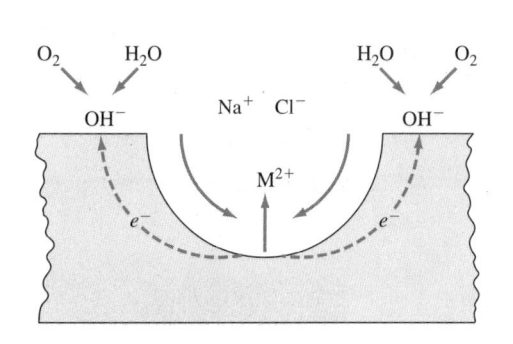

圖 13.21 在充氣鹽溶液中的不鏽鋼上孔蝕生長的示意圖。
(Source: M.G. Fontana and N.D. Greene, *Corrosion Engineering*, 2nd ed., McGraw-Hill, 1978)

顯示了一個在充氣的鹽水環境中，含鐵金屬的孔蝕坑傳播過程。位於孔蝕底部的金屬陽極反應為 M → M^{n+} + ne^-。陰極反應則發生於孔蝕坑周圍的金屬表面，反應是由氧氣、水及參與陽極反應之電子所組成：$O_2 + 2H_2O + 4e^- → 4OH^-$。因此，孔蝕坑周圍的金屬會受到陰極保護作用。另外，當孔蝕坑內部的金屬離子濃度增加時，也會造成氯離子進入使環境維持電中性。然後，金屬氯化物會和水反應產生氫氧化物與自由酸 (free acid)，整個反應可以表示為：

$$M^+Cl^- + H_2O → MOH + H^+Cl^- \tag{13.16}$$

如此一來，孔蝕坑底部聚集相當高濃度的酸，使整個陽極反應速率增加，整個過程變成一個自行催化作用 (autocatalytic)。

為了避免工程設備遭受孔蝕的侵害，在設計工程設備時就應該選擇不具有發生孔蝕傾向的材料。然而，如果在某些設計上無法依照這樣的方式，也應該要選擇一些耐腐蝕性比較好的材料。例如，若不鏽鋼要放置在含有氯離子的環境中，則含有 2% 鉬、18% 鉻及 8% 鎳的 316 不鏽鋼是優於 304 不鏽鋼的選擇。因為 304 不鏽鋼僅含有 18% 鉻及 8% 鎳。表 13.6 是一些耐蝕材料定性上之相對耐孔蝕性的排序。然而，在決定使用何種耐蝕合金前，最好還是先對所選擇之合金材料做實際測試。

表 13.6　某些耐腐蝕合金的相對耐孔蝕性

304 不鏽鋼	
316 不鏽鋼	
赫史特合金 F、Nionel 或 Durimet 20	耐孔蝕性增大 ↓
赫史特合金 C 或 Chorimet 3	
鈦	

(Source: M.G. Fontana and N.D. Greene, *Corrosion Engineering*, 2nd ed., McGraw-Hill, 1978)

13.5.4　間隙腐蝕

間隙腐蝕是一種發生於間隙處與有溶液停滯於遮蔽表面處的局部電化學腐蝕反應。假使間隙腐蝕發生於墊圈、鉚釘、螺栓下、閥圓盤與底座之間，或是其他一些多孔沉積物下以及類似的情況時，很容易造成工程上嚴重的問題。一般間隙腐蝕可能在很多合金系統出現，像是不鏽鋼、鈦合金、鋁合金與銅合金。圖 13.22 是一個繫船纜間隙腐蝕的例子。

發生間隙腐蝕必須有足夠寬的間隙使液體能夠進入，但其寬度也要夠窄使液體維持在間隙內。因此，間隙腐蝕通常發生於開口

圖 13.22　繫船纜之間的間隙腐蝕。
(©freakart/Shutterstock)

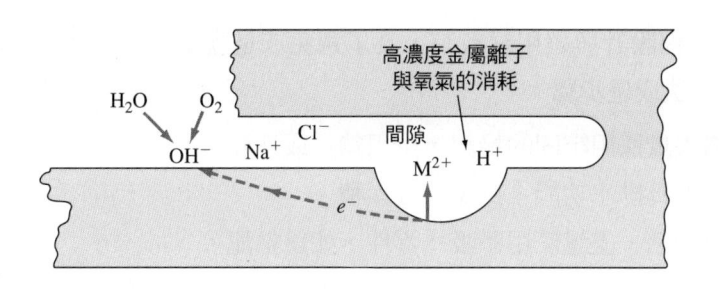

圖 13.23 間隙腐蝕之機制示意圖。
(Source: M.G. Fontana and N.D. Greene, *Corrosion Engineering*, 2nd ed., McGraw-Hill, 1978)

寬度為微米或是更小的一些間隙。纖維墊圈之作用如同蠟燭的芯線一般，可以吸收電解質溶液，並使其與金屬表面保持接觸，形成間隙腐蝕的理想位置。

Fontana 與 Greene [7] 曾經提出一個間隙腐蝕機制，此機制與他們提出的孔蝕機制相似。圖 13.23 為不鏽鋼於充氣的氯化鈉溶液內之間隙腐蝕情形。此機制假設間隙表面上的初始陽極與陰極反應可表示為：

$$陽極反應： M \rightarrow M^+ + e^- \tag{13.17a}$$

$$陰極反應： O_2 + 2H_2O + 4e^- \rightarrow 4OH^- \tag{13.17b}$$

由於間隙內溶液停滯不動，故陰極反應所需氧氣會消耗掉且沒有被替換掉。但，陽極反應 $M \rightarrow M^+ + e^-$ 會持續進行，造成高濃度正電荷離子。為了平衡正電荷，必須有負電荷離子(主要為氯離子)移動到間隙處，和正電荷離子生成 M^+Cl^-。這個氯化物會與水反應生成金屬的氫氧化物及自由酸，整個反應可以表示如下：

$$M^+Cl^- + H_2O \rightarrow MOH + H^+Cl^- \tag{13.18}$$

上述反應中所產生的酸的累積，將會破壞原本金屬表面上的鈍化膜，引發腐蝕反應。就像前面討論的孔蝕情況一樣會有自行催化的現象。

Peterson 等人 [8] 對 304 型不鏽鋼(18% 鉻 -8% 鎳)進行實驗。認為不鏽鋼在間隙處酸化作用可能的原因應該是由於鉻離子產生水解作用造成，其反應可表示如下：

$$Cr^{3+} + 3H_2O \rightarrow Cr(OH)_3 + 3H^+ \tag{13.19}$$

因為他們發現在間隙內只有微量 Fe^{3+} 的存在。

---

[7] *Corrosion Engineering*, 2nd ed., McGraw-Hill, 1978.

[8] M.H. Peterson, T.J. Lennox, and R.E. Groover, *Mater. Prot.*, January 1970, p. 23.

在進行工程設計與選用材料時，為了避免或是盡量減少間隙腐蝕的發生，可利用下列的方法或是步驟：

1. 工程結構盡量採用牢固的接銲，少用鉚釘或螺栓。
2. 設計的容器具排水功能，避免溶液累積。
3. 如果可能的話，盡量使用不吸水零件，如鐵氟龍。

13.5.5 粒間腐蝕

粒間腐蝕 (intergranular corrosion) 是一種發生在合金之晶界與晶界附近的局部腐蝕。一般情況下，當金屬均勻的被腐蝕時，晶界上的反應只稍快於基材的反應。但在某些特殊情況下，晶界區域會出現加速反應的現象，進而導致粒間腐蝕的發生。如此一來將會使合金的強度下降，甚至導致合金從晶界處發生解體。

舉例來說，在一些情況下，許多具有用來強化材料的析出相之高強度鋁合金及某些銅合金比較容易產生粒間腐蝕。一個重要的例子就是沃斯田鐵系 (18% 鉻 -8% 鎳) 不鏽鋼之粒間腐蝕。當這種不鏽鋼加熱或緩慢冷卻到 500°C 至 800°C (950°F～1450°F) 之敏化溫度 (sensitizing temperature) 範圍時，碳化鉻 ($Cr_{23}C_6$) 會在晶界析出，如圖 13.24a 所示。當碳化鉻沿著沃斯田鐵晶界析出時，這狀況稱為敏化狀態 (sensitized condition)。

若 18% 鉻 -8% 鎳沃斯田鐵系不鏽鋼中的含碳量超過 0.02 wt%，當不鏽鋼被加熱到 500°C～800°C 的溫度範圍之間的時間夠長的話，碳化鉻 ($Cr_{23}C_6$) 就會在晶界析出。304 型不鏽鋼屬於 18% 鉻 -8% 鎳沃斯田鐵系不鏽鋼，含碳量在 0.06～0.08 wt% 之間。如果將其加熱到 500°C～800°C 之間保溫一段時間的話，它將會處於敏化狀態，且容易發生粒間腐蝕。當晶界析出碳化鉻時，會消耗晶界附近的

圖 13.24 (a) 在敏化型 304 不鏽鋼中的晶界處碳化鉻析出的示意圖；(b) 晶界處的橫截面，顯示出與晶界相鄰處的粒間腐蝕。

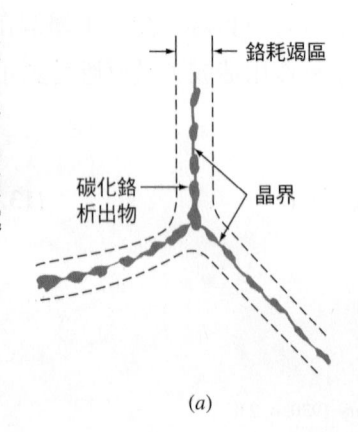

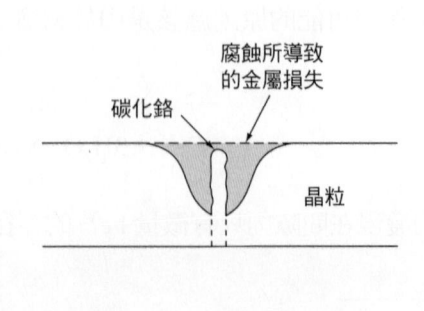

鉻，使此區鉻含量低於能讓鋼處於鈍態或「不鏽」行為的標準，即 12% 的鉻。因此，將敏化過後的 304 型不鏽鋼置於腐蝕環境中，晶界附近區域將會遭受侵蝕。這些區域將會成為相對陽極，晶粒中其他區域是相對陰極，形成所謂的伽凡尼電偶，如圖 13.24b 所示。

如果 304 型不鏽鋼或是其他類似合金的銲接物中出現了上述的碳化鉻析出機制，則可能會導致材料的破壞。對於此種銲接破壞，一般稱之為銲接退化 (weld decay)，如圖 13.25。當銲接腐蝕區域上的金屬在敏化溫度 (500°C ~ 800°C) 範圍內保持溫度太久，將會使得碳化鉻在受熱影響區的晶界上析出。假如敏化銲接處沒有再做後續的加熱處理，讓碳化鉻熔解，一旦它被置放於腐蝕環境時，將會很容易受到粒間腐蝕而導致材料的破壞。

圖 13.25 不鏽鋼銲接處的粒間腐蝕。在冷卻過程中，銲接退化區曾保持在碳化鉻析出所需的臨界溫度範圍內。
(Source: Antkyr/CC BY-SA 3.0)

對於沃斯田鐵系不鏽鋼之粒間腐蝕可以利用以下的方式來加以控制：

1. 在銲接製程後，使用高溫固溶處理。將銲接處加熱 (500°C ~ 800°C) 一段時間後用水淬火處理，使碳化鉻再溶解而回到固溶體中。
2. 添加能夠與鋼中之碳結合的元素，使其無法形成碳化鉻。例如分別添加鈮和鈦元素的 347 型不鏽鋼與 321 型不鏽鋼。因為這兩種元素和碳之間的親和力都比鉻元素大，這些添加鈦或鈮的合金一般稱其處於「安定化狀態」(stabilized condition)。
3. 將合金中的含碳量降低至 0.03 wt% 或以下，使碳化鉻的析出量大幅減少。例如，304L 型不鏽鋼的含碳量就非常低。

13.5.6　應力腐蝕

金屬的**應力腐蝕破裂** (stress-corrosion cracking, SCC) 是由拉伸應力與特定腐蝕環境共同作用於金屬所導致的破裂。一般而言，發生應力腐蝕破裂時，金屬表面只會受到輕微的侵蝕，但是金屬上面的局部裂縫卻會擴展穿過金屬橫斷面，如圖 13.26 所示。產生應力腐蝕破裂的應力可能是殘留應力或是施加應力。一般產

圖 13.26 管道中的應力腐蝕裂縫。
(©olaser/Getty Images)

生大的殘留應力的方式有許多種，包含冷卻速率不平衡而導致的熱應力、機械設計不良、熱處理時所產生的相變化、冷加工與銲接等。

通常應力腐蝕破裂只會在特定合金與環境組合下發生。表 13.7 中列出一些常會造成應力腐蝕破裂的合金及環境系統。對於會使合金產生應力腐蝕破裂的環境並沒有共通的形式。例如，不鏽鋼會在含氯化物的環境發生破裂，但不會在含氨環境中有此情形。然而，黃銅 (銅 - 鋅合金) 可於含氨環境破裂，但不會於含氯化物環境破裂。新的合金 - 環境組合引起的應力腐蝕破裂仍然不斷的被發現。

應力腐蝕破裂機制 因為有太多不同的合金 - 環境系統的可能性，應力腐蝕破裂的機制目前尚未完全了解。多數的應力腐蝕破裂機制都包含裂縫起始與擴展階段。在許多例子中，裂縫會從金屬表面上的孔蝕坑或其他不連續處開始發生。當

表 13.7 可能導致金屬和合金應力腐蝕的環境

材料	環境	材料	環境
鋁合金	$NaCl$-H_2O_2 溶液	普通碳鋼	$NaOH$ 溶液
	$NaCl$ 溶液		$NaOH$-Na_2SiO_3 溶液
	海水		氯化鈣、氯化胺及
	空氣、水蒸氣		氯化鈉溶液
銅合金	氨氣及其溶液		混合酸 (H_2SO_4-HNO_2)
	胺		HCN 溶液
	水、水蒸氣		酸性 H_2S 溶液
金合金	$FeCl_2$ 溶液		海水
	醋酸鹽溶液		鎔融 Na-Pb 合金
鉻鎳鐵合金	苛性鈉溶液	不鏽鋼	氯化物酸性溶液，例如
鉛	醋酸鉛溶液		$MgCl_2$ 及 $BaCl_2$
鎂合金	$NaCl$-K_2CrO_4 溶液		$NaCl$-H_2O_2 溶液
	鄉村及海岸邊的大氣環境		海水
	蒸餾水		H_2S
蒙鎳合金	熔融苛性鈉		$NaOH$-H_2S 溶液
	氫氟酸		含氯之凝結水
	氟矽酸	鈦合金	紅色冒煙硝酸、海水、
鎳	熔融苛性鈉		N_2O_4、甲醇 -HCl

(Source: M.G. Fontana and N.D. Greene, *Corrosion Engineering*, 2nd ed., McGraw-Hill, 1978, p. 100)

裂縫開始後，其尖端能夠向前延伸，如圖 13.27 所示。這是由於作用在金屬之拉伸應力會在裂縫尖端造成高應力。當裂縫擴展向前延伸時，在裂縫尖端處，藉由局部的電化學腐蝕，會使金屬發生陽極性的溶解。此外，裂縫可沿垂直拉伸應力方向成長，持續至金屬發生破壞。假如應力或腐蝕任何一項停止，裂縫即會停止成長。Priest 等人[9]利用實驗證明，採取陰極保護，就可以阻止裂縫的繼續成長。當陰極保護被移除後，則裂縫會再度開始成長。

不論裂縫起始或是擴展階段，拉伸應力都一定是必備條件，且在突破表面薄膜時，拉伸應力是相當重要的。當應力降低時，發生破裂所需的時間將會增加。溫度與環境也是影響應力腐蝕破裂中重要的因素。

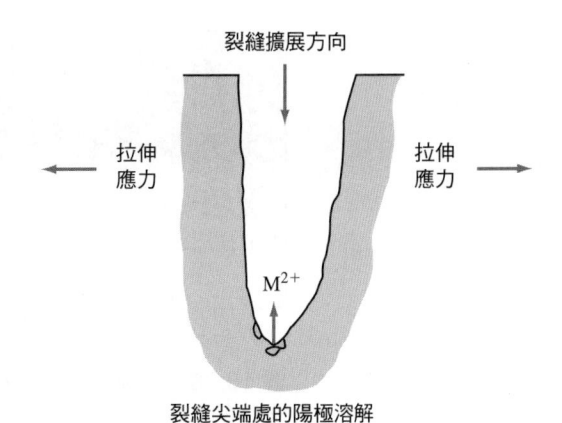

圖 13.27 通過陽極溶解在金屬中產生應力腐蝕裂紋。
(Source: R.W. Staehle)

應力腐蝕破裂的防止　由於應力腐蝕破裂的機制尚未完全被了解，因此對其所採取的防止方法是根據一般性及經驗而得的。下列所述的方法可以阻止或降低金屬的應力腐蝕破裂。

1. 將合金所承受之應力降到破裂應力之下。可直接利用應力消除退火來降低應力大小。普通碳鋼之應力消除退火溫度約為 600°C ~ 650°C (1100°F ~ 1200°F)，沃斯田系不鏽鋼之應力消除退火溫度約為 815°C ~ 925°C (1500°F ~ 1700°F)。
2. 去除有害的環境。
3. 當環境及應力皆無法改變時，則選用其他合金。例如，與海水接觸的熱交換器，材質可使用鈦來取代不鏽鋼。
4. 使用可消耗的陽極或供給外部電源之陰極保護法 (見 13.7 節)。
5. 添加腐蝕抑制劑。

13.5.7　沖蝕腐蝕

沖蝕腐蝕 (erosion corrosion) 可以定義為由於腐蝕性溶液與金屬表面進行相對運動，造成金屬腐蝕速率加速的現象。假使腐蝕溶液和金屬間的相對運動速率很快，則機械磨損將會相當嚴重。沖蝕腐蝕之特徵為金屬表面會出現和腐蝕性液體

---

[9]　D. K. Priest, F. H. Beck, and M. G. Fontana, *Trans. ASM*, **47**: 473 (1955)

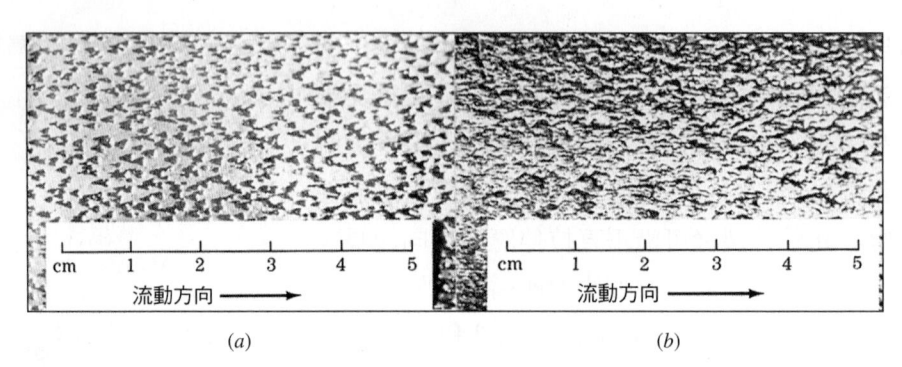

圖 13.28 在低碳鋼管中，二氧化矽漿料的沖蝕腐蝕磨損圖案，顯示 (a) 21 天後的孔蝕和 (b) 42 天後的不規則波狀圖案。漿料速度為 3.5 m/s。
(©ASM International)

流動方向相同的凹洞、孔蝕或圓孔。

矽砂泥漿對軟鋼管件內沖蝕腐蝕行為的研究引導研究者相信，泥漿腐蝕速度的增加是由於泥漿中二氧化矽顆粒摩擦，將碳鋼表面鐵鏽及鹽類薄膜移除，因此造成溶解的氧非常容易接近腐蝕的表面。圖 13.28 顯示軟鋼管件遭到嚴重沖蝕腐蝕的磨損模式之實驗斷面。

13.5.8 空穴沖蝕損壞

這類沖蝕腐蝕是由於接近金屬表面液體中空氣氣泡與充滿蒸氣空穴的形成與崩潰所引起。大部分的空穴沖蝕損壞 (cavitation damage) 都是發生於高速液體流動和壓力改變之金屬表面。馬達葉片和輪船推進器都是常出現空穴沖蝕損壞的地方。經過計算後可知，當氣泡快速破裂後可在瞬間產生高達 60,000 psi 的壓力。如果液體內蒸氣泡不斷破掉，會對金屬表面造成嚴重損害。空穴沖蝕藉由移除金屬表面上的保護薄膜與破壞金屬顆粒，將會增加金屬腐蝕的速率，並且造成金屬表面磨耗。

13.5.9 磨損腐蝕

在承受振動及滑動負荷下，材料的介面處會發生磨損腐蝕 (fretting corrosion)，在金屬表面造成具有腐蝕生成物環繞的凹槽或孔蝕坑。當金屬發生磨損腐蝕時，摩擦表面之間的金屬碎片將會被氧化，而且其中的氧化膜也會因為摩擦而遭受破壞。因此，兩個摩擦面之間將會累積許多氧化物顆粒作為研磨粒使用。磨損腐蝕常會發生在緊密接觸的表面上，例如軸和軸承之間或是軸與套管之間。圖 13.29 顯示磨損腐蝕對於 Ti–6 Al–4 V 合金表面的影響。

13.5.10　選擇性腐蝕

選擇性腐蝕 (selective leaching) 指的是固體合金中某一個特定金屬被優先腐蝕的過程。此類腐蝕的最常見例子就是黃銅內的脫鋅 (dezincification)。其他合金系統中也曾發生類似的腐蝕行為，像是銅合金內鎳、錫與鉻之損失、鑄鐵內鐵之損失、合金鋼內鎳之損失與史泰勒合金 (satellite) 內鈷之損失等等，都是選擇性腐蝕的實際例子。

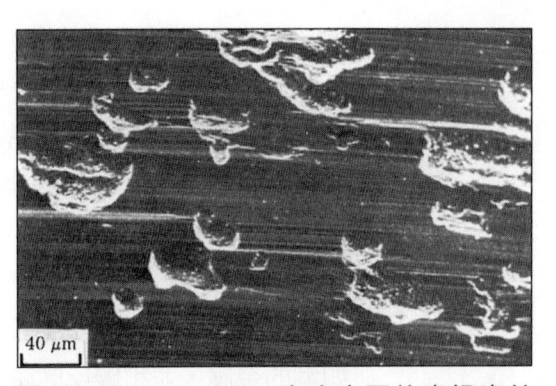

圖 13.29　Ti-6 Al-4 V 合金表面的磨損腐蝕之掃描式電子顯微鏡照片。該合金在 600°C 下使用圓球在平面上的組態，以 40 μm 的滑移幅度和 3.5×10^6 的循環後所製備。
(Courtesy of Elsevier)

以 70% 銅 -30% 鋅的黃銅的脫鋅作用為例，鋅會從黃銅中優先去除，在金屬中留下孔隙而形成脆弱的銅基材。此一脫鋅的機制中包含下列三個步驟：[10]

1. 銅與鋅都在水溶液中溶解。
2. 銅離子電鍍回黃銅。
3. 鋅離子殘留於溶液中。

由於殘餘下來的銅強度沒有原先的黃銅好，所以脫鋅之後合金的強度大幅降低。

有一種用來防止或是減低脫鋅作用的方法，是將合金中的鋅含量降低 (換言之，使用 85% 銅 -15% 鋅的黃銅) 或是改用銅鎳合金 (70% ～ 90% 銅 -10% ～ 30% 鎳)。其他可能的方法則是改變腐蝕環境，或是利用陰極保護法來防止脫鋅作用發生。

13.5.11　氫損壞

氫損壞是指當一個受負荷的金屬元件因為和氫原子 (H) 或氫分子 (H_2) 反應，而發生還原的情況，通常會同時伴隨著殘留或外加的拉伸應力。由於氫在環境中是最豐富的元素，金屬在生產、加工及各種環境和情況下，都可能與其發生反應。低碳鋼、合金鋼、麻田散鐵和析出硬化不鏽鋼、鋁合金及鈦合金等許多金屬

---

[10] After M.G. Fontana and N.D. Greene, *Corrosion Engineering*, 2nd ed., McGraw-Hill, 1978.

都容易受到不同程度氫損壞。氫損壞可能造成許多不同方式的損壞,包括破裂、起泡、氫化物的形成及減少材料延性。在眾多類型的氫損壞中,有三種直接影響到延性的降低,稱為**氫脆** (hydrogen embrittlement),包括:(1) 氫環境的脆裂,通常發生在有含氫氣體的狀態下,不鏽鋼和鈦合金發生的塑性變形;(2) 氫應力破裂,其被定義為原本具韌性的材料,如碳鋼和低合金鋼,在氫環境和連續負荷中發生脆性破裂的現象;(3) 延展能力減少,如鋼或鋁合金的伸長量或面積嚴重降低。其他不是氫脆的氫損壞包括:(1) 氫攻擊,這是一種高溫方式侵襲。氫進入如鋼的金屬,並和碳反應產生甲烷氣體,而形成的裂縫或脫碳;(2) **起泡** (blistering),氫原子 (H) 擴散進入低強度合金、銅或鋁的內部缺陷,形成氫分子。所形成的氣體在材料內部會產生高壓,造成變形及起泡,並且經常會導致破裂。

氫擴散進入金屬的過程可能是在腐蝕發生的過程中,且陰極部分的反應為氫離子的還原。這情況可能發生在金屬暴露於海水、硫化氫 (通常在石油和天然氣井鑽井過程中發生) 或酸洗及電鍍過程中。在酸洗過程中,表面氧化物在通過硫酸 (H_2SO_4) 和鹽酸 (HCl) 中被去除。

氫損傷是一個嚴重的問題,也是造成許多元件被破壞的原因。因此,設計者必須了解這種類型的損壞以及哪些金屬容易受到氫損傷破壞。若要改善氫損傷的問題,目前可利用烘烤的方式 (一種熱處理),促進氫從金屬中向外擴散。

13.6　金屬的氧化 Oxidation of Metals

到目前為止,我們所關注的腐蝕情況是液態電解質為腐蝕機制不可或缺的一部分。事實上金屬與合金也會與空氣反應形成外部氧化物。特別是渦輪葉片、火箭引擎與高溫石化設備等工程應用領域,金屬之高溫氧化是設計過程需考慮的重要因素。

13.6.1　氧化物保護膜

金屬受氧化物薄膜保護之程度會因許多外在因素而不同。下面列出幾個重要部分:

1. 氧化作用後,氧化物與金屬的體積比應接近 1:1。
2. 薄膜應該要具有良好的附著性。
3. 氧化物應具備有高熔點。

4. 氧化物薄膜應該具有低的蒸氣壓。
5. 氧化物薄膜應該具有和金屬幾乎相等的熱膨脹係數。
6. 氧化物薄膜應該具有高溫塑性，以避免破裂。
7. 薄膜對金屬離子與氧氣應具有低的傳導性與低的擴散係數。

金屬氧化後，計算氧化物與金屬之間的體積比是用來驗證金屬氧化物是否可能具有保護性的第一個步驟。這個比值稱之為**皮寧-貝得沃施**[11] **比** [Pilling-Bedworth (P.B.) ratio]，或稱 P.B. 比，可以表示如下：

$$\text{P.B. 比} = \frac{\text{氧化作用後產生之氧化物的體積}}{\text{氧化作用後減少之金屬體積}} \tag{13.20}$$

若金屬的 P.B. 比小於 1，就會像鹼金屬一樣 (例如，鈉的 P.B. 比是 0.576) 產生多孔且不具保護性的金屬氧化物組織。如果 P.B. 比大於 1，就和鐵一樣 (Fe_2O_3 的 P.B. 比 = 2.15) 會在金屬表面產生一個壓縮應力，使得氧化物容易破裂及粉碎。如果 P.B. 比接近 1，氧化物的保護性雖然較佳，但仍需要前述其他因素配合。所以只靠 P.B. 比無法判定氧化物具保護性與否。例題 13.9 將介紹計算鋁的 P.B. 比的方法。

■ 例題 13.9 •

鋁氧化作用成氧化鋁，計算氧化鋁 (Al_2O_3) 與鋁的體積比 (P.B. 比)。鋁的密度 = 2.70 g/cm^3，氧化鋁的密度 = 3.70 g/cm^3。

解

$$\text{P.B. 比} = \frac{\text{氧化作用後產生之氧化物的體積}}{\text{氧化作用後減少之金屬體積}} \tag{13.20}$$

假設有 100 g 鋁氧化，

$$\text{鋁體積} = \frac{\text{質量}}{\text{密度}} = \frac{100 \text{ g}}{2.70 \text{ g/cm}^3} = 37.0 \text{ cm}^3$$

欲計算 100 g 鋁氧化形成之 Al_2O_3 體積，需要利用下式求出 100 g 鋁氧化產生之 Al_2O_3 質量：

---

[11] N.B. Pilling and R.E. Bedworth, *J. Inst. Met.*, **29**: 529 (1923).

$$4Al + 3O_2 \rightarrow 2Al_2O_3$$
$$\begin{array}{cc} 100\text{ g} & X\text{ g} \\ 4 \times \dfrac{26.98\text{ g}}{\text{mol}} & 2 \times \dfrac{102.0\text{ g}}{\text{mol}} \end{array}$$

或

$$\frac{100\text{ g}}{4 \times 26.98} = \frac{X\text{ g}}{2 \times 102}$$

$$X = 189.0\text{ g Al}_2\text{O}_3$$

接下來用體積 = 質量 / 密度關係估算 189.0 g Al_2O_3 之體積。

$$Al_2O_3 \text{ 體積} = \frac{Al_2O_3 \text{ 質量}}{Al_2O_3 \text{ 密度}} = \frac{189.0\text{ g}}{3.70\text{ g/cm}^3} = 51.1\text{ cm}^3$$

因此

$$\text{P.B. 比} = \frac{Al_2O_3 \text{ 體積}}{Al \text{ 體積}} = \frac{51.1\text{ cm}^3}{37.0\text{ cm}^3} = 1.38 \blacktriangleleft$$

註：

因為 1.38 與 1 相當接近，因此 Al_2O_3 的 P.B. 比顯示它可能為具保護性的氧化物。又由於 Al_2O_3 可以在鋁表面形成一層緊密附著的薄膜，所以它具有保護性。某些 Al_2O_3 分子可於氧化物 - 金屬介面溶進鋁金屬，鋁金屬也可以溶進 Al_2O_3。

13.6.2　氧化機制

當金屬與氧氣反應產生氧化作用並在表面生成氧化物薄膜時，這是屬於電化學反應，而非單純的 $M + \frac{1}{2}O_2 \rightarrow MO$ 化學反應。形成二價離子之氧化與還原反應可以分別表示為：

$$\text{氧化部分反應：} M \rightarrow M^{2+} + 2e^- \quad \text{(13.21a)}$$

$$\text{還原部分反應：} \tfrac{1}{2}O_2 + 2e^- \rightarrow O^{2-} \quad \text{(13.21b)}$$

在氧化的初期，氧化層是不連續的。此時，氧化的發生主要是藉由這些離散的氧化物核的橫向擴張延伸。在氧化物核互相交錯重疊之後，離子的質量傳輸開始發生在垂直於表面的方向上 (圖 13.30)。在多數情況下，金屬的陽離子和電子會藉由擴散而穿過氧化物薄膜，如圖 13.30a。此機制會使氧氣在氧化物 - 氣體界面還原成為氧離子，在表面形成一個氧化物形成區 (陽離子擴散)。在其他情況中，例如重金屬氧化物，氧會以氧離子 (O^{2-}) 擴散到金屬 - 氧化物界面上，而電子則擴散到氧化物 - 氣體界面，如圖 13.30b。此時氧化物會在金屬 - 氧化物界面上

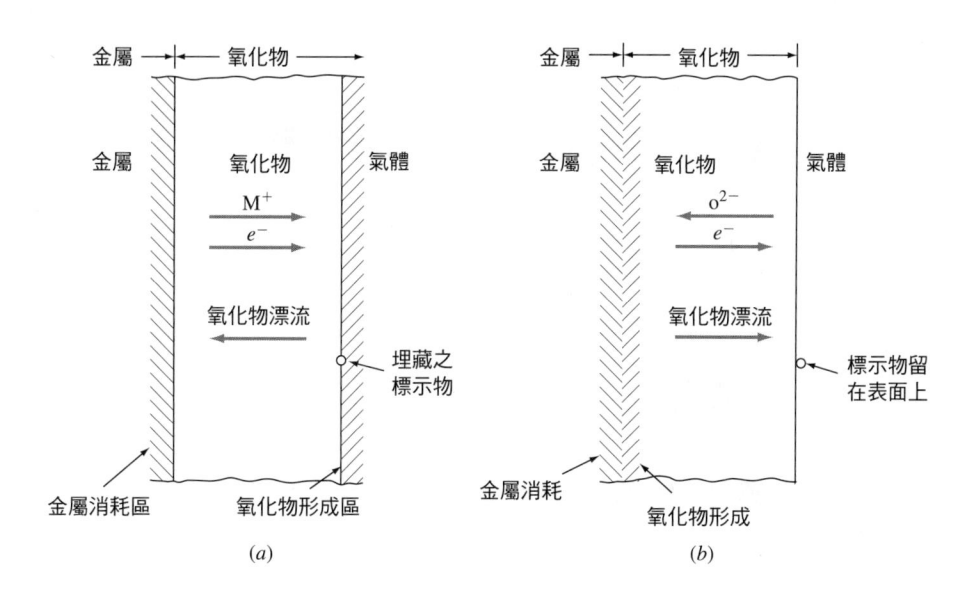

圖 13.30 金屬平面之氧化。(a) 當陽離子擴散時，最初形成的氧化物向金屬漂移；(b) 當陰離子擴散時，氧化物向相反方向漂移。
(Source: L.L. Shreir (ed.), *Corrosion*, vol. 1, 2nd ed., Newnes-Butterworth, 1976, p. 1:242.z.)

形成 (圖 13.30b)。這屬於一種陰離子擴散。圖 13.30 顯示的氧化物移動方向，主要是由在氧化物 - 氣體界面的標示物的移動來決定。當發生陽離子擴散時，標示物會埋藏在氧化物內。而發生當陰離子擴散時，標示物會留在氧化物的表面上。

金屬和合金氧化之機制相當複雜，尤其是當氧化反應會產生不同組成與缺陷結構之氧化物層。例如，當鐵處於高溫氧化的情況下，會形成一系列的氧化物如 FeO、Fe_3O_4 及 Fe_2O_3。合金元素的交互作用會使得合金氧化行為變得更加複雜。

13.6.3　氧化速率 (動力學)

以工程的觀點來看，金屬與合金的氧化速率對工程設計來說非常重要，因為許多金屬與合金的氧化速率會決定設備的使用壽命。測量金屬與合金的氧化速率通常是利用單位面積增加的重量來表示。在不同金屬的氧化期間，可以觀察到不同的經驗速率定律，其中幾種常見的速率定律列於圖 13.31。

最簡單的氧化速率遵守線性定律：

$$w = k_L t \quad (13.22)$$

其中 w = 每單位面積所增加的重量

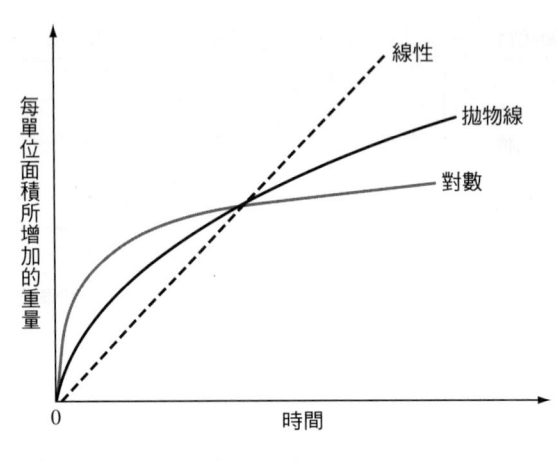

圖 13.31 氧化速率定律

t = 時間

k_L = 線性速率常數

線性氧化行為主要是發生在擁有具有孔洞或是裂縫的氧化膜的金屬上。因此，其反應離子的傳輸速率會比一般的化學反應快。鉀和鉬為具有線性氧化行為的金屬，其氧化物與金屬的體積比分別為 0.45 及 2.50。

當金屬氧化的決定步驟為離子擴散時，純金屬的氧化速率將會遵循拋物線型關係：

$$w^2 = k_p t + C \tag{13.23}$$

其中 w = 每單位面積所增加的重量

t = 時間

k_p = 拋物線型速率常數

C = 常數

許多金屬氧化時都遵守拋物線型速率定律，此類金屬會生成一層厚的整合型氧化物。鐵、銅及鈷都屬於遵循拋物線型氧化行為的金屬。

有些金屬，諸如鋁、銅及鐵，會在室溫或稍高溫下生成遵循對數型速率定律的氧化薄膜：

$$w = k_e \log(Ct + A) \tag{13.24}$$

其中 C 及 A 是常數，k_e 是對數型速率常數。當這些金屬在室溫下暴露於氧氣環境中,一開始的氧化速率將會非常快。經過幾天後,其氧化速率會降低到非常小的值。

某些具有線性速率氧化行為的金屬,由於表面的快速放熱反應,在高溫環境下會傾向毀滅性的氧化。結果造成表面一連串的反應發生,使溫度與反應速率都同時增加。有不穩定氧化物的金屬(如鉬、鎢及釩)都會發生毀滅性的氧化。含有鉬和釩的合金,即使含量很少,也會出現毀滅性的氧化,因此限制了此類合金在高溫氧化環境中的使用。鐵合金中添加大量的鉻與鎳可用來改善其合金的抗氧化性,阻止其他元素在高溫時產生極嚴重的氧化效應。

■ 例題 13.10 •

純度 99.94 wt % 的鎳樣品,面積 1 cm²、厚度 0.75 mm,放置於溫度 600°C、1 atm 的氧氣中進行氧化。2 小時過後,樣品重量增加了 70 μg/cm²。這個材料遵循拋物線型氧化行為,試問 10 小時之後增加重量多少 [利用 (13.23) 式,$C = 0$] ?

解

一開始先利用拋物線型氧化速率方程式 $y^2 = k_p t$ 計算拋物線型速率常數 k_p,y 為時間 t 所形成的氧化物厚度。因為氧化時樣品所增加的重量較容易量測,且正比於氧化層厚度,所以這個地方用 x 取代 y,x 為樣品單位面積增加之重量。故 $x^2 = k'_p t$ 且

$$k'_p = \frac{x^2}{t} = \frac{(70 \ \mu g/cm^2)^2}{2 \ h} = 2.45 \times 10^3 \ \mu g^2/(cm^4 \cdot h)$$

當 $t = 10$ h 時,每平方公分增加的重量 (μg) 為

$$x = \sqrt{k'_p t} = \sqrt{[2.45 \times 10^3 \ (\mu g^2/(cm^4 \cdot h))](10 \ h)}$$
$$= 156 \ \mu g/cm^2 \blacktriangleleft$$

■ 13.7 腐蝕控制 Corrosion Control

腐蝕可以藉由多種不同的方法加以控制或防止。由工業角度來看,通常都是根據經濟考量來決定採用的方法。像是工程師可能要決定是要使用較為經濟的材料,但要週期性的更換設備;或是利用具抗腐蝕性,但價錢較貴的材料。從這兩種方案中作出符合經濟效益之決定。某些常見的腐蝕控制或防止的方法列於圖 13.32。

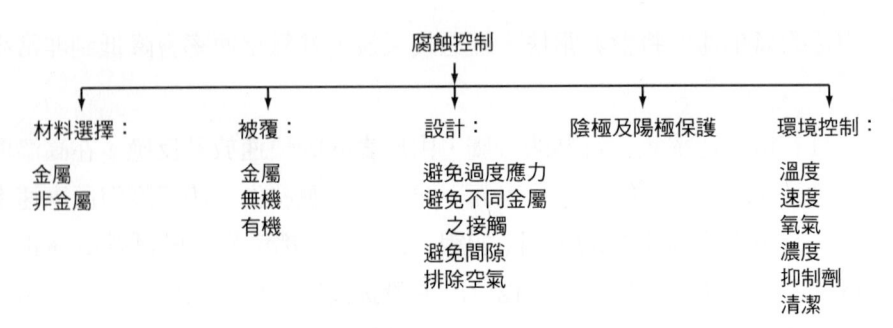

```
                           腐蝕控制
         ┌──────────┬──────────┼──────────┬──────────┐
       材料選擇：    被覆：     設計：   陰極及陽極保護  環境控制：
        金屬       金屬     避免過度應力              溫度
        非金屬     無機     避免不同金屬              速度
                  有機      之接觸                   氧氣
                          避免間隙                   濃度
                          排除空氣                   抑制劑
                                                    清潔
```

圖 13.32 常用的腐蝕控制方法。

13.7.1 材料選擇

金屬材料 一種常見的腐蝕控制方法即在特定的環境下，使用具有抗腐蝕性的材料。當抗腐蝕性在工程設計及選擇材料為重要因素時，工程師就需要參考更多腐蝕工具書或是其他資料，以便作出正確的選擇。如果可以和材料製造商的腐蝕專家討論，也可以進一步確保選擇材料的正確性。

當要選擇適當的耐腐蝕金屬及合金作為工程上的應用時，可依下列一般通則來作判斷：[12]

1. 還原性或非氧化性狀況，例如無氧酸或是水溶液，常使用鎳及銅合金。
2. 氧化性情況，使用含鉻合金。
3. 極端劇烈之氧化情況，常使用鈦及其合金。

表 13.8 是具優良耐腐蝕性且成本低的「自然」金屬 - 腐蝕環境組合。

一種常因製造者不明白金屬材料的腐蝕性質而誤用的材料就是不鏽鋼。不鏽鋼並不是指一種特定成分的合金，而是鉻含量超過 12% 之鋼的通稱。不鏽鋼常用在中等的氧化性環境中，例如硝酸環境。但不鏽鋼在含氯化物溶液中的耐腐蝕性並不好，也比一般結構鋼更容易受到應力腐蝕破裂。因此，使用不鏽鋼時必須要格外注意，不要使用在不適合的環境中。

非金屬材料 塑膠及橡膠等聚合物材料 (polymeric material) 相對於金屬和合金而言較脆弱，且較不能抵抗強烈的無機酸侵蝕。因此，它們在腐蝕用途上的使用相當有限。不過，自從新世代的高強度塑膠材料發明之後，它的重要性逐漸增加。陶瓷材料則具有優良的耐腐蝕性與耐熱性質等優點，不過卻也有質地較硬脆的缺點。由以上可知，非金屬材料主要用於內襯、墊圈及被覆方式的腐蝕控制上。

---

[12] After M.G. Fontana and N.D. Greene, *Corrosion Engineering*, 2nd ed., McGraw-Hill, 1978.

表 13.8　可提供良好的耐腐蝕性且成本低之金屬和環境的組合

1. 不鏽鋼 - 硝酸
2. 鎳及鎳合金 - 苛性溶液
3. 蒙鎳合金 - 氫氟酸
4. 赫史特合金 (克勞里鎳合金)- 熱氫氯酸
5. 鉛 - 稀硫酸
6. 鋁 - 未受污染之大氣環境
7. 錫 - 蒸餾水
8. 鈦 - 熱且劇烈之氧化溶液
9. 鉭 - 最佳耐腐蝕性
10. 鋼 - 濃硫酸

(Source: M.G. Fontana and N.D. Greene, *Corrosion Engineering*, 2nd ed., McGraw-Hill, 1978)

13.7.2　被覆

金屬被覆 (metallic coating)、無機被覆 (inorganic coating) 和有機被覆 (organic coating) 在金屬上的應用是來防止或是降低腐蝕。

金屬被覆　不同於被保護金屬的金屬被覆，是以薄的被覆來將金屬與腐蝕環境之間作隔離。金屬被覆有時扮演犧牲陽極的角色，藉此保護下層的金屬。例如：鍍鋅鋼表面的鋅被覆層即是相對陽極，當作犧牲層使用以保護鋼材。

在工業應用上有許多金屬零件會在表面電鍍上一薄金屬保護層。在此製程中，被電鍍零件被視為電解質電池的陰極，其電解質為欲鍍金屬的鹽類溶液。直流電會從被鍍零件接通至另一個電極。供罐子製造使用的鍍錫鐵片，即是在鋼片表面鍍上一層錫，這就是此方法的實際應用例子。電鍍層也可以有好幾層，像是汽車內的鉻鋼片就有三層電鍍層，分別為：(1) 銅內層，使鍍層可附著在鋼表面；(2) 鎳中間層，有良好之耐腐蝕性；(3) 鉻薄層，美觀用途。

有時一層金屬薄層會以碾壓的方式壓緊貼合在被保護金屬的表面，外部金屬薄層就可對內部金屬提供保護。某些鋼鐵會在表面包覆一層不鏽鋼。一些高強度鋁合金也會用上述包覆法在表面被覆一層耐蝕外層，稱為鋁夾板合金 (Alclad alloy)，外層使用高純度鋁以高壓方式將其被覆於高強度合金表面。

無機被覆 (陶瓷及玻璃)　在某些用途上，在鋼表面鍍上陶瓷塗層可以得到平滑耐蝕的外表。通常在鋼外層鍍上陶瓷塗層，是將薄玻璃層熔合於鋼表面，所以其附著性相當良好，且其熱膨脹係數會調整到與鋼基材接近。這種擁有玻璃襯裡的鋼容器，容易清理且抗腐蝕，所以常應用在化學工業上。

有機被覆　油漆、水漆、天然漆及其他許多有機聚合物材料亦常被用來作為保護金屬的塗層，使其免受腐蝕性環境侵蝕。這些材料提供薄、韌且耐久的障礙層來防止基材受到腐蝕環境腐蝕。在材料重量的考量下，利用有機塗層來保護金屬的優勢遠超過任何其他的方法。在應用此種方法時應該要選擇適當的被覆材料，並且依正確方法將其覆蓋到金屬表面上。在多數例子中，若油漆後仍具有很差的表現，可以歸咎於很差的油漆施作與很差的金屬表面製備。值得注意的是，有機塗層不可以應用在一旦被覆破損就會迅速腐蝕的基材金屬表面。

13.7.3　設計

　　針對設備進行適當的工程設計是與防止腐蝕和選擇合適材料是同樣重要的。工程設計師必須考慮材料以及必要的機械、電性能和熱性能要求。所有這些考量都必須與經濟限制相達到平衡。當設計一個系統時，具體的腐蝕問題就可能需要腐蝕專家的建議。然而，一些重要的一般性設計規則如下：[13]

1. 當考慮所用金屬的厚度時，要同時考量允許腐蝕的侵入作用以及對機械強度要求。這對於含有液體的管道和儲存槽尤為重要。
2. 為了減少縫隙腐蝕，採用銲接而不是使用鉚釘。如果使用了鉚釘，請選擇相對於連接材料呈陰極的鉚釘。
3. 如果可能的話，在整個結構中使用與電鍍類似的金屬。避免使用可能導致伽凡尼腐蝕的異類金屬。如果將異種金屬用螺栓固定在一起，請使用非金屬墊圈以防止金屬之間的電接觸。
4. 避免在腐蝕環境中有過度應力和應力集中，以防止應力腐蝕脆裂。當在某些腐蝕性環境中使用不鏽鋼，黃銅和其他易受應力腐蝕脆裂影響的材料時，這一點尤為重要。
5. 在有流體的管道系統中應避免讓管件發生急劇彎折，因為侵蝕腐蝕會在流體方向急劇變化的區域處發生。
6. 設計水箱和其他容器時，需考慮便於排水和清潔。停滯的腐蝕性液體池將會導致產生會促進腐蝕的濃度電池。
7. 設計系統時，對於可能在使用中會較快失效的零件，需便於拆卸和更換。例如，化工廠的泵應易於拆卸。

---

[13] After M.G. Fontana and N.D. Greene, *Corrosion Engineering*, 2nd ed., McGraw-Hill, 1978.

8. 設計加熱系統，需要不會出現熱點。例如，熱交換器應設計成具有均勻的溫度梯度。

總之，設計系統的條件盡可能的均勻，並避免異質性。

13.7.4　環境的改變

環境條件對於腐蝕的嚴重程度是非常重要的。減少因環境改變所帶來的腐蝕之重要方法是 (1) 降低溫度，(2) 降低液體流速，(3) 移除液體中的氧，(4) 降低離子濃度，(5) 在電解質中加入抑制劑。

1. 降低系統溫度通常會降低腐蝕，因為在較低溫度下反應速率較低。但是，有一些例外具有反效果。例如，沸騰海水的腐蝕性低於熱海水，因為隨著溫度升高，氧氣的溶解度會下降。
2. 降低腐蝕性流體的速度可減少沖蝕腐蝕。但是，對於鈍化的金屬和合金，應避免停滯的溶液的存在。
3. 有時候，去除水溶液中的氧，有助於減少腐蝕。例如，鍋爐的飼料口被脫氧以減少腐蝕。然而，對於依賴氧氣進行鈍化的系統，是不希望脫氧發生的。
4. 降低用來腐蝕金屬的溶液中腐蝕性離子的濃度，能夠降低金屬的腐蝕速率。例如，減少水溶液中的氯離子濃度將減少其對不鏽鋼的腐蝕性侵蝕。
5. 在系統中添加抑制劑可以減少腐蝕。抑制劑基本上是延遲催化劑。幾乎所有的抑制劑都是透過經驗實驗開發出來的，其中很多都是特有的。它們的行為也有很大差異。例如，吸收型的抑制劑將會被吸收在表面上並形成保護膜。清除型的抑制劑將會發生反應以除去腐蝕劑，例如溶液中的氧。

13.7.5　陰極與陽極保護

陰極保護　利用**陰極保護** (cathodic protection)[14] 法可達成腐控制蝕的目的。此法中，電子將會提供給需要被保護的金屬結構。例如，鋼結構在酸性環境中的腐蝕包括以下電化學反應：

$$Fe \rightarrow Fe^{2+} + 2e^-$$
$$2H^+ + 2e^- \rightarrow H_2$$

---

[14]　關於在阿拉伯海灣使用陰極保護沈水鋼的一篇有趣文章，見 R.N. R.N. Duncan and G.A. Haines, "Forty Years of Successful Cathodic Protection in the Arabian Gulf," *Mater. Perform.*, **21**: 9 (1982).

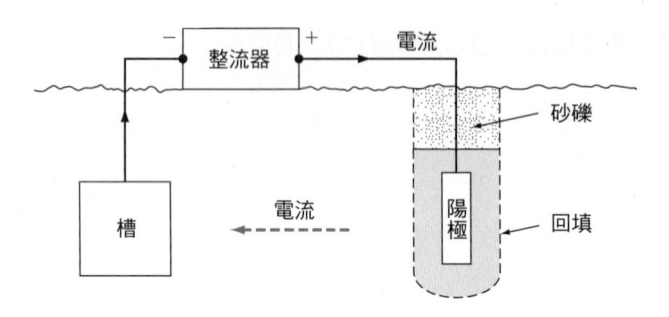

圖 13.33 通過使用外加電流對地下儲罐進行陰極保護。
(Source: M.G. Fontana and N.D. Greene, *Corrosion Engineering*, 2nd ed., McGraw-Hill, 1978, p. 207.)

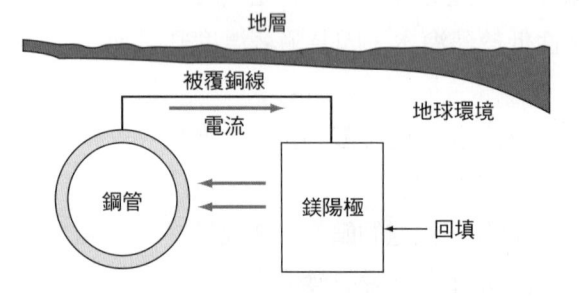

圖 13.34 用鎂陽極保護地下管道。
(Source: M.G. Fontana and N.D. Greene, *Corrosion Engineering*, 2nd ed., McGraw-Hill, 1978, p. 207.)

假如提供電子給鋼結構，金屬溶解(腐蝕)會被抑制，而且氫氣釋放的速率也會隨之增加。如果系統持續對鋼結構提供電子，腐蝕就可以被抑制。陰極保護法中的電子來源主要包含：(1) 外部直流電源，如圖 13.33；或 (2) 用比被保護金屬更為陽極之金屬材料來形成伽凡尼電偶。圖 13.34 顯示了一種用於鋼管的陰極保護法例子，其利用鎂作為陽極，並與鋼管一同形成了伽凡尼電偶。利用鎂作成犧牲陽極代替保護金屬被腐蝕是最常見的陰極保護法，這是由於鎂具有較高的負電位及電流密度。

陽極保護 陽極保護 (anodic protection) 法是一種新的方法。主要是以外部強制陽極電流作用，使金屬與合金表面形成一個具有保護性的鈍化膜。利用恆定電位儀 (potentiostat) 小心的控制欲提供給需要保護的可鈍化金屬(像是沃斯田鐵系不鏽鋼)之陽極電流，使其鈍化，並降低其在腐蝕環境中的腐蝕速率。[15] 陽極保護法的優點是可以將其應用在極弱到非常強的腐蝕環境，且僅需使用極低的電流。不過它的缺點是需要的設備較複雜，而且裝置的成本也較高。

■ 例題 13.11

一個 2.2 kg 之鎂犧牲陽極和船鋼殼相連。此陽極 100 天之後完全腐蝕。請計算陽極於此期間所產生的平均電流大小。

解

鎂的腐蝕反應為：$Mg \rightarrow Mg^{2+} + 2e^-$。我們可以使用 (13.13) 式來求出平均腐蝕電流 I (安培)：

---

[15] S.J. Acello and N.D. Greene, *Corrosion*, **18**: 286(1962).

$$w = \frac{ItM}{nF} \quad \text{或} \quad I = \frac{wnF}{tM}$$

$$w = 2.2 \text{ kg}\left(\frac{1000 \text{ g}}{\text{kg}}\right) = 2200 \text{ g} \quad n = 2 \quad F = 96{,}500 \text{ A} \cdot \text{s/mol}$$

$$t = 100 \text{ days}\left(\frac{24 \text{ h}}{\text{day}}\right)\left(\frac{3600 \text{ s}}{\text{h}}\right) = 8.64 \times 10^6 \text{ s} \quad M = 24.31 \text{ g/mol} \quad I = ? \text{ A}$$

$$I = \frac{(2200 \text{ g})(2)(96{,}500 \text{ A} \cdot \text{s/mol})}{(8.64 \times 10^6 \text{ s})(24.31 \text{ g/mol})} = 2.02 \text{ A} \blacktriangleleft$$

13.8 總結 Summary

腐蝕可以定義為由其環境的化學侵蝕導致的材料劣化。大多數材料的腐蝕涉及電化學電池對金屬的化學侵蝕。通過研究平衡條件，純金屬在標準水性環境中腐蝕的趨勢可能與金屬的標準電極電位有關。然而，由於腐蝕系統不平衡，還必須研究腐蝕反應的動力學。影響腐蝕反應速率的動力學因素的一些實例是腐蝕反應的極化和金屬上的鈍化膜的形成。

腐蝕有許多類型。這裡所討論的一些重要類型是均勻或一般的腐蝕、電鍍或雙金屬腐蝕、點腐蝕、縫隙腐蝕、晶間腐蝕、應力腐蝕、沖蝕腐蝕、空化損壞、微動腐蝕、選擇性浸出或脫合金，以及氫脆。

金屬和合金的氧化對於一些工程設計也很重要，例如燃氣輪機、火箭發動機和高溫石化裝置。對某些應用的金屬氧化速率的研究非常重要。在高溫下，必須注意避免災難性氧化。

可以利用許多不同的方法來控制或防止腐蝕。為避免腐蝕，應盡可能使用對特定環境具有耐腐蝕性的材料。對於許多情況，可以藉由使用金屬、無機或有機塗層來防止腐蝕。在許多情況下，適當的設備工程設計也非常重要。對於某些特殊情況，可以使用陰極或陽極保護系統來控制腐蝕。

13.9 名詞解釋 Definitions

13.1 節

- **腐蝕** (corrosion)：由於環境的化學侵蝕造成材料的退化現象。

13.2 節

- **陽極** (anode)：電解質電池中，會溶解產生離子及電子的金屬電極。
- **陰極** (cathode)：電解質電池中，接受電子的電極。

13.3 節

- **伽凡尼電池** (galvanic cell)：由兩種不同金屬分別浸入具有相同金屬離子之電解質溶液組成。
- **電動勢序列** (electromotive force series)：根據金屬元素之標準電化學電位所排列出來的序列。
- **離子濃度電池** (ion-concentration cell)：由相同的兩金屬片，分別浸入不同離子濃度電解質溶液所組成的伽凡尼電池。
- **氧濃度電池** (oxygen-concentration cell)：由相同的兩金屬片，分別浸入不同氧氣濃度的電解質溶液所組成之伽凡尼電池。

13.4 節

- **極化** (polarization)：電化學電池的陰極反應會因為下列原因而降低或停止：(1) 在金屬 - 電解質界面處有一緩慢的反應步驟 (活性極化)；(2) 在金屬 - 電解質界面處缺乏反應物或累積許多產物 (濃度極化)。
- **鈍化** (passivation)：在陽極表面處形成原子或分子薄膜，可降低腐蝕速率或停止反應。
- **伽凡尼 (海水) 序列** [galvanic (seawater) series]：根據金屬元素在海水中的電化學電位所排出的序列。

13.5 節

- **孔蝕腐蝕** (pitting corrosion)：在金屬表面形成許多微小陽極所導致的局部腐蝕現象。
- **粒間腐蝕** (intergranular corrosion)：在晶界或鄰近晶界處發生優先腐蝕的現象。
- **銲接退化** (weld decay)：由於熔接區域的結構差異會造成伽凡尼電池效應，導致熔接區域或其鄰近處受到腐蝕侵襲。
- **應力腐蝕** (stress corrosion)：金屬在腐蝕環境中承受應力導致優先腐蝕的現象。
- **選擇性腐蝕** (selective leaching)：固體合金內某一種特定金屬被優先去除的腐蝕現象。
- **氫脆** (hydrogen embrittlement)：當合金中的元素和氫原子或氫分子反應時材料變脆的情形。
- **起泡** (blistering)：一種由於氫原子擴散進入金屬中孔洞，造成大的內壓力使材料破壞的情形。

13.6 節

- **皮寧 - 貝得沃施 (P.B.) 比** [Pilling-Bedworth(P.B.)ratio]：氧化作用後產生的氧化物體積與消耗之金屬體積的比，又稱 P.B. 比。

13.7 節

- **陰極保護** (cathodic protection)：將欲保護之金屬與犧牲陽極連接或直接使用強制直流電壓使欲保護金屬成為陰極。
- **陽極保護** (anodic protection)：施加外部陽極電流形成具有保護性的鈍化膜，保護金屬不受腐蝕。

13.10 習題 Problems

知識及理解性問題

13.1 舉例說明 (a) 陶瓷材料和 (b) 聚合物材料的環境退化。

13.2 什麼是交換電流密度？什麼是腐蝕電流 i_{corr}？

13.3 繪製鈍態金屬的極化曲線並在其上指出 (a) 主要鈍態電位 E_{pp} 和 (b) 鈍態電流 i_p。

13.4 什麼是粒間腐蝕？描述可能導致沃斯田鐵不鏽鋼粒間腐蝕的冶金條件。

13.5 什麼是合金的選擇性腐蝕？哪種類型的合金特別容易受到這種腐蝕？

13.6 描述金屬上形成氧化物的陰離子和陽離子之擴散機制。

13.7 什麼類型的合金適合用於高的氧化條件以獲得耐腐蝕性？

13.8 列出六種具有良好耐腐蝕性的金屬和環境組合。

應用及分析問題

13.9 在電化學腐蝕反應中，金屬形成離子進入水溶液中，這個氧化反應稱為什麼？這種反應會產生什麼類型的離子？寫出在水溶液中氧化純鋅金屬的氧化半電池反應。

13.10 標準伽凡尼電池有鋅和錫電極。哪個電極是陽極？哪個電極腐蝕？什麼是電池的電動勢？

13.11 一個在 25°C 下的伽凡尼電池由在 0.04 M NiSO$_4$ 溶液中的鎳電極和在 0.08 M CuSO$_4$ 溶液中的銅電極所組成。兩個電極由多孔壁隔開。此電池的電動勢是多少？

13.12 在 25°C 時，鎂絲線兩端的電解液中鎂 (Mg^{2+}) 濃度為 0.04 M 和 0.007 M。(a) 電線的哪一端會腐蝕？(b) 電線兩端之間的電位差是多少？

13.13 考慮一個由兩個鋅電極組成的氧濃度電池。一個浸入具有低氧濃度的水溶液中，另一個浸入具有高氧濃度的水溶液中。鋅電極通過外部銅線連接。(a) 哪個電極會腐蝕？(b) 寫出陽極反應和陰極反應的半電池反應。

13.14 為什麼純金屬一般比不純金屬更耐腐蝕？

13.15 一個 60 cm 高且方形底部面積為 30 cm × 30 cm 的低碳鋼罐，充滿 45 cm 的充氣水，並在四週時間內出現了 350 g 的腐蝕損失。計算 (a) 腐蝕電流和 (b) 與腐蝕電流相關的腐蝕密度。假設所有表面的腐蝕是均勻的，並且低碳鋼與純鐵以相同的方式腐蝕。

13.16 一個含水且被加熱的低碳鋼罐以 90 mdd 的速度腐蝕。如果腐蝕是均勻的，需要多長時間才能使罐壁腐蝕 0.40 mm？

13.17 銅表面在海水中腐蝕，電流密度為 2.30×10^{-6} A/cm^2。腐蝕速率是多少 mdd？

13.18 一片鍍鋅鋼板能在平均電流密度為 1.32×10^{-7} A/cm^2 之下均勻腐蝕。需要多少年才能夠均勻腐蝕厚度為 0.030 mm 的鋅塗層？

13.19 什麼是孔蝕？孔通常在哪裡開始的？描述浸入充氣氯化鈉溶液中的不鏽鋼上，孔生長的電化學機制。

13.20 將面積 1 cm² 且 0.75 mm 厚的鎳 (純度 99.9 wt%) 在氧氣中 (1atm 壓力，500°C) 進行氧化。7 小時後，樣品顯示 60 μg/cm² 的重量增加。如果氧化過程遵循拋物線行為，氧化 20 小時後的重量增加是多少？

13.21 如果犧牲性的鎂陽極以平均電流 0.80 A 進行腐蝕 100 天，在這段時間內陽極損失多少金屬？

13.22 什麼是陽極保護？可以使用哪種金屬和合金呢？它有哪些優點和缺點？

綜合及評價問題

13.23 由熱鍛鋼製成的儲水罐內壁上有一個浸沒在水下的小裂縫。超聲波測試表明，裂縫隨著時間而增長。考慮到作用在裂縫上的外部承載很低，你能說出這種裂紋擴展的原因嗎？

13.24 根據混凝土的品質，水和氯化物可能會透過混凝土中的小孔，從環境中滲透入混凝土且腐蝕了鋼筋。提出保護鋼筋免受腐蝕的方法。

13.25 當零件在腐蝕性環境中使用時，零件的疲勞壽命顯著降低。這種現象稱為腐蝕疲勞。(a) 你能舉例說明這種情況嗎？(b) 列出影響腐蝕疲勞裂紋擴展的重要因素。

13.26 汽車工業如何保護鋼製車身板免受腐蝕？你能做些什麼來保護你的汽車免受腐蝕？

13.27 評定下列材料在強酸環境中的耐腐蝕性 (高至低)：(i) 氧化鋁 Al_2O_3，(ii) 尼龍，(iii) PVC 和 (iv) 鑄鐵。說明您的選擇理由。

13.28 將鹽 (NaCl) 儲存在鋁容器中，且容器在高濕度區域重複使用。(a) 是否有可能發生陰極和陽極反應？(b) 如果是，請確定此反應為何。

13.29 調查自由女神像結構中使用的金屬。為什麼雕像是綠色的？

CHAPTER 14 材料的電性質
Electrical Properties of Materials

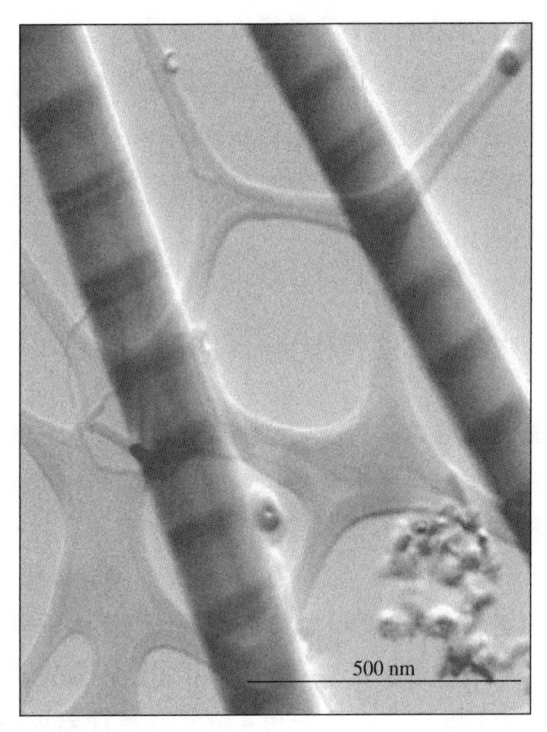

(©UC Berkeley/Peidong Yang)

科學家們不斷在尋找如何製作出可容納更多元件,但尺寸更小的電腦晶片。現今的工業發展重點是在開發於直徑約為 100 nm 的奈米線上製造電子元件所需的奈米科技。

上圖為兩個異質奈米線的電子顯微鏡影像,顯示出交替的暗層(矽/鍺)及亮層(矽)區域。[1]

---

[1] http://www.berkeley.edu/news/media/releases/2002/02/05_wires.html

學習目標

到本章結束時,學生將能夠:

1. 定義材料的導電性、半導體性和絕緣性,並且能夠根據其電性質,以一般方式分類每種材料(即金屬、陶瓷、聚合物)。
2. 解釋金屬中導電率、電阻率、漂移速度和平均自由路徑的概念。描述增加或減少溫度對每個上述性質的影響。
3. 描述能帶模型,並能夠基於它來定義金屬、聚合物、陶瓷和電子材料的電特性。
4. 定義本質和異質半導體,並描述電荷如何在這些材料中傳輸。
5. 定義 n 型和 p 型半導體,以及溫度對其電特性的影響。
6. 指出盡可能多的半導體元件(即 LED、整流器、電晶體),並說明這些元件如何工作。
7. 定義微電子學並解釋積體電路製造中的各個步驟。
8. 詳細解釋與介電性、絕緣性、電容性、鐵電性和壓電性陶瓷有關的電學特性。
9. 預測晶片和電腦製造領域的未來趨勢。

本章先討論金屬的導電特性,包含雜質、合金添加與溫度對金屬導電性造成的影響。接著會討論電傳導能帶模型 (energy-band model),然後再探討雜質與溫度對半導體材料導電性的影響。最後,基本半導體元件(接面元件)的操作原理會被提出與解釋,如發光二極體 (LED) 和電晶體。最後將介紹接面元件及其製造工藝在積體電路和微處理器工業中的重要性。微處理器技術主要依賴於半導體材料和電子元件技術的進步,在過去幾十年中已經發生了巨大的變革。在圖 14.1 中,英特爾於 1974 年製造的第一台 4 位元微處理器如圖 14.1a 所示。這款 740 kHz 微處理器每秒可執行 92,000 條指令,晶片尺寸為 12 mm^2,最小特徵尺寸為 10 微米。 2016 年,英特爾推出了 3.0 GHz,64 位元核心 i7 處理器,每秒能夠進行 3170 億次操作,最小特徵尺寸為 32 奈米(圖 14.1b)。

圖 14.1 (a) 英特爾於 1974 年製造的第一台微處理器，Intel 4004；(b) 英特爾製造的最新微處理器，2016 年 Intel core i7。
((a) Source: LucaDetomi/CC BY-SA 3.0; (b) Source: chris.jervis/CC BY-SA 2.0)

■ 14.1　金屬的電傳導性質 Electrical Conduction in Metals

14.1.1　金屬導電的古典模型

在金屬固體中，原子排列成晶體結構 (例如 FCC、BCC、HCP)，並因外層價電子 (valence electron) 的金屬鍵結 (2.5.3 節) 而連結。價電子可在金屬固體內的金屬鍵自由移動，因為它們為許多原子所共用，並不受特定原子拘束。有時候這些價電子可被視為一個帶電荷的電子雲，如圖 14.2a 所示。而有時候它們也可被視為與任何原子都不相干的獨立自由電子，如圖 14.2b 所示。

在典型的金屬固體導電模型中，外層價電子被假設為能自由移動於金屬晶格的正離子核 (沒有價電子的原子) 之間。在常溫下，正離子核有動能，會在晶格位置振動。當溫度上升時，離子振動的幅度也會變大，而離子核與價電子間會進行連續能量交換。未施加電位時，價電子的行動隨

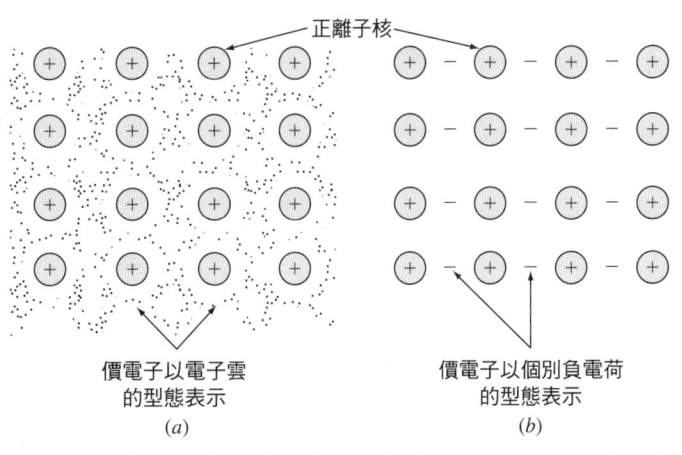

圖 14.2 在諸如銅、銀或鈉的一價金屬中的一個平面中的原子排列示意圖。在 (a) 中，價電子被描繪成「電子氣」。而在 (b) 中，價電子被視為單位電荷的自由電子。

意但受侷限，使得在任何方向都不會出現淨電子流，也就是說沒有電流。一旦外加電位，電子就會得到有方向性的漂移速度 (drift velocity)；此速度和外加電場成正比，但方向相反。

14.1.2　歐姆定律

於一條長直銅線兩端接上電池，如圖 14.3 所示。假如在銅線上施加電位差 V，會產生與電線電阻 R 成反比的電流 i。根據歐姆定律 (Ohm's law)，**電流** (electric current) 與外加電壓 V 成正比，而與電線電阻成反比，或：

$$i = \frac{V}{R} \tag{14.1}$$

其中 i = 電流，A (安培)

　　　V = 電位差，V (伏特)

　　　R = 電線電阻，Ω (歐姆)

如圖 14.3 顯示的金屬線，**電阻** (electrical resistance, R) 跟其長度 l 成正比，而跟其截面積 A 成反比。這些數值的共同關聯為一材料常數，**電阻率** (electrical resistivity, ρ)：

$$R = \rho \frac{l}{A} \quad 或 \quad \rho = R \frac{A}{l} \tag{14.2}$$

材料的電阻率在特定的溫度下為常數，其單位為：

$$\rho = R \frac{A}{l} = \Omega \frac{m^2}{m} = 歐姆 \text{-} 公尺 = \Omega \cdot m$$

電流通常比電阻更容易理解，因此**電導率** (electrical conductivity, σ*) 被定義為電阻率的倒數：

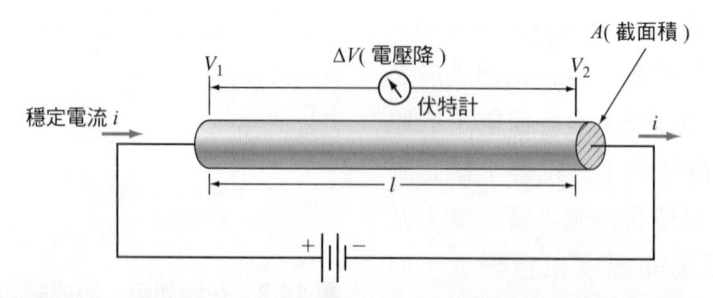

圖 14.3　施加電位差 ΔV 到具有橫截面積 A 的金屬線樣品。

---

* σ 是希臘字母 sigma

表 14.1 一些金屬與非金屬在室溫下的電導率

金屬與合金	$\sigma\ (\Omega \cdot m)^{-1}$	非金屬	$\sigma\ (\Omega \cdot m)^{-1}$
銀	6.3×10^7	石墨	10^5(平均)
銅,商用純度	5.8×10^7	鍺	2.2
金	4.2×10^7	矽	4.3×10^{-4}
鋁,商用純度	3.4×10^7	聚乙烯	10^{-14}
		聚苯乙烯	10^{-14}
		鑽石	10^{-14}

$$\sigma = \frac{1}{\rho} \tag{14.3}$$

電導率的單位是 (歐姆 - 米)$^{-1}$ = $(\Omega \cdot m)^{-1}$。SI 制的歐姆倒數稱為西門子 (siemens, S),但是此單位很少使用,本書也不會用。

表 14.1 列出一些金屬與非金屬的電導率。從表中可得知,像銀、銅或金等純金屬**導體** (electrical conductor) 的電導率最高,大約為 $10^7\ (\Omega \cdot m)^{-1}$。相對地,像聚乙烯與聚苯乙烯等**電絕緣體** (electrical insulator) 的電導率很低,只有 $10^{-14}\ (\Omega \cdot m)^{-1}$,比高導電性金屬低大約 10^{20} 倍。矽和鍺的電導率位居金屬和絕緣體間,被歸類為**半導體** (semiconductor)。

■ 例題 14.1 •

一直徑為 0.20 cm 的電線,必須承載 20 A 的電流。沿著電線的最大功率損失 4 W/m (每公尺瓦特)。計算此應用電線能允許的導電率最小值為多少 $(\Omega \cdot m)^{-1}$?

解

由功率 $P = iV = i^2R$ 其中 i = 電流,A R = 電阻,Ω
          V = 電壓,V P = 功率,W (瓦特)

$R = \rho \dfrac{l}{A}$ 其中 ρ = 電阻率,$\Omega \cdot m$

      l = 長度,m

      A = 電線的截面積,m^2

結合上述兩個方程式可以得到

$$P = i^2 \rho \frac{l}{A} = \frac{i^2 l}{\sigma A} \quad \text{因為 } \rho = \frac{1}{\sigma}$$

重新組合得到 $\sigma = \dfrac{i^2 l}{PA}$

因為 $P = 4\ W$(在 1 m) $i = 20\ A$ $l = 1\ m$

且
$$A = \frac{\pi}{4}(0.0020 \text{ m})^2 = 3.14 \times 10^{-6} \text{ m}^2$$
所以
$$\sigma = \frac{i^2 l}{PA} = \frac{(20 \text{ A})^2(1 \text{ m})}{(4 \text{ W})(3.14 \times 10^{-6} \text{ m}^2)} = 3.18 \times 10^7 \, (\Omega \cdot \text{m})^{-1} \blacktriangleleft$$

因此，對此應用，電線的導電係數必須等於或是大於 $3.18 \times 10^7 (\Omega \cdot \text{m})^{-1}$。

■ 例題 14.2 •

一商用純度的銅線在最大電位降是 0.4 V/m 時，想要承載 10 A 的電流，試求滿足上述條件下，銅線的最小直徑為何 [導電係數 σ (商用純度銅) = $5.85 \times 10^7 (\Omega \text{ m})^{-1}$]？

解

由歐姆定律：
$$V = iR \quad 且 \quad R = \rho \frac{l}{A}$$

綜合上述兩個式子可以得到：
$$V = i\rho \frac{l}{A}$$

重新組合可以得到：
$$A = i\rho \frac{l}{V}$$

將 $(\pi/4)d^2 = A$ 及 $\rho = 1/\sigma$ 代入上式，可以得到：
$$\frac{\pi}{4}d^2 = \frac{il}{\sigma V}$$
則
$$d = \sqrt{\frac{4il}{\pi \sigma V}}$$

由 $i = 10$ A，$V = 0.4$ V，$l = 1.0$ m 以及銅的導電係數 $\sigma = 5.85 \times 10^7 (\Omega \cdot \text{m})^{-1}$，則：
$$d = \sqrt{\frac{4il}{\pi \sigma V}} = \sqrt{\frac{4(10 \text{ A})(1.0 \text{ m})}{\pi [5.85 \times 10^7 (\Omega \cdot \text{m})^{-1}](0.4 \text{ V})}} = 7.37 \times 10^{-4} \text{ m} \blacktriangleleft$$

因此，對此應用，銅線的直徑必須等於或是大於 7.37×10^{-4} m。

(14.1) 式稱為巨觀形式 (macroscopic form) 的歐姆定律，因為 i、V 與 R 的值和特定導體的幾何形狀有關。歐姆定律也可以用微觀形式 (microscopic form) 表示，不受導電體幾何形狀的影響，如：

$$\mathbf{J} = \frac{\mathbf{E}}{\rho} \quad 或 \quad \mathbf{J} = \sigma \mathbf{E} \tag{11.4}$$

其中 **J** = 電流密度，A/m^2
E = 電場，V/m
ρ = 電阻率，$\Omega \cdot$ m
σ = 電導率，$(\Omega \cdot M)^{-1}$

電流密度 (electric current density, **J**) 與電場 **E** 為向量，具有大小與方向。表 14.2 比較了巨觀與微觀形式的歐姆定律。

表 14.2　巨觀與微觀形式的歐姆定律之比較

巨觀形式	微觀形式
$i = \dfrac{V}{R}$	$\mathbf{J} = \dfrac{\mathbf{E}}{\rho}$
其中 i = 電流，A	其中 **J** = 電流密度，A/m^2
V = 電壓，V	**E** = 電場，V/m
R = 電阻，Ω	ρ = 電阻率，$\Omega \cdot$ m

14.1.3　電子在導體金屬中的漂移速度

在室溫下，金屬導體晶格上的正離子核在平衡點位置振動，因此有動能。自由電子不斷的與離子晶格以彈性或非彈性碰撞的方式交換能量。由於並無外加電場，因此電子是隨意運動的；也由於不論在任何方向都沒有淨電子運動，因此沒有淨電流流通。

假如將均勻強度的電場 **E** 施加於導體，電子會以一定的速度向電場的反方向加速。電子與晶格中的離子核週期地碰撞後會失去動能。經碰撞後，電子可再度自由地於電場中加速，使得電子速度隨著時間會有如鋸齒狀的改變，如圖 14.4 所示。電子碰撞間的平均時間為 2τ，其中 τ 稱為鬆弛時間 (relaxation time)。

因此，電子獲得跟外加電場 **E** 成正比的平均漂移速度 $\mathbf{v}_d$，兩者的關係式可寫成：

$$\mathbf{v}_d = \mu \mathbf{E} \qquad (14.5)$$

其中 μ (唸作 mu) 為電子移動率，單位為 m^2/(V $\cdot$ s)，是比例常數。

圖 14.5 顯示銅線上有一個電流密度 **J** 朝著圖示方向流動。電流密度的定義為

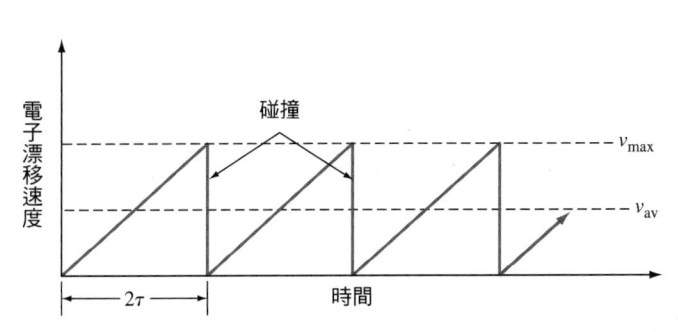

圖 14.4　於金屬內的自由電子電導率之古典模型中，電子漂移速度與時間的關係圖。

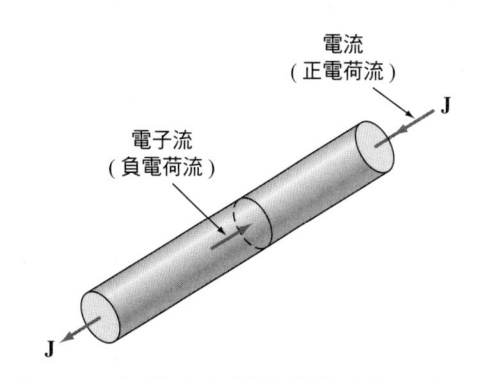

圖 14.5　銅線上的電位差造成電子流，如圖所示。由於電子帶負電，電子流的方向會與傳統電流方向 (假定為正電荷流) 相反。

電荷流過與 J 垂直的任何平面的速率，例如每平方公尺的安培數，或是每秒流過每平方公尺平面的庫侖數。

在金屬導線上，因電位差所產生的電子流和單位體積內的電子數 n、電荷 $-e$ ($-1.6 \times 10^{-19}C$) 及電子的漂移速度 $\mathbf{v}_d$ 有關。每單位面積上的電荷速率等於 $-ne\mathbf{v}_d$。不過，由於電流習慣上會被將視為正電荷流，因此電流密度 J 符號為正值，可寫成：

$$\mathbf{J} = ne\mathbf{v}_d \tag{14.6}$$

14.1.4 金屬的電阻率

純金屬的電阻率約為下列兩項之和：熱成分 ρ_T 及殘留成分 ρ_r：

$$\rho_{\text{total}} = \rho_T + \rho_r \tag{14.7}$$

熱成分來自於正離子核在金屬晶格平衡位置的振動。當溫度升高時，離子核的振動會更劇烈，造成大量由熱激發而成的彈性波 [稱為聲子 (phonon)] 散射了傳導電子，使得平均自由路徑和每次碰撞間的鬆弛時間都會降低。因此，當溫度升高時，純金屬的電阻率也升高，如圖 14.6 所示。純金屬電阻率的殘留成分很小，其來自於會散射電子的結構缺陷 (如差排、晶界及雜質)。殘留成分幾乎不受溫度影響，且只在低溫時才變得重要 (圖 14.7)。

圖 14.6 某些金屬中，溫度對電阻率的影響。請注意溫度 (°C) 和電阻率之間幾乎呈線性關係。
(Source: Zwikker, *Physical Properties of Solid Materials*, Pergamon, 1954, pp. 247, 249.)

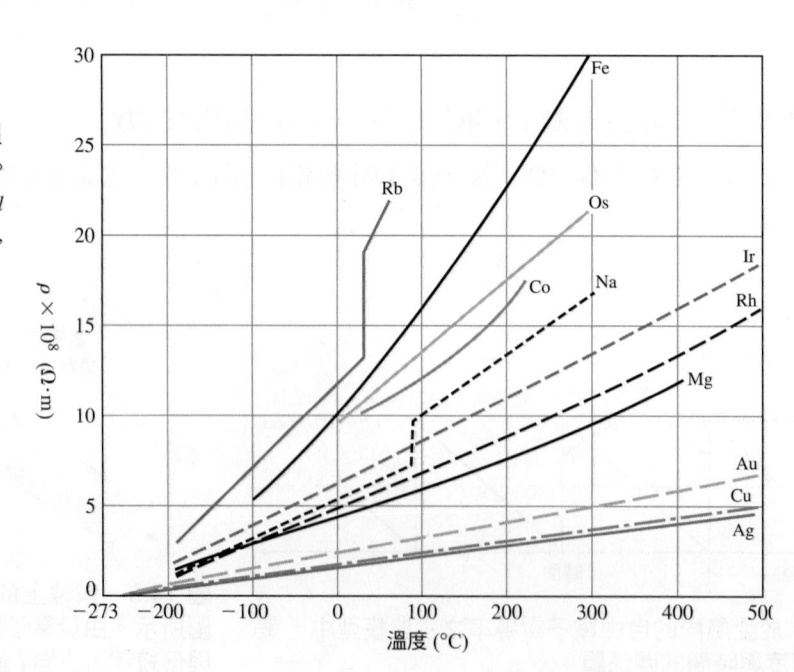

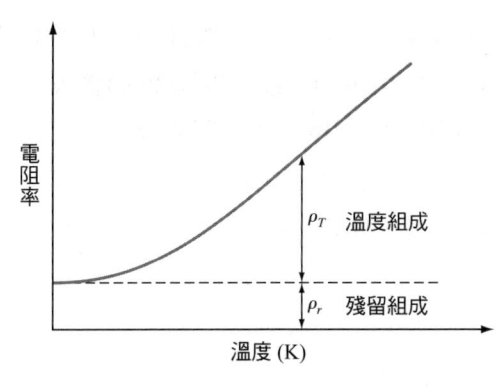

CHAPTER **14** 材料的電性質　621

圖 14.7 金屬的電阻率隨絕對溫度所發生的變化。請注意在溫度較高時，電阻率是殘留成分 ρ_r 與熱成分 ρ_T 之和。

表 14.3 電阻率溫度係數

金屬	0°C時的電阻率 ($\mu\Omega \cdot cm$)	電阻率溫度係數 $\alpha_T(°C^{-1})$
鋁	2.7	0.0039
銅	1.6	0.0039
金	2.3	0.0034
鐵	9	0.0045
銀	1.47	0.0038

溫度超過 −200°C 時，大部分的金屬電阻率跟溫度幾乎呈線性變化，如圖 14.6 所示。因此，許多金屬的電阻率或許可用下列方程式近似：

$$\rho_T = \rho_{0°C}(1 + \alpha_T T) \tag{14.8}$$

其中 $\rho_{0°C}$ = 0°C 時的電阻率
　　α_T = 電阻率的溫度係數，°C^{-1}
　　T = 金屬的溫度，°C

表 11.3 列出一些金屬的電阻率溫度係數 α_T，範圍在 0.0034 ∼ 0.0045(°C^{-1}) 間。

■ **例題 14.3**

試求純銅在 132°C 時的電阻率；電阻率溫度係數請查閱表 14.3。

解

$$\rho_T = \rho_{0°C}(1 + \alpha_T T) \tag{14.8}$$

$$= 1.6 \times 10^{-6}\,\Omega \cdot cm\left(1 + \frac{0.0039}{°C} \times 132°C\right)$$

$$= 2.42 \times 10^{-6}\,\Omega \cdot cm$$

$$= 2.42 \times 10^{-8}\,\Omega \cdot m \blacktriangleleft$$

在純金屬中添加合金元素會更加散射傳導電子，使得電阻率升高。加入微量元素對純銅在室溫下電阻的影響顯示於圖 14.8。每個元素對電阻率的影響差異很大。對圖中所顯示的元素而言，若添加量相同，銀所增加的電阻率最小，而磷則最大。加入大量合金元素，像是添加 5% 至 35% 的鋅到銅中而製成了銅 - 鋅合金，可增高其電阻率，使純銅的導電係數大幅下降，如圖 14.9 所示。

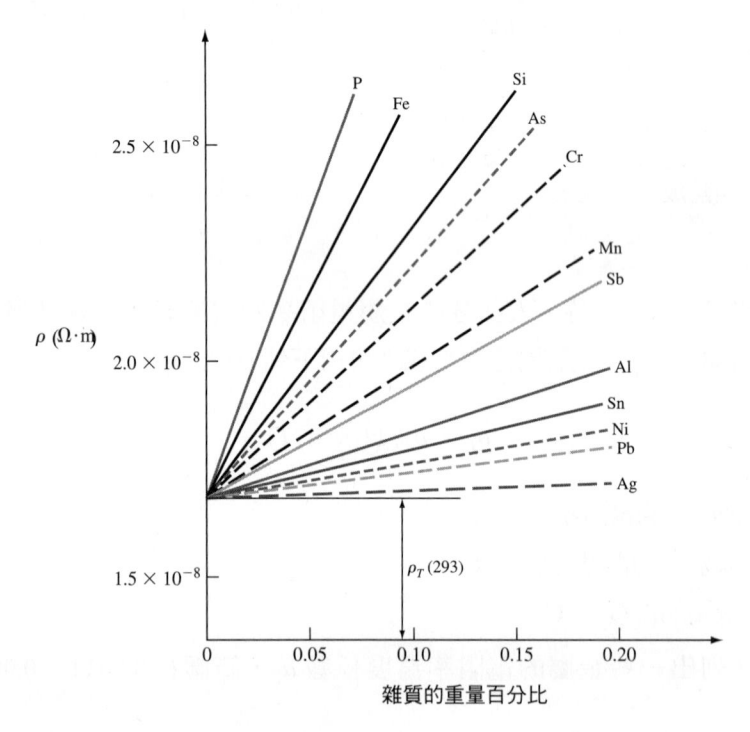

圖 14.8 添加少量各種元素對銅在室溫下之電阻率的影響。
(Source: F. Pawlek and K. Reichel, Z. Metallkd., 47:347 (1956).)

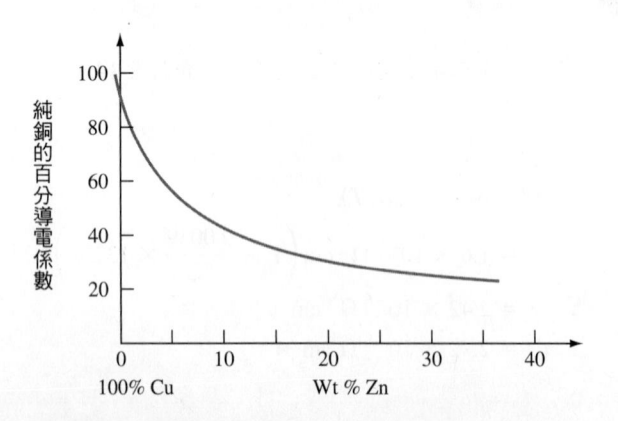

圖 14.9 添加鋅到純銅對降低銅電導率的影響。
(Source: ASM International.)

14.2 電傳導的能帶模型
Energy-Band Model for Electrical Conduction

14.2.1 金屬的能帶模型

我們現在來看固體金屬中電子的**能帶模型** (energy-band model)，以便了解金屬中電子的傳導機制。由於鈉原子的電子結構單純，所以我們用鈉金屬來說明固體金屬的能帶模型。

孤立原子的電子受到原子核的束縛，能夠擁有定義明確的能階，例如 $1s^1$、$1s^2$、$2s^1$、$2s^2$……等合乎鮑立不相容原理的能態。否則，原子中所有的電子都有可能降到最低的能態 $1s^1$！因此，中性鈉原子的 11 個電子總共占了 2 個 1s 態、2 個 2s 態、6 個 2p 態及 1 個 3s 態，如圖 14.10a 所示。處於較低能階 ($1s^2$、$2s^2$、$2p^6$) 的電子會緊緊地結合，形成鈉原子的核層電子 (core electron)(圖 14.10b)。外層的 $3s^1$ 電子可以和別的原子產生鍵結，稱為價電子 (valence electron)。

在固體的金屬塊中原子彼此碰觸且非常靠近。價電子能離開軌域且互相反應與穿越 (圖 14.11a)，使得原本壁壘分明的原子能階變寬，成為寬闊的能帶 (energy band)(圖 14.11b)。由於與價電子隔離，內層的電子 (核層電子) 不會形成能帶。

例如，按照鮑立不相容原理，一塊鈉金屬中的每個價電子能階一定都會有些許不同。因此如果一塊鈉金屬有 N 個鈉原子 (N 值非常大)，在 3s 能帶中就會有 N 個稍微不同的 $3s^1$ 能階。每一個能階稱為狀態 (state)。在價電子能帶中，能階接近

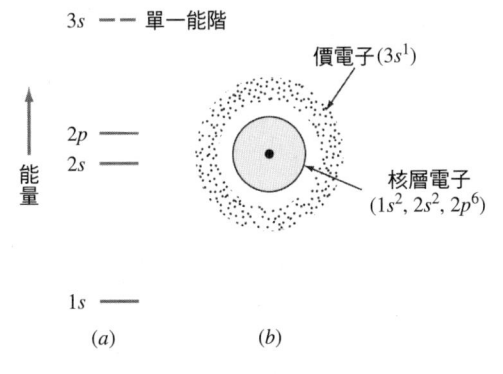

圖 14.10 (a) 單一鈉原子的能階；(b) 鈉原子中的電子排列狀態。外層 $3s^1$ 價電子的束縛是鬆散的，因此能自由地移動參與金屬鍵結。

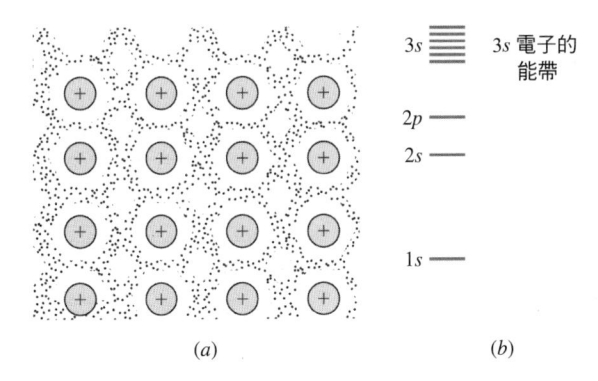

圖 14.11 (a) 金屬鈉塊中無定域化的價電子；(b) 金屬鈉塊中的能階；注意，3s 能階膨脹成能帶，而且 3s 能帶更接近 2p 能階，因為鍵結已造成孤立鈉原子的 3s 能階降低。

到可形成一個連續能帶。

　　圖 14.12 顯示鈉金屬部分的能帶與原子間距離的變化圖。在實心鈉金屬中，3s 及 3p 能帶有重疊 (圖 14.12)。不過，由於鈉原子只有一個 3s 電子，因此 3s 能帶只是半填滿 (half-filled) 而已 (圖 14.13a)。因此，要將鈉電子從最高的填滿狀態 (filled state) 激發到最低的空狀態 (empty state) 所需的能量極少。也因此，鈉金屬是極好的導體，因為只要少量的能量就可以在它內部產生電流。銅、銀及金的外層 s 能帶也都只有半填滿而已。

　　鎂金屬的兩個 3s 能帶狀態均為填滿。不過，由於 3s 跟 3p 能帶重疊，使一些電子得以進入，因此會造成部分填滿的 3sp 混合能帶 (圖 14.13b)。因此，儘管 3s 能帶為填滿，鎂仍是好的導體。同樣地，具有 2 個填滿狀態 3s 和一個填滿狀態 3p 的鋁也是好導體，因為部分填滿的 3p 能帶與完全填滿的 3s 能帶重疊 (圖 14.13c)。

圖 14.12 鈉金屬的價電子能帶圖。注意到 s、p 及 d 能階的分裂情形。
(Source: J.C. Slater, *Phys. Rev.*, 45:794 (1934). Copyright 1934 by the American Physical Society.)

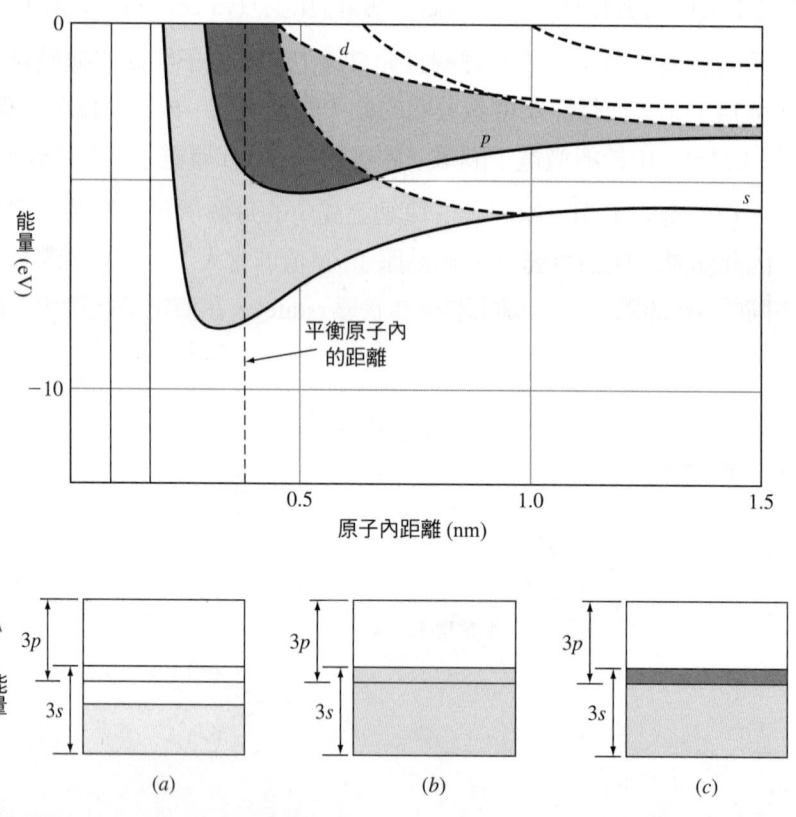

圖 14.13 數種金屬導體的能帶圖：(a) 鈉，$3s^1$：3s 能帶為半填滿，因為只有一個 $3s^1$ 電子；(b) 鎂，$3s^2$：3s 能帶為填滿，而且和空 3p 能帶重疊；(c) 鋁，$3s^2 3p^1$：3s 能帶為填滿，而且和部分填滿的 3p 能帶重疊。

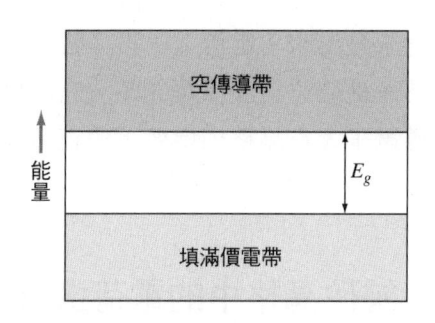

圖 14.14 絕緣體的能帶圖。價電帶被完全填滿，而且其與空傳導帶之間具有大能隙 E_g。

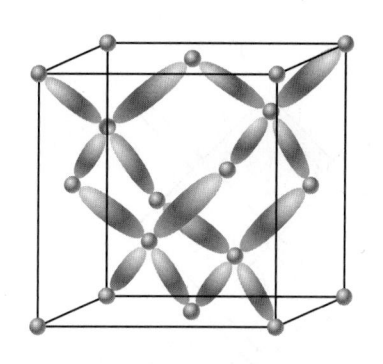

圖 14.15 鑽石立方晶體結構。結構中的原子是藉由 sp^3 共價鍵在一起。鑽石 (碳)、矽、鍺及灰錫 (錫的同質異形體在 13°C 以下是穩定的) 都是此種結構。每個單位晶胞含有 8 個原子：角落有 $\frac{1}{8} \times 8$ 個；面有 $\frac{1}{2} \times 6$ 個；單位立方體內部則有 4 個。

14.2.2 絕緣體的能帶模型

在絕緣體中，電子受離子或共價鍵束縛，緊緊綁在其鍵結原子上。除非獲得高能量，否則電子無法「自由」導電。絕緣體的能帶模型包括填滿的低能量**價電帶** (valence band) 與空的高能量**傳導帶** (conduction band)，兩者間相隔頗大的能隙 E_g (圖 14.14)。電子需得到足夠的能量越過能隙才能自由導電。純鑽石的能隙大約是 6 至 7 eV。鑽石中的電子被 sp^3 四面體的共價鍵緊緊束縛 (圖 14.15)。

14.3 本質半導體 Intrinsic Semiconductors

14.3.1 本質半導體的導電機制

半導體是導電性介於高導電性金屬和低導電性絕緣體之間的材料，而**本質半導體** (intrinsic semiconductor) 則是純半導體，其導電性是由材料本身的導電特性來決定，如純矽和純鍺。這些元素在週期表上屬於 IVA 族的元素，有著具高度方向性共價鍵的鑽石立方結構 (圖 14.15)。四面體 sp^3 混成鏈結軌域含有電子對並將原子在晶格中結合在一起。此四面體結構中，每個矽或鍺原子會提供四個價電子。

類似矽和鍺等純半導體的導電性可用鑽石立方晶格的二維平面圖示 (圖 14.16) 說明。圖中圓圈代表矽和鍺原子的正離子核，而平行直線則代表鍵結的共價電子。鍵結電子無法在晶格間自由遊走導電，除非施加足夠的能量，將電子

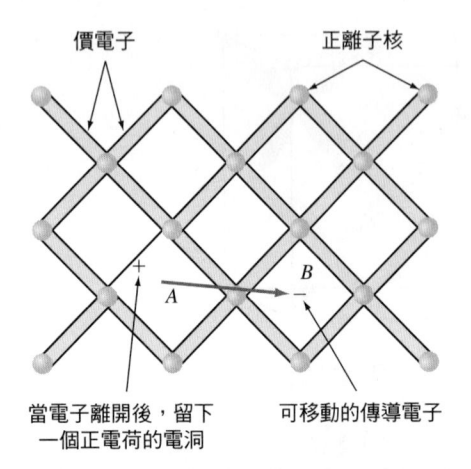

圖 14.16 矽或鍺的鑽石立方晶格二維平面圖，圖中顯示出正離子核及價電子。電子已經從 A 點的鍵結位置被激發出來，並且移動至 B 點。

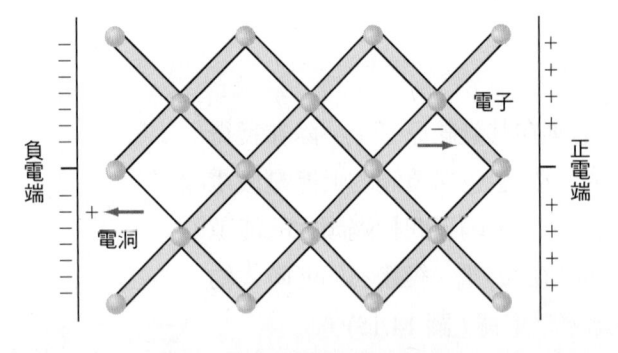

圖 14.17 像是矽的半導體之導電過程，圖中顯示電子和電洞在外加電場中的遷移情形。

從鍵結位置激發出來。當價電子獲得臨界能量，能將其從鍵結位置激發離開時，它即變成自由傳導電子，在晶格內會留下帶正電荷的「電洞」(圖 14.16)。

14.3.2 純矽晶格中的電荷遷移

在像是純矽或鍺這種半導體的導電過程中，電子和電洞都是電荷載子，會在外加電場中移動。傳導**電子** (electron) 帶負電荷，在電路中會受到正電端吸引 (圖 14.17)。相反地，**電洞** (hole) 帶正電荷，在電路中會受到負電端吸引 (圖 14.17)。電洞的正電荷電量大小與電子負電荷的電量大小相同。

圖 14.18 顯示了在電場中的電洞運動。假設 A 原子有一個電洞，因少了一個價電子，如圖 14.18a 所示。若施加電場在圖 14.18a 中所顯示的方向，B 原子的共價電子就會受到一個電場力的作用，使得與 B 原子連結的一個電子會脫離本身的鍵結軌域，移到 A 原子的空缺處 (電洞)。此時，電洞會出現在 B 原子，等於是從 A 原子移動到 B 原子 (圖 14.18b)。以此類推，電洞從 B 原子移到 C 原子時，也等於電子從 C 原子移到 B 原子 (圖 14.18c)。全部過程的最終結果是電子從 C 原子傳送到 A 原子 (和原來所施電場同方向)，而電洞會從 A 原子傳到 C 原子 (和原來所施電場反方向)。因此，當純半導體 (例如矽) 導電時，負電荷

圖 14.18 純矽半導體導電時，電洞和電子在受到外加電場作用時的移動情形。
(Source: S.N. Levine, *Principles of Solid State Microelectronics*, Holt, 1963.)

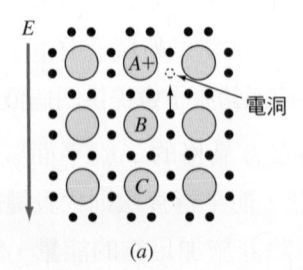

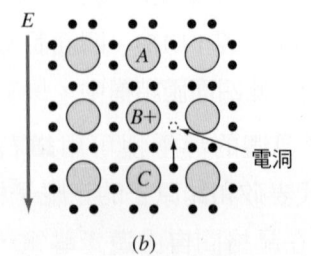

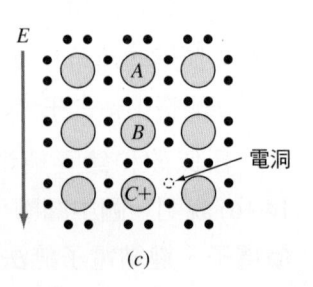

(a)　　(b)　　(c)

的電子移動方向會朝向正電端，與外加的電場方向相反 (傳統的電流方向)，而有正電荷的電洞移動方向會移向負電端，與外加電場方向相同。

14.3.3　元素型本質半導體的能帶圖

能帶圖也能用來敘述半導體中的價電子如何被激發而成為傳導電子。此時，只須用到此過程中所需要的能量，不須提供電子在晶格中移動的過程。在元素型本質半導體 (例如矽或鍺) 的能帶圖中，在溫度 20°C 時，共價鍵晶體的束縛價電子幾乎占滿了較低能量的價電帶 (圖 14.19)。

價電帶上方有一個不允許任何能態存在的禁止能隙 (forbidden energy gap)；對矽來說，在 20°C 的禁止能隙為 1.1 eV。在此能隙上方是一個幾乎是空的 (在 20°C)傳導帶。室溫熱能已足夠將少數價電子從價電帶激發到傳導帶，在價電帶留下空位或是電洞。因此，電子受到激發而跨越能隙進入傳導帶時，會產生兩個電荷載體 (charge carrier)，分別為負電荷電子與正電荷電洞，兩者都可輸送電流。

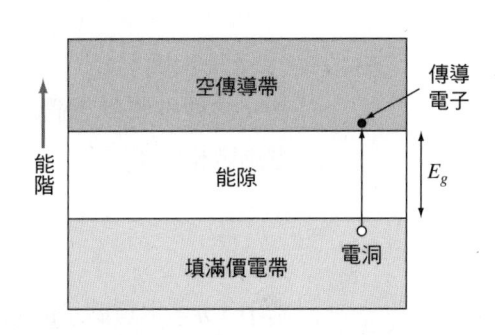

圖 14.19　像純矽的元素型本質半導體之能帶圖。當一電子受到激發而跨越了能隙時，便會產生一個電子 - 電洞對。因此，每一個跨越過能隙的電子，都會產生兩個電荷載子，亦即一個電子和一個電洞。

14.3.4　元素型本質半導體的電子傳導定量關係

當本質半導體在導電時，電流密度 **J** 等於電子與電洞傳導的總和。使用 (14.6) 式：

$$\mathbf{J} = nq\mathbf{v}_n^* + pq\mathbf{v}_p^* \tag{14.9}$$

其中 n = 單位體積內的傳導電子數
　　p = 單位體積內的傳導電洞數
　　q = 電子或電洞帶電量的絕對值，1.60×10^{-19} C
$\mathbf{v}_n$、$\mathbf{v}_p$ = 分別是電子與電洞的漂移速度

將 (14.9) 式的兩邊同除以電場 **E**，並使用 (14.4) 式，$\mathbf{J} = \sigma\mathbf{E}$，

$$\sigma = \frac{\mathbf{J}}{\mathbf{E}} = \frac{nq\mathbf{v}_n}{\mathbf{E}} + \frac{pq\mathbf{v}_p}{\mathbf{E}} \tag{14.10}$$

v_n/E 和 v_p/E 分別稱為電子和電洞的遷移率 (mobility)，因為它們量測半導體中的電子和電洞在外加電場下，漂移的速率有多快。符號 μ_n 和 μ_p 分別表示電子和電洞的遷移率。將 v_n/E 與 v_p/E 代入 (14.10) 式中，半導體的導電率表示為

$$\sigma = nq\mu_n + pq\mu_p \tag{14.11}$$

遷移率 μ 的單位是

$$\frac{v}{E} = \frac{m/s}{V/m} = \frac{m^2}{V \cdot s}$$

在元素型本質半導體中，電子和電洞是成對存在的，因此傳導的電子數與產生的電洞數相同：

$$n = p = n_i \tag{14.12}$$

其中，n = 本質載子的濃度，載子數 / 單位體積。

因此，(14.11) 式可改寫為

$$\sigma = n_i q(\mu_n + \mu_p) \tag{14.13}$$

表 14.4 列出本質矽和鍺在 300 K 時的一些重要性質。

電子的遷移率永遠比電洞的遷移率大。在 300 K 時，本質矽的電子移動率 $0.135 \ m^2/(V \cdot s)$ 比電洞移動率 $0.048 \ m^2/(V \cdot s)$ 大 2.81 倍 (表 14.4)，而本質鍺電子 / 電洞移動率的比值是 2.05。

表 14.4 矽和鍺在 300 K 時的某些物理性質

	矽	鍺
能隙，eV	1.1	0.67
電子遷移率 μ_n，$m^2/(V \cdot s)$	0.135	0.39
電洞遷移率 μ_p，$m^2/(V \cdot s)$	0.048	0.19
本質載體密度 n_i，載體數 $/m^3$	1.5×10^{16}	2.4×10^{19}
本質電阻率 ρ，$\Omega \cdot M$	2300	0.46
密度，g/m^3	2.33×10^{16}	5.32×10^6

Source: E.M. Conwell, "Properties of Silicon and Germanium II," *Proc. IRE*, June 1958, p. 1281.

■ 例題 14.4 •

計算每一立方公尺有多少個矽原子？矽的密度是 2.33 Mg/m³ (2.33 g/cm³)，原子質量是 28.08 g/mol。

解

$$\frac{\text{Si atoms}}{\text{m}^3} = \left(\frac{6.023 \times 10^{23} \text{ atoms}}{\text{mol}}\right)\left(\frac{1}{28.08 \text{ g/mol}}\right)\left(\frac{2.33 \times 10^6 \text{ g}}{\text{m}^3}\right)$$
$$= 5.00 \times 10^{28} \text{ atoms/m}^3 \blacktriangleleft$$

■ 例題 14.5 •

計算純矽在 300 K 時的電阻率。矽在 300 K 時，$n_i = 1.5 \times 10^{16}$ 載體數 /m³，$q = 1.60 \times 10^{-19}$ C，$\mu_n = 0.135$ m²/(V·s)，以及 $\mu_p = 0.048$ m²/(V·s)。

解

$$\rho = \frac{1}{\sigma} = \frac{1}{n_i q (\mu_n + \mu_p)} \quad \text{[(14.13) 式的倒式]}$$

$$= \frac{1}{\left(\dfrac{1.5 \times 10^{16}}{\text{m}^3}\right)(1.60 \times 10^{-19} \text{ C})\left(\dfrac{0.135 \text{ m}^2}{\text{V} \cdot \text{s}} + \dfrac{0.048 \text{ m}^2}{\text{V} \cdot \text{s}}\right)}$$

$$= 2.28 \times 10^3 \ \Omega \cdot \text{m} \blacktriangleleft$$

(14.13) 式的倒式單位是歐姆 - 公尺，如下列的單位換算所示：

$$\rho = \frac{1}{n_i q (\mu_n + \mu_p)} = \frac{1}{\left(\dfrac{1}{\text{m}^3}\right)(\text{C})\left(\dfrac{1 \text{ A} \cdot \text{s}}{1 \text{ C}}\right)\left(\dfrac{\text{m}^2}{\text{V} \cdot \text{s}}\right)\left(\dfrac{1 \text{ V}}{1 \text{ A} \cdot \Omega}\right)} = \Omega \cdot \text{m}$$

14.3.5 溫度對本質半導體性的影響

在 0 K，像是矽和鍺的本質半導體的價電帶會被完全填滿，而傳導帶則是完全空的。溫度 0 K 以上，部分價電子因熱活化而被激發，跨過能隙達到傳導帶，形成電子 - 電洞對。故相對於金屬的導電性會隨溫度的升高而下降，半導體的導電性在熱激發溫度範圍中，會隨溫度升高而增加。對超過此溫度範圍，這過程將占優勢。

因為半導體內傳導電子受到熱激發而進入傳導帶，半導體熱活化電子的濃度會與溫度有關，與其他的熱活化過程類似。與 (5.1) 式類似，有足夠熱能進入導電帶的電子濃度 (因此在價電帶會產生相同的電洞濃度)n_i，會依下式變化：

$$n_i \propto e^{-(E_g - E_{av})/kT} \tag{14.14}$$

其中 E_g = 能帶能隙值
E_{av} = 橫越能帶隙平均能值
k = 波茲曼常數
T = 溫度，K

對於本質半導體 (純矽或鍺)，E_{av} 是能隙值的一半，即 $E_g/2$，因此 (14.14) 式變成：

$$n_i \propto e^{-(E_g - E_g/2)/kT} \tag{14.15a}$$

或

$$n_i \propto e^{-E_g/2kT} \tag{14.15b}$$

因本質半導體之導電率 σ 和電荷載體濃度 n_i 成正比，(14.15b) 式可以表示成：

$$\sigma = \sigma_0 e^{-E_g/2kT} \tag{14.16a}$$

或是表示為自然對數的形式

$$\ln \sigma = \ln \sigma_0 - \frac{E_g}{2kT} \tag{14.16b}$$

圖 14.20 本質矽的導電率是絕對溫度的倒數的函數。
(Source: C.A. Wert and R.M. Thomson, *Physics of Solids*, 2nd ed., McGraw-Hill, 1970, p. 282.)

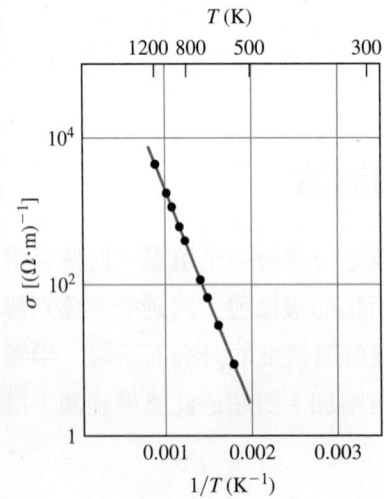

其中 σ_0 是一個總常數，主要與電子和電洞的遷移率有關。σ_0 與溫度略有相關，本書將忽略不計。

因為 (14.16b) 式為直線方程式，所以 $E_g/2k$ 和 E_g 值可以由 $\ln \sigma$ 對 $1/T$ (K^{-1}) 作圖的斜率計算。圖 14.20 顯示矽本質半導體的 $\ln \sigma$ 對 $1/T$(K^{-1}) 實驗圖。

■ 例題 14.6

在室溫 27°C (300 K)，純矽電阻率是 $2.3 \times 10^3 \, \Omega \cdot m$。請計算它在 200°C (473 K) 時的導電係數。假設矽的 $E_g = 1.1$ eV；$k = 8.62 \times 10^{-5}$ eV/K。

解

首先，利用 (14.16a) 式設立兩方程式，然後用第一式除以第二式以消去 σ_0。

$$\sigma = \sigma_0 \exp \frac{-E_g}{2kT} \quad (14.16a)$$

$$\sigma_{473} = \sigma_0 \exp \frac{-E_g}{2kT_{473}}$$

$$\sigma_{300} = \sigma_0 \exp \frac{-E_g}{2kT_{300}}$$

用第一式除以第二式以消去 σ_0，得到

$$\frac{\sigma_{473}}{\sigma_{300}} = \exp\left(\frac{-E_g}{2kT_{473}} + \frac{E_g}{2kT_{300}}\right)$$

$$\frac{\sigma_{473}}{\sigma_{300}} = \exp\left[\frac{-1.1 \text{ eV}}{2(8.62 \times 10^{-5} \text{ eV/K})}\left(\frac{1}{473 \text{ K}} - \frac{1}{300 \text{ K}}\right)\right]$$

$$\ln \frac{\sigma_{473}}{\sigma_{300}} = 7.777$$

$$\sigma_{473} = \sigma_{300}(2385)$$

$$= \frac{1}{2.3 \times 10^3 \, \Omega \cdot m}(2385) = 1.04 \, (\Omega \cdot m)^{-1} \blacktriangleleft$$

當溫度由 27°C 上升到 200°C，矽之導電係數增加約 2400 倍。

■ 14.4 外質半導體 Extrinsic Semiconductors

外質半導體是相當稀釋的置換型固溶體，其中溶質(雜質)原子的共價特性與溶劑原子晶格不同。這些半導體中添加的雜質原子濃度通常介於 100-1000 ppm (百萬分之一) 之間。

14.4.1 n 型 (負型) 外質半導體

圖 14.21a 顯示矽晶格的二維共價鍵模型。假使一個 VA (5A) 族元素 (例如磷) 的雜質原子取代了一個為 IVA (4A) 族元素矽原子，除了矽晶格四面體共價鍵

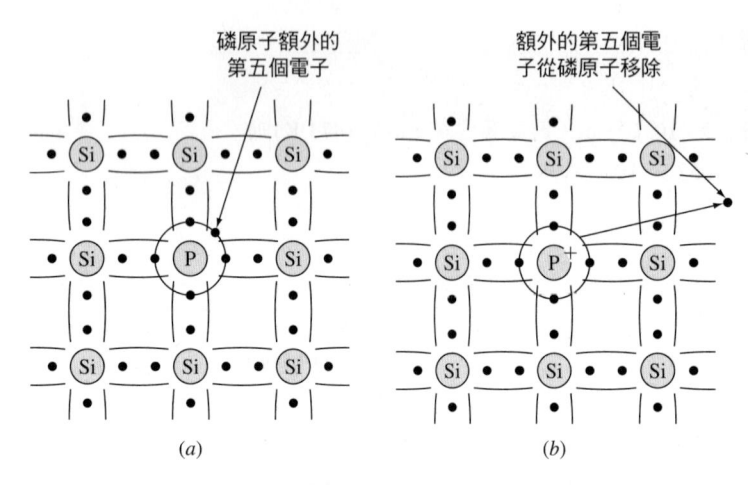

圖 14.21 (a) 將五價磷雜質原子加入四價矽晶格後會提供第五個電子，該電子微弱地依附在母磷原子上。只要很少的能量 (0.044 eV) 就能讓此電子移動並導電；(b) 在外加電場下，此多出的電子變成可傳導，並會受到電路的正電端吸引。隨著失去此多餘電子，磷原子會被離子化，並且獲得一個正電荷。

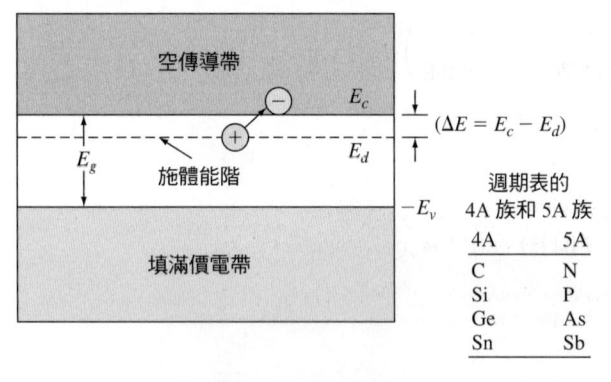

圖 14.22 n 型外質半導體能帶圖，顯示出矽晶格中 VA 族元素（像是磷、砷、銻）多餘電子的施體能階位置。施體能階的電子只需要少量的能量 ($\Delta E = E_c - E_d$) 就可被激發到傳導帶。當在施體能階的電子跳到傳導帶時，會留下一個無法移動的正離子。

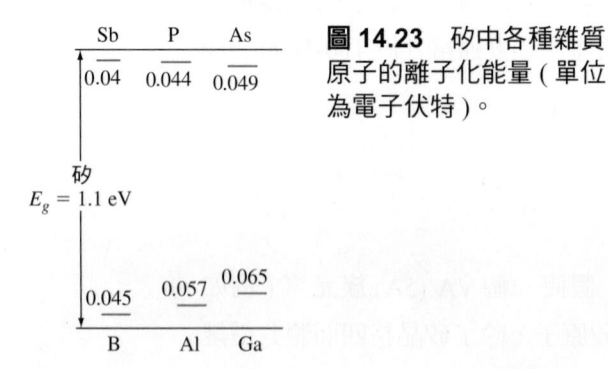

圖 14.23 矽中各種雜質原子的離子化能量（單位為電子伏特）。

所需要的四個電子外，還會多一個電子。此多餘電子與帶正電的磷核心鬆散地鍵結，在 27°C 時的鍵結能為 0.044 eV，大約只有純矽傳導電子欲跳出 1.1 eV 能隙所需能量的 5%。也就是說，要從母核移除此多餘電子，使它可以參與電傳導只要 0.044 eV 的能量。在電場的作用下，此多餘電子會成為自由電子而導電，而剩下的磷原子會獲得一個正電荷而因此離子化（圖 14.21b）。

像是磷、砷 (As)、銻 (Sb) 等 VA (5A) 族的雜質原子加入矽或是鍺之後，可提供易於游離的電子進行電傳導。由於這些 VA 族雜質原子在矽或鍺晶體中提供傳導電子，因此稱為施體雜質原子 (donor impurity atom)。含有 VA 族雜質原子的矽或鍺半導體稱為 **n 型（負型）外質半導體** [n-type (negative-type) extrinsic semicondutctor]，因為主要的電荷載體是電子。

從矽的能帶圖來看，VA 族雜質原子的多餘電子占據了在禁止能隙中位於空傳導帶略下方的能階，如圖 14.22 所示。該能階稱為**施體能階** (donor level)，因為它來自施體雜質原子。施體 VA 族的雜質原子在失去多餘電子時，會獲得一個正電荷而被離子化。VA 族雜質施體原子銻、磷及砷在矽中的能階如圖 14.23 所示。

14.4.2　p 型 (正型) 外質半導體

當三價的 IIIA 族元素 (例如硼) 被加入矽的四面體結晶作替換時，會少掉一個鍵結軌域，造成矽的鍵結結構中會存在一個電洞 (圖 14.24a)。若此時在矽晶體外加一個電場，鄰近四面體鍵結中的一個電子就可在獲得足夠的能量後，離開其鍵結而移到硼原子的空缺鍵 (電洞) 上 (圖 14.24b)。一旦硼原子的電洞被填滿，硼原子即會離子化，會得到負電荷 −1。此時，從矽原子中移除一個電子然後產生一個電洞，所需要的相關鍵結能只有 0.045 eV。與從價電帶中傳送一個電子到傳導帶中所需的 1.1 eV 相比，此能量非常小。在外加電場作用之下，硼原子游離化所產生的電洞就如正電荷載子一般，會在矽晶格中朝負電端移動，如圖 14.17 所示。

從能帶圖來看，硼原子提供了一個稱作**受體能階** (acceptor level) 的能階，比填滿的矽的價電帶最上層略高一點 (≈0.045 eV)(圖 14.25)。當靠近硼原子的矽原子的價電子將硼 - 矽共價鍵中的電洞填滿時 (圖 14.24b)，該電子會被提升到受體能階，產生一個負硼離子。在這過程中，矽晶格中會產生一個電洞，如同正電荷載子。如 B、Al 及 Ga 等 III A(3A) 族元素的原子在矽半導體中提供受體能階，被稱為受體原子 (acceptor atom)。由於這些外質半導體中的多數載子是共價鍵結構裡的電洞，因此被稱為 **p 型 (正載子型) 外質半導體** [p-type (positive-carrier-type) extrinsic semiconductor]。

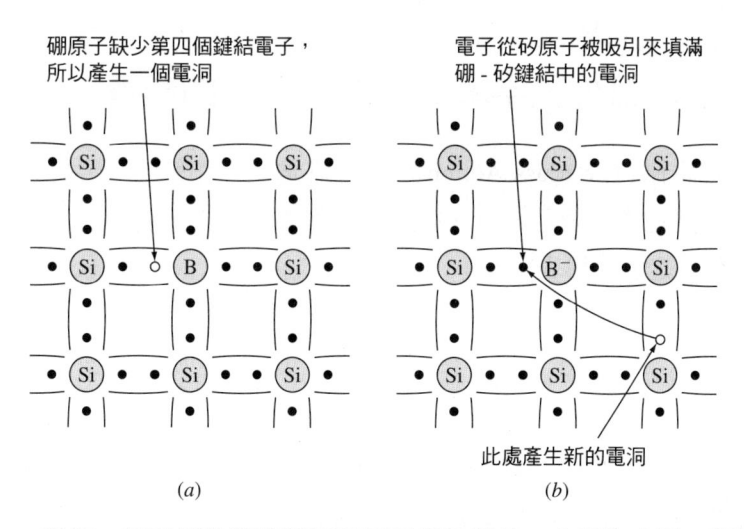

圖 14.24　(a) 添加一個三價的硼雜質原子至四價晶格後，會因為少了一個電子，而在硼 - 矽鍵結中產生一個電洞；(b) 在外加電場的作用下，只需很少的能量 (0.045 eV) 即可自鄰近的矽原子吸引一電子來填滿此電洞，產生一個有 −1 電荷的固定硼離子。矽晶格中產生的新電洞就如同正電荷載子一樣，會被吸引到電路的負電端。

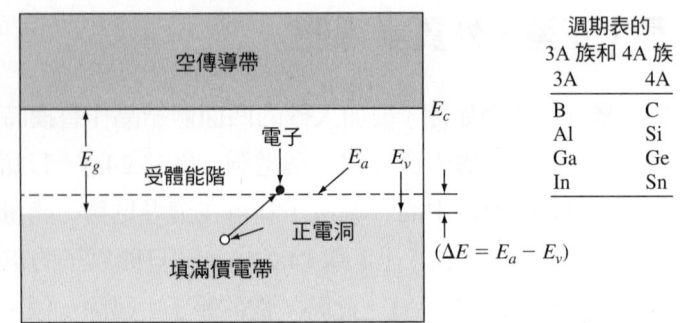

圖 14.25 p 型外質半導體的能帶圖，顯示加入如 Al、B 或 Ga 等 IIIA 族元素以取代矽晶格中的矽原子，所產生的受體能階位置（見圖 14.24）。只要很少的能量（$\Delta E = E_a - E_v$）就可以將電子從價電帶激發到受體能階，因此會在價電帶中產生一個電洞（電荷載子）。

週期表的 3A 族和 4A 族	
3A	4A
B	C
Al	Si
Ga	Ge
In	Sn

14.4.3 外質矽半導體材料的摻雜

將少量置換型雜質原子添加至矽以產生外質矽半導體的過程稱為摻雜 (doping)，而被加入的雜質原子稱為摻雜物 (dopant)。摻雜矽半導體最常見的方式為平面製程 (planar process)。在此製程中，摻雜原子會被導入在矽中所選定的區域以形成 p 型或是 n 型材料。晶圓 (wafer) 直徑通常為 4 in. (10 cm)，厚度約幾百微米 [2]。

在矽晶圓摻雜的擴散製程中，摻雜原子一般會透過氣相沉積步驟沉積在晶圓表面或附近，接著再透過驅動擴散 (drive-in diffusion) 將摻雜原子朝晶圓內部推進。擴散過程需要在約 1100°C 的高溫下進行。有關該過程的更多細節將在關於微電子學的第 14.6 節中描述。

14.4.4 摻雜對外質半導體中載子濃度的影響

質量作用定律 (The Mass Action Law) 在像是矽和鍺的半導體中，可移動的電子和電洞不斷地產生及再結合。在平衡及衡溫狀態下，自由的負電子濃度與正電洞濃度的積為定值，可表示為：

$$np = n_i^2 \quad (14.17)$$

其中 n_i 為半導體內的本質載子濃度，在已知溫度下為定值。此關係對本質和外質半導體都適用。在外質半導體中，某型載子 (n 或 p) 的增加會透過再結合使另一型載子的濃度降低，造成在特定溫度下，兩種 (n 和 p) 載子的乘積為常數。

---

[2] 1 微米 (μm) = 10^{-4} cm = 10^4 Å。

表 14.5 外質半導體中各種載子濃度之摘要說明

半導體	多數載體濃度	少數載體濃度
n 型	n_n(n 型材料中電子的濃度)	p_n(n 型材料中電洞的濃度)
p 型	p_p(p 型材料中電洞的濃度)	n_p(p 型材料中電子的濃度)

外質半導體內濃度較高的載子稱為**多數載子** (majority carrier)，而濃度較小的則稱為**少數載子** (minority carrier)(見表 14.5)。n 型半導體內的電子濃度表示為 n_n，電洞濃度表示為 p_n。同樣地，p 型半導體內的電洞濃度表示成 p_p，電子濃度表示成 n_p。

外質半導體中的電荷密度　外質半導體的第二個基本關係來自於全部晶體一定得保持電中性。這代表，每個體積單元內的電荷密度必須為零。外質半導體內 (如矽和鍺) 有兩種帶電荷粒子：固定離子與移動電荷載子。固定離子源自於矽或鍺中施體或受體雜質原子的離子化。正施體離子的濃度表示為 N_d，而負受體離子的濃度則表示為 N_a。移動電荷載子主要來自於矽或鍺中雜質原子的離子化，其負電荷電子濃度以 n 表示，而正電荷電洞濃度則以 p 表示。

由於半導體必須為電中性，所以所有的負電荷密度與正電荷密度大小必須相等。所有的負電荷密度等於負受體離子 N_a 與電子之和，或 $N_a + n$。所有的正電荷則等於正施體離子 N_d 與電洞之和，或 $N_a + p$。故

$$N_a + n = N_d + p \tag{14.18}$$

在本質矽半導體內添加施體雜質原子所產生的 n 型半導體中，$N_a = 0$。由於 n 型半導體中的電子數目遠大於電洞數目 (即 $n >> p$)，因此 (14.18) 式簡化為：

$$n_n \approx N_d \tag{14.19}$$

因此，在 n 型半導體內，自由電子濃度大約等於施體原子濃度。n 型半導體中的電洞濃度，可由 (14.17) 式獲得：

$$p_n = \frac{n_i^2}{n_n} \approx \frac{n_i^2}{N_d} \tag{14.20}$$

對矽和鍺的 p 型半導體，相對應的公式為：

$$p_p \approx N_a \tag{14.21}$$

和
$$n_p = \frac{n_i^2}{p_p} \approx \frac{n_i^2}{N_a} \quad (14.22)$$

本質和外質半導體中典型的載子濃度 矽在 300 K 時的本質載子濃度 n_i 等於 1.5 × 10^{16} 載子/m^3。對於摻雜砷的外質矽，典型雜質濃度為 10^{21} 雜質原子/m^3，

$$\text{多數載子濃度 } n_n = 10^{21} \text{ 電子}/m^3$$
$$\text{少數載子濃度 } p_n = 2.25 \times 10^{11} \text{ 電洞}/m^3$$

因此，外質半導體的多數載子濃度通常遠大於少數載體濃度。例題 14.7 示出了如何計算外質矽半導體的多數載子和少數載子的濃度。

■ 例題 14.7 •

一矽晶圓摻雜 10^{21} 磷原子/m^3。請估算：(a) 多數載體濃度；(b) 少數載體濃度；(c) 室溫 (300 K) 下摻雜矽之電阻率。假設摻雜原子完全離子化；n_i(Si) = 1.5 × 10^{16} m^{-3}，μ_n = 0.135 m^2/(V · s)，μ_p = 0.048 m^2/(V · s)。

解

因為矽用磷 (V 元素) 摻雜，所以摻雜後的矽是 n 型半導體。

a. $n_n = N_d = 10^{21}$ 電子/m^3 ◀

b. $p_n = \dfrac{n_i^2}{N_d} = \dfrac{(1.5 \times 10^{16} \text{ m}^{-3})^2}{10^{21} \text{ m}^{-3}} = 2.25 \times 10^{11}$ holes/m^3 ◀

c. $\rho = \dfrac{1}{q\mu_n n_n} = \dfrac{1}{(1.60 \times 10^{-19} \text{ C})\left(0.135 \dfrac{m^2}{V \cdot s}\right)\left(\dfrac{10^{21}}{m^3}\right)}$

  $= 0.0463 \ \Omega \cdot m$* ◀

---
*單位轉換見例題 14.5。

■ 例題 14.8 •

一磷摻雜矽晶圓，電阻率在 27°C 時為 8.33 × 10^{-5} $\Omega \cdot m$。假設電荷載體的遷移率是常數，電子為 0.135 m^2/(V · s)，電洞為 0.048 m^2/(V · s)。

a. 假設完全離子化，多數載體的濃度為何 (每立方公尺的載體數)？
b. 此材料中磷/矽原子的比例為何？

解

a. 摻雜磷原子可形成 n 型矽半導體。故電荷載體遷移率可視為矽中電子於 300 K 之遷移率，等於 0.135 m²/(V·s)，所以

$$\rho = \frac{1}{n_n q \mu_n}$$

或 $n_n = \dfrac{1}{\rho q \mu_n} = \dfrac{1}{(8.33 \times 10^{-5}\ \Omega \cdot m)(1.60 \times 10^{-19}\ C)[0.1350\ m^2/(V \cdot s)]}$

$= 5.56 \times 10^{23}$ 電子 /m³ ◀

b. 假設一磷原子可提供一個電子，材料中將含有 5.56×10^{23} 個磷原子 /m³。純矽為 5.00×10^{28} 矽原子 /m³ (例題 14.4)。故磷 / 矽比例可寫為：

$$\frac{5.56 \times 10^{23}\ 磷原子/m^3}{5.00 \times 10^{28}\ 矽原子/m^3} = 1.11 \times 10^{-5}\ 磷對矽原子比 ◀$$

14.4.5 全部離子化的雜質濃度對室溫下矽中電荷載子遷移率的影響

圖 14.26 顯示在室溫之下，位於矽內的電子和電洞遷移率與雜質濃度。在低雜質濃度時有最大遷移率，隨雜質濃度的增高，遷移率也會開始漸漸下降到最小值。例題 14.9 介紹如何用其中一型電荷載子來中和另一型載子，並且導致較低的多數載子遷移率。

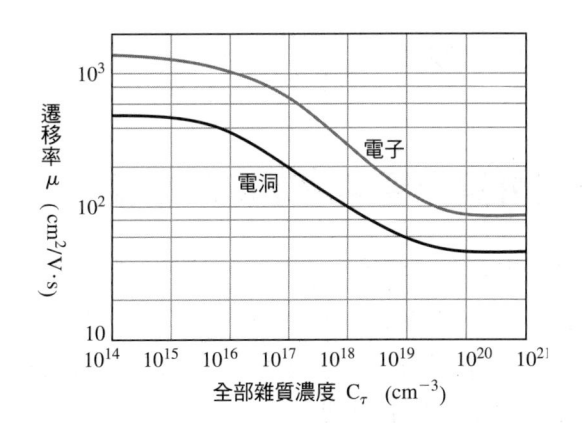

圖 14.26 總離子化的雜質濃度對室溫下矽載子遷移率的影響。

(Source: A.S. Grove, *Physics and Technology of Semiconductor Devices*, Wiley, 1967, p. 110.)

■ 例題 14.9

一矽半導體在 27°C 時摻雜 1.4×10^{16} 硼原子/cm³ 加上 1.0×10^{16} 磷原子/cm³。計算：(a) 平衡時，電子與電洞的濃度；(b) 電子與電洞的遷移率；(c) 電阻率。假設摻雜原子完全離子化。$n_i(Si) = 1.50 \times 10^{10}$ cm⁻³。

解

a. 多數載體濃度：非移動離子的淨濃度等於受體離子濃度減施體離子濃度，因此

$$p_p \simeq N_a - N_d = 1.4 \times 10^{16} \text{ B 原子/cm}^3 - 1.0 \times 10^{16} \text{ P 原子/cm}^3$$
$$\simeq N_a \simeq 4.0 \times 10^{15} \text{ 個洞/cm}^3 \blacktriangleleft$$

少數載體濃度：電子為少數載體，因此

$$n_p = \frac{n_i^2}{N_a} = \frac{(1.50 \times 10^{10} \text{ cm}^{-3})^2}{4 \times 10^{15} \text{ cm}^{-3}} = 5.6 \times 10^4 \text{ 電子/cm}^3 \blacktriangleleft$$

b. 電子與電洞的遷移率：以電子論，使用全部雜質濃度 $C_T = 2.4 \times 10^{16}$ 離子/cm³，及圖 14.26，

$$\mu_n = 900 \text{ cm}^2/(\text{V} \cdot \text{s}) \blacktriangleleft$$

以電洞論，全部雜質濃度 $C_T = 2.4 \times 10^{16}$ 離子/cm³，及圖 14.26，

$$\mu_p = 300 \text{ cm}^2/(\text{V} \cdot \text{s}) \blacktriangleleft$$

c. 電阻率：摻雜半導體是 p 型外質半導體：

$$\rho = \frac{1}{q\mu_p p_p}$$
$$= \frac{1}{(1.60 \times 10^{-19} \text{ C})[300 \text{ cm}^2/(\text{V} \cdot \text{s})](4.0 \times 10^{15}/\text{cm}^3)}$$
$$= 5.2 \text{ }\Omega \cdot \text{cm} \blacktriangleleft$$

14.4.6 溫度對外質半導體導電率的影響

外質半導體，例如摻雜有雜質原子的矽，溫度會影響其導電率，如圖 14.27 所示。在較低溫度時，單位體積內雜質原子活化 (離子化) 的數目決定了矽的導電率。溫度升高時，更多的雜質原子被離子化，所以外質範圍內的外質矽半導體導電率隨溫度的升高而升高 (圖 14.27)。

在外質範圍內，僅需少量的能量 (≈0.04 eV) 即可離子化雜質原子。n 型半導體施體電子激發到傳導帶所需的能量為 $E_c - E_d$ (圖 14.22)。所以 n 型矽半導體的 $\ln \sigma$ 對 $1/T(K^{-1})$ 作圖的斜率為 $-(E_c - E_d)/k$。相同地，將 p 型矽半導體的電子激發

到受體能階，並且在價電帶中產生一個電洞所需要的能量為 $E_a - E_v$，所以 p 型矽之 $\ln \sigma$ 對 $1/T(K^{-1})$ 作圖的斜率為 $-(E_a - E_v)/k$ (圖 14.27)。

在完全離子化所需要的溫度之上的一個特定溫度範圍內，溫度增加並不會明顯地改變外質半導體的導電度。對 n 型半導體而言，此溫度範圍稱為耗盡範圍 (exhaustion range)，因為受體原子失去了它們的施體電子，已經被完全離子化 (圖 14.27)。對 p 型半導體而言，此溫度範圍稱為飽和範圍 (saturation range)，因為受體原子接受受體電子，完全被離子化。要使上述耗盡範圍發生在室溫 (300 K) 之下，用砷摻雜矽需要的濃度約為 10^{21} 載體 $/m^3$ (圖 14.28a)。對半導體元件，施體的耗盡溫度範圍與受體的飽和溫度範圍非常重要，因為它們提供了導電度本質上不變的溫度作業範圍。

溫度超過耗盡溫度範圍之後，就會進入本質範圍 (intrinsic range) 中。此時，較高的溫度提供足夠的活化能使電子跨越半導體能隙 (矽為 1.1 eV)，所以本質傳導變成主導的。$\ln \sigma$ 對 $1/T(K^{-1})$ 作圖的斜率變得更陡峭，其值等於 $-E_g/2k$。在一

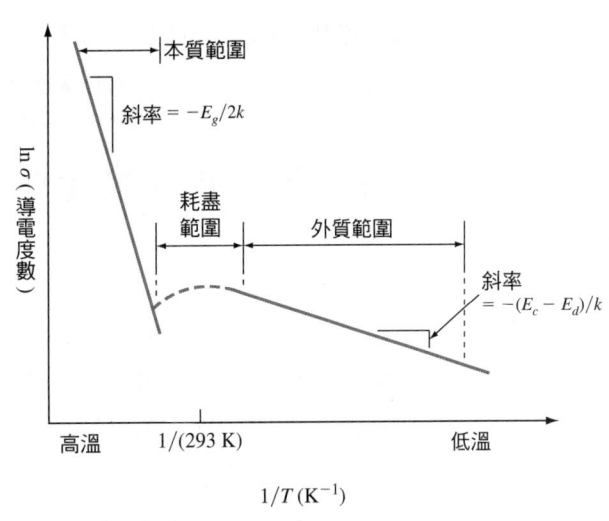

圖 14.27 n 型外質半導體的 $\ln \sigma$ (導電度) 對 $1/T(K^{-1})$ 的關係之示意圖。

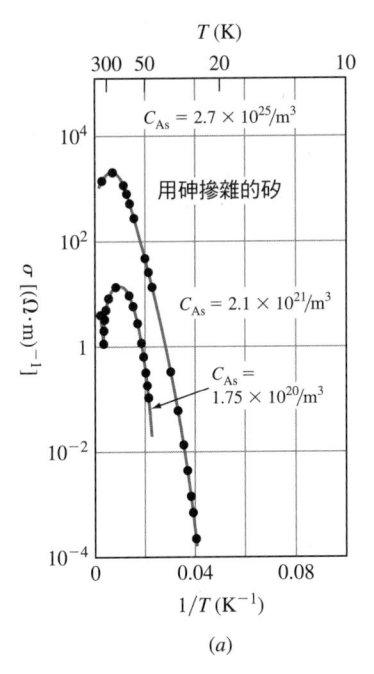

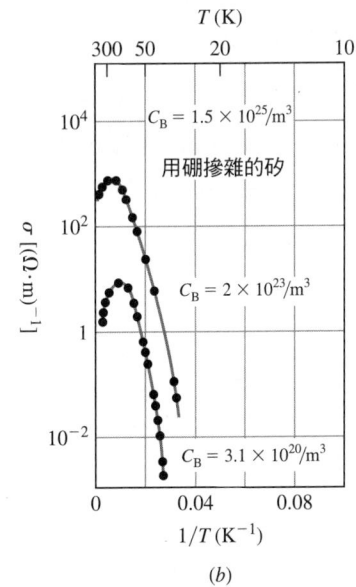

圖 14.28 (a) 摻雜有 As 的 Si 的 $\ln \sigma$ 與 $1/T(K^{-1})$ 的曲線圖。在最低雜質濃度下，在最高溫度時，本質的貢獻略微可見；曲線斜率在 40K 時給出 $E_i = 0.048$ eV；(b) 摻雜有 B 的 Si 的 $\ln \sigma$ 對 $1/T(K^{-1})$ 的曲線圖。低於 50 K 時的曲線斜率給出 $E_i = 0.043$ eV。

((a-b) Source: C.A. Wert and R.M. Thomson, *Physics of Solids*, 2nd ed., McGraw-Hill, 1970, p. 282.)

個能隙為 1.1 eV 的矽基半導體，外質傳導可被使用的上限約為 200°C。外質傳導的使用上限，取決於本質傳導變為重要的溫度。

■ 14.5　半導體元件 Semiconductor Devices

半導體在電子工業中的使用日益重要。半導體廠商可將高度複雜的電路放入不超過 1 cm^2 大小，厚度僅約 200 μm 的單一矽晶片上，使數不清的產品設計和製造完全改觀。圖 14.1 顯示在矽晶片上置放複雜電路的範例。對使用最先進縮小化矽基半導體技術的許多新產品而言，微處理器是最基本的構件。

本節首先討論在 pn 接面的電子 - 電洞交互作用，然後檢視 pn 接面二極體的運作。接著我們會探討一些 pn 接面二極體的應用。最後，我們會簡單地檢視雙極接面電晶體 (bipolar junction transistor) 的運作。

14.5.1　pn 接面

大多數常見的半導體元件取決於 p 型和 n 型材料間的邊界特性，因此我們要先了解此邊界的一些特徵。在長成後的本質矽單晶內先後摻雜 n 型與 p 型材料，即可製造出 pn 接面二極體 (圖 14.29a)，不過更常見的是利用固態擴散同一類型的雜質 (例如，p 型) 進入已存在的 n 型材料 (圖 14.29b)。

平衡狀態的 pn 接面二極體　我們先來看結合了 p 型與 n 型矽半導體的理想二極體。尚未結合前，兩者都是電中性。p 型材料中的多數載子是電洞，少數載子是電子。n 型材料則相反。

p 型與 n 型材料接合後 [也就是說，實際形成 **pn 接面** (pn junction) 後]，鄰近或是在接面上的多數載子會擴散跨越接面而再結合 (圖 14.30a)。由於留在接面附近或在接面上的離子比電子或電洞來得大且重，它們會停留在矽晶格的位置上 (圖 14.30b)。多數載子在接面上經過再結合後，這個過程就會停止，因為跨越接

圖 14.29　(a) pn 接面二極體以單晶棒的形式成長；(b) 藉由選擇性地擴散 p 型雜質原子進入 n 型半導體結晶，形成了平面型 pn 接面。

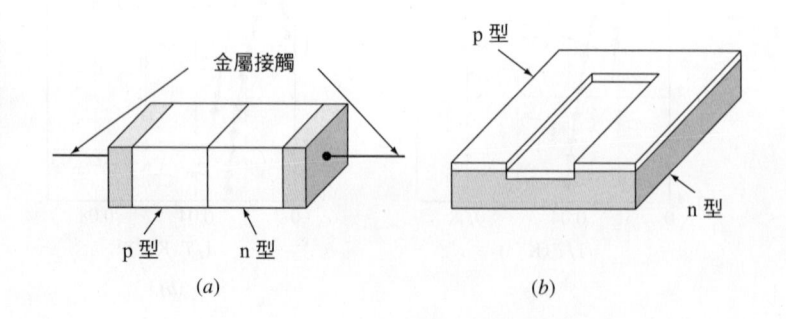

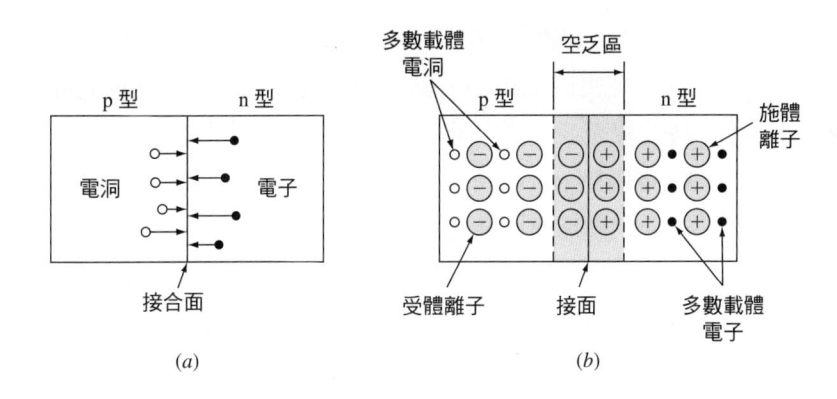

圖 14.30 (a) pn 接面二極體顯示多數載子 (p 型材料中的電洞與 n 型材料中的電子) 朝接面擴散；(b) 空乏區在 pn 接面附近或接面上形成，因為此區域中的多數載子因再結合而喪失。只有離子會留在此區，在其晶體結構中的位置。

面進到 p 型材料的電子會被大的負離子排斥。相同地，跨越接面進入 n 型材料的電洞會受到大的正離子排斥。接面處的固定離子會形成一個缺乏多數載子的區域，稱為**空乏區** (depletion region)。在平衡條件下 (開路狀態)，多數載子流會面對一個電位差或能障。因此在開路情況下，沒有淨電流。

pn 接面二極體的逆向偏壓　施予外加電壓至 pn 接面稱為施加**偏壓** (biased)。如果 pn 接面的 n 型材料連接至電池的正電端，而接面的 p 型材料連接至負電端，則此 pn 接面即被稱為受到**逆向偏壓** (reverse biased) (圖 14.31)。此時，位在 n 型材料內的電子 (多數載子) 會被電池正電端吸引而遠離接面，在 p 型材料的電洞 (多數載子) 也會被吸引到電池的負電端而遠離接面 (圖 14.31)。由於多數載子都遠離接面，能障寬會增加，導致沒有多數載體所產生的電流。不過，因熱能所產生的少數載體 (n 型材料中的電洞，p 型材料中的電子) 會被推向接面，所以它們能夠結合並產生微量電流。此少數或漏電流 (leakage current) 通常只有幾個微安培 (μA)(圖 14.32)。

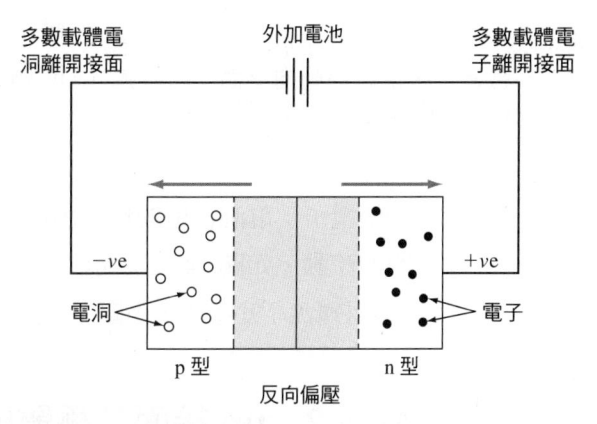

圖 14.31 施加逆向偏壓於 pn 接面二極體。多數載子被吸引而遠離接面，使得空乏區的寬度大於平衡時的寬度。與多數載子相關的電流會降到接近零。不過，少數載子為順向偏壓，因此可出現一微量的漏電流，如圖 14.32 所示。

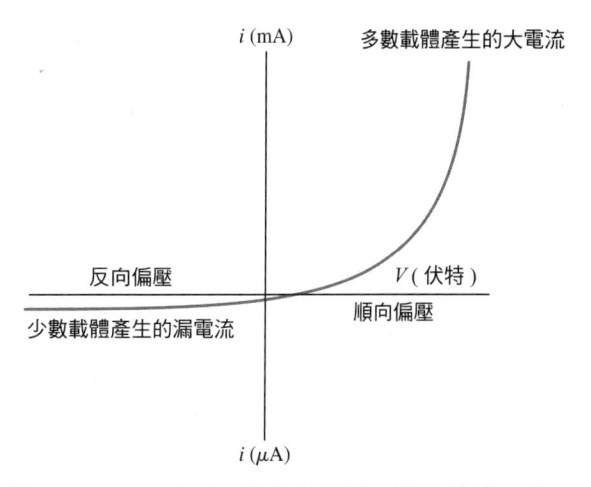

圖 14.32 pn 接面二極體的電流-電壓特性。當 pn 接面二極體受逆向偏壓時，只有因少數載子結合而產生的漏電流存在；當 pn 接面二極體受到順向偏壓時，因多數載子的再結合會產生大電流。

pn 接面二極體的順向偏壓 如果 pn 接面二極體的 n 型材料連接至電池 (或其他電源) 的負電端，p 型材料連接至正電端，則此 pn 接面二極體即被稱為受到**順向偏壓** (forward biased)(圖 14.33)。此時，多數載子受到排斥而向接面靠近並結合。也就是說，電子受到電池負電端的排斥而靠近接面，而電洞受到排斥遠離正端而靠近接面。

在順向偏壓時 (也就是對多數載子而言的順向偏壓下)，接面上的能障會降低，使得一些電子和電洞能夠越過接面再結合。當 pn 接面為順向偏壓時，來自電池的電子會進入二極體的負材料 (圖 14.33)。越過接面並與電洞結合的每個電子都會促使電池釋出另一個電子；電洞也是同理。由於 pn 接面為順向偏壓時的電子流能障降低，電流會明顯流動，如圖 14.32 所示。只要 pn 接面為順向偏壓且電池提供電子源，電子流 (並且電流) 就會連續不斷。

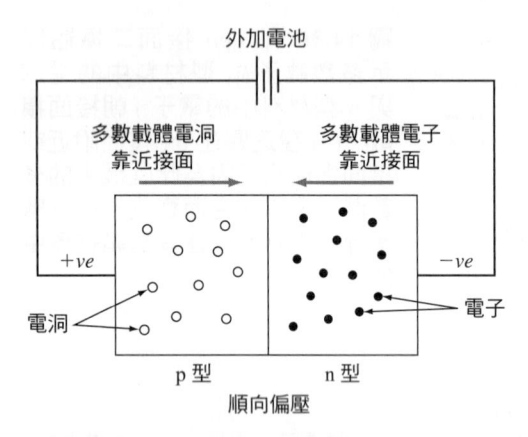

圖 14.33 施加順向偏壓於 pn 接面二極體。多數載子被排斥而朝向接面，再跨過接面以結合，因此會有大電流流動。

14.5.2　pn 接面二極體的一些應用

整流二極體 pn 接面二極體最重要的用途之一，就是將交流電壓轉成直流電壓，稱為整流 (rectification)，而所使用的二極體稱為**整流二極體** (rectifier diode)。當 AC 訊號施加在 pn 接面二極體上時，只有當 p 型區域受到相對於 n 型區域為正的正電壓作用之時，二極體才會導電，產生的結果是半波整流，如圖 14.34 所示。此輸出訊號可透過其他電子元件和穩壓電路的組合產生穩定的直流訊號。固態矽整流器的應用範圍相當廣泛，從幾十分之一到幾百安培，甚至更高都有。電壓也可高達 1000 V 甚至更高。

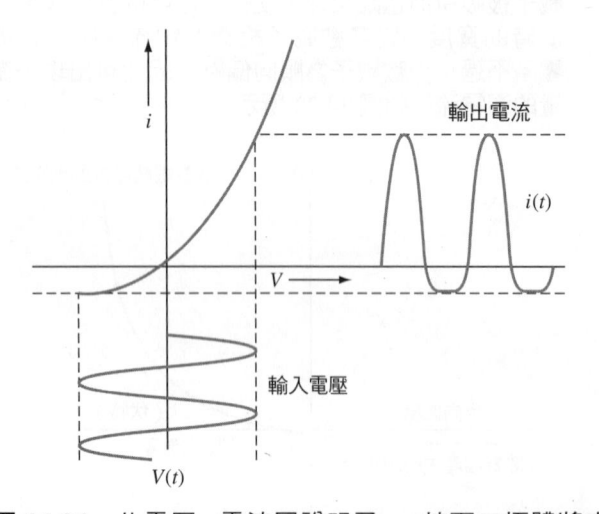

圖 14.34 此電壓 - 電流圖說明了 pn 接面二極體將交流電轉成直流電的整流過程。輸出電流並非全是直流電，不過多為正值。藉由使用其他的電子元件來作搭配，直流訊號即可平順輸出。

崩潰二極體 崩潰二極體 (breakdown diode) 有時也稱為齊納二極體 (zener diode)，是一種逆向電流 (漏電流) 極小的矽質整流器。只要稍微增加逆向電壓，二極體就會達到崩潰電壓，使得逆向電流急速增加 (圖 14.35)。在這個所謂的齊納崩潰 (zener breakdown) 中，二極體內的電場強度變得夠大，足以從共價鍵晶格中直接吸出電子，而所產生的電子 - 電洞對會形成很高的逆向電流。一旦逆向電壓超過齊納崩潰電壓，就會出現雪崩效應 (avalanche effect)，而逆向電流變得相當大。雪崩效應的一種解釋是，電子在撞擊時所得的能量能從共價鍵中撞擊出更多電子，使其獲得足夠能量開始導電。崩潰二極體的崩潰電壓範圍可從數伏特至數百伏特不等，可應用在廣泛電流變化情況下的電壓限制裝置及穩壓裝置。

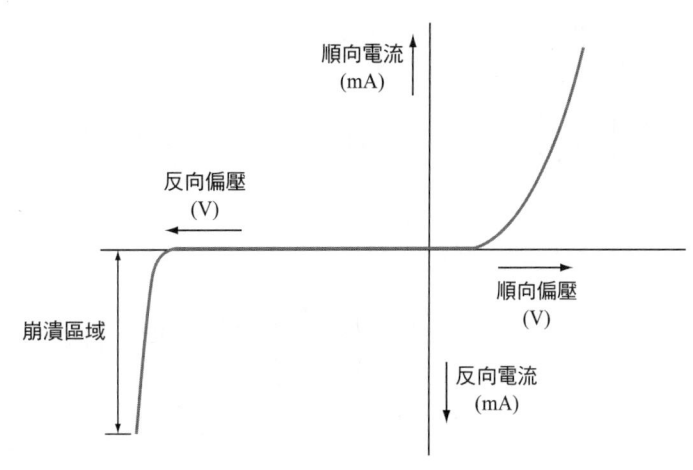

圖 14.35 齊納 (雪崩) 二極體的特性曲線。一個大的逆向電流在崩潰電壓區產生。

14.5.3 雙載子接面電晶體

雙載子接面電晶體 (bipolar junction transistor, BJT) 是一種可作為電流放大器的電子元件。它是由單晶的半導體材料 (如矽) 連續兩個 pn 接面所組合。圖 14.36 是一個 npn 型雙載子接面電晶體，包含了三個主要部分：射極 (emitter)、基極 (base) 與集極 (collector)。電晶體的射極會放出載子。由於 npn 型電晶體的射極是 n 型，因此會放射出電子。電晶體的基極控制電荷載子的流量，在 npn 電晶體中為 p 型。基極很薄 (約 10^{-3} cm 厚)，且只有少量的摻雜，使得只有少量來自射極的電荷載子得以與基極中相反電荷的多數載子再結合。BJT 的集極接收主要來自於射極的電荷載子。由於 npn 型電晶體的集極是 n 型，它收集主要來自射極的電子。

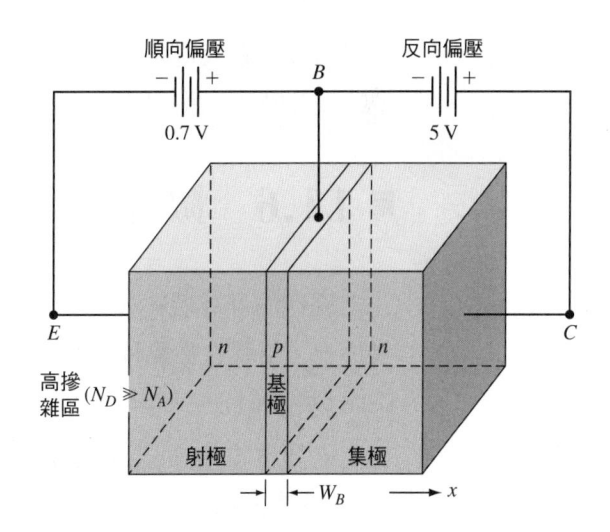

圖 14.36 npn 型雙載子接面電晶體之示意圖。左邊的 n 型區為射極，中間薄 p 型區為基極，右邊的 n 型區為集極。在正常運作下，射極 - 基極接面為順向偏壓，集極 - 基極接面為逆向偏壓。

(Source: C.A. Holt, *Electronic Circuits*, Wiley, 1978, p. 49.)

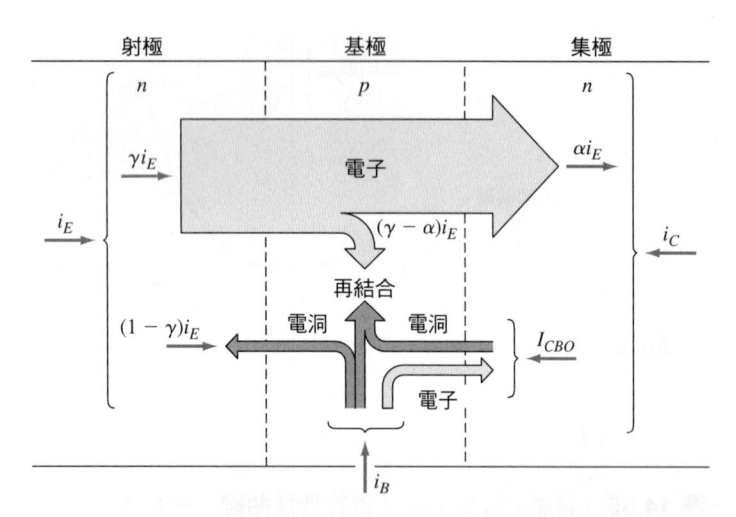

圖 14.37 npn 型電晶體在正常運作下的電荷載子移動。大部分的電流是由來自射極的電子組成，直接穿越基極到集極，其中約有 1%～5% 的電子會跟來自基極電流的電洞再結合。因為熱而產生的載子所引起的微量反向電流也存在，如圖所示。

(Source: R.J. Smith, *Circuits, Devices and Systems*, 3rd ed., Wiley, 1976, p. 343.)

在正常操作模式下，npn 電晶體的射極-基極接面是順向偏壓，而集極-基極接面是逆向偏壓 (圖 14.36)。在射極-基極接面的順向偏壓使得電子從射極注入基極 (圖 14.37)。一些注入基極的電子會因為與 p 型基極的電洞再結合而消失。不過，大多數射極電子會受到集極的正電端吸引，穿過薄的基極而進入集極。高電子摻雜的射極、少量電洞摻雜和薄的基極，都是讓多數射極電子 (95%～99%) 可逕自穿越到集極的原因。只有極少數的電洞會從基極流向射極。大部分從基極端流向基極區的電流是電洞流，用來補充因為與電子再結合而失去的電洞。流入基極的電流很小，約只有射極到集極電流的 1%～5%。有時，進入基極的電流可以被視為某種控制閥，因為這個很小的基極電流可以左右大得多的集極電流。雙載子電晶體的名稱來自於其運作包括兩種類型的電荷載子 (電子與電洞)。

11.6 微電子 Microelectronics

現代的半導體科技已可將數十億個電晶體放在約 455 mm^2 和 0.2 mm 厚的矽晶片上，這種在矽晶片上製備大量電子元件的能力極大地提高了電子元件系統的性能 (圖 14.1)。

大型積體 (large-scale integrated, LSI) 微電子電路的製造，是由矽晶圓 (n 型或 p 型) 的表面精密拋光開始。矽晶圓的直徑約 100～125 mm，厚度約 0.2 mm。由於半導體元件是製造在拋光表面上，晶圓的一面必須要高度拋光且完全沒有缺陷才行。圖 14.38 顯示已有微電子電路製作於其上的矽晶圓。每片晶圓上大約可放置 100～1000 個 (依大小而定) 晶片。

首先，我們會討論製造於矽晶圓表面的平面型雙載子電晶體結構，然後再簡單介紹另一種結構更緊密的電晶體，稱為金氧半導體場效電晶體 (metal oxide semiconductor field-effect transistor, MOSFET)，可應用在許多現代半導體元件系統。最後，我們將概述用於製造現代微電子電路的一些基本程序製程。

14.6.1 微電子平面型雙載子電晶體

微電子平面型雙載子電晶體是直接製造在矽單晶圓的表面，只需用到矽晶圓的一面。圖 14.39 為一個 npn 雙載子電晶體的截面圖示。在它的製造過程中，一個相當大的 n 型矽島會先在 p 型矽基版上形成。然後，較小的 p 型及 n 型矽島會製造在較大的 n 型島上 (圖 14.39)。以這種方式，npn 型雙載子電晶體的三個基本部位 (射極、基極和集極) 即可在平面配置形成。因此，如前一節所描述的 npn 雙載子電晶體 (圖 14.36)，射極 - 基極接面為順向偏壓，而基極 - 集極為逆向偏壓。當射極向基極注入電子時，大部分電子會進入基極，只有少數 (約 1% ~ 5%) 會與來自基極端的電洞進行再結合 (圖 14.37)。因此，微電子平面型雙載子電晶體也可應用在電流放大器，就像個別巨觀的雙載子電晶體一樣。

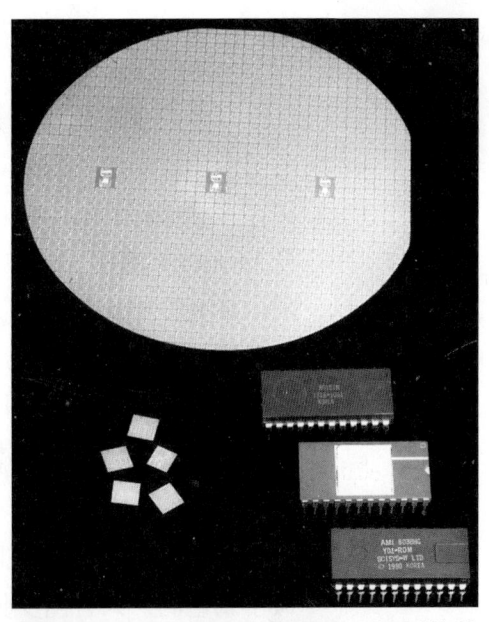

圖 14.38 圖中顯示一個晶圓、個別的積體電路以及三個晶片模組 (中間的晶片為陶瓷封裝，其餘兩個為塑膠封裝)。沿著晶圓中央三個較大的元件為製程控制監視器 (process control monitor, PCM)，用以監控晶圓切片的技術品質。

(Courtesy of ON Semiconductor)

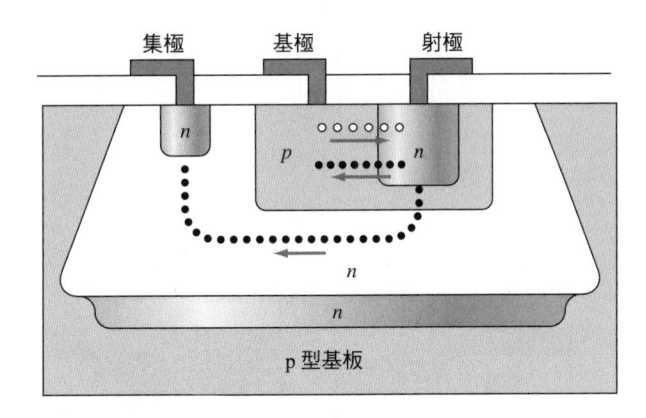

圖 14.39 微電子平面型雙載子電晶體是製造在單晶矽晶圓的表面，只需用到矽晶圓的一面。整塊晶片摻雜 p 型雜質，然後形成 n 型矽島。然後較小的 p 型及 n 型矽島會在這些島內被製造出來，以界定此電晶體的三個部分：射極、基極與集極。在此微電子雙載子電晶體中，射極 - 基極接面為順向偏壓，而基極 - 集極接面則為逆向偏壓，就像在圖 14.36 的獨立 npn 電晶體例子一樣。此元件能夠展現增益之功能，因為對基極施加一個小訊號即可控制集極的一個大訊號。

(Source: J.D. Meindl, "Microelectronic Circuit Elements," *Scientific American*, September 1977, p. 75.)

14.6.2 微電子平面型場效電晶體

現今許多微電子系統也大量使用稱為場效電晶體(field-effect transistor, FET)的另一種電晶體，因為其成本低且密集度高。美國最常用的場效電晶體是 n 型金氧半導體場效電晶體 (n-type metal oxide semiconductor field-effect transistor)。n 型 MOSFET 簡稱 NMOS，是在 p 型矽基層上製造出兩塊 n 型矽島，如圖 14.40。NMOS 元件中，電子進入點稱為源極 (source)，離開點稱為汲極 (drain)。在 n 型矽的源極和汲極之間為一 p 型區域，其上表面上有一層薄的二氧化矽絕緣體。二氧化矽上還沉積一層複晶矽 (或金屬) 作為電晶體的第三個接點，稱為閘極 (gate)。由於二氧化矽為極佳絕緣體，因此閘極連接處並不會和氧化物下方的 p 型矽直接有電接觸。

簡單型的 NMOS 在閘極並無施加電壓情況下，位於閘極下方的 p 型材料多數載子為電洞，只有極少數電子會被汲極吸引。不過，一旦對閘極施加正電壓，其電場會從附近的 n^+ 源極和汲極區域吸引電子到二氧化矽底下的薄層，正好在閘極下，使得此區域變成 n 型矽，且電子是主要載子 (圖 14.41)。當電子存在於這個

圖 14.40 NMOS 場效電晶體之示意圖：(a) 整體結構，(b) 截面圖。

(Source: D.A. Hodges and H.G. Jackson, *Analysis and Design of Digital Integrated Circuits*, McGraw-Hill, 1983, p. 40.)

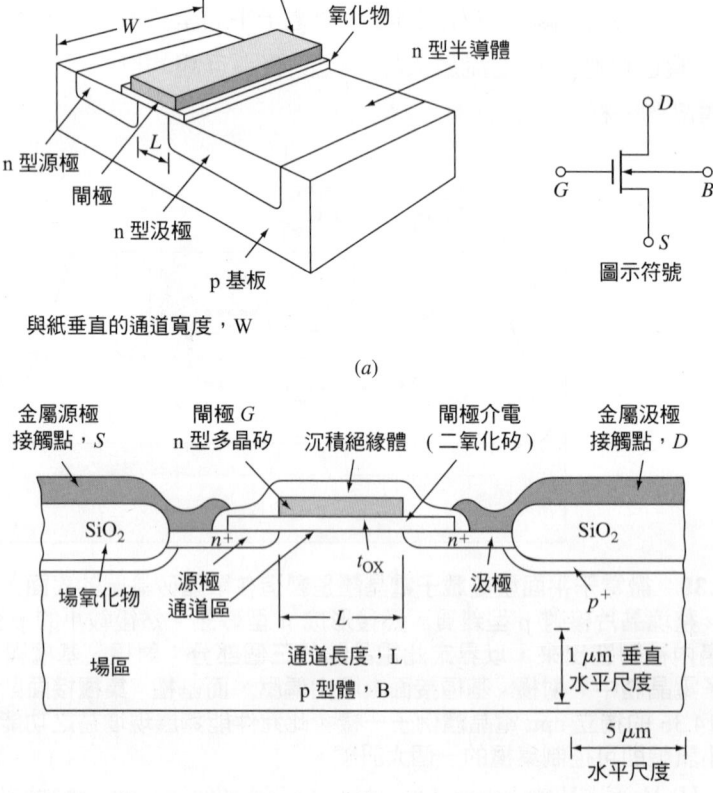

通道上時，源極與汲極間即出現導通路徑，只要源極與汲極間有正電壓差，電子就會在它們之間流動。

MOSFET 和雙載子電晶體一樣，也能放大電流。MOSFET 元件的增益通常是以電壓比值來表示，而不像雙載子電晶體是用電流比值來表示。主要載子為電洞的 p 型 MOSFET 可以用類似的方式製造，在 n 型矽基層上分別製造出 p 型區的源極和汲極。由於 NMOS 元件的電流載子是電子，PMOS 元件內的電流載子是電洞，它們被稱為多數載子元件 (majority carrier device)。

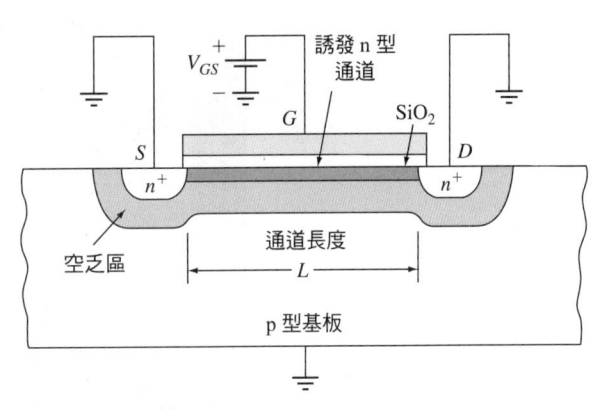

圖 14.41 理想的 NMOS 元件之截面，且被施以正閘極-源極電壓 (V_{GS})。圖中顯示出空乏區與誘發通道。

(Source: D.A. Hodges and H.G. Jackson, *Analysis and Design of Digital Integrated Circuits*, McGraw-Hill, 1983, p. 43.)

MOSFET 技術是多數大型積體 (LSI) 數位記憶電路的基礎，主要是因為單一 MOSFET 在矽晶片上占的面積比雙載體電晶體小，因此可製造出密度較高的電晶體。而且，MOSFET LSI 的製造成本比雙載子電晶體低。不過在某些用途上仍須用到雙載子電晶體。

14.6.3　微電子積體電路的製造

微電子積體電路設計須從大的布局設計圖開始，通常會利用電腦輔助設計 (CAD) 以找出最節省空間的設計 (圖 14.42)。在最常見的製程中，布局圖 (layout) 會被用來準備光罩 (photomask) 組，每一組都包含完成的多層積體電路中的單一層電路圖案 (圖 14.43)。

微影術　將微積體電路圖案從光罩移到積體電路矽晶圓表面的製程稱作微影術 (photolithography)。圖 14.44 列出在矽表面上形成包含裸露矽基層圖案的二氧化矽絕緣層所需的步驟。在圖 14.44 步驟 2 所示的一種微影術過程中，晶圓的氧化表面上先塗上一層光阻劑 (photoresist)，此為光敏感的高分子材料。光阻劑的重要特性是，它在某些特定溶劑中的溶解度會受紫外線 (UV) 曝射程度而有明顯影響。經過 UV 曝射 (圖 14.44 的步驟 3) 及後

圖 14.42　工程師正在布局積體電路。
(©MITO images/Alamy)

648　現代材料科學與工程

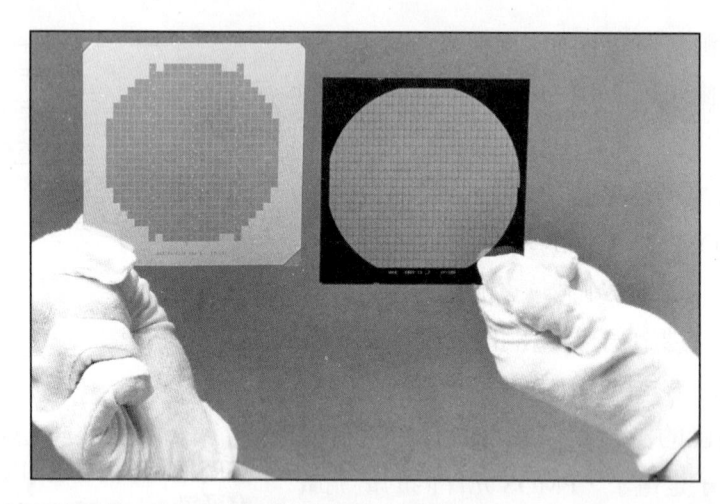

圖 14.43 此照片顯示兩種用於製造積體電路的微影遮罩。左邊的是較耐久的鉻質光罩，可用於生產時間較長，並可用以生產如右邊的乳膠質光罩。乳膠質光罩較為便宜且通常用於生產時間較短，如原型的製造上。
(Courtesy of ON Semiconductor)

圖 14.44 微影法製程步驟。在此製程中，可將微積體電路圖案從光罩轉印到真正電路的材料層。本圖顯示一圖案被蝕刻到一矽晶圓表面上的二氧化矽層。(1) 首先將氧化的晶圓塗上一層稱為光阻劑的光敏感材料；(2) 然後透過光罩並曝射於紫外線下；(3) 曝射後，在光罩的不透明處會殘留沒照到紫外線輻射的光阻劑並形成所需的圖案；(4) 接著將晶圓浸入氫氟酸溶液，此液體只會攻擊裸露的二氧化矽；(5) 留下圖案化的光阻劑和不受影響的矽基層；(6) 最後，透過化學處理將光阻劑的圖案去除。
(Source: George V. Kelvin.)

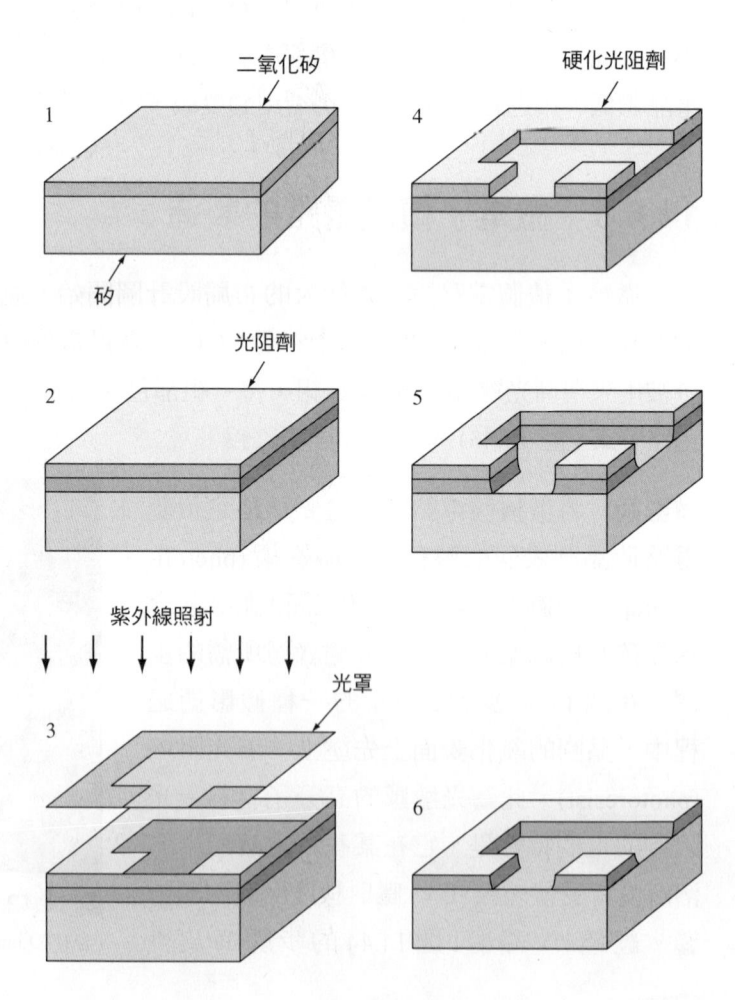

續流程後，在光罩不透明處會殘留 UV 輻射沒照到的光阻劑形成的圖案 (圖 14.44 的步驟 4)。接著，矽晶圓會浸入氫氟酸溶液，而氫氟酸只會攻擊裸露的二氧化矽，而不會影響光阻劑 (圖 14.44 的步驟 5)。最後，晶圓上的光阻劑會利用化學處理去除 (圖 14.44 的步驟 6)。現在的微影術技術已進步到能複製區域表面尺寸至約 0.5 μm。

矽晶圓表面滲雜物的擴散與離子植入　想在積體電路中形成雙載子 (bipolar) 或是 MOS 電晶體主動電路元件，就必須在矽基板上選擇性地加入雜質以產生局部的 n 型或 p 型區域。主要有兩種技術：(1) 擴散 (diffusion)；(2) 離子植入 (ion implantation)。

擴散法　如前面第 5.3 節所述，雜質原子會在高溫情況下擴散進入矽晶圓，約 1000°C ～ 1100°C。重要的滲雜物，像硼和磷，擴散進入二氧化矽的速率比進入矽晶格慢許多。薄二氧化矽圖案可以阻擋摻雜原子進入其下方的矽基層 (圖 14.45a)。因此，舉例來說，整疊矽晶圓可被置入 1000°C ～ 1100°C 高溫，空氣中含磷 (或硼) 氣體的擴散爐。磷原子會進入裸露的矽表面，緩緩擴散到晶圓內部，如圖 14.45a 所示。

控制擴散濃度和穿透深度的重要變數是溫度和時間。為了達到對濃度的最大控制，多數擴散作業會分二步驟進行。第一步會先將濃度相當高的摻雜原子在晶圓表面附近沉積，稱為為預先沉積 (predeposit)。接著，晶圓會被移到另一個爐，通常溫度會更高，使摻雜原子在矽晶圓表面下特定深度可達到所需要的濃度；此步驟稱為驅入擴散 (drive-in diffusion)。

離子植入技術　另一種選擇性摻雜積體電路矽晶圓的方式為離子植入技術 (圖 14.45b)，其優點是可在室溫下進行。在此過程中，摻雜原子會離子化 (原子被移去電子形成離子)，然後離子會受到 50 ～ 100 kV 的電壓差而加速至高能量。當離子撞擊矽晶圓表面時，會依其本身質量、能量和矽表面保護類型而嵌入不同深度。光阻劑或二氧化矽圖案可以

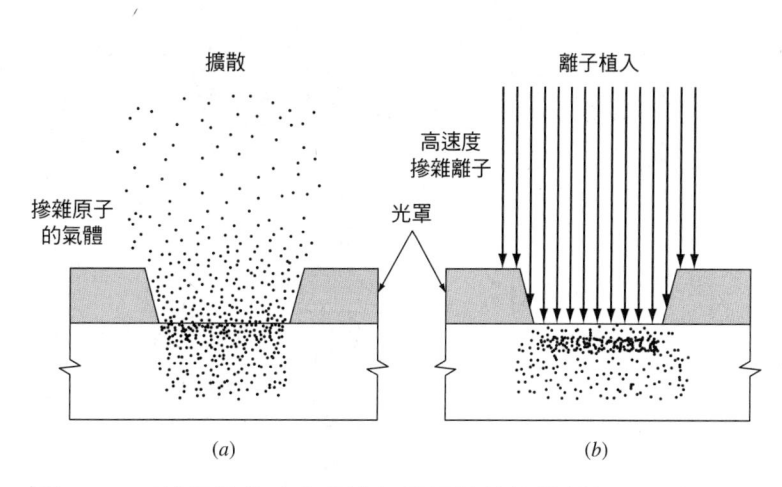

圖 14.45　於裸露的矽表面進行選擇性的摻雜製程：(a) 雜質原子的高溫擴散法；(b) 離子植入技術。
(Source: S. Triebwasser, "Today and Tomorrow in Microelectronics," from the Proceedings of an NSF Workshop held at Arlie, VA., Nov. 19-22, 1978.)

遮蔽表面不需要植入離子的區域。加速的離子會破壞矽晶格，但多半都可以透過適當溫度的退火處理而還原。當摻雜的濃度需精準控制時，離子植入製程很有用。另外，離子植入還可以使摻雜雜質穿過氧化薄層，使得 MOS 電晶體之臨限電壓 (threshold voltage) 得以被調整。離子植入法可容許 NMOS 及 PMOS 電晶體在同一晶圓上製造。

MOS 積體電路製造技術　MOS 積體電路有很多不同的製程。在這種快速發展的技術中，積體電路設備設計與製程一直不斷地在創新與進步。製造 NMOS 積體電路之一般製程[3]的步驟如下，並利用圖 14.46 和 14.47 說明。

1. (見圖 14.46a) 先用化學氣相沉積法 (chemical vapor deposition, CVD) 在 p 型矽質晶圓表面沉積一層氮化矽 (Si_3N_4) 薄膜，再用第一次光微影定義電晶體形成

圖 14.46 NMOS 場效應電晶體製程中的步驟：(a) 第一次光罩；(b) 第二次光罩：多晶矽柵極和源極-汲極擴散；(c) 第三次光罩：接觸區域；(d) 第四次光罩：金屬圖案。
(Source: D.A. Hodges and H.G. Jackson, *Analysis and Design of Digital Integrated Circuits*, McGraw-Hill, 1983, p. 17.)

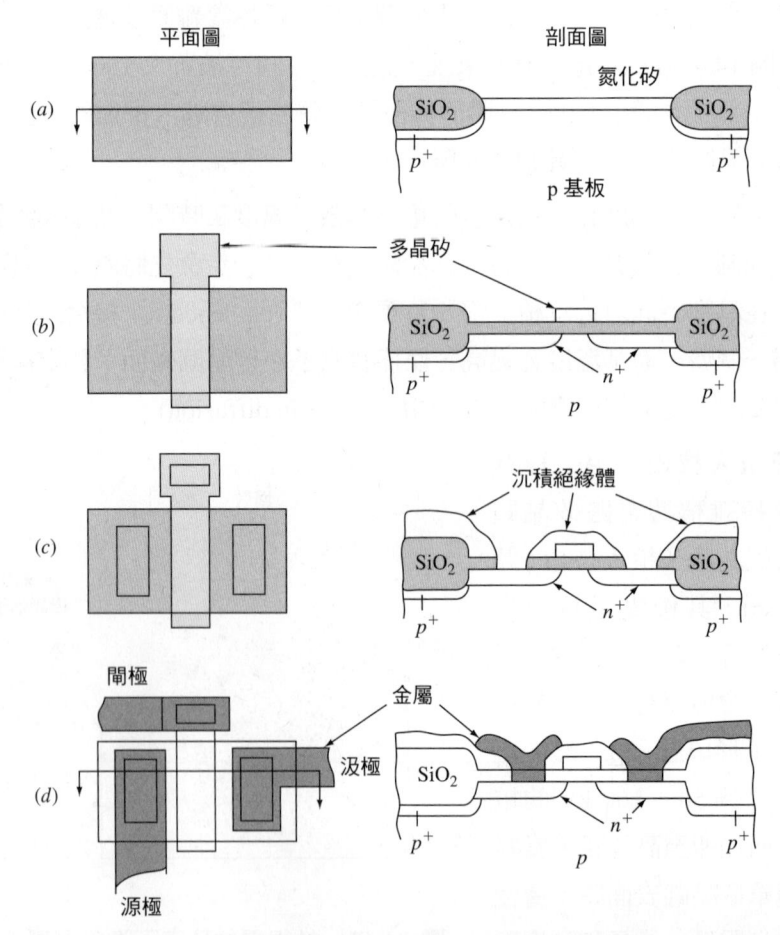

---

[3] After D.A. Hodges and H.G. Jackson, "*Analysis and Design of Digital Integrated Circuits,*" McGraw-Hill, 1983, pp. 16–18.

區域，然後以化學蝕刻法將非電晶體區域的 Si_3N_4 去除。將硼離子 (p 型) 摻入暴露區，以避免電晶體之間發生傳導。接著將晶圓放在電爐，暴露在氧氣中，熱生長一層厚度約 1 μm 的二氧化矽 (SiO_2) 於無作用 (inactive) 區或場 (field) 上，稱為選擇性或局部氧化製程。因氧無法浸透 Si_3N_4，所以能在電晶體區域中抑制厚氧化物的生長。

2. (見圖 14.46b) 用不會傷害 SiO_2 的腐蝕劑將 Si_3N_4 除去，再將晶圓放入爐中通入氧氣，使電晶體區域上長出厚度約 0.1 μm 厚的熱氧化物。再使用另一道 CVD 製程，在所有晶圓上沉積出一層多晶矽。以第二階段的光微影製程來定義出所要的閘極電極圖案，再以化學或電漿 (反應氣體) 蝕刻去除不要的複晶矽。接著透過熱擴散或離子植入，將 n 型摻雜物 (磷或砷) 摻入，這些區域將成為電晶體源極和汲極的區域。厚的場氧化物和多晶矽閘極可以阻礙摻雜物的滲入，以保護自身下方的 p 型基板。但在這過程中，本身反而會變成含有高濃度的 n 型原子摻雜。

3. (見圖 14.46c) 另一 CVD 製程會在全部晶圓上沉積一層絕緣層 SiO_2。第三次光微影製程 (光罩) 定義電晶體的接點面積，如圖 14.46c 所示。化學或電漿蝕刻會選擇性的在接點面上露出矽或多晶矽。

4. 在真空蒸鍍機中，由熱坩堝加熱蒸發的方式，在全部晶圓上沉積一層鋁 (Al)。第四次光微影製程 (光罩) 階段會製出所需的連接電路的鋁的圖案，如圖 14.46d 所示。

5. 在晶圓全部表面上沉積一層保護鈍化層。最後光罩階段會去除接觸點上的絕緣層。利用針狀探針在接觸點上做電路測試，標記出具有瑕疵的元件，並將完整晶片切成個別晶片。晶片良品會在封裝後進行最後測試。

以上是製造 NMOS 電路的最簡單製程，摘要在圖 14.47 中。愈先進的 NMOS 電路製程，需要愈多的光罩 (光微影) 步驟。

互補式金氧半導體元件 同時在一晶片上製造兩型 MOSFET(NMOS 和 PMOS) 是可行的，但會使電路更加複雜，並降低電晶體的密度。同時包含 NMOS 及 PMOS 元件的電路稱作互補式 (complementary) MOS (CMOS) 電路，舉例來說，可以藉用 p 型材料島去隔絕所有的 NMOS 元件來製造，如圖 14.48 所示。CMOS 元件的優點是消耗較少電力，其應用相當廣泛，如常用於電子錶和計算機的大型積體 CMOS 電路。另外，CMOS 在微處理器及電腦記憶體的重要性也是與日俱增。

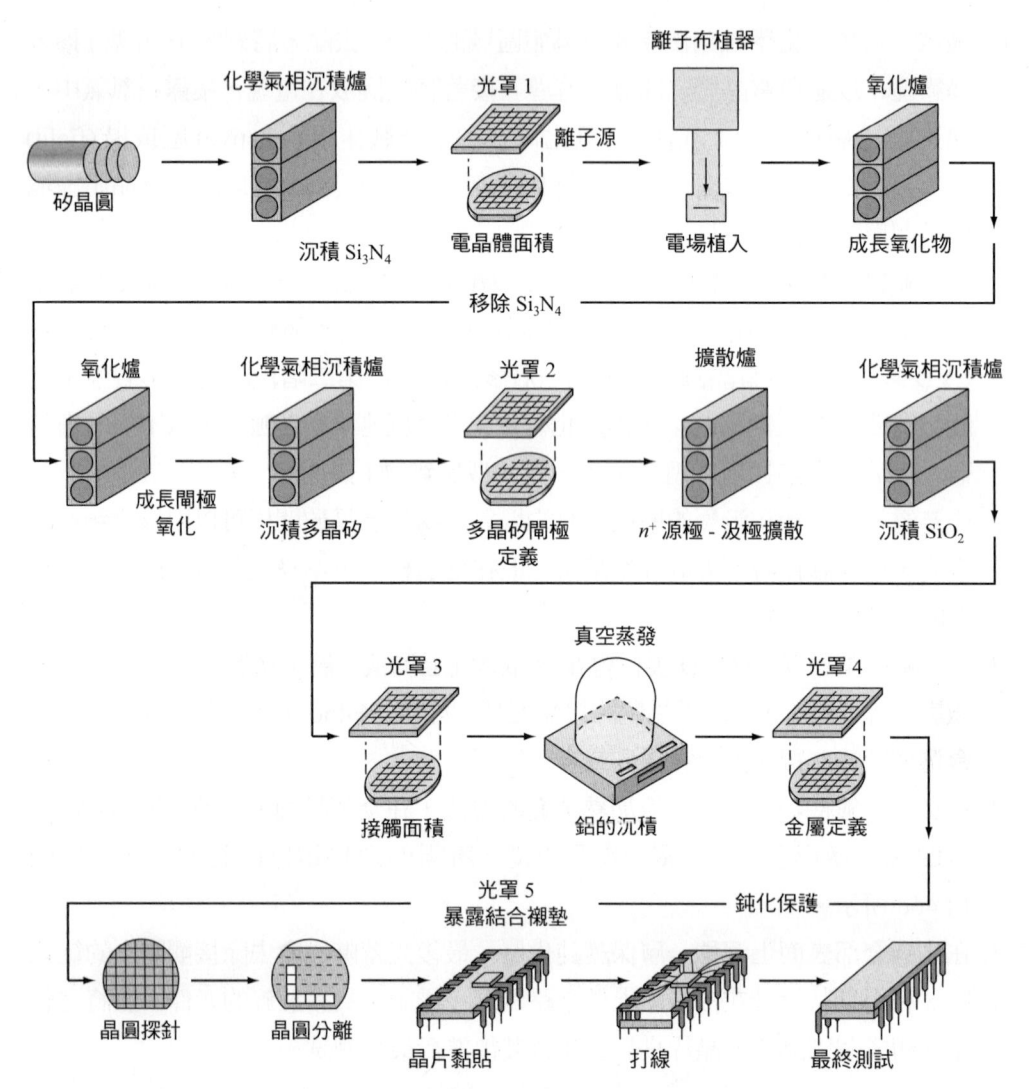

圖 14.47 NMOS 矽柵積體電路的製程。(用於製造 NMOS 積體電路的製程是因公司而異的。此流程僅以概要形式示出。)
(Source: Chipworks。)

圖 14.48 互補 MOS 場效應電晶體 (CMOS)。n 型和 p 型電晶體都在相同的矽基板上製造。
(Source: D.A. Hodges and H.G. Jackson, *Analysis and Design of Digital Integrated Circuits*, McGraw-Hill, 1983, p. 42.)

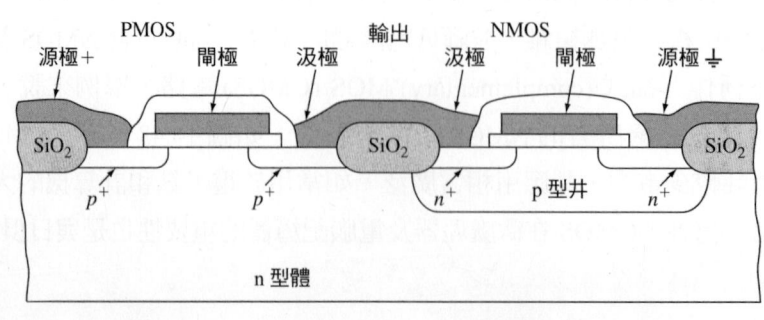

14.7 化合物半導體 Compound Semiconductors

許多由不同元素組成的化合物都是半導體。MX 型是一種半導體化合物，其中的 M 為傾向正電性的元素，X 為傾向負電性的元素。MX 型半導體化合物中最主要的兩族為 III-V 族和 II-VI 族化合物，分別從週期表中鄰近 IVA(4A) 族的元素所組成 (圖 14.49)。III-V 族半導體化合物是由 M 型的第 III 族元素 (如 Al、Ga、In) 與 X 型的第 V 族元素 (如 P、As、Sb) 所組成。II-VI 族化合物則由 M 型的第 II 族元素 (如 Zn、Cd、Hg) 與 X 型的第 VI 族元素 (S、Se 及 Te) 所組成。

表 14.6 列出一些化合物半導體的部分電性質，可由此看出：

1. 同族化合物越往週期表下方移動，分子量越大，能隙越低，電子移動率也就越高 (GaAs 與 GaSb 例外)，晶格常數也越高。一般來說，較大且重原子的電子更容易自由移動，較不受原子核束縛，因此能隙較小，電子移動率也較高。
2. 在週期表上，從 IVA(4A) 族元素橫移到 III-V 族和 II-VI 族材料時，越見明顯的離子鍵特徵使得能隙增加

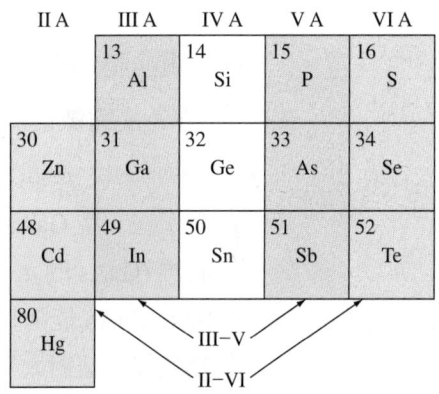

圖 14.49 含有用來組成 MX 型 III-V 族和 II-VI 族半導體化合物的元素的部分週期表。

表 14.6 本質半導體化合物在室溫 (300K) 下的電性

族	材料	E_g eV	μ_n m²/(V·s)	μ_p m²/(V·s)	晶格常數	n_i 載體/m³
IVA	Si	1.10	0.135	0.048	5.4307	1.50×10^{16}
	Ge	0.67	0.390	0.190	5.257	2.4×10^{19}
III-VA	GaP	2.25	0.030	0.015	5.450	
	GaAs	1.47	0.720	0.020	5.653	1.4×10^{12}
	GaSb	0.68	0.500	0.100	6.096	
	InP	1.27	0.460	0.010	5.869	
	InAs	0.36	3.300	0.045	6.058	
	InSb	0.17	8.000	0.045	6.479	1.35×10^{22}
IIA-VIA	ZnSe	2.67	0.053	0.002	5.669	
	ZnTe	2.26	0.053	0.090	6.104	
	CdSe	2.59	0.034	0.002	5.820	
	CdTe	1.50	0.070	0.007	6.481	

Source: W. R. Runyun and S. B. Watelski, in C. A. Harper (ed.), *Handbook of Materials and Processes for Electronics*, McGraw-Hill, New York, 1970.

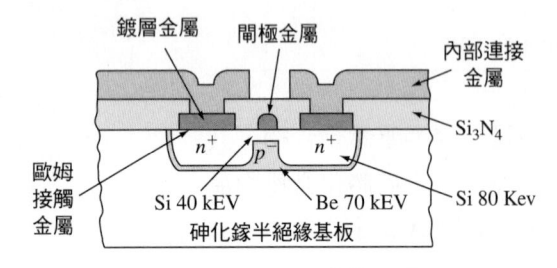

圖 14.50 GaAs MESFET 之截面圖。
(Source: A. N. Sato et al., *IEEE Electron. Devices Lett.*, 9(5):238 (1988).)

而電子移動率降低。更強的離子鍵會使電子更加受到正離子電荷的束縛，因此 II-VI 族化合物的能隙比類似的 III-V 族化合物更大。

砷化鎵 (GaAs) 是最重要的化合物半導體，廣泛用於很多電子元件中，像是微波電路的離散組件。目前，很多數位積體電路都有用到 GaAs。GaAs 金屬半導體場效電晶體 (metal-semiconductor field-effect transistor, MESFET) 是最廣泛使用的 GaAs 電晶體 (圖 14.50)。

作為高速數位積體電路元件的 GaAs MESFET 提供了許多矽電晶體沒有的優點，像是：

1. 電子在 n 型 GaAs 中行進較快，從電子在 GaAs 比在 Si 中有更快的遷移率即可看出 (GaAs 的 $\mu_n = 0.720$ m^2/(V·s)，Si 的 $\mu_n = 0.135$ m^2/(V·s))。
2. 由於 GaAs 能隙較大 (約 1.47 eV)，且沒有閘極氧化物，它的抗輻射能力被視為較好，這對太空和軍事應用方面很重要。

可惜的是，GaAs 技術有一個主要限制，就是用它製造的複雜 IC 電路良率比用矽來的低很多，因為 GaAs 基材的缺陷比矽多。製造 GaAs 基材的成本也比矽高。不過，GaAs 的使用與研究仍在日益擴大中。

■ 例題 14.10 ●

a. 計算 GaAs 在：(i) 室溫 (27°C)；(ii) 70°C 時的本質導電係數？
b. 本質 GaAs 在 27°C 時，有多少比例的電流是由電子載運？

解

a. (i) 27°C 時的 σ：

$$\sigma = n_i q (\mu_n + \mu_p)$$
$$= (1.4 \times 10^{12} \text{ m}^{-3})(1.60 \times 10^{-19} \text{ C})[0.720 \text{ m}^2/(\text{V}\cdot\text{s}) + 0.020 \text{ m}^2/(\text{V}\cdot\text{s})]$$
$$= 1.66 \times 10^{-7} \, (\Omega \cdot \text{m})^{-1} \blacktriangleleft$$

(ii) 70°C 時的 σ：

$$\sigma = \sigma_0 e^{-E_g/2kT}$$

$$\frac{\sigma_{343}}{\sigma_{300}} = \frac{\exp\{-1.47 \text{ eV}/[(2)(8.62 \times 10^{-5} \text{ eV/K})(343 \text{ K})]\}}{\exp\{-1.47 \text{ eV}/[(2)(8.62 \times 10^{-5} \text{ eV/K})(300 \text{ K})]\}} \quad \text{(14.16a)}$$

$$\sigma_{343} = \sigma_{300} e^{3.56} = 1.66 \times 10^{-7} \, (\Omega \cdot \text{m})^{-1} (35.2)$$
$$= 5.84 \times 10^{-6} \, (\Omega \cdot \text{m})^{-1} \blacktriangleleft$$

b. $\dfrac{\sigma_n}{\sigma_n + \sigma_p} = \dfrac{n_i q \mu_n}{n_i q(\mu_n + \mu_p)} = \dfrac{0.720 \text{ m}^2/(\text{V}\cdot\text{s})}{0.720 \text{ m}^2/(\text{V}\cdot\text{s}) + 0.020 \text{ m}^2(\text{V}\cdot\text{s})} = 0.973$ ◀

■ 14.8　陶瓷的電子性質　Electrical Properties of Ceramics

很多電子和電機應用都會用陶瓷材料到。多種陶瓷被用來作為高壓及低壓電流的絕緣體。陶瓷材料也常見於各種電容，尤其是微型電容。另外有種稱為壓電陶瓷 (piezoelectrics) 的陶瓷材料能將微弱壓力訊號轉為電子訊號，反之亦然。

在探討不同種類陶瓷材料的導電特性前，讓我們先來看絕緣體 (又稱介電質) 的一些基本特性。

14.8.1　介電質的基本特性

所有絕緣體或**介電質** (dielectric) 都有三個重要的共同特性：(1) 介電常數 (dielectric constant)；(2) 介電崩潰強度 (dielectric breakdown strength)；(3) 損失因子 (loss factor)。

介電常數　圖 14.51 顯示一面積 A 且相距 d 的簡單平行金屬板**電容器** (capacitor)[4]。假設兩板間為真空。若在平板上施加電壓 V，一平板即會帶正電荷 $+q$，另一平板則會帶負電荷 $-q$。電荷 q 和電壓 V 成正比，可寫為：

$$q = CV \quad \text{或} \quad C = \dfrac{q}{V} \tag{14.23}$$

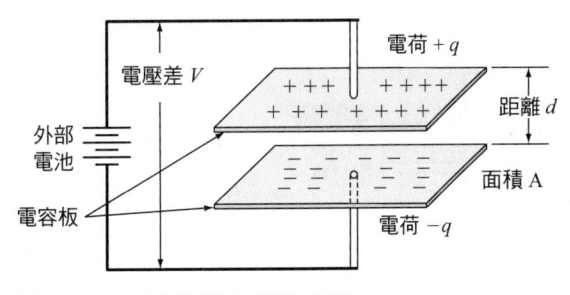

圖 14.51　簡單平行板電容器。

---

[4]　電容器是儲存電能的裝置。

其中 C 是比率常數，為該電容器的**電容值** (capacitance)，SI 制單位是庫侖 / 伏特 (C/V) 或法拉第 (farad, F)，因此：

$$1\ 法拉第 = \frac{1\ 庫侖}{伏特}$$

由於法拉第是很大的電容單位，比一般電路的單位大許多，所以常用的電容單位是皮法拉第 (picofarad, 1 pF = 10^{-12} F) 或微法拉第 (microfarad, 1 μF = 10^{-6} F)。

電容器的電容值代表它儲存電荷的能力。電容器上下板上儲存的電荷越多，電容值就越高。

平行板面積比二平板間的距離大許多的電容器，其電容值 C 可寫成：

$$C = \epsilon_0 \frac{A}{d} \tag{14.24}$$

其中 ϵ_0 = 自由空間電容率 (permittivity of free space) = 8.854 × 10^{-12} F/m。

當兩平行板間填滿介電質 (電絕緣體) 時 (圖 14.52)，電容器的電容值會增加一個因子 κ，稱為介電質之**介電常數** (dielectric constant)。對電容板間充滿介電質之平行板電容器而言，

$$C = \frac{\kappa \epsilon_0 A}{d} \tag{14.25}$$

表 14.7 列出一些陶瓷絕緣材料的介電常數。

在給定電壓及給定體積下，只要存在介電質，儲存於電容器的能量會按介電常數增加而增加。如果材料的介電常數很高即便體積很小的電容器也能有很高的電容值。

介電強度　除了介電常數外，**介電強度** (dielectric strength) 是衡量介電質的另一個重要參數，量測材料於高電壓下儲存能量之能力。介電強度定義為在破壞發生時，每單位長度的電壓值 (電場或電壓梯度)，也就是在材料電崩潰前的最大電場值。

介電強度最常使用的單位是 V/mil(1 mil = 0.001 in.) 或 kV/mm。 如果施加於介電質電位差過大，企圖通過介質材料的電子或離子所受到的應

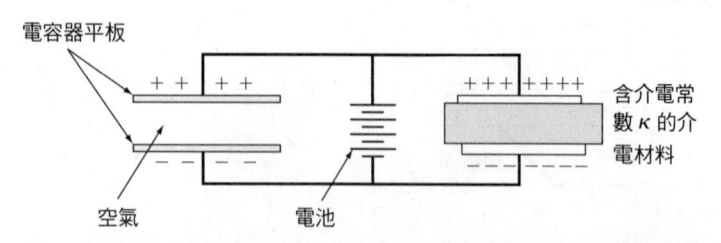

圖 14.52　施加相同電壓下的兩個平行板電容器。右邊的電容器有一個介電質 (安插至兩平板間的絕緣體)，結果使得在平板上的電荷增加一個因子 κ，比沒有介電質的電容器平板上的電荷來得高。

表 14.7　一些陶瓷絕緣體材料的電性質

材料	容積電阻率 ($\Omega \cdot m$)	介電強度 V/mil	介電強度 kV/mm	介電常數 κ 60 Hz	介電常數 κ 10^6 Hz	損失因子 60 Hz	損失因子 10^6 Hz
電絕緣瓷	10^{11}-10^{13}	55-300	2-12	6	...	0.06	...
凍石絕緣體	>10^{12}	145-280	6-11	6	6	0.008-0.090	0.007-0.025
鎂橄欖石瓷絕緣體	>10^{12}	250	9.8	...	6	...	0.001-0.002
氧化鋁瓷絕緣體	>10^{12}	250	9.8	...	9	...	0.0008-0.009
玻璃	...	...	...	...	7.2	...	0.009
熔矽石	...	8	...	...	3.8	...	0.00004

Source: Materials Selector, *Mater. Eng.*, December 1982.

力可能超過介電強度，導致介電質崩潰，進而形成電流(電子)通道。表 14.7 列出一些陶瓷絕緣體材料的介電強度。

介電損失因子　若維持電容器電荷所使用之電壓為正弦波交流電，當電容平板之間為無損耗介電質時，電流相位會領先電壓 90°。但是如果電容器使用真正的介電質，電流相位會領先電壓 90° − δ，而 δ 稱為介電損失角 (dielectric loss angle)。$\kappa \tan \delta$ 的乘積稱為損失因子 (loss factor)，量測在交流電路中電容器損失的電能(熱能形式)。表 14.7 中列出一些陶瓷絕緣材料的介電損失因子。

■ 例題 14.11

一平行板電容器設計為 8000 伏特電壓可儲存 5.0×10^{-6} 庫侖電量，兩板間距是 0.30 mm。請估算：(a) 真空時 ($\kappa = 1$)；(b) 有氧化鋁介電材料 ($\kappa = 9$) 下，平行板的面積分別是多少 ($\epsilon_0 = 8.85 \times 10^{-12}$ F/m)？

解

$$C = \frac{q}{V} = \frac{5.0 \times 10^{-6} \text{ C}}{8000 \text{ V}} = 6.25 \times 10^{-10} \text{ F}$$

$$A = \frac{Cd}{\epsilon_0 \kappa} = \frac{(6.25 \times 10^{-10} \text{ F})(0.30 \times 10^{-3} \text{ m})}{(8.85 \times 10^{-12} \text{ F/m})(\kappa)}$$

a. 真空時，$\kappa = 1$：　　$A = 0.021 \text{ m}^2$
b. 含氧化鋁時，$\kappa = 9$：　$A = 2.35 \times 10^{-3} \text{ m}^2$

由本題可知，含高介電常數材料之電容器可降低平行板面積。

14.8.2 陶瓷絕緣材料

陶瓷材料的一些電與機械性質使其尤其適合電子工業的絕緣體應用。陶瓷材料的離子與共價鍵限制了電子與離子的移動，因此是很好的絕緣體。這些鍵結使大多數陶瓷材料的強度佳，但也很脆。電子等級陶瓷材料的化學組成與顯微結構比結構用陶瓷(如磚與瓦)需要更精密地控制。以下將討論幾種絕緣陶瓷材料的結構與性質。

電絕緣瓷 (electric porcelain)　典型的電絕緣瓷包含大約 50% 黏土 ($Al_2O_3 \cdot 2SiO_2 \cdot 2H_2O$)、25% 矽石 ($SiO_2$) 及 25% 長石 ($K_2O \cdot Al_2O_3 \cdot 6SiO_2$)。這種材料組合的生坯塑性佳、燒結溫度範圍大，而且成本低。但因高移動性鹼金屬離子之故，它們的缺點是其電能損失因子比其他電絕緣材料高 (表 14.7)。圖 11.33 顯示了電絕緣瓷材料的微觀結構。

塊滑石 (steatite)　塊滑石瓷是良好的電絕緣體，因為其電能損失因子與水分吸收性低，衝擊性也佳，因此廣泛應用於電子和電器用品工業。工業塊滑石的成分是 90% 滑石 ($3MgO \cdot 4SiO_2 \cdot H_2O$) 和 10% 黏土。燒過後的塊滑石微結構是由玻璃基質結合的頑火輝石 ($MgSiO_3$) 晶體所組成。

鎂橄欖石 (fosterite)　鎂橄欖石的化學式是 Mg_2SiO_4，玻化時不含鹼金屬離子，因此當溫度升高時，相較於塊滑石絕緣體，它電阻會較高，電能損失會較低。在高頻時，鎂橄欖石的介電損失也較低 (表 14.7)。

氧化鋁 (alumina)　氧化鋁陶瓷是由玻璃相基質結合氧化鋁 (Al_2O_3) 結晶相所組成。無鹼金屬的玻璃相是由黏土、滑石和鹼土金屬的混合產物化合而成，而且通常也都沒有鹼金屬離子。氧化鋁陶瓷的介電強度高、介電損失低，而強度也相對高。燒結氧化鋁 (99% Al_2O_3) 常用來當作電子元件的基質，因為其介電損失低且表面光滑。氧化鋁也應用在超低損失零件，能容許大量的能量穿過陶瓷窗，例如雷達罩。

14.8.3 電容器用之陶瓷材料

陶瓷材料常用來作為電容器的介電材料。最常見的陶瓷電容器是盤形陶瓷電容器 (圖 14.53)。這些體積很小的盤形陶瓷電容器主要是鈦酸鋇 ($BaTiO_3$) 以及其他添加物 (表 14.8)，因為 $BaTiO_3$ 的介電常數高達 1200～1500，而加入添加物

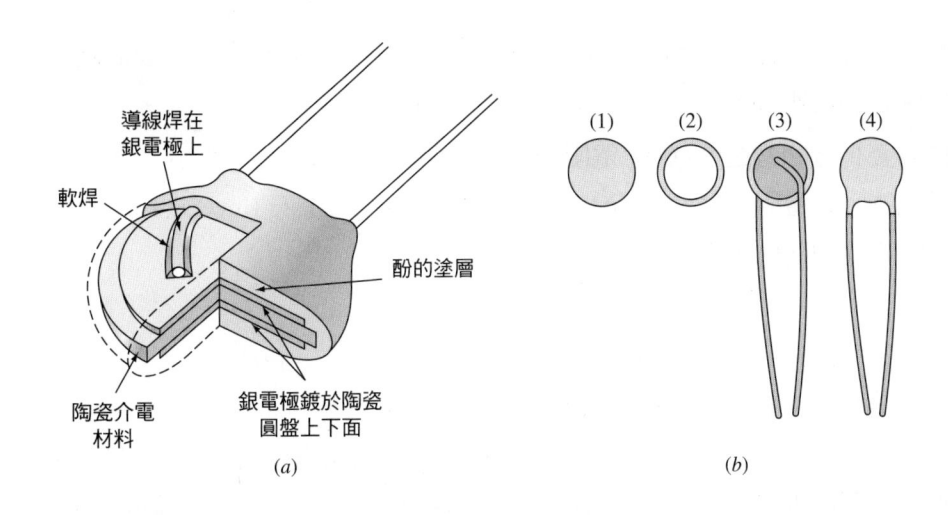

圖 14.53 陶瓷電容器。(a) 顯示內部構造的剖面圖。(b) 製造步驟：(1) 燒結後的陶瓷圓盤；(2) 塗上銀電極後；(3) 焊接鉛線後；(4) 塗上加酚塗層後。
((a) Source: Sprague Products Co.; (b) Source: Radio Materials Corporation.)

表 14.8 電容器中一些陶瓷介電材料的組成成分

介電常數 κ	公式
325	$BaTiO_3$ + $CaTiO_3$ + 低百分比$Bi_2Sn_3O_9$
2100	$BaTiO_3$ + 低百分比$CaZrO_3$和Nb_2O_5
6500	$BaTiO_3$ + 低百分比$CaZrO_3$或$CaTiO_3$ + $BaZrO_3$

Source: C.A. Harper (ed.), *Handbook of Materials and Processes for Electronics*, McGraw-Hill, 1970, pp. 6–61.

後，其介電常數值更可高達數千。圖 14.53b 顯示製造盤形陶瓷電容器的一種流程。這種電容器的圓盤上下部都有一層銀，為電容器提供了金屬「板」。為了要用最小尺寸得到最高電容量，目前已經開發出小型多層式的陶瓷電容。

陶瓷晶片式電容器用於一些基於陶瓷的厚膜混合電子電路中。晶片式電容器可以提供明顯更高的每單位面積之電容值，並且可以通過簡單的焊接或黏著以添加到厚膜電路中。

14.8.4 陶瓷半導體

一些陶瓷化合物具有半導體特質，對電子元件的操作很重要。其中一個元件是**電熱調節器** (thermistor) 或稱熱感應器，用來量測與控制溫度。本書會對負溫度係數 (negative temperature coefficient, NTC) 型的電熱調節器進行討論，它的特質是溫度升高時，電阻會降低。也就是說，溫度愈高，電熱調節器愈容易導電，如同矽半導體。

NTC 電熱調節器中，常見的陶瓷半導體材料主要是 Mn、Ni、Fe、Co 和 Cu

元素的燒結氧化物。這些元素氧化物的固溶體經過混合後，可以得到所要的隨溫度變動的導電性範圍。

磁性陶瓷化合物像是 Fe_3O_4，電阻很低，約略在 10^{-5} $\Omega \cdot m$，低於大多的過渡金屬氧化物，其電阻值約在 10^8 $\Omega \cdot m$。Fe_3O_4 屬於反尖晶石 (inverse spinel) 結構，成分是 $FeO \cdot Fe_2O_3$，可將其寫成：

$$Fe^{2+}(Fe^{3+}, Fe^{3+})O_4$$

此結構中，氧離子占據 FCC 晶格位置，Fe^{2+} 離子在八面體空位之內，而一半的 Fe^{3+} 離子在八面體空位內，另一半的 Fe^{3+} 離子則在四面體空位內。Fe_3O_4 有很好的導電性，主要原因是 Fe^{2+} 與 Fe^{3+} 離子在八面體格隙上會任意排列，讓電子在 Fe^{2+} 及 Fe^{3+} 離子間可以自由移動，同時保持電中性。Fe_3O_4 的結構將在 16.10 節中詳加討論。

電熱調節器之金屬氧化物半導體的導電性，可用不同混成比例的金屬氧化物固溶體控制。藉由混合有著類似結構之低導電性與高導電性金屬氧化物，可得到一個有中度導電性的半導體化合物。圖 14.54 中有詳細的說明，可看出 Fe_3O_4 的

圖 14.54 Fe_3O_4 和 $MgCr_2O_4$ 固溶體的比電阻率。在曲線上也指出了 $MgCr_2O_4$ 的莫耳百分比。

(Source: E.J. Verwey, P.W. Haagman, and F.C. Romeijn, *J. Chem. Phys.*, 15:18(1947).)

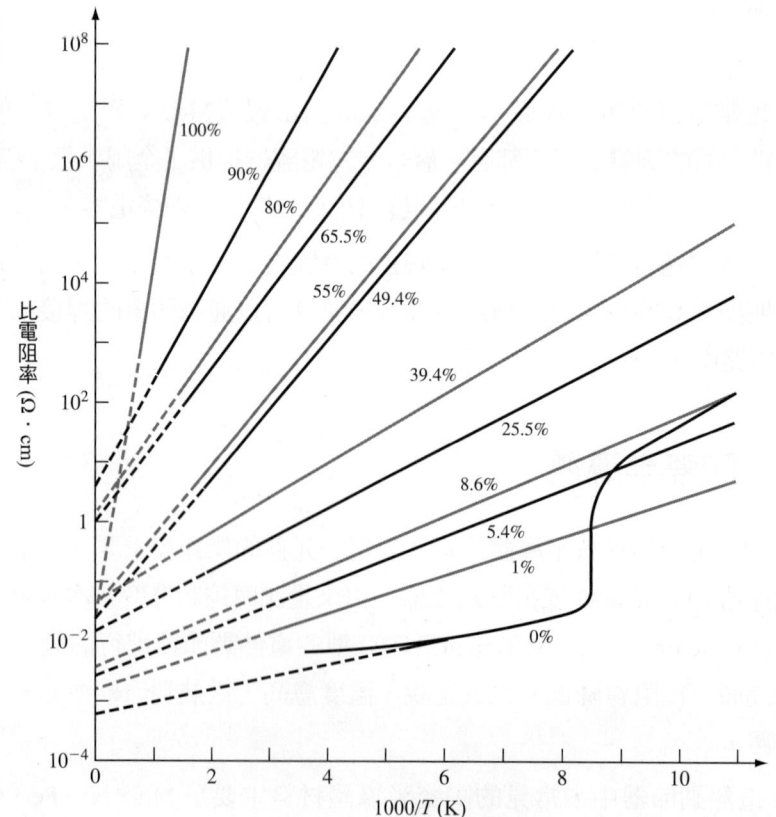

導電性會因為固溶體中 MgCr$_2$O$_4$ 量的增加而逐漸下降。大多數有控制溫度係數電阻的 NTC 電熱調節器是由 Mn、Ni、Fe 和 Co 氧化物的固溶體製成。

14.8.5　鐵電陶瓷

鐵電域　有些陶瓷離子結晶材料內的單位晶胞沒有對稱中心，此狀況下，單位晶胞會有微小的電偶極 (electric dipole)，稱為鐵電性 (ferroelectric)。鈦酸鋇 (BaTiO$_3$) 就是具有此種特性的重要工業陶瓷材料。當溫度超過 120°C 時，BaTiO$_3$ 有著立方對稱之鈣鈦礦晶體結構 (圖 14.55a)。當溫度低於 120°C 時，BaTiO$_3$ 單元晶胞內的 Ti^{4+} 離子及 O^{2-} 離子就會往相反方向做微小的移動，出現一個微小的電偶極矩 (圖 14.55b)。在臨界溫度 120°C [稱為**居里溫度** (Curie temperature)] 發生的這種生離子移動現象，會使 BaTiO$_3$ 的晶體結構由立方晶結構轉成近似正方晶結構。

當尺寸較大時，固狀鈦酸鋇陶瓷材料有著區域化結構 (圖 14.56)，在任何區域內，單位晶胞的微弱電偶極會同方向排列。在單位體積內的偶極矩，就是所有這些單位晶胞偶極矩的總和。假設鈦酸鋇多晶體在強大外加電場下，慢慢降溫通過其居里溫度時，此區域中的偶極也會傾向與外加電場呈現同方向排列，讓材料產生一個強大的偶極矩。

壓電效應　鈦酸鋇和許多其他陶瓷材料都有**壓電效應** [piezoelectric [5] (PZT) effect]，如圖 14.57 所示。鐵電陶瓷材料中，許多微小電偶極的同向排列就會產

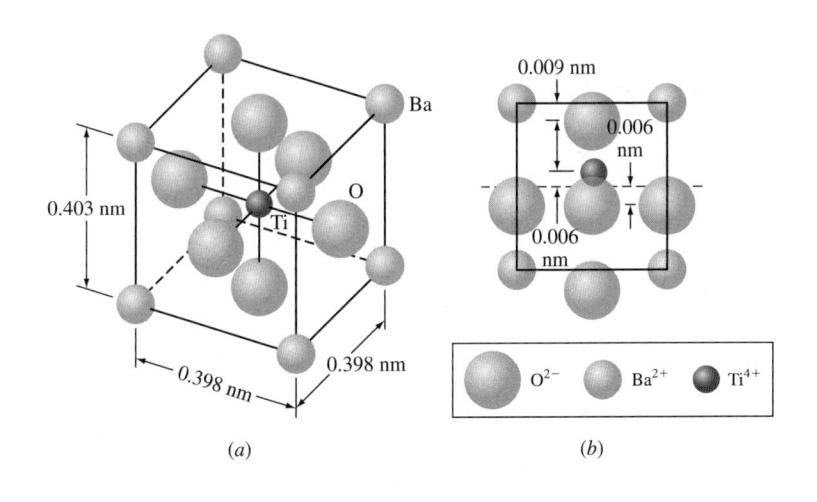

圖 14.55　(a) 高於 120°C 的 BaTiO$_3$ 的結構是立方的；(b) 由於 Ti^{4+} 中心離子相對於單位晶胞的周圍 O^{2-} 離子的輕微移動，低於 120°C (BaTiO$_3$ 的居里溫度) 的 BaTiO$_3$ 的結構是略微四方的。在這種不對稱的晶胞中存在著小的電偶極矩。

((a-b) Source: K.M. Ralls, T.H. Courtney and J. Wulff, *An Introduction to Materials Science and Engineering*, Wiley, 1976, p. 610.)

---

[5] 英文字首 "piezo" - 意為「壓力」，來自希臘語 piezein，意為「按壓」。

生一個偶極矩，如圖 14.57a 所示。在材料極化方向的兩端上就有很多的正、負電荷。現在考慮壓縮應力施加於材料的例子，如圖 14.57b 所示，當施加應力時，應力會使樣品長度改變，導致材料單位體積內的偶極矩改變。材料偶極矩之量值變化會使得樣品兩端之電荷密度改變，進而改變兩端(兩端彼此絕緣)之電位差。

另一方面，如果在樣品兩端加上一個電場，樣品兩端的電荷密度就會改變(圖 14.57c)。改變電荷密度將使得試片在電場方向的尺寸改變。以圖 14.57c 為例，因正/負電荷增加後會吸引電偶極負/正極，使得試件長度增加。因此壓電效應可以說是一種電-機械效應，藉此，鐵電材料 (ferroelectric material) 之機械力會產生電的反應，或材料上的電力可以出現機械上的反應。

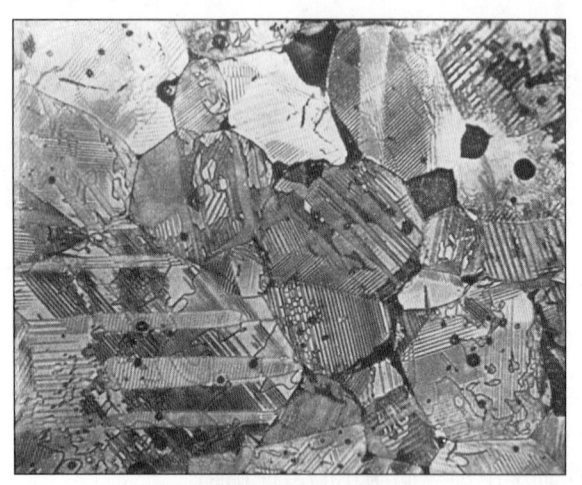

圖 14.56 透過蝕刻顯示出鈦酸鋇陶瓷的微觀結構，圖中顯示出不同的鐵電域的排列方向。(放大 500×)
(Courtesy of The American Ceramic Society)

壓電陶瓷在工業上的應用很廣，像是圖 14.58a 所示的壓電壓縮加速度計 (compression accelerometer)。它將機械力轉換成電的反應，用來量測廣泛頻率範圍內的振動加速度，還有應用轉盤式電唱機的針頭 (cartridge)，用唱針在唱片凹槽上的振動而讀取訊號。將電力轉成機械效果的應用有很多，如超音波清洗**轉能器** (transducer)，能利用輸入交流電力引起振動，讓容器內的液體產生劇烈的波動，

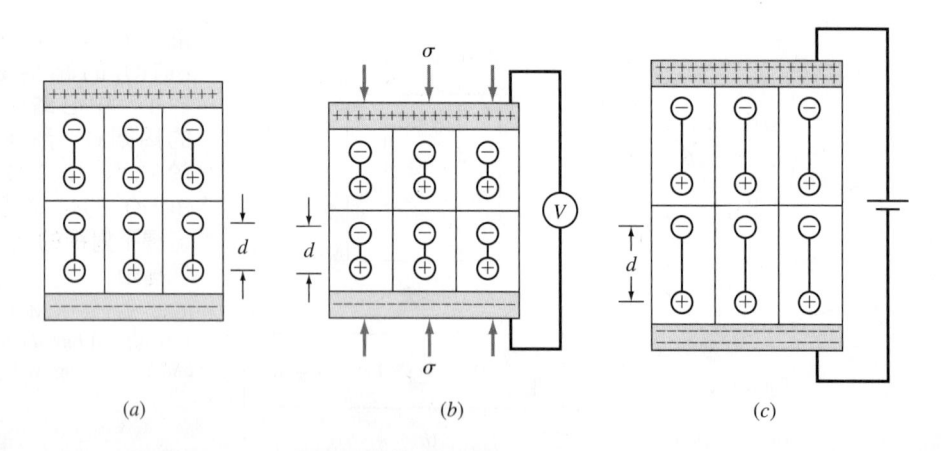

圖 14.57 (a) 壓電材料內的電偶極示意圖；(b) 材料上的壓縮應力會導致由於電偶極的變化而產生出的電壓差；(c) 樣品兩端施加電壓引起尺寸變化，並改變了電偶極矩。
((a-b-c) Source: L.H. Van Vlack, *Elements of Materials Science and Engineering*, 4th ed., Addison-Wesley, 1980, Fig. 8-6.3, p. 305)

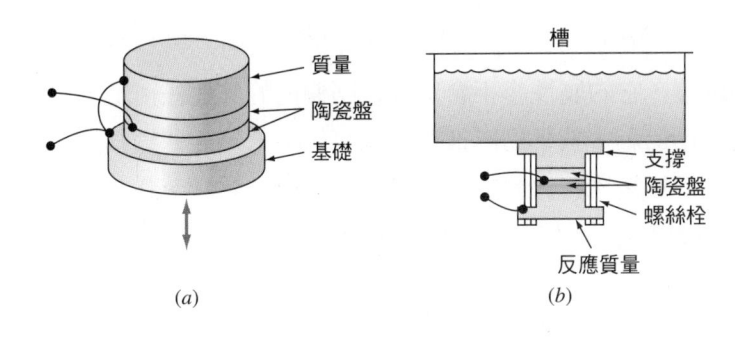

圖 14.58 (a) 壓電壓縮加速度計；(b) 超聲波清洗裝置中的壓電陶瓷元件。
((a-b) Source: Morgan Electric Ceramics (formerly Vernitron), Bedford, Ohio, United States.)

如圖 14.58b 所示。也有像是水中音響轉能器，藉由輸入之電能使轉能器振動來傳送音波。

壓電材料 雖然壓電材料最常用 $BaTiO_3$，但它已快被其他壓電陶瓷材料所取代。其中最重要的是從鋯酸鉛 ($PbZrO_3$) 和鈦酸鉛 ($PbTiO_3$) 固溶體所製成的陶瓷材料，稱為 PZT 陶瓷。PZT 陶瓷比 $BaTiO_3$ 更具有壓電性質，包含較高的居里溫度。

14.9 奈米電子學 Nanoelectronics

自從有了掃描探針顯微鏡 (scanning probe microscope, SPM) 技術 (第 4 章) 後，研究奈米材料和元件的能力已大幅提升。只要改變在掃描穿隧顯微鏡 (scanning tunneling microscope, STM) 尖頭和表面間施加的電壓，科學家即可拿起原子 (或原子簇) 並控制它在表面的位置。例如，科學家已使用 STM 在矽表面的特定位置創造懸空 (不完全) 鍵結。接著，樣品表面暴露在特定氣體分子中之後，這些懸鍵可以成為分子吸附處。控制懸鍵以及吸附分子的表面位置後，即可進行奈米級的分子電子元件之設計。另一個在 STM 使用奈米技術的例子是形成量子圍欄。STM 被用來將金屬原子在表面定位成圓形或橢圓形。由於電子受限於金屬原子路徑，量子圍欄會因此而形成，其代表了電子波的「熱區」，像是盤型天線的熱區電磁波。圍欄大小約在數十奈米。如果一個磁性原子 (如鈷原子) 被放置在橢圓形區域的其中一個

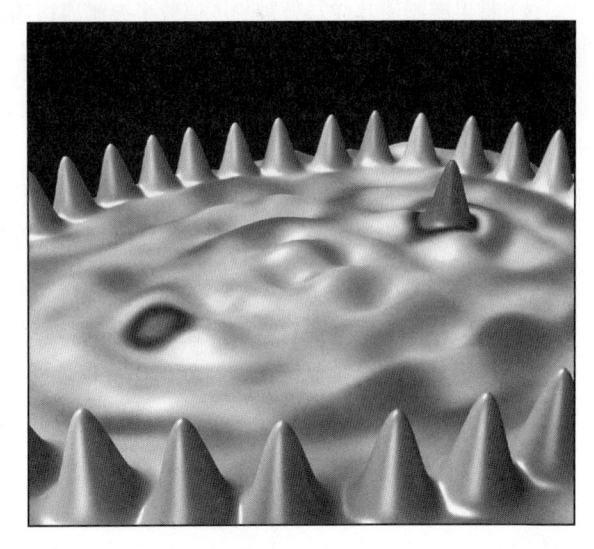

圖 14.59 圖中顯示單一鈷原子被放置在 36 個鈷原子圍成的橢圓量子圍欄其中的一個焦點上 (左峰)。之後它的某些特性會出現在沒有原子存在的另一個焦點上 (右峰)。
(©IBM Research/Science Source)

焦點的話，它的一些特性會出現在另一焦點 (圖 14.59)。另一方面，如果此原子並非放在焦點位置，它的屬性將不會出現在圍欄內的其他任何地方。形成量子圍欄的地點稱為量子幻影。量子幻影被假想為可於奈米尺度傳輸數據的載體。雖然這可能在未來很多年後才有機會實現，但整體目標是開發允許在奈米元件中傳輸電流的技術。由於尺寸小，傳統電線是不可能的。

14.10　總結 Summary

在金屬中電傳導的經典模型中，金屬原子的外部價電子在金屬晶格的正離子核 (沒有它們的價電子的原子) 之間可以自由移動。在施加電位的情況下，自由電子能擁有具方向性的漂移速度。電子及其相關電荷在金屬中的運動構成了電流。按照慣例，電流被認為是正電荷流，其與電子流方向相反。

在金屬中電傳導的能帶模型中，金屬原子的價電子相互作用並相互穿透而形成能帶。由於金屬原子的電子能帶重疊，產生部分填滿的複合能帶，因此僅需要很少的能量來激發最高能量的電子，使它們自由地導電。在絕緣體中，價電子通過離子和共價鍵與其原子緊密結合，除非提供高能量，否則不能自由導電。絕緣體的能帶模型由較低的填滿的價帶和較高的空的導帶組成。價帶通過大的能隙 (例如，約 6 ~ 7 eV) 與導帶分離。因此，為了使絕緣體導電，必須施加大量能量以使價電子「跳躍」間隙。本質半導體在其價帶和導帶之間具有相對小的能隙 (即約 0.7 ~ 1.1 eV)。通過用雜質原子摻雜本質半導體使其成為外質的，導致半導體導電所需的能量大大減少。

外質半導體可以是 n 型或 p 型。n 型 (負) 半導體具有作為多數載子的電子。p 型 (正) 半導體的多數電荷載子是電洞 (缺少電子)。通過在諸如矽的半導體的單晶中製造 pn 接面，可以製造各種類型的半導體元件。例如，可以透過使用這些接面來製造 pn 接面二極體和 npn 電晶體。現代微電子技術已經發展到這樣的程度，即數千個晶體管可以放置在小於約 0.5 cm^2 和約 0.2 mm 厚的半導體矽晶片上。複雜的微電子技術使高度複雜的微處理器和電腦記憶體成為可能。

由於沒有導電電子，陶瓷材料通常是良好的電絕緣體和熱絕緣體，因此許多陶瓷用於電絕緣和耐火材料。一些陶瓷材料可以通過電荷高度極化，並用於電容器的介電材料。一些陶瓷材料的永久極化產生壓電特性，允許這些材料用作機電換能器。其他陶瓷材料，例如 Fe$_3$O$_4$，是半導體，可用於溫度測量的熱敏電阻。

奈米科技研究正朝著製造具有奈米尺寸的電子元件方向發展。量子幻影被設想可在奈米元件中提供電流，其中電子線路是不可能的。

14.11 名詞解釋 Definitions

14.1 節

- **電流** (electric current)：每秒鐘通過的電荷量，以 i 為代表。在 SI 制中電流的單位是安培 (1 A = 1 C/s)。
- **電阻** (electrical resistance, R)：電流通過單位體積材料的難易度。電阻與通過路徑的長度成正比，與電流通過的截面積成反比。SI 制單位：歐姆 (Ω)。
- **電阻率** (electrical resistivity, ρ)：電流通過單位體積材料難度的估計量。$\rho = RA/l$，其中 R = 材料的電阻，Ω；l = 材料長度，m；A = 材料的截面積，m^2。SI 制單位：ρ = 歐姆 - 公尺 ($\Omega \cdot m$)。
- **導電率** (electrical conductivity, σ_e)：電流通過單位體積材料容易度的估計量。單位：$(\Omega \cdot m)^{-1}$。σ_e 是 ρ_e 的倒數。
- **導體** (electrical conductor)：具有高導電係數的材料。銀是良導電體，其 $\sigma_e = 6.3 \times 10^7 \, (\Omega \cdot m)^{-1}$。
- **電絕緣體** (electrical insulator)：具有極低導電係數的材料。聚乙烯是差的導電體，σ_e 值 = 10^{-15} 至 $10^{-17} \, (\Omega \cdot m)^{-1}$。
- **半導體** (semiconductor)：材料的導電係數介於良導電體與絕緣體之間的材料。例如純矽是半導體元素，在 300 K 時，$\sigma_e = 4.3 \times 10^{-4} \, (\Omega \cdot m)^{-1}$。
- **電流密度** (electric current density, J)：單位面積通過的電流量。SI 制單位：安培 / 平方公尺 (A/m^2)。

14.2 節

- **能帶模型** (energy-band model)：在此模型中，固體原子的價電子能量成帶狀能量分布。例如，鈉的 $3s$ 價電子形成 $3s$ 能帶；由於鈉只有一個 $3s$ 電子 ($3s$ 軌域可容納兩個電子)，所以鈉金屬的 $3s$ 能帶是半填滿。
- **價電帶** (valence band)：包含價電子的能帶。導電體的價電帶就是傳導帶。金屬導體的價電帶並未填滿，因此一些電子可以被激發至價電帶中的能階，成為傳導電子。
- **傳導帶** (conduction band)：未填滿的能階，可接受被激發成為傳導電子的電子。在半導體與絕緣體內，能量低的填滿價電帶和能量高的空傳導帶之間存有能隙。

14.3 節

- **本質半導體** (intrinsic semiconductor)：可視為純的半導體材料，其能隙小到 (約 1 eV) 只要熱激發即可跨過。傳導帶內的電荷載子是電子，價電帶內的是電洞。
- **電子** (electron)：負電荷載子，電荷量為 $1.60 \times 10^{-19} \, C$。
- **電洞** (hole)：正電荷載子，電荷量為 $1.60 \times 10^{-19} \, C$。

14.4 節

- **n 型 (負型) 外質半導體** (n-type extrinsic semiconductor)：摻雜 n 型元素的半導體 (如矽內摻雜磷)。n 型雜質原子提供能量接近傳導帶的電子。

- **施體能階** (donor level)：在能帶理論中，接近傳導帶的能階。
- **受體能階** (acceptor level)：在能帶理論中，接近價電帶的能階。
- **p 型 (正載子型) 外質半導體** (p-type extrinsic semiconductor)：摻雜 p 型元素的半導體 (如矽摻雜鋁)。p 型雜質原子提供能量略高於價電帶最高層能階的電洞。
- **多數載子** (majority carrier)：半導體內濃度最多的電荷載體；n 型半導體的多數載子是傳導電子，p 型半導體的多數載子是傳導電洞。
- **少數載子** (minority carrier)：半導體內濃度最少的電荷載子；n 型半導體的少數載子是電洞，p 型半導體的少數載子是電子。

14.5 節

- **pn 接面** (pn junction)：半導體單晶內，分隔 p 型與 n 型區域的界面。
- **偏壓** (bias)：施於電子元件兩極的電壓。
- **順向偏壓** (forward bias)：在 pn 接面，朝導電方向施予的偏壓；在順向偏壓的 pn 接面，多數載體電子與電洞流向接面，產生大電流。
- **逆向偏壓** (reverse bias)：在 pn 接面施予偏壓以產生微量電流；在反向偏壓的 pn 接面，多數載體電子與電洞流離開接面。
- **整流二極體** (rectifier diode)：可以將交流電轉變成直流電的 pn 接面二極體。
- **雙載子接面電晶體** (bipolar junction transistor, BJT)：三個區域、兩個接面的半導體元件。三個區域分別是射極、基極及集極。雙載體接面電晶體 (BJT) 可以是 npn 或 pnp 型。射極 - 基極接面是順向偏壓，集極 - 基極接面為反向偏壓，因此電晶體可當作電流放大器。

14.8 節

- **介電質** (dielectric)：一種電絕緣材料。
- **電容器** (capacitor)：由以多層介電材質相隔的傳導平板組成的電子元件，可以儲存電荷。
- **電容值** (capacitance)：電容器儲存電荷能力的量測值，單位是法拉第。電路中用的單位是兆分之一法拉第 (1 pF = 10^{-12} F) 和微法拉第 (1 μF = 10^{-6}F)。
- **介電常數** (dielectric constant)：含介電質材電容器的電容值與真空電容器電容值的比值。
- **介電強度** (dielectric strength)：介電材料能導電時，每單位長度 (電場) 的電壓，也就是介電質在崩潰前可容忍的最大電場。
- **熱敏電阻** (thermistor)：一種陶瓷半導體元件，隨著溫度的變化電阻率發生變化，用於測量和控制溫度。
- **鐵電材料** (ferroelectric material)：通過施加電場可以極化的材料。
- **居里溫度 (鐵電材料的)** [Curie (PZT) temperature]：冷卻時鐵電材料經歷晶體結構變化的溫度，其在材料中產生自發極化。例如，$BaTiO_3$ 的居里溫度為 120°C。

- **壓電效應** (piezoelectric effect)：一種機電效應，通過該效應，鐵電材料上的機械力可以產生電響應，電力產生機械響應。
- **轉能器** (transducer)：由來自一個電源的電源驅動並以另一種形式將電力傳輸到第二個系統的設備。例如，換能器可以將輸入聲能轉換為輸出電響應。

14.12 習題 Problems

知識及理解性問題

14.1 描述金屬中導電的經典模型。

14.2 導電率如何在數值上與電阻率相關？

14.3 為什麼一塊鈉中的 3s 電子能帶只有一半被填滿？

14.4 鎂和鋁具有已填滿外部 3s 能帶，如何對鎂和鋁這種金屬的良好導電性給出解釋？

14.5 為什麼一個電洞被認為是一個想像中的粒子？使用草圖顯示電子電洞如何在矽晶格中移動。

14.6 (a) 當磷原子在 n 型矽晶格中被離子化時，離子化之原子獲得了多少電荷？(b) 當硼原子在 p 型矽晶格中被離子化時，離子化之原子獲得了多少電荷？

14.7 在半導體中，什麼是摻雜物？透過擴散來解釋摻雜的過程。

14.8 n 型矽半導體中的多數和少數載子是什麼？在 p 型矽半導體中呢？

14.9 描述 pn 接面二極體如何用作電流整流器。

14.10 描述平面型 npn 雙極電晶體的結構。

14.11 描述將摻雜物引入矽晶片表面的擴散過程。

14.12 什麼是互補金屬氧化物半導體 (CMOS) 元件？CMOS 元件優於 NMOS 或 PMOS 元件有哪些優勢？

14.13 滑石的大致成分是什麼？滑石作為絕緣材料具有哪些理想的電性能？

14.14 什麼是熱敏電阻？什麼是 NTC 熱敏電阻？

14.15 Fe_3O_4 的導電機制是什麼？

14.16 什麼是鐵電域？怎麼能夠朝著同一個方向排列？

14.17 什麼是 PZT 壓電材料？它們何以優於 $BaTiO_3$ 壓電材料？

應用與分析問題

14.18 計算，在 20°C 時，直徑為 0.720 cm、長 0.850 m 的鐵棒的電阻。[$\rho_e(20°C) = 10.0 \times 10^{-6} \Omega \cdot cm$。]

14.19 於 160°C 時，計算 15 米長且直徑 0.030 米的銀線之電阻率 (歐姆 - 米)。[ρ_e (0°C 時的 Fe) = $9.0 \times 10^{-6} \Omega \cdot cm$。]

14.20 計算每立方公尺的鍺原子數。

14.21 添加磷以製成導電率為 250 Ω·m⁻¹ 的 n 型矽半導體。計算所需的電荷載子數量。

14.22 矽晶片摻雜有 2.50×10¹⁵ 個磷原子 /cm³、3.00×10¹⁷ 個硼原子 /cm³ 和 3.00×10¹⁷ 個砷原子 /cm³。計算 (a) 電子和電洞濃度 (每立方公分的載子)，(b) 電子和電洞遷移率 (使用圖 14.26)，和 (c) 材料的電阻率。

14.23 以硼摻雜的矽晶片在 27°C 下的電阻率為 5.00×10 Ω·4cm。假設其具有本質載子遷移率和其完全離子化。(a) 什麼是多數載子濃度 (載子 / 立方公分)？(b) 這種材料中硼與矽原子的比例是多少？

14.24 為什麼氮化矽 (Si_3N_4) 用於在矽晶片上以生產 NMOS 積體電路？

14.25 在 27°C 時，於 (i) InSb、(ii) InB 和 (iii) InP 中，(a) 電子和 (b) 電洞貢獻的電流比例為何？

14.26 在 27°C 下，於 (i) GaSb 和 (ii) GaP 中，(a) 電子和 (b) 電洞貢獻的電流比例為何？

14.27 為什麼 $BaTiO_3$ 用於高價值小型平盤電容器？$BaTiO_3$ 電容器的電容如何變化？製造平盤陶瓷電容器的四個主要階段是什麼？

綜合與評價問題

14.28 設計一種基於 Si 的 p 型半導體，可以實現室溫下恆定的電導率 25 Ω⁻¹ m⁻¹。

14.29 考慮下面列出的各種銅的固溶體。根據電導率的下降順序對以下固溶體進行排序。給出你選擇的理由。(i) Cu-1 wt% Zn，(ii) Cu-1 wt% Ga，和 (iii) Cu-1 wt% Cr。

14.30 氮化鎵 (GaN) 是具有半導體特性 (E_g 為 3.45 eV) 的陶瓷。研究使用 (GaN) 而不是 Si 作為半導體材料的優點。

CHAPTER 15 光性質與超導材料
Optical Properties and Superconductive Materials

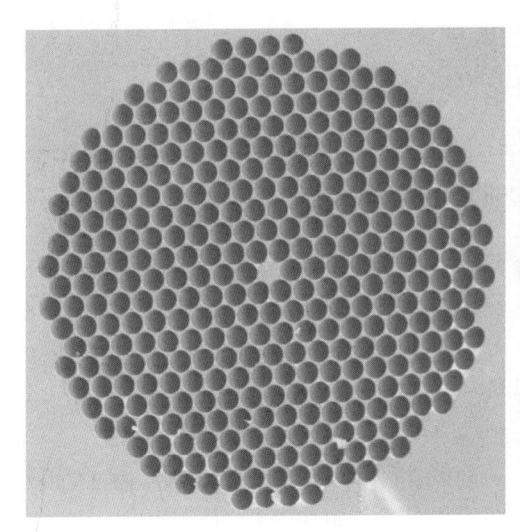

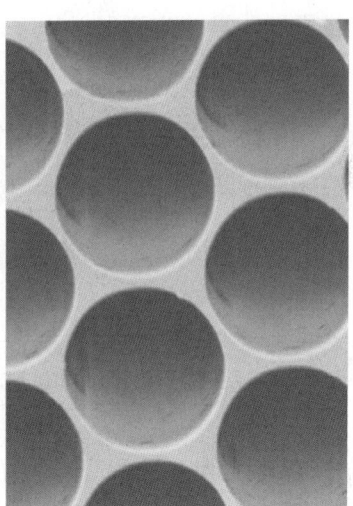

(©PJF Military Collection/Alamy)

光子晶體纖維除了以下兩個特點之外,和一般正常的晶體結構類似。第一個特點為光子晶體在較大尺度(微米範圍)下存有重複的圖紋型態;第二個特點則為光子晶體只會橫切過纖維的長度方向。纖維的製造,是先堆疊許多二氧化矽玻璃管來形成一個柱體。然後柱體在加溫狀態下被抽拉,成為幾十個微米尺度等級的薄纖維。成型後的纖維構造類似蜂巢狀。由於它們的結構,目前人類尚無法全盤了解光線在這些纖維中的傳導方式。舉例來說,極有可能只有某種特定頻率的光線才能通過光纖,其他頻率的光線則會被摒除在外,無法通過。這樣的特性可以被用於像是可調諧波長光源與光開關元件的應用。本章首頁的照片顯示一個光晶體纖維的結構。照片上方是一開始形成的光纖管,下方則是所選擇光纖管的橫切面。[1]

---

[1] http://www.rikei.co.jp/dbdata/products/producte249.html

> 學習目標

到本章結束時,學生將能夠:
1. 解釋光輻射從一種介質傳遞到另一種介質時會發生什麼現象。
2. 討論為什麼金屬材料對可見光而言是不透明的。
3. 解釋什麼決定了金屬材料的顏色。
4. 簡要描述超導現象。
5. 解釋為什麼非晶態材料通常是透明的。
6. 簡要描述紅寶石雷射的結構。
7. 描述含有電活化缺陷半導體的光子吸收機理。
8. 解釋雷射的含義。
9. 簡要描述一下高溫氧化物超導體的優點。
10. 引用不透明度、半透明度和透明度之間的區別。

15.1 前言 Introduction

在現代大多數的高科技中,材料的光學性質十分重要(圖 15.1)。本章首先以一些材料為例,介紹光的折射、反射及吸收等光學基本知識。接著探討某些材料如何與光輻射相互作用而產生放光(luminescence)。然後研究雷射引起的受激放射(stimulated emission)輻射。在本章光纖部分,我們將回顧低光損耗光纖的發展如何導向新的光纖通訊系統。

最後,本章將探討超導體材料,在低於臨界溫度、磁場及電流密度的時候,會變成零電阻。直至 1987 年,已發現超導材料擁有最高的臨界溫度大約是 25 K。但是 1987 年出現一項驚人的發現,某些陶瓷材料在溫度達到 100 K 時會有超導現象。此發現引發全球各地爭相投入研究,

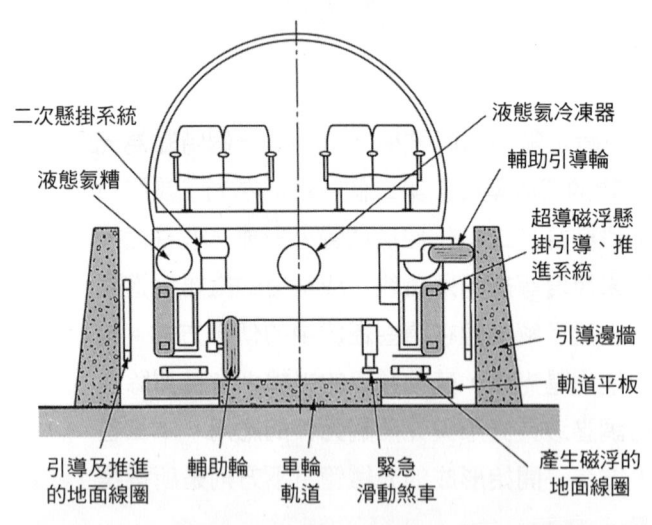

圖 15.1 新科技。先進磁浮列車設計(日本國家鐵路)的橫截面。

(Source: *Encyclopedia of Materials Science and Technology*, MIT Press, 1986, p. 4766.)

對未來工程發展亦產生高度期望。本章將討論第 I 和 II 型金屬超導體之結構和特性，以及新型陶瓷超導體。

15.2 光與電磁光譜 Light and the Electromagnetic Spectrum

　　可見光是波長約 0.40～0.75 μm 的一種電磁輻射 (圖 15.2)。可見光的顏色範圍是從紫色到紅色，如圖 15.2 中放大的區域所顯示。當中紫外線的區域涵蓋波長約 0.01～0.40 μm 之範圍，紅外線之區域則是從 0.75～1000 μm 之間。

　　人們可能永遠無法了解光的本質，但是在科學上，我們將光視為波動形式，並且是由稱為光子 (photon) 的粒子所組成。光子的能量 ΔE、波長 λ 及頻率 ν 之間的關係，可依基本公式：

$$\Delta E = h\nu = \frac{hc}{\lambda} \tag{15.1}$$

其中 h 為普朗克常數 (Planck's constant)，值是 6.62×10^{-34} J·s；c 為真空光速，值是 3.00×10^8 m/s。由上式，我們可將光子視為其能量 E 之粒子，或具某特定波長與頻率之波。

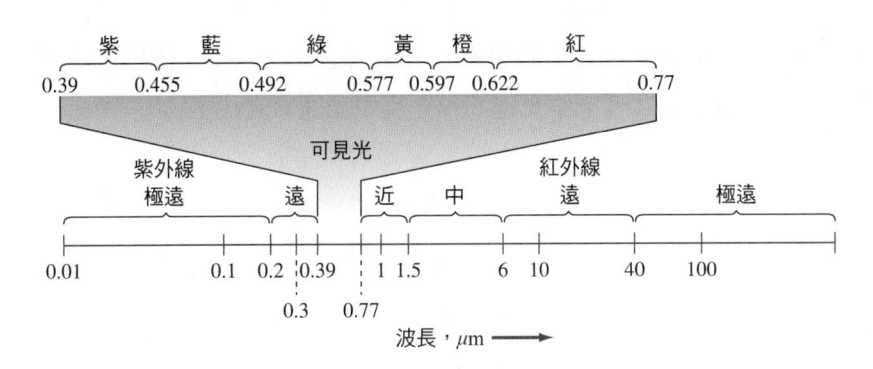

圖 15.2 從紫外線區到紅外線區的電磁光譜。

例題 15.1

ZnS 半導體內一光子從低於傳導帶 1.38 eV 雜質能階掉入價電帶中。請估算光子轉移所產生的輻射波長。可見光範圍內會產生何種顏色？ZnS 能隙是 3.54 eV。

解

　　光子從低於傳導帶 1.38 eV 能階掉入價電帶的能源差是 3.54 eV － 1.38 eV = 2.16 eV。

$$\lambda = \frac{hc}{\Delta E} \tag{15.1}$$

其中 $h = 6.62 \times 10^{-34}$ J·s
$c = 3.00 \times 10^8$ m/s
1 eV $= 1.60 \times 10^{-19}$ J

因此，

$$\lambda = \frac{(6.62 \times 10^{-34} \text{ J·s})(3.00 \times 10^8 \text{ m/s})}{(2.16 \text{ eV})(1.60 \times 10^{-19} \text{ JeV})(10^{-9} \text{ m/nm})} = 574.7 \text{ nm} \blacktriangleleft$$

光子波長為 574.7 nm，是電磁光譜之黃光區。

■ 15.3 光的折射 Refraction of Light

15.3.1 折射率

當光子穿越過透明材料時，它們會損失一部分的能量，導致光在行進時速度降低，並改變路線。圖 15.3 顯示光線從空氣中進入密度較高的介質 (如普通玻璃)，行進速度會減緩。故光線的入射角度會大於其折射角度。

光線穿過介質的相對速度以**折射率** (index of refraction) n 這個光性質來表示。介質之折射率 n 值定義為真空中光速 c 和介質中光速 v 之比值：

$$\text{折射率 } n = \frac{c \,(\text{真空中光速})}{v \,(\text{介質中光速})} \tag{15.2}$$

表 15.1 是一些玻璃與結晶固體之平均折射率。範圍落在 1.4～2.6 間，多數矽酸鹽玻璃的 n 值在 1.5～1.7 間。鑽石之高折射率 ($n = 2.41$) 使多平面鑽石藉由多重內折射發出光芒。具有 $n = 2.61$ 的氧化鉛 (密陀僧) 被用於添加在矽酸鹽玻璃，可提高其折射率，適合用於裝飾玻璃。材料之折射率是波長與頻率之函數，舉例來說，燧石玻璃 (flint glass) 折射率隨波長變化，波長 0.40 μm 時的折射率為 1.60，波長 1.0 μm 時則為 1.57。

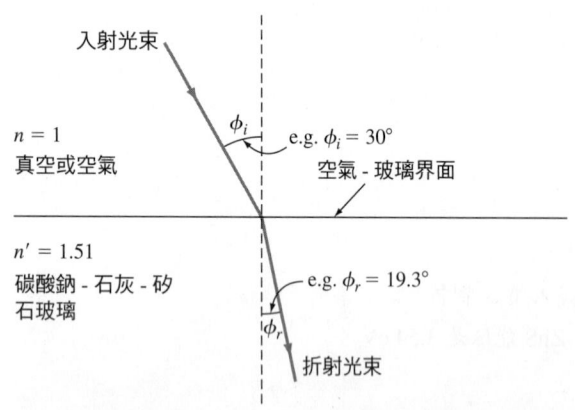

入射光束
$n = 1$ 真空或空氣
ϕ_i
e.g. $\phi_i = 30°$
空氣-玻璃界面
$n' = 1.51$
碳酸鈉-石灰-矽石玻璃
e.g. $\phi_r = 19.3°$
ϕ_r
折射光束

圖 15.3 光線從真空 (空氣) 進到碳酸鈉-石灰-矽石玻璃的折射。

表 15.1 某些材料的折射率

材料	平均折射率
玻璃類：	
矽石玻璃	1.458
碳酸鈉 - 石灰 - 矽石玻璃	1.51-1.52
硼矽酸鹽 (耐熱) 玻璃	1.47
重燧石玻璃	1.6-1.7
結晶固體類：	
剛玉，Al_2O_3	1.76
石英，SiO_2	1.555
氧化鉛，PbO	2.61
鑽石，C	2.41
光學塑膠類：	
聚乙烯	1.50-1.54
聚苯乙烯	1.59-1.60
聚甲基丙烯酸甲酯	1.48-1.50
聚四氟乙烯	1.30-1.40

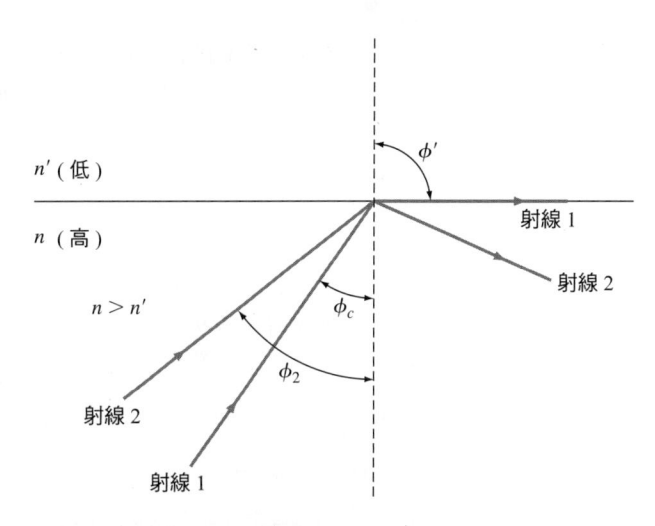

圖 15.4 圖中顯示光線從高折射率介質 n 進入低折射率介質 n' 會存在一個內反射的臨界入射角 ϕ_c。注意到射線 2 的入射角 ϕ_2 大於 ϕ_c，因此光全部反射回高折射率介質內。

15.3.2　司乃耳定律 (Snell's Law)

光線由折射率 n 介質進到折射率 n' 介質之折射，和入射角 ϕ、折射角 ϕ' 有下列關係：

$$\frac{n}{n'} = \frac{\sin \phi'}{\sin \phi} \quad (司乃耳定律) \tag{15.3}$$

當光線從高折射率的介質進入低折射率的介質時，將會存在一個臨界入射角 ϕ_c，假如入射角大於 ϕ_c 的話，將會造成光的全內反射 (圖 15.4)。臨界入射角 ϕ_c 角度是定義在當 ϕ' (折射) = 90° 時。

注意：在 15.7 節光纖的部分，我們將看到如果光纖的中心使用高折射率玻璃，而外層使用低折射率玻璃包覆，光纖能夠長距離傳導光，因為光一直在內層連續反射。

■ 例題 15.2 ●

請估算光線由平面碳酸鈉 - 石灰 - 矽石玻璃 (n = 1.51) 進到空氣 (n = 1) 之臨界入射角 ϕ_c。

解

運用司乃耳定律 [(15.3) 式]，

$$\frac{n}{n'} = \frac{\sin \phi'}{\sin \phi_c}$$

$$\frac{1.51}{1} = \frac{\sin 90°}{\sin \phi_c}$$

其中 $n =$ 玻璃的折射率
$n' =$ 空氣的折射率
$\phi' =$ 全折射角 $90°$
$\phi_c =$ 全反射臨界角 (未知)

$$\sin \phi_c = \frac{1}{1.51}(\sin 90°) = 0.662$$

$$\phi_c = 41.5° \blacktriangleleft$$

15.4 光線的吸收、透射及反射
Absorption, Transmission, and Reflection of Light

任何材料或多或少都會吸收光線，因為光子會與材料之原子、離子或分子之電子與鍵結造成交互作用 [**吸收率** (absorptivity)]。因此光線透射通過某材料的分率值取決於此材料對光的反射和吸收量。尤其是波長 λ 的入射光反射 (reflection)、吸收 (absorption) 和透射 (transmission) 比例總和需等於 1：

$$(\text{反射分率})_\lambda + (\text{吸收分率})_\lambda + (\text{透射分率})_\lambda = 1 \quad (15.4)$$

以下討論上述分率的值將如何隨著不同類型材料而變化。

15.4.1 金屬

除了在截面非常薄的情況下，金屬材料對於波長範圍在長波 (無線電波) 至中段紫外線之內的入射輻射光，都會產生相當強烈的反射和 / 或吸收狀況。由於金屬的傳導帶與價電帶互相重疊，因此接受到入射光的能量之後，極容易將電子激發到較高能階。一旦電子落回較低能階，則會釋放出低的光子能量以及長波長的光線。此作用將導致金屬平滑表面有強烈的反射光線，許多金屬 (例如金和銀) 均觀察到此現象。金屬吸收能量的多寡與每一金屬的電子結構有關。例如銅和金會吸收比較多的波長較短的藍光和綠光，但是對於黃光、橙光、紅光等波長較長的光線則有較多反射，因此這些金屬的平滑表面就會出現所反射光線的顏色。其他金屬如銀和鋁，因為它們對所有可見光都有強烈的反射，所以呈現白「銀」顏色。

15.4.2　矽酸鹽玻璃

平板玻璃單面的光反射　一般而言，入射光被拋光平面玻璃板的單面反射之比例相當小。反射量主要受到玻璃折射率 n 及光射進玻璃入射角的影響。一垂直入射光 (即 $\phi_i = 90°$) 被單一面反射的分率 R [稱為反射率 (reflectivity)] 可以由下列關係式決定：

$$R = \left(\frac{n-1}{n+1}\right)^2 \tag{15.5}$$

其中 n 是反射光介質的折射率。此公式在入射角小於 20° 前都有好的近似值。由 (15.5) 式得知，$n = 1.46$ 的矽酸鹽玻璃，其 R 值為 0.035，亦即反射百分率為 3.5% (見例題 15.3)。

■ 例題 15.3

計算一般入射光從折射率 1.46 的矽酸鹽玻璃拋光平坦表面的反射率。

解

使用 (15.5) 式及玻璃 n 值為 1.46，可知

$$反射率 = \left(\frac{n-1}{n+1}\right)^2 = \left(\frac{1.46-1.00}{1.46+1.00}\right)^2 = 0.035$$

$$反射率\% = R(100\%) = 0.035 \times 100\% = 3.5\% \blacktriangleleft$$

平板玻璃的光吸收　假使光的路徑增長，就會降低光的強度，這是因為玻璃會從穿透它的光線中吸收能量。一個無散射中心 (scattering center) 的玻璃片或板 (厚度為 t) 之入射光強度 I_0 與出射光強度 I 之間的關係式為：

$$\frac{I}{I_0} = e^{-\alpha t} \tag{15.6}$$

上式中的常數 α 就是所謂的線性吸收係數 (linear absorption coefficient)，單位為

cm^{-1}(若厚度以 cm 量測)。如例題 15.4 所示,光穿越一個透明矽酸鹽玻璃的平板因被吸收,所以有相對微量的能量損失。

■ 例題 15.4 ●

普通入射光射擊在厚度 0.50 cm、折射率 1.50 的平板玻璃。當光線穿過玻璃板兩平面間時,有多少光分率被玻璃吸收($\alpha = 0.03$ cm^{-1})?

解

$$\frac{I}{I_0} = e^{-\alpha t} \qquad I_0 = 1.00 \qquad \alpha = 0.03 \text{ cm}^{-1}$$

$$I = ? \qquad t = 0.50 \text{ cm}$$

$$\frac{I}{1.00} = e^{-(0.03 \text{ cm}^{-1})(0.50 \text{ cm})}$$

$$I = (1.00)e^{-0.015} = 0.985$$

所以,光被玻璃吸收的分率是:1 − 0.985 = 0.015 或 1.5%。◀

平板玻璃的反射、吸收與穿透　入射光透射穿過玻璃的量,取決於玻璃上下表面的反射量與玻璃板內的吸收量兩個因素。試想光線透射過玻璃平板,如圖 15.5。圖中入射光到達玻璃下表面之分率為 $(1-R)(I_0 e^{-\alpha t})$,入射光由下表面反射之分率為 $(R)(1-R)(I_0 e^{-\alpha t})$。故下表面入射光強度和下表面反射光強度的相差值即為光線穿透分率 I,

$$\begin{aligned} I &= [(1-R)(I_0 e^{-\alpha t})] - [(R)(1-R)(I_0 e^{-\alpha t})] \\ &= (1-R)(I_0 e^{-\alpha t})(1-R) = (1-R)^2 (I_0 e^{-\alpha t}) \end{aligned} \qquad (15.7)$$

圖 15.5　光線穿透平板玻璃,反射在平板的上、下表面發生,吸收則發生於平板內部。

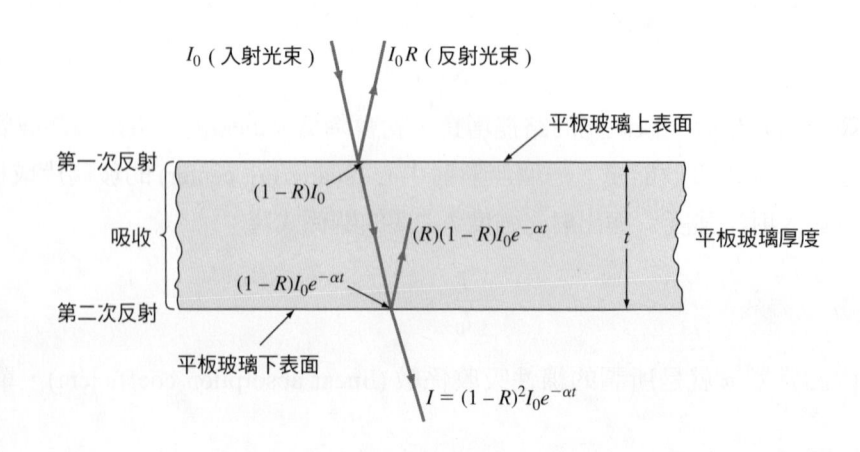

圖 15.6 顯示，如果入射光波長大於 300 nm，90% 入射光會穿過矽石玻璃；如果入射光是短波長之紫外線光，則大部分會被吸收，降低穿透效果。

15.4.3 塑膠材料

一些非結晶塑膠材料，例如聚苯乙烯、聚甲基丙烯酸甲酯與聚碳酸酯，均具有相當良好的透光性。但某些塑膠材料內存在有比非結晶基材更高折射率之結晶區域。如果這些區域之尺寸大於入射光波長，光線波將會被反射和折射所散射，大幅降低材料的透明度 (圖 15.7)。例如，聚乙烯薄片具有結晶程度比較低的支鏈 (branched-chain) 結構，因此其透明度優於密度較高並且有更多結晶的直鏈 (linear-chain) 聚乙烯。其他部分結晶塑膠材料的透明度從朦朧到不透明都有，主要根據材料本身結晶性的程度、填料含量和雜質含量而定。

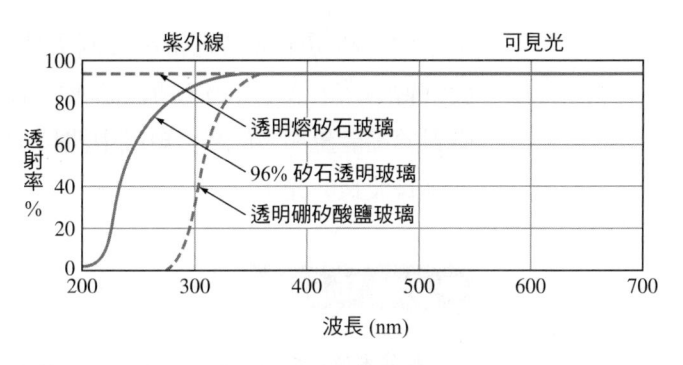

圖 15.6 幾種透明玻璃的穿透率與波長的關係。

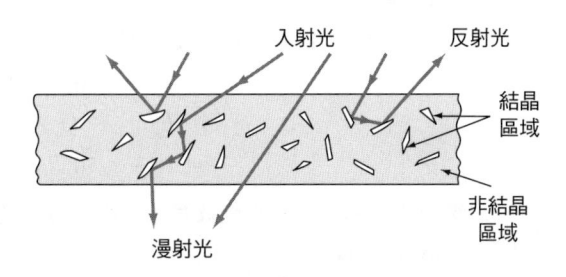

圖 15.7 於結晶區域界面的多重內部反射使得部分結晶熱塑性塑膠的透明度降低。

15.4.4 半導體材料

半導體吸收光子的方式可分成好幾種型態 (圖 15.8)。在本質 (純) 半導體內，例如 Si、Ge 及 GaAs，當電子吸收了光子的高能量後，就會由材料的價電帶跳越能隙進入傳導帶，產生電子 - 電洞對 (圖 15.8a)。發生上述情形的條件是入射光子能量等於或大於材料本身的直接能隙 E_g。假使光子的能量大於直接能隙的話，多出來的能量會以熱能的形式釋放。但是對含有施體或受體雜質原子的半導

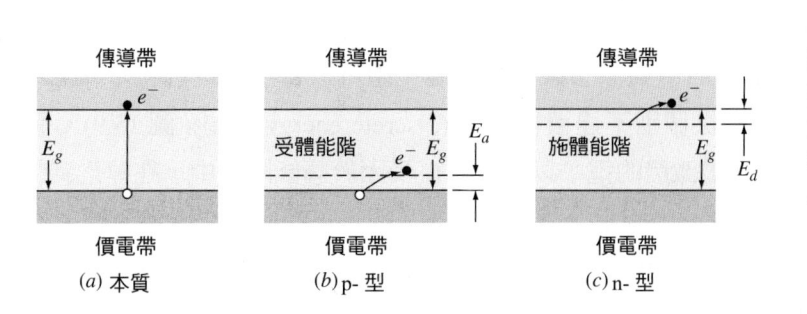

圖 15.8 半導體中光子的光吸收。光吸收發生於：(a) 若 $h\upsilon > E_g$；(b) 若 $h\upsilon > E_a$；(c) 若 $h\upsilon > E_d$。

體來說，將電子從價電帶激發到受體能階(圖 15.8b)，或是把電子從施體能階激發到傳導帶(圖 15.8c)，所需要被吸收的光子能量很低(即波長很長)。因此半導體對於高能量和中能量(短或中波長)的光子是不透明的；但是對於低能量、擁有非常長波長的光子則是透明的。

■ 例題 15.5

計算本質矽半導體在室溫 (E_g = 1.10 eV) 時，能吸收的光子的最短波長為何？

解

由 (15.1) 式求最短波長：

$$\lambda_c = \frac{hc}{E_g} = \frac{(6.62 \times 10^{-34} \text{ J} \cdot \text{s})(3.00 \times 10^8 \text{ m/s})}{(1.10 \text{ eV})(1.60 \times 10^{-19} \text{ J/eV})}$$

$$= 1.13 \times 10^{-6} \text{ m} \text{ 或 } 1.13 \text{ μm} \blacktriangleleft$$

由上可知，要產生吸收現象，光子波長要達 1.13 μm，方能使電子受激發跳躍過 1.10 eV 的能隙。

■ 15.5 發光 Luminescence

當物質吸收能量之後，可以自發性地放射出可見光，或是接近可見光的輻射；此過程稱為**發光** (luminescence)。在此過程，輸入能量(亦即物質所吸收的能量)會將發光材料中的電子由共價帶激發至傳導帶。至於輸入能量的來源可以是高能量電子或是光線光子。發光期間，被激發的電子掉落至能量較低的能階，有時會與電洞進行再結合。假如放射現象是在激發後 10^{-8} 秒以內所發生，此種發光稱為**螢光** (fluorescence)；假如放射現象是在激發後 10^{-8} 秒以後才發生，則稱為**磷光** (phosphorescence)。

可產生冷光之材料稱為**磷光體** (phosphor)，可吸收高能量、短波長的輻射並自發性地放出低能量、長波長之輻射光。工業上冷光材料的放射光譜可經由添加活化體 (activator) 雜質原子來控制。活化體可以在主體材料的傳導帶和共價帶間之能隙中，提供個別不連續性能階 (discrete energy level)(圖 15.9)。發生磷光的一種機制為：被激發的電子以各種途徑受困於高能階之中，在掉落到較低的能階(在此同時會放射出特定光譜帶的光線)前，它們必須要脫離束縛才能進入傳導帶。這個受束縛的過程可以用來解釋磷光體受激發後光線放射的延遲。

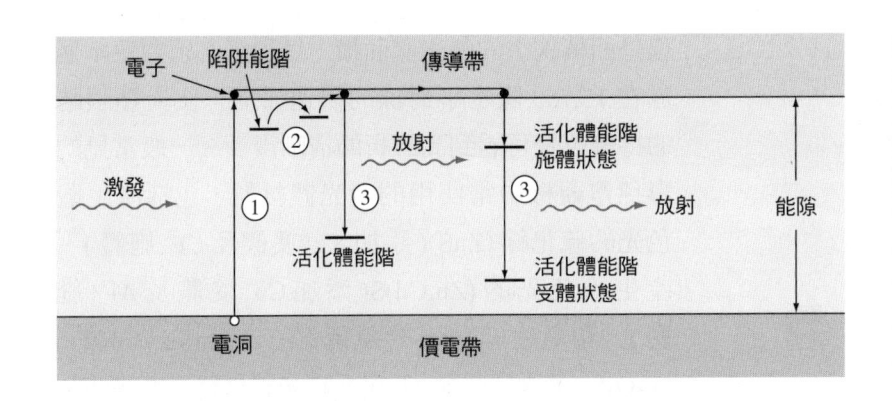

圖 15.9 發光期間的能量改變。(1) 將電子激發至傳導帶或陷阱能階以形成電子 - 電洞對；(2) 電子受熱可從一個陷阱能階被激發至另一個陷阱能階，或是直接進入傳導帶；(3) 電子能先掉落至較高的活化體 (施體) 能階，隨後再落到較低的受體能階，放出可見光。

冷光過程依照電子激發之能量來源作區分。工業上兩種重要的類型是光致發光 (photoluminescence) 與陰極射線發光 (cathodoluminescence)。

15.5.1　光致發光

普通螢光燈內，光致發光藉由鹵磷酸鹽 (halophosphate) 磷光體，將紫外線輻射從低壓水銀電弧轉換成可見光。鈣鹵磷酸鹽的近似成分是 $Ca_{10}F_2P_6O_{24}$，以氯離子取代 20% 的氟離子之後，可作為多數燈管內的磷光體材料。不同的添加物可以改變光線的顏色；例如，添加銻離子 (Sb^{3+}) 可以產生藍色放射光，添加錳離子 (Mn^{2+}) 可以產生橙紅色放射光帶。變化 Mn^{2+} 的含量，可得到藍色、橙色和白色光的各種色調。被激發水銀原子的高能量紫外線光，可使螢光燈管內壁的磷光體塗層放射出長波長、低能量的可見光 (圖 15.10)。

15.5.2　陰極射線發光

此類型態的發光是由陰極供給能量而產生，它會產生一束高能量的撞擊電子。它具有相當廣泛的應用，像是電子顯微鏡、陰極射線示波器與彩色電視等。彩色電視螢幕的磷光尤為有趣。現代電視的電視螢幕影像管面板內面有相當窄 (約 0.25 mm 寬) 的垂直條狀紅色、綠色及藍色放射磷光體 (圖 15.11)。電視入射訊號穿越具有許多細小長形洞 (約 0.15 mm 寬) 的鋼製遮光板，以每秒 30 次的頻率掃描全部螢幕。這些數量龐大

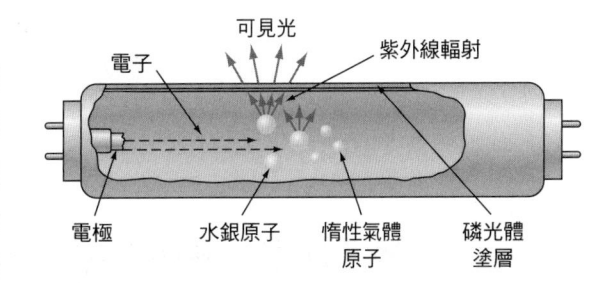

圖 15.10 螢光燈的剖面圖，顯示電極產生電子後，受到激發的水銀原子產生紫外線，再去激發燈管內壁的磷光體塗層；被激發的磷光體塗層會透過發光反應放射出可見光。

但是面積狹小的磷光體面積，每秒鐘必須要連續暴露在 15,750 條水平射線的快速掃描，使人類眼睛的持續視覺可看到高解析的清晰畫面。一般常見的彩色電視機中常使用的磷光體材料，包括產生藍色光的硫化鋅 (ZnS)(添加 Ag^+ 受體及 Cl^- 施體)、產生綠色光的 (Zn,Cd)S(添加 Cu^+ 受體及 Al^{3+} 施體)，和產生紅色光的氧硫釔 (yttrium oxysulfide) (Y_2O_2S)[添加 3% 銪 (Eu)]。磷光體材料必須保持某些影像的亮度直到下一次入射光射線掃描，但是這個亮度也不能夠保持太久，否則會導致影像模糊。

激光強度 I 可以表為下式：

$$\ln \frac{I}{I_0} = -\frac{t}{\tau} \qquad (15.8)$$

其中 I_0 = 初始激光強度；I = 在 t 時間後的激光分率；量 τ 為材料的鬆弛時間常數。

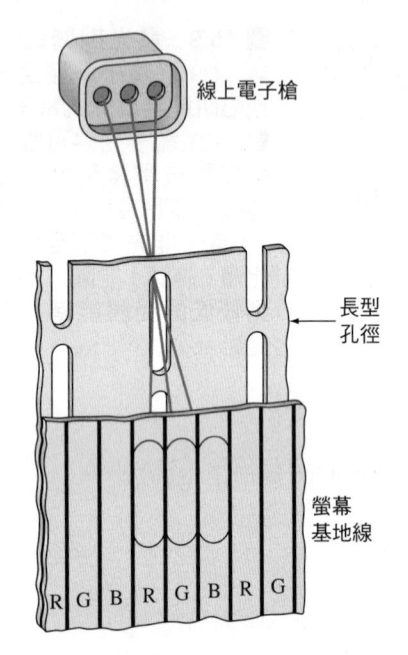

圖 15.11 圖中顯示彩色電視螢幕內的垂直條狀紅色 (R)、綠色 (G)、藍色 (b) 磷光體的排列，另外也可看到遮光鋼板的幾個長形孔徑。

■ **例題 15.6** ●

彩色電視磷光體的鬆弛時間為 3.9×10^{-3} s，求此磷光體材料的激光強度降至其 10% 原始強度，需多少時間？

解

由 (15.8) 式，$\ln(I/I_0) = -t/\tau$，或

$$\ln \frac{1}{10} = -\frac{t}{3.9 \times 10^{-3} \text{ s}}$$

$$t = (-2.3)(-3.9 \times 10^{-3} \text{ s}) = 9.0 \times 10^{-3} \text{ s} \blacktriangleleft$$

■ 15.6　輻射與雷射的受激放射
Stimulated Emission of Radiation and Lasers

傳統光源 (例如螢光燈) 發射出光線，是由於被激發電子跳到較低能階。這些光源裡相同元素的原子，各自隨意地放射出相似波長的光子，造成輻射放

射方向零亂，且波列 (wave trains) 間的相位為異相 (out of phase)。這類型的輻射稱為非相干 (incoherent) 輻射。相反地，**雷射** (laser) 光源產生一輻射**光束** (beam)，其所釋放出的光子是由同相或相干 (coherent) 波所組成，而且是平行的、同方向的和單色的 (或幾乎是單色)。單字「雷射」(laser) 是頭字母縮略字 (acronym)，代表 "light amplification by stimulated emission of radiation"，意思是輻射的激發放射使得光的強度增強。在雷射中，一些「活躍」的放射光子以同相位激發出許多其他具有相同頻率及波長的光子，形成相干強化光束 (圖 15.12)。

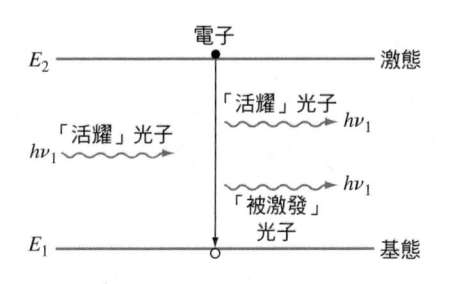

圖 15.12 圖中顯示受到具相同頻率及波長的激發光子激發後，而產生受激發光光子的情形。

想知道雷射作用的整個機制，讓我們用固態紅寶石雷射的例子來說明其物理現象。如圖 15.13，紅寶石雷射為含大約 0.05% Cr^{3+} 離子的單晶氧化鋁 (Al_2O_3)。其中 Cr^{3+} 離子占據 Al_2O_3 晶體結構中置換型晶格的位置，這就是雷射光束為粉紅色的原因。這些離子作為螢光中心，當其電子被激發之後，落到較低能階，就會引發特定波長的光子放射。紅寶石單晶圓桿的兩端被研磨成平行的，以利光學放射。靠近單晶桿的後端有一個平行的全反射鏡面，而前端則有另一個可以部分透射的鏡面，此設置允許同相雷射光束穿透射出。

氙閃光燈的高強度輸入，能提供激發 Cr^{3+} 離子的電子從基態跳至較高能階所需要的能量，如圖 15.14 中的 E_3 能帶；此動作在雷射術語中稱為激發 (pumping) 雷射。在此過程中，Cr^{3+} 離子的被激發電子最後會落回基態 E_1，或是亞穩 (metastable) 能階 E_2，如圖 15.14。然而，在雷射中的光子被激發放射之前，被激發至較高的非平衡準安定能階 E_2 的電子數必須要大於存在於基態 E_1 的電子數，此種雷射稱為電子能態的**居量反轉** (population inversion)，如圖 15.15b 所示。圖 15.15a 與圖 15.15b 顯示平衡能階的狀態比較。

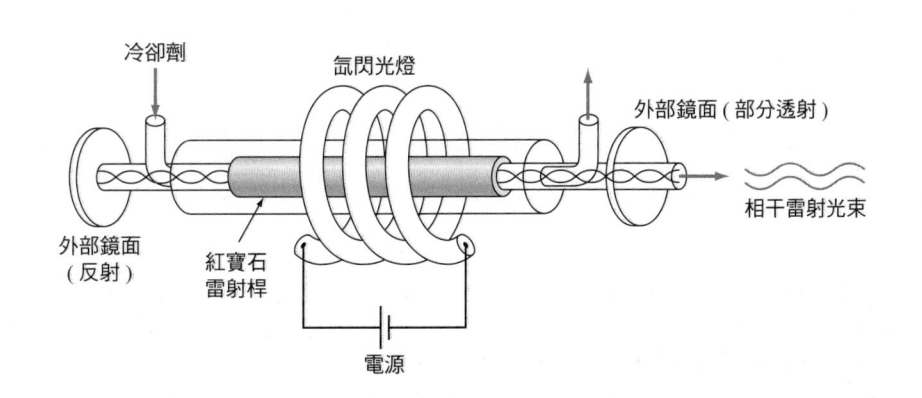

圖 15.13 脈衝式紅寶石雷射之結構圖。

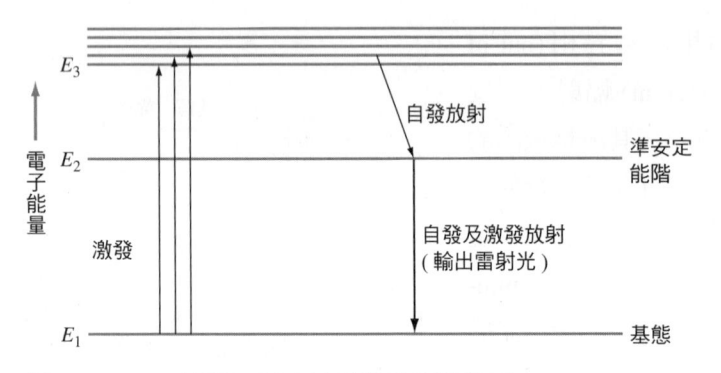

圖 15.14 三能階雷射光系統的簡單能階圖。

激發後的 Cr^{3+} 離子在電子回到基態後並發生自發放射之前，可以停留在準安定態約千分之幾秒 (毫秒) 的時間。電子從圖 15.14 中的準安定能階 E_2 落回基態能階 E_1 最先產生的一些光子，會引發一個激發放射的連鎖反應，造成許多電子從 E_2 到 E_1 做相同的跳躍。此動作會產生大量同相、運動方向平行之光子 (圖 15.15c)。從 E_2 跳到 E_1 的部分光子穿過單晶棒外後會被失去，但多數光子會在兩個平行末端鏡面之間，沿著紅寶石桿來回反射，激發愈來愈多的電子從 E_2 落回 E_1，建立一個更強大的同相輻射束 (圖 15.15d)。最後，當足夠強度的同相輻射束在桿內增強，光束會以高能量脈衝 ($\approx$ 0.6 ms) 穿透過位在雷射前端的部分透射鏡面 (圖 15.15e 與圖 15.13)。藉由將 Cr^{3+} 添加到氧化鋁 (紅寶石) 單晶所發射出的雷射光波長為 694.3 nm，為一種可見紅色光線，這類型雷射只能做出間歇性的突然放射，屬於脈衝性 (pulsed type) 雷射。相反地，大多數的雷射光都是連續性光束操作，稱之為連續波 (continuous-wave, CW) 雷射。

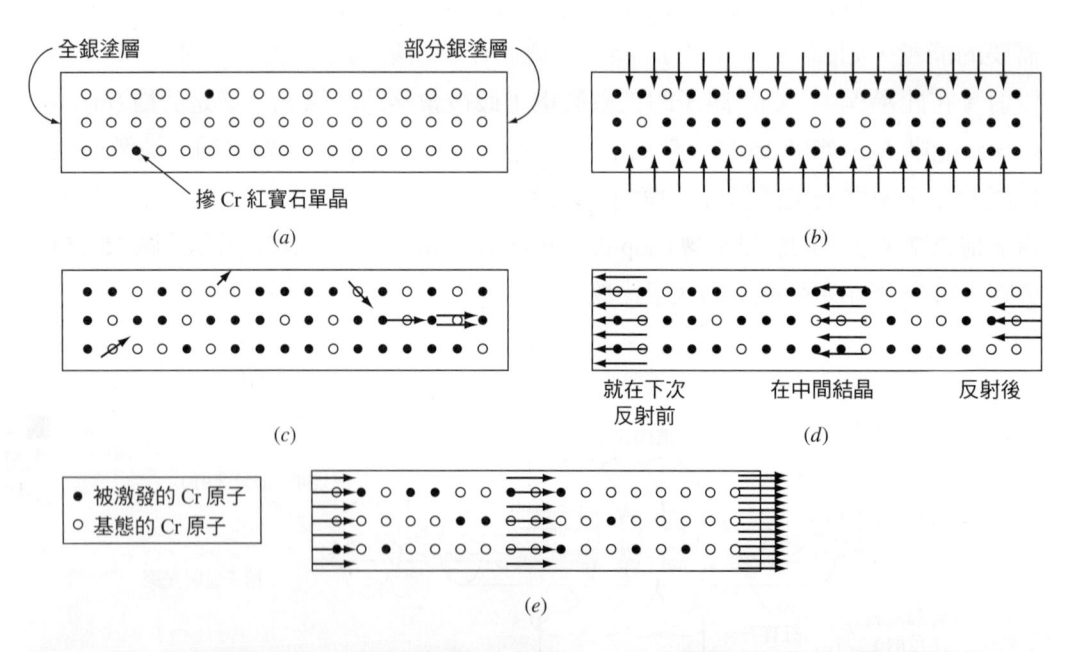

圖 15.15 圖示脈衝式紅寶石雷射作用的步驟：(a) 平衡狀態；(b) 被氙閃光燈激發；(c) 少數自發放光的光子引起受激放光光子的放射；(d) 光子反射回來，繼續激發出更多的光子放光；(e) 足夠強度的雷射光束最後被發射出來。

(Source: R.M. Rose, L.A. Shepard, and J. Wulff, *Structure and Properties of Materials*, vol. IV, Wiley, 1965.)

15.6.1 雷射的類型

現代科技中所使用的雷射分為下列三大類：氣體、液體與固體；各大類中又分出許多不同的類型。本書僅簡單地說明其中幾種類型的重要性質。

紅寶石雷射 紅寶石雷射的詳細結構及作用與前文所描述的大致相同，現今已不常使用這類型雷射，因為它的單晶桿成長困難，相較之下製作釹 (Nd) 雷射單晶較容易。

釹-YAG雷射 釹-釔-鋁-榴石雷射 (neodymium-yttrium-aluminum-garnet, Nd:YAG) 是在 YAG 晶體中結合入微量的釹 (約 1%) 所製成的。此雷射放射出 1.06 μm 波長的近紅外線，具有最高可達 250 W 的連續功率，而且也具有高達數百萬瓦的脈衝功率。YAG 主體材料具有高熱傳導性的優點，可排除過多熱量。材料加工製程上，釹-YAG 雷射可以應用作為銲接、鑽孔、劃記與切割用 (表 15.2)。

二氧化碳 (CO_2) 雷射 二氧化碳雷射屬於最高功率雷射的一種，主要在波長 10.6 μm 的中紅外線範圍操作，二氧化碳雷射變化可以從小到幾個毫瓦 (mw) 的連續功率，到高達 10,000 J 能量的大脈衝。雷射首先藉由電子碰撞激發氮分子至亞穩能階上，結果轉移它們的能量激發 CO_2 分子；接著，被激發的 CO_2 分子落回到較低能階，釋出雷射輻射線。二氧化碳雷射使用於金屬加工應用，諸如切割、銲接及鋼的局部熱處理 (表 15.2)。

半導體雷射 半導體或二極體雷射尺寸，通常為一粒鹽大小，可以稱為最小的雷射產生器。大部分是由半導體化合物，像是具有大能帶間隙供雷射作用之 GaAs

表 15.2 雷射在材料加工的應用

應用	雷射的種類	說明
1. 銲接	YAG*	高平均功率雷射，用於深度穿透及高生產量銲接。
2. 鑽孔	YAG CWCO$_2$†	高頂點功率，用於具有最少熱影響區精密鑽孔、錐度小和最大深度。
3. 切割	YAG CWCO$_2$	可以對金屬、塑膠及陶瓷進行高速的二度和三度空間複雜形狀的精密切割。
4. 表面處理	CWCO$_2$	鋼表面的變態硬化，以不聚焦的掃描加熱金屬表面，使其溫度在沃斯田溫度以上，讓金屬自己淬火。
5. 劃記	YAG CWCO$_2$	在大面積的完全燃燒陶瓷或矽晶圓上刻劃，以提供個別電路基板。
6. 光微影術	激元	半導體製造中，細線及光譜穩定的激元光微影製程。

*YAG = 釔-鋁-榴石是用於固態釹雷射結晶主體。
†CWCO$_2$ = 連續波 (脈衝波的相反) 二氧化碳雷射。

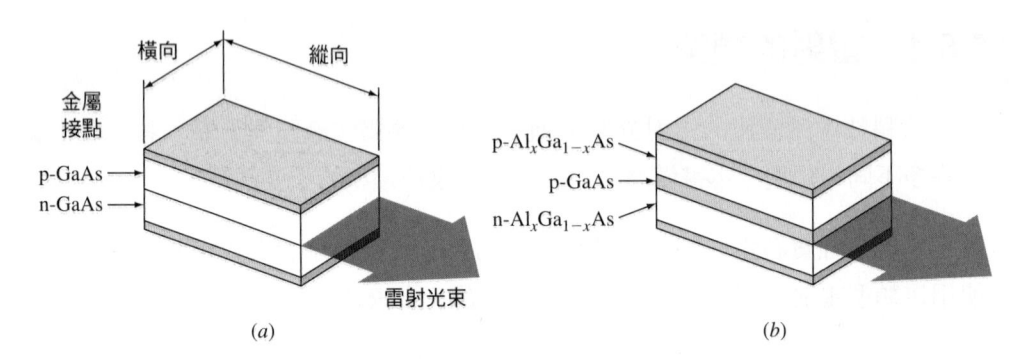

圖 15.16 (a) 簡單的同質接面 GaAs 雷射；(b) 雙異質接面 GaAs 雷射。p 型與 n 型 $Al_xGa_{1-x}As$ 層的能隙較寬，折射率也較低，因此將電子與電洞限制在活性的 p 型 GaAs 層內。

製成的 pn 接面組成 (圖 15.16)。原本 GaAs 二極體雷射會製作成具有單一 pn 接面的同質接面 (homojunction) 雷射 (圖 15.16a)。雷射的共振腔體是將結晶劈開成兩個末端小面而製成的。結晶 - 空氣間界面因為折射率的不同，造成必須的反射。假如在高濃度摻雜 pn 接面施以強的順向偏壓，二極體雷射造成高、低能階間的居量反轉，此刻將會產生非常大量的電子 - 電洞對，它們大多數會進行再結合，放射出光線的光子。

採用雙異質接面 (double heterojunction, DH) 雷射，就可以提升效率，如圖 15.16b。在雙異質接面 GaAs 雷射，就是在 p 型與 n 型 $Al_xGa_{1-x}As$ 層之間夾上薄薄的 p 型 GaAs，此結構會將電子和電洞限制在薄 p 型 GaAs 層。至於 AlGaAs 層因為具有比較寬的能隙及較低的折射率，會把雷射光限制在小型化的波導內。目前最廣泛的 GaAs 二極體雷射應用是在雷射光碟 (compact disk) 用途上。

15.7　光纖 Optical Fibers

像髮絲一樣細的 (≈ 直徑 1.25 μm) 光纖 (optical fiber)，主要是由矽石 (SiO_2) 玻璃製成，應用在現代的**光纖通訊** (optical-fiber communication) 系統中。這個通訊系統基本上包含一個能把電子訊號轉變為光訊號之發送裝置 (如半導體雷射)、傳送光訊號之光纖，以及可以把光訊號轉換為電訊號的光二極體 (圖 15.17)。

15.7.1　光纖中的光損

通訊系統上所使用的光纖必須具有非常低的光損耗 (衰減)，才能使輸入的

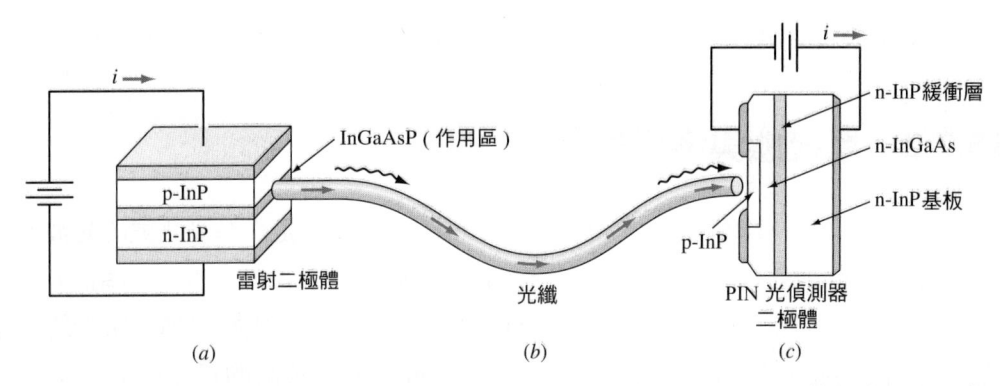

CHAPTER **15** 光性質與超導材料　685

圖 15.17　光纖通訊系統的基本元素：(a) lnGaAsP 雷射發射器；(b) 傳輸光子的光纖；(c) PIN 光偵測器二極體。

編碼光訊號可以傳輸一段長距離 (即 40 km 或 25 mi)，且依然能偵測到完整的訊號。光纖所用的極低光損玻璃，在 SiO_2 玻璃中的雜質含量 (尤其是 Fe^{2+} 離子) 必須相當低。一般而言，光纖的光損 [光衰減 (light attenuation)] 的量測單位是以分貝／公里 (dB/km) 來表示。光傳輸材料在光傳輸一段距離 l 之後的光損，與輸入光強度大小 I_0，及出口光強度 I 的關係式如下：

$$\text{光損}(\text{dB/km}) = \frac{10}{l\,(\text{km})} \log \frac{I}{I_0} \tag{15.9}$$

■ 例題 15.7

光傳輸所用的低光損矽石玻璃纖維有 0.20 dB/km 的光衰減。(a) 光在這型光纖中傳輸 1 km 後，有多少分率的光存在？(b) 經過 40 km 的傳輸後，有多少分率的光存在？

解

$$\text{衰減}(\text{dB/km}) = \frac{10}{l\,(\text{km})} \log \frac{I}{I_0} \tag{15.9}$$

其中 I_0 = 光源處的光強度
　　　I = 偵測時的光強度

a.　$-0.20 \text{ dB/km} = \dfrac{10}{1 \text{ km}} \log \dfrac{I}{I_0}$　或　$\log \dfrac{I}{I_0} = -0.02$　或　$\dfrac{I}{I_0} = 0.95$ ◀

b.　$-0.20 \text{ dB/km} = \dfrac{10}{40 \text{ km}} \log \dfrac{I}{I_0}$　或　$\log \dfrac{I}{I_0} = -0.80$　或　$\dfrac{I}{I_0} = 0.16$ ◀

注意：最新的單模態光纖能傳輸通訊光數據遠達約 40 公里，不需任何強化。

15.7.2 單模態與多模態光纖

在光通訊的應用領域中，作為光傳輸之用的光纖主要是作為光訊號的**光波導** (optical waveguides)。為了將光保留在光纖內，必須在具有比外層被覆玻璃折射率還要高的核心玻璃內傳輸光線 (圖 15.18)。光纖依模組可分成好幾種。所謂的單模態 (single-mode) 型光纖，核心直徑大約是 8 μm，外被覆層的直徑約 125 μm。此光纖只允許一個模態的導光線路徑 (圖 15.18a)。另一種多模態 (multimode) 型玻璃光纖維會有一個多層次的折射率核心，可以同時允許許多不同模態通過纖維傳輸，形成比單模態光纖更分散的出口訊號 (圖 15.18b)。多數光纖通訊系統都是使用單模態光纖，因為它的光損較低、較便宜，且容易製造。

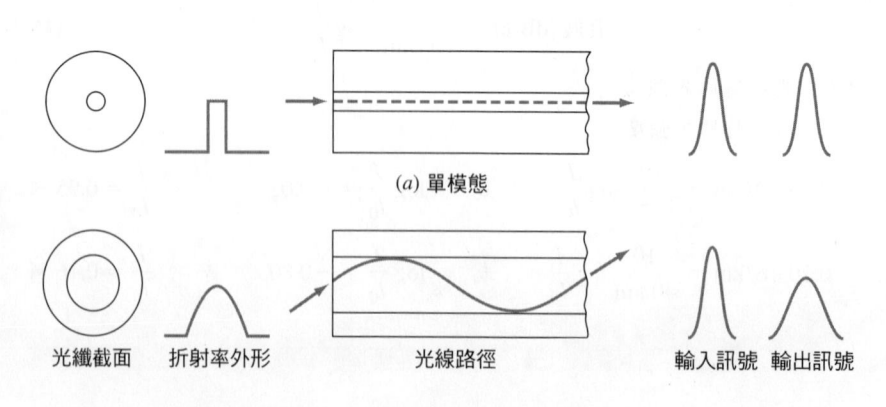

15.7.3 光纖的製造

光纖的製造方法中，最重要的一種就是改良式化學氣相沉積法 (modified chemical vapor deposition, MCVD)(圖 15.19)。這個製程中，高純度乾燥 $SiCl_4$ 蒸氣以及各種含量的 $GeCl_4$ 和氟化碳氫蒸氣，隨著純氧氣通入一個旋轉的純矽石管中；接下來在旋轉管的外徑利用氫氧焰進行加熱移動，讓混合氣體形成反應，生成鍺和氟結合物摻雜的矽石玻璃粒子。GeO_2 能提升 SiO_2 的折射率，而氟則會把其折射率降低。經反應所生成的玻璃粒子會由反應區順流，遷移到管壁沉積，經由氫氧火焰加熱之後，就會於管壁上面燒結為一層薄沉積膜。摻雜層的厚度主要取決於火炬重複通過燒結沉積上去的層數。每次通過混合蒸氣的成分必須要調整，以產生所需要的成分，使所製造出來的玻璃纖維能夠擁有需要的折射率。

圖 15.18 針對 (a) 單模與 (b) 多模光纖在截面對折射率、光線路徑和訊號之輸入與輸出進行比較。就長距離光通訊系統而言，單模光纖有較清楚的輸出訊號，是比較好的選擇。

(a) 單模態

(b) 多模態

光纖截面　折射率外形　　光線路徑　　　輸入訊號 輸出訊號

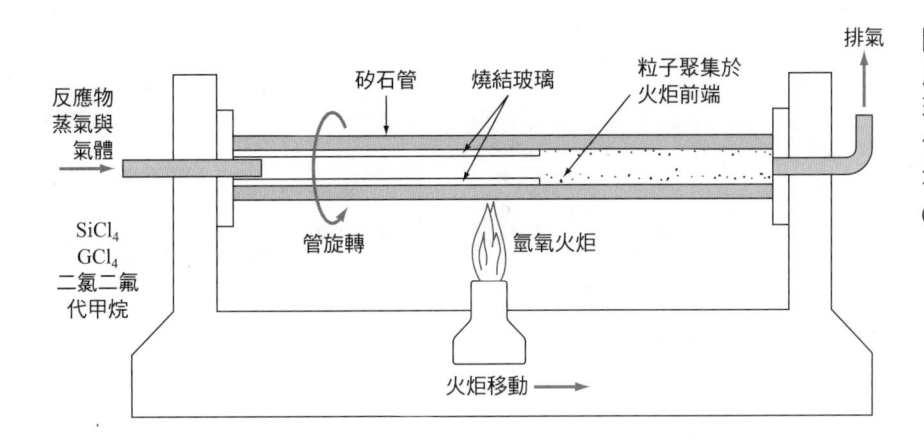

CHAPTER **15** 光性質與超導材料　687

圖 15.19　用於製造用於製造光纖的玻璃預型材的改良式化學氣相沉積法之示意圖。
(Source: AT&T Archives.)

下一步是將矽石管加熱到足夠高的溫度，讓玻璃接近其軟化點，這時候玻璃的表面張力會讓矽石玻璃管與沉積玻璃層均勻坍塌形成一固體圓桿，稱為預型材 (preform)。由 MCVD 製程產生的預型材會被置入一高溫爐內，經過抽絲，成為直徑約 125 μm 的玻璃纖維 (圖 15.20)；在抽絲的同時，線上製程被覆一厚 60 μm 之高分子塗層來保護纖維免於刮傷。圖 15.21 顯示玻璃纖維成品線軸。纖維的核心和外直徑的公差相當接近，讓光纖可以被接合而沒有大量的光損失。

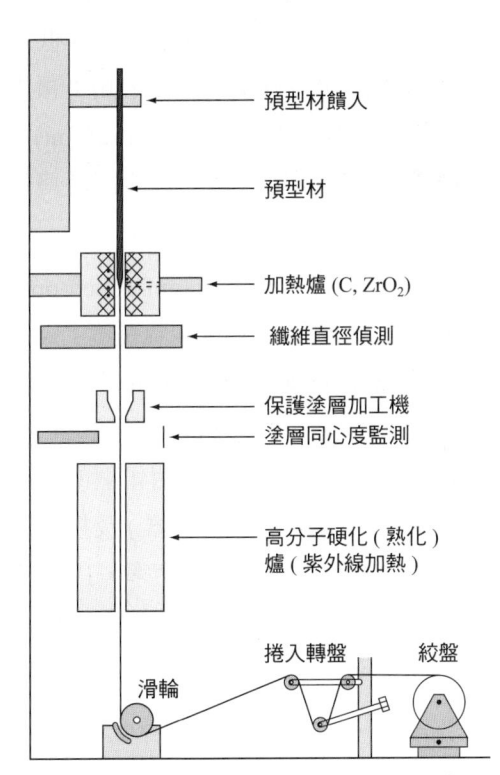

圖 15.20　從玻璃預型材拉製光纖的示意圖。
(Source: *Encyclopedia of Materials Science and Technology*, MIT Press, 1986, p. 1992.)

圖 15.21　一捆光纖。
(©Glow Images)

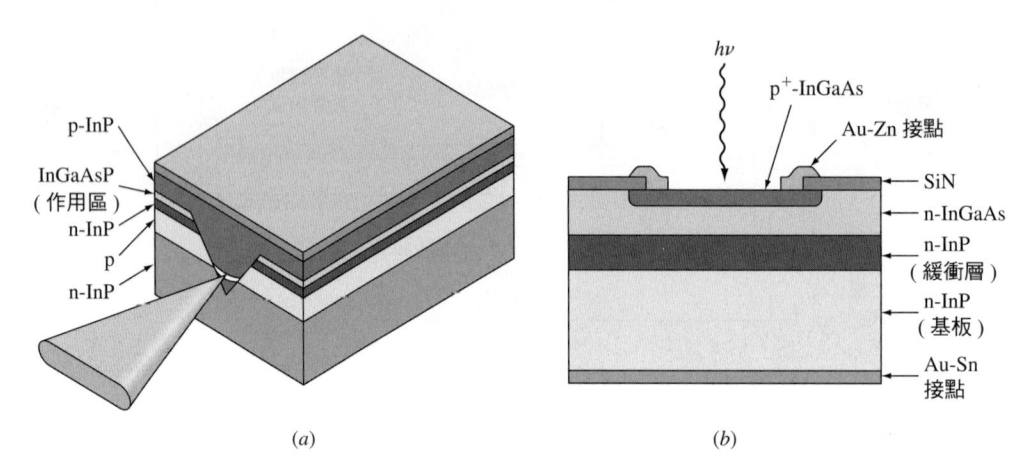

圖 15.22 (a) 以化學方法在基版內製備異質結構 InGaAsP 雷射二極體，用於長距離光纖通信系統。注意，此處通過 V 通道聚焦雷射光束；(b) 用於光通信系統的 PIN 光偵測器。

((a-b) Source: AT&T Archives.)

15.7.4 現代光纖通訊系統

大部分現代光纖通訊系統使用單模態纖維，用波長 1.3 μm 的紅外線操作 InGaAsP 雙異質接面雷射二極體發報器 (圖 15.22a)，這種組合能把光損降低到最小；InGaAs/InP PIN 光二極體一般用來作為偵測器 (detector)(圖 15.22b)；藉由這個系統，在光學訊號必須使用中繼器重複之前，訊號可被傳輸 40 km (25 mi)。1988 年 12 月，橫跨大西洋兩岸的第一條光纖通訊系統開始運轉，它能同時傳送 40,000 個電話通訊。到了 1993 年，海底光纖纜線已達 289 條。

另一個先進光纖通訊系統出現，是鉺摻雜光纖放大器 (erbium-doped optical-fiber amplifier, EDFA) 的引進。EDFA 是指將二氧化矽光纖的整個長度 [大約是 20 ~ 30 m (64 ~ 96 ft)] 摻雜稀土元素鉺，藉此提供光纖的增益 (gain)。從半導體雷射外面用光線激發光纖內部時，鉺摻雜的光纖維就會將所有以波長 1.55 μm 為主通過的入射光線訊號升高功率。因此鉺摻雜光纖可同時作為放射雷射的介質與導光使用。在光傳遞系統中使用 EDFA 增強在來源端 (功率放大器) 及接收端 (前置放大器) 以及沿著整條光通訊網路 (線上的中繼站) 的光訊號功率。1993 年 AT&T 公司在連接舊金山與加州之間的網路，使用了第一條的 EDFA 光纖。

15.8 超導材料 Superconducting Materials

15.8.1 超導狀態

一般金屬(如銅)的電阻率會因為溫度的降低呈現穩定的減少;當溫度接近 0 K 時,達到一個低的殘留值(圖 15.23)。反之,純水銀在溫度降至 4.2 K 時,電阻率會突然降低到無法量測的極小值。這種現象稱之超導性 (superconductivity),能造成這種行為的材料,稱之超導材料 (super-conductive material);約有 26 種金屬與數百種合金和化合物為超導材料。

臨界溫度 (critical temperature, T_c) 意指,在這個溫度以下時,材料的電阻率會趨近於絕對零。材料在此溫度之上,稱為正常 (normal);在此溫度之下,稱為超導 (superconducting)。除了以上所說的溫度因素之外,**超導狀態** (superconducting state) 也會取決於許多其他的變數,其中兩個最重要的變數為:磁場 B 與電流密度 J。因此,具超導性之材料的臨界溫度、磁場與電流密度,不能夠超過臨界值。所以對任何一種超導材料而言,都會在 T、B、J 三種變數所形成的三維坐標空間存在一個臨界曲面。

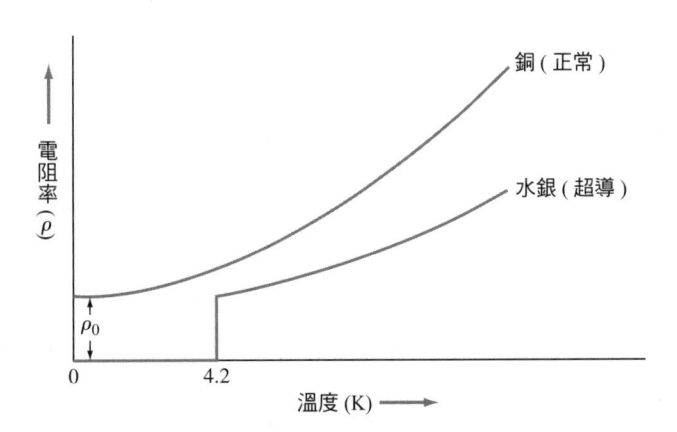

圖 15.23 普通金屬 (Cu) 與超導金屬 (Hg) 在 0 K 附近的電阻率與溫度的關係。超導金屬的電阻率突然下降到不可估量的值。

表 15.3 列出代表性金屬、介金屬化合物及新陶瓷化合物的臨界超導溫度。新發現 (1987) 之陶瓷材料其高 T_c 值 (90 K ~ 122 K),對科學界而言是一大發現,稍後本節將介紹此材料的結構和性質。

表 15.3 某些金屬、介金屬化合物和陶瓷化合物超導體的臨界超導溫度 T_c

金屬	T_c(K)	H_0*(T)	介金屬化合物	T_c(K)	陶瓷材料	T_c(K)
鈮,Nb	9.15	0.1960	Nb$_3$Ge	23.2	Tl$_2$Ba$_2$Ca$_2$Cu$_3$O$_x$	122
釩,V	5.30	0.1020	Nb$_3$Sn	21	YBa$_2$Cu$_3$O$_{7-x}$	90
鉭,Ta	4.48	0.0830	Nb$_3$Al	17.5	Ba$_{1-x}$K$_x$BiO$_{3-y}$	30
鈦,Ti	0.39	0.0100	NbTi	9.5		
錫	3.72	0.0306				

*H_0 = 0 K 時的臨界磁場,單位:特斯拉 (T)。

15.8.2 超導體的磁性質

當材料的溫度低於臨界溫度 T_c 時,對一個超導體施以足夠強的磁場,就能讓這個材料失去超導性,回到正常。使超導體回復到正常導電性所需的外加磁場稱之**臨界磁場** (critical field, H_c)。圖 15.24a 顯示在沒有電流的情況下,H_c 與溫度 (K) 的關係。若對超導體通以一足夠高的**臨界電流密度** (critical current density, J_c),也能損毀材料之超導性。H_c 對應 T(K) 的曲線,可以下式來近似:

$$H_c = H_0\left[1 - \left(\frac{T}{T_c}\right)^2\right] \tag{15.10}$$

其中 H_0 是 $T = 0$ K 之臨界磁場。(15.10) 式顯示超導體之超導狀態和正常狀態的界線。圖 15.24b 為幾種超導金屬之臨界磁場與溫度關係圖。

圖 15.24 臨界場與溫度的關係。(a) 一般情況;(b) 幾個超導體的曲線。

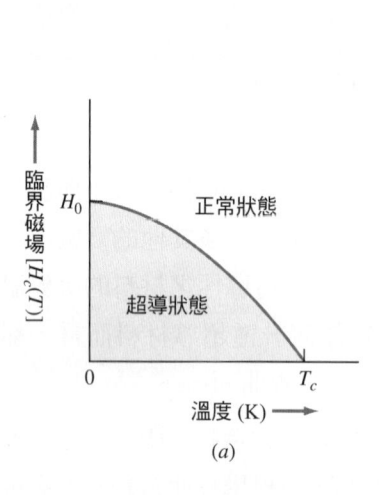

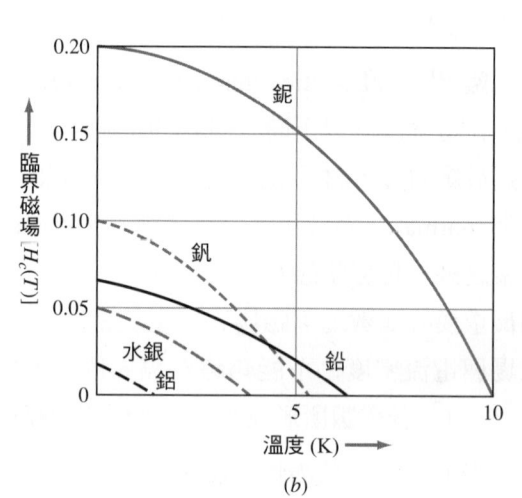

■ 例題 15.8 ●

請計算純鈮金屬於 6 K 下失去超導性質之臨界磁場。

解

由表 15.3 可知,在 0 K 時,Nb 的 $H_0 = 0.1960$ T,其 $T_c = 9.15$ K。將 H_0 及 T_c 值代入 (15.10) 式:

$$H_c = H_0\left[1 - \left(\frac{T}{T_c}\right)^2\right] = 0.1960\left[1 - \left(\frac{6}{9.15}\right)^2\right] = 0.112 \text{ T} \blacktriangleleft$$

依據金屬和介金屬化合物超導體在外磁場中的行為，可簡單區分為第 I 型與第 II 型超導體。在室溫下，若將**第 I 型超導體** (type I superconductor)(如 Pb 或 Sn) 的長圓柱放置於一外加磁場中，磁場將會穿過這個金屬 (圖 15.25a)。但若第 I 型超導體溫度低於本身的 T_c (Pb 是 7.19 K)，且所施加的外加磁場值低於 H_c 時，磁場將會被試片排斥出去，除了材料表面非常薄、約 10^{-5} cm 的穿透層 (圖 15.25b)。在超導狀態時的磁場排斥性質，稱為**邁斯納效應** (Meissner effect)。

當溫度低於 T_c 時，**第 II 型超導體** (type II superconductor) 在磁場中的行為表現與第 I 型超導體不同。在臨界磁場值以下，它與第 I 型一樣是屬於高度反磁性；這個反磁的臨界外加磁場稱為**下臨界磁場** (lower critical field, H_{c1})(圖 15.26)，磁通量會被材料排除；假如磁場達 H_{c1} 以上，磁場開始滲入第 II 型超導體中，直到外加磁場達到**上臨界磁場** (upper critical field, H_{c2})。H_{c1} 與 H_{c2} 間的超導體是混合狀態；而當磁場值到達 H_{c2} 以上的時候，材料即回復成正常狀態。所以對第 II 型超導體而言，在 H_{c1} 與 H_{c2} 的範圍之內，整塊超導體內可以傳導電流，故此磁場區域能使用在大電流、高磁場的超導體，像是第 II 型超導體 NiTi 及 Ni_3Sb。

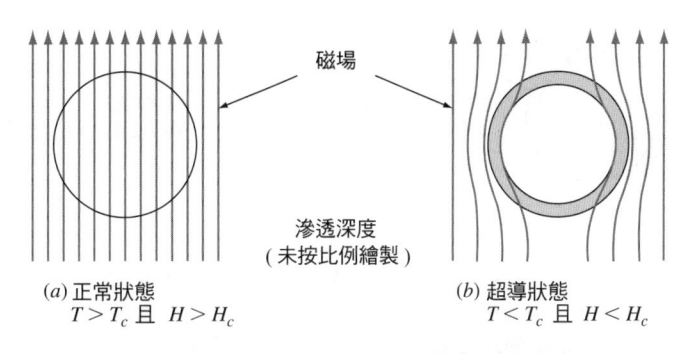

圖 15.25 邁斯納效應。當 I 型超導體的溫度降低到 T_c 以下並且磁場低於 H_c 時，除了薄的表面層之外，磁場完全從樣品中排斥出。

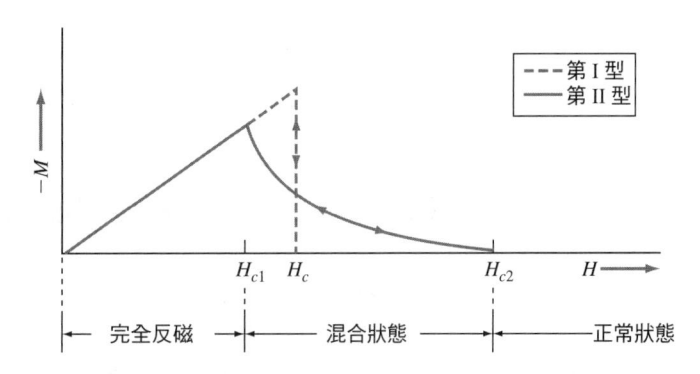

(a) 正常狀態 $T > T_c$ 且 $H > H_c$
(b) 超導狀態 $T < T_c$ 且 $H < H_c$

圖 15.26 理想的 I 型和 II 型超導體的磁化曲線。II 型超導體被 H_{c1} 和 H_{c2} 之間的磁場穿透。

15.8.3 超導體中的電流與磁場

第 I 型超導體是不良的電流載體，因為磁場僅可以滲入表面薄層，因此電流只能流動於導體試片的外表面層 (圖 15.27a)。在磁場低於 H_{c1} 的時候，第 II 型超導體之行為會和第 I 型完全相同。但若磁場介於 H_{c1} 與 H_{c2} 之間 (混合狀態) 時，第 II 型超導體的內部能憑藉著長細絲承載電流，如圖 15.27b 所示。假設第 II 型超導體所受的磁場處於 H_{c1} 與 H_{c2} 之間時，磁場以個別的量子化通量束 [稱為**磁通**

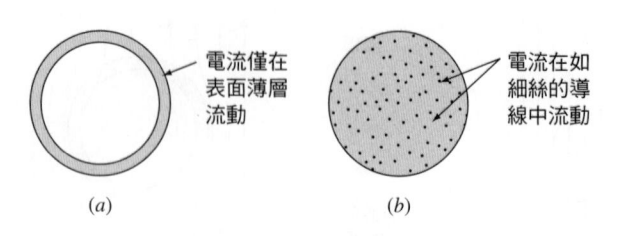

圖 15.27 承載電流的超導線的橫截面。(a) 低場下的 I 型超導體或 II 型超導體 (H < H_{c1})；(b) 在較高場下的 II 型超導體，其中電流由長細絲網絡承載 (H_{c1} < H < H_{c2})。

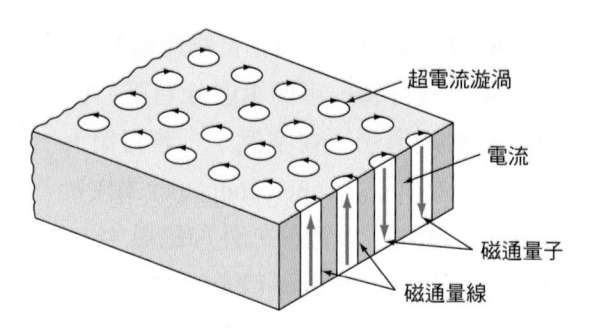

圖 15.28 當磁場介於 H_{c1} 和 H_{c2} 之間時，第 II 型超導體中的磁通量子。

量子 (fluxoid)] 形式滲入超導體 (圖 15.28)。每一個磁通量子被圓柱體超電流漩渦圍繞。當磁場強度增強，更多磁通量子進入超導體，產生一週期列陣。磁場達 H_{c2} 時，超電流漩渦結構產生崩潰，材料回復正常傳導狀態。

15.8.4　高電流、高磁場超導體

雖然理想的第 II 型超導體可被介於 H_{c1} 至 H_{c2} 間的外加磁場滲透，但在 T_c 以下，超導體仍有小的負載電流容量，因為磁通量子與晶格間的束縛力弱而能相對移動。上述磁通量子之移動性會受到差排、晶界及微小析出物的阻礙，所以為了提升材料的磁通量，可以藉由冷加工及熱處理來改善 J_c。熱處理的 Nb–45 wt% Ti 合金利用能在 BCC 基材中沉積析出六邊形 α 相，幫助扣住磁通量子。

合金 Nb–45 wt% Ti 與 Nb_3Sn 化合物是高電流、高磁場超導體科技之基本材料。目前已經能生產出商用 Nb–45 wt% Ti，T_c 大約是 9 K，其 H_{c2} 約為 6 T；至於 Nb_3Sn 的 T_c 約為 18 K，H_{c2} 則約為 11 T。這兩種材料在目前的導體技術上，都是使用在液態氦溫度 (4.2 K)。Nb–45 wt % Ti 合金有較低的 T_c 與 H_{c2} 值，但因為比 Nb_3Sn 化合物具有更佳的延性，也更容易加工製造，所以為眾多應用的首選。商用超導線圈是由銅基材中嵌入許多直徑約 25 μm 的 NbTi 長細線 (圖 15.29) 所製成。使用銅作為基材之目的，是為了能在操作期間使超導體線圈穩定，而不會引發超導材料回歸到正常狀態的熱點 (hot spot)。

超導體 NbTi 與 Nb_3Sn 的應用如醫療用的核磁影像儀 (nuclear magnetic imaging system) 以及高速磁浮列車 (圖 15.1) 等等。高磁場超導磁鐵則應用在高能物理領域的粒子加速器。

圖 15.29 用於超導超級對撞機的 Nb-46.5 wt% Ti-Cu 複合線的橫截面。該金屬線的直徑為 0.0808 cm (0.0318 in.)，Cu：NbTi 體積比為 1.5，7250 根直徑為 6 μm 的長絲，在 5T 時 J_c = 2990 A/mm^2，在 8T 時 J_c = 1256 A/mm^2 (放大 200 X)。

(©ManfredKage / Science Source)

15.8.5　高臨界溫度超導氧化物

在 1987 年，臨界溫度約 90 K 的超導體之發現震撼了科學界，因為當時最高的超導體 T_c 約達 23 K 而已。YBa$_2$Cu$_3$O$_y$ 化合物為研究高 T_c 最熱門的材料，所以本書也將焦點放在其結構與性質。從晶體結構來看，這個化合物為一具有缺陷之鈣鈦礦結構，主要是由三個鈣鈦礦立方單位晶胞互相往上堆積而形成 (圖 15.30) (CaTiO$_3$ 的鈣鈦礦結構如圖 11.12 所示)。對於三個鈣鈦礦立方單位晶胞的理想堆積而言，YBa$_2$Cu$_3$O$_y$ 化合物的成分應為 YBa$_2$Cu$_3$O$_9$，也就是說 y 值必須等於 9。然而 y 值分析所顯示的範圍由 6.65 到 6.90，這個材料才具有超導性。當 y = 6.90 時，材料的 T_c 值最高 (~90 K)，而當 y = 6.65 時，超導性將會消失。所以在 YBa$_2$Cu$_3$O$_y$ 之超導行為中，氧原子空孔的存在為重要的一環。

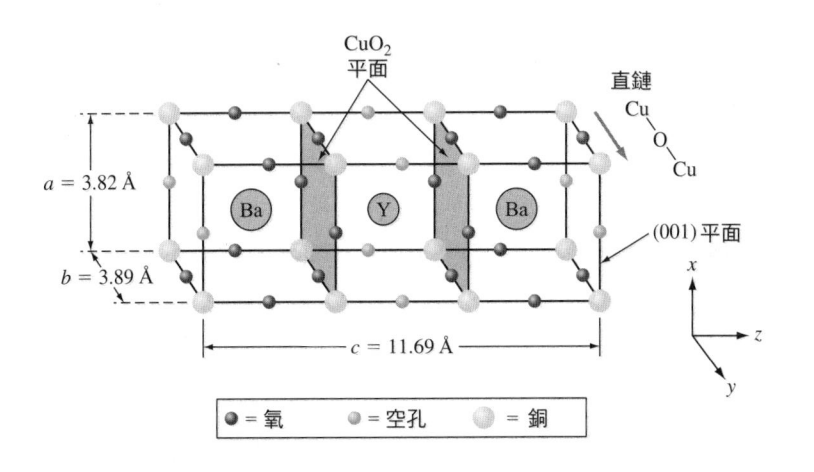

圖 15.30 理想化的 YBa$_2$Cu$_3$O$_7$ 正交晶體結構。注意 CuO$_2$ 平面的位置。

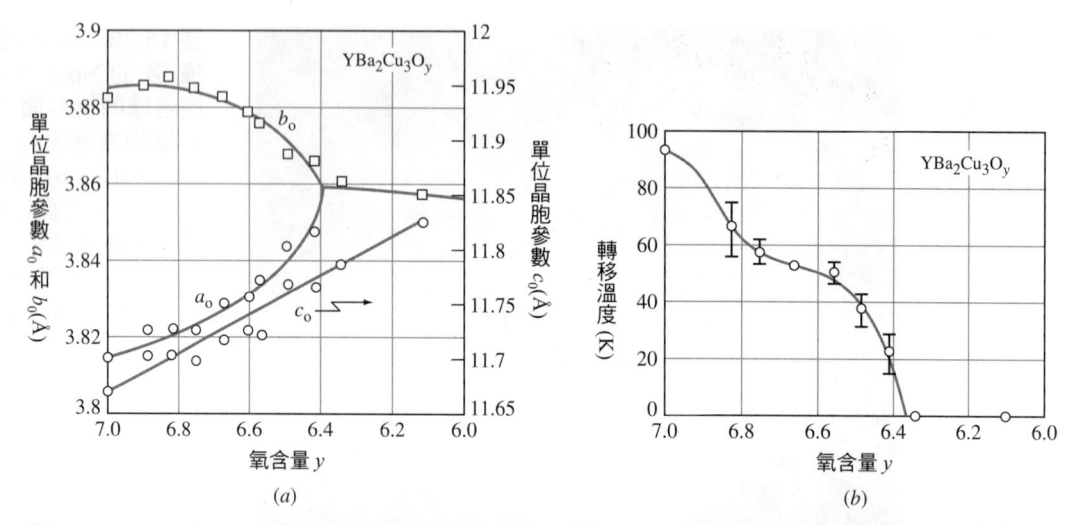

圖 15.31 (a) 氧含量與 $YBa_2Cu_3O_y$ 晶格常數的關係；(b) $YBa_2Cu_3O_y$ 的氧含量與 T_c 的關係。

(Source: (a) J.M. Tarascon and B.G. Bagley, "Oxygen Stoichiometry and the High TC Superconducting Oxides," *MRS Bulletin* Vol. XIV, No. 1 (1989), p. 55.)

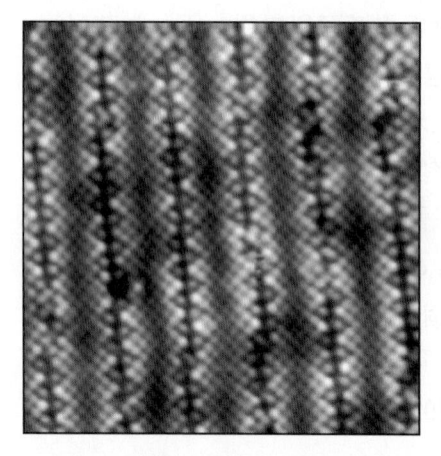

圖 15.32 鉍鍶鈣銅氧化物 (BSCCO) 的 STM 影像。

(©Drs. Ali Yazdani & Daniel J. Hornbaker/Science Source)

當 $YBa_2Cu_3O_y$ 化合物置於氧氣的環境中，由 750°C 以上的溫度緩慢地冷卻降溫時，它會進行從正方晶到正交晶之晶體結構的轉變 (圖 15.31a)。而在氧含量接近 $y = 7$ 時，其 T_c 值約為 90 K(圖 15.31b)，此時的單位晶胞常數 $a = 3.82$ Å，$b = 3.88$ Å，$c = 11.7$ Å(圖 15.30)。要得到高的 T_c 值，氧原子必須在 (001) 平面上有規律的分布，因此氧空孔皆位於 a 方向上。一般認為超導性侷限在 CuO_2 平面上 (圖 15.30)，而氧空孔則是提供 CuO_2 平面間的電子耦合。

從工程的觀點，新高 T_c 超導體，如鉍鍶鈣銅氧化物 (BSCCO)(圖 15.32)，對技術提升帶來相當多的希望。T_c 值達 90 K 時，液態氮可取代液體氦當作冷凍劑使用。但可惜的是，高溫超導材料屬於脆性陶瓷材料，且在塊體形式時可能具有低電流密度。這類材料一開始可能應用於製造電子元件應用 (例如高速電腦) 的薄膜技術上。

15.9 名詞解釋 Definitions

15.3 節
- 折射率 (index of refraction)：光在真空中的速度與它在其他介質中速度的比值。

15.4 節
- 吸收率 (absorptivity)：入射光被材料吸收的分率。

15.5 節
- 發光 (luminescence)：材料吸收光或其他能量後，結果放射出較長波長的光線。
- 螢光 (fluorescence)：材料吸收光或其他能量後，在 10^{-8} 秒內放射出光線。
- 磷光 (phosphorescence)：磷光體吸收光之後，在 10^{-8} 秒以後才放射出光線。

15.6 節
- 雷射 (laser)：是 "light amplification by stimulated emission of radiation" 的首字母縮略字的組成。
- 雷射光束 (laser beam)：光子激發輻射產生的單調、同相輻射光束。
- 居量反轉 (population inversion)：高能階原子數比低能階原子數目多的狀態，在這種狀態下才會有雷射作用。

15.7 節
- 光纖通訊 (optical-fiber communication)：使用光線來傳輸資料的方式。
- 衰減 (attenuation)：強度降低。
- 光波導 (optical waveguide)：有被覆層的光纖，光在其內可以藉全內反射及折射而傳播。

15.8 節
- 超導狀態 (superconducting state)：固體在超導狀態時呈現無電阻。
- 臨界溫度 (critical temperature, T_c)：在此溫度以下，固體呈現無電阻。
- 臨界電流密度 (critical current density, J_c)：電流密度超過此值時，超導性消失。
- 臨界磁場 (critical field, Hc)：磁場超過此值，超導性消失。
- 邁斯納效應 (Meissner effect)：超導體排除磁場的現象。
- 第 I 型超導體 (type I superconductor)：在超導狀態時，表現出完全反磁性的超導體。
- 第 II 型超導體 (type II superconductor)：在超導與正常狀態之間，容許磁通量逐漸滲入的超導體。
- 下臨界磁場 (lower critical field, H_{c1})：磁通量首次滲入第 II 型超導體時的磁場。
- 上臨界磁場 (upper critical field, H_{c2})：第 II 型超導體的超導性消失時的磁場。
- 磁通量子 (fluxoid)：磁場在 H_{c1} 與 H_{c2} 之間時，第 II 型超導體內有循環超微電流環繞的微小區域。

15.10 習題 Problems

知識及理解性問題

15.1 如果普通光從空氣中傳播到 1 cm 厚的聚甲基丙烯酸酯片中，進入此塑膠時，光是加速還是減速？說明。

15.2 解釋為什麼金屬能將入射輻射進行吸收和/或反射，直到紫外線範圍的中間。

15.3 區分螢光和磷光。

15.4 解釋在螢光燈管中的發光機制。

15.5 解釋紅寶石雷射的操作機制。

15.6 光纖通信系統的基本要素是什麼？

15.7 區分單模和多模光纖。哪種類型用於現代長程通信系統？為什麼？

15.8 描述 I 型和 II 型超導體之間的區別。

15.9 什麼是磁通量子？它們在混合狀態下的第 II 型超導體的超導性中扮演什麼作用？

應用及分析問題

15.10 ZnO 半導體中的光子從 2.30 eV 的雜質能階下降到其價電帶。這個躍遷所發出的輻射波長是多少？如果輻射是可見的，它的顏色是什麼？

15.11 用鉻活化的 Al_2O_3 螢光粉之放光強度在 5.6×10^{-3} s 內可以降低到其原始強度的 15%。決定 (a) 其鬆弛時間和 (b) 5.0×10^{-2} s 後仍有的百分比強度。

15.12 用錳活化的 Zn_2SiO_4 螢光粉的鬆弛時間為 0.015 s。計算此材料之發光強度降低到其原始值的 8% 所需的時間。

15.13 如何製造用於通信系統的光纖？(a) GeO_2 和 (b) F 如何影響石英玻璃的折射率？

15.14 計算 8 K 時鈮的臨界磁場 H_{c1} (以特斯拉為單位)。使用 (15.10) 式和表 15.3 中的數據。

綜合及評價問題

15.15 假設 ZnS 中的雜質能階低於其導帶 1.4 eV。什麼類型的輻射會給電荷載子足夠的能量以跳入導電帶？

15.16 選擇一個臨界角為 45° 的光學塑膠，使光線在離開平板並進入空氣時被全反射。(使用表 15.1。)

15.17 (a) 從表 15.1 中選擇一種材料，其對普通入射光的反射率約為 5%。(b) 選擇具有最高反射率的材料。(c) 選擇反射率最低的材料。(假設所有表面都經過拋光處理。)

15.18 設計拋光的矽酸鹽玻璃的厚度，使其可以 (a) 因為吸收的關係而損失不超過 2% 的光，和 (b) 因為吸收的關係而損失不超過 4% 的光。你的結論是什麼？($\alpha = 0.03$ cm^{-1})

CHAPTER 16 磁性質
Magnetic Properties

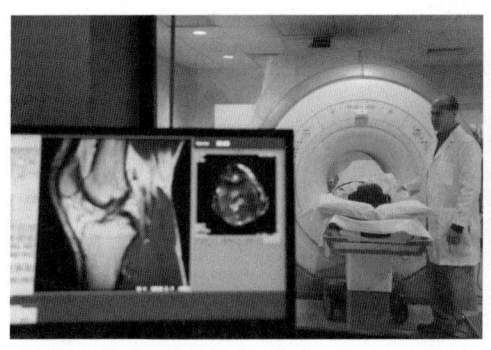

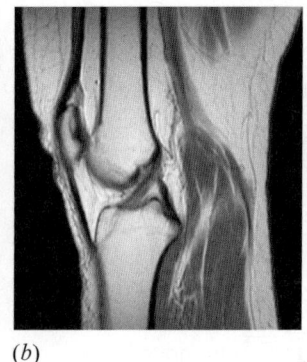

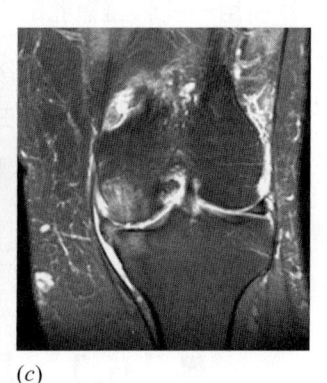

(*a*)   (*b*)   (*c*)

((a) ©PhotoAlto/Frederic Cirou/Getty Images; (b) & (c) Courtesy of Zimmer, Inc.)

磁振造影 (magnetic resonance imaging, MRI) 技術是用於從人體內部取得高品質影像。醫師和專家們能藉此安全地檢查與心臟、腦、脊椎和人體其他器官相關的疾病。磁振造影之所以能產生圖像主要是因為脂肪及水分子多由氫組成，而氫會產生微小的磁性訊號，可被儀器偵測到，進而測繪出組織。

MRI 的硬體設備示於圖中，包括產生磁場的大磁鐵、產生梯度磁場的傾斜線圈，還有偵測人體內分子訊號的射頻線圈。系統中最貴的是磁鐵，通常為超導體型 (幾英哩長的電線)。整體來說，MRI 是一個需要數學、物理學、化學以及材料科學等專業知識的複雜系統。它也需要生物工程師、造影科學家和建築師的專門技術，以設計出一個有效且安全的機器。

以骨科為例，MRI 可以精確地為受損的軟組織造影。上圖的 MRI 圖像顯示了健康的 (左邊) 和被撕裂的前十字韌帶 (右邊)。根據損害的程度，外科醫生會決定是否進行關節鏡手術來替換被傷害的前十字韌帶。

> **學習目標**

到本章結束時,學生將能夠:
1. 簡要描述材料中磁矩的兩個來源。
2. 描述材料的磁滯。
3. 引用硬磁和軟磁材料的獨特磁特性。
4. 描述增加溫度如何影響鐵磁材料中磁偶極子的排列。
5. 描述順磁性的本質。
6. 解釋 alnico 的含義。
7. 引用一些軟鐵氧體的工業應用。
8. 簡要描述反鐵磁性的來源。
9. 繪製鐵磁材料的磁滯曲線。
10. 描述相對磁導率和磁導率。

■ 16.1　序言 Introduction

磁性材料 (magnetic material) 是對工程設計很重要,特別是在電子工程領域。磁性材料一般可分為兩大類:軟磁材料 (soft magnetic material) 和硬磁材料 (hard magnetic material)。軟磁材料用在易於磁化與易於去磁化的情況,像是配電變壓器的核心 (圖 16.1a 與圖 16.1b)、小型變壓器、電動機和發電機的定子與轉子材料等。硬磁材料則應用於需要永久磁性、不會輕易消磁的情況,像是揚聲器、電話接收器、同步無刷馬達與汽車啟動馬達內的永久磁石。

■ 16.2　磁場與磁量 Magnetic Fields and Quantities

16.2.1　磁場

讓我們先回顧磁性及磁場的基本特性。金屬元素中,只有鐵、鈷、鎳三種於室溫下被磁化時,會在自身周圍產生強磁場,也就是所謂的**鐵磁性** (ferromagnetic)。若在磁鐵棒上放一張灑滿鐵粉的紙,即可看到環繞磁鐵棒的**磁場** (magnetic

圖 16.1 (a) 工程設計用的新磁性材料：金屬玻璃材料用於配電變壓器的磁心。變電器的核心使用這種高磁性的非晶質金屬玻璃軟合金，會比使用傳統的鐵 - 矽合金的核心減少約 70% 的能量損失；(b) 帶狀的金屬玻璃。

((a) ©iStock/Pongasn68/Getty Images; (b) Courtesy of Metglas, Inc.)

field)(圖 16.2) 存在。圖 16.2 顯示磁棒有兩個磁極，磁場線看似從一極射出，從另一極進入。

磁性一般來說本質為偶極；目前還沒有發現過磁單極。磁場一定會同時存在兩個相隔某距離的磁極，而這種偶磁極也會出現在小至原子內。

帶電導體也能產生磁場。圖 16.3 顯示一個所謂螺線管 (solenoid) 的長銅線圈產生的磁場，其長度遠長於其半徑；長度 l、圈數 n 之螺線管磁場強度 H 是：

$$H = \frac{0.4\pi ni}{l} \qquad (16.1)$$

其中 i 是電流。磁場強度 H 的 SI 制單位為安培 / 公尺 (A/m)，cgs 制單位為奧斯特 (oersted, Oe)。H 的 SI 制與 cgs 制之間的等量單位轉換是 1 A/m = $4\pi \times 10^{-3}$ Oe。

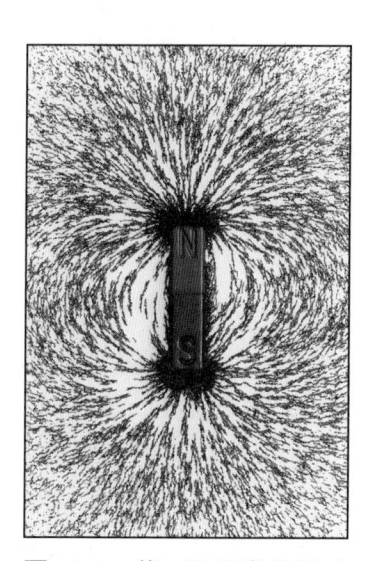

圖 16.2 將一張灑滿鐵粉的紙放到磁棒上面，即可看到環繞磁棒的磁場。磁棒是有兩個極性的，磁力線看似從一極射出，從另一極射入。

(©Alchemy/Alamy)

圖 16.3 (a) 圖示電流通過稱為螺線管的銅線圈所產生的磁場；(b) 將一鐵棒放入有電流通過的螺線管時，環繞螺線管的磁場會增強。

((a-b) Source: C.R. Barrett, A.S. Tetelman, and W.D. Nix, *The Principles of Engineering Materials*, 1st ed., © 1973.)

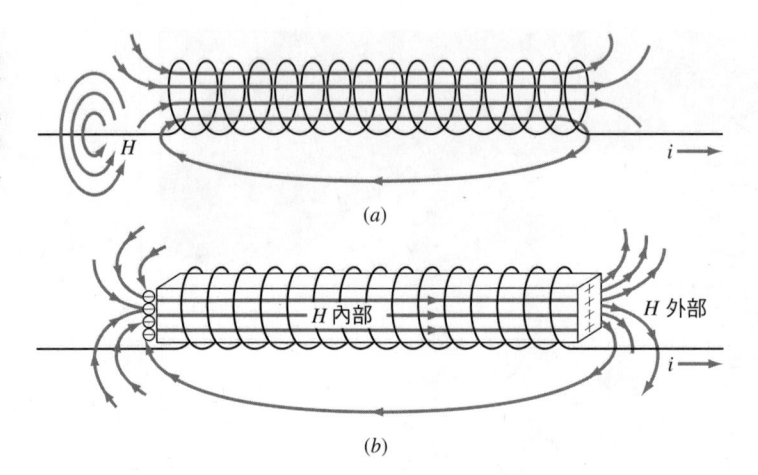

16.2.2 感應磁場

我們現在將去磁化的鐵棒放入螺線管，然後讓電磁化電流通過螺線管，如圖 16.3b 所示。此時，由於螺線管內有磁鐵棒，使得其外部磁場更強。螺線管外部增強磁場的強度等於原本自身磁場加上磁化鐵棒的外部磁場。此新的相加磁場稱為**感應磁場** (magnetic induction)、磁通量密度 (flux density) 或感應 (induction)，以符號 B 表示。

感應磁場 B 等於施加磁場 H 與螺線管內磁化鐵棒所形成的外部磁場的總和。鐵棒所引發的每單位體積中的感應磁矩量稱為磁化強度 (intensity of magnetization) 或簡稱**磁化** (magnetization)，表示為符號 M。在 SI 單位制中

$$B = \mu_0 H + \mu_0 M = \mu_0(H + M) \tag{16.2}$$

其中 μ_0 = 真空磁導率 (permeability of free space) = 4×10^{-7} 特斯拉·公尺/安培 (T·m/A) [1]。μ_0 無物理意義，只適用於 SI 制的 (16.2) 式。B 的 SI 制單位為韋伯[2]/平方公尺 (Wb/m^2) 或特斯拉 (T)。H 與 M 之 SI 制單位為安培/公尺 (A/m)。cgs 單位制中 B 為高斯 (G)，H 為奧斯特 (Oe)。表 16.1 整理了這些磁單位。

對鐵磁材料而言，磁化量 $\mu_0 M$ 經常會遠大於外加磁場 $\mu_0 H$，所以 $B \approx \mu_0 M$ 的假設往往得以成立。因此，鐵磁材料的兩個物理量 B (感應磁場) 和 M (磁化強度) 有時可以互換。

---

[1] 尼古拉·特斯拉 (Nikola Tesla) (1856-1943)。南斯拉夫出生的美國發明家，他們開發了多相感應電動機，並發明了特斯拉線圈 (空氣變壓器)。1 T = 1 Wb/m^2 = 1 V·s/m^2。

[2] 1 Wb = 1 V·s

表 16.1　磁量的單位整理

磁學物理量	SI 制單位	cgs 制單位
B (感應磁場)	韋伯 / 平方公尺 (Wb/m^2) 或特斯拉 (T)	高斯 (G)
H (外加磁場)	安培 / 公尺 (A/m)	奧斯特 (Oe)
M (磁化強度)	安培 / 公尺 (A/m)	
單位轉換：		
1 A/m $= 4\pi \times 10^{-3}$ Oe		
1 Wb/m$^2 = 1.0 \times 10^4$ G		
真空導磁率常數		
$\mu_0 = 4\pi \times 10^{-7}$ T・m/A		

16.2.3　磁導率

如上所述，在外加磁場中置入鐵磁材料可增加磁場強度。磁化強度的增加量是以**磁導率** (magnetic permeability)μ 量測，其定義為感應磁場 B 與外加磁場 H 的比值，或

$$\mu = \frac{B}{H} \tag{16.3}$$

假設外加磁場為真空，則

$$\mu_0 = \frac{B}{H} \tag{16.4}$$

其中 $\mu_0 = 4\pi \times 10^{-7}$ T・m/A = 真空磁導率，如上所述。

另外一個定義磁導率的方法是**相對磁導率** (relative permeability) μ_r，也就是 μ/μ_0。所以

$$\mu_r = \frac{\mu}{\mu_0} \tag{16.5}$$

且

$$B = \mu_0 \mu_r H \tag{16.6}$$

相對磁導率 μ_r 為無因次量。

相對磁導率可測量感應磁場的大小。某些程度上，磁性材料的磁導率就像是介電材料的介電常數。不過，鐵磁材料的磁導率並非常數，而會隨著材料磁化而改變，如圖 16.4 所示。磁性材料的磁導率通常是用它的起始磁導率 μ_i，或是最大磁導率 μ_{max} 來測量。圖 16.4 顯示 μ_i 與 μ_{max} 值是如何由磁性材料起始 B-H 磁化曲線斜率量測而得。容易被磁化的磁性材料具有高磁導率。

圖 16.4 鐵磁材料的起始 B-H 磁化曲線。斜率 μ_i 為起始磁導率，斜率 μ_{max} 為最大磁導率。

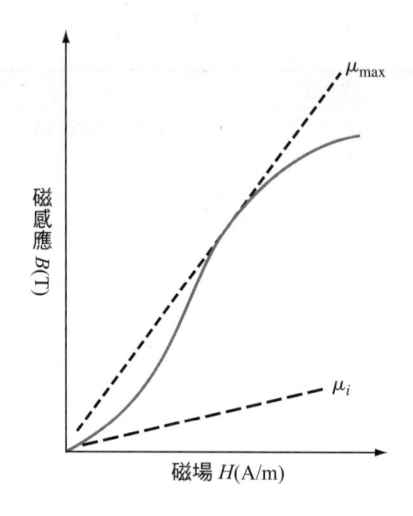

16.2.4 磁化率

由於磁性材料的磁化強度與外加磁場之間成正比，稱為**磁化率** (magnetic susceptibility) χ_m 的比例因子可定義為

$$\chi_m = \frac{M}{H} \tag{16.7}$$

這是一個無因次量。材料的微弱磁性反應通常可用磁化率來量測。

16.3 磁性的類型 Types of Magnetism

磁場和磁力源自基本電荷 (也就是電子) 的運動。電子流過導線時會在導線周圍產生磁場，如圖 16.3 的螺線管所示。材料的磁性也來自電子運動，但是此處的磁場與磁力是因為電子自旋及電子環繞原子核的軌道運動而產生 (圖 16.5)。

16.3.1 反磁性

作用在材料中原子上的外加磁場會造成軌道電子的些微失衡，使得原子內部形成一個方向與外加磁場相反的小磁偶極。這種形成相反磁場效應的作用稱為**反磁性** (diamagnetism)。反磁性效應會產生一個極小的負磁化率 $\chi_m \approx -10^{-6}$ (表 16.2)。所有材料都會發生反磁性現象，但是多數材料的負磁化效應會被正磁化效應抵銷。反磁性行為並無明顯的工程價值。

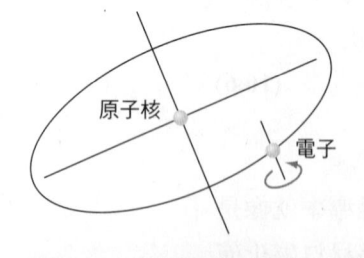

圖 16.5 波爾原子圖，一電子自旋並環繞其原子核的軌道運轉。電子的自旋及環繞其原子核的軌道運轉即為材料產生磁性的原因。

表 16.2　一些反磁性與順磁性元素的磁化率

反磁性物質	磁化率 $\chi_m \times 10^{-6}$	順磁性物質	磁化率 $\chi_m \times 10^{-6}$
鎘	−0.18	鋁	+0.65
銅	−0.086	鈣	+1.10
銀	−0.20	氧	+106.2
錫	−0.25	鉑	+1.10
鋅	−0.157	鈦	+1.25

16.3.2　順磁性

在外加磁場的作用下，會顯示微弱正磁化率現象的材料即稱為順磁的 (paramagnetic)，而此磁化效應就稱為**順磁性** (paramagnetism)。外加磁場一旦被移除，材料的順磁性效應就會消失。順磁性會在許多材料中產生磁化率，範圍介於 10^{-6} 到 10^{-2}。表 16.2 顯示不同順磁材料在 20°C 時的磁化率。在外加磁場中，原子或分子的個別磁偶極會規則排列，因此產生順磁性。由於磁偶極的方向會被熱擾動攪亂，所以溫度愈高，順磁性就會愈弱。

一些過渡和稀土元素的原子擁有未填滿的內層軌道及未成對的電子。由於固體中沒有其他鍵結電子得以與這些未成對電子達到平衡，因此原子內這些未成對電子會造成很強的順磁效應，有時甚至會形成非常強的鐵磁與亞鐵磁效應。

16.3.3　鐵磁性

反磁性及順磁性都是因為外加磁場感應而產生，而且磁性只有磁場作用時才會存在。另外還有第三種磁性，稱為**鐵磁性** (ferromagnetism)，極具工程價值。可用鐵磁材料來製造可以隨需求而形成或消除的大磁場。從工業角度看，鐵 (Fe)、鈷 (Co)、鎳 (Ni) 是最重要的鐵磁性元素。稀土元素釓 (gadolinium, Gd) 在低於 16°C 時也有鐵磁性，但沒甚麼工業價值。

過渡元素 Fe、Co、Ni 的鐵磁特性來自內層未成對電子自旋在晶格上的排列。個別原子的內層軌域被自旋方向相反的電子對填滿，因此不會產生淨磁偶極矩。在固體中，原子的外層價電子互相結合而產生化學鍵結，因此這些電子也沒有明顯的磁偶極矩。Fe、Co 與 Ni 的未成對內層 3d 電子是造成鐵磁性的原因。鐵原子有 4 個未成對 3d 電子，鈷原子有 3 個，鎳原子有 2 個 (圖 16.6)。

在處於室溫的 Fe、Co、Ni 固體樣品中，相鄰原子的 3d 電子自旋為平行排列；這種現象稱之自發性磁化 (spontaneous magnetization)。原子磁偶極平行排列

未成對 3d 電子	原子	總電子數	3d 電子軌域	4s 電子數
3	V	23	↑ ↑ ↑	2
5	Cr	24	↑ ↑ ↑ ↑ ↑	1
5	Mn	25	↑ ↑ ↑ ↑ ↑	2
4	Fe	26	↑↓ ↑ ↑ ↑ ↑	2
3	Co	27	↑↓ ↑↓ ↑ ↑ ↑	2
2	Ni	28	↑↓ ↑↓ ↑↓ ↑ ↑	2
0	Cu	29	↑↓ ↑↓ ↑↓ ↑↓ ↑↓	1

圖 16.6 3d 過渡元素的中性原子之磁矩。

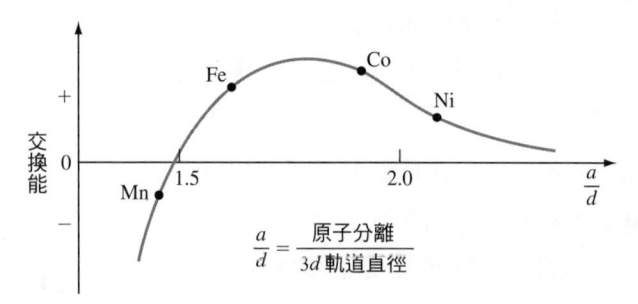

圖 16.7 對某些 3d 過渡元素而言，磁交換交互作用能是原子間距與 3d 軌道直徑比值的函數。有正交換能的元素具鐵磁性；有負交換能的元素則具反鐵磁性。

$$\frac{a}{d} = \frac{原子分離}{3d \text{ 軌道直徑}}$$

只會在名為磁域 (magnetic domain) 的微小區域發生。若磁域方位是隨機分布，塊材樣品中就不會出現淨磁化現象。Fe、Co 與 Ni 原子的磁偶極的平行排列是因為其可產生正值的交換能。平行排列發生的必要條件是，原子間距與 3d 軌道直徑的比值必須在 1.4 ~ 2.7 之間 (圖 16.7)。因此，Fe、Co 與 Ni 為鐵磁性，而 Mn 與 Cr 則不然。

16.3.4　單一未成對電子的磁矩

每個電子在它的特定軸上自旋 (圖 16.5)，就像是一個磁偶極，擁有一個名叫**波爾磁子** (Bohr magneton) μ_B 的磁偶極矩，其值為

$$\mu_B = \frac{eh}{4\pi m} \tag{16.8}$$

其中 e 是電荷電量，h 是浦朗克常數，m 是電子質量。使用 SI 制，$\mu_B = 9.27 \times 10^{-24}$ A·m²。原子中的電子多半都成對，所以正、負磁矩會相互抵銷。然而內層電子殼中的未成對電子 (如 Fe、Co、Ni 的 3d 電子) 會有微小的正磁偶極矩。

■ 例題 16.1

利用 $\mu_B = eh/4\pi m$ 關係式，求波爾磁子的值等於 9.27×10^{-24} A·m^2。

解

$$\mu_B = \frac{eh}{4\pi m} = \frac{(1.60 \times 10^{-19}\text{ C})(6.63 \times 10^{-34}\text{ J·s})}{4\pi(9.11 \times 10^{-31}\text{ kg})}$$
$$= 9.27 \times 10^{-24}\text{ C·J·s/kg}$$
$$= 9.27 \times 10^{-24}\text{ A·m}^2 \blacktriangleleft$$

其單位一致，如下：

$$\frac{\text{C·J·s}}{\text{kg}} = \frac{(\text{A·s})(\text{N·m})(\text{s})}{\text{kg}} = \frac{\text{A·}\cancel{s}}{\cancel{\text{kg}}}\left(\frac{\cancel{\text{kg}}\cdot\text{m·m}}{\cancel{s^2}}\right)(\cancel{s}) = \text{A·m}^2$$

■ 例題 16.2

求估算純鐵之飽和磁化強度 M_s (A/m) 與飽和感應磁場 B_s (T) 之理論值，假設鐵之四個未成對 3d 電子產生的磁矩於磁場內排列相同。使用方程式 $B_s \approx \mu_0 M_s$，假設 $\mu_0 H$ 可以忽略不計。純鐵為 BCC 結構，晶格常數 $a = 0.287$ nm。

解

一個原子的磁矩是 4 個波爾磁子，因此

$$M_s = \left[\frac{\dfrac{2\text{ 個原子}}{\text{單位晶胞}}}{\dfrac{(2.87 \times 10^{-10}\text{ m})^3}{\text{單位晶胞}}}\right]\left(\frac{4\text{ 個波爾磁子}}{\text{原子}}\right)\left(\frac{9.27 \times 10^{-24}\text{ A·m}^2}{\text{波爾磁子}}\right)$$

$$= \left(\frac{0.085 \times 10^{30}}{\text{m}^3}\right)(4)(9.27 \times 10^{-24}\text{ A·m}^2) = 3.15 \times 10^6\text{ A/m} \blacktriangleleft$$

$$B_s \approx \mu_0 M_s \approx \left(\frac{4\pi \times 10^{-7}\text{ T·m}}{\text{A}}\right)\left(\frac{3.15 \times 10^6\text{ A}}{\text{m}}\right) \approx 3.96\text{ T} \blacktriangleleft$$

■ 例題 16.3

鐵的飽和磁化強度為 1.71×10^6 A/m，請估算一原子有幾個波爾磁元？鐵為 BCC 晶體結構，$a = 0.287$ nm。

解

飽和磁化強度 M_s (A/m) 可由下列的 (16.9) 式來計算

$$M_s = \left(\frac{\text{原子數}}{\text{m}^3}\right)\left(\frac{\text{波爾磁子的 } N\mu_B \text{ 數}}{1 \text{ 個原子}}\right)\left(\frac{9.27 \times 10^{-24} \text{ A} \cdot \text{m}^2}{\text{波爾磁子}}\right)$$

$$= \text{ans. in A/m}$$

$$\text{原子密度 (原子數/m}^3) = \frac{2 \text{ 個原子/BCC 單位晶胞}}{(2.87 \times 10^{-10} \text{ m})^3 / \text{單位晶胞}} \quad \textbf{(16.9)}$$

$$= 8.46 \times 10^{28} \text{ atoms/m}^3$$

重新排列 (16.9) 式，代入 M_s、原子密度與 μ_B，可得到

$$N\mu_B = \frac{M_s}{(\text{atoms/m}^3)(\mu_B)}$$

$$= \frac{1.71 \times 10^6 \text{ A/m}}{(8.46 \times 10^{28} \text{ atoms/m}^3)(9.27 \times 10^{-24} \text{ A} \cdot \text{m}^2)} = 2.18 \mu_B/\text{atom} \blacktriangleleft$$

16.3.5 反鐵磁性

有些材料還會發生另外一種磁性，稱為**反鐵磁性** (antiferromagnetism)。施加外加磁場於反鐵磁材料，材料原子的磁偶極矩會和外加磁場反向排列 (圖 16.8b)。固態的錳和鉻元素在室溫下顯示反鐵磁性，並擁有負交換能，因為它們的原子空間和 $3d$ 軌域直徑比值小於 1.4(圖 16.7)。

16.3.6 亞鐵磁性

在某些陶瓷材料中，不同離子有著不同大小的磁矩。當這些磁矩呈反向平行排列時，可得單一方向的淨磁矩 [**亞鐵磁性** (ferrimagnetism)](圖 16.8c)。具有這種特性的材料稱為鐵氧磁體 (ferrite)。鐵氧磁體有很多種，其中一種主要成分為磁鐵礦 (Fe_3O_4)，是古時候用的磁石。鐵氧磁體的電導性低，所以適合許多電子應用。

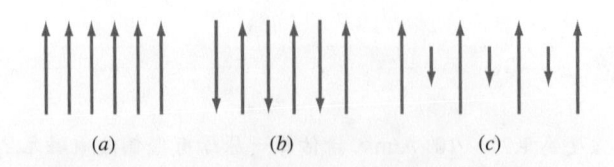

圖 16.8 不同磁化型態的磁偶極矩排列方式：
(a) 鐵磁性；(b) 反鐵磁性；(c) 亞鐵磁性。

■ 16.4 溫度對鐵磁性的影響
Effect of Temperature on Ferromagnetism

在 0 K 以上的任何溫度，熱能會使磁偶極矩偏離完美的平行排列。因此，使鐵磁材料磁偶極矩平行排列的交換能會與使磁偶極矩隨機排列的熱能相互抗衡 (圖 16.9)。最後，隨溫度增高，鐵磁材料的鐵磁性會在達到某些溫度後消失，而材料會變成順磁性。這個溫度稱為**居里溫度** (Curie temperature)。當鐵磁材料降溫至低於其居里溫度時，鐵雌性磁域會再次形成，而材料也會再度具有鐵磁性。Fe、Co、Ni 的居里溫度分別為 770°C、1123°C 與 358°C。

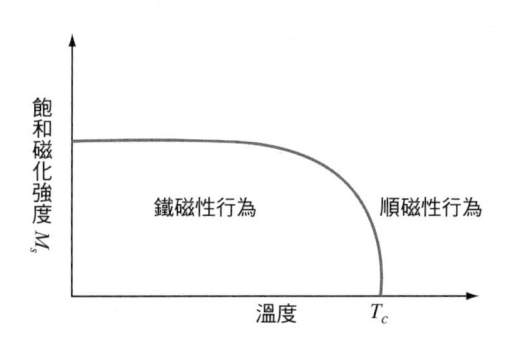

圖 16.9 在低於居里溫度 T_c 時，溫度對鐵磁材料的飽和磁化強度 M_s 之影響。當溫度增加時，磁矩的排列即趨向於不規則化。

■ 16.5 鐵磁性的磁域 Ferromagnetic Domains

當溫度低於居里溫度時，鐵磁材料之原子的磁偶極矩就會於一區域內傾向於平行排列，此一區域稱為**磁域** (magnetic domain)。當鐵磁材料，例如鐵或鎳，透過從它的居里溫度之上緩慢冷卻下來的方式而去除磁性時，磁域會出現隨機排列的情形，此時材料內就不會有淨磁矩的存在 (圖 16.10)。

當被去磁的鐵磁材料受到外加磁場作用時，磁矩方向和外加磁場較為平行的磁域會成長，而其他磁域會逐漸縮小 (圖 16.11)。磁域成長是利用磁壁 (domain wall) 移動而成，如圖 16.11，而且 B 或 M 會隨著 H 磁場的增加而快速增加。藉著磁壁移動的磁域成長會在磁化過程中先發生，原因是其所需之能量比磁域轉動所需能量小。當磁域成長停止後，假如外加磁場繼續增加，磁域會開始轉動。一般來說，磁域轉動所需的能量遠大於磁域成長所需要的能量，故 B(或 M) 對 H 之斜率在高外加磁場時會有下降的情形 (圖 16.11)。一旦移去

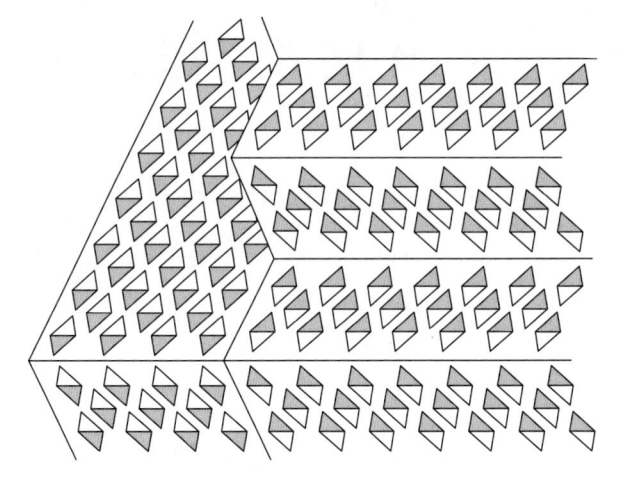

圖 16.10 鐵磁金屬中磁域的示意圖。每個域中的所有磁偶極矩都是平行排列的，但域本身是隨機排列的，因此沒有淨磁矩。

(Source: R.M. Rose, L.A. Shepard, and J. Wulff, "Structure and Properties of Materials," vol. IV: *Electronic Properties*, Wiley, 1966, p. 193.)

圖 16.11 施加磁場以磁化被去磁的鐵磁材料至飽和時，磁域的成長和旋轉。
(Source: R.M. Rose, L.A. Shepard, and J. Wulff, "Structure and Properties of Materials," vol. IV: *Electronic Properties*, Wiley, 1966, p. 193.)

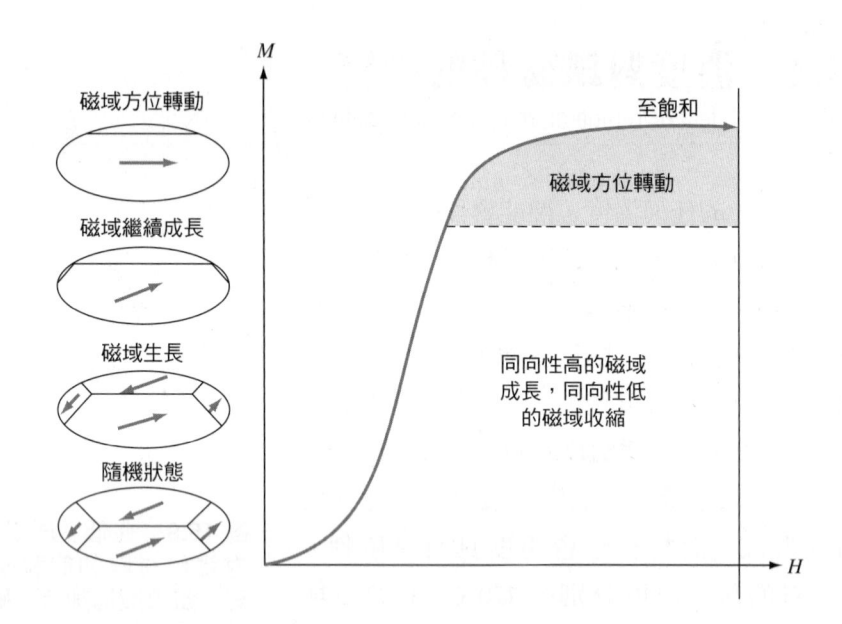

外加磁場，雖然某些磁化強度因磁域轉回原方位而有所損失，但被磁化之材料仍保有磁性。

圖 16.12 是鐵的單晶晶鬚內磁壁在外加磁場作用下移動的情形。磁壁可以用畢德技術 (Bitter technology) 顯示，是將氧化鐵的膠體溶液沉積在拋光的鐵表面。磁壁移動可利用光學顯微鏡觀察。藉由此技術可以獲知許多磁壁在外加磁場下移動的資訊。

■ 16.6 決定鐵磁域結構的能量類型
Types of Energies that Determine the Structure of Ferromagnetic Domains

鐵磁材料的磁域結構是由數種能量來決定，當所有能量的總和為最小值時，就可得到最穩定的結構。鐵磁材料的總磁能就是下列各分項能量之和：(1) 交換能；(2) 靜磁能；(3) 磁晶異向性能；(4) 磁壁能；(5) 磁致伸縮能。接著將詳細介紹這些能量。

16.6.1 交換能

當所有的原子磁偶極矩排列方向呈現一致的情況時，鐵磁材料的磁域內位能就會達到最低值 [**交換能** (exchange energy)]。這種一致性的排列與正的交換能相關。儘管磁域內的位能已達最低值，磁域外的位能還是會隨著外部磁場的形成而增加 (圖 16.13a)。

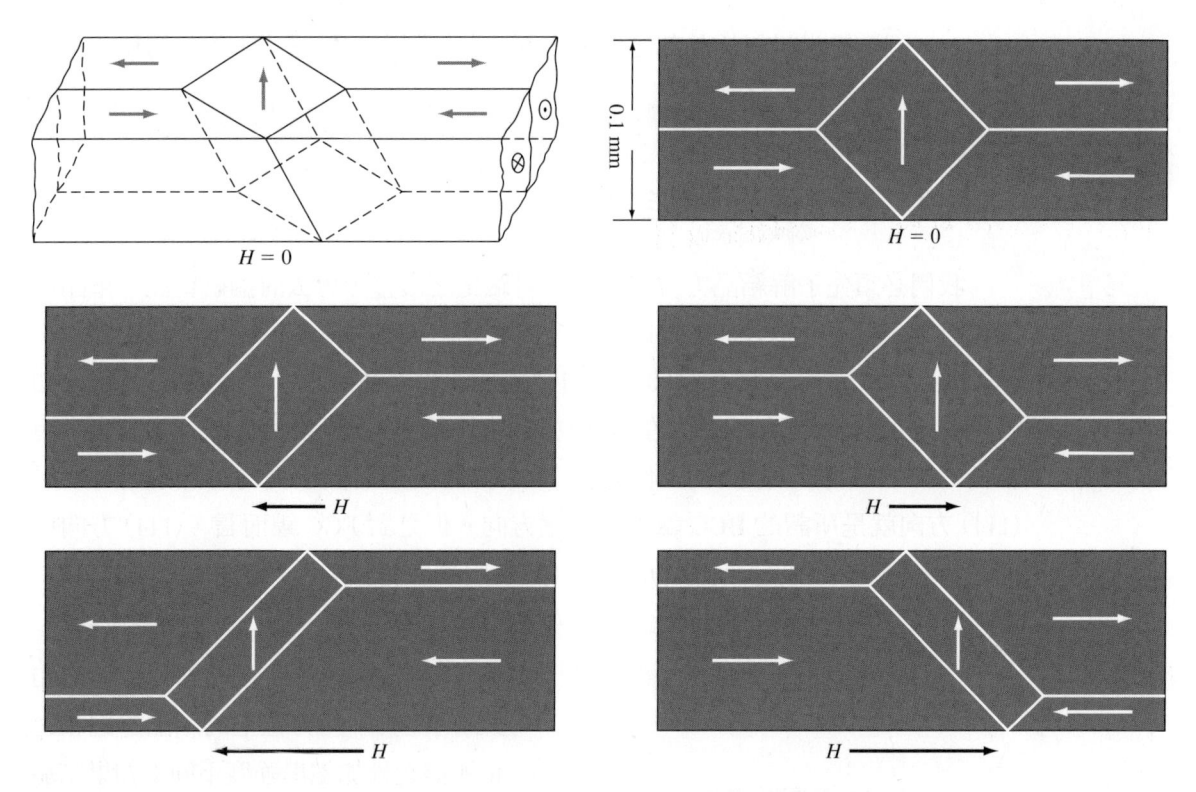

圖 16.12 施加磁場於鐵的晶體上使磁域邊界產生移動。注意，隨著施加磁場的增加，跟磁場方向對齊的磁域(與其磁偶極矩)將會擴大，其他的磁域將變小(左右圖中的左右磁場由上到下是逐漸增加的)。
(Source: R.W. DeBlois, The General Electric Co., and C.D. Graham, the University of Pennsylvania.)

16.6.2 靜磁能

靜磁能 (magnetostatic energy) 是鐵磁材料的外磁場所產生的磁位能 (圖 16.13a)。鐵磁材料的磁位能藉由生成的磁域而達到靜磁能的最小化，如圖 16.13。以一個單位體積的鐵磁材料為例，單一磁域結構將會得到最高的靜磁能，如圖 16.13a 所示。將圖 16.13a 中的單一磁域分割成兩個磁域 (圖 16.13b)，就會使得外部磁場的強度及範圍降低。再進一步將單一磁域分成四個磁域，外部磁場的強度就會更減少 (圖

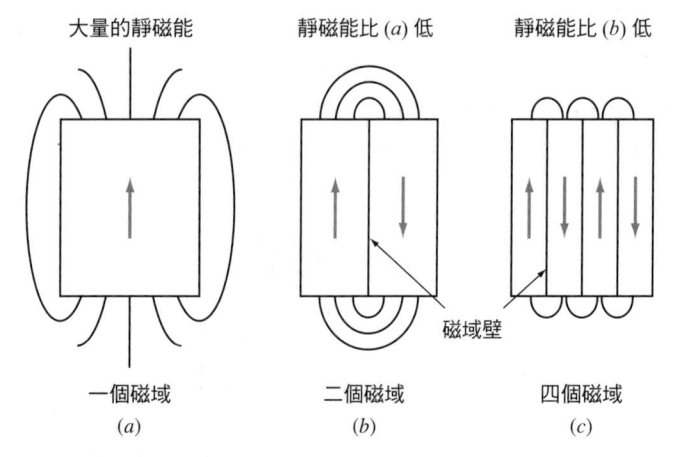

圖 16.13 示意圖顯示了縮小磁性材料中的磁域大小是如何透過減小外部磁場而降低靜磁能。(a) 一個域，(b) 兩個域以及 (c) 四個域。

16.13c)。因為鐵磁材料的外部磁場強度直接關係到它的靜磁能，單位體積內生成愈多磁域，靜磁能就會愈低。

16.6.3 磁晶異向性能

我們必須先了解結晶方位對鐵磁材料磁化之影響，再去討論磁壁能。單晶鐵磁材料之磁化強度和外加磁場的關係會隨著相對於外加磁場的結晶方位而變化。圖 16.14 是 BCC 單晶鐵在 ⟨100⟩ 與 ⟨111⟩ 方向上進行磁化時，感應磁場 B 和外加磁場 H 之曲線。如圖 16.14，在 ⟨100⟩ 方向上比較容易達到飽和磁化 (換言之，用較低的外加磁場即可達成)；但是在 ⟨111⟩ 方向上則需要很高的外加磁場。所以 ⟨111⟩ 方向就是所謂的 BCC 鐵困難磁化方向。但是對 FCC 鎳而言，⟨111⟩ 方向反而是容易磁化的方向，而 ⟨100⟩ 方向則變為困難磁化方向。總歸來說，對於 FCC 鎳與 BCC 鐵，它們的困難磁化方向恰好相反。

對於多結晶鐵磁材料 (像是鐵和鎳)，位於不同方位上的結晶達飽和磁化所需之外加磁場強度不同；如果結晶方位在容易磁化方向，一個較低的外加磁場就可以達到飽和狀態，但是結晶方位在困難磁化方向者，必須加入極高磁場，磁矩才會轉動至外加磁場的方向，以致於達到飽和狀態。因為這種結晶的異向性，使得鐵磁材料在磁化時必須消耗能量來旋轉磁域，其所作之功稱之為**磁晶異向性能** (magnetocrystalline anisotropy energy)。

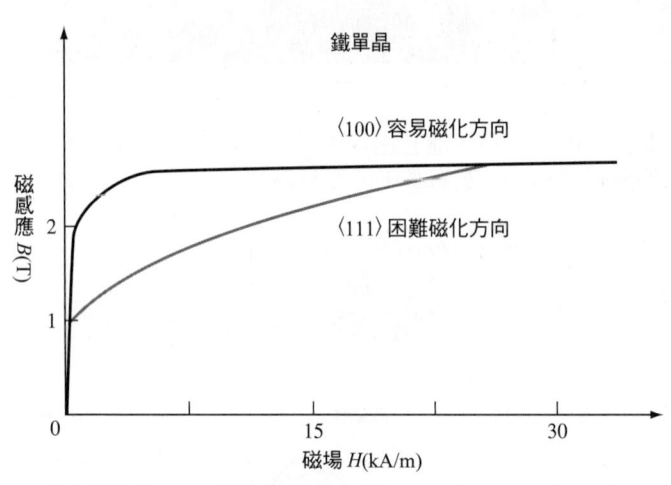

圖 16.14 BCC 鐵中的磁晶異向性。鐵在 ⟨100⟩ 方向上比在 ⟨111⟩ 方向上更容易被磁化。

16.6.4 磁壁能

磁壁是兩個不同磁偶極方位的磁域界面。磁壁的觀念與晶界類似，但晶界兩邊結晶方位是快速改變的，而且晶界只有大約 3 個原子寬。磁域則是漸漸改變方位，而且磁壁有 300 個原子寬度。圖 16.15a 可看到兩個方位相反的磁域間，其磁域壁內的磁矩方向逐漸改變的情形。

如此大寬度的磁域壁是由兩種力的平衡所致：交換能和磁晶異向性能。兩磁

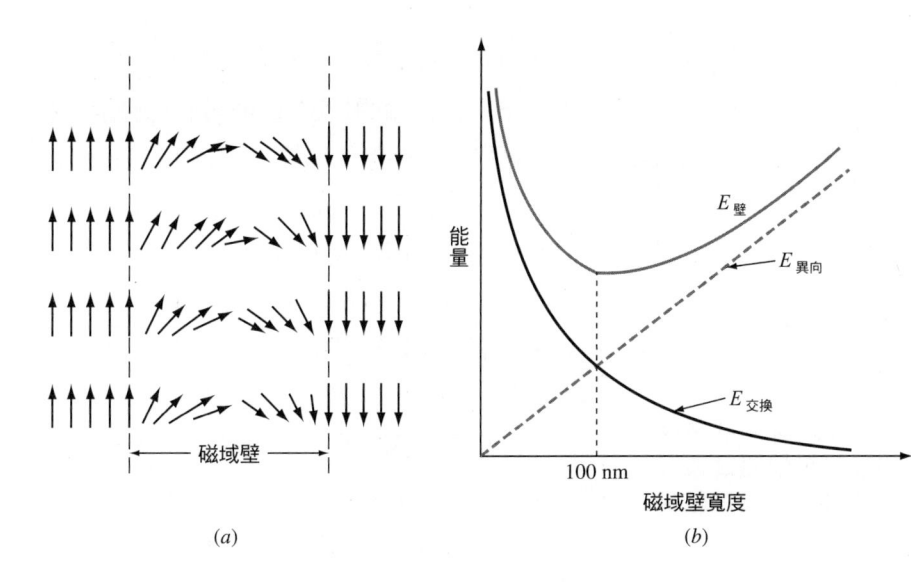

圖 16.15 (a) 磁域 (布洛赫) 壁上的磁偶極排列和 (b) 磁交換能、磁晶異向性能和磁壁寬之間的關係的示意圖。平衡壁寬度約為 100 nm。
(Source: C.R. Barrett, A.S. Tetelman, and W.D. Nix, *The Principles of Engineering Materials*, 1st ed., © 1973.)

偶極間 (圖 16.15a) 方向差異很小時，磁偶極間的交換力呈現最小化，同時也降低了交換能 (圖 16.15b)。故交換力會傾向於擴大磁域壁寬度。不過當磁域壁愈寬，就會造成磁偶極方向與容易磁化方向不同之磁偶極的數目增加，同時也會增加磁晶異向性能 (圖 16.15b)。因此，當某磁域壁寬度使交換能和磁晶異向性能之和達到最小值時，此寬度就稱之為平衡壁寬 (圖 16.15b)。

16.6.5 磁致伸縮能

當鐵磁材料被磁化時，它的尺寸會稍微改變，樣品在磁化方向不是膨脹就是收縮 (圖 16.16)。這種因為磁化而誘發的可逆彈性應變量 ($\Delta l/l$) 稱為**磁致伸縮** (magnetostriction)，量值大約在 10^{-6} 左右。而因為這個磁致伸縮而產生的機械能就稱之為**磁致伸縮能** (magnetostrictive energy)。以鐵為例，磁致伸縮於低磁場時為正，高磁場時為負 (圖 16.16)。

造成磁致伸縮的主因是磁化過程中電子自旋偶極矩旋轉成一致的排列方向時，會改變鐵磁材料的原子間鍵結長度。磁偶極的磁場可能出現互相吸引或排斥的狀

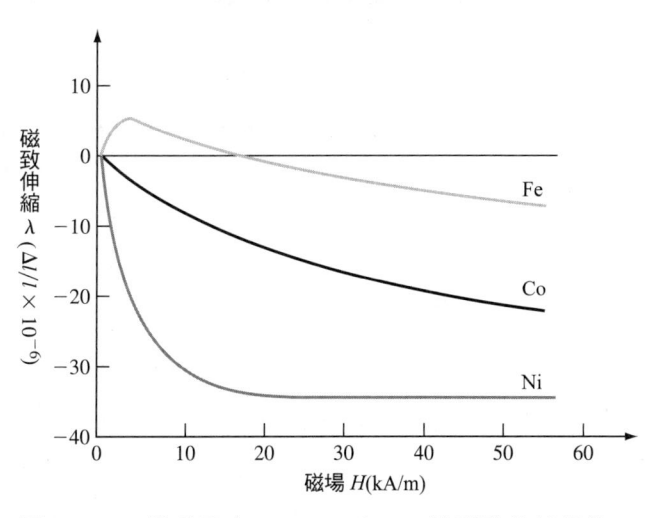

圖 16.16 鐵磁元素 (Fe、Co 和 Ni) 的磁致伸縮行為。磁致伸縮是伸長 (或收縮) 的比例，並且在該圖中以微米 μm/m 米為單位。

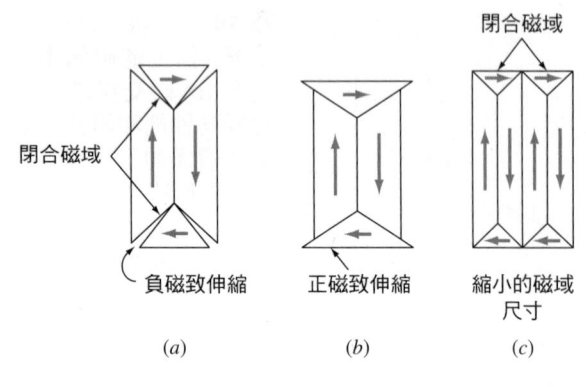

圖 16.17 立方磁性材料中的磁致伸縮。(a) 負的和 (b) 正的磁致伸縮以拉開磁性材料的磁域邊界的誇張示意圖；(c) 通過產生較小磁域尺寸的結構來降低磁致伸縮應力。

況，而引起磁化過程中金屬的收縮或伸長。

接下來要討論的是磁致伸縮對立方結晶材料磁域結構平衡組態的影響，如圖 16.17a 和圖 16.17b 所示。因為結晶是立方對稱的狀況，所以在結晶端點所生成的三角形磁域，稱為閉合磁域 (domains of closure)，可以消除與外磁場相關的靜磁能，因而降低材料能量。圖 16.17a 和圖 16.17b 中顯示出非常大的磁域，我們可能會認為因為它有著最低磁域壁能，因此它是屬於最低能量及最穩定的磁域組態；但事實上並不是如此。磁域愈大，磁化時所誘發的磁致伸縮應力也傾向愈大。圖 16.17c 顯示的較小磁域雖然能減少一些磁致伸縮應力 (能)，但同時也增加了磁域壁面積及能量。因此，要在磁致伸縮能與**磁域壁能** (domain wall energies) 之和為最小值時，才能得到平衡的磁域組態。

總而言之，鐵磁材料內形成的磁域結構主要取決於交換能、靜磁能、磁晶異向性能、磁域壁能與磁致伸縮能對其總磁能的各種貢獻。當以上這些能量總和達到最小時，才能達到平衡或最穩定的磁域組態。

■ 16.7 鐵磁性金屬的磁化與去磁化
The Magnetization and Demagnetization of a Ferromagnetic Metal

鐵磁材料 (如 Fe、Co、Ni 等) 被置於磁場時會被大幅磁化，當磁場被移除後，這些材料還是可以保有部分磁化強度。我們現在來討論在磁化和去磁化過程中，外加磁場 H 對鐵磁材料的感應磁場 B 的影響，如圖 16.18 中的 B 對 H 圖形所示。首先，我們先將鐵磁金屬 (例如鐵) 緩慢降溫至其居里溫度以下以便消磁，然後在其上施加磁場，並觀察外加磁場對感應磁場的影響。

當外加磁場從零開始增加，B 會沿著圖 16.18 的 OA 線從零開始往上增加，直到 A 點的**飽和感應磁化** (saturation induction) 強度。當外加磁場降為零時，原始的磁化曲線並不會回溯，同時會留下一個磁通密度，稱為**殘存感應磁化** (remanent induction) 強度 B_r (圖 16.18 的 C 點)。為了使感應磁化強度降為零，必須施加一個稱為矯頑磁力 (coercive force) 的反向 (負) 磁場 H_c (圖 16.18 的 D 點)。如果負磁場持續增加，材料就終究會達到圖 16.18 中 E 點的反向飽和感應磁化強度。如果

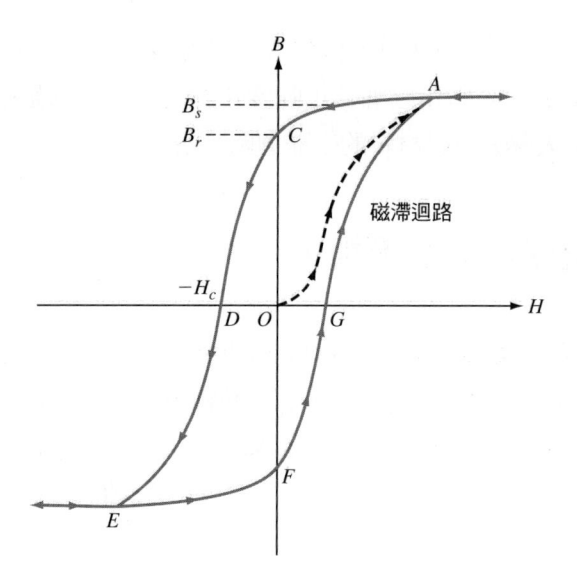

圖 16.18 鐵磁材料之感應磁場 B 對外加磁場 H 的磁滯迴路。曲線 OA 為磁化一去磁樣品時，起始 B 對 H 的磁化關係。重複進行磁化與去磁化到飽和感應磁化強度，便可描繪出磁滯迴路 $ACDEFGA$。

將反向磁場移除，感應磁化強度就會在圖 16.18 的 F 點降回到殘餘感應。此時再施加正向磁場，就會使 B-H 曲線沿著 FGA 移動，形成一個迴路。重複施加反向和正向磁場到飽和感應磁化強度的話，就會產生 $ACDEFGA$ 這個反覆繞行的曲線迴路，稱為**磁滯迴路** (hysteresis loop)，其內部面積可用來估算磁化和去磁化循環所損失的能量或所需的功。

■ 16.8 軟磁材料 Soft Magnetic Materials

軟磁材料 (soft magnetic material) 很容易被磁化與去磁化，而相對地，硬磁材料就很難磁化及去磁化。在早期，軟磁材料是軟的，而硬磁材料是硬的，但是現在已經不然。

像是鐵-矽 (3% ~ 4%) 合金這種用在變壓器、馬達及發電機核心的軟磁材料磁滯迴路很窄，矯頑磁力也低 (圖 16.19a)。另一方面，用於永久磁石的硬磁材料磁滯迴路很寬，矯頑磁力也高 (圖 16.19b)。

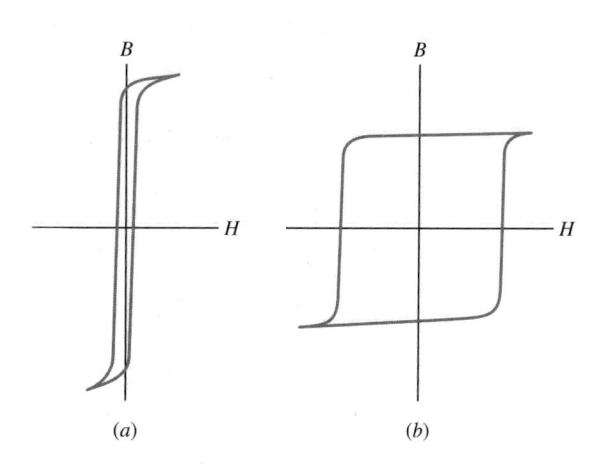

圖 16.19 (a) 軟磁材料的磁滯迴路；(b) 硬磁材料的磁滯迴路。軟磁材料的磁滯迴路很窄，使其容易磁化與去磁化；而硬磁材料的磁滯迴路很寬，使其難以磁化與去磁化。

16.8.1 軟磁材料的理想特性

鐵磁材料要成為軟磁，其磁滯迴路的矯頑

磁力一定要愈低愈好。換句話說，材料的磁滯迴路必須盡量窄，材料才容易磁化，而磁導率才會高。高飽和感應磁化強度在許多應用上都是軟磁材料應具備的重要特性。因此，大部分軟磁材料的磁滯迴路都應該既窄且高 (圖 16.19a)。

16.8.2 軟磁材料的能量損失

磁滯能損耗 **磁滯能損耗** (hysteresis energy loss) 是在材料的磁化與去磁化過程中，來回推動磁壁所需消耗的能量。軟磁材料內的雜質、結晶缺陷與析出物都會阻礙磁壁移動，使磁滯能損耗提高。增加材料差排密度所造成的材料塑性變形也會增加磁滯能損耗。一般來說，從磁滯迴路的內部面積大小就能估算磁性磁滯能損耗。

在使用交流電頻率為 60 循環 / 秒的變壓器磁心，電流每秒經過整個磁滯迴路 60 次。由於變壓器磁心中磁性材料的磁壁運動，每次循環都會消耗些許能量。因此，增加電磁裝置的交流電輸入頻率就會增加磁滯能損耗。

渦流能損耗 由交流電輸入導電磁心所產生的波動磁場會產生瞬間的電壓梯度，進而引發雜散電流。這些經感應而產生的電流稱為渦電流 (eddy current) 會因電阻發熱而成為能量損耗的來源。在變壓器磁心使用層狀或片狀結構可降低**渦流能損耗** (eddy-current energy loss)，在磁心導磁材料中加入絕緣層能防止渦電流從一層進入到另一層。另一個降低渦流能損耗的方法是使用絕緣體軟磁材料，這在高頻率時尤其有效。高頻電磁應用會用亞鐵磁氧化物 (Ferrimagnetic oxides) 及其他類似的磁性材料，這也會在 16.9 節敘述。

16.8.3 鐵 - 矽合金

鐵 - 矽 (3% ~ 4%) 合金是最常用的軟磁材料。在西元 1900 年以前，低頻 (60 循環 / 秒) 電力裝置使用普通低碳鋼，像是變壓器、馬達與發電機磁心等，但這些磁性材料的磁心能量損耗都很高。

於在鐵內添加 3% ~ 4% 矽所製成的**鐵 - 矽合金** (iron-silicon alloy) 在降低磁心損耗方面有下列幾項優點：

1. 矽提升低碳鋼之電阻率，進而可降低渦電流損耗。
2. 矽減少了鐵的磁異向能、增加磁導率，也使得磁滯能磁心損耗降低。
3. 添加矽 (3% ~ 4%) 能減少磁致伸縮、降低磁滯能損耗及變壓器噪音。

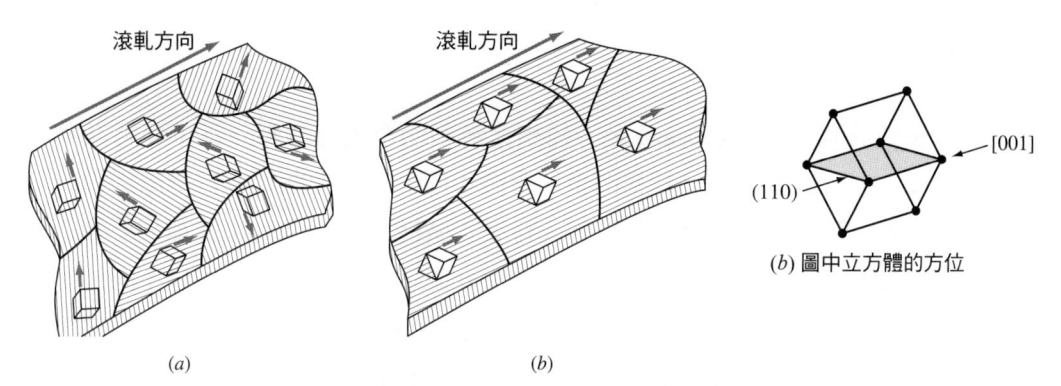

圖 16.20 多晶 Fe–3~4% Si 薄片之 (a) 隨機組織，與 (b) 優選方向 (110)[001] 織構。小立方體代表每個晶粒的結晶方向。

((a-b) Source: R.M. Rose, L.A. Shepard, and J. Wulff, "Structure and Properties of Materials," vol. IV: *Electronic Properties*, Wiley, 1966, p. 211.)

不過，這麼做的缺點是，矽會將低鐵的延性，所以最多只能添加 4% 左右。矽也會降低鐵的飽和感應磁化強度和居里溫度。

使用層狀（堆積片材）結構可以更進一步降低變壓器磁心渦流能損耗。新型變壓器磁心是多層厚度約 0.01 ~ 0.014 in. (0.025 ~ 0.035 cm) 的鐵矽薄片組合而成，層間夾有絕緣薄層。鐵矽薄片的兩面會塗上絕緣材料，可防止雜散渦電流朝與薄片垂直的方向流動。

另一個降低變壓器磁心能量損耗的方法源自 1940 年代，使用的是晶粒取向鐵矽薄片。利用冷加工及再結晶處理 Fe-3% Si 薄片可大量產生立方體對邊 (COE) {110}⟨001⟩ 取向的晶粒材料（圖 16.20）。由於 [001] 方向是 Fe-3% Si 合金的易磁化軸，因此，當施加磁場於片材的軋製方向時，COE 材料中的磁域是排列於易磁化的方向。因此，與具有隨機紋理的 Fe-Si 板相比，COE 材料具有更高的磁導率和更低的磁滯損耗（表 16.3）。

表 16.3 軟磁材料的一些磁性特質

材料及成分	飽和磁感應 B_s(T)	矯頑磁力 H_c(A/cm)	起始相對導磁率 μ_i
磁鐵塊，0.2-cm	2.15	0.88	250
M36 冷軋 Si-Fe 鋼片（隨機組織）	2.04	0.36	500
M6 (110) [001], 3.2% Si-Fe（方向性組織）	2.03	0.06	1,500
45 Ni-55 Fe (45 高導磁合金)	1.6	0.024	2,700
75 Ni-5 Cu-2 Cr-18 Fe (μ 金屬)	0.8	0.012	30,000
79 Ni-5 Mo-15 Fe-0.5 Mn（超導磁合金）	0.78	0.004	100,000
48% MnO-Fe$_2$O$_3$, 52% ZnO-Fe$_2$O$_3$（軟鐵氧磁體）	0.36		1,000
36% MiO-Fe$_2$O$_3$, 64% ZnO-Fe$_2$O$_3$（軟鐵氧磁體）	0.29		650

Source: G.Y. Chin and J.H. Wernick, "Magnetic Materials, Bulk," vol. 14: *Kirk-Othmer Encyclopedia of Chemical Technology*, 3rd ed., Wiley, 1981, p. 686.

16.8.4 金屬玻璃

金屬玻璃 (metallic glasses) 是一種相當新穎的金屬類材料,其主要特徵為非結晶結構,和一般具有結晶結構的金屬合金不同。由液態開始進行降溫過程時,一般金屬與合金中的原子會自動排列成有序的晶格。表 16.4 列出八種重要的金屬玻璃原子成分。這些材料都具有相當重要的軟磁特性,且幾乎都是以不同比重的 Fe、Co、Ni 鐵磁元素和 B、Si 類金屬元素組合而成。這些特別軟的磁性材料的應用包括低磁心能量損耗電力變壓器、磁感測器及錄音磁頭等。

金屬玻璃是透過快速固化製程生產的,其中熔融金屬玻璃在旋轉的銅表面模具上作為薄膜非常快速地 (約 10^6°C/s) 冷卻 (圖 16.21a)。該過程產生連續的金屬玻璃帶,厚約 0.001 in. (0.0025 cm),寬 6 in. (15 cm)。

金屬玻璃有幾項優良的特性。它們的強度高 [高達 650 ksi(4500 MPa]、硬度高並帶有些許可彎曲性,同時耐腐蝕性也非常好。表 16.4 中的金屬玻璃相當軟 (由它們的最大磁導率所點出),且容易被磁化與去磁化。這些材料沒有晶界,也沒有長程的結晶異向性限制,所以磁壁特別容易移動。圖 16.21b 顯示了由彎曲金屬玻璃帶所生產的金屬玻璃中的一些磁域。軟磁性金屬玻璃具有非常窄的磁滯迴線,如圖 16.21c 所示,因此它們具有非常低的磁滯能量損失。這一特性促進了多層金屬玻璃電力變壓器鐵芯的開發,其具有傳統鐵矽芯 70%的鐵芯損耗 (圖 16.1)。用於低損耗電力變壓器的金屬玻璃的許多研究和開發工作正在進行中。

16.8.5 鎳鐵合金

當外加磁場強度很低時,商用純鐵和鐵 - 矽合金的磁導率相對較低。在一般像是變壓器磁心等電力應用中,較低的起始磁導率並不是很重要,因為這些裝置

表 16.4 金屬玻璃:成分、特性與應用

合金 (原子 %)	飽和磁感應 B_s(T)	最大導磁率	應用
$Fe_{78}B_{13}Si_9$	1.56	600,000	電力變壓器,低磁損
$Fe_{81}B_{13.5}Si_{3.5}C_2$	1.61	300,000	脈衝變壓器,磁電機開關
$Fe_{67}Co_{18}B_{14}Si_1$	1.80	4,000,000	脈衝變壓器,磁電機開關
$Fe_{77}Cr_2B_{16}Si_5$	1.41	35,000	電流變壓器,感測器磁心
$Fe_{74}Ni_4Mo_3B_{17}Si_2$	1.28	100,000	高頻率時磁損低
$Co_{69}Fe_4Ni_1Mo_2B_{12}Si_{12}$	0.70	600,000	磁感測器,錄音機磁頭
$Co_{66}Fe_4Ni_1B_{14}Si_{15}$	0.55	1,000,000	磁感測器,錄音機磁頭
$Fe_{40}Ni_{38}Mo_4B_{18}$	0.88	800,000	磁感測器,錄音機磁頭

Source: Metglas Magnetic Alloys, Allied Metglas Prodcuts.

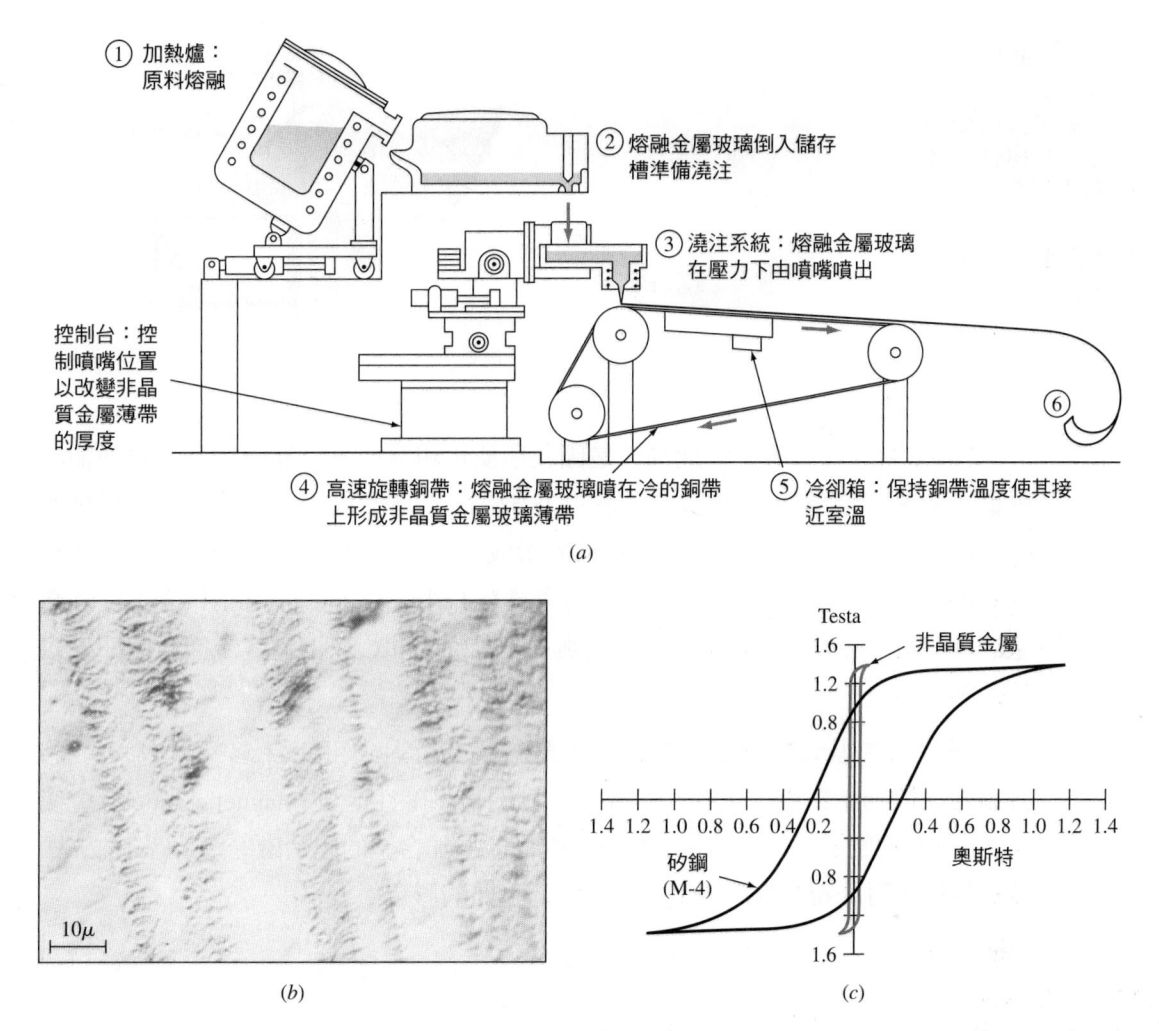

圖 16.21 (a) 用於生產金屬玻璃帶的快速固化製程的示意圖；(b) 在金屬玻璃中感應出的磁區；(c) 鐵磁金屬玻璃和 M-4 鐵矽鐵磁片的磁滯迴線的比較。

((a) Source: *New York Times*, Jan. 11, 1989, p. D7.; (b) Courtesy of Elsevier; (c) Source: *Electric World*, September 1985.)

是在高磁化下運轉。但是於用來偵測與傳輸微弱訊號的高敏感度通訊裝置就常使用**鎳鐵合金** (nickel-iron alloys)，因為它在低外加磁場時的磁導率高許多。

一般來說，商用生產的 Ni-Fe 合金有兩大類，第一類的鎳含量約占 50%，第二類約含 79%。表 16.3 列出此類合金的一些磁特性。50% Ni 合金的磁導率中等 ($\mu_i = 2500$；$\mu_{max} = 25,000$)，飽和感應磁化強度高 [$B_s = 1.6$ T(16,000 G)]。79% Ni 合金的磁導率高 ($\mu_i = 100,000$；$\mu_{max} = 1,000,000$)，但飽和感應磁化強度較低 [$B_s = 0.8$ T(8000 G)]。這些合金常用於音頻及儀器變壓器、儀器繼電器、轉子和定子疊片等。帶捲磁心常用於電子變壓器 (圖 16.22)。

圖 16.22 帶捲狀磁心。(a) 封裝好的磁心，(b) 用酚樹脂封裝的帶捲狀磁心之截面。注意在磁性合金帶捲和酚樹脂封裝層之間有一矽膠填充物。高退火 Ni-Fe 帶捲合金的磁性對應變破壞相當敏感。
((a-b) Courtesy of Magnetics, a division of Spang & Company)

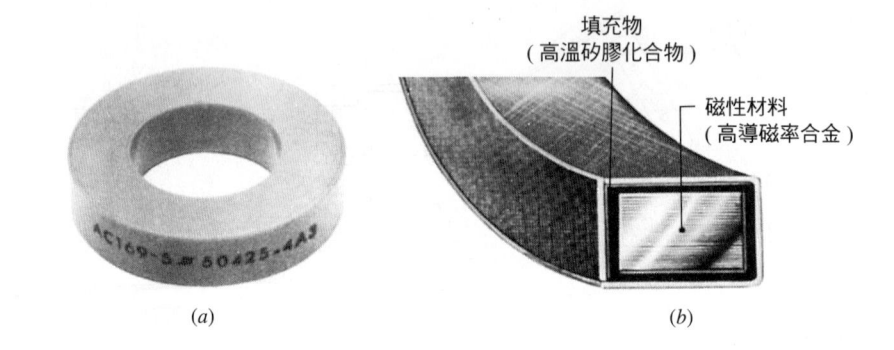

(a)

(b)

Ni-Fe 合金的磁導率如此高，是因為所使用組合成分的異向性及磁致伸縮能很低。Ni-Fe 合金家族的初始磁導率在 78.5% Ni-21.5% Fe 時最高，不過需要快速冷卻至 600°C 以下才能抑制有序結構的形成。Ni-Fe 體系中的平衡有序結構具有 FCC 晶胞，其面上具有 Ni 原子，角落處具有 Fe 原子。向 78.5% Ni (餘量 Fe) 合金中添加約 5% Mo 也抑制了有序反應，因此從 600°C 以上適度冷卻合金即足以防止其有序化。

在一般的退火程序後，在磁場下對材料進行退火可使含 56% 至 58% Ni 的鎳鐵合金的初始磁導率可提升磁導率三到四倍。磁性退火 (magnetic anneal) 會使 Ni-Fe 晶格的原子產生方向性的有序，進而能增加合金的起始磁導率。圖 16.23 顯示磁性退火對於 65% Ni–35% Fe 合金磁滯迴路的影響。

圖 16.23 磁性退火對 65%Ni–35% Fe 合金的磁滯迴路所造成的影響。(a) 有磁場退火的 65 高導磁合金；(b) 無磁場退火的 65 高導磁合金。
(Source: K.M. Bozorth, *Ferromagnetism*, Van Nostrand, 1951, p. 121.)

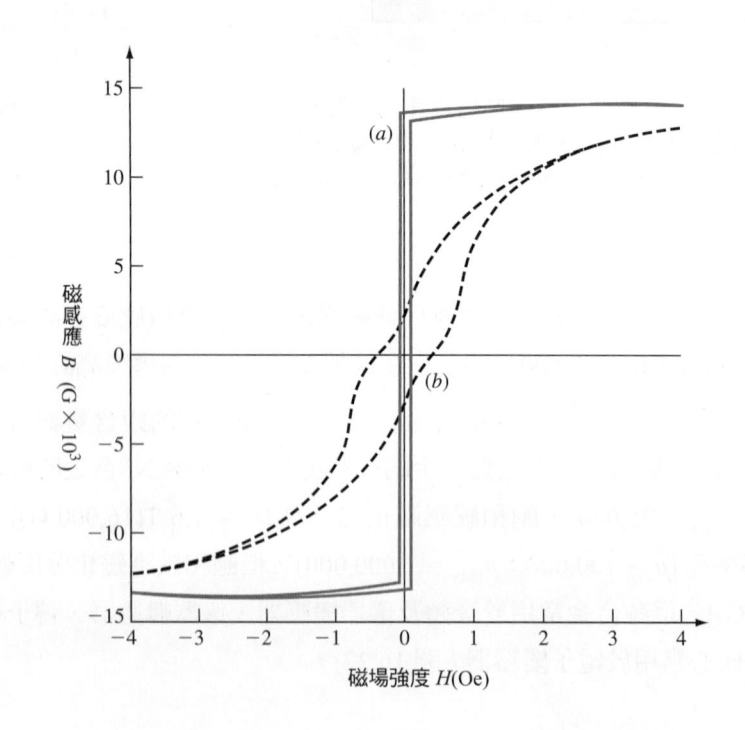

16.9 硬磁材料 Hard Magnetic Materials

16.9.1 硬磁材料的特質

永磁或**硬磁材料** (hard magnetic material) 的特徵是矯頑磁力 (H_c) 與剩餘磁感應強度 (B_r) 都高，如圖 16.19b 所示。因此，硬磁材料的磁滯迴路都既寬且高。只要磁化這些材料的外加磁場夠強，能把材料的磁域定向至與外加磁場同方向。某些外加磁場的能量會變成儲存在所產出的永久磁鐵中的位能。因此，相對於去磁化的磁石，完全磁化的永久磁鐵能量狀態會較高。

一旦磁化，硬磁材料就很難被消磁。硬磁材料的去磁化曲線被選擇為位在第二象限的磁滯迴路，可被用來和永久磁石的磁性強度做比較。圖 16.24 比較了數種不同硬磁材料的去磁化曲線。

永久 (硬) 磁性材料的功率或外部能量與其磁滯迴線的大小直接相關。硬磁材料的磁位能透過其最大能積 (maximum energy product) $(BH)_{max}$ 來測量，該最大能積 $(BH)_{max}$ 是從材料的去磁曲線確定的 B(感應磁場) 和 H(去磁場) 的乘積的最大值。圖 16.25 顯示了假想的硬磁材料的外部能量 (BH) 曲線及其最大能量積 $(BH)_{max}$。基本上，硬磁材料的最大能量積是在材料的磁滯迴線的第二象限中所能刻出的最大矩形所占據的面積。能量積 BH 的 SI 單位是 kJ/m^3；cgs 系統單位是 G · Oe。能量積 $(BH)_{max}$ 的 SI 單位是焦耳 / 立方公尺，與 B (以特斯拉為單位) 和 H (以安培 / 公

圖 16.24 不同硬磁材料的去磁化曲線。1：$Sm(Co,Cu)_{7.4}$；2：$SmCo_5$；3：黏合的 $SmCo_5$；4：亞力可 (alnico) 合金 5；5：Mn-Al-C；6：亞力可合金 8；7：Cr-Co-Fe；8：鐵氧磁體；9：黏合的鐵氧磁體。

(Source: G.Y. Chin and J.H. Wernick, "Magnetic Materials, Bulk," vol. 14, *Kirk-Othmer Encyclopedia of Chemical Technology*, 3d ed., Wiley, 1981, p. 673.)

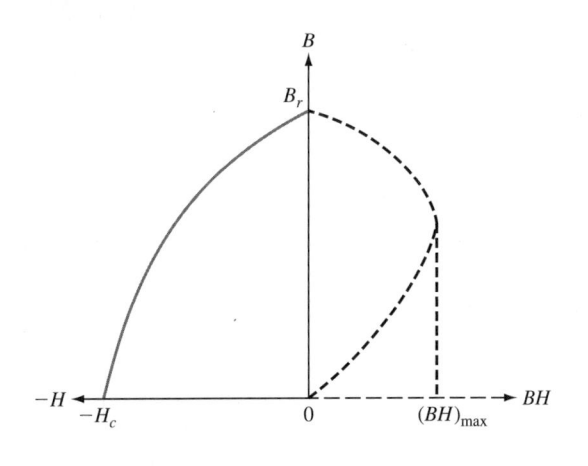

圖 16.25 透過 B(感應磁場) 軸右側的圓形虛線表示出了諸如亞力可合金的硬磁材料的能量積 (B 對 BH) 的示意圖。最大能量積 $(BH)_{max}$ 表示於垂直虛線和 BH 軸的交點處。

尺為單位)的乘積具有想同等效的單位，如下所示：

$$\left[B\left(\cancel{T}\cdot\frac{\cancel{Wb}}{m^2}\cdot\frac{1}{\cancel{T}}\cdot\frac{\cancel{V}\cdot s}{\cancel{Wb}}\right)\right]\left[H\left(\frac{\cancel{A}}{m}\cdot\frac{J}{\cancel{V}\cdot\cancel{A}\cdot s}\right)\right]=BH\left(\frac{J}{m^3}\right)$$

■ **例題 16.4**

請估算圖 16.24 之 $Sm(Co,Cu)_{7.4}$ 合金之最大能量積 $(BH)_{max}$？

解

最大能量積 $(BH)_{max}$ 相當於此合金第二象限去磁化曲線內的最大矩形面積。四個試驗面積分別為：

試驗 1 ～ (0.8 T × 250 kA/m) = 200 kJ/m³　　　　　(見圖 EP16.4)
試驗 2 ～ (0.6 T × 380 kA/m) = 228 kJ/m³
試驗 3 ～ (0.55 T × 420 kA/m) = 231 kJ/m³
試驗 4 ～ (0.50 T × 440 kA/m) = 220 kJ/m³

試驗最高值是 231 kJ/m³，和表 16.5 所列 Sm(Co,Cu) 合金之 240 kJ/m³ 差不多。

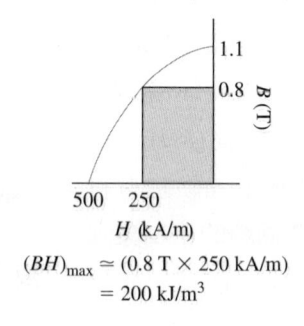

$(BH)_{max} \simeq$ (0.8 T × 250 kA/m)
$\qquad\quad$ = 200 kJ/m³

圖 EP16.4　試驗 1。

表 16.5　硬磁材料的一些磁性

材料與成分	殘留磁感應 B_r(T)	矯頑磁力 H_c(kA/m)	最大能量積 $(BH)_{max}$ (kJ/m³)
亞力可合金 1, 12 Al, 21 Ni, 5 Co, 2 Cu, bal Fe	0.72	37	11.0
亞力可合金 5, 8 Al, 14 Ni, 25 Co, 3 Cu, bal Fe	1.28	51	44.0
亞力可合金 8, 7Al, 15 Ni, 24 Co, 3 Cu, bal Fe	0.72	150	40.0
稀土元素-Co, 35 Sm, 65 Co	0.90	675-1200	160
稀土元素-Co, 25.5 Sm, 8 Cu, 15 Fe, 1.5 Zr, 50 Co	1.10	510-520	240
Fe-Cr-Co, 30 Cr, 10 Co, 1 Si, 59 Fe	1.17	46	34.0
$MO\cdot Fe_2O_3$ (M = Ba, Sr)(鐵氧硬磁體)	0.38	235-240	28.0

(Source: G. Y. Chin and J. H. Wernick, "Magnetic Materials, Bulk," vol.14: *Kirk-Othmer Encyclopedia of Chemical Technology*, 3rd ed., Wiley, 1981, p. 686.)

16.9.2 亞力可合金

性質與組成　亞力可(鋁-鎳-鈷)合金 [alnico (aluminum-nickel-cobalt) alloy] 是目前最重要的商用硬磁材料，使用量占美國硬磁材料市場的 35%。這些合金的特徵是能量積高 [$(BH)_{max}$ = 40~70 kJ/m³(5~9 MG・Oe)]、剩餘磁感應強度高 [B_r = 0.7~1.35 T (7~13.5 U、kG)]，而矯頑磁力中等 [H_c = 40~160 kA/m (500~2010 Oe)]。表 16.5 列出一些亞力可合金與其他永磁合金的磁性。

亞力可族合金為添加了 Al、Ni、Co 與大約 3% Cu 的鐵基合金。矯頑磁力較高的亞力可 6 與 9 合金還會另外添加少量的 Ti。圖 16.26 顯示一些亞力可合金成分的直條圖。亞力可 1 到 4 合金為等向性 (isotropic)，而亞力可 5 至 9 合金為異向性，因為它們在磁場中熱處理時會形成沉澱物。亞力可合金是脆性的，因此透過鑄造或粉末冶金製程來生產。亞力可粉末主要用於生產大量具有複雜形狀的小物品。

結構　在其溶液熱處理溫度約為 1250°C 之上，亞力可合金是單相的，具有 BCC 晶體結構。在冷卻至約 750°C 至 850°C 的過程中，這些合金分解成另外兩個 BCC 相 α 和 α'。基質 α 相富含 Ni 和 Al，並且是弱磁性的。α' 沉澱物富含 Fe 和 Co，因此具有比富含 Ni-Al 的 I α 相還有更高的磁化強度。α' 相傾向於呈棒狀，在 ⟨100⟩ 方向上排列，直徑約 10 nm，長約 100 nm。

如果在磁場中進行 800°C 的熱處理，則 α' 沉澱物在 α 相的基質中的磁場方向上形成細的拉長顆粒 [**磁性退火** (magnetic anneal)]。亞力可合金的高矯頑磁力歸因於旋轉具有形狀異向性的 α' 相單域顆粒是困難的。棒的縱橫比(長寬比)越大，表面越光滑，合金的矯頑磁力越大。因此，在磁場中形成沉澱物使沉澱物更長和更薄，因此提高了亞力可磁性材料的矯頑磁力。據信，向一些高強度的亞力可合金中添加鈦會增加其矯頑磁力，這是由於 α' 棒的縱橫比增加了。

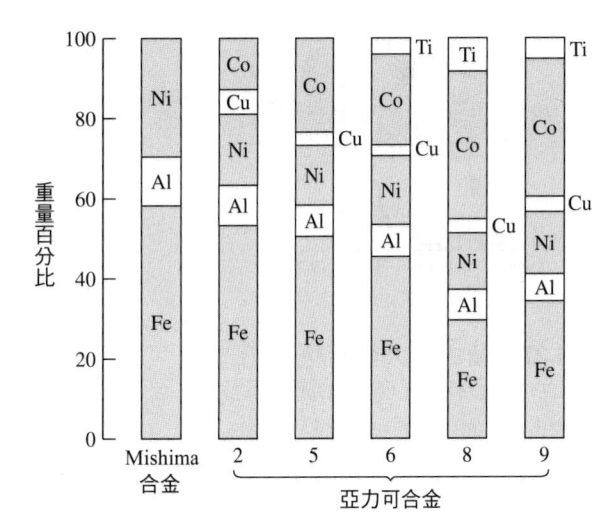

圖 16.26　亞力可合金的化學成分。此系列合金是由日本人 Mishima 於 1931 年在日本所發現。
(Source: B.D. Cullity, *Introduction to Magnetic Materials*, Addison-Wesley, 1972, p. 566.)

16.9.3 稀土合金

稀土合金 (rare earth alloy) 磁石在美國的產量相當可觀，且磁性也優於任何商用磁性材料。稀土合金磁石最大能量積 $(BH)_{max}$ 可高達 240 kJ/m³ (30 MG・Oe)，矯頑磁力則可達 3200 kA/m (40 kOe)。稀土過渡元素的磁性主要自未成對的 4*f* 電子，和之前所提的 Fe、Co、Ni 等金屬的磁性是因未成對 3*d* 電子的物理機制類似。商用稀土磁性材料主要有兩大類：一種是以單相 $SmCo_5$ 為基礎，而另一種是以成分與 Sm $(Co,Cu)_{7.5}$ 類似的析出硬化合金為基礎。

$SmCo_5$ 單相磁石是最廣為使用的稀土磁性材料。這種材料的矯頑磁力機制來自磁壁在表面或晶界的成核和/或釘扎 (pinning)。這些材料透過細顆粒 (1 ~ 10 μm) 粉末冶金技術使用來製造。在壓製過程中，顆粒將會在磁場中排列。然後小心地燒結壓製好的顆粒以防止顆粒生長。這些材料的磁場強度很高，$(BH)_{max}$ 值在 130 ~ 160 kJ/m³ (16 ~ 20 MG・Oe) 的範圍內。

在析出硬化的 Sm $(Co,Cu)_{7.5}$ 合金中，$SmCo_5$ 中的部分 Co 會被 Cu 取代，使得在低陳化溫度 (400°C ~ 500°C) 時可產生微細 (約 10 nm) 且與 $SmCo_5$ 結構同調 (coherent) 的析出物。這些材料會以磁場排列顆粒的粉末冶金法進行商產。添加少量的鐵和鋯可提升矯頑磁力。商用 Sm $(Co_{0.68}Cu_{0.10}Fe_{0.21}Zr_{0.01})_{7.4}$ 合金典型的 $(BH)_{max}$ = 240 kJ/m³ (30 MG・Oe)，B_r = 1.1 T (11,000 G)。圖 16.24 及圖 16.27 顯示稀土磁性合金在磁性強度方面的明顯改善。

Sm-Co 磁石也用於醫學元件，像是植入泵和閥，以及用來提升眼瞼運動的微型馬達。稀土磁石也常用於電子腕錶和行波管。用稀土磁體製造直流馬達、同步馬達以及發電機可縮小機器體積。

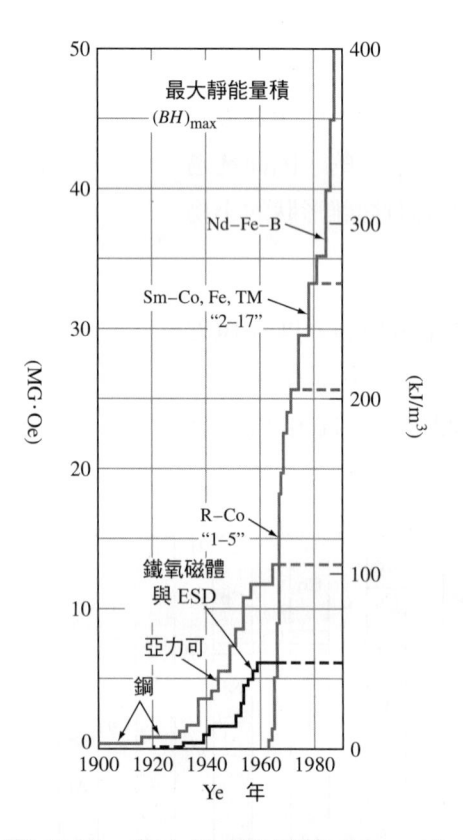

圖 16.27 藉由最大能量積 $(BH)_{max}$ 來顯示 20 世紀中永久磁石品質的進步。
(Source: K.J. Strnat, "Soft and Hard Magnetic Materials with Applications," *ASM Inter*. 1986, p. 64.)

16.9.4 釹-鐵-硼磁性合金

1984 年左右，科學家發現了 $(BH)_{max}$ 高達 300 kJ/m³ (45 MG・Oe) 的 Nd-Fe-B 硬磁材料。今日，這種材料能用粉末冶金法或快速凝固熔紡帶製程生產。圖 16.28a

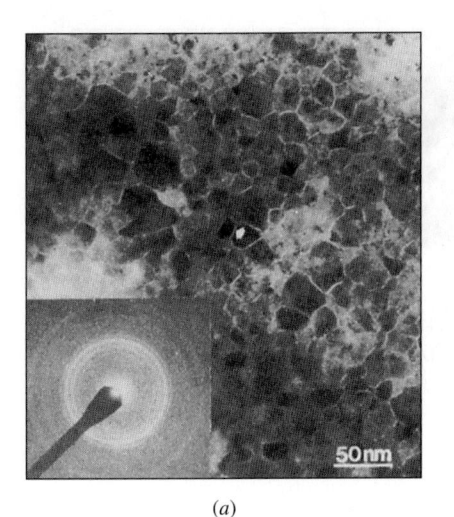

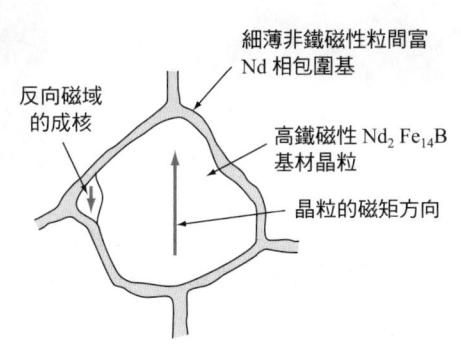

圖 16.28 (a) 由最佳淬火條件製成的 Nd-Fe-B 薄帶的明場穿透式電子顯微鏡照片，顯示方位隨機排列的晶粒被箭頭所指的薄晶粒邊界相包圍；(b) $Nd_2Fe_{14}B$ 單晶粒顯示反向磁域成核。
((a) Courtesy of MRS Bulletin)

顯示 $Nd_2Fe_{14}B$ 型快速固化帶的微結構。在此結構中，高鐵磁性的 $Nd_2Fe_{14}B$ 基材顆粒受非鐵磁性的且富有 Nd 的微細粒間相包圍。這種材料的矯頑磁力和能量積 $(BH)_{max}$ 相當高，因為要使反向磁域在基材晶界處成核是相當困難的 (圖 16.28b)。非鐵磁性且富 Nd 的粒間相會迫使 $Nd_2Fe_{14}B$ 的晶粒基材在晶界成核其反向磁域，以使材料磁化反向。這個過程會使材料整體 H_c 與 $(BH)_{max}$ 值達到最大。Nd-Fe-B 永久磁石可用於各種電動馬達，尤其是重量輕、體積小之汽車啟動馬達。

16.9.5 鐵 - 鉻 - 鈷磁性合金

鐵 - 鉻 - 鈷磁性合金 (iron-chromium-cobalt alloys) 一族在 1971 年被開發出來，有著和亞力可合金類似的冶金結構及永久磁性。差別是鐵 - 鉻 - 鈷合金能在室溫下進行冷加工製程。這種合金的典型成分是 61% Fe–28% Cr–11% Co。Fe-Cr-Co 合金常見的磁性為 B_r = 1.0 ~ 1.3 T(10 ~ 13 kG)，H_c = 150 ~ 600 A/cm (190 ~ 753 Oe)，$(BH)_{max}$ = 10 ~ 45 kJ/m³ (1.3 ~ 1.5 MG Oe)。表 16.5 列出一些 Fe-Cr-Co 磁性合金的磁性。

Fe-Cr-Co 合金在高於約 1200°C 的高溫下具有 BCC 結構。在緩慢冷卻 (從 650°C 以上約 15°C/ h) 後，富含 C_r 的 α_2 相 (圖 16.29a) 的沉澱物在富含 Fe 的 α_1 相基質中形成約 30 nm(300 Å) 的顆粒。Fe-Cr-Co 合金中的矯頑磁力的機制是由於磁域延伸通過兩相而被析出的顆粒釘扎在磁壁上。顆粒形狀 (圖 16.29b) 很重要，因為在最終陳化處理之前，通過變形對顆粒進行的強化，大大提高了這些合金的矯頑力，如圖 16.30 所示。

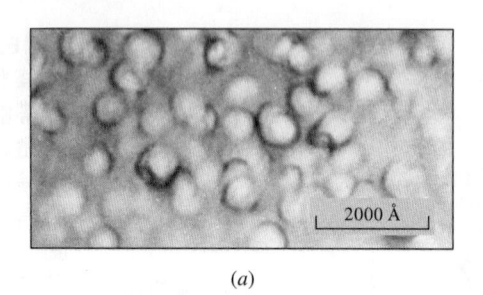

圖 16.29 Fe-34% Cr-12% Co 合金的穿透式電子顯微鏡照片。(a) 變形前產生的球形析出物；(b) 透過最終熱處理進行變形與排列之細長的和排列好的顆粒。

((a)-(b) Courtesy of AIP Publishing, Journal of Applied Physics)

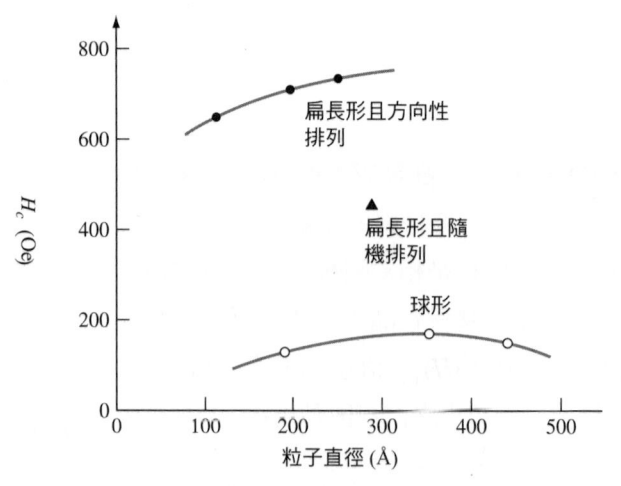

圖 16.30 Fe-34% Cr-12% Co 合金中不同形狀顆粒的矯頑力與粒徑的關係。注意，當顆粒形狀由球形變為細長形時，矯頑力會提高。

(Source: S. Jin et al., *J. Appl. Phys.*, 53:4300(1982).)

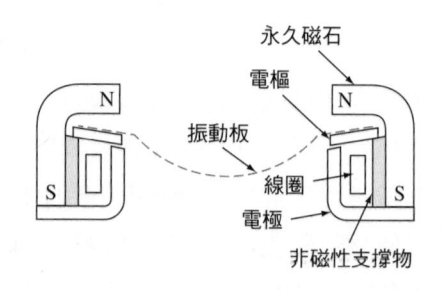

圖 16.31 電話接收器使用延性的永久磁石 Fe-Cr-Co 合金。U 型電話接收器的剖面圖顯示了永久磁石的位置。

(Source: S. Jin et al., *IEEE Trans. Magn.*, 17:2935(1981).)

Fe-Cr-Co 合金在工程應用上特別重要，因為它們的冷作加工延性容許在室溫下高速成型。現代電話接收器內的永久磁石就是這種冷作可變形的永久磁石合金的實用範例 (圖 16.31)。

■ 16.10　鐵氧磁體 Ferrites

　　鐵氧磁體是一種磁性陶瓷材料，混合了粉末狀鐵氧化物 (Fe_2O_3)、其他氧化物及碳酸鹽等粉狀物後，擠壓成型再高溫燒結而成。有時候，還需要切削加工才能得到想要的外形。鐵氧磁體產生的磁化強度夠大，具有商業價值，但它們的磁化飽和程度並不如鐵磁材料。鐵氧磁體的磁域組織及磁滯迴路與鐵磁材料相似。與鐵磁材料一樣，鐵氧磁體也可分為鐵氧軟磁體與鐵氧硬磁體。

16.10.1 鐵氧軟磁體

鐵氧軟磁體 (soft ferrite) 顯現出亞鐵磁性行為。鐵氧軟磁體內有淨磁矩，因為材料中有兩組方向相反的未成對內層電子的自旋偶極矩，兩者無法相互抵消 (圖 16.8c)。

立方鐵氧軟磁體的成分與結構　大部分的立方鐵氧軟磁體組成為 MO・Fe_2O_3，其中 M 是二價金屬離子，像是 Fe^{2+}、Mn^{2+}、Ni^{2+} 或 Zn^{2+} 等。鐵氧軟磁體的結構是基於一種由礦物尖晶石 (MgO・Al_2O_3) 結構變異後的反尖晶石結構。尖晶石和反尖晶石結構都含有八個次晶胞，如圖 16.32a 所示。每個次晶胞包含一個 MO・Fe_2O_3 分子，而每個分子有 7 個離子，因此每個單位晶胞內共有 7 × 8 = 56 (個離子)。每個次單位晶胞有由 MO・Fe_2O_3 分子的 4 個離子所組成的 FCC 晶體結構 (圖 16.32b)。極小的 M^{2+} 與 Fe^{3+} 金屬離子 (半徑約 0.07 ~ 0.08 nm)，占據較大氧離子 (半徑 ≈ 0.14 nm) 間的格隙型空間。

如以前所討論的，FCC 單位晶胞中有等量 4 個八面體格隙型位置與 8 個四面體格隙型位置。正常尖晶石結構中，八面體格隙位置只被占據一半，所以一個單位晶胞內只有 $\frac{1}{2}$ (8 個次晶胞 × 4 個位置 / 次晶胞) = 16 個八面體格隙位置被占據 (表 16.6)。正常尖晶石結構中，一單位晶胞內有 8 × 8 (四面體格隙位置 / 次晶胞) = 64 個位置 / 單位晶胞，但其中只有 $\frac{1}{8}$ 被占據，所以一單位晶胞內只有 8 個四面體格隙位置被占據 (表 16.6)。

正常尖晶石結構 (normal spinel structure) 單位晶胞有 8 個 MO・Fe_2O_3 分子，其中 8 個 M^{2+} 離子占據了 8 個四面體格隙位置，而 16 個 Fe^{3+} 離子占據 16 個八面體格隙位置。但**反尖晶石結構** (inverse spinel structure) 則不然：8 個 M^{2+} 離子占據 8 個八面體格隙位置，而 16 個 Fe^{3+} 離子中，其中 8 個占據八面體格隙位置，另外

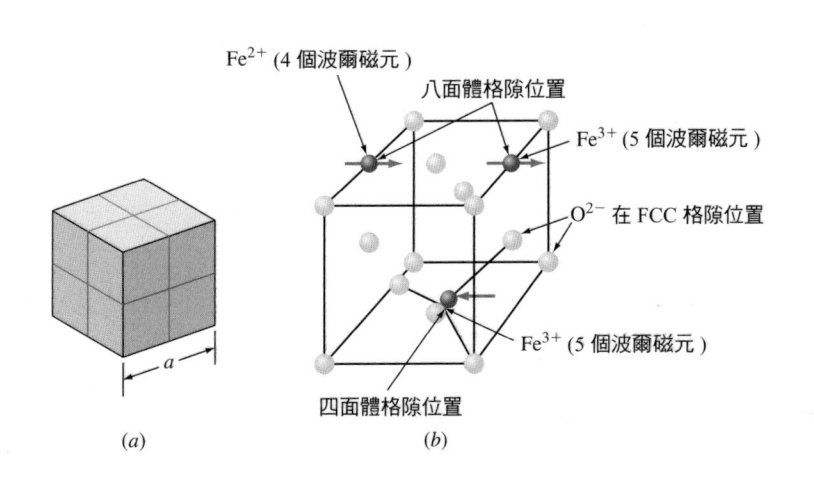

圖 16.32　(a) MO・Fe_2O_3 型鐵氧軟磁體的單位晶胞，由 8 個次晶胞所組成；(b) FeO・Fe_2O_3 鐵氧磁體的次晶胞。在外加磁場的作用下，八面體間隙離子的磁矩方向 (順著磁場方向) 和四面體間隙離子的磁矩方向相反，所以次晶胞內有淨磁矩，也因此材料也有淨磁矩。

表 16.6　金屬離子在組成為 MO·Fe$_2$O$_3$ 的尖晶石鐵氧磁體單位晶胞內的排列

格隙型位置	格隙數	被占據數	正常尖晶石	反尖晶石
四面體	64	8	8 Me^{2+}	8Fe^{3+} ←
八面體	32	16	16 Fe^{3+}	8Fe^{3+} →、8Me^{2+} →

8 個占據四面體格隙位置 (表 16.6)。

反向尖晶石鐵氧體中的淨磁矩　為了確定每個 MO·Fe$_2$O$_3$ 鐵氧體分子的淨磁矩，我們必須知道鐵氧體離子的 3d 內電子結構。圖 16.33 給出了這些資訊。當 Fe 原子被離子化而形成 Fe^{2+} 離子時，在失去兩個 4s 電子之後剩下四個未配對的 3d 電子。當 Fe 原子被離子化而形成 Fe^{3+} 離子時，在失去兩個 4s 和一個 3d 電子之後剩下五個未配對的電子。

由於每個未配對的 3d 電子具有一個波爾磁子的磁矩，因此 Fe^{2+} 離子具有四個波爾磁子的磁矩，而 Fe^{3+} 離子具有五個波爾磁子的磁矩。在施加的磁場中，八面體和四面體離子的磁矩彼此相對 (圖 16.32b)。因此，在 FeO·Fe$_2$O$_3$ 鐵氧體的情況下，八面體位置中的八個 Fe^{3+} 離子的磁矩將抵銷四面體位置中的八個 Fe^{3+} 離子的磁矩。因此，這種鐵氧體的總磁矩將歸因於位於 8 個八面體位置的 8 個 Fe^{2+} 離子，其中每個具有 4 個波爾磁子的磁矩 (表 16.7)。基於 Fe^{2+} 離子的波爾磁子強度，在例題 16.5 中計算 FeO·Fe$_2$O$_3$ 鐵氧體的磁飽和的理論值。

鐵、鈷和鎳鐵氧磁體都具有反尖晶石結構，並且由於其離子結構的淨磁矩，所有都是亞鐵磁性的。工業軟鐵氧磁體通常由鐵氧體混合物組成，因為可以由鐵

離子	電子數目	3d 軌道上的電子組態	離子磁矩 (波爾磁元)
Fe^{3+}	23	↑ ↑ ↑ ↑ ↑	5
Mn^{2+}	23	↑ ↑ ↑ ↑ ↑	5
Fe^{2+}	24	↑↓ ↑ ↑ ↑ ↑	4
Co^{2+}	25	↑↓ ↑↓ ↑ ↑ ↑	3
Ni^{2+}	26	↑↓ ↑↓ ↑↓ ↑ ↑	2
Cu^{2+}	27	↑↓ ↑↓ ↑↓ ↑↓ ↑	1
Zn^{2+}	28	↑↓ ↑↓ ↑↓ ↑↓ ↑↓	0

圖 16.33　一些 3d 過渡元素離子的電子組態和離子磁矩。

表 16.7 正與反尖晶石鐵氧體中每分子的離子排列和淨磁矩

鐵氧磁體	結構	占據四面體位置的離子	占據八面體位置的原子		淨磁矩 (μ_s / 分子)
FeO·Fe$_2$O$_3$	反尖晶石	Fe^{3+} 5 ←	Fe^{2+} 4 →	Fe^{3+} 5 →	4
ZnO·Fe$_2$O$_3$	正常尖晶石	Zn^{2+} 0	Fe^{3+} 5 ←	Fe^{3+} 5 →	0

氧體混合物獲得提升的飽和磁化強度。兩種最常見的工業鐵氧體是鎳 - 鋅 - 鐵氧體 (Ni$_{1-x}$Zn$_x$Fe$_{2-y}$O$_4$) 和錳 - 鋅 - 鐵氧體 (Mn$_{1-x}$Zn$_x$Fe$_{2+y}$O$_4$)。

■ 例題 16.5 •

請估算 FeO·Fe$_2$O$_3$ 鐵氧磁體之飽和磁化 M(A/m) 理論值與飽和磁感應 B_s(T) 值。估算 B_s 值時，忽略 $\mu_0 H$ 項。FeO·Fe$_2$O$_3$ 單位晶胞的晶格常數是 0.839 nm。

解

FeO·Fe$_2$O$_3$ 分子之磁矩來源完全是因 Fe^{2+} 離子的 4 個波爾磁子，因為 Fe^{3+} 離子之未成對電子已彼此抵銷掉。因一個單位晶胞內有 8 個 FeO·Fe$_2$O$_3$ 分子，故一單位晶胞淨磁矩為

(4 個波爾磁子 / 次晶胞)(8 個波爾磁子 / 單位晶胞)= 32 個波爾磁子 / 單位晶胞

故
$$M = \left[\frac{32 \text{ 個波爾磁子 / 單位晶胞}}{(8.39 \times 10^{-10} \text{ m})^3 / \text{單位晶胞}}\right]\left(\frac{9.27 \times 10^{-24} \text{ A} \cdot \text{m}^2}{\text{每個波爾磁子}}\right)$$
$$= 5.0 \times 10^5 \text{ A/m} \blacktriangleleft$$

若所有磁矩排列方向相同且忽略 H 項，飽和磁感應 $B_s \approx \mu_0 M$，則

$$B_s \approx \mu_0 M \approx \left(\frac{4\pi \times 10^{-7} \text{ T} \cdot \text{m}}{\text{A}}\right)\left(\frac{5.0 \times 10^5 \text{ A}}{\text{m}}\right)$$
$$= 3.96 \text{ T} \blacktriangleleft$$

鐵氧軟磁體的性質與應用

磁性材料之渦電流損耗 鐵氧軟磁體是重要的磁性材料，因為除了有磁性外，它們也是電阻率高的絕緣體。高電阻率在高頻率的磁性應用上非常重要，因為若磁性材料具有導電性，在高頻率下的渦電流能量損耗會非常大。渦電流來自感應電壓梯度，所以頻率愈高，渦電流增加也會愈大。由於鐵氧軟磁是絕緣體，因此適合磁性應用，像是高頻率操作的變壓器磁心。

鐵氧軟磁體的應用 鐵氧軟磁體最重要的應用包含微弱訊號、記憶磁心、視聽器材與錄影(音)磁頭。訊號微弱時，鐵氧軟磁用作變壓器與低能量感應器。大量的鐵氧軟磁是用在偏向軛磁心、返馳變壓器與電視接收器之聚焦線圈。

多種磁帶的錄製磁頭使用 Mn-Zn 和 Ni-Zn 尖晶石鐵氧磁體。由於合金磁頭會有高渦電流損耗現象，因此錄製磁頭作業所需要的頻率 (100 kHz ~ 2.5 GHz) 對金屬合金磁頭而言太高，所以會使用多晶 Ni-Zn 鐵氧磁體。

有些電腦上會使用以 0 與 1 二位元邏輯為基礎的記憶磁心。若要斷電時不流失所記憶的資訊，磁心就很重要。由於磁心記憶體沒有可移動的零件，所以適用於高耐衝擊性應用，例如某些軍事用途。

16.10.2　鐵氧硬磁

經常被用來作為永久磁石的一群**鐵氧硬磁** (hard ferrite) 的一般化學式為 MO・6Fe$_2$O$_3$，且為六方晶結構。其中最重要的是鋇鐵氧磁體 (BaO・6Fe$_2$O$_3$)，由飛利浦公司在 1952 年以 Ferroxdure (長效磁石) 為商品名引入荷蘭。近幾年來，鋇鐵氧磁體以逐漸被磁性更好的鍶鐵氧磁體 (strontium ferrite) 所取代，其一般化學式為 SrO・6Fe$_2$O$_3$。這些鐵氧磁體和鐵氧軟磁的製程幾乎相同，也就是在外加磁場下進行濕壓，使得顆粒的易磁化方向軸與外加磁場方向排列一致。

六方晶鐵氧磁體的成本低、密度小、矯頑磁力強，如圖 16.24 所示。材料的磁性強度來自其高磁晶異向性，它們的磁化咸信是源自磁壁的成核及運動，因為它的晶粒太大，不可能有單一磁域行為。它們的 $(BH)_{max}$ 能量積範圍由 14 到 28 kJ/m^3 不等。

這些鐵氧硬磁陶瓷永久磁石廣泛地應用在發電機、繼電器及馬達中。電子應用包括喇叭、電話鈴聲裝置與接收器。它們也可用於關門持續裝置、密封裝置及門鎖等裝置及許多玩具設計。

16.11　總結 Summary

磁性材料是用於許多工程設計的重要工業材料。大多數工業磁性材料是鐵磁性或亞鐵磁性的，並且顯示出大的磁化。最重要的鐵磁材料基於 Fe、Co 和 Ni 的合金。最近，一些鐵磁合金已經用一些稀土元素 (如 Sm) 製成。在諸如 Fe 的鐵磁材料中，存在稱為磁域的區域，其中原子磁偶極矩彼此平行排列。鐵磁性材料中的磁域結構由以下最小化的能量決定：交換能、靜磁能、磁晶異向性能、磁壁能和磁致伸縮能。當樣品中的鐵磁域處於隨機取向時，樣品處於去磁狀態。當磁場施加到鐵磁材料樣品時，樣品中的磁域對齊；當磁場被移除時，材料仍被磁化並保持一定程度的磁化。透過感應磁場與外加場所記錄下來的鐵磁材料的磁化行為稱為磁滯迴線。當去磁的鐵磁材料被施加磁場 H 而被磁化時，其感應磁場 B 最終達到稱為飽和感應 B_s 的飽和水平。當去除施加的場時，感應磁場降低到稱為剩餘感應磁化強度 B_r 的值。將磁化的鐵磁樣品的感應磁場降低到零所需的去磁場強度稱為矯頑磁力 H_c。

軟磁材料是易於磁化和去磁的材料。軟磁材料的重要磁性是高磁導率，高飽和感應磁場和低矯頑磁力。當軟鐵磁材料被反覆磁化和去磁時，會發生磁滯和渦流能量損失。軟鐵磁材料的實例包括用於電動機和電力變壓器和發電機的 Fe-3%～4% Si 合金和主要用於高靈敏度通信設備的 Ni-20%～50% Fe 合金。

硬磁材料是難以磁化的材料，並且在去除磁化磁場之後仍然具有高度的磁化。硬磁材料的重要特性是高矯頑磁力和高飽和感應磁場。硬磁材料的功率是透過其最大能量積來測量，該最大能量積是由 B-H 磁滯迴線中去磁象限裡的 B 和 H 的最大值乘積來得到。硬磁材料的實例是鋁鎳鈷合金，其用於許多電氣應用的永磁體，以及一些基於 $SmCo_5$ 和 $Sm(Co, Cu)_{7.5}$ 組合物的稀土合金。稀土鋁合金用於小型電動機和其他需要極高能量產品磁性材料的應用。

作為陶瓷化合物的鐵氧體是另一種工業上重要的磁性材料。由於它們的離子結構產生的淨磁矩，這些材料是亞鐵磁性的。大多數軟磁鐵氧體具有基本組成 $MO \cdot Fe_2O_3$，其中 M 是二價離子，例如 Fe^{2+}、Mn^{2+} 和 Ni^{2+}。這些材料具有反尖晶石結構，用於低信號、儲存核心、視聽和記錄磁頭應用。由於這些材料是絕緣體，因此它們可用於高頻應用，其中渦電流是有關交變場的問題。具有通式 $MO \cdot 6Fe_2O_3$ 的磁性硬鐵氧體，其中 M 通常是 Ba 或 Sr 離子，用於需要低成本、低密度永磁材料的應用。這些材料用於揚聲器、電話鈴聲器和接收器，以及用於門、密封和門鎖的保持裝置。

16.12　名詞解釋 Definitions

16.2 節

- **鐵磁材料** (ferromagnetic material)：能被高度磁化的材料，鐵、鈷、鎳元素是鐵磁材料。
- **磁場** (magnetic field, H)：外加磁場，或電流通過導線或螺線管所產生的磁場。
- **磁化強度** (magnetization, M)：材料置於強度 H 的磁場內，所增加的磁通量。在 SI 制中，磁化強度等於真空磁導率 (μ_0) 乘以磁化強度，即 $\mu_0 M$ ($\mu_0 = 4\pi \times 10^{-4}$ T·m/A)。

- **感應磁場** (magnetic induction, B)：將材料插入外加磁場後，外加磁場與磁化強度的和。使用 SI 制，$B = \mu_0(H + M)$。
- **磁導率** (magnetic permeability, μ)：感應磁場 B 與外加磁場 H 之比值；$\mu = B/H$。
- **相對磁導率** (relative permeability, μ_r)：材料的磁導率與真空磁導率之比值；$\mu_r = \mu/\mu_0$。
- **磁化率** (magnetic susceptibility, χ_m)：磁化強度 M 與外加磁場 H 之比值；$\chi_m = M/H$。

16.3 節
- **反磁性** (diamagnetism)：材料受外加磁場作用，有一微弱反向磁場反應；反磁性材料具有很小的負磁化率。
- **順磁性** (paramagnetism)：材料受外加磁場作用，有一微弱同向磁場反應；順磁性材料具有很小的正磁化率。
- **鐵磁性** (ferromagnetism)：材料受外加磁場作用，感應出一很強的磁化磁場。當外加磁場移去後，鐵磁性材料仍保有大部分的磁化強度。
- **波爾磁子** (Bohr magneton)：由一個未配對的電子在鐵磁或亞鐵磁材料中產生的磁矩，沒有任何其他電子的相互作用；波爾磁子是一個基本單位。1 波爾磁子 $= 9.27 \times 10^{-24}$ A·m^2。
- **反鐵磁性** (antiferromagnetism)：材料受外加磁場作用，原子的磁偶極矩排列方向與外加磁場相反，因此沒有淨磁化強度。
- **亞鐵磁性** (ferrimagnetism)：材料受外加磁場作用，離子鍵結固體內不同的磁偶極矩排列方向呈反平行狀態，因此有淨磁矩。

16.4 節
- **居里溫度** (Curie temperature)：鐵磁材料由鐵磁性轉變為順磁性時的溫度。

16.5 節
- **磁域** (magnetic domain)：鐵磁材料或鐵氧磁性材料內的一個區域，該區域內所有磁偶極矩排列方向一致。

16.6 節
- **交換能** (exchange energy)：獨立磁偶矩偶合入單一磁域有關的能量，它可以是正值或負值。
- **靜磁能** (magnetostatic energy)：由於圍繞鐵磁材料樣品的外部磁場引起的磁位能。
- **磁晶異向性能** (magnetocrystalline anisotropy energy)：由於晶體各向異性，在鐵磁材料內的磁化期間，旋轉磁域所需的能量。例如，硬 [111] 磁化方向與 Fe 中的 [100] 易方向之間的磁化能差異約為 1.4×10^4 J/m^3。
- **磁致伸縮** (magnetostriction)：在外加磁場中，鐵磁材料的長度在磁化方向上的變化。
- **磁致伸縮能** (magnetostrictive energy)：因鐵磁材料的磁致伸縮而產生的機械應力能量。
- **磁域壁能** (domain wall energy)：與磁域之間的磁壁體積中，與磁偶極矩無序相關的位能。

16.7 節

- **磁滯迴路** (hysteresis loop)：由鐵磁性或鐵氧磁性材料的磁化與去磁化所描繪出來的 B 與 H 或 M 與 H 關係圖。
- **飽和感應磁化** (saturation induction, B_s)：鐵磁材料感應磁場 B_s 或磁化 M_s 的最大值。
- **殘留磁感應磁化** (remanent induction, B_r)：當 H 降至零時，鐵磁材料內的 B 或 M 值。
- **矯頑磁力** (coercive force, H_c)：要使鐵磁性或鐵氧磁性材料內的感應磁場降為零，所需要外加的磁場強度。

16.8 節

- **軟磁材料** (soft magnetic material)：具有高磁導率及低矯頑磁力的磁性材料。
- **磁滯能損耗** (hysteresis energy loss)：繞行磁滯曲線一次所損失的功或能量。大部分的能量消耗於移動磁域壁。
- **渦流能損耗** (eddy-current energy loss)：使用交流電時，磁性材料內出現感應電流，造成能量損失。
- **鐵-矽合金** (iron-silicon alloy)：Fe–3~4% Si 合金，是軟磁材料，具有高飽和感應磁場。這型合金常用於馬達、低頻率電力變壓器及發電機。
- **鎳鐵合金** (nickel-iron alloy)：高磁導率的軟磁合金，常用於需要高敏感度的電子儀器中，例如音頻及儀錶變壓器。兩種常見的基本成分是 50% Ni–50% Fe 及 79% Ni–21% Fe。

16.9 節

- **硬磁材料** (hard magnetic material)：具有高矯頑磁力及高飽和感應磁場的磁化材料。
- **最大能積** (maximum energy product, $(BH)_{max}$)：硬磁材料的去磁化曲線上 E 與 H 乘積的最大值。$(BH)_{max}$ 值的 SI 制單位是 J/m^3。
- **亞力可(鋁-鎳-鈷)合金** [alnico (aluminum-nickel-cobalt) alloy]：基本成分是 Al、Ni、Co 及大約 25%~50% Fe 的永磁合金族。這型合金中有部分添加少量的 Cu 及 Ti。
- **磁性退火** (magnetic anneal)：磁性材料在外加磁場的情形下進行熱處理，使析出物沿外加磁場方向排列。例如，亞力可合金的 α' 析出物在這種熱處理下，外形被拉長且朝磁場方向排列。
- **稀土合金** (rare earth alloy)：具有極高能積的一族永磁合金，其中最重要的兩種商用成分是 $SmCo_5$ 及 $Sm(Co, Cu)_{7.4}$。
- **鐵-鉻-鈷磁性合金** (iron-chromium-cobalt alloy)：含大約 30% Cr–10~23% Co，其餘為鐵的一族永磁合金，具有可在室溫下冷加工的優點。

16.10 節

- **鐵氧軟磁鐵** (soft ferrite)：具有共通化學式 $MO \cdot Fe_2O_3$ 的陶瓷化合物，此處 M 是二價離子，例如 Fe^{2+}、Mn^{2+}、Zn^{2+} 或 Ni^{2+}。這種材料具鐵氧磁性，是絕緣體，適用於高頻率變壓器磁心。

- **正常尖晶石結構** (normal spinal structure)：具有共通化學式 $MO \cdot M_2O_3$ 的陶瓷化合物結構。化合物的氧離子形成 FCC 晶格，而 M^{2+} 離子占據四面體格隙位置，M^{3+} 離子占據八面體格隙位置。
- **反尖晶石結構** (inverse spinal structure)：具有共通化學式 $MO \cdot M_2O_3$ 的陶瓷化合物結構。化合物的氧離子形成 FCC 晶格，而 M^{2+} 離子占據八面體格隙位置，M^{3+} 離子占據八面體及四面體格隙位置。
- **鐵氧硬磁** (hard ferrite)：陶瓷永磁材料，這種材料中最重要的一族具有共通化學式 $MO \cdot Fe_2O_3$，其中 M 是鋇 (Ba) 離子或鍶 (Sr) 離子。這種材料是六方晶體結構，成本與密度都低。

16.13　習題 Problems

知識及理解性問題

16.1 什麼原因導致鐵、鈷和鎳的鐵磁性？

16.2 雖然所有這些元素都有不成對的 $3d$ 電子，但 Fe、Co 和 Ni 是鐵磁性的，Cr 和 Mn 不是這樣的，這是什麼解釋？

16.3 什麼是居里溫度？

16.4 如何在光學顯微鏡中觀察鐵磁材料的磁域結構？

16.5 決定鐵磁材料磁域結構的五種能量是什麼？

16.6 定義磁域壁能量。鐵磁域壁的平均寬度 (以原子數量來表示) 是多少？

16.7 兩個能量決定了磁壁寬度？當磁壁加寬時，什麼能量將最小化？當磁壁變窄時，什麼能量最小化？

16.8 定義磁致伸縮和磁致伸縮能。鐵磁材料發生磁致伸縮的原因是什麼？

16.9 軟鐵磁材料具有什麼類型的磁滯迴線？

16.10 金屬玻璃在電力變壓器中有哪些優點？缺點是什麼？

16.11 將鎳鐵合金用於電子應用有哪些工程優勢？

16.12 哪種鎳鐵合金的成分對電子應用特別重要？

16.13 硬磁材料的最大能量積是多少？它是如何計算的？能量積的 SI 和 cgs 單位是多少？

16.14 兩種主要的稀土合金是什麼？

16.15 稀土磁性合金有哪些應用？

16.16 Fe-Cr-Co 磁性合金製造永磁合金零件的製造優勢是什麼？

16.17 對於什麼類型的應用，Fe-Cr-Co 合金特別適合？

16.18 立方軟磁鐵氧體的基本成分是什麼？

16.19 六方晶硬磁鐵氧體的基本組成是什麼？

應用及分析問題

16.20 假設所有 7 個未配對的 4f 電子對磁化有貢獻，計算純釓 (gadolinium) 在 16°C 以下的飽和磁化強度的理論值。(釓是 HCP，$a = 0.364$ nm，$c = 0.578$ nm)

16.21 鎳平均含有 0.604 個玻爾磁子 / 原子。什麼是飽和感應磁化強度？

16.22 藉由對鐵磁材料施加磁場產生磁化並導致磁域生長後，隨著施加電場的進一步顯著增加，磁域結構會發生什麼變化？

16.23 當能夠使樣品磁化至飽和的外加磁場被去除後，鐵磁材料中的磁域結構會發生什麼變化？

16.24 為鐵磁材料繪製磁滯 B-H 環並在其上指示 (a) 飽和感應磁化強度 B_s，(b) 剩餘感應磁化強度 B_r，和 (c) 矯頑磁力 H_c。

16.25 在磁化和去磁過程中，鐵磁材料樣品的磁域會發生什麼變化？

16.26 軟磁材料的理想磁性質是什麼？

16.27 什麼是磁滯能量損失？哪些因素會影響磁滯能量損失？

16.28 為什麼晶粒取向的鐵矽變壓器鋼板能夠提高變壓器鐵芯的效率？

16.29 要將完全磁化的 alnico 8 合金塊 (體積為 2 cm³)，需要消耗大約多少能量 (單位為千焦耳 / 立方公尺)？

16.30 $SmCo_5$ 磁性合金的矯頑力的基本機制是什麼？

16.31 最終陳化處理前的塑性變形如何影響析出顆粒的形狀和 Fe-Cr-Co 磁性合金的矯頑磁力？

綜合及評價問題

16.32 研究磁振造影 (MRI) 系統中使用的磁鐵類型。它們各自的優勢是什麼？將它們與地球的磁場進行比較。

16.33 研究磁鐵在磁振造影 (MRI) 系統中的作用。

16.34 磁振造影 (MRI) 系統操作員在進入裝有 MRI 的房間時，即使機器不工作，也要確保不要攜帶任何金屬物體。為什麼？

16.35 指出那些無法使用磁振造影 (MRI) 成像的對象。解釋你的答案。

CHAPTER 17
生物材料與生醫材料
Biological Materials and Biomaterials

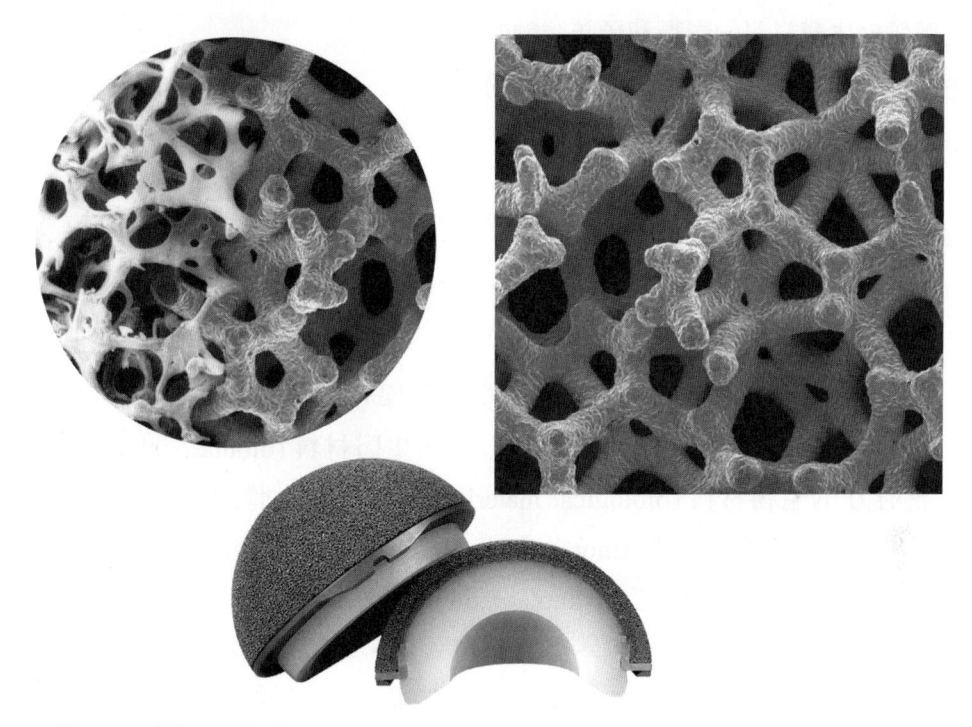

(Courtesy of Zimmer, Inc.)

　　多種生醫材料已經用於替代我們關節的一部分或表面。要將這些植入物成功地整合到我們的關節中，需要讓植入物表面和骨骼之間附著牢固。植入物表面通常塗有多孔材料，例如陶瓷，以允許骨小梁 (trabecular bone) 生長到表面，以實現穩定的附著。然而，這種塗層與骨頭相比，具有低孔隙率並且具有低摩擦特性，導致初始穩定性較低。新的多孔結構生醫材料已經開發出來以解決這些缺點。骨小梁金屬 (多孔鉭) 是一種生醫材料，可複製骨小梁的物理和機械特性。如在本章開頭照片中所見，該材料具有與骨小梁類似的微結構，並且有助於骨頭形成。這使組織能夠快速且廣泛地向內生長，並且將諸如髖部植入物的髖臼零件穩定地連接到骨骼。通常，這種生醫材料在沒有任何基質的情況下使用，並且可以用於製造複雜的植入物形狀。

> **學習目標**

到本章結束時，學生將能夠：

1. 定義和分類生物材料與生醫材料。
2. 描述生物材料的微觀結構和機械性能，包括骨骼和韌帶。
3. 了解生物材料與生醫材料的不同之處。
4. 描述可用於生物醫學應用的各種生醫材料的特徵。
5. 指出合適的生醫材料供幾種特定的組織置換品使用。
6. 描述腐蝕對生醫材料的影響和預防腐蝕的技術。
7. 描述磨損對生醫材料的影響和預防磨損的技術。
8. 了解組織工程的原理。

■ 17.1　序言 Introduction

生物化學 (biochemistry) 和生物物理學 (biophysics) 的領域名稱中的字首「bio」是指生物現象的研究。類似地，「**生醫材料** (biomaterials)」一詞應指天然存在的**生物材料** (biological materials)，如木材、骨頭和軟組織。然而，科學界普遍認為生醫材料 (biomaterial) 是指「一種系統上和藥理學上是惰性的物質，可以被設計用於植入 (implantation) 或併入 (incorporation) 活體系統中」。用於製造醫療器械的材料，如骨科植入物、牙科植入物、人造心臟瓣膜和關節置換物都是生醫材料的例子。另一方面，生物材料是由生物系統產生的材料，例如骨、韌帶和軟骨組織。

雖然生醫材料用於修復和替換我們體內的骨骼和非骨骼組織，但大多數生物醫學 (biomedical) 元件本質上是骨外科的。因此，了解這些骨骼組織的行為非常重要。因此，我們將首先探索與骨骼系統相關的一些生物材料的結構和力學。然後我們將研究生醫材料，如生物金屬和生物聚合物，用於典型的醫療應用。

無論科學有多進步，生醫材料都無法達到與生物材料相同的耐久性。這是因為生醫材料不能在磨損和撕裂後癒合。我們將詳細討論生醫材料的腐蝕和磨損，以及用於測量和預防它們的技術。最後將介紹組織工程，該組織工程涉及在人造環境中製造天然生醫材料。

17.2 生物材料：骨頭 Biological Materials: Bone

17.2.1 組成

骨頭人體的結構材料，是複雜的天然複合材料的一個例子。它由有機和無機材料的混合物所組成。無機成分包含了鈣和磷酸根離子，類似於具有成分 $Ca_5(PO_4)_3(OH)$ 的氫氧磷灰石 (hydroxyapatite, HA) 的合成晶體。氫氧磷灰石是板狀的，20～80 nm 長，2～5 nm 厚，並且具有六方晶系。由於每個 HA 單位晶胞具有兩個分子，因此通常表示為 $Ca_{10}(PO_4)_6(OH)_2$。這些無機礦物質使骨頭具有堅固和堅硬的一致性質，其占骨乾重的 60%～70%。骨頭的有機部分主要是稱為 I 型**膠原蛋白** (collagen) 的蛋白質和少量稱為脂質 (lipids) 的非膠原蛋白材料。膠原蛋白是纖維狀的、堅韌的、柔軟的以及非彈性的；它為骨頭提供了靈活性和彈性。膠原蛋白占骨乾重的 25%～30%。乾骨的剩餘重量是水的重量，約為 5%。對骨骼的描述與前面章節中討論的其他纖維複合材料的描述非常相似：兩種或多種材料的混合物具有顯著不同的成分和性質，產生具有其獨特性質的新材料。

17.2.2 巨觀結構

骨的微觀結構是複雜的，並且它包含微米和奈米尺度的成分。然而，骨的巨觀結構仍然值得討論，因為它也影響骨的機械性能。雖然體內不同的骨頭具有不同的性質和結構，但在巨觀層面上，所有骨頭的結構可分為兩種不同類型的骨組織：(1) 皮質 (cortical) 或緊緻 (compact) 骨和 (2) 疏鬆 (cancellous) 或小梁 (trabecular) 骨 (圖 17.1)。皮質骨是緻密的 (象牙狀)，包括骨骼的外部結構或皮質，如圖 17.2b 所示。骨的內部由疏鬆骨組成，疏鬆骨由薄板或小梁組成，結構為鬆散網狀和多孔，如圖 17.2a 所示。疏鬆骨區域的孔隙充滿紅色骨髓。根據其功能要求，各種骨頭具有不同的皮質骨結構與疏鬆骨結構的比例，因此它們的特性將是不同的。

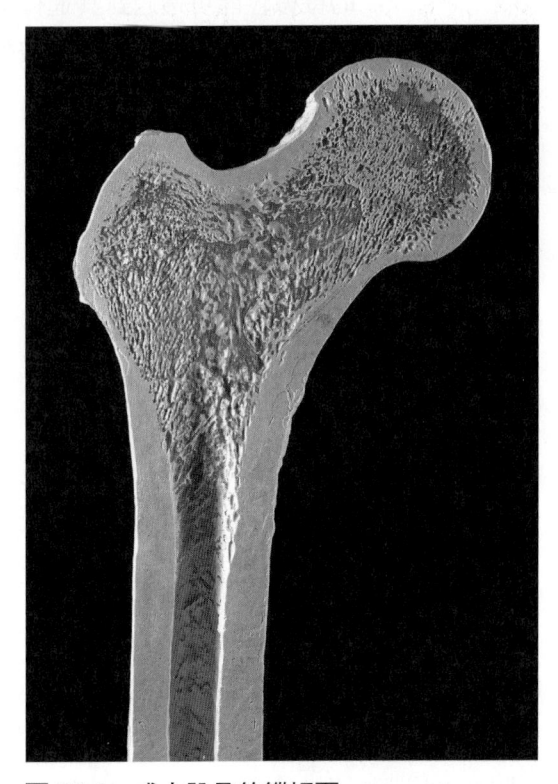

圖 17.1　成人股骨的縱切面。
(©Alfred Pasieka/Science Photo Library/ Getty Images)

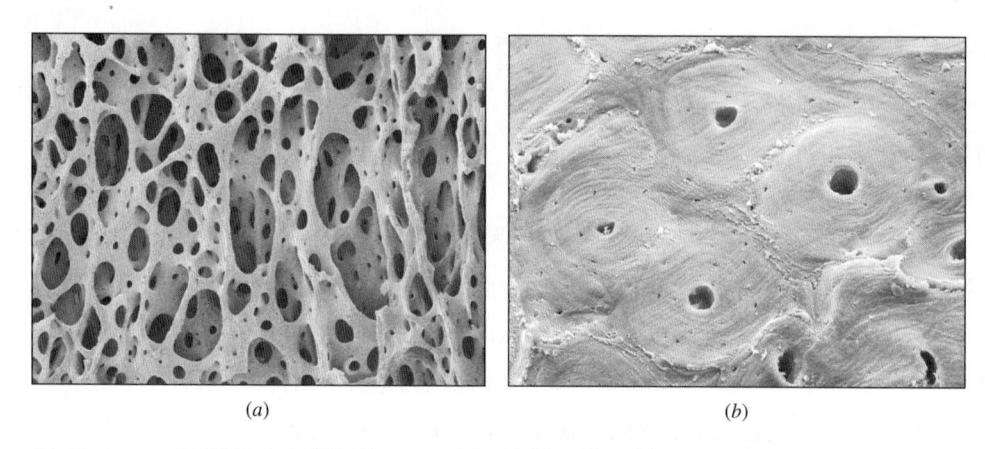

圖 17.2　(a) 疏鬆骨的顯微照片；(b) 人脛骨的皮質骨的 SEM 影像。
((a) ©Andrew Syred Science Source; (b) ©Susumu Nishinaga Science Source)

17.2.3　機械性質

骨頭是有機和無機材料所組成的兩相複合材料。與任何其他材料一樣，骨頭的機械性能可透過對其進行單軸拉伸試驗來確定。如同其他材料，骨頭的彈性範圍、降伏點、塑性區域和破裂點將出現在其相應的應力-應變曲線上。皮質骨和疏鬆骨具有完全不同的機械特性。皮質骨具有較高的密度，其比疏鬆骨還要堅固和硬，但其也更脆。當應變超過 2.0％時，它會形變和破裂。然而，疏鬆(小梁)骨的密度較小，在破裂前可承受 50％的應變，並且由於其多孔結構，它在壓裂前能夠吸收大量能量。圖 17.3 示出了兩種不同密度的皮質骨和疏鬆骨的典型應力-應變曲線。可以清楚地觀察到圖 17.3 中各種骨骼的彈性模數、降伏點、延展性、韌性和破壞強度的差異。

在與複合材料有關的章節中，已經討論了纖維增強複合材料的異向性。例如，已經說明過的碳纖維-環氧複合材料在縱向和橫向上的機械性能的差異。在骨骼中也能觀察到相同的異向性。當以人體股骨

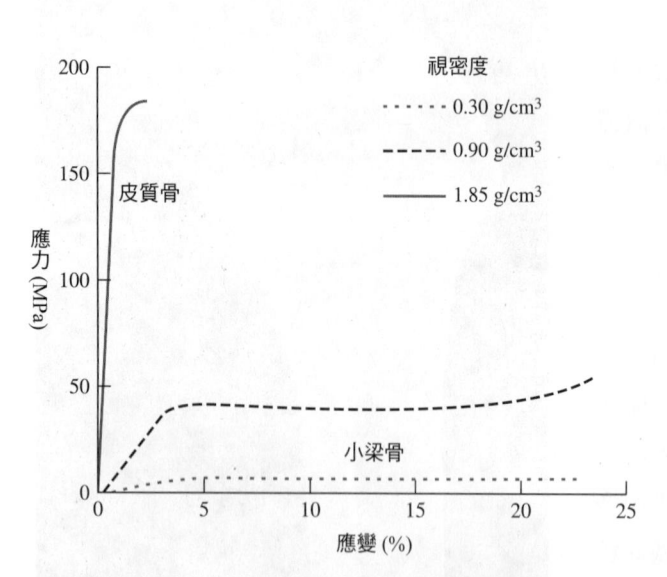

圖 17.3　皮質骨和疏鬆骨的應力-應變曲線。
(Source: Figure adopted from M. Nordin and V.H. Frankel, Basic *Biomechanics of the Musculoskeletal System*, 3rd ed., Lippincot, Williams, and Wilkins. However, the authors of the above source adopted the figure from Keavney, T.M., & Hayes. W.C. (1993) Mechanical properties of cortical & trabecular bone. Bone, 7, 285–344.)

幹中的皮質骨作為拉伸試驗樣品，並以不同方向解剖然後進行單軸測試時，其相對應的應力-應變曲線是完全不同的，如圖 17.4 所示。與縱軸 (L) 對齊的樣品能產生最高的剛度、強度和延展性，而橫向 (T) 於縱軸對齊的樣品則產生最低的彈性模數、強度和延展性。這樣的特性清楚地表明了骨骼的異向性。整體而言，在正常的日常活動中，各種骨骼在它們通常被加載受力的方向上是最強的和最堅硬的。值得注意的是，骨骼通常在壓縮方面比在拉伸方面強得多；例如，皮質骨的拉伸強度為 130 MPa，抗壓強度為 190 MPa。對處於拉伸和壓縮下的疏鬆骨也存在類似的特性。

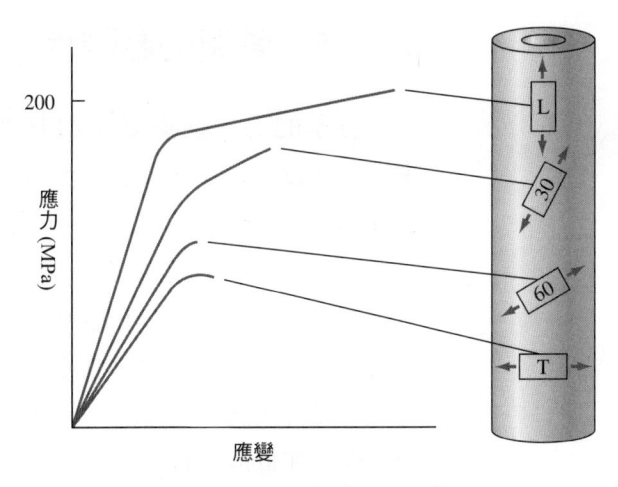

圖 17.4 具有各種取向的皮質骨樣品之應力-應變曲線，其顯示了骨的異向性之性質。

17.2.4 骨折的生物力學

在正常的日常活動中，人體骨骼支撐著各種負載，包括拉伸、壓縮、彎曲、扭轉、剪切和上述的組合。拉伸性骨折發生在高度疏鬆的骨頭中，例如與跟腱 (阿基里斯腱) 相鄰的骨骼。這是由於小腿肌肉可以施加大拉力在骨頭上。剪切性骨折也常見於高度疏鬆的骨頭中。壓縮負載導致的骨折主要發生在椎骨中，並且在患有骨質疏鬆症 (骨孔隙增加) 的老年患者中更常見。彎曲將導致骨中的壓縮和拉伸應力。大多數情況下，身體中的長骨，如股骨或脛骨，容易受到這種負載的影響。當滑雪者穿著靴子摔倒時，滑雪者容易受到這種類型的骨折 (「靴上」骨折 ("boot top" fracture))：脛骨的近身體端 (脛骨的頂部) 將向前彎曲；由於脛骨的遠身體端 (脛骨的底部) 的足部和腳踝都受限在靴子內，因而會經歷相同的運動模式；然後靠近靴子頂部處的脛骨破裂，因為該處的脛骨運動會受到靴子接觸性的阻擋 (三點彎曲)。由於骨頭在張力方面較弱，因此骨折都是始於股骨的張力側。扭轉引起的骨折也發生在人體的長骨中。這種骨折幾乎平行於骨的縱軸，並且相對於縱軸以 30 度角延伸。大多數的骨折是發生在組合的負載狀態下，其中可能存在上述兩種或更多種負載類型。

17.2.5 骨頭的黏彈性

骨頭的另一個重要生物力學行為在於其對負載速率 (loading rate) 或應變率 (strain rate) 的可變反應。例如，在正常行走期間，股骨的應變率經測量約為 0.001/s，而在慢跑期間的股骨應變率經測量約為 0.03/s。在受到創傷時，應變率可高達 1/s。在這些不同的負載速率條件下，骨頭的反應不同。隨著應變率的增加，骨骼變得更硬和更強 (在更高的負載下失效)。在整個所施加的應變率範圍內，皮質骨強度增加三倍，其彈性模數增加一倍。在非常高的應變率 (衝擊創傷) 下，骨頭也變得更脆。它還能夠在斷裂之前存儲更大量的能量。這是創傷中的一個重要問題：在低能量骨折中，能量在骨折中被消耗，周圍組織並不會經歷顯著的損傷。然而，在高能量骨折下，多出的能量會對周圍組織造成嚴重損害。骨的機械性能對應變率的關係稱為黏彈性 (viscoelasticity)。與其他材料比較起來，聚合物材料在相似的負載速率下也表現得具有黏彈性。

最後，骨骼也可能經歷疲勞性骨折。與其他材料一樣，當反覆施加負載時，會發生這種情況。這可能就是正在接受重量訓練的運動員的情況。在多次施加負載之後，肌肉會變得疲勞，結果骨骼要承載更大的負載。由於骨骼支撐的應力較高，在多次循環後，可能會發生疲勞性骨折。

17.2.6 骨頭重塑

在第 1 章中介紹了智慧型材料的概念。這些材料具有感測環境的刺激訊號並反饋反應的能力。骨頭就是複雜的生物智慧型材料的一個例子。骨骼能夠根據放置在其上的機械性裝置改變其尺寸、形狀和結構。由於升高的應力，骨骼獲得皮質骨或疏鬆骨質量的能力稱為**骨頭重塑** (bone remodeling)，被稱為**沃爾夫定律** (Wolff's law)。正是由於這個原因，身體活動減少的老年人和長時間在失重的空間環境中工作的太空人都會遭受骨質流失。低負載的適度運動被認為可以減少老齡人口中的骨質流失現象。

17.2.7 骨頭的複合模型

由於骨頭是複合材料，如果知道各個相的數量和性質，可以使用幾種複合材料模型來預測骨的力學行為。因此，等應變 (isostrain) 和等應力 (isostress) 模型 (在複合材料的章節中已經討論) 可用於預測皮質骨的彈性模數：

$$E_b = V_o E_o + V_m E_m \qquad (17.1)$$

$$\frac{1}{E_b} = \frac{V_o}{E_o} + \frac{V_m}{E_m} \qquad (17.2)$$

這裡，下標 b、o 和 m 分別指骨頭、有機和礦物。這裡的有機相是膠原蛋白，而礦物相是氫氧磷灰石。我們知道，等應變模型代表彈性模數的上限，而等應力模型代表下限。目前已經開發出使用等應變和等應力條件的組合模型，其可以表示為

$$\frac{1}{E_b} = x \cdot \left(\frac{1}{V_o E_o + V_m E_m} \right) + (1-x)\left(\frac{V_o}{E_o} + \frac{V_m}{E_m} \right) \qquad (17.3)$$

其中 x 表示根據等應力條件表現的材料比例。

■ 例題 17.1

方程式 (17.1) 和 (17.2) 中參數的通常數值如下：

$$E_o = 1.2 \times 10^3 \text{ MPa}$$
$$E_m = 1.14 \times 10^5 \text{ MPa}$$
$$V_o = V_m = 0.5$$

a. 找出骨頭彈性模數的上限和下限。
b. 如果骨頭的實驗彈性模數是 17 GPa，請找出表現遵循等應變模型的骨頭的比例。

解

a. 等應變模型：

$$\begin{aligned} E_b &= E_0 V_0 + E_m V_m \\ &= (0.5 \times 1.2 \times 10^3 \text{ MPa}) + (0.5 \times 114 \times 10^3 \text{ MPa}) \\ &= 57.6 \times 10^3 \text{ MPa } (57.6 \text{ GPa}) \end{aligned}$$

等應力模型：

$$\begin{aligned} \frac{1}{E_b} &= \frac{V_0}{E_0} + \frac{V_m}{E_m} \\ &= \left(\frac{0.5}{1.2} \times 10^3 \text{ MPa} \right) + \left(\frac{0.5}{114} \times 10^3 \text{ MPa} \right) \\ &= \frac{0.421}{(10^{-3} \text{ MPa})} \end{aligned}$$
$$E_b = 2.37 \times 10^3 \text{ MPa } (2.37 \text{ GPa})$$

彈性模數的上限為 57.6 GPa，下限為 2.37 GPa。

b. 將這些值和給定的 Eb 值 (17 GPa) 代入 (17.3) 式，

$$\frac{1}{E_b} = x\left(\frac{1}{E_o V_o + E_m V_m}\right) + (1-x)\left(\frac{V_o}{E_o} + \frac{V_m}{E_m}\right)$$

$$\frac{1}{(17 \times 10^3 \text{ MPa})} = x\left(\frac{1}{56.7} \times 10^3 \text{ MPa}\right) + (1-x)(2.37 \times 10^3 \text{ MPa})$$

求解 x，我們會發現 $x = 0.897$。這意味著，89.7% 的骨骼表現為根據等應變條件。

■ 17.3　生醫材料：肌腱和韌帶
Biological Materials: Tendons and Ligaments

17.3.1　巨觀結構和組成

肌腱 (tendons) 和**韌帶** (ligaments) 是我們的肌肉骨骼系統中的軟組織。肌腱是將肌肉連接到骨骼上插入部位的組織 (圖 17.5a)。韌帶是將一塊骨頭與另一塊骨頭連接起來的組織 (圖 17.5b)。這些組織的尺寸從幾公厘到幾公分不等。肌腱有助於將肌肉牽引產生的力量傳遞到骨骼。韌帶則是充當關節的被動穩定器。肌腱的功能性負載通常高於韌帶的功能性負載。這些組織是天然的複合材料。這些組織的總重量的大約 60% 是水。大約 80% 的組織乾重由膠原蛋白 (I 型) 組成。膠原蛋白是一種絲狀蛋白，占體內總蛋白質的約三分之一。

圖 17.5　(a) 將小腿肌肉連接到足跟骨的跟腱，和 (b) 將大腿骨與脛骨連接的前十字韌帶的巨觀視圖。

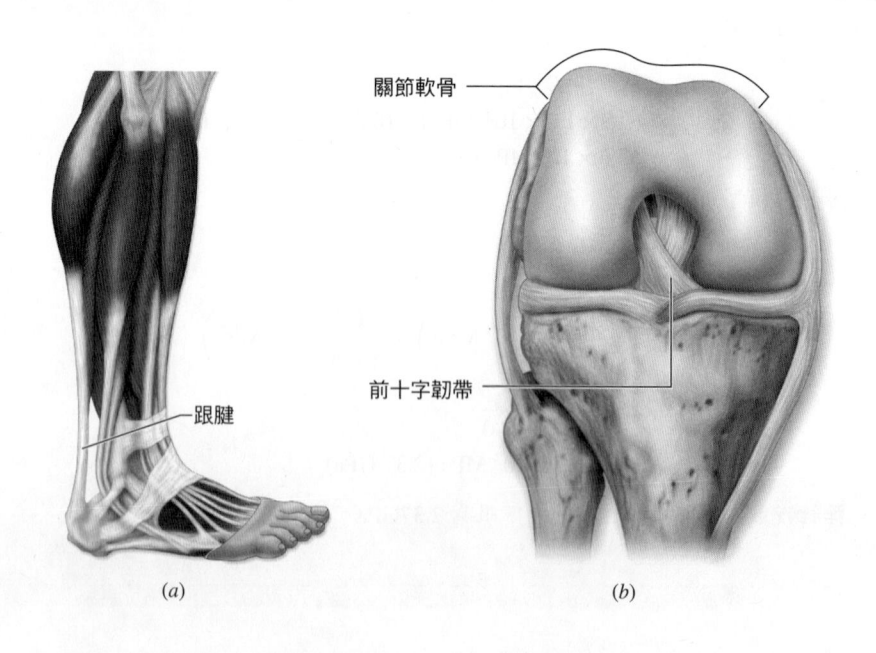

17.3.2 微觀結構

膠原蛋白分子由韌帶和肌腱內稱為**纖維母細胞** (fibroblasts) 的特殊細胞分泌。這些膠原蛋白分子以平行排列的方式聚集在**細胞外基質** (extracellular matrix) 中以形成微原纖維 (microfibrils)。不同微原纖維的膠原分子在交聯後形成**原纖維** (fibrils)(圖 17.6)。膠原原纖維是在韌帶和肌腱中主要承載負載的分子。這些原纖維通常沿著負載的方向排列，當它們卸除負載後，通常會捲曲 (圖 17.7)。幾個膠原原纖維的集合形成了束 (bundle)，這是這些軟組織的功能單元。

掃描式電子顯微鏡 (SEM) 和穿透式電子顯微鏡 (TEM) 技術可以用於檢查軟組織的微觀結構 (圖 17.7)。SEM 技術通常用於檢查原纖維的破壞和狀況，而 TEM 技術用於測量超微結構參數，如膠原原纖維直徑、原纖維密度和分布。為此目的，通常會使用切片機將組織切成非常薄的切片 (1～10 μm)。然後將切片在各個階段脫水並染色，然後在 TEM 下檢查它們。最新的圖像分析算法已開發出用於測量超微結構參數 (例如平均原纖維直徑) 的專用軟體。大多數軟組織中的膠原原纖維直徑範圍在 20～150nm 之間。

17.3.3 機械性能

由於膠原原纖維的捲曲性質，韌帶和肌腱的機械性能與金屬和骨骼的機械性能是明顯不同的。透過進行單軸拉伸實驗可以獲得這些組織的機械性能。由於

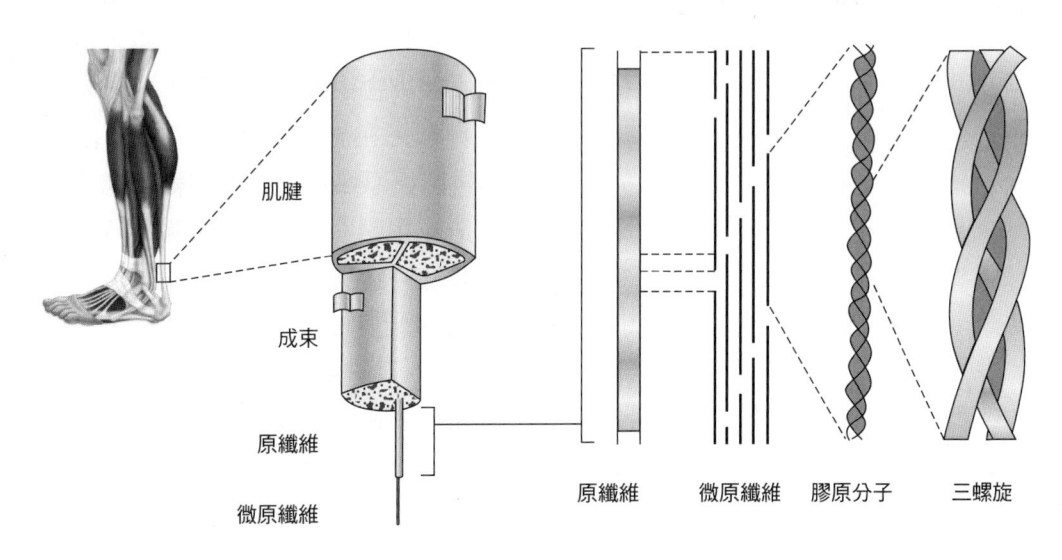

圖 17.6 膠原分子分層排列以形成韌帶和肌腱的功能單元之示意圖。

(Source: *Standard Handbook of Biomedical Engineering and Design*, Fig. 6.5, p. 66, McGraw-Hill)

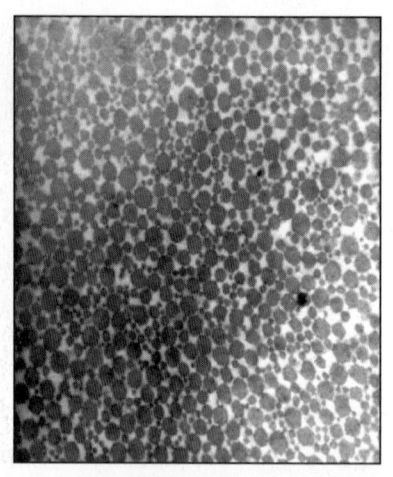

圖 17.7 韌帶和肌腱的微觀結構。(a) 前十字韌帶 (10,000×) 中膠原原纖維排列的穿透式電子顯微鏡相片。原纖維的波浪狀圖案是起源於在拍攝圖像時韌帶上的最小負載；(b) 前十字韌帶橫切面 (30,000×) 的穿透式電子顯微鏡相片。黑色形狀是膠原原纖維，而白色物質是細胞外基質的其餘部分。

((a) ©Steve Gschmeissner/Science Source; (b) ©Javad Hashemi)

這些組織上的功能性負載總是沿著軸向拉伸，因此任何其他方向的機械性能都不重要。

圖 17.8 顯示了肌腱的典型應力 - 應變曲線。可以看出，它有三個不同的區域。區域 1 和 3 是非線性的，而區域 2 是相對較為線性的。當組織被施加負載時，原纖維開始由捲曲解開。然而，由於並非所有的原纖維都是捲曲到相同程度，因此隨著負荷的增加，越來越多的原纖維會由捲曲而解開，並一起承受負載。在施加負載的初始階段期間，膠原原纖維的這種持續的補充量是造成在應力 - 應變曲線開始時發現的非線性區域 (區域 1) 的原因。這部分的曲線通常被稱為**腳趾區域** (toe-region)。一旦原纖維都伸張完成，所有原纖維參與並承受負載，並發生彈性變形。這使得在曲線的中間部分會產生相對線性的區域 (區域 2)。隨著負荷的進一步增加，單個原纖維達到其極限強度並開始失效。膠原原纖維依

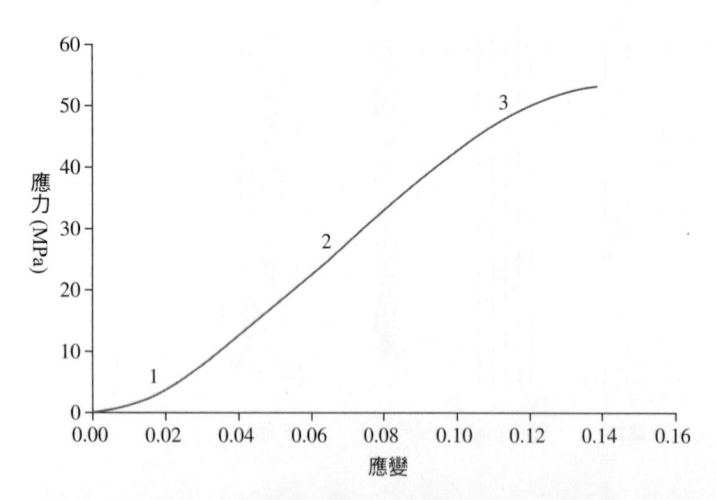

圖 17.8 膠原組織的典型應力 - 應變曲線，其顯示出了明顯的非線性 (區域 1 和 3) 和線性 (區域 2) 區域。

表 17.1　人體中幾種肌腱和韌帶的典型機械特性；數值表示為平均值 ± 標準偏差

組織	極限應力 (MPa)	極限應變	彈性模數 (MPa)
前交叉韌帶 (膝蓋)	22 ± 11	0.37 ± 0.12	105 ± 48
後交叉韌帶 (膝蓋)	27 ± 9	0.28 ± 0.09	109 ± 50
髕骨肌腱 (膝蓋)	61 ± 20	0.16 ± 0.03	565 ± 180
內側副韌帶 (膝蓋)	39 ± 5	0.17 ± 0.02	332 ± 58
跟腱 (腳跟)	79 ± 22	0.09 ± 0.02	819 ± 208
股四頭肌腱 (膝蓋)	38 ± 5	0.15 ± 0.04	304 ± 70
腰椎前縱韌帶 (脊柱)	27 ± 6	0.05 ± 0.02	759 ± 336

序的失效是造成曲線末端附近之非線性區域 (區域 3) 的原因。

傳統上對機械性能的定義，如極限強度和失效伸長率，對於這些組織依然保持不變。然而，彈性模數通常通過測量應力 - 應變曲線在其最線性區域 (區域 2) 的斜率來計算。表 17.1 顯示了人體中一些肌腱和韌帶的典型機械特性。

17.3.4　結構 - 性能關係

參考表 17.1，可以得知軟組織的機械性質之數值存在著可觀的變異量。當進行研究以確定它們的機械性能時，等於 50％平均值的標準差並不罕見。這是起源於能夠影響和控制韌帶和肌腱的機械性能的各種因素。組織中膠原蛋白的量，膠原原纖維密度和膠原交聯程度都直接影響膠原組織的機械性質。年齡等因素會減少組織內的膠原原纖維的數量。當每單位橫截面積的組織中膠原所占據的總面積減少，組織承受負載的能力降低，也降低了其極限強度。隨著每單位面積內的膠原原纖維數量的減少，組織的硬度降低，也降低了其彈性模數。其他因素，如性別和人的活動程度 (組織上的功能性負載)，也可影響韌帶和肌腱中的膠原原纖維的數量，從而影響其機械性能。圖 17.9 顯示了膠原量與人類**前十字韌帶** (anterior cruciate ligament, ACL) 的極限強度之間的經驗關係。

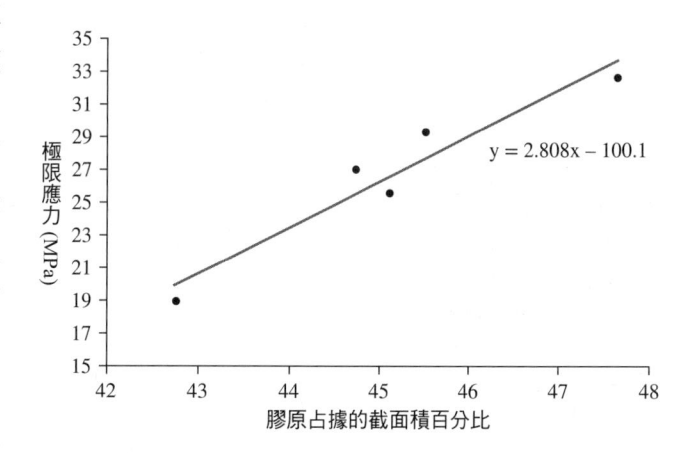

$y = 2.808x - 100.1$

圖 17.9　前十字韌帶 (ACL) 的極限拉伸強度與膠原占據的橫截面積百分比之間的經驗關係。回歸方程顯示在圖上。

17.3.5 構成模型和黏彈性

由於韌帶和肌腱中應力 - 應變關係的複雜性，很少有一個簡單的彈性參數 (如彈性模數) 就足以充分表達軟組織的彈性行為。為此，目前已經開發出了與應力和應變相關的複雜非線性構成模型 (constitutive models)。其中一個這樣的關係是

$$\sigma = C\epsilon e^{(a\epsilon + b\epsilon^2)} \tag{17.4}$$

其中 σ 代表工程應力，ϵ 代表工程應變。參數 C、a 和 b 是經驗參數。

如與金屬機械性質有關章節中所述，彈性區域內的金屬力學行為是線性的。如果我們對一塊金屬施加拉伸應力 σ，它會伸長。應變 ϵ 透過彈性模數 E 與施加的應力線性相關連起來。這種行為類似於線性彈簧的行為。因此，金屬的彈性行為可以使用線性彈簧來建構。虎克定律和一個專門的構成方程式，如方程式 17.4，僅能表示韌帶和肌腱的準靜態行為，因為這些組織是具有高度黏彈性的。它們的機械性能取決於它們的加載速率。隨著加載速率的增加，它們的彈性模數和極限強度也會增加 (圖 17.10a)。然而，彈性彈簧不能模仿黏彈性材料的這種與速率有關的機械性能。因此會使用牛頓黏性緩衝器與線性彈簧結合一起使用，以模擬黏彈性行為。根據彈簧和緩衝器的連接方式，目前有幾種黏彈性模型。標準線性實體模型如圖 17.10b 所示。在該模型中，彈簧和緩衝器並聯連接，並且此並聯組件與第二個彈簧串聯在一起。

圖 17.10b 中所示的標準線性實體模型的應力 - 應變行為可以表示為

$$\dot{\sigma} + \frac{1}{\mu}[E_1 + E_2]\sigma = E_1\dot{\epsilon} + \frac{E_1 E_2}{\mu}\dot{\epsilon} \tag{17.5}$$

圖 17.10 (a) 在兩種不同應變率下，軟組織的應力 - 應變行為的示意圖；(b) 標準線性實體模型，用於模擬黏彈性組織的應力 - 應變響應。

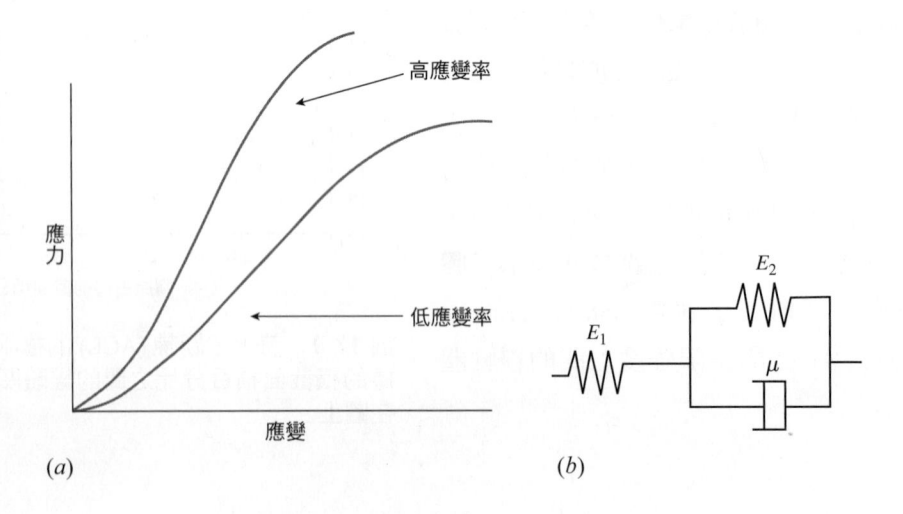

其中 E 是彈性模量 (N/m²)、μ 是黏滯度係數 (Ns/m²)，以及 ($\dot{\sigma}$) 和 ($\dot{\epsilon}$) 是應力和應變隨時間的變化率。(17.5) 式可用於求出在等應變率 C 下受到拉伸應力的黏彈性材料的應力 - 應變響應。應用初始條件 [時間 $t = 0$ 時的 $\sigma(t)$ 和 $\epsilon(t)$ 均為零]，

$$\sigma(t) = C\left[\frac{aE_1 - b}{a^2}\right](1 - e^{\frac{-t}{\tau_1}}) + \frac{b}{a}Ct \tag{17.6}$$

其中

$$a = \frac{1}{\tau_2} = \frac{E_1 + E_2}{\mu}$$

$$b = \frac{E_1 E_2}{\mu}$$

軟組織還表現出兩種其他重要行為，即潛變和應力鬆弛。如果組織上的拉伸負載保持恆定，則組織隨時間伸長。另一方面，具有恆定應變之組織中的應力會隨著時間而降低。組織潛變和應力鬆弛都是由於膠原纖維隨時間逐漸地補充而產生的。由於原纖維會持續的解開捲曲，即額外的原纖維將在負載下解開捲曲，因此增加了組織的長度。當它保持恆定伸長量時，這將導致組織應力的降低。此外，組織內的水含量也在黏彈性行為中扮演重要作用。

在具有恆定應力 σ 下的標準線性固體中的潛變表示為

$$\epsilon(t) = \left\{\frac{1}{E_1} + \frac{1}{E_2}\left(1 + e^{\frac{-t}{\tau_1}}\right)\right\}\sigma \tag{17.7}$$

其中

$$\tau_1 = \mu/E_2$$

在具有恆定應變 ϵ 下的標準線性固體中的應力鬆弛表示為

$$\sigma(t) = \left\{\frac{E_1 E_2}{E_1 + E_2}\left[1 + \frac{E_1}{E_2}e^{\frac{-t}{\tau_2}}\right]\right\}\epsilon \tag{17.8}$$

其中

$$\tau_2 = \mu/(E_1 + E_2)$$

在方程式 (17.7) 和 (17.8) 中，括號內的表達式分別稱為潛變和應力鬆弛函數。

組織的潛變和應力鬆弛行為，以及它們天生能適應所施加負載的能力，使得它們在臨床應用中得以使用。例如，透過使用特殊醫療設備對骨骼施加恆定負載，可以糾正骨頭畸形。另一個例子是運動員進行的伸展運動。利用伸展運動可

以增加關節的靈活性，減少運動期間受傷的機會。然而，這些性質也可能在臨床應用中產生不希望的結果。例如，當前十字韌帶 (ACL) 受傷時，可以使用**髕韌帶** (patellar ligament) 移植物重建撕裂的 ACL。由於潛變和應力鬆弛，該移植物將隨著時間而失去其張力。這種張力的損失改變了膝關節中的接觸應力，導致膝蓋退化。

17.3.6 韌帶和肌腱損傷

韌帶和肌腱的撕裂是常見的，尤其是那些活躍於運動的人。當關節的肌肉，視為一種關節活動的穩定器，在適當的時間不能收縮時，韌帶就要承受外力的衝擊，有時就會撕裂。例如，當一個人從跳躍著地時，如果膝蓋周圍的肌肉在著陸期間沒有以適當的力收縮，則來自地面的反作用力可導致脛骨相對於大腿骨的過度向前平移。這可能導致前十字韌帶撕裂。當肌肉為了抵抗外力而產生侵略性收縮，就有機會發生肌腱損傷。例如，如果滑雪板選手在轉彎期間使用手臂試圖避免跌倒，則連接肱二頭肌與前臂的肌腱就有機會發生肌腱損傷。組織中的微觀撕裂經常在日常活動中發生，但通常它們會隨著時間而癒合，並且韌帶將重塑以承受這樣的負載。當肌腱的損傷癒合了以後，由於周圍存在**滑液** (synovial fluid)，韌帶撕裂並不會癒合。通常使用移植物來替換撕裂的韌帶來治療韌帶撕裂。

■ 例題 17.2 ·

對於髕腱，(17.4) 式 (其中應力以 MPa 計算) 中的 C、a 和 b 的值分別為 142、20 和 −90。如果失效應變為 15%，求出組織的極限拉伸強度。也找到它的彈性模數。(注意：在軟組織測試中，通常假設失敗發生在最大應力點，而不是在完全撕裂組織處)。

■ 解

將 (17.4) 式中的失效應變值 C、a 和 b 代入，得到

$$\sigma = C\epsilon e^{(a\epsilon + b\epsilon^2)}$$
$$= 142 \cdot 0.15 \cdot e^{(20 \cdot 0.15 + (-90) \cdot 0.15^2)} = 56.5 \text{ MPa}$$

使用 (17.3) 式計算在 0～0.15 的幾個應變值下的應力值，我們得到以下曲線 (圖 EP17.2a)。

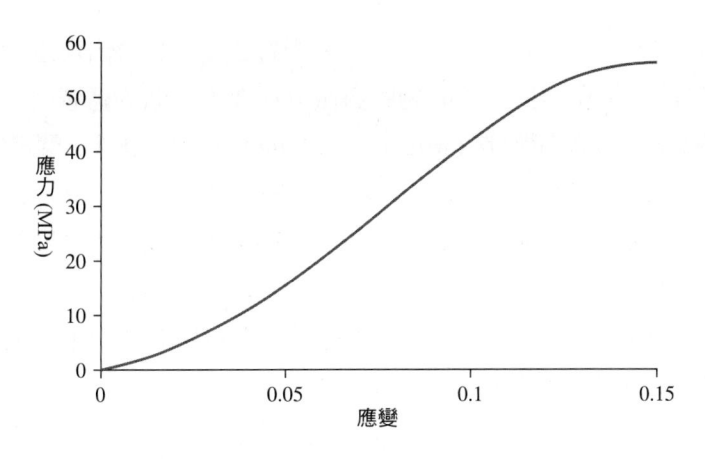

圖 EP17.2a 髕腱的應力-應變曲線。

在圖 EP17.2b 中僅繪製了曲線的線性部分 (圖 EP17.2a 中的應變值 0.05 和 0.12 之間)。可以擬合曲線的線性回歸線，然後找到該線的方程。該線的斜率即表示彈性模數。

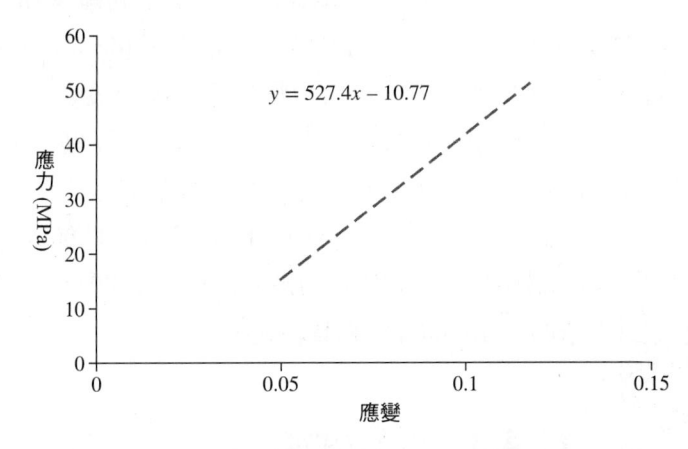

$y = 527.4x - 10.77$

圖 EP17.2b 圖 EP17.2a 的應力-應變曲線中的線性部分。虛線顯示了該部分以最小平方法擬合的結果，回歸方程式也呈現出來。

根據圖 EP17.2b，彈性模量為 527 MPa。

■ 17.4 生醫材料：關節軟骨 Biological Material: Articular Cartilage

17.4.1 組成和巨觀結構

人體經常承受很大的負載。我們的許多關節都具有很高的運動性。作為工程師的我們都知道，只要兩個零件之間存在著相對運動，就會出現摩擦和磨損。為了最小化關節的磨損和摩擦，並能夠將負載分布在大範圍的區域內，骨頭的關節端覆蓋有一種稱之為關節軟骨 (articular cartilage) 的特殊組織。關節軟骨是無血管的，即沒有任何血液供應或神經。組織看起來為淺白色，1～6 mm 厚，並且符合兩端關節的形狀。關節軟骨由多孔基質、水和離子組成。水占關節軟骨濕重約 70%～90%。約 10%～20%的濕重是 II 型膠原蛋白。大約 4%～7%的濕重由稱為**蛋白聚醣** (proteoglycans) 的複雜大分子組成。在有水的狀況下，蛋白聚醣能將 COO^- 和 SO_3^- 離子引入軟骨中。

17.4.2 微觀結構

觀察軟骨在厚度上的分布，可以得知軟骨由四個區域組成。靠近關節表面，膠原纖維的走向是與關節表面相切的。在表面下方是中間區域 (middle zone)，其中的膠原原纖維是隨機排列的。中間區域下方是深區 (deep zone)，其中膠原原纖維最厚並且朝向徑向排列。膠原蛋白含量在切向區域最高，其中蛋白聚醣含量最低。在深區，蛋白聚醣含量最高，而含水量最低。深區下方是鈣化軟骨層 (calcified cartilage layer)，包含軟骨和鈣礦物質。此層將軟骨錨定在**軟骨下區** (subchondral bone) 中。圖 17.11 顯示了關節軟骨的示意圖和顯微照片。應該注意的是，我們的椎間盤也由稱為纖維軟骨 (fibrocartilatge) 的軟骨組成。

17.4.3 機械性能

關節軟骨由於其高含水量，而具有高度黏彈性。由於膠原原纖維在多個層中具有不同方向的排列，它也具有高度異向性和異質性。關節軟骨的機械行為是由基質的固有性質、基質內水的流動以及基質中離子的存在而共同決定的。關節軟骨的典型拉伸行為與韌帶和肌腱的拉伸行為沒有差別。基於測試的本質(靜態或動態)和相對於膠原原纖維排列的負載方向，彈性模數可以在 4～400 MPa 的範圍內。

關節軟骨通常在體內同時受到加壓和剪切。組織中的膠原結構不支撐壓縮力。然而，由於負電荷的存在，蛋白聚醣分子產生強烈的分子內和分子間排斥力。這些分子受到膠

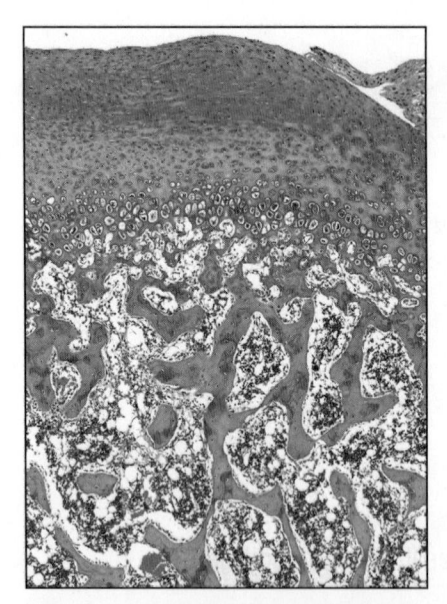

圖 17.11 關節軟骨的微觀結構。該圖顯示了不同層中的膠原原纖維的排列。

(©Micro Scape/Science Source)

原網絡的約束，膠原網絡抵抗膨脹並產生抵抗施加在軟骨上的壓縮應力的內部拉伸應力。另外，來自周圍流體的離子進入組織後會朝向被捕捉的蛋白聚醣，以建立電中性，導致組織進一步膨脹。

利用受限壓縮試驗 (confined compression tests) 可以測量得知軟骨基質對施加的壓縮應力的抵抗力。在該測試中，使用多孔壓板在緊密的圓柱形腔體中壓縮軟骨樣品，直到與給定負載達到平衡為止。對幾種不同的負載重複測試。然後測量應力-應變響應以計算平衡聚集模數 (the equilibrium aggregate modulus)(類似於彈性模數)。

17.4.4 軟骨退化

由於沒有血液供應，軟骨具有有限的自我修復能力。生理和機械因素均可導致關節軟骨組織退化。目前已知重複的高應力負載和膠原蛋白-蛋白聚醣基質的分解會引起軟骨退化。軟骨退化影響了基質的機械完整性，並影響其滲透性，使組織的機械性能受到影響。長期異常的關節應力分布 (由於諸如韌帶損傷等因素) 和軟骨上的單個創傷負載也已知會導致其退化。關節軟骨的退化減少了關節間隙 (圖 17.12)，並使軟骨下區向前直接接觸到力，導致關節疼痛。在日常生活活動中，軟骨退化伴隨有關節疼痛和腫脹，稱為**骨關節炎** (osteoarthritis)。

骨關節炎很難治療。通常，受骨關節炎影響的整個關節表面被剃掉，並被金屬植入物取代。有時甚至整個關節都被替換掉。這種手術稱為關節置換手術。生醫材料在這些臨床應用中扮演了主要角色。

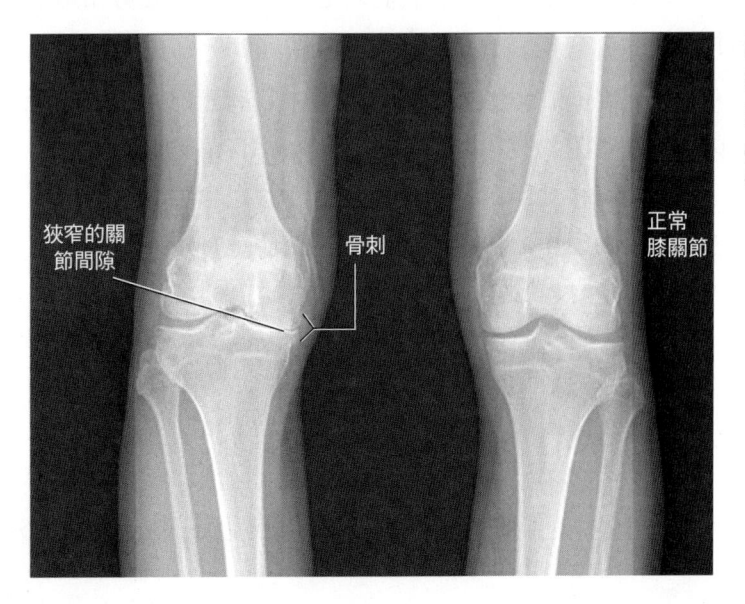

圖 17.12 (a) 有骨關節炎的和 (b) 正常的膝關節的 X 射線照片。

((a-b) Source: National Human Genome Research Institute)

17.5 生醫材料：生醫應用中的金屬
Biomaterials: Metals in Biomedical Applications

金屬廣泛用於許多生物醫學應用中。例如一些應用像是更換受損或功能失調的組織以恢復功能。在骨科的應用中，通過金屬合金替換或增強骨頭或關節的全部或部分。在牙科的應用中，金屬用作受腐蝕的牙齒的填充材料，螺釘用於牙科植入物的支撐，以及作為牙科材料替代物。用於這些功能的材料統稱為**生醫材料**，它們取代了受損的生物組織，恢復其功能，並且不斷地或間歇地與體液接觸。如果我們聚焦於金屬，稱之為**生物金屬** (biometals)。顯然，除了用於外部義肢的金屬外，醫療、牙科和手術器械中使用的金屬也不屬於生物材料，因為它們不會以連續或間歇的方式暴露於體液中。在本節中，我們將討論在結構上重要的生物金屬，例如用於各種關節 (例如，臀部、膝蓋、肩部、踝部和腕部) 的植入物和固定裝置以及體內的骨骼。

生物金屬具有特定的特徵，使其適合應用於人體。身體的內部環境具有高度腐蝕性，可能會損害植入材料 (骨科或牙科)，從而導致有害離子或分子的釋放。因此，生物金屬的主要特徵是**生物相容性** (biocompatibility)。生物相容性定義為當在人體中使用時材料的化學穩定性、耐腐蝕性、非致癌性和無毒性。一旦確定金屬具有生物相容性後，第二個重要特徵就是必須能夠具有在人體的高腐蝕性環境中承受大的和可變的 (循環) 應力的能力。一般普通人的臀部每年可能會經歷 100 ~ 250 萬個週期的壓力 (由於正常的日常活動)，當人們意識到這點就可以理解金屬的承載能力的重要性。這意味著在 50 年的時間內，應力將達到 0.5 億到 1 億個週期。因此，在高腐蝕性環境中，生物材料必須堅固且耐疲勞和耐磨。哪些金屬滿足這些條件呢？

純金屬，如 Co、Cu 和 Ni，被認為在人體中是有毒的。另一方面，Pt、Ti 和 Zr 的純金屬具有高度的生物相容性。Fe、Al、Au 和 Ag 的金屬具有中等程度的生物相容性。一些不鏽鋼和 Co-Cr 合金也具有中等的相容性。在實務上，人體中最常用於承重應用的金屬是不鏽鋼、鈷基合金和鈦合金。這些金屬具有可接受程度的生物相容性和承重特性；但是，對於特定應用而言，沒有一個材料具備所有必需的特性。

17.5.1 不鏽鋼

在前面的章節中討論了各種不鏽鋼，包括肥粒鐵、麻田散鐵和沃斯田鐵。

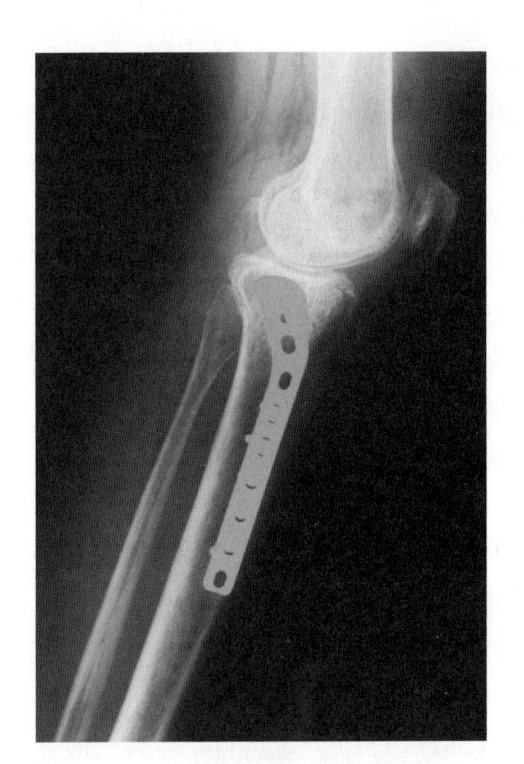

圖 17.13 供長骨固定使用的骨板。
(©Science Photo Library/Science Source)

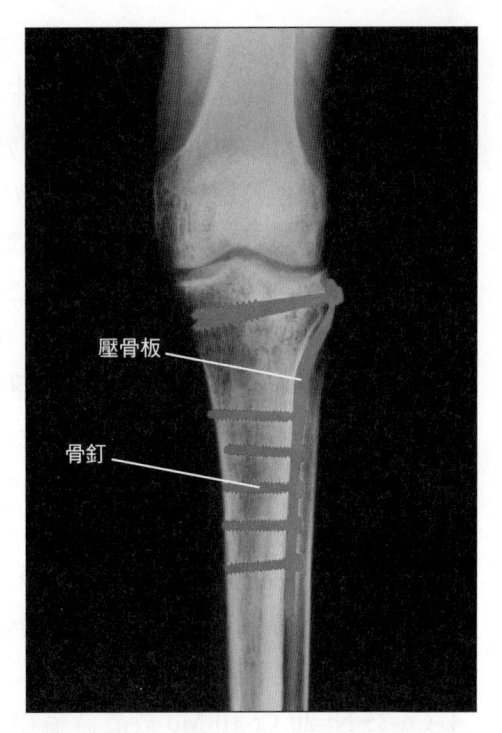

圖 17.14 用加壓骨板 (compression bone plate) 和骨釘以減少骨折程度。
(©Science Photo Library/Science Source)

在骨科應用中，最常使用的是沃斯田鐵不鏽鋼 316L(18 Cr-14 Ni-2.5 Mo-ASTM F138)。這種金屬很受歡迎，因為它相對便宜，並且可以容易地用現有的金屬成型技術進行成型。合適的 ASTM 粒度為 5 或更細。與退火狀態相比，通常使用經過 30％冷加工狀態的金屬以提高降服強度、極限強度和疲勞強度。主要缺點是該金屬由於其在人體中的有限耐腐蝕性而不適合長期使用。有毒的鎳會因腐蝕而釋放到體內。因此，最有效的應用是骨螺釘、銷釘、板 (圖 17.13)，髓內骨釘和其他臨時固定裝置。最近，開發出無鎳沃斯田鐵不鏽鋼，提高了生物相容性。圖 17.14 顯示了一個骨折的例子，其中骨板和許多骨釘用於穩定骨頭。在骨頭已有足夠的癒合後，就可以去除這些零件。

17.5.2 鈷基合金

鈷基合金廣泛的用於承重相關之應用。與不鏽鋼一樣，這些合金中高百分比的 Cr 會形成鈍化層而提高了耐腐蝕性。值得注意的是，這些合金的長期耐腐蝕性遠遠優於不鏽鋼，因此較少的有毒鈷離子會釋放到體內。因此，這些合金比不鏽鋼更具有生物相容性。在骨科植入物中有四種主要類型的鈷基合金：

1. Co-28 Cr-6 Mo 鑄造合金 (ASTM F75)：F75 合金是一種鑄造合金，可產生粗的晶粒尺寸，並且還具有產生有核微觀結構的趨勢 (一種在第 8 章討論的非平衡結構)。這兩個特徵對於骨科應用都是不適合的，因為它們會導致零件變弱。

2. Co-20 Cr-15 W-10 Ni 鍛造合金 (ASTM F90)：F90 合金含有較高程度的 Ni 和 W，以改善可加工性和製造特性。在退火狀態下，其性能與 F75 相當，但冷加工率為 44%，其降伏強度、極限和疲勞強度都幾乎是 F75 的兩倍。但是，必須注意的是要在整個零件的厚度上實現相同的特性，否則它將容易出現意外失效。

3. Co-28 Cr-6 Mo 熱處理鑄造合金 (ASTM F799)：F799 合金的成分與 F75 合金相似，但它是透過一系列鍛造步驟成為最終形狀的。早期鍛造階段將會進行熱處理以具有顯著的流動特性，並且於最後階段進行冷處理以強化材料。與 F75 相比，這改善了合金的強度特性。

4. Co-35 Ni-20 Cr-10 Mo 鍛造合金 (ASTM F562)：F562 合金具有迄今為止最有效的強度、延展性和耐腐蝕性組合。它經過冷加工和陳化硬化，降服強度超過 1795 MPa，同時保持約 8% 的延展性。由於它們具有長期耐腐蝕性和強度，因此這些合金可用作永久固定裝置和接頭零件 (圖 17.15)。

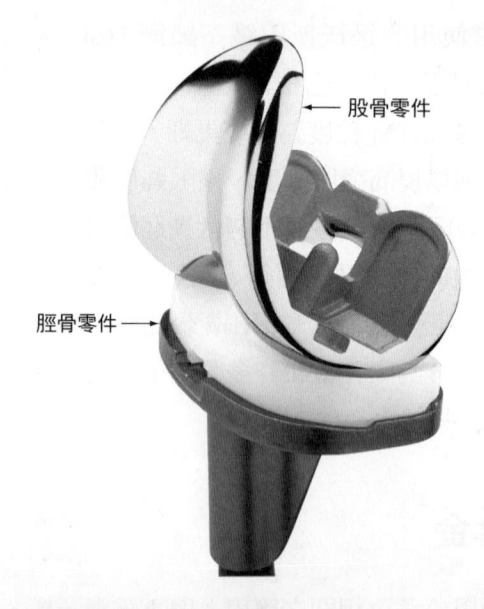

圖 17.15 鈷-鉻膝關節置換義肢。股骨零件放在脛骨零件上。聚乙烯軸承表面將股骨部件和脛骨托分開，以減少摩擦。

(Courtesy of Zimmer, Inc)

17.5.3　鈦合金

鈦合金，包括商業化的純鈦、α、β 和 α-β 鈦合金，已經在合金章節中簡要的描述了。每種合金都具有其機械和成型特性，對不同的應用具有不同的吸引力。這些合金的好處在於即使其處於人體這樣的惡劣環境下也具有出色的耐腐蝕性。這些合金的耐腐蝕性優於不鏽鋼和鈷鉻合金。它們的耐腐蝕性源於它們能夠在低於 535°C 的溫度下形成 TiO_2 的保護性氧化物層 (有關此問題的詳細資料，請參見第 13 章有關腐蝕的資料)。從骨科的角度來看，鈦這種材料是非常需要的，因為其具有優異的生物相容性、高抗腐蝕性和低彈性模數。商業純鈦 (CP-F67) 是一種相對低強度的金屬，且它可以用於不需要高強度的骨科應用，例如用於脊柱手術的螺絲和釘。含有鋁 (α 穩定劑)、錫和/或鋯的 α 合金不能通過熱處理來達到增強，因此在骨科的應用中無法提供優於 CP 合金的優點。α-β 合金含有 α(鋁) 和 β(釩或鉬) 穩定劑。結果，α 相和 β 相的混合物在室溫下共存。與退火狀態相比，固溶處理可以將這些合金的強度提高 30％～50％。用於骨科應用的 α-β 合金的實例是 Ti-6 Al-4V(F1472)，Ti-6 Al-7 Nb 和 Ti-5 Al-2.5 Fe。合金 F1472 是骨科應用中最常見的，例如全關節置換。另外兩種合金用於股骨髖關節、鋼板、螺釘、棒和釘子。β 合金 (主要含有 β 穩定劑) 具有優異的可鍛造性，因為它們不會變硬。然而，它們可以進行固溶處理並陳化至高於 α-β 合金的高強度程度。β 合金提供所有鈦合金中的最低彈性模數 (這是一個醫學上的優勢；參見第 17.5.4 節)，實際上是所有骨科植入物中使用的合金。為了比較，常用的骨科合金的機械性能列於表 17.2。鈦合金在骨科應用中的主要缺點是 (1) 它們的耐磨性差和 (2) 它們的高

表 17.2　用於骨科應用中的金屬合金之性質

材料	ASTM 名稱	條件	彈性模數 (GPa)	降伏強度 (MPa)	極限強度 (MPa)	疲勞極限 (MPa)
不鏽鋼	F55, F56, F138, F139	退火的	190	331	586	241–276
		30% 冷加工	190	792	930	310–448
		冷鍛	190	1213	1351	820
鈷合金	F75	鑄態，退火的	210	448–517	655–889	207–310
		熱均壓	253	841	1277	725–950
	F799	熱鍛	210	896–1200	1399–1586	600–896
	F90	退火的	210	448–648		951–1220
		44% 的冷作	210	1606	1896	586
	F562	熱鍛	232	965–1000	1206	500
		冷鍛，陳化	232	1500	1795	689–793
鈦合金	F67	30%冷加工	110	485	760	300
	F136	鍛造，退火的	116	896	965	620
		鍛造，熱處理	116	1034	1103	620–689

Source: *Orthopedic Basic Science*, American Academy of Orthopedic Science, 1999.

缺口敏感性(存在刮痕或缺口會降低其疲勞壽命)。由於它們的耐磨性差，它們不應該用於髖關節和膝關節的關節表面，除非它們通過離子注入技術進行表面處理。

17.5.4　金屬於骨科應用中的幾個問題

在骨科植入物的應用中，高降伏強度(抵抗負載下的塑性形變)、高疲勞強度(抵抗循環負載)、高硬度(抵抗關節的磨損)，以及有趣的是，低彈性模量(實現骨頭-金屬承受負載比例)等特性都非常重要。為了更加了解這一點，考慮在骨折之前，所有的作用力(肌肉、肌腱和骨骼)都是平衡的這種情形。在骨折之後，這種平衡喪失，並且需要手術以將骨折部分(包括任何碎片)接附到骨科植入物並穩定骨折狀況。如果骨折完全重建好了以後，骨骼仍將承擔相當大一部分的負載，並且植入物將作為主要骨骼(骨折重建後)的結構(承受很小的負載)。然而，在許多情況下，由於骨折的複雜性(某些碎片可能不見了)或固定或穩定不足，植入物不僅會承受高比例的負載，還會產生彈性(在某些情況下是永久的)扭曲和彎曲。所有這些都可能導致植入物的相關失效。由於這些原因，生物金屬的降伏強度、拉伸強度和疲勞強度是非常重要的，必須是最適合的。

然而，生物金屬的彈性模數是一個不同的問題。在許多固定骨折情況下，金屬植入物的高彈性模數(對彈性變形的抵抗力)是一個值得關注的問題。要理解這一點，請注意骨骼在承載方向上的彈性模數接近 17 GPa。相比之下，鈦基合金、不鏽鋼基合金和鈷基合金的彈性模數分別為 110(對於 β 合金為 80)、190 和 240 GPa。考慮一種脛骨幹以簡單的橫向方式斷裂的情況(見箭頭)，如圖 17.16 所示。此處使用釘狀金屬裝置和鎖緊螺釘以固定和穩定骨折。互鎖螺釘並非必需的，但有助於穩定並防止骨頭縮短或骨折碎片旋轉。因為金屬具有比骨骼明顯更高的彈性模數，所以它承載高比例的負載。換句話說，金屬植入物將保護骨頭免於承受在正常條件下骨頭將支撐的負載，這種現象稱為**應力屏蔽** (stress shielding)。雖然從工程的角度來看，這聽起來是理想的且合乎邏輯的，但從生物學的觀點來看，這是不可取的。骨頭材料會通過將自身重塑到所施加的應力程度來應對壓力。但由於應力屏蔽，骨頭將會自身重塑到較低的負載程度，導致其質量下降。正

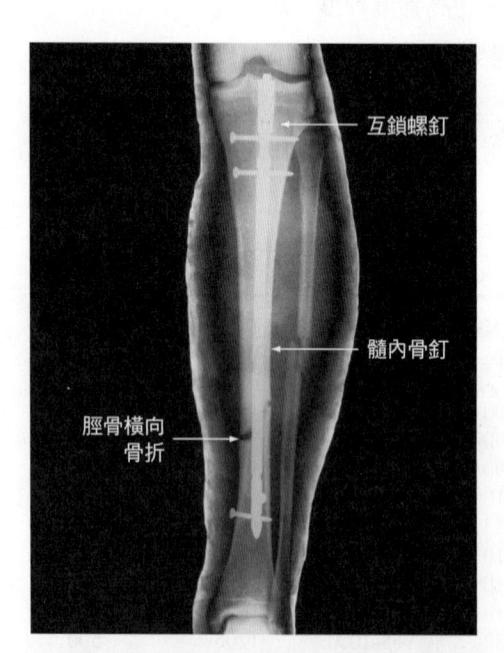

圖 17.16　髓內骨釘和互鎖螺釘在穩定脛骨骨折中的應用。
(©Science Photo Library/Science Source)

是由於這個原因，在這三種主要合金中具有最低彈性模數的鈦合金在這種應用中是最理想的。該實例清楚地解釋了選擇用於骨科應用的材料所涉及的挑戰。

■ 17.6 生醫應用中所使用的聚合物
Polymers in Biomedical Applications

聚合物作為生醫材料能夠提供最大的多功能性。它們已被應用於各種病理學，包括心血管、眼科和骨科病變，並作為永久性植入物零件。它們還被用作冠狀動脈血管成型術、血液透析和傷口治療等領域的暫時性療法。聚合物在牙科中作為植入物、牙科黏著劑和假牙基底的應用也具有重要意義和重要性。雖然聚合物的強度低於金屬和陶瓷，但它們具有在生物醫學應用中非常有吸引力的特性，包括低密度、易於成型以及能夠改量為具有最大生物相容性的可能性。大多數聚合物生醫材料是熱塑性塑膠，並且它們的機械性能雖然不如金屬和陶瓷，但在許多應用中是可接受的。該領域最近的發展之一是**生物可降解的聚合物** (biodegradable polymers)。可生物降解的聚合物是設計用於執行某些功能性任務，然後最終被吸收或整合到生物系統中。因此，不需要手術移除這些零件。

目前存有多種生物相容性聚合物，但並非所有這些聚合物的變異體和化合物都是生物相容的。聚乙烯 (PET)、聚胺酯、聚碳酸酯、聚醚醚酮 (PEEK)、聚對苯二甲酸丁二醇酯 (PBT)、聚甲基丙烯酸甲酯 (PMMA)、聚四氟乙烯 (PTFE)、聚碸和聚丙烯是一些盛行的生物相容性聚合物。非生物相容性聚合物可能會導致血液凝固、血液破壞和骨頭再吸收，並且它們還可導致癌症。在以下部分中，將討論生物聚合物在各種醫學領域的應用。

17.6.1 聚合物於心血管之應用

生物聚合物已經成功的應用於心臟瓣膜的開發。人體心臟瓣膜容易出現**狹窄症** (stenosis) 和閉鎖不全 (incompetence) 等疾病。由於心臟瓣膜的硬化而發生狹窄症，使其無法完全打開。閉鎖不全是心臟瓣膜允許一些血液回流的情況。這兩種情況都很危險，必須透過重新放置組織瓣膜 (動物或屍體) 或人工瓣膜於受損心臟瓣膜來治療。最新設計的人工心臟瓣膜圖如圖 17.17 所示。人造義體 (prosthesis) 是由法蘭 (flange)、兩個半圓形小葉 (leaflets) 和一個縫合環 (sewing ring) 組成。凸緣和小葉可以由鈦或 Co-Cr 合金的生醫金屬製成。縫合環由生物聚合物製成，例如膨體聚四氟乙烯 PTFE (Teflon) 或聚乙烯 PET (Dacron)。它具有允

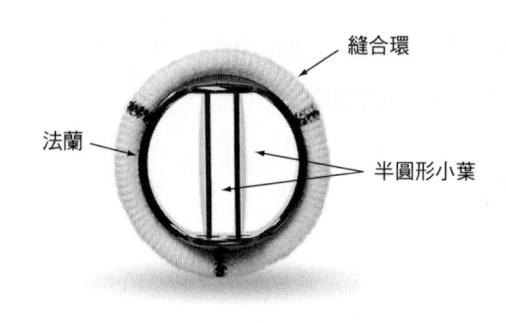

圖 17.17 人工心臟瓣膜。
(Courtesy of Zimmer, Inc.)

許透過縫合將瓣膜連接到心臟組織的關鍵功能。聚合物材料是唯一的一種材料，使這種連接是可能的。小葉允許血液在圖中所示的位置流動，並在關閉位置時阻止回流（儘管不完全）。由於紅血球與人造瓣膜的相互作用，可能會發生血液凝固或血栓 (blood clotting) 這種不希望會有的副作用。裝有人工心臟瓣膜的患者必須使用抗凝血劑來防止血液凝結。

血管移植物用於冠狀動脈分流手術以繞過嚴重阻塞的動脈。這些血管移植物可以是組織移植物或人造移植物。人造移植物必須具有高的拉伸強度並且必須抵抗由血栓生成 (thrombosis) 引起的動脈閉塞 (occlusion)。Teflon 或 Dacron 都可用於此應用。然而，Teflon 在防止阻塞方面表現更好，因為它可以最大限度地減少作用於血細胞的剪切應力。

血液氧合器 (blood oxygenators) 是設計用於過濾掉二氧化碳並為血液提供氧氣。外科醫生將把由心臟右側抽出的血液（未充氧）通過氧合器，並在需要體外循環 (cardiopulmonary bypass) 的心臟手術期間為身體產生含氧血液（肺動脈是直接從心臟到肺的動脈）分流。氧合器是由諸如聚丙烯的材料製成的微孔疏水（即排斥水）膜。由於聚丙烯是疏水性的，因此孔隙可以填充諸如氧氣而不是水的氣體。在操作期間，空氣在具有微孔的膜的一側流動，而血液在另一側流動，通過膜內的擴散而失去其 CO_2，且通過從孔中吸收獲得 O_2。

聚合物也用於人造心臟和心臟輔助裝置。這些裝置對於短期使用非常重要，以保持患者的健康直至有捐贈的心臟。沒有聚合物，這些裝置不能有效的產生作用。

17.6.2 眼科應用

聚合物在眼科（與眼睛相關）應用中是非常重要且不可替代的。眼睛的光學功能能夠通過眼鏡、隱形眼鏡（軟和硬）和眼內植入物進行矯正，所有這些都主要由聚合物製成。軟性隱形眼鏡由水凝膠製成。**水凝膠** (hydrogel) 是柔軟的親水性聚合物材料，其吸收水並因此溶脹至特定程度。軟式水凝膠鏡片由稍微交聯的聚合物和共聚物製成。由於其柔軟的性質，水凝膠可以服貼角膜的精確形狀，並允許緊密貼合。然而，角膜需要氧氣才能透過鏡片。水凝膠具有顯著的氧氣滲透性。本應用中使用的原始材料是甲基丙烯酸 2- 羥乙酯 (2-hydroxyethyl methacrylate, poly-HEMA)。目前仍然正在開發具有更好製造技術的其他新型聚合物以生產更薄的軟性隱形眼鏡。

硬式鏡片鬆散地放在角膜上。鏡片移動時會彎曲；作為鏡片材料的要求，它必須具有快速恢復的能力。硬鏡片最初由 PMMA 製成。PMMA 具有優異的光學性能，但缺乏對氧的滲透性。為了提高對氧的滲透性，即製造剛性透氣 (RGP) 透鏡，製備甲基丙烯酸甲酯與甲基丙烯酸矽氧烷基烷基酯 (methyl methacrylate with siloxanylalkyl methacrylates) 的共聚物。但是，矽氧烷是疏水的；為了改善這一點，將親水共聚單體如甲基丙烯酸加入到混合物中。目前，有許多商用 RGP 鏡片，正在進行研究以進一步改進這些材料。

治療白內障 (cataract) 的病症 (白內障是由於過量的死細胞導致的眼睛晶狀體混濁) 需要手術以移除眼睛的不透明水晶體，並隨後用人工眼內水晶體植入物替換。人工水晶體由水晶體和側臂部分組成 (圖 17.18)。需要側臂將鏡片連接到懸韌帶以使其保持在適當位置。顯然的，人工水晶體材料的要求是合適的光學性質和生物相容性。與硬鏡片一樣，大多數人工水晶體的光學鏡片部分和側臂都由 PMMA 製成。圖 17.19a 模擬了患有白內障的患者的視力，而圖 17.19b 模擬了手術後同一患者的視力。圖像顯示了材料科學和工程在提高生活品質的重要性。

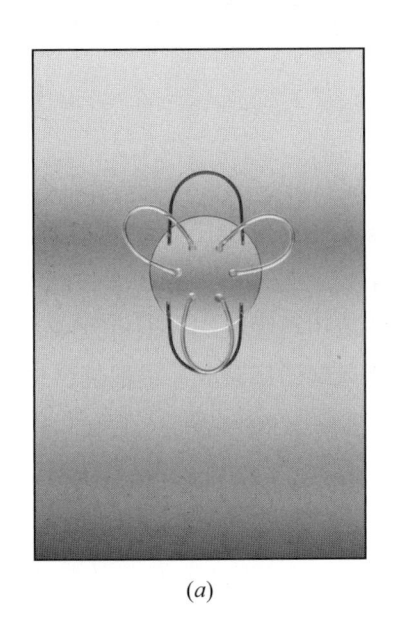

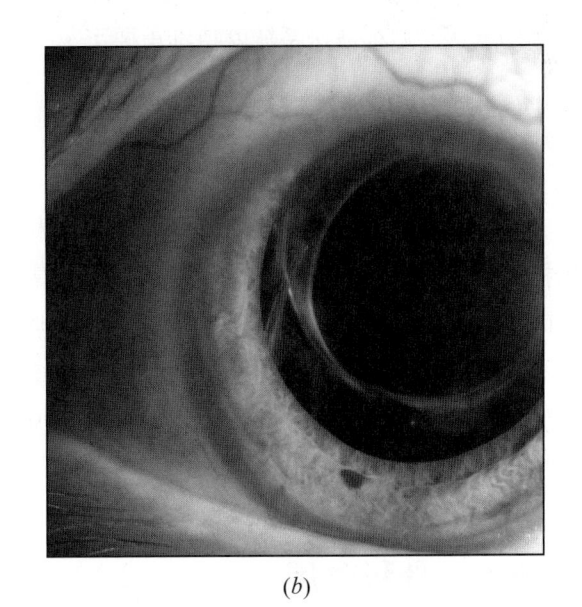

(a)   *(b)*

圖 17.18 人工水晶體。

((a) ©Steve Allen/Science Source; (b) ©Paul Whitten/Science Source)

圖 17.19 患者在白內障手術 (a) 前和 (b) 後的模擬視力。
((a-b)©Getty Image/Blend Images)

17.6.3 藥物輸送系統

可生物降解的聚合物，如聚乳酸 (PLA) 和聚乙醇酸 (PGA) 及其共聚物，可以用在植入藥物遞送系統 (drug delivery systems)。聚合物的基質 (聚合物容器) 含有藥物並植入體內所關注的位置。隨著可生物降解的聚合物之降解，它會將藥物釋放出來。如果由於藥物對身體的其他器官或組織的不利影響而無法通過藥丸或注射藥物遞送，這種遞送系統就特別重要了。

17.6.4 縫合材料

縫線用於閉合傷口和切口。顯然，縫合材料 (suture materials) 必須具有 (1) 高的拉伸強度以具有閉合傷口的能力，和 (2) 高的結拉拔強度 (knot pull strength) 以在閉合後保持縫合線的負載。縫線可以是可吸收的或不可吸收的。不可吸收的縫合線通常由聚丙烯、尼龍、聚對苯二甲酸乙二酯或聚乙烯製成。這種縫合材料在放入體內後可以無限期保持完好無損。可吸收縫合線由 PGA 製成，它是可以被生物降解的。

17.6.5 骨科應用

聚合物的骨科應用主要是骨水泥和關節義肢。**骨水泥** (bone cement) 用作結構材料以填充植入物和骨之間的空間，以確保更均勻的負載狀況。因此，骨水泥不應被視為黏合劑。為了最有效的使用，必須將硬化時骨水泥中的微孔率保持在最低限度。這可以透過使用離心和真空技術來製備。骨水泥有時也用於矯正骨骼中的各種缺陷。作為骨水泥的主要聚合物材料是 PMMA。PMMA 的拉伸和疲勞性能很重要，可以利用添加其他試劑來改善。實務應用上要求硬化後的最小抗壓強度為 70 MPa。在關節義肢中，聚合物材料通常用於支撐表面。例如，圖 17.15 中的膝關節義肢即使用了聚乙烯軸承表面來分離金屬零件。聚乙烯的高韌性、低摩擦和優異的耐腐蝕性使其成為這種應用的有吸引力的候選者。然而，聚合物軸承表面的低強度使它們易受磨損。

如第 1 章所述，聚合物材料的一個優點是可以依照需求來設計和合成各種混合物。這是前面提及的應用中非常強大的優點。聚合物材料作為生醫材料的未來是在組織工程中。例如，研究人員正在研究使用生物可降解聚合物作為支架來生成新組織。可生物降解的聚合物如 PGA 可以作為支架與細胞和生長蛋白一起植入，以刺激組織的生成。因此，未來人們可以在體內再生受損組織 (例如軟骨修復)，和在體外用於皮膚修復和置換。這將在本章後面討論。

■ 17.7 生醫應用中所使用的陶瓷材料
Ceramics in Biomedical Applications

在前面的章節中，討論了金屬和聚合物材料在各種醫療器械和儀器中的應用。陶瓷還廣泛用於生物醫學領域，包括骨科植入物、眼鏡、實驗室器皿、溫度計，以及最重要的牙科應用。使陶瓷生醫材料成為生物醫學應用的理想選擇的因素是生物相容性、耐腐蝕性、高剛度、抗磨損 (假牙材料、髖部和膝部植入物) 的應用中的耐磨性以及低摩擦。另外，在骨科和牙科應用中，一些陶瓷生物材料的主要優點是它們與骨結合良好 (植入物 - 組織附著性)。考慮股骨柄 (在髖關節置換手術中) 或脛骨零件 (在膝關節置換手術中) 與鬆質骨 (骨髓) 直接接觸的情況；骨組織植入物附著的問題顯然是維持關節穩定性的重要問題 (即植入物沒有鬆動)。然而，植入物鬆動經常發生，這是很痛苦的，並且在許多情況下需要昂貴的二次手術來糾正。這對醫療健保成本和患者的生活品質都是一個沉重的負擔。以下段落討論了陶瓷在生物醫學領域中的各種使用方式。我們還將研究陶瓷材料的有效性在一些植入物 - 組織附著情況會如何變化。

17.7.1 氧化鋁作為骨科植入物

高純度氧化鋁具有優異的耐腐蝕性、高耐磨性、高強度，並且具有生物相容的。由於這些特性，越來越多案例使用它作為髖關節置換材料。在全髖關節置換

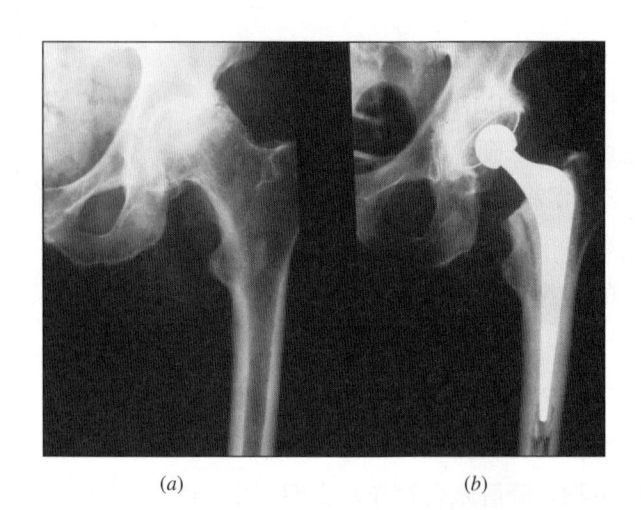

圖 17.20 (a) 顯示廣泛關節炎損傷的臀部；(b) 執行全髖關節置換術 (THR) 後的同一髖關節。
((a-b)©Princess Margaret Rose Orthopaedic Hospital/Science Source)

手術中，患病或受損的股骨頭及其關節的髖臼杯 (AC 杯) 會被人工義肢取代。圖 17.20a 顯示了因晚期關節炎而受損的髖關節。由於關節炎引起的損傷表現是異常的股骨頭形狀和變形的髖臼杯，兩者都需要更換為人造義肢，如圖 17.20b 所示。人造 AC 杯由金屬底座和杯狀插件組成，杯狀插件置於股骨關節上 (圖 17.21)。使用螺釘將包含杯狀插入物的金屬底座固定到骨盆骨上。股骨頭部分通常由鈷鉻合金製成，AC 杯由超高分子量聚乙烯 (金屬在聚合物上) 製成。不幸的是，這種材料組合導致聚乙烯表面的磨損並最終導致義肢的鬆動。為避免形成磨損顆粒，從而避免義肢鬆動，製造商正在使用氧化鋁作為股骨頭和 AC 杯 (陶瓷在陶瓷上)，如圖 17.21 所示。這通常是因為氧化鋁具有高耐磨性和高表面硬度的優異摩擦學性能。氧化鋁的突出性能取決於其晶粒尺寸和純度。對於骨科植入物之應用，純度必須大於 99.8％，晶粒尺寸必須在 3～6 μm 範圍內。另外，鉸接表面 (杯上球) 必須具有高度對稱性和小的公差。將成對的頭部和杯部零件彼此研磨和拋光可以實現這一點。陶瓷-陶瓷髖部的摩擦係數可以接近正常髖部的摩擦係數，並且結果表明，這種髖部所產生的磨屑 (wear debris) 比金屬對聚合物的組合還要低十倍。由於陶瓷的高彈性模數，陶瓷對陶瓷的髖部的負面影響是應力屏蔽。應力屏蔽可能導致老年患者骨量減少和鬆動。因此，對於年齡較大的患者，由於應力屏蔽較少，聚合物金屬髖部可能是更好的選擇。

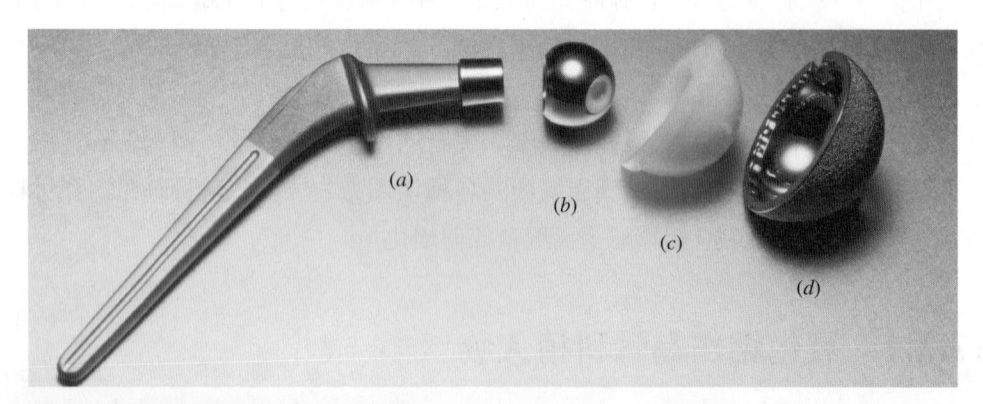

圖 17.21 全髖關節義肢的各種零件，包括 (a) 柄，(b) 股骨頭，(c) 氧化鋁 AC 杯和 (d) AC 杯的金屬基座。
(©PhotoDisc/ Getty Images)

17.7.2　氧化鋁作為牙科植入物

人造牙根是一種牙科植入物，是用手術錨固定在頜骨中的。人造牙根可以作為替換牙齒或牙冠的支撐，如圖 17.22 所示。儘管鈦由於其生物相容性和低彈性模數而成為牙科植入物的首選材料，但氧化鋁越來越多地用於此應用。雖然表冠可以由金屬如銀和金製成，但表冠通常由瓷製成，瓷也是一種陶瓷材料。

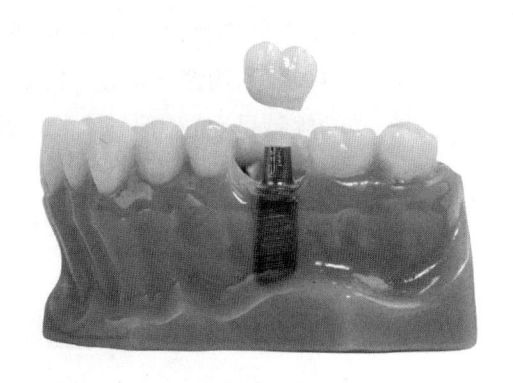

圖 17.22　牙科植入零件。
(©Dreamsquare/Shutterstock)

17.7.3　陶瓷植入物與組織連接

在植入物與骨頭會有直接接觸的那些手術中，如圖 17.20b 或 17.22 所示，其穩定性取決於它在周圍組織引起的反應。通常，可以從植入物周圍的組織觀察到四種類型的反應：(1) 有毒反應，植入物周圍的組織死亡；(2) 生物學上無活性的反應，在植入物周圍形成薄的纖維組織；(3) 生物活性反應，骨與義肢之間形成界面鍵結；(4) 吸收 (溶解) 反應，周圍組織取代植入物材料或其部分。在這方面，陶瓷植入物 (用於骨科和牙科應用) 可以被評定為幾種類型，類型 1：惰性 (inert)，類型 2：多孔 (porous)，類型 3：生物活性 (bioactive) 和類型 4：可再吸收 (resorpable)。由於其幾乎惰性的特性，氧化鋁被評為第 1 型生物陶瓷。因此，氧化鋁植入物引起薄纖維組織的形成，其在牙科植入物 (植入物緊密地接合並且處於壓縮狀態) 的情況下是可接受的。然而，在植入物 - 組織界面被加載且可以發生界面運動的情況下 (如在骨科植入物的情況下)，纖維區域變厚並且植入物變鬆散。第 2 型生醫陶瓷，例如多孔氧化鋁或磷酸鈣，用作骨形成的支架或橋。骨材料生長在陶瓷的孔隙中，此為**骨傳導性** (osteoconductivity)，可提供一些承重支撐。在這些材料中，孔徑應大於 100 μm，以促進孔隙中的血管組織生長，從而允許血液供應到達新形成的細胞。微孔生醫陶瓷特別用於非承載用途的情況，因為由於它們的孔隙率而使得強度降低了。第 3 型生醫陶瓷或生物活性陶瓷是具有促進植入物材料與周圍組織之間形成鍵的。這些材料形成了一個非常堅固的黏附界面，可以支撐負載。含有 SiO_2、Na_2O、CaO 和 P_2O_5 的玻璃是第一種顯示生物活性的材料。這種玻璃的組成比例與傳統的鈉鈣玻璃不同：小於 60 mol％ 的二氧化矽，高的 Na_2O 和 CaO 含量，以及高的 CaO 與 P_2O_5 的比率。這些特定的組合物允許植入物表面的高反應性並因此在水性介質中與骨結合。最後，第 4 型生醫陶瓷或可再吸收的陶瓷是那些在一段時間內降解，並被骨材料取代的生物陶瓷或可再吸收的陶瓷。磷酸三鈣 $Ca_3(PO_4)_2$ 是可再吸收的陶瓷的一個例子。利用這些材料的挑戰是 (1) 確保植入物 - 骨界面在降解 - 修復期間保持強壯和穩定，以及 (2) 使再吸收率與修復率相匹配。以最佳性能應用這些材料仍需要大量的研究和開發；然而，在植入物和人體組織接觸的情況下，陶瓷材料是強有力的選擇。

17.7.4 奈米結晶陶瓷

考慮到陶瓷材料潛在應用的範圍和種類，有一個主要缺點限制了它們的使用：無論應用如何，陶瓷都是脆性的，因此韌性低。奈米晶陶瓷可以改善這些材料的天生弱點。目前的研究工作集中在開發奈米相陶瓷，例如磷酸鈣和／或磷酸鈣衍生物，例如羥基磷灰石 (hydroxyapatite, HA)、碳酸鈣和生物活性玻璃。考慮到骨的主要成分是奈米 HA，**奈米技術** (nanotechnology) 在該領域的重要性可能會受到重視。粒徑小於 100 nm 的磷酸鈣奈米纖維素的應用已經在各種動物研究中顯示出骨誘導 (osteoinduction)。然而，問題仍然存在，「新生成的骨骼是否具有與原始骨骼相同的特性？」或者，「有沒有一種方法可以合成奈米陶瓷，在再吸收時產生骨質材料？」這些問題的答案仍然不清楚，需要更多年的研究來了解這些奈米陶瓷的行為。以下段落旨在描述塊狀奈米晶體陶瓷生產中的現有技術。

塊狀奈米晶體陶瓷是使用標準粉末冶金技術生產的。不同之處在於起始粉末之直徑小於 100 nm 的奈米尺寸狀態。然而，奈米晶陶瓷粉末具有化學或物理結合的傾向，形成稱為團聚物 (agglomerates) 或凝聚體 (aggregates) 的較大顆粒。即使尺寸在近奈米範圍內，團聚粉末也不像非團聚粉末那樣堆疊。在壓實後的非團聚粉末中，可用的孔徑為奈米晶體尺寸的 20%～50%。由於孔徑小，可以在較低的溫度下快速進行燒結和緻密化。例如，在非團聚的 TiO_2 (粉末尺寸 <40 nm) 的情況下，該壓塊在約 700°C 下以 120 分鐘的燒結時間即可緻密化至理論密度的近 98%。相反，對於由 10～20 nm 晶體組成的平均尺寸為 80 nm 的團聚粉末，該壓塊需要在約 900°C 下以 30 分鐘的燒結時間才能緻密化至理論密度的 98%。燒結溫度差異的主要原因是在團聚的壓塊中存在較大的孔。因為需要更高的燒結溫度，壓實的奈米微晶最終會生長到微晶範圍，這是不希望發生的。晶粒生長受到燒結溫度的極大影響，並且僅受燒結時間的影響。因此，要成功生產塊狀奈米晶體陶瓷的主要問題是從非團聚粉末開始並優化其燒結過程。但是，這很難實現。

為了彌補製造奈米晶體陶瓷的難度，可以使用壓力輔助燒結的方式，這是一種外加壓力的燒結過程。壓力輔助燒結是指類似於熱等靜壓 (hot isostatic pressing,

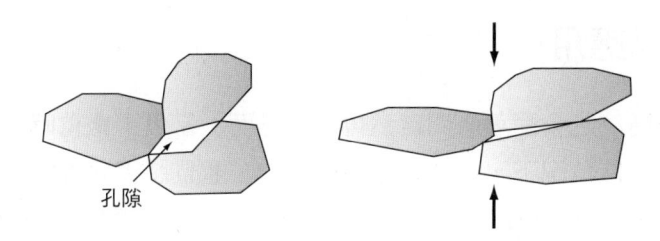

圖 17.23 圖示了奈米晶陶瓷中通過塑性流動(晶界滑動)產生的孔隙收縮。

孔隙

HIP)、熱擠壓或燒結鍛造的過程。在這些方法中，陶瓷塊同時發生變形和緻密化。燒結鍛造生產奈米晶陶瓷的主要優點是基於孔隙收縮的機理。正如關於聚合物的章節所討論的那樣，在傳統的微晶陶瓷中，孔隙收縮過程是基於原子擴散機制。在燒結鍛造下，奈米晶體緻密化的孔隙收縮機制是非擴散的，而是基於晶體的塑性變形。奈米晶體陶瓷在高溫下(約為熔體的 50%)比它們的微晶對應物更具延展性。一般相信奈米晶體陶瓷由於超塑性變形而更具延展性。如前幾章所述，超高塑性是由於在高負載和高溫下顆粒的滑動和旋轉而發生的。由於這種塑性變形的能力，孔隙被塑性流動擠壓，如圖 17.23 所示，而不是通過擴散。

由於這種封閉大孔的能力，甚至團聚的粉末也可以緻密化至接近其理論值。此外，施加壓力將防止晶粒生長超出奈米級區域。例如，在 60 MPa 的壓力和 610°C 的溫度下燒結團聚的 TiO_2 6 小時，產生 0.27 的真實應變(對於陶瓷而言極高)，密度為理論值的 91%，平均晶粒尺寸為 87 nm。當在無壓力下燒結時，相同的粉末需要 800°C 的燒結溫度以達到相同的密度，同時產生 380 nm 的平均晶粒尺寸(不是奈米晶體)。重要的是要注意奈米晶體陶瓷中的超塑性變形是發生在有限的壓力和溫度範圍內的，製程人員必須注意到該範圍。如果超出該範圍，則孔收縮的擴散機制可能會發生，這將導致微晶產品具有低密度。

總之，奈米技術的進步可能會導致生產具有優異強度和延展性的奈米晶體陶瓷，從而提高韌性。具體而言，延展性的改善允許陶瓷與塗層技術中的金屬會具有更好地結合。增加的韌性還允許更好的耐磨性。這些進步可以徹底改變陶瓷在各種應用中的使用。

■ 17.8 生物醫學應用中所使用的複合材料
Composites in Biomedical Applications

複合材料的優點是能夠提供所需性質的組合，以滿足生物醫學應用的需要。由於所有人體組織都是複合材料，因此可以設計和訂做人造複合材料以模仿天然複合材料的特性，這是一個合理的想法。因此，各種各樣的複合材料已經為了生物醫學的應用而設計出來。

17.8.1 骨科應用

當骨頭受傷時，它會隨著時間自然再生。然而，當傷害嚴重時，可能會失去一大塊骨頭。在這種情況下，癒合將是不完整的，並且將需要骨頭移植物來恢復其機械功能。這些移植物可以來自於自己的身體(自體移植物)或來自供體(異體移植物)。然而，雖然自體移植物引起供體部位受損，但異體移植物具有傳播疾病的風險。研究人員最近開發出了一種新材料，利用將高密度 PE(HDPE) 與 HA 相結合來取代天然骨骼。該材料在商業上稱為 HAPEX，並且已知在臨床上是有效的。在該複合材料中，HA (20%～40%體積) 賦予材料生物活性，而聚合物賦予其斷裂韌性。最近的結果還表明，使用聚丙烯代替 HDPE 增加了複合材料的疲勞性能。這種類型的移植材料通常用於非承重之應用。

如之前所討論過的，骨折固定裝置應具有與骨頭大致相同的剛度，以避免應力屏蔽。它們也應該堅韌以避免骨折。諸如碳纖維增強的 PMMA、PBT 和 PEEK 的熱塑性複合材料可用於生產具有更高柔韌性和足夠強度的斷裂固定裝置。用可生物降解的聚合物基質製成的複合骨折固定板是醫療器械設計的最新趨勢。這些裝置由具有 u-HA 顆粒增強的聚-L-丙交酯(PLLA) 製成，具有非常高的強度和彈性模數，與皮質骨中的這些特性接近。該複合材料還表現出最佳的降解速率，導致負載逐漸轉移到癒合骨折部位。

複合材料廣泛用於關節義肢。髖關節和膝關節是最常進行重建的兩個關節。應力屏蔽、磨損和腐蝕是重建手術失敗的主要原因。超高分子量聚乙烯(UHMWPE) 廣泛用於關節義肢，由於其機械性能不佳而其通常是最薄弱的環節。目前正在努力用碳纖維增強的 PEEK 替代 UHMWPE 以改善其耐磨性。與 UHMWPE 相比，已顯示用 30 wt%碳纖維增強的 PEEK 導致磨損率降低兩個數量級。目前正在努力使用這種複合材料生產用於髖關節植入物的股骨柄。生物活性複合塗層也是通過將生物玻璃與 Ti-6 Al-4 V 結合而生產的。此外，骨水泥通常用特定的 HA 加強以改善骨附著性。

17.8.2 牙科應用

我們的牙齒(牙釉質和牙本質)是複合材料。因此，聚合物複合材料廣泛用作牙齒修復材料。在這些材料中需要高尺寸穩定性、耐磨性和機械性能。通常，用於牙齒修復的複合材料是用陶瓷顆粒增強的聚合丙烯酸或甲基丙烯酸基質。玻璃纖維增強 PMMA 和 PC 用於固定橋和可拆卸牙科修復體。新的發展涉及使用

SiC 和碳纖維增強碳複合材料開發牙科植入物。該複合材料結合了高強度、高疲勞性能和類似於天然牙齒剛度的優點，因此可以以最小程度影響主體組織的應力場。

17.9 生醫材料的腐蝕 Corrosion in Biomaterials

身體內部環境具有很強的腐蝕性。從生物相容性的觀點來看，生醫材料的化學穩定性非常重要。生物金屬、生物陶瓷和生物聚合物中可能會發生明顯的腐蝕，因為它們通常會長時間存在於體內，且通常是終生的。

孔蝕和裂縫腐蝕是生物金屬中最常見的腐蝕類型。孔蝕通常發生在用於固定植入物的螺釘頭的下側。當金屬表面部分與周圍環境遮蔽時，則會發生裂縫腐蝕。存在於醫療裝置的兩個部分之間的界面處的裂縫是這種類型腐蝕經常發生的部位。如圖 17.24 所示，例如在金屬桿和髖關節植入物頭部的交界處發生裂縫腐蝕。在不鏽鋼植入物中，裂縫腐蝕非常常見於骨板的埋頭孔部分。由於在植入物中接觸兩種不同類型的金屬是常見的，因此由於電負度的不同而發生電流腐蝕。由於在日常生活的活動中重複施加負載於身體部位，磨耗腐蝕也很常見。

在生物金屬中，鈦具有優異的耐腐蝕性。由鈦製成的植入物在外部形成堅固的惰性層，在生理條件下保持惰性。鈷-鉻合金也有類似的特性。但是，它們較易發生裂縫腐蝕。由不鏽鋼形成的鈍化層不是很堅固。因此，在某種程度上，只有一些不鏽鋼(沃斯田鐵 316, 316L 和 317)適合作為生物材料。貴金屬如金和銀不受腐蝕。它們用於牙科植入物的冠部和植入式生物儀器中的電極。

腐蝕可能有兩個主要的影響。首先，植入物的機械完整性可能因腐蝕而受損，導致其過早發生失效。其次，腐蝕產物會產生不利的組織反應。我們的體液在生理條件下具有特定的離子平衡。外來物質的植入顯著增加了組織周圍各種離子的濃度。有時，植入物周圍的組織會出現腫脹和疼痛。腐蝕碎屑有機會可以遷移到身體的其他部位，且我們身體的免疫系統將攻擊碎片及其周圍的組織。這可能導致義肢周圍骨質流失，使植入物鬆動。這種情況稱為**骨質溶解** (osteolysis)。腐蝕碎屑也可遷移到義肢支撐表面，導致三體磨損。雖然已經對植入物材料進行了生物相容性測試，但腐蝕仍然以非常慢的速度發生，並且長期下來可以感受到其影響。

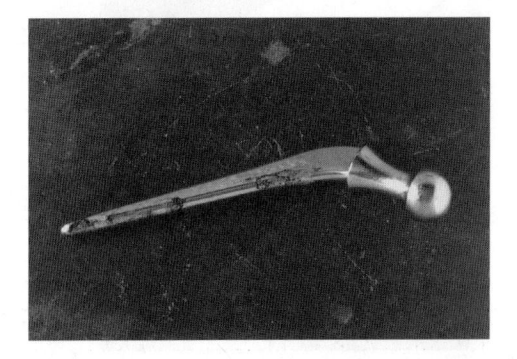

圖 17.24 由鈷鉻合金製成的模塊化髖關節植入物的裂縫腐蝕。桿上的較暗區域是腐蝕區域。

(©Mike Devlin/Science Source)

合金化、表面處理和適當的植入物設計可以最小化骨科植入物的腐蝕。氮化 Ti-6 A-14 V 植入物的表面可減少磨耗腐蝕的可能性。透過向植入材料中添加 2.5%～3.5%的鉬，可以增加耐孔蝕性。適當的植入物設計可以減少縫隙，從而消除裂縫腐蝕。植入物的表面也可以在植入之前利用各種化學處理製成惰性的。使用來自相同批次的相同合金製備匹配的植入物的組件也減少了電流腐蝕的機會。

■ 17.10　生醫材料的磨損 Wear in Biomedical Implants

骨科植入物，特別是關節義肢，能夠保持它們所取代的關節的正常運動範圍。結果，關節義肢具有相對於彼此可以移動的部分。具有移動組件的後果就是產生摩擦和磨損。磨損會產生生物活性碎片，產生發炎反應並引起骨質溶解 (圖 17.25)。義肢支撐承表面的形狀由於磨損而發生改變，進而影響其正常功能。另外，增加的摩擦經常導致在關節連接期間產生熱量和不該有的吱吱聲音。植入物磨損是關節義肢病患的一個麻煩問題，生物醫學工程的一個分支稱為**生物摩擦學** (biotribology)，專門研究生物醫學植入物中的摩擦和磨損。

摩擦和磨損是具有微小表面粗糙度的表面相對於彼此移動的結果。製造良好的陶瓷人造關節表面上的不規則性約為 0.005 μm，而金屬表面上的不規則性約為 0.01 μm。由於這些微觀的不規則性，這些表面交接時的接觸面積相對較小，幾乎是幾何界面面積的 1%。結果，局部接觸應力可能超過材料的降伏強度，因此導致表面的黏合。當表面相對於彼此移動時，這些黏合點被破壞，導致了摩擦阻力和磨損。圖 17.26a 顯示黏合在金屬股骨頭表面的黏合劑磨屑。這種類型的磨損稱為黏著磨損 (adhesive wear)，並且是生物醫學應用中最常見的磨損類型。磨損碎片是這個過程的副產品。

當較硬的表面與較軟的表面摩擦時，較軟的表面的磨損是透過較硬表面上的**粗糙物質** (asperity) 來「犁」在它表面上而產生的。這被稱為磨料磨損 (abrasive wear)，並且在如髖植入物這種骨科植入物中是常見的，其中使用了金屬股骨頭和聚乙烯杯。聚乙烯杯的磨損如圖 17.26b 所示。有時，取決於較軟材料的性質，較軟的材料顆粒可能黏附在較硬的表面上，形成薄膜並在較硬的表面上橋接粗糙。該薄膜稱為**轉移薄膜** (transfer film)，它利用增加接觸面積來降低磨損率。

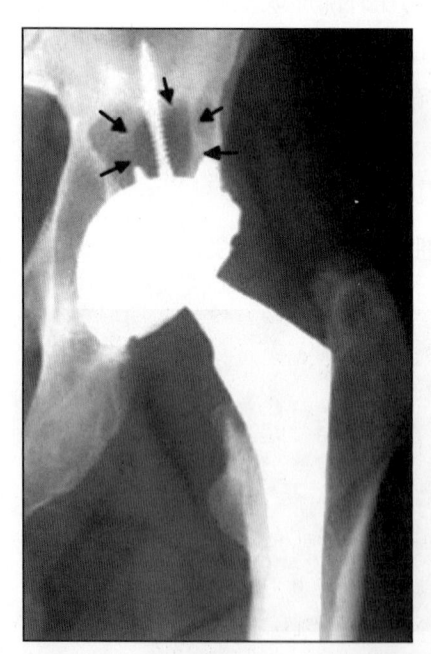

圖 17.25　髖關節置換術中的義肢髖臼組件上的磨屑所引起的骨溶解。
(Courtesy of Elsevier)

(a)　　　　　　　　　　　　　　　　(b)

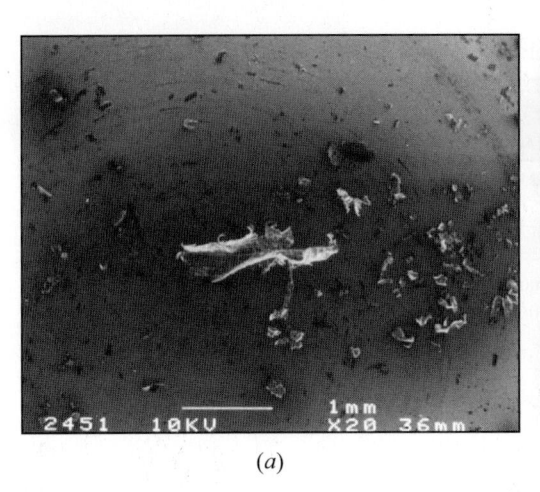

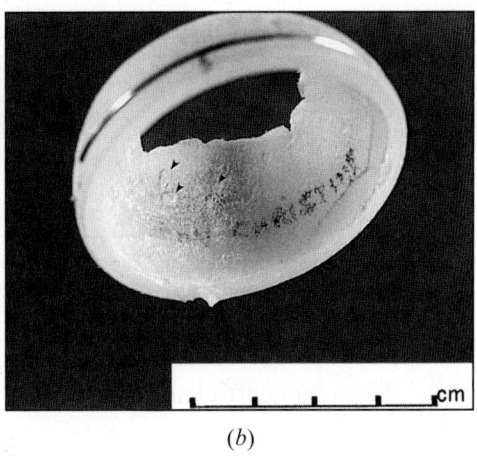

圖 17.26 (a) 附著在金屬股骨頭上的黏性磨損顆粒；(b) 髖關節植入物中的聚乙烯杯中的嚴重磨損。

((a-b) Courtesy of Elsevier)

　　藉由在軸承表面之間添加潤滑劑可以減少摩擦和磨損。有三種類型的潤滑機制：**流體薄膜潤滑** (fluid film lubrication)、混合潤滑 (mixed lubrication) 和**邊界潤滑** (boundary lubrication)。在邊界潤滑中，潤滑劑膜黏附在軸承表面上以減少摩擦。在這種類型的潤滑中，存在顯著的粗糙接觸。在流體薄膜潤滑中，在支承表面之間形成流體薄膜，使它們完全分離。混合潤滑具有流體薄膜潤滑和邊界潤滑的特徵。流體薄膜潤滑可以導致最小磨損。在我們的身體中，滑液可充當天然潤滑劑。根據對關節施加負載之歷史，在不同時間在關節中可以發生流體薄膜潤滑和邊界潤滑。例如，長時間承重可以將流體薄膜擠出接觸區域，但是邊界潤滑保持了關節的正常功能。滑液可降低關節摩擦係數達 0.001。由於生理障礙導致的滑液黏性的任何變化都可能導致軟骨磨損。

　　磨損顆粒的體積是決定磨損程度的關鍵參數。隨著滑動表面上的正向力和滑動距離的增加，磨損體積也增加。隨著較表面的硬度增加，磨損體積減小。

$$V = Wx/H \qquad (17.9)$$

其中

V = 磨屑體積

W = 垂直力

H = 表面硬度

x = 總滑動距離

表 17.3 用於骨科植入物的不同材料組合的磨損係數

材料組合	磨損係數 K (mm³/Nm)
超高分子量聚乙烯與金屬	10^{-7}
金屬與金屬	10^{-7}
陶瓷與陶瓷	10^{-8}

Source: Jin, Z.M., Stone, M., Ingham, E., and Fisher, J., "Biotribology," *Current Orthopaedics*, 20:32–40, 2006.

磨損係數 (wear coefficient) 可以引入 (17.9) 式，這樣就給了我們方程式

$$K_1 = VH/Wx \tag{17.10}$$

為了消除等式中的硬度 (由於難以測量聚合物中的硬度)，引入了尺寸磨損因子

$$K = V/Wx \tag{17.11}$$

K 的單位通常為 mm³/Nm。表 17.3 給出了重要材料的 K 值。

用於測量摩擦和磨損的實驗技術涉及使用由一種材料製成的平台相對於另一種材料的尖端往復運動或旋轉。然而，由這種實驗產生的數據在骨科植入物的設計中的使用是有限的，因為關節義肢的幾何形狀複雜，並且由於步態導致負載的大小是可變的。**關節模擬器** (joint simulators) (圖 17.27) 是用於測量關節義肢磨損的常用儀器。在關節模擬器中，關節義肢的幾種設計可以以相同的方式加載到模擬器體內數百萬次。在這些測試中使用小牛血清作為潤滑劑，因為它具有接近滑液的物理和化學性質。利用在測試之前和測試之後將義肢稱重以測量磨損量。

磨損顆粒的尺寸也很重要。較小的磨損顆粒容易遷移到身體的其他部位，並

圖 17.27 多站式髖關節模擬器可用於同時測量具有不同設計的植入物之磨損並進行比較。
(©Mauro Fermariello/Science Source))

引起免疫反應。對於黏著磨損，磨損顆粒的直徑可以使用以下等式預測：

$$d = 6 \times 10^4 \, W_{12}/H \quad (17.12)$$

其中

　　d = 磨損顆粒的直徑
　W_{12} = 材料 1 和材料 2 之間黏合的表面能
　　H = 磨損表面的硬度。

聚合物材料會產生最大的磨損顆粒，而陶瓷材料產生最小的磨損顆粒。金屬產生的磨損顆粒則具有中等尺寸。

為了確保骨科植入物具有最小磨損，幾個步驟必須採用。設計參數 (例如配合表面之間的間隙) 需要被最佳化以促進流體薄膜潤滑。處理植入物的表面以使它們更硬。例如，在分子氮氣的存在下，將鈦植入物加熱至約 1100°F 一段特定的時間。這將導致氮在植入物表面上的鈦中產生固溶體，而增加了表面硬度。用非常硬的材料塗覆植入物表面是另一種用於減少植入物磨損的方法。在用非晶質碳塗覆表面方面，已經取得了研究進展，該非晶質碳具有非常高的硬度和低摩擦。為了此目的，需要使用電漿輔助化學氣相沉積技術的特殊塗覆技術。

17.11　組織工程 Tissue Engineering

生醫材料不等同於生物材料，而且它們具有若干缺點，從長遠來看會影響生物醫學裝置的有效性。雖然許多研究工作仍然繼續在改善生醫材料的性能，但不同方面的努力正在試圖再生或修復受損組織或器官。這種方法稱為組織工程。

組織工程涉及從供體組織中提取細胞。這些細胞可以直接植入或允許在組織培養溶液中以有組織的模式增殖。支持和引導細胞增殖的三維結構被稱為支架。該支架必須是可生物降解的，並且在所需方向上支持細胞增殖。支架還需要滿足生物相容性的要求。聚乳酸是一種流行的支架材料並用於組織工程。將這些支架用供體細胞接種並置於生物反應器中，在其中刺激它們並提供生長因子以促進增殖。

組織工程是一個快速發展的領域，並且經常取得新的進展。正在研究的是生產支架和開發新支架材料的新的與更有效的方法。快速原型製作 (也稱為 3D 列印) 是一種最近的技術，已經被研究用以產生複雜的支架結構。還有研究通過對沒有任何支架的生長組織使用機械刺激以促進連續性的重塑。

17.12 總結 Summary

生物材料是生物系統產生的材料。這些材料具有修復和改造自身的能力。骨頭是人體內的天然複合材料。它由有機(膠原)和無機(氫氧磷灰石)材料的混合物所組成。骨頭的巨觀結構由兩種不同類型的骨組織組成：皮質骨和疏鬆骨。骨具有異向性之特性，與複合材料一致。同樣重要的是要注意骨骼在壓縮力下更強。韌帶和肌腱由膠原纖維組成；原纖維是平行排列的，且細胞外基質不含礦物質。因此，韌帶是柔軟的，並且它們的微結構更適合抵抗拉伸負載。韌帶和肌腱是黏彈性的，它們的機械性能取決於微觀結構參數，例如膠原纖維的數量和膠原的量。軟骨是一種高度多孔的組織，覆蓋了我們骨骼的關節端。軟骨比韌帶和骨骼含有更多的水。它具有高黏彈性，主要承受壓縮和剪切。

生醫材料是用於製造設計用於植入生命系統內的醫療裝置的材料。特定類型的金屬、陶瓷和聚合物可用作生醫材料。生物相容性是所有生醫材料的理想特性，它指的是生醫材料對身體無毒並且對體內的條件呈惰性的狀態。生物金屬是用於生物醫學植入物的金屬。不鏽鋼，Co-20 Cr-15 W-10 Ni 等鈷基合金和 Ti-6 Al-4 V 等鈦合金是一些通常用於骨科植入物的生物金屬。骨的彈性模數遠低於大多數金屬的彈性模數，並且期望生物金屬具有接近骨的彈性模數。否則，植入物將承受大部分生理上的負載，導致骨應力屏蔽並最終導致骨骼退化。

聚合物材料在生物醫學應用中的使用是顯著增加的。聚合物用於心血管、眼科、藥物遞送和骨科應用。聚合物也是組織工程領域中用作可生物降解的支架的主要材料。陶瓷也被用於生物醫學領域作為植入材料。它們的化學穩定性和生物相容性非常適合人體的惡劣環境，它們可用於關節置換和其他骨科的應用。

奈米技術的研究可望改善陶瓷材料的主要缺點：它們的脆性。早期的研究表明，奈米晶陶瓷具有比傳統陶瓷更高的延展性。這可以允許更複雜的陶瓷零件能夠更便宜的生產。透過設計新的複合材料，可以將幾種生物材料的優點結合起來。目前正在研究在生物醫學應用中所使用複合材料。碳纖維增強聚合物為各種骨科應用提供強度和延展性。腐蝕和磨損是與生物材料相關的主要問題。腐蝕不僅會削弱植入材料，還會導致體內離子不平衡。磨損會導致有害的磨損碎片並影響植入物的功能。這種生物材料的各種缺點導致了稱為組織工程的新領域的發展。組織工程涉及透過受控過程使組織生長，以便可以再生損失或受損的組織。生醫材料也作為支架材料，並在該領域中發揮其功能。

17.13 名詞解釋 Definitions

17.1 節

- **生醫材料** (biomaterial)：一種系統上和藥理學上惰性的物質，設計用於植入生命系統或納入生命系統。
- **生物材料** (biological material)：由生物系統產生的材料。

17.2 節

- **骨頭重塑** (bone remodeling)：骨頭內的結構改變，以反應改變的壓力狀態。

CHAPTER **17** 生物材料與生醫材料

- **膠原蛋白** (collagen)：一種具有纖維結構的蛋白質。
- **皮質骨** (cortical bone)：密集的骨組織，覆蓋我們長骨的大部分外表面。
- **股骨** (femur)：大腿骨、股骨。
- **脛骨** (tibia)：脛骨。
- **小梁骨** (trabecular bone)：容納骨髓的多孔骨組織。

17.3 節
- **肌腱** (tendons)：將肌肉與骨骼連接起來的軟組織。
- **韌帶** (ligaments)：將一塊骨頭連接到另一塊骨頭的軟組織。
- **纖維母細胞** (fibroblasts)：韌帶和肌腱中的特殊細胞，負責細胞外基質的分泌。
- **細胞外基質** (extracellular matrix)：碳水化合物和蛋白質的複雜，無生命的混合物。
- **原纖維** (fibril)：韌帶和肌腱內的功能性承受負載的構件。
- **腳趾區域** (toe-region)：軟組織的應力 - 應變曲線的初始非線性區域。
- **前十字韌帶** (anterior cruciate ligament, ACL)：將脛骨與股骨連接的韌帶。
- **髕腱** (patellar tendon)：將髕骨 (膝蓋骨) 連接到脛骨的組織。
- **滑液** (synovial fluid)：黏性液體，存在於我們大多數關節的關節腔內。

17.4 節
- **蛋白聚醣** (proteoglycans)：具有蛋白質核心，且具有許多醣鏈的大分子附著在核心上。
- **軟骨下區** (subchondral bone)：緊靠關節軟骨下方的骨。
- **骨關節炎** (osteoarthritis)：由關節軟骨退化引起的疼痛和腫脹。

17.5 節
- **生物金屬** (biometals)：生物醫學應用中使用的金屬。
- **生物相容性** (biocompatibility)：當在人體中使用時，材料的化學穩定性、耐腐蝕性、非致癌性和無毒性。
- **加壓骨板** (compression plate)：設計用於在骨折部位以施加壓應力的骨折固定板。
- **應力屏蔽** (stress shielding)：植入物承載大部分施加的負荷，使骨頭免受應力的情況。

17.6 節
- **生物可降解的聚合物** (biodegradable polymers)：可以降解並被吸收到生物系統中的聚合物。
- **狹窄症** (stenosis)：心臟瓣膜硬化。
- **水凝膠** (hydrogel)：親水性聚合物材料，吸收水分並膨脹。
- **骨水泥** (bone cement)：用於填充植入物和骨骼之間空間的結構材料 (主要是 PMMA)。

17.7 節
- **奈米技術** (nanotechnology)：科技的一個分支，處理小於 100 nm 的物質控制。

17.9 節
- **骨質溶解** (osteolysis)：與植入物相關的磨損和腐蝕碎屑周圍的骨組織死亡。

17.10 節
- **生物摩擦學** (biotribology)：一個涉及生物醫學植入物和關節的摩擦和磨損研究的領域。
- **粗糙物質** (asperity)：軸承表面的不規則或粗糙。
- **轉移薄膜** (transfer film)：在摩擦較硬的材料上形成的較軟材料的薄膜，橋接其粗糙。
- **邊界潤滑** (boundary lubrication)：潤滑劑膜黏附在軸承表面上的條件，從而減少摩擦。
- **流體薄膜潤滑** (fluid film lubrication)：在軸承表面之間形成流體薄膜的條件，將它們完全分開。
- **關節模擬器** (joint simulator)：用於在生理上加載關節義肢以測量其磨損的設備。

17.14 習題 Problems

知識及理解性問題

17.1 解釋生醫材料和生物材料之間的區別。

17.2 聚合物如何用於心血管應用？

17.3 如何在藥物輸送系統中使用聚合物？

17.4 討論聚合物在骨科中的應用。

17.5 奈米晶陶瓷與傳統陶瓷有何不同？

17.6 骨科植入物在人體內的負面影響是什麼？

17.7 什麼是轉移薄膜？它對磨損有什麼影響？

17.8 什麼是骨質溶解？它是如何引起的？它的後果是什麼？

17.9 材料的彈性模數與其磨損有何關係？

應用及分析問題

17.10 比較不鏽鋼、鈷合金和鈦合金之間的生物相容性問題。

17.11 皮質骨礦物相的彈性模數為 1.15×10^5 MPa，有機相的彈性模數為 1.10×10^3 MPa。繪製骨的彈性模數與礦物質含量的體積比例之函數圖。如果 90% 的材料表現為等壓條件並且實驗彈性模數為 20 GPa，則找到骨的礦物相和有機相的體積比例。

17.12 我們的脊柱由 16 個椎間盤組成。與我們的下背部的圓盤相比，靠近我們頸部的圓盤具有更小的橫截面積和厚度。假設盤的厚度從 5 mm 到 15 mm 線性變化 (即，每個盤比其上面的盤厚

0.66 mm)。因為所有圓盤在靜置時都承受 0.5 MPa 的恆定應力。如果脊椎盤可以用標準線性固體來建模，$E_1 = 4.9$ MPa、$E_2 = 8$ MPa 和 $\mu = 20$ GPa·s，當達到穩定狀態時，找出由於盤壓縮導致的人的身高減小量。

綜合及評價問題

17.13 髕腱移植物用於 ACL 重建。根據本章給出的屬性，找出匹配 ACL 強度和剛度所需的髕腱移植物的大小。

17.14 與問題 17.41 具有相同的條件，如果板材是碳纖維增強聚碳酸酯，找到板的橫截面積。

17.15 外科醫生希望在運動員中使用帶有陶瓷支承表面的髖關節植入物，因為陶瓷的腐蝕特性非常好並且運動員的預期壽命很長。你對他們選擇的軸承材料有何建議？

17.16 為什麼韌帶有平行的膠原纖維？

17.17 水含量在肌腱的力學行為中起什麼作用？

17.18 為什麼高膠原蛋白含量會導致韌帶和肌腱的拉伸強度增加？

17.19 當你早上醒來時，幾個小時後你的身高會高於你的身高。為什麼會這樣？

17.20 解釋為什麼膠原纖維平行於關節表面正下方的關節表面排列。

附　錄

附錄 I　元素性質

元素	符號	熔點, °C	密度 * g/cm³	原子半徑, nm	晶體結構† (20°C)	晶格常數 (20°C), nm a	c
鋁 (Aluminum)	Al	660	2.70	0.143	面心立方	0.40496	
銻 (Antimony)	Sb	630	6.70	0.138	菱形	0.45067	
砷 (Arsenic)	As	817	5.72	0.125	菱形‡	0.4131	
鋇 (Barium)	Ba	714	3.5	0.217	體心立方‡	0.5019	
鈹 (Beryllium)	Be	1278	1.85	0.113	六方最密堆積‡	0.22856	0.35832
硼 (Boron)	B	2030	2.34	0.097	斜方		
溴 (Bromine)	Br	−7.2	3.12	0.119	斜方		
鎘 (Cadmium)	Cd	321	8.65	0.148	六方最密堆積‡	0.29788	0.561667
鈣 (Calcium)	Ca	846	1.55	0.197	面心立方‡	0.5582	
碳 (Carbon) (石墨)	C	3550	2.25	0.077	六方	0.24612	0.67078
銫 (Cesium)	Cs	28.7	1.87	0.190	體心立方		
氯 (Chlorine)	Cl	−101	1.9	0.099	正方		
鉻 (Chromium)	Cr	1875	7.19	0.128	體心立方‡	0.28846	
鈷 (Cobalt)	Co	1498	8.85	0.125	六方最密堆積‡	0.2506	0.4069
銅 (Copper)	Cu	1083	8.96	0.128	面心立方	0.36147	
氟 (Fluorine)	F	−220	1.3	0.071			
鎵 (Gallium)	Ga	29.8	5.91	0.135	斜方		
鍺 (Germanium)	Ge	937	5.32	0.139	鑽石立方	0.56576	
金 (Gold)	Au	1063	19.3	0.144	面心立方	0.40788	
氦 (Helium)	He	−270	...	...	六方最密堆積		
氫 (Hydrogen)	H	−259	...	0.046	六方		
銦 (Indium)	In	157	7.31	0.162	面心正方	0.45979	0.49467
碘 (Iodine)	I	114	4.94	0.136	斜方		
銥 (Iridium)	Ir	2454	22.4	0.135	面心立方	0.38389	
鐵 (Iron)	Fe	1536	7.87	0.124	體心立方‡	0.28664	
鉛 (Lead)	Pb	327	11.34	0.175	面心立方	0.49502	
鋰 (Lithium)	Li	180	0.53	0.157	體心立方	0.35092	
鎂 (Magnesium)	Mg	650	1.74	0.160	六方最密堆積	0.32094	0.52105
錳 (Manganese)	Mn	1245	7.43	0.118	立方‡	0.89139	
汞 (Mercury)	Hg	−38.4	14.19	0.155	菱形		
鉬 (Molybdenum)	Mo	2610	10.2	0.140	體心立方	0.31468	
氖 (Neon)	Ne	−248.7	1.45	0.160	面心立方		
鎳 (Nickel)	Ni	1453	8.9	0.125	面心立方	0.35236	
鈮 (Niobium)	Nb	2415	8.6	0.143	體心立方	0.33007	
氮 (Nitrogen)	N	−240	1.03	0.071	六方‡		
鋨 (Osmium)	Os	2700	22.57	0.135	六方最密堆積	0.27353	0.43191
氧 (Oxygen)	O	−218	1.43	0.060	立方‡		
鈀 (Palladium)	Pd	1552	12.0	0.137	面心立方	0.38907	
磷 (Phosphorus) (白色)	P	44.2	1.83	0.110	立方‡		
鉑 (Platinum)	Pt	1769	21.4	0.139	面心立方	0.39239	
鉀 (Potassium)	K	63.9	0.86	0.238	體心立方	0.5344	
錸 (Rhenium)	Re	3180	21.0	0.138	六方最密堆積	0.27609	0.44583
銠 (Rhodium)	Rh	1966	12.4	0.134	面心立方	0.38044	
釕 (Ruthenium)	Ru	2500	12.2	0.125	六方最密堆積	0.27038	0.42816
鈧 (Scandium)	Sc	1539	2.99	0.160	面心立方	0.4541	
矽 (Silicon)	Si	1410	2.34	0.117	鑽石立方	0.54282	
銀 (Silver)	Ag	961	10.5	0.144	面心立方	0.40856	

元素	符號	熔點, °C	密度 * g/cm³	原子半徑, nm	晶體結構[†] (20°C)	晶格常數 (20°C), nm a	c
鈉 (Sodium)	Na	97.8	0.97	0.192	體心立方	0.42906	
鍶 (Strontium)	Sr	76.8	2.60	0.215	面心立方[‡]	0.6087	
硫 (Sulfur)（黃色）	S	119	2.07	0.104	斜方		
鉭 (Tantalum)	Ta	2996	16.6	0.143	體心立方	0.33026	
錫 (Tin)	Sn	232	7.30	0.158	正方[‡]	0.58311	0.31817
鈦 (Titanium)	Ti	1668	4.51	0.147	六方最密堆積[‡]	0.29504	0.46833
鎢 (Tungsten)	W	3410	19.3	0.141	體心立方	0.31648	
鈾 (Uranium)	U	1132	19.0	0.138	斜方[‡]	0.2858	0.4955
釩 (Vanadium)	V	1900	6.1	0.136	體心立方	0.3039	
鋅 (Zinc)	Zn	419.5	7.13	0.137	六方最密堆積	0.26649	0.49470
鋯 (Zirconium)	Zr	1852	6.49	0.160	六方最密堆積[‡]	0.32312	0.51477

* 20°C 時的固體密度。
[†] b = 0.5877 nm。
[‡] 在其他溫度時會有其他的結晶構造。

附錄 II　元素的離子半徑 [1]

原子序數	元素（符號）	離子	離子半徑, nm	原子序數	元素（符號）	離子	離子半徑, nm
1	H	H⁻	0.154	23	V	V^{3+}	0.065
2	He					V^{4+}	0.061
3	Li	Li^+	0.078			V^{5+}	~0.04
4	Be	Be^{2+}	0.034	24	Cr	Cr^{3+}	0.064
5	B	B^{3+}	0.02			Cr^{6+}	0.03–0.04
6	C	C^{4+}	<0.02	25	Mn	Mn^{2+}	0.091
7	N	N^{5+}	0.01–0.02			Mn^{3+}	0.070
8	O	O^{2-}	0.132			Mn^{4+}	0.052
9	F	F^-	0.133	26	Fe	Fe^{2+}	0.087
10	Ne					Fe^{3+}	0.067
11	Na	Na^+	0.098	27	Co	Co^{2+}	0.082
12	Mg	Mg^{2+}	0.078			Co^{3+}	0.065
13	Al	Al^{3+}	0.057	28	Ni	Ni^{2+}	0.078
14	Si	Si^{4-}	0.198	29	Cu	Cu^+	0.096
		Si^{4+}	0.039	30	Zn	Zn^{2+}	0.083
15	P	P^{5+}	0.03–0.04	31	Ga	Ga^{3+}	0.062
16	S	S^{2-}	0.174	32	Ge	Ge^{4+}	0.044
		S^{6+}	0.034	33	As	As^{3+}	0.069
17	Cl	Cl^-	0.181			As^{5+}	~0.04
18	Ar			34	Se	Se^{2-}	0.191
19	K	K^+	0.133			Se^{6+}	0.03–0.04
20	Ca	Ca^{2+}	0.106	35	Br	Br^-	0.196
21	Sc	Sc^{2+}	0.083	36	Kr		
22	Ti	Ti^{2+}	0.076	37	Rb	Rb^+	0.149
		Ti^{3+}	0.069	38	Sr	Sr^{2+}	0.127
		Ti^{4+}	0.064				

原子序數	元素（符號）	離子	離子半徑, nm	原子序數	元素（符號）	離子	離子半徑, nm
39	Y	Y^{3+}	0.106	66	Dy	Dy^{3+}	0.107
40	Zr	Zr^{4+}	0.087	67	Ho	Ho^{3+}	0.105
41	Nb	Nb^{4+}	0.069	68	Er	Er^{3+}	0.104
		Nb^{5+}	0.069	69	Tm	Tm^{3+}	0.104
42	Mo	Mo^{4+}	0.068	70	Yb	Yb^{3+}	0.100
		Mo^{6+}	0.065	71	Lu	Lu^{3+}	0.099
44	Ru	Ru^{4+}	0.065	72	Hf	Hf^{4+}	0.084
45	Rh	Rh^{3+}	0.068	73	Ta	Ta^{5+}	0.068
		Rh^{4+}	0.065	74	W	W^{4+}	0.068
46	Pd	Pd^{2+}	0.050			W^{6+}	0.065
47	Ag	Ag^{+}	0.113	75	Re	Re^{4+}	0.072
48	Cd	Cd^{2+}	0.103	76	Os	Os^{4+}	0.067
49	In	In^{3+}	0.092	77	Ir	Ir^{4+}	0.066
50	Sn	Sn^{4-}	0.215	78	Pt	Pt^{2+}	0.052
		Sn^{4+}	0.074			Pt^{4+}	0.055
51	Sb	Sb^{3+}	0.090	79	Au	Au^{+}	0.137
52	Te	Te^{2-}	0.211	80	Hg	Hg^{2+}	0.112
		Te^{4+}	0.089	81	Tl	Tl^{+}	0.149
53	I	I^{-}	0.220			Tl^{3+}	0.106
		I^{5+}	0.094	82	Pb	Pb^{4-}	0.215
54	Xe					Pb^{2+}	0.132
55	Cs	Cs^{+}	0.165			Pb^{4+}	0.084
56	Ba	Ba^{2+}	0.143	83	Bi	Bi^{3+}	0.120
57	La	La^{3+}	0.122	84	Po		
58	Ce	Ce^{3+}	0.118	85	At		
		Ce^{4+}	0.102	86	Rn		
59	Pr	Pr^{3+}	0.116	87	Fr		
		Pr^{4+}	0.100	88	Ra	Ra^{+}	0.152
60	Nd	Nd^{3+}	0.115	89	Ac		
61	Pm	Pm^{3+}	0.106	90	Th	Th^{4+}	0.110
62	Sm	Sm^{3+}	0.113	91	Pa		
63	Eu	Eu^{3+}	0.113	92	U	U^{4+}	0.105
64	Gd	Gd^{3+}	0.111				
65	Tb	Tb^{3+}	0.109				
		Tb^{4+}	0.089				

[1] 不同晶體的離子半徑也會不同。

資料來源：*C. J. Smithells (ed.), "Metals Reference Book," 5th ed., Butterworth, 1976.*

聚合物的玻璃轉變溫度與熔化溫度

聚合物	玻璃轉變溫度（℃）	熔化溫度（℃）
Nylon 66	50	265
Nylon 12	42	179
Polybutylene terepthalate (PBT)	22	225
Polycarbonate	150	265
Polyetheretherketone (PEEK)	157	374
Polyethylene Terephthalate (PET)	69	265
Polyethylene	−78	100
Acrylonitrile Butadiene Styrene (ABS)	110	105
Polymethyl Methacrylate (PMMA)	38	160
Polypropylene (PP)	−8	176
Polystyrene	100	240
Polytetrafluoroethylene (PTFE)	−20	327
Polyvinyl Chloride (PVC)	87	227
Polyvinyl Ethyl Ether	−43	86
Polyvinyl Fluoride	40	200
Styrene Acrylonitrile	120	120
Cellulose Acetate	190	230
Acrylonitrile	100	317
Polyacetal	−30	183
Polyphenylene Sulfide Molded	118	275
Polysulfone	185	190
Polychloroprene	−50	80
Polydimethyl Siloxane	−123	−40
Polyvinyl Pyrrolidone	86	375
Polyvinylidene Chloride	−18	198

附錄 III　物理量及其單位

物理量	符號	單位	縮寫
長度	l	英吋 (inch)	in
		公尺 (meter)	m
波長	λ	公尺 (meter)	m
質量	m	公斤 (kilogram)	kg
時間	t	秒 (second)	s
溫度	T	攝氏溫度 (degree Celsius)	℃
		華氏溫度 (degree Fahrenheit)	℉
		絕對溫度 (Kelvin)	K
頻率	v	赫茲 (hertz)	Hz $[s^{-1}]$
力	F	牛頓 (newton)	N $[kg \cdot m \cdot s^{-2}]$
應力：			
拉伸應力	σ	巴斯卡 (pascal)	Pa $[N \cdot m^{-2}]$
剪應力	τ	磅/每平方英吋 (pounds per square inch)	lb/in² 或 psi
能、功、熱量		焦耳 (joule)	J $[N \cdot m]$
功率		瓦特 (watt)	W $[J \cdot s^{-1}]$
電流	i	安培 (ampere)	A
電荷	q	庫倫 (coulomb)	C $[A \cdot s]$
電位差、電子遷移力	V, E	伏特 (volt)	V
電阻	R	歐姆 (ohm)	Ω $[V \cdot A^{-1}]$
磁感應	B	特斯拉 (tesla)	T $[V \cdot s \cdot m^{-2}]$

希臘字母

名稱	小寫	大寫	名稱	小寫	大寫
Alpha	α	A	Nu	ν	N
Beta	β	B	Xi	ξ	Ξ
Gamma	γ	Γ	Omicron	o	O
Delta	δ	Δ	Pi	π	Π
Epsilon	ϵ	E	Rho	ρ	P
Zeta	ζ	Z	Sigma	σ	Σ
Eta	η	H	Tau	τ	T
Theta	θ	Θ	Upsilon	υ	Y
Iota	ι	I	Phi	ϕ	Φ
Kappa	κ	K	Chi	χ	X
Lambda	λ	Λ	Psi	ψ	Ψ
Mu	μ	M	Omega	ω	Ω

SI 單位字首表

乘數	字首	符號
10^{-12}	pico	p
10^{-9}	nano	n
10^{-6}	micro	μ
10^{-3}	milli	m
10^{-2}	centi	c
10^{-1}	deci	d
10^{1}	deca	da
10^{2}	hecto	h
10^{3}	kilo	k
10^{6}	mega	M
10^{9}	giga	G
10^{12}	tera	T

範例：1 kilometer = 1 km = 10^3 meters。

參考文獻

Chapter 1

Annual Review of Materials Science. Annual Reviews, Inc. Palo Alto, CA.

Bever, M. B. (ed.) *Encyclopedia of Materials Science and Engineering.* MIT Press-Pergamon, Cambridge, 1986.

Canby, T. Y. "Advanced Materials—Reshaping Our Lives." *Nat. Geog.,* 176(6), 1989, p. 746.

Engineering Materials Handbook. Vol. 1: *Composites,* ASM International, 1988.

Engineering Materials Handbook. Vol. 2: *Engineering Plastics,* ASM International, 1988.

Engineering Materials Handbook. Vol. 4: *Ceramics and Glasses,* ASM International, 1991.

Internet Sources:

www.nasa.gov

www.designinsite.dk/htmsider/inspmat.htm

Jackie Y. Ying, *Nanostructured Materials.* Academic Press, 2001.

"Materials Engineering 2000 and Beyond: Strategies for Competitiveness." *Advanced Materials and Processes* 145(1), 1994.

"Materials Issue." *Sci. Am.,* 255(4), 1986.

Metals Handbook, 2nd Edition, ASM International, 1998.

M. F. Ashby, *Materials Selection in Mechanical Design.* Butterworth-Heinemann, 1996.

M. Madou, *Fundamentals of Microfabrication.* CRC Press, 1997.

Nanomaterials: Synthesis, Properties, and Application. Editors: A. S. Edelstein and R. C. Cammarata, Institute of Physics Publishing, 2002.

National Geographic magazine, 2000–2001.

Wang, Y., et al., *High Tensile Ductility in a Nanostructured Metal, Letters to Nature.* 2002.

Chapter 2

Binnig, G., H. Rohrer, et al. in *Physical Review Letters,* v 50
  pp. 120–24 (1983).

http://ufrphy.lbhp.jussieu.fr/nano/

Brown, T. L., H. E. LeMay, and B. E. Bursten. *Chemistry.* 8th ed. Prentice-Hall, 2000.

Chang, R. *Chemistry.* 5th ed., McGraw-Hill, 1994.

http://www.molec.com/products_consumables.html#STM

Dai, H., J. H. Hairier, A. G. Rinzler, D. T. Colbert, and R. E. Smalley, *Nature* 384, 147–150, 1996.

http://www.omicron.de/index2.html?/results/stm_image_of_chromium_decorated_steps_of_cu_l11/~Omicron

http://www.almaden.ibm.com/almaden/media/image_mirage.html

Chang, R. *General Chemistry.* 4th ed. McGraw-Hill, 1990.

Ebbing, D. D. *General Chemistry.* 5th ed. Houghton Mifflin, 1996.

McWeeny, R. *Coulson's Valence.* 3d ed. Oxford University Press, 1979.

Pauling, L. *The Nature of the Chemical Bond.* 3d ed. Cornell University Press, 1960.

Smith, W. F. *T. M. S. Fall Meeting.* October 11, 2000. Abstract only.

Chapter 3

Barrett, C. S. and T. Massalski. *Structure of Metals.* 3d ed. Pergamon Press, 1980.

Cullity, B. D. *Elements of X-Ray Diffraction.* 2d ed. Addison-Wesley, 1978.

Wilson, A. J. C. *Elements of X-Ray Cystallography.* Addison-Wesley, 1970.

Chapters 4 and 5

Flemings, M. *Solidification Processing.* McGraw-Hill, 1974.

Hirth, J. P., and J. Lothe. *Theory of Dislocations.* 2d ed. Wiley, 1982.

Krauss, G. (ed.) *Carburizing: Processing and Performance.* ASM International, 1989.

Minkoff, I. *Solidification and Cast Structures.* Wiley, 1986.

Shewmon, P. G. *Diffusion in Solids.* 2d ed. Minerals, Mining and Materials Society, 1989.

Chapters 6 and 7

ASM Handbook of Failure Analysis and Prevention. Vol. 11. 1992.

ASM Handbook of Materials Selection and Design. Vol. 20. 1997.

Courtney, T. H. *Mechanical Behavior of Materials.* McGraw-Hill, 1989.

Courtney, T. H. *Mechanical Behavior of Materials.* 2d ed. 2000.

Dieter, G. E. *Mechanical Metallurgy.* 3d ed. McGraw-Hill, 1986.

Hertzberg, R. W. *Deformation and Fracture Mechanics of Engineering Materials.* 3d ed. Wiley, 1989.

http://www.wtec.org/loyola/nano/06_02.htm

Hertzberg, R. W. *Deformation and Fracture Mechanics of Materials.* 4th ed. 1972.

K. S. Kumar, H. Van Swygenhoven, and S. Suresh. "Mechanical behavior of nanocrystalline metals and alloys." Acta Materialia, 51, 5743–5774, 2003.

Schaffer et al. *The Science and Design of Engineering Materials.* McGraw-Hill, 1999.

T. Hanlon, Y. N. Kwon, and S. Suresh. "Grain size effects on the fatigue response of nanocrystalline metals." Scripta Materialia, 49, 675–680, 2003.

Wang et al., "*High Tensile Ductility in a Nanostructured Metal.*" Nature, 419, 2002

Wulpi, J. D., "*Understanding How Components Fail,*" ASM, 2000.

Chapter 8

Massalski, T. B. *Binary Alloy Phase Diagrams.* ASM International, 1986.

Massalski, T. B. *Binary Alloy Phase Diagrams.* 3d ed. ASM International.

Rhines, F. *Phase Diagrams in Metallurgy.* McGraw-Hill, 1956.

Chapter 9

Krauss, G. *Steels: Heat Treatment and Processing Principles.* ASM International, 1990.

The Making, Shaping and Heat Treatment of Steel. 11th ed. Vols. 1–3. The AISE Steel Foundation, 1999–2001.

Smith, W. F. *Structure and Properties of Engineering Alloys.* 2d ed. McGraw-Hill, 1993.

Steel, Annual Statistical Report. American Iron and Steel Institute, 2001.

Walker, J. L., et al. (ed.) *Alloying.* ASM International, 1988.

Chapter 10

Benedict, G. M., and B. L. Goodall. *Metallocene-Catalyzed Polymers.* Plastics Design Library, 1998.

"Engineering Plastics." Vol. 2, *Engineered Materials Handbook.* ASM International, 1988.

Kaufman, H. S., and J. J. Falcetta (eds.) *Introduction to Polymer Science and Technology.* Wiley, 1977.

Kohen, M. *Nylon Handbook.* Hanser, 1998.

Moore, E. P. *Polypropylene Handbook.* Hanser, 1996.

Moore, G. R., and D. E. Kline, *Properties and Processing of Polymers for Engineers.* Prentice-Hall, 1984.

Salamone, J. C. (ed.) *Polymeric Materials Encyclopedia.* Vols. 1 through 10. CRC Press, 1996.

Chapter 11

Barsoum, M. *Fundamentals of Ceramics.* McGraw-Hill, 1997.

Bhusan, B. (ed.) *Handbook of Nanotechnology.* Springer, 2004.

Chiang, Y., D. P. Birnie, and W. D. Kingery. *Physical Ceramics.* Wiley, 1997.

Davis, J. R. (ed.) *Handbook of Materials for Medical Devices.* ASM International, 2003.

Edelstein, A. S., and Cammarata, R. C. (eds.) *Nanomaterials: Synthesis, Properties, and Application,* Institute of Physics Publishing, 2002.

Handbook of Nanotechnology. Editor: B. Bhusan, Springer, 2004.

Jacobs, J. A., and Kilduf, T. F. *Engineering Materials Technology.* 5th ed. Prentice Hall, 2004.

Kingery, W. D., H. K. Bowen, and D. R. Uhlmann. *Introduction to Ceramics.* 2d ed. Wiley, 1976.

Medical Device Materials, Proceedings of the Materials and Processes for Medical Devices Conference, S. Shrivastava, Editor, ASM international, 2003.

Mobley, J. (ed.). *The American Ceramic Society, 100 Years.* American Ceramic Society, 1998.

Nanomaterials: Synthesis, Properties, and Application, Editors: A. S. Edelstein and R. C. Cammarata, Institute of Physics Publishing, 2002.

Nanostructured Materials, Editor: Jackie Y. Ying, Academic Press, 2001.

Shrivastava, S. (ed.) *Medical Device Materials,* Proceedings of the Materials and Processes for Medical Devices Conference, ASM International, 2003.

Wachtman, J. B. (ed.) *Ceramic Innovations in the Twentieth Century.* The American Ceramic Society, 1999.

Wachtman, J. B. (ed.) *Structural Ceramics.* Academic, 1989.

Ying, J. Y. (ed.) *Nanostructured Materials,* Academic Press, 2001.

Chapter 12

Chawla, K. K. *Composite Materials.* Springer-Verlag, 1987.

Handbook of Materials for Medical Devices, J. R. Davis, (ed.), ASM International, 2003.

Harris, B. *Engineering Composite Materials.* Institute of Metals (London), 1986.

Metals Handbook. Vol. 21: *Composites.* ASM International, 2001.

Nordin, M., and V. H. Frankel. *Basic Biomechanics of the Musculoskeletal System.* 3rd Ed., Lippincot, Williams, and Wilkins, 2001.

Ying, J. Y. (ed.) *Nanostructured Materials*, Academic Press, 2001.

http://silver.neep.wisc.edu/-Jakes/BoneTrab.html

Chapter 13

Corrosion. Vol. 13, *Metals Handbook.* 9th ed. ASM International, 1987.

Jones, D. A. *Corrosion.* 2d ed. Prentice-Hall, 1996.

Uhlig, H. H. *Corrosion and Corrosion Control.* 3d ed. Wiley, 1985.

Chapter 14

Binnig, G., H. Rohrer, et al. in *Physical Review Letters,* v 50 pp. 120–24 (1983).

http://ufrphy.lbhp.jussieu.fr/nano/

Dai, H., J. H. Hafner, A. G. Rinzler, D. T. Colbert, and R. E. Smalley, Nature 384, 147–150, 1996.

http://www.omicron.de/index2.html?/results/stm_image_of_chromium_decorated_steps_of_cu_111/~Omicron

http://www.almaden.ibm.com/almaden/media/image_mirage.html

Hodges, D. A., and H. G. Jackson. *Analysis and Design of Digital Integrated Circuits.* 2d ed. McGraw-Hill, 1988.

Mahajan, S., and K. S. Sree Harsha. *Principles of Growth and Processing of Semiconductors.* McGraw-Hill, 1999.

http://www.molec.com/products_consumables.html#STM

Nalwa, H. S. (ed.) *Handbook of Advanced Electronic and Photonic Materials and Devices.* Vol. 1: *Semiconductors.* Academic Press, 2001.

Sze, S. M. (ed.) *VLSI Technology.* 2d ed. McGraw-Hill, 1988.

Sze, S. M. *Semiconductor Devices.* Wiley, 1985.

Wolf, S. *Silicon Processing for the VLSI Era.* 2d ed. Lattice Press, 2000.

Chapter 15

Chafee, C. D. *The Rewiring of America.* Academic, 1988.

Hatfield, W. H., and J. H. Miller, *High Temperature Superconducting Materials.* Marcel Dekker, 1988.

Miller, S. E., and I. P. Kaminow. *Optical Fiber Communications II.* Academic, 1988.

The material property data and the glass transition temperature data were obtained from the following list of references:

1. *ASM Handbooks.* Vol. 1, *Properties and Selection: Irons, Steels, and High Performance Alloys.* ASM International.
2. *ASM Handbooks.* Vol. 8, *Mechanical Testing and Evaluation.* ASM international, Materials Park, OH.
3. *ASM Handbooks.* Vol. 19, *Fatigue and Fracture.* ASM International.
4. *ASM Metals Handbook Desk Edition,* ASM International.
5. *ASM Ready Reference: Electrical and Magnetic Properties of Materials.* ASM International.
6. *ASM Engineered Materials Reference Book.* ASM International.
7. *Mechanical Properties and Testing of Polymers: An A-Z Reference (1999)* Edited by G. M. Swallowe. Kluwer Academic Publishers, Dordrecht, Netherlands.

Nalwa, H. S. (ed.) *Handbook of Advanced Electronic and Photonic Materials and Devices.* Vols. 3–8. Academic Press, 2001.

Chapter 16

Chin, G. Y., and J. H. Wernick. "Magnetic Materials, Bulk." Vol. 14, *Kirk-Othmer Encyclopedia of Chemical Technology.* 3d ed. Wiley, 1981, p. 686.

Coey, M., et al. (eds.) *Advanced Hard and Soft Magnetic Materials.* Vol. 577. Materials Research Society, 1999.

Cullity, B. D. *Introduction to Magnetic Materials.* Addison-Wesley, 1972.

Livingston, J. *Electronic Properties of Engineering Materials.* Chapter 5. Wiley, 1999.

McGee, Margaret A., Howie, Donald W., Costi, Kerry, Haynes, David R., Wildenauer, Corinna I., Pearcy, Mark J., and McLean, Jean D. *Implant retrieval studies of the wear and loosening of prosthetic joints: a review.* Wear 241, 158–165, 2000.

Salsgiver, J. A., et al. (ed.) *Hard and Soft Magnetic Materials.* ASM International, 1987.

Urban, RM, Jacobs , JJ, Gilbert , JL, and Galante , JO. *Migration of corrosion products from modular hip prostheses.* J Bone Joint Surg Am. 76: 1345–1359, 1994.

Watters, E.P.J. , Spedding , P.L., Grimshawa , J., Duffy , J.M., and Spedding, R.L.. *Wear of artificial hip joint material.* Chemical Engineering Journal 112, 137–144, 2005.

8. Nielsen, Lawrence E., Landel, Robert F., *Mechanical Properties of Polymers and Composites.* Marcel Dekker, 1994.
9. Seymour, R.B. Engineering Polymer Sourcebook. McGraw-Hill, Inc., 1990.
10. Watchman, J. B. Mechanical Properties of Ceramics. Wiley, 1996.
11. *Guide to Engineered Materials (A Special Issue to Advanced Materials and Processes).* Vol. 1 (1986). ASM International.
12. *Guide to Engineered Materials (A Special Issue to Advanced Materials and Processes).* Vol. 2 (1987). ASM International.
13. *Guide to Engineered Materials (A Special Issue to Advanced Materials and Processes).* Vol. 3 (1988). ASM International.
14. *ASM Ready Reference: Thermal Properties of Materials.*
15. Wangaard, F. F. The Mechanical Properties of Wood. Wiley, 1950.
16. Manufacturer data sheets.

部分習題解答

Chapter 2

2.9 (a) 6.06gr (b) 92.8% Cu and 7.2% Ni
2.11 (a) 10.81 amu (b) 10.81 (c) match
2.13 $l = 0$ ($m_l = 0$); $l = 1$ ($m_l = -1, 0, +1$),
$l = 2$ ($m_l = -2, -1, 0, +1, +2$), $l = 3$
($m_l = -3, -2, -1, 0, +1, +2, +3$)
2.20 They have the same percentage ionic character.
2.22 The outer electrons in K are farther from the nucleus and easier to remove, thus lower melt temperature.

Chapter 3

3.14 (a) 0.224 nm (b) 0.112 nm (c) 0.100 nm

Chapter 4

4.11 1.11×10^{-7} cm
4.12 (a) 0.036 cm, (b) 4
4.13 9.23

Chapter 5

5.4 (a) 2.77×10^{24} vacancies/m^3
(b) 2.02×10^{-5} vacancies/atom
5.5 56.6 minutes
5.7 2×10^{-4} cm
5.11 7×10^5 atoms/m^2.s

Chapter 6

6.13 engineering $\varepsilon = 0.175$
6.14 (a) engineering stress of 125,000 psi and strain of 0.060 (b) true stress of 132,600 psi and strain of 0.0587
6.22 (a) $\varepsilon_t = \ln(\varepsilon + 1)$ (b) $\sigma_t = \sigma(\varepsilon + 1)$

Chapter 7

7.8 (a) 29 ksi (b) 14.5 ksi (c) 10.5 ksi (d) −0.16
7.13 (a) Either Ti or steel would be fine.
(b) Ti for both safety and low weight.

Chapter 8

8.11 (a) wt% α = 47.4%; wt% L1 = 52.6%
(b) wt% α = 72.2%; wt% L1 = 27.8%
(c) wt% α = 88.5%; wt% L2 = 11.5%
(d) wt% α = 90%; wt% β = 10%

Chapter 9

9.17 Coarse pearlite
9.20 1.08% C
9.22 (a) martensite
(b) tempered martensite, quenching, and tempering process
(c) coarse pearlite
(d) martensite, marquenching process
(e) bainite, austempering
(f) spheroidite
9.27 9.2%

Chapter 10

10.21 14,643 mers
10.23 4.24 g S
10.25 (a) 35.7 days (b) 65.96 days

Chapter 11

11.22 4.9 g/cm^3
11.25 in [111], 1.07 Ce^{4+}/nm and in [110] 2.62 Ce^{4+}/nm

Chapter 12

12.14 (a) Wt% Carbon fiber = 76%, Wt% Epoxy resin = 24%, (b) ρ = 1.60 g/cm3
12.25 0.396

Chapter 13

13.20 101.4 μg/cm^2

Chapter 14

14.18 2.09×10^{-3} Ω

Chapter 15

15.10 539.7 nm (green visible radiation)
15.12 3.79×10^{-2} s

Chapter 17

17.11 $V_o = 0.4$ and $V_m = 0.6$
17.12 25 mm

名詞索引

E 型玻璃 (E glass) 517
GP2 帶 (θ'' 相) 340
n 型 (負型) 外質半導體 [n-type (negative-type) extrinsic semicondutctor] 632
p 型 (正載子型) 外質半導體 [p-type(positive-carrier-type)extrinsic semiconductor] 633
pn 接面 (pn junction) 640
S 型玻璃 (S glass) 517

二劃

八面體位置 (octahedral site) 126
八面體 (octahedral) 467

三劃

工作點 (working point) 502
工程應力 (engineering stress, σ) 183
工程應力 - 應變曲線圖 (engineering stress-strain diagram) 187
工程應變 (engineering strain) 184
下臨界磁場 (lower critical field, Hc1) 691
上臨界磁場 (upper critical field, Hc2) 691

四劃

反 -1,4 聚異戊二烯 (trans-1,4 polyisoprene) 434
反尖晶石結構 (inverse spinel structure) 725
反磁性 (diamagnetism) 702
反鐵磁性 (antiferromagnetism) 706
六方最密堆積 (hexagonal close-packed, HCP) 75
水合反應 (hydration reaction) 536
水凝膠 (hydrogel) 758
方向指數 (direction indices) 82
片狀模塑膠 (sheet-molding compound, SMC) 533
介金屬化合物 (intermetallics) 367
介電強度 (dielectric strength) 656
介電質 (dielectric) 655

中間相 (intermediate phases) 288
中間氧化物 (intermediate oxide) 499
少數載子 (minority carrier) 635
孔蝕 (pitting) 589
化學回火處理的玻璃 (chemically tempered glass) 505
化學週期定律 (law of chemical periodicity) 29
手積層製程 (hand lay-up process) 530

五劃

永久偶極 (permanent dipole) 65
生物可降解的聚合物 (biodegradable polymers) 757
生物材料 (biological materials) 736
生物金屬 (biometals) 752
生物相容性 (biocompatibility) 752
生物摩擦學 (biotribology) 768
生醫材料 (biomaterials) 736
平坦區 (plateau) 265
平衡 (equilibrium) 262
主要鍵結 (primary bonds) 50
主量子數 (principal quantum number) 38
四面體位置 (tetrahedral site) 126
四面體 (tetrahedral) 467
正氧化數 (positive oxidation number) 48
正常尖晶石結構 (normal spinel structure) 725
半徑比 (radius ratio) 461
半導體 (semiconductor) 617
包晶反應 (peritectic reaction) 282
末端相 (terminal phases) 288
本質半導體 (intrinsic semiconductor) 625
石墨 (graphite) 473
白鑄鐵 (white cast iron) 357
立體特異性催化劑 (stereospecific catalyst) 398
立體異構體 (stereoisomer) 398

六劃

回火麻田散鐵系展性鑄鐵 (tempered martensitic malleable iron) 362
吉布斯相定律 (Gibbs phase rule) 263
同位素 (isotope) 27
同質聚合物 (homopolymer) 389
自我間隙 (self-interstitial 或 interstitialcy) 128
自我擴散 (self-diffusion) 154
自旋量子數 (spin quantum number) 40
多形體 (polymorphism) 98
多晶體 (polycrystalline) 122
多數載子 (majority carrier) 635
光束 (beam) 681
光波導 (optical waveguides) 686
光纖通訊 (optical-fiber communication) 684
共析反應 (Eutectoid reaction) 309
共析肥粒鐵 (eutectoid ferrite) 312
共析雪明碳鐵 (eutectoid cementite) 313
共享對 (shared pair) 56
共晶反應 (eutectic reaction) 275
共晶成分 (eutectic composition) 275
共晶前 (proeutectic α) 277
共晶溫度 (eutectic temperature) 275
共晶點 (eutectic point) 275
共聚合物 (copolymer) 389
共價半徑 (covalent radius) 45
共價鍵 (covalent bonding) 56
合金 (alloy) 124
交換能 (exchange energy) 708
交替共聚合物 (alternating copolymer) 389
先進陶瓷 (advanced ceramic) 10
再結晶 (recrystallization) 214
回復 (recovery) 214
肌腱 (tendons) 742
灰鑄鐵 (gray cast iron) 357

七劃

伽凡尼序列 (galvanic series) 586
伽凡尼電偶 (電池)[galvanic couple (cell)] 568
克分子量 (gram-mole) 27
成分的數量 (number of components) 264
吸收率 (absorptivity) 674
低角度晶界 (low-angle boundary) 131
形成層 (cambium layer) 543
形狀記憶合金 (shape-memory alloy) 16
冷作縮減百分比 (percent cold reduction) 177, 181
冷軋 (cold rolling) 176
冷卻曲線 (cooling curve) 265
初析肥粒鐵 (proeutectoid ferrite) 311
初析雪明碳鐵 (proeutectoid cementite) 313
初晶 (primary) 277
延性斷裂 (ductile fracture) 229
延性鑄鐵 (ductile cast iron) 357
延脆轉變 (ductile-to-brittle transition, DBT) 231
材料科學 (materials science) 5
折射率 (index of refraction) 672
角量子數 (orbital quantum number) 38
沃斯田鐵化 (austenitizing) 309
沃斯回火 (austempering) 327
沃爾夫定律 (Wolff's law) 740
均質化 (homogenization) 274
均質成核 (homogeneous nucleation) 115
均壓法 (isostatic pressing) 481
吹模成型 (blow molding) 402
扭轉 (twist) 131

八劃

亞力可 (鋁-鎳-鈷) 合金 [alnico(aluminum-nickel-cobalt)alloy] 721
亞鐵磁性 (ferrimagnetism) 706
亞共析鋼 (hypoeutectoid steel) 309
亞共晶 (hypoeutectic) 277
乳化聚合化 (emulsion polymerization) 394

拉 - 米氏參數 [Larsen-Miller(L.M.)parameter] 251
拉線法 (wire drawing) 181
奈米材料 (nanomaterial) 18
奈米技術 (nanotechnology) 764
奈米結晶金屬 (nanocrystalline metals) 221
居里溫度 (Curie temperature) 661, 707
居量反轉 (population inversion) 681
波來鐵系展性鑄鐵 (pearlitic malleable iron) 362
波來鐵 (pearlite) 310
波特蘭水泥 (portland cement) 535
波爾磁子 (Bohr magneton) 704
固相線 (solidus line) 267
固溶強化 (solid-solution strengthening) 213
固溶線 (solvus line) 275
固溶體 (solid solution) 124
官能度 (functionality) 387
肥粒鐵系展性鑄鐵 (ferritic malleable iron) 362
非晶金屬 (amorphous metal) 371
非穩態擴散 (non–steady-state diffusion) 158
非鐵基金屬及合金 (nonferrous metal and alloy) 6
空間晶格 (space lattice) 72
阿瑞尼斯速率方程式 (Arrhenius rate equation) 152
金屬半徑 (metallic radius) 45
金屬材料 (metallic materials) 6
金屬鍵 (metallic bond) 61
法蘭克缺陷 (Frenkel imperfection) 129
受體能階 (acceptor level) 633

九劃

前十字韌帶 (anterior cruciate ligament, ACL) 745
面心立方 (face-centered cubic, FCC) 75
耐火材料 (refractory) 495
降伏強度 (yield strength, YS 或 σ_y) 190
活性非金屬 (reactive nonmetal) 49
活性金屬 (reactive metal) 49
柱狀晶粒 (columnar grain) 120
負氧化數 (negative oxidation number) 49
軌域 (orbital) 37

穿晶 (transgranular) 231
恆溫轉變圖 [isothermal transformation (IT) diagram] 318
相對磁導率 (relative permeability) 701
玻璃化作用 (vitrification) 485
玻璃形成氧化物 (glass-forming oxide) 498
玻璃搪瓷 (glass enamel) 506
玻璃轉換溫度 (glass transition temperature, Tg) 395, 498
玻璃 (glass) 498
屏蔽效應 (shielding effect) 41
施體能階 (donor level) 632
流體薄膜潤滑 (fluid film lubrication) 769
胚 (embryo) 115
相 (phase) 262

十劃

原子堆積因子 (atomic packing factor, APF) 76
原子質量單位 (atomic mass unit, amu) 27
原纖維 (fibrils) 743
高分子聚合物材料 (polymeric materials) 6
高角度晶界 (high-angle boundary) 131
倍比定律 (law of multiple proportions) 24
骨水泥 (bone cement) 760
骨傳導性 (osteoconductivity) 763
骨質溶解 (osteolysis) 767
骨頭重塑 (bone remodeling) 740
骨關節炎 (osteoarthritis) 751
退火點 (annealing point) 502
退火 (annealing) 176, 214
射出成型 (injection molding) 400
浮式玻璃 (float-glass) 503
逆向偏壓 (reverse biased) 641
配位數 (coordination number, CN) 460
真空袋成型 (vacuum bag molding) 531
脆性斷裂 (brittle fracture) 229
展性鑄鐵 (malleable cast iron) 357
起泡 (blistering) 598

狹窄症 (stenosis) 757
核 (nuclei) 114
核偏析結構 (cored structure) 273
核電荷效應 (nucleus charge effect) 41
能帶模型 (energy-band model) 623
差排 (dislocation) 129
疲勞失效 (fatigue failure) 236
疲勞壽命 (fatigue life) 236
疲勞 (fatigue) 236
氧濃度電池 (oxygen-concentration cell) 576

十一劃

第一游離能 (first ionization energy, IE1) 46
第二游離能 (second ionization energy, IE2) 47
第 I 型超導體 (type I superconductor) 691
第 II 型超導體 (type II superconductor) 691
球化波來體 (spheroidite) 326
強化混凝土 (reinforced concrete) 540
軟化點 (softening point) 502
軟木 (softwoods) 544
軟骨下區 (subchondral bone) 750
基本單元 (motif) 73
麻田散鐵 (martensite) 315
麻回火 (martempering) 326
麻淬火 (marquenching) 326
蛋白聚醣 (proteoglycans) 750
混成軌域 (hybrid orbitals) 58
混摻物 (blend) 9
混凝土 (concrete) 534
逐步聚合化 (stepwise polymerization) 392
接枝共聚合物 (graft copolymer) 389
雪明碳鐵 (cementite) 307
細胞外基質 (extracellular matrix) 743
區段共聚合物 (block copolymer) 389
液相線 (liquidus line) 267
氫脆 (hydrogen embrittlement) 598
氫鍵 (hydrogen bond) 66
陶瓷材料 (ceramic material) 6, 458

偏晶反應 (monotectic reaction) 286
偏壓 (biased) 641
粒間腐蝕 (intergranular corrosion) 592
粒間 (intergranular) 231
陰極反應 (cathodic reaction) 566
陰極 (cathode) 566
軟磁材料 (soft magnetic material) 713
移模成型 (transfer molding) 404
深衝法 (deep drawing) 182
剪應力 (shear stress) 186
剪應變 γ (shear strain) 187
粗糙物質 (asperity) 768
乾壓法 (dry pressing) 480
連續冷卻轉變圖 (continuous-cooling transformation (CCT) diagram) 322
連續拉擠成型 (Continuous-pultrusion process) 534

十二劃

順 -1,4 聚異戊二烯 (cis-1,4 polyisoprene) 433
順向偏壓 (forward biased) 642
順排立體異構體 (isotactic stereoisomer) 398
順磁性 (paramagnetism) 703
稀土合金 (rare earth alloy) 722
量子 (quanta) 31
測不準原理 (uncertainty principle) 36
硬木 (hardwoods) 544
硬度 (hardness) 197
鈍化 (passivation) 585
硫化 (vulcanization) 434
喬米尼硬化能試驗 (Jominy hardenability test) 331
超合金 (superalloy) 6
超塑性 (superplasticity) 220
超導狀態 (superconducting state) 689
殘存感應磁化 (remanent induction) 712
發光 (luminescence) 678
單位晶胞 (unit cell) 72
單體 (mer) 383
渦流能損耗 (eddy-current energy loss) 714

晶界 (grain boundary) 131
晶格點 (lattice point) 72
晶粒尺寸號碼 (grain-size number, n) 136
晶粒成長 (grain growth) 214
晶粒 (grain) 119
晶體 (crystal) 72
普通碳鋼 (plain-carbon steel) 325
韌帶 (ligaments) 742
結晶面的米勒指數 (Miller indices of a crystal plane) 86
等軸晶粒 (equiaxed grain) 120
陽極 (anode) 566
陽極反應 (anodic reaction) 566
陽極保護 (anodic protection) 608
間隙型固溶體 (interstitial solid solution) 126
間隙擴散 (interstitial diffusion) 155
硬磁材料 (hard magnetic material) 719
異質同晶系統 (isomorphous system) 266
異質成核 (heterogeneous nucleation) 119
游離能 (ionization energy) 34
無變度反應 (invariant reaction) 275
釉 (glaze) 506

十三劃

預力混凝土 (prestressed concrete) 541
預浸材料 (prepreg) 531
電子材料 (electronic material) 6
電子密度 (electron density) 37
電子親和力 (electron affinity, EA) 49
電子 (electron) 626
電阻 (electrical resistance, R) 616
電阻率 (electrical resistivity, ρ) 616
電負度 (electronegativity) 49
電流密度 (electric current density, J) 619
電流 (electric current) 616
電洞 (hole) 626
電容值 (capacitance) 656
電容器 (capacitor) 655

電動勢 (electromotive force, emf) 569
電絕緣體 (electrical insulator) 617
電磁輻射 (electromagnetic radiation) 31
電熱調節器 (thermistor) 659
塑化劑 (plasticizer) 409
極化 (polarization) 583
極限拉伸強度 (ultimate tensile strength, UTS 或 σu) 191
填充劑 (filler) 410
過共析鋼 (hypereutectoid steel) 309
過共晶 (hypereutectic) 277
莫耳 (mole) 27
塑性變形或永久變形 (plastic or permanent deformation) 182
雷射 (laser) 681
滑動系統 (slip system) 202
滑動帶 (slipbands) 199
滑液 (synovial fluid) 748
腳趾區域 (toe-region) 744
溶液聚合化 (solution polymerization) 393
搪瓷 (porcelain enamel) 506
置換型固溶體 (substitutional solid solution) 124
傳導帶 (conduction band) 625
微機械 (micromachine) 17
微機電系統 (microelectromechanical system, MEM) 17
微纖維 (microfibrils) 547
感應磁場 (magnetic induction) 700

十四劃

磁化率 (magnetic susceptibility) 702
磁化 (magnetization) 700
磁性退火 (magnetic anneal) 721
磁致伸縮能 (magnetostrictive energy) 711
磁致伸縮 (magnetostriction) 711
磁通量子 (fluxoid)] 691
磁域壁能 (domain wall energies) 712
磁域 (magnetic domain) 707

磁量子數 (magnetic quantum number) 39
磁晶異向性能 (magnetocrystalline anisotropy energy) 710
磁場 (magnetic field) 698
磁滯能損耗 (hysteresis energy loss) 714
磁滯迴路 (hysteresis loop) 713
聚合物長鏈的聚合度 (degree of polymerization, DP) 383
著色劑 (pigment) 410
菲克第一擴散定律 (Fick's first law of diffusion) 157
菲克第二擴散定律 (Fick's second law of diffusion) 158
網狀共價固體 (network covalent solid) 60
網路改良劑 (network modifier) 499
飽和感應磁化 (saturation induction) 712
對排立體異構體 (syndiotactic stereoisomer) 398
赫斯定律 (Hess law) 55
腐蝕 (corrosion) 564
碳纖維 (carbon fiber) 519

十五劃

熱回火處理的玻璃 (thermally tempered glass) 505
熱安定劑 (heat stabilizer) 410
熱成型 (thermoforming) 403
熱阻抗區 (region of thermal arrest) 265
熱固性塑膠 (thermosetting plastic) 380
熱軋 (hot rolling) 175
熱塑性塑膠 (thermoplastic plastic) 380
複合材料 (composite material) 6, 514
彈性模數 (modulus of elasticity) 190
彈性變形或可恢復變形 (elastic or recoverable deformation) 182
彈性體 (elastomer) 433
層狀體 (lamina) 524
整流二極體 (rectifier diode) 642
整體聚合化 (bulk polymerization) 393
膠原蛋白 (collagen) 737
質量守恆定律 (law of mass conservation) 24
質量數 (mass number, A) 27

價電帶 (valence band) 625
噴塗積層製程 (spray lay-up process) 531
潤滑劑 (lubricant) 410
層層堆疊 (laminated) 524
潛變速率 (creep rate) 247
潛變斷裂 (creep-rupture) 251
潛變 (creep) 247
導體 (electrical conductor) 617

十六劃

應力屏蔽 (stress shielding) 756
應力腐蝕破裂 (stress-corrosion cracking, SCC) 593
應力斷裂 (stress-rupture) 251
應變硬化 (strain hardening) 212
應變點 (strain point) 502
鮑立不相容原理 (Paulis exclusion principle) 40
螢光 (fluorescence) 678
輸氣混凝土 (air-entrained concrete) 538
燒結 (sintering) 483
燒製 (firing) 479
靜磁能 (magnetostatic energy) 709
隨機共聚合物 (random copolymer) 389
選擇性腐蝕 (selective leaching) 597

十七劃

磷光 (phosphorescence) 678
擠伸 (extrusion) 402
鍵長 (bond length) 57
鍵能 (bond energy) 57
鍵級 (bond order) 56
鍵結對 (bonding pair) 56
臨界半徑 (critical radius, r^*) 117
臨界 (最小) 半徑比 [critical(minimum)radius ratio] 461
臨界溫度 (critical temperature, T_c) 689
臨界電流密度 (critical current density, J_c) 690
臨界磁場 (critical field, H_c) 690
鍛造 (forging) 180

邁斯納效應 (Meissner effect) 691
壓電效應 [piezoelectric (PZT) effect] 661
壓電陶瓷 (piezoelectric ceramic) 16
壓模成型 (compression molding) 403
擠製 (extrusion) 179

十八劃

蕭特基缺陷 (Schottky imperfection) 129
轉能器 (transducer) 662
轉移薄膜 (transfer film) 768
雜排立體異構體 (atactic stereoisomer) 398
擴散率 (diffusivity) 156
雙晶 (twin) 131
雙載子接面電晶體 (bipolar junction transistor, BJT) 643
鎳鐵合金 (nickel-iron alloys) 717

十九劃

離子間平衡距離 (equilibrium interionic distance) 51
離子濃度電池 (ion-concentration cell) 575
鏈狀聚合化 (chain polymerization) 383
類金屬 (metalloids) 49
邊界表面 (boundary surface) 38
邊界潤滑 (boundary lubrication) 769
醯胺纖維 (aramid fiber) 520
關節模擬器 (Joint simulators) 770
穩態條件 (steady-state conditions) 156
薄壁組織 (parenchyma) 546

二十劃

懸浮聚合化 (suspension polymerization) 393

二十一劃

鐵 - 矽合金 (iron-silicon alloy) 714
鐵氧軟磁體 (soft ferrite) 725
鐵氧硬磁 (hard ferrite) 728
鐵基金屬及合金 (ferrous metal and alloy) 6
鐵磁性 (ferromagnetic) 698
鐵磁性 (ferromagnetism) 703
鐵 - 鉻 - 鈷磁性合金 (iron-chromium-cobalt alloys) 723
纏繞成型製程 (filament-winding process) 532

二十二劃

疊差 (stacking fault) 131

二十三劃

體心立方 (body-centered cubic, BCC) 75
變形雙晶 (deformation twining) 207
變韌鐵 (bainite) 319
纖維母細胞 (fibroblasts) 743

二十四劃

髕韌帶 (patellar ligament) 748